촉매:
기본개념, 구조, 기능

서곤 · 김건중 지음

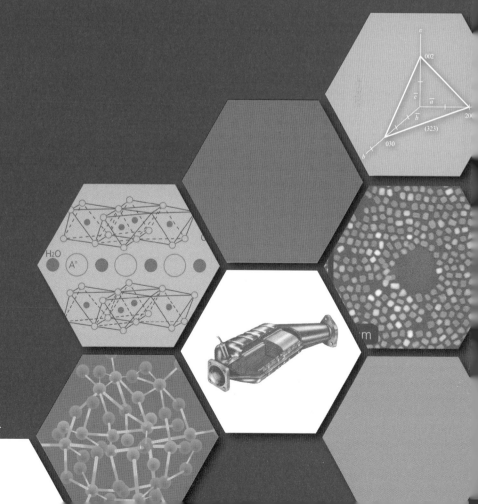

교문사

청문각이 **교문사**로 새롭게 태어납니다.

전학제 교수님의 회갑을 기념하고자 연구실 출신 제자들이 강의 내용을 정리하여 '촉매개론'으로 발간한지 벌써 25년이 넘었습니다. 그동안 인쇄를 여러 번 거듭하면서 많은 분들의 아낌을 받아, 이제 우리말로 된 촉매 분야의 전문서적으로 자리 잡게 된 점을 고맙게 생각합니다. 책을 만드는 처음부터 그간 개정 작업에 계속 참여하면서 이 책이 촉매 분야를 제대로 소개하고 발전 과정을 잘 담아내고 있는지, 또 틀리고 잘못 쓴 내용은 없는지 걱정스러웠습니다. 기대에 부응하려는 마음으로 1992년과 1995년에 조금씩 다듬었고, 2002년에는 교수님과 함께 대폭 수정하고 보완하였지만 채우지 못한 부분과 잘 쓰지 못한 부분이 눈에 띄어서 늘 마음이 무거웠습니다.

4판을 발간한지 10년 조금 지났지만, 촉매 분야는 그 사이에 많이 달라졌습니다. 자동차 배기가스용 촉매가 일반화되면서, 정유와 화학제품 제조 분야와 함께 환경 촉매가 촉매의 한 축으로 성장하였습니다. 균일계와 효소를 이용한 촉매공정도 많이 개발되었고, 새로운 촉매 재료도 많아졌습니다. 나노크기 금속, 이온성 액체, 하이드로탈싸이트, 타이타늄-제올라이트, 광촉매, 유기금속골격물질 등 새로운 촉매가 부각되고 있습니다. 원유 자원의 고갈과 가격 상승으로 석유화학공업의 원료가 원유에서부터 석탄, 바이오매스, 셰일가스 등으로 일부 바뀌어갑니다. 환경 분야와 정밀화학 분야에서 촉매 사용이 보편화되었습니다. 컴퓨터의 연산 능력 향상과 저장 용량 증대로 이론계산화학이 놀랍게 발전하여 촉매작용의 이론적 이해와 설계가 촉매 연구의 필수 사항으로 여겨지고 있습니다.

이러한 촉매 분야의 변천과 발전을 담아내려고 '균일계 촉매'와 '에너지 및 환경 촉매'를 더 넣었습니다. 촉매 연구 방법은 이제 보편화되었다고 판단하여 뺐습니다. 대표적인 촉매공정인 암모니아 합성공정, 에너지와 석유화학공업의 원료 제조공정으로 관심을 끄는 피셔-트롭슈 합성공정을 비롯하여, 최근 빠르게 발전하는 메탄올 전환공정, 프로판의 암모니아첨가 산화공정, 바이오매스에서 연료와 공업 원료를 제조하는 공정 등을 소개하였습니다. 책의 이름도 젊은 세대를 의식하여 '촉매개론'에서 '촉매: 기본개념, 구조, 기능'으로 바꾸었습니다. 개정 때마다 읽어주시고 의견을 말씀해주시던 전학제 교수님이 연로하셔서 이번 개정에 참여하시지 못했습니다. 대신 인하대 김건중 교수가 공동 저자로 참여하여, 새롭게 추가한 내용을 써주었고, 그림 인용 허가와 교정 등 실무 작업을 맡아 수고해주었습니다. 10년 후에는 김건중 교수의 주도로 촉매 분야의 발전과 변화를 담은 개정판이 준비되리라 기대합니다.

어색하고 우리말답지 않은 글로 촉매를 소개하여 우리말로 촉매를 공부하려는 분들을 힘들게 하고 실망시키지 않을까 무척 조심스럽습니다. 우리말에 바탕을 둔 우리 나름의 독창적이고 고유한 사고 체계를 발전시켜야 촉매 분야의 위대한 혁신을 이룰 수 있다는 믿음으로, 또 촉매 현상도 우리말로 명쾌하고 효과적으로 설명할 수 있으리라는 기대로 이 책을 썼습니다. 촉매 분야에서도 '깔때기'나 '거름종이'처럼 자연스러운 우리말 용어를 만들어 쓰고 싶었는데, 능력의 한계로 그렇지 못한 점 미안하게 생각합니다. 그래도 외국어가 주가 되고 우리말은 토씨에 머무는 기형적인 글을 쓰지 않으려고 나름 애썼습니다. 외국어 용어와 인명 대부분은 대한화학회의 술어집(개정5판)을 참고하여 적었고, 일부는 한국화학공학회 술어집(제3판)을 참고하였습니다. 학회 술어집에 나와 있지 않은 몇 분의 인명은 위키피디아와 외국어로 읽어주는 사이트를 활용하여 적었습니다. 흐름이 부드럽게 이어지면서도 내용을 제대로 전달하여 거부감 없이 읽을 수 있는 책을 만들고 싶었던 꿈이 모두는 아니라도 어느 정도 이루어졌기 바랍니다.

이 책을 완성하는 데 자료를 보내주고 원고를 읽어주신 여러분의 도움을 많이 받았습니다. 처음 책을 낼 때 원고를 같이 정리했던 어용선 박사, 한종수 박사, 박상언 박사, 정종식 박사와 그간 개정 때 도와준 여러분, 이번 책의 2~8장을 꼼꼼히 읽고 유익한 의견을 많이 이야기해 준 하광 박사, 자료 수집과 원고 교정을 도와준 박대원 박사, 이현주 박사, 문상흡 박사, 김종호 박사, 한현식 박사, 설용건 박사, 안병준 박사, 신채호 박사, 이재욱 박사, 문향숙 선생 등 여러분께 감사드립니다. 자료를 찾아주고, 원고를 쳐주며, 그림을 그려준 전남대 촉매연구실의 장회구, 이세웅, 서영준, 박원형 군과 인하대 정밀소재합성연구실의 전상권 군의 도움을 고마워합니다. 예쁘게 편집해주고, 그림을 모두 새로 그려주고, 맞춤법과 띄어쓰기뿐 아니라 우리말답게 원고를 고쳐준 청문각 안기용 국장의 수고도 고맙습니다. 정년퇴임 후에도 학교에 나와 연구생활을 계속하도록 배려해준 전남대학교와 2년여의 짧지 않은 기간 동안 원고 작성과 수정에 매달릴 수 있도록 도와준 아내에게 고맙다는 말로 힘에 벅차도록 길었던 이 일을 마무리합니다.

2014. 8.

대표저자 서 곤

우리나라의 화학공업은 1960년대부터 활발하게 되었으나 그 기술의 대부분은 선진국에서 일괄도입방식으로 들여왔고 핵심부분 중의 하나인 촉매는 외국에서 계속 공급받도록 되어 있는 상태에 있었으며, 촉매자체의 기술내용은 전혀 이전되지 않았기 때문에 촉매를 사용하는 분들도 단순하게 사용만 하여 왔을 뿐이며 새로운 촉매의 개발은 물론, 촉매의 개량이나 폐촉매의 재생능력도 부족한 상태에 있었다.

1979년 3월 촉매연구에 종사하고 있는 분들이 "촉매모임"을 발족시켜 세미나 등을 통해 우리나라 촉매분야의 활성화를 위해 노력하여 왔고, 1980년 동경에서 개최된 제7회 국제촉매회의에 참석하였던 저명한 교수 10명을 유치하여 서울에서 국제 촉매 심포지엄을 개최하여 학술활동의 활성화와 국제교류를 추진하는 계기가 되었다. 1983년부터 한국-자유중국 간의 촉매교류를 시작하게 되었고 지금까지 매년 학술교류를 계속하여 오고 있다. 이러한 활동들이 활발해지고 촉매분야의 연구인력이 크게 증가함에 따라 1985년에 동호인모임 성격의 "촉매모임"은 "한국화학공학회 촉매부문위원회"로 발전하게 되어 "촉매" 잡지를 간행하고 국내의 학술활동을 활발히 전개하는 한편 작년부터는 한국-일본, 한국-미국 간에도 학술교류 행사를 마련하여 보다 넓은 폭의 교류를 갖게 되었다.

이렇게 촉매인구가 증가하고 학술활동이 활발하여졌으나, 아직도 우리말로 쓰여진 촉매분야 교과서가 한 권도 없어 이의 필요성을 논의하던 중, 촉매연구활동에서 중추적인 역할을 맡으셨던 전학제교수의 회갑을 맞이하여 그동안 강의하신 내용을 제자들이 정리하여 이를 기념함과 동시에 대학의 상급학년이나 대학원에서 촉매연구의 입문서로 사용할 수 있는 책을 발간하기로 한 것이다.

촉매는 다양한 분야가 모아진 종합적인 학문분야여서 강의내용의 폭이 상당히 넓었고 제한된 시간 내에 책을 발간하고자 계획하였기 때문에 강의하신 내용을 모두 정리하지 못하고 불균일촉매부문에서 일부만을 정리하였으므로 부족한 부분이 많으며, 이는 곧 보완하여 가까운 시일 내에 증보판을 발간하고자 하며, 기기를 활용한 표면분석법 및 흡착중간체의 규명법은 별권의 책이 될만한 분량이어서 계속 정리하여 발간하기로 하였다. 이 책은 반응공학적 측면보다는 촉매화학적인 면을 강조하여 쓰여졌으므로 촉매현상의 근원적인 부분을 파악하는 데 도움이 될 것이다.

 강의내용의 정리는 박상언박사(한국화학연구소), 서곤박사(전남대학교 공과대학), 어용선박사(한국과학기술원), 정종식박사(포항공과대학), 한종수박사(전남대학교 자연과학대학)가 맡아서 수고하였다.

 우리나라의 경제적인 위치가 점차 상승하여 외국과의 경쟁에서 이겨야 하는 위치에서는 낡은 공정을 계속 사용할 수 없고 개량된 공정, 새로운 공정을 계속 도입하거나 개발하여야 하는데 이러한 것들을 값싸게 도입할 수 없는 시기는 곧 도달할 것이며, 화학공업분야에서 개발도상국의 범주를 벗어나려면 화학공업의 핵심이 되고 그 나라의 화학공업기술의 척도로 삼을 수 있는 촉매부분에 힘을 기울여야 할 것이며, 이 책이 촉매연구인력의 저변확대에 도움이 되기를 바란다.

 끝으로 이 책의 발간을 위해 강의내용을 직접 정리하신 분들은 물론 물심양면으로 지원을 아끼지 않은 한국과학기술원 촉매연구실 졸업생들, 한국화학공학회 촉매부문위원회 위원장 이한주박사 및 운영위원들께 감사를 드린다.

1988. 11. 11.
전학제박사 회갑기념 출판위원회

▌차 례

04 촉매반응의 속도론

07 금속 산화물 촉매

08 고체산과 고체염기 촉매

09 균일계 촉매

제01장

촉매의 기본 개념

1. 촉매의 정의
2. 화학반응의 진행 이론
3. 촉매의 종류와 용도
4. 촉매 연구의 흐름

화학반응은 반응물이 서로 충돌하면서 들떠, 화학결합이 끊어지고 이어지는 과정을 거쳐 원자의 구성과 배열 방법이 다른 생성물로 전환되는 일련의 변화를 뜻한다. 일정한 반응 조건에서 반응물의 깁스에너지가 많고 생성물의 깁스에너지가 적으면 반응물은 생성물로 전환되면서 에너지를 방출한다. 생성물이나 반응물과 생성물이 섞인 혼합물의 깁스에너지가 가장 작은 상태, 즉 반응이 더 이상 진행되지 않는 평형 상태가 될 때까지 반응이 진행된다. 평형 상태는 반응물과 생성물의 에너지 차에 의해 결정되므로, 열역학 자료에서 평형 상태의 조성을 계산한다. 반응물의 조성과 평형 상태에서 조성의 차이로부터 반응의 최대 진행 정도를 구한다. 이처럼 화학반응의 진행 정도는 열역학적으로 결정되지만, 반응이 얼마나 빠르게 진행하느냐는 반응의 진행경로에 따라 정해진다. 반응 각 단계의 활성화에너지 등 속도론적 자료가 반응속도를 결정한다.

물질과 물질이 충돌하여 바로 반응하거나 아니면 들뜬 분자가 스스로 이성질화되는 기본반응(elementary reaction)의 속도는 반응의 성격을 반영하는 **지수앞자리인자**(preexponential factor)와 반응의 진행에 대한 저항을 의미하는 **활성화에너지**(activation energy)에 의해 결정된다. 지수앞자리인자의 값은 반응에 따라 다르지만, 그 차이가 그리 크지 않아서 반응속도에 미치는 영향이 작다. 이와 달리 지수 항의 활성화에너지는 그 크기가 조금만 달라져도 반응속도가 상당히 달라진다. 이런 이유로 보통 화학반응의 속도를 활성화에너지의 크기로 비교한다.

충돌 과정에서 들뜬 분자의 운동에너지의 일부가 진동에너지로 전환되어 결합이 끊어지거나, 충돌 과정에서 새로운 결합이 생성될 때 필요한 에너지가 활성화에너지이다. 활성화에너지가 작으면 결합이 쉽게 분해되거나 생성되므로 반응이 빠르게 진행된다. 반면, 활성화에너지가 크면 분해되거나 결합이 생성될 때 에너지가 많이 필요하므로 반응이 느리다. 따라서 화학반응의 속도를 증진시키려면 반응의 진행에 대한 저항인 활성화에너지를 줄여야 한다. 분해반응에서 활성화에너지가 작아지면 분해에 필요한 에너지가 작아서 쉽게 분해된다는 뜻이므로, 낮은 온도에서도 분해반응이 진행된다.

화학반응의 활성화에너지는 반응물의 충돌 방법에 따라 결정되므로, 활성화에너지가 작은 반응경로를 만들어주면 반응이 빨라진다. 'catalysis(촉매작용)'는 희랍어에서 유래된 말로 '분해한다'는 뜻이어서, 촉매라는 말에는 결합을 쉽게 분해하여 반응속도를 증진시키는 물질이라는 의미가 담겨 있다. 결합의 분해 외에도 결합의 구조를 바꾸거나 결합을 이어주는 반응에도 촉매를 사용하면 활성화에너지가 작아져서 반응이 빨라진다. 이를 정리하면 반응물과 접촉하여 활성화에너지가 작은 반응경로를 만들어 반응속도를 증진하는 물질이 촉매

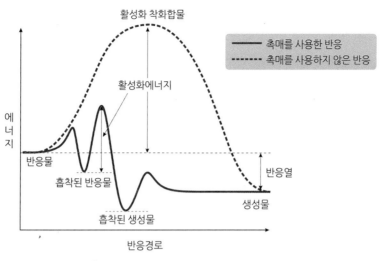

그림 1.1 반응 도중 에너지의 변화와 촉매의 역할

(catalyst)이고, 이러한 기능이 **촉매작용**(catalysis)이다.

그림 1.1에 촉매를 사용하지 않은 반응과 촉매를 사용한 반응의 경로를 비교하였다. 촉매가 없으면 반응물이 서로 충돌하여 활성화 착화합물(activated complex)을 만들고, 이로부터 생성물이 생성된다. 촉매를 사용하는 반응에서는 반응물이 먼저 촉매에 흡착한 후, 표면반응과 생성물의 탈착 과정을 거쳐서 반응이 완결된다. 흡착한 반응물에서 생성물이 생성되는 표면반응의 **활성화에너지**가 촉매를 사용하지 않는 반응의 활성화에너지에 비해 작으면 촉매작용이 나타난다. 촉매를 사용하면 반응경로는 복잡해지지만, 활성화에너지가 작은 경로를 거쳐 반응이 진행되므로 속도가 빨라진다. 흡착과 표면반응을 거치는 활성화에너지가 작은 반응경로를 만들어주는 물질이 촉매이며, 이 반응경로의 활성화에너지가 작을수록 반응속도는 더 빨라진다.

촉매활성은 반응속도를 증진시키는 정도를 나타내므로, 촉매의 사용 여부에 관계없이 속도식(rate equation)이 같으면 반응속도상수(reaction rate constant)로 촉매활성을 비교한다. 속도상수의 변화가 바로 반응속도의 변화이므로, 반응의 진행 정도에 무관하게 정량적인 비교가 가능하다. 그러나 대부분의 촉매반응에서는 반응경로가 달라지면서 속도식이 달라진다. 반응물의 반응차수(reaction order)와 속도상수의 단위가 달라져서 촉매활성을 속도상수로 비교하지 못한다. 이러한 경우에는 일정한 온도에서 일정 시간 동안 반응물이 전환되는 비율(전환율)이나 일정 전환율에 도달하는 데 걸리는 시간으로 촉매활성을 나타낸다. 활성화에너지가 크면 온도가 높아야 반응이 진행되지만, 촉매를 사용하여 활성화에너지가 작아지면 낮은 온도에서도 반응이 진행되므로 반응온도로 촉매활성을 비교하기도 한다.

여러 가지 물질이 생성되는 반응에서는 특정 생성물에 대한 선택성을 높이기 위해 촉매를 사용한다. 촉매 사용으로 원하는 반응의 활성화에너지가 작아지면, 원하는 반응이 다른 반응보다 빠르게 진행되어 원하는 생성물이 많이 생성된다. 높은 온도에서는 반응물이 과도하게 활성화되어 여러 반응이 같이 진행한다. 촉매를 사용하여 원하는 반응의 활성화에너지가 작아지면 낮은 온도에서는 원하는 반응이 선택적으로 진행된다. 종래에는 촉매의 사용 목적이 반응속도의 증진에 있었지만, 최근에는 반응속도의 증진에 못지 않게 특정 생성물에 대한 선택성을 높이기 위해 촉매를 사용한다. 생성물의 분리와 부산물의 처리에 필요한 시설 투자비와 운전 비용이 부담스럽고, 환경 보호 측면에서 유해한 부산물의 발생을 억제해야 하기 때문이다. 이런 점에서 촉매는 활성이 높아 반응속도가 빨라지면서 동시에 원하는 생성물에 대한 선택성이 높아져야 바람직하다.

촉매는 초기에 그 자신은 변하지 않으면서(그래서 반응식에 나타나지 않으면서) 반응속도를 변화시키는 물질로 정의하였다. 그러나 촉매에 대한 지식이 쌓이고, 촉매작용에 대한 이해가 높아지면서, 반응 도중 촉매가 없어지지는 않지만, 구성 성분의 구조, 결합 상태, 산화 상태가 계속 변하는 것을 알게 되었다. 반응을 느리게 하는 물질은 촉매와 성격이 다르므로 억제제(inhibitor)라고 구별하여 부른다. IUPAC(International Union of Pure and Applied Chemistry, 국제순수응용화학연합)에서는 촉매를 반응 중에 소모되지 않으면서 반응속도를 증진시키는 물질로 정의한다. 반응에 참여하여 속도를 증진시키지만, 반응 도중 없어져버리는 개시제와 달리 속도를 증진시키는 반응경로를 생성하여 기능을 계속 유지하는 촉매를 구별한다. 에너지 빔이나 개시제를 가하면 반응속도는 크게 빨라지지만, 이들은 반응 도중 소모되므로 촉매라고 부르지 않는다. 반응 도중 변하지만 원래 상태로 재생되어 반응속도를 증진하는 촉매의 기능이 '반응 도중 재생되어 소량으로도 반응을 촉진한다.'라는 이 정의에 담겨 있다.

🔍 2 화학반응의 진행 이론

화학반응은 반응물이 생성물로 전환되는 과정이며, 반응의 종류에 따라 진행 과정이 상당히 다르다. 두 종류의 반응물이 부딪혀 한 가지 물질이 생성되는 반응은 겉보기에 아주 단순하지만 실제로는 그렇지 않다. 반응물의 에너지 상태, 충돌하는 방법과 충돌수, 그중에서 생성물로 전환되는 비율 등을 예측하기가 쉽지 않다.

화학반응은 보통 여러 개의 기본 반응으로 이루어져 있으며, 반응속도는 이들의 총체적 결과이다. 각 기본 반응의 속도를 알고 기본 반응을 나열한 반응기구를 알아야 화학반응의 속도를 계산할 수 있다. 화학반응에 대한 지식이 많이 축적된 오늘날에도 우리가 보통 접하는 화학반응의 속도를 계산하지 못하며, 화학반응의 속도는 실험적으로 측정하는게 보통이다. 이 절에서는 촉매작용과 연관지어 반응속도를 이론적으로 기술하는 충돌론과 전이상태

이론을 간략하게 설명한다[1].

(1) 충돌론

운동에너지가 많은 반응물이 서로 충돌하여 활성화에너지 고개를 넘을 만큼 에너지가 많아지면 화학반응이 일어난다고 보는 이론이 **충돌론**(collision theory)이다. 이 이론에 따르면 반응물이 충돌하는 시점에서 반응물의 에너지와 충돌 방법에 따라 반응 여부가 결정된다. 분자의 단면적인 충돌 단면적에 분자의 운동에너지를 고려한 반응 단면적을 도입하여 반응 속도상수를 계산한다.

두 반응물이 충돌하여 화학변화가 일어나는 이분자반응(bimolecular reaction)에서 화학반응의 속도상수 k는 식 (1.1)과 같이 쓴다.

$$k = \sigma(g) \cdot g \tag{1.1}$$

$\sigma(g)$는 반응 단면적으로 두 반응물의 상대속도 g의 함수이며, 충돌하는 분자의 반응 가능성을 나타낸다. 반응 단면적은 두 분자 사이의 퍼텐셜에너지 함수로서, 상호작용의 형태와 크기 및 반응계의 온도에 따라 달라진다. 퍼텐셜에너지의 장벽(활성화에너지와 같은 의미)이 아주 낮아서 충돌하는 분자가 모두 반응하면, 반응 단면적은 각 반응물의 반지름 r_1과 r_2에서 $\sigma = \pi(r_1 + r_2)^2 = \pi R^2$ 식으로 구하는 충돌 단면적과 같다. R은 두 반응물의 반지름의 합 $r_1 + r_2$이다. 그러나 반응의 진행에 대한 V_R 만큼의 에너지 장벽이 있으면, 반응 단면적은 온도에 따라 달라진다. 분자의 충돌에너지 E_0가 V_R보다 큰 조건에서는 반응 단면적 $\sigma = \pi R^2(1 - V_R/E_0)$이 된다. 충돌에너지가 많으면 V_R/E_0 항이 작아지므로 반응 단면적이 커져서, 충돌하는 분자의 반응 가능성이 높아진다. 온도가 아주 높아지면 반응 단면적은 충돌 단면적과 같아져서 충돌하는 분자가 모두 반응한다. 온도가 낮으면 충돌에너지가 작아지므로 반응 단면적이 작아져서, 충돌하더라도 반응하는 분자의 개수가 적어진다.

상대속도는 계의 온도에 따라 결정되므로, 속도의 분포함수 $P(g)$를 도입하여 속도상수 k를 계산한다.

$$k = \int_0^\infty \sigma(g)P(g)gdg \tag{1.2}$$

충돌론에서는 부딪친 분자 중에서 에너지 장벽을 넘어가는 분자만 반응하므로, 에너지 장벽이 V_R인 화학반응의 속도상수 k_{coll}은 식 (1.3)이 된다. μ는 반응물의 상대질량이다. 그 외의 상숫값을 넣어 정리하면, 에너지 장벽이 높아지면 반응이 느려지고, 온도가 높아지면 반응이 빨라지는 경향을 잘 보여준다. k_B는 볼츠만(Boltzmann)상수이고, T는 절대온도이다.

$$k_{coll} = \left[\frac{8\pi k_B T}{\mu} \right]^{1/2} R^2 e^{-V_R/kT} \tag{1.3}$$

$$\simeq 3 \times 10^9 \left[\frac{T}{\mu} \right]^{1/2} R^2 e^{-V_R/kT} \tag{1.4}$$

k_{coll}의 단위는 mol m^{-3} s^{-1}이고, R의 단위는 Å이다.

식 (1.4)로 계산한 속도상수는 실험에서 측정한 속도상수보다 항상 크다. 반응물의 충돌 과정과 충돌 방법에 따라 에너지가 전달되는 정도가 다르므로, 에너지가 많은 반응물이 충돌하더라도 모두 다 반응하지 않기 때문이다. 이를 보정하기 위하여 분자의 기하학적 모양과 충돌 과정을 반영한 입체인자(steric factor)를 도입한다. 공간에서 분자들이 충돌할 때 에너지가 전달되는 현상에는 분자의 모양과 크기뿐 아니라 3차원적 충돌 방법도 관여하므로, 입체인자를 계산하기 어렵다. 충돌론은 충돌하는 반응물 중에서 에너지 장벽을 넘을 수 있는 분자만 반응한다는 기본 착상은 매우 간단하고 합리적이지만, 입체인자를 계산하기 어려워 충돌론으로 실제 반응의 속도를 계산한 예가 드물다.

(2) 전이상태 이론

화학반응은 퍼텐셜에너지의 장벽을 넘어 진행된다. 전이상태 이론에서는 반응물이 생성물로 변환되는 경로에서 퍼텐셜에너지가 가장 많은 자리에 반응물이나 생성물의 구조와 다른 착화합물이 생성되는 **전이상태**(transition state)가 있다고 전제한다. 전이상태에 있는 물질이 활성화 착화합물이며, 활성화 착화합물과 반응물 사이에는 평형이 이루어진다고 가정한다. 활성화 착화합물 $C^{\ddagger}$가 A와 B 반응물과 평형을 이루므로, 평형상수 $K^{\ddagger}$를 써서 이들의 화학 평형식을 쓴다. 평형상수는 반응물과 활성화 착화합물의 분배함수와 이들의 에너지 차이에서 계산한다.

$$A + B \rightleftarrows C^{\ddagger} \rightarrow 생성물 \tag{1.5}$$

$$K^{\ddagger} = \frac{[C^{\ddagger}]}{[A][B]} \tag{1.6}$$

$$K^{\ddagger} = \frac{(Z_{C^{\ddagger}}/V)}{(Z_A/V)(Z_B/V)} \exp\left[-\frac{\Delta E_0^0}{RT} \right] \tag{1.7}$$

V는 계의 부피이고, ΔE_0^0는 활성화 착화합물과 반응물의 영점에너지(zero-point energy)

차이다. $Z_{C^{\ddagger}}$는 활성화 착화합물의 분배함수이고, Z_A와 Z_B는 반응물의 분배함수이다.

활성화 착화합물이 생성물로 전환되기 위해서는 진동 분배함수 중 하나가 반응의 진행 방향으로 진동해야 하며, 이 값은 $k_B T/h$이다. k_B는 볼츠만상수이고, h는 플랑크상수이다. 반응속도는 활성화 착화합물의 농도가 줄어드는 속도이므로 다음과 같이 쓴다.

$$r = -\frac{d[C^{\ddagger}]}{dt} = \frac{k_B T}{h} K^{\ddagger}[A][B]$$

$$= \frac{k_B T}{h} \frac{(Z_{C^{\ddagger}}/V)}{(Z_A/V)(Z_B/V)} \exp\left[-\frac{\Delta E_0^o}{RT}\right][A][B] \tag{1.8}$$

$k_B T/h$는 $2.08 \times 10^{10} \, T \,(\text{s}^{-1})$로서, 25 ℃에서는 $6 \times 10^{12} \, \text{s}^{-1}$이다.

전이상태 이론에서는 활성화 착화합물의 농도를 분배함수로부터 계산하므로, 활성화 착화합물의 구조를 얼마나 정확하게 설정하고, 분배함수를 얼마나 정확하게 계산하냐에 따라 이 이론의 효용성이 결정된다. $H_2 + D \rightarrow HD + H$처럼 아주 간단한 반응에서 전이상태 이론으로 계산한 속도가 측정한 속도와 아주 비슷하다. 활성화 착화합물의 구조가 간단하면 분배함수의 계산이 쉬워져서 반응속도를 계산하기 쉽기 때문이다. 그러나 복잡한 반응에서는 활성화 착화합물을 정확하게 설정하기 어려우며, 구조가 복잡한 착화합물의 분배함수를 계산하기 어렵다. 따라서 속도를 계산하기 어려우며, 계산 결과도 정확하지 않다. 무척 빠른 반응(fast reaction)에서는 그 짧은 시간에 활성화 착화합물이 생성되어 반응물과 평형을 이루는지 자체가 의문이다. 이처럼 전이상태 이론에 여러 가지 제한 사항이 있지만, 반응경로에서 반응속도를 계산한다는 의의가 있다. 계산화학의 발달로 변화 과정에서 예상하는 물질의 에너지 상태를 계산하기 쉬워져서 전이상태 이론에 근거한 반응속도의 계산이 보편화되고 있다.

그림 1.2에 충돌론과 전이상태 이론의 차이를 반응경로로 비교하였다. 반응물과 생성물의 에너지 상태는 동일하지만, 전이상태의 의미에 차이가 있다. 충돌론에서는 에너지 장벽의 꼭

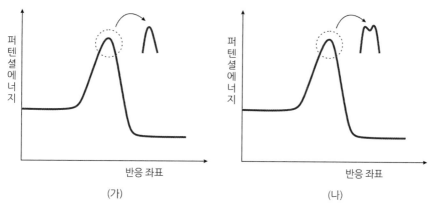

그림 1.2 충돌론 (가)와 전이상태 이론 (나)에서 반응경로의 차이

대기가 뾰족하여, 그 상태에 머무르지 못한다. 따라서 반응물의 에너지가 장벽을 넘어가기 충분하면 반응이 일어나고, 부족하면 반응이 일어나지 않는다. 전이상태 이론에서는 에너지가 가장 높은 상태의 활성화 착화합물이 반응물과 평형을 이루어야 하므로 꼭대기에 에너지가 조금 낮은 상태가 있어야 한다. 반응물과 활성화 착화합물 사이에 평형을 이루며, 생성된 활성화 착화합물의 일부가 생성물이 된다는 점이 충돌론과 다르다.

(3) 반응속도에 대한 온도의 영향

반응속도의 측정 결과를 근거로 반응속도상수 k를 온도에 무관한 지수앞자리인자 A와 온도에 따라 달라지는 지수 항의 곱인 아레니우스(Arrhenius) 식으로 나타낸다.

$$k = A \exp(-E_a/RT) \tag{1.9}$$

E_a는 활성화에너지이며, 지수앞자리인자의 단위는 속도상수 k와 같다. $1/T$을 가로축으로 $\ln k$를 세로축으로 잡아서, 온도의 역수에 따라 속도상수의 값을 그렸을 때(아레니우스 그림, Arrhenius plot), 실험 결과가 한 직선에 모이면 직선의 기울기와 직선이 세로축과 만나는 점에서 E_a와 A를 구한다. 충돌론과 전이상태 이론에서 도출한 A에 온도의 1/2 승 항이 들어 있어 온도와 무관하지는 않지만, 지수항이 온도에 따라 달라지는 정도에 비하면 무시할 만큼 작다. 대부분의 화학반응에서는 A를 온도에 무관한 상수로 본다.

측정한 온도 범위에서 한 종류의 반응만 진행되고, 온도가 달라져도 반응기구가 달라지지 않아야 아레니우스 그림에서 직선이 나타난다. 아레니우스 식에서 활성화에너지는 반응속도가 온도에 따라 달라지는 정도를 나타내는 값이지만, 그림 1.2에 보인 반응의 진행 과정에서는 활성화 착화합물이 생성되는 데 필요한 퍼텐셜에너지의 크기, 반응의 용이도를 나타내는 척도이다.

활성화에너지가 큰 반응은 반응물에 에너지를 많이 가하여야 반응이 진행되므로 반응이 일어나기 어렵다. 반대로 활성화에너지가 작은 반응은 에너지를 많이 가해주지 않아도 반응이 일어나는 쉬운 반응이다. 활성화에너지를 반응온도에 따른 반응속도의 변화와 연관지어도 된다. 일어나기 어려운 반응은 온도를 높여주면 반응이 크게 빨라져서 온도에 따라 반응속도의 증가 폭이 크다. 이에 비해 충돌하기만 하면 거의 다 반응하는 라디칼끼리의 반응에서는 활성화에너지가 0(영)이다. 온도가 높아지면 라디칼의 운동속도가 빨라져 충돌수가 많아지겠지만, 이 효과는 그리 크지 않아서 온노를 높여수어도 반응속도는 그대로이다. 촉매반응에서는 물질전달, 세공 내 확산, 표면반응 등 여러 단계를 거쳐 반응이 진행되므로, 전체 반응속도에서 구한 활성화에너지는 기본 반응의 활성화에너지와 의미가 다르다. 흡착열과 중간체의 생성열 등이 활성화에너지에 포함되어 **겉보기 활성화에너지**(apparent activation energy, E_{app})라고 구분하여 부른다. 반응이 쉽고 어려운 정도의 의미 대신, 온도에 따라 반응속도가 달라지는 정도를 나타낸다.

(4) 촉매반응의 속도와 촉매작용

반응물이 촉매에 흡착하고, 이들이 촉매 표면에서 반응하여 생성물로 전환된 후, 생성물이 촉매에서 탈착되는 단계를 거쳐 촉매반응이 완결된다. 반응의 진행 범위를 더 넓히면, 반응물의 흐름에서 반응물이 촉매의 활성점 근처로 확산되는 과정과 촉매에서 탈착된 생성물이 생성물의 흐름으로 확산되는 물질전달 과정도 포함된다. 확산속도는 촉매의 물리적 구조와 반응물의 유속이나 압력 등 반응 조건 및 반응물의 물리화학적 성질에 따라 결정된다. 이에 비해, 반응물의 흡착, 표면에서 반응, 생성물의 탈착은 화학반응이다. 물질전달이 아주 빠르면 화학적 단계만을 고려하여 촉매반응의 속도를 흡착속도, 탈착속도, 표면반응속도로 나타내지만, 다공성 촉매에서는 물질전달이 항상 빠르지 않으므로 반응속도를 고려할 때 확산속도의 영향을 검토해야 한다.

기체 반응물은 고체 촉매의 표면에 충돌하여 자신의 병진 운동에너지를 표면에 전해주거나 표면으로부터 에너지를 받아서 화학흡착된다. 이 과정은 $10^{-12} \sim 10^{-13}$ s에 일어나며, 반응물 분자와 표면 흡착점의 에너지 상태는 에너지 전달과 흡착으로 인해 달라진다. 에너지가 재배열되는 과정에서 반응물의 특정 결합이 느슨해지거나 끊어지면서 활성화된다. 이들은 스스로 또는 흡착되어 있는 다른 활성화된 물질과 반응하여 원자의 배열 방법이 다른 물질 (생성물)로 변한다. 생성물은 자신의 내부에너지의 일부를 운동에너지로 전환하여 촉매 표면으로부터 떨어져나온다.

화학반응의 속도를 충돌론과 전이상태 이론으로 해석할 때 반응속도의 결정인자를 보는 시각이 다르다. 충돌론에서는 반응물이 서로 충돌할 때 이들의 에너지 상태와 충돌하는 방법이 중요하다. 어떤 각도로 얼마만큼의 거리를 두고 충돌하느냐에 따라 에너지의 전달 정도가 달라지므로, 충돌론에서는 충돌 전 반응물의 에너지와 운동 방향에 따라 반응의 진행 여부가 정해진다. 충돌론 측면에서 보면 촉매의 역할은 반응이 일어나는 데 필요한 활성화에너지를 낮추는 기능으로 이해한다. 촉매 없이 충돌하여 진행되는 반응의 활성화에너지보다 촉매에서 진행하는 화학반응의 활성화에너지가 작아서 촉매작용이 나타난다는 뜻이다. 촉매반응에서는 반응물이 촉매 표면에 흡착하여 반응하므로, 기체 상태에 비해 표면에서 반응물의 농도가 상당히 높다. 충돌수는 반응물 농도의 제곱에 비례하므로 표면에서 충돌수가 많아져서 반응속도가 빨라진다는 설명도 가능하지만, 이를 정량화하여 나타내기는 어렵다.

전이상태 이론에 따른 촉매작용의 해석은 충돌론에 비해 단순하다. 반응물이 촉매에 흡착하여 어떠한 구조의 활성화 착화합물을 만드느냐에 따라 활성화에너지의 크기가 달라지므로, 촉매의 역할은 활성화 착화합물의 구조를 결정하는 데 있다. 고체 촉매의 표면구조가 특정한 활성화 착화합물의 생성을 유도한다면, 촉매작용은 활성화에너지가 작은 활성화 착화합물을 생성하는 데 그 기능이 있다. 활성화에너지가 작은 활성화 착화합물을 많이 만들면 촉매의 활성이 높아진다.

어떤 이론으로 촉매작용을 설명하든지 활성화에너지의 감소와 반응물의 배향을 같이 고려하여야 합리적이다. 계산화학의 발달로 촉매 표면에 흡착한 반응물의 에너지 계산이 가능해지면서 촉매작용을 단순히 활성화에너지의 감소로 보기보다는 반응물의 표면 배향에 따른 충돌의 효율성 증가, 반응물의 선택적 흡착, 활성화에너지가 작은 활성화 착화합물의 생성 등으로 나누어 본다. 겉에서 보면 촉매 사용으로 반응속도가 빨라지지만, 자세히 보면 촉매 사용으로 반응속도가 빨라지는 이유는 반응에 따라 다르다.

🔍 3 촉매의 종류와 용도

화학공정의 약 90%에 촉매를 사용하므로 촉매를 사용하여 제조하는 물질이 많고, 대상 반응도 다양하며, 촉매의 종류도 매우 많다. 2010년 전 세계의 촉매 수요는 미화로 140억 불에 이르고, 수요는 매년 8% 정도씩 증가한다[2]. 촉매 시장 자체도 크지만, 촉매를 사용하여 생산하는 제품의 규모는 이보다 훨씬 크다. 촉매의 수요가 꾸준히 증가하는 점은 산업에 대한 촉매의 기여가 큼을 보여준다. 표 1.1에 촉매별 수요와 예상에 대한 자료를 보였다.

촉매는 크게 원유정제용, 화학공정용, 자동차의 배기가스 정화용의 세 가지로 나누며, 시장 크기도 서로 비슷하다. 2015년 소요량 예측을 보면 자동차 배기가스 정화용 촉매가 가장 많고, 다음이 화학공정 촉매이다. 자동차용 촉매 소요량의 연간 성장률은 12%로 시장이 빠르게 성장하나, 원유정제용 촉매 소요량의 연간 성장률은 4%로 이보다 낮다. 촉매 시장의 연평균 성장률이 8%여서, 전 세계 경제 성장률이 2~3%인 점에 비하면 성장 폭이 매우 빠르다. 화학물질의 제조용 촉매 시장도 꾸준히 성장하여 화학물질의 생산 과정에 대한 촉매의 기여 폭이 커지고 있다. 대형 디젤 차량의 배기가스 정화 촉매 수요는 연평균 성장률이 32%일 정도로 매우 빠르게 성장하여, 이 기간에 디젤 차량에서 배출되는 질소 산화물의 제거 촉매가 상용화되리라는 점을 시사한다.

촉매는 상태를 기준으로 균일계(homogeneous), 불균일계(heterogeneous), 효소계(enzymatic) 촉매로 구분한다. **균일계 촉매**는 반응물과 상(phase, 相)이 같은 촉매로, 반응계가 한 개의 상으로 이루어져 있다. 반응물과 촉매가 기체나 액체로서 서로 섞일 수 있어야 한다. **불균일계 촉매**는 주로 고체로서, 액체나 기체 반응물과 상이 다르다. **효소계 촉매**는 생체 내에서 화학반

표 1.1 전 세계의 촉매 수요와 예측[2]　　　　　　　　　　　　　　　　　　단위: $(billions)

촉매 사용 산업과 촉매의 종류	2010년	2015년	연평균 성장률(%)
원유정제용	4.03	4.81	4
수소처리공정	2.08	2.62	5
유동층 촉매 분해공정	1.23	1.41	3
알킬화·개질·기타공정	0.72	0.78	2
화학공정용	5.20	7.02	6
폴리알켄의 제조	1.24	1.52	4
흡착제의 제조	1.30	1.52	3
화학물질의 제조	2.67	3.98	8
산화·암모니아첨가 산화·산화 염소화	1.11	1.61	8
수소·암모니아·메탄올 합성	0.81	1.30	10
수소화	0.17	0.25	7
탈수소화	0.12	0.18	9
유기물 합성	0.46	0.64	7
자동차의 배기가스 정화용	4.81	8.58	12
대형 디젤 차량용	0.72	2.87	32
오토바이용	0.20	0.42	16
소형 차량용	3.90	5.29	6
계	14.04	20.41	8

*이 자료에는 귀금속 촉매가 포함되어 있지 않음.

응을 촉진하는 물질로서 넓게 분류할 때는 균일계 촉매에 포함된다. 효소를 사용하는 화학공업이 급격하게 성장하고 있지만, 통상적인 의미의 촉매와 제조 및 평가 방법이 크게 달라서 보통 따로 떼어 생각한다. 균일계 촉매는 기체 반응계에서는 기체이어야 하고, 액체 반응계에서는 액체이어야 한다. 이와 달리 기체나 액체 반응물에 고체 촉매를 사용하면 상이 두 개이므로 불균일계 촉매이다. 기체 반응물에 액체 촉매를 사용하는 예가 드물어, 흔히 고체 촉매를 불균일계 촉매라고 부른다. 사용 규모는 불균일 촉매가 80% 정도로 매우 많고, 균일계 촉매는 17% 정도이며 효소계 촉매는 3% 정도로 그리 많지 않다[2]. '촉매' 하면 고체 촉매를 떠올리는 이유도 이러한 촉매의 사용량과 관계가 있다.

　촉매의 전기전도도를 기준으로 촉매를 구분하기도 한다. 전도도는 핵에 속박되지 않은 자유전자의 농도에 따라 달라진다. 촉매반응의 처음 단계인 화학흡착에서 촉매와 반응물 사이에 전자가 이동하므로 전기전도도는 촉매활성에 영향이 크다. 전자의 이동 방향과 속도에 따라 촉매성질이 크게 달라져서 촉매를 금속(전도체) 촉매, 반도체 촉매, 산(절연체) 촉매로 구분한다. 전도체인 금속에는 자유전자가 많아 수소와 금속이 전자를 하나씩 내어 서로 공유하면서 수소 분자가 원자로 나뉘어 흡착한다. 수소가 금속에서 활성화되므로, 금속은 알켄과 알킨의 수소화반응과 알칸의 탈수소화반응에 촉매활성이 있다. 반도체 촉매에서는 산소가 활성화되어 부분산화반응에 촉매활성이 있다. 절연체는 전자가 이동하지 않으므로 표면 구성 원소와 배열 방법에 따라 전자밀도가 낮은 산점과 전자밀도가 높은 염기점이 생성된다. 이들에 흡착한 물질이 극성을 띠어 활성화되므로 수화반응이나 이성질화반응처럼 양이온과 음이온 중간체를 거치는 반응에 촉매활성이 있다. 전기전도도는 고체의 전체적(bulk)인 물성이지만, 전자의 이동과 표면 상태를 나타내는 성질이기도 하여 촉매를 분류하는 기준으로 적절하다.

제조 방법으로도 고체 촉매를 구분한다. 대부분의 고체 촉매는 소량의 활성물질을 넓게 분산시키고, 촉매의 안정성을 높이기 위해 지지체에 활성물질을 담지하여 제조한다. 지지체 없이 활성물질의 전구체 용액에 침전제를 가하여 만든 침전을 활성화하여 촉매를 제조하기도 한다. 반면, 금속선으로 짠 망을 촉매로 쓰거나, 레이니 니켈(Raney Ni)처럼 특수한 과정을 거쳐 제조한 촉매도 있다. 균일계 촉매는 분자 자체가 촉매이므로 촉매를 별도로 제조하지 않는다. 그러나 균일계 촉매를 지지체에 고정하여 균일계와 불균일계 촉매로서의 장점을 모두 갖춘 고정화한(immobilized) 균일계 촉매는 9장에서 설명하는 결합법 등 여러 방법으로 제조한다.

이 외에도 촉매를 활용하는 반응을 기준으로 수소화 촉매, 산화 촉매, 환원 촉매로 분류하기도 한다. 중합 촉매나 연소 촉매는 촉매의 용도까지 명시되어 이해하기 편리하지만, 같은 촉매가 여러 종류의 반응에 사용되므로 구분하기 어려운 경우도 있다. 용도별로 촉매를 구분할 때에는 표 1.1에서 분류한 대로 원유정제용, 화학공정용, 자동차의 배기가스 정화용으로 나눈다. 1970년대만 해도 자동차용 촉매의 시장 크기는 아주 작았으나, 2000년대에 이르러 자동차에 배기가스 정화용 촉매가 의무적으로 부착되고, 활성물질로 귀금속을 사용하여 가격이 비싸서 요즈음에는 자동차용 촉매 시장이 상당히 크다. 자동차용 배기가스 장치와 유기 휘발성물질의 연소에 사용하는 촉매는 환경오염을 방지한다는 뜻에서 환경 촉매라고 부르기도 한다.

🔍 4 촉매 연구의 흐름

촉매 분야의 역사를 간단히 정리힌다[3-6]. 1781년 파르멘티(Parmentier)가 전분을 포도당으로 가수분해하는 반응에 무기산을 촉매로 이용한 기록이 남아 있다. 이후 촉매는 무기산과 점토에서 다양한 물질로 확장되었으며, 산화질소를 촉매로 황산을 합성(1806년)하는 기상반응도 연구되었다. 데이비(Davy, 1820년)와 패러데이(Faraday, 1834년) 등은 백금 촉매에서 산화반응을 조사하여 표면이 반응을 촉진한다는 사실을 근거로 촉매작용을 설명하였다. 1836년 베르셀리우스(Berzelius)에 의해 '촉매'라는 용어가 쓰이기 시작하면서 촉매와 촉매작용이 구체화되었다. 이후 촉매는 다양한 화학물질의 제조에 사용되어 황산구리 촉매에서 염화수소로부터 염소를 제조하는 공정(1867년)과 백금을 촉매로 사용하는 황산 제조공정(1875년) 등이 개발되었다.

1900년대에 들어서면서 촉매 연구는 상당히 활발해졌다. 1901년 오스트발트(Ostwald)는 백금 촉매를 이용하여 암모니아로부터 질산을 제조하였으며, 반응속도의 측정 결과를 근거로 촉매의 개념을 정량적으로 설명하였다. 1909년 하버(Harber)는 질소와 수소의 혼합물로부터 철 촉매를 이용하여 암모니아를 합성하는 데 성공하였다. 이 발명을 토대로 보쉬(Bosch)는 1913년 암모니아의 상용 생산공장을 완성하였다. 질소비료의 대량 생산으로 식량 생산이 크게 증가하였으며, 암모니아 합성공정은 70억 인류의 생존을 떠받치는 점에서 아주 중요하다.

1910년 사바티에(Sabatier), 1913년 미하엘리스(Michaelis)와 멘텐(Menten) 등이 촉매반응의 진행경로를 밝혔으며, 이를 이용하여 반응속도의 측정 결과를 이론적으로 설명하였다. 랭뮤어(Langmuir)는 1916년 흡착 이론을 제시하여 표면에서 물질의 흡착을 정량적으로 모사하였다. 촉매의 가장 기본적인 성질인 표면적의 측정 방법은 브루나워(Brunauer), 에멧(Emmett), 텔러(Teller)에 의해 1938년 제안되었다. 이어 1939년 틸레(Thiele)는 촉매의 세공구조에 따른 반응물의 확산현상을 반응속도와 연관지어 해석하였다.

1926년 피셔(Fischer)와 트롭슈(Tropsch)는 코발트와 철을 촉매로 일산화탄소와 수소로부터 탄화수소를 합성하는 공정을 개발하였다. 이 공정은 2차대전 중 석탄에서 가솔린을 제조하는 데 활용되었으며, 현재도 남아프리카공화국에서 석탄에서 액체 연료를 제조하는 데 활용되고 있다. 1930년대 후반부터 미국에서 원유가 연료와 화학공업 원료로 중요하게 사용되면서, 원유정제에 관련된 촉매 연구가 활발하였다. 자동차공업의 발달로 가솔린 수요가 많아져 원유의 40% 이상이 분해공정을 거쳐 가솔린 제조에 사용되므로, 중질유 분해와 고급 가솔린 제조공정에 관련된 여러 종류의 촉매가 개발되었다. 고체산 촉매를 사용하는 유동층 접촉분해공정과 알루미나에 담지된 백금 촉매를 사용하는 탄화수소 개질공정이 조업되기 시작하였다. 산점과 금속을 같이 사용하는 이중기능 촉매 등에 대한 개념도 이 무렵 정립되었다.

1950년 전후 반도체 분야의 획기적인 발전은 촉매 분야에도 큰 영향을 끼쳤다. 반도체의 전자적 성질을 활용하여 촉매작용을 설명하려는 연구가 활발하였다. 화학반응에서는 전자의 이동이 필수적이라는 점에서, 촉매와 반응물 사이에 전자를 주고받는 기능으로 촉매작용을 설명한다. 이러한 시도는 1970년대에 약간 위축되었으나, 1980년 촉매작용과 전기화학의 상관성이 부각되면서 촉매작용의 본질을 연구하는 방법으로 다시 중요하게 다루어지고 있다.

1955년 염화타이타늄과 알킬 알루미늄으로 만든 지글러(Zigler) 촉매가 폴리알켄의 저압 중합공정에 사용되면서 고분자물질의 합성에도 촉매가 사용되었다. 산화마그네슘 지지체의 사용, 증진제 첨가 등으로 촉매활성이 높아지고, 생성물의 구조 선택성과 밀도를 조절하는 다양한 촉매가 개발되었다.

1960년대 촉매 분야의 중요한 발전으로 미세세공이 규칙적으로 발달한 결정성 제올라이트를 촉매로 이용한 일을 든다. 1962년 희토류 이온이 교환된 포자사이트(faujasite)형 제올라이트가 중질유 분해공정의 촉매로 도입되었다. 기존에 사용하던 실리카-알루미나 촉매에 비해 가솔린 생산량이 많아지나 탄소침적은 줄어들어 공정의 효율성이 크게 제고되었다. 이후 제올라이트의 독특한 세공구조에 기인한 형상선택적 촉매작용이 자일렌의 이성질화반응과 톨루엔의 알킬화반응 등에 활용되면서, 이의 촉매로서 사용 영역이 크게 넓어졌다.

1975년에 미국의 모빌(Mobil) 사가 ZSM-5 제올라이트를 촉매로 사용하여 메탄올로부터 가솔린을 한 단계 촉매반응을 거쳐 합성하는 공정을 발표하면서 제올라이트의 연구는 더욱 활발해졌다. 규소와 알루미늄 이외의 원소로 제올라이트와 유사한 골격구조를 갖는 다양한 분자체가 합성되어 촉매로 이용되면서, 미세세공 분자체의 활용 영역이 더욱 넓어졌다. 제올라이트와 제올라이트 유사물질(zeotype material)의 세공구조, 산성도, 세공 내 화학적 분위기 등을 조사하여 촉매로 이용하려는 탐색 연구가 폭넓게 진행되었다.

1990년대에 발표된 중간세공물질(mesoporous material)은 촉매로서 가능성이 높은 물질이다. 계면활성제를 주형물질로 사용하여 합성하므로 세공이 $2.0 \sim 10 \, nm$ 정도로 제올라이트에 비해서 상당히 크고, 균일하여 제올라이트에 들어가지 않는 큰 분자의 반응에 촉매로 사용할 수 있다. 처음에 발표된 중간세공물질은 실리카만으로 이루어졌으나, 골격에 다양한 원소를 치환하고 표면성질을 여러 방법으로 조절하여 촉매와 지지체로서 사용하며, 유기산, 염기, 금속 화합물의 지지체로도 연구되고 있다.

1995년 합성이 보고된 금속-유기골격물질(metal-organic framework: MOF)은 새로운 다공성물질로서, 2000년대에 들어서면서 많은 사람의 관심을 끌고 있다. 가운데가 비어 있는 특이한 구조 때문에 표면적이 $3,000 \, m^2 \cdot g^{-1}$ 이상으로 넓고, 금속과 유기 리간드의 종류에 따라 흡착성질이 특이하여 흡착제, 센서, 촉매로 사용되고 있다[7]. MOF의 둥지 안에 키랄성이 있는 리간드를 결합시켜 만든 MIL-101 MOF는 여러 방향족 알데하이드와 케톤의 비대칭 알돌축합반응에 수율이 $60 \sim 90\%$에 이를 정도로 활성이 높고, R-이성질체에 대한 선택성이 $55 \sim 80\%$ 정도로 높다. 크기와 모양이 다를 뿐 아니라 둥지 내의 화학적 상태도 크게 달라서 MOF를 촉매로서 응용하려는 연구가 활발하다[8].

1990년 이후 촉매 분야에서 가장 빠르게 성장하는 분야는 촉매를 활용하여 환경오염을 방지하거나 오염물질을 세서하는 분야이다. 원유정제 과정에서 황 화합물을 제거하는 공정도 촉매와 공정기술 면에서 크게 발전하였지만, 자동차의 배기가스 정화 촉매도 놀랄 만큼 발전하였다. 가솔린 자동차의 배기가스 정화용 촉매는 이제 일반인에게도 상식이 되었고, 입구의 공기보다 촉매 출구의 공기가 더 깨끗하다고 할 정도로 성능이 우수하다. 디젤 자동차의 배기가스에 들어 있는 질소 산화물과 입자상물질(particulate matter : PM)의 제거 역시 촉매 기술로 해결한다[9]. 광촉매에 의한 오염물질의 제거 방법은 이미 시장에 진입하였다. 광촉매를 이용하여 태양빛으로 물을 분해하여 수소를 제조하는 연구는 아직 상업화 수준에 이르지는 못했지만, 촉매의 새로운 응용 분야로 부각되고 있다.

생명공학과 유기 금속화학의 발전은 균일계 촉매의 발전을 촉진하였다. 에너지 사용량을 줄이고 생성물의 분리공정을 단순화하며, 화학공정의 효율을 높이는 청정화학 분야에 균일계 촉매의 기여가 크다. 물질의 효과적인 사용과 환경에 미치는 부담을 최소화하는 청정화학(그린, green)에 바탕을 둔 촉매공정의 개발이 활발하다[10]. 효소의 구조가 규명되고 이들의 기능이 밝혀지면서 효소처럼 활성과 선택성이 높은 촉매를 개발하려는 의욕이 결실을 맺어가고 있다. 효소를 반복하여 사용하도록 고체 지지체에 고정하는 기술도 다양하게 연구되고 있다.

촉매 자체에 대한 발전에 못지않게 촉매 연구에 관련된 분석기기도, 컴퓨터와 전자기술의 발전에 힘입어 무척 빠르게 발전하고 있다. 전자분광 기술, 진공 기술, 레이저 기술, 컴퓨터 기술 등의 발전은 촉매 표면의 정밀분석뿐 아니라 표면에서 진행되는 반응을 실시간으로 조사하는 수준에 이르렀다. 반응물 분자가 촉매 표면에 충돌할 때 일어나는 내부에너지의 변화를 추적하거나 최초의 생성물을 확인하려는 수준까지 촉매 연구가 세밀해지고 있다. 반응물을 넣어주고 한참 기다린 후 생성물을 채취하여 성분을 분석해서 촉매작용과 표면현상을 추측하던 수준에서, 촉매 표면의 활성점에서 반응물이 어떤 과정을 거쳐 활성화되어 생성물로 전환되는지를 직접 관찰하는 수준까지 발전하였다. 나노크기의 촉매 제조와 평가 기술의 도입으로 귀금속 등 촉매활성물질의 효용을 극대화하고 미시구조까지 제어함으로써 촉매의 선택성을 높인 나노촉매 제조 기술이 화학공업의 현장에 적용되고 있다[11].

화학반응의 평형 조성을 열역학 자료를 활용하여 쉽게 계산하는 데 비해, 수소 원자와 중수소 분자의 반응처럼 아주 간단한 반응에서만 반응속도를 계산할 수 있었다. 고체 촉매의 표면에 흡착한 반응물의 에너지 계산은 얼마 전까지만 해도 거의 불가능했다. 최근 컴퓨터의 연산속도가 빨라지고 저장 용량이 엄청나게 증가하여 계산화학이 눈부시게 발전하였다[2]. 금속 표면에서 촉매반응을 조사하기 전에 밀도함수 이론(density functional theory : DFT)으로 반응경로를 조사한다고 이야기할 정도로 촉매 분야에서 계산화학의 발전속도가 빠르다. 촉매작용의 설명을 뒷받침하는 수준에서 이제 최적화된 촉매를 설계하고, 반응경로를 탐색하며, 적절한 표면구조의 활성점을 제안하는 단계까지 발달하였다.

촉매는 한때 마법상자(magic box)라고 부를 정도로 촉매에서 진행되는 반응의 실체를 모르면서도 화학공업에 유용하게 사용하는 물질이었다. 기업의 핵심 산업기술이어서 공개하지 않고, 아주 불균일한 고체 표면에서 일어나는 현상이어서 촉매작용의 본질을 규명하기 어려웠다. 그러나 21세기에 들어서서 과학기술의 발전으로 '촉매 설계(catalyst design)'라는 용어가 '이론적 촉매 설계(rational catalyst design)'로 바뀔 정도로, 촉매의 표면 조성과 배열

구조로부터 촉매작용을 이해하는 수준에 이르렀다[12]. 원유정제, 화학물질의 생산 영역을 벗어나, 환경을 지키고 에너지와 공업 원료를 생산하는 인류 생존의 필수불가결한 기술로 촉매가 발전하고 있다.

참고문헌

1. R.A. Alberty and R.J. Silbey, "Physical Chemistry", 2nd ed., John Wiley & Sons, Inc (1997), pp 671−675.

2. J.J. Bravo−Suárez, R.V. Chaudhari, and B. Subramaniam, "Design of Heterogeneous Catalysts for Fuels and Chemicals Processing: An Overview", *ACS Symp. Ser.*, ACS, Washington DC (2013).

3. 淺岡忠知著, "応用触媒化学", 三共出版株式会社 (1981), pp 3−6.

4. J.M. Thomas and W.J. Thomas, "Principles and Practice of Heterogeneous Catalysis", VCH, Weinheim (1997), pp 4−10.

5. 上松敬禧, 中村潤児, 內藤周式, 三浦弘, 工藤昭彦 ⋯ , "触媒化学", 朝倉書店 (2007), pp 14−18.

6. J.N. Armor, "A history of industrial catalysis", *Catal. Today*, **163**, 3−9 (2011).

7. G. Férey, "Hybrid Porous Solids: Past, Present, Future", *Chem. Soc. Rev.*, **37**, 191−214 (2008).

8. M. Banerjee, S. Das, M.−Y. Yoon, H.−J. Choi, M.−H. Hyun, S.−M. Park, G. Seo, and K.−M. Kim, "Postsynthetic modification switches an achiral framework to catalytically active homochiral metal−organic porous materials", *J. Am. Chem. Soc.,* **131**, 7524−7525 (2009).

9. 정석진, "그린에너지와 환경촉매", 집문당 (2010), p 309.

10. 御園生誠, 村橋俊一, "그린케미스트리, 지속적 사회를 위한 화학 I", 김종호, 강춘형, 김건중, 이관영, 정창복 공역, 한티미디어 (2012).

11. A. Zecchina, S. Bordiga, and E. Groppo, Ed., "Selective Nanocatalysts and Nanoscience: Concepts for Heterogeneous and Homogeneous Catalysis", Wiley−VCH (2011).

12. M. Crespo−Quesada, F. Cárdenas−Lizana, D. Anne−Laure, and L. Kiwi−Minsker, "Modern trends in catalyst and process design for alkyne hydrogenations", *ACS Catal.,* **2**, 1773−1786 (2012).

제 **02** 장

흡 착

경계면에서 특정한 물질이 축적되는 현상이 **흡착**(吸着, adsorption)이다[1]. 고체 표면에서 특정 물질의 농도가 기체 상보다 높으면 고체 표면에 그 물질이 흡착하였다고 말한다. 경계면의 종류에 따라 고체 표면에 액체나 성분이 흡착하고, 액체 표면에도 다른 액체나 기체 성분이 흡착한다. 촉매현상은 기체, 액체, 고체 상태 모두에서 가능하지만, 기체와 액체의 고체 표면에서 흡착이 촉매작용과 관계있다. 불균일 촉매는 주로 고체 상태이고, 반응물은 기체 상태이어서, 이 장에서는 고체 표면에 대한 기체의 흡착 현상만을 다룬다.

흡착하는 물질이 경계면에만 쌓이지 않고 다른 물질 내로 투과 확산되어 다른 물질 내에서 농도가 증가하는 현상은 **흡수**(吸收, absorption)이다. 다른 물질의 농도가 경계면에서만 또는 경계면과 내부에서 증가하는가의 여부로 흡착과 흡수를 구별하지만, 흡착과 흡수가 동시에 진행하거나 경계면이 애매하여 이를 명확하게 구별하기 어려울 때는 두 현상을 합하여 **수착**(收着, sorption)이라고 부른다.

이와 반대로 경계면에 흡착한 물질의 농도가 감소하는 현상이 **탈착**(脱着, desorption)이다. 기체 압력이 낮아지거나 계의 온도가 높아져서 흡착한 물질이 표면에서 떨어져 기체 상으로 옮겨가므로 고체 표면에서 이 물질의 농도가 낮아지면 탈착되었다고 말한다. 표면과 거리 측면에서 보면 기체 분자가 표면에서 일정 거리에 머무르는 현상이 흡착이고, 흡착한 기체 분자가 표면으로부터 멀어지는 현상이 탈착이다. 기체 분자의 운동에너지와 흡착할 때 방출하는 안정화에너지인 흡착열의 크기에 따라 흡착과 탈착의 방향이 정해진다. 계의 온도가 높아져 기체 분자의 운동에너지가 많아지면 탈착 가능성이 높아지고, 표면에 흡착하는 분자가 흡착열을 많이 방출하면 탈착 가능성은 낮아진다. 이처럼 흡착과 탈착 여부는 기체 상태와 흡착 상태의 화학퍼텐셜에 의해 결정되므로, 기체의 압력, 계의 온도, 기체 분자와 표면과 상호작용을 뜻하는 흡착세기에 따라 흡착하는 양이 달라진다. 흡착이 강하면 상당히 높은 온도에서도 많이 흡착하나, 흡착세기가 약하면 흡착량이 적다. 기체 압력이 높으면 흡착량이 많아지는 이유는 기체 상태의 화학퍼텐셜이 커져서 흡착 상태가 상대적으로 안정해지기 때문이다.

고체 표면에 기체가 액체 상태로 응축되어도 표면에서 특정한 물질의 농도가 높아지지만, 이 현상을 흡착이라고 부르지 않는다. 끓는점보다 계의 온도가 낮거나 포화증기압보다 기체 압력이 높아 고체 표면이 액체로 덮여 있기 때문이다. 표면과 흡착하는 물실 사이의 상호작용에 의해 표면에서 농도가 높아진 게 아니고, 온도와 압력 조건에 따라 기체가 액체가 되었기 때문이다. 여러 층으로 흡착하여 흡착층이 두꺼워지면 흡착한 물질의 성질이 액체 상태의 성질과 비슷하여 **2차원 액체**(two-dimensional liquid)라고 부르기도 한다. 따라서 끓는점보

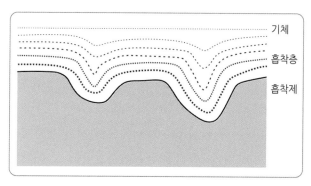

그림 2.1 고체 표면에서 흡착층의 단면도 점선의 굵기는 흡착한 물질의 농도를 나타낸다.

다 온도가 높거나 포화증기압보다 기체 압력이 낮아 액화가 일어나지 않는 조건에서 특정한 물질의 농도가 경계면에서 높아지는 현상이 흡착이다.

기체가 고체 표면에 흡착하면 표면에 흡착층이 형성되고, 그 바깥쪽에는 기체가 있다. 그림 2.1에 보인 것처럼 고체 표면에 가까울수록 흡착하는 물질의 농도가 높고, 표면에서 멀어질수록 농도가 낮다. 고체 표면과 아주 멀어지면 흡착제 표면의 영향을 받지 않는 기체 상태가 된다. 가까운 데서는 고체 표면의 형태에 따라 흡착층의 모양이 달라지지만, 기체 상에서는 이와 무관하다. 해수면 기준으로 고도가 높아질수록 공기밀도가 희박해지는 현상과 표면에서 거리가 멀어짐에 따라 흡착하는 물질의 농도가 낮아지는 현상은 서로 비슷하다. 중력 대신 흡착세기를 고려하면 같은 방법으로 흡착 현상을 설명할 수 있다.

흡착 조건이나 물질의 종류에 따라 흡착층을 이루지 않고 드문드문 떨어져 흡착할 수도 있다. 표면의 흡착점(adsorption site)에 강하게 고정되어 낱개로 흡착되어 있으면 에너지와 구조 면에서 기체 상태와 상당히 다르다. 강하게 흡착하면 병진운동(translation)의 자유도 3개를 모두 잃고 고정된다. 그러나 약하게 흡착하면 병진운동의 자유도를 하나 잃어서 표면에서 떨어지지 않는 점 외에는 흡착 상태가 액체 상태와 비슷하다. 흡착층의 생성 여부에 관계없이 흡착세기와 거리, 계의 온도와 기체 압력에 따라 흡착하는 물질의 농도가 달라진다.

흡착하면서 반응물의 어느 결합이 약해지거나 분자의 일부가 나누어지면 그 반응물은 흡착한 상태에서 쉽게 분해하거나 다른 물질과 반응할 수 있다. 이 상태를 활성화되었다(activated)고 하며, 이런 활성화 상태에서 화학반응이 쉽게 진행되므로 촉매작용이 나타난다. 흡착하여 활성화된 반응물이 활성화에너지가 작은 반응경로를 거쳐 생성물로 전환되면서 촉매작용이 나타나기 때문에, 흡착 형태와 흡착 과정에서 에너지 변화를 알아야 촉매작용을 제대로 이해할 수 있다.

이 장에서는 촉매 현상을 이해하는 데 도움이 되도록 흡착 과정에서 에너지 변화, 흡착의 종류와 성질, 흡착 현상을 정량적으로 나타내는 방법, 촉매작용의 원인이 되는 화학흡착을 설명한다.

(1) 흡착에너지

고체 표면에 드러난 원자는 배열 방법과 에너지 측면에서 내부에 들어 있는 원자와 상당히 다르다. 모든 방향에서 다른 원자와 결합하여 결합력이 균형을 이룬 내부 원자와 달리, 표면에 노출된 원자는 바깥 방향으로는 다른 원자와 결합하지 않으므로 결합력이 균형이 이루어지지 못한(unbalanced) 상태이다. 표면 원자는 내부 원자보다 다른 원자와 결합이 적어서 에너지가 많기 때문에 다른 원자나 분자와 결합하여 안정해지려 한다. 조밀쌓임구조를 이루고 있는 금속의 내부 원자는 12개의 다른 원자로 둘러싸여 있지만 정팔면체 금속 알갱이의 꼭짓점 원자는 다만 네 개의 다른 원자와 결합하고 있어 배위수가 상당히 적다. 꼭짓점 원자에 다른 원자나 분자가 흡착하면 배위수가 많아져 안정해진다.

고체 표면에 기체 분자가 자발적으로 흡착하려면 흡착으로 인해 계의 깁스에너지가 적어져야 한다. 기체 분자가 나뉘지 않고 그대로 흡착하면 자유로운 기체 분자에 비해 병진운동의 자유도가 없어졌기 때문에 흡착 과정에서 엔트로피가 줄어든다. 엔트로피 변화량(ΔS)이 음수이므로, 자발적으로 흡착하려면 깁스에너지의 변화량(ΔG)이 음수가 되도록 흡착 과정에서 엔탈피 변화량(ΔH)은 음수가 되어야 한다. 흡착하면서 엔트로피가 줄기 때문에 분자가 나뉘지 않고 자발적으로 흡착하면 아래 식에 따라 열이 발생한다.

$$\Delta G = \Delta H - T\Delta S \tag{2.1}$$

ΔG는 기체 상태에서 흡착하는 데 따른 깁스에너지의 변화량, ΔH는 엔탈피의 변화량, ΔS는 엔트로피의 변화량을 나타내며, T는 흡착이 일어나는 절대온도(단위: K)이다.

기체 분자가 나뉘지 않고 그대로 흡착(회합흡착, associative adsorption)하면 반드시 열이 발생해야 하지만, 수소 분자가 두 개의 수소 원자로 나뉘어 흡착하는 해리흡착(dissociative adsorption)에서는 열을 흡수할 수도 있다. 한 분자가 두 개의 원자로 분해하는 과정에서 엔트로피가 증가하므로($\Delta S > 0$) 이론적으로 흡열흡착도 가능하다. 물이 흡착한 표면에 어떤 큰 분자가 흡착하면서 물을 떼어내면 물 분자 여러 개가 탈착되므로 전체 엔트로피가 증가한다. 흡착하는 분자만 보면 엔트로피가 감소하지만, 물 분자의 탈착으로 엔트로피가 증가한다. 그러나 대부분의 흡착에서는 흡착하는 분자의 운동에너지 일부가 열로 전환되어 엔탈피의 변화량이 음수가 되면서, 흡착열을 방출한다.

흡착이 일어나는 원동력(driving force)으로는 반데르발스 힘(van der Waals force)과 흡착제와 흡착한 물질 사이에 이루어지는 화학적 결합에 의한 화학결합력이 있다. 반데르발스 힘은

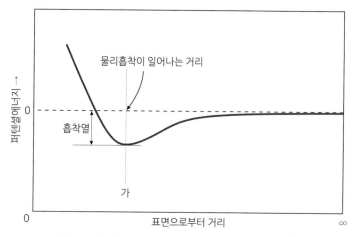

그림 2.2 물리흡착 과정에서 계의 퍼텐셜에너지 변화[2]

쌍극자나 사극자 분자 사이의 인력이나 분산력에 의한 응집력이다. 반데르발스 힘에 의해 흡착하는 물질과 고체 표면 원자 사이에서는 전자가 이동하지 않고, 흡착하면서 분자의 구조가 달라지지 않아 **물리흡착**(physical adsorption, physisorption)이라고 부른다. 이에 반해 표면 원자와 흡착한 분자 사이에 전자가 이동하면 표면 원자와 흡착하는 분자 사이에 정전기적 인력에 의한 이온결합, 전자쌍을 공유하는 공유결합, 전자쌍을 제공하는 배위결합이 형성될 수 있다. 이처럼 화학결합이 흡착의 원동력인 흡착을 **화학흡착**(chemical adsorption, chemisorption)이라고 한다.

물리흡착 과정에서 기체 분자와 고체 표면 간 거리에 따른 퍼텐셜에너지의 변화를 그림 2.2에 나타내었다. 기체 분자가 고체 표면에서 아주 멀리 떨어져 있으면 상호작용이 없으므로 퍼텐셜에너지는 영(zero)이지만, 표면에 점점 가까워지면 반데르발스 인력에 의하여 퍼텐셜에너지가 적어진다. 퍼텐셜에너지가 적어지면 분자가 그 거리에 머물 확률이 커지며, 퍼텐셜에너지가 가장 적은 거리에 분자가 가장 많이 머문다. 물리흡착에서는 전자가 이동하지 않으므로 분자의 구조나 형태가 달라지지 않아서 에너지 변화가 작다. 표면에 더 가까워지면 인력 대신 반발력이 더 강해져서 퍼텐셜에너지가 오히려 많아진다. 기체 분자가 고체 표면에서 '가'라는 거리에 있을 때 퍼텐셜에너지가 가장 적으므로 이 거리에 물리흡착한 분자가 많이 머물러 있다.

그림 2.3에는 화학흡착 과정에서 거리에 따른 계의 퍼텐셜에너지 변화를 나타내었다. 흡착하는 물질과 표면 원자 사이에 화학결합이 형성되어 '나' 거리에 화학흡착한다. 화학흡착은 표면에서 진행하는 화학반응이므로, 흡착하는 물질이 활성화에너지 장벽을 넘어갈 수 있도록 활성화되어야 화학흡착한다. 화학결합이 생성되면서 방출하는 흡착열이 많으면 쉽게 탈착하지 못하므로 흡착 상태가 안정하여, 이를 강한 흡착으로 구분한다. 반면 흡착열이 적으면 온도가 조금만 높아져도 쉽게 탈착하므로 약한 흡착이다.

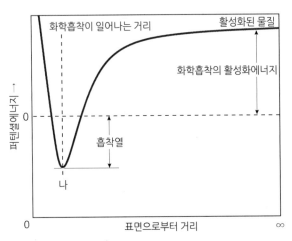

그림 2.3 화학흡착 과정에서 계의 퍼텐셜에너지 변화[2]

(2) 물리흡착과 화학흡착

물리흡착과 화학흡착 과정에서 일어나는 퍼텐셜에너지 변화를 그림 2.4에 보였다[3]. 수소 분자가 구리 표면에 흡착하는 과정에서 구리 표면과 수소 분자 또는 수소 원자 사이의 거리에 따른 퍼텐셜에너지를 나타내었다. 곡선 I은 물리흡착 과정을 나타낸다. 수소가 분자 상태로 흡착하면 화학흡착에 비해 상대적으로 먼 거리에 흡착하고, 흡착 과정에서 방출하는 흡착열이 적다. 곡선 II는 화학흡착 과정을 나타낸다. 수소 분자가 원자로 해리하는 데 필요한 에너지가 바로 화학흡착의 활성화에너지이다. 수소 원자가 구리 표면에 화학흡착하면 Cu -H 결합이 생성되어, 수소 원자는 표면에 가깝게 흡착하며, 방출하는 흡착열이 많다.

물리흡착과 화학흡착에서 흡착을 일으키는 원동력은 반데르발스 힘과 화학결합으로 서로 다르기 때문에, 흡착할 때 발생하는 흡착열뿐 아니라 흡착속도, 흡착량, 탈착 거동 등이 서로 다르다.

흡착의 종류를 흡착열로 구분하기도 한다. 흡착계에 따라 흡착하는 분자와 고체 표면의 상호작용의 형태와 세기가 매우 다르기 때문에 흡착열이 크게 다르다. 아르곤이나 헬륨처럼 극성이 없는 물질이 극성이 없는 고체 표면에 물리흡착하면 발생하는 흡착열은 액화열과 비슷하다. 그러나 물이나 암모니아처럼 쌍극자 모멘트가 큰 물질이 극성 표면에 물리흡착하면 정전기적 인력이 강하기 때문에 흡착열이 매우 많다. 화학흡착에서도 생성된 화학결합이 약하면 흡착열이 적지만, 화학흡착은 일반적으로 물리흡착보다 강하기 때문에 화학흡착열이 물리흡착열에 비해 많다. 물리흡착열은 $8 \sim 20 \, kJ \cdot mol^{-1}$이고, 화학흡착열은 $40 \sim 200 \, kJ \cdot mol^{-1}$로 흡착계에 따른 차이가 크다[3]. 타이타늄 금속에 대한 산소의 화학흡착열은 $990 \, kJ \cdot mol^{-1}$로 아주 많지만, 구리에 대한 일산화탄소의 화학흡착열은 $39 \, kJ \cdot mol^{-1}$로 상당히 적다. 이처럼 흡착열은 흡착계에 따라 차이가 커서 흡착열을 근거로 흡착 형태를 개략적으로 구분하지만, 흡착열만으로 흡착 형태를 판정하기는 어렵다.

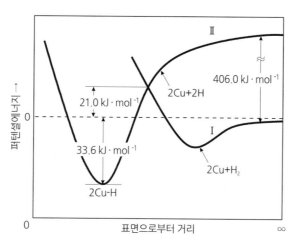

그림 2.4 구리-수소 흡착계에서 퍼텐셜에너지의 변화[3] 곡선 I : 수소 분자의 물리흡착, 곡선 II : 수소 원자의 화학흡착.

물리흡착은 기체의 액화 현상과 비슷하여 활성화에너지가 아주 적으므로, 흡착이 빠르고 평형이 이루어지는 데 걸리는 시간이 짧다. 이에 반하여 화학흡착은 화학결합을 형성하는 화학반응이어서 활성화 과정을 거쳐 진행되므로, 활성화에너지의 크기에 따라 흡착속도가 결정된다. 일반적으로 화학흡착의 활성화에너지가 커서 흡착속도가 느리지만, 흡착열이 많이 발생하면 흡착열로 인해 계의 온도가 높아져 흡착이 빠르게 진행되기도 한다. 물리흡착의 경우에도 흡착제의 세공이 아주 작아서 기체 분자의 확산이 느리면, 물질전달이 지연되어 물리흡착이 느리게 일어난다. 따라서 물리흡착은 빠르고 화학흡착은 느리다는 일반적인 설명이 틀리지는 않지만, 계의 성격에 따라 흡착속도가 다를 수 있다.

흡착이 일어나는 온도도 흡착의 종류에 따라 다르다. 물리흡착에서는 흡착으로 안정화되는 에너지가 적어서 끓는점보다 온도가 조금만 높아도 흡착한 분자가 바로 탈착한다. 강한 극성물질인 암모니아는 끓는점보다 상당히 높은 온도에서도 물리흡착되지만, 대부분 물질의 물리흡착은 끓는점 근처에서 일어난다. 이와 달리 화학흡착에서는 활성화에너지 장벽을 넘을 수 있도록 운동에너지가 많아야 하므로 끓는점보다 훨씬 높은 온도에서도 흡착이 일어난다. 흡착세기가 강하기 때문에 높은 온도에도 흡착되어 있으며, 온도가 높아져도 온도 상승에 따른 탈착량이 상대적으로 적다. 끓는점이 −183 ℃인 산소는 이 온도 근처에서 산화아연에 물리흡착하지만, 이보다 훨씬 높은 온도인 200 ℃ 근처에서는 화학흡착한다[4]. 아주 작은 세공 내에서는 메니스커스(meniscus) 효과로 물리흡착이 끓는점보다 높은 온도에서 일어난다. 액체 평면에서 평형증기압과 세공 내 평형증기압이 다르기 때문이다. 그러나 이런 예는 아주 드물어서 끓는점보다 훨씬 높은 온도에서 일어나는 흡착은 화학흡착이라고 보아도 무방하다.

물리흡착의 원동력은 흡착하는 기체 분자와 고체 표면의 원자 사이의 물리적인 인력이므로, 흡착온도와 기체 압력 등 물리적 조건을 맞추어주면 흡착하는 물질과 고체의 종류에 관계없이 흡착이 일어난다. 이와 달리 화학흡착에서는 기체와 고체 표면이 전자를 주고받거나 공유하여야 하므로 특정한 물질 사이에서만 화학흡착이 일어난다. 화학결합이 생성될 수 있도록 전자를 주려고 하는 표면에는 전자를 받으려고 하는 기체가, 반대로 전자를 받으려고 하는 표면에는 전자를 주려고 하는 기체가 이온결합을 형성하며 화학흡착한다. 전자를 서로 하나씩 제공하여 흡착하는 물질과 표면 원자가 전자를 서로 공유하는 공유결합이나 기체나 표면 한쪽에서 전자쌍을 제공하는 배위결합에서는 서로 짝을 이룰 때만 화학결합이 형성되므로 화학흡착이 일어난다. 물리흡착은 기체와 표면의 종류에 무관하므로 흡착에 선택성이 없지만, 화학흡착은 특정한 기체와 특정한 표면 사이에서만 일어나므로 흡착에 선택성이 있다.

화학흡착에서는 흡착하는 물질과 표면 원자 사이에 전자를 주고받아야 하기 때문에 흡착이 한 층으로 제한된다. 표면에 흡착한 물질은 그 위에 흡착한 물질과 동일하므로 서로 전자를 주고받지 못하여 화학흡착은 단분자층(monolayer) 흡착에 그친다. 이와 달리 물리흡착은 액화 과정과 비슷하여 표면뿐만 아니라 흡착한 분자 위에 다시 흡착하므로 흡착층이 두터워진다. 압력과 온도에 따라 흡착 정도가 다르긴 하지만, 물리흡착에서는 다분자층(multilayer)을 이루며 흡착하므로, 단분자층에서 흡착이 끝나는 화학흡착보다 흡착량이 많다.

흡착의 종류에 따라 탈착 거동이 다르다. 물리흡착한 물질은 계의 온도가 약간 높아지면 쉽게 탈착한다. 또 물리흡착에서는 흡착 과정에서 분자의 구조가 달라지지 않아서 흡착할 때와 같은 물질로 탈착하므로 흡착과 탈착이 가역적이다. 그러나 화학흡착한 물질은 표면과 결합력이 강해 상당히 높은 온도에서도 흡착되어 있다. 온도가 더 높아지면 흡착할 때와 다른 물질로 탈착하기도 하여, 흡착과 탈착이 가역적이지 않을 수 있다. 활성탄에 화학흡착한 산소를 가열하면 대부분 산소로 탈착하지만, 일부는 일산화탄소나 이산화탄소로 탈착한다. 흡착한 산소와 표면 탄소의 화학결합이 아주 강하여, $C-O$의 결합 대신 $C-C$의 결합이 끊어지면서 탈착하기 때문이다. 이러한 비가역적인 흡착-탈착은 표면 원자 사이의 결합에 비해 흡착한 물질과 표면 원자 사이의 결합이 더 강한 화학흡착에서만 가능하다.

기체 압력이 높거나 흡착온도가 흡착하는 물질의 끓는점보다 그다지 높지 않으면 물리흡착과 화학흡착이 동시에 진행한다. 암모니아처럼 극성이 강한 물질이 하이드록시기가 많은 고체산 촉매에 흡착할 때, 일부는 산점에 화학흡착하고 일부는 하이드록시기에 물리흡착한다. 흡착속도 차이로 처음에는 물리흡착되었다가 서서히 화학흡착 상태로 전환되기도 한다. 이처럼 물리흡착과 화학흡착이 같이 일어나는 경우에는 흡착속도와 흡착량만으로 흡착의 종류를 구별하지 못한다.

표 2.1에 물리흡착과 화학흡착의 성격 차이를 항목별로 정리하였다[1].

화학흡착은 촉매작용의 기본 요소이기 때문에 화학흡착의 상태와 세기는 촉매를 평가하는 중요한 자료이다. 반응물의 작용기가 어떤 종류의 활성점에 화학흡착하는지, 반응물이 어떻게 나뉘어 흡착하는지에 따라 촉매반응의 경로가 달라진다. 그림 2.5에 보인 개미산의 분

표 2.1 물리흡착과 화학흡착의 비교[1]

항 목	물리흡착	화학흡착
흡착열	적다.	많다.
흡착속도	빠르다.	느리다.
흡착층 개수	여러 개(다분자층)	한 개(단분자층)
흡착온도	끓는점 근처	끓는점보다 훨씬 높은 온도
가역성	가역적	가역적 또는 비가역적
선택성	없다.	있다.

해반응에서는 개미산의 화학흡착 방법에 따라 수소와 이산화탄소가 생성되기도 하고, 물과 일산화탄소가 생성되기도 한다. 니켈 촉매를 사용하면 개미산에서 해리된 수소가 원자 상태로 니켈 원자에 화학흡착하고, 수소 원자들이 서로 결합하여 수소 분자로 탈착된다. 그러나 극성 고체산 촉매인 실리카－알루미나에는 개미산이 극성물질인 양성자(H^+)와 하이드록시기(OH^-)로 나뉘어 흡착하므로 이들이 결합하여 물이 생성된다.

그림 2.5 개미산의 분해반응에서 촉매와 생성물의 관계

화학흡착의 세기도 촉매작용에 매우 중요하다. 촉매반응에서 생성된 수소나 물이 촉매에 너무 강하게 흡착되어 있으면, 활성점이 차폐되어 더 이상 촉매로서 작용하지 못한다. 반대로 흡착세기가 약해 흡착량이 적으면 촉매반응이 느리다. 흡착세기가 너무 약하여 흡착하지 않으면 촉매작용이 전혀 나타나지 않는다. 이처럼 화학흡착은 촉매작용의 원인, 반응경로의 결정, 활성점의 재생 등 촉매작용과 직접 연계되어 촉매의 가능성과 한계를 결정하는 인자이다. 반응물이 화학흡착하면서 촉매작용이 시작하므로 촉매현상을 화학흡착과 연관지어 설명한다.

물리흡착은 촉매 표면의 구성 원소나 화학적 상태보다 표면구조와 흡착계의 물리적 조건에 의해 결정되기 때문에, 고체의 표면적이나 세공 분포를 측정하는 데에는 물리흡착이 적절하다. 물질에 대한 선택성이 없어서 온도와 압력 등 물리적 조건을 맞추어 주면 어떤 종류의 고체 표면에도 물리흡착이 일어나므로, 이를 고체의 표면구조나 세공구조를 조사하는 데 사용한다. 고체의 표면을 한 층으로 덮는 데 필요한 단분자층 흡착량을 구하여 몰 수로 환산한 후, 이 몰 수에 아보가드로 수를 곱해 구한 흡착한 분자의 개수에 한 분자의 점유 면적을 곱하여 표면적을 계산한다. 질소 분자의 점유 면적이 온도나 압력, 또는 고체의 조성이나 구조에 무관하게 일정하고, 액체 질소로 질소가 물리흡착하는 온도를 일정하게 유지하기 쉬워서 질소의 물리흡착을 표면적 측정에 널리 사용한다. 질소의 물리흡착을 이용하여 표면적과 세공크기 분포를 측정하는 방법을 뒤에 설명한다.

화학흡착에서는 촉매 표면의 구성 원소와 원자의 배열 방법에 따라 흡착 가능성이 달라지므로, 이로부터 표면의 화학적 성질과 특정한 물질의 분산 상태를 조사한다. 수소와 일산화탄소는 금속 표면에만 선택적으로 화학흡착하므로, 금속을 담지한 촉매에서 이들의 화학흡착량으로부터 금속의 분산도를 계산한다. 화학흡착의 형태가 같아야 한다는 전제가 있지만, 수소의 흡착량을 측정하여 금속의 분산도를 결정하는 방법은 금속 촉매의 물성 조사에 널리 쓰인다. 암모니아나 피리딘 등 염기를 흡착시켜 산점의 종류와 농도를 측정하는 방법은 고체 산 촉매의 표준화된 산성도 측정법이다.

흡착열이 표면의 흡착점과 흡착한 분자 사이의 상호작용 세기에 대응하므로 흡착열로부터 흡착점의 성격을 추정한다. 암모니아의 미분 흡착량으로부터 실리카와 실리카-알루미나의 산점세기 분포를 구한 예를 그림 2.6에 보였다[5]. 실리카에는 흡착열이 많은 강한 산점이 없다. 반면 실리카-알루미나에는 암모니아의 흡착열이 $95 \sim 120\ kJ \cdot mol^{-1}$ 인 강한 산점이 상당히 많다. 암모니아의 흡착열 측정 결과로부터 산점의 세기를 파악한다.

열량계를 이용하여 흡착열을 직접 측정할 수 있지만, 여러 온도에서 측정한 흡착등온선에서 계산하기도 한다. 흡착량이 같은 조건에서 평형 상태를 이루는 온도와 압력의 쌍을 클라우지우스-크라페이롱(Clausius-Clapeyron)식에 대입하여 흡착열을 계산한다. 흡착층을 액체로 보고 유도한 기체-액체 평형 관계식을 이용한다.

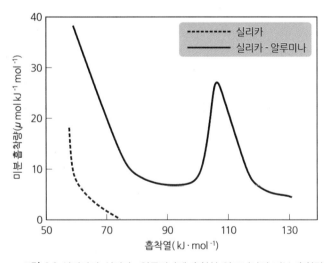

그림 2.6 실리카와 실리카-알루미나에 흡착한 암모니아의 미분 흡착량

$$Q_{\text{iso}} = -R\left[\frac{\partial \ln P}{\partial(1/T)}\right]_n \tag{2.2}$$

Q_{iso}는 흡착량이 n으로 일정한 조건에서의 흡착열이므로 등흡착량 흡착열이라고 부른다. 흡착량이 많아짐에 따라 흡착열이 변하는 경향에서 흡착점의 세기 분포 등 흡착계의 성질을 파악한다.

흡착법으로 얻은 촉매의 물리화학적 성질은 촉매 표면을 직접 조사한 결과가 아니기 때문에 해석에 주의해야 한다. 염기의 흡착 결과로부터 산점의 세기를 유추할 때, 염기 분자의 구조와 크기, 흡착제의 세공구조와 상태에 따라 산성도 분포가 달라진다. 흡착 실험에서 구한 흡착량, 흡착열, 흡착이 일어나는 온도, 흡착속도, 가역성 등은 표면의 성질을 반영하므로, 흡착 실험에 사용한 검지(probe)물질의 성질과 한계를 감안하여야 촉매의 성질과 상태를 제대로 파악할 수 있다.

🔍 3 흡착등온선과 흡착등압선

흡착 상태를 정량적으로 나타내려면 기체의 압력(또는 농도), 흡착이 일어나는 온도, 단위 흡착제당 흡착량 등의 자료가 필요하다. 한 평면에 독립적인 세 변수를 함께 나타내지 못하므로, 이들 중 한 변수를 고정하고 나머지 두 변수 사이의 관계를 나타내는 방법으로 흡착계를 표현한다. 일정 온도에서 기체 압력에 따른 흡착량의 변화를 나타내는 흡착등온선(adsorption isotherm)과 일정 압력에서 온도에 따른 흡착량의 변화를 나타내는 흡착등압선(adsorption isobar)이 있다. 흡착량이 일정한 조건에서 온도와 압력의 관계를 나타내는 흡착등부피선(adsorption isochore)이 있으나, 별로 사용하지 않는다.

흡착등온선으로 흡착 상태를 나타내면 흡착계를 이해하기 쉽다. 기체 압력에 따라 흡착량이 증가하는 경향으로부터 흡착세기와 흡착제의 표면성질을 유추한다. 기체 압력이 정해지면 흡착등온선에서 흡착하는 물질의 표면 농도를 구하여 촉매반응의 속도 계산에 활용한다. 이 외에도 흡착등온선에서 표면적과 세공크기 분포 등 고체 표면의 구조를 조사한다. 흡착등압선은 흡착의 종류를 판단하는 데 있어서 유용하다. 흡착등압선의 봉우리 개수는 가능한 흡착 상태의 개수에 대응하며, 온도가 높아짐에 따른 흡착량의 감소 정도에서 흡착세기를 유추한다.

(1) 흡착등온선의 모양

그림 2.7에 IUPAC에서 정의한 여섯 종류의 대표적인 흡착등온선을 보였다[1,6]. 기체가 있어야 흡착이 일어나고 압력이 높아지면 표면과 부딪치는 기체 분자가 많아져 흡착 가능성이 높아지므로, 모든 흡착등온선은 원점을 지나며, 기울기는 양(positive)이다. 일정 온도에서 흡착하는 물질의 압력 P를 이의 포화증기압 P_0로 나눈 상대압력 P/P_0가 1이면 응축이 시작되므로, 기체 압력을 상대압력으로 나타내면 흡착이 일어나는 모든 압력 범위를 간명하게 나타낼 수 있다.

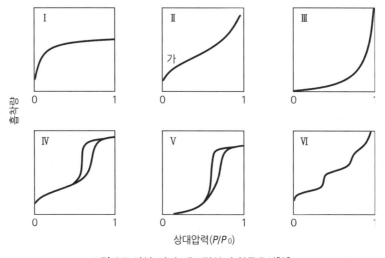

그림 2.7 여섯 가지 대표적인 흡착등온선[6]

흡착등온선의 모양은 고체의 세공크기와 관련이 깊다. 세공이 작으면 흡착하는 분자가 세공을 바로 채우지만, 세공이 크면 흡착이 계속되어도 흡착층이 두꺼워지고 세공이 채워지지 않는다. IUPAC에서 정한 대로 세공을 크기에 따라 세 가지로 나눈다. 세공크기가 50 nm보다 크면 거대세공(macropore), 2∼50 nm 범위에 있으면 중간세공(mesopore), 2 nm보다 작으면 미세세공(micropore)으로 구분한다. 흡착제와 흡착하는 물질의 상호작용과 세공크기에 따라 흡착등온선의 모양이 다르다. 액체 질소 온도(77 K)에서 질소가 흡착할 때 아주 낮은 압력에서도 미세세공은 질소로 채워지므로, 질소 흡착등온선에서 $P \to 0$인 영역의 흡착량이 많아진다. 미세세공이 채워지는 데 따른 흡착과 표면에서 일어나는 단분자층 흡착을 흡착등온선에서 구분하기 어렵다. 반면 중간세공이 채워지는 과정은 흡착등온선의 P/P_0가 0.3∼0.9인 영역에서 나타난다.

흡착등온선으로 나타내는 흡착량은 온도와 압력이 정해진 평형 상태의 값이며, 이 상태에서는 흡착속도와 탈착속도가 같다. 따라서 흡착 과정과 탈착 과정에서 그린 흡착등온선이 서로 일치해야 한다. Ⅰ, Ⅱ, Ⅲ, Ⅵ형에서는 흡착－탈착 과정에서 그린 흡착등온선이 서로 겹치지만, Ⅳ형과 Ⅴ형에서는 흡착등온선이 서로 다르다. 평형 상태에서 측정한 결과인 데도 흡착할 때와 탈착할 때 측정한 흡착등온선이 다른 점을 이해하기 어려워, '미쳤다'는 의미로 이를 히스테리시스(hysteresis) 현상이라고 불렀다.

제Ⅰ형 흡착등온선을 랭뮤어형(Langmuir type)이라고 부르며, 단분자층까지만 흡착이 진행하는 흡착계를 나타내는 데 적절하다. 기체 압력이 낮은 영역에서는 압력에 따라 흡착량이 선형적으로 증가하지만, 특정 흡착량에 이르면 압력이 더 높아져도 흡착량이 많아지지 않고 일정하다. 이때의 흡착량을 표면을 한 층으로 덮는 데 필요한 흡착량이라는 뜻으로, 단분자층 흡착량(mono-layer adsorption volume)이라고 부른다.

특정한 흡착점에 물질이 강하게 흡착하는 화학흡착에서 이런 형태의 흡착등온선이 흔하다. 모든 흡착점마다 물질이 하나씩 흡착되면 더 이상 흡착이 일어나지 않으므로 흡착이 단일층에서 끝난다. 물리흡착에서도 Ⅰ형 흡착등온선을 볼 수 있다. 낮은 압력에서 제올라이트나 활성탄의 미세세공이 흡착한 분자로 채워진다. 세공이 크지 않아서 세공벽에 흡착한 분자들이 응축되어 세공을 채운다. 미세세공에서 일어나는 이러한 응축 현상을 모세관 응축(capillary condensation, micropore filling)이라고 부른다. 미세세공이 모세관 응축으로 채워질 때까지 계속 흡착되나, 세공이 모두 채워진 후에는 겉표면에서만 흡착이 일어난다. 세공을 채우는 데 필요한 흡착량에 비해 겉표면에 흡착하는 양이 매우 적어서, 압력이 높아져도 더 이상 흡착이 일어나지 않는 것처럼 보인다. 이런 이유로 미세세공이 발달하여 모세관 응축이 일어나는 흡착제에서도 Ⅰ형의 흡착등온선이 나타난다. 이 흡착등온선에서 구한 단분자층 흡착량은 표면을 한 층으로 덮는 데 필요한 흡착량이라기보다 미세세공을 채우는 데 필요한 흡착량으로 보는 게 합리적이다.

S자 형태인 제Ⅱ형 흡착등온선은 세공이 없는 흡착제에서 흔히 나타난다. 기체 압력이 높아지면 흡착량이 많아지나, 증가 정도가 압력에 따라 다르다. 고체 표면이 단분자층으로 덮히는 변곡점 '가'까지는 흡착이 계속된다. 기체 압력이 더 높아지면 흡착한 분자에 다시 흡착하나 흡착량이 증가하는 정도가 상대적으로 낮다. 포화증기압에 가까워지면서 흡착량이 다시 많아진다. '가'라고 표시한 변곡점에서 단분자층 흡착이 이루어지므로, 이때의 흡착량을 단분자층 흡착량으로 보아 표면적의 어림값을 구한다.

기체 압력이 낮을 때에는 흡착량이 매우 적으나 포화증기압에 가까워지면서 흡착량이 급격히 많아지는 흡착계에서는 제Ⅲ형 흡착등온선이 나타난다. 활성탄에 대한 물의 흡착처럼 흡착하는 물질이 고체 표면에 젖지(wet) 않는 경우, 다시 말하면 접촉각이 90°보다 클 때 이런 형태의 흡착등온선이 관찰된다. 물은 탄소 원자로 이루어진 표면에는 흡착하지 않으나, 활성탄에 소량 섞여 있는 산화칼륨과 산화칼슘 등의 염기성 흡착자리에 흡착한다. 염기성 물질의 표면 함량이 아주 적으므로 낮은 압력에서는 흡착량이 매우 적다. 그러나 압력이 높아지면 물 분자 위에 다시 물 분자가 흡착하면서 물로 점유된 활성탄의 표면 분율이 커진다. 포화증기압에 가까워지면 표면이 대부분 물로 덮여 있어서 물 위에 물이 흡착하므로 흡착량이 갑자기 증가한다. 질소가 폴리에틸렌에 흡착하는 계도 Ⅲ형 흡착등온선을 따른다. 단분자층 흡착이 이루어지지 않으므로 Ⅱ형 흡착등온선의 '가'와 같은 변곡점이 나타나지 않는다.

Ⅱ형과 Ⅲ형의 흡착등온선이 얻어지는 흡착제에 중간세공이 있으면, 모세관 응축이 일어나서 Ⅳ형과 Ⅴ형 흡착등온선이 얻어진다. 기체 압력을 높여 가면서 측정한 흡착등온선과 기체 압력을 낮추어 가면서 측정한 흡착등온선이 서로 일치하지 않는 히스테리시스는 세공에 응축한 물질이 만드는 메니스커스의 반지름과 모양이, 흡착할 때와 탈착할 때 서로 다르기 때문이다. 보통 4 nm보다 큰 세공에서 관찰되나, 이론적으로는 2 nm보다 큰 세공에서도 나타날 수 있다[7]. Ⅳ형과 Ⅴ형 흡착등온선은 흡착하는 물질과 흡착제 사이의 상호작용 세기로 구분하는데, Ⅳ형은 세공벽과 흡착하는 물질의 상호작용이 강할 때, Ⅴ형은 약할 때 나타난다. Ⅵ형 흡착등온선은 흡착세기가 다른 흡착자리가 여러 종류인 흡착제에서 관찰된다. 세공크기가 다른 중간세공이 있어도 나타날 수 있다.

그림 2.8에 세공구조가 다른 흡착제에서 흡착과 탈착 과정의 흡착등온선을 비교하였다. 원뿔형 세공(가)에는 기체가 흡착하면 구형 메니스커스가 형성된다. 반지름이 r_s인 구형 메니스커스와 평형을 이룬 기체의 증기압은 아래 켈빈(Kelvin)식으로 구한다[8].

$$\ln \frac{P_s}{P_0} = -\frac{2\gamma V_m}{r_s R T} \tag{2.3}$$

P_s는 반지름이 r_s인 구형 메니스커스 위의 평형증기압을, P_0는 평평한 액체 위에서 포화증기압을 나타낸다. γ는 표면장력이고, V_m은 흡착하는 물질의 액체 상태 몰부피이다. 메니스커스의 반지름이 작아지면 이와 평형을 이룬 기체의 압력이 낮아진다.

모세관 응축이 일어나 세공이 흡착하는 물질로 채워지면 메니스커스가 생긴다. 그림 2.8의 (가)처럼 원뿔형 세공에 생성된 메니스커스의 반지름은 흡착이 계속되어 흡착량이 많아지면 메니스커스가 위로 올라가면서 점점 커진다. 세공 내에 응축이 계속되려면 기체 압력이 높아져야 한다. 기체 압력이 더 높아지면 흡착이 일어나고, 이로 인해 메니스커스의 반지름이 더 커진다. 반대로 기체 압력이 낮아지면 흡착한 물질이 탈착되고, 메니스커스의 반지름은 작아진다. (가) 그림에서 보듯이 흡착량에 따라 메니스커스 반지름이 다르지만, 흡착할 때와 탈착할 때 서로 같기 때문에 원뿔형 세공에서는 흡착–탈착이 가역적으로 일어나서 히스테리시스 현상이 나타나지 않는다.

시험관처럼 끝이 막힌 세공 (나)에서는 흡착한 물질이 세공의 막힌 부분에 채워지면서 구형 메니스커스를 만든다. 켈빈식에 따라 메니스커스 반지름이 r_s인 세공에 기체 압력이 P_s

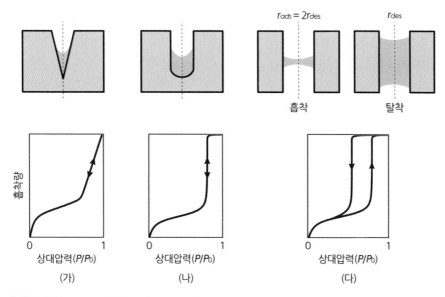

그림 2.8 흡착제의 세공구조와 흡착·탈착 과정의 흡착등온선 $r_{\rm ads}$: 양끝이 열린 세공에서 흡착할 때 형성되는 원통형 메니스커스의 반지름. $r_{\rm des}$: 탈착 과정에서 형성되는 구형 메니스커스의 반지름.

이면 세공 내에서 응축이 일어난다. 응축이 진행되어 액체면은 점점 높아져도 메니스커스의 반지름은 달라지지 않는다. 세공을 모두 채울 때까지 흡착이 계속되어 흡착량은 수직으로 증가한다. 세공이 모두 채워진 상태에서 탈착할 때에도 같은 과정을 거친다. 흡착한 물질이 탈착하면 액체 기둥의 높이는 낮아지지만, 메니스커스의 모양이나 반지름은 달라지지 않으므로 세공이 빌 때까지 탈착이 계속된다. 흡착과 탈착 과정은 방향만 다를 뿐 같은 과정을 거치므로 히스테리시스가 나타나지 않는다.

양끝이 열린 원통형 세공에서는 흡착하는 물질로 세공이 채워졌을 때 증기압과 세공 반지름 사이에 아래의 코한(Cohan)식이 성립한다[9].

$$\ln\frac{P_{\rm c}}{P_0} = -\frac{\gamma V_{\rm m}}{r_{\rm c}RT} \tag{2.4}$$

$P_{\rm c}$ 는 반지름이 $r_{\rm c}$ 인 원통형 메니스커스 위에서 응축된 액체와 평형을 이룬 기체의 평형증기압이다. 응축이 시작된 압력에서부터 세공을 모두 채울 때까지 흡착은 계속된다(다). 세공이 흡착한 물질로 가득 채워지면, 끝이 막힌 시험관 모양의 세공에서처럼 원통형 메니스커스가 구형 메니스커스로 바뀐다. 세공이 모두 채워진 상태에서 탈착할 때에는 액체면이 내려갈 뿐 구형 메니스커스의 반지름은 달라지지 않는다. 원통형 메니스커스의 반지름은 구형 메니스커스의 반지름의 두 배이기 때문에 흡착 과정과 탈착 과정에서 평형을 이루는 기체 압력이 서로 달라서 $P_{\rm c} > P_{\rm s}$ 가 된다. 즉, 세공이 채워질 때의 기체 압력보다 세공이 비워질 때 기체 압력이 낮아서 흡착 과정과 탈착 과정의 흡착등온선이 서로 다르므로, 흡착-탈착 과정

에서 히스테리시스가 나타난다.

히스테리시스를 잉크병 이론(ink-bottle theory)으로 설명하기도 한다. 잉크병은 넘어지지 않도록 밑바닥을 넓게 만들기 때문에, 입구 부분과 밑바닥 부분의 단면적이 크게 다르다. 세공이 잉크병처럼 생겼다면, 흡착할 때는 밑에서부터 응축되므로 메니스커스의 반지름이 매우 크지만, 탈착할 때는 입구 부분에서 탈착이 시작되므로 반지름이 작다. 흡착과 탈착 과정에서 메니스커스의 반지름이 다르므로, 평형을 이룬 증기압이 달라져서 히스테리시스가 나타난다고 설명한다.

히스테리시스는 흡착하는 물질이 세공 내에 응축될 때 나타나는 현상이어서, 세공크기, 세공 모양, 세공벽과 흡착하는 물질의 상호작용에 따라 히스테리시스 고리(loop)의 모양과 나타나는 상대압력의 값이 다르다. IUPAC에서는 히스테리시스 현상을 모양에 따라 네 가지로 구분하였다(그림 2.9). H1형 히스테리시스가 나타나는 흡착등온선에서는 올라가는 부분과 내려오는 부분이 모두 수직이고 평행한 점이 특징으로, 균일한 원통형 세공이 일정하게 배열된 흡착제에서 나타난다. 반면 H2형 히스테리시스는 세공의 크기와 형태가 다양한 무기산화물이나 유리에서 관찰된다. 응축과 증발 과정에서 세공의 입구크기가 다르기 때문이라고 설명되었으나, 세공이 3차원으로 연결된 흡착제에서도 나타난다. H3형 히스테리시스는 판형과 슬릿형 세공이 섞여 있는 흡착제에서, H4형 히스테리시스는 폭이 좁은 슬릿형 세공이 발달한 흡착제에서 나타난다.

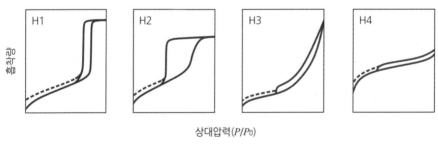

그림 2.9 히스테리시스가 있는 네 가지 흡착등온선[6]

히스테리시스가 세공 내에서 일어나는 흡착과 탈착 과정의 평형증기압이 달라서 나타나는 현상임에는 틀림없지만, 실제로는 여러 현상이 어우러진 결과이다. 세공 채우기(pore filling), 가역적이고 단계적인 모세관 응축, 히스테리시스가 나타나는 비가역적인 모세관 응축, 메니스커스에서 진행되는 세공 내 응축 등 여러 변화가 한데 어우러져 있다. 복잡한 현상이긴 하나 몬테카를로(Monte Carlo) 계산법이나 밀도함수 이론을 이용하여 히스테리시스 현상을 모사하며, 모사 결과에서 히스테리시스에 대한 세공크기와 온도의 영향을 검증한다. MCM-41 중간세공물질에서 흡착온도가 높아지면 히스테리시스 고리의 폭이 좁아지고 높은 압력 쪽으

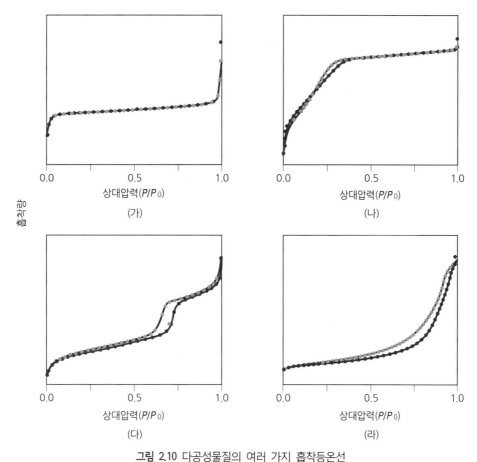

흡착량

그림 2.10 다공성물질의 여러 가지 흡착등온선

(가) MOR제올라이트 (나) MCM-41 중간세공물질 (다) SBA-15 중간세공물질 (라) 실리카-알루미나

로 이동하는 현상, 세공이 커지면 히스테리시스 고리가 높은 압력 쪽으로 이동하는 현상도 잘 모사한다[10]. 중간세공이 발달하여 질소 흡착등온선에서 히스테리시스를 나타내는 다양한 중간세공물질이 촉매로 많이 사용되면서, 히스테리시스를 이제 '이해할 수 없는 현상'이 아니라 중간세공의 크기와 모양을 알려주는 중요한 자료로 활용한다.

제올라이트, 중간세공물질, 무정형 실리카-알루미나 등 여러 종류에서 측정한 질소 흡착등온선을 그림 2.10에 보였다. 미세세공만 발달한 MOR제올라이트에서는 아주 낮은 압력에서 세공이 채워지므로 랭뮤어 흡착등온선이 나타난다(가). 2.5 nm 정도의 중간세공이 발달한 MCM-41 중간세공물질에서는 히스테리시스가 아주 약하게 나타난다(나). 그러나 세공이 4.5 nm로 큰 SBA-15 중간세공물질에서는 P/P_0가 0.6~0.8인 영역에서 히스테리시스가 뚜렷이 나타난다. 세공이 크고, 크기와 모양이 균일하지 않은 실리카-알루미나에서는 P/P_0가 0.5 이상인 영역에서 히스테리시스가 넓게 나타난다.

(2) 랭뮤어 흡착등온선

랭뮤어 흡착등온선은 다음 가정이 성립되는 흡착계에서 평형이 이루어지면 흡착속도와 탈착속도가 같다는 사실로부터 유도한다.

1) 표면 흡착점에 한 분자씩 흡착하며, 흡착한 분자는 고정되어 있다.
2) 모든 흡착점의 에너지 상태는 동일하며, 흡착한 분자 사이에는 상호작용이 없다. 따라서 흡착열은 모든 흡착점에서 주위의 흡착 상태와 무관하게 일정하다.
3) 흡착하는 기체는 이상기체이다.

이러한 가정은 고체 표면이 균일하며, 흡착한 분자끼리 상호작용이 없고, 흡착한 분자는 흡착점에 강하게 흡착하여 고정되어 있는 단분자층 흡착계에서 성립한다. 흡착속도는 비어 있는 흡착점의 분율과 기체 압력에 비례하고, 탈착속도는 흡착한 물질의 표면점유율에 비례한다. 비어 있는 흡착점의 분율은 흡착량 v를 단분자층 흡착량 v_m으로 나눈 값인 **표면점유율**(surface coverage) θ로 나타낸다. 평형에서는 흡착속도와 탈착속도가 같으므로 식 (2.5)가 성립한다.

$$k_a P (1 - \theta) = k_d \theta \tag{2.5}$$

k_a는 흡착속도상수, k_d는 탈착속도상수이다. k_a/k_d를 b라고 정의하면 랭뮤어 흡착등온선을 나타내는 식 (2.6)을 얻는다.

$$\theta = \frac{bP}{1 + bP} \tag{2.6}$$

랭뮤어 흡착등온선에서는 압력과 b에 따라 등온선의 기울기가 크게 달라진다. 기체 압력이 아주 낮거나 b가 매우 작으면($bP \approx 0$), 흡착등온선은 $\theta = bP$가 되어 기체 압력에 따라 흡착량이 선형적으로 증가한다. 반면 기체 압력이 높거나 b가 크면($bP \gg 1$), $\theta = 1$이 되어 가로축에 평행한 직선, 즉 단분자층으로 흡착한 상태를 나타낸다. 이처럼 랭뮤어 흡착등온선은 단분자층 흡착이 이루어지는 과정을 한 개의 매개변수 b만으로 잘 나타낼 수 있어서, 화학흡착에서 단분자층 흡착량을 구하거나 흡착하는 물질의 표면농도를 구하여 촉매반응의 속도식을 도출할 때 매우 유용하다.

계에 따라 달라지는 b는 흡착과 탈착 단계의 속도상수비로 정의하였으나, 표면에 분자가 충돌하는 과정을 고려하면 식 (2.7)로, 통계열역학적으로는 식 (2.8)로 나타낸다[11].

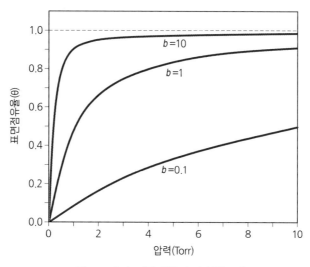

그림 2.11 b가 다른 랭뮤어 흡착등온선

$$b = \frac{a}{r_{\mathrm{des}} \, (2\pi m \, T)^{1/2}} \tag{2.7}$$

$$b = \frac{h^3}{(2\pi m)^{3/2} \, (kT)^{5/2}} \, \frac{f_{\mathrm{a}}(T)}{f_{\mathrm{g}}(T)} \, e^{(q/kT)} \tag{2.8}$$

a는 충돌한 분자가 흡착하는 분율이며, r_{des}는 한 층으로 완전히 덮여진 표면에서($\theta = 1$) 탈착하는 속도이다. m은 흡착하는 분자의 질량이다. h는 플랑크(Planck)상수이고, k는 볼츠만(Boltzmann)상수이다. $f_{\mathrm{a}}(T)$와 $f_{\mathrm{g}}(T)$는 절대온도 T에서 흡착한 분자와 기체 분자의 내부 분배함수이고, q는 흡착한 상태와 기체 상태의 최저에너지 차이인 흡착열이다.

b는 흡착으로 인한 자유도 감소와 에너지 상태의 변화를 반영하는 평형상수로서, 흡착이 일어나는 정도를 나타내므로 흡착평형상수 K로 쓰기도 한다. b에 따라 랭뮤어 흡착등온선이 달라지는 경향을 그림 2.11에 나타내었다. b가 작으면 분자가 흡착한 상태보다 기상에 많이 존재하므로 표면점유율이 낮다. b가 크면 흡착량이 많아져 낮은 압력에서도 표면점유율이 높다. 식 (2.9)에 $\theta = 1/2$을 대입하면 b는 $1/P$이어서 흡착등온선에서 b를 바로 결정할 수 있다.

$$b = \frac{\theta}{P \, (1-\theta)} \tag{2.9}$$

랭뮤어 흡착등온선이 흡착계에 적용되는지 여부를 확인할 때나 흡착계의 v_{m}과 b를 결정할 때에는 식 (2.6)에 $\theta = v/v_{\mathrm{m}}$를 대입하여 모양을 바꾼 식 (2.10)을 사용한다.

$$\frac{P}{v} = \frac{P}{v_{\mathrm{m}}} + \frac{1}{b\,v_{\mathrm{m}}} \qquad\qquad (2.10)$$

P에 대해 P/v의 그래프를 그리면 랭뮤어 흡착등온선이 적용되는 계에서는 직선 관계가 얻어지고, 직선의 기울기로부터 v_{m}을, 기울기와 절편으로부터 b를 계산한다.

두 종류(A, B)의 기체 분자가 같은 흡착점을 두고 경쟁흡착하는 계에 랭뮤어 흡착등온선의 가정을 적용할 수 있으면, A 성분의 표면점유율은 식 (2.11)이 된다. 여러 종류의 기체가 하나의 흡착점을 두고 경쟁흡착하는 계에서도 같은 방법으로 A의 표면점유율을 나타낼 수 있다. N 종류의 기체가 섞여 있으면 각 성분의 매개변수 b_i와 분압 P_i의 곱을 분모항에 더해주면 된다.

$$\theta_{\mathrm{A}} = \frac{b_{\mathrm{A}}\,P_{\mathrm{A}}}{1 + b_{\mathrm{A}}\,P_{\mathrm{A}} + b_{\mathrm{B}}\,P_{\mathrm{B}}} \qquad\qquad (2.11)$$

$$\theta_{\mathrm{A}} = \frac{b_{\mathrm{A}}\,P_{\mathrm{A}}}{1 + \displaystyle\sum_{i=1}^{N} b_i P_i} \qquad\qquad (2.12)$$

한 분자가 두 부분으로 나뉘어 따로따로 흡착할 때는 표면점유율을 식 (2.13)으로 나타내며, 이 식은 수소의 해리흡착을 나타내는 데 적합하다.

$$\theta_{\mathrm{A}} = \frac{(b_{\mathrm{A}}\,P_{\mathrm{A}})^{1/2}}{1 + (b_{\mathrm{A}}\,P_{\mathrm{A}})^{1/2}} \qquad\qquad (2.13)$$

랭뮤어 흡착등온선은 흡착점이 균일하고, 흡착한 분자가 고정되어 있으며, 흡착한 분자 사이에 상호작용이 없다는 가정 하에 유도되었다. 그러나 고체 표면은 대부분 균일하지 않고, 아주 강한 흡착을 제외하고는 흡착한 분자가 고정되어 있다고 보기 어렵다. 또 흡착량이 적거나 흡착이 매우 강한 경우를 제외하고는 흡착한 분자 사이의 상호작용을 무시하기 어렵다. 표면이 거의 덮여 있을 정도로 많이 흡착한 상태에서는 랭뮤어 흡착등온선의 가정이 성립하기 어렵다. 따라서 랭뮤어의 흡착등온선은 물리흡착보다는 흡착이 강하고 흡착량이 적은 화학흡착을 나타내는 데 적합하다. 흡착이 강하므로 흡착한 물질은 흡착점에 고정되어 있고, 단분자층으로 흡착이 제한되어 흡착량이 적으므로 흡착한 물질 사이에 상호작용을 무시할 수 있기 때문이다.

화학흡착하여 활성화되어야 촉매반응이 진행되므로 흡착하는 물질의 끓는점보다 반응온도가 상당히 높아서 반응 조건에서는 촉매 표면에 흡착한 물질의 표면농도가 그리 높지 않다. 따라서 촉매반응에서 반응물의 화학흡착은 흡착세기와 흡착량 측면에서 랭뮤어 흡착등온선의 가정에 잘 부합한다. 촉매반응의 속도는 흡착한 반응물의 표면농도에 비례하므로 랭뮤어-힌셜우드 반응기구(Langmuir-Hinshelwood mechanism)에서는 화학흡착에 적절한 랭뮤어 흡착등온선으로 반응물의 표면점유율을 구해 반응속도식을 도출한다.

(3) BET 흡착등온선

랭뮤어 흡착등온선이 발표된 지 20여 년 지나서 브루나워, 에멧, 텔러가 다분자층 흡착에 적용할 수 있는 흡착등온선을 발표하였다[12]. 이들 성의 첫 글자를 따서 BET 흡착등온선 또는 BET 식이라고 부르는 이 식은, 흡착하는 분자와 흡착제 사이에 선택성이 없는 물리흡착을 나타내는 데 적절하다. 흡착등온선에서 단분자층 흡착량을 결정하기 쉬워 흡착제와 촉매의 표면적을 구하는 데 널리 사용한다. 질소 흡착등온선에 BET 식을 적용하여 표면적을 측정하는 장치를 BET 장치라고 부를 정도로 고체의 세공구조 조사에 BET 흡착등온선이 중요하다.

BET 식을 유도하려면 두 가지 가정이 필요하다[13].

1) 흡착점뿐 아니라 흡착한 분자 위에도 다른 분자가 흡착한다.
2) 고체 표면에 직접 흡착할 때 발생하는 흡착열은 E_1이나, 흡착한 분자에 다시 흡착할 때 발생하는 흡착열 E_2, E_3, …은 흡착하는 물질의 액화열 E_L이다.

BET 식은 흡착한 분자 위에 다시 흡착하는 다층흡착을 전제하고 있으며, 흡착한 물질 사이의 상호작용은 액체 상태와 같다고 가정한다.

그림 2.12에 이 가정이 적용되는 흡착 상태의 모형을 보였다. 0, 1, 2, 3, …, i 흡착층에 흡착한 물질이 점유한 면적을 s_0, s_1, s_2, s_3, …, s_i라고 하면, 평형에서는 흡착속도와 탈착속도가 같으므로 첫째 층의 흡착을 식 (2.14)로 나타낼 수 있다.

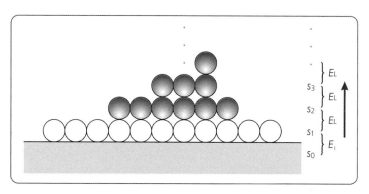

그림 2.12 BET 식에서 가정한 흡착 상태

$$a_1 P s_0 = b_1 s_1 \exp(-E_1/RT) \tag{2.14}$$

a_1은 첫 번째 층에서 흡착하는 정도를, b_1은 탈착하는 정도를 나타내는 상수이다. E_1은 표면에 흡착할 때, 즉 첫 번째 층의 흡착열이다. 그 다음 흡착층에서도 흡착속도와 탈착속도가 서로 같아야 평형이 이루어지므로, 액화열 E_{L}을 도입하여 흡착 상태를 식 (2.15)로 나타낸다.

$$a_2 P s_1 = b_2 s_2 \exp(-E_{\mathrm{L}}/RT)$$
$$\cdot \qquad \cdot$$
$$\cdot \qquad \cdot$$
$$\cdot \qquad \cdot$$
$$a_i P s_{i-1} = b_i s_i \exp(-E_{\mathrm{L}}/RT) \tag{2.15}$$

흡착한 분자에 기체 분자가 흡착하거나 흡착한 분자가 탈착하는 현상은 흡착층에 관계없이 모두 같다고 가정하면 $b_2/a_2 = b_3/a_3 = \cdots = b_i/a_i$가 성립한다. x와 y를 식 (2.16)과 식 (2.17)처럼 정의하여, 식 (2.14)와 (2.15)를 식 (2.18)로 간단하게 정리한다.

$$x = (a_2/b_2) P \exp(E_{\mathrm{L}}/RT) \tag{2.16}$$
$$y = (a_1/b_1) P \exp(E_1/RT) \tag{2.17}$$
$$s_1 = y s_0$$
$$s_2 = x s_1$$
$$s_3 = x s_2$$
$$\cdot$$
$$\cdot$$
$$\cdot$$
$$s_i = x s_{i-1} \tag{2.18}$$

c를 y/x로 정의하여 각 흡착층에서 흡착한 물질이 점유한 면적 s_i를 식 (2.19)로 일반화한다.

$$s_i = x s_{i-1} = x^2 s_{i-2} = x^{i-1} s_1 = y x^{i-1} s_0 = c\, x^i s_0 \tag{2.19}$$

흡착되어 있는 전체 표면적 A와 흡착한 기체의 부피 v는 (2.20)과 (2.21)식으로 구한다.

$$A = \sum_{i=0}^{\infty} s_i \tag{2.20}$$

$$v = v_0 \sum_{i=0}^{\infty} i\, s_i \tag{2.21}$$

v_0는 흡착한 물질로 표면이 한 층으로 덮여져 있을 때 단위표면적당 흡착한 기체의 부피를 나타낸다. 흡착량을 단분자층 흡착량으로 나누고 식 (2.19)를 대입하면 식 (2.22)로 표면점 유율을 나타낼 수 있다.

$$\theta = \frac{v}{A v_0} = \frac{v}{v_{\mathrm{m}}} = \frac{\displaystyle\sum_{i=0}^{\infty} i\, s_i}{\displaystyle\sum_{i=0}^{\infty} s_i} = \frac{c\, s_0 \displaystyle\sum_{i=0}^{\infty} i\, x^i}{s_0 \left\{ 1 + c \displaystyle\sum_{i=0}^{\infty} x_i \right\}} \tag{2.22}$$

무한급수항을 아래 식처럼 풀어 식 (2.22)에 넣어주면 θ에 대한 식이 얻어진다.

$$\sum_{i=1}^{\infty} x^i = \frac{x}{1-x} \tag{2.23}$$

$$\sum_{i=1}^{\infty} i\, x^i = x \frac{\mathrm{d}}{\mathrm{d}x} \sum_{i=1}^{\infty} x^i = \frac{x}{(1-x)^2} \tag{2.24}$$

$$\theta = \frac{v}{v_{\mathrm{m}}} = \frac{c\,x}{(1-x)\,(1-x+cx)} \tag{2.25}$$

포화증기압 P_0에서 흡착량은 무한대가 되므로, $P/P_0 = 1$일 때 $v = \infty$이다. x가 1일 때 $v = \infty$가 성립하므로 x 대신 P/P_0를 식 (2.25)에 대입하여 식 (2.26)을 얻는다.

$$v = \frac{v_{\mathrm{m}}\, c\, P}{(P_0 - P)\,\{1 + (c-1)\,P/P_0\}} \tag{2.26}$$

이 식을 흡착량이 무한대인 조건에서 도출하였다고 하여 **무한대 흡착형 BET 식**이라 부르며, 단분자층 흡착량을 쉽게 계산할 수 있도록 식 (2.27)로 모양을 바꾸어 사용한다.

$$\frac{P}{v\,(P_0 - P)} = \frac{1}{v_{\mathrm{m}}\, c} + \frac{c-1}{v_{\mathrm{m}}\, c} \frac{P}{P_0} \tag{2.27}$$

BET 흡착등온선에 대한 가정이 성립하는 흡착계에서 P/P_0에 대해 $P/v(P_0 - P)$를 그리면 기울기가 $(c-1)/v_{\mathrm{m}}c$이고, 절편이 $1/v_{\mathrm{m}}c$인 직선이 얻어진다. 이 직선의 기울기와 절편을 더한 값의 역수가 바로 단분자층 흡착량 v_{m}이다. v_{m}을 몰부피로 나누고, 아보가드로 수와 흡착한 분자의 단면적을 곱하여 표면적을 계산한다. 식 (2.16)과 (2.17)에 식 (2.28)을 대입하면 흡착열과 액화열의 차이에 관련된 식 (2.29)로 c를 나타낼 수 있다. $E_1 - E_{\mathrm{L}}$은 첫 번째 층의 흡착열과 액화열의 차이이므로 액화열과 c 값에서 흡착열을 추정한다.

$$\frac{a_1 b_1}{a_2 b_2} = 1 \tag{2.28}$$

$$c = \exp[(E_1 - E_L)/RT] \tag{2.29}$$

질소의 흡착등온선 결과를 BET 식에 적용한 그림에서 선형 결과를 얻으면 이로부터 단분자층 흡착량과 표면적을 계산한다. 일반적으로 상대압력이 0.05~0.30인 범위에서 BET 그림의 직선성이 좋지만, 상대압력이 0.2보다 높아지면 직선 관계가 성립하지 않는 촉매나 흡착제도 많다. 직선성이 좋지 않으면 기울기와 절편을 구하는 방법에 따라 표면적이 크게 달라지므로, 어느 범위에서 기울기와 절편을 구하느냐에 따라 표면적의 차이가 크다. 따라서 표면적이 매우 큰 시료에서는 직선이 얻어지는 상대압력의 범위를 획일적으로 설정하기 어렵기 때문에, 세공부피 등 다른 자료와 관련지어 계산한 표면적의 타당성을 검토하여야 한다.

그림 2.13에는 그림 2.10에 나타낸 다공성물질의 질소 흡착등온선에서 구한 BET 그림을 보였다. 세공크기와 모양이 모두 다른 네 가지 다공성물질에서 구한 BET 그림은 모두 P/P_0

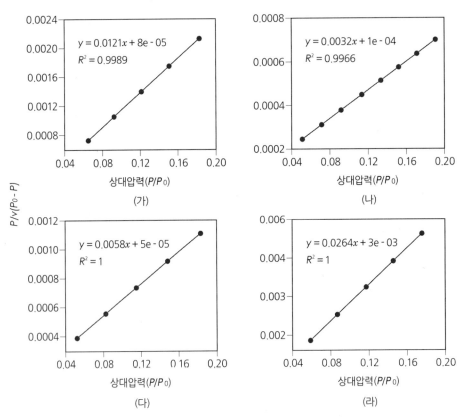

그림 2.13 여러 다공성물질의 질소 흡착등온선에서 구한 BET 그림 (가) MOR 제올라이트 (나) MCM – 41 중간세공물질 (다) SBA – 15 중간세공물질 (라) 실리카 – 알루미나

가 0.05~0.20인 영역에서 직선성이 우수하다. 세공이 큰 SBA-15 중간세공물질과 실리카-
알루미나에서는 상관성계수(R^2)값이 1로 직선성이 아주 우수하여, BET 식이 다공성물질
의 표면적 계산에 아주 유용함을 보여준다. 실제로 실리카-알루미나의 표면적 $160\,m^2 \cdot g^{-1}$
로부터 MCM-41 중간세공물질의 표면적 $1{,}300\,m^2 \cdot g^{-1}$에 이르기까지 넓은 범위에서 표면
적의 측정 재현성이 아주 좋다.

그림 2.14에는 그림 2.10에 보인 질소의 흡착등온선으로 계산한 다공성물질의 세공크기 분포
를 정리하였다. 질소 흡착등온선의 탈착등온선에 바렛-조이너-할렌다(Barrett-Joyner-
Halenda; BJH) 식을 적용하여 계산한 결과이다. BJH 방법에서는 2 nm 이하의 미세세공을
계산하지 않으므로 MOR 제올라이트(가)의 미세세공은 나타나지 않는다. 그러나 MCM-41
중간세공물질(나)에서는 2.5 nm 부근에서 뾰족한 봉우리가 나타나므로 아주 균일한 중간세
공이 발달되어 있음을 보여준다. SBA-15 중간세공물질(다)에서는 2.0과 6.0 nm에서 봉우
리가 나타나서 두 종류의 중간세공이 발달되어 있으며, 봉우리 면적으로부터 지름이 더 큰
중간세공이 더 많이 존재함을 보여준다. 그러나 실리카-알루미나(라)에는 3~40 nm 범위
의 세공이 발달되어 있어서 세공크기가 균일하지 않다. 질소 흡착등온선으로부터 표면적뿐
만 아니라 세공크기의 분포도 구할 수 있어서 질소흡착법을 다공성물질의 세공구조 파악에

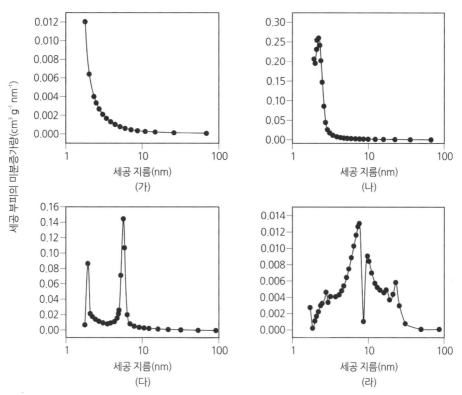

그림 2.14 여러 다공성물질의 세공크기 분포도 (가) MOR 제올라이트 (나) MCM-41 중간세공물질 (다) SBA-15 중
간세공물질 (라) 실리카-알루미나

널리 사용한다.

고체 내부에 미세세공이나 중간세공이 발달되어 있으면 표면적이 넓다. 실리카젤에는 2~50 nm 세공이 불규칙하게 발달되어 있으며, 표면적은 200~700 m² · g⁻¹로 매우 넓다. 분자 크기의 세공이 규칙적으로 발달되어 있는 제올라이트의 표면적은 300~600 m² · g⁻¹이다. 미세세공이 발달한 활성탄이나 3~10 nm 중간세공이 발달한 중간세공물질의 표면적은 1,000 m² · g⁻¹보다 크다. 금속유기골격물질인 MIL‑101의 표면적은 5,000 m² · g⁻¹보다 더 크다. 큰 세공이 발달되어 있는 다공성물질과 달리 BET 표면적이 1,000 m² · g⁻¹ 이상인 흡착제에서는 BET 식이 전제한 다분자층 흡착을 기대하기 어렵다. 비어 있는 공간에 응축된 질소의 부피로부터 표면적을 계산하기 때문에 표면적이라는 용어가 적절하지 않다. 그러나 표면적을 구하는 더 좋은 방법이 없어서, BET 식으로 계산한 표면적을 다공성물질의 특성값으로 널리 사용한다. 이 경우 BET 표면적은 통념적인 표면의 면적이라기보다 세공의 발달 정도를 나타내는 값에 가깝다. 이러한 이유로 표면적이 아주 넓은 촉매나 흡착제에서는 세공 발달 정도를 유추하기 편리하도록 세공부피를 표면적과 함께 제시한다.

(4) 프로인트리히 흡착등온선

측정한 흡착실험의 결과를 수식으로 나타낼 때 매개변수가 두 개인 프로인트리히(Freundlich) 흡착등온선이 아주 유용하다. 랭뮤어 흡착등온선에 미분 흡착열이 표면점유율에 따라 지수함수적으로 감소한다는 가정을 도입하면 이론적으로 유도할 수 있다. 프로인트리히 흡착등온선에서는 기체 압력이 P_A일 때 흡착량 q_A를 식 (2.30)으로 나타낸다.

$$q_A = m_F \, P_A^{\,1/n_F} \tag{2.30}$$

m_F는 흡착점 개수, n_F는 흡착세기와 관련된 상수이다. m_F가 많으면 이에 대응하여 흡착량이 많아지고, n_F가 커지면 흡착세기가 강해진다. n_F가 1이면 흡착량이 압력에 따라 선형적으로 증가하나, n_F가 아주 크면 압력에 무관하게 흡착량이 일정해져서 랭뮤어 흡착등온선과 비슷해진다. n_F에 따라 프로인트리히 흡착등온선은 선형에서부터 랭뮤어 흡착등온선까지 모두 나타낼 수 있어서 흡착실험 결과를 정량적으로 표현하는 데 아주 적절하다.

프로인트리히 흡착등온선에서 n_F를 흡착한 분자 사이의 반발력과 연관시키기도 한다. 흡착한 분자 사이에 반발력이 크면 기체 압력이 높아져도 흡착량은 조금밖에 증가하지 않아 흡착등온선이 볼록해지는 정도가 낮다. 그 대신 낮은 압력에서 흡착량은 많다. n_F가 크더라도 기체 압력에 따라 흡착량이 조금씩이나마 많아지므로, 흡착이 단분자층으로만 끝나는 흡착계에는 프로인트리히 흡착등온선이 적절하지 않다.

(5) 흡착등온선의 비교

랭뮤어 흡착등온선의 유도 과정에 미분 흡착열이 표면점유율에 따라 선형적으로 줄어든다는 가정을 추가하면 템킨(Temkin) 흡착등온선이 얻어진다.

$$q = q_0 (1 - a_T \theta) \tag{2.31}$$

$$\theta = \frac{RT}{q_0 a_T} \ln A_0 P \tag{2.32}$$

q_0는 표면점유율이 0일 때 미분 흡착열이며, a_T는 표면점유율에 따라 흡착열이 줄어드는 정도를 나타내는 상수이다. A_0는 표면점유율과 무관하게 $A_0 = a_T \exp(-q_0/RT)$로 정의되는 값이다. q_0, a_T, A_0 등 세 가지 상수의 값이 정해져야 템킨 흡착등온선이 정의되지만, q_0를 구하기가 쉽지 않아 $q_0 a_T$와 A_0로 분리하여 두 개의 상수로 나타낸다. 식 (2.33)은 식 (2.32)를 간단하게 정리한 식이며, 의미는 서로 같다.

$$\theta = k_1 \ln (k_2 b_T P) \tag{2.33}$$

흡착한 분자 사이의 반발력이나 표면의 불균일성으로 인해 흡착열이 표면점유율에 따라 선형적으로 감소하면, 템킨 흡착등온선으로 실험 결과를 나타낼 수 있으나 널리 쓰이지는 않는다.

그림 2.15에 랭뮤어, 템킨, 프로인트리히 흡착등온선에서 흡착열이 표면점유율에 따라 달라지는 경향을 비교하였다. 흡착열이 달라지는 원인이나 경향은 흡착제와 흡착하는 물질에 따라 다르지만, 흡착열의 변화 경향을 검토하여 실험 결과를 적절하게 나타내는 흡착등온선을 선택하여 사용한다[14].

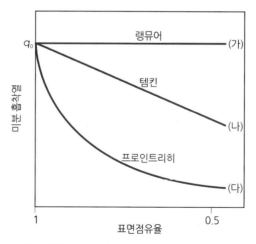

그림 2.15 표면점유율에 대한 흡착열의 변화 경향 (가) 흡착열이 일정함 (나) 흡착열이 선형적으로 감소함 (다) 흡착열이 지수함수적으로 감소함

(6) 흡착등압선

흡착등압선은 기체 압력이 일정한 조건에서 흡착온도와 흡착량의 관계를 나타낸다. 흡착이 일어나는 온도는 흡착하는 기체 분자와 흡착점 사이의 상호작용 세기를 나타내기 때문에, 흡착등압선에서 흡착의 종류와 세기를 쉽게 추정할 수 있다. 그림 2.16에 니켈에 대한 수소의 흡착등압선을 보였다[15]. 흡착등압선은 수소의 끓는점인 −252.8 ℃보다 높은 온도에서 시작한다. 온도가 높아지면 물리흡착한 수소가 탈착하므로 흡착량이 급격히 줄어든다. −125 ℃ 에서는 수소가 화학흡착하면서 흡착량이 갑자기 많아진다. 일반적으로 화학흡착은 물리흡착에 비해 강하므로 높은 온도에서 시작하지만, 화학흡착량 역시 온도가 높아지면 서서히 줄어든다. 수소 압력이 낮으면 물리흡착은 거의 일어나지 않는다. 압력이 78 kPa로 높으면 −200 ℃ 이하에서 수소가 물리흡착하지만, 온도가 높아지면 흡착량이 급격히 줄어들다가 −125 ℃에서 화학흡착이 시작한다. 흡착등압선의 모양에서 흡착의 종류를 유추하고, 가능한 흡착 상태가 몇 개인지 헤아린다. 그러나 상호작용 크기가 비슷하면 흡착의 종류가 서로 달라도 탈착봉우리가 하나로 나타나므로 해석할 때 주의해야 한다.

흡착등압선의 모양은 흡착하는 기체의 분압에 따라서도 달라진다. 미세세공이 발달하지 않은 일반적인 촉매나 흡착제에서는 P/P_0가 0.01 이하이면 물리흡착이 일어나지 않고 화학흡착에 해당하는 흡착등압선만 얻어진다. 개략적으로 P/P_0가 0.1 정도이면 단분자층 정도의 물리흡착이 일어나고, P/P_0가 더 높아지면 다분자층 물리흡착도 같이 일어나 흡착등압선에 물리흡착도 반영된다.

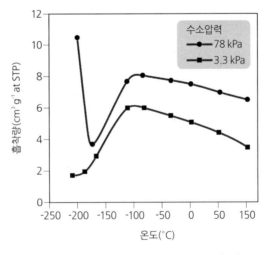

그림 2.16 니켈에 대한 수소의 흡착등압선[15]

(7) 퍼텐셜 이론에 근거한 흡착특성곡선

온도, 압력, 흡착량의 관계로 흡착 현상을 나타내는 방법 외에 흡착한 물질의 퍼텐셜을 변수로 흡착 현상을 나타낼 수 있다. 흡착 현상을 흡착하는 물질이 기체 상태에서 흡착제 주위의 퍼텐셜장으로 옮겨오는 과정이라고 이해하여, 퍼텐셜의 분포 상태로 흡착 정도를 나타낸다. 지구 주위에 전개되어 있는 중력퍼텐셜 분포로부터 공기밀도를 계산하는 원리와 동일하다. 지구 표면에서는 공기밀도가 높으나 표면에서 멀어질수록 공기밀도가 낮아지는 현상은 중력퍼텐셜의 감소로 설명한다. 이와 유사하게 흡착제 주위에 형성되는 흡착퍼텐셜 세기에 따라 흡착량이 결정된다고 설명하는 이론이다.

퍼텐셜 이론은 20세기 초 폴라니(Polanyi)에 의해 처음 제안되었으며, 그 후 드비닌(Dubinin) 등에 의해 발전되었다[16]. 표면의 에너지 상태에 근거하여 흡착 현상을 설명하기 때문에 온도와 압력 등 에너지에 관계되는 인자들을 모두 흡착퍼텐셜로 일반화할 수 있다. 그러나 퍼텐셜은 직접 재는 값이 아니고, 특성곡선(characteristic curve)에서 흡착량을 바로 구하지 못하여 널리 쓰이지 않는다. 실제 경우에 적용하기 위해서는 매개변수의 결정과 식의 변환이 필요하지만, 다성분계 흡착을 이론적으로 설명하거나 미세세공이 흡착하는 물질로 채워지는 현상을 나타내는 데 사용한다.

미세세공에 흡착되어 있는 물질은 액체와 그 상태가 비슷하지만, 에너지 측면에서는 같은 온도의 순수한 액체와 다르다. 이들의 깁스에너지 차이를 흡착퍼텐셜 ε이라고 정의한다. 같은 온도에서 액체의 포화증기압과 흡착 상태의 평형증기압을 이용하여 이를 식 (2.34)로 나타낸다[9].

$$\varepsilon = RT\ln\frac{f}{f_s} = RT\ln\frac{P}{P_s} \tag{2.34}$$

f와 P는 각각 흡착한 상태의 퓨가시티와 평형증기압이고, f_s와 P_s는 같은 온도에서 이에 대응하는 순수한 액체의 값이다. 흡착제 주위를 퍼텐셜이 같은 면으로 나누면, 퍼텐셜이 같은 공간이 얻어진다. 이 공간에 존재하는 분자의 개수가 바로 흡착량이다. 흡착량이 흡착퍼텐셜에 따라 정해지므로, 퍼텐셜의 분포로부터 흡착 현상을 정량적으로 기술할 수 있다. 그림 2.1에 나타낸 점선을 퍼텐셜이 같은 면으로 본다면, 흡착층 사이의 공간은 흡착 부피 Φ에 해당한다. 흡착층이 어떤 간격으로 분포되어 있느냐가 바로 퍼텐셜 특성이다.

흡착평형을 이루고 있는 계에서는 흡착과 탈착 과정에서 깁스에너지가 달라지지 않아야 하므로, 이 평형 상태를 근거로 흡착퍼텐셜과 흡착량의 관계식을 도출한다. 표면에서 x거리만큼 떨어진 곳에 기체 분자가 흡착하면 두 종류의 에너지 변화가 일어난다. 흡착하면서 방출하는 흡착열에 관련된 흡착퍼텐셜 ε과 이미 흡착되어 있는 물질을 압축하는 데 필요한 부피–압력

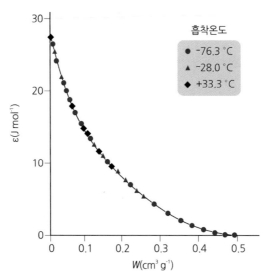

그림 2.17 활성탄에 대한 테트라플루오로에틸렌의 흡착특성곡선[16]

의 일이다. 이들 에너지의 변화는 방향이 서로 반대이고 크기가 같으므로 서로 상쇄되어 전체적으로는 에너지 변화가 없는 흡착평형이 유지된다. 이를 식으로 쓰면 식 (2.35)가 된다.

$$\varepsilon = \int_{P_g}^{P_x} V \, dP \tag{2.35}$$

P_g는 기체의 압력, P_x는 표면에서 x거리만큼 떨어진 곳에서 기체 압력이다. V는 기체의 몰부피이며, 흡착량 v와 밀도 ρ를 이용하여 $V = v/\rho$로 쓴다. 흡착량 v는 표면으로부터의 거리 x에 따라 달라지므로 v를 x의 함수로 나타내면 식 (2.36)처럼 측정 가능한 변수로 바꿀 수 있다. 밀도와 압력의 관계는 흡착하는 기체의 상태방정식에서 구한다.

$$v = \sum \int_0^x (\rho_x - \rho_g) \mathrm{d}x \tag{2.36}$$

$\sum$는 고체의 표면적이다.

언급한 세 식으로부터 특성곡선이라고 부르는 Φ에 대한 ε의 그래프, 또는 ε에 대한 v의 그래프를 구한다. 그림 2.17은 활성탄에 대한 테트라플루오로에틸렌의 흡착특성곡선으로, 단위질량당 흡착한 기체의 부피 W에 대해 흡착퍼텐셜을 나타내었다[16]. 여러 온도에서 측정한 흡착실험 결과가 모두 하나의 특성곡선에 모여 온도와 무관한 퍼텐셜 이론의 특징을 잘 보여준다. 온도가 퍼텐셜에 포함되어 있으므로, 흡착특성곡선에서 여러 온도의 흡착등온선을 구할 수 있어 매우 편리하다.

흡착한 물질의 농도와 몰부피로부터 흡착량을 계산한다. 온도에 따라 달라지는 몰부피를

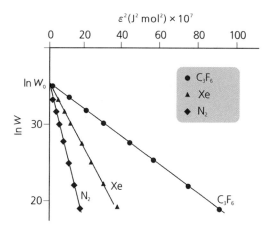

그림 2.18 25 ℃에서 활성탄에 대한 질소, 제논, 육불화프로필렌의 흡착을 나타낸 드비닌 그림[16]

이론적으로 구하기가 쉽지 않아 측정값을 쓴다. 정상 끓는점보다 낮은 온도에서는 흡착 상태를 포화 상태로 보고, 포화 상태의 몰부피 값을 쓰기도 한다. 정상 끓는점보다 높은 온도에서는 온도에 따른 몰부피 변화를 측정하여 계산하거나 정상 끓는점과 임계점에서 계산한 반데르발스 부피로부터 내삽하여 몰부피를 구한다.

드비닌은 퍼텐셜 이론을 근거로 W를 퍼텐셜로 나타내는 식을 제안하였다.

$$W = W_0 \exp[-(a_D \varepsilon^2)] \tag{2.37}$$

W_0는 미세세공의 부피, a_D는 드비닌 상수, ε은 흡착퍼텐셜이며, 이 식으로 흡착등온선으로 나타내기 어려운 흡착계를 잘 모사할 수 있다. 그림 2.18은 활성탄에 대한 질소, 제논, 육불화프로필렌의 흡착을 나타낸 드비닌 그림(Dubinin plot)이다[16]. 퍼텐셜이 높은 영역에서도 직선성이 매우 좋다. 기울기로부터 흡착세기를 도출할 수 있으며, 이 결과를 압력에 따른 흡착량의 식, 즉 흡착등온선으로 전환할 수 있다.

드비닌식을 확장한 드비닌-아스타코프(Dubinin-Astakhov)식도 있다[16].

$$W = W_0 \exp[-(\varepsilon/E)^n] \tag{2.38}$$

E는 흡착에너지를 나타내며, n은 6 이하인 양의 정수로 세공크기와 흡착하는 분자의 크기비에 따라 달라진다. 식 (2.37)은 n이 2인 경우에 해당한다. 실제 계산 과정에서는 실험 결과로부터 흡착등온선을 구하기 위해 식 (2.39)를 쓴다.

$$W = W_0 \exp\left[-\left(\frac{RT\ln(P_0/P)}{\beta E_0}\right)^\gamma\right] \tag{2.39}$$

여러 개의 실험값에서 선형 회귀분석을 통해 W_0, β, E_0, γ 등 매개변수의 값을 구한 후, P 와 W의 관계에서 흡착등온선을 구한다. 온도를 바꾸어 다른 온도에서 흡착등온선을 쉽게 구한다.

　제올라이트처럼 세공이 작고 분산력 외에도 정전기장이나 산점이 관여하는 흡착계에서는 n이 3보다 크다. 세공이 작아서 퍼텐셜이 세공 내에 균일하게 분포되어 있다고 전제해야 하므로 퍼텐셜 이론을 적용하는 데 한계가 있다. 실제로 NaY 제올라이트에 대한 n-펜탄과 시클로헥산의 흡착을 식 (2.38)로 잘 나타낼 수 있으나, 알켄과 방향족 화합물의 흡착은 잘 나타내지 못한다[17].

　퍼텐셜 이론에서 주장하는 바와 같이 흡착계에 대해 어느 온도에서나 적용 가능한 흡착특성곡선이 얻어진다면, 여러 온도에서 사용가능한 흡착등온선을 도출할 수 있어서 매우 편리하다. 이뿐 아니라 흡착 현상을 퍼텐셜로 나타내면 흡착하는 물질과 흡착제 사이의 상호작용을 정량적으로 이해하는 데 유리하다. 그러나 흡착특성곡선은 상당히 이상적인 흡착계에 기반을 두고 있기에, 헨리(Henry) 법칙이 적용되는 아주 낮은 압력에서조차도 이를 적용하기 어려울 때가 많아서 적용 대상에 제한이 많다. 흡착 상태에서 몰부피를 정확하게 구하기 어렵다는 점도 활용 정확도를 떨어뜨리는 이유 중의 하나이다. 더욱이 특성곡선이 온도에 대해 독립적이라는 가정은 극성 등 특이한 상호작용을 고려해야 하는 흡착계에는 부합되지 않는다. 퍼텐셜 이론은 흡착의 원동력인 퍼텐셜을 근거로 전개된 이론이므로 일반화가 용이하여 활용 가능성이 매우 넓으나, 위에 서술한 문제점 때문에 촉매작용을 설명하는 데 활용한 예는 그리 많지 않다.

🔍 4　화학흡착

(1) 화학흡착과 촉매작용

　고체 표면에서 촉매반응이 일어나려면 반응물이 먼저 표면에 화학흡착해야 한다. 반응물 모두가 표면에 흡착하여 반응하기도 하고, 그 일부만 흡착하여 반응하기도 하지만, 적어도 반응물 중 하나는 화학흡착하여야 촉매작용이 나타난다. 물리흡착은 촉매의 표면적을 측정하거나 세공의 크기와 분포를 결정하는 데 유용하시만, 촉매반응에 필수적이지는 않다. 그러나 반응물의 화학흡착은 반응물을 활성화시키는 단계이므로 촉매작용의 필수 요소이다.

　화학흡착에 의해 촉매작용이 나타나는 이유를 그림 2.4에서 찾을 수 있다. 수소는 구리에 분자 상태로 물리흡착할 수 있고, 원자 상태로 활성화된 상태를 거쳐 화학흡착할 수도 있다.

이 외에도 물리흡착 상태에서 낮은 에너지 장벽을 넘어 구리에 화학흡착할 수 있다. 수소화 반응에서는 수소 분자가 원자로 해리되어 반응물과 결합하기 때문에 수소 분자가 먼저 원자로 나누어져야 한다. 수소 원자로 나뉘는 데 필요한 수소 분자의 해리에너지가 수소화반응의 활성화에너지이므로, 이 조건이 충족되도록 반응온도가 높아야 반응이 일어난다. 그러나 물리흡착 단계를 거치면 수소 분자의 해리에너지보다 아주 낮은 퍼텐셜에너지 장벽을 넘어 수소가 원자 상태로 화학흡착한다. 촉매 표면에서는 원자 상태의 수소를 생성하는 단계의 활성화에너지가 수소 분자의 해리에너지보다 상당히 작다. 이러한 이유로 촉매에서는 활성화에너지가 작은 새로운 반응경로가 가능해져서 반응속도가 빨라진다.

촉매반응이 화학흡착 단계를 거쳐 진행하므로, 촉매작용은 반응물의 화학흡착 상태와 세기에 따라 달라진다. 화학흡착 상태는 반응경로를 결정하는 중요한 인자임을 앞서 개미산의 화학흡착에서 설명하였다. 혼합물의 촉매반응에서는 흡착세기가 강한 반응물만 활성점에 선택적으로 흡착하므로, 흡착세기가 강한 반응물의 촉매반응만 진행된다. 그러나 화학흡착이 너무 강하면 흡착한 반응물이 활성점에서 탈착하지 않아 촉매작용이 나타나지 않는다. 활성점에 아주 강하게 흡착되어 촉매활성점을 차폐시키는 물질이 촉매독(catalyst poison)이다. 촉매에 대한 반응물의 흡착세기가 너무 강하거나 너무 약해도 촉매활성이 낮다. 반응물의 화학흡착 상태와 세기는 반응경로와 반응속도 결정에 매우 중요하기 때문에, 촉매설계 과정에서 화학흡착 상태와 세기로부터 활성물질을 선정한다.

촉매작용을 화학흡착과 연관지어 이해하면 매우 합리적이나, 반응 조건에서 화학흡착의 상태와 세기를 조사하기가 쉽지 않다. 또 화학흡착의 형태가 여럿이면, 촉매반응에 관여하는 흡착 상태만을 따로 떼어내어 조사하기 어렵다. 높은 온도에서는 흡착량이 적고 분광기를 이용한 측정이 어려워 반응온도보다 낮은 온도에서 화학흡착 상태를 조사하였으나, 최근에는 측정 기술이 크게 발전되어 반응이 진행되는 제자리(in situ) 조건에서 흡착 상태를 조사한다. 예를 들어, 에틸렌의 부분산화반응에서 생성된 에틸렌 옥사이드가 하이드록시기가 발달한 촉매에서 아세트알데하이드로 전환되는 과정을 실제 반응 조건에서 IR 분광기로 조사한다[18].

금속과 금속 산화물 촉매는 주로 지지체에 담지되어 있어서 표면구조가 복잡하고, 활성물질 외에 지지체에도 반응물이 흡착하므로 화학흡착 상태가 복잡하다. 이런 이유로 표면의 조성과 구조가 균일하고 규칙적인 금속박막(film), 선(wire), 단결정(single crystal)의 특정한 결정면에서 흡착 상태를 조사한다. 특정 표면에서 조사한 화학흡착성질을 실용 촉매의 촉매작용과 연관짓기는 어렵지만, 촉매작용을 이해하는 데에는 유용하다.

촉매작용 및 반응기구와 관계있는 반응물과 생성물의 화학흡착성질을 정리하였다.

1) 반응물의 화학흡착속도나 생성물의 탈착속도가 표면반응속도보다 느리면 흡착이나 탈착 과정이 촉매반응의 속도결정 단계가 된다.

2) 화학흡착열로부터 촉매에 흡착하는 반응물의 흡착세기를 추정할 수 있다. 화학흡착이
   지나치게 강하면 반응물이 촉매독이 되어 촉매작용이 나타나지 않으며, 너무 약하면
   흡착하지 않아 촉매활성을 기대하기 어렵다. 즉, 흡착세기는 활성물질의 촉매 가능성을
   판단하는 일차적 기준이 된다.
3) 표면점유율에 따라 화학흡착열이 달라지는 경향에서 표면에너지의 균일성을 추정한다.
4) 적외선 분광법 등 여러 방법으로 확인한 화학흡착 상태는 촉매반응의 중간체를 유추하
   는 직접적인 근거가 된다. 반응이 일어나는 조건에서 측정한 결과라면 더욱 바람직하다.

(2) 화학흡착의 종류

화학결합이 다양하듯이 촉매와 흡착하는 물질에 따라 화학흡착도 여러 가지이다. 활성점
과 흡착하는 물질이 각각 전자를 하나씩 제공하여 공유하는 공유결합 형태, 활성점과 흡착하
는 물질 사이에 전자를 주고받아 이온이 되어 정전기적 인력에 의하여 흡착하는 이온결합
형태, 흡착하는 물질이 흡착제에게 전자쌍을 주면서 결합하는(흡착하는) 배위결합 형태가
있다. 중요한 화학흡착의 형태를 아래에 소개한다.

수소 분자는 수소 원자로 나누어져 금속 원자와 공유결합을 이루며 화학흡착한다. 금속
표면에 분포되어 있는 자유전자와 수소 원자의 전자가 합하여 결합을 이룬다.

$$H_2 + 2\,M \rightarrow 2 \begin{pmatrix} H \\ | \\ M \end{pmatrix} \tag{2.40}$$

M은 금속의 표면 원자이다. 수소 분자뿐 아니라 메탄 등 탄화수소도 수소 원자와 알킬기로
나뉘어 금속 원자에 해리흡착한다.

$$CH_4 + 2\,M \rightarrow \begin{pmatrix} H \\ | \\ M \end{pmatrix} + \begin{pmatrix} CH_3 \\ | \\ M \end{pmatrix} \tag{2.41}$$

수소 분자는 금속 산화물의 금속 이온과 산소 이온에 원자로 나뉘어 흡착한다.

$$H_2 + [M^{2+} - O^{2-}] \rightarrow \begin{pmatrix} H \\ | \\ M^{2+} \end{pmatrix} + \begin{pmatrix} H \\ | \\ O^{2-} \end{pmatrix} \tag{2.42}$$

수소가 흡착한 금속 산화물을 가열하면 하이드록시기가 수소 원자와 결합하여 물로 탈착하
므로 금속 산화물은 산소를 잃고 금속으로 환원된다.

π-전자나 고립 전자쌍을 가지고 있는 물질은 나뉘지 않고 그대로 흡착한다. 결합하는 원

자의 혼성궤도함수가 달라지면서 공유결합을 만들어 화학흡착한다.

$$H_2C = CH_2 + 2\,M \;\rightarrow\; \begin{array}{c} H_2C - CH_2 \\ |\quad\;\; | \\ M \quad M \end{array} \qquad\qquad (2.43)$$

에틸렌이 흡착하면 탄소 원자의 혼성궤도함수가 sp^2에서 sp^3로 바뀐다. 아세틸렌의 흡착 과정에서는 탄소 원자의 혼성궤도함수가 sp에서 sp^2로 달라진다.

$$HC \equiv CH + 2\,M \;\rightarrow\; \begin{array}{c} HC = CH \\ |\quad\; | \\ M \quad M \end{array} \qquad\qquad (2.44)$$

프로필렌은 금속 산화물에 흡착하면서 π - 알릴 착화합물을 만든다. 프로필렌에서 떨어진 양성자는 산소 이온에 흡착하여 하이드록시기가 되고, 알릴기의 세 탄소 원자에 양전하가 비편재화(delocalization)되어 있는 상태로 금속 원자와 결합한다. 이중결합이 이동하는 이성질화반응과 프로필렌의 부분산화반응의 반응경로를 설명하는데, π - 알릴 형태로 화학흡착된 중간체가 아주 적절하다.

$$CH_3CH = CH_2 + [M^{2+} - O^{2-}] \;\rightarrow\; \begin{array}{c} H \\ | \\ C \\ H_2C \diagdown \;\diagup CH_2 \\ | \\ M^+ \end{array} + \begin{pmatrix} H \\ | \\ O \end{pmatrix}^{-} \qquad (2.45)$$

흡착하는 물질과 고체의 표면 원자 사이에 전자를 주고받으면 이온결합 형태로 흡착한다. n - 형 반도체인 산화아연(ZnO)은 흡착하는 산소에게 전자를 주고 양전하를 띤다. 산소는 전자를 받아 O_2^- (분자 이온)나 O^- (원자 이온) 형태의 음이온이 되어 양하전을 띠는 산화아연에 흡착한다[4]. 실온 근처에서는 산소 분자마다 전자를 하나씩 받아 분자 이온으로 흡착하지만, 200 ℃ 이상에서는 산소 분자당 전자를 두 개씩 받아 해리된 원자 이온으로 흡착한다. 산소가 이온결합을 이루며 산화아연에 흡착하는 현상을 O_2^-나 O^-의 전자스핀공명 분광법(electron spin resonance: ESR) 초미세구조나 산화아연의 전기전도도 변화로 확인한다[19]. 산소가 흡착하면 산화아연 표면에 흡착한 음이온의 음전하층이 형성되므로 전자간 반발력으로 인해 산화아연 내부에서 표면으로 전자의 이동이 억제된다. 전자의 제공으로 형성된 분극 현상 때문에 더 이상 전자를 제공할 수 없어서 화학흡착은 단분자층까지만 진행한다.

흡착하는 물질이 전자쌍을 금속 원자에게 제공하면서 배위결합 형태로 화학흡착한다. 황화수소(H_2S)는 금속의 비어 있는 원자궤도함수에게 전자쌍을 주면서 매우 강하게 화학흡착한다. 황화수소는 쉽게 탈착하지 않기 때문에 황화수소는 금속 촉매의 대표적인 촉매독이다.

$$H_2S + M \rightarrow \begin{array}{c} H \qquad H \\ \diagdown \; / \\ S \\ \downarrow \\ M \end{array} \qquad (2.46)$$

암모니아와 피리딘처럼 고립 전자쌍을 가진 염기는 루이스 산점에 배위결합 형태로 화학흡착한다. 염기와 산점 사이에 전자밀도 차이가 크면 클수록 강하게 흡착한다.

　일산화탄소도 금속 원자에 배위결합 형태로 흡착한다. 금속에 대한 일산화탄소의 화학흡착은 합성가스로부터 탄화수소를 합성하는 피셔-트롭쉬(Fischer-Tropsch)공정의 핵심 단계여서 많이 연구되었다. 일산화탄소는 금속에 주로 선형(linear)이나 다리형(bridged)으로 흡착하지만, 일산화탄소 두 분자가 한 금속 원자에 결합하는 쌍둥이형(twin), 한 분자가 탄소와 산소로 나누어져 흡착하는 해리형, 탄소와 산소가 삼중결합을 유지하면서 두 금속 원자에 결합하는 평행형 흡착도 있다. 화학흡착 상태에 따라 탄소와 산소의 결합세기가 다르기 때문에 촉매활성이나 선택성이 금속의 종류에 따라 다르다. 아래에 일산화탄소의 대표적인 흡착 형태를 보였다.

$$\begin{array}{cccc} O & O & O & O \\ \vert\vert\vert & \vert\vert\vert & \vert\vert\vert & \vert\vert \\ C & C \quad C & & C \\ \vert & \diagdown \; / & & / \; \diagdown \\ M & M & -M & -M- \\[4pt] \text{선형} & \text{쌍둥이형} & & \text{다리형} \end{array} \qquad (2.47)$$

　흡착한 일산화탄소의 IR 흡수띠에서 일산화탄소가 금속에 다양한 상태로 흡착하는 현상을 바로 확인할 수 있다. 표 2.2에 지지체에 담지한 금속 촉매에 화학흡착한 일산화탄소의 구조와 이에 대응하는 흡수띠의 파수를 정리하였다[20]. 니켈(Ni)에는 일산화탄소가 선형과 다리형으로 흡착하고, 로듐(Rh)에는 선형과 다리형 외에 쌍둥이형 흡착이 가능하다. 금속뿐만 아니라 지지체가 달라져도 일산화탄소 흡수띠의 파수가 달라진다. 같은 형태로 결합하여도 금속에 따라 흡착세기가 다르다. 실리카에 담지한 철(Fe)이나 백금(Pt)에는 일산화탄소가 선형으로만 흡착하지만, 흡수띠의 파수는 각각 1,960과 2,070 cm^{-1}로 상당히 다르다. 일산화탄소는 흡착할 때 3σ 궤도함수의 고립 전자쌍을 금속 원자의 비어 있는 궤도함수에 제공한다. 대신 금속 원자의 d 궤도함수에 있는 전자가 일산화탄소의 2π 반결합 궤도함수로 이동하기 때문에 같은 선형 흡착에서도 금속의 종류에 따라 흡수띠의 파수가 크게 다르다. 반결합 궤도함수에 전자가 채워지므로 일산화탄소가 금속에 강하게 흡착하면 일산화탄소가 탄소와 산소 원자로 해리할 가능성이 높아진다. 합성가스로 메탄올을 제조하는 반응에서는 C-

표 2.2 담지 금속 촉매에 대한 일산화탄소의 흡착[20]

금속	지지체	흡수띠 파수(cm^{-1})	세기	흡착 형태
Fe	SiO_2	1,960	s	$Fe-C\equiv O$
Pt	SiO_2	2,070	s	$Pt-C\equiv O$
Ni	SiO_2	2,030	w	$Ni-C\equiv O$
		1,905	s	$\begin{matrix} Ni \\ \vertC=O \\ Ni \end{matrix}$
Pd	SiO_2	2,050	w	$Pd-C\equiv O$
		1,920	s	$\begin{matrix} Pd \\ \vertC=O \\ Pd \end{matrix}$
		1,827	sh	
Rh	$\alpha-Al_2O_3$	2,100	s	$\begin{matrix} C\equiv O \\ Rh \\ C=O \end{matrix}$
		2,030		
		2,000	s	$Rh-C\equiv O$
		1,850	m	$\begin{matrix} Rh \\ \vertC=O \\ Rh \end{matrix}$
		~1,900		
Rh	제올라이트	2,116	s	$\begin{matrix} C\equiv O \\ Rh \\ (Z) \\ C\equiv O \end{matrix}$
		2,044		
		2,103	s	$\begin{matrix} C\equiv O \\ Rh \\ (M) \\ C\equiv O \end{matrix}$
		2,106		

* s: 강함, m: 중간, w: 약함, sh: 어깨봉우리, Z: 제올라이트, M: 금속

O 결합이 유지되어야 하므로 일산화탄소가 그대로 흡착되어야 하지만, 피셔-트롭쉬반응에서는 C-O 결합이 끊어져야 하므로 일산화탄소가 나뉘어 흡착하는 촉매에서 탄화수소가 쉽게 생성된다. 금속에 따라 일산화탄소의 화학흡착 상태와 세기가 다르므로 이들 촉매반응에서 활성과 선택성이 크게 다르다.

전자가 이동하여 착화합물을 만드는 전하이동 착화합물(charge-transfer complex) 형태의 화학흡착도 있다. Cu^{2+}가 교환된 제올라이트 Y에 퓨란(furan)이 흡착하면, 퓨란고리에서 구리 이온으로 전자가 이동하여 전하이동 착화합물을 만든다[21]. Cu^{2+}이 들어 있는 제올라이트 Y는 옅은 하늘색이나 퓨란이 흡착하면 짙은 보라색으로 변해 착화합물이 생성되었음을 보여준다. 퓨란 이외에도 피롤(pyrrole)이나 싸이오펜(thiophene) 등이 구리 이온이 교환

되어 있는 제올라이트 Y에 흡착하여도 전하이동 착화합물이 생긴다. 착화합물이 안정하여 퓨란고리가 수소화되지 않으므로, 착화합물을 만들 수 있는 구리가 들어 있는 촉매는 퍼퓨랄에서 퍼퓨릴알코올로 수소화되는, 즉 퓨란고리가 보존되는 촉매반응에 대한 선택성이 높다.

$$Cu(II)/Y + \text{(furan)} \rightarrow \text{(complex)} \qquad (2.48)$$
$$Cu(I)-Y$$

(3) 화학흡착의 세기

화학흡착의 세기는 표면 상태뿐만 아니라 표면과 흡착하는 물질 사이의 상호작용의 세기와 형태에 따라 크게 달라지므로 흡착세기를 일반화하기가 쉽지 않다. 더욱이 표면의 구성성분, 제조 과정, 표면 형상에 따라 표면 원자의 에너지 상태가 크게 다르므로 흡착세기를 객관적으로 비교하기는 어렵다. 따라서 화학반응에서 반응물의 반응성을 비교하는 것처럼 흡착세기를 아주 개략적으로 비교한다.

분자의 성질이 비슷한 탄화수소의 금속에 대한 흡착세기는 다음과 같다.

$$\text{아세틸렌} > \text{알켄} > \text{알칸} \qquad (2.49)$$

삼중결합이 있는 아세틸렌의 흡착이 가장 강하고, 포화탄화수소인 알칸의 흡착이 가장 약하다. 전자밀도가 높은 이중결합이나 삼중결합이 있는 분자는 금속에게 전자를 잘 제공하므로 금속에 대한 흡착세기가 강해진다. 같은 이유로 이중결합이 두 개 있는 알켄(diolefin)의 흡착이 이중결합이 하나 있는 알켄(monoolefin)의 흡착보다 강하다.

균일한 금속 표면에 대한 기체의 흡착세기는 다음과 같다.

$$O_2 > C_2H_2 > C_2H_4 > CO > H_2 > CO_2 > N_2 \qquad (2.50)$$

정량적으로 흡착세기 차이를 설명하기는 어렵지만, 불포화 결합의 유무나 전기음성도 차이로 어느 정도 설명할 수 있다. 질소 분자에는 아세틸렌과 마찬가지로 삼중결합이 있으나 질소 원자 사이에 국한되어 있어서, 금속에 제공할 수 없으므로 질소는 철이나 루테늄(Ru) 외에는 거의 흡착하지 않는다. 필진자계를 이루어 인정한 이산화탄소의 흡착도 약하다. 이에 비하면 수소는 금속에 해리흡착하고, 일산화탄소는 고립 전자쌍을 금속 원자에게 주면서 흡착한다. 에틸렌과 아세틸렌에는 불포화 결합이 있으므로 금속에 강하게 흡착한다. 산소 분자는 이중라디칼로서 홀전자가 두 개나 있기에 상온에서도 금을 제외한 모든 금속에 상당히 강하게 흡착한다.

　삼중결합이 있다고 해도 질소 분자의 흡착은 강하지 않으므로, 원자 사이의 결합세기와 최외각 전자의 밀도 등 여러 성질을 고려하여 흡착세기를 설명해야 한다. 흡착세기의 순서는 금속의 결정면이나 전처리 조건에 따라서도 달라지므로 일반화할 때 주의해야 한다. 흡착하는 분자의 구조와 고체 표면의 구조 및 형상으로부터 화학흡착세기를 정량적으로 계산하여 이를 흡착하는 반응물의 활성화에너지와 연관지은 자료는 촉매의 활성 물질 선정에 매우 유용하다. 촉매반응의 가능성과 예상 경로를 흡착 상태에서 유추할 수 있어서, 활성과 선택성이 우수한 촉매의 개발과 설계에 중요한 자료가 된다.

■ 참고문헌

1. R.L. Burwell Jr., "Manual of Symbols and Terminology for Physicochemical Quantities and Units — Appendix II", *Adv. Catal.*, **26**, 351−392 (1977).

2. J.M. Thomas and W.J. Thomas, "Introduction to the Principles of Heterogeneous Catalysis", Academic Press, New York (1967), p 14.

3. G.C. Bond, "Heterogeneous Catalysis: Principles and Applications", 2nd ed., Oxford University Press (1987).

4. H. Chon and J. Pajares, "Hall effect studies of oxygen chemisorption on zinc oxide", *J. Catal.*, **14**, 257−260 (1969).

5. T. Masuda, H. Taniguchi, K. Tsutsumi, and H. Takahashi, "Direct measurement of interaction energy between solids and gases. II. Microcalorimetric studies on the surface acidity and acid strength distribution of solid acid catalysts", *Bull. Chem. Soc. Japan*, **51**, 1965−1969 (1978).

6. K.S.W. Sing, D.H. Everett, R.A.W. Haul, L. Moscou, R.A. Pierotti, J. Rouquérol, and T. Siemieniewska, "Reporting physisorption data for gas/solid systems with special reference to the determination of surface area and porosity", *Pure & Appl. Chem.*, **57**, 603−619 (1985).

7. Y.K. Tovbin, "Condition for an adsorption hysteresis loop to appear in narrow cylindrical pores", *Russ. Chem. Bull., Int. Ed.*, **53**, 2884−2885 (2004).

8. A.C. Mitropoulos, "The Kelvin equation", *J. Colloid Inter. Sci.*, **317**, 643−648 (2008).

9. L.H. Cohan, "Sorption hysteresis and the vapor pressure of concave surfaces", *J. Am. Chem. Soc.*, **60**, 433−435 (1938).

10. A.V. Neimark, P.I. Ravikovitch, and A. Vishnyakov, "Adsorption hysteresis in nanopores", *Physical Rev. E*, **62**, R1493−1496 (2000).

11. R.T. Yang, "Gas Separation by Adsorption Processes", Butterworths, Boston (1987), p 31.

12. S. Brunauer, P.H. Emmett, and E. Teller, "Adsorption of gases in multimolecular layers", *J. Am. Chem. Soc.*, **60**, 309−319 (1938).

13. D.M. Young and A.D. Crowell, "Physical Adsorption of Gases", Butterworths, Washington (1962), p 147.

14. 慶伊富長 編著, "觸媒化学", 東京化学同人 (1981), p 112.

15. A.F. Benton and T.A. White, "Adsorption of hydrogen by nickel at low temperatures", *J. Am. Chem. Soc.*, **52**, 2325−2336 (1930).

16. M.M. Dubinin, "The Potential Theory of Adsorption of Gases and Vapors for Adsorbents with Energetically Nonuniform Surfaces", *Chem. Rev.*, **60**, 235−241 (1960).

17. 이영섭, 박건유, 하백현, "NaY 상에서 몇가지 방향족 탄화수소의 흡착특성", *화학공학*, **23**, 109−115 (1985).

18. K.−H. Jung, K.−H. Chung, M.−Y. Kim, J.−H. Kim, and G. Seo, "IR study of the secondary reaction of ethylene oxide over silver catalyst supported on mesoporous material", *Korean J. Chem. Eng.*, **16**, 396−400 (1999).

19. J.H. Lunsford, "ESR of Adsorbed Oxygen Species", *Catal. Rev.*, **8**, 135−157 (1973).

20. Ref. 14, p 149.

21. H. Chon, G. Seo, and B.−J. Ahn, "Interaction of furans with Cu(II)Y zeolite catalysts", *J. Catal.*, **80**, 90−96 (1983).

제**03**장

촉매활성점

촉매는 화학반응의 속도를 증가시켜 평형에 도달하는 시간을 단축시키는 물질이므로, 촉매의 기능을 일차적으로 화학반응의 속도를 빠르게 하는 능력으로 평가한다. 단위시간당 반응물이 소모되는 속도 또는 생성물이 형성되는 속도인 반응속도를 측정하여 촉매의 효과를 정량적으로 검토한다. 이와 달리, 촉매를 넣어주면 전혀 일어나지 않던 반응이 빠르게 진행되거나, 생성물이 달라지는 결과에서도 촉매작용의 효과를 볼 수 있다.

촉매작용의 결과는 이처럼 구체적이지만, 미시적인 입장에서 촉매가 화학반응을 어떻게 촉진시키는지 설명하기는 쉽지 않다. 촉매와 반응물이 어떻게 상호작용하는지, 또한 어떤 상태와 과정을 거쳐서 반응이 빨라지는지 알기 어렵다. 고체 상태의 불균일계 촉매에서는 반응물이 촉매 표면에 흡착하여 반응이 진행되므로 활성을 증진시키는 기능은 촉매의 표면과 관련이 있다. 그러나 균일계 촉매에서는 반응물이 촉매 분자나 이온과 결합하면서 반응이 진행되기 때문에 반응물이 결합하는 자리가 촉매의 기능을 나타낸다. 따라서 촉매가 반응속도를 증가시키는 기능인 촉매작용은 표면의 특정한 원자나 원자집단 또는 반응물과 결합할 수 있는 촉매 분자의 특정 원자와 관련이 있다.

촉매작용이 처음 알려졌을 때에는 촉매를 화학반응의 속도를 빠르게 해주는 신기한 물질(magic material)로 생각하였다. 숱한 시행착오를 거쳐 찾아낸 미지의 물질이었기 때문이다. 그러나 화학반응과 표면 현상에 대한 지식이 축적되면서 촉매작용을 구체적으로 이해하게 되었다. 고체 촉매의 표면에 반응물이 흡착하고, 표면반응을 거쳐 중간체가 형성되며, 생성물이 촉매에서 탈착되는 관점에서 촉매작용의 원인을 규명한다. 이와 달리, 균일계 촉매에서는 반응물이 촉매와 결합하여 반응이 진행되므로 반응물의 결합 상태에 초점을 맞춘다. '흡착'이나 '결합'은 모두 촉매와 반응물의 상호작용을 말하며, 불균일계와 균일계 촉매작용의 출발점이 된다. 흡착하거나 결합할 가능성과 그 상태가 촉매작용을 좌우하는 기본 요소이어서, 흡착 및 결합으로부터 촉매작용이 나타나는 이유를 고찰한다. 이 절에서는 표면이라는 구체적인 형태를 갖고 있는 고체 불균일계 촉매를 대상으로 촉매작용을 설명한다. 균일계 촉매에서도 고체 표면에 대한 '흡착' 대신 촉매 분자와 반응물의 '결합'이라는 개념을 도입하여 같은 방법으로 촉매작용을 설명할 수 있다.

고체 촉매에서 촉매반응이 표면에서 일어나는 점은 확실하지만, 표면 전체가 촉매반응에 관여하는지 여부는 촉매와 반응 조건에 따라 나르다. 촉매의 표면석과 활성 사이에 비례 관계가 항상 성립하지는 않아서, 표면이 넓다고 촉매활성이 반드시 높은 것은 아니다. 표면적은 거의 변하지 않는 데도 소성이나 환원 등 전처리에 따라 촉매활성이 크게 달라지고, 아주 소량의 특정 물질을 넣어주면 촉매의 활성이 크게 낮아진다. 합금 촉매에서는 조성에 따라 촉매의 활성이 크게 바뀐다. 이런 사실을 바탕으로 표면의 원자 조성과 구조가 촉매작용과 관련 있다고 추론할 수 있다. 촉매의 표면 전체가 촉매반응에 관여하는 것은 아니며, 표면의 어떤 자리나 구조에서만 촉매작용이 나타난다는 뜻이다. 촉매 표면에 노출되어 촉매작용의 원인이 되는 어떤 특정한 원자나 원자모음을 활성점(active site), 또는 활성 중심(active center)이라고 부른다. 여러 원자가 어울러 촉매작용을 나타낸다는 의미로 활성 원자집단(ensemble)이라고 부르기도 한다[1].

(1) 기하학적 시각

반응물이 촉매에 흡착하면서 촉매반응이 시작되기 때문에 촉매작용은 촉매의 표면과 관련이 깊다. 표면에서는 물질 내부의 주기성이 깨어지므로 조성과 결합 상태가 내부와 다르다. 표면 원자는 내부에 있는 원자와 배열 방법과 화학적 상태가 다르기 때문에, 표면의 특별한 상태의 원자나 원자집단에서 촉매작용이 나타난다는 데에는 이견이 없다.

규칙적인 금속 결정을 예로 든다. 표면에 노출된 원자의 배위수는 내부 원자의 배위수에 비해 적다. 조밀채움구조(close-packed structure) 상태의 금속에서 내부 원자는 같은 층에 있는 다른 원자 여섯 개와 이웃하고 있으며, 위층과 아래층에 있는 원자 세 개씩과 접촉하고 있어서 내부 원자의 배위수는 12이다. 그러나 표면에 노출된 원자는 상태에 따라 그것의 배위수가 다르다. 표면의 평면(terrace)에 있는 원자의 배위수는 그 원자 위에 다른 원자가 없기 때문에 9로 적다. 모서리나 꼭짓점처럼 특정한 위치에 있는 원자의 배위수는 이보다 더 적다. 정팔면체 결정의 꼭짓점에 있는 원자의 배위수는 4로서, 내부 원자의 배위수 12에 비해 상당히 적으므로 꼭짓점 원자의 화학적 성질은 내부 원자와 크게 다르다.

배위수와 결합 형태에 따라 원자의 화학적 성질이 달라지며, 배위수가 적은 원자는 다른 원자나 분자와 결합하여 배위수가 많은 안정한 상태가 되려고 한다. 표면에 있는 원자도 내부 원자에 비해 이웃하고 있는 원자 개수가 적고 불안정하여 반응물과 쉽게 결합하여 반응물을 활성화시킨다. 표면 원자는 내부 원자와 다르게 균형이 깨어진 상태이어서 반응물을 활성화시키는 촉매작용이 나타낸다는 설명이다. 표면에 노출된 원자는 내부 원자에 비하면 활성화되어 있지만, 꼭짓점이나 모서리 또는 움푹 들어가거나 솟아오른 자리의 원자는 배위수가 평면에 있는 원자보다 더 적어서 크게 활성화되어 있다. 이처럼 고체 표면에 있는 원자의 기하학적(geometrical) 상태가 반응물을 활성화하는 촉매작용의 원인이 된다.

알갱이의 구조와 크기에 따라 표면에 노출된 원자의 개수와 배위수가 달라지는 현상을 금속 결정을 예로 들어 설명한다. 그림 3.1에 크기가 다른 정육면체의 모형을 보였다. 한 변이 두 개의 원자로 이루어진 입방체에서는 모든 원자가 표면에 노출되어 있다. 한 변을 이루는 원자수가 세 개, 네 개, 다섯 개로 많아지면, 입방체에 들어 있는 전체 원자의 개수는 27개,

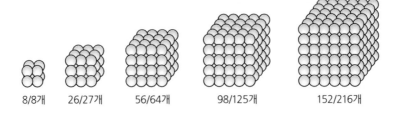

그림 3.1 입방체의 크기에 따른 전체 원자의 개수와 표면에 노출된 원자의 개수(노출/전체)

64개, 125개로 많아진다. 표면에 노출된 원자의 개수도 26개, 56개, 98개로 많아지지만, 전체 원자에 대한 표면에 노출된 원자의 백분율은 96.3%, 87.5%, 78.4%로 낮아진다. 금속 알갱이가 커질수록 표면에 노출된 원자의 비율이 낮아져서 촉매활성점이 될 수 있는 원자의 개수가 줄어든다.

이뿐만 아니라 금속 원자의 기하학적 구조와 배위수도 알갱이 크기에 따라 크게 달라진다. 전체 원자의 개수가 같은 조건에서 꼭짓점에 있는 원자의 개수를 비교해 보면 알갱이 크기의 영향을 바로 알 수 있다. 한 변의 구성 원자가 두 개로 이루어진 입방체가 27개이면 전체 원자 개수는 216개이며, 216개 원자 모두가 꼭짓점에 놓여 있다. 이와 달리 한 변이 여섯 개의 원자로 이루어진 입방체에서도 전체 원자 개수는 216개이지만, 꼭짓점에 있는 원자 개수는 8개이다. 어떤 반응에서 꼭짓점에 있는 원자만 촉매활성이 있다면, 알갱이가 작아서 한 변의 원자 개수가 두 개인 알갱이로 이루어진 촉매에 비해 한 변의 원자 개수가 여섯 개인 큰 알갱이로 이루어진 촉매의 활성은 1/27로 아주 낮다. 알갱이 크기에 따라 표면 원자가 어떤 상태로 존재하느냐의 비율이 달라지고, 이로 인해 촉매활성이 달라진다.

금속 결정의 알갱이 크기에 따라 표면의 평면, 모서리, 꼭짓점에 있는 원자의 비율이 달라지는 현상을 그림 3.2에 보였다[2]. 정팔면체 결정에서 꼭짓점, 모서리, 평면에 있는 원자의 분포확률이 알갱이 크기에 따라 다르다. 알갱이가 아주 작으면 모든 원자가 꼭짓점에 있으므로 꼭짓점 원자의 분포확률은 1이다. 알갱이가 커지면 모서리가 나타나면서 꼭짓점에 있는 원자의 분포확률은 크게 낮아진다. 알갱이가 더 커지면 평면과 내부에 존재하는 원자의 분포확률이 높아진다. 꼭짓점에 있는 원자에서만 촉매반응이 진행된다면 알갱이가 작으면 작을수록 촉매활성이 높아진다. 그러나 모서리에 있는 원자에서 촉매반응이 진행된다면 알갱이가 커짐에 따라 촉매활성이 높아졌다가 다시 낮아진다. 평면에 있는 원자에서 촉매반응이 일어난다면 알갱이가 큰 촉매가 유리하다. 금속 결정의 크기에 따라 단위 원자당 촉매활성이 달라진다면, 이는 촉매작용이 표면의 기하학적 구조에 따라 달라지기 때문이다.

금속 원자의 결합거리, 배열 형태, 반응물과 결합할 수 있는 자리의 개수를 고려하여 촉매활성을 설명하는 이론이 결합자리 이론(multiplet theory)이다. 사이클로헥산의 탈수소화반응에서 표면 원자가 육각형으로 배열되어야 사이클로헥산이 잘 흡착하므로, 표면의 금속 원자

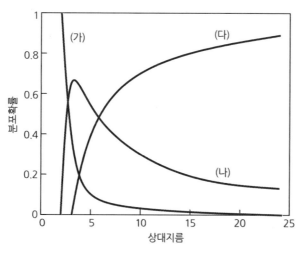

그림 3.2 정팔면체 결정에서 원자가 꼭짓점 (가), 모서리 (나), 면 (다)에 있을 확률[2]

가 육각형 형태로 배열된 촉매에서 활성이 높다고 주장한다. 에탄의 수소화분해반응에서 에탄의 탄소-탄소 결합길이와 표면에 노출된 금속 원자 사이의 길이를 대응시켜 촉매활성을 설명하기도 한다. 탄소-탄소 결합길이가 표면 원자 사이의 길이에 비해 너무 길거나 짧으면 흡착 상태가 불안정해 잘 흡착되지 않으며, 이로 인해 촉매반응이 잘 진행되지 않는다. 금속 원자 사이의 길이가 적절하여 안정한 중간체가 많이 생성되면 촉매반응이 빨라진다는 설명이다. 촉매반응마다 적당한 활성점의 구조가 다르므로, 촉매 표면의 조성, 표면 원자의 배위수, 결정면에 따라 촉매의 활성이 다르다.

금속 알갱이의 크기뿐만 아니라 노출된 결정면의 종류와 촉매작용을 연관짓는 설명도 표면의 기하학적 구조에 두고 있다. 그림 3.3에서 보듯이 직육면체 결정에서 절단 각도에 따라 표면에 노출된 원자의 배위수가 달라진다. 절단각이 0°이면 표면의 원자는 모두 평면에 있으나, 절단각이 12°로 커지면 모서리에 있는 원자가 상대적으로 많아진다. 상당수의 금속 원자가 모서리에 있고, 모서리 끝의 원자는 꼭짓점 상태에 있다. 절단각이 25°로 더 커지면 모서리와 꼭짓점에 있는 원자의 비율이 더 크게 높아진다. 이처럼 금속 결정의 노출면이 달라지

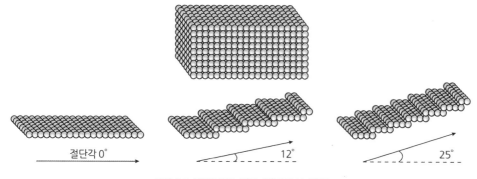

그림 3.3 절단각에 따른 결정면의 변화

면 표면 원자의 기하학적 상태가 변하므로 촉매활성이 달라진다.

(2) 전자론적 시각

화학반응에서는 화학결합이 끊어지고 이어진다. 전자로 연결된 화학결합이 끊어지거나 이어지면서 반응물이 생성물로 전환되기 때문에 화학반응의 속도는 원자 사이에서 전자가 이동하는 속도와 관련 있다. 이온결합이 형성되려면 양이온이 될 원자로부터 음이온이 될 원자로 전자가 이동한다. 전자를 서로 하나씩 제공하여 함께 공유하는 공유결합에서도 전자의 이동이 필수적이다. 화학반응을 전자론적 시각에서 보면 전자의 이동이 핵심 단계이므로, 촉매로 인해 반응물 사이에서 전자의 이동이 빨라지기 때문에 나타나는 효과를 촉매작용이라고 설명한다.

일산화탄소의 산화반응은 금속 산화물 촉매에서 많이 연구되었다[3]. 산소 분자가 전자를 받아서 산소 원자 이온(O^-)이 되고, 이들이 일산화탄소와 반응하여 이산화탄소 음이온(CO_2^-)을 만든다. 이산화탄소 음이온이 촉매에게 전자를 주고 이산화탄소로 탈착하면 촉매반응이 완결된다.

$$\frac{1}{2} O_2 + e_{-*} \rightarrow O^-_{-*} \tag{3.1}$$

$$O^-_{-*} + CO \rightarrow CO^-_{2-*} \tag{3.2}$$

$$\overline{O^-_{2-*} \rightarrow CO_2 + e_{-*}} \tag{3.3}$$

$$CO + \frac{1}{2} O_2 \rightarrow CO_2 \tag{3.4}$$

$_*$는 흡착점을 나타내며, e_{-*}는 촉매에 들어있는 전자를 나타낸다.

촉매반응이 빠르게 진행하려면 촉매가 산소 분자에게 전자를 빠르게 주고, 촉매는 이산화탄소 음이온으로부터 전자를 빨리 받아야 한다. 이처럼 전자를 빠르게 주고받아야 촉매활성이 좋아진다는 점에서 촉매작용의 본질은 전자의 이동을 촉진하는 데 있다. 이처럼 촉매작용을 전자의 이동속도 증진과 관련지어 설명하는 방법이 전자론적(electronic) 시각이다.

전자의 이동속도는 전기전도도에 비례하므로 일산화탄소의 산화반응에서 반도체 촉매의 활성은 이들의 전기전도도에 따라 달라진다[4]. 산화니켈에 산화리튬을 소량 첨가하여 전기전도도가 크게 향상되는 효과를 도핑(혼입, doping)이라고 부른다. 요즈음에는 운동선수가 약물을 복용하여 단기간에 운동 능력을 향상시키는 행위를 나타내는 데에도 이 말을 사용하지만, 원래는 전기전도도에서처럼 소량의 이물질에 의해 성질이 크게 달라지는 현상을 나타내는 말이다. 이와 달리 산화크롬을 소량 첨가하면 전기전도도가 크게 낮아진다. 몰비로 1%

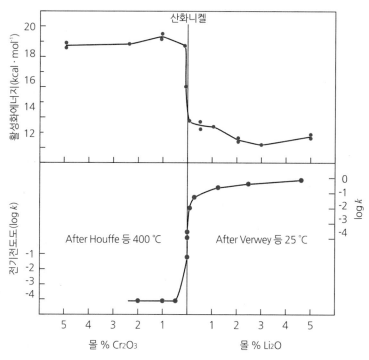

그림 3.4 산화니켈에서 도핑에 의한 전기전도도와 일산화탄소 산화반응에서 촉매활성의 변화[4]

만 첨가해도 전자의 이동에 관여하는 전자나 양전하 구멍(positive hole)의 밀도가 크게 변하므로, 전기전도도는 10^4배 정도로 크게 달라진다. 전자의 이동이 화학반응의 본질이기 때문에, 그림 3.4에서 보듯이 촉매의 전기전도도가 달라지면 일산화탄소의 산화반응에서 활성화에너지도 같이 변한다. p – 형 반도체인 산화니켈에 산화리튬을 첨가하여 전기전도도가 높아지면 활성화에너지가 크게 줄어서 촉매반응이 빨라진다. 그 대신 산화크롬을 첨가하여 전기전도도가 낮아지면 활성화에너지가 커져서 반응이 느려진다. n – 형 반도체인 산화아연에 산화인듐을 첨가하면 전기를 옮기는 전자가 많아져 전기전도도가 높아지고, 일산화탄소의 산화반응에서 활성화에너지가 작아진다. 활성화에너지의 감소로 인하여 반응속도가 빨라지는, 즉 촉매의 전기전도도에 따라 활성화에너지가 달라지는 현상이 촉매의 전자적 성질에 의해 촉매의 활성이 결정됨을 잘 보여준다.

전자론적 시각에 따르면 촉매에 반응물이 흡착하는 단계에서 전자를 주거나 받으면서 반응물이 활성화된다. 상온상압 조건에서 산소 분자는 일산화탄소 분자와 반응하지 않는다. 그 대신 산소 분자는 n – 형 반도체 촉매로부터 전자를 받아 원자 음이온(O^-)이 되면서 표면에 흡착한다. 산소 원자 음이온은 일산화탄소와 쉽게 반응하여 이산화탄소 음이온(CO_2^-)이 된다. 이 반응에서 촉매의 일차적인 기능은 산소 분자에게 전자를 제공하여 일산화탄소와 반응할 수 있는 산소 원자 음이온을 생성하는 데 있다. 물론 촉매가 이산화탄소 음이온으로부터 전자를 받고, 이산화탄소가 탈착되어야 촉매가 원래 상태로 회복되고 촉매반응이 완결되므로 전자를 받아들이는 기능 역시 중요하다. 산소 분자에게는 전자를 잘 주고, 이산화탄소 음이온으로부터는 전자를 잘 받도록 촉매에 들어 있는 전자의 에너지 준위가 적절해야 촉매작용이 나타난다.

촉매가 전자를 쉽게 제공하려면 촉매에 들어 있는 전자의 에너지 준위가 반응물의 비어 있는 궤도함수의 에너지 준위보다 높아야 한다. 에너지 차이가 클수록 전자의 이동 가능성이 높아진다. 그러나 전자를 회수하는 과정을 고려하면 제공하는 전자의 에너지 준위가 너무 높지 않아야 한다. 전자 회수 과정의 진행 정도 역시 중간체와 촉매에 들어 있는 전자의 에너지 준위에 따라 결정되므로, 전자를 제공할 때와 마찬가지로 회수할 때에도 촉매에 들어 있는 전자의 에너지 준위가 적절해야 한다. 전자를 주는 단계만 고려하면 촉매에 들어 있는 전자의 에너지 준위가 높으면 높을수록 유리하지만, 전자의 회수 단계까지 고려하면 중간체 전자의 에너지 준위보다는 낮아야 하므로 촉매에 들어 있는 전자의 에너지 준위가 반응물과 중간체 전자의 에너지 준위와 차이가 너무 크지 않아야 촉매의 기능이 극대화된다.

촉매작용이 전자의 이동에 의해서 나타난다고 보면, 촉매의 표면구조나 상태는 촉매활성과 무관해 보이지만, 실제로는 그렇지 않다. 촉매와 반응물은 표면을 통하여 전자를 주고받으며, 또 전자의 이동으로 생성된 전하의 차이에 의하여 반응물이 흡착하기 때문에 전자의 이동속도가 중요한 촉매에서도 표면의 구조와 상태가 역시 중요하다. 표면 원자는 내부 원자에 비해 주기성이 깨어져 그 배위수가 적기 때문에, 표면에서 전자의 퍼텐셜에너지가 많고 이 차이가 전자의 이동에 영향을 준다. 대부분 금속에서 자유전자는 배위수가 많은 내부에 많이 분포되어 있으므로 표면은 양전하를 띤다. 이러한 효과는 백금이나 니켈 등 전이금속에서 크며, 이로 인해 음전하를 띠는 반응물의 흡착에 유리하다. 표면에 있는 원자의 배위수에 따라 흡착세기나 표면의 전자밀도가 달라지므로, 기하학적 시각에서는 표면에 노출된 원자 중에서도 모서리와 꼭짓점에 있는 원자처럼 배위수가 적은 원자를 활성점으로 생각한다. 그러나 전자론적 입장에서는 표면 원자의 전자밀도 차이를 야기하는 촉매의 표면구조로 촉매작용을 설명한다. 전이금속의 종류, 꼭짓점, 모서리, 평면 등 표면에서 금속 원자의 존재 위치에 따라 달라지는 전자밀도가 촉매의 활성 결정에 중요하다.

(3) 화학적 시각

원자 사이에서 일어나는 전자의 이동이 화학반응의 필수사항이어서, 기하학적과 전자론적 시각에서 보면 촉매작용은 전자의 이동이 가능한 표면의 조성, 구조, 상태에 따라 결정된다. 그러나 화학적 시각에서는 촉매작용을 흡착이나 전자의 이동 등 어느 특정한 단계에서 나타나는 현상으로 보기보다는, 반응물이 활성점에 접근하여 상호작용하면서 중간체가 생성되어 촉매에 흡착하고 이들이 탈착하여 생성물이 생성되는 전체 반응경로로 설명한다. 즉, 촉매작용은 반응물의 흡착, 흡착한 반응물이 생성물로 전환되는 표면반응, 생성물의 탈착으로 이어지는 새로운 반응경로를 만드는 기능이다. 각 단계의 활성화에너지가 촉매를 사용하지 않은 반응의 활성화에너지보다 적어서 반응이 빨라지는 효과가 촉매작용이다.

촉매작용이 나타나려면 이 세 단계의 활성화에너지가 촉매 없이 진행하는 반응에 비해 적어야 한다. 어느 한 단계의 반응속도가 지나치게 느리면 이 단계에 의해 전체 반응이 느려지므로, 각 단계의 활성화에너지가 너무 다르지 않아야 한다. 어느 단계에서 활성화에너지가 지나치게 커서 반응이 느려지면, 촉매작용이 나타나지 않는다. 그림 3.5에 반응물의 흡착 – 표면반응 – 생성물의 탈착 과정에서 활성화에너지를 나타내었다[5]. 흡착 단계의 활성화에

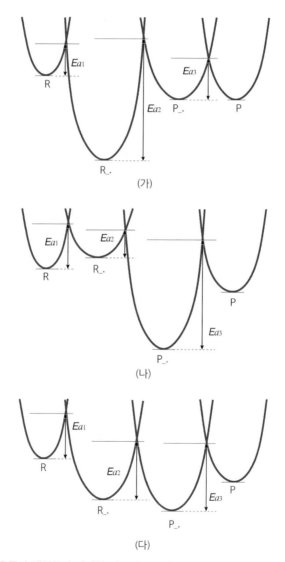

그림 3.5 촉매반응에서 반응물과 생성물의 안정화 정도에 따른 활성화에너지의 변화 (가) 반응물이 아주 강하게 흡착할 때 (나) 생성물이 아주 강하게 흡착할 때 (다) 반응물과 생성물의 흡착세기가 비슷할 때. *R과 P는 반응물과 생성물을 나타내며, R_*와 P_*는 반응물과 생성물이 흡착된 상태를 뜻한다.

너지(Ea_1)가 적고 반응물(R)의 흡착 상태가 안정하면(가), 반응물이 빨리 흡착하고 흡착한 반응물의 표면 농도가 높다. 그러나 흡착한 반응물이 지나치게 안정하므로 표면반응을 위한 활성화에너지 Ea_2가 커진다. 흡착한 생성물에 대해서도 똑같은 설명이 가능하다. (나)에서 보듯이 생성물(P)의 흡착 상태가 너무 안정하면 생성물의 표면 농도는 높아지지만, 이의 탈착을 위한 활성화에너지 Ea_3가 커져서 탈착이 느려지므로 촉매반응이 느리다. 그러나 반응물과 생성물의 흡착 상태가 불안정하면 다음 단계의 전환은 빠르지만, 흡착한 반응물과 생성물의 표면 농도가 낮아져서 전체 촉매반응이 느려진다. 즉, 반응물과 생성물의 흡착 단계에서 활성화에너지가 지나치게 크지 않아야 하지만, 흡착한 반응물과 생성물의 안정화에너지도 지나치게 크지 않아야 한다. 촉매작용이 나타나려면 반응물이 쉽게 활성화되면서도 너무 안정하지도 않아 흡착한 반응물이 적절히 활성화되어야 한다. 생성물 역시 너무 안정하지 않아야 쉽게 탈착된다. 화학적 시각에서는 흡착과 탈착 단계에서 반응물과 생성물의 에너지 상태를 근거로 촉매작용을 예측한다.

금속 촉매에서 개미산이 이산화탄소와 수소로 분해되는 반응을 예로 들어 촉매작용에 대한 화학적 시각을 설명한다. 개미산은 금속 표면에 수소 원자와 개미산 라디칼로 나뉘어 흡착한다. 개미산 라디칼이 다시 이산화탄소와 수소 원자로 나뉘고, 수소 원자가 모여 수소 분자로 탈착하면서 반응이 종료된다.

$$HCOOH \rightarrow HCOO\cdot + H\cdot \qquad (3.5)$$
$$HCOO\cdot \rightarrow CO_2 + H\cdot \qquad (3.6)$$
$$2H\cdot \rightarrow H_2 \qquad (3.7)$$
$$\overline{}$$
$$HCOOH \rightarrow CO_2 + H_2 \qquad (3.8)$$

개미산 분해반응에서 금속의 촉매활성은 개미산 금속염(metal formate)의 생성열에 따라 달라진다. 그림 3.6에 개미산 금속염의 생성열에 대한 여러 가지 금속의 촉매활성을 나타내었다[6]. 전환율이 같은 온도로 촉매활성을 나타내었으므로, 촉매활성이 높아질수록 낮은 온도에서 반응이 진행되어 세로축의 온도 눈금은 위로 올라갈수록 낮아진다. 생성열이 많아지면 활성이 점점 좋아지나, 최고점을 지난 후에는 생성열이 더 많아지면 촉매활성이 낮아진다. 이런 형태의 그래프를 화산 모양과 비슷하다고 화산 곡선(volcano curve, volcano plot)이라고 부른다. 생성열이 지나치게 적어도 촉매활성이 낮고 지나치게 많아도 촉매활성이 낮은 촉매의 독특한 성질을 보여주는 결과이다. 이 그림에서 제시한 생성열 외에도 온도와 반응물 농도에 따른 촉매활성의 변화에서도 이런 형태의 화산 곡선이 나타난다.

생성열이 많으면 중간체인 개미산 금속염의 생성 가능성이 높아진다. 따라서 중간체 농도가 높아지므로 분해반응의 속도가 빨라져서 그 금속 촉매의 활성이 높아진다. 그러나 염의

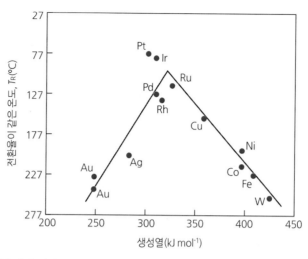

그림 3.6 개미산 분해반응에서 전이금속의 촉매활성과 개미산 금속염(metal formate)의 생성열 사이 관계[6]

생성열이 지나치게 많으면 중간체는 많이 생성되지만, 중간체의 분해가 느려서 개미산의 분해반응이 느려진다. 이런 이유로 염의 생성열이 아주 많은 철이나 텅스텐의 촉매활성은 매우 낮다. 그 대신 생성열이 중간 정도인 백금, 이리듐, 팔라듐, 로듐의 촉매활성이 높다. 반응물의 표면 농도와 중간체의 분해속도가 적절히 조화를 이루는 금속에서 촉매활성이 높다. 반응물의 흡착세기가 지나치게 약해도 촉매활성이 낮지만, 지나치게 강해도 촉매활성이 낮다.

반응물의 흡착 – 표면반응 – 생성물의 탈착으로 이어지는 효과적인 반응경로를 만드는 물질이 촉매이다. 촉매활성이 크려면 각 단계의 활성화에너지가 지나치게 크지 않아서 전체 반응이 빠르게 진행되어야 한다. 반응물이 흡착하면서 촉매반응이 시작되므로 반응물의 흡착은 필수적이지만, 그렇다고 흡착 상태가 지나치게 안정하여 다음 단계의 진행이 느려지면, 촉매작용은 나타나지 않는다. 기하학적 시각이나 전자론적 시각에서는 촉매작용을 반응물의 활성화에 초점을 맞추고 있다면, 화학적 시각에서는 전체적인 반응경로에서 촉매작용을 이해한다.

🔍 2 고체구조와 표면

(1) 고체의 종류

반응물이 고체 촉매의 표면에 흡착하여 생성물로 전환되고, 생성물이 탈착되면서 촉매반응이 완결된다. 이처럼 촉매반응은 표면에서 진행되기 때문에 표면의 조성과 구조는 촉매활성을 결정하는 직접적인 요인이다. 표면 원자의 종류와 배열 방법이 달라지면 반응물의 흡착 상태와 세기, 표면반응의 진행속도, 생성물의 탈착속도가 달라지므로, 표면구조에 따라 촉매 활성이 달라질 수밖에 없다.

원자 단위의 아주 얇은 막(ultra thin film)에서도 표면과 내부의 구조가 상당히 다르지만, 대부분 고체에서는 표면과 내부의 구조는 서로 무관하지 않다. 내부에서 표면을 보면 불연속 적이고 비대칭적이지만, 표면은 내부와 이어져 있어 아주 다르지는 않다. 따라서 고체의 구 조로부터 표면 원자의 배열 방법과 원자 간 거리를 유추할 수 있어서, 촉매의 고체구조는 촉매성질을 이해하는 중요한 자료이다.

고체는 모든 원자가 특정 방법에 따라 규칙적으로 배열되어 있는 결정성 고체(crystalline solid)와 규칙성이 없이 배열된 무정형 고체(amorphous solid)로 나눈다. 결정은 전체가 한 개 의 결정인 단결정(single crystal)과 아주 작은 결정의 집합체인 다결정성 고체(polycrystalline solid)로 구분한다. 단결정이 아주 크면 육안으로도 결정인지 알아볼 수 있지만, 작은 다결정 성 고체는 현미경으로 보아야 결정성물질인지 확인할 수 있다. 원칙적으로는 고체의 결정 여부를 겉모양보다 X-선 회절(X-ray diffraction: XRD) 방법으로 원자 배열의 규칙성을 조사하여 판단한다.

단결정에서는 단거리의 규칙성(short-range order)과 장거리의 규칙성(long-range order) 이 모두 유지되지만, 아주 작은 결정들이 모여 있는 다결정성 고체에서는 작은 결정 내에서만 규칙성이 유지된다. X-선 회절봉우리가 나타나지 않는 무정형물질이라고 해서 규칙성이 아 주 없는 것은 아니고 결정과 달리 장거리의 규칙성이 아주 약한 물질이다. 따라서 가까운 거리 에서는 배열 방법이나 조성에 있어서 규칙성이 있다. 확장 미세구조 X-선 흡수법(Extended X-ray Absorption Fine Structure: EXAFS)으로 조사하면 무정형물질에서도 가까운 거리에 서는 배위 방법이나 배위수에 있어서 규칙성을 있음을 볼 수 있다. 나노크기의 아주 작은 금속 알갱이에서는 규칙성의 범위가 좁아 X-선 회절 피크가 나타나지 않지만, EXAFS를 이용하 면 원자의 배위수를 측정하여 알갱이의 크기와 결정 모양을 추정할 수 있다[7].

결정의 종류는 매우 많지만, 대칭성에 의하여 단위세포를 일곱 개의 결정계로 나눈다. 표 3.1에 결정계의 분류 기준을 제시하였다. 정육면체구조인 입방정계 결정에서는 결정축의 길 이가 모두 같고, 축 사이의 각이 90°로 모두 같다. 삼사정계 결정에서는 결정축의 길이와 축 사이의 각이 모두 다르다. 삼사정계 결정에는 대칭 요소가 하나도 없지만, 입방정계 결정에 서는 회전(rotation), 거울면(mirror plane), 반전(inversion)의 여러 가지 대칭 요소가 있다. 즉, 일곱 개의 결정계에서는 삼사정계에서 입방정계로 내려갈수록 대칭 요소가 많아진다.

단위세포의 내부와 면에 원자가 배열된 상태까지 고려하면 일곱 개의 결정계는 14개의 브라 베(Bravais) 격자로 세분화된다. 브라베 격자에서는 결정의 원시격자(primitive lattice) 외에 중심과 면에 놓여 있는 원자의 배치 방법이 구분의 근거이다. 입방정계 단위세포에는 세 가지 유형이 있다. 정육면체의 여덟 개 꼭짓점에만 원자가 있으면 원시입방격자(primitive cubic

표 3.1 결정계

결정계	격자수	축의 길이 및 각도	
삼사정계(triclinic)	1	$a_1 \neq a_2 \neq a_3$	$\alpha_1 \neq \beta \neq \gamma \neq 90^0$
단사정계(monoclinic)	2	$a_1 \neq a_2 \neq a_3$	$\alpha_1 = \gamma = 90^0 \neq \beta$
사방정계(orthorhombic)	4	$a_1 \neq a_{21} \neq a_3$	$\alpha_1 = \beta = \gamma = 90^0$
삼방정계(trigonal)	1	$a_1 = a_2 = a_3$	$\alpha_1 = \beta = \gamma \neq 90^0$
정방정계(tetragonal)	2	$a_1 = a_2 \neq a_3$	$\alpha_1 = \beta = \gamma = 90^0$
육방정계(hexagonal)	1	$a_1 = a_2 \neq a_3$	$\alpha_1 = \beta = 90^0,\ \gamma = 120^0$
입방정계(cubic)	3	$a_1 = a_2 = a_3$	$\alpha_1 = \beta = \gamma = 90^0$

lattice)이다. 정육면체의 꼭짓점 외에 중심에 원자가 한 개 더 들어 있으면 체심입방격자(body
-centered cubic lattice: bcc)이고, 정육면체의 꼭짓점과 변의 가운데마다 원자가 하나씩 놓
여 있으면 면심입방격자(face-centered cubic lattice: fcc)라고 한다. 이런 결정격자의 구조와
형태는 물리화학과 무기화학 교과서에 자세히 설명되어 있으므로 이를 참고하기 바란다[7,8].
　금속 결정에는 동일한 금속 원자가 차곡차곡 쌓여 있으므로 원자의 배열이 비교적 단순하다.
그러나 충전 방법에 따라 배열 상태가 달라진다. 금속의 표면을 이해하는 데 도움이 되는 가장
조밀하게 쌓여 있는 결정구조인 조밀채움구조를 간략하게 소개한다.

(2) 조밀채움구조

　크기가 같은 공을 일정한 부피의 공간에 넣는 방법은 여러 가지이며, 넣는 방법에 따라 들어
가는 공의 개수가 달라진다. 설정된 공간에 원자를 가장 많이 넣도록 채우는 방법, 원자
가 가장 촘촘히 배열되어 있는 구조를 조밀채움구조(close-packed structure)라고 부른다. 원
자크기와 전기적 성질 때문에 원자가 듬성듬성하게 배열되기도 하지만, 상당히 많은 금속에
서는 원자가 조밀채움구조로 배열되어 있다.
　조밀채움구조의 내부에 있는 한 원자는 이웃하고 있는 모든 원자와 상호작용한다. 평면에
있는 한 원자는 주위의 다른 원자 여섯 개로 둘러싸여 있다. 공 모양인 원자 세 개를 서로
붙여 놓으면 세 원자의 가운데 자리의 윗부분과 아랫부분에 움푹 파인 자리가 나타난다. 다
른 원자 여섯 개로 둘러싸여 있는 가운데 원자를 기준으로 잡으면, 기준 원자와 이웃하고
있는 여섯 원자 사이에는 움푹 들어간 반구(半球) 형태의 공간이 위층과 아래층에 여섯 개
씩 생긴다. 원자가 서로 겹칠 수 없으므로, 비어 있는 공간 모두에 원자가 놓일 수 없고 하나
씩 건너뛰어야 한다. 그림 3.7에 원자가 조밀채움구조로 배열되는 방법을 보였다. 기준 원자
인 ◉ 원자는 같은 평면에 있는 여섯 개의 다른 원자(●)와 이웃하고 있다. 그 위층에는 그림

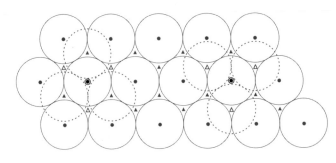

그림 3.7 조밀채움구조에서 원자 배열 조밀채움구조에서 기준 원자 '◉'는 여섯 개의 다른 원자(●)와 이웃하고 있다. 기준 층의 위층과 아래층에는 '▲' 또는, '△' 위치에 원자가 배열된다. 그림의 오른쪽 부분처럼 '△' 위치에 세 원자가 있을 수 있고, 그림의 왼쪽 부분처럼 '▲' 위치에 세 원자가 있을 수 있다.

의 왼쪽 부분에서처럼 '▲' 위치에 원자가 세 개 놓일 수 있고, 그림의 오른쪽 부분에서처럼 '△' 위치에 원자가 세 개 놓일 수 있다. 아래층에도 원자가 있을 수 있는 자리가 위층과 마찬가지로 여섯 곳이 있지만, 원자가 서로 겹치지 않아야 하므로 세 자리에만 원자가 놓인다.

위층과 아래층에 원자가 배열되는 방법에 따라 조밀채움구조를 두 개로 나눈다. 위층과 아래층의 같은 자리에, 즉 위층과 아래층 모두 '▲' 자리, 또는 '△' 자리에 원자가 놓이는 구조를 육방조밀채움구조(hexagonal closed-packed structure; hcp)라고 부른다. 이 구조에서는 배열구조가 같은 층이 기준층의 위와 아래에서 반복되기 때문에, 약해서 ABAB… 형태라고 쓴다. 반면, 아래층 원자의 배열 위치에 비해 60° 회전된 위치에 위층의 원자가 놓이는 구조는 입방조밀채움구조(cubic closed-packed structure; ccp)이다. 기준 층의 아래층에는 '△' 자리에 원자가 놓이고, 기준층의 위층에는 '▲' 자리에 원자가 놓인다. 이 구조에서는 아래층, 기준층, 위층 모두 원자가 놓이는 위치가 서로 다르기 때문에, 층이 쌓이는 방법을 'ABCABC…' 형태로 나타낸다. 입방조밀채움구조에서는 입방체의 각 꼭짓점과 각 면의 중심에 원자가 놓여서 면심입방격자와 배열 방법이 같다.

같은 크기의 원자가 촘촘히 배열된 조밀채움구조에서는 육방조밀채움구조나 입방조밀채움구조에서 모두 원자가 차지하는 부피는 전체 부피의 74%로 같다. 내부 원자에 이웃하고 있는 다른 원자의 수(배위수)는 같은 층에 여섯 개, 위층에 세 개, 아래층에 세 개로 모두 열두 개이다. 따라서 조밀채움구조에서 내부 원자는 열두 개의 다른 원자와 이웃하는데, 이 배위수는 금속 결정에서 기하학적으로 가능한 최대 배위수이다.

표 3.2에 금속의 결정구조를 정리하였다[9]. 금속 원소마다 원자크기와 화학적 성질이 다르므로 배열 방법이 다르나, 배열 방법은 거의 hcp, ccp, bcc, dhcp(이중 육방조밀채움구조) 등 네 가지뿐이다. 입방결정 단위세포의 중심에 원자가 하나 놓여 있는 bcc 결정구조는 알칼리 금속과 알칼리 토금속에서 흔히 나타난다. 이웃하고 있는 원자 개수는 여덟 개이고, 공간의 68%만 원자로 채워져 있어 조밀채움구조에 비해 공간 점유율이 조금 낮다. dhcp 결정구조는 이상적인 hcp 구조와 비슷하나 격자상수의 비(c/a)가 $4\sqrt{2}/3 \sim 3.267$에 있어야 한다.

표 3.2 금속의 결정구조[9]

Li bcc	Be hcp	hcp: 육방조밀채움구조 ccp (fcc): 입방조밀채움구조 bcc: 체심입방격자 dhcp: 이중 육방조밀채움구조 (double hexagonal closed-packed structure)										B —
Na bcc	Mg hcp											Al ccp
K bcc	Ca ccp	Sc hcp	Ti hcp	V bcc	Cr bcc	Mn —	Fe bcc	Co hcp	Ni ccp	Cu ccp	Zn hcp	Ga —
Rb bcc	Sr ccp	Y hcp	Zr hcp	Nb bcc	Mo bcc	Tc hcp	Ru hcp	Rh ccp	Pd ccp	Ag ccp	Cd —	In —
Cs bcc	Ba bcc	La dhcp	Hf hcp	Ta bcc	W bcc	Re hcp	Os hcp	Ir ccp	Pt ccp	Au ccp	Hg —	Tl hcp

(3) 결정면과 표면격자

표면에 노출된 결정면에는 원자가 규칙적으로 배열되어 있다. 표면의 원자 배열 방법에 따라 촉매성질이 달라지므로, 어떤 결정면이 표면에 노출되느냐에 따라 촉매성질이 달라진다. 고체의 결정구조를 촉매활성과 연관지을 때 촉매의 구성 원소도 중요하지만, 어떤 결정면이 노출되어 있느냐 하는 점도 중요하다.

결정을 여러 종류의 결정면이 일정 간격으로 배열되어 있는 물질이라고 볼 수 있다. 예를 들면, 입방체에서는 구조가 같은 면이 일정 간격을 두고 평행하게 배열되어 있다. 결정에는 여러 종류의 평면이 평행하게 배열되어 있으므로, 이들 평면의 종류와 간격에 의해 결정구조가 결정된다. 이 원리를 이용하여 X-선 회절 패턴에서 결정면 자료를 구하여 이로부터 결정구조를 유추한다. 고체 촉매의 성질을 표면구조와 연관지을 때는 표면의 결정면으로 표면구조를 나타내므로 결정면의 표기 방법이 촉매성질을 공부하는 데 필요하다.

공간에 있는 한 면은 이 면에 들어 있는 세 점의 좌표가 정해지면 결정되지만, 세 점의 좌표를 일관성 있게 나타내기가 쉽지 않다. 따라서 결정면의 세 점으로 결정면을 나타내는 대신 결정면이 축과 만나는 위치, 즉 절편값으로 결정면을 나타낸다. 바이스(Weiss) 방법에서는 결정면이 결정의 축과 단위세포의 길이 a, b, c의 m, n, p배 되는 곳에서 만나면, 이 결정면을 축과 만나는 좌표를 사용하여 (m, n, p)로 나타낸다. 바이스 방법은 원리가 아주 단순해서 결정면을 정의하기가 쉽지만, 결정의 축과 만나지 않는 결정면은 ∞로 나타내어야 하므로 불편하다.

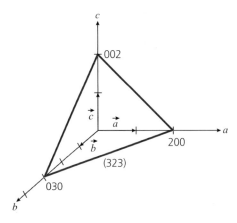

그림 3.8 결정면의 밀러지수 삼각형으로 나타낸 결정면은 축과 만나는 좌표를 사용하여 나타내면 (2, 3, 2)이고, 밀러지수로 표기하면 (323)면이다.

이러한 단점을 해소하기 위해 밀러지수(Miller Index)에서는 m, n, p의 역수로 결정면을 나타낸다[7]. (m, n, p) 숫자의 역수를 취함으로써 ∞를 없애고, 최소공배수를 곱하여 지수를 모두 정수로 나타내며 (hkl)로 표시한다. 각 결정면마다 만나는 좌표를 근거로 밀러지수를 정할 수 있지만, 최소공배수를 곱하여 나타내므로 평행한 모든 결정면의 지수는 같다. 결정축과 만나지 않는 평행한 결정면은 무한대에서 만난다고 보아, 이의 밀러지수는 '0'이다. 예를 들면, 입방체의 결정면 중에 ab면과 평행한 결정면은 (001)면, ac면에 평행한 면은 (010)면이다.

그림 3.8에 삼각형으로 표시된 결정면의 밀러지수를 보였다. 이 결정면은 a, b, c축과 격자상수의 2, 3, 2배 위치에서 만난다. 따라서 이들의 역수는 1/2, 1/3, 1/2이 되고, 최소공배수를 곱하면 3, 2, 3이 되므로 이 결정면의 밀러지수는 (323)이다. 결정축과 격자상수의 4, 6, 4배되는 위치에서 만나는 결정면도 이 결정면과 평행하므로 밀러지수는 역시 (323)이다.

표면격자의 구조는 3차원적 규칙성을 유지하는 결정의 끝이므로 표면 바로 아래에 있는 층의 격자구조와 관련이 있어서, 표면격자의 구조를 바로 아래층 결정의 격자구조와 연관지어 나타낸다. 우드(Wood)가 제안한 방법[10]에서는 결정격자가 표면에서 어떻게 변형되었느냐 하는 정도로 표면격자의 구조를 나타낸다. 격자의 길이를 표면격자상수(a_1, b_1)와 결정의 격자상수(a, b)의 크기 비 a_1/a과 b_1/b로 나타낸다. 배열각의 차이는 표면격자와 바로 밑 결정층 격자의 회전각 θ로 표시하지만, 회전각이 0이면 적지 않는다. 또 표면의 단위세포가 원시격자이냐 면심격자이냐에 따라 p와 c를 덧붙여 준다. 표면격자와 그 바로 아래층의 결정격자가 완전히 같으면 1×1로 나타낸다. 이 방법은 표면격자의 구조를 결정의 격자구조와 관련지어 간단하게 나타낼 수 있지만, 표면격자가 그 밑의 결정격자와 규칙성이 아주 다르거나, a와 b 사이의 각이 a_1과 b_1 사이의 각과 다르면 이 방법으로는 표면격자를 나타낼 수 없다.

밀러지수가 작은 결정면을 특정한 각으로 자르면, 그림 3.3에서 보듯이 평평한 결정면, 계단, 다시 평평한 결정면이 반복되는 표면이 얻어진다. 자르는 각도가 더 커지면 평평한 결정면의 폭이 줄어들고, 계단이 많아진다. 자르는 각도가 커지면 전체가 계단처럼 보일 수도 있다. 계단이 발달한 결정면도 역시 밀러지수로 나타낼 수 있지만, 계단의 기울기가 급해지면 이 결정면의 밀러지수가 아주 커져서 밀러지수의 물리적 의미가 없어진다. 따라서 계단이 있는 결정면을 표기할 때에는 실제적인 모양을 떠올릴 수 있도록 랭(Lang) 등이 제안한 방법을 사용한다[11]. 결정면을 평면(terrace)과 계단(step)으로 나누어 이들의 곱으로 나타낸다. 평면의 밀러지수에는 $_t$(아래첨자)를 붙이고, 계단의 밀러지수에는 $_s$(아래첨자)를 붙인다. 계단이 한 개 원자로 이루어져 있고 평면은 여러 개 원자로 이루어져 있으면, 평면의 밀러지수 앞에 원자의 개수(n)를 적어 $n(h_t k_t l_t) \times (h_s k_s l_s)$로 나타낸다. 평면과 계단 각각의 밀러지수는 계단이 있는 결정면의 밀러지수보다 숫자가 작아 이해하기 쉽다. 밀러지수가 (111)인 평면이 여섯 원자만큼 이어진 후 (100)인 계단이 나타나고, 다시 (111) 평면이 반복되는 결정면은 6(111)×(100)로 나타낸다. 이 결정면을 밀러지수로 표기하면 (755)이어서, 이 밀러지수에서 결정면의 모양을 떠올리기가 쉽지 않다.

🔍 3 고체의 전자적 성질

고체 촉매를 전기전도도를 기준으로 금속, 반도체, 절연체로 분류한다. 화학반응에 사용하는 촉매를 전기전도도로 분류하는 게 이상해 보이지만, 화학반응의 본질이 전자의 이동이므로 화학반응의 속도를 증진시키는 촉매작용이 물질의 전기전도도에 따라 다르다.

전기전도도 대신 금속과 산소의 결합세기로 고체를 나누어도 금속, 반도체, 절연체가 된다. 금속 원자와 산소 원자의 결합세기가 아주 약하여 산소가 모두 떨어져 나간 물질이 금속이다. 반면 금속 원자와 산소 원자의 결합이 아주 강하여 전자가 금속과 산소 원자 사이에 강하게 구속되어 있는 물질에는 움직일 전자가 없다. 따라서 전기장을 가해도 전자가 움직이지 않아 전기가 통하지 않으므로 절연체이다. 금속 원자와 산소 원자의 결합세기가 중간 정도이어서 조건에 따라 산소 원자를 잃기도 하고, 받기도 하는 물질이 반도체이다. 전기전도도로 고체를 나누었다고 하지만, 실제로는 고체의 전자적 성질과 화학적 성질로 나눈 셈이다.

반응물이 활성점과 전자를 주고받으며 활성점에 화학흡착한다. 화학흡착하면서 반응물이 활성화되어야 촉매반응이 진행되므로, 전자의 이동 가능성을 나타내는 촉매의 전자적 성질은 촉매로서 가능성을 결정하는 기본 사항이다. 촉매가 전자를 주는 물질이면 전자를 받는 물질이 흡착하고, 전자를 받는 물질이면 전자를 주는 물질이 흡착한다. 또 전자를 주고받는 세기에 따라 흡착세기가 결정되므로, 전자적 성질에 따라 반응물의 활성화 정도가 달라진다. 절연체에는 이동할 수 있는 전자는 없지만, 구성 원자의 조성과 표면구조에 따라 표면에 전자밀도가 높거나 낮은 자리가 생긴다. 반응물이 극성을 띤 표면에 양이온이나 음이온으로 흡착하면서 활성화된다. 금속 표면에서는 전자의 밀도 차이가 생기면 자유전자가 바로 이동하므로 표면 어디에서나 전자밀도가 같다. 그러나 절연체에서는 전자가 이동하지 못하므로 전자밀도가 높은 자리(염기점)와 전자밀도가 낮은 자리(산점)가 생기고, 이들은 흡착하는 물질에게 양성자나 전자쌍을 주거나 받는다. 이처럼 촉매의 전자적 성질에 따라 촉매작용이 나타나는 반응경로가 결정되므로, 고체의 전자적 성질은 촉매작용을 이해하는 데 아주 중요하다.

고체의 전자적 성질은 고체 전체의 성질이고 촉매반응은 표면에서 진행되는 흡착, 표면반응, 탈착이므로 전자적 성질과 촉매활성을 정량적으로 연관지어 설명하기는 쉽지 않다. 대신 고체의 전자적 성질로부터 반응물의 흡착, 표면반응, 생성물의 탈착을 유추하여 촉매로서 가능성을 평가한다.

고체의 전자적 성질을 결정하는 고체 내 전자들의 행동을 보통 근사적인 방법으로 설명한다. 핵이나 양이온에 구속되지 않고 고체 내에서 자유롭게 돌아다닐 수 있는 자유전자의 개수와 상태로부터 고체의 전자적 성질을 설명하는 이론을 자유전자 이론(free electron theory)이라고 부른다. 이와 달리 양자역학적 개념에 근거하여 전자의 에너지 상태와 거동을 설명하는 띠 이론(band theory)이 있다[12]. 전자운동을 준실험적인(semi-emprical) 방법으로 묘사하는 분자궤도함수 이론(molecular orbital theory)도 있으나, 이 절에서는 산화물의 촉매작용을 설명하는 데 흔히 사용하는 띠 이론만 간단히 소개한다.

(1) 띠 이론

나트륨 금속 원자의 핵에는 11개의 양성자가 있고, 주위에는 11개의 전자($1s^2\ 2s^2\ 2p^6\ 3s^1$)가 있다. 이중에서 전자 10개는 핵에 강하게 구속되어 있으므로 전기장이 걸려도 움직이지 못한다. 반면 원자(이 경우는 $3s^1$)의 바깥껍질에 있는 전자 한 개는 핵에서 멀리 떨어져 있고 다른 전자에 의해 핵의 양전하가 차폐되어서 핵과 상호작용이 약하다. 상호작용이 약하여 독자적으로 행동할 수 있는 자유로운 전자를 자유전자라 부른다. 전기장이 걸리면 자유전자는 양극으로 이동하므로 자유전자가 있는 금속 나트륨은 전도체이다.

나트륨의 선제 전자와 핵을 모두 고려하는 대신 자유전자만 생각하여, N개의 원자로 이루어진 나트륨 금속 결정을 N개의 전도성 자유전자와 N개의 나트륨 +1가 양이온으로 단순화한다. 나트륨 결정의 부피 15%는 핵과 10개의 구속된 전자로 이루어진 나트륨 +1가 양이온이 차지하고, 나머지 공간에는 전도성 자유전자가 흩어져 있다. 자유전자는 양이온과 양이온

사이에 존재하므로, 자유전자의 에너지 상태는 퍼텐셜에너지 장벽 사이에 놓여 있는 입자의 에너지 상태와 비슷하다. 양이온에 구속되지 않고 양이온 사이에 퍼져 있으므로, 상자 속에 들어 있는 입자의 퍼텐셜에너지와 비슷한 방법으로 이들의 에너지와 존재확률을 구한다.

바닥 상태에 있는 N개의 나트륨 금속 결정계에서 N개의 자유전자는 에너지가 가장 낮은 준위에서부터 차근차근 채워진다. 파울리(Pauli)의 배타원리에 따라 전자는 같은 에너지 상태를 가질 수 없으므로, 차례로 채워져서 N개의 전자가 그림 3.9에서 보듯이 가장 높은 에너지 준위까지 채워진다. 운동에너지가 없는 절대영도에서 마지막 전자가 차지하는 가장 높은 에너지 준위를 페르미(Fermi)에너지 ε_F라고 부르며, 절대영도에서는 이 계에 들어 있는 전자가 가질 수 있는 가장 많은 에너지이다. 고체 표면과 흡착하는 물질 사이에 전자가 이동하려면 표면과 물질의 전자에너지에서 차이가 있어야 한다. 고체 표면 전자의 에너지 준위가 높고 흡착하는 물질의 비어 있는 궤도함수의 에너지 준위가 이보다 낮으면, 전자는 표면에서 흡착하는 물질로 이동하므로 흡착하는 물질은 음이온 상태로 표면에 흡착한다. 전자의 에너지 준위를 페르미에너지에서 추정하므로, 페르미에너지는 전자의 이동 가능성을 예측하는 데 아주 유용하다.

특정한 에너지 준위에 있는 궤도함수의 비율을 나타내는 상태밀도(density of states) $D(\varepsilon)$는 D를 ε로 미분하여 구할 수 있으며, 에너지의 1/2 승에 비례한다. 그림 3.9는 기체 분자처럼 아무런 제약 없이 자유롭게 운동할 수 있는 3차원 자유전자의 궤도함수 밀도를 에너지에 대해 나타낸 그림이다. 에너지가 0인 전자의 존재확률은 0이며, 에너지가 많아질수록 이의 1/2 승에 비례하여 존재확률이 높아진다. 에너지가 적은 준위에서는 전자가 들어 있는 궤도함수의 개수가 적지만, 에너지가 많은 준위에서는 전자가 들어 있을 수 있는 궤도함수의 개수가 많아진다. 절대영도에서는 낮은 에너지 준위부터 페르미에너지 ε_F 까지 전자가 차곡차

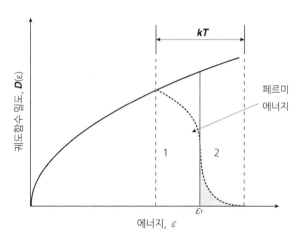

그림 3.9 3차원 자유전자의 궤도함수 밀도를 에너지의 함수로 나타낸 그림 절대영도에서는 ε_F까지만 전자로 채워지지만, T온도에서는 kT만큼 운동에너지가 있어서, 1 영역의 전자의 일부가 2 영역의 색칠한 부분으로 옮겨 간다.

곡 모두 채워지고 이보다 높은 에너지 준위는 비어 있어서, ε_F 보다 에너지 준위가 높은 궤도함수는 비어 있다. 나트륨과 마그네슘의 자유전자는 채워지지 않은 s 궤도함수에 있다. 전자의 개수는 절대영도에서 그린 궤도함수의 밀도 곡선에서 0에서부터 페르미에너지까지 면적을 적분한 값에 대응한다.

전자의 운동에너지가 0인 절대영도에서는 ε_F 까지만 전자가 채워지지만, 온도가 T 로 높아지면 전자의 운동에너지가 kT 만큼 증가하여 에너지가 더 많아진다. 에너지 분포의 폭이 넓어져 전자의 일부가 들뜨게 되므로 2라고 나타낸 부분에도 점선처럼 분포한다. 1영역을 채우고 있던 전자의 일부가 2영역으로 들어가므로, 전자의 분포 상태를 나타내는 궤도함수 밀도의 곡선 모양이 달라진다. 온도가 높아지면 전자의 일부가 페르미에너지보다 더 높은 에너지 상태로 들뜬다.

결정을 구성하는 전자와 양이온이 서로 가까워지면, 이들의 상호작용으로 전자의 에너지 준위를 결정하는 궤도함수가 원래보다 에너지가 적은 궤도함수와 많은 궤도함수로 나누어진다. 원자가 서로 결합하여 분자를 만들면 원자 궤도함수가 결합 분자 궤도함수와 반결합 분자 궤도함수로 나누어지는 원리와 같다. 고립된 전자의 궤도함수는 하나이지만, 전자 두 개가 서로 가까워져서 상호작용하면 고유의 에너지보다 에너지 준위가 낮거나 높은 궤도함수가 두 개가 만들어진다. 고체 결정에서는 가까운 거리에 전자와 양이온이 아주 많아서, 이들의 상호작용으로 궤도함수가 아주 많아진다. 거리가 아주 가까워지면 에너지 준위의 수는 굉장히 많아지나, 각 궤도함수의 에너지 차이는 아주 작아져서 이들 궤도함수의 에너지를 연속적이라고 볼 수 있다. 에너지 준위들 사이의 차이는 무시할 만큼 아주 작으므로, 연속적이라고 볼 수 있는 에너지의 범위를 에너지띠(energy band)라고 부른다.

그림 3.10에 원자 간 거리에 따라 전자가 가질 수 있는 에너지의 변화 모양을 보였다. 전자가 멀리 떨어져 고립되어 있으면 전자 사이에 상호작용이 없으므로, 전자는 고유의 양자수에 의해 $2s$ 또는 $2p$ 등으로 나타내는 정해진 상태의 에너지만 가질 수 있다. 그러나 다른 전자와 가까워지면 상호작용으로 인하여 전자가 가질 수 있는 에너지 준위가 많아진다. 많은 전자와 거리가 가까워져서 상호작용이 커지고 서로 간섭이 많아지면 전자가 가질 수 있는 에너지 준위가 아주 많아져서, 전자의 에너지를 연속적으로 볼 수 있는 에너지띠가 나타난다. 원자 간 거리가 가까워지면 상호작용이 강해져서 에너지띠의 폭이 넓어진다. 원자 간 거리가 (가)인 상태에서는 전자가 있을 수 있는 에너지 영역과 허용되는 에너지 준위가 없어 전자가 있을 수 없는 에너지 영역이 교대로 나타난다. 에너지띠와 띠 사이에 전자가 있을 수 없는 에너지 폭을 띠 간격(band gap)이라고 부른다. $2s$ 띠에 전자가 있고, 그 위에는 전자가 있을 수 없는 띠 간격이 나타나고, 다시 전자가 있는 $2p$ 띠가 나타난다. 그러나 원자들이 더 가까워져서 원자 간 거리가 (나)인 상태에서는 에너지띠가 서로 겹쳐서, 전자는 $2s$ 부터 $2p$ 에

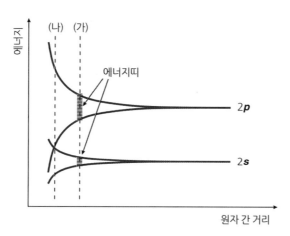

그림 3.10 원자 간 거리에 따라 분포가 허용되는 전자의 에너지 범위

너지띠의 어느 에너지를 가질 수 있다.

전자가 가질 수 있는 에너지 영역에만 전자가 존재한다고 보아서, 전자가 분포할 수 있는 영역과 분포할 수 없는 영역으로 구분한다. 전자가 있을 수 있는 에너지띠를 허용된(allowed) 에너지 영역이라고 부르고, 전자가 있을 수 없는 띠 간격을 금지된(forbidden) 에너지 영역이라고 부른다. 전자는 하나의 에너지 준위에서 다른 에너지 준위로만 들뜰 수 있다. 에너지띠 내에서 위의 에너지 준위가 비어 있으면 아주 조그만 에너지로도 전자가 들뜬다. 그러나 아래에 놓인 에너지띠가 모두 채워져 있고 띠 간격 위의 에너지띠가 비어 있을 때는 띠 간격에 해당하는 에너지를 받아야 아래의 에너지띠에서 위의 에너지띠로 전자가 들뜰 수 있다. 띠 간격이 아주 넓으면 에너지를 아주 많이 받아야 전자가 들뜬다. 고체의 에너지띠 모양, 띠 간격의 크기, 띠에 전자가 분포되어 있는 상태에 따라 고체의 전기적 성질이 달라진다.

전자의 분포 상태를 에너지의 함수로 그려 각 궤도함수에 전자가 채워지는 상태를 나타낸다. 그림 3.11에서 가로축은 에너지를, 세로축은 궤도함수의 상대밀도를 나타내며, 전자가 채워진 부분을 색으로 나타내었다. 그림 3.11의 (가)는 $2s$ 궤도함수에 전자가 모두 채워져 있고 $2p$ 궤도함수는 비어 있는 상태이다. 전자로 가득 채워져 있으면서 에너지 준위가 가장 높은 띠를 결합띠(valence band)라고 부르고, 이보다 높은 띠를 전도띠(conduction band)라고 부른다. 전도띠는 (가)에서처럼 아주 비어 있기도 하고, (나)에서처럼 일부만 전자로 채워져 있기도 하다. 물질에 전기장이 가해졌을 때 전기장에 의해 전자가 높은 에너지 준위로 들떠서 이동하므로, 전기가 흐르려면 전자가 들뜰 수 있도록 높은 에너지 준위가 비어 있어야 한다. (가)에서는 $2s$ 띠와 $2p$ 띠 사이의 띠 간격보다 많은 에너지를 받아야 $2s$에 있는 전자가 $2p$ 띠로 들뜰 수 있다. 전기장에서 들뜨기에 충분한 에너지를 받지 못하면 전도띠에 전자가 전혀 없어서 전기가 흐르지 않으므로 이 물질은 절연체이다. (나)에서처럼 전도띠의 일부가 전자로 채워져 있으면 전도체이다. 아주 적은 에너지에 의해서도 전도띠 내의 더 높은 에너지 준위로 전

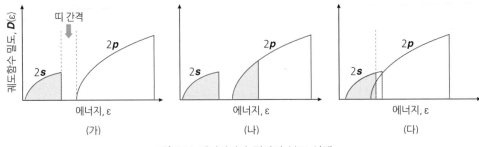

그림 3.11 에너지띠와 전자의 분포 상태

자가 들떠서 이동한다. 전자가 이동하려면 반드시 현재보다 높은 에너지 준위로 옮겨 가야 하기 때문이다.

그림 3.11 (다)에서는 채워진 결합띠와 비어 있는 전도띠가 겹쳐 있다. $2s$ 띠와 $2p$ 띠가 서로 겹쳐 있으므로, $2s$ 띠부터 $2p$ 띠에 해당하는 넓은 영역에 전자가 분포할 수 있다. 비어 있는 $2p$ 띠에 전자가 채워지다 보니 전자의 가장 높은 에너지 준위도 $2s$ 궤도함수의 페르미 에너지보다 낮아진다. 마치 두 띠가 겹쳐서 비어 있는 에너지 준위가 많아져 이동하므로 이런 분포 상태를 가진 물질은 전도체이다.

그림 3.12에 전도체, 절연체, 반도체의 결합띠와 전도띠를 보였다. 그림 3.11과 달리 에너지를 세로축에 표시하여 전자의 분포 상태를 나타내었다. (가)는 전도띠의 일부가 전자로 채워져 있는 전도체의 그림이다. (나)의 절연체 그림에서는 결합띠는 전자로 채워져 있으나 전도띠는 비어 있고, 띠 간격이 온도에 의한 들뜸(kT)보다 상당히 넓어서 전도띠에 이동할 수 있는 전자가 없다. 결합띠는 전자로 채워져 있고 전도띠는 비어 있는 (다)의 반도체에서는, 띠 간격이 좁으므로 주위 온도에 의한 들뜸만으로도 결합띠의 일부 전자가 전도띠로 들떠서 전기가 조금 흐른다. 결합띠와 전도띠 사이의 띠 간격이 좁아서 온도가 높아지면 전기가 흐르는 물질을 고유 반도체(intrinsic semiconductor)라고 부른다. 띠 간격에 따라 다르지만, 온도에 의해 들뜰 수 있는 전자가 그리 많지 않아서 전도체에 비해서 전기전도도가 낮다. 금속에서는 온도가 올라가면 전자의 산란이 심해져 전기전도도가 낮아지지만, 고유 반도체에서는 전자가 들떠야 전기가 흐르므로 온도가 올라갈수록 전기전도도가 높아진다.

금속 산화물 중에는 공기 중에서 가열하면 산소 원자를 잃어버리거나 산소 원자가 많아져서 금속 원자와 산소 원자의 비가 정수에서 벗어나는 비화학양론적(nonstoichiometric) 화합

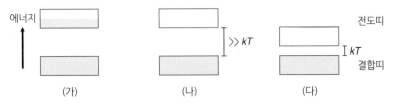

그림 3.12 전도체(가), 절연체(나), 반도체(다)의 에너지띠 그림

물이 있다. 비화학양론적 상태에서도 전기적으로 중화되어야 하므로 금속 원자의 산화 상태가 달라지고, 이로 인해 반도체 성격을 띤다. 공기 중에서 가열하는 대신 소량의 불순물을 혼입하여도 반도체가 된다. 외적 요인에 의해 반도체가 된다는 의미에서 이런 물질을 외성 반도체(extrinsic semiconductor)라고 부른다.

산화아연(ZnO)을 공기 중에서 가열하면 산소의 일부가 떨어져 나가므로 산소가 부족한 비화학양론적 화합물이 된다. 떨어져 나간 산소 원자의 개수만큼 아연 원자가 +2가에서 +1가 또는 금속 상태로 환원되어 격자 틈새(interstitial)에 들어 있다. 이들은 전자를 내어주고 다시 +2가 상태가 되어 안정해지려는 경향이 강하므로, 틈새에 있는 아연의 전자는 정상적으로 격자를 이룬 아연의 전자보다 에너지 준위가 높다. 격자 틈새에 있는 아연(interstitial zinc)처럼 +2가 상태가 되기 위해 전자를 주려고 하는 물질을 전자주개(electron donor)라고 부른다. 그림 3.13의 (가)에서 보듯이 전자주개의 전자는 에너지가 높아서 운동에너지만으로도 전도띠로 쉽게 들뜰 수 있다. 그러나 전자주개가 그리 많지 않으므로 전기가 빠르게 흐르지 않아서 산화아연은 반도체이다.

이와 반대로 산화니켈(NiO)을 공기 중에서 가열하면 산소를 붙잡아서 산소가 많은 비화학양론적 화합물이 된다. 전기적으로 중화되어야 하므로 일부 니켈 원자가 +3가 상태로 바뀐다. 이들은 전자를 받아서 +2가 상태가 되려는 경향이 강하므로, 이들 전자의 에너지 준위는 결합띠보다 높다. +3가 상태 니켈처럼 전자를 쉽게 받을 수 있는 물질을 전자받개(electron acceptor)라고 부르며, 이들의 에너지 준위는 격자를 이룬 니켈의 결합띠에 있는 전자보다 에너지 준위가 조금 높다. 온도에 의한 들뜸만으로도 결합띠의 전자가 전자받개로 들뜬다. 결합띠에 전자가 가득 채워져 있으면 전기장이 걸려도 전자가 이동할 수 없으나, 전자받개에 전자를 일부 주고 결합띠에 비어 있는 양전하 구멍이 생성되면, 이 자리로 들뜰 수 있어 전기가 흐른다. 전자받개로 들뜬 전자는 전기 흐름에 기여하지 못하지만, 결합띠에 생성된 양전하 구멍으로 전자가 들뜨고 이동하면서 전기가 흐른다. 실제로는 전자가 이동하지만, 곁에서 보면 양전하 구멍이 전자 흐름과 반대 방향으로 이동하는 것처럼 보인다.

비어 있는 전도띠로 전자주개의 전자가 들떠서 전기가 흐르는 반도체를 음전하(negative charge)를 띠는 전자에 의해 전기가 흐른다고 음전하를 강조하여 n-형(n-type, negative type) 반도체라고 부른다. 이와 반대로 결합띠에 생성된 양전하 구멍에 의해 전기가 흐르는

그림 3.13 n-형(가)과 p-형(나) 반도체

반도체를 양전하를 강조하여 p-형(p-type, positive type) 반도체라고 부른다. 주변 온도에 기인한 운동에너지로 전자가 들떠야 하므로 n-형 반도체에서는 전자주개의 에너지 준위가 비어 있는 전도띠와 가까워야 하고, p-형 반도체에서는 전자받개의 에너지 준위가 채워진 결합띠와 가까워야 반도체 성격이 나타난다.

공기 중에서 가열하는 대신 전자주개나 전자받개로 작용하도록 산화수가 다른 산화물을 첨가하여도 외성 반도체가 된다. 금속의 산화수가 +3인 산화물을 산화아연에 소량 첨가하면 전기전도도가 10^3배 정도 높아진다. 산화수가 +3인 금속이 산화수가 +2인 금속을 치환할 때 결합에 사용하지 않는 과잉의 전자가 자유전자처럼 행동하기 때문이다. 산화아연에 산화수가 +1인 금속의 산화물을 첨가하면 불순물 이온이 자유전자를 포획하여 전기전도도가 크게 낮아진다. 첨가한 물질이 전자받개나 전자주개로 작용하면 전기전도도가 높아지나, 반대로 자체의 전자받개나 전자주개를 없애면 전기전도도가 낮아진다. 이동할 수 있는 전자의 에너지 준위와 활동 상태를 결정하는 고체의 전자적 성질이 달라지면 촉매의 성질이 필연적으로 달라지므로, 촉매의 기능을 높이는 방법을 찾으려면 촉매의 전자적 성질을 이해해야 한다.

🔍 4   여러 가지 촉매활성점

1925년 테일러(Taylor)가 촉매활성점의 개념을 제시한 이후 촉매반응에서 활성점을 찾는 연구가 활발하게 진행되었다. 촉매반응의 활성은 활성점의 개수에 의해, 선택성은 활성점의 균일성에 의해 결정되기 때문에 활성점의 구조 파악과 농도 측정은 촉매의 특성 평가에 있어서 가장 중요한 사항으로 부각되었다. 금속 촉매에서 일어나는 수소화반응처럼 표면에 노출된 금속 원자 하나하나가 모두 활성점인 경우에는 비교적 쉽게 활성점의 구조를 파악할 수 있다. 그러나 여러 종류의 원자로 이루어진 활성점의 조성과 구조를 조사하기는 그리 쉽지 않다. 수소첨가 황제거반응에 사용하는 Co-Mo/Al₂O₃ 촉매에서 음이온 빈자리가 활성점과 상관성이 높아 활성점이 코발트와 몰리브덴의 표면구조와 상관 있으리라 추정하면서도 Co-Mo-S의 원자집단을 활성점으로 받아들이기까지 꽤 오랜 시간이 걸렸다.

1969년 부다(Boudart)는 표면에 노출된 금속 원자, 조성이 특별한 표면자리(surface composition), 음이온 빈자리, 색 중심(color center 또는 F-center임, Farbe는 독일어로 색깔임) 전하 운반체 등을 활성점으로 언급하였다[1]. 표면에 있으면서 활성 중간체를 생성하는 데 기여하는 원자나 원자집단을 촉매활성점으로 정의한다. 조성이 특별한 자리는 특수한 구조의 원자집단이고, 색 중심은 전하 운반체의 일종이므로, 이 절에서는 활성점을 금속 원자, 전하 운반체, 음이온 빈자리, 산점과 염기점 등으로 구분하여 설명한다. 개략적인 구조를 먼저 설명하고,

적용반응을 예로 들어 촉매활성이 나타나는 원리를 기술한다.

(1) 금속 원자

금속 원자만으로 이루어진 순수한 금속 촉매의 활성점은 표면에 노출된 금속 원자이다. 금속 원자는 모두 같지만, 표면에 노출되어 있는 상태는 다양하다. 그림 3.14에 금속 표면에 생성될 수 있는 활성점의 예를 정리하였다. 원은 금속 원자를 나타내고, 검은 점은 흡착한 반응물을 나타낸다. 가장 왼쪽에 있는 그림처럼 금속 원자 한 개에 반응물이 흡착하여 반응하면, 그 금속 원자가 바로 활성점이다. 오른쪽에 있는 구조처럼 여러 개 원자가 모인 원자집단에 반응물이 흡착하여 활성화되면, 그 원자집단이 활성점이다. 금속 원자 한 개가 활성점이면 표면에 노출된 금속 원자가 모두 활성점이므로 금속의 분산도가 높을수록 촉매활성이 높아진다. 그러나 여러 개의 금속 원자가 모여 활성점을 이루면, 활성점 구조가 많이 형성될 수 있도록 금속의 담지 상태가 적절해야 한다. 활성점이 $B_5(110)$ 구조인 촉매에서 금속 원자가 모두 따로따로 흩어져 담지되면 금속의 분산도는 높지만, 촉매활성이 전혀 없다. 노출된 금속 원자의 개수보다 특정한 구조의 활성점 개수가 촉매활성을 결정하기 때문이다. 활성점의 구조가 복잡하면, 담지된 금속 알갱이의 크기와 표면에 노출된 결정면에 따라 촉매활성이 크게 달라진다.

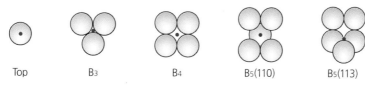

| Top | B₃ | B₄ | B₅(110) | B₅(113) |

그림 3.14 금속 원자 활성점의 예

금속 촉매에서 활성점 생성을 금속의 담지 상태와 연관지어 설명한다. 잘 연마된 금속 면은 아주 매끄러워 보이기 때문에 금속 표면이 균일하리라고 생각하지만, 실제 표면은 그렇지 못하다[11]. 그림 3.15에 나타낸 것처럼 표면에 평면과 계단이 있고, 움푹 들어간 곳과 돌출된 원자도 있다. 표면의 일부가 떨어져 나간 자리와 표면에 놓여 있는 원자 뭉치(cluster)도 있어 매우 복잡하다. 모서리와 꼭짓점처럼 배위수와 표면에너지가 크게 다른 자리가 있으며, 이들이 차지하는 비율이 촉매의 제조 방법에 따라 달라진다. 금속 촉매를 열처리하여 운동에너지를 가해주면 에너지가 많은 표면 원자가 에너지가 적은 자리로 이동하여 표면이 균일해진다. 반면 에너지빔을 쪼이거나 산으로 처리하면 표면 상태는 매우 불균일해진다.

금속 촉매의 활성점은 모두 동일한 금속 원자이지만, 표면에 노출된 원자의 상태와 이들이 이룬 원자집단의 구조에 따라 촉매활성이 많이 다르다. 분산도와 촉매활성이 비례하면 표면에 노출된 금속 원자가 활성점이라고 판정할 수 있다. 그러나 특정한 배위수를 가진 원자나 여러 원자로 이루어진 원자집단이 활성점인 촉매에서는 분산도와 촉매활성의 상관성만으로 활성점

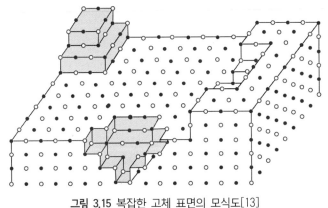

그림 3.15 복잡한 고체 표면의 모식도[13]

의 구조를 유추하기 어렵다. 표면에 노출된 금속 원자를 활성점으로 보고 계산한 하나의 활성점에서 일정 시간 내에 반응물이 생성물로 전환되는 속도인 전환횟수(turnover frequency : TOF)가 촉매의 지지체와 제조 방법에 무관하게 일정하면 표면에 노출된 원자 모두가 활성점이고, 이런 촉매를 **구조비민감 촉매**(structure insensitive catalyst)라고 부른다. 이와 달리 표면에 담지된 금속의 상태나 결정면의 구조에 따라 촉매활성이 크게 달라지는 촉매를 **구조민감 촉매**(structure sensitive catalyst)라고 부른다. 구조비민감 촉매에서는 분산도를 높이면 촉매활성이 증가한다. 그러나 구조민감 촉매에서는 활성점의 개수를 늘려야 하므로, 이의 구조를 알아야 활성이 우수한 촉매를 제조할 수 있다. 분산도를 높여도 활성점의 개수가 많아지지 않기 때문이다. 금속 원자의 촉매활성은 알갱이 크기, 담지 상태, 노출된 결정면의 표면 상태와 관련이 크며, 이 부분을 6장 금속 촉매 부분에서 자세히 다룬다.

(2) 전하 운반체: 전자와 양전하 구멍

촉매 표면의 자유전자가 흡착하는 반응물로 이동하여 반응물을 활성화시키면서 촉매반응이 시작되면, 전자 자신이 바로 촉매활성점이다. 표면의 특정한 구조보다 표면에 퍼져 있는 전자가 직접 활성점으로 작용한다. 반응에 따라서는 자유전자의 밀도와 반응속도 사이의 상관성이 없어 전자가 활성점이라는 주장에 의문을 제기하기도 한다. 그러나 활성 중간체를 생성하는 자리가 활성점이므로, 전자의 이동속도 때문에 자유전자의 밀도와 반응속도 사이의 상관성이 애매해도 전자를 활성점으로 보아야 한다.

실리카젤은 실리콘과 산소 원자로 이루어진 대표적인 절연체이다. 실리카젤에 γ-선을 쪼여주면 선자와 양전하 구멍이 생성된다. 실리카젤에는 흔히 알루미늄이 소량 불순물로 들어 있다. γ-선에 의해 결합이 끊어지면서 자유 전자가 생성되고, 양전하 구멍은 불순물에 잡혀 있다. 붙잡힌 양전하 구멍에서 보라색 색 중심이 나타난다. 보라색을 띠는 실리카젤은 아주 낮은 온도인 $-196\ ^\circ\mathrm{C}$에서도 $H_2 + D_2 \rightleftarrows 2\ HD$ 반응에 대하여 전이금속이나 전이금속 산화물과 비견할 정도로 촉매활성이 높다. 보라색 실리카젤을 열처리하면 전자와 양전하 구멍이 다시 결합하면서 보라색이 없어지고 촉매활성도 사라지므로, 양전하 구멍은 촉매활성점이다. 양전하 구멍에서 진행하는 촉매반응의 세부 과정은 아직 명확하지 않으나, 위의 예에서는 전하 운반체인 양전하 구멍이 촉매활성점이다.

(3) 표면의 음이온 빈자리

반도체 물질은 주변 환경에 따라 음이온을 잃어버린다. 산화아연을 공기 중에서 가열하면 산소가 일부 떨어져 나가고, 아연이 환원되어 격자 내 아연으로 바뀐다. 그러나 고체의 표면 구조는 그대로 유지하되 산소가 없어져 나타나는 비어 있는 음이온 자리(anionic surface vacancy)는 화학적으로 매우 활성화되어 있다. 성질과 크기가 비슷한 음이온이 들어있는 물질이 음이온 빈자리에 흡착하여 활성화되므로 이 음이온 빈자리가 촉매활성점이 된다.

전이금속 산화물은 탄화수소의 부분산화반응에 촉매활성이 있다. 프로필렌에서 아크로레인을 제조하거나 부텐에서 무수말레인산을 제조하는 부분산화반응은 탄화수소에서 이산화탄소와 물이 생성되는 완전산화반응과 성격이 뚜렷이 다르다. 산소와 반응물이 과도하게 활성화되면 가장 안정한 이산화탄소와 물이 생성된다. 그러나 반응물과 산소가 적절하게 활성화되면 반응물이 부분적으로 산화되어 알데하이드와 유기산이 생성되고, 이산화탄소와 물은 생성되지 않는다. 탄화수소는 산소에 비해 안정하므로 산소의 활성화 정도를 제어하여 부분산화반응에서 선택성을 향상시킨다.

부분산화반응에서 활성과 선택성이 우수한 전이금속 산화물 촉매로는 금속과 산소의 결합이 너무 강하지도, 너무 약하지도 않은 반도체가 있다. 금속에는 자유전자가 있어서 산소 분자를 분자나 원자 상태 음이온으로 활성화시키므로, 탄화수소가 이산화탄소와 물까지 완전산화된다. 이와 달리 반도체 촉매에서는 산소 분자를 활성화시키는 대신 자신의 격자산소 (lattice oxygen: 전이금속 산화물의 결정을 이룬 산소 이온이라는 뜻임)를 산화제로 사용한다. 전이금속을 M이라고 하고 반응물인 탄화수소를 R이라 하면, 전이금속 산화물에서는 그림 3.16에 보인 반응기구를 거쳐 탄화수소가 부분산화된다.

금속과 산소의 결합이 그리 강하지 않아서 금속에 흡착한 탄화수소로 격자산소가 이동한다. 부분산화 생성물과 함께 표면에 −■− 으로 나타낸 산소 이온 빈자리가 생성된다. 부분산화 생성물이 탈착한 후 기상산소가 흡착하여 격자산소의 빈자리를 채운다. 이러한 부분산화반응에서는 산소 음이온 빈자리가 산소를 활성화시켜 반응물에 공급하는 촉매활성점이다.

촉매에 흡착한 탄화수소와 촉매의 격자산소가 반응하여야 부분산화반응이 진행되므로 금속과 산소의 결합세기가 너무 강하지 않아야 한다. 그래야 격자산소가 쉽게 탄화수소로 옮겨가며, 생성된 음이온 빈자리에 산소가 채워지면서 활성화된다. 금속과 산소의 결합이 아주

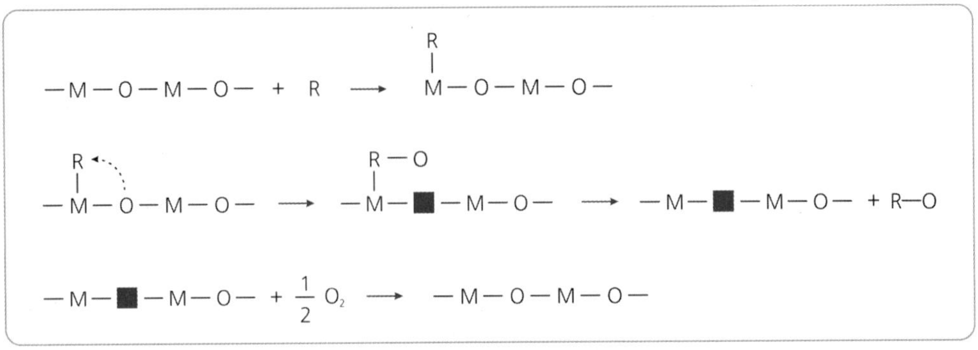

그림 3.16 산소 음이온 빈자리에서 탄화수소(R)의 부분산화반응

약하면 격자산소는 금속에 흡착된 탄화수소로 쉽게 옮겨가지만, 음이온 빈자리에 산소가 채워지는 반응이 아주 느려져서 전체 반응이 느리다. 격자산소를 제공하는 단계와 음이온 빈자리가 산소로 채워지는 단계가 같이 빨라야 부분산화반응이 빠르게 진행되므로, 금속과 산소의 결합세기는 너무 강하지도, 너무 약하지도 않고 적절해야 한다.

음이온 빈자리가 활성점으로 작용하는 촉매로 황이 들어 있는 싸이오펜 등 황 화합물에서 황을 제거하는 수소첨가 황제거반응의 $Co-Mo/Al_2O_3$ 촉매가 있다[14]. 반응에 사용하기 전에 황화수소(H_2S)로 처리하면 촉매 표면이 황화(S^{2-}) 이온으로 덮여 있다. 수소로 처리하여 황화 이온이 부분적으로 제거된 빈자리에 반응물의 황이 흡착하여 반응물이 활성화된다. 황 화합물이 표면에 결합된 상태에서 탄화수소 부분이 수소화되면서 황과 분리된다. 황화 이온은 주위에 활성화된 수소 원자와 반응하여 황화수소가 되어 탈착하면, 표면에 다시 음이온 빈자리가 만들어진다. 음이온 빈자리가 활성점인 촉매반응에서는 떨어진 음이온과 크기와 화학적 성질이 비슷한 물질만 음이온 빈자리에 흡착하므로 선택성이 우수하다.

지글러(Ziegler) 촉매를 사용한 알켄의 입체규칙적인 중합반응도 음이온 빈자리에서 일어난다[15]. 정팔면체구조의 육염화타이타늄($TiCl_6$)에 삼알킬알루미늄(AlR_3)을 가하여 제조

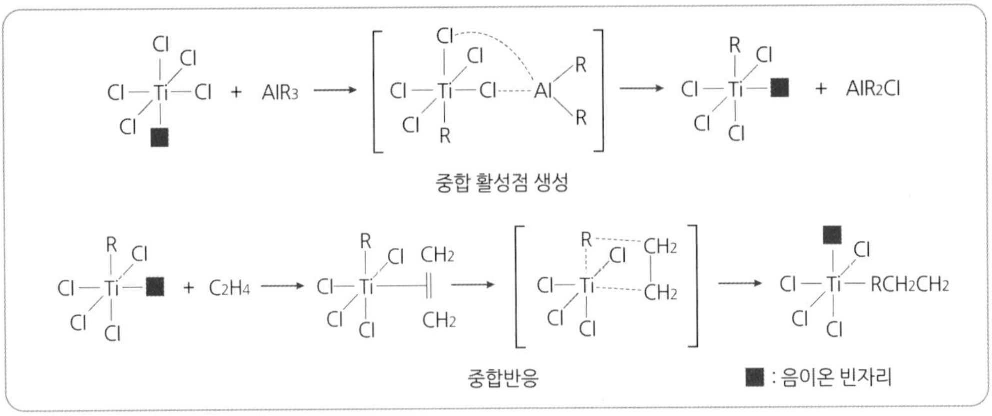

그림 3.17 지글러 촉매의 활성점인 음이온 빈자리[15]

한 촉매에는 그림 3.17에 보인 대로 음이온 빈자리가 생성된다. 이 음이온 빈자리에 배위결합한 알켄으로 타이타늄에 결합한 R이 옮겨오면서 탄소 사슬이 성장한다. 결합된 R이 옮겨간 자리에 다시 음이온 빈자리가 생성되면서 고분자물질이 입체규칙적으로 성장한다.

(4) 산점과 염기점

두 가지 다른 원소로 이루어진 물질의 표면에는 원소의 종류에 따라 전자밀도가 다른 자리가 생성된다. 전기음성도가 높은 원소의 전자밀도는 높으나 이온화경향이 큰 원소의 전자밀도는 낮아서, 이들 분포 상태에 따라 표면에서 전자밀도가 다르다. 전도체와 반도체에서는 전자가 고체 내에서 이동할 수 있어서 전자밀도의 차이가 없어지지만, 절연체에서는 전자가 이동할 수 없어서 전자의 밀도 차이에 기인한 표면성질이 그대로 유지된다.

브뢴스테드(Brönsted) 정의에 따르면 양성자(H^+)를 주는 물질이 산이고, 양성자를 받는 물질이 염기이다. 대부분의 산은 염산이나 질산처럼 쉽게 해리되어 다른 물질에게 줄 수 있는 양성자가 있다. 하이드록시기처럼 양성자를 받을 수 있는 물질은 염기가 된다. 이와 달리 루이스(Lewis) 정의에서는 전자쌍을 받는 물질이 산이고, 전자쌍을 주는 물질이 염기이다. 양성자는 전자쌍을 받을 수 있으므로 루이스 산이다.

고체에서도 브뢴스테드 정의에 따라 양성자를 주는 표면자리를 산점으로, 받는 표면자리를 염기점으로 정의한다[16]. 루이스 정의에 따르면 고체 표면에서 주변에 비해 전자밀도가 낮아 전자쌍을 받는 자리가 산점이고, 주변에 비해 전자밀도가 높은 자리가 염기점이다. 물질 전체적으로는 전기적 중성이 유지되므로, 그림 3.18에 보인 것처럼 표면에서 전자의 분포 상태를 네 가지로 나눌 수 있다. 금속이나 균일한 구조의 고분자물질처럼 표면에서 전자의

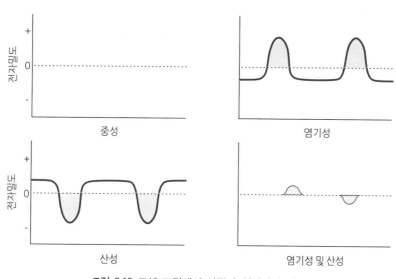

그림 3.18 고체 표면에서 산점과 염기점의 생성

밀도 차이가 없으면 산점이나 염기점이 나타나지 않는다. 그러나 산화칼슘이나 산화바륨에서는 산소에서 전자밀도가 높아 염기점이 생성된다. 산화수가 +4인 규소와 +3인 알루미늄이 산소를 다리로 결합되어 있는 $Si-O-Al-O-Si$ 구조에서는 알루미늄의 전자밀도가 주변의 산소나 규소에 비해 상대적으로 낮아서 알루미늄이 산점이 된다. 만일 표면에 전자밀도가 낮은 자리와 높은 자리가 반복하여 생성되면 산점과 염기점이 같이 존재한다.

산점은 전자밀도가 낮기 때문에 반응물의 전자밀도가 높은 부분과 강하게 상호작용한다. 에탄올의 탈수반응을 예로 들어 산점의 촉매활성점으로서 기능을 설명한다(그림 3.19). 에탄올의 산소는 탄소와 수소에 비해 전자밀도가 높아 표면의 양성자와 강하게 상호작용한다. 양성자화된 에탄올에서 안정한 물 분자가 떨어져 나가고 불안정한 $CH_3CH_2^+$ 양이온이 남는다. 이 탄소 양이온은 표면에 양성자를 돌려주고 안정한 에틸렌이 되면서 촉매반응이 완결된다. 표면의 브뢴스테드 산점에 에탄올이 흡착하여 양이온이 생성되면서 에탄올이 활성화되고, 양성자를 잃고 짝염기가 된 표면자리는 양성자를 되돌려받으려 하므로 탄소 양이온은 이 자리에 양성자를 주면서 에틸렌이 된다. 촉매의 산점이 양성자를 얼마나 쉽게 주느냐, 짝염기점이 양성자를 얼마나 쉽게 받느냐에 따라 촉매활성이 결정된다.

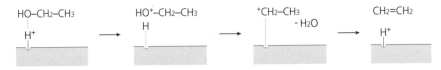

그림 3.19 브뢴스테드 산점에서 에탄올의 탈수반응

에탄올 탈수반응의 역반응인 에틸렌의 수화반응에서도 산점이 촉매활성점이다(그림 3.20). 에틸렌은 물과 바로 반응하지 않으나 브뢴스테드 산점에 흡착하여 탄소 양이온($CH_3CH_2^+$)이 된다. 양전하를 띤 탄소 양이온은 전자밀도가 높은 물의 산소 원자와 강하게 상호작용한다. 이 과정에서 양성자화된 에탄올이 생성되어 양성자를 촉매의 짝염기점에 되돌려주면서 에탄올이 생성된다. 브뢴스테드 산점이 물과 강하게 상호작용할 수 있는 양이온 중간체를 만들어 주는 활성점이다.

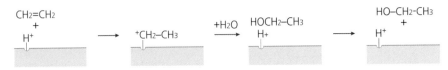

그림 3.20 브뢴스테드 산점에서 에틸렌의 수화반응

촉매의 염기점도 산점과 비슷한 방법으로 반응을 촉진한다. 산점에서는 양전하를 띤 중간체가 생성되나 염기점에서는 음전하를 띤 중간체가 생성되는 점이 다르다. 그림 3.21에 정리

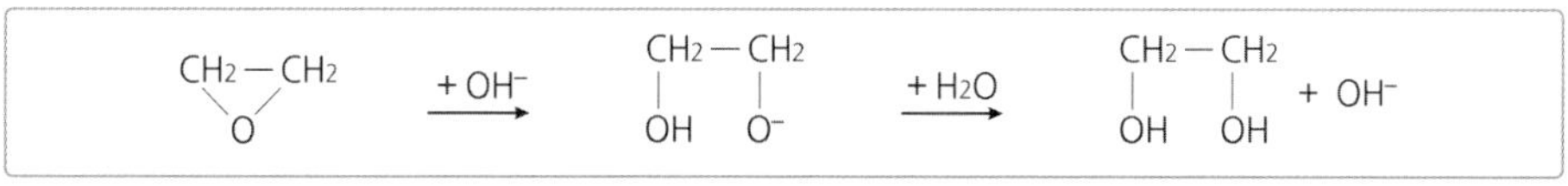

그림 3.21 염기에서 에틸렌 옥사이드의 수화반응

한 에틸렌 옥사이드의 수화반응을 예로 들어 염기점의 촉매작용을 설명한다. 염기점이 에틸렌 옥사이드에게 수산화 이온(OH^-)을 제공하여 음이온 중간체가 생성된다. 이 중간체가 물로부터 양성자를 받아서 에틸렌 글리콜이 생성되고 수산화 이온이 다시 생성되면서 촉매반응이 완결된다. 염기점이 자신의 수산화 이온을 줄 수도 있고, 염기점이 물에서 양성자를 빼앗아 수산화 이온을 생성시켜서 반응물에 줄 수도 있다. 어떤 경우이든 염기점과 반응물이 상호작용하여 반응물이 활성화되므로 염기점이 촉매활성점이다.

(5) 활성점에 대한 고찰

촉매의 종류가 달라지면 이에 따라 활성점의 종류도 달라진다. 금속 원자와 전하 운반체처럼 구체적인 구조를 가진 활성점도 있고, 음이온 빈자리처럼 반응 도중에 생성되어 작용하는 활성점도 있다. 산점과 염기점처럼 주위와 전자밀도 차이로 활성점이 생성되기도 한다. 활성점은 이처럼 다양하지만, 반응물과 상호작용하여 이를 활성화시킨다는 점은 같다.

활성점의 가장 대표적인 공통점은 무엇인가 부족한 자리라는 점이다. 금속 원자 활성점은 표면에 노출되어 있어 내부에 있는 원자에 비해 배위수가 부족하다. 전하 운반체는 전기적 중성 상태가 깨어져 있다. 전자와 양전하 구멍은 서로 옆에 있어야 전기적으로 중성이 되는데, 이들이 나뉜 상태에서 활성점으로 작용하므로 반쪽이 없는 상태이다. 음이온 빈자리는 금속 이온과 결합되어 있어야 할 음이온이 없는 자리이다. 산점과 염기점은 모두 전자밀도가 주변에 비해 부족하거나 높아서 전기적으로 안정되어 있지 않은 자리이다. 즉, 촉매활성을 나타내는 활성점은 무엇인가를 잃어버려서 그 자체의 에너지 상태가 높은 불안정한 자리이다. 활성점은 불안정하여 반응성이 높으므로 반응물과 강하게 상호작용하여 촉매작용이 나타난다. 주위의 원자나 분자와 충분히 결합되어 있거나, 전기적으로 중성이거나, 전자밀도분포에 차이가 없으면 촉매작용이 나타나지 않는 점에서, 활성점은 부족함이 있는 결함(defect)이다. 부족함이 반응을 촉진시키는 기능으로 구현될 때 이를 촉매작용이라고 부른다.

촉매활성점의 공통적인 성격이 결함이지만, 결함이라고 해서 모두 촉매작용을 나타내지 않는다. 결함의 정도가 촉매활성을 결정한다. 부족함이 너무 심하여 반응물과 활성점이 너무 강하게 결합하면 촉매작용이 나타나지 않는다. 강하게 흡착한 반응물이 촉매활성점에 계속 결합되어 있거나, 또 강하게 상호작용하여 주변 원자의 전자적 상태를 바꾸면 활성점으로서 기능을 잃어버린다. 이렇게 강하게 흡착하는 물질은 촉매의 기능을 사멸시킨다는 의미로 촉매독(catalyst poison)이라고 부른다. 배위수가 4로 매우 활성화된 꼭짓점의 금속 원자나 전자밀도가 아주 낮은 초강산점은 반응물과 너무 강하게 상호작용하여 촉매로서의 기능을 쉽게 잃어버린다.

정상적인 구조와 상태에 비해 부족함이 너무 적어도 또한 촉매활성을 기대하기 어렵다. 반응물과 상호작용이 너무 약하여 화학흡착을 통해 반응물이 활성화되지 않기 때문이다. 음이온이 제거된 자리에 다시 음이온이 채워지지 않아서 촉매반응이 도중에서 멈춘다. 전자의 에너지 준위가 반응물의 비어 있는 궤도함수의 에너지 준위와 차이가 너무 작으면 전자의 이동을 기대하기 어렵다. 주위와 전자밀도 차이가 너무 작아도 산점과 염기점의 기능이 나타나지 않는다.

이런 점에서 촉매의 활성점은 결함자리이지만 부족함의 정도가 너무 심하지도 않고 그렇다고 너무 약하지도 않아야 한다. 반응물을 활성화시킬 정도로 상호작용이 강해야 하지만, 표면반응이 적절한 속도로 일어나도록 상호작용의 세기가 지나치지는 않아야 한다. 반대로 상호작용이 너무 약하면 반응물의 활성화나 촉매의 재생 과정이 지나치게 느리다. 촉매의 활성점이 적당한 활성과 선택성을 가지려면 흡착-표면반응-탈착의 경로가 적절한 속도로 진행되도록 결함의 정도가 지나치게 약하지도, 또 강하지도 않아야 한다.

흔히 촉매의 활성점을 중매쟁이와 비교하여 설명한다. 촉매가 그 자신을 소모시키지 않으면서 화학반응의 속도를 증가시키듯이, 중매쟁이는 자신이 결혼하지 않으면서 남자와 여자의 결혼을 성사시킨다. 중매쟁이의 능력이 우수하면 단위시간 동안 결혼 횟수가 증가한다. 따라서 중매쟁이의 기능과 촉매활성점의 기능이 비슷하다. 우리나라 근대소설에서는 중매쟁이로 흔히 매파(媒婆)가 등장한다. 매파라는 말에서 떠오르는 사람은 중년 과부이다. 과부는 남편이 없는 여인네여서 다른 남자와 만나는 데 걸림돌이 없다는 점에서, 활성점이 결함이라는 점에 대응한다. 굳이 중년 과부가 중매쟁이로서의 기능에 적합한 이유도 젊어서 너무 예쁘거나 아주 늙어서 매력을 상실하지 않은, 즉 부족함이 없지는 않으나 그렇다고 지나치지 않아야 촉매활성점이 된다는 점과 잘 어울린다. 거친 세상을 살아온 중년의 과부는 역시 여인네이지만, 젊은 여인에게는 믿음직한 아줌마 같은 느낌을 줄 수 있어 만나는 사람에 따라 성격이 쉽게 달라져야 하는 촉매의 성격까지 잘 반영하고 있다. 적절한 부족함을 지닌 매파가 인간 사회의 지속에 크게 기여하는 존재이듯이, 대부분의 화학공정에서는 촉매는 원하는 생성물을 쉽고 선택적으로 제조하는데 기여하는 중요한 기능성 물질이다.

촉매의 활성점은 단독으로 반응물과 상호작용하여 촉매작용을 나타내기도 하지만, 실제 촉매반응에서는 여러 종류의 활성점이 같이 참여하기도 하고, 이웃한 물질에 의해 활성점의 기능이 달라지기도 한다. 화학적 기능과 전혀 무관한 촉매의 세공구조가 활성점의 기능에 영향을 주기도 한다. 이 절에서는 촉매활성점의 복합화 측면에서 다중기능 촉매와 합금 촉매를 설명하고, 공간이 활성점의 촉매작용에 미치는 영향인 형상선택적 촉매작용(shape-selective catalysis)의 원리를 서술한다.

(1) 다중기능 촉매

한 종류의 활성점에서 촉매반응이 완결되기도 하지만, 성격이 다른 두 종류의 활성점이 필요한 촉매반응도 있다. 금속의 수소화-탈수소화 기능과 산점의 이성질화 기능이 같이 필요한 알칸의 이성질화반응에서는 한 종류의 활성점만으로는 촉매반응이 진행되지 않는다. 두 종류 이상의 활성점으로 이루어진 촉매를 기능이 여러 가지라는 의미로 다중기능 촉매(multifunctional catalyst)라고 부른다[17]. 금속 활성점과 산점의 촉매 기능이 동시에 필요한 수소화분해(hydrocracking)반응이나 촉매개질(catalytic reforming, 改質)반응에는 두 가지 활성점이 반응에 참여하는 이중기능 촉매(bifunctional catalyst 또는 dual functional catalyst)를 사용한다.

이중기능 촉매에서는 두 종류의 활성점이 따로따로 반응에 참여할 때에 비해 두 종류 활성점이 같이 반응에 참여하므로 촉매 효과가 크다. A → B 화학반응은 X 활성점에서, B → C 화학반응이 Y 활성점에서 진행될 때, 전체 반응인 A → C 화학반응의 전환율로부터 이중기능 촉매를 정의한다. 각 단계 반응의 전환율 ε_{AB}와 ε_{BC}의 곱보다 ε_{AC}가 큰 촉매가 이중기능 촉매이며, 따로따로 진행되는 두 종류의 촉매반응이 이중기능 촉매에서는 함께 진행되므로 촉매작용에 부가적인 상승효과가 나타난다는 의미를 담고 있다. X 활성점과 Y 활성점이 한 촉매에 같이 있어서 두 반응이 이어져 진행되므로 전체 전환율이 높아진다.

$$A \xrightarrow{X} B \xrightarrow{Y} C \tag{3.11}$$

$$\varepsilon_{AC} \geq \varepsilon_{AB} \times \varepsilon_{BC} \tag{3.12}$$

알칸의 이성질화반응에는 이중기능 촉매가 필요하다. 알칸 자체는 산점에서 이성질화되기가 어려우므로, 알칸을 먼저 탈수소화하여 알켄으로 만드는 금속 활성점이 필요하다. 알칸이

금속 활성점에서 탈수소화되어 알켄이 생성되고, 알켄은 산점에서 이성질화된다. 이어 금속 활성점에서 이성화된 알켄은 다시 수소화되어 이성질화된 알칸이 생성되면서 반응이 끝난다. 표 3.10에 여러 촉매에서 조사한 n-헥산의 이성질화반응 결과를 정리하였다. 실리카젤에 백금을 담지한 Pt/SiO$_2$ 촉매에는 실리카젤이 중성 지지체이므로 금속 활성점(X)만 있다. 반면 실리카-알루미나에는 산점(Y)만 있다. Pt/SiO$_2$ 촉매에서 전환율이 0.9%이고, 실리카-알루미나 촉매에서 전환율은 0.3%로 낮다. 그러나 이 두 촉매를 섞어 만든 혼합 촉매에서는 전환율이 6.8%로 높다. Pt/SiO$_2$ 촉매에서는 탈수소화반응만 진행되고, 실리카-알루미나에서는 알칸의 이성질화반응이 거의 진행되지 않는다. 그러나 혼합 촉매에서는 X 활성점에서 생성된 알켄이 Y 활성점으로 옮겨가 i-알켄이 되고, 이들은 다시 X 활성점에서 i-알칸이 되면서 이성질화반응이 빠르게 진행된다.

$$n-\text{알칸} \xrightarrow{\text{X}} n-\text{알켄} \xrightarrow{\text{Y}} i-\text{알켄} \xrightarrow{\text{X}} i-\text{알칸}$$

표 3.10 혼합 촉매에서 n-헥산의 이성질화반응[17]

촉 매	n-헥산의 전환율, %
Pt/SiO$_2$ 촉매(X)	0.9
실리카-알루미나 촉매(Y)	0.3
X 촉매와 Y 촉매의 혼합	6.8

반응온도: 385 ℃, 촉매 사용량: 10 cm^3

이중기능 촉매를 열역학적 제한이 많은 반응에 적용하면 생성물의 수율이 크게 높아진다. 원유 가격의 급등과 자원의 고갈로 인해 원유 이외의 자원에서 석유화학공업의 주원료인 탄화수소를 생산하는 공정에 관심이 많다. 대표적인 공정으로 메탄올에서 탄화수소를 제조하는 공정이 있다. 석탄, 천연가스, 바이오매스 등 다양한 자원에서 합성가스를 만들고 이로부터 메탄올을 제조한다. H-ZSM-5 제올라이트를 촉매로 사용하여 메탄올에서 탄화수소를 만든다. 반응의 진행 정도를 조절하여 저급 알켄을 선택적으로 제조하기도 하고, 탄화수소 혼합물인 가솔린을 만들기도 한다. 메탄올에서 가솔린을 제조하는 공정을 메탄올-가솔린 전환반응(methanol-to-gasoline: MTG)이라고 부른다.

$$\left.\begin{array}{l}\text{석탄}\\\text{천연가스}\\\text{바이오매스}\end{array}\right\} \rightarrow CO + 2H_2 \rightleftarrows CH_3OH \rightarrow \text{탄화수소}$$

합성가스로부터 메탄올을 제조하는 반응은 세 분자가 한 분자로 분자 개수가 줄어들면서 열이 많이 발생하는 발열반응이다. 활성화에너지가 커서 320~380 ℃와 340 bar의 고온 고압 조건에서 조업한다. 열역학적으로 유리한 반응이 아니어서 합성가스의 전환율은 12~15%로 낮다. 메탄올을 합성한 후 이를 다시 반응시켜 탄화수소를 제조하면 메탄올의 합성반응에 대한 열역학적 제한이 그대로 반영되어 탄화수소의 수율은 이보다 낮을 수밖에 없다. 그러나 메탄올 합성 촉매와 이를 탄화수소로 전환시키는 촉매를 함께 혼합하여 촉매로 사용하면 탄화수소의 수율이 열역학적 제한보다 높아진다[18]. 두 가지 반응이 모두 효과적으로 진행하는 조건을 선정하기가 쉽지 않지만, 생성된 메탄올이 두 번째 반응에 의해 지속적으로 소모되므로 메탄올의 합성반응에 대한 열역학적 제한이 약해진다. 이중기능 촉매는 단순히 활성점의 복합화라는 개념뿐만 아니라 촉매반응의 연계라는 측면에서 촉매활성의 제고에 효과적이다.

이중기능 촉매에서 활성점의 연계가 중요하다는 점을 알갱이 크기가 다른 촉매를 이용하여 검증한다. 그림 3.22에 탄소 지지체에 담지한 백금 촉매와 실리카-알루미나의 혼합 촉매에서 알갱이 크기가 반응의 진행 정도에 미치는 영향을 비교하였다[17]. 산점이 없는 Pt/C와 Pt/SiO$_2$ 촉매에서는 n-헥산의 이성질화반응이 거의 진행되지 않는다. 그러나 Pt/C와 실리카-알루미나를 물리적으로 혼합한 촉매에서는 이성질화반응이 진행된다. 알갱이가 1,000 μm로 크면 촉매활성이 낮으나, 알갱이가 70 μm와 5 μm로 작아지면 촉매활성이 크게 높아진다. 촉매의 알갱이가 작아지면 활성점 사이의 간격이 좁아져서 반응 도중에 생성된 중간체가 다음 활성점으로 빠르게 이동한다. 알갱이가 5 μm 정도로 작아지면 백금을 실리카-알루미나에 직접 담지한 촉매에서 아이소헥산의 수율과 비슷해진다. 이중기능 촉매에서는 두 종류의 활성점에서 촉매반응이 이어져 진행되므로 촉매활성이 높다.

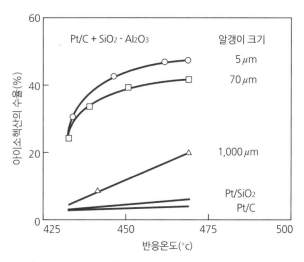

그림 3.22 [Pt/C+SiO$_2$-Al$_2$O$_3$] 혼합 촉매에서 n-헥산의 이성질화반응[17]

두 가지 반응이 연계되어 진행될 때는 각 단계의 반응 성격에 따라 전체 반응속도가 결정된다. 만일 처음 단계가 아주 빠르게 진행되어 평형이라고 가정할 수 있으면, 전체 반응의 전환율은 두 번째 단계의 전환율보다 클 수 없다. 그러나 첫 번째와 두 번째 반응의 속도가 비슷하고 두 반응이 서로 연계하여 진행하도록 활성점이 가깝게 분포되어 있으면, 전체 반응의 전환율은 각 반응의 전환율의 곱보다 커질 수 있다. 두 번째 반응에서 1차 생성물을 계속 소모하기 때문에 첫 번째 반응이 평형의 제한을 받지 않아서 전체 반응이 빠르게 진행한다.

(2) 합금 촉매

금속을 섞어 만든 합금의 촉매성질은 순수한 금속의 촉매성질과 크게 다르다. 합금이 만들어지는 범위에서만 촉매를 만들 수 있다는 제약이 있지만, 합금을 만들면 일반적으로 금속의 활성과 안정성이 높아진다. 이뿐만 아니라 촉매의 활성점을 이해하는 데에도 합금 촉매가 매우 유용하다. 합금 촉매의 활성이나 선택성이 단일금속 촉매보다 높고[19], 피독이나 열화에 대한 저항이 향상되는 결과에서 활성점의 본질을 유추한다.

합금 촉매에서는 각 금속의 전자적 성질이 그대로 보존된다. 합금이 되면 자유전자가 합금 전체에 고루 퍼진다고 생각할 수도 있지만, 합금 상태에서도 각 구성 원자의 d 궤도함수는 거의 그대로 유지된다. 따라서 합금 금속의 활성과 선택성은 촉매 표면의 원소별 조성에 의해 결정된다고 가정하여, 활성점의 구조가 특정한 반응에 적절하도록 합금 촉매를 설계한다.

합금 촉매에서는 합금 전체의 조성과 표면 조성이 전처리 조건에 따라 달라진다. 진공 상태에서나 금속과 반응하지 않는 기체와 접촉하고 있는 상태에서 열처리하면 표면으로 이동하는 데 필요한 활성화에너지가 작은, 즉 증발열이 작은 원소의 함량이 합금 표면에서 상대적으로 많아진다. 그러나 화학흡착하는 기체나 화합물을 만들 수 있는 기체와 접촉하고 있는 표면을 열처리하면 이 기체와 친화력이 큰 원소의 농도가 높아진다[20]. 구리와 아연으로 이루어진 황동을 공기 중에서 가열하면 산소와 친화력이 큰 아연의 표면 농도가 높아진다. 전체로 보면 구리의 농도가 훨씬 높지만, 표면에서는 산화되기 쉬운 아연의 농도가 높다. 처리 조건에 따라 표면 조성이 달라지는 점을 활용하여 촉매활성점을 설계한다.

단일금속 촉매에서는 활성점을 이루는 원자가 모두 한 종류이므로, 금속 알갱이의 크기, 결정면, 표면 균일성 외에는 바꿀 수 있는 인자가 없다. 그러나 합금 촉매에서는 원자의 종류가 다르므로 여러 종류의 원자집단이 만들어지고 조성과 전처리 방법에 따라 촉매작용이 달라진다. 그림 3.23에 A와 B 원소의 합금 촉매에서 일곱 개 원자로 만들 수 있는 원자집단의 구조를 정리하였다. 단일금속 촉매에서는 A_7 구조만 만들어진다. 반면 A와 B 두 종류 금속 원소로 이루어진 합금 촉매에서는 A_6B_1형이 한 가지, A_5B_2형이 세 가지, A_4B_3형이 세 가지 등 모두 13가지 구조가 만들어진다. A_2B_5형에도 여러 변형이 있을 수 있으며, B_7형도 고려한

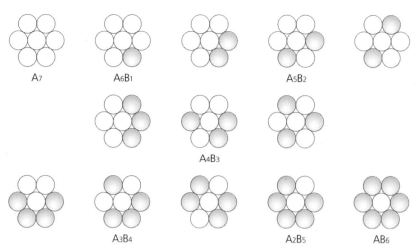

그림 3.23 A 원자를 중심으로 일곱 개의 원자로 이루어진 활성 원자집단의 구조 흰 원은 A 원자를, 색 원은 B 원자를 나타낸다.

다면 만들어지는 원자집단의 개수가 더 많아진다. 원자집단의 구조에 따라 흡착성질과 촉매작용이 달라지므로, 합금 촉매의 구성 원소의 종류와 조성, 전처리 조건, 알갱이 크기 등을 바꾸어 촉매의 활성을 폭넓게 바꿀 수 있다.

촉매활성이 있는 금속과 활성이 없는 금속을 섞어 합금을 만들면, 활성이 있는 금속이 활성이 없는 금속에 의해 희석된다. 합금을 만들면 활성이 있는 금속 원자의 표면 농도가 낮아지지만, 활성이 있는 금속 원자가 여러 개 모여 만드는 큰 원자집단의 형성 확률은 이보다 더 많이 낮아진다. 원자집단의 구조에 따라 진행되는 반응의 종류와 속도가 달라진다면, 희석 비율에 따라 촉매반응의 전환율과 생성물 수율이 크게 달라진다.

원자집단 구성 방법의 변화 외에도 활성이 없는 금속의 함량이 많아지면 희석에 따른 효과도 나타난다. 활성이 없는 금속 원자가 사이사이에 존재하므로 활성이 있는 금속 원자 사이의 거리가 멀어져서, 담지된 금속의 알갱이가 작아질 때와 같은 효과가 나타난다[21].

활성이 있는 금속에 활성이 없는 금속을 섞어주면 활성 금속이 희석되는 효과뿐만 아니라, 금속 원자끼리 상호작용으로 활성 금속의 궤도함수, 에너지 준위, 전자의 배열 상태 등이 달라진다. 표면 원자는 같은 면에 있거나 바로 아래층에 있는 이웃 원자와 결합되어 있으므로, 합금 조성이 달라져서 결합하는 원자의 종류와 개수가 달라지면 표면 원자의 전자적 성질이 달라진다. 결합된 리간드의 종류와 개수에 따라 전이금속의 전자적 성질이 달라지듯이 합금 촉매에서는 결합되어 있는 이웃 원자의 종류와 개수에 따라 촉매작용이 달라진다. 합금 촉매에서 이웃하는 원자의 종류와 조성이 달라지는 데 따른 촉매작용의 변화를, 금속 착화합물 촉매에서 리간드가 바뀐 상황과 비슷하므로 리간드 효과라고 부른다.

조성이 다른 니켈-구리 합금 촉매에서 사이클로헥산의 탈수소화반응과 에탄의 수소화분해반응을 조사한 결과를 그림 3.24에 나타내었다[21]. 니켈 촉매에서는 두 반응이 모두 진행

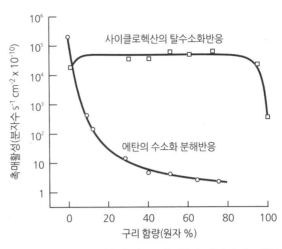

그림 3.24 니켈-구리 합금 촉매에서 사이클로헥산의 탈수소화반응과 에탄의 수소화분해반응[21] 316 ℃에서 측정한 결과임

되나, 구리 촉매에서는 어느 반응도 진행되지 않아 구리는 촉매활성이 없다. 그러나 구리 첨가로 니켈-구리 합금의 조성이 달라지면 촉매활성은 크게 달라진다. 에탄의 수소화분해반응에서 합금 촉매의 활성은 구리 함량이 많아지면 급격히 낮아진다. 반면 사이클로헥산의 탈수소화반응에서 합금 촉매의 활성은 구리 함량이 80%가 될 때까지는 거의 일정하다.

니켈-구리 합금에서 구리 함량이 5% 정도이면 에탄의 수소화분해반응에서 합금 촉매의 활성은 순수한 니켈 촉매활성에 비해 천분의 일 정도로 크게 낮아진다. 소량의 구리 첨가로 활성이 이처럼 크게 낮아지는 이유는 니켈-구리 합금의 표면에 구리가 농축되기 때문이다. 구리의 전체 함량은 5%로 적지만 표면에서 구리 농도는 50% 정도로 상당히 높아서, 구리 첨가로 활성물질인 니켈의 표면 농도가 크게 낮아진다. 이와 함께 수소화분해반응의 활성점은 4~6개의 니켈 원자로 이루어진 원자집단이어서, 니켈의 표면 농도가 조금만 낮아져도 활성점의 개수는 아주 많이 줄어들어 활성이 크게 낮아진다. 니켈 원자 하나하나가 활성점이면 표면 농도에 의해 촉매활성이 결정되지만, 여러 원자로 이루어진 활성점에서 반응이 진행되면 희석에 의한 활성 감소 효과가 아주 크게 나타난다.

이와 달리 사이클로헥산의 탈수소화반응에서는 구리가 5% 정도 들어 있어도 합금 촉매의 활성이 낮아지지 않는다. 구리 함량이 80%일 때까지는 활성이 비슷하게 유지되나, 80%보다 더 많아지면 촉매활성이 급격히 낮아진다. 구리가 5% 정도 섞인 합금 촉매에서는 활성이 있는 니켈 원자의 표면 농도가 크게 낮아졌는데도 불구하고, 촉매활성이 조금이긴 하지만 도리어 높아졌다. 이러한 결과를 니켈 원자에 결합한 구리 원자가 리간드로 작용하여 니켈 원자의 전자적 상태가 달라졌기 때문이라고 설명한다. 구리 원자의 결합으로 니켈 원자의 전자밀도가 높아져서 생성물인 벤젠이 쉽게 탈착되므로 반응속도가 빨라진다는 설명이다. 그러나 구리 함량이 80% 이상으로 아주 많아지면 탈수소화반응의 활성물질인 니켈의 표면 농도가 너무 낮아지고, 니켈 원자 간 거리가 너무 멀어져 두 개의 니켈 원자로 이루어지는 활성점의 개수가 아주 적어져서 활성이 낮아진다.

조성이 다른 백금과 지르코늄의 $Pt_{1-x}Zr_x$ $(0 < x < 0.25)$ 합금 촉매에서는 조성에 따라 벤젠과 톨루엔의 수소화반응에 대한 선택성이 달라진다[22]. 합금 조성이 달라져도 벤젠의 전환율은 별로 달라지지 않으나, 벤젠과 톨루엔의 수소화반응 속도비인 $K_{T/B}$는 지르코늄의 함량 x에 비례하여 커진다. 지르코늄 원자는 백금 원자로부터 전자를 받기 때문에, 지르코늄 원자가 백금 원자와 이웃하면 백금 원자의 전자밀도가 낮아진다. 지르코늄 함량이 많아지면, 백금 원자의 전자밀도가 낮아져 벤젠보다 전자주개의 성질이 더 강한 톨루엔이 많이 흡착되고, 이로 인해 $K_{T/B}$ 값이 커진다.

일반적으로 활성이 있는 금속에 활성이 없는 금속을 넣어 합금 촉매를 만들면 기하학적 제한으로 활성 원자집단의 생성 가능성이 낮아져 활성이 낮아진다. 이와 함께 활성이 있는 금속이 서로 이웃할 수 있는 가능성 역시 줄어들어 여러 개의 원자로 이루어진 활성점의 생성 비율이 크게 낮아진다. 전자가 많은 금속이 첨가되면 활성원자의 전자밀도가 높아져 공유결합을 이루는 반응물의 흡착열이 감소한다. 이러한 효과로 합금의 조성에 따라 합금 촉매의 활성과 선택성이 높아지기도 하고, 반대로 활성이 급격히 낮아지기도 한다. 따라서 합금 촉매를 설계할 때는 기하학적 배열 방법의 변화에 따른 활성 원자집단의 형성 확률뿐만 아니라 리간드 효과로 인한 전자의 에너지와 농도 변화, 희석에 따른 알갱이의 크기 변화, 활성점의 구조를 반응 성격과 관련지어 검토하여야 한다.

(3) 활성점에 대한 공간적 제한

촉매작용은 화학적 변화인 촉매반응에서 나타나므로, 원칙적으로는 촉매의 화학적 성질에 의해서만 촉매작용이 결정된다. 활성점이 촉매 알갱이의 겉표면에 노출되어 있어 물질전달이나 중간체의 생성에 촉매의 세공구조와 알갱이 크기가 영향을 미치지 않는 경우에는 위 명제가 타당하다. 그러나 촉매반응은 흡착-표면반응-탈착으로 이어지는 화학적 변환 과정 외에도 반응물이 활성점으로 확산하고, 생성물이 물질 흐름으로 확산하는 것 등 물리적인 단계를 거쳐 진행되므로, 활성점이 어디에 있느냐에 따른 공간적인 영향이 나타난다. 활성점이 규칙적인 형태의 세공 내에 분포되어 있으면 반응물과 생성물의 확산이 반응물의 활성화 과정에 영향을 미친다. 이처럼 촉매세공의 구조와 크기가 촉매반응의 속도나 생성물의 조성에 영향을 주는 현상을 형상선택적 촉매작용이라고 부른다[23].

활성점이 분포되어 있는 세공의 구조와 알갱이 크기가 촉매작용에 영향을 주는 형상선택적 촉매작용을 1) 반응물에 의한, 2) 생성물에 의한, 3) 전이상태에 의한 제한으로 나눈다.

반응물에 의한 형상선택적 촉매작용은 활성점이 들어 있는 세공의 입구가 반응물 중 일부

반응물의 통과를 제한할 때 나타난다. 직선형 탄화수소는 세공입구를 통과하여 활성점에 이르러 반응하는 데 비해, 가지달린 탄화수소는 세공 안으로 들어가지 못하므로 이들의 촉매반응은 일어나지 않는다. 크기가 다른 물질이 섞여 있는 반응물에서 세공입구의 크기로 인해 반응물의 일부가 반응하지 못한다.

분자의 단면적이 다른 여러 생성물이 세공을 통과하여 생성물 흐름으로 확산될 때 생성물에 의한 형상선택성이 나타난다. 메탄올에 의한 톨루엔의 알킬화반응에서는 $o-$, $m-$, $p-$자일렌이 생성된다. 이중에서 메틸기가 벤젠고리의 마주보는 위치에 치환된 $p-$자일렌은 분자 단면적이 $o-$나 $m-$자일렌에 비해 작다. 세공 입구가 $p-$자일렌보다 크고 $o-$나 $m-$자일렌보다 작다면 세공 내에서 생성된 자일렌 중 $p-$자일렌만 생성물 흐름으로 확산된다. 세공 내에서는 세 종류 자일렌이 모두 생성되지만, 생성물의 확산속도 차이로 $p-$자일렌만 촉매 밖으로 확산되므로 생성물에 의한 형상선택적 촉매작용이 나타난다.

반응물이 활성점에 흡착하여 그 자체가 활성화되거나 활성화된 반응물이 서로 결합하여 중간체를 만들 때 활성점 주위 공간이 반응물의 활성화와 중간체의 생성에 영향을 준다. 크기가 다른 여러 종류의 중간체가 생성될 수 있는 반응에서 활성점 주변 공간이 좁아서 큰 중간체의 생성이 억제되면, 이 중간체를 거치는 촉매반응은 진행되지 않는다. 이처럼 생성되는 중간체에 대한 공간적 제한으로 촉매반응의 생성물 분포나 속도가 달라지는 현상이 전이상태에 의한 형상선택적 촉매작용이다. 중간체의 크기와 활성점이 자리 잡고 있는 공간의 모양과 크기를 적절하게 조절함으로써 촉매반응의 선택성을 제어한다.

그림 3.25에 세 가지 형상선택적 촉매작용의 개략도를 모았다. 형상선택적 촉매작용은 촉매반응의 선택성 제어 측면에서 매우 유용하다. 촉매는 화학반응의 속도를 증가시키지만, 촉매를 사용한다고 해서 열역학적 평형 조성이 달라지지 않는다. 촉매는 평형에 도달하는 시간을 단축하는 데는 효과적이지만, 원하는 생성물의 수율을 높이는 데는 한계가 있다. 촉매를

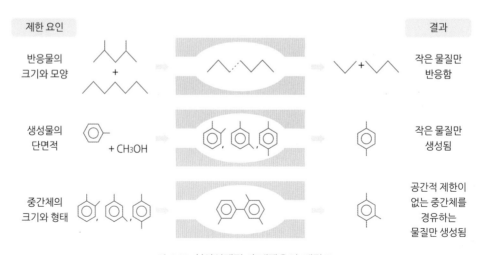

그림 3.25 형상선택적 촉매작용의 개략도

사용하지 않는 조건에서는 원하는 물질이 생성되는 반응의 활성화에너지가 너무 크면 이 반응이 진행되지 않는다. 이보다 활성화에너지가 작은 반응만 진행된다. 촉매를 사용하여 원하는 물질이 생성되는 반응의 활성화에너지가 많이 줄어들면 이 반응이 빠르게 진행되어 생성물의 조성이 달라진다. 이 효과는 활성화에너지에 기인한 속도론적 효과이고, 열역학적 평형상태는 그대로 유지된다.

형상선택적 촉매작용을 활용하면 반응물의 크기와 세공크기를 조절하여 원하지 않는 반응을 억제한다. 생성물의 분자크기와 촉매의 세공크기를 적절히 대응시켜서, 분자크기에 따라 원하는 생성물을 선택적으로 생산한다. 메탄올에 의한 톨루엔의 알킬화반응에서 세공크기가 p-자일렌보다는 크고, o-나 m-자일렌보다 작은 촉매를 사용하면 경제적 가치가 큰 p-자일렌을 선택적으로 생산할 수 있다. 이는 분리비용 절감과 생산량 증대 측면에서 매우 가치 있다.

열역학적 제한이 그대로 남아 있다는 점에서 형상선택적 촉매작용을 촉매반응기와 분자크기의 물질분리장치가 연계되어 있는 시스템으로 이해할 수 있다. 반응물에 의한 형상선택적 촉매작용은 반응기 입구에 분자크기의 분리장치가 설치되어서 입구의 크기보다 큰 분자를 미리 제거하므로 작은 분자만 들어가서 반응하는 현상이다. 생성물에 의한 형상선택적 촉매작용은 반응기에서 배출되는 생성물에 분리장치를 설치하여 작은 생성물만 분리 회수하고, 이보다 큰 생성물은 다시 반응기로 되돌려 보내는 시스템이다. 전이상태에 의한 형상선택적 촉매작용에서는 활성화된 중간체의 크기나 모양에 제한을 가하여 이러한 제한이 가해지지 않은 반응만 진행되도록 유도한다. 즉, 형상선택적 촉매작용에서는 반응기와 분리장치를 동시에 운용하고 있는 셈이므로, 분리효율이 높아지고 공정비용이 줄어든다.

형상선택적 촉매작용이 나타나려면 활성점이 자리 잡고 있는 세공의 입구크기와 모양이 촉매 내에서 모두 같아야 한다. 위치에 따라 세공의 모양과 크기가 다르면 촉매반응과 분리조작에서 선택성이 똑같지 않기 때문에 형상선택적 촉매작용이 전체 세공의 크기와 모양이 동일한 결정성 물질에서만 나타난다. 제올라이트는 결정성 알루미노규산염(crystalline aluminosilicate)이어서, 세공의 모양과 크기가 모두 일정하고 세공의 크기가 반응물 분자와 비슷하여 형상선택적 촉매작용이 나타난다. 9장에서 제올라이트 촉매에 대하여 설명하면서 제올라이트 촉매에서 나타나는 형상선택적 촉매작용의 예를 소개한다.

■ 참고문헌

1. M. Boudart, "Four decades of active centers", *Am. Scientist,* **57,** 97−111 (1969).

2. R. van Hardeveld and F. Hartog, "The statistics of surface atoms and surface sites on metal crystals", *Surf. Sci.,* **15,** 189−230 (1969).

3. H. Chon and C.D. Prater, "Hall effect studies of carbon monoxide oxidation over doped zinc oxides catalyst", *Discuss. Faraday Soc.,* **41,** 380−393 (1966).

4. J.M. Thomas and W.J. Thomas, "Introduction to the Principles of Heterogeneous Catalysis", Academic Press, London (1967), p 271.

5. 慶伊富長 編著, "觸媒化学", 東京化学同人 (1981), p 198.

6. http://en.wikipedia.org/wiki/Sabatier_principle

7. http://en.wikipedia.org/wiki/Crystal_structure

8. 도명기, 우희권, 이순원, 최문근, 최성락, 최칠남, "무기화학", 사이텍미디어 (2000), p 170.

9. http://en.wikipedia.org/wiki/Periodic_table_(crystal_structure)

10. E.A. Wood, "Vocabulary of surface crystallography", *J. Appl. Phys.,* **35,** 1306−1312 (1964).

11. A.R. Lang, "The projection topograph: A new method in X−ray diffraction microradiography", *Acta Cryst.,* **12,** 249−250 (1959).

12. G.C. Bond, "Heterogeneous Catalysis: Principles and Applications", 2nd ed., Clarendon Press, Oxford (1987), p 40.

13. Y. Ono and H. Hattori, "Solid Base Catalysis", Tokyo Institute of Technology Press, Tokyo (2011), p 69.

14. B.C. Gates, J.R. Katzer, and G.C.A. Schuit, "Chemistry of Catalytic Processes", McGraw−Hill, New York (1979) p 390.

15. Ref. 5, p 330.

16. K. Tanabe, M. Misono, Y. Ono, and H. Hattori, "New Solid Acids and Bases", Kodansha, Tokyo (1989), p 1.

17. P.B. Weisz, "Polyfunctional Heterogeneous Catalysis", *Adv. Catal.,* **13,** 137−190 (1962).

18. R.A. Comelli and N.S. Fígoli, "Synthesis of hydrocarbons from syngas using mixed Zn−Cr oxides: amorphous silica−alumina catalysts", *Ind. Eng. Chem. Res.,* **32,** 2474−2477 (1993).

19. J.H. Sinfelt, "Bimetallic Catalysts", John Wiley & Sons, New York (1983), p 1.

20. R. Bouwman, G.J.M. Lippits, and W.M.H. Sachtler, "Photoelectric investigation of the surface composition of equilibrated Ag−Pd alloys in ultrahigh vacuum and in the presence of CO", *J. Catal.,* **25,** 350−361 (1972).

21. J.H. Sinfelt, J.L. Carter, and D.J.C. Yates, "Catalytic hydrogenolysis and dehydrogenation over copper−nickel alloys", *J. Catal.,* **24,** 283−296 (1972).

22. R. Szymanski, H. Charcosset, P. Gallezot, J. Massardier, and L. Tournayan, "Characterization of platinum－zirconium alloys by competitive hydrogenation of toluene and benzene", *J. Catal.*, **97**, 366－373 (1986).

23. C. Song, J.M. Garcés, and Y. Sugi, "Introduction of shape－selective catalysis", *ACS Symp. Ser.*, **738**, 1－16 (2000).

제**04**장

촉매반응의 속도론

화학반응은 물질이 달라지는 변화이므로, 단위시간에 반응물이 소모되는 정도 또는 생성물이 만들어지는 정도로 반응속도를 나타낸다. 반응속도가 빠르면 반응물이 생성물로 빨리 전환된다. 반응속도가 느리면 일정 크기 반응기에서 단위 시간동안 생성물이 적게 생성되므로, 반응속도는 화학반응을 공업적으로 조작하는 데 아주 중요하다. 촉매는 화학반응의 속도를 증진시키는 물질이므로, 촉매의 기능은 반응속도의 증진 정도로 평가된다. 따라서 촉매의 기능을 이해하고 이를 정량적으로 평가하려면 화학반응의 속도를 측정하여야 한다. 반응물에 촉매를 넣어 반응속도가 빨라지는 정도가 촉매의 활성에 비례하며, 원하는 물질의 생성 정도가 촉매의 선택성에 대응한다. 화학반응의 속도는 반응온도, 압력, 반응물과 생성물의 조성에 따라서도 달라지지만, 촉매로 인해 생성물의 종류와 반응속도가 달라지는 정도에서 촉매의 성격을 파악한다.

반응계에 들어 있는 분자가 서로 충돌하면서 활성화되어 반응하므로 화학반응의 속도는 반응물의 농도에 따라 달라진다. 이와 함께 반응의 진행을 억제하는 저항값인 활성화에너지에 의해 속도가 달라진다. 따라서 화학반응의 속도를 나타내는 속도식은 화학반응의 성격을 반영하는 반응속도상수와 반응물의 농도항으로 이루어진다. 반응물의 농도에 따라 반응속도가 달라지는 정도를 반응차수라고 부르며, 이 값은 반응의 진행경로에 따라 결정된다. 지수앞자리인자와 활성화에너지 등 속도식의 매개변수를 모아 반응속도상수라고 한다.

속도식은 반응의 진행경로에 따라 다르므로, 속도식으로부터 반응의 진행 과정을 나타내는 반응기구를 유추한다. 이뿐만 아니라 속도식으로부터 화학반응의 성격을 파악하고, 속도결정 단계를 유추한다. 속도식은 반응기를 설계하거나 조작하는 데 꼭 필요한 자료이다. 반응이 빨라지려면 속도상수가 커지거나 특정 반응물에 대한 반응차수가 커져야 하므로, 속도식에서 촉매반응의 속도 증진 방안을 도출할 수 있다. 이런 이유로 촉매 개량과 새로운 촉매 개발에도 속도식이 필요하다.

반응물과 생성물의 종류를 나타내는 화학반응식은 반응물과 생성물의 양론비(stoichiometric ratio)만 나타내므로 겉보기로는 단순해 보이지만, 대부분의 화학반응은 매우 복잡한 경로를 거쳐 일어난다. $H_2 + Br_2 \rightleftarrows 2\,HBr$ 반응처럼 간단해 보이는 화학반응도 라디칼이 생성되는 개시(initiation) 단계, 라디칼의 개수가 변하지 않으면서 생성물이 생성되는 전파(propagation) 단계, 라디칼 개수는 유지되나 생성물이 소모되는 지연(retardation) 단계, 라디칼이 소멸되는 종결(termination) 단계 등 여러 단계를 거친다. 반응물이 촉매에 흡착하여 표면에서 반응한 후 생성물이 되고, 이어 생성물이 탈착하는 과정을 거쳐야 하는 촉매반응은 촉매를 사용하지 않는 반응에 비해 반응경로가 더 복잡하다. 속도식에는 반응의 실제 진행 과정에 대한 정보가 담겨 있어서, 흡착 상태와 세기, 표면반응에 참여하는 분자의 개수 등을 속도식에서 유추한다. 이런 이유로 반응경로에서 이론적으로 반응속도식을 유도할 수 있고, 반대로 속도식을 알면 반응경로를 어느 정도 유추할 수 있다.

촉매를 사용하여 반응속도가 빨라지면 반응이 화학평형을 이루는 데 걸리는 시간이 짧아지지만, 평형 상태에서 반응물과 생성물의 조성은 촉매의 사용 여부에 관계없이 같다. 생성물이 얼마만큼 생성되는냐를 나타내는 반응의 진행 정도는 반응물과 생성물의 깁스에너지 차이에 의해서 결정되므로, 반응이 끝나는 평형 상태에서 반응이 얼마나 많이 진행되었느냐를 열역학 자료에서 계산할 수 있다. 평형에 대한 이해를 돕기 위하여 이 장에서는 평형 상태를 열역학적으로 계산하는 내용을 먼저 다룬다. 이어 촉매반응의 진행 과정과 속도를 나타내는 속도식을 기술하고, 촉매반응의 반응기구를 설명한다. 촉매 효과를 정량적으로 확인하는 데 필수 사항인 촉매반응의 속도 측정과 속도식 도출 과정을 소개하고, 촉매반응의 속도 측정에 사용하는 반응기를 설명한다.

🔍 2 화학반응의 열역학적 해석

화학반응식은 반응물과 생성물의 종류와 이들의 화학양론계수로 이루어졌다. $aA_1 + bA_2$ $\rightleftharpoons cA_3 + dA_4$ 반응식에서는 물질의 종류를 A_j로 나타낸다. 소모되거나 생성되는 비율을 나타내는 a, b, c, d는 모두 양수이지만, 생성물의 양론계수는 양수이나 반응물의 양론계수는 음수이며 α_j로 쓴다. j는 물질의 번호이므로, α_j와 A_j를 조합하여 일반화한 화학반응식을 아래처럼 쓴다.

$$\sum_{j=1}^{s} \alpha_j A_j = 0 \qquad (4.1)$$

s는 반응에 관여하는 반응물과 생성물 종류의 개수를 모두 더한 값이다. α_j를 반응물에 대해서는(α_1과 α_2) 음수로, 생성물에 대해서는(α_3와 α_4) 양수로 정의하므로, 양론계수의 부호를 넣어 쓰면 화학반응은 생성물에서 반응물을 빼는 형태가 된다.

$$[생성물] - [반응물] = [\alpha_3 A_3 + \alpha_4 A_4] + [\alpha_1 A_1 + \alpha_2 A_2] = 0 \qquad (4.2)$$

화학반응이 자발적으로 일어나려면 변화의 원동력인 깁스에너지의 변화량 ΔG가 음수이어야 한다. 반응물의 깁스에너지가 생성물의 깁스에너지보다 많아서 반응물이 생성물이 되면서 계의 깁스에너지가 줄어들어야, 외부에서 에너지를 가하지 않아도 반응이 진행한다. 깁스에너지는 종류와 상태가 정해진 물질에서 사용가능한 에너지를 의미하므로, 깁스에너지에는 알짜에너지의 의미가 있다. 에너지를 가하지 않아도 높은 곳에 있는 물이 낮은 곳으로 흐르는 현상과 마찬가지이다. 물의 중력에너지 대신 반응물과 생성물의 깁스에너지를 대입하면 화학반응의 진행 정도를 쉽게 이해할 수 있다. ΔG가 양수이면 깁스에너지가 더 많아져야 하므로 반응이 자발적으로 진행하지 않으며, ΔG가 0이면 깁스에너지의 차이가 없어 반응이 진행하지 않는 평형이 이루어진다. 다시 말하면 물질의 종류, 온도, 압력, 조성 등에 의해 결정되는 깁스에너지가 반응물에서보다 생성물에서 더 적어져야 화학반응이 진행된다. 이를 위해서는 깁스에너지가 적은 물질이 생성되거나, 혼합 등 다른 이유로 깁스에너지가 적어져야 한다.

반응계의 깁스에너지가 가장 적은 조성에서는 화학반응이 더 이상 진행하지 않는다. 반응물 쪽으로나 생성물 쪽으로 반응이 진행하려면 모두 깁스에너지가 많아지므로 반응이 일어나지 않는다. 온도와 압력이 일정한 조건에서 반응물의 깁스에너지보다 생성물의 깁스에너지가 적으면 생성물이 계속 생성된다. 반대로 생성물의 깁스에너지가 더 많으면 반응이 진행하지 않는다. 그러나 깁스에너지는 혼합 상태를 반영하는 엔트로피에 의해서도 달라지므로, 반응이 어디까지 진행하느냐는 반응물과 생성물의 깁스에너지 외에도 이들의 혼합에 따른 엔트로피 변화에 의해서도 달라진다. 이러한 이유로 기상과 액상반응에서는 반응물과 생성물의 섞임 상태도 반응의 진행 정도를 결정하는 인자이다.

반응의 진행에 영향을 미치는 인자를 줄이기 위해 압력이 1 bar인 표준 상태에서 화학반응을 다룬다. 온도까지 일정하면 화학반응은 반응물이 생성물로 변하는 데 따른 물질의 구조 차이만을 반영한다. 일정한 온도에서 1 bar 상태의 반응물이 1 bar 상태의 생성물이 될 때 깁스에너지의 변화량을 표준 깁스에너지의 변화량이라고 부르며, 어깨부호 'º'를 붙여 ΔG^o라고 쓴다. 이 값은 압력과 온도 등 반응 조건의 영향을 배제하고 반응물과 생성물의 화학적 구조 차이만을 나타내므로, 이 값에서 반응이 자발적으로 진행될 것인가 또 얼마나 많이 진행될 것인가를 계산한다.

표준 상태에서 가장 안정한 기준 상태의 원소로부터 화합물이 생성되는 화학반응의 깁스에너지 변화량이 그 화합물의 표준 생성 깁스에너지이다. 표준 상태에서 그 원소의 가장 안정한 형태가 기준 상태이며, 기준 상태 원소의 표준 생성 깁스에너지를 '0'으로 정한다. 표준 상태에서 이 원소로부터 어느 물질이 생성되는 반응의 깁스에너지 변화량을 그 물질의 표준 생성 깁스에너지로 정의한다. 반응물과 생성물의 표준 생성 깁스에너지 $\Delta_f G_j^o$를 알면 식 (4.3)을 이용하여 화학반응의 ΔG^o를 계산한다. j는 물질의 일련번호를 의미하므로, "A$_j$라는 물질"의 깁스에너지를 나타낼 때는 대문자 J를 써서 $\Delta_f G_J^o$로 구분하였다.

$$\Delta G^{\circ} = \sum_{J=1}^{S} \alpha_J \Delta_{\mathrm{f}} G_J^{\circ} \qquad (4.3)$$

같은 원자끼리 결합한 원소가 출발물질이므로, 어떤 화합물의 생성 깁스에너지는 그 화합물에 들어 있는 다른 원자로 이루어진 화학결합의 에너지 합이다. $\Delta_{\mathrm{f}} G_J^{\circ}$가 음수인 화합물은 원소로부터 자발적으로 생성되나, 양수인 화합물은 자발적으로 생성되지 않는다. $\Delta_{\mathrm{f}} G_J^{\circ}$가 작을수록(음수로서 절댓값이 클수록) 반응 가능성이 작아 안정하나, 클수록(양수로서 절댓값이 클수록) 반응성이 강하여 불안정하다.

화학반응의 ΔG°에도 같은 의미가 담겨 있다. ΔG°는 반응물과 생성물의 표준 생성 깁스에너지의 차이이므로, ΔG°가 음수이면 화학반응이 자발적으로 일어나나 ΔG°가 양수이면 화학반응이 자발적으로 일어나지 않는다. ΔG°가 0이면 화학반응이 평형 상태에 있다. ΔG°의 부호와 크기에서 화학반응의 진행 방향과 정도를 어림잡을 수 있으나, 이 값이 바로 반응의 진행 정도에 비례하지 않으므로 평형상수 K를 써서 진행 정도를 나타낸다. 평형상수는 평형 상태에 있는 반응물과 생성물의 활동도 $\hat{a}_J$의 비로서, 식 (4.4)로 정의한다. a 위에 붙인 꺾쇠($\hat{\ }$)는 순수한 물질이 아닌 혼합물 상태를 나타낸다.

$$K = \prod_{J=1}^{S} \hat{a}_J^{\alpha_J} \qquad (4.4)$$

기체, 액체, 고체, 용액에 따라 활동도를 정의하는 방법이 다르며, 이 장에서는 기체 반응물에 대해서만 언급한다. 혼합물에서 A_J의 활동도는 혼합물 상태인 A_J의 퓨가시티 $\hat{f}_J$를 표준 상태의 순수한 A_J의 퓨가시티 f_J°로 나눈 값이다.

$$\hat{a}_J = \frac{\hat{f}_J}{f_J^{\circ}} \qquad (4.5)$$

표준 상태에서 순수한 기상 물질의 퓨가시티는 1 bar이다. 혼합물 상태에서 퓨가시티는 몰분율 y_J에 퓨가시티계수 $\hat{\phi}_J$를 곱한 값이다. 실제 계산에서는 온도, 압력, 조성이 정해지면 이로부터 퓨가시티계수를 구하고, 이 값에 분압을 곱하여 퓨가시티를 계산한다. 기체 혼합물에서는 각 성분의 퓨가시티를 퓨가시티계수 $\hat{\phi}_J$, 몰분율 y_J, 전체 압력 P의 곱으로 쓴다.

$$\hat{f}_J = \hat{\phi}_J P_J = \hat{\phi}_J y_J P \qquad (4.6)$$

이 방법으로 식 (4.6)의 퓨가시티를 풀어쓰면, 평형상수가 각 성분의 몰분율의 함수가 되어 평형상수에서 평형 조성을 구한다.

A_j의 깁스에너지를 $G_J = G_J^\circ + RT\ln\hat{a}_J$로 쓰며, 평형 상태에서 $\Delta G = 0$이므로 평형상수 K는 표준 상태에서 정의한 ΔG°에서 계산한다.

$$K = e^{-\Delta G^\circ/RT} \tag{4.7}$$

생성물의 표준 깁스에너지가 반응물의 표준 깁스에너지보다 작으면 ΔG°가 음수이어서, 이 반응의 K는 1보다 크다. ΔG°가 음수이고 절댓값이 크면 반응이 많이 진행되므로 K가 커진다. ΔG°와 K는 지수함수 관계이므로 ΔG°가 조금만 변해도 K는 상당히 많이 달라진다.

평형상수 K를 y_J의 함수로 나타내어, 평형 상태에서 각 성분의 조성을 구한다. 평형 조성은 반응물로부터 생성되는 생성물의 최대 농도이므로, 이 값에서 화학반응의 최대(평형) 전환율과 최대 수율을 계산한다. 화학공정을 설계할 때 생성물의 최대 수율에서 생성물을 분리하는 장치의 규모를 정하고, 공정의 경제성을 평가하므로 평형 조성은 화학공장을 설계하는 데 아주 중요한 자료이다.

식 (4.6)을 평형상수를 정의하는 식에 대입하여 평형상수를 y_J의 함수로 표시한다.

$$K = \prod_{J=1}^{R+N} \hat{\phi}_J^{\,\alpha_J} \prod_{J=1}^{R+N} y_J^{\alpha_J} P^{\Sigma\alpha_J} \tag{4.8}$$

A_1부터 A_r까지는 반응물이고, A_{r+1}부터 A_{r+n}은 생성물이다. 화학반응의 평형상수는 온도가 정해지면 정해지므로, 식 (4.8)를 풀어서 평형 상태에서 각 성분의 조성 y_J를 계산한다. 반응의 전과 후에서 분자 개수의 변화를 나타내는 $\Sigma\alpha_J$는 화학반응식에서 결정되므로, 식 (4.8)을 풀려면 반응온도에서 K와 반응 조건에서 각 성분의 $\hat{\phi}_J$를 알아야 한다. $\hat{\phi}_J$는 온도, 압력, 기체 조성의 함수로서 화공열역학 교재[1]에 계산 방법이 잘 설명되어 있으므로, 이 책에서는 K를 계산하는 과정만 다룬다.

화학반응식이 정해지면 특정 반응온도에서 ΔG°를 구한다. ΔG°의 계산 근거인 $\Delta_f G_J^\circ$는 온도에 따라 다르며, 298 K에서 값은 문헌[2]에 정리되어 있다. 298 K에서는 $\Delta_f G_J^\circ$를 찾아 ΔG°를 계산하고, 이로부터 K를 구한다.

298 K이 아닌 온도에서 ΔG°나 K를 계산하려면 그 온도에서 $\Delta_f G_J^\circ$를 알아야 하나, 대부분 자료에는 298 K에서 ΔG°만 정리되어 있어서 추가 계산이 필요하다. 표준 깁스에너지의 온도 의존성을 나타내는 식 (4.9)를 이용하여 임의의 온도에서 ΔG°를 구하여 K를 계산한다.

$$\frac{\mathrm{d}(\Delta G^\circ/RT)}{\mathrm{d}T} = -\frac{\Delta H^\circ}{RT^2} \tag{4.9}$$

ΔH^o는 표준 반응 엔탈피로서 문헌[2]에 정리되어 있는 표준 생성 엔탈피 $\Delta_f H_J^o$로부터 식 (4.3)과 같은 방법으로 계산한다. 고려하고 있는 온도 범위($T_1 \leftrightarrow T_2$)에서 ΔH^o가 일정하다고 가정할 수 있으면, 식 (4.9)에 식 (4.7)을 대입하여 적분함으로써 임의의 반응온도 T_2에서 평형상수 K_2를 계산한다.

$$\frac{d\ln K}{dT} = \frac{\Delta H^o}{RT^2} \tag{4.10}$$

$$\ln\frac{K_2}{K_1} = -\frac{\Delta H^o}{R}\left(\frac{1}{T_2} - \frac{1}{T_1}\right) = \frac{\Delta H^o(T_2 - T_1)}{RT_1 T_2} \tag{4.11}$$

계산 과정을 간략히 정리한다. 298 K를 T_1으로 선택하여, 이 온도에서 $\Delta_f G_J^o$와 $\Delta_f H_J^o$를 찾아 ΔG^o와 K_1을 계산한다. 298 K에서 계산한 ΔH^o를 상수로 가정하여 K_1과 함께 식 (4.11)에 대입하여, 임의의 반응온도 T_2에서 K_2를 계산한다. ΔH^o가 T_1과 T_2 사이에서 일정하다고 가정하여 얻은 결과이므로 ΔH^o의 변화 폭이 작아지도록 온도 범위가 좁으면 좋다.

반응물과 생성물의 열용량 자료가 있으면 ΔH^o를 온도의 함수로 나타내어 적분하므로 임의의 반응온도에서 평형상수를 더 정확하게 계산할 수 있다. 엔탈피는 상태함수이므로 계산하기 쉽게 경로를 설정한다.

$$\begin{array}{ccc}
\alpha_1 A_1 + \alpha_2 A_2 + \cdots + \alpha_r A_r & \xrightarrow{\ \Delta H_R^o\ } & \text{298 K 반응물} \\[2pt]
\Big\downarrow \Delta H_T^o & & \Big\downarrow \Delta H_{298}^o \\[2pt]
\alpha_{r+1} A_{r+1} + \alpha_{r+2} A_{r+2} + \cdots + \alpha_{r+n} A_{r+n} & \xleftarrow{\ \Delta H_P^o\ } & \text{298 K 생성물}
\end{array} \tag{4.12}$$

R과 P는 반응물과 생성물을 종합적으로 지칭한다. ΔH_T^o는 반응온도 T에서 표준 반응 엔탈피이며, ΔH_{298}^o은 298 K에서 표준 반응 엔탈피이다. ΔH_R^o은 반응물을 T ($T > 298$ K)에서 298 K까지 냉각하는 과정의 엔탈피 변화량이고, ΔH_P^o는 생성물을 298 K에서 T까지 가열하는 데 따른 엔탈피 변화량이다. ΔH_T^o는 반응물을 T에서 298 K까지 냉각한 후, 298 K에서 반응하고, 생성물을 298 K에서 T까지 가열하는 과정의 엔탈피 변화량이므로 아래 식으로 모은다.

$$\Delta H_T^o = \int_T^{298} \sum_{J=1}^{R} \alpha_J C_{p,J}^o \, dT + \Delta H_{298}^o + \int_{298}^{T} \sum_{J=R+1}^{R+N} \alpha_J C_{p,J}^o \, dT \tag{4.13}$$

식 (4.14)처럼 온도의 함수로 나타낸 열용량을 식 (4.13)에 대입하고, 열용량 식의 각 계수를 아래 정의에 따라 Δa, Δb, Δc로 정리하면, 임의의 반응온도 T에서 표준 반응 엔탈피를 계산하는 일반화된 식이 된다.

$$C_{p,J}^o = a_J + b_J T + c_J T^2 \tag{4.14}$$

$$\Delta H_T^o = \Delta H_{298}^o + \Delta a (T - 298) + \frac{\Delta b}{2}(T^2 - 298^2) + \frac{\Delta c}{3}(T^3 - 298^3) \tag{4.15}$$

$$\Delta a = \sum_{J=1}^{R+N} \alpha_J a_J, \quad \Delta b = \sum_{J=1}^{R+N} \alpha_J b_J, \quad \Delta c = \sum_{J=1}^{R+N} \alpha_J c_J 로 정의한다.$$

식 (4.11)에 식 (4.15)를 넣어 적분하면 임의의 반응온도 T에서 K를 계산하는 식이 된다.

$$\ln K = \frac{1}{R} \int_{298}^{T} \frac{\Delta H_T^o}{T^2} dT + I \tag{4.16}$$

$$R \ln K = -\frac{\Delta H_{298}^o}{T} + \Delta a \ln T + \frac{\Delta b}{2} T + \frac{\Delta c}{6} T^2 + I \tag{4.17}$$

Δa, Δb, Δc는 열용량 자료에서, ΔH_{298}^o은 표준 생성 엔탈피 자료에서 계산한다. 적분상수 I는 298 K에서 ΔG^o로부터 구한 K_{298}을 식 (4.17)에 대입하여 계산한다. 평형상수 K가 반응온도 T만의 함수이어서 반응온도에 따른 평형상수와 평형 조성을 계산하여 목적 생성물의 수율이 높으면서도 에너지가 적게 드는 반응 조건을 찾는다.

700 K에서 이산화탄소의 수소화반응을 예로 들어 평형상수의 계산 과정을 설명한다.

$$CO_2(g) + H_2(g) \rightleftharpoons CO(g) + H_2O(g) \tag{4.18}$$

이 온도에서 물은 기체 상태이므로 화합물 기호 뒤에 (g)를 적어 액체 상태와 구별하였다.

표 4.1 식 (4.18) 화학반응의 ΔG^o와 ΔH^o 계산에 필요한 열역학 특성값과 열용량계수[3]

	$\Delta_f H_J^o$, kJ·mol^{-1}	$\Delta_f G_J^o$, kJ·mol^{-1}	열용량 계수*		
			a_J	$b_J \times 10^2$	$c_J \times 10^5$
$CO_2(g)$	−393.51	−394.36	27.437	4.232	−1.956
$H_2(g)$	0	0	25.399	2.018	−3.855
$CO(g)$	−110.53	−137.17	29.556	−0.658	2.013
$H_2O(g)$	−241.82	−228.57	33.933	−0.842	2.991

* 생성 엔탈피와 생성 깁스에너지는 298 K에서의 값이다. 열용량은 $C_{p,J} = a_J + b_J T + c_J T^2$ [J K^{-1}·mol^{-1}] 형태로 나타내었으며, 적용 가능한 온도 범위는 100~1,500 K이다.

물질의 상태에 따라 이들의 $\Delta_f H_J^\circ$와 $\Delta_f G_J^\circ$값이 다르기 때문에, 화학반응의 ΔH°와 ΔG°를 계산할 때는 반응식에 물질의 상태를 표기해야 한다.

먼저 298 K에서 각 물질의 표준 생성 엔탈피와 표준 생성 깁스에너지를 열역학 교재나 자료집에서 찾는다. 수소는 기준 상태의 원소이기 때문에 $\Delta_f H_J^\circ$와 $\Delta_f G_J^\circ$가 모두 영이다. $\Delta H^\circ = \sum \alpha_J \Delta_f H_J^\circ$, $\Delta G^\circ = \sum \alpha_J \Delta_f G_J^\circ$ 식에 표 4.1 자료를 대입하면 ΔH_{298}° 은 41.16 kJ · mol^{-1}이고, ΔG_{298}° 은 28.62 kJ · mol^{-1}이다. ΔH_{298}° 값이 양수이므로 298 K에서 이 반응은 흡열반응이며, ΔG_{298}° 값이 양수이어서 평형상수는 1보다 작다. 열용량 자료에서 Δa, Δb, Δc를 계산하고, ΔG_{298}° 을 $\Delta G^\circ = -RT\ln K$ 식에 대입하여 K_{298}을 계산한다. ΔH_{298}° 과 열용량계수 등을 식 (4.17)에 넣어 적분상수 I를 계산한 후, 이 값을 넣어 K를 온도의 함수로 나타내면 식 (4.19)이 된다.

$$
\begin{aligned}
R\ln K = \ & -\frac{\Delta H_{298}^\circ}{T} + 10.7\ln T + \frac{(-7.75 \times 10^{-2})}{2} T \\
& + \frac{10.8 \times 10^{-5}}{6} T^2 - 8.69
\end{aligned}
\tag{4.19}
$$

이 식에 700 K를 대입하면 평형상수는 0.15이다. 식 (4.19)는 298 K에서 자료에서 구하였지만, 1,500 K 이내에서 평형상수를 계산하는 데 유용하다. 그림 4.1에 이 식에서 구한 온도에 대한 K의 변화 경향을 보였다. 흡열반응이어서 온도가 높아지면 K가 커지므로, 반응을 많이 진행시키려면 온도가 상당히 높아야 한다.

평형상수로부터 평형 조성을 계산할 때는 퓨가시티계수의 계산 과정이 포함되어 상당히 복잡하다. 기체 혼합물에서 각 성분의 퓨가시티계수는 온도와 압력뿐만 아니라, 조성에 따라

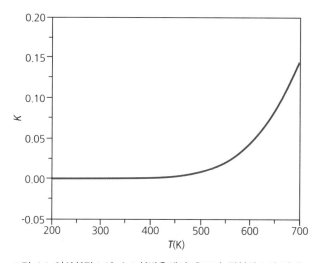

그림 4.1 이산화탄소의 수소화반응에서 온도와 평형상수의 관계

서도 달라지므로 평형 조성을 모르는 상태에서 퓨가시티계수를 바로 계산하지 못한다. 평형 상수를 알고 있을 때 식 (4.8)로부터 평형 조성을 계산하는 과정을 기체 반응계를 예로 들어 설명한다.

먼저 화학반응식에서 $\Sigma \alpha_J$를 구한다. $\Sigma \alpha_J$는 반응물과 생성물의 분자 개수 차이를 나타내는 값으로, 중합반응처럼 분자 개수가 줄어들면 음수이고 분해반응처럼 분자 개수가 많아지면 양수이다. 기체 반응에서 분자 개수가 달라지지 않으면, $\Sigma \alpha_J = 0$이어서 평형 조성은 압력과 무관하다.

둘째 단계에서는 반응 진행 정도(the extent of reaction) ξ로 반응물과 생성물의 조성을 나타낸다. 화공술어집에는 반응진척도(反應進陟度)라고 나와 있으나, 젊은 학생들이 이해하기 쉽게 반응 진행 정도로 고쳐 썼다. ξ는 식 (4.20)으로 정의하는 값으로 ξ가 0이면 반응 초기 상태를, ξ가 1이면 반응이 화학반응식 대로 완결된 상태를 나타낸다. ξ는 반응의 진행 정도를 0과 1 사이의 값으로 나타내는 무차원 변수이어서, ξ를 사용하면 반응이 얼마나 진행되었는지 비교하기가 편하다.

$$\xi \equiv \frac{n_J - n_{J,0}}{\alpha_J} \tag{4.20}$$

n_J는 반응 진행 중 반응계에 들어 있는 A_j의 몰수이며, $n_{J,0}$는 반응의 시작 상태에서 A_j의 몰수이다. 각 물질의 몰분율을 반응 초기의 몰수, 반응의 진행 정도, 반응계 전체 몰수 n_t를 ξ의 함수로 쓴다.

$$n_J = n_{J,0} + \alpha_J \xi \tag{4.21}$$

$$\Sigma n_J = \Sigma n_{J,0} + \xi \Sigma \alpha_J \tag{4.22}$$

$$y_J = \frac{n_J}{n_t} = \frac{n_{J,0} + \alpha_J \xi}{\Sigma n_{J,0} + \xi \Sigma \alpha_J} \tag{4.23}$$

반응계에 불활성 기체처럼 반응에 관여하지 않는 물질이 들어 있으면, 이를 n_t에 더하여 계산한다.

퓨가시티계수는 조성의 함수이므로 조성이 결정되지 않은 상태에서는 계산하지 못한다. 식 (4.8)을 풀어 y_J를 계산하려면 모든 반응물을 이상기체라고 가정하여 모든 성분의 퓨가시티계수를 1로 가정한다. 이 조건에서는 평형상수 K가 식 (4.8)에 의해 y_J만의 함수, 즉 ξ만의 함수가 되므로 K에서 ξ를 계산한다. ξ가 정해지면 이를 식 (4.23)에 넣어 각 성분의 몰분율 y_J를 계산하고, 이 조성에서 각 성분의 퓨가시티계수를 구한다. 식 (4.8)에 구한 퓨가시티계수를 대입하여 새로운 반응 진행 정도 ξ를 구하고, 이 값을 이용하여 새로운 평형 조성을 계산한다. 새로 구한 조성과 앞서 구한 조성의 차이가 설정한 오차 범위 이내로 수렴하면 계산을 끝낸다. 이 방법에서는 기체 조성이 정해지면 퓨가시티계수를 결정하는 방법은 정립되어 있다고 전제한다.

🔍 3 화학반응의 속도와 속도식

화학반응은 반응물이 소모되고 생성물이 생성되는 과정이므로, 화학반응속도를 반응물이 줄어드는 속도나 생성물이 많아지는 속도로 나타낸다. 다시 말하면 $aA + bB \rightleftharpoons cC + dD$ 화학반응에서 각 물질의 변화량을 기준으로 반응속도를 식 (4.24)와 같이 쓴다.

$$-r_A = -\frac{dn_A}{dt}, \quad -r_B = -\frac{dn_B}{dt}, \quad r_C = \frac{dn_C}{dt}, \quad r_D = \frac{dn_D}{dt} \tag{4.24}$$

속도는 항상 양수이어야 하므로, 반응물의 변화량으로 반응속도를 나타낼 때는 '−' 부호를 붙인다. 반응물과 생성물을 기준으로 반응속도를 정의하면 속도의 개념을 이해하기는 쉬우나, 반응물과 생성물에 따라 부호를 다르게 써야 하고, 물질에 따라 반응속도가 달라서 복잡하다. 물질에 관계없이 일관성 있게 반응속도를 쓰려면 각 물질의 변화량으로 나타낸 속도를 양론계수로 나누어준다.

$$r = \frac{r_A}{\alpha_A} = \frac{r_B}{\alpha_B} = \frac{r_C}{\alpha_C} = \frac{r_D}{\alpha_D} = \frac{r_J}{\alpha_J} \tag{4.25}$$

반응물의 양론계수는 음수이고 반응물은 반응의 진행에 따라 감소하므로, 반응속도는 어느 물질에서나 양수가 된다.

반응물과 생성물의 몰수는 계의 크기에 따라 달라지는 크기 성질이기 때문에, 반응속도를 계의 크기와 무관한 세기 성질로 나타내면 계의 크기를 고려하지 않아 편리하다. 일정 부피에 들어 있는 A_j의 몰농도 C_J를 기준으로 반응속도를 나타낸다.

$$r = \frac{1}{\alpha_A}\frac{dC_A}{dt} = \frac{1}{\alpha_B}\frac{dC_B}{dt} = \frac{1}{\alpha_C}\frac{dC_C}{dt} = \frac{1}{\alpha_D}\frac{dC_D}{dt} = \frac{1}{\alpha_J}\frac{dC_J}{dt} \tag{4.26}$$

$C_J = n_J / V$이기 때문에 부피가 일정한 조건에서 몰농도로 계의 반응속도를 정의하면 계산하기 편리하다. 반응시간에 따라 반응물이나 생성물의 부피가 변하면 부피를 시간의 함수로 써서 몰농도로 속도를 나타낸다. 예전에는 부피를 시간의 함수로 나타내더라도 적분하기 어

려워서 부피가 일정한 계에서만 몰농도로 반응속도를 나타내었다. 최근에는 적분 계산이 쉬워져서 부피가 일정하지 않은 계에서도, 부피가 시간의 함수이면 몰농도로 반응속도를 나타낸다.

반응물과 생성물의 몰수나 농도가 시간에 따라 달라지는 정도로 반응속도를 나타내면 개념적으로 이해하기 쉬우나, 단위시간당 반응의 진행 정도인 ξ의 변화로 반응속도를 나타내어야 계산하기 편리하다.

$$r = \frac{d\xi}{dt} \tag{4.27}$$

위 식은 $n_J = n_{J,0} + \alpha_J \xi$ 를 미분하여 얻은 $dn_J = \alpha_J d\xi$를 다시 반응시간으로 미분하여 얻은 식으로, 0과 1 사이에 있는 ξ 가 시간에 따라 달라지는 정도를 나타낸다. 반응의 진행 정도는 반응속도를 개략적으로 나타내므로 여러 반응의 속도를 정량적으로 비교하는데 아주 적절하다. 그러나 몰수나 몰농도로 나타낸 반응속도식에서부터 반응의 진행 정도를 계산해야 하므로 계산 과정은 약간 더 복잡하다.

반응속도 r을 앞에 설명한 세 가지 방법으로 식 (4.28)처럼 일관성 있게 정리한다. 가장 오른쪽 항은 부피가 일정할 때만 적용할 수 있는 형태이며, 반응의 진행에 따라 부피가 달라지면 $\frac{1}{\alpha_J} \frac{d(V C_J)}{dt}$로 써야 한다.

$$r = \frac{d\xi}{dt} = \frac{1}{\alpha_J} \frac{dn_J}{dt} = \frac{V}{\alpha_J} \frac{dC_J}{dt} \tag{4.28}$$

반응속도는 어느 시점에서 반응이 일어나는 정도를 나타내므로, 일정시간 동안 반응의 진행 정도를 구하려면 반응속도를 적분해야 한다. 반응물의 몰수와 몰농도의 변화로 반응속도를 나타내므로, 이를 반응시간에 대하여 적분하면 몰수와 몰농도가 구해진다. 반응속도를 반응 진행 정도의 변화로 나타내었으면, 적분 결과는 반응이 진행된 정도가 된다.

반응이 얼마나 진행되었느냐를 나타내는 데는 전환율이 편리하다. 공급한 반응물 중에서 소모된 반응물의 비율을 전환율로 정의하므로 반응물의 소모량이나 생성물의 생성량을 계산하기 편리하다. 반응물 A_j의 전환율 X_J를 반응의 진행 정도로 나타내면 아래 식이 된다.

$$X_J \equiv \frac{n_{J,0} - n_J}{n_{J,0}} = -\frac{\alpha_J}{n_{J,0}} \xi \tag{4.29}$$

반응물이 여럿이면 반응물 중에서 함량이 가장 적고 반응속도의 결정에 중요한 물질을 한정 반응물(limiting reactant)로 정하여, 이 물질의 전환율로 반응의 진행 정도를 나타낸다.

한정 반응물을 B라고 하면 전환율 X를 식 (4.30)으로 계산한다.

$$X_B = \frac{n_{B,0} - n_B}{n_{B,0}} = -\frac{\alpha_B}{n_{B,0}}\xi \tag{4.30}$$

식 (4.30)에서 ξ를 구하여 식 (4.29)에 대입하여 A_J의 전환율을 계산한다.

$$X_J = \frac{n_{B,0}}{n_{J,0}}\frac{\alpha_J}{\alpha_B}X_B \tag{4.31}$$

이 식을 이용하여 한정 반응물의 전환율에서 특정 반응물의 전환율을 계산하지만, 거꾸로 특정 반응물의 전환율에서 계를 대표하는 한정 반응물의 전환율을 구할 때도 이 식을 쓴다. 이 식을 식 (4.29)에 대입하여 정리하면 전환율과 A_J의 몰수 사이의 관계식을 얻는데, 이 식으로 반응이 진행하는 도중에서 각 물질의 몰수를 계산한다.

$$n_J = n_{J,0}(1 - X_J) = n_{J,0}\left[1 - \frac{n_{B,0}}{n_{J,0}}\frac{\alpha_J}{\alpha_B}X_B\right] \tag{4.32}$$

$n_t = \sum_{J=1} n_J$이므로 식 (4.32)의 모든 성분을 합하여 전환율과 반응계의 전체 몰수 사이 관계식을 구한다.

$$\frac{n_t}{n_{t,0}} = 1 + \left[\frac{\Delta\alpha}{-\alpha_B}\right]\left[\frac{n_{B,0}}{n_{t,0}}\right]X_B = 1 + \delta y_{B,0}X_B \tag{4.33}$$

δ는 반응으로 인한 몰수 변화에 관련되는 값으로 식 (4.34)로 정의한다. $y_{B,0}$는 반응 시작 상태에서 전체 몰수(반응물, 생성물, 반응에 참여하지 않는 불활성 물질 모두)에 대한 한정 반응물의 몰비를 나타내는 값으로 식 (4.35)로 정의한다.

$$\delta \equiv -\frac{\Delta\alpha}{\alpha_B} \equiv -\frac{\Sigma\alpha_J}{-\alpha_B} \tag{4.34}$$

$$y_{B,0} \equiv \frac{n_{B,0}}{n_{t,0}} \tag{4.35}$$

n_J와 n_t가 모두 전환율의 함수이어서, 계에 들어 있는 각 물질의 몰분율을 전환율의 함수로 나타낼 수 있다.

B + C → D 반응에서 전환율로 계의 상태와 반응속도를 나타내는 예를 든다. C_B과 C_C가 B와 C의 몰농도이면, 반응속도식은 식 (4.36)이 된다. 반응기 부피가 일정하면, $n_B/V = C_B$ 이어서 식 (4.37)로 간단해진다.

$$-\frac{1}{V}\frac{dn_B}{dt} = kC_B C_C \tag{4.36}$$

$$-\frac{dC_B}{dt} = kC_B C_C \tag{4.37}$$

온도와 압력이 일정한 반응에서 $\sum \alpha_J$가 0이면 반응물과 생성물의 부피 합이 일정하지만, $\sum \alpha_J$가 0이 아니면 반응물의 부피가 달라진다. 흐름형 반응기에서는 부피 대신 유량이 달라진다. 부피가 달라지면 몰농도 역시 달라져서, 식 (4.37)을 그대로 사용하지 못하므로 수식적인 조작이 필요하다. 기체 상태방정식의 압축인자 Z_0와 Z를 도입하여 일정한 온도와 압력에서 부피의 변화를 나타낸다. Z_0나 V_0는 반응 초기의 압축인자와 부피이고, Z와 V는 반응의 진행 중 압축인자와 부피이어서 식 (4.38)이 성립한다. 이상기체 상태방정식을 넣어주면 식 (4.39)로 간단하게 부피 변화를 전환율로 나타낸다.

$$\frac{V}{V_0} = \frac{Z}{Z_0}\frac{n_t}{n_{t,0}} \tag{4.38}$$

$$\frac{V}{V_0} = \frac{Z}{Z_0}(1 + \delta_{B,0}X_B) \tag{4.39}$$

온도와 압력이 일정한 상태에서는 반응의 진행으로 압축인자가 크게 달라지지 않으므로 Z를 Z_0와 같다고 가정해도 된다.

$C_J = n_J/V$이므로 반응속도식의 농도항을 n_J와 V로 풀어 대입하여 전환율로 반응속도를 나타낸다.

$$-\frac{1}{V}\frac{dn_B}{dt} = k\left[\frac{n_B}{V}\right]\left[\frac{n_C}{V}\right] \tag{4.40}$$

$$\frac{dX_B}{dt} = \frac{n_{B,0}}{V_0(1 + \delta y_{B,0}X_B)} \cdot k(1 - X_B)\left[\frac{n_{B,0}}{n_{C,0}}\frac{\alpha_C}{\alpha_B}X_B\right] \tag{4.41}$$

이 식에는 반응의 진행으로 반응계의 전체 부피가 달라지는 영향이 포함되어 있어서, 부피가 달라지는 반응에서 반응속도를 구하는 데 유용하다. 흐름형 반응기에서는 회분식 반응기의 V 대신 유량 $Q[\text{ml} \cdot \text{min}^{-1}]$를, $n_{B,0}$ 대신에는 몰흐름량 $F_{B,0}[\text{mol} \cdot \text{min}^{-1}]$를 넣어주면 된다.

화학반응은 분자가 서로 충돌하면서 진행되기 때문에, 반응속도는 반응물 농도의 함수이지만, 충돌한 반응물에서 생성물이 생성되는 비율은 반응의 성격에 따라서 다르다. B + C + $\cdots \to$ 생성물인 화학반응의 속도식은 반응의 성격에 관련된 활성화에너지 등이 들어 있는 온도 의존 부분과 반응물의 농도 영향을 나타내는 부분으로 나눈다.

$$r = k(T)f(C_B, C_C, \cdots) \tag{4.42}$$

온도의 함수인 k는 반응속도상수이며, 반응의 고유 성격을 반영한다. 지수앞자리인자 A와 활성화에너지 E_a를 넣어 k를 나타낸 식이 아레니우스식이다.

$$k(T) = A \exp(-E_a/RT) \tag{4.43}$$

A는 반응물 분자의 모양이나 구조에 따른 반응 성격을 나타낸다. 온도에 무관하다고 전제하여 도입되었으나, 이론적으로 도출하면 A 역시 온도의 1/2 승에 비례한다. 그러나 활성화에너지가 들어 있는 지수항에 비하면 온도에 따라 달라지는 정도가 아주 작아서 A를 온도에 무관하다고 보아도 무방하다.

지수항의 E_a, 활성화에너지는 화학반응이 일어나기 위해 분자가 활성화되는 데 필요한 최소한의 에너지를 뜻한다. 활성화 착화합물이 생성되는 데 필요한 에너지라고 이해해도 된다. 활성화에너지가 크면 지수항이 작아져 속도상수가 작아진다. 지수항이기 때문에 활성화에너지가 조금만 커져도 속도상수는 아주 크게 줄어든다. 25 ℃에서 활성화에너지가 $80\,kJ \cdot mol^{-1}$에서 $100\,kJ \cdot mol^{-1}$로 커지면 속도상수는 약 10^8배 정도 작아진다.

활성화에너지는 온도에 따라서 반응속도가 변하는 정도를 나타내는 온도 의존성이다. 활성화에너지가 크면 온도가 조금만 달라져도 반응속도가 크게 달라지지만, 활성화에너지가 작으면 온도가 크게 달라져도 반응속도가 별로 달라지지 않는다. 메틸 라디칼이 서로 반응하여 에탄이 되는 반응에서는 반응물이 충돌하기만 하면 에탄이 생성되므로, 활성화에너지는 $0\,kJ \cdot mol^{-1}$이다. 이 반응에서는 온도가 달라져도 반응속도가 그대로이다. 반면, 활성화에너지가 큰 반응에서는 온도를 조금만 높여주어도 반응속도가 많이 빨라진다. 쉽게 진행되는 반응에서는 온도를 높여도 속도가 빨라지지 않아서 활성화에너지가 작지만, 반응 진행에 대한 저항이 커서 반응이 느린 반응에서는 온도를 높여주면 반응속도가 아주 빨라져서 활성화에너지가 크다.

아레니우스식에 자연대수를 취하면 식 (4.44)가 된다. 온도의 역수($1/T$)에 대해 $\ln k$를 그려서 기울기에서는 활성화에너지를, 세로축 절편에서는 지수앞자리인자를 구한다.

$$\ln k = \ln A - \frac{E_a}{R}(1/T) \tag{4.44}$$

여러 온도에서 측정한 반응속도상수를 모아 그린 아레니우스 그림을 그림 4.2에 보였다. 지수앞자리인자와 활성화에너지를 구한다. 이 그림처럼 온도의 역수에 대해 속도상수, 속도, 그외 특성값의 지수함수로 그리는 방법을 아레니우스 그림이라고 부르며, 이들의 온도 의존성을 조사할 때 사용한다. 확산계수와 점성계수의 온도 의존성도 같은 방법으로 결정한다.

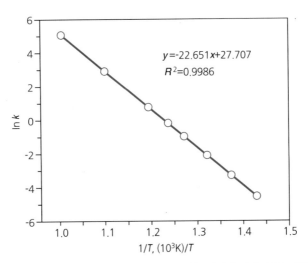

그림 4.2 아세트알데하이드의 분해반응의 반응속도상수 측정 결과를 나타낸 아레니우스 그림[4] 최소자승법으로 그린 추세선과 이의 상관성계수를 나타내었다.

기본 반응의 활성화에너지는 원리적으로 양수이어야 하므로, 반응속도상수의 아레니우스 그림에서 직선의 기울기는 음수이고 활성화에너지가 크면 기울기가 급하다. 그러나 3차반응이나 촉매반응처럼 여러 단계를 거쳐 진행되는 반응에서는 화학반응의 활성화에너지에 중간체 생성반응과 흡착·탈착 과정의 엔탈피 변화량이 더해진다. 따라서, 기본 반응의 활성화에너지와 의미가 달라져서 겉보기 활성화에너지라고 부르며, 음수가 되기도 한다. 기본 반응의 활성화에너지와 달리 겉보기 활성화에너지는 여러 단계의 온도 의존성을 모은 종합적인 값으로, 활성화 착화합물이 생성되는데 필요한 에너지라는 활성화에너지의 본래 의미 대신 화학반응의 속도가 온도에 따라 달라지는 정도를 나타낸다. 겉보기 활성화에너지가 음수인 반응에서는 반응온도가 높아지면 반응속도가 느려진다.

각 물질의 농도에 따라 반응속도가 달라지는 정도를 나타내는 $f(C_B, C_C, \cdots)$ 함수의 형태는 반응에 따라 다르다. A와 B의 충돌수에 반응속도가 선형적으로 비례하면, 반응속도는 C_B와 C_C의 곱이 된다. 이처럼 반응기구를 알고 있으면 반응물의 농도가 반응속도에 미치는 영향을 이론적으로 도출할 수 있다. 그러나 대부분의 반응에서는 처음에 반응기구를 알지 못하므로 속도식을 실험적으로 결정한다. 지수속도법(power rate law)에서는 반응계에 들어 있는 각 물질의 농도가 반응속도에 기여하는 정도를 지수로 나타내어 반응속도를 식 (4.45)처럼 쓴다.

$$r = A \exp(-\frac{E_a}{RT}) C_B^\alpha C_C^\beta \cdots \tag{4.45}$$

각 성분의 반응차수(α, β, $\cdots$)는 농도 변화에 따른 반응속도의 변화 정도를 나타내는 값이다. 반응차수가 1인 반응물의 농도와 반응속도는 선형 관계이다. 반응차수가 2이면 농도 증가에 따른 반응속도의 증가는 제곱이 되어, 농도에 따른 반응속도의 변화 정도가 크다. 반응차수는 반응물이 실제 충돌하여 반응하는 과정에서 정해지므로, 속도결정 단계에 참여하는 반응물의 개수와 관련 있다. 이러한 이유로 반응차수는 물질량의 변화 정도를 나타내는 화학반응식의 양론계수와 전혀 상관이 없다. 다만 분자가 서로 충돌하여 반응하는 과정인 기본반응에서는 반응식이 바로 반응의 진행 과정을 나타내므로, 반응차수와 양론계수가 같다. 대부분의 화학반응은 기본 반응이 여러 개 모여서 이루어지므로 반응식에서 반응차수를 유추하지 못한다.

🔍 4 촉매반응의 속도 해석

촉매 화학반응에서도 표면에 흡착한 분자의 충돌이 반응속도를 지배하면 지수속도법으로 반응속도식을 쓸 수 있다. 그렇지만 대부분의 촉매반응에서는 반응물과 생성물의 확산뿐 아니라 반응물의 흡착과 생성물의 탈착을 고려하여야 하므로 지수속도법으로 속도식을 나타내기 어렵다. 다공성 촉매에서는 반응물이 촉매 세공 내 활성점까지 이동하여야 하고 생성물이 촉매 밖으로 빠져나와야 하므로, 물질의 이동속도를 같이 고려하여야 한다. 활성점에 흡착한 반응물이 서로 반응하는 단계뿐만 아니라, 반응물과 생성물이 이동하는 물리적 단계도 반응속도에 영향을 준다. 이처럼 촉매반응은 여러 단계를 거쳐 일어나고, 관여하는 인자가 많으며, 조건에 따라 이들의 기여 정도가 달라서 속도식이 매우 복잡하다.

세공이 있는 촉매에서 촉매반응의 진행 과정을 그림 4.3에 보였다. 1번 단계에서는 반응물 흐름으로부터 촉매 표면으로 반응물이 이동하고, 2번 단계에서는 반응물이 촉매 세공 내에서 활성점으로 이동한다. 3번 단계에서는 반응물이 촉매활성점에 흡착한다. 활성점에서 일어

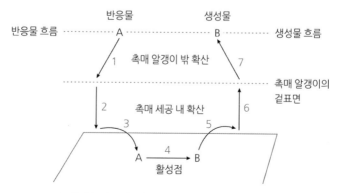

그림 4.3 세공이 있는 촉매에서 촉매반응의 단계

나는 표면반응은 4번 단계이다. 5번 단계에서는 생성물이 활성점에서 탈착하고, 6번 단계에서는 생성물이 촉매 바깥으로 확산되며, 7번 단계에서는 생성물이 촉매 표면을 떠나 생성물 흐름에 합류한다.

여러 단계 중 화학반응의 고유 반응속도(intrinsic reaction rate)는 3, 4, 5단계에서 결정된다. 그 외 단계는 물질이 이동하는 단계로 물리적 과정이다. 2와 6단계는 촉매 알갱이의 세공 내에서 반응물과 생성물이 이동하는 내부 물질전달 단계이고, 1과 7단계는 반응물 및 생성물 흐름과 촉매 알갱이의 겉표면 사이에서 진행되는 외부 물질전달 단계이다. 내부와 외부 물질 전달 단계를 합하거나 외부 물질전달 단계를 고려하지 않고, 촉매반응의 단계를 다섯 단계로 나누기도 한다.

반응은 아주 느리나 촉매 세공이 커서 표면반응에 비해 물질전달이 빠르면, 물질전달은 반응속도에 영향을 주지 않는다. 이 조건에서는 활성점에서 진행하는 표면반응의 속도에 의해 전체 반응속도가 결정된다. 반대로 물질전달이 표면반응에 비해 느리면, 촉매반응의 속도 는 물질의 전달속도에 의해 결정된다. 분자확산(molecular diffusion)에서 물질전달속도는 온도의 3/2 승에 비례하고, 누쎈확산(Knudsen diffusion)에서는 물질전달속도가 온도의 1/2 승에 비례하므로, 온도가 높아져도 확산속도가 별로 빨라지지 않는다. 활성화에너지에 따라 차이가 있지만, 반응속도는 온도의 지수함수이어서, 온도가 높아지면 반응속도는 상당히 빨라진다. 온도가 높아지면 표면반응이 많이 빨라지므로 물질전달이 상대적으로 느려져서 높은 온도에서는 물질전달속도가 반응속도를 지배한다. 이처럼 촉매반응에서는 반응 조건에 따라 반응속도를 결정하는 인자와 단계가 달라져서 속도식 형태가 달라진다.

물질전달속도와 반응속도의 상대적인 차이에 따른 촉매 알갱이 내에서 반응물의 농도 분포 변화를 그림 4.4에 보였다. (1)은 표면반응이 느리고 물질전달이 상대적으로 빠른 경우이다. 반응물이 충분히 빠르게 공급되어, 촉매 알갱이의 안과 밖 어디에서나 반응물의 농도가 같다. 그러나 반응물의 확산이 느려지거나 온도가 높아서 반응이 빠르면 (2)에서 보듯이 촉매 알갱이의 안으로 들어갈수록 반응물의 농도가 낮다. 반응온도가 아주 높거나 촉매활성이 매우 커서 표면반응이 물질전달보다 매우 빠르면, (3)에서 보듯이 반응물이 촉매 알갱이 내부로 들어오지 않고 표면에서 모두 생성물로 전환되므로 촉매 알갱이 내에는 반응물이 없다. 이 경우에는 반응물 흐름에서 촉매 알갱이 표면으로 물질이 전달되는 외부 물질전달이 반응속도를 결정한다.

앞에서 설명한 대로 반응속도와 물질의 전달속도는 온도에 따라 달라지는 정도가 서로 달라서 반응온도에 따라 속도결정 단계가 변하고, 이로 인해 물질전달과 흡착, 표면반응, 탈착 단계가 관여하는 촉매반응의 겉보기 활성화에너지가 달라진다. 표면반응이 속도결정 단계이면 표면반응의 활성화에너지가 바로 겉보기 활성화에너지이다. 그러나 내부 물질전달 단계가 속도결정 단계이면 겉보기 활성화에너지는 줄어들어 표면반응 활성화에너지의 절반이 된

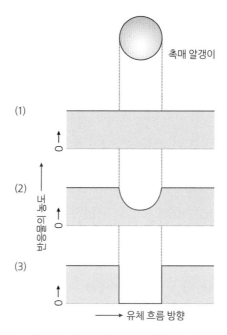

그림 4.4 표면반응과 물질전달의 속도 차이에 따른 촉매 알갱이 안팎의 반응물 농도 (1) 온도가 낮거나 반응속도가 느려 물질전달의 영향이 없음. (2) 반응속도가 내부 물질전달속도의 영향을 받음. (3) 온도가 높거나 반응속도가 아주 빨라 외부 물질전달이 반응속도를 결정함. * 반응속도와 물질전달속도는 상대적이어서, '반응이 빠르다.' 하는 대신에 '물질전달이 느리다.'라고 이야기해도 된다.

다. 외부 물질전달 단계가 속도결정 단계이면 겉보기 활성화에너지는 물리적 과정인 물질전달 단계의 활성화에너지와 같아져서, 그 값이 15~50 kJ · mol^{-1}로 매우 작다.

그림 4.5의 아레니우스 그림에 반응온도의 역수에 따라 겉보기 활성화에너지가 달라지는

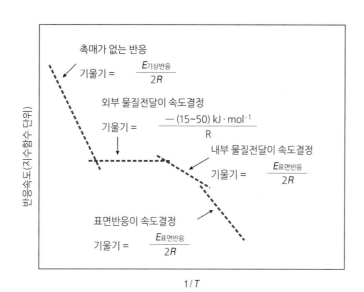

그림 4.5 세공이 발달한 촉매에서 온도에 따른 촉매반응의 겉보기 활성화에너지 변화

경향을 나타내었다. 낮은 온도에서는 반응이 느리므로 화학적 변화인 표면반응이 속도결정 단계이어서, 활성화에너지에 대응하는 직선의 기울기가 가파르다. 온도가 높아지면 표면반응이 빨라지고 물질전달이 상대적으로 느려지므로, 물질전달속도의 영향이 커지면서 활성화에너지가 작아져서 기울기가 완만해진다. 온도가 더 높아져 외부 물질전달 단계가 속도결정단계이면 기울기는 더 작아진다. 반응온도가 아주 높아서 반응물이 충분히 활성화되면 촉매에 흡착되지 않고 기체 상태에서 반응하므로, 기상 화학반응의 활성화에너지에 대응하여 기울기가 다시 가파라진다.

(1) 내부 물질전달이 반응속도에 미치는 영향

촉매 알갱이 내에서 물질전달이 반응속도에 미치는 영향을 유효인자(effectiveness factor) η로 나타낸다. 유효인자는 세공이 발달한 촉매에서 측정한 반응속도 r_p를 세공이 아주 크거나 세공이 없어 물질전달의 영향이 전혀 없는 촉매에서 측정한 반응속도 r_s로 나눈 값이다. 하첨자 p는 세공(pore)을, s는 표면(surface)을 나타낸다. 세공으로 인해 반응이 느려지는 정도를 나타내는 값으로, 세공이 아주 커서 물질전달이 빠르거나 물질전달이 표면반응보다 충분히 빠르면 유효인자는 1이 된다.

물질수지식에서 유효인자를 이론적으로 유도한다[5]. 구형 촉매에서 일어나는 비가역 1차 반응의 유효인자는 아래와 같다.

$$\eta = \frac{r_\text{p}}{r_\text{s}} = \frac{3}{\phi}\left(\frac{1}{\tanh\phi} - \frac{1}{\phi}\right) \tag{4.46}$$

ϕ는 틸레계수(Thiele modulus)로서, 반응속도상수 k와 유효확산계수 D_e의 비를 나타내는 무차원 변수이다. 반응속도를 확산속도로 나눈 값에 비례하므로 ϕ가 크면 표면반응이 빨라서 물질전달의 영향이 크고, ϕ가 적으면 표면반응이 느려서 물질전달의 영향이 작다.

$$\phi = \frac{r_\text{c}}{3}\sqrt{\frac{k\rho}{D_\text{e}}} \tag{4.47}$$

k는 물질전달의 영향이 없는 상태에서 측정한 촉매반응의 고유 반응속도상수($\text{cm}^3 \cdot \text{g}^{-1} \cdot \text{s}^{-1}$)이다. ρ는 구형 촉매 알갱이의 밀도($\text{g} \cdot \text{cm}^{-3}$)이고, D_e는 촉매 알갱이에서 반응물의 유효확산계수($\text{cm}^2 \cdot \text{s}^{-1}$)이며, r_c은 구형 알갱이의 반지름(cm)이다. 비가역 n차반응에서는 ϕ가 식 (4.48)처럼 복잡해진다. 그러나 제곱근 내의 분모에는 확산속도가, 분자에는 반응속도상수가 들어 있는 점은 마찬가지이다.

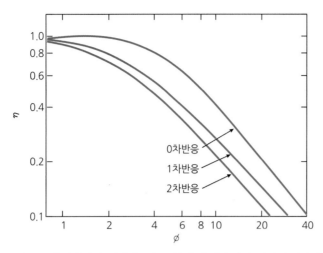

그림 4.6 1차반응에서 틸레계수와 구형 촉매 유효인자 사이의 상관성

$$\phi = \frac{r_c}{3}\sqrt{\frac{k\rho C_s^{n-1}}{D_e}} \tag{4.48}$$

C_s는 촉매 표면에서 반응물의 농도이다.

그림 4.6에 반응차수가 다른 여러 반응에서 η와 ϕ의 관계를 나타내었다. ϕ가 커질수록 η가 작아져서, 반응속도가 확산속도보다 빠르면 물질전달의 영향이 커진다. ϕ가 작으면 물질전달의 영향이 작아지므로 ϕ가 1에 가까워지면 η는 1이 된다. ϕ가 작아지려면 유효확산계수는 크고 반응속도상수는 작아야 한다. ϕ가 5보다 큰 범위($\eta < 0.2$)에서는 η와 ϕ는 반비례 관계여서 반응속도에 대한 물질전달의 영향이 매우 크다.

$$\eta = \frac{1}{\phi} \tag{4.49}$$

틸레계수가 같아도 반응차수가 큰 반응에서 유효인자가 더 작다. 2차반응에서 반응속도는 반응물 농도의 제곱에 비례하므로, 물질전달이 느리면 촉매 내 반응물의 농도가 낮아진다. 반응속도는 이 값의 제곱에 비례하므로 반응이 아주 느려진다.

촉매반응에서 유효인자를 결정하려면 반응속도상수와 유효확산계수를 측정하여 틸레계수를 먼저 계산하여야 한다. 두 값 모두 실험적으로 측정하기가 쉽지 않아서 유효인자를 실험적으로 구하기가 어렵다. 촉매 알갱이 내에서 물질전달속도의 영향을 반영하는 유효확산계수의 결정 과정을 소개한다. 촉매 세공 내의 유효확산계수 D_e는 세공 내를 이동하는 물질의 분자크기와 이동하는 물질과 세공벽의 상호작용 세기에 따라 달라진다. 세공크기가 분자크기와 비슷하면 분자가 세공 내로 들어가기 어려워서 유효확산계수가 아주 작다. 세공 내에서 물질이 이동할 때에도 세공벽과 계속 충돌하기 때문에 세공이 좁을수록 충돌수가 많아져 확산이 느리다.

세공의 크기가 이동하는 분자의 크기보다 조금만 커도 확산이 일어난다. 이 상태에서는 세공크기 외에도 세공벽과 확산되는 물질 사이의 상호작용이 유효확산계수에 영향을 미친다. 세공벽과 세공을 통과하는 물질 사이에 친화력이 강하면 머무르는 시간이 길어져 확산이 느리다. 반대로 분자가 세공에 비해 작으면 세공벽과 충돌수는 줄어들고 세공벽에 의한 확산 억제 효과도 줄어들어 세공크기가 확산에 미치는 영향이 상대적으로 작아진다. 세공에 의해 물질전달이 제한되는 확산을 제한확산(restricted diffusion)이라고 부른다. 이와 달리, 세공 표면에 흡착된 물질이 미끄러지듯 이동하는 표면확산(surface diffusion)에서는 세공이 물질전달을 방해하지 않는다. 도리어 세공 표면에서 미끄러져 이동하므로 세공 내 확산이 빠르다.

균일계에서 B 물질 내를 이동하는 A 물질의 분자확산계수 D_{AB}는 아래 식처럼 온도와 압력에 의해 결정된다.

$$D_{AB} \propto \frac{T^{3/2}}{P} \tag{4.50}$$

세공이 100 Å보다 작으면 세공벽과 이동하는 물질의 충돌이 잦아져서 세공벽과 충돌하면서 물질이 이동하는 누쎈확산이 나타난다. 누쎈확산계수 D_K에는 세공벽과 확산하는 물질의 충돌이 확산에 미치는 영향이 반영되어 있다. 누쎈확산계수는 압력에 무관하며, 온도 T, 세공크기 r, 확산물질의 분자량 M에 의해 결정된다.

$$D_K = \frac{9700 \ r \, T}{M} \tag{4.51}$$

A→B 촉매반응에서 반응물이 분자확산과 누쎈확산에 의해 확산된다면 전체확산계수 D_T를 분자확산계수와 누쎈확산계수에서 계산한다.

$$\frac{1}{D_T} = \frac{1}{D_{AB}} + \frac{1}{D_K} \tag{4.52}$$

압력이 낮고 세공이 작을수록 누쎈확산계수의 기여가 크고, 압력이 높고 세공이 클수록 분자확산의 기여가 크다. 촉매 알갱이 내에서 유효확산계수 D_e는 식 (4.53)에 D_T를 넣어 계산한다.

$$D_e = \frac{D_T \, \theta}{\tau} \tag{4.53}$$

θ는 세공분율(void fraction)이고, τ는 세공의 굴곡도(tortuosity)이다. 굴곡도는 세공의 구부러진 정도가 확산에 미치는 영향을 정량적으로 나타내는 값이다[6]. 모든 세공이 한 방향으로 배열되어 있으면 굴곡도는 1이고, 세공이 구부러지거나 서로 만나는 교차점이 많아져서

확산이 느려지면 굴곡도는 그만큼 커진다. 세공분율이 높으면 세공이 크고 많이 발달되어 있어서 물질전달의 영향이 작아지지만, 굴곡도가 크면 세공 내에서 물질의 이동이 느려지므로 물질전달의 영향이 크다.

반응속도상수를 알고 있는 촉매에서 측정한 D_e로부터 틸레계수와 유효인자를 결정한다. 세공의 영향이 나타나지 않는 조건에서 측정한 반응속도 r_s에 유효인자를 곱하여 내부 물질전달의 영향이 있는 조건에서 반응속도 r_p를 계산한다.

$$r_p = \eta r_s = \eta k C_s^n \tag{4.54}$$

n차반응에서 유효인자가 작을 때는, 유효인자와 틸레계수 사이의 관계식이 식 (4.55)처럼 아주 간단하다.

$$\eta = \frac{3}{\phi} \sqrt{\frac{2}{n+1}} \tag{4.55}$$

이 식을 식 (4.54)에 대입하여 반응속도를 계산하며, 이 조건에서 반응차수는 $(n+1)/2$로 줄어든다. 반응속도상수는 분자와 분모에 있어 서로 약분되므로, $k^{1/2}$이 남으므로 지수항이 $e^{\frac{Ea}{2RT}}$ 되어 겉보기 활성화에너지는 표면반응 활성화에너지의 절반이 된다.

$$
\begin{aligned}
r_p &= \frac{3}{\phi} \sqrt{\frac{2}{n+1}} \, k C_s^n \\
&= \frac{9}{r_c} \sqrt{\frac{2}{n+1} \frac{D_e}{\rho k C_s^{n-1}}} \, k C_s^n \\
&= B k^{1/2} C_s^{(n+1)/2}
\end{aligned}
\tag{4.56}
$$

B는 반응속도상수를 제외한 나머지 상수를 모두 모은 값이다. 이 식에서 알 수 있듯이 내부 물질전달속도가 반응속도를 결정하면 촉매반응의 속도뿐 아니라 겉보기 활성화에너지와 반응차수도 표면반응이 속도결정 단계일 때와 다르다.

물질전달의 영향을 정량화하려면 촉매와 지지체의 세공 모양과 크기, 세공분율을 알아야 하지만, 이들을 측정하기는 쉽지 않다. 표 4.2에는 몇 가지 촉매와 지지체의 θ와 τ 값을 예로 들었다[7-9]. 제조 방법에 따라 이들의 세공분율과 굴곡도가 크게 달라지므로, 절댓값으로서는 의미가 없지만 개략적인 범위를 제시하기 위해 정리하였다. τ는 세공의 구부러짐, 교차 정도, 크기의 균일성을 나타내는 데 보통 1~10 범위의 값이다. γ-알루미나의 τ는 1.0이나 복합 산화물 촉매와 은 펠릿 촉매의 τ는 6~10으로 매우 크다. 성형 과정에서 선형 세공보다 구부러진 세공이 많이 생성되기 때문이다. 값이 커지면 세공이 많이 구부러지고 교차 정도가

표 4.2 촉매와 지지체의 세공분율 θ와 굴곡도 τ[7-9]

촉 매	측정 방법과 조건	$\theta^{1)}$	τ
Q17/3(자일렌 이성질화반응용 $SiO_2-Al_2O_3$ 촉매)	–	0.33	4.4[2]
G40(γ-알루미나)	–	0.85	1.0[2]
435 AM(담지하지 않은 $V_2O_5-P_2O_5$ 촉매)	–	0.24	6.4[2]
M8(γ-알루미나에 담지된 벤젠 산화반응용 $V_2O_5-MoO_3$ 촉매)	–		8.2[2]
ALC 483(α-알루미나에 담지된 에틸렌 산화반응용 은 촉매)	–	0.07	3.7[2]
Ag 펠릿	–	0.3	10.0
니켈 펠릿	기체 확산, 1기압	0.26	6
보헤마이트 알루미나 펠릿	〃	0.34	2.7
Cr_2O_3/Al_2O_3 펠릿	〃	0.22	2.5
1% Pd/alumina 구	액상반응	0.5	7.5
Harshaw 메탄올 합성반응용	기체 확산, 65기압	0.49	6.9
BASF 메탄올 합성반응용	〃	0.50	7.5
Girdler G-58, Pd/alumina	기체 확산, 6기압	0.39	2.8

1) 미세세공분율
2) 헬륨 기체로 측정한 값

심하여 세공 내에서 물질전달이 느리다.

표면반응속도와 유효확산계수로부터 구한 틸레계수에서 유효인자를 결정하여, 세공 내에서 반응물의 확산이 촉매반응속도에 미치는 효과를 정량적으로 나타낸다. 그러나 유효인자의 결정 과정이 매우 번거로워서 내부 물질전달이 촉매반응속도에 영향을 주는지 여부를 유효인자로 판정하기 쉽지 않다. 따라서 계산보다는 실험적인 방법으로 물질전달의 영향을 파악한다.

가역반응에서 반응속도에 대한 내부 물질전달의 영향을 무시할 수 있으려면 η는 0.9보다 커야 한다. 가역반응에서는 반응물뿐 아니라 생성물의 확산 영향이 같이 나타나기 때문에, 비가역반응에 비해 ϕ가 더 작아야 물질전달의 영향을 배제할 수 있다. 반응물이 여럿인 반응에서 모든 반응물의 확산 현상을 고려하여 이들의 물질전달 영향을 판단하기 어렵다. 이런 경우에는 확산이 가장 느린 반응물을 선택하여, 이의 확산속도가 반응속도에 미치는 영향을 고려하면 된다. 반응물 중에서 농도가 가장 낮거나 확산계수가 가장 작은 반응물이 가장 느리게 이동히므로, 이 물질의 ϕ를 구해시 물질진달의 영향을 판단한다.

지금까지 설명한 물질전달이 반응속도에 미치는 영향은 반응계 전체의 온도뿐 아니라, 촉매 알갱이의 표면과 내부 온도가 모두 같다는 전제 아래서 유효하다. 그러나 촉매 알갱이의 겉표면과 내부 온도가 서로 다르면 등온 조건이 성립하지 않아 다른 방법으로 유효인자를

표 4.3 다공성 촉매의 열전도도상수[9]

촉매	온도($^\circ$C)	밀도($g \cdot cm^{-3}$)	열전도도상수($J \cdot s^{-1} \cdot cm^{-1} \cdot {^\circ}C^{-1}$)[1]
Cr_2O_3/Al_2O_3(촉매 개질반응)	90	1.40	2.94×10^{-3}
$SiO_2 - Al_2O_3$(촉매 분해반응)	90	1.25	3.61×10^{-3}
Pt/Al_2O_3(촉매 개질반응)	90	1.15	2.23×10^{-3}
활성탄	90	0.65	2.69×10^{-3}
알루미나(보헤마이트)	50	1.12	2.18×10^{-3}
은 펠릿(부분산화반응)	34	2.96	7.14×10^{-3}
Cu/MgO	25	0.70	0.76×10^{-3}
Pt/Al_2O_3(촉매 개질반응)	–	1.34	1.47×10^{-3}
Ni/규조토, 58%(수소화반응)	40	1.88	1.51×10^{-3}
Ni/규조토, 25% 흑연 첨가	40	1.56	1.47×10^{-2}

[1] 1기압에서 측정한 값

결정해야 한다. 반응열로 인해 촉매의 온도가 달라져도 반응속도가 달라진다. 촉매의 열전도도상수가 크거나 표면의 온도가 높으면 촉매 알갱이 내에 어느 곳에서나 온도가 비슷하지만, 반응 엔탈피가 크고 물질전달이 빨라서 반응이 빠르게 진행되면서 열이 많이 발생하면 위치에 따라 온도가 상당히 다르다. 촉매 알갱이의 열전도도 측정 결과는 그리 많지 않으나 일반적으로 세공부피에 반비례한다. 표 4.3에 촉매 지지체와 금속의 열전도도상수를 정리하였다[9]. 알루미나와 알루미나에 담지한 촉매에서는 열전도도상수가 작고, 흑연이 첨가된 촉매에서는 열전도도상수가 크다.

알갱이가 100 μm보다 작으면 촉매 알갱이 내에서 물질이 이동하는 거리와 열이 전달되는 거리가 짧아서, 발열이 아주 심하지만 않으면 물질전달과 열전달의 영향을 무시해도 무방하다. 실험실에서 사용하는 소형 반응기에서는 일반적으로 촉매 사용량이 적고, 반응열을 운반기체와 생성물이 빨리 제거해주므로 열전달의 영향이 그렇게 크지 않다. 그렇지만 열이 아주 많이 발생하는 반응에서는 촉매활성이 없으면서 열에 안정한 유리나 석영가루를 촉매와 섞어 발열의 영향을 줄여주어야 한다. 열이 많이 발생되어 촉매 알갱이의 겉과 속 온도가 달라지면 물질전달과 열전달의 영향이 크게 나타나기 때문이다.

열이 많이 발생하면 유효인자가 달라지고, 열로 인해 촉매활성이 저하될 수도 있다. 이런 조건에서 측정한 반응속도는 진짜 반응속도와 다르므로 주의해야 한다. 촉매 알갱이의 크기를 바꾸어 물질전달과 열전달의 효과를 직접 확인하거나, 촉매 사용량에 따른 반응속도의 변화 경향에서 이들의 영향을 고찰해야 한다. 열 효과가 크면 앞에서 설명한 대로 열에 안정한 희석제를 첨가하여 발열의 영향을 줄여준다. 반응의 진행 과정에서 발생한 열을 적절히 제거하거나 이의 영향을 고려하여 반응속도를 해석한다.

(2) 외부 물질전달이 반응속도에 미치는 영향

촉매 내에서 또는 표면에서 반응이 아주 빠르게 진행되면 반응물 흐름과 촉매 알갱이의 표면 사이에서 외부 물질전달이 반응속도 결정에 중요해진다. 반응이 촉매 표면에서 아주 빠르면 외부 물질전달속도와 반응속도가 같아지고, 반응이 물질전달에 비해 빠른 조건에서는 외부 물질전달과 내부 물질전달 모두가 반응속도에 영향을 준다. 생성물이 생성물 흐름으로 확산하는 속도 역시 반응속도에 영향을 주지만, 이 영향은 그리 크지 않다. 이 절에서는 반응물의 외부 물질전달이 반응속도에 미치는 영향만을 다룬다. 외부 물질전달이 속도결정 단계인 촉매반응의 속도식을 유도하여, 반응속도에 대한 외부 물질전달의 영향을 검토한다.

반응물 흐름에서 촉매 알갱이의 표면으로 반응물이 전달되는 촉매 외부에서 물질전달이 속도결정 단계이면 외부에서 촉매로 물질이 전달되는 속도가 바로 반응속도이다. '표면'이라는 말은 일정 두께의 표면이나 세공벽을 나타내기도 하여, 촉매 알갱이의 겉에 드러난 표면을 의미할 때는 '겉표면'으로 다르게 썼다. 촉매 알갱이의 겉표면적을 A_s, 겉표면에서 반응물 농도를 C_s, 반응물 흐름에서 반응물 농도를 C_b, 촉매 알갱이 근처의 정지된 상(stationary phase)에서 겉표면으로 물질이 전달되는 정도를 나타내는 격막 물질전달계수를 k_f라고 하면, 반응물의 공급속도는 농도 차이와 겉표면적에 비례하므로 $k_f A_s (C_b - C_s)$이다. 촉매 알갱이의 겉표면에서 일어나는 반응속도는 반응속도상수 k_s와 겉표면에서 농도 C_s의 곱이다. 외부 물질전달 단계가 속도결정 단계이면, 물질전달속도와 반응속도가 같으므로 반응속도는 다음 식이 된다.

$$r_p = k_f A_s (C_b - C_s) = k_s C_s \tag{4.57}$$

이 식에서 C_s를 소거하고, 촉매 겉표면에서 반응보다 외부 물질전달이 상대적으로 느리면 $k_s > k_f$ 이어서 반응속도는 다음 식처럼 간단해진다.

$$r_p = \frac{C_b}{\dfrac{1}{A_s k_f} + \dfrac{1}{k_s}} \cong k_f A_s C_b \tag{4.58}$$

외부 물질전달이 속도결정 단계이면, 반응속도는 반응물의 농도와 촉매의 겉표면적의 곱에 비례한다.

구형 알갱이 촉매에서 일어나는 A → B 반응에서는 셔운수(Sherwood number: S_h)의 관계식에서 k_f를 계산한다. R_e는 레이놀즈수(Reynold number)이고, S_c는 슈밑수(Schumidt number)이다.

$$Sh \ = \ 2 + 0.6\,Re^{1/2}Sc^{1/3} \tag{4.59}$$

$Sh = \dfrac{k_f d_p}{D_{AB}}$, $Re = \dfrac{u\rho d_p}{\mu}$, $Sc = \dfrac{\mu}{\rho D_{AB}}$ 를 대입하여 k_f 를 식 (4.60)으로 쓴다. d_p 는 촉매 알갱이의 지름, u 는 반응물의 유속, ρ 는 촉매의 비중, μ 는 반응물의 점도, D_{AB} 는 반응물의 확산계수이다.

$$k_f \ = \ 0.6 \times \frac{D_{AB}^{\ 2/3}}{(\mu/\rho)^{1/6}} \times \Big(\frac{u}{d_p}\Big)^{1/2} \tag{4.60}$$

촉매와 반응물의 성질에서 결정한 k_f 를 식 (4.58)에 대입하여 외부 물질전달이 속도결정 단계인 조건에서 반응속도를 계산한다. 촉매의 표면적은 알갱이 크기에 반비례하므로 A_s 를 d_p 로 바꾸어 쓰고 상수를 제거하여, 반응물 유속과 촉매 알갱이의 크기가 반응속도에 미치는 개략적인 경향을 구한다.

$$r_p \propto u^{1/2}d_p^{\ 3/2} \tag{4.61}$$

반응속도상수가 반응물 유속의 1/2 승에 비례하는 이유는 유속이 빨라질수록 촉매 알갱이 주위에 형성된 정지상이 얇아지기 때문이다. 촉매 사용량이 같은 조건에서는 알갱이가 작아지면 알갱이 개수가 많아져 겉표면적이 넓어지므로 반응물이 촉매에 많이 공급되어 반응속도가 빨라진다.

외부 물질전달이 반응속도에 영향을 미치는 조건에서는 측정한 반응속도를 정확히 해석하기 어렵다. 외부 물질전달과 내부 물질전달의 상대적인 영향을 파악하기 어렵기 때문이다. 실험실에서 흔히 사용하는 소형 반응기에서는 레이놀즈수가 10 정도로 그리 크지 않아서 이론적인 방법으로 물질전달의 영향을 판정하기 어렵다. 이보다는 유체의 흐름속도와 촉매 사용량을 바꾸어 실험하므로써 물질전달이 반응속도에 영향을 미치는지 여부를 검증하는 편이 더 쉽고 유용하다.

회분식 반응기에서는 교반속도가, 흐름식 반응기에서는 유속이 반응속도에 미치는 영향을 검토하여 물질전달의 영향을 판단한다. 교반속도에 따라 반응속도가 빨라지면 외부 물질전달이 반응속도에 영향을 미치고 있으므로, 교반속도를 더 높여 반응속도가 교반속도에 무관한 영역에서 실험한다. 촉매의 알갱이 크기에 따라 반응속도가 달라진다면, 이 또한 외부와 내부 물질전달에 영향을 미치고 있는 증거이다. 외부 물질전달이 속도결정 단계이면 반응속도는 촉매 알갱이의 겉표면적에 비례한다. 촉매 사용량이 같은 조건에서 알갱이 크기에 따라 반응속도가 달라지면 외부 물질전달의 영향을 먼저 검토한다. 그러나 알갱이 크기가 달라지면 겉표면적뿐 아니라 알갱이 내부에서 반응물의 확산거리도 달라져 내부 물질전달도 반응속도에 영향을 미칠 수 있다.

체류시간이 일정한 흐름형 반응기에서 측정한 전환율이 촉매 사용량에 따라 달라지면, 외부 물질전달이 반응속도에 영향을 미친다는 뜻이다. 체류시간은 촉매 사용량과 흐름속도에 의해 결정되므로, 외부 물질전달의 영향이 없고 체류시간이 일정하면 촉매 사용량이 달라져도 전환율이 같아야 한다. 촉매 사용량에 따라 전환율이 달라진다면 촉매 겉표면적의 변화가 반응속도에 영향을 미치고 있다.

외부 물질전달이 속도결정 단계이면 반응속도가 반응물의 농도와 촉매 사용량에 선형적으로 비례하기 때문에 1차반응처럼 보인다. 이런 이유로 화학반응의 속도식을 결정하기 전에 먼저 반응물의 흐름속도와 교반속도가 전환율에 영향을 미치는지 확인하여 외부 물질전달의 영향을 검증한다.

🔍 5 촉매반응기구와 속도식

촉매반응은 반응물의 흡착, 표면반응, 생성물의 탈착 등 여러 단계를 거쳐서 진행되므로 반응기구가 복잡하다. 흡착한 반응물이 생성물로 전환되는 표면반응도 여러 기본 반응으로 이루어져 있다. 촉매를 사용하지 않는 화학반응에서는 반응물이 서로 충돌하여 반응하므로 아주 특별한 반응을 제외하고는 지수속도법으로 반응속도를 나타내고, 반응차수를 구하여 반응물의 농도 변화에 따른 반응속도의 변화를 쉽게 유추한다. 그러나 촉매반응에서는 물질전달 단계를 배제하여도 흡착, 표면반응, 탈착 등 세 단계를 고려하여야 하고, 표면반응의 속도가 기상이나 액상의 농도 대신 흡착한 반응물의 농도에 의해 결정되므로 반응속도를 지수속도법으로 나타내기 어렵다.

촉매를 사용하지 않는 화학반응에서는 지수속도법으로 속도식을 설정하고, 나머지 변수를 일정하다고 가정할 수 있는 조건에서 한 가지 변수의 영향을 조사하여 이의 반응차수를 구한다. 모든 반응물에 대한 반응차수가 모두 구해지면 이를 적용하여 반응속도상수를 결정함으로써 속도식을 완성한다. 그러나 촉매반응에서는 반응 과정이 복잡하여 지수속도법을 적용하기 어려우므로, 반응식이나 개략적인 반응속도의 실험 결과로부터 반응기구를 먼저 가정한다. 촉매반응의 경로나 특징을 조사하여 반응기구를 미리 설정하여 이로부터 속도식을 도출하고, 실험에서 측정한 반응속도와 비교하여 반응기구의 타당성을 검증하여 속도식을 완성한다.

촉매반응의 반응기구에는 활성 중간체의 생성과 이의 전환에 대한 정보가 들어 있어야 한다. 반응물의 흡착 상태와 흡착한 반응물에서 생성되는 중간체의 구조를 알아야 반응기구를 세울 수 있지만, 실험을 통해 이를 알아내기는 쉽지 않다. 적외선분광기 등 다양한 분석기기를 이용하여 흡착한 반응물의 상태를 조사하고, 반응 도중에 생성되는 물질을 확인하여 중간체를 유추한다. 동위원소 조성이 다른 반응물을 반응시켜 생성물의 동위원소 분포로부터 가능한 반응경로를 예상하여 중간체를 추정한다. 흡착이나 탈착 과정에서 발생하거나 흡수하는 열로부터 흡착 상태의 안정성을 판단하여 중간체의 구조를 그려본다. 반응물이 흡착한 촉매나 반응이 진행 중인 촉매의 온도를 급하게 올리거나 강한 에너지빔을 쪼여서, 촉매에 흡착한 물질을 탈착시켜 활성 중간체를 검증한다. 이 외에도 여러 방법으로 중간체를 조사하지만, 중간체는 반응 도중에 잠깐 생성되는 불안정한 물질이어서 이의 생성과 전환 과정을 확인하고 검증하기가 쉽지 않다.

설정한 반응기구에서 속도식을 유도하고, 이를 실험 결과와 비교하여 속도식의 타당성을 검토하는 방법도 있다. 반응물의 압력이나 농도가 반응속도에 미치는 영향, 온도에 따른 반응속도의 변화 거동 등을 검토하여 설정한 속도식이 합리적인지 검토한다. 유도한 속도식이 매우 복잡하면 실험 결과와 비교하여 검토하기가 어려우므로, 적절한 가정을 도입하여 사용 가능한 수준으로 속도식을 단순화한다. 제안한 반응기구에서 유도한 속도식이 실험적으로 구한 속도식과 일치하면 설정한 반응기구의 타당성이 높다. 속도식이 서로 일치한다고 해서 제안한 반응기구가 반드시 맞는 것은 아니지만, 반응기구가 타당하다면 이를 근거로 유도한 속도식은 실험하여 구한 속도식과 같아야 한다.

이 절에서는 촉매반응의 대표적인 반응기구인 랭뮤어-힌쉘우드(Langmuir-Hinshelwood: L-H) 반응기구와 엘라이-리데알(Eley-Rideal: E-R) 반응기구를 설명하고, 이로부터 속도식을 도출하는 과정을 소개한다. 이와 함께 여러 단계를 거치는 복잡한 반응을 두 단계로 단순화한 두 단계 반응기구(two-step mechanism)와 산화물 촉매에서 부분산화반응의 속도식을 나타내는 데 적절한 산화-환원 반응기구(oxidation-reduction mechanism)를 같이 설명한다.

(1) 랭뮤어-힌쉘우드 및 엘라이-리데알 반응기구

활성점에 반응물이 흡착하여 활성화되면서 촉매반응이 시작되지만, 모든 반응물이 촉매에 흡착할 필요는 없다. 모든 반응물이 랭뮤어 흡착등온선에 따라 흡착하여 표면에서 반응한다는 반응기구가 랭뮤어-힌쉘우드(L-H) 반응기구이다. 이들 성의 첫 글자를 따서 보통 L-H 반응기구라고 부른다.

표면반응이 속도결정 단계인 A + B ⇌ C 반응이 L-H 반응기구를 따라 일어나면, 반응 단계를 다음과 같이 나누어 쓴다.

반응기구 :

$$A + B + 2* \underset{}{\overset{\text{흡착}}{\rightleftharpoons}} \begin{matrix} A & B \\ | & | \\ * & * \end{matrix} \rightarrow \begin{matrix} A \cdots B \\ \vdots & \vdots \\ * & * \end{matrix} \rightarrow \begin{matrix} C \\ | \\ * & * \end{matrix} \underset{}{\overset{\text{탈착}}{\rightleftharpoons}} C + 2*$$

흡   착 : $A + * \underset{k'_A}{\overset{k_A}{\rightleftharpoons}} A_{-*}$　　　　　　　　　　　　　　　　　　(4.62a)

　　　　　$B + * \underset{k'_B}{\overset{k_B}{\rightleftharpoons}} B_{-*}$　　　　　　　　　　　　　　　　　　(4.62b)

표면반응 : $A_{-*} + B_{-*} \underset{k'_s}{\overset{k_s}{\rightleftharpoons}} C_{-*} + *$　　　　　　　　　　　(4.62c)

탈   착 : $C_{-*} \underset{k_C}{\overset{k'_C}{\rightleftharpoons}} C + *$　　　　　　　　　　　　　　　　　　(4.62d)

*는 비어 있는 활성점을 나타내며, A_{-*}, B_{-*}, C_{-*}는 활성점에 반응물과 생성물이 흡착되어 있는 상태를 나타낸다. k와 k'은 흡착과 탈착 과정의 속도상수이다. 흡착량을 랭뮤어 흡착등온선으로 나타내고, 표면점유율 θ를 도입하여 각 단계를 다음과 같이 정리한다.

흡   착 : $k_A P_A \theta_V = k'_A \theta_A$　　　　　　　　　　　　　　　　　(4.62e)

　　　　　$k_B P_B \theta_V = k'_B \theta_B$　　　　　　　　　　　　　　　　　(4.62f)

탈   착 : $k_C P_C \theta_V = k'_C \theta_C$　　　　　　　　　　　　　　　　　(4.62g)

표면반응 : $r_s = k_s \theta_A \theta_B$　　　　　　　　　　　　　　　　　　(4.62h)

　모든 반응물이 활성점에 흡착한 상태에서 반응하여 생성물이 되고, 생성물이 탈착하여 활성점이 재생되면서 반응이 완결된다. 물론 위에 보인 반응기구에서 A와 B의 활성점이 같지 않아도 되고, 생성물이 흡착하지 않아도 된다. L–H 반응기구에서는 모든 반응물이 흡착하여 반응하고, 흡착한 반응물의 표면 농도를 랭뮤어 흡착등온선으로 나타낼 수 있다고 가정한다. 반응물이 모두 흡착하여 활성화되면 촉매작용이 나타날 가능성이 높아서, 모든 반응물이 흡착한다고 전제하는 L–H 반응기구를 거치는 촉매반응이 많다.

　E–R 반응기구는 일부 반응물만 흡착하여 활성화된다고 전제한다. 반응물이 두 종류인 촉매반응에서 한 반응물은 활성섬에 흡착하여 활성화되지만, 다른 반응불은 활성점에 흡착하지 않고 기상 또는 물리흡착한 상태에서 활성화된 반응물과 반응한다. 표면반응이 속도결정 단계이고, B 반응물은 활성점에 흡착하여 활성화된 A 반응물과 반응하면 반응경로를 다음과 같이 쓸 수 있다.

반응기구 :

$$A + B + {}^* \xrightleftharpoons{\text{흡착}} \underset{{}^*}{-}\overset{A}{\underset{|}{}}\underset{{}^*}{-} + B \longrightarrow \underset{{}^*}{-}\overset{\overset{B}{\vdots}}{\underset{}{A}}\underset{{}^*}{-} \longrightarrow \underset{{}^*}{-}\overset{C}{\underset{|}{}}\underset{{}^*}{-} \xrightleftharpoons{\text{탈착}} C + {}^*$$

$$A + B(g) \rightleftharpoons C \tag{4.63a}$$

A 의 흡착 : $A + {}^* \underset{k'_A}{\overset{k_A}{\rightleftharpoons}} A_{-*}$ $\tag{4.63b}$

표면반응 : $A_{-*} + B(g) \xrightarrow{k_s} C_{-*}$ $\tag{4.63c}$

탈 착 : $C_{-*} \underset{k_C}{\overset{k'_C}{\rightleftharpoons}} C + {}^*$ $\tag{4.63d}$

반응물이 모두 흡착하지 않으므로 촉매반응에 필요한 활성점 개수가 L – H 반응기구에서 필요한 활성점 개수에 비해 적고, 흡착하지 않는 반응물의 농도를 표면점유율 대신 압력으로 나타내는 점이 다르다. 반응물이 모두 흡착하여 활성화되면 여러 가지 반응이 같이 진행되나, 한 종류의 반응물만 흡착하여 활성화된 상태에서 촉매반응이 진행되므로 E – R 반응기구를 거치는 반응에서 원하는 생성물에 대한 선택성이 높다.

(2) 표면반응이 속도결정 단계인 L – H 반응기구

L – H 반응기구를 따르는 촉매반응에서 표면반응이 속도결정 단계인 반응기구와 속도식을 정리하였다.

【예 1】 $A + B \rightarrow C$

비가역적인 이분자반응(bimolecular)으로, 반응물과 생성물 모두 같은 활성점(*)에 흡착한다.

[반응기구]

흡 착 : $A + {}^* \underset{k'_A}{\overset{k_A}{\rightleftharpoons}} A_{-*}$ $\tag{4.64a}$

$B + {}^* \underset{k'_B}{\overset{k_B}{\rightleftharpoons}} B_{-*}$ $\tag{4.64b}$

표면반응 : $A_{-*} + B_{-*} \xrightarrow{k_s} C_{-*} + *$ (4.64c)

탈 착 : $C + * \xrightleftharpoons[k'_C]{k_C} C_{-*}$ (4.64d)

k는 흡착속도상수이고, k'는 탈착속도상수이며, k_s는 표면반응의 속도상수이다. C 생성물의 흡착평형을 A와 B 반응물과 같은 방법으로 나타내기 위해, C 생성물의 탈착 과정을 실제 진행 방향과 반대로 나타내었다. 표면반응이 속도결정 단계이면 반응이 느려서 비가역적이므로 표면반응에는 정반응만 나타내는 화살표를 썼다.

[속도식]

L−H 반응기구에서는 흡착평형 상태를 랭뮤어 흡착등온선으로 나타내므로, 각 물질의 표면점유율을 아래 식으로 쓴다.

흡착 : $k_A P_A \theta_V = k'_A \theta_A \qquad \theta_A = \dfrac{k_A}{k'_A} P_A \theta_V = K_A P_A \theta_V$ (4.64e)

$k_B P_B \theta_V = k'_B \theta_B \qquad \theta_B = \dfrac{k_B}{k'_B} P_B \theta_V = K_B P_B \theta_V$ (4.64f)

탈착 : $k_C P_C \theta_V = k'_C \theta_C \qquad \theta_C = \dfrac{k_C}{k'_C} P_C \theta_V = K_C P_C \theta_V$ (4.64g)

θ_V는 비어 있는 활성점의 표면점유율이고, θ_A는 A 반응물이 흡착한 활성점의 표면점유율이며, K_J는 k_J/k'_J로 정의한 흡착평형상수이다. 표면반응이 속도결정 단계이므로 반응속도는 흡착한 A와 B의 표면반응속도와 같다.

$$r = r_s = k_s \theta_A \theta_B \tag{4.64h}$$

식 (4.64e)부터 식 (4.64g)까지 세 식을 합하여 비어 있는 활성점의 표면점유율을 구한다.

$$\theta_A + \theta_B + \theta_C = \theta_V(K_A P_A + K_B P_B + K_C P_C) = 1 - \theta_V \tag{4.64i}$$

$$\theta_V = \frac{1}{1 + K_A P_A + K_B P_B + K_C P_C} \tag{4.64j}$$

θ_A와 θ_B를 나타내는 식을 식 (4.64h)에 넣어 반응속도식을 도출한다.

$$r = \frac{k_s K_A K_B P_A P_B}{(1 + K_A P_A + K_B P_B + K_C P_C)^2} \tag{4.64k}$$

분모항에 있는 $K_J P_J$항은 반응물과 생성물이 활성점에 흡착하는지 여부를 알려준다. 분자에 있는 k_s는 표면반응의 성격을 나타내며, $K_A K_B P_A P_B$는 반응의 진행 원동력이다.

L-H 반응기구에서 도출한 속도식(4.64k)은 지수속도식에 비해 복잡하지만, 이로부터 촉매반응의 속도에 대한 여러 가지 사항을 알 수 있다. 분모항의 지수가 '2'이면, 흡착하여 반응하는 반응물이 두 종류이다. $K_A P_A$와 $K_B P_B$뿐만 아니라 $K_C P_C$항도 분모에 들어 있으므로, A와 B 반응물뿐만 아니라 C 생성물도 흡착한다. C 생성물이 흡착하지 않으면($K_C \rightarrow 0$), $K_C P_C$항이 분모에 나타나지 않는다. 생성물이 반응물에 비해 강하게 흡착하면 분모에 생성물항만 남게 되어, 생성물의 탈착이 반응속도에 미치는 영향이 크다.

반응에는 관여하지 않으나 활성점에 흡착하는 X 물질이 반응계에 같이 들어 있으면, 식 (4.64l)처럼 분모에 $K_X P_X$항을 더해 주어야 한다. X가 A, B, C에 비해 매우 강하게 활성점에 흡착한다면 $K_X P_X$가 $K_A P_A$ 등에 비해 아주 크다. X가 활성점을 대부분 차지하므로 반응물 A와 B의 표면점유율이 아주 낮아서 반응이 진행하지 않는다. X처럼 활성점에 강하게 흡착하여 활성점을 차폐하므로, 촉매반응의 진행을 억제하는 물질을 촉매독이라고 부른다.

$$r = \frac{k_s K_A K_B P_A P_B}{(1 + K_A P_A + K_B P_B + K_C P_C + K_X P_X)^2} \tag{4.64l}$$

【예 2】 $A + B \rightleftharpoons C$

가역적인 이분자반응으로, 반응물과 생성물 A, B, C가 모두 같은 활성점에 흡착한다.

[반응기구]

표면반응이 가역적이라는 점을 제외하면 【예 1】의 반응기구와 같기 때문에 표면반응만 나타내었다.

$$A_{-*} + B_{-*} \underset{k'_s}{\overset{k_s}{\rightleftharpoons}} C_{-*} + * \tag{4.65a}$$

[속도식]

표면반응이 가역적이므로, 속도식을 쓸 때 역반응을 고려한다.

$$r = k_s \theta_A \theta_B - k'_s \theta_C \theta_V \tag{4.65b}$$

각 성분의 표면점유율을 구해 식 (4.65b)에 대입하여 속도식을 구한다.

$$r = \frac{k_s(K_A K_B P_A P_B - K_C P_C / K_s)}{(1 + K_A P_A + K_B P_B + K_C P_C)^2} \tag{4.65c}$$

K_s는 k_s/k_s'로 정의되는 표면반응의 평형상수이다. 가역반응이기 때문에 역반응을 고려하는 점이 【예 1】과 다르다.

【예 3】 A + B → C

비가역적인 이분자반응으로, 반응물 A와 B가 서로 다른 활성점에 흡착하고, 생성물 C는 어느 활성점에도 흡착하지 않는다.

[반응기구]

반응물이 각각 다른 활성점에 흡착하므로 반응물 A가 흡착하는 활성점을 *으로 표시하고, 반응물 B가 흡착하는 활성점을 ◎으로 다르게 표시하였다.

$$A의\ 흡착 : A +\ * \underset{k_A'}{\overset{k_A}{\rightleftarrows}}\ A_{-*} \tag{4.66a}$$

$$B의\ 흡착 : B + ◎ \underset{k_B'}{\overset{k_B}{\rightleftarrows}} B_{-◎} \tag{4.66b}$$

[속도식]

반응물 A와 B의 활성점이 서로 달라서 이들의 흡착 – 탈착 과정이 서로 독립적이므로 평형식을 따로 쓴다.

$$k_A P_A (1 - \theta_A) = k_A' \theta_A \tag{4.66c}$$

$$k_B P_B (1 - \theta_B) = k_B' \theta_B \tag{4.66d}$$

표면반응이 속도결정 단계이므로 【예 1】에서처럼 θ_A와 θ_B를 대입한다.

$$r = k_s \theta_A \theta_B$$
$$= \frac{k_s K_A K_B P_A P_B}{(1 + K_A P_A)(1 + K_B P_B)} \tag{4.66e}$$

활성점의 종류가 달라서 분모항이 두 개로 나뉘었고, 생성물이 흡착하지 않으므로 분모항에 $K_C P_C$가 들어 있지 않다. 반응물 A와 B의 흡착세기에 따라 속도식 모양이 달라진다.

【예 4】 $A_2 + B \rightarrow C$

비가역반응으로, 반응물 A와 B가 같은 활성점에 흡착되나, 반응물 A_2는 두 원자로 나뉘어 해리흡착한다.

[반응기구]

A_2가 해리흡착하려면 활성점이 두 개 필요하고, A_2B나 ABA 구조의 생성물 C가 활성점 한 개에 흡착한다면, 반응기구를 다음과 같이 쓴다.

$$A\text{의 흡착}: A_2 + 2^* \underset{k_A'}{\overset{k_A}{\rightleftharpoons}} 2\,A_{-*} \tag{4.67a}$$

$$B\text{의 흡착}: B + ^* \underset{k_B'}{\overset{k_B}{\rightleftharpoons}} B_{-*} \tag{4.67b}$$

$$\text{표면반응}: 2\,A_{-*} + B_{-*} \overset{k_S}{\longrightarrow} C_{-*} + ^* \tag{4.67c}$$

$$\text{탈 \quad 착}: C_{-*} \underset{k_C}{\overset{k_C'}{\rightleftharpoons}} C + ^* \tag{4.67d}$$

[속도식]

활성점이 두 개 필요하므로 반응물 A의 흡착속도는 θ_V의 제곱에 비례한다.

$$k_A P_A \theta_V^2 = k_A' \theta_A^2 \tag{4.67e}$$

$$k_B P_B \theta_V = k_B' \theta_B \tag{4.67f}$$

$$k_C' \theta_C = k_C P_C \theta_V \tag{4.67g}$$

위 식을 합하여 θ_V를 구한다.

$$\theta_A + \theta_B + \theta_C = 1 - \theta_V = (\sqrt{K_A P_A} + K_B P_B + K_C P_C)\theta_V \tag{4.67h}$$

$$\theta_V = \frac{1}{(1 + \sqrt{K_A P_A} + K_B P_B + K_C P_C)} \tag{4.67i}$$

해리흡착하는 A_2의 흡착평형식에서 θ_V를 도출할 때 $K_A P_A$ 항에 제곱근이 씌워지는 점이 특이하다. 해리흡착한 A 원자 둘과 B가 반응하므로 속도식은 다음과 같이 쓴다.

$$r = k_\mathrm{s} \theta_\mathrm{A}^2 \theta_\mathrm{B} = \frac{k_\mathrm{s} K_\mathrm{A} K_\mathrm{B} P_\mathrm{A} P_\mathrm{B}}{(1 + \sqrt{K_\mathrm{A} P_\mathrm{A}} + K_\mathrm{B} P_\mathrm{B} + K_\mathrm{C} P_\mathrm{C})^3} \tag{4.67j}$$

흡착한 반응물 세 개가 표면반응에 관여하므로 분모항의 지수는 '3'이다. 반면, A 원자가 두 개가 반응에 참여하므로 분자항에는 제곱근이 나타나지 않는다.

해리흡착한 A 원자 하나와 B가 반응하여 C가 생성된다면, 속도식은 약간 달라진다.

$$r = k_\mathrm{s} \theta_\mathrm{A} \theta_\mathrm{B} = \frac{k_\mathrm{s} \sqrt{K_\mathrm{A} P_\mathrm{A}} K_\mathrm{B} P_\mathrm{B}}{(1 + \sqrt{K_\mathrm{A} P_\mathrm{A}} + K_\mathrm{B} P_\mathrm{B} + K_\mathrm{C} P_\mathrm{C})^2} \tag{4.67k}$$

흡착한 반응물 두 개만 반응에 참여하므로 분모항의 지수는 '2'가 되며, 분자항에도 제곱근이 있다.

해리흡착하는 반응물의 예로 수소가 있다. 알켄의 수소화반응에서는 수소 분자가 귀금속 표면에 해리흡착하여 수소 원자가 생성된다. 수소의 반응차수가 촉매나 알켄의 종류에 따라 다르리라 예상하지만, 대부분의 수소화반응에서 수소의 반응차수는 '1'이다. 알켄의 수소화 반응이 L-H 반응기구를 거쳐 진행한다고 가정하여 유도한 속도식의 분자와 분모 모두에 수소와 관련된 항이 있지만, 실험적으로 구한 속도식에서 수소의 반응차수는 대개 '1'이고, 분모에는 수소에 관련된 항이 없다. 수소가 알켄에 비해 촉매에 약하게 흡착하므로($K_\mathrm{A} P_\mathrm{A}$ $\rightarrow 0$) 분모에 수소와 관련된 항이 없어진다. 수소 원자 두 개가 알켄에 더해지므로, 수소 표면점유율을 제곱하므로 분자에는 제곱근이 들어 있는 항이 없다.

【예 5】 $A_1 + A_2 + \cdots + A_r \rightleftarrows A_{r+1} + A_{r+2} + \cdots + A_{r+n}$

반응물과 생성물이 모두 같은 활성점에 흡착하는 가역적인 촉매반응을 일반화한 반응식이다. 표면반응이 속도결정 단계이면 속도식을 다음과 같이 쓴다.

[속도식]

$$r = \frac{k_\mathrm{s} \left(\prod_{I=1}^{R} K_I P_I - \prod_{J=R+1}^{R+N} K_J P_J / K_\mathrm{s} \right)}{\left(1 + \sum_{K=1}^{R+N} K_K P_K \right)} \tag{4.68}$$

분모에 반응물과 생성물의 흡착항이 모두 들어 있고, 가역반응이므로 분자에 생성물의 역반응항이 들어 있다. 반응물이 나뉘어 흡착하거나 특정한 반응물이나 생성물의 흡착이 아주 약하면 반응속도식에 이런 사항을 반영하여 정리한다. 표면반응이 속도결정 단계인 L-H 반응기구를 따르는 촉매반응의 속도식은 식 (4.68)에 조건을 넣어 유도한다.

(3) 흡착과 탈착이 속도결정 단계인 L-H 반응기구

표면반응이 매우 빠르면 반응물의 흡착속도나 생성물의 탈착속도가 반응속도를 결정한다.

【예 6】 $A + B \rightleftarrows C$

가역적인 이분자반응이며, 반응물 A의 흡착이 가장 느리다.

[반응기구]

A의 흡착이 가장 느리므로 B의 흡착과 흡착한 반응물의 표면반응은 상대적으로 빨라서 평형을 이룬다고 가정한다.

$$A의 \ 흡착 : A + * \; \underset{k_A'}{\overset{k_A}{\rightleftarrows}} \; A_{-*} \qquad\qquad (4.69a)$$

$$B의 \ 흡착 : B + * \; \underset{k'_B}{\overset{k_B}{\rightleftarrows}} \; B_{-*} \qquad\qquad (4.69b)$$

$$표면반응 : A_{-*} + B_{-*} \; \underset{k'_s}{\overset{k_s}{\rightleftarrows}} \; C_{-*} + * \qquad\qquad (4.69c)$$

$$C의 \ 탈착 : C_{-*} \; \underset{k_C}{\overset{k'_C}{\rightleftarrows}} \; C + * \qquad\qquad (4.69d)$$

[속도식]

A의 흡착이 가장 느리므로 전체 반응속도는 A의 흡착속도와 같다.

$$r = k_A P_A \theta_V - k_A' \theta_A \qquad\qquad (4.69e)$$

A의 흡착이 느리기 때문에 앞에서 보인 예와 달리 A의 흡착평형을 가정하지 못하여, θ_A를 B와 C의 흡착평형식과 표면반응의 평형식에서 유도한다.

$$k_B P_B \theta_V = k'_B \theta_B \qquad\qquad (4.69f)$$

$$k_C P_C \theta_V = k'_C \theta_C \qquad\qquad (4.69g)$$

$$k_s \theta_A \theta_B = k'_s \theta_C \theta_V \qquad\qquad (4.69h)$$

θ_B와 θ_C를 다음 식에 대입하여 θ_A를 θ_V의 함수로 쓴다.

$$\theta_A = \frac{\theta_C \theta_V}{K_s \theta_B} = \frac{K_C P_C}{K_s K_B P_B} \theta_V \tag{4.69i}$$

$$\theta_A + \theta_B + \theta_C = 1 - \theta_V = \left(\frac{K_C P_C}{K_s K_B P_B} + K_B P_B + K_C P_C \right) \theta_V \tag{4.69j}$$

$$\theta_V = \frac{1}{\left(1 + \dfrac{K_C P_C}{K_s K_B P_B} + K_B P_B + K_C P_C \right)} \tag{4.69k}$$

θ_V를 A의 흡착평형식에 대입하여 반응속도식을 완성한다.

$$r = \frac{k_A (P_A - K_C P_C / K_s K_A K_B P_B)}{\left(1 + \dfrac{K_C P_C}{K_s K_B P_B} + K_B P_B + K_C P_C \right)} \tag{4.69l}$$

가역적인 데다가 A의 표면점유율을 B와 C의 표면점유율에서 계산하므로 속도식이 매우 복잡하지만, 실제 상황을 감안하여 정리하면 의외로 간단해진다. A의 흡착을 제외한 나머지 단계는 모두 빨라서 고려하지 않아도 되고, 분모의 처음 항만 중요하므로 속도식은 $r = k_A P_A$로 아주 간단해진다.

【예 7】 $A + B \rightleftharpoons C$

가역적인 이분자반응에서 생성물 C의 탈착이 가장 느리다. k'_C가 작으므로 C의 흡착평형을 가정하지 못한다.

[반응기구]

【예 6】의 반응기구와 같다.

[속도식]

C의 탈착이 가장 느리므로 반응속도는 C의 탈착속도와 같다.

$$r = k'_C \theta_C - k_C P_C \theta_V \tag{4.70a}$$

C의 탈착에 비하여 표면반응과 반응물 A와 B의 흡착이 빨라서 평형을 이룬다고 보고, 이들의 관계식에서 θ_C를 구한다.

$$\theta_C = \frac{K_s \theta_A \theta_B}{\theta_V} = \frac{K_s K_A P_A K_B P_B \theta_V^2}{\theta_V} = K_s K_A K_B P_A P_B \theta_V \tag{4.70b}$$

$$\theta_V = \frac{1}{(1 + K_A P_A + K_B P_B + K_s K_A K_B P_A P_B)} \tag{4.70c}$$

θ_C와 θ_V를 C의 탈착속도식에 대입하여 속도식을 완성한다.

$$r = \frac{K_s K_A K_B P_A P_B - K_C P_C}{(1 + K_A P_A + K_B P_B + K_s K_A K_B P_A P_B)} \tag{4.70d}$$

탈착이 속도결정 단계이면 일반적으로 속도식이 복잡하다.

(4) 표면반응이 속도결정 단계인 E – R 반응기구

【예 8】 $A + B(g) \rightleftharpoons C$

흡착한 반응물 A와 기체 상태의 반응물 B의 표면반응이 속도결정 단계이다. 생성물 C는 반응물 A와 같은 활성점에 흡착한다.

[반응기구]

$$A의 흡착 : A + * \underset{k'_A}{\overset{k_A}{\rightleftharpoons}} A_{-*} \tag{4.71a}$$

$$표면반응 : A_{-*} + B(g) \overset{k_s}{\longrightarrow} C_{-*} \tag{4.71b}$$

$$C의 탈착 : C_{-*} \underset{k_C}{\overset{k'_C}{\rightleftharpoons}} C + * \tag{4.71c}$$

[속도식]

표면반응이 속도를 결정하므로 속도식은 $r = k_s \theta_A P_B$이다. A와 C의 흡착평형을 가정하였으므로 θ_A를 랭뮤어 흡착등온선에서 구한다.

$$\theta_A = \frac{K_A P_A}{1 + K_A P_A + K_C P_C} \tag{4.71d}$$

$$r = \frac{k_s K_A P_A P_B}{1 + K_A P_A + K_C P_C} \tag{4.71e}$$

B는 흡착하지 않으므로 분모에 B와 관련된 항이 없다. 흡착하여 반응하는 물질이 하나이어서 분모항이 제곱이 아니라는 점도 L – H 반응기구와 다르다.

(5) 두 단계 반응기구

반응 중간체가 여러 개이면 중간체의 생성과 전환에 관련된 기본 반응이 여러 개이다. 각 반응마다 속도식과 속도상수를 모두 고려해야 하므로 반응기구에서 속도식을 구하기가 쉽지 않다. 이뿐만 아니라 각 기본 반응의 속도가 같지 않으므로, 이를 모두 반영하려면 속도식이 매우 복잡해진다. 설령 속도식을 유도하였다 해도 각 기본 반응의 평형상수를 실험적으로 결정하기가 쉽지 않아서 속도식에서 반응속도를 계산하기 어렵다. 속도식이 복잡해지면 반응물이나 생성물의 농도 변화가 속도에 미치는 영향을 파악하기 어려워서, 어렵게 유도한 속도식인데도 쓸모가 없다.

이런 점을 감안하여 여러 단계를 거쳐 일어나는 촉매반응에서 속도식을 구할 때 가장 중요한 중간체를 설정하여 반응기구를 단순화한다. 다시 말하면, 반응물로부터 가장 중요한 중간체가 생성되는 단계와 이 중간체가 생성물로 전환되는 단계로 반응기구를 구성한다. 반응기구가 두 단계로 간단해져서 속도식을 유도하기 쉽다.

질소 분자와 수소 분자가 반응하여 암모니아를 만드는 반응에서는 해리흡착한 질소 원자와 수소 원자, 질소 원자에 수소 원자가 하나 결합한 NH, 수소 원자가 두 개 결합한 NH_2, 흡착한 생성물 NH_3 등 여러 중간체가 생성된다. 먼저 L–H 반응기구를 적용하여 속도식을 구한 후 이를 두 단계 반응기구를 적용하여 구한 속도식과 비교하여 두 단계 반응기구의 의의를 설명한다.

【예 9】 $N_2 + 3H_2 \rightarrow 2NH_3$

질소 분자가 해리흡착하는 단계가 속도결정 단계이며, 질소와 수소가 모두 같은 활성점에 흡착하여 활성화되는 L–H 반응기구를 거친다고 가정한다.

[반응기구]

$$N_2 + 2 * \xrightarrow{k_1} 2 N_{-*} \qquad (4.72a)$$

$$H_2 + 2 * \underset{k'_2}{\overset{k_2}{\rightleftharpoons}} 2 H_{-*} \qquad (4.72b)$$

$$N_{-*} + H_{-*} \underset{k_3}{\overset{k'_3}{\rightleftharpoons}} NH_{-*} + * \qquad (4.72c)$$

$$NH_{-*} + 2 H_{-*} \underset{k_4}{\overset{k'_4}{\rightleftharpoons}} NH_3 + 3 * \qquad (4.72d)$$

생성된 암모니아의 흡착도 고려해야 하지만, 단순화하기 위해 이를 생략하였다.

[속도식]

질소의 흡착 단계가 속도결정 단계이므로, 전체 반응속도는 질소의 해리 흡착속도와 같다.

$$r = k_1 P_{N_2} \theta_V^2 \tag{4.72e}$$

질소의 흡착 단계를 제외한 다른 단계는 모두 빠르게 진행된다고 가정하면, 다른 단계는 평형을 이루므로 θ_V를 넣어 평형식을 쓴다.

$$K_2^{1/2} P_{H_2}^{1/2} \theta_V = \theta_H \tag{4.72f}$$

$$K_3 \theta_N \theta_H = \theta_{NH} \theta_V \tag{4.72g}$$

$$\theta_{NH} \theta_H^2 = K_4 P_{NH_3} \theta_V^3 \tag{4.72h}$$

위 식에서 θ_N, θ_{NH}, θ_V를 구한다.

$$\theta_N = \frac{K_3 K_4 P_{NH_3}}{K_2^{3/2} P_{H_2}^{3/2}} \theta_V \tag{4.72i}$$

$$\theta_{NH} = \frac{K_4 P_{NH_3}}{K_2 P_{H_2}} \theta_V \tag{4.72j}$$

$$\theta_V = \frac{1}{\left(1 + \sqrt{K_2 P_{H_2}} + \dfrac{K_3 K_4 P_{NH_3}}{K_2^{3/2} P_{H_2}^{3/2}} + \dfrac{K_4 P_{NH_3}}{K_2 P_{H_2}}\right)} \tag{4.72k}$$

θ_V를 질소의 해리흡착속도식에 대입하여 전체 속도식을 완성한다.

$$r = \frac{k_1 P_{N_2}}{\left(1 + \sqrt{K_2 P_{H_2}} + \dfrac{K_3 K_4 P_{NH_3}}{K_2^{3/2} P_{H_2}^{3/2}} + \dfrac{K_4 P_{NH_3}}{K_2 P_{H_2}}\right)^2} \tag{4.72l}$$

위 속도식은 너무 복잡하고 결정해야 할 평형상수가 많아서, 이 식에서 암모니아 합성반응의 속도를 계산하기 어려울 뿐 아니라, 반응물과 생성물의 압력이 반응속도에 미치는 영향을 판단하지 못한다. 반응 중간체를 거의 다 고려하여 유도하였지만, 속도식이 너무 복잡하여 쓸모 없다.

【예 10】 $N_2 + 3H_2 \rightarrow 2NH_3$

질소 분자가 해리흡착하는 단계를 속도결정 단계로 보는 점은 같으나, 【예 9】와 달리 흡착한 NH만을 중간체로 간주한다.

[반응기구]

질소 원자와 수소 원자가 해리흡착하여 결합하는 과정과 NH_{-*} 중간체에 수소 원자가 차례로 더해지는 과정을 빼면 암모니아의 생성반응은 다음과 같이 간단해진다. 질소 분자와 수소 분자가 반응하여 NH가 생성되어 흡착하고, 이 중간체에 기상의 수소 분자가 반응하여 암모니아가 된다.

$$N_2 + H_2 + 2\,* \xrightarrow{\;k_5\;} 2\,NH_{-*} \tag{4.73a}$$

$$NH_{-*} + H_2 \underset{k_6}{\overset{k'_6}{\rightleftharpoons}} NH_3 + * \tag{4.73b}$$

다른 중간체를 모두 NH에 더하여, NH의 생성 단계와 NH가 암모니아로 전환되는 수소화반응 단계만을 고려한다.

[속도식]

질소의 해리흡착이 가장 느리므로 NH_{-*} 중간체의 수소화반응이 상대적으로 빨라서 평형을 이룬다고 가정한다. NH_{-*} 중간체에 다른 중간체를 모두 더하면 θ_{NH}는 $(1 - \theta_V)$이므로, NH_{-*} 중간체의 수소화반응 평형식을 다음과 같이 쓴다.

$$(1 - \theta_V)P_{H_2} = K_6 P_{NH_3}\theta_V \tag{4.73c}$$

$$\theta_V = \frac{P_{H_2}}{P_{H_2} + K_6 P_{NH_3}} \tag{4.73d}$$

θ_V를 질소의 해리흡착속도식에 대입하여 전체 반응속도식을 구한다.

$$r = \frac{k_5 P_{N_2}}{\left(1 + \dfrac{K_6 P_{NH_3}}{P_{H_2}}\right)^2} \tag{4.73e}$$

이 방법으로 구한 암모니아 합성반응의 속도식에는 k_5와 K_6 두 개의 상수만 들어 있어서, 이들의 값을 결정하기 쉽다. 속도식이 간단하여 반응물인 질소와 수소의 분압이나 생성물인 암모니아의 분압이 반응속도에 미치는 영향을 쉽게 파악할 수 있다. k_5와 K_6를 결정하면 질소, 수소, 암모니아 분압을 넣어 반응속도를 계산하므로, 반응물의 조성과 반응속도의 상관성 검토가 가능하다. 이 속도식에서는 질소의 해리흡착이 속도결정 단계이어서, 반응물인 수소와 질소의 분압이 높아지면 반응이 빨라지고 생성물인 암모니아 분압이 높아지면 속도가 느려지는 점이 잘 드러난다. L-H 반응기구를 적용하여 유도한 속도식 (4.72.1)에 K_2와 K_3가 매우 작고 NH 생성반응이 비가역이라고 가정하여 정리하면 같은 식이 된다. 중간체를 모두 고려하여 아주 복잡한 속도식을 유도하는 대신, 단지 NH 중간체의 생성과 전환을 고려한 두 단계 반응기구로서 간단하면서도 유용한 속도식을 유도한다.

분해반응에도 두 단계 반응기구를 적용한다.

【예 11】 A → B + C

A가 생성물 B와 C로 분해하는 비가역반응에서 A의 흡착하는 단계가 속도결정 단계이다.

[반응기구]

$$A + * \xrightarrow{k_1} A_{-*} \tag{4.74a}$$

$$A_{-*} + * \underset{k'_2}{\overset{k_2}{\rightleftharpoons}} B_{-*} + C_{-*} \tag{4.74b}$$

$$B_{-*} \underset{k_3}{\overset{k'_3}{\rightleftharpoons}} B + * \tag{4.74c}$$

$$C_{-*} \underset{k_4}{\overset{k'_4}{\rightleftharpoons}} C + * \tag{4.74d}$$

[속도식]

L-H 반응기구를 따르는 반응이고, 흡착 단계가 속도결정 단계이므로, 비어 있는 활성점에 A가 흡착하는 속도가 전체 반응속도와 같다.

$$r = \frac{k_1 P_A}{\left(1 + \dfrac{K_3 K_4}{K_2} P_B P_C + K_3 P_B + K_4 P_C\right)} \tag{4.74e}$$

A, B, C가 모두 흡착하므로 흡착평형상수 세 개와 A의 흡착속도상수를 알아야 이 식에서 반응속도를 계산할 수 있다.

【예 12】 A → B + C

【예 11】과 달리 생성물 B가 생성물 C에 비해 중요하고 비가역적으로 생성된다고 보아

두 단계 반응기구로 속도식을 유도한다.

[반응기구]

B의 생성과 탈착만을 다루며, B의 탈착이 비가역적이다.

$$B_{-*} \xrightarrow{k'_3} B + * \tag{4.74f}$$

[속도식]

정상상태 근사법(stationary state approximation)을 적용하여 $\dfrac{\mathrm{d}\theta_V}{\mathrm{d}t} = 0$ 조건을 넣어서 θ_V 를 구한다.

$$-k_1 P_A \theta_V + k'_3 \theta_B = 0 \tag{4.74g}$$

B를 중요한 중간체로 전제하였으므로, 이의 표면점유율이 $\theta_B = 1 - \theta_V$ 이어 위 식을 $(k_1 P_A + k'_3)\theta_V = k'_3$ 로 정리한다. A의 흡착속도가 바로 반응속도이므로, 위 식에서 구한 θ_V를 대입하여 반응속도식을 완성한다.

$$r = k_1 P_A \theta_V = \frac{k_1 P_A}{1 + (k_1/k'_3)P_A} \tag{4.74h}$$

이 속도식은 L–H 반응기구를 가정하여 구한 결과처럼 아주 단순하나, L–H 반응기구에서 유도한 식에 어떤 가정을 도입하여도 이 속도식이 얻어지지 않는다. 두 단계 반응기구가 어느 경우에나 적용되지 않음을 보여주는 예로, 표면점유율이 낮은 B를 중요한 중간체로 설정하였기에 실제와 다른 속도식이 얻어졌다.

【예 13】 A → B + C

【예 11】에서처럼 L–H 반응기구를 따라 분해반응이 진행하고, 표면반응이 속도결정 단계이며, 생성물 B와 C의 흡착평형상수가 매우 작아서 이들은 활성점에 흡착하지 않는다고 가정한다.

[반응기구]

$$A의 흡착 : A + * \underset{k'_1}{\overset{k_1}{\rightleftharpoons}} A_{-*} \tag{4.74i}$$

$$\text{표면반응 : A}_{-*} \xrightarrow{k_2} \text{B} + \text{C} + * \qquad\qquad (4.74\text{j})$$

생성물 B와 C가 촉매에 흡착하지 않으므로, 이들의 탈착을 고려하지 않는다.

[속도식]

표면반응이 속도를 결정하고, A만 흡착하므로 θ_A를 구하여 표면반응의 속도식에 대입한다.

$$r = k_2\theta_A = \frac{k_2 K_1 P_A}{1 + K_1 P_A} \qquad\qquad (4.74\text{k})$$

A만 흡착하고 표면반응이 속도를 결정한다고 가정하여 유도한 속도식과 B를 중요한 중간체라고 가정하여 두 단계 반응기구를 적용하여 유도한 속도식의 모양이 같다. 속도식의 모양은 같으나 반응기구는 서로 다르다. 중간체의 종류와 속도결정 단계를 어떻게 설정하느냐에 따라 속도식이 달라지므로, 반응기구가 달라도 같은 모양의 속도식이 유도될 수 있다는 점에 유의해야 한다.

(6) 산화 – 환원 반응기구

금속 산화물 촉매에서 일어나는 알켄의 부분산화반응은 격자산소에 의해 일어난다. 금속 원자와 격자산소의 결합이 강하지 않아서, 격자산소가 금속 원자에 흡착한 알켄과 결합하여 알켄을 산화시킨다. 비어 있는 격자산소 자리에 기상 산소가 다시 채워지면서 촉매활성점이 재생된다. 산소 분자가 전자를 받아서 분자와 원자 이온 상태로 흡착한 산소에 비하면 격자 산소의 활성은 낮다.

산소와 결합하여 전자밀도가 낮아진 금속 원자에 전자밀도가 높은 이중결합이 있는 알켄이 흡착한다. 격자산소의 활성이 낮기 때문에 알켄에 격자산소가 결합하여도 알켄이 이산화탄소와 물로 완전산화되지 않고 알코올, 알데하이드, 카복실산, 에폭사이드 화합물로 부분산화된다.

이 과정을 따르면 촉매의 산화와 환원 단계를 거쳐 반응이 진행하므로 산화 – 환원 반응기구라고 부르기도 하고, 연구자의 성을 따서 마스와 판 크레블른(Mars and van Krevelen) 반응기구라고 부르기도 한다. 2가 금속 산화물(MO)의 표면에서 진행되는 산화 – 환원반응 과정을 다음에 나타내었다. R은 알켄이고, RO는 부분산화반응의 생성물이다.

$$\text{M}-\text{O}-\text{M}-\text{O} \xrightarrow{\text{R}} \overset{\overset{\text{R}}{|}}{\text{M}}-\text{O}-\text{M}-\text{O} \rightarrow \overset{\overset{\text{RO}}{|}}{\text{M}} -\blacksquare-\text{M}-\text{O} \xrightarrow[1/2\,\text{O}_2]{-\text{RO}} \text{M}-\text{O}-\text{M}-\text{O}$$

$$\text{Cat}-\text{O} \underset{\frac{1}{2}\text{O}_2}{\overset{\text{R}}{\rightleftarrows}} \text{Cat}+\text{RO}$$

금속 원자가 산소를 잃으면 촉매가 환원되고, 비어 있는 격자산소의 자리가 채워지면 촉매가 산화되어 원래 상태로 회복된다. 반응이 완결되려면 산화 단계와 환원 단계를 모두 거쳐야 하므로, 산화 단계와 환원 단계의 속도는 서로 같고, 이들 단계의 속도는 전체 반응속도와 같다.

$$r = k_R P_R (1 - \theta) = k_O P_{O_2}^n \theta \tag{4.75}$$

k_R과 k_O는 환원과 산화 단계의 반응속도상수이고, P_R과 P_{O_2}는 알켄과 산소의 분압이다. n은 격자산소가 채워지는 산화반응에서 산소의 반응차수로서, 알켄의 부분산화반응에서는 1이다. 위 식에서 θ를 구하여 대입하면 부분산화반응의 속도식이 된다.

$$r = \frac{1}{(1/k_O P_{O_2}^n) + (1/k_R P_R)} \tag{4.76}$$

알켄에 격자산소를 주면서 촉매가 환원되는 단계의 속도보다 산소에 의해 촉매가 산화되는 단계의 속도가 빠르면, $k_O P_{O_2}^n \gg k_R P_R$이다. 분모의 첫 항이 아주 작아져 무시해도 되므로, 속도식은 다음과 같이 아주 간단해진다.

$$r = k_R P_R \tag{4.77}$$

격자산소의 빈자리는 기상 산소에 의해 바로 채워지므로 금속 원자에 흡착한 알켄에 산소가 전달되는 촉매환원 단계의 반응속도가 전체 반응속도가 된다.

반대로 기상 산소에 의해 격자산소의 빈자리가 채워져 촉매가 산화되는 단계가 촉매의 환원 단계보다 느리면, $k_O P_{O_2}^n \ll k_R P_R$이 되어 속도식이 달라진다.

$$r = k_O P_{O_2}^n \tag{4.78}$$

격자산소의 빈자리가 채워지는 단계가 상대적으로 느리므로, 산소 분압이 속도 결정에 중요하다. 대부분의 금속 산화물 촉매에서는 비어 있는 격자산소의 자리가 기상 산소에 의해 채워지는 단계가 빨라서 알켄 분압에 1차 형태인 속도식이 많다.

산화−환원 반응기구 대신 금속 원자에 알켄과 산소가 흡착하여 반응한다고 보는 L−H 반응기구로도 알켄의 부분산화반응을 해석할 수 있다. 알켄이 산화된 상태를 중요한 중간체로 간주하면 두 단계 반응기구를 적용해도 된다. 그러나 알켄의 부분산화반응의 속도를 해석하는 데는 산화-환원 반응기구가 아주 편리하므로 부분산화반응을 다른 반응기구로 해석하는 예가 거의 없다.

(7) 촉매반응의 속도식에 대한 고찰

반응기구에서 유도한 촉매반응의 속도식을 다음과 같은 형태로 일반화하여 쓴다.

$$r = \frac{(\text{반응속도항})(\text{원동력항})}{(\text{흡착항})^n} \tag{4.79}$$

반응속도항에 들어 있는 속도결정 단계의 속도상수가 반응의 성격을 나타낸다. 표면반응이 속도결정 단계이면 반응속도상수가, 흡착이 속도결정 단계이면 흡착속도상수가 반응속도항에 들어 있다. 온도에 따른 반응속도의 변화 정도가 활성화에너지로서 반응속도상수에 들어 있지만, 원동력항이나 흡착항에 들어 있는 화학평형상수 역시 온도에 따라 달라지므로 반응속도에 미치는 온도의 영향이 매우 복잡하다.

원동력항의 형태는 반응이 가역적이냐 비가역적이냐에 따라 달라진다. 비가역반응에서는 정반응만을 고려하므로 정반응에 관련된 반응물의 분압과 평형상수만 원동력항에 들어 있으나, 가역반응에서는 역반응을 고려하여 생성물의 분압과 평형상수로 이루어진 생성물항을 빼주어야 한다. 전체 반응속도는 정반응속도에서 역반응속도를 빼준 값이어서 역반응이 진행되면 속도가 느려진다.

분모는 흡착항으로서 활성점에 흡착하는 물질에 관한 정보가 들어 있다. 분모에 반응물과 생성물의 항이 없으면, 이들이 흡착하지 않거나 흡착하더라도 흡착세기가 아주 약하다. n

표 4.4 L-H 반응기구를 거치는 $A \rightleftharpoons P$와 $A + B \rightleftharpoons P$ 반응의 속도식[10]

속도결정 단계	반응속도식	흡착항
$A \rightleftharpoons P$		
1) A의 흡착	$k\left(P_A \theta_V - \dfrac{P_A}{K}\right)$	$1 + K_A P_A + K_P P_P$
2) 표면반응	$kP_A - k' P_P$	$1 + K_A P_A + K_P P_P$
3) P의 탈착	$k\left(\dfrac{P_P}{K_P} - P_P \theta_V\right)$	$1 + K_A P_A + K_P P_P$
$A + B \rightleftharpoons P$		
4) A의 흡착	$k_A P_A \theta_V - k'_A \theta_A$	$1 + K_A P_A + K_B P_B + K_P P_P$
5) 표면반응	$k_s \theta_A \theta_B - k'_s \theta_P$	$(1 + K_A P_A + K_B P_B + K_P P_P)^2$
6) P의 탈착	$k'_P \theta_P - k_P P_P \theta_V$	$1 + K_A P_A + K_B P_B + K_P P_P$

값은 표면반응에 참여하는 흡착한 물질의 개수로서 흡착한 반응물 두 개가 반응하는 표면반응이 속도를 결정하면 $n = 2$이다. 수소 원자 두 개와 알켄 한 분자가 반응하는 수소화반응에서 n은 3이다.

L-H 반응기구에 따라 진행하는 $A \rightleftharpoons P$와 $A + B \rightleftharpoons P$ 가역반응의 대표적인 속도식을 표 4.4에 정리하였다[10, 11]. $A \rightleftharpoons P$ 반응에서 k와 k'는 각각 정반응과 역반응의 반응속도상수이다. 속도결정 단계에 따라 속도식 형태가 달라지고, 반응물과 생성물의 흡착 여부나 흡착 세기에 따라 흡착항이 달라진다.

표 4.4의 속도식 1)을 예로 든다. 생성물이 흡착하지 않고 반응물의 흡착도 아주 약하다면 흡착항을 고려하지 않아도 된다. 생성물이 흡착하지 않아서 역반응이 일어나지 않으므로 반응속도식은 아주 간단해져서, 이 반응의 속도식은 반응물 농도에 대하여 1차인 기상반응의 속도식과 같다. 이처럼 반응 조건에서 적절한 근거를 끌어내어 이를 속도식에 반영하면, 속도식이 간단해진다.

$$r_A = kP_A \tag{4.80}$$

$A + B \rightleftharpoons C$인 반응에서 생성물의 흡착이 약하거나 분압이 낮아 이의 흡착량이 아주 적으면 반응속도식을 아래처럼 쓸 수 있다.

$$r = \frac{k_s K_A K_B P_A P_B}{(1 + K_A P_A + K_B P_B)^2} \tag{4.81}$$

A의 흡착은 아주 약하고 B의 흡착은 강하다면, $K_B P_B \gg 1$ 또는 $K_A P_A$라는 조건이 성립하여, 흡착항에 $K_B P_B$만 남으므로 속도식이 아주 간단해진다.

$$r = \frac{k_s K_A P_A}{K_B P_B} \tag{4.82}$$

반응속도가 A에 대해서 1차이지만, B에 대해서는 -1차이다. 반응물 B의 농도가 높아지는데도 반응속도가 느려지는 특이한 현상이 나타난다. 한 종류 반응물의 흡착이 강하거나 분압이 높아서 활성점을 많이 차지하는 경우이다. 어느 반응물의 분압이 높아지면 이 반응물의 표면점유율이 높아지고, 다른 반응물의 표면점유율은 낮아져서 반응속도가 느려진다.

겉보기 활성화에너지도 속도식에 따라 달라진다. 식 (4.82)에 $k_s = A \exp(-E_s/RT)$, $K_A = B \exp(q_A/RT)$, $K_B = C \exp(q_B/RT)$를 대입하여, 온도 의존성을 나타내는 겉보기 활성화에너지 E_{app}를 구한다.

$$-E_{\text{app}} = -E_{\text{s}} + q_{\text{A}} - q_{\text{B}} \tag{4.83}$$

q_{A}와 q_{B}는 각각 반응물 A와 B의 흡착열이고, E_{s}는 표면반응의 활성화에너지이다. 위 식에서 보듯이 촉매반응의 겉보기 활성화에너지는 흡착하는 물질의 흡착열에 따라 달라진다. 반응물 A의 흡착열이 많으면 겉보기 활성화에너지는 작아지지만, 반응물 B의 흡착열이 많으면 도리어 커진다. 화학반응의 고유 활성화에너지는 활성화 착화합물의 생성에 필요한 에너지를 의미하지만, 겉보기 활성화에너지에는 흡착열이 같이 들어 있어서 온도에 따른 반응속도의 변화 정도를 반영한다.

다음 식은 식 (4.81)을 온도에 대하여 미분한 결과이다.

$$\frac{\text{d}\ln r}{\text{d}(-1/RT)} = E_{\text{s}} - q_{\text{A}} + q_{\text{B}} + \frac{2(q_{\text{A}}K_{\text{A}}P_{\text{A}} + q_{\text{B}}K_{\text{B}}P_{\text{B}})}{(1 + K_{\text{A}}P_{\text{A}} + K_{\text{B}}P_{\text{B}})} \tag{4.84}$$

온도가 높아지면 흡착평형상수인 K_{A}와 K_{B}가 작아져서 오른쪽 식의 마지막 항이 작아진다. 낮은 온도에서는 오른쪽 전체 값이 양수이어서, 온도가 높아지면 반응속도가 빨라진다. $q_{\text{A}} - q_{\text{B}} > E_{\text{s}}$이고, 온도가 상당히 높아져서 오른쪽 끝 항이 아주 작아지면 전체 부호가 양에서 음으로 바뀐다. 온도가 높아지면 반응속도가 빨라졌다가 어느 온도 이상에서는 온도가 높아지면 반응속도가 도리어 느려져서 반응속도가 최대가 되는 온도가 있다. 낮은 온도에서는 반응물이 많이 흡착하지만, 표면반응이 느려 전체 반응이 느리다. 온도가 높아지면 표면반응이 빨라지지만, 반응물의 흡착량이 줄어들어 전체 반응이 느려진다. 이로 인해 흡착량이 많으면서도 표면반응이 빠르게 일어나는 중간 온도에서 반응속도가 최대가 된다. 원리적으로는 모든 촉매반응에서 반응속도가 최대가 되는 온도가 나타나야 하지만, 온도가 지나치게 높으면 분해되거나 다른 반응이 일어나서 반응이 가장 빨라지는 온도가 관찰되지 않을 때도 많다. 제올라이트 촉매에서 진행되는 부텐의 이성질화반응에서는 온도가 높아지면 반응속도가 느려지는 현상이 뚜렷이 나타난다[12].

반응기구에서 유도한 속도식으로 실험 결과를 해석할 때 주의해야 할 점이 많다. 앞에서 살펴본 것처럼 반응기구가 달라도 흡착하는 물질과 세기, 속도결정 단계를 어떻게 설정하는가에 따라 속도식이 같아지기 때문이다. 따라서 유도한 속도식이 실험 결과와 일치한다고 해서, 설정한 반응기구가 타당하다고 생각하면 대단히 위험하다. 반대로 실험을 통해 결정한 속도식에서 반응기구를 유추할 때 실험 조건의 범위 밖으로 확대 해석하는 일도 매우 위험하다. 실험 조건에 비추어 속도식의 적용 한계를 검토해야 하고, 결정한 상수의 타당성을 점검해야 한다. 예를 들면, 흡착평형상수는 반드시 양수이어야 하며, 온도가 높아지면 작아진다는 기본적인 성격과 일치하는지 여부를 확인해야 한다. 평형상수의 온도 의존성에서 계산한 ΔH°를 열역학 자료와 비교하여 부호와 크기가 일치하는지, 그리고 반응의 성격에 부합하는지 여부도 검토하여야 한다. 분자의 개수가 많아지는 반응에서 구한 ΔS^o가 음수라면, 반응 성격과 일치하지 않으므로 속도식 유도 과정을 다시 검토해야 한다.

이처럼 속도식 도출과 해석에는 제한이 많고 유의해야 할 사항이 많지만, 반응속도식은 촉매반응의 진행 과정을 정량적으로 나타내는 아주 중요한 자료이다. 촉매반응을 공업적으로 활용하기 위해 반응기를 설계하고 촉매반응의 수율이나 선택성을 극대화하기 위해서, 또 촉매의 활성과 선택성을 높이는 방안을 유추하기 위해서 반응속도식이 꼭 필요하기 때문이다.

🔍 6 촉매반응의 속도식 결정

실험을 통해 측정한 반응속도에서 촉매반응의 속도식을 결정한다. 반응기구에서도 속도식을 유도하지만, 이 역시 실험적으로 검증해야 한다. 속도식을 결정하는 방법에는 크게 두 가지가 있다. 반응온도가 반응물의 농도 등 반응 조건을 바꾸어 가며 측정한 속도론적 자료에서 연역적으로 속도식을 결정하는 방법과, 이와 반대로 반응식이나 개략적인 반응 결과에서 속도식을 먼저 설정한 후 이를 실험 결과와 비교하여 수정해 가는 시행착오(trial and error) 방법이 있다. 이 절에서는 실험을 통해 촉매반응의 속도를 측정하고 이로부터 속도식을 결정하는 과정을 설명한다.

일반적인 화학반응과 마찬가지로 촉매반응에서도 반응시간에 따른 반응물과 생성물의 몰수(또는 농도) 변화에서 반응속도를 결정하므로, 반응속도를 측정하려면 일정한 시간 간격(또는 연속적)으로 반응기에 들어 있는 물질의 농도를 측정하여야 한다. 반응속도를 측정할 때 사용하는 반응기에는 그림 4.7에 보인 회분식 반응기와 흐름형 반응기가 있다. 반응기의 종류에 따라 반응물의 공급과 생성물의 배출 방법뿐 아니라 반응시간의 개념이 다르다.

회분식 반응기에서는 반응물을 추가로 공급하지 않고, 생성물이 반응기 내에 축적된다. 반

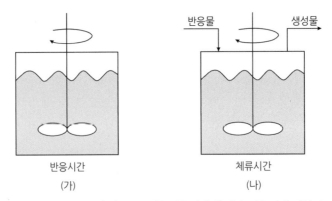

그림 4.7 회분식 반응기 (가)와 흐름형 반응기 (나)에서 반응시간 개념의 비교

응이 시작된 시점에서부터 경과한 실제 시간이 바로 반응시간이다. 반응물과 촉매를 반응기에 넣은 시점에서 반응이 시작하고, 일정한 시간 간격으로 반응기 내 물질을 채취하여 분석한다. 반응물과 생성물의 농도 변화에서 계산한 반응의 진행 정도에서 반응속도를 결정한다.

이와 달리 **흐름형 반응기**에서는 반응물이 일정한 속도로 공급되고, 생성물은 연속적으로 배출된다. 따라서 반응물이 반응기 내를 지나가는 시간 동안만 반응이 일어난다. 이런 이유로 흐름형 반응기에서는 실제 시간과 반응시간 사이에 아무 관계가 없다. 반응기 부피를 반응물 유량으로 나누어 구한 반응물의 반응기 내 **체류시간**(residence time)이 바로 반응시간이다. **충전식 반응기**(packed bed reactor)에서는 반응기의 부피 대신 촉매층의 부피를 반응물 유량으로 나누어 체류시간을 결정한다. 촉매의 충전량을 바꾸거나 반응물 유속을 조절하여 체류시간을 조절함으로써 반응시간에 따른 반응의 진행 정도를 조사한다.

촉매층이 얇거나 유속이 빠르면 체류시간이 짧고, 촉매층이 두껍거나 유속이 느리면 체류시간이 길다. 체류시간을 **접촉시간**(contact time)이라고도 하는데, 이는 촉매와 반응물이 접촉하여 반응이 진행됨을 강조하는 용어이다. 흐름형 반응기에서 체류시간을 바꾸기가 복잡하고, 또 체류시간이라는 개념이 익숙하지 않으므로 회분식 반응기를 예로 들어 속도식 결정 방법을 설명한다.

반응의 진행 정도를 조사하기 위해 먼저 반응물이나 생성물의 농도를 측정한다. 일정 시간 간격으로 반응계에서 시료를 채취하여 화학분석 방법으로 농도를 결정한다. 반응시간에 따른 농도의 변화를 그린 곡선의 기울기에서 반응속도를 계산한다. 회분식 반응기에서 시료를 계속 채취하면 반응계의 규모가 필연적으로 줄어들고, 화학분석 과정에서 시료가 파괴되며, 아주 짧은 간격으로 시료를 채취하기 어려워 연속적인 결과를 얻지 못한다.

반응의 진행 정도와 연관지을 수 있는 반응계의 물리적 성질을 측정하면, 일정 간격으로 시료를 채취하지 않고도 반응의 진행 정도를 연속적으로 조사할 수 있다. 부피가 일정한 반응기에서 반응물보다 생성물의 분자 개수가 적어지는 화학반응이 일정 온도에서 진행되면 반응의 진행에 따라 압력이 낮아지므로 압력을 측정하여 반응속도를 계산한다. 분자 개수가 많아지는 분해반응에서는 반응이 진행되면 압력이 높아진다. 압력 외에도 굴절률, 흡광도, 편광률 등을 반응속도 측정에 활용한다. 액상반응에서는 가시광선이나 자외선의 흡광도를 연속적으로 측정하여 반응속도를 결정하는 방법을 많이 사용한다. 물리적 성질로부터 반응속도를 결정하는 방법은 계에 영향을 주지 않고, 시료에 손실이 없으며, 연속적으로 측정할 수 있어 아주 편리하다. 그러나 물질을 직접 분석하지 않기 때문에 측정 결과에 대한 세심한 보정과 분석 방법에 대한 주기적인 검증이 필요하다.

(1) 미분 해석법

촉매층에서 일어나는 반응의 진행 정도를 측정하여 반응속도를 결정한 후에 미분 해석법으로 비가역반응의 속도식을 구한다. 반응 진행 중에 반응물과 생성물의 농도를 반응시간 (흐름형 반응기에서는 체류시간)에 따라 측정하여 기울기를 계산하면 반응속도는 dC/dt가된다. 부피가 변하지 않는 반응계에서는 농도 변화가 바로 반응속도이므로 아주 단순하지만, 반응 진행에 따라 부피가 달라지는 반응계에서는 부피 변화를 고려하여 농도 변화로부터 반응속도를 계산한다.

반응계의 부피가 일정한 $A \rightleftharpoons B$ 반응을 예로 들어 속도식의 결정 과정을 설명한다. 생성물이 촉매에 흡착하지 않고 흡착한 반응물 A의 표면반응이 속도결정 단계이면, 속도식은 다음과 같이 쓴다.

$$r = -\frac{dC_A}{dt} = \frac{kKC_A}{1 + KC_A} \tag{4.85}$$

반응시간에 따라 C_A를 측정하여 반응시간에 따른 농도의 변화곡선을 그림 4.8의 왼쪽 그림처럼 그린다. 반응속도는 시간당 농도의 변화값이므로, 곡선의 기울기가 그 시점에서 반응속도이다. 특정한 반응시간이나 농도에서 반응속도를 구하고, 반응물 A의 농도와 반응속도가연관되도록 속도식을 식 (4.86)과 같이 바꾼다.

$$\frac{C_A}{-dC_A/dt} = \frac{1}{kK} + \frac{1}{k}C_A \tag{4.86}$$

여러 농도에서 결정한 반응속도를 대입하여 구한 식 (4.86)의 왼쪽 항을 C_A에 대해 그리면, 그림 4.8의 오른쪽 그림에서 보듯이 기울기가 $1/k$인 직선이 얻어진다. 실험 결과가 직선이어야 속도식을 유도한 반응기구와 부합되며, 기울기에서는 반응속도상수 k를, 절편에서는 흡

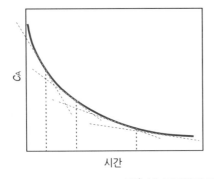
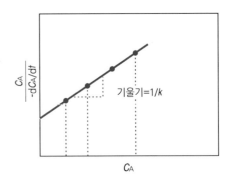

그림 4.8 미분법에 따른 반응 실험 결과의 분석 예

착평형상수 K를 결정한다.

이 방법에서는 먼저 반응을 검토하여 속도식의 형태를 결정한다. 실험적으로 이의 타당성을 검증하고, 반응속도에 관련된 매개변수를 결정한다. 만일 가정한 속도식이 실험 결과와 부합하지 않으면, 새로운 반응기구를 설정하여 속도식을 다시 도출한다. 이 방법은 반응기구를 알고 있거나 반응이 비교적 단순하여 반응기구의 설정이 용이한 반응에서 속도식을 유도할 때 적절하다. 농도의 측정 범위가 너무 좁거나 반응시간의 폭이 너무 짧으면, 실험 결과가 예상한 결과와 잘 일치한다고 해서 가정한 속도식이 맞다고 이야기하기 어렵다. 측정 농도와 반응시간의 범위가 충분히 넓은 조건에서도 설정한 속도식이 실험 결과와 일치하는지 확인해야 한다.

(2) 초기 속도법

초기 속도법은 전환율이 아주 낮은 조건에서 반응속도를 측정하여 속도식을 결정하는 미분 해석법의 일종이다. 반응이 조금 진행하면 반응물과 생성물의 농도 변화가 그다지 크지 않으므로, 반응시간 동안의 농도 변화에서 바로 반응속도를 계산한다. 반응 초기에는 생성물이 없으므로 역반응을 고려하지 않아 편리하지만, 반응의 진행 정도가 낮으므로 반응물과 생성물의 농도 변화를 정확하게 측정할 수 있는 분석 수단이 있어야 한다. 이 방법을 적용하려면 $r_1 = \Delta C_1 / \Delta t$의 관계가 성립되어야 하므로, 전환율이 5~10%로 낮은 조건에서 농도 변화를 측정하여 반응속도를 구한다. 전환율이 낮을수록 초기 속도라는 전제에 잘 부합하지만, 측정의 정확성이 낮아지므로 이를 고려하여 전환율의 범위를 설정한다. 부피가 변하는 반응계에서는 시간에 따른 전환율의 변화 정도에서 한정 반응물의 초기 반응속도($r_{1,0}$)를 계산한다.

$$r_{1,0} = -\frac{1}{V}\frac{\Delta n_1}{\Delta t} = \frac{n_{1,0}\Delta X}{V_0(1+\delta y_{1,0}X)\Delta t} \qquad (4.87)$$

초기 속도법으로 속도식을 구하는 과정을 설명한다. 반응속도가 반응물 농도의 지수함수라고 가정하여 지수속도식을 설정하고, 반응속도를 측정하여 반응차수 α, β, γ …와 반응속도상수 k를 구한다. 먼저 반응물 A의 차수를 구하기 위해 B, C 등 다른 반응물의 농도가 변하지 않도록 과량 첨가한 조건에서 반응물 A의 초기 농도를 바꾸어가며 초기 반응속도를 측정한다.

$$r_0 = kC_{A,0}^{\alpha} C_{B,0}^{\beta} C_{C,0}^{\gamma} \cdots \qquad (4.88)$$

하첨자 '0'은 초기 상태를 나타내며, r_0는 초기 반응속도이고, $C_{A,0}$는 A 반응물의 초기 농도이다. 다른 반응물의 농도가 A 반응물의 농도에 비해 20배 정도 높다면, A 반응물의 농도 변화에 무관하게 이들 반응물의 농도를 일정하다고 가정한다. $C_{A,0}$만 변하므로 식 (4.89)처럼 반응식을 정리한다. 이 조건에서 측정한 결과를 $\ln C_{A,0}$에 대한 $\ln r_0$의 그래프에 그려서, 측정 결과가 직선으로 나타내면 직선의 기울기에서 A 반응물의 반응차수 α를 결정한다.

$$r_0 = (k C_{B,0}^\beta \, C_{C,0}^\gamma \cdots) C_{A,0}^\alpha = k' C_{A,0}^\alpha \tag{4.89}$$

$$\ln r_0 = \ln k' + \alpha \ln C_{A,0} \tag{4.90}$$

같은 방법으로 B와 C 반응물의 반응차수 β와 γ를 결정한다. 반응차수가 모두 결정되면 반응물의 농도를 아는 시점에서 측정한 초기 속도를 속도식에 대입하여 반응속도상수를 계산한다.

초기 속도법은 반응기구를 유추하기 어렵거나 속도식의 형태를 예측하기 어려운 반응에서, 지수속도식을 이용하여 속도식을 구하는 가장 기본적인 방법이다. 미분하거나 적분하는 등 특별한 조작을 거치지 않고 속도식을 구한다. 전환율이 낮은 조건에서 측정하므로 농도 변화가 너무 작아서 정밀도가 아주 우수한 분석 수단이 있어야 농도 측정이 정확해지고, 이로부터 결정한 속도식의 타당성이 높아진다. 전환율을 높여가면서 반응속도를 측정하여 이를 전환율이 0인 상태로 외삽하는 방법으로 초기 속도의 측정 정확도를 높이기도 한다.

(3) 적분 해석법

반응시간에 따른 전환율의 측정 결과를 해석하여 속도식을 도출하고 반응속도상수를 구하는 방법을 적분 해석법이라고 부른다. 미분 형태인 반응속도를 적분하여 전환율을 계산하기 때문에 붙여진 이름이다. 반응식과 속도 측정 결과를 검토하여 설정한 반응속도식의 적분 결과와 속도 측정 결과를 비교하여 설정한 속도식의 타당성을 검증한다.

적분 해석법에서는 각 성분의 반응차수를 적절히 설정하여 속도식을 $f(C_1, C_2, \cdots, C_j)$ 형태로 적는다.

$$-\frac{1}{V}\frac{dn_1}{dt} = k f(C_1, \, C_2, \, \cdots, \, C_j) \tag{4.91}$$

부피가 일정한 회분식 반응기에서 한정 반응물의 농도 C_1과 그 외 물질의 농도 C_j를 전환율의 함수로 쓴다.

$$C_1 = C_{1,0}(1 - X) \tag{4.92}$$

$$C_j = C_{j,0} + \frac{\alpha_j}{\alpha_1} C_{1,0} X \tag{4.93}$$

각 성분의 농도와 n을 모두 전환율의 함수로 바꾸어 설정한 속도식에 대입하고, 반응속도와 각 성분의 농도가 모두 전환율의 함수이므로 이를 시간에 대해 적분하여 반응시간과 전환율의 관계를 구한다.

$$\frac{\mathrm{d}X}{\mathrm{d}t} = k\phi(X) \tag{4.94}$$

$$kt = \int_0^t \frac{\mathrm{d}X}{\phi(X)} = \Phi(X) \tag{4.95}$$

설정한 속도식을 적분하여 얻은 결과가 실험적으로 측정한 결과와 일치하면, 이를 반응속도식으로 채택한다. 이와 달리 적분 결과가 측정 결과와 일치하지 않으면, 속도식을 다시 설정한다.

적분 해석법으로 반응속도식을 구하는 방법을 정리한다.

1) 연속적 또는 적절한 반응시간(흐름형 반응기에서는 체류시간) 간격으로 전환율 X를 측정한다.
2) 속도식 $f(C_1, C_2, \cdots, C_j)$을 설정한다.
3) 각 성분 농도를 전환율의 함수로 나타내어 반응속도를 전환율의 함수로 나타낸 함수 $\phi(X)$를 얻는다.
4) $\phi(X)$를 적분하여 반응시간에 따른 전환율의 함수 $\Phi(X)$를 구하여, 이 함수로 계산한 전환율과 측정한 전환율이 일치하는지 비교한다. 일치하면 $\Phi(X)$와 반응시간의 관계에서 반응속도상수와 반응차수를 구해 속도식을 완성한다.
5) $\Phi(X)$ 함수로부터 계산한 결과가 측정 결과와 일치하지 않으면 속도식을 다시 설정하여 2)~4) 과정을 반복한다.

적분 해석법은 측정한 전환율에서 바로 속도식을 결정하므로 편리하지만, 측정 결과와 속도식에서 계산한 결과가 일치한다고 해서 설정한 속도식이 반드시 타당하다는 뜻이 아님을 유의해야 한다. 반응시간이 짧으면 대부분의 반응에서 전환율이 반응시간에 따라 선형으로 증가하므로, k만 적절하게 넣어주면 적분한 속도식 결과와 측정 결과가 일치한다. 그래서 반응시간의 폭을 넓혀 전환율이 80~90% 정도로 높은 조건에서도 측정 결과와 $\Phi(X)$ 함수로부터 계산한 결과가 일치하는지 확인해야 한다. 반응시간이 길어져 전환율이 높아짐에 따라 $\Phi(X)$ 함수로부터 계산한 전환율이 실험 결과보다 높으면, 가정한 반응차수가 실제보다 크다. 반대로 전환율이 높아질수록 계산한 전환율이 실험 결과보다 낮으면, 반응차수가 작게 설정되었을 가능성이 높다.

(4) 압력 측정법

부피가 일정한 회분식 반응기에서 반응의 진행으로 압력이 달라지는 기상반응에서는 반응시간에 따른 압력 변화로부터 반응속도를 계산한다. 반응물과 생성물의 몰수가 달라야 반응이 진행되면서 압력이 달라지므로, 이 방법은 양론계수의 합이 영이 아닌 반응에만 적용한다 ($\sum \alpha_j \neq 0$). 온도와 부피가 일정한 반응기에서 이상기체의 기체 몰수는 압력에 비례한다.

$$n_t / n_{t,0} = P/P_0 \tag{4.96}$$

P_0와 $n_{t,0}$는 반응이 시작하는 시점에서 각각 반응기 내 압력과 반응계의 전체 몰수이고, n_t는 임의의 시점에서 압력이 P인 반응계의 전체 몰수이다. 반응계의 몰수 변화를 고려하여 압력을 전환율의 함수로 쓴다.

$$P = P_0 (1 + \delta y_{1,0} X) \tag{4.97}$$

$$X = \frac{1}{\delta y_{1,0} P_0} (P - P_0) \tag{4.98}$$

압력의 측정값을 대입하여 압력 변화로부터 반응속도를 계산한다.

$$r = -\frac{1}{V_0} \frac{dn_1}{dt} = \frac{n_{1,0}}{V_0} \frac{dX}{dt} \tag{4.99}$$

$$r = \frac{n_{1,0}}{\delta y_{1,0} P_0 V_0} \frac{dP}{dt} \tag{4.100}$$

이 식에 $y_{1,0} = n_{1,0}/n_{t,0}$을 대입하고 이상기체 법칙을 적용하여 압력 변화로 반응속도를 나타낸다.

$$r = \frac{1}{\delta R T_0} \frac{dP}{dt} \tag{4.101}$$

반응시간에 따라 측정한 압력 결과에서 바로 반응속도를 계산하며, 이에 미분 해석법을 적용하여 속도식을 구한다. 압력을 정밀하게 측정할 수 있으면 초기 속도법으로 속도식을 결정한다. 압력 측정 결과에서 바로 전환율을 계산하므로 속도식을 적분 해석법으로 구해도 된다. 압력을 전기 신호로 바꾸어주는 선사식 변환기의 성능이 매우 우수하여 분자 개수가 달라지는 기상 촉매반응의 속도식 조사에 압력 측정법을 많이 사용한다.

(5) 반응속도 측정의 정확도

반응속도는 속도식 결정의 기본 자료이므로 정확할수록 좋지만, 반응기 내에서 온도와 농도 분포 등에 따른 오차 및 실험자의 숙련도와 집중도에 따른 오차로 정확도에 한계가 있다. 반응의 종류, 측정 장치, 반응 조건에 따라 오차가 다르므로 반응속도의 측정 결과를 해석할 때 주의해야 한다.

반응속도상수는 온도의 지수함수이어서 온도에 따라 크게 달라지므로 온도의 측정과 제어 정도에 따라 반응속도의 측정 오차가 크게 달라진다. 표 4.5에 반응속도상수의 측정에서 20% 오차가 발생하는 온도 폭을 정리하였다. 활성화에너지가 크면 온도가 조금만 달라져도 반응속도가 크게 달라지므로 온도 제어 폭이 반응속도의 측정 결과에 미치는 영향이 크다. 활성화에너지가 $125 \, kJ \cdot mol^{-1}$인 화학반응이 200 ℃에서 일어날 때 온도가 1.4 ℃만 달라져도 반응속도상수는 20%나 달라진다. 반응기 온도의 제어가 중요하므로 촉매층 앞에 예열기를 달고, 촉매층 바로 밑에 온도 감지기를 설치한다. 발열이 심한 반응에서는 희석제를 촉매와 섞어 반응열에 의한 온도 변화를 줄여준다. 가열로 내에서 온도가 일정하게 유지되는 곳(uniform zone)에 반응기, 특히 촉매층이 위치하도록 유의한다. 반응기 주위를 열전도성이 좋은 금속 재료로 감싸 반응기 온도가 일정한 영역을 넓힌다.

반응기 내에서 위치에 따라 물질의 농도에 차이가 있으면 반응 조건이 다른 상태에서 반응이 진행하므로, 측정한 반응속도의 오차가 커진다. 촉매 알갱이가 커서 물질의 흐름이 불균일해지면 반응속도를 정확하게 측정하기 어렵다. 내부 또는 외부 물질전달이 반응속도에 영향을 미치는 조건에서는 측정한 반응속도에 물질전달의 영향이 같이 들어 있으므로, 이로부터 속도식을 결정하면 안된다. 따라서 표면반응의 속도식을 구하기 위해서는 물질전달의 영향이 배제되는 조건에서 반응속도를 측정해야 한다.

표 4.5 반응속도상수의 측정에서 20% 오차가 발생되는 온도 폭

E_a, kJ · mol^{-1} \ 반응온도, ℃	25	200	400	600
42	13	4.1	4.2	4.7
125	4.4	1.4	1.4	1.5
210	2.4	0.8	0.8	0.9

🔍 7 촉매반응의 속도 측정용 반응기

촉매반응의 반응속도를 정확히 측정하기 위해서 반응기 내 온도와 농도 등 반응 조건이

균일하고 물질전달의 영향이 최소화되는 반응기를 선택한다. 반응기의 종류가 많으므로 반응의 종류, 성격, 반응기 운용 조건 등을 고려하여 선택한다. 물질의 흐름이 있느냐의 여부에 따라 흐름형 반응기와 정지형 반응기로 나누고, 조작 형태에 따라 이들을 여러 가지로 구별한다.

가. 흐름형 반응기
    (1) 고정층 반응기
    (2) 펄스 반응기
    (3) 무구배(gradientless) 반응기: 연속교반 반응기, 내부순환 반응기, 외부순환 반응기
나. 정지형 반응기
    (1) 회분식 반응기
    (2) 순환 회분식 반응기

표면반응의 속도를 측정하려면 촉매 알갱이의 안팎에서 물질전달의 영향이 없어야 하고, 반응기 내에서 온도와 물질의 농도 분포가 균일하여야 한다. 물질전달의 영향이 배제되는 반응 조건과 촉매 모양을 선택하고, 촉매층 부피를 줄여서 반응 진행으로 인한 발열과 흡열로 반응온도가 달라지지 않도록 유의한다. 열전도도는 좋으나 촉매활성이 없는 유리, 석영, α-알루미나 등 희석제를 촉매와 섞어 충전함으로써 위치에 따른 온도 차이를 크게 줄인다.

(1) 고정층 반응기

U자형이나 일자형관에 촉매를 채운 반응기는 촉매와 반응물의 필요량이 적고 조작하기 쉬워서, 촉매반응을 조사할 때 많이 사용한다. 보통 지름이 1.5 cm 미만인 관을 반응기로 사용한다. 지름이 작을수록 반응기 내의 온도 분포는 균일하지만, 아주 가는 관에서는 같은 평면에 놓인 촉매 알갱이의 개수가 적고 위치에 따라 흐름속도가 달라서 반응속도가 달라질 수 있다(channeling). 관형 반응기를 유동 모래탕이나 전기로로 가열한다. 반응물을 예열하여 공급하고, 반응기 위에서 아래쪽으로 흘려 보내는 편이 촉매 알갱이가 날리지 않아서 좋다. 열전대 등 온도를 측정하는 감지기(센서)를 반응기의 촉매층 바로 밑에 설치하여 반응기 온도가 설정한 온도보다 높아지지 않도록 주의한다. 유동 모래탕으로 반응기를 가열하면 온도가 균일하여 모래탕 온도를 반응기 온도로 보아도 무방하다.

촉매 알갱이가 작으면 물질전달이나 열전달의 영향이 작아져서 반응기 내의 온도 분포가 균일하다. 촉매층 단면에 배열되는 알갱이 개수가 많아지도록 알갱이가 작으면 좋으나, 너무 작으면 압력강하가 심하여 보통 400~2,000 μm 크기의 촉매 알갱이를 사용한다. 알갱이 크기

가 매우 고르면 $100 \sim 200 \, \mu m$ 크기의 아주 작은 알갱이도 사용해도 된다. 알갱이가 더 고우면 압축기로 눌러서 덩어리를 만든 후 다시 부수어 적당한 크기의 알갱이를 골라 사용한다. 고정층 반응기에 촉매를 충전하지 않거나 희석제만을 충전한 후 반응을 조사하여(blank test), 측정 결과가 촉매에 기인한 결과인지 반드시 검증한다.

촉매층이 두터우면 반응이 많이 진행하여 전환율이 높아지므로 적분형 반응기가 된다. 플러그형 흐름 조건을 만족하면, 반응기의 미분 물질수지식에서 반응속도식을 유도할 수 있다.

$$r = -Q\frac{\mathrm{d}C_1}{\mathrm{d}V} = -\frac{\mathrm{d}C_1}{\mathrm{d}t} = -\frac{1}{V}\frac{\mathrm{d}n_1}{\mathrm{d}\tau} \tag{4.102}$$

$$\tau = \frac{V}{Q} \tag{4.103}$$

Q는 전체 반응물의 부피유량이고, V는 촉매층 부피이다. τ는 체류시간이며, 역수 $1/\tau$은 단위 시간에 촉매층을 통과하는 반응물의 양을 뜻하는 공간속도(hourly space velocity, h^{-1})이다. 고정층 반응기와 회분식 반응기에서 속도식의 모양은 같으나, 시간의 의미가 다르다. 회분식 반응기에서는 실제로 경과한 시간이 반응시간이지만, 고정층 반응기에서는 체류시간이 반응시간이다. 플러그형 흐름의 전제가 충족되도록 반응기 내에 어느 위치에서나 유체의 속도가 일정하려면 페클레수(Péclet number, P_e, ud_p/D)가 커야 한다. 보통 관 중심에서는 유속이 균일하지만, 벽 쪽으로 갈수록 느려지다가 벽에서는 0이 된다. 반응기의 지름이 d이고, 촉매 알갱이의 지름이 d_p일 때, 반지름 방향의 유속 차이를 무시하려면, d/d_p가 30 이상이고 반지름 방향의 페클레수가 10보다 커야 한다[13]. 그러나 레이놀즈수(Reynolds number, Re)가 크거나 전환율이 낮으면 d/d_p가 10보다 작아도 유속 차이를 무시할 수 있으므로, 조건을 잘 검토하여 유속의 영향을 고려한다.

반지름 방향보다도 축 방향의 속도 차이가 유체의 플러그형 흐름을 방해한다. 일반적으로 레이놀즈수가 10 이상이면, 기체의 페클레수는 2 정도이고, 액체에서는 2보다 더 작아진다. 따라서 유속이 느린 조건에서는 ($Re < 1$) 반응기 길이가 짧아야 축 방향의 속도 차이가 줄어든다. 축 방향의 속도 차이를 무시해도 되는 반응기의 최소 길이 L은 다음 식으로 계산한다[7].

$$\frac{L}{d_p} < \frac{20k}{P_e}\ln\frac{C_i}{C_f} \tag{4.104}$$

k는 반응속도상수이고, 아래첨자 i와 f는 각각 처음과 마지막을 뜻하며, $(1 - C_f/C_i)$는 분율로 나타낸 전환율이다. 이 판별법으로도 축 방향의 속도 차이에 따른 영향을 판단하지 못할 정도로 d/d_p가 작으면 촉매에 고운 불활성 충전제를 채워 분산의 영향을 점검한다. 가는 반응기에 굵은 열전대를 끼워 넣으면 이로 인해 흐름 분포가 달라지므로, 열전대를 넣기 전

후 차이도 점검한다.

측정한 반응속도가 등온 조건에서 측정한 값과 다르지 않도록 반응기 내에서 온도 분포가 균일한지 점검한다. 촉매층에 활성이 없는 희석제를 넣어 촉매 농도를 1/10로 희석시키면 발열이나 흡열 효과가 줄어들어서 등온 조건이 유지될 가능성이 10배 정도 커진다.

반응시간에 따른 전환율 결과를 활용하는 통상적인 적분 해석법은 복잡한 수치적분 과정을 거쳐야 하므로 상당히 불편하다. 고정층 반응기에서 촉매 사용량과 반응 조건을 적절히 조절하여 전환율을 5~10% 이내로 줄여 미분형 반응기 상태로 조작하면, 적분 과정 없이도 반응속도에서 바로 속도식을 결정한다.

(2) 펄스 반응기

촉매를 충전한 고정층 반응기를 기체 크로마토그래피(GC)의 분리컬럼 앞에 설치하여, 펄스 상태로 주입한 반응물이 촉매층을 거쳐 GC의 분리컬럼에 들어가도록 만든 반응기를 펄스 반응기라고 부른다(그림 4.9). 불활성 기체나 기상 반응물을 운반 기체로 사용하여 흐름을 유지하며, 반응기 앞에서 기체나 액체 반응물을 펄스로 공급한다. 촉매층을 지나면서 반응이 일어난 후, 이를 바로 GC의 분리컬럼에 넣어 성분별로 분석하여 전환율과 반응의 진행 정도를 계산한다. 미량전환 밸브(microswitching valve 또는 sampling multiport valve)나 주사기로 반응물의 펄스를 분리컬럼에 넣어준다.

펄스 반응기는 상용 GC에 고정층 반응기와 시료 주입 장치를 붙여 사용하기도 하고, 고정층 반응기에 분리컬럼과 열전도도 검출기를 붙여서 직접 만들어 사용한다. 생성된 물로 인해 분리관의 기능이 저하되면, 반응기와 분리컬럼 사이에 물을 제거하는 트랩(trap)을 설치한다. 생성물이 아주 조금 생성되거나 분석 감도가 낮으면, 분석 효율을 높이려고 생성물을 일정 시간 동안 트랩에 모았다가 일시에 증발시켜 분석한다.

펄스 반응기를 사용하면 반응물의 전환율을 측정하기는 쉽지만, 반응속도를 측정하기는 쉽지 않다. 반응물이 펄스 형태로 촉매층을 지나가기 때문에 정상 상태를 전제하는 반응속도식과 반응 진행 방법이 다르다. 0차반응에서는 펄스의 모양과 크기가 전환율에 영향을 주지

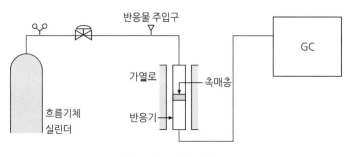

그림 4.9 펄스 반응기의 구조

않지만, 0차가 아닌 반응에서는 펄스 형태와 크기에 따라 반응의 진행 정도가 달라진다. L－H 반응기구를 거쳐 진행하는 촉매반응에서 펄스 반응기로 측정한 전환율은 흐름 반응기로 측정한 결과와 상당히 다르다.

펄스 형태를 모사하는 미분속도식을 세워 수치해석 방법으로 적분하여 흐름 반응기와 같은 속도식을 얻기도 하나, 반응차수에 따른 차이가 커서 펄스 반응기로는 일반적으로 속도식을 도출하지 않는다.

그러나 펄스 반응기는 촉매의 활성 평가, 표면 상태, 활성저하 등을 조사하는 데 매우 편리하여 촉매의 연구나 개발에 널리 사용한다. 중요한 장점을 다음에 정리하였다.

1) 반응물 주입량이 적기 때문에 발열이나 흡열 효과가 작아서 촉매층의 온도 변화가 최소화된다.
2) 반응물이 펄스로 공급되어 반응이 평형에 도달하지 못한 상태에서 종료되므로, 정상상태반응이 아닌 초기반응의 결과를 관찰할 수 있다.
3) 반응물 공급량이 적어서 촉매의 활성저하가 심하지 않다. 활성저하가 아주 심한 반응에서도 반응 조건을 바꾸어가며 촉매활성을 비교할 수 있다. 또 주입한 반응물과 생성물의 물질수지에서 촉매 표면에 축적한 물질의 양을 추정하여 활성저하의 원인을 고찰한다.
4) 수소나 산소 등을 펄스로 주입하거나 운반기체로 공급하여 촉매 표면에 남아 있는 물질을 탈착시키거나 제거하여 촉매에 축적된 물질의 조성과 상태를 조사한다.
5) 촉매의 표면적이 매우 작으면 부피 흡착법으로는 흡착 현상을 조사하기 어려우나, 펄스 반응기로는 시료를 조금씩 공급하여 흡착성질을 조사할 수 있다. 촉매에 반응물이나 검지물질(probe material)을 흡착시킨 후 승온탈착법(Temperature Programmed Desorption: TPD)나 승온반응법(Temperature Programmed Reaction: TPR) 등으로 이들의 흡착 상태와 세기를 조사한다.

이런 장점을 이용하여 펄스 반응기는 촉매반응의 속도와 속도식을 구하기보다 촉매 표면의 상태를 조사하거나, 반응물과 촉매의 상호작용 및 촉매활성의 정성적 평가에 더 적절하다. 촉매를 1차 검색(screening)하는 실험이나 개략적인 반응 조건의 설정에 펄스 반응기가 아주 적합하다.

(3) 연속교반 반응기

연속교반 반응기에서는 반응기 내에서 모든 물질의 농도 분포가 균일하고 등온 조건이 유지된다. 반응물과 생성물의 농도를 측정하여 전환율을 결정하여 반응속도를 구한다.

$$r = \frac{C_{1,0} - C_1}{V/Q} = \frac{C_{1,0}X}{\tau} = \frac{F_{1,0}X}{V} \qquad (4.105)$$

연속교반 반응기는 기상반응보다는 액상반응이나 기체 – 액체 혼합반응에 많이 사용된다. 촉매가 가루이면 반응물과 함께 넣어 저어주면서 반응시키고, 분석하려고 채취한 시료는 더 이상 반응이 진행하지 않도록 급랭시킨다.

촉매의 주입과 시료의 채취가 용이하도록 여러 형태의 연속교반 반응기가 고안되어 있다 [14]. 촉매를 바구니에 넣어 교반축에 매달고 돌려주므로 물질전달의 제한을 배제한 반응기도 있다[15]. 그림 4.10에 보인 촉매 바구니를 회전시키는 연속교반 반응기에서는 촉매가 액체 내에서 빠르게 회전하므로 외부 물질전달의 영향이 최소화된다. 촉매층을 교반하는 대신 그림 4.11에서 보듯이 반응기벽에 촉매 바구니를 고정시키고 반응물을 저어주어도, 바구니에 촉매를 넣고 저어줄 때와 마찬가지로 물질전달의 제한이 배제되고 등온 조건이 유지된다[16].

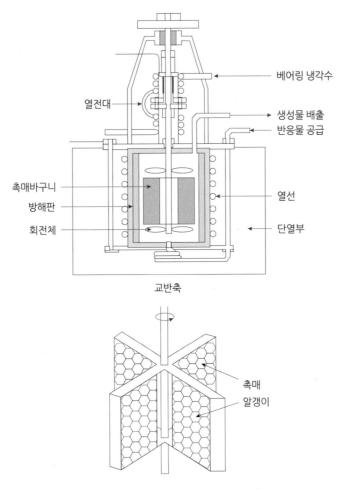

그림 4.10 촉매 바구니를 회전시키는 연속교반 반응기[15]

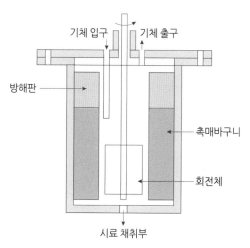

기체 입구 기체 출구

방해판

촉매바구니

회전체

시료 채취부

그림 4.11 촉매 바구니를 고정한 연속교반 반응기

(4) 순환 반응기

반응물과 생성물이 촉매층을 순환하도록 설계한 반응기가 순환 반응기이다. 반응물 순환량을 조절하도록 설계한 내부순환 반응기의 예로는 버티(Berty)형 반응기가 있다[16]. 순환속도가 아주 빠르면 연속교반 반응기가 되고, 순환속도가 공급속도에 비해 아주 느리면 흐름형 반응기가 된다. 순환 비율을 적절히 조절하여 연속교반 반응기부터 흐름형 반응기까지 모두 구현할 수 있어서 공학적 접근에 매우 유용하다. 촉매를 내부에서 순환시켜야 하는 내부순환 반응기는 제작하기 복잡하다. 고정층 반응기에 반응물 순환용 펌프와 반응물과 생성물이 응축되지 않도록 가열하는 순환관을 설치하면, 외부에서 반응물을 강제로 순환시키는 외부순환 반응기가 된다.

(5) 촉매 반응기의 비교

촉매반응의 속도식 조사에 사용하려는 반응기는 측정하려는 반응의 종류, 촉매 모양, 반응속도의 빠르기 등을 고려하여 선택한다. 온도와 농도 등 반응 조건이 균일하게 유지되는가, 반응물 유체와 촉매 알갱이의 접촉이 좋은가, 시료를 채취하고 분석하기 용이한가 등을 점검한다. 촉매의 활성저하 여부도 반응기 선택의 중요한 근거가 되며, 만들기 쉬운 반응기가 좋다.

고정층 반응기를 미분형으로 조작하면 전환율이 낮아 분석하기 어렵다. 반면 고정층 반응기를 적분형으로 조작하면 반응물 유체와 촉매의 접촉 상태가 좋지 못하고, 등온 조건을 유지하기가 어렵다. 순환 반응기는 반응물 유체와 촉매의 접촉 상태가 좋고 농도와 온도가 균일하게 유지되지만, 촉매를 교체하기 어려워 활성저하가 심한 촉매에는 적절하지 않다.

촉매반응의 속도식과 촉매를 사용하지 않는 반응의 속도식은 반응기구가 서로 다르므로 차이가 많다. 반응물 농도와 온도에 따른 반응속도의 변화 경향, 활성화에너지의 의미, 속도식에 나타나는 물질, 지수속도법의 적용 범위, 속도식 결정에 미치는 인자 등이 다르다. 이절에서는 촉매반응의 속도론적 특징을 정리한다(표 4.6).

촉매를 사용하지 않는 반응에서는 반응물이 서로 충돌하여 화학반응이 진행되므로 반응물 농도가 높아지면 충돌수가 많아져서 반응속도가 빨라진다. 촉매반응에서도 반응물 농도가 높아지면 활성점에 흡착하는 반응물이 많아져 반응속도가 빨라진다. 그러나 두 종류 이상의 반응물이 관여하는 촉매반응에서는 어느 반응물의 농도가 지나치게 높아지면 반응속도가 도리어 느려진다. 한 종류의 반응물이 활성점에 지나치게 많이 흡착하여 활성점을 너무 많이 차지하므로, 다른 반응물이 활성점에 흡착하지 못하기 때문이다. 촉매반응에서는 반응물의 농도보다 촉매 표면에 흡착한 반응물의 농도에 의해 속도가 결정되므로, 한 종류의 반응물이 표면 흡착점을 과도하게 점유하면 다른 반응물의 활성화가 억제된다. 이러한 이유로 촉매를 사용하지 않는 반응에서는 반응차수가 영이거나 양수이지만, 촉매반응에서는 반응차수가 음수일 수도 있다. 활성점에 강하게 흡착하는 물질의 농도를 낮추어주면, 촉매반응이 도리어 빨라지는 현상이 종종 나타난다. 방향족 화합물의 수소화반응에서 방향족 화합물에 비해 흡착하기 어려운 수소의 활성화를 위해 수소 압력을 높게 유지하여 수소의 표면점유율을 높여주어야 반응이 진행된다.

촉매를 사용하지 않는 반응에서는 반응물이 서로 충돌하여 반응한다. 온도가 높아지면 반응물의 운동에너지가 커지므로 반응이 일어나는 유효충돌수가 많아져서 반응속도가 빨라진다. 온도에 따라 반응속도가 빨라지는 정도를 나타내는 활성화에너지가 양수이어서, 온도가 높아지면 반응속도가 빨라진다. 촉매반응에서도 온도가 높아지면 표면반응이 빨라지지만, 반응물의 흡착량이 적어져 반응속도는 도리어 느려지기도 한다. 흡착량과 표면반응의 속도가 온도에 따라 변하는 경향이 다르기 때문이다. 촉매를 사용하지 않는 반응에서도 안정한 중간체가 생성되는 3차반응에서는 특이하게 겉보기 활성화에너지가 음수이기도 하나 매우 드물다. 그러나 촉매반응에서는 흡착하여 반응하므로 온도가 높아지면 반응속도가 느려지는 경우가 흔하다.

촉매를 사용하지 않는 비가역 화학반응의 속도식에는 반응물의 농도항만 들이 있다. 즉 반응물의 충돌수에 반응속도가 비례하므로 반응물 이외의 물질이 반응계에 들어 있어도 이들 농도는 반응속도에 영향을 미치지 않는다. 촉매반응에서는 반응에 참여하지 않아도 활성점에 흡착하는 물질은 속도식에 모두 들어 있다. 반응물과 함께 활성점에 경쟁적으로 흡착하기 때문에, 이들 농도가 높아지면 반응물의 흡착량이 적어져 반응속도가 느려진다. 반응물에 들어 있는 흡착세기가 아주 강한 물질은 촉매활성을 죽이는 촉매독이 된다. 촉매반응에서는 흡착 성격이 비슷한 반응물을 모아 같은 반응물로 취급하는데, 흡착성질이 비슷한 물질이 반응속도에 미치는 영향은 비슷하기 때문이다.

일반적으로 촉매를 사용하지 않는 화학반응의 속도식을 지수속도법으로 나타낸다. 해리하여 반응하는 수소의 반응차수는 1/2이어 정수가 아니지만, 대부분 반응물의 반응차수는 정수이다. 이에 비해 촉매를 사용하는 반응에서는 흡착항이 있기 때문에 단순한 지수속도법으로 속도식을 나타내기 어렵다. 반응차수를 정확히 언급하기 어렵고, 반응 조건에 따라 반응차수가 달라지는 점도 촉매를 사용하지 않는 반응과 다르다.

촉매반응에서는 표면반응 외에도 반응물의 흡착과 생성물의 탈착이 반응속도에 영향을 준다. 반응물과 생성물의 물질전달이 반응속도에 영향을 미치기도 한다. 또 반응물 사이의 흡착 경쟁, 반응에 관여하지 않으나 활성점에는 흡착하는 다른 물질 등 속도에 영향을 주는 인자가 많다. 발열이나 흡열 정도가 심하면 촉매 알갱이 내에서 온도가 일정하지 않아서 속도 측정 결과가 달라진다. 이러한 이유로 촉매를 사용하는 반응의 속도를 측정할 때는 속도결정 단계와 속도에 영향을 주는 인자를 먼저 고려하여야 한다.

속도결정 단계에 대한 검토 결과를 근거로 적절한 측정 방법 및 촉매 모양과 크기를 선정하여 원하는 수준의 정확도가 보장되는 조건에서 반응속도를 측정한다. 촉매반응에서는 전환율의 크기에 따라 속도결정 단계가 달라지므로 측정한 속도의 물리적인 의미를 꼼꼼하게 검토한 후, 이를 근거로 속도식을 유추하거나 촉매성능의 개선을 모색한다.

표 4.6 촉매 사용에 따른 속도론적 특징

구분	촉매를 사용하지 않은 반응	촉매를 사용하는 반응
1. 반응물 농도의 증가	충돌수 증가로 반응이 빨라짐. 반응차수 ≥ 0	반응이 느려질 수 있음. 반응차수가 음수일 수 있음.
2. 반응온도의 상승	반응이 빨라짐. 활성화에너지 ≥ 0	반응이 느려질 수 있음. 활성화에너지가 음수일 수 있음.
3. 비가역반응의 속도식	반응물만 들어 있음.	반응하지 않아도 활성점에 흡착하는 물질은 모두 속도식에 들어 있음.
4. 속도식의 형태	간단한 지수속도식으로 나타낼 수 있음. 반응차수: 정수나 1/2의 배수	복잡함. 소수도 가능함.
5. 물질전달의 영향	반응이 아주 빠른 경우를 제외하고는 영향이 거의 없음.	불균일계 촉매반응에서는 물질전달의 영향이 흔히 나타남.
6. 활성화에너지와 반응차수	반응 조건이 크게 달라지지 않으면 변하지 않음.	온도와 물질전달 조건에 따라 크게 달라짐.

▌참고문헌

1. J.M. Smith, H.C. Van Ness, and M.M. Abbott, "Introduction to Chemical Engineering Thermodynamics", 7th ed., McGraw−Hill Intern. Ed., New York (2005), Chapter 11.

2. R.A. Alberty and R.J. Silbey, "Physical Chemistry", 2nd ed., John Wiley & Sons, Inc. (1997), Appendix C.

3. C.L. Yaws, "Chemical Properties Handbook", McGraw−Hill, New York (1999), p 30.

4. P. Atkins and J. de Paula, "Elements of Physical Chemistry", 5th ed., Oxford (2009), p 233.

5. A. Wheeler, "Reaction Rates and Selectivity in Catalysis Pores", *Adv. Catal.*, **3**, 133 (1955).

6. L. Shen and Z. Chen, "Critical review of the impact of tortuosity on diffusion", *Chem. Eng. Sci.*, **62**, 3748−3755 (2007).

7. R.K. Sharma, D.L. Cresswell, and E.J. Newson, "Effective diffusion coefficients and tortuosity factors for commercial catalysts", *Ind. Eng. Chem. Res.*, **30**, 1428−1433 (1991).

8. C. Breitkopf, "Diffusion in porous media", Lectures at Fritz−Haber−Institut (2008. 11. 28).

9. J.B. Butt, "Reaction Kinetics and Reactor Design", 2nd ed., Marcel Dekker Inc. (2000), pp 500−502.

10. J.M. Thomas and W.J. Thomas, "Introduction to the Principles of Heterogeneous Catalysis", Academic Press (1967), p 457.

11. Ref. 9, p 190.

12. 정선기, "인이 담지된 HZSM−5 제올라이트 촉매에서 프로필렌의 전환반응", 전남대학교 석사학위 논문 (1991), p 26.

13. D.E. Mears, "Tests for transport limitations in experimental catalytic reactors", *Ind. Eng. Chem. Process Des. Develop.*, **10**, 541−547 (1971).

14. V.W. Weekman Jr., "Laboratory reactors and their limitations", *AIChE J.*, **20**, 833−840 (1974).

15. D.G. Tajbl, J.B. Simons, and J.J. Carberry, "Heterogeneous catalysis in a continuous stirred tank reactor", *I & EC Fundam.*, **5**, 171−175 (1996).

16. J.M. Berty, "20 Years of recycle reactors in reaction engineering", *Plant/Operations Prog.*, **3**, 163−168 (1984).

제05장

촉매의 제조

🔍 1 촉매의 구성 요소

(1) 구성 요소별 기능

촉매의 구성 요소와 제조 방법이 촉매에 따라 다르므로, 이를 일반화하여 설명하기 어렵다. 보통 암모니아 합성반응에 철 촉매를 사용한다고 말하지만, 실제로는 철 이외에 칼륨, 칼슘, 알루미늄 등 활성을 증진하는 물질을 같이 넣어 촉매를 만든다. 금속 알갱이가 크게 덩어리지면 표면적이 작아 활성이 아주 낮으므로, 표면적이 넓은 지지체에 금속을 넓게 분산시킨다. 수소첨가 황제거반응에 사용하는 코발트-몰리브데넘 촉매는 알루미나 지지체에 코발트와 몰리브데넘 황화물을 같이 담지하여 만들며, 사용하기 전에 수소와 황화수소 혼합기체로 처리한다. 이처럼 촉매를 만드는 방법이 각기 다르지만, 촉매는 보통 활성점을 구성하는 활성물질(active phase), 활성점의 개수를 늘리거나 그 기능을 증진하는 증진제(promoter), 활성물질의 분산도와 안정성을 높이는 지지체(support) 등 세 가지 요소로 이루어진다.

반응물의 흡착점이나 표면반응의 활성점을 이루는 구성물질이 활성물질이다. 그 자체로는 활성이 없거나 활성물질에 비해 활성이 약하지만, 활성물질과 함께 첨가하여 활성물질의 기능을 증진하는 물질이 증진제이다. 촉매활성점의 구성 원소가 아니고 표면반응에 직접 관여하지 않으나, 활성물질의 분산도를 넓히고 촉매가 반응 조건에서 견디도록 열적·기계적 안정성을 높이는 물질이 지지체이다. 일본 용어를 그대로 번역하여 '담체(擔體)'라고 부르기도 하나, 활성물질을 분산시키고 안정화하는 성격이 드러나도록 활성물질을 지지한다는 뜻으로, 이 책에서는 '지지체'로 쓴다.

어느 촉매에나 촉매활성의 원인이 되는 활성물질은 반드시 있어야 한다. 하지만 증진제와 지지체는 촉매에 따라 있어도 되고, 없어도 된다. 촉매의 성격에 따라, 활성물질의 물리화학적 성질에 따라, 적용하는 반응의 조건에 따라 촉매의 구성 요소가 달라진다. 앞에 설명한 기본적인 구성 요소 외에도 촉매를 제조하거나 사용할 때 첨가하는 물질이 있다. 열이 많이 발생하는 반응에서는 열로 인해 촉매가 손상되기 쉽고 반응온도를 안정하게 제어하기 어렵다. 이런 경우에 활성이 전혀 없으나 열적으로나 화학적으로 안정한 희석제(diluent)를 첨가하여 촉매활성을 조절함으로써 반응의 진행 정도와 반응기 온도를 안정적으로 조절한다.

부반응을 억제하여 선택성을 높이거나 활성저하를 유발하는 강한 활성점을 없애기 위해 활성점에 강하게 흡착하여 촉매 기능을 소멸시키는 촉매독을 소량 촉매에 첨가하기도 한다. 촉매독을 첨가하여 경쟁반응 중에서 원하지 않는 반응에 대한 촉매활성을 선택적으로 없애면 원하는 반응에 대한 선택성이 크게 높아진다.

촉매에 첨가하는 물질의 조성에 따라 활성이 달라지는 경향으로부터 그 물질의 기능을 유

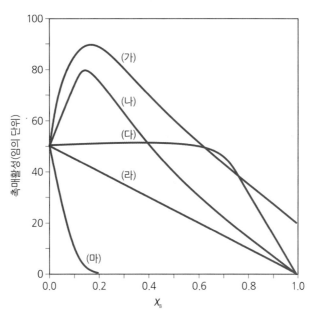

그림 5.1 A 활성물질에 B 물질을 첨가하여 제조한 촉매에서 B 물질의 첨가량에 따른 활성 변화

추한다. 그림 5.1에 A 활성물질에 B 물질을 첨가할 때 촉매활성이 어떻게 달라지는지 나타 내었다. B 물질을 첨가하면[(가)와 (나)] 활성이 증진되므로, B 물질은 증진제이다. (나)선 으로 나타낸 B 물질은 그 자체로는 활성이 전혀 없으나, (가)선으로 나타낸 B 물질은 A 활 성물질에 비해 낮긴 하지만 활성이 있다. 고유 활성이 조금 다르지만, 촉매활성을 증진시킨 다는 점에서 이들은 모두 증진제라고 부르며, 증진제로서 기능은 이들 첨가로 활성이 얼마나 높아졌느냐로 평가한다.

B 물질이 지지체일 때 나타나는 혼합 효과를 (다)선으로 나타내었다. 지지체 표면에 분산 된 활성물질이 촉매작용을 나타내므로, B 물질의 함량이 많아져도 촉매활성이 바로 낮아지 지 않는다. 활성물질이 지지체 표면을 한 층으로 덮을 때까지는 B 지지체의 함량이 많아져도 촉매활성이 일정하다. 그러나 지지체의 함량이 더 많아져서, 활성물질이 표면을 한 층으로 덮기에 부족해지면, 표면에 드러난 활성물질 자체가 적어져서 활성이 낮아진다. 지지체는 일 반적으로 촉매활성이 없기 때문에, B 물질 자체의 촉매활성이 없다.

희석제를 첨가하면 단위부피당 활성물질 함량이 줄어들므로 (라)선에서처럼 희석제 함량 이 많아질수록 촉매활성이 점차 낮아진다. 촉매반응에 따라 활성이 낮아지는 경향은 희석제 에 따라 다르고, 희석제 첨가로 열에 의한 촉매의 활성저하가 억제되면 활성이 높아지기도 한다. 촉매독은 소량으로도 촉매활성점의 기능을 없애기 때문에 (마)선에서 보듯이 B 물질 을 아주 조금만 첨가하여도 촉매활성이 크게 낮아진다.

(2) 활성물질

촉매작용이 나타나려면 한 가지 이상의 반응물이 촉매에 흡착하여야 하므로, 활성물질은 흡착점의 중요한 구성 요소이다. 활성물질을 더 구체적으로 정의하면 3장에서 설명한 대로 촉매활성점을 구성하는 요소 물질이다. 따라서 촉매를 분류하듯 활성물질도 크게 금속, 금속 산화물, 산과 염기로 구분한다.

금속 원자 뭉치(cluster) 촉매, 금속 망(wire) 촉매, 지지체에 담지한 금속 촉매의 활성물질은 모두 금속이다. 표면에 드러난 금속 원자에 반응물이 흡착하여 촉매작용이 나타나기 때문이다. 금속 알갱이의 크기와 구조에 관계없이 표면에 드러난 금속 원자가 모두 활성점으로 작용하면, 촉매활성이 구조에 따라 달라지지 않는다고 해서 구조비민감 촉매(structure insensitive, structure facile)라고 부른다. 반면 특정한 구조의 금속 원자만이 촉매로서 작용하면 금속의 구조에 따라 활성이 달라진다고 해서 구조민감 촉매(structure sensitive, structure demanding)라고 부른다. 낱개 원자 한 개 한 개가 모두 촉매활성점이면 촉매활성이 금속의 구조와 관계없으므로 구조비민감 촉매이지만, 특정한 구조의 금속 원자집단(ensemble)이 촉매활성을 나타내면 특정한 표면구조가 필요하므로 구조민감 촉매이다[1].

금속이 활성물질인 촉매에서는 표면에 드러난 금속 원자의 개수와 표면에 드러난 금속 원자의 상태를 결정하는 알갱이 크기에 따라 활성이 달라지므로, 금속의 분산도(dispersion)가 촉매활성을 결정하는 주요 인자이다. 구조비민감 촉매에서는 표면에 드러난 원자 개수가 촉매활성을 결정하지만, 구조민감 촉매에서는 특정한 구조의 활성점 개수에 의해 촉매활성이 결정된다. 분산도(D)는 지지체에 담지된 전체 금속 원자의 개수(N_t) 중에서 표면에 노출된 금속 원자의 개수(N_s)를 나타내는 값으로 다음과 같이 정의한다.

$$D = \frac{N_s}{N_t} \tag{5.1}$$

금속 원자가 모두 표면에 드러나 있으면 분산도는 1이지만, 금속 알갱이가 커져서 내부에 들어 있는 원자가 많으면 분산도는 낮다. 이런 이유로 금속 촉매의 활성을 비교할 때 담지량이 같은 조건보다는 표면에 드러난 금속 원자의 개수가 같은 조건에서 비교하여야 더 정확하다. 금속 원자에만 선택적으로 흡착하는 수소나 일산화탄소 등의 흡착량에서, 또는 기기를 이용한 표면 분석 방법으로 금속 촉매의 분산도를 결정하며, 이에 대해서는 6장에서 설명한다.

금속 산화물이 활성물질이면 활성점의 구성 원자는 금속과 산소 원자이며, 이들 원사의 배열 방법과 결합세기가 촉매활성을 결정하는 주요 인자이다. 금속과 산소의 결합이 매우 강하면 산소가 활성화되지 않아서 산화－환원반응에 촉매활성이 없다. 그러나 금속과 산소의 결합이 약하여 격자산소를 금속에 흡착한 알켄에 제공하기 쉬우면 부분산화반응에 대하여 촉매활성이 있다. 그러나 결합세기가 너무 약하면 격자산소의 빈자리(oxygen vacancy)가 기상 산소로 다시 채워지지 않아서 촉매활성이 약하다. 금속 산화물의 표면은 금속 표면처럼 균일 하지 않기 때문에 격자산소의 제공 가능성을 정량적으로 평가하여 촉매활성과 연관짓기가 쉽지 않다. 환원처리 후 산화물에 대한 산소나 일산화탄소의 흡착량을 측정하여 부분산화반 응에 활성이 있는 격자산소의 개수를 유추하며, 산화물 촉매에서는 격자산소 빈자리(oxygen vacancy)의 개수가 활성점의 많고 적음을 나타낸다.

자유전자와 양전하 구멍이 활성점인 산화물 촉매에서는 금속 촉매에 비해 활성물질의 분 산도가 그리 중요하지 않다. 금속 산화물 자체의 성질에 의해 자유전자와 양전하 구멍의 농 도가 결정되기 때문이다. 그러나 흡착한 반응물과 생성물이 표면을 통해 금속 산화물과 전자 를 주고받기 때문에 표면이 넓을수록 전자 이동이 유리해져서, 산화물의 분산 상태 역시 촉 매활성을 결정하는 데 중요하다.

고체산이나 고체염기 촉매에서는 표면의 산점과 염기점이 활성점이다. 산점과 염기점을 이루는 물질이 활성물질이므로, 고체산과 고체염기의 종류에 따라 활성물질의 개념이 다르 다. 제올라이트처럼 그 자체가 고체산이거나 고체염기인 물질에서는 제올라이트 자신이 활 성물질이다. 다공성물질인 제올라이트는 그 자체를 촉매로 사용하기 때문에, 활성물질만으 로 촉매가 이루어져 있어서 분산도라는 개념이 성립하지 않는다.

이에 비해 액체산이나 액체염기를 고체 지지체에 담지하여 제조한 촉매에서는 담지한 산 과 염기가 활성물질이어서, 분산도와 담지 상태에 따라 산과 염기로서 이들의 촉매 기능이 달라진다. 헤테로폴리산처럼 그 자체를 촉매로 사용하거나 실리카와 중간세공물질에 담지하 여 사용하는 고체산에서는 촉매 종류와 상태에 따라 활성물질의 분산도에 대한 정의가 다르 다. 극성물질은 헤테로폴리산의 내부에 흡수되므로 극성물질의 반응에서는 분산도라는 개념 이 적용되지 않는다. 그러나 표면에서만 반응이 진행되는 비극성물질의 촉매반응에서는 반 응물과 접촉하는 표면이 넓어야 촉매활성이 높아지므로 분산 상태가 중요하다. 어느 경우에 나 헤테로폴리산이 활성물질이지만, 극성물질의 반응에서는 헤테로폴리산 전부가 활성물질 로 작용하는 대신 비극성물질의 반응에서는 표면에 드러난 헤테로폴리산만 촉매활성물질로 작용한다.

(3) 증진제

활성물질 못지않게 촉매활성을 결정하는 중요한 물질이 증진제이다. 암모니아 합성반응에 서 활성물질은 철이지만, 철만으로는 활성이 너무 낮다. 칼륨 등 증진제를 첨가한 철 촉매가 개발되어서 암모니아의 합성공정이 상업운전되기 시작했다는 사실에서 보듯이 증진제가 촉 매의 활성을 결정하는 중요 요소이다. 증진제가 활성을 증진시키는 방법에 따라 증진제를 상태(textual) 증진제와 기능(structural) 증진제로 나눈다. 증진제 첨가로 촉매의 상태가 달라져서 활성물질의 표면적이 넓어지거나 사용 중 소결이 억제되어서 표면에 드러난 활성점 개수가 많아지면, 이 증진제는 상태 증진제이다. 반면, 증진제 첨가로 활성점의 전자적 성질이 달라져서 활성점의 활성이 높아지면, 이 증진제는 기능 증진제이다. 촉매독을 선택적으로 흡착하여 활성점의 피독을 억제하는 보호(guard) 증진제도 있으나 그리 흔하지 않다.

활성점의 활성이 높아지지 않아도 활성점의 개수가 많아지면 촉매활성이 높아진다. 알데하이드의 선택적 수소화반응에 사용하는 구리−아크로뮴산염(copper−chromite) 촉매는 소성 과정에서 열이 많이 발생하면서 심하게 덩어리지므로 표면적이 아주 작고, 발열 과정을 제어하기 어려워서 만들 때마다 촉매의 성능이 달라진다. 그러나 촉매의 합성모액에 바륨염을 10% 정도 넣어주면 소성한 촉매의 표면적이 넓어지고, 사용 중에 소결이 억제되어 촉매의 활성저하가 느려진다[2]. 소성 과정에서 생성되는 크로뮴산바륨($BaCrO_4$)이 열적으로 매우 안정하여 표면에서 물질의 이동을 막는 차단제(blocking agent)로 작용하므로, 구리−아크로뮴산염 촉매의 소결이 억제되어 활성점 개수가 많아지기 때문이다. 크로뮴산바륨은 수소화반응에 활성이 없으나 활성물질의 담지 상태를 개선하는 상태 증진제이다.

활성점의 전자적 성질을 조절하는 기능 증진제의 예를 암모니아 합성촉매에서 볼 수 있다. 질소 분자가 철 원자에 해리흡착하는 단계가 암모니아 합성반응의 속도결정 단계이다. 철에서 질소 분자로 전자가 이동하여 질소 분자의 3중결합이 끊어지면서 질소 원자로 나뉘어 흡착한다. 질소가 철에 흡착한 상태에서 주위의 해리흡착한 수소와 반응하여 NH, NH_2 등 중간체를 만든다. 철의 전자밀도가 높아서 흡착한 질소 분자에게 전자를 많이 제공하면 질소의 해리흡착이 빨라져서 철 촉매의 활성이 높아진다. 칼륨은 1가 양이온으로 쉽게 이온화되면서 주위 원자에 전자를 제공하므로, 칼륨을 철에 첨가하면 철의 전자밀도가 높아진다. 칼륨 첨가로 철의 전자밀도가 높아져 질소의 해리흡착을 촉진하여 활성점의 기능이 증진되므로, 칼륨은 기능 증진제이다.

촉매활성을 전환횟수로 나타내면, 상태 증진제와 기능 증진제를 쉽게 구분할 수 있다. 상태 증진제를 첨가하면 활성점 개수가 많아져서 단위질량당 또는 단위표면적당 촉매활성이 높아지지만, 활성점 한 개의 활성은 달라지지 않으므로 전환횟수는 그대로이다. 반면 기능 증진제를 첨가하면 활성점 자체의 기능이 증진되므로 전환횟수가 높아지고, 이로 인해 단위질량당 또는 단위표면적당 촉매활성이 같이 높아진다. 암모니아 합성반응에 사용하는 철 촉매에서 칼륨은 기능 증진제이고, 칼슘과 마그네슘 산화물은 상태 증진제이다. 이들을 같이 첨가하여 촉매를 만들면 활성점의 개수와 활성점의 활성이 같이 날라셔서 전환횟수만으로 이들 증진제의 효과를 따로따로 정량화하기 어렵다.

증진제의 기능을 파악하기 위해서는 표면적과 활성점의 개수와 함께 흡착열과 활성화에너지를 측정하여 활성점의 구조와 분산 상태 및 전자적 성질을 알아야 한다. 증진제의 첨가로 촉매의 표면적이 넓어지거나, 사용 도중 표면적이 줄어드는 정도가 작아지면 상태 증진제일 가능성이 높다. 반면, 증진제 첨가로 흡착열과 활성화에너지가 달라지고, 반응차수가 달라지면 기능 증진제이다. 이와 달리 증진제 첨가로 지수앞자리인자가 커지면 상태 증진제로서 효과가 크다.

증진제를 소량 첨가해도 촉매활성이 크게 높아지므로, 증진제는 촉매 제조에 매우 유용하다. 증진제는 활성물질에 비해 저렴하고, 제조 과정에서 함께 섞어주거나 촉매 제조 후 첨가하므로 적용하기 편리하다. 촉매의 활성물질은 화학분석 방법으로 쉽게 찾을 수 있지만, 증진제는 첨가량이 적고 무슨 역할을 하는지 파악하기 어려워서 촉매 제조 기술의 핵심 비밀이기도 하다.

비슷한 반응에 사용하는 다른 촉매를 참고하여 증진제를 선택하기도 하고, 여러 물질을 넣어 만든 촉매의 활성을 측정 비교하여 증진제를 찾기도 한다. 이론적으로는 반응경로에 근거하여 증진제를 탐색하는 편이 합리적이다. 속도결정 단계에서 활성점의 기능을 고찰하여 증진제를 선택하는 방법이다. 활성점이 반응물에 전자를 제공하여 중간체를 생성하는 단계가 속도결정 단계이면, 활성점의 전자밀도를 높여주는 물질을 증진제로 선택한다. 생성물의 탈착 단계가 속도결정 단계이면, 탈착이 용이하도록 활성점의 전자적 성질을 조절하는 물질을 기능 증진제로 선택한다. 반면 상태 증진제는 반응 조건에서 촉매의 표면구조 변화를 참조하여 선택한다. 표면의 조성과 원자 배열 방법을 감안하여 활성점의 개수가 많아지는데 도움이 되는 물질이나 표면구조의 변화를 억제하는 물질을 상태 증진제로 선택한다.

(4) 지지체

지지체는 활성이 없지만, 공업 촉매를 제조하는 데 아주 중요하다. 값비싼 귀금속을 표면적이 넓은 지지체에 분산 담지하므로 소량의 귀금속으로도 활성이 높은 촉매를 제조할 수 있기 때문이다. 열적 안정성이 낮은 활성물질만으로 촉매를 제조하면 반응 중에 쉽게 소결되어 활성물질의 표면적이 크게 줄어든다. 그러나 활성물질을 열적 안정성이 우수한 지지체에 담지하면, 반응과 재생 조작에서 소결로 인한 촉매의 활성저하가 억제된다.

가공하기 용이한 지지체를 이용하여 반응에 적절한 형태로 촉매를 만들어서, 촉매의 기계적 안정성을 크게 높인다. 물질전달이 느린 촉매반응에서는 물질의 전달거리가 짧아져 촉매반응이 빠르게 진행하도록 활성물질을 라시히 고리(Raschig ring) 지지체에 담지한 촉매를 사용한다. 지지체의 모양은 모노리스, 라시히 고리, 울퉁불퉁한 사출물, 구, 분말 등 매우 다양하다.

위에 설명한 지지체의 기능을 근거로 지지체가 갖추어야 할 성격을 정리하였다.

1) 지지체는 열적·기계적으로 안정하여야 한다. 지지체 자신이 안정하므로 반응 도중 촉매의 변형을 억제하고, 활성물질과 강하게 상호작용하여 소결을 방지한다.
2) 지지체는 물리화학적으로 안정해야 한다. 반응물이나 생성물이 지지체와 반응하면 촉매의 활성과 선택성이 달라진다.
3) 지지체의 표면적은 넓어야 한다. 촉매의 활성은 일차적으로 반응물과 접촉하는 활성점 개수에 비례하므로, 소량의 활성물질로 활성점을 많이 만들어야 촉매활성이 높아진다.
4) 지지체의 가공성이 좋아야 한다. 구형 등 일반적인 모양뿐 아니라 반응에 적절한 형태로 지지체를 만들어야 촉매성능이 높아진다.
5) 지지체는 공해를 유발하지 않는 안전한 물질이어야 하고, 제조하거나 폐기하기 쉬워야 한다.
6) 지지체가 저렴하여야 촉매를 싸게 만들 수 있다.

위에 열거한 성질을 모두 충족하면 바람직하겠지만, 지지체의 안정성이 가장 중요하므로 열적·기계적 안정성이 우수한 내화성(耐火性) 산화물을 지지체로 많이 사용한다. 실리카, 알루미나, 타이타니아, 지르코니아 등 공업 촉매의 제조에 사용하는 지지체를 뒤에 간략히 설명한다. 지지체 중에는 '활성물질의 지지' 기능 외에도, 촉매반응에 관여하여 촉매활성에 영향을 주는 물질도 있다. 촉매반응에는 전혀 관여하지 않고 단순히 활성물질을 담지시키느냐, 아니면 촉매반응에 관여하느냐에 따라 지지체를 다음과 같이 분류한다[3].

1) 비활성 지지체: 실리카.
    화학적으로나 열적으로 매우 안정하고 표면적이 넓은 지지체로서 활성물질을 넓게 분산·담지하려고 사용한다.
2) 활성 지지체: 알루미나, 실리카-알루미나, 제올라이트 등.
    지지체 자신도 고체산으로서 촉매활성이 있어서, 활성물질을 분산 담지할 뿐 아니라 촉매반응에도 참여한다. 촉매로서 보완 기능이 있는 이런 지지체를 사용하여 제조한 공업 촉매가 많다.
3) 활성물질과 강하게 상호작용하는 지지체: 타이타니아, 나이오비아, 바나디아 등.
    환원 분위기에서 처리하면 환원되는 산화물로서, 일반적으로 활성물질과 상호작용이 매우 강하다. 환원 처리하면 지지체의 산화 상태가 달라지면서 활성물질과 강하게 상호작용하여 촉매활성이 크게 달라진다.
4) 특이한 형태의 지지체: 모노리스(monolith).
    압력 감소를 줄이면서 공간속도를 높이기 위하여 입구와 출구가 가는 선형구멍으로 연결된 지지체이다. 열전달과 물질전달의 영향을 최소화한 형태로, 자동차용 배기가스 정화 촉매와 휘발성 유기 화합물 연소 촉매의 지지체로 사용한다.

① 실리카

촉매 지지체로 사용하는 실리카로는 천연에서 산출되는 규조토(kieselguhr)와 합성 실리카가 있다. 식물 퇴적물에서 유기물이 제거되고 실리카 성분만 남은 규조토에는 비교적 큰 선형 세공이 발달되어 있다. 표면적은 $200 \, m^2 \cdot g^{-1}$ 이하로 그리 크지 않지만, 세공이 커서 반응물이나 생성물이 큰 촉매반응에 지지체로 적절하다. 합성 실리카는 목적에 따라 여러 종류의 출발물질에서 다양한 방법으로 제조한다. 합성모액의 pH, 실리카의 전구체의 종류와 함량, 숙성 조건, 침전속도, 소성 조건 등 조성과 제조 조건을 바꾸어 세공크기와 표면적이 다양한 합성 실리카를 만든다. 세공 모양과 크기를 어느 정도 조절할 수 있으며, 열적 안정성이 높아 500 ℃로 소성하여도 세공구조가 유지되나, 온도를 더 높이면 세공이 무너지고 덩어리지면서 표면적이 작아진다.

실리카의 물리화학적 성질과 제조 방법은 여러 책에 자세히 설명되어 있다[4]. 실리카의 종류는 매우 많으나, 지지체로 흔히 사용하는 실리카젤(silica gel)과 높은 온도에서 제조한 열처리 실리카만을 설명한다.

• 실리카젤: 콜로이드 실리카졸이 서로 결합하여 삼차원 그물구조의 실리카젤을 만든다. 규산(H_4SiO_4)을 중합하거나 콜로이드 실리카를 응집시켜 제조한다. pH를 낮추어 규산을 중합하면, 표면적은 크나 세공부피가 작은 수화젤(hydrogel)이 만들어진다. 이와 반대로 pH를 높여 중합하면, 표면적은 작으나 세공부피가 큰 수화젤이 생성된다[5]. 수화젤을 탈수하여 제로젤(xerogel)을 제조하는데, 탈수 방법에 따라 세공구조가 달라진다. 세공 응축과 표면적 감소를 막기 위해서 표면장력이 작은 액체로 세공 내 물을 치환하기도 하고, 초임계 방법으로 물을 추출하기도 한다. 초임계 상태에서 물을 제거한 실리카젤을 에어로젤(aerogel)이라고 부른다. 제로젤과 에어로젤의 표면적은 $1,000 \, m^2 \cdot g^{-1}$ 정도이며, 세공의 평균 지름은 2~10 nm로서 제조 방법에 따라 차이가 크다.

• 열처리(pyrogenic) 실리카: 아크나 플라스마의 높은 온도에서 규소 화합물을 처리하여 만드는 실리카를 열처리 실리카라고 부르며, 입자가 가늘어 잘 날린다고 해서 실리카 퓸(fumed silica)이라고 부르기도 한다. 규소 화합물(에스테르, 염화물)을 산화시키는(태우는) 방법, 또는 염화규소 화합물을 기상에서 가수분해하는 방법으로 만든다. 열처리 실리카의 대표적인 제품으로는 수소-산소 불꽃 중에서 사염화규소($SiCl_4$)를 태워 제조하는 에보닉(Evonik) 사의 에어로실(Aerosil)과 카보(Cabot) 사의 카보실(Cabosil)이 있다. 열처리 실리카의 표면적은 $50 \sim 600 \, m^2 \cdot g^{-1}$, 밀도는 $160 \sim 190 \, kg \cdot m^{-3}$으로 물성의 폭이 넓으며, 순도가 높아서 화학적 안정성이 중요한 촉매반응에 지지체로 사용한다. 특수 고무의 충전제, 페인트의 점도 조절제, 접착제 첨가제로도 많이 쓰인다.

② 알루미나

알루미나는 공업적으로 가장 많이 사용하는 지지체이며, 약한 산점이 있어서 촉매반응에 참여하기도 한다. 실리카에 비해 금속과 상호작용이 강하여 금속이 넓게 분산·담지되며, 높은 온도에서도 담지된 금속이 쉽게 소결되지 않는다.

알루미나의 결정과 세공구조는 제조 방법에 따라 크게 다르다[6]. 알루미늄 용액의 pH, 온도, 침전속도 등 제조 조건에 따라 무정형 수화젤로부터 여러 종류의 결정성물질까지 다양한 알루미나가 생성된다. 수화젤을 탈수처리하면 결정성물질로 변한다. 무정형 알루미나 수화젤을 25 ℃ 근처에서 pH가 9인 암모니아 수용액과 반응시키면 젤라틴형 보헤마이트(boehmite)를 거쳐 바이에라이트(bayerite)가 된다. 표면적이 넓은 알루미나($100 \sim 600 \ m^2 \cdot g^{-1}$)는 알루미늄 수산화물을 열분해하거나 콜로이드젤을 침전시켜 제조한다. 세공구조와 표면적 제어가 용이하여 촉매 지지체로 사용하는 알루미나의 대부분은 이 방법으로 만든다.

알루미나의 결정구조는 격자산소의 배열 방법에 따라 달라지며, 격자산소가 채워지는 방법에 따라 알루미나를 세 종류로 나눈다.

1) α 계열: 육방 조밀채움구조(ABAB···) 물질로서, α - 알루미나(corundum)가 대표적이다.
2) β 계열: 반복성 조밀채움구조(ABACABAC···)로 이루어져 있다.
3) γ 계열: 입방 조밀채움구조(ABCABC···)로 이루어져 있다.

출발물질의 종류, 구조, 알갱이 크기, 탈수처리 방법 등에 따라 생성되는 알루미나의 세공크기와 표면적이 달라지므로, 촉매반응의 성격과 사용 조건에 부합하는 알루미나를 만들어 사용한다. 수산화물이나 옥시 수산화물로부터 결정성 알루미나를 제조하는 과정을 그림 5.2에 요약하였다[7]. 보헤마이트를 가열하여 만드는 γ - 알루미나와 η - 알루미나는 약간 비틀린 스피넬(spinnel) 구조이다. 제조 조건을 바꾸어 표면적($100 \sim 600 \ m^2 \cdot g^{-1}$)과 세공크기가

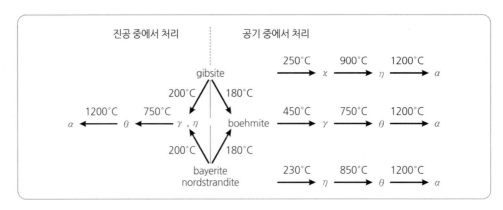

그림 5.2 소성 조건에 따른 알루미나의 결정구조 변화[7]

다른 γ-와 η-알루미나를 만들 수 있으며, 이들은 열적 안정성이 높아서 지지체로 적절하다. 그러나 1,200 ℃ 이상으로 가열하면 가는 세공이 없어지고 탈수되어 표면적이 작은 α-알루미나로 전환된다. α-알루미나는 열적으로 안정하고 표면에 하이드록시기가 없어서 화학반응성이 없다. 열에 안정하고 산점이 없어서 에틸렌 부분산화반응의 촉매 지지체로 사용하나, 표면적이 작고 금속이나 금속 산화물과 상호작용이 약해 일반적인 촉매의 지지체로 사용한 예는 거의 없다.

α-알루미나처럼 높은 온도로 처리하여 제조한 알루미나를 제외한 대부분 알루미나에는 상당량의 물이 들어 있다. 물리흡착하여 약하게 붙어 있는 상태에서부터 산점의 구성 요소인 하이드록시기처럼 강하게 결합되어 있는 상태까지 물의 상태는 매우 다양하다. 약하게 물리흡착한 물은 120 ℃에서 가열하면 대부분 제거된다. 온도를 더 높여 가열하면, 화학결합된 하이드록시기만 남는다. 300 ℃ 이상으로 가열하면 표면 하이드록시기가 서로 결합하여 물로서 제거된다. 450~600 ℃로 가열하면 표면 nm^2당 하이드록시기가 8~12개 정도 남아 있다. 그러나 800~1,000 ℃의 매우 높은 온도로 가열하면 물이 거의 모두 제거된다.

탈수 정도에 따라 알루미나 표면에 여러 형태의 하이드록시기가 나타난다. 낮은 온도에서 탈수하면 알루미나 표면에 생성된 하이드록시기(Al-OH)는 약한 브뢴스테드 산성을 띤다. 높은 온도에서 가열하여 하이드록시기가 물로 제거되면 루이스 산점이 생성된다. 브뢴스테드 산점에 비해 루이스 산점이 개수가 많고 산으로서 세기도 강하여, 알루미나를 보통 루이스 산으로 분류한다. 가열하여 알루미나의 물을 제거하면 표면에 드러난 알루미늄 이온의 배위 껍질(coordination sphere)에 빈자리(vacancy)가 나타나 루이스 산점이 생성된다고 설명한다[6~8]. 산점의 정확한 구조에 대해서는 논란의 여지가 있지만, 탈수 과정에서 산점이 생성되고 이들의 결합 상태에 따라 산점의 종류와 세기가 달라진다는 데는 이의가 없다.

③ 무정형 실리카-알루미나(SiO₂-Al₂O₃)

무정형 실리카-알루미나는 규소와 알루미늄이 산소를 다리로 결합한 무정형물질로서, 실리카나 알루미나와 달리 산성이 강하다. 실리카-알루미나는 여러 가지 방법으로 만든다.

1) 실리카 표면에 알루미나 수산화물을 고정시키는 방법
2) 실리카 수화젤에 알루미나 수화젤을 침전시키는 방법
3) 알칼리 금속 규산염과 알루미늄염의 수용액을 젤화시키는 방법
4) 에스테르 화합물을 가수분해하는 방법

1)과 2) 방법은 실험실에서 실리카-알루미나를 소규모로 만들 때 적절하다. 반면, 3)과 4) 방법은 상용 촉매의 지지체로 사용하기 위해 실리카-알루미나를 대량 제조할 때 사용한다. 제조한 침전이나 고체젤을 물로 씻어서 전해질을 제거하고 건조한 후 400 ℃ 정도에서

소성하여 실리카-알루미나를 만든다. 표면적은 $200 \sim 600 \, m^2 \cdot g^{-1}$이고, 세공크기는 $2.5 \sim 12$ nm 범위에 있지만, 표면적, 세공구조, 산성도는 제조 조건에 따라 차이가 크다.

알루미늄과 규소의 이온크기가 서로 다르기 때문에, 이들의 결합 방법에 따라 실리카-알루미나에 세 종류의 구조적 결함이 나타난다[9]. 정사면체구조의 규소 양이온 자리에 치환된 알루미늄 양이온, 변형된 정사면체구조에 들어 있는 알루미늄 양이온, 변형된 정사면체구조에 들어 있는 규소 양이온 등이다. 이중에서 정사면체구조의 알루미늄 양이온에서 브뢴스테드 산점이 나타난다. 규소 양이온이 치환된 결함구조에서는 루이스 산점이 생성된다. 알루미나의 함량이 30%보다 작으면 규소와 알루미늄이 고르게 섞여 있는 실리카-알루미나가 만들어지지만, 알루미나 함량이 이보다 많으면 알루미나와 실리카가 상분리된다. 알루미나가 균일하게 분산되어야 산성이 강하기 때문에[10], 강산성 지지체로 사용하는 실리카-알루미나의 알루미나 함량은 30%보다 적다.

④ 결정성 또는 준결정성 알루미노규산염: 제올라이트와 점토

결정성 알루미노규산염인 제올라이트는 SiO_4와 AlO_4의 정사면체 단위가 산소를 공유하면서 결합하여 3차원 골격을 이룬 물질이다. 반면 층간 화합물인 점토에서는 실리카층과 알루미네이트층이 반복된다. 제올라이트 자체를 산 촉매로 사용하기도 하고, 제올라이트에 금속을 담지하여 금속과 산점이 동시에 활성점으로 작용하는 이중기능 촉매를 만들기도 한다. 점토와 제올라이트에 대해서는 8장 고체산 촉매에서 설명한다.

⑤ 타이타니아(titania)

타이타니아의 결정구조는 아나타제(anatase), 루틸(rutile), 브루카이트(brookite) 세 가지이다. 아나타제와 루틸 타이타니아는 흡착제, 백색 안료, 촉매 지지체로 사용한다[11]. 분말 타이타니아의 표면적은 $5 \sim 100 \, m^2 \cdot g^{-1}$ 정도로 작으나, 솔-젤법으로 만든 타이타니아의 표면적은 $200 \, m^2 \cdot g^{-1}$ 이상으로 넓다. 환원처리하면 일부 타이타늄의 산화수가 +4가에서 +3가나 +2가로 낮아져 비양론 산화물이 된다. 타이타늄이 환원되면 담지된 금속과 지지체의 상호작용이 크게 달라져 촉매성질이 변한다. 타이타니아에서는 강한 금속-지지체 상호작용(Strong metal support interaction: SMSI)이 나타난다.

⑥ 크로미아(chromia)

크로미아 제로젤은 크로뮴(Ⅲ)염의 수용액에 암모니아를 천천히 가하거나, 요소를 넣은 크로뮴염의 용액을 끓여서 만든다[12,13]. 여과한 초록색 침전물을 100 ℃에서 건조한 후, 불활성 기체 분위기에서 400 ℃에서 가열하여 검은 분말의 크로미아를 만든다. 이 방법으로 제조한 크로미아 지지체는 무정형이며, 표면적은 $300 \ m^2 \cdot g^{-1}$ 정도이고, 세공 대부분은 지름이 2 nm 이하로 가늘다. 공기 중에서 가열하면 초록색 $\alpha - Cr_2O_3$ 결정이 된다. 공기 중에서 $\alpha - Cr_2O_3$ 결정이 생성되는 반응은 매우 격렬하여, 높은 온도에서 크로미아를 만들면 세공이 없고 표면적이 매우 작은 결정이 생긴다. 그러나 수소나 불활성 기체 중에서 천천히 가열하면, 표면적이 $80 \ m^2 \cdot g^{-1}$ 정도인 크로미아 지지체를 만들 수 있다.

크로미아를 실리카나 알루미나와 섞은 혼합 산화물을 지지체로 사용하기도 한다. 크로뮴염이나 크로뮴 수산화물을 실리카와 알루미나의 표면에 담지하거나 석출시켜 크로미아 지지체를 만든다. 크로미아를 실리카와 알루미나와 공침시킨 후 소성하여 크로뮴 함량이 5~20 wt%이고, 표면적이 $50~300 \ m^2 \cdot g^{-1}$인 혼합 산화물 지지체를 만든다. 크로뮴염을 담지하여 제조한 지지체에서는 알루미나 알갱이를 크로미아가 둘러싸지만, 공침법으로 만든 혼합 산화물에는 알루미나, 크로미아, 불균일한 크로미아−알루미나 고용체가 섞여 있다.

🔍 2　촉매의 모양

반응물의 상태와 반응 조건에 따라 사용하는 촉매의 모양이 다르다. 기상과 액상 등 반응물의 상태, 발열과 흡열 정도, 표면반응과 물질전달의 상대적인 속도 등 여러 인자를 고려하여 촉매 모양을 선택한다. 그림 5.3에 흔히 사용하는 여러 가지 촉매의 모양을 보였다.

고정층 반응기에는 충전하기 쉬운 공 모양 촉매를 많이 사용한다. 현탁액 반응에서는 분산시키기 쉬워서, 유동층 반응기에서는 내마모성이 우수하여 공 모양 촉매를 사용한다. 고정층 반응기에서는 압력에 잘 견디는 큰 공 모양 촉매를 쓰지만, 현탁 반응기와 유동층 반응기에

펠렛　　　　정제형　　　　반지형　　　　공

덩어리　　　　모노리스　　　　압출물

그림 5.3 여러 가지 촉매의 모양

는 반응물과 잘 섞이도록 작은 알갱이가 적절하다.

촉매의 표면적에 따라 반응속도가 크게 달라지지 않는 반응에는 활성물질을 녹여 만든 덩어리를 잘게 부수어 촉매로 사용한다. 압출 방법으로 촉매를 제조하면 압출기 틀에 따라 여러 모양의 촉매를 만들 수 있고, 대량으로 생산하기 용이하다. 원통형 압출물로부터 속이 빈 튜브형 압출물, 물질전달이 유리한 열십자형 압출물 등 여러 모양의 촉매를 만든다.

기계적 강도를 높이고 압력손실을 줄이려면 촉매 알갱이가 커야 한다. 그러나 알갱이가 커지면 반응물과 접촉하는 표면이 작아지고 열과 물질의 이동거리가 길어져, 열과 물질전달이 반응속도를 제한하는 인자가 된다. 가운데가 비어 있는 고리 모양 촉매에서는 촉매의 겉과 속 표면이 반응물과 생성물 모두와 접촉하기 때문에 열과 물질전달이 빨라서, 열전달과 물질전달의 제한이 큰 촉매반응에 효과적이다. 고정층 반응기에 충전하기 위해서는 촉매의 기계적 강도가 커야 하므로, 높은 압력을 가하여 다져 만든 정제(錠制)형 촉매를 쓴다.

열이 많이 발생하는 반응에서는 촉매에서 반응열을 빠르게 제거하여 열로 인한 활성저하가 억제되어야 촉매를 오래 사용할 수 있다. 이런 이유로 발열이 심한 산화반응에서는 열을 빠르게 제거하고, 반응속도를 효과적으로 제어하려고 열전도도가 높은 금속을 망으로 짜서 만든 촉매를 사용한다. 암모니아를 산화시켜 산화질소를 만드는 반응에는 백금에 로듐을 첨가하여 만든 금속 망을 촉매로 사용한다. 금속 망의 층수를 바꾸어 체류시간과 반응 진행 정도를 쉽게 조절한다.

같은 형태의 구멍이 한 방향으로 배열된 모노리스는 자동차용 배기가스 정화 촉매의 지지체로 개발되었다. 공간속도를 빠르게 유지하면서도 압력손실이 작은 아주 효과적인 지지체이다. 활성물질이 반응물과 접촉하는 면적이 작다는 제한이 있지만, 취급과 교체가 용이하다.

반응기의 종류에 따라서 촉매의 모양뿐만 아니라 크기도 달라져야 한다. 유동층 반응기에는 촉매 마모가 최소화되도록 공 모양 촉매를 사용한다. 촉매 알갱이가 작을수록 유동 상태를 만들기 유리하지만, 사용한 촉매를 사이클론에서 회수하기 어렵다. 반면, 알갱이가 너무 크면 유동 상태를 유지하기 어려우므로 알갱이 크기를 잘 선택해야 한다. 현탁액 반응기에서도 분산 효율과 촉매와 생성물의 분리 용이성을 감안하여 촉매의 알갱이 크기를 선택한다. 고정층 반응기에서는 촉매 알갱이가 너무 작으면 압력손실이 커지고, 너무 크면 통과 현상(channeling)이 심해지므로 보통 크기가 0.2~2 cm인 촉매를 사용한다.

🔍 3 촉매의 제조

촉매를 여러 방법으로 만들지만, 제조 원리에 따라 함침법, 이온 교환법, 침전법 세 가지로 구분한다. 이 분류에 속하지 않는 레이니 니켈과 이온 교환수지 촉매 등 특별한 방법으로 만든 촉매가 있지만, 공업 촉매의 대부분은 이 세 가지 방법으로 제조한다. 함침법에서는 지지체를 활성물질이 녹아 있는 용액에 담근 후에 침전제를 가하거나 용매를 증발시켜 활성물질을 지지체에 담지한다. 이온 교환법에서는 지지체를 활성물질이 녹아 있는 용액과 접촉시켜 활성물질을 지지체에 담지한다. 이에 비해 침전법에서는 활성물질의 용액에서 활성물질을 침전시킨 후 활성화하여 촉매를 제조한다. 제조 방법에 따라 촉매의 물성이 상당히 다르기 때문에 활성이 높은 촉매를 만들기 위해서는 제조 방법을 잘 선택하여야 한다.

(1) 지지체의 표면성질과 활성물질의 담지

함침법과 이온 교환법에서는 활성물질의 용액을 지지체와 접촉시켜 담지하기 때문에 지지체의 표면성질에 따라 활성물질의 담지 상태가 달라진다. 고체를 수용액에 담그면 고체와 액체 경계면에 이중층(double layer)이 형성된다. 그림 5.4에 보인 것처럼 전하를 전혀 띠지 않는 물질도 있지만, 수용액에 접하고 있는 고체 표면이 양전하나 음전하를 띠기도 한다. 표면에 전하를 띠지 않는 폴리알켄에는 표면 전위가 없다. 그러나 실리카와 알루미나는 물과 접촉하면 표면에 전하 이중층이 생긴다. 접촉 과정에서 수용액의 특정 이온과 표면이 상호작용하면서 표면에 특정 이온이 농축되어 나타나는 현상이다. 예를 들면, 쌍극자 모멘트가 큰 물질의 음전하를 띤 부분이 표면에 많이 노출되어 있으면 이에 대응하여 양이온이 많이 모인다.

양전하를 띤다.　　　전하를 띠지 않는다.　　　음전하를 띤다.

그림 5.4 지지체와 용액의 경계면에서 전하의 분포 상태

고체 표면의 전하 분포는 접촉하고 있는 수용액의 pH에 따라서 달라진다. 그림 5.5에 알루미나와 실리카의 전하 분포를 예로 들었다[14]. 수용액의 pH가 9 이상이면 알루미나 표면의 전하 분포를 나타내는 제타전위(zeta potential)가 음수(negative)이나, pH가 9 이하에서는 양수(positive)이다[15]. 염기성 수용액(pH > 9)에서는 알루미나 표면이 음전하를 띠므로 활성물질이 양이온이어야 잘 담지된다. 반면 산성 수용액(pH < 7)에서는 알루미나 표면이 양으로 대전되어 있으므로 활성물질이 음이온이어야 지지체 표면에 잘 담지된다. 실리카에서는 pH가 2 이상이면 표면전위가 음이어서 실리카 지지체에는 양이온 상태의 활성물질이

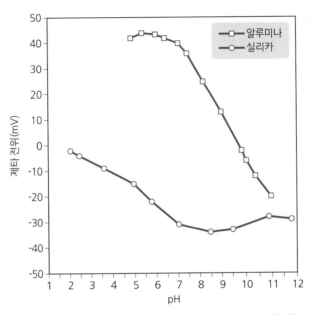

그림 5.5 수용액에서 알루미나와 실리카 표면의 제타전위[14]

잘 담지된다[16]. 활성물질과 지지체의 전하가 서로 달라야 지지체 표면에 활성물질이 강하게 결합하고, 소성과 환원 과정에서 안정하므로 활성물질의 분산 상태가 좋다. 이와 달리 지지체 표면과 활성물질이 같은 전하를 띠면 반발력 때문에 고르게 담지되기 어렵다. 표면전위가 0이 되는 pH를 등전점(isoelectric point)이라고 부르며, 담지하려는 활성물질의 적절한 전구체를 선정하는 유용한 자료이다. 표 5.1에 알루미나 계열 지지체의 등전점을 정리하였다[17]. 구성 성분이 같아도 등전점은 결정구조, 수화 상태, 불순물의 양에 따라서 다르다.

표 5.1 여러 가지 알루미나의 등전점[17]

알루미나	등전점, pH
$\alpha - Al_2O_3$	5.0~9.2
$\gamma - Al_2O_3$	8.0
$\alpha - AlOOH$	7.7~9.1
$\alpha - Al(OH)_3$	5.0
$\gamma - Al(OH)_3$	9.25

백금의 전구체로는 음이온 착화합물인 $PtCl_6^{2-}$ 과 양이온 착화합물인 $Pt(NH_3)_4^{2+}$이 있다. 실리카 표면은 아주 강한 산성 용액에 들어 있을 때를 제외하고는 음전하를 띠고 있어서, 음이온보다는 양이온 전구체가 표면에 잘 담지된다[18]. 백금 음이온 착화합물의 수용액을 실리카에 가한 후 건조하여도 백금염이 실리카에 담지되지만, 양이온 전구체를 담지하여 만

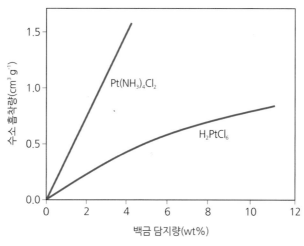

그림 5.6 Pt(NH₃)₄Cl₂와 H₂PtCl₆로 제조한 Pt/SiO₂ 촉매의 수소 흡착량[18]

든 촉매에 비해 담지된 백금 알갱이가 크고 분산 상태가 균일하지 않다.

그림 5.6은 $Pt(NH_3)_4^{2+}$과 $PtCl_6^{2-}$으로 제조한 Pt/SiO₂ 촉매에서 백금의 분산 상태를 수소 흡착량으로 비교한 결과이다[18]. $Pt(NH_3)_4^{2+}$ 양이온은 음이온 상태의 실리카 표면에 잘 담지되므로, 양이온 착화합물로 만든 촉매에서 백금의 분산도가 높아서 수소 흡착량이 많다. 수소 흡착량이 백금 담지량에 따라 선형적으로 증가하여, 이 담지량 범위에서는 백금이 고르게 잘 분산되어 있다. 반면, 음이온 착화합물인 $PtCl_6^{2-}$ 이온으로 제조한 촉매에는 수소 흡착량이 적다. 백금 담지량이 많아져도 수소 흡착량의 증가 폭이 적어서, 백금 담지량이 많아지면 백금이 서로 덩어리져서 알갱이가 커졌다.

(2) 함침법

미리 성형한 지지체를 활성물질 용액과 접촉시켜 담지하는 방법을 함침법이라고 부른다[19]. 용액과 지지체의 접촉 방법에 따라 분무법, 증발건조법, 젖음법(incipient wetness method), 흡착법이 있다. 제조하기 쉬워서 공업 촉매를 대량으로 제조할 때는 함침법을 많이 사용한다.

분무법에서는 지지체를 저어주거나 흔들어주면서 활성물질의 용액을 분무하여 지지체에 담지한다. 지지체 알갱이가 크지 않으면 활성물질이 균일하게 담지되며, 담지 조작이 단순하여 담지량을 조절하기 쉽다. 지지체를 자유낙하시키면서 사방에서 활성물질의 용액을 분무하고, 이를 바로 건조하여 촉매를 제조하는 분무건조법(spray drying)은 촉매를 대량으로 제조하기에 적절하다. 분무법으로 촉매를 제조하면 활성물질 용액이 지지체와 접촉한 후 바로 건조되므로, 활성물질이 지지체의 세공 내보다는 겉표면에 주로 담지된다.

증발건조법은 활성물질의 용액에 지지체를 넣은 후 서서히 가열하여 용매를 증발시켜서 활성물질을 담지하는 방법이다. 활성물질의 담지량이 아주 많지 않으면 지지체에 고르게 담

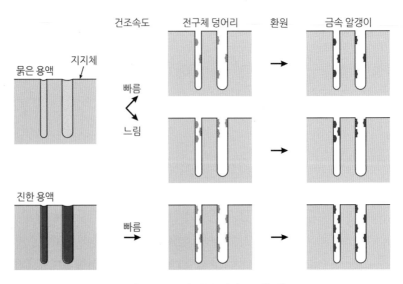

그림 5.7 금속 촉매의 담지 과정[20]

지되지만, 활성물질의 용해도와 건조속도에 따라 담지 상태가 크게 달라진다. 지지체가 활성물질의 용액에 충분히 잠기면 지지체의 세공 내에도 활성물질이 고르게 퍼진다. 서서히 가열하면 지지체 알갱이의 바깥쪽에서부터 더워지므로 먼저 바깥쪽에서부터 활성물질의 농도가 진해진다. 용매가 증발하면서 용매가 세공 내에서 이동할 때 활성물질이 같이 이동하여, 활성물질이 세공입구 주위에 주로 담지된다. 반면 급하게 가열하면 용매가 아주 빠르게 증발되므로 활성물질이 같이 이동하지 못해서 활성물질이 세공 안쪽에 많이 남아 있다. 활성물질의 알갱이 크기도 건조 방법에 따라 다르다. 서서히 건조하면 활성물질이 모여 큰 알갱이가 되지만, 급하게 건조하면 활성물질이 움직이지 못하므로 알갱이가 크게 덩어리지지 않는다. 그림 5.7에 건조 방법에 따른 활성물질의 담지 상태 차이를 모식도로 나타내었다[20].

활성물질과 지지체의 상호작용도 건조 과정에서 활성물질의 이동에 영향을 주기 때문에, 상호작용의 세기가 건조 조건을 결정하는 주요 인자이다. 친화력이 강할수록 활성물질의 이동이 억제되므로 활성물질의 분산 상태가 좋다.

담지 방법에 따라 활성물질의 담지량 한계가 달라진다. 분무법이나 증발건조법으로 촉매를 제조하면 활성물질을 많이 담지할 수 있다. 활성물질 용액을 추가로 분무하거나 분무액의 활성물질 농도를 높여 담지량을 원하는 수준까지 증가시킨다. 이에 비해 젖음법에서는 활성물질 용액이 지지체에 모두 흡수되어야 하고, 활성물질의 용해도에 제한이 있어 활성물질의 담지량에 한계가 있다. 흡착법에서는 활성물질의 흡착량이 바로 담지량이다. 일반적으로 흡착량이 그리 많지 않기 때문에 다른 방법에 비해 담지량이 적다.

활성물질을 담지하여 건조한 후에 소성(calcination)하고 활성화(activation)한다. 소성은 활성물질을 담지하거나 촉매를 성형하는 과정에서 첨가하거나 생성된 불필요한 성분이나 윤활제 등을 가열하여 제거하는 조작이다. 니켈 촉매의 제조 과정을 예로 든다. 질산니켈 용액을 지지체에 가한 후 증발 건조하면 질산니켈이 지지체에 담지된다. 이를 소성하면 이산화질소가 제거되면서 질산니켈이 산화니켈이 된다. 활성물질이 수산화물로 담지되었으면 소성하여 물을 제거하고, 탄산염으로 담지되었으면 소성하여 이산화탄소를 제거한다. 불필요한 물질을 제거하려고 소성하지만, 접착성형제를 첨가한 촉매에서는 소성 과정에서 이들이 경화되어 촉매가 단단해진다.

$$2\,Ni(NO_3)_2 \rightarrow 2\,NiO + 4\,NO_2 + O_2 \tag{5.2}$$

수소화반응에 촉매로 사용하려면 먼저 산화니켈을 금속 니켈로 환원하여 촉매로 사용한다. 활성물질을 활성이 있는 상태로 전환하는 조작을 활성화라고 부른다. 활성물질의 종류에 따라 활성화 방법이 다르다. 금속 산화물을 환원하여 금속 상태의 활성물질을 만들고, 음이온 빈자리가 활성점인 금속 산화물 촉매는 환원 분위기에서 처리하여 음이온 빈자리를 만든다. 산·염기 촉매에서는 산이나 염기점에 흡착되어 있는 물이나 이산화탄소 등을 제거한다. 활성화 과정에서 활성점이 생성되므로 활성화 방법에 따라 촉매의 활성이 크게 달라진다. 과도하게 활성화하면 활성점이 변형되어 촉매활성이 없어지므로 주의해야 한다.

젖음법에서는 건조한 지지체의 세공에 활성물질이 모두 흡수되도록 활성물질의 용액을 지지체가 젖을 때까지 가한다. 먼저 지지체의 세공부피를 측정하여 이 부피를 채우는 데 필요한 활성물질의 용액을 만든다. 지지체를 건조한 후 표면이 충분히 젖을 때까지 가한 용매의 양이 세공을 채우는 데 필요한 용액의 양이다. 건조한 지지체에 활성물질의 용액을 가하면 용액이 지지체 내부로 빨려들어가므로 활성물질이 세공에 고르게 퍼진다. 건조하여 용매를 제거하면 활성물질이 담지된다. 금속염이 물에 잘 녹기 때문에 금속이나 금속 산화물 촉매를 만들 때에는 보통 물을 용매로 쓴다. 젖음법은 다른 담지 방법에 비해 재현성이 좋아서, 실험실에서 소규모로 촉매를 제조할 때 사용한다.

활성물질의 용액과 제올라이트 사이에 평형이 이루어지도록 어느 정도 기다린 후 건조하고 소성한다. 젖음법으로 활성물질이나 첨가제를 담지하면 지지체에 담지되어 있는 활성물질의 양은 정확히 알지만, 활성물질이 어떤 상태로 지지체 내에 담지되었는지는 확실하지 않다. 앞에서 설명한 대로 용매를 제거하는 건조 방법에 따라 활성물질의 분포 상태가 달라지기 때문이다. 지지체 표면과 활성물질 전구체 사이의 친화력이 아주 강하면 젖음법으로도 활성물질을 세공 내에 고르게 분산 담지할 수 있다. 활성물질의 담지 외에도 촉매의 기능을 조절하기 위해서 증진제와 억제제를 첨가할 때에도 젖음법을 사용한다. 제올라이트 촉매의 산성을 조절하기 위해 인 산화물을 담지하려면 인 화합물을 물에 녹여 미리 건조한 제올라이트를 가한다.

흡착법은 활성물질이 녹아 있는 용액에 지지체를 가하여 활성물질을 지지체 표면에 흡착시킨 후 여과 수세하여 흡착하지 않은 물질을 제거하고 흡착한 활성물질만을 담지하는 방법이다. 제조 과정이 증발건조법의 비슷하나, 흡착법에서는 흡착하지 않고 세공 내에 남아 있는 활성물질을 제거하는 점이 다르다. 강하게 흡착한 활성물질만 지지체에 담지되므로 활성물질이 지지체 표면에 고르게 분산 담지되고, 건조와 소성 등 후처리 중에도 담지 상태가 크게 달라지지 않는다. 지지체에 강하게 흡착하는 활성물질만 흡착법으로 촉매를 만들 수 있고, 활성물질이 단일층으로 흡착되어 다른 제조법에 비해 활성물질의 담지량이 적다. 제조한 촉매를 분석하거나 여과와 세척 과정의 여액을 분석하여 활성물질의 담지량을 결정한다.

활성물질의 담지량과 담지 상태 등 제조하려는 촉매의 성질 및 활성물질과 지지체의 상호작용에 따라 지지체에 활성물질을 담지하는 방법을 선택한다. 친화력이 충분히 강하지 않으면 흡착법으로는 활성물질을 담지하지 못한다. 친화력이 강하여 활성물질이 많이 흡착하면 흡착법으로 분산도가 우수하면서도 담지량이 많은 촉매를 제조할 수 있다. 세공 내에서는 물질전달이 느린 반면 촉매활성이 높으면, 반응은 주로 겉표면에서 진행한다. 이런 반응에 사용하는 촉매는 활성물질이 겉표면에 담지되는 분무법으로 제조한다.

구조민감 촉매처럼 담지된 활성물질의 알갱이 크기가 촉매활성에 영향이 크면, 활성물질

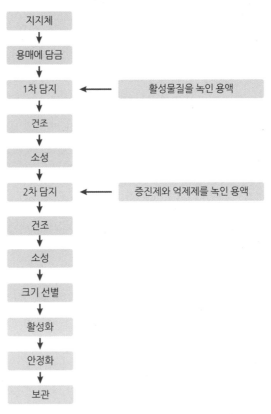

그림 5.8 함침법으로 촉매를 제조하는 공정

의 담지 후 건조, 소성, 활성화 등 후처리 과정이 상대적으로 중요하다. 금속 촉매에서는 환원 과정에서 금속이 소결되므로 크게 덩어리지지 않도록 천천히 환원해야 한다. 환원반응의 속도를 조절하기 위하여 순수한 수소를 쓰지 않고 질소에 희석한 수소를 사용하거나, 일산화탄소나 하이드라진을 환원제로 사용한다.

수소화반응에 사용하려고 환원하여 활성화된 금속 촉매를 공기에 노출시키면 표면의 금속이 다시 산화된다. 산화반응에서 발생하는 열로 인해 금속의 분산 상태가 달라지고, 열이 아주 많이 빠르게 발생하며, 때로는 불이 붙기도 한다. 이런 이유로 촉매 제조공장에서는 환원처리한 금속 촉매의 표면을 얇게 산화시켜 사용자에게 제공한다. 금속 표면이 산화되어 있어 공기와 접촉하여도 안정하다. 반응기에 충전하고 반응을 시작하기 전에 가볍게 환원처리하여 활성화시키면, 환원조작 중의 소결 등 촉매 손상을 억제할 수 있으면서, 운송과 보관 과정에서 위험도 줄인다.

제조 방법에 따라 과정이 약간씩 다르긴 하지만 촉매 제조의 기본 원리는 비슷하다. 그림 5.8에 함침법으로 촉매를 제조하는 일반적인 공정을 정리하였다. 활성물질과 증진제를 차례로 함침시킨 후, 소성, 활성화, 안정화 단계를 거친다. 활성물질과 지지체를 접촉시키는 방법은 촉매 제조법마다 다르지만, 건조 이후 단계는 모두 비슷하다.

(3) 침전법

지지체를 사용하지 않고 활성물질이 녹아 있는 용액에 적절한 침전제를 가하여 촉매 전구체를 침전시킨 후 이를 건조, 소성, 활성화시켜 촉매를 제조하는 방법이 침전법이다[21]. 구리-아크롬산염 촉매의 제조 과정을 예로 든다. +2가 구리 이온과 +7가 크로뮴 이온이 녹아 있는 용액에 암모니아수를 가하면 노란색의 촉매 전구체 $[Cu(OH)NH_4CrO_4]$가 침전한다. 이를 여과 세척하여 건조한 후 250 ℃에서 가열하면 전구체가 분해되어 검은색 구리-아크롬산염 촉매가 된다. 다음에 제조 과정의 반응식을 보였다.

$$2\,CuSO_4 + Na_2Cr_2O_7 + 4\,NH_3 + 3\,H_2O$$
$$\longrightarrow 2\,Cu(OH)NH_4CrO_4 + Na_2SO_4 + (NH_4)_2SO_4 \qquad (5.3)$$

$$2\,Cu(OH)NH_4CrO_4 \xrightarrow{250\ ℃} 2\,CuO\cdot Cr_2O_3 + 2\,NH_3 + 2\,H_2O \qquad (5.4)$$

활성물질이 모두 녹아 있는 용액에서 출발하므로 초기 상태가 균일하다. $Cu(OH)NH_4CrO_4$는 노란색 결정성물질이어서, 중간체가 제대로 생성되었는지 확인하기 쉽다. 반면, 이를 소성하는 과정에서 열이 많이 발생하여 활성물질이 덩어리지기 때문에 촉매활성의 재현성이 나쁘다. 구리-아크롬산염 촉매는 사용하기 전에 수소로 처리하여 표면에 남아 있는 과잉 산소를 제거하여 활성화시킨다.

금속 촉매도 침전법으로 제조한다. 질산은 수용액에 염기성 수용액을 가하여 침전시킨 후 소성하여 은 촉매를 제조한다.

$$\text{AgNO}_3 \xrightarrow{\text{염기}} \text{Ag}_2\text{O} \cdot n\text{H}_2\text{O} \xrightarrow{250\ ℃} \text{Ag} \tag{5.5}$$

염기성물질로는 탄산칼륨, 탄산나트륨, 암모니아수를 넣어준다. 금속 성분에 따라 제조 방법이 다르지만, 대부분 수산화물로 침전시킨 후 소성하여 산화물을 만들고, 금속 상태로 환원하여 촉매로 사용한다.

침전법으로 촉매를 제조할 때는 침전 과정이 매우 중요하므로, 침전제 선택에 유의하여야 한다. 대부분의 금속 이온이 염기성 조건에서 수산화물로 침전 석출되므로, 가장 흔하게 사용하는 침전제는 염기성 수용액이다. 수산화칼륨이나 수산화나트륨을 넣어주어도 금속이 수산화물로 침전되지만, 칼륨이나 나트륨이 촉매에 남아 있으면 촉매활성을 저하시키거나 촉매의 녹는점을 낮추어 열적 안정성이 낮아지므로 이들을 침전제로 사용하지 않는다. 암모니아는 소성 과정에서 쉽게 제거되므로 암모니아수를 침전제로 많이 사용한다. 이 외에 카바메이트 등도 금속을 균일하고 안정하게 침전시키나, 사용 예는 많지 않다.

침전법으로 제조한 촉매는 대부분 표면적이 작아서 활성이 낮다. 유기합성에 사용하는 백금 검정(Pt black)이 침전법으로 제조한 대표적인 촉매이다. 활성물질의 용액에서 두 가지 이상의 성분으로 이루어진 복합 산화물의 전구체를 균일하고 재현성 있게 만들기 쉬워서, 복합 산화물 촉매를 제조할 때에는 주로 침전법을 사용한다.

(4) 분자 수준의 촉매 제조 방법

지지체에 담지하여 제조한 금속과 금속 산화물 촉매는 활성물질이 잘 분산되어 있고, 반응과 재생 과정에서 쉽게 소결되지 않아야 바람직하다. 이에 덧붙여 활성, 선택성, 내구성이 우수한 구조의 활성점이 열전달과 물질전달이 빠른 지지체의 표면에 고르게 많이 담지되어 있어야 촉매로서 성능이 좋다. 그러나 고체 지지체 표면에 같은 구조의 활성점을 균일하게 담지하기가 쉽지 않다.

지지체의 모양이 단결정, 선, 막 등으로 단순하고 균일해 보여도 미시적으로 보면 고체 표면은 매우 불균일하기 때문이다. 더욱이 촉매 제조에 흔히 사용하는 젖음 방법으로 활성물질을 담지하면 표면에 담지된 활성물질의 상태가 매우 다양하여 같은 구조의 활성점이 생성되지 않는다.

실제로 바나듐 산화물을 알루미나에 담지하였을 때 예상하는 담지 상태를 그림 5.9에 보였다[22]. 담지량을 줄여 바나듐 산화물이 단분자층을 이루며 담지되었어도 담지 상태는 여러 종류이다. 바나듐이 두 개 또는 세 개의 알루미늄과 결합하거나 분자 상태의 바나듐 산화물로 담지될 수 있다. $Os-Hs$는 알루미나 표면의 하이드록시기를 나타낸다. 담지량이 많아져서 표면에 담지된 바나듐 산화물이 덩어리지면 담지 상태는 더욱 복잡해진다. 이런 점을 감안하면, 촉매 제조에 흔히 사용하는 젖음법이나 침전법으로는 표면에 담지된 활성점의 물리화학적 상태가 균일하기를 기대하기 어렵다.

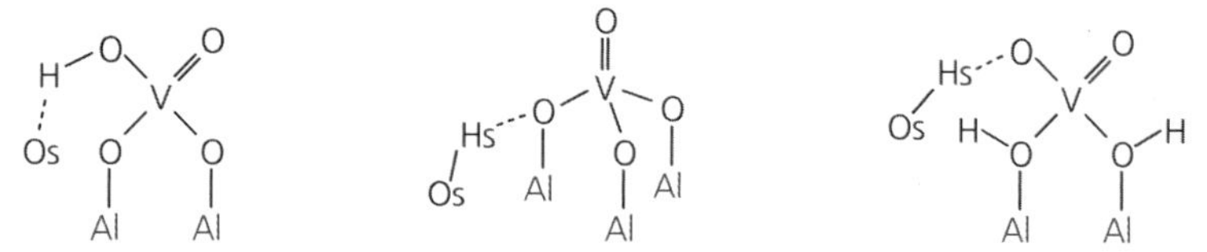

그림 5.9 알루미나에 단분자층을 이루며 담지된 바나듐 산화물(VO_x)의 여러 구조[22]

활성물질을 균일하게 담지하려면 담지 과정을 잘 제어하여야 한다. 이온 교환을 이용하여 표면의 특정 위치에 이온 상태로 고정하는 이온 교환법이 효과적이다. 교환되지 않고 지지체에 남아 있는 이온을 제거하면, 낱개로 이온 교환된 상태는 동일하여 화학적으로 균일하다. 그러나 이온 교환된 촉매를 건조하여 소성하거나 환원하여 활성화하는 과정에서 이 상태가 그대로 유지되지 않을 수도 있다. 지지체와 활성물질 사이의 상호작용이 약하면 소성과 환원 과정에서 금속이 쉽게 덩어리지므로, 이온 교환법으로 제조한 촉매의 촉매의 활성점이 모두 같다고 이야기하기 어렵다.

화학증착법(chemical vapor deposition: CVD)은 촉매 전구체를 기체 상태로 고체 지지체의 세공에 도입하여 담지하는 방법이다. 기체 전구체여서 세공 내 확산이 빠르고, 용매를 사용하지 않으므로 세공 내에서 활성물질의 농도 차이가 작으며, 건조 과정이 없으므로 활성물질의 담지 상태가 상대적으로 균일하다. CVD 방법에서는 세공 내에서 활성물질의 전구체 농도를 조절하여 석출 과정을 제어하므로 알갱이 크기를 조정하기 쉽다. 그러나 이 방법으로 만든 촉매도 표면에 고정된 활성물질을 환원하거나 배기하여 활성화하는 과정에서 담지 상태가 달라질 수 있다. 이 외에도 활성물질의 전구체가 기체이어야 하므로 사용가능한 전구체가 많지 않고, 진공으로 배기한 상태에서 활성물질을 공급하므로 촉매를 대량으로 만들기 어렵다.

활성점이 균일한 촉매를 만드는 방법으로는 지지체 표면의 특정 자리와 반응하는 활성물질 전구체를 도입하여 표면에 고정하는 방법이 있다. 그림 5.10에서 보듯이 사이클로펜타다이에닐다이알킬 지르코늄(cyclopentadienyldialkyl zirconium: Cp_2ZrR_2)을 지지체에 화학흡착시키면 산점의 종류에 따라 다른 상태로 담지된다. 루이스 산점에 흡착한 (가)형, 약한 브

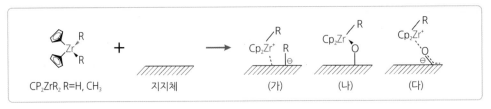

그림 5.10 표면의 산점 종류에 따른 Cp₂ZrR₂의 고정 상태[22]

뢴스테드 산점에 흡착한 (나)형, 강한 브뢴스테드 산점에 흡착한 (다)형 등 지지체의 표면 자리에 따라 Cp₂ZrR₂의 고정 상태가 다르다. 강한 루이스 산점이 있는 염화마그네슘과 하이 드록시기가 많이 제거된 알루미나에는 Cp₂ZrR₂이 알킬기가 하나 떨어진 (가)형으로 흡착한 다. 반면, 강한 브뢴스테드 산점이 있는 실리카-알루미나에는 Cp₂ZrR₂가 음전하를 띤 산소 와 양성자로 나뉘어 (다)형으로 흡착한다. 하이드록시기가 부분적으로 제거된 알루미나, 실 리카, 산화마그네슘에서는 약한 브뢴스테드 산점에 (나)형처럼 흡착한다. 지지체의 표면성 질에 따라 흡착 상태가 달라지므로 지지체의 상태를 잘 조정하여 활성점이 같은 구조로 담 지하도록 유도한다. 활성점의 상태가 모두 같으면 분광학적 방법으로 활성점에서 중간체가 생성되는 과정을 조사하기 쉽다.

원자층을 하나씩 지지체 위에 쌓아가는 방법으로도 활성점 구조가 균일한 촉매를 만들 수 있다. 원자층 고정법(atomic layer deposition)이라고 부르는 방법으로 촉매 제조 과정을 그림 5.11에 보였다. 표면에 있는 관능기와 반응하는 물질을 주입하여 첫 번째 층을 만든다. 남아 있는 기상물질을 제거하고 담지된 물질과 반응할 다음 물질을 넣어주어 두 번째 층을 만든다. 첫 번째 층과 두 번째 층의 화학적 성질은 다르나, 선택적인 화학반응을 통해 고정되었으므로 표면에 형성된 활성점의 구조와 형태가 모두 같다.

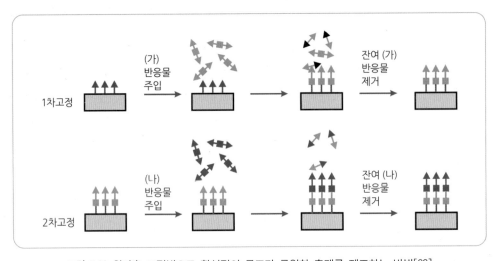

그림 5.11 원자층 고정법으로 활성점의 구조가 균일한 촉매를 제조하는 방법[22]

휘발성인 트라이에톡시산화바나듐[VO(OEt)₃]을 실리카나 알루미나와 반응시키면 알콕시바나듐 화합물이 표면에 고정된다. 이 층을 물이나 과산화수소로 처리하면 표면에 하이드록시기가 형성된 균일한 바나듐 산화물층이 완성된다. 제조 과정이 복잡하기는 하지만, 활성물질이 잘 분산되어 있다. 활성점의 화학적 성질이 균일하며, 프로판의 산화 탈수소반응에서 선택성이 높다.

○ 4 금속 촉매의 제조 방법과 기능

금속 촉매의 역사는 매우 길고, 여러 반응에 많이 사용한다. 이중에서도 팔라듐, 백금, 루테늄, 로듐 등을 담지하여 제조한 귀금속 촉매는 수소화와 탈수소화반응에 많이 사용하지만, 금속의 종류에 따른 차이나 지지체의 영향이 체계적으로 규명되어 있지 않다. 이론보다는 실제로 사용한 예를 참고하여 금속의 종류를 선정할 정도로 경험에 의존하는 영역이 많다 [23]. 이 절에서는 귀금속 촉매를 제조할 때 중요하게 고려해야 할 사항을 설명한다.

(1) 금속 알갱이의 크기 영향

금속 촉매의 활성은 금속 알갱이의 크기에 따라 크게 달라진다. 그림 5.12에 금속 알갱이의 크기에 따라 촉매활성이 달라지는 경향을 보였다. (가) 곡선은 알갱이가 커질수록 촉매활성이 낮아지는 가장 일반적인 경우이다. 알갱이가 커지면 금속 분산도가 낮아지고, 이로 인

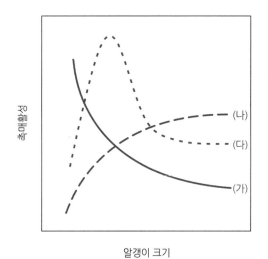

그림 5.12 알갱이 크기에 따른 촉매활성의 변화 개략도

해 표면에 드러난 금속 원자의 개수가 줄어들어 반응물의 흡착량이 적어진다. 구조민감 촉매에서는 구조비민감 촉매에 비해 알갱이 크기에 따라 촉매활성이 낮아지는 정도가 더 심하다. 반면, (나) 곡선에서는 알갱이가 큰 촉매에서 활성이 높다. 활성점이 여러 원자로 이루어진 촉매에서 나타나는 경향으로, 알갱이가 어느 크기보다 커야 활성점이 생성되기 때문이다. (다) 곡선은 특정한 구조의 결정면에서 촉매활성점이 생성된다는 점은 (나) 곡선과 같지만, 알갱이가 지나치게 커지면 활성점 개수가 적어져서 활성이 낮아진다. 이 경우에는 촉매활성이 가장 높은 최적 알갱이 크기가 있다.

염화로듐(III)을 환원제와 함께 넣고 가열하여 평균지름이 9, 20, 35 nm인 로듐 콜로이드 촉매를 만들었다[24]. 여러 알켄의 수소화반응에서 알켄의 종류에 따라 로듐 알갱이의 크기가 촉매활성에 미치는 영향이 달랐다. n-헥센의 수소화반응에서는 촉매활성이 알갱이 크기에 무관하게 일정하였다. 그러나 메시틸옥사이드(mesithyl oxide)를 비롯한 대부분 알켄의 수소화반응에서는 알갱이가 커질수록 촉매활성이 낮아졌다. 알갱이가 35 nm보다 크면 촉매활성이 거의 나타나지 않았다.

탄소 지지체에 담지한 팔라듐 촉매에서 염기의 종류와 흡착 정도를 조절하면 팔라듐 알갱이 크기를 4.5 nm에서 13 nm 범위로 조절할 수 있다[25]. 글루코스를 산화시켜 글루콘산을 제조하는 반응에 필요한 시간은 팔라듐 알갱이가 크면 길어지고 작으면 짧아졌다. 알갱이가 작아서 반응물과 접촉하는 팔라듐 원자가 많으면 촉매활성이 높아졌다. 알갱이 지름이 6 nm일 때 촉매활성이 가장 높았다. 앞에서 설명한 바와 같이 활성점의 구조, 표면에 드러난 금속 원자의 개수와 구조, 반응의 성격 등이 어우러져 촉매활성에 대한 알갱이 크기의 영향을 결정한다.

(2) 활성물질의 분포 조절

일반적으로 활성물질을 지지체에 고르게 담지하지만, 지지체의 특정 부위에 활성물질이 집중적으로 모이도록 담지하기도 한다. 그림 5.13에는 활성물질의 분포 상태가 다른 촉매의 예를 보였다. 활성물질 전구체 용액의 pH, 전구체의 종류와 농도, 지지체의 전처리 방법으로 활성물질의 분포 상태를 조절하는데, 금속의 분포 상태를 조절하기가 다른 활성물질에 비해 쉽다.

달걀껍질형 촉매는 표면에서 반응이 주로 진행되거나 외부 물질전달이 속도결정 단계인 촉매반응에 적절하다. 반응이 대부분 겉표면에서 마무리되어 내부까지 반응물이 확산되지 않으므로 촉매 겉표면에만 활성물질을 담지한다.

이에 비해 달걀 흰자형 촉매는 활성물질의 피독이 우려되는 촉매반응에 적절하다. 촉매 겉표면에서부터 촉매독이 축적되므로 내부에 들어 있는 활성물질은 촉매독이 제거된 반응물과 접촉하여, 상당 기간 촉매의 활성이 저하되지 않는다. 달걀 노른자형 촉매도 같은 목적으

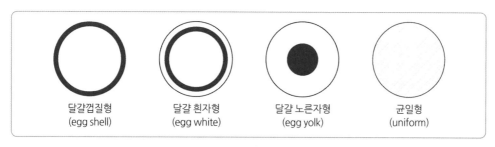

그림 5.13 구형 촉매에서 활성물질의 분포 상태[25]

로 만들며, 피독 현상이 아주 심하거나 활성물질의 담지량을 늘리고 싶을 때 쓰는 방법이다.

활성물질이 균일하게 분포되어 있는 촉매에서는 알갱이 내부의 활성점에서도 반응이 진행되므로 촉매의 전체 공간을 이용할 수 있다. 물질전달이 빨라 촉매 내부에서도 반응물의 농도가 높으나, 활성점에서 촉매반응이 느린 촉매에 적절한 활성물질의 분포 형태이다.

벤조산의 수소화반응에서 Pd/C 촉매의 활성은 팔라듐의 분포 상태에 따라 달라진다[26]. 150 ℃와 100 bar 조건에서 5% Pd/C 촉매를 사용하면 달걀껍질형 촉매에서는 1시간 반응 후 전환율이 10%로 낮으나, 달걀 흰자형 촉매에서는 전환율이 60%로 높다. 전체에 고르게 담지된 촉매에서는 전환율이 85%로 더 높다. 이 반응에서는 물질전달이 표면반응보다 빨라 내부에 담지된 금속도 촉매반응에 참여한다. 금속이 표면에만 분포된 촉매에 비해 활성물질을 내부까지 고르게 분산 담지하면 반응물과 접촉하는 금속이 많아져서 촉매활성이 높다.

(3) 지지체의 성격

지지체는 원리적으로 촉매의 활성과 무관하지만 지지체를 잘 선택하면 촉매의 활성과 선택성을 높이면서도 활성저하를 늦출 수 있다. 또 지지체의 산·염기성이 금속 촉매의 활성과 선택성에 영향을 주기도 한다.

시나믹알데하이드(cinnamic aldehyde)의 수소화반응에서 탄소, 황산바륨, 알루미나, 규조토, 탄산칼슘, 탄산마그네슘 등 중성, 산성, 염기성 지지체에 팔라듐을 5% 담지하여 제조한 촉매의 활성과 선택성이 지지체의 성격에 따라 상당히 다르다[27]. 탄소 지지체에 담지한 팔라듐 촉매에서는 상온·상압에서 전환율은 55%이나, 산성 지지체인 황산바륨, 알루미나, 표면에 하이드록시기가 있어 약한 산성을 띠는 규조토에 담지한 팔라듐 촉매에서는 전환율이 90% 이상으로 높았다. 염기성인 탄산염 지지체에 담지한 팔라듐 촉매에서는 지지체의 표면적이 아주 작은데도 전환율은 50~70%이었다. 지지체의 구조와 성격도 촉매반응의 활성 결정에 중요하다.

탄소 지지체는 대부분 천연 재료로 만드므로 출발물질에 따라 표면에 있는 라디칼의 종류와 불순물의 양이 다르다. 이로 인해서 촉매활성은 물론 생성물이 달라지기도 한다. 나이트로벤젠의 수소화반응에서는 벤젠다이아민, 1-아미노-2-사이클로헥산-1-온, 레소시놀 등 여러 생성물이 생성된다. 제조 원료가 목재와 야자껍질로 달라지면 탄소 지지체에 담지한 팔라듐 촉매에서 생성물에 대한 선택성이 달라진다[27].

나이트릴 고무의 C≡N과 C≡C 결합 중에서 C≡C 결합만을 선택적으로 수소화하면 기름에 대한 고무의 안정성이 높아진다. Pd/SiO$_2$ 촉매의 활성은 높고, C≡C 결합의 수소화반응에 대한 선택성은 Ru/SiO$_2$나 Rh/C 촉매와 비슷하게 높다[28]. Pd/Al$_2$O$_3$ 촉매는 C≡C 결합의 수소화반응에 대한 활성이 없고, C≡N 결합의 수소화반응만 조금 진행된다. 금속과 지지체에 따라 촉매활성과 선택성이 크게 다르다. 같은 실리카라 해도 지지체의 세공크기에 따라 수소화반응에서 활성이 크게 다르다. 세공지름이 80 nm보다 작은 실리카에 담지한 팔라듐 촉매는 나이트릴 고무의 수소화반응에 대하여 활성이 낮으나, 세공이 큰 실리카를 지지체로 사용하면 활성이 크게 향상된다. 나이트릴 고무 분자가 세공 내에 담지한 팔라듐에 접근하여야 반응이 진행되므로, 지지체의 세공크기도 촉매활성에 영향을 준다.

(4) 활성물질의 성격 조절

촉매의 성격을 조절하는 물질을 크게 활성에 영향을 주는 물질과 선택성에 영향을 주는 물질로 나눈다[29]. 귀금속의 전자적 상태에 영향을 미쳐 촉매의 활성과 선택성이 달라진다는 점에서 이들을 모두 기능 증진제이다.

질소와 수소로부터 암모니아를 합성하는 반응의 활성물질로는 질소를 해리흡착하면서도 흡착세기가 그리 강하지 않은 철과 루테늄이 있다. 가격이 저렴하고 제조하기 편리하여 오랫동안 철을 활성물질로 사용하였으나, 철 촉매에서는 반응온도와 압력이 높아야 반응이 진행되고, 암모니아의 수율이 낮다. 루테늄을 탄소 지지체에 담지한 Ru/C 촉매에서는 질소가 해리흡착되지 않아서 촉매활성이 없다. 그러나 Ru/C 촉매에 세슘과 바륨처럼 전자를 제공하는 금속을 첨가하면 고온 고압이 아닌 320 ℃와 6 bar로 완화된 반응 조건에서도 암모니아의 수율이 6% 이상으로 높다.

그림 5.14에 보인 것처럼 세슘의 담지로 루테늄의 전자밀도가 높아져 흡착한 질소 분자에게 전자를 많이 제공하여 질소 원자 사이의 결합이 약해져서 쉽게 끊어지기 때문이다. 탄소의 전자적 성질을 조절하여 활성물질의 기능을 증진시킨 예로, 철에 칼륨을 담지하여도 비슷한 효과가 나타난다. 칼륨과 나트륨을 담지하여도 합성반응의 경로는 달라지지 않아서, 나트륨을 철 촉매에 첨가하여도 활성이 증가되나 이온화에너지가 칼륨보다 많아서 증진 효과가 낮다.

귀금속 촉매에 납, 비스무트, 셀레늄 등을 첨가하면 촉매 성격이 아주 달라진다[30]. Pd/C 촉매는 대표적인 수소화반응의 촉매이지만, 납과 비스무트를 추가로 담지하면 수소화반응에 대한 활성이 없어지고, 부분산화반응에 대한 활성이 나타난다. 전자를 받으려 하는 물질을 첨가하면 귀금속의 자유전자밀도가 낮아져 수소화반응에 대한 활성은 낮아지지만, 이로 인해 산소의 흡착세기가 낮아져서 선택적인 부분산화반응에 활성이 있는 촉매가 된다. 5% Pd/C 촉매에 비스무트를 2%, 셀레늄을 0.25% 담지하면 폴리에톡시알코올을 산소와 반응시켜 카복실산을 제조하는 반응에서 촉매의 활성과 선택성이 모두 높아진다. 비스무트 담지로 팔라듐의 산화수가 낮아지면서 촉매성질이 달라진다.

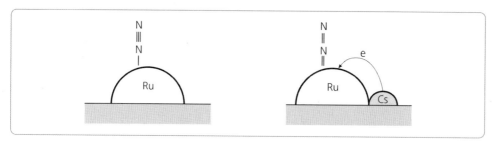

그림 5.14 루테늄에 첨가한 세슘의 기능

참고문헌

1. J.H. Sinfelt, "Specificity in Catalytic Hydrogenolysis by Metals", *Adv. Catal.*, **23**, 91−119 (1973).

2. H. Chon and G. Seo, "Promotors in copper−chromium oxide catalysts for furfural hydrogenation", *J. Korean Chem. Soc.*, **23**, 152−160 (1979).

3. D.L. Trimm, "Design of Industrial Catalysts", Elsevier, Amsterdam (1980), Chapter 5.

4. R.K. Iler, "The Chemistry of Silica", John Wiley & Sons, New York (1979).

5. M.E. Winyall, "Silica Gels: Preparation and Properties", in Applied Industrial Catalysis, Vol. 3, B.E. Leach Ed., Academic Press, New York (1984), p 43.

6. R.K. Oberlander, "Aluminas for Catalysts−Their Preparation and Properties", in Applied Industrial Catalysis, Vol. 3, B.E. Leach Ed., Academic Press, New York (1984), p 63.

7. K. Tanabe, M. Misono, Y. Ono, and H. Hattori, "New Solid Acids and Bases", Kodansha, Tokyo (1989), p 78.

8. J.B. Peri, "Infrared and gravimetric study of the surface hydration of γ−alumina", *J. Phys. Chem.*, **69**, 211−219 (1966).

9. Ref. 7, p 124.

10. A.J. Léonard, P. Ratnasamy, F.D. Declerck, and J.J. Fripiat, "Structure and properties of amorphous silico−aluminas", *Discuss. Farad. Soc.*, **52**, 98−108 (1971).

11. 尾崎萃 ほか編, "触媒調製化学", 講談社サイエソティフィク (1980), pp 209−215.

12. R.L. Burwell Jr., G.L. Haller, K.C. Taylor, and J.F. Read, "Chemisorptive and Catalytic Behavior of Chromia", *Adv. Catal.*, **20**, 1−96 (1969).

13. R.L. Burwell Jr., K.C. Taylor, and G.L. Haller, "The texture of chromium oxide catalysts", *J. Phys. Chem.*, **71**, 4580−4581 (1967).

14. http://en.wikipedia.org/wiki/Zeta_potential_titration

15. B.P. Singh, R. Menchavez, C. Takai, M. Fuji, and M. Takahashi, "Stability of dispersions of colloidal alumina particles in aqueous suspensions", *J. Colloid Interf. Sci.*, **291**, 181−186 (2005).

16. J.−K. Kim and D.F. Lawler, "Characteristics of zeta potential distribution in silica particles", *Bull. Korean Chem. Soc.*, **26**, 1083−1089 (2005).

17. G.A. Parks, "The Isoelectric Points of Solid Oxides, Solid Hydroxides, and Aqueous Hydroxo Complex Systems", *Chem. Rev.*, **65**, 177−198 (1965).

18. H.A. Benesi and R.M. Curtis, "Preparation of highly dispersed catalytic metals: Platinum supported on silica gel", *J. Catal.*, **10**, 328−335 (1968).

19. E. Marceau, X. Carrier, and M. Che, "Impregnation and Drying", in Synthesis of Solid Catalysts, K.P. de Jong Ed., Wiley−VCH, Weinheim (2009), pp 59−82.

20. G.C. Bond, "Heterogeneous Catalysis: Principles and Applications", 2nd ed., Clarendon Press, Oxford (1987), p 79.

21. K.P. de Jong, "Deposition and Precipitation", in Synthesis of Solid Catalysts, K.P. de Jong Ed., Wiley －VCH, Weinheim (2009), pp 111－134.

22. S.L. Wegener, T.J. Marks, and P.C. Stair, "Design strategies for the molecular level synthesis of supported catalysts", *Acc. Chem. Res.*, **45**, 206－214 (2012).

23. 川研ファインケミカル株式會社, "貴金屬觸媒によろ水素化反応: Pd, Pt, Ru, Rh", (1995), p 37.

24. 戶嶋直樹, "高分子支持金屬コロイド觸媒", 觸媒(日本), **27**, 488－494 (1985).

25. 室井高成, "工業貴金屬觸媒", JETI (2003), p 75.

26. D.E. Grove, "5% Pd/C－precise but vague", *Platinum Metals Rev.*, **46**, 92 (2002).

27. Ref. 25, p 90.

28. 久保洋一郎, "選択水素化反応によろ水素化ニトリルゴムの開發", 觸媒(日本), **32**, 218－223 (1990).

29. Ref. 25, p 99.

30. 木村洋, 木村昭雄, 小久保勳, 脇阪達司, 光田義德, "Pd系多元觸媒によろアルコールの接觸酸化" 觸媒(日本), **33**, 111－114 (1991).

제 06 장
금속 촉매

🔍 1 금속 활성물질

정유산업과 화학공업에서는 수소화－탈수소화공정과 부분산화공정의 촉매활성물질로 금속을 널리 사용한다. 최근에는 대기오염 방지를 위한 가솔린과 디젤 자동차의 배기가스 정화기와 휘발성 유기 화합물의 연소제거기 촉매의 활성물질로도 금속을 많이 사용한다. 금속을 사용하는 촉매반응이 다양한데 비해 활성물질로 사용하는 금속의 종류는 그리 많지 않다. 알칼리와 알칼리 토금속은 대기 중에서 산소와 물과 쉽게 반응하여 금속 산화물이나 수산화물이 되어, 금속으로서 촉매작용을 기대하기 어렵다. 희토류 금속도 금속 상태보다는 산화물 상태가 안정하여 이를 촉매의 활성물질로 사용하지 않는다. 이런 점을 고려하면 금속 촉매로 사용할 수 있는 물질은 금속 상태가 안정하면서도 자유전자가 많아 전기전도도가 높은 전이금속 원소로 그 범위가 좁혀진다.

금속의 자유전자가 수소, 산소, 탄화수소, 일산화탄소 등과 상호작용하여 이들을 활성화한다. 금속에 흡착한 원자 상태의 수소가 참여하는 수소화－탈수소화반응, 산소 분자가 전자를 받아 만든 산소 원자 음이온이 반응물을 산화시키는 산화반응, 활성화된 수소와 일산화탄소를 반응시켜 탄화수소 등 유기물을 합성하는 반응, 활성화된 수소와 일산화탄소가 알켄에 더해지는 수소포밀첨가반응(hydroformylation) 등에 금속 촉매의 활성이 높다. 자동차 배기가스에 들어 있는 일산화탄소와 완전연소되지 않은 탄화수소의 추가 산화반응에서는 산소의 활성화가 필요하여 금속 촉매를 사용한다. 질소 산화물이 질소와 산소 원자로 해리흡착하는 질소 산화물의 환원제거반응이 귀금속 촉매에서 진행된다. 휘발성 유기 화합물의 연소제거 반응에서는 저온에서 산소를 활성화할 수 있어야 하므로 귀금속 촉매가 효과적이다.

금속은 모두 같은 원자로 이루어져 있어서 표면이 규칙적이고, 연성(延性)과 전성(展性)이 좋아 원하는 모양을 만들기 쉬워서 촉매작용을 연구하는 재료로 아주 적절하다. 원자 배열이 규칙적인 금속에서 표면 원자의 배열 상태와 촉매작용을 관련짓기 용이하여, 금속 선, 금속 박막, 금속 증착막, 금속 단결정 등을 촉매작용의 본질을 연구하는 시험 촉매로 사용한다. 최근에는 아주 작은 나노(nano)크기의 원자 뭉치(cluster) 금속이나 용융 상태에서 빠르게 냉각하여 만든 무정형 금속(amorphous metal)의 특이한 촉매작용도 많이 연구한다.

금속 촉매의 모양은 이를 적용하는 반응에 따라 달라진다. 유기합성반응에는 아주 미세한 금속 알갱이를 촉매로 사용한다. 백금 검정이 대표적인 촉매로서, 유기물의 수소화반응에 효과적이다. 액상 유기물에 금속 알갱이 촉매를 넣고 수소 기체를 흘려주는 아주 간단한 방법으로 수소화반응을 진행한다. 암모니아의 산화반응처럼 발열이 심한 반응에는 금속 선으로 만든 금속 망 촉매가 적절하다. 열을 제거하기 쉽고 금속 망의 층 개수를 바꾸어 반응속도를 조절한다. 그러나 금속 촉매의 대부분은 지지체라고 부르는 다공성 산화물에 금속을 분산 담지하여 만든다.

표면에 드러나 반응물과 직접 접촉하는 금속 원자만 촉매로 작용하기 때문에, 다공성물질의 표면에 금속을 얇게 분산 담지하면 소량의 금속으로도 활성이 높은 촉매를 저렴하게 만들 수 있다. 비용 측면 외에도 지지체를 사용하면, 금속의 열적·기계적 안정성이 높아지고, 물질전달과 열전달이 유리해진다. 금속과 지지체의 상호작용에 따라 금속의 촉매성질이 달라지고, 지지체의 세공크기와 모양에 따라 물질전달속도가 달라지므로 촉매의 활용 폭이 넓어진다.

이 장에서는 금속 촉매작용의 근본 요인인 금속의 흡착성질, 금속 촉매의 특징인 구조민감성, 금속과 지지체의 상호작용, 최근 주목받고 있는 금속 나노 촉매, 금속 촉매의 분산도 조사 방법을 설명한 후, 금속 촉매를 사용하는 수소화반응, 부분산화반응, 암모니아 합성반응을 소개한다.

🔍 2 　금속에 대한 기체의 화학흡착

산소와 질소 등 기체, 암모니아 등 극성물질, 에틸렌과 아세틸렌 등 탄화수소는 금속에 화학흡착한다. 흡착 여부나 흡착세기는 금속의 종류에 따라 다르지만, 상당히 많은 물질이 금속에 흡착하므로 금속을 여러 반응에 활성물질로 사용한다. 금속의 화학흡착성질은 금속의 전자적 성질에 따라 달라진다.

흡착세기는 d 궤도함수의 전자 개수와 관계가 커서, d 궤도함수에 전자가 많을수록 흡착이 약해진다. 흡착하는 물질이 표면 원자와 전자를 공유하거나 표면 원자에 전자를 제공하면서 흡착하므로 d 궤도함수에 전자가 많으면 반발력이 커진다. 이처럼 금속에 대한 기체의 흡착성질은 금속 원자의 전자배열 방법에 따라 결정되므로, 금속에 대한 기체의 흡착성질을 주기율표를 근거로 분류한다.

상온에서 금속 박막에 대한 기체의 화학흡착 여부를 근거로 표 6.1에 보인 대로 금속을 일곱 개 집단으로 나눈다. 4족부터 8족까지 전이금속 원소인 A군 금속에는 산소부터 질소까지 표에 열거한 기체가 모두 흡착한다. 반면 9족과 10족 원소인 B_1과 B_2군 금속에는 질소가 흡착하지 않는다. 질소 원자가 삼중결합으로 결합되어 있는 질소 분자가 매우 안정하여 다른 물질과 상호작용이 약하기 때문이다. 9족과 10족 원소 중에서도 원자번호가 커지면, 즉, 주기율표의 아래쪽에 있는 5주기와 6주기 금속 원자에는 이산화탄소가 화학흡착하지 않는다. B_3군 금속은 d 궤도함수의 절반이 채워지거나 가득 채워진 원소로서, 전자의 채워지는 방법에 기인한 안정성 때문에 수소가 약하게 흡착한다. D군과 E군의 금속은 흡착하는 물질과 전자를 공유하기보다 전자를 제공하려는 성격이 강하여 기체와 전자를 공유하는 형태로 흡착하지 않는다.

표 6.1 금속 박막에 대한 여러 기체의 화학흡착성질[1]

집단	금속	족 번호	기체						
			O_2	C_2H_2	C_2H_4	CO	H_2	CO_2	N_2
A	Ti, Zr, Hf,	4							
	V, Nb, Ta,	5	+	+	+	+	+	+	+
	Cr, Mo, W,	6							
	Fe, Ru, Os	8							
B_1	Co, Ni	9, 10	+	+	+	+	+	+	−
B_2	Rh, Ir, Pd, Pt	9, 10	+	+	+	+	+	−	−
B_3	Mn, Cu	7, 11	+	+	+	+	±	−	−
C	Al, Au	13, 11	+	+	+	+	−	−	−
D	Li, Na, K	1	+	+	−	−	−	−	−
E	Mg, Ag, Zn, Cd,	2, 11~15							
	In, Si, Ge, Sn,		+	−	−	−	−	−	−
	Pb, As, Sb, Bi								

+는 강한 화학흡착을, ±는 약한 화학흡착을, −는 화학흡착이 일어나지 않음을 의미한다.

　금속에 대한 기체의 흡착성질에서 촉매활성물질로서 가능성을 유추할 수 있다. 반응물 모두, 아니면 그중 하나라도 반드시 활성물질에 화학흡착되어 활성화되어야 촉매작용이 나타나기 때문이다. 촉매작용이 나타나려면 반응물이 흡착하면서도 그 흡착세기가 너무 강하지도, 또 너무 약하지도 않아야 하므로 금속의 흡착성질로부터 어느 반응에 활성이 있는 금속을 찾는다. A군 금속에는 기체가 강하게 흡착하므로 이들은 촉매활성물질로서 적절하지 않다. 반면, C, D, E군 금속은 금속 상태가 불안정하여 주로 산화물 상태로 존재한다. 이들에 대한 기체의 화학흡착세기가 너무 약하여 이들 금속을 활성물질로 사용하는 촉매반응이 드물다. 양쪽 금속을 배제하고 나면 이들 사이에 있는 B군 금속이 촉매활성물질로 유용하다. A군 금속 중에서 흡착세기가 상대적으로 약한 철, 루테늄, 오스뮴, B군 금속 중에서는 코발트, 니켈, 로듐, 팔라듐, 이리듐, 백금, 구리 등이 촉매활성물질로 쓸모 있는 금속이다.

　금속에 기체가 화학흡착하는 세기를 일반화하기는 쉽지 않으나, 표 6.1의 분류에 따라 다음과 같이 쓴다.

$$O_2 > C_2H_2 > C_2H_4 > CO > H_2 > CO_2 > N_2$$

무기물 기체 중에서 산소는 금을 제외한 모든 금속과 상온에서 안정한 산화물을 만들 정도로 친화력이 강하여 모든 금속에 강하게 흡착한다. 그 다음으로는 금속과 카보닐 화합물을 만드는 일산화탄소의 흡착이 강하다. 수소는 이온화경향이 높아서 수소와 전자를 공유하지 않는 알칼리와 알칼리 토금속, 자유전자가 적어서 수소 원자와 전자를 공유하기 어려운 금속에 흡착하지 않는다. 질소 분자의 전자 대부분은 삼중결합에 강하게 속박되어 있으므로, 금속과 자유롭게 상호작용하는 전자가 적어서 질소는 금속에 약하게 화학흡착한다. 금속 원자에 대해 무기물 기체는 공유결합 성격이 강한 결합을 만들며 흡착하기 때문에 전자를 공유하기 쉬운 기체가 강하게 흡착한다. 전자쌍을 주는 산소와 일산화탄소는 금속에 강하게 흡착하지만, 전자를 주기 어려운 수소와 질소의 흡착은 약하다.

유기물 기체의 흡착세기도 전자의 제공 가능성으로 설명한다. 아세틸렌은 에틸렌보다 금속에 강하게 화학흡착한다. 아세틸렌에는 질소와 마찬가지로 삼중결합이 있으나, 아세틸렌은 π-전자를 금속 원자에게 제공하여 안정한 π-결합을 만들므로 흡착이 아주 강하다. 이중결합이 있는 에틸렌도 금속에 전자를 주면서 강하게 흡착한다. 전자가 모든 탄소-탄소 단일결합에 묶여 있는 에탄은, 금속에게 제공할 전자가 없어 π-결합을 만들지 못하므로 흡착이 아주 약하다. 금속이 전자를 얼마나 잘 받아주느냐 또는 흡착하는 기체가 전자를 얼마나 잘 주느냐에 따라 금속에 대한 기체의 흡착세기가 달라진다.

금속을 촉매반응의 활성물질로 사용하려면, 반응물이 우선 금속에 흡착하여야 하고, 흡착세기가 적절하여야 한다. 반응물의 흡착이 약하면 반응물의 흡착량이 적어 촉매활성이 낮으며, 흡착이 너무 강하면 반응물이 너무 안정하게 흡착하여 표면반응이 느려지므로 촉매활성이 낮다.

흡착성질을 근거로 수소화반응에 사용할 촉매의 활성물질을 선택한다. 수소가 흡착하는 A, B_1, B_2, B_3군 금속은 수소화반응에 촉매로서 가능성이 있다. 그러나 수소화반응에 활성이 높은 금속은 B_1군의 코발트와 니켈, B_2군의 백금 등 귀금속이다. A군 금속에는 수소가 너무 강하게 흡착하므로 수소화반응에 촉매활성이 낮다. 반면, B_3군 금속에는 수소가 너무 약하게 흡착하여 촉매활성이 없다. 따라서 흡착세기가 적절한 B_1군과 B_2군 금속을 수소화반응의 활성물질로 사용한다. 코발트와 니켈에는 낮은 온도에서도 수소가 안정하게 흡착하여 촉매활성이 약하고, 온도가 높아야 수소화반응이 진행된다. 반응온도가 높으면 여러 반응이 같이 진행하므로 수소화반응에 대한 선택성이 낮아진다. 이에 비해 백금과 팔라듐 등 귀금속에는 수소가 적절한 세기로 흡착하므로 상온에서도 수소화반응이 진행되어 수소화반응에 대한 선택성이 높다.

암모니아 합성반응에 철을 활성물질로 사용하는 이유도 표 6.1의 흡착성질로 설명한다. A군에 속한 금속에는 수소와 질소가 모두 흡착하므로, 이들은 암모니아 합성반응에 촉매활성이 있다. 그러나 A군의 대부분 금속에는 질소가 지나치게 강하게 흡착하여 촉매활성이 낮으며, A군 금속 중에서는 질소가 적절한 세기로 흡착하는 철과 루테늄의 촉매활성이 높다. 루테늄이 철에 비해 비싸서 암모니아 합성반응의 촉매활성물질로는 개발 당시부터 지금까지 철을 사용하고 있지만, 최근에는 활성이 높아서 에너지 사용량이 적은 루테늄 촉매의 적용이 고려되고 있다.

　반응물의 흡착 상태가 촉매활성과 선택성에 미치는 영향이 커서 흡착세기만으로 촉매성질을 모두 설명하지 못하지만, 흡착세기로부터 생성물 분포를 예측하기도 한다. 알칸의 수소화 분해반응에서 금속의 종류에 따라 생성물의 분포가 다르다. 알칸이 강하게 흡착하는 철, 코발트, 니켈 촉매에서는 알칸의 끝 탄소부터 수소화분해되어 주로 메탄[메테인]이 생성된다. 이에 비해 흡착이 약한 백금이나 이리듐 촉매에서는 탄소-탄소결합이 잘 끊어지지 않아서 메탄보다 긴 탄화수소가 생성된다. 즉 탄소-탄소결합이 끝에서부터 차례로 끊어져 메탄이 생성되느냐, 아니면 불규칙하게 가운데서 끊어지느냐 여부는 수소의 활성화 정도와 탄화수소의 흡착 상태와 흡착세기에 따라 달라진다.

🔍 3　금속 촉매의 구조민감성

　활성을 나타내는 원자집단의 구조에 따라 촉매작용이 달라진다. 그렇지만 촉매 표면이 매우 불균일하여 활성원자집단의 구조를 파악하고, 이의 개수를 측정하여 촉매성질을 유추하기가 쉽지 않다. 더욱이 음이온 빈자리나 구조적 결함이 촉매활성점이면 표면에서 원자의 배열구조와 전자의 상태가 다르므로, 모든 활성점에서 촉매활성이 같지 않다. 이런 이유로 활성점 개수와 촉매활성의 상관성이 뚜렷하지 않아서 활성원자집단의 구조에서 촉매활성을 유추하기도 어렵다. 그러나 금속은 산화물이나 염과 달리 같은 원자로 이루어져 있고, 규칙성이 높아서 활성원자집단의 구조와 촉매작용을 연관짓기 쉽다. 제조 조건에 따라 다소 차이가 있긴 해도, 금속 선, 금속 판, 단결정, 금속 증착막 등의 표면 규칙성이 매우 우수하다. 지지체에 담지된 금속 알갱이의 구조 역시 규칙적이어 알갱이의 크기와 모양을 촉매작용과 연관 짓는다. 금속 알갱이의 크기에 따라 표면에 드러난 원자의 배위수가 달라지므로 표면 원자의 구조가 촉매활성을 결정하는 주요 인자이다.

　금속 알갱이의 크기에 따라 금속 원자 하나당 촉매활성이 달라지는 촉매를 '표면 원자의 구조와 상태에 따라 촉매활성이 달라진다.'고 해서 구조민감 촉매(structure sensitive catalyst, structure demanding catalyst)라고 부른다. 반면, 금속 원자의 표면구조와 배열 상태에 관계없이 촉매활성이 표면에 드러난 원자의 개수에 비례하면, 구조비민감 촉매(structure insensitive catalyst, structure facile catalyst)라고 부른다. 구조비민감 촉매에서는 표면 원자의 배위수와 상태에 무관하게 겉에 드러난 원자의 촉매활성은 모두 같다. 반응 측면에서 구조 민감성을 구분하기도 한다. 전환율이나 생성물에 대한 선택성이 금속의 구조에 관계없이 표면 원자의 개수에 비례하면 구조비민감반응(structure insensitive reaction)이다. 반대로 꼭짓점이나 모서리 원자처럼 특별한 구조의 원자와 특정 형태로 배열된 원자집단에서만 반응이 진행하면 구조민감반응(structure sensitive reaction)이다. 꼭짓점이나 모서리 원자의 개수는 금속 알갱이의 크기에 따라 달라지기 때문에, 구조민감반응에서는 금속 알갱이의 크기에 따라 촉매활성이 크게 달라진다. 촉매와 반응을 기준으로 구조민감성을 판단하는 듯하지만, 실제로 구조민감성은 반응의 성격에 따라 결정된다. 특정한 구조의 활성점에서만 반응이 진행되면 구조민감반응이고, 이 반응에 활성이 있는 촉매는 구조민감 촉매이다. 구조민감성은 반응 단계, 특히 속도결정 단계에서 활성점과 반응물의 상호작용 방식에 따라 결정된다[2]. 낱개 원자에서 반응이 진행되면 구조비민감반응이나 여러 개의 원자로 이루어진 활성점에서만 반응이 진행되면 구조민감반응이다.

구조민감성은 활성점당 촉매활성이 표면 원자의 상태와 배위수에 따라 달라지느냐 여부로 구분한다. 구조민감성을 정량적으로 구분하는 척도로는, 활성점 한 개에서 단위시간에 반응물이 생성물로 전환되는 개수로 정의하는 전환횟수가 아주 적절하다. 전환횟수는 활성점당 활성을 나타내는 금속 알갱이의 크기와 구조가 촉매작용에 미치는 영향을 정량적으로 반영한다. 활성점의 구조가 확실하고 그 개수를 정량적으로 측정할 수 있으면, 전환횟수를 구하여 촉매의 구조민감성을 검토하는 편이 좋다. 촉매활성의 측정 기준으로 가장 바람직하므로, 촉매활성을 전환횟수로 나타내도록 강하게 권유하는 촉매 분야 전문 학술지도 있다. 효소나 균일계 촉매에서 활성점 개수를 측정하여 전환횟수로 촉매활성을 나타내듯이, 금속 촉매의 활성도 전환횟수로 나타내면 촉매성능을 객관적으로 비교할 수 있다.

탄소–탄소 결합의 분해반응은 일정 거리의 금속 원자쌍에서 탄소–탄소 결합이 활성화되어 분해되므로 구조민감반응이다. 수소화 분해반응도 분해 단계가 속도결정 단계이면 구조민감반응이다. 철의 (111) 결정면에서 진행하는 암모니아 합성반응은 특정한 표면에서만 반응이 진행하므로 구조민감반응이다. 금속의 분산도나 알갱이 크기에 따라 촉매활성이 크게 달라지는 반응 역시 특정한 구조의 활성점에서 반응이 진행되므로 구조민감반응이다. 기능이 다른 두 종류 이상의 활성점이 필요한 이중기능 촉매반응도 구조민감반응으로 분류한다.

구조비민감반응은 구조민감반응과 달리 생각하면 된다. 원자가 한 개씩 첨가되거나 한 개씩 제거되면 특별한 구조의 활성원자집단이 필요하지 않아서 구조비민감반응이다. 수소화반응에서는 활성화된 수소 원자가 한 개씩 반응물에 더해지므로, 수소 분자가 원자로 해리흡착하여 수소 원자를 생성하는 금속 원자만 있으면 수소화반응이 진행된다. 탈수소화반응에서도 수소 원자가 한 개씩 제거되므로, 이를 받아주는 금속 원자가 있으면 된다. 그래서 수소화반응과 탈수소화반응은 특별한 구조의 활성원자 집단이 필요하지 않은 구조비민감반응이다. 깁스에너지가 많이 줄어드는 반응은 반응 원동력이 아주 커서 쉽게 진행하므로, 활성점 구조의 영향이 상대적으로 작아서 구조비민감반응이다. 금속의 분산도가 달라져도 반응속도가 크게 달라지지 않는 촉매반응에서는 반응속도에 대한 활성점 구조의 영향이 작아서 구조비민감반응일 가능성이 크다.

구조민감반응과 구조비민감반응의 구체적인 예를 C_4 탄화수소의 반응에서 살펴본다. 수소화 분해반응이나 메탄화반응에서는 탄소－탄소 결합이 끊어져야 하므로 구조민감반응이다. 알코올이 에테르로 전환되는 반응도 탄소－탄소 결합이 끊어지고, 이어 탄소－산소 결합이 생성되어야 하므로 마찬가지다. $R-NH_2$ 아민의 불균등화반응에서도 탄소－질소 결합이 분해되어야 하므로 구조민감성이 나타난다. 구조비민감반응으로는 탄소－탄소의 이중결합이나 삼중결합에 수소가 더해지는 반응이 있다. 활성화된 수소 원자가 하나씩 더해지므로 여러 개의 원자로 이루어진 활성원자집단이 필요하지 않다. 중수소 교환반응이나 케톤의 수소화반응 역시 수소나 중수소의 낱개 원자가 반응물에 더해지므로 구조비민감반응이다.

백금 촉매에서 에틸렌의 수소화반응은 대표적인 구조비민감반응이다[3]. 반응열은 $-135.6\,kJ \cdot mol^{-1}$로 크고, 백금 촉매에서 전환횟수가 1초당 한 개 활성점에서 10개 분자가 반응할 정도로 매우 빠른 반응이다. 상온 상압에서 선, 박막, 증착막, 단결정의 (111)면 백금이나 실리카와 알루미나에 담지된 백금 등 상태가 크게 달라도 수소화반응의 활성화에너지는 $36.0 \sim 45.2\,kJ \cdot mol^{-1}$로 비슷하다. 수소와 에틸렌의 반응차수도 비슷하고, 백금의 구조와 상태에 무관하게 촉매활성이 비슷하여 이 수소화반응은 구조비민감반응이다.

에틸렌은 백금 촉매에 두개의 σ 결합을 이루며 흡착하고, 수소는 해리흡착한다. 그림 6.1에 보인 대로 해리흡착한 수소 원자 한 개가 흡착한 에틸렌과 결합하여 에틸기가 되고, 이 에틸기가 추가 수소화되어 에탄이 되므로 구조비민감반응이다. 에틸렌이 C_2H_3(에틸리딘: ethylidyne) 상태로 흡착한다는 표면분석 결과가 있다. 에틸렌이 수소를 빼앗겨 생성되는 물질이므로 활성점의 구조 영향이 크리라 예상한다. 그러나 표면구조가 상당히 다른 Pt(100)면에서도 에틸렌 수소화반응은 1초당 한 개 활성점에서 약 12개 분자가 반응하여, Pt(111)면에서 전환횟수와 비슷하므로 구조비민감반응이라는 주장에 설득력이 있다[3].

일산화탄소의 분압이 낮은 조건에서는 Pt/Al_2O_3 촉매에서 일산화탄소의 산화반응이 구조

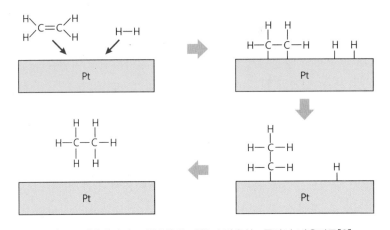

그림 6.1 에틸렌의 수소화반응에 대한 호라우치－폴라니 반응기구[3]

민감반응이다. 백금 단결정의 평면에 있는 백금 원자는 계단이나 표면의 빈 곳에 있는 원자보다 배위수가 많아 안정하며, 산화반응에 대한 활성이 높다. 백금 알갱이가 커져 분산도가 낮아지면 평면에 존재하는 백금 원자가 많아지므로 전환횟수가 높아진다[4]. 알갱이의 지름이 14 nm인 백금 촉매의 전환횟수는 알갱이가 1.7 nm인 백금 촉매에 비해 10배 정도 높다[5]. 평면에 있는 백금 원자는 모서리와 꼭짓점에 있는 원자보다 배위수가 많아서 일산화탄소가 적절한 세기로 흡착하여 일산화탄소와 산소가 잘 반응한다.

구조민감성은 주로 분해반응에서 나타난다. 여러 개 원자로 이루어진 분자가 쉽게 나뉘도록 활성화되려면, 분해되어야 하는 결합의 구성 원자들이 모두 흡착하여야 한다. 이로 인해 활성원자 여러 개로 이루어진 활성원자집단이 필요하다. 적어도 두 개 이상의 원자로 이루어진 활성원자집단에 반응물이 흡착하여 활성화되어야 분해반응이 빨라지므로, 탄소－탄소 결합이나 질소－질소 결합의 분해반응에서 구조민감성이 나타난다. 이러한 구조민감반응에서는 촉매독이 일부 표면 원자와 결합하거나 다른 금속을 첨가하여 합금을 만들면 표면구조가 달라지면서 금속 촉매의 활성이 크게 달라진다. 알갱이 크기가 달라져 표면에 드러난 금속 원자의 배위수가 달라지므로 촉매활성이 변한다.

분해반응뿐만 아니라 질소와 수소로부터 암모니아를 합성하는 반응에서도 질소 분자가 원자로 나누어져야 하므로 구조민감성이 나타난다. 질소는 배위수가 7인 철 원자에 해리흡착하므로, 배위수가 7인 철 원자가 많은 표면에서 촉매활성이 높다. 철 알갱이가 작으면 배위수가 7인 원자의 분율이 낮아 활성이 낮으나, 알갱이가 어느 정도 커지면 배위수가 7인 철 원자가 많아져 촉매활성이 높아진다. 특정한 결합구조를 갖는 철 원자만 촉매활성이 있고, 이 구조의 철 원자 분율이 알갱이 크기에 따라 달라지므로, 철 촉매에서 암모니아 합성반응은 구조민감반응이다.

코발트와 철 촉매에서 수소와 일산화탄소 혼합물인 합성가스로부터 탄화수소를 합성하는 피셔－트롭슈 합성반응도 구조민감반응이다. 제2차 세계대전 중 외국에서 원유 공급이 차단된 독일과 일본에서 석탄으로부터 제조한 합성가스에서 연료를 생산하기 위해 개발한 공정이다. 전쟁 후에는 인종 차별에 대한 유엔의 규제로 원유 수입이 중단된 남아프리카 연방공화국에서 자국에서 생산되는 석탄에서 수송용 연료를 생산하기 위해 조업하였다. SASOL(South Africa Synthetic Oil Limited)공정으로 제조한 원료는 원유에서 증류하여 제조한 연료보다 비싸서 공정의 경쟁력은 약하지만, 두 경우 모두 정치적 이유로 공정이 운전되었다. 최근 원유 가격이 빠르게 상승하고 연료 내의 황과 질소 함량에 대한 규제가 강화되면서 피셔－트롭슈공정에 대한 관심이 높아졌다. 1993년 말레이시아의 빈툴루에서 천연가스로부터 연료를 합성하는 공정이 상업 운전되었고, 카타르에서도 코발트 촉매를 사용하는 공정을 2009년부터 조업하고 있다. 황 함량이 1 ppm보다 낮고, 방향족 화합물이 전혀 들어 있지 않으며, 시테인 값이 높은 청정 연료를 생산한다는 장점 때문이다[6].

피셔-트롭슈공정의 핵심반응은 합성가스에서 탄화수소가 생성되는 반응이다.

$$nCO + (n + m/2)H_2 \rightleftharpoons C_nH_m + nH_2O \quad \Delta H^\circ < 0 \tag{6.1}$$

디젤 연료로 사용하기 적합한 긴 탄소 사슬의 포화탄화수소가 생성되려면 $m = 2n + 2$이어야 하므로 합성가스에서 일산화탄소에 대한 수소의 몰비가 2.0 정도이어야 한다. 수성가스 전환반응의 진행 정도를 조절하여 합성가스의 수소 함량을 조절한다. 발열반응이어서 반응 온도가 낮을수록 생성물 수율이 높아지지만, 반응이 적절한 속도로 진행되도록 철과 코발트를 활성물질로 사용하는 촉매에서는 200~300 ℃와 200 bar 조건에서 운전한다.

피셔-트롭슈반응은 일종의 중합반응이므로, 메탄에서부터 고체 왁스에 이르기까지 생성물의 탄소 개수 분포가 넓다[7]. 생성물을 다시 정제하면 경제성이 낮아지므로, 생성물의 성분 분포를 제어할 수 있는 촉매의 선택과 반응 조건의 설정이 중요하다. 생성물의 탄소 개수 분포는 그림 6.2에 보인 대로 사슬의 성장확률(chain growth probability) α에 의해 정해진다. 사슬이 성장할 확률에 대해 사슬 성장이 종결될 확률의 비인 α가 커질수록 분자량이 큰 탄화수소가 생성된다. α에 따라 탄소 사슬이 길어지는 경향은 일반적인 중합 과정에서 유도된 슐츠-플로리(Schultz-Flory)분포를 따른다. 니켈 촉매에서는 α가 낮아 메탄이 주로 생성되나, 철 촉매에서는 α가 중간 정도여서 생성물의 탄소 개수 분포가 넓어진다. 코발트 촉매에서는 α가 높아서 긴 탄화수소가 많이 생성된다. 이런 이유로 피셔-트롭슈공정에서는 철과 코발트의 혼합 금속 촉매를 사용한다.

피셔-트롭슈공정을 이용하여 청정 액체 연료를 생산하는 공정은 세 단계로 이루어져 있다. 첫 단계에서는 천연가스를 촉매 없이 부분산화시켜 합성가스를 제조한다. 두 번째 단계에서는 코발트 촉매가 충전된 튜브형 고정층 반응기에서 합성가스로부터 탄화수소를 생산한

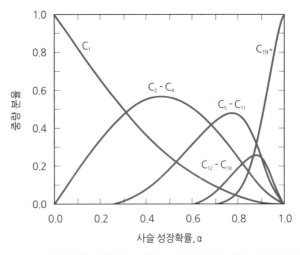

그림 6.2 피셔-트롭슈반응에서 탄소 사슬의 성장확률에 따른 생성물의 분포[7]

다. 마지막 단계에서는 수소첨가 이성질화반응을 거쳐 나프타와 LPG, 가솔린, 디젤유 등을 생산한다. 타이타니아, 실리카, 알루미나 지지체에 질산코발트를 담지하여 제조한 촉매를 사용하는데, 코발트 함량은 15~20%, 지지체 함량은 75% 정도, 산화물 증진제 함량은 5~10%이고, 귀금속 증진제가 1% 정도 들어 있다.

피셔–트롭슈반응은 일산화탄소가 먼저 해리되어 수소화되는 구조민감반응이다. 코발트 알갱이의 크기가 촉매활성에 미치는 영향에 대한 설명은 엇갈리지만, 코발트 알갱이가 너무 작으면 촉매활성이 낮다는 데에는 의견이 일치한다. 코발트 알갱이가 6 nm보다 작으면 배위수가 적은 코발트 원자가 많아지고, 탄소와 산소가 이들 원자에 아주 강하게 해리흡착하여 반응이 느리다. 배위수가 상대적으로 많은 평면의 코발트 원자에서 활성이 높다. 제올라이트에 담지한 코발트 촉매에서는 알갱이 크기가 10 nm보다 크면 원자 고유의 활성이 유지되지만, 이보다 작으면 촉매활성이 낮아진다. 알루미나에 담지한 코발트 촉매에서 피셔–트롭슈반응의 구조민감성의 조사 결과를 그림 6.3에 보였다[8]. 새로 제조한 촉매와 활성저하된 촉매에서 모두 코발트 알갱이가 작아질수록 전환횟수가 낮아졌다. 코발트 알갱이가 작아지면 일산화탄소의 해리흡착에 필요한 원자쌍 개수가 줄어들어 촉매활성이 낮아진다.

피셔–트롭슈반응에 활성이 있는 금속으로는 철, 코발트, 니켈, 루테늄이 있으나, 니켈 촉매에서는 메탄이 많이 생성되고, 루테늄은 비싸서 활성물질로 철과 코발트를 주로 사용한다. 물과 산소 함유물질이 많이 들어 있는 바이오매스로부터 제조한 합성가스의 반응에는 긴 탄화수소에 대한 선택성이 높은 루테늄 촉매를 쓴다. 알루미나에 루테늄을 1.8 wt% 담지한 후 환원 조건을 바꾸어, 루테늄 알갱이의 크기를 4~23 nm로 조절한 촉매에서 알갱이 크기가 촉매활성에 미치는 영향의 조사 결과를 예로 든다. 루테늄 알갱이의 크기가 10 nm보다 작은 촉매에서는 구조민감성이 아주 뚜렷하다.

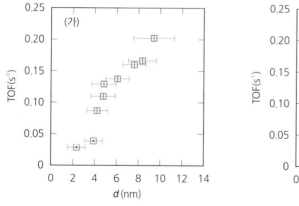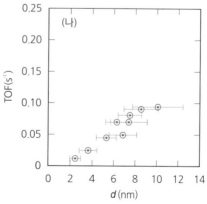

그림 6.3 피셔–트롭슈반응에서 결정성 코발트 촉매의 알갱이 크기와 전환횟수 관계[8] (가) 새 촉매의 최고 활성, (나) 25시간 정상 상태에서 조업한 촉매의 활성(반응 조건: $T = 190$ ℃, $P(\text{syn gas}) = 9.9$ bar, $SV = 7.2$ ml(syn gas) g_{catalyst}^{-1} min^{-1})

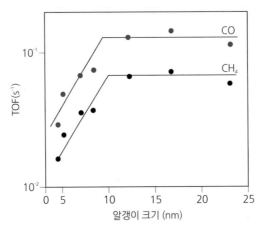

그림 6.4 루테늄의 알갱이 크기가 일산화탄소의 전환반응과 메탄의 생성반응에 미치는 영향[9] 반응 조건: 250 ℃; 5.5 kPa CO, 55 kPa H_2, 124.5 kPa 불활성 기체

그림 6.4에서 보듯이 일산화탄소의 전환반응과 메탄의 생성반응에서 알갱이 크기가 전환횟수에 미치는 영향이 크다[9]. 250 ℃에서 1시간 환원하면 분산도는 32%이고 루테늄 알갱이의 크기는 4 nm이나, 650 ℃에서 3시간 환원하면 분산도는 6%로 낮아지고 알갱이 크기는 23 nm로 커진다. 루테늄 알갱이의 크기 범위가 4~10 nm이면 알갱이가 커질수록 전환횟수가 커지지만, 10 nm보다 크면 전환횟수가 더 이상 커지지 않는다. 알갱이가 작으면 반응의 중간체인 CH_x가 배위수가 적은 루테늄 원자에 강하게 결합하여 오래 머무르므로 촉매활성이 낮다. 루테늄 알갱이가 10 nm보다 작으면 구조민감반응이고, 알갱이가 이보다 크면 구조비민감반응이라고 이야기할 수 있지만, 알갱이가 커지면 활성이 높은 평면금속 원자가 많아지므로 원자당 활성은 비슷해진다. 코발트와 철 촉매에서도 같은 경향이 나타난다.

피셔-트롭슈반응에서는 일산화탄소가 해리되어 반응하므로 구조민감성이 나타난다. 일산화탄소가 해리흡착하여 생성된 탄소 원자에 활성화된 수소 원자가 결합한 카바이드형 탄소가 표면 중간체로서, 이들이 수소화되거나 중합하면서 탄화수소가 생성된다. 해리흡착한 탄소 원자와 수소 원자가 반응하도록 일산화탄소가 해리흡착하여야 하나, 그렇다고 이들이 너무 강하게 흡착하여 안정화되면 촉매반응이 느려진다. 활성물질의 알갱이가 너무 작아지면 배위수가 적은 꼭짓점과 모서리 원자가 많아지고, 이들에 일산화탄소가 아주 강하게 해리흡착한다. 일산화탄소가 해리흡착하면서 흡착자리를 많이 차지하면 수소의 해리흡착이 어려워져서 반응이 느려진다. 표면 원자의 배위수와 원자 간 거리가 적절하여 일산화탄소와 수소가 해리흡착하면서도 흡착세기가 적당한 원자쌍이 표면에 많을 때 촉매활성이 높다.

침전법이나 용융 방법으로 피셔-트롭슈공정에 사용하는 철 촉매를 제조한다[10]. 어느 방법에서나 칼륨을 기능 증진제로, 알루미나와 실리카를 소결을 막기 위한 상태 증진제로 첨가한다. 칼륨은 철 원자의 전자밀도를 높여 흡착한 일산화탄소의 C-O 결합을 약화시키고, Fe-C 결합을 강화한다. 철 원자의 전자밀도가 높아지면 수소의 해리흡착이 약해져 C-H 결합이 약해진다. 칼륨 첨가로 일산화탄소의 C-O 결합이 약해지면, 일산화탄소가 해리흡착하는 속도결정 단계가 빨라진다. 반면, Fe-C 결합은 강하고 Fe-H 결합이 약하면 탄화수소의 사슬이 길어지는 반응이 수소화반응보다 빨라지므로, 메탄화반응은 느려지고 대신 긴 탄화수소가 많이 생성된다. 철 알갱이의 크기가 일산화탄소의 전환횟수뿐만 아니라 생성물 분포에도 영향이 크다.

어느 범위의 알갱이 크기에서만 구조민감성이 뚜렷한 반응이 많아서, 금속 알갱이의 크기에 따른 영향만으로 구조민감성을 구분하는 것은 위험하다. 구조민감성을 언급할 때는 반응조건과 알갱이 크기를 명확하게 제한하여야 안전하다. 반응물의 흡착으로 촉매의 표면구조가 달라지면, 구조민감성을 확실하게 밝히기 어렵다. 수소 분압이 높은 반응 조건에서는 백금 촉매에서 구조민감성이 나타나지만, 산소 분압이 높은 조건에서는 구조민감성을 보이지 않는다. 수소 분위기에서는 백금이 금속 상태로 노출되어 있어 구조와 알갱이 크기에 따라 촉매활성과 선택성이 달라진다. 산소 분위기에서는 백금이 산소와 반응하여 표면에 산화물층이 생성되므로 구조민감성이 나타나지 않는다. 반응물이 지나치게 강하게 흡착하여 금속표면의 성격이 달라지는 촉매에서는 반응물의 종류와 반응 조건에 따라 활성점 자체가 달라지므로 전환율의 측정 결과만으로 구조민감성을 판단하기 어렵다.

촉매의 구조민감성은 표면 원자의 배열 상태 때문에 나타나는 성질이어서 표면 규칙성이 높은 금속 촉매에서 주로 나타나지만, 금속 산화물 촉매에서도 관찰된다. 구성 원자의 배열 상태에 따라 산화물 구성 원자의 전자 분포가 달라져 구조민감성이 나타난다. 산화아연의 (0001)-Zn 결정면에는 아연 원자가 겉에 드러나 있다[11]. 표면의 아연 원자는 산소 원자와 충분히 결합하지 못할 뿐만 아니라 표면과 수직 방향인 자리에 놓여 있어서 배위수가 적다. 반면 (000$\bar{1}$)-O 결정면에서는 산소 원자가 표면에 드러나 있다. 이 산소 원자도 역시 표면과 수직 방향으로 결합하고 있어 아연 원자와 충분히 결합하지 못하므로 배위수가 적다. 이 두 종류의 결정면에서 표면에 드러난 원자가 아연과 산소로 서로 다르고, 극성이 다르므로 촉매작용이 다르다. 어떤 결정면이 표면에 드러나느냐에 따라 촉매활성이 달라지므로 산화물 촉매이지만 구조민감성이 나타난다.

아연 양이온은 산소 음이온보다 작다. (0001)-Zn 결정면의 가장 바깥에는 작은 아연 양이온이 배열되어 있어, 두 번째 층에 있는 산소 음이온도 반응물과 접촉한다. 아연 양이온은 루이스 산점이고, 산소 음이온이 루이스 염기점이어서 반응물과 동시에 작용하는 이온 쌍자리(ion-pair site)가 생성되어, 안정화된 산이나 짝염기를 거쳐 진행하는 반응에 촉매작용이 있다. (0001)-Zn 결정면은 카복실산이나 알코올에서 수소를 떼어내는 반응이나 알데하이드와 에스터 화합물을 산화시켜 유기카복실산을 만드는 반응에 촉매활성이 높다. 이온 쌍자리와 상호작용하면서 중간체가 안정화되어, 중간체 생성이 유리하기 때문이다. 이에 비해

$(000\overline{1})-O$ 결정면에서는 큰 산소 음이온이 가장 바깥층에 배열되어 있어서 아연 양이온은 산소 음이온에 가려 반응물과 접촉하지 못한다. 중간체를 안정화시키는 이온 쌍자리가 표면에 드러나지 않으므로, 이 결정면은 위에서 언급한 반응에 촉매활성이 없다.

🔍 4 나노 금속 촉매

금속 알갱이의 크기가 나노미터 수준으로 작아지면 표면적이 매우 커지고 표면 원자의 물리적·화학적 성질이 크게 달라진다. 상용공정에 많이 사용하는 백금과 니켈 등 불균일계 금속 촉매는 표면적이 넓은 다공성 산화물 지지체에 나노크기의 금속 알갱이를 담지한 나노 금속 촉매이다. 반응물과 반응하는 원자 개수가 많아지도록 작은 알갱이로 담지하여 분산도를 높이고, 촉매성질이 일정하도록 균일하게 담지한다. 그러나 보통 담지-소성-환원 과정을 거쳐 금속 촉매를 제조하기 때문에 금속 알갱이의 크기와 형태가 일정하지 않아서, 금속 알갱이와 지지체의 상호작용과 담지한 금속 원자의 배열 상태가 균일하지 않다. 알갱이 크기가 작아지면 겉에 드러난 원자 개수가 많아져 활성이 커지므로 알갱이 크기를 줄여 분산도를 높이려고 노력한다. 나노 금속 촉매의 구조와 활성에 대한 연구는 미시적인 표면분석 수단이 발달하면서 더 활발해졌다[12].

(100) 결정면이 발달한 나노미터 수준의 백금 알갱이가 담지되어 있는 나노 백금 촉매는 상용 백금 촉매보다 활성이 두 배 정도 높다[13]. 나노미터 수준으로 알갱이 크기가 작아지면 표면에 드러난 백금 원자가 아주 많아지고, 백금 알갱이의 전기화학적 성질도 크게 달라진다. 알갱이 크기에 따라 백금 촉매의 활성이 달라지는 예는 벤젠의 수소화반응, 탄화수소의 이성질화반응, cis-알켄의 전환반응 등 여러 반응에서 보고되었다[14].

금속 알갱이의 크기에 따라 촉매활성이 달라지는 예를 금 촉매에서 볼 수 있다. 금은 상온에서 산화물을 만들지 않을 정도로 화학적으로 아주 안정하고, 화학반응 중에 산화 상태가 달라지지 않으므로 촉매로서 쓸모 없다. 그러나 금 알갱이를 나노미터 수준으로 작게 만들면 상온에서도 일산화탄소 산화반응에 촉매작용이 있다[15]. 금 알갱이가 작아지면 정상적인 배위 상태를 이루지 못한 금 원자가 표면에 많아지고, 이들의 배위 상태가 불안정하여 큰 금 알갱이와 달리 반응물과 강하게 상호작용하므로 촉매작용이 나타난다. 타이타니아에 담지한 금 촉매에서는 금 알갱이의 크기에 따라 금의 띠 간격과 일산화탄소의 산화반응에서 촉매활성이 같이 달라진다. 금속 알갱이의 크기가 나노미터 수준으로 작아지면 일산화탄소와 산소의 흡착성질이 달라지는 예를 Pd/Fe_3O_4 모형 촉매에서 볼 수 있다[14]. 팔라듐 알갱이가 수 나노미터 이하로 작아지면 지지체와 팔라듐의 상호작용이 커져서 일산화탄소의 산화반응에서 촉매활성이 커진다.

 금속 원자 모두가 낱개로 담지되어 있으면 금속의 분산도는 1로서 가장 높아, 나노 금속 촉매의 장점이 극대화된다. 금속 원자 모두가 낱개로 반응에 참여하면 균일계 촉매와 같은 상태이어서 활성과 선택성 측면에서 매우 바람직하지만, 촉매의 제조와 반응에 적용할 때 중요한 촉매의 안정성이 낮다. 그래서 금속 원자 여러 개가 모여 특정 형태로 덩어리진 원자 뭉치(cluster)를 나노 금속 촉매의 목표로 보는 게 합리적이다. 제올라이트처럼 특수한 모양의 둥지(cage)가 발달한 다공성물질에는 금속이 원자 단위에 가깝게 담지된다는 보고가 있다[16]. 제올라이트 HY의 둥지에 $[Rh(C_2H_4)_2]$ 착화합물을 고정한 촉매는 에틸렌을 부텐과 부탄으로 이량화하는 반응에 대한 선택성이 높다. 환원하여 만든 조그만 금속 원자 뭉치가 에탄을 생성하는 수소화반응에 촉매작용이 있다. 그러나 에틸렌 농도가 높으면 수소화반응 대신 이량화반응이 진행되어 로듐이 원자 상태로 둥지 안에 들어 있다고 추정한다.

 나노 금속 촉매에서는 알갱이의 크기뿐 아니라 모양도 촉매활성에 중요하다. 표면에 드러난 금속 원자의 배열 방법에 따라 촉매활성이 달라지는 구조민감성 때문에 알갱이가 작아질수록 알갱이 모양이 촉매활성에 미치는 영향이 크다. 그림 6.5에 2-프로판올의 산화반응에서 $\gamma-Al_2O_3$에 담지한 백금 나노 입자의 모양이 촉매활성에 미치는 영향을 보였다[16]. 이들 백금 알갱이의 크기는 1 nm로 모두 비슷하지만, 모양은 정팔면체부터 판형까지 상당히 다르다. 백금 알갱이의 모양에 따라 표면 원자의 배위수가 다르며, S2에서 S3으로 형태가 바뀌면 표면 원자의 배위수가 적어진다. 표면 원자의 배위수가 적어질수록 2-프로판올의 산화반응에서 촉매활성이 높아져서, 촉매반응이 시작하는 온도가 낮아진다. 표면에 드러난 원자의 배위 상태가 다르기 때문이다.

 정사면체 백금 원자 뭉치에는 (111) 결정면만 있다. 반면 둥근 백금 알갱이에서는 (111) 결정면이 없다. 이러한 차이를 이용하여 백금 촉매에서 표면 원자의 배열 방법이 촉매활성에 미치는 영향을 비교한다[18]. 정사면체 백금 촉매에서는 $trans-$부텐이 $cis-$부텐으로 이성질화되는 반응에 대한 선택성이 $cis-$부텐에서 $trans-$부텐으로 이성질화되는 반응에 대한 선택성보다 높다. 구형 촉매에서는 이와 달리 $cis-$부텐에서 $trans-$부텐으로 이성질화되는 반응에 대한 선택성이 아주 높다. 담지한 백금 알갱이 모양이 구형인 상용 촉매에서도 비슷한 결과가 나타나고, 전자밀도 이론(density functional theory: DFT)으로 계산한 결과도 이러한 설명을 뒷받침한다.

 나노미터의 아주 작은 금속 알갱이와 지지체는 강하게 상호작용하므로 지지체의 성격에 따라 금속의 담지 상태가 달라지고 촉매작용이 같이 달라진다. 금속이 지지체 표면에 구형 알갱이로 담지되느냐 또는 층을 이루며 담지되느냐의 여부는 금속과 지지체의 상호작용에 의해 결정되며, 알갱이가 작아질수록 상호작용의 영향이 커진다. 알갱이가 작으면 제조 과정에서 쉽게 변형되므로 안정성이 높아야 한다. 지지체의 얇은 막으로 금속을 둘러싸서 나노크

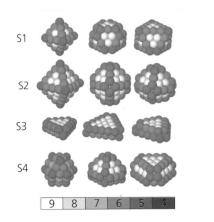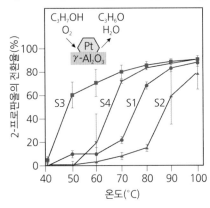

그림 6.5 γ-Al₂O₃에 담지한 백금 나노 알갱이의 형태와 2-프로판올의 산화반응에서 촉매활성[17]

기 금속의 안정성을 높이기도 한다. 100 nm의 구형 실리카 지지체에 5 nm 정도의 백금 나노 알갱이를 담지한 후, 이들을 메조세공이 있는 20 nm 두께의 실리카층으로 덮는다[19]. 실리카의 얇은 층이 백금을 둘러싸고 있어서 제조 과정에서 백금이 덩어리지지 않는다. 반응에 사용하기 전에 염기로서 실리카층을 제거하여 나노 백금 촉매의 크기와 활성을 그대로 유지시킨다.

나노크기의 백금 알갱이에 루테늄, 철, 코발트, 구리 등 다른 금속을 첨가하거나 다른 촉매 기능을 추가하여 촉매활성을 높이는 연구가 활발하다[20]. 백금에 철이나 코발트를 소량 첨가하여 제조한 입방형 나노크기의 Pt-Fe와 Pt-Fe-Co 합금 촉매는 전기화학적 메탄올 산화반응에서 활성이 높다. 대각선 길이가 4~9 nm인 Pt-Fe와 Pt-Fe-Co 알갱이를 탄소 전극에 고정한다. 공기 중에서 소성하여 유기물을 제거한 후, 수소 분위기에서 환원하여 촉매로 사용한다. 그림 6.6에 나노크기의 Pt-Fe와 Pt-Fe-Co 입방형 알갱이의 TEM 이미지를 보였다. 소성과 환원 과정에서 모양이 달라지는데, 가지가 있는 입방형 Pt-Fe-Co 촉매는 백금 단독의 나노 촉매보다 활성이 높다. Pt-Ru 합금 촉매는 피독에 대한 내구성이 우수하고, Pt-Mo 합금 촉매는 일산화탄소에 대한 안정성이 뛰어나다. 코발트가 들어 있는 Pt-Co 합금 촉매는 불포화 알코올의 수소화반응에 대한 선택성이 아주 높다.

나노 귀금속 촉매의 제조 방법이 발달하여 기존의 귀금속 촉매를 대체할 정도로 활성, 선택성, 제조비용 측면에서 경쟁력이 높아지고 있다. 나노크기 물질의 분석 수단이 발전하면서 나노 금속 촉매의 발달을 촉진하고, 활성과 선택성의 향상을 강조하는 산업 추세가 이를 뒷받침한다. 단순히 알갱이 크기만 줄이는 대신 배열 방법이 다른 합금 촉매를 만든다. 나노 알갱이의 금 표면에 백금을 여러 방법으로 부착한다. 금속의 성분비, 백금의 도포 형태, 바탕 금 알갱이의 형태 등 인자를 바꾸어 만들면 촉매활성이 달라진다[21]. 표면구조와 형태를 미시적으로 제어하므로 활성과 선택성이 높은 촉매를 만들어 생성물을 분리하기 어렵고 재사용이 불가능한 균일계 촉매를 대체하려는 연구가 활발하다.

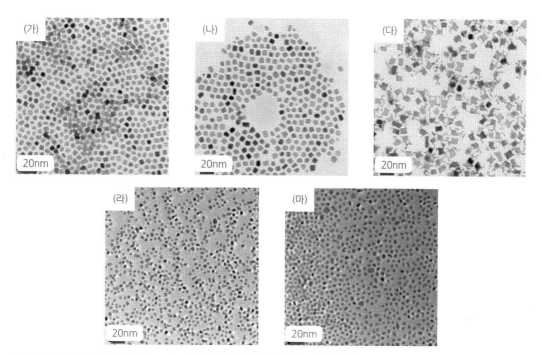

그림 6.6 나노크기의 Pt‒Fe와 Pt‒Fe‒Co 입방형 알갱이의 TEM 이미지[20] (가) Pt‒Fe 나노튜브 (나) Pt‒Fe‒Co 나노튜브 (다) Pt‒Fe‒Co 가지 달린 나노튜브 (라) Pt‒Fe‒Co 나노 알갱이(코발트 함량이 적음) (마) Pt‒Fe‒Co 나노 알갱이(코발트 함량이 많음)

🔍 5 금속과 지지체의 상호작용

지지체에 금속을 담지하여 만든 금속 촉매에서는 금속과 지지체의 상호작용에 따라 담지한 금속의 분산도, 결정 상태, 열적 안정성이 달라진다. 금속과 지지체의 친화력이 약하면 금속 원자 사이의 친화력이 상대적으로 강하여 금속이 빠르게 덩어리지므로, 반응과 재생 중에 소결되어 활성이 빠르게 저하된다. 반면, 금속과 지지체의 친화력이 강하면 금속이 지지체 위에 넓게 분산되어 촉매활성이 좋다. 그러나 상호작용이 너무 강하면 금속의 물리적·화학적 성질이 달라져서 흡착성질과 촉매성질이 크게 변한다. 이처럼 금속과 지지체의 상호작용은 금속 촉매의 활성과 안정성에 미치는 영향이 크므로, 촉매의 지지체를 선정할 때는 이들 사이의 상호작용의 형태와 세기를 먼저 고려해야 한다.

금속‒지지체의 상호작용은 담지한 금속의 화학흡착 및 촉매성질에 미치는 지지체의 직접적인 영향'으로 정의한다. 즉, 금속과 지지체 사이의 상호작용 때문에 금속의 구조나 전자적 성질이 달라지는 현상이다. 금속과 지지체의 상호작용을 그 세기에 따라 세 가지로 분류한다.

1) 약한 금속‒지지체 상호작용(Weak Metal‒Support Interaction: WMSI)

2) 중간 세기의 금속 – 지지체 상호작용(Medium Metal – Support Interaction: MMSI)

3) 강한 금속 – 지지체 상호작용(Strong Metal – Support Interaction: SMSI)

금속과 지지체 사이에 특정한 결합이 생성되지 않고 정전기적 인력마저 없으면, 금속을 지지체 표면에 그냥 얹어 놓은 상태여서 금속과 지지체의 상호작용은 아주 약하다(WMSI). 온도가 높아 금속 원자의 운동에너지가 많아지면 이들이 표면에서 빠르게 움직여 덩어리진다. 실리카에 담지한 백금 촉매에서는 백금과 실리카의 상호작용이 아주 약하여 백금 원자가 쉽게 움직이므로 열적 안정성이 매우 약하다. 초기 상태의 분산도는 아주 높아도 높은 온도에서 처리하거나 반응에 사용하면 쉽게 덩어리져서 촉매성질이 나빠진다.

제올라이트의 세공 내에서는 제올라이트의 정전기장에 의해 분극된 금속이 세공 내에 있는 극성 자리와 상호작용한다. 이 상호작용의 세기는 그리 강하지 않아 중간 세기인 MMSI로 분류한다. 금속이 전자밀도가 낮은 산점이나 전자밀도가 높은 염기점과 가까이 있으면, 상호작용의 효과로 표면에서 금속 원자의 이동이 억제되어 금속 촉매의 열적 안정성이 좋아진다. 그러나 상호작용이 아주 강하지 않아서 금속의 전자적 성질은 크게 달라지지 않는다.

타이타니아에 담지한 백금족 금속 촉매를 500 ℃에서 환원처리하면 수소와 일산화탄소의 화학흡착량이 많이 줄어든다. 환원처리로 인하여 금속과 지지체의 화학적 상태가 달라지면서 서로 강하게 상호작용하는 현상을 SMSI라고 부른다[22]. SMSI의 의미가 점차 넓어져서 지지체의 종류에 무관하게 높은 온도에서 지지체에 담지한 금속을 환원처리할 때 나타나는 화학흡착성질과 촉매작용의 변화를 포괄적으로 나타낸다. 환원처리 후 SMSI가 나타나는 지지체로는 TiO_2, Nb_2O_5, Ta_2O_5, V_2O_3 등 환원성 산화물이 있으며, 비환원성 산화물인 Al_2O_3, SiO_2, MgO에서도 SMSI가 나타난다.

SMSI로 인해 나타나는 공통적인 현상을 아래에 정리하였다.

1) 수소와 일산화탄소의 화학흡착량이 많이 줄어든다.

2) 산소의 화학흡착량은 변하지 않는다.

3) 질소의 화학흡착량이 증가한다(예: Ni/TiO_2, Rh/TiO_2).

4) 탄화수소의 수소화 분해반응, 이성질화반응, 수소화반응에서 촉매활성이 낮아진다.

5) 일산화탄소가 반응물인 촉매반응에서는 활성이 높아진다.

　(예: 피셔 – 트롭슈반응, 메탄화반응 등)

SMSI에 의한 화학흡착성질과 촉매작용의 변화는 환원처리 정도에 따라 달라진다. 금속 – 지지체의 강한 상호작용이 나타나는 환원온도는 TiO, Ti_2O_3 < TiO_2 < SiO_2의 순으로 높아져서, 지지체의 전기전도도가 높을수록 낮은 온도에서 SMSI 효과가 나타난다. 금속의 종류에 따라서도 SMSI가 나타나는 환원온도가 다르다. 에탄의 수소화 분해반응에서는 Ru < Rh <

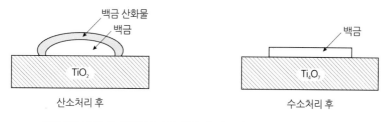

그림 6.7 타이타니아에 담지된 백금의 산소와 수소처리 후 상태[23]

Os< Ir< Ni< Pd< Pt, Fe의 순으로 환원온도가 높아져야 SMSI 효과가 나타난다. 금속의 분산도에 따라서도 SMSI 효과가 달라지는데, 분산도가 높으면 SMSI 효과가 더 뚜렷하다. 대신 금속의 분산도가 높은 촉매는 산소와 접촉하면 SMSI 효과가 바로 없어진다.

SMSI 효과를 여러 방법으로 설명한다. 강하게 흡착한 수소 때문에 나타나는 현상, 금속과 지지체가 반응하여 새로운 물질을 만들기 때문에 나타나는 현상, 담지된 금속과 지지체 사이의 상호작용으로 지지체의 전자적 상태가 변하고 이에 따라 금속의 구조가 달라지는 현상 등을 이유로 제시한다.

타이타니아에 담지한 백금 촉매를 500 ℃ 이상에서 환원처리하면 백금 알갱이 모양이 달라지면서 SMSI 효과가 나타난다[23]. 그림 6.7에 보듯이 산소 분위기에서 처리하면 표면이 산화된 백금 덩어리가 타이타니아 지지체 위에 놓여 있다. 수소로 처리하면 타이타니아가 Ti_4O_7 상태로 환원되면서 얇게 펴진 백금과 타이타니아가 강하게 상호작용한다. 산화된 백금이 환원되고 타이타니아도 부분적으로 환원되면서 백금과 타이타니아의 전자적 성질이 달라져서 SMSI 효과가 나타난다.

높은 온도에서 TiO_2, V_2O_3 Ta_2O_5, Nb_2O_5 산화물을 수소로 처리하면 결함(Ti^{3+}, V^{2+}, Ta^{2+} ~Ta^{4+}, Nb^{2+}~Nb^{4+})이 생성되면서 SMSI 효과가 나타난다는 설명도 있다[24]. 지지체가 부분적으로 환원되면서 생성된 결함과 금속이 상호작용하여 금속의 전자적 성질이 달라진다는 뜻이다. 부분적으로 환원된 지지체에서 금속으로 전자가 전달되어 금속의 전자밀도가 높아진다. SMSI가 나타난 상태에서는 금속 원자의 결합에너지가 낮아져서 지지체에서 금속으로 전자가 이동하고[25], 분자궤도함수의 계산 결과에서도 이러한 전자의 이동이 검증되었다[26].

금속과 지지체의 강한 상호작용으로 인해 지지체로부터 금속으로 전자가 일부 이동하면 금속의 전자밀도가 높아져서 수소와 일산화탄소의 흡착량이 줄어든다. 지지체에 금속 산화물을 첨가하여도 알루미나의 전자적 성질이 달라진다[27]. 개미산의 탈수소화반응에서 알루미나 지지체에 담지된 니켈 촉매의 활성은 첨가한 금속 산화물의 종류에 따라 다르다. 표 6.2에 정리한 대로 지지체에 첨가한 소량의 산화물 때문에 개미산의 탈수소화반응에서 활성화에너지가 $111\,kJ \cdot mol^{-1}$에서 $29\,kJ \cdot mol^{-1}$까지 크게 변한다. 알루미나에 금속의 산화수가 +2인 산화물을 첨가하면 p − 형 반도체 성격을 띠면서 활성화에너지가 작아지나, 금속의 산화수가 +4인 산화물을 첨가하면 n − 형 반도체 성격을 띠면서 활성화에너지가 커진다. 개미

표 6.2 개미산의 탈수소화반응에서 지지체의 전자적 성질이 지지체에 담지된 니켈 촉매의 활성에 미치는 영향[26]

활성물질	지지체	활성화에너지, $kJ \cdot mol^{-1}$
Ni	–	111
	Al_2O_3	86
	Al_2O_3 + 2% BeO	79
	Al_2O_3 + 2% NiO	29
	Al_2O_3 + 2% TiO_2	100
	Al_2O_3 + 2% GeO_2	96

산의 탈수소화반응에서는 반응물에서 촉매활성점으로 전자가 이동하는 단계가 속도결정 단계이므로, 니켈 산화물을 첨가하면 전자 이동이 쉬워져서 반응이 빨라진다. 그러나 타이타늄이나 저마늄 산화물을 첨가하면 활성화에너지가 도리어 커진다.

비환원성 산화물 지지체에서도 SMSI 현상이 나타난다. 환원처리로 전자적 성질이 달라지지 않으므로, 환원에 따른 전자의 이동 대신 금속과 지지체 사이에 새로운 화합물이 생성되어 SMSI 효과가 나타난다고 설명한다. 비환원성 지지체인 알루미나에 담지한 백금 촉매에서 나타나는 SMSI 효과는 환원처리로 담지된 백금의 구조가 달라지기 때문이라는 설명도 있다[28].

🔍 6 금속 촉매의 물성 조사

금속 촉매의 활성은 겉에 드러난 금속 원자의 개수와 금속의 알갱이 크기에 따라 달라지므로, 금속의 담지량, 구조, 분산도는 금속 촉매의 활성과 선택성을 결정하는 중요한 인자이다. 여러 금속으로 이루어진 합금 촉매에서는 표면의 금속 조성이 촉매활성에 미치는 영향이 크고, 단일금속 촉매에서는 겉에 드러난 원자 개수의 영향이 크다. 이외에도 산-염기성 등 여러 인자가 금속 촉매의 활성과 선택성을 결정하지만, 일차적으로는 담지한 금속의 종류, 분산도, 표면 조성이 중요하다. 이 절에서는 표 6.3에 정리한 금속 촉매의 조사 방법을 간략히 설명한다.

금속 촉매에서는 겉에 드러난 금속 원자의 분율을 분산도(dispersion)로 정의한다. 이론적으로는 분산도를 이렇게 산난멍료하세 정의하지만, 실제로 이를 결정하거나 촉매활성과 관련지어 활용하기가 쉽지 않다. 화학흡착 방법에서는 검지 기체가 흡착하는 원자를 겉에 드러난 원자로 간주한다. 그러나 X-선 회절 방법에서는 겉에 드러난 원자뿐 아니라 금속과 지지체의 계면에 있는 원자도 같이 검출된다. 계면에 있는 원자는 활성점으로 작용하지 않으므

표 6.3 금속 촉매의 조사 방법

측정 대상	조사 방법
단일금속 촉매	
겉에 드러난 원자 개수	화학흡착 방법, XPS[a]
알갱이의 크기와 크기 분포	XRD, SAXS[b], TEM[c], 화학흡착 방법, EXAFS[d]
알갱이의 결정구조와 전자적 성질	XRD, EXAFS
금속-지지체 상호작용	TPD와 IR을 이용한 검지 기체의 흡착 상태 조사 방법
합금 촉매	
표면 조성	XRD, EXAFS, STEM[e]-미시분석 방법 선택적 화학흡착 방법, XPS, IR을 이용한 검지 기체의 흡착 상태 조사 방법

[a] X-ray photoelectron spectroscopy.
[b] Small angle X-ray scattering.
[c] Transmission electron microscopy.
[d] Extended X-ray absorption fine structure.
[e] Scanning transmission electron microscopy.

로, 분산도 측정 결과를 촉매활성과 관련지으려면 X-선 회절 방법으로 측정한 결과는 적절하지 않다. 담지된 금속 원자의 전체 개수를 측정하는 데에도 문제가 있다. 활성이 없는 상태이거나 다른 물질과 화학적으로 결합하여 촉매반응에 참여하지 않으면, 활성물질로서 의미가 없어 제외해야 하기 때문이다. X-선 회절 방법에서는 화학적 상태가 다른 원자를 구별하여 배제하지만, 화학분석 방법에서는 이를 구별할 수 없다. 담지된 금속이 지지체와 반응하여 활성이 없는 물질이 되거나 반응에 참여하지 않은 상태가 되면, 분산도를 결정하기에 앞서 이들을 먼저 담지한 금속의 전체에서 빼야 한다.

촉매활성과 관련짓기 위하여 분산도를 결정한다면, 반응물과 접촉하는 표면의 원자 개수를 구해야 한다. 이를 위해서 화학흡착 방법으로 겉에 드러난 금속 원자의 개수를 측정한다. 이 방법은 금속의 선택적 흡착성질에 근거하고 있으므로 금속 촉매의 구조나 상태를 조사하는 데 유용하다. 그렇지만 검지 기체가 모든 금속 원자에 같은 형태로 화학흡착한다고 전제하고 있어, 흡착 상태를 확인하는 보완 실험이 뒷받침되어야 한다. 화학흡착 방법 외에도 광전자 분광기 등 표면 분석 방법으로도 분산도를 측정한다.

(1) 화학흡착 방법

선택적인 화학흡착으로 겉에 드러난 금속 원자의 개수를 측정하여, 이로부터 분산도와 금속 알갱이의 평균 크기를 계산한다. 이를 위해서는 화학흡착하는 기체가 금속 표면에 단일층으로만 흡착하여야 하기 때문에, 검지 기체의 종류와 이의 흡착 조건을 적절하게 선정하여야한다. 모든 원자에 같은 형태로 흡착하여야 한다는 조건을 확인하기 위하여 적외선 분광법

표 6.4 전이금속의 분산도 조사에 사용하는 검지 기체의 화학흡착 상태[29]

금속	해리흡착 (Dissociative adsorption)	회합흡착 (Associative adsorption)
Hf, Ta, Zr, Nb, W, Ti, V, Mn, Cr, Mo	H_2, O_2, N_2, NO, CO	
Fe, Re	H_2, O_2, N_2, NO, CO	NO, CO
Ni, Co, Te	H_2, O_2, NO, CO	NO, CO
Os, Ir, Ru, Pt, Rh, Pd	H_2, O_2, NO	NO, CO

등으로 흡착 상태를 먼저 확인한다.

화학흡착 상태를 매번 확인하지 않으려면 화학흡착 상태가 잘 알려진 검지 기체로 분산도를 측정한다. 전이금속의 표면을 조사할 때 주로 사용하는 검지 기체의 화학흡착 상태를 표 6.4에 정리하였다[29]. 전자쌍을 제공하여 강하게 흡착하거나 금속 원자와 공유결합을 이루며 흡착하는 물질이 검지 기체로 적절하다. 분자구조가 단순하고 크기가 작아서 흡착이 빠르고 세공크기의 영향을 받지 않으면서도, 흡착 상태가 단순한 물질이 바람직하다. 수소는 어느 금속에 대해서나 해리흡착하기 때문에 분산도 측정에 검지 기체로 널리 사용한다.

부피 측정 방법, 질량 측정 방법, 크로마토그래피 방법으로 측정한 검지 기체의 흡착량에 금속 원자에 대한 검지 기체의 흡착 양론비를 곱해주어, 겉에 드러난 금속 원자의 개수를 계산한다. 금속 원자에 대한 검지 기체의 양론비는 금속 분말이나 박막처럼 표면 상태를 확인하기 쉬운 시료에서 구한 표면적과 이에 대한 검지 기체의 화학흡착량에서 결정한다. X – 선 회절 봉우리의 폭에서 금속 알갱이의 크기를 구해 계산한 금속 표면적을 화학흡착량과 비교하여 결정하기도 한다. 대부분 금속에서는 검지 기체의 흡착 양론비가 1.0이지만, 금속의 종류나 알갱이 크기에 따라 흡착 양론비가 달라지기도 한다. 알갱이 크기에 따라 담지된 금속의 구조가 달라서 흡착성질이 달라지기 때문이다. 알갱이 크기에 따라서 양론비가 달라지면 화학흡착량만으로는 표면에 드러난 금속 원자의 개수를 계산하지 못한다. 알갱이 크기가 일정하거나 알갱이 크기에 무관하게 흡착 양론비가 일정하여야 화학흡착 방법을 적용할 수 있다.

백금 표면에는 수소가 단일층으로 흡착하지만, 팔라듐에는 수소가 금속 내부에도 흡장되므로 수소 흡착량에서 바로 팔라듐의 분산도를 결정하지 못한다. 온도가 높아지면 수소의 흡장이 억제되므로, 표면에만 수소가 흡착하도록 100 ℃에서 흡착량을 측정한다[30]. 100 ℃에서 수소가 흡착한 시료를 상온으로 냉각하여 공기에 노출시키면 팔라듐 표면에 산소가 단일층으로 흡착한다. 다시 100 ℃에서 수소와 반응시키면 팔라듐 표면의 산소가 수소와 반응하여 물로 제거되고, 산소가 제거된 팔라듐 표면에 수소가 단일층으로 다시 흡착한다. 팔라듐 원자에 해리흡착된 산소를 수소와 반응시켜 제거하고, 이어 표면의 팔라듐 원자에 수소가 다시 흡착하므로 수소 흡착량이 세 배로 많아져서 측정 정확도가 크게 향상된다.

여러 종류의 금속 원자가 섞여 있는 합금 촉매에서 표면에 드러난 금속을 선택적인 화학 흡착 방법으로 조사하려면, 각 금속의 화학흡착성질부터 먼저 검토해야 한다. 금속의 화학흡 착성질이 모두 같으면, 드러난 금속 원자 전부에 검지 기체가 화학흡착한다. Pt-Ir, Pt-Rh, Pt-Pd 등 귀금속 합금 촉매에서는 각 원소의 흡착성질이 비슷하여, 화학흡착 방법으로 표 면에 드러난 원자 개수의 합을 측정한다. 그러나 금속 원소의 화학흡착성질이 다른 합금에서 는 수소, 산소, 일산화탄소 등 검지 기체의 화학흡착량에서 표면 금속의 조성비를 유추한다. Pt-Au, Ru-Cu, Os-Cu, Ir-Au 합금 촉매에서는 겉에 드러난 금이나 구리 원자에 수소나 일산화탄소가 흡착하지 않는다. 구리와 금처럼 검지 기체가 흡착하지 않는 원자의 전체 개수 는 XRD, TEM, SAXS 등 다른 방법으로 측정한다.

금속과 표면에 흡착한 검지 기체의 상호작용을 승온탈착 방법으로 조사한다. 물리흡착한 물질은 낮은 온도에서 탈착하므로, 높은 온도에서도 탈착하지 않고 화학흡착되어 있는 물질 이 반응에 참여한다. 탈착 과정에서 흡착한 물질이 다른 물질로 나누어지거나 전환되면 승온 탈착 곡선이 매우 복잡하므로, 탈착 과정이 단순한 수소와 산소의 승온탈착 방법으로 활성점 을 조사한다.

승온탈착 방법에서는 배기하거나 헬륨이나 아르곤 등 불활성 기체 흐름에서 활성화한 후 에 촉매에 검지 기체를 흡착시키고, 이어 온도를 높여가면서 탈착시킨다. 열전도도 검출기나 질량 분석기로 탈착하는 검지 기체의 양을 측정한다. 흡착점의 기하학적 배열과 전자적 환경 에 따라 흡착하는 물질과 금속의 상호작용이 달라지므로, 탈착하는 온도에서 상호작용의 세 기를 추정하고, 나아가 활성점의 구조와 전자적 성질을 유추한다. 탈착한 물질이 다시 흡착 하느냐 여부와 촉매 세공 내에서 물질의 확산속도 차이가 탈착 과정에 영향을 주므로, 세공 이 작은 물질에서 측정한 승온탈착 곡선을 정량적으로 해석하기는 어렵다. 그러나 승온탈착 곡선에서 추론한 상호작용 차이에서 금속의 분산 상태나 산화 정도를 개략적으로 파악할 수 있어서, 금속 촉매의 표면성질을 조사하는 데 승온탈착 방법을 많이 사용한다.

(2) X-선 회절 봉우리의 폭에서 금속 알갱이의 크기를 결정하는 방법

알갱이 크기에 따라 X-선 회절 봉우리의 폭이 달라지므로 X-선 회절 패턴에서 지지체 에 담지된 금속의 알갱이 크기를 추정한다. 알갱이가 작아지면 모서리나 면처럼 원자 배열의 규칙성이 약한 부분이 많아져 회절 봉우리의 폭이 넓어진다. 낱개 원자로 담지되어 있으면 회절 봉우리가 나타나지 않으나, 규칙성이 좋은 큰 단결정의 회절 봉우리는 높고 뾰족하다. 회절 봉우리에 셰러(Scherrer) 방정식을 적용하여 알갱이의 평균 크기를 계산하고, X-선의 궤적 도형 분석법(profile shape analysis)을 이용하여 알갱이의 크기 분포를 계산한다[31]. 3 nm에서 50 nm 이내 금속 알갱이의 크기를 결정하는 데 유용하나, 제한 사항도 있다. 회절

봉우리의 폭에서 계산한 금속 알갱이의 크기에는 결정 내의 잔류 응력이나 불완전한 결정구조 때문에 나타나는 오차가 포함되어 있어서, 결과 해석에 유의하여야 한다.

X-선은 금속 알갱이 외에도 비어 있는 세공에 의해서도 산란되므로 금속 알갱이에 의한 결과만을 얻으려면, 비어있는 공간을 지지체와 전자밀도가 비슷한 물질로 채워서 세공에서 일어나는 산란을 방지해야 한다. 알루미나와 실리카에서는 지지체의 세공을 다이아이오도메탄(CH_2I_2)으로 채워 공간의 영향을 배제한다.

(3) 전자현미경 방법

투과전자현미경(TEM)의 분해능이 나노미터 수준으로 매우 높아서 금속 촉매에 담지되어 있는 금속 알갱이의 모양과 크기를 TEM으로 바로 조사한다[32]. TEM이 많이 보급되어 금속의 분산 상태를 설명하는 데 TEM 이미지가 필수적이다. 전자현미경의 구조와 이론 대신 금속 알갱이의 측정 예만을 간략히 설명한다.

TEM으로 금속의 담지 상태를 조사할 때 전자살이 통과할 수 있도록 아주 얇은 분석 시편을 만드는 일이 가장 어렵다. 촉매를 아주 곱게 갈아서 탄소나 구리 시료대(sample grid)에 옮겨 조사하기도 하고, 촉매를 에폭시 수지 등에 고정한 후 이를 극미세 톱(ultramicrotome)으로 얇게 잘라서 시편을 만든다.

자동차 배기가스 정화용 촉매에 담지되어 있는 백금의 상태를 TEM으로 조사한 예를 그림 6.8에 보였다. 사용하기 전 촉매에서는 5 nm 정도의 백금 알갱이가 고르게 흩어져 있다. 그러나 사용한 촉매에서는 백금 알갱이가 상당히 커졌다. 결정면이 뚜렷한 알갱이도 있어서 사용 중에 백금이 결정으로 덩어리졌음을 보여준다. TEM으로 분산도와 결정구조의 변화를 직접 관찰하므로 금속 촉매의 활성 차이나 활성저하의 원인을 밝히는 데 아주 유용하나, 측정 결과가 전체를 대표하는지 유의해야 한다.

(가) 사용 전   (나) 사용 후

그림 6.8 자동차 배기가스 정화용 백금 촉매의 TEM 이미지

(4) 광전자 분광법

고체 표면의 화학 조성과 함께 금속 원자의 산화와 배위 상태를 같이 조사하는 XPS를 금속 촉매의 표면분석에 널리 사용한다[33]. X-선을 시료에 쪼여 방출되는 광전자의 운동에너지와 양을 측정하여 표면 금속의 결합에너지와 농도를 계산한다. XPS 봉우리의 결합에너지에서 금속 원자의 산화와 배위 상태를 유추하고, 봉우리 면적에서 표면 조성을 계산한다. 이를 종합하여 촉매에 담지된 금속의 상태, 금속-지지체 상호작용, 활성물질로 작용하는 금속의 화학적 상태를 파악한다.

γ-Al$_2$O$_3$에 담지한 레늄 촉매를 500 ℃에서 수소로 환원처리하면 레늄의 결합에너지가 Re(IV) 상태보다 2.6 eV 정도 낮아져 이들이 환원되었음을 보여준다. 지지체가 Al$_2$O$_3$, TiO$_2$, SiO$_2$, ZnO 순으로 바뀌면 이리듐 금속의 결합에너지가 점차 적어진다. 화학적 상태에 따라 결합에너지가 달라지므로, 환원 처리의 영향, 지지체 종류에 따른 금속의 산화 상태 차이, 금속-지지체 상호작용의 영향을 알 수 있다.

X-선은 고체 내로 상당히 깊이 들어가지만, 내부 원자에서 방출된 광전자는 표면으로 이동하면서 주위 원자핵에 대부분 포획된다. 표면에서부터 대략 2 nm 범위 내에 있는 원자에서 방출한 광전자만 고체 밖으로 빠져나오므로, XPS로 조사한 결과는 겉에서부터 대략 다섯 층 이내에 있는 물질에 대응한다. XPS는 겉에 드러난 금속을 측정하므로, XPS 측정 결과를 바로 촉매작용과 연관을 지을 수 있다.

촉매반응 중에 촉매독이 표면에 축적되어 활성이 저하되어도, 그 양이 너무 적어 화학분석 방법으로는 정량하기 어렵다. XPS에서는 표면만을 분석하므로 표면에 단분자층으로 덮여 있는 물질도 아주 예민하게 정량한다. 금속의 분산도 역시 금속의 신호 크기에서 유추한다. 담지량이 같아도 분산도가 높으면 표면에서 검출되는 금속 원자의 신호가 크고, 지지체 구성 원자의 신호는 작다. 반면 금속이 크게 덩어리져서 분산도가 낮으면 지지체 구성 원자의 신호가 크고 금속 원자의 신호는 작다.

금속 촉매의 겉과 내부에서 금속의 조성과 산화 상태가 다를 수 있다. 합금 촉매의 표면 조성은 합금의 전체 조성과 제조 분위기에 따라 달라진다. 공기 중에서 소성하면 표면에는 쉽게 산화되는 원소의 농도가 높아진다. 촉매의 활성만 생각하면 표면의 조성이 중요하지만, 이를 내부의 구조와 연관지으려면 합금 촉매의 내부 조성도 알아야 한다. XPS에서는 시료에 이온빔을 쪼여 겉에서부터 파들어가면서(sputtering) 조성을 측정하여 깊이별 조성 분포 (depth profile)를 구한다.

광전자의 운동에너지를 정확하게 측정하고 표면을 깨끗하게 유지하기 위해서 XPS를 초고진공(ultra high vacuum) 상태에서 조작하므로, XPS로는 촉매를 조사하기 어렵다. 전처리한 촉매를 공기와 접촉시키지 않고 조사 위치로 옮기는 부대 설비가 있어야 하며, 초고진공 상태에서 조성과 구조가 달라지지 않아야 한다. 백금과 알루미늄처럼 봉우리가 서로 겹쳐서 분석하기 어려운 원소도 있고, 쪼여주는 X-선에 의해 시료가 손상되기도 한다. 화학적 상태의 차이가 작으면 산화 상태를 구별하기 어렵다. 이처럼 XPS를 이용한 촉매 조사 방법에는 제한 사항이 많지만, 촉매작용의 원인이 되는 표면을 직접 조사하여 촉매의 제조 과정을 추적하고 표면 조성을 결정한다는 점에서, XPS는 아주 유용한 도구이다. 단순히 표면을 분석하는 단계를 넘어 금속-지지체 사이의 상호작용과 증진제 첨가로 인한 금속의 전자적 성질과 상태 변화도 같이 파악한다.

(5) 적외선 분광법

반응물의 흡착 상태를 조사하는 수단으로 적외선 분광법을 널리 이용한다. 분자의 진동에너지 준위가 높아지는 데 필요한 에너지와 적외선의 에너지 대역이 겹쳐서, 조사한 적외선 흡수띠는 시료 내의 화학결합에 대응한다. 이런 이유로 적외선 분광법은 반응물이 흡착하면서 이들의 화학결합 상태와 세기가 달라지는 현상을 조사하는 데 아주 적절하다. 금속 촉매에 흡착한 일산화탄소나 산화질소의 적외선 흡수띠 파수에서 이들의 다양한 흡착 상태를 구별한다. 또 흡수띠 자료에서 담지된 금속의 분산도, 구조, 금속-지지체 상호작용, 금속-금속 상호작용도 유추한다.

푸리에 변환 적외선(FT-IR) 분광기의 발전으로 측정 감도가 높아지고 측정 소요시간이 크게 단축되어, 촉매에 흡착한 반응물을 제자리에서 적외선 분광법으로 조사한다. 온도가 높아져도 스펙트럼을 그릴 수 있어서 반응 조건에서 그린 스펙트럼에서 반응물의 흡착 상태와 중간체의 구조를 유추한다[34,35]. 적외선 스펙트럼에서 금속에 흡착한 검지 기체의 화학양론비를 결정하거나 반응물의 활성화된 상태를 직접 관찰한다. 반응물의 흡착 상태 및 중간 생성물의 확인에 적외선 분광법을 활용한 예는 매우 많다.

🔍 7 금속 촉매에서 수소화반응

정유산업의 대규모 연속 촉매공정에서부터 제약 및 정밀화학공업의 소규모 회분식공정에 이르기까지 수소화반응의 반응물과 조업 목적은 매우 다양하다. 식물의 씨에서 추출한 기름을 수소화하여 식용유를 제조하기도 하고, 벤젠을 수소화하여 사이클로헥산을 제조하는 등 수소화공정의 반응물 종류가 많고, 조업 목적의 폭도 매우 넓다. 탄소-탄소의 이중결합이나 삼중결합에 수소를 첨가하는 공정, 나이트릴기($C \equiv N$)나 카보닐기($C = O$)에 수소를 첨가하여 아민이나 알코올을 제조하는 공정, 일산화탄소와 질소를 수소와 반응시켜 메탄올과 암모니아를 제조하는 공정 모두 수소화공정이라는 점은 같지만, 이들 공정에서 운용되는 수소화반응의 성격은 크게 다르다.

수소화와 탈수소화반응에는 전이금속 촉매를 주로 사용한다. 표 6.1에 보인 A, B_1, B_2, B_3군에 속한 전이금속에서 A군 원소에는 수소가 너무 강하게 흡착하고, B_3군 원소에는 반대로 너무 약하게 흡착하여 수소화 활성이 낮다. B_1과 B_2군에 속한 전이금속 중에서 수소화반응에 대한 활성은 강하면서도 그리 비싸지 않은 니켈이 수소화반응 촉매의 대표적인 활성물질이다. 팔라듐과 백금 등 귀금속은 수소화반응에서 활성과 선택성이 우수하여 수소화 촉매의 활성물질로 많이 사용된다. 수소화반응에서 니켈과 팔라듐 촉매의 활성이 높은 이유로 수소의 흡착세기가 적당한 점 외에도, 이들 금속의 표면에서 수소가 빠르게 이동하는 점을 들기도 한다.

금속의 수소화 반응에서 활성 순서는 반응물에 따라 다르다. 에틸렌이나 벤젠의 수소화반응에는 로듐의 활성이 높으나, 아세틸렌의 수소화반응에는 팔라듐의 활성이 높다. 이러한 차이는 수소화반응의 반응 조건과 금속 종류에 따라 수소가 해리흡착하는 단계와 반응물의 흡착이나 표면반응 등 속도 결정에 관여하는 여러 단계의 상대속도가 다르기 때문이다. 귀금속을 촉매활성물질로 사용한 역사는 아주 오래되었지만, 지금도 귀금속의 종류별 촉매성질을 일반화하여 이야기하기 어렵다. 川研파인케미칼 주식회사에서 펴낸『귀금속 촉매에 의한 수소화반응-Pd, Pt, Ru, Rh-』이라는 책에는 수소화반응에 사용한 귀금속 촉매의 종류와 사용 조건이 잘 정리되어 있다[36]. 그러나 특정 귀금속을 사용하는 이유나 귀금속별 촉매성질의 차이를 설명하지 않을 정도로, 아직도 귀금속의 물리적·화학적 성질과 촉매성질을 직접 연관짓기 어렵다.

에틸렌의 수소화반응에서는 에탄만 생성되지만, 대부분의 수소화반응에서는 수소화 정도가 다른 여러 물질이 함께 생성된다. 탄소-탄소의 불포화 결합과 카보닐기 등 수소화될 수 있는 작용기가 여러 개인 복잡한 유기 화합물에서는, 수소화되는 작용기에 따라 생성물이 달라지므로 촉매활성에 못지않게 선택성이 중요하다. 수소화되는 작용기와 수소화 정도에 따라서 생성되는 물질의 성질과 기능이 크게 다르므로, 수소화반응에서는 선택성이 중요하다.

수소화반응에서 특정 작용기에 대한 수소화 선택성은 수소의 활성화 정도에 따라서 달라지지만, 흡착 상태의 영향도 매우 크다. 활성화된 수소가 공격하기 쉬운 작용기가 먼저 수소화되므로, 어떤 상태로 반응물이 활성점에 흡착되느냐에 따라 생성물이 달라신다. 퍼퓨랄을 수소화하면 퓨란고리와 알데하이드기의 수소화 여부에 따라 생성물이 다르다[37]. 구리-아크로뮴 촉매에서는 퓨란고리가 수소화되지 않고 알데하이드기만 수소화되어 퍼퓨릴알코올이 된다. 레이니 구리 촉매에서도 퓨란고리가 수소화되지 않으나 알데하이드기가 수소화된 후 탈수되어 메틸퓨란이 된다. 이와 달리 니켈 촉매에서는 퓨란고리까지 수소화되어 테트라하이드로퍼퓨릴알코올이 생성된다. 구리가 들어 있는 촉매에서는 퓨란고리와 구리 원자가 착화합물을 만들어 안정화되므로 퓨란고리보다 곁에 달린 알데하이드기가 선택적으로 수소화된다. 이에 비해 수소화 활성이 아주 강한 니켈 촉매에서는 알데하이드기뿐 아니라 퓨란고리까지 모두 수소화된다. 반응물의 흡착 상태가 수소화반응의 선택성을 결정하는 좋은 예이다.

수소화되는 여러 종류의 반응물이 같이 섞여 있어도 특정 반응물만 선택적으로 수소화되기도 한다. 강하게 흡착하는 반응물이 먼저 촉매활성점에 흡착하기 때문에, 흡착세기가 약한 반응물은 활성점에 흡착하지 못하여 수소화되지 못한다. 다음 절에서 언급하는 아세틸렌의 수소화반응이 좋은 예이다. 흡착세기가 강한 아세틸렌만 선택적으로 수소화되므로, 에틸렌의 손실을 최소화하면서 아세틸렌을 효과적으로 제거한다. 반응물의 흡착세기 차이로 수소화반응에 대한 선택성이 달라지는 현상을 불순물 정제에 활용한 예이다.

금속 촉매를 사용하는 수소화반응에서 촉매의 제조 방법과 촉매활성의 상관성, 금속 촉매의 활성 순서, 피독과 금속의 소결 현상 등이 상당히 많이 알려졌다. 대표적인 예로 니켈과 팔라듐을 담지한 금속 촉매의 제법과 촉매활성의 상관성 검토가 있다[38]. 수소화반응은 금속 촉매뿐만 아니라 산화물과 황화물 촉매에서도 진행된다. 산 촉매에서도 수소화반응이 진행된다고 하지만, 예가 그리 많지 않다.

(1) 아세틸렌의 선택적 수소화반응

나프타를 열분해하여 에틸렌, 프로필렌, 부텐 등 저급 알켄을 제조할 때 아세틸렌과 다이엔 화합물이 같이 생성된다. 에틸렌 중에 아세틸렌 함량은 0.1~1% 정도로 많이 들어 있지 않으나, 아세틸렌이 에틸렌 중합 촉매를 피독시키고, 제조한 폴리에틸렌의 품질을 낮추므로 중합용 에틸렌의 아세틸렌 함량을 10 ppm 이하로 규제한다[39]. 세올라이트를 이용하여 아세틸렌을 흡착하여 제거하기도 하지만, 대부분 팔라듐 촉매에서 아세틸렌을 에틸렌으로 수소화시켜 제거한다. 아세틸렌의 수소화반응 생성물이 바로 에틸렌이므로 추가로 분리하지 않아도 되어 매우 효과적이다. 아세틸렌은 에틸렌보다 금속 촉매에 강하게 흡착하므로 촉매 사용량과 반응 조건을 적절히 조절하여, 에틸렌의 수소화반응을 억제하면서 아세틸렌의 수소화반응을 선택적으로 진행한다. 이런 이유로 아세틸렌의 선택적 수소화반응에서는 수소화된 아세틸렌의 전환율과 함께 에틸렌이 얼마나 수소화되었느냐를 나타내는 에틸렌의 수소화선택성을 중요하게 생각한다. 이와 함께 다이엔 화합물의 중합 생성물인 초록색 기름(green oil이라고 부름)이 촉매를 덮어 활성을 저하시키므로, 촉매 수명도 아세틸렌의 선택적 수소화반응에서 촉매성능을 평가하는 중요한 인자이다.

나프타의 열분해 생성물을 C_2, C_3, C_4 탄화수소로 나눈 후, 에틸렌에 들어 있는 아세틸렌을 선택적으로 수소화한다. 열분해공정은 대기압에서 조작하지만, 성분별로 나누는 공정을 1.5 MPa로 압축한 상태에서 운전하므로 수소화공정도 이 조건에서 조업한다. 촉매독인 황 화합물의 농도가 1 ppm 이하로 낮으면 팔라듐 촉매를 사용한다. 알루미나에 팔라듐을 0.04 wt% 담지한 I.C.I. 38-1 촉매를 사용하여 60~70 ℃에서 수소화하여, 아세틸렌 농도를 5,000 ppm에서 5 ppm 이하로 낮춘다[40]. 180~200 ℃로 온도가 높아지면 반응이 빨라지지만, 온도가 더 높아지면 반응물의 흡착량이 줄어들어 반응이 오히려 느려진다. 아세틸렌의 수소화반응이 빨라지면 에틸렌의 수소화반응도 같이 빨라지므로, 에틸렌이 수소화되는 정도를 고려하여 반응 조건을 설정한다. 에틸렌의 1% 정도가 수소화하는 조건에서 조작하여 아세틸렌 함량을 규제치 이하로 낮춘다.

열분해 생성물을 성분별로 분리하기 전에 아세틸렌의 선택적 수소화공정을 운용할 때는 니켈 촉매를 사용한다. 니켈 촉매에서는 아세틸렌뿐 아니라 에틸렌도 상당량 수소화되므로, 황화수소나 싸이올을 소량 첨가하여 에틸렌의 수소화반응을 억제한다. 활성점의 일부가 피독되면 활성이 낮아지지만, 선택성은 향상된다.

아세틸렌의 선택적 수소화반응에서 에틸렌의 수소화반응을 억제하면서도 촉매 수명을 연장하기 위하여 팔라듐에 은, 니켈, 구리, 납, 탈륨, 크롬, 칼륨을 첨가한다. 이들 첨가로 촉매활성이 증진되는 이유를 기하학적 요인과 전자적 요인으로 설명한다. 팔라듐에 구리를 첨가하면 팔라듐의 알갱이 크기가 작아져서 아세틸렌이 해리흡착하는 팔라듐 원자의 개수가 줄어든다. 이와 달리 은을 증진제로 첨가한 팔라듐 촉매에서는 은의 첨가로 팔라듐 d 밴드의 전자밀도가 높아져서 에틸렌의 흡착세기가 약해지므로 에틸렌의 수소화반응이 억제되고 촉매 수명이 길어진다.

아세틸렌의 수소화반응은 그림 6.9에 보인 것처럼 여러 단계를 거쳐 진행한다[40]. 나뉘지 않고 그대로 흡착한 아세틸렌이 수소 원자 두 개를 받아 에틸렌이 된 후(경로 Ⅰ) 그대로 탈착하면(경로 Ⅱ), 선택적 수소화반응이 완결된다. 그러나 흡착한 에틸렌이 탈착하지 않고 촉매에 머물러서 수소 원자를 더 받으면 에탄으로 수소화된다(경로 Ⅲ). 물론 흡착한 아세틸렌이 에틸리딘 상태를 거쳐 에탄으로 바로 수소화되기도 하고(경로 Ⅳ), 중합하여 C_4 탄화수소를 거쳐 초록색 기름이 되기도 한다(경로 Ⅴ). 에틸렌에 대한 선택성을 높이려면 경로 Ⅰ

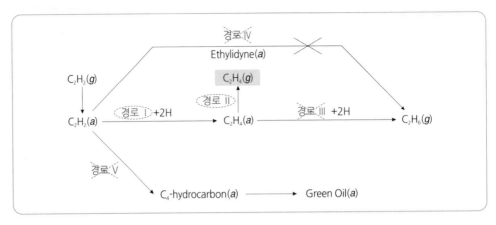

그림 6.9 아세틸렌 수소화반응의 반응경로[40]

의 반응이 진행된 후 바로 에틸렌이 탈착하도록 경로 Ⅱ를 촉진하고, 경로 Ⅲ, Ⅳ, Ⅴ 반응을 억제하여야 한다.

에틸렌의 탈착을 촉진하기 위하여 반응물 흐름에 일산화탄소를 첨가한다. 일산화탄소는 에틸렌보다 강하게 팔라듐에 흡착하므로 에틸렌의 탈착이 빨라져 이의 추가 수소화반응(경로 Ⅲ)을 억제한다. 반응물의 수소/아세틸렌 몰비를 낮추어도 촉매 표면에서 활성화된 수소의 농도가 낮아져서 추가 수소화반응이 느려지며, 흡착한 아세틸렌을 에탄까지 바로 수소화하는 반응(경로 Ⅳ)의 진행 정도도 낮아진다. 흡착한 아세틸렌이 중합하여 C_4 탄화수소나 초록색 기름이 생성되면(경로 Ⅴ), 원하는 생성물인 에틸렌의 수율이 낮아지고 초록색 기름이 촉매 표면을 덮어 촉매의 활성이 저하된다.

아세틸렌의 선택적 수소화반응에 사용하는 Pd/SiO₂ 촉매에 규소를 담지하면, 에틸렌의 촉매반응이 억제되고 촉매 수명이 길어진다[40]. 환원한 Pd/SiO₂ 촉매에 실레인을 수소와 함께 흘려주어 팔라듐 표면에 규소를 선택적으로 담지한다. 실레인 펄스의 주입 횟수를 조절하여 규소 담지량을 조정한다. 그림 6.10에 Pd/SiO₂와 규소를 팔라듐 표면에 담지한 Si-Pd/SiO₂(Si/Pd=0.095) 촉매에서 아세틸렌의 선택적 수소화반응 결과를 보였다. 아세틸렌의 수소화반응은 연속반응(consecutive reaction)이므로, 전환율이 높아지면 필연적으로 선택성이 낮아진다. 이로 인해 활성과 선택성을 같이 고려해야 하므로, 가로축과 세로축에 전환율과 선택성을 나타내었다. 규소 담지로 에틸렌에 대한 선택성이 전환율에 무관하게 높아졌다. 그뿐만 아니라 규소 담지로 초록색 기름의 생성도 억제되어 촉매 수명이 길어졌다.

아세틸렌이 해리흡착하는 팔라듐 자리를 규소가 차지하는 기하학적 효과로 규소 담지에 의한 팔라듐 촉매의 성능 향상을 설명한다. 규소가 담지된 팔라듐에는 압축된 다리형(compressed-bridged) 형태의 일산화탄소 흡착량이 줄어들고, 고립된 다리형(isolated-bridged) 형태의 일산화탄소 흡착량이 많아져서, 겉에 드러난 팔라듐의 표면 상태가 달라진다. 그러나 팔라듐

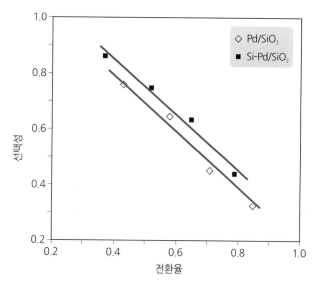

그림 6.10 아세틸렌 수소화반응에서 전환율과 선택성 사이의 상관 관계[40]

의 결합에너지는 달라지지 않아서 전자적 효과는 나타나지 않았다. 규소 담지로 강하게 화학흡착하는 수소의 흡착량은 많이 줄어드나, 약하게 화학흡착하는 수소의 흡착량은 도리어 많아졌다. 팔라듐 촉매에 대한 에틸렌의 흡착 상태도 규소 담지로 달라진다. 강한 σ-형 에틸렌의 흡착량은 크게 줄어들고 약한 π-형 에틸렌의 흡착량이 많아지므로 규소 담지로 에틸렌의 탈착이 쉬워져서 에틸렌의 추가 수소화반응이 억제된다.

팔라듐 촉매에 흡착한 아세틸렌의 중합반응도 규소 담지로 억제된다. 팔라듐 촉매에 침적된 탄화수소의 연소온도가 규소 담지로 67 ℃나 낮아져서 긴 탄화수소가 생성되지 않았음을 보여준다. 활성저하의 원인물질인 초록색 기름의 평균 탄소 개수가 규소 담지로 26에서 16.4로 낮아져서, 규소를 담지한 팔라듐 촉매에서는 초록색 기름이 쉽게 제거되므로 촉매 수명이 길어진다.

규소 대신 팔라듐과 SMSI를 일으키는 타이타늄을 담지한 Ti-Pd/SiO$_2$ 촉매에서도 타이타늄 담지로 아세틸렌의 수소화반응에서 에틸렌에 대한 선택성이 높아지고 촉매 수명이 길어진다. 500 ℃에서 환원처리하면, SMSI로 인해 수소와 일산화탄소의 흡착량이 줄어들어 과도한 수소화반응이 억제된다. 타이타늄을 첨가하면 규소와 달리 전하 이동에 따른 전자적인 효과와 팔라듐 표면의 세 원자 인접자리(three adjacent Pd atoms)를 타이타늄이 점유하는 기하학적 효과로 촉매성능이 높아진다.

초록색 기름의 출발물질인 1,3-부타다이엔은 큰 팔라듐 알갱이에서 생성되는데, 타이타늄이 팔라듐 표면의 이곳 저곳에 담지되므로 1,3-부타다이엔이 강하게 흡착할 수 있는 팔라듐의 원자집단이 생성되지 않아서 촉매 수명이 길어진다. 실리카에 담지한 팔라듐 촉매에 나이오븀과 란타넘을 첨가하면 에틸렌에 대한 선택성이 높아지고 촉매 수명이 연장된다.

SMSI 현상에 의한 촉매성능의 향상은 500 ℃ 이상에서 전처리하여야 나타난다. 그러나 대부분의 공장에서 아세틸렌의 수소화공정을 300 ℃에서 조업하므로 타이타늄 첨가 촉매의 SMSI에 의한 촉매성능의 증진 효과를 현장에서 구현하기 어렵다. 팔라듐 촉매를 전처리하면 SMSI가 나타나면서 활성이 높아지나, 전처리한 촉매를 반응기로 옮기는 과정에서 공기와 접촉하면 SMSI가 없어지면서 촉매 기능의 증진 효과가 사라진다[41]. SMSI에 의한 증진 효과를 보존하기 위해 란타넘 산화물과 규소를 팔라듐에 같이 담지한다. 환원처리한 촉매가 산소에 노출될 때 팔라듐 표면에 고정된 규소가 이동하지 못하도록 란타넘 산화물이 방해하므로, 공기에 노출되어도 SMSI에 의한 촉매활성의 증진 효과가 그대로 유지된다.

(2) 벤젠의 수소화반응

벤젠을 수소화하여 사이클로헥산을 제조하는 공정은 여느 수소화공정과 다른 점이 있다. 벤젠 수소화반응의 반응열이 200 ℃에서 214.2 kJ · mol^{-1}로 매우 높아서, 반응온도 제어가 생성물의 수율을 높게 유지하고 안전하게 조업하는 데 아주 중요하다. 벤젠의 수소화반응에서는 사이클로헥산 이외에도 수소화 정도가 낮은 사이클로헥센, 이성질화반응의 생성물인 메틸사이클로펜탄 등 여러 종류의 수소화반응 부산물이 같이 생성된다. 사이클로헥산을 나일론 6과 66의 제조에 원료로 사용하려면 순도가 아주 높아야 한다. 반응온도가 높아지면 메틸사이클로펜탄, 메틸펜탄, n-헥산, n-펜탄, 메탄 등 부산물이 많이 생성되므로 반응온도를 정밀하게 조절할 수 있도록 반응열을 효과적으로 제거하여야 사이클로헥산에 대한 선택성이 높다[42]. 벤젠의 액상 수소화반응에는 니켈 촉매를 사용하는데, 촉매독에 매우 취약하여 반응물인 벤젠의 황 함량이 매우 적어야 한다.

벤젠의 액상 수소화공정은 200~230 ℃와 수소 압력이 50 bar인 조건에서 레이니 니켈 촉매를 충전한 거품관 반응기(bubble column reactor)에서 조업한다. 레이니 니켈 촉매는 황 화합물에 의해 쉽게 피독되므로 벤젠의 황 함량을 1 ppm 이하로 낮추려고, 벤젠을 고도로 정제하는데 비용이 많이 든다. 촉매를 황화처리하면 촉매의 황 화합물에 대한 내구성은 향상되지만, 촉매활성이 낮아져서 온도와 압력을 450 ℃와 300 bar로 높여 조업한다. 액상 수소화공정에서는 반응물과 촉매의 현탁액을 외부에서 펌프로 주입하여 반응열을 제거한다. 냉각기를 설치하거나 고온 생성물 일부를 재순환시켜 반응물의 예열에 사용한다. 벤젠의 기상 수소화공정에서는 400~600 ℃와 수소 압력이 30 bar인 조건에서 조업하며 머무름 시간이 짧다. 벤젠의 수소화공정에서는 수소화반응에 대한 선택성이 높아야 하므로 반응기 구조와 촉매를 같이 고려해야 한다.

수소화반응은 일반적으로 구조비민감반응이지만, 백금 촉매에서 벤젠의 수소화반응은 백금의 결정구조에 따라 구조민감성이 결정된다. 백금 단결정에서 벤젠을 사이클로헥산으로 수소화하는 반응은 구조비민감반응이다. Pt(100)면으로만 이루어진 입방체 알갱이에서는 사이클로헥산만 생성되지만, Pt(111)면과 Pt(100)면이 같이 있는 입방팔면체(cuboctahedra) 알갱이에서는 사이클로헥산과 사이클로헥센이 같이 생성되어 백금의 표면구조에 따라 생성물이 달라진다[43]. 나노 알갱이의 모양에 따라 생성물이 달라지기 때문에 구조민감반응으로 볼 수 있다. 10 nm 정도 크기의 백금 알갱이에서는 Pt(111)면에 비해 Pt(100)면에서 벤젠이 사이클로헥산으로 수소화되는 반응의 활성화에너지가 작고, 전환횟수는 3배 정도 크다. 나노 크기로 백금 알갱이가 작아지면 배위수가 적은 모서리와 꼭짓점의 백금 원자가 상대적으로 많아져서 수소화반응의 전환횟수가 커진다. 벤젠의 수소화반응에서처럼 개미산의 분해반응에서도 백금 알갱이가 작아지면 촉매활성이 높아져서 구조민감성이 나타난다. 알갱이가 작아지면 d 밴드의 혼성화가 증진되어 백금 알갱이와 카복시기의 결합세기가 약해지므로 불안정해져서 쉽게 분해된다.

트라이에틸알루미늄과 니켈이나 코발트의 염화물을 혼합하여 만든 지글러형 촉매를 사용하는 벤젠의 액상 균일계 수소화반응은 활성 측면에서 매우 흥미롭다[44]. 7 bar의 수소 압력과 180 ℃에서는 2시간 만에 수소화반응이 완결되나, 활성이 그리 높지 않다. 그러나 로듐의 트라이설폰화트라이페닐포스핀(trisulfonated triphenylphosphine: TPPTS) 착화합물을 촉매로 사용하고 비이온성 계면활성제인 Brij 30을 첨가한 2상계(biphasic) 반응기에서는 이중결합과 로듐의 몰비(C=C/Rh)가 30,000인 조건에서도 전환횟수가 204,400 h^{-1}에 이른다. 물/벤젠의 부피비가 0.4로 낮아 반응기 부피가 작고, 열용량이 커서 반응열을 빠르게 흡수하는 물을 용매로 사용하므로, 아주 심한 발열반응인 벤젠의 수소화반응도 안전하게 조업할 수 있다. 반응 중에 로듐이 금속으로 석출되지 않으므로, 촉매가 녹아 있는 물층을 회수하여 다시 사용하면 촉매의 재사용도 가능하다. 이에 덧붙여 황 화합물에 대한 촉매 내구성도 우수하여 환경친화적인 조업이 가능하다.

벤젠을 수소화하면 사이클로헥산과 사이클로헥센이 같이 생성된다. 사이클로헥산에서 나일론의 제조 원료인 아디프산과 카프로락탐을 만드는 공정보다 사이클로헥센에서 이들을 제조하는 공정이 경제적이어, 벤젠에서 사이클로헥센을 선택적으로 제조하는 촉매반응에 관심이 많다. 수소 소모량이 적고 부산물이 적게 생성되어 유리하다. 그러나 사이클로헥산이 생성되는 수소화반응이 사이클로헥센이 생성되는 반응보다 깁스에너지가 175 kJ·mol^{-1}이나 적어서, 중간 단계에서 수소화반응을 멈추기가 쉽지 않다. 더욱이 사이클로헥센의 이중결합이 벤젠의 이중결합보다 반응성이 높아서 사이클로헥센의 수소화반응이 쉽게 진행되므로 사이클로헥센의 수율이 낮다.

사이클로헥센에 대한 선택성을 높이기 위해서 수소화반응 중에 반응기에 사이클로헥센의 탈착을 촉진하는 물질을 넣어준다. Ru-Zn 촉매를 사용하는 반응기에 하이드록시기나 아민기가 있는 에탄올, 에틸렌 글리콜, 황산아연, 수산화나트륨을 첨가하면 사이클로헥센에 대한 선택성이 현저히 높아진다. 그러나 생성물을 이들 첨가제와 분리하기 어렵고 반응기가 부식되어 실제 공정에 적용하기가 쉽지 않다. 이런 이유로 첨가제를 쓰지 않고도 사이클로헥센에 대한 선택성이 높은 촉매에 관심이 많다. $Ru/ZnO - ZnO_x(OH)_y$ 촉매에서는 사이클로헥센의 수율이 56%로 매우 높다[45]. $Ru - Fe/TiO_2$ 촉매에서 수율이 10% 미만이고, $RuCoB/\gamma - Al_2O_3$ 촉매에서는 수율이 28.8%이며, 무정형 붕소화루테늄 촉매에서 최고 수율이 45.6%라는 점과 비교하면 이 촉매의 성능은 상당히 좋다. 첨가제가 없어도 지지체의 하이드록시기가 루테늄의 d 궤도함수와 사이클로헥센의 이중결합 사이 상호작용을 약화시켜 사이클로헥센을 쉽게 탈착시키기 때문에 사이클로헥센의 수율이 높다. 산화아연과 루테늄의 나노크기 알갱이가 같이 섞여 있는 점도 사이클로헥센 수율 증진에 이바지한다고 생각하지만, 이유는 확실하지 않다. 촉매 표면에 물이 얇게 덮여 있어서 물에 상대적으로 잘 녹는 벤젠의 농도가 높아지고, 사이클로헥센의 촉매 표면 농도는 낮아져 사이클로헥센의 추가 수소화반응이 억제되는 점도 수율 증가에 도움이 된다.

🔍 8 에틸렌의 부분산화반응

금속에 수소가 해리흡착하여 활성화되므로 금속을 보통 수소화-탈수소화반응의 활성물질로 분류한다. 그러나 산소도 금속에 흡착하여 원자 상태의 라디칼이나 또는 전자를 받아서 음이온 라디칼(O_2^-, O^-)로 활성화되므로, 금속은 산화반응에도 촉매작용이 있다. 금속 표면에 원자 상태로 해리흡착한 산소는 활성이 지나치게 강하여 탄화수소를 물과 이산화탄소로 완전산화(deep oxidation)시키므로, 금속 촉매에서는 탄화수소에서 유기산과 알데하이드 등 중간 상태의 산화물을 제조하지 못한다. 종래에 촉매 분야에서는 탄화수소가 알데하이드와 유기산이 되는 산화 단계에서 산화반응이 멈추어 탄화수소로부터 산소가 들어 있는 화합물을 제조하는 부분산화반응을 산화반응으로 간주했다. 연소반응인 완전산화반응은 온도만 높여주면 촉매 없이도 잘 진행되기 때문에, 촉매를 사용하여 산화 활성을 적절하게 조절하여 부분산화반응 단계에서 반응을 끝낸다는 데 의미를 두었기 때문이다. 대부분의 금속 촉매에서 탄화수소가 완전산화되므로 금속을 산화반응의 활성물질로 생각하지 않지만, 예외적으로 은 촉매에서는 에틸렌이 부분산화되어 에틸렌 옥사이드가 된다.

은 촉매에서 에틸렌 옥사이드를 제조하는 에틸렌 부분산화공정의 역사는 상당히 길다. 초기에는 에틸렌 글리콜을 제조하기 위한 공정으로 개발되었지만, 현재는 정밀화학제품의 중간체인 에폭시 화합물의 제조공정으로 더 중요하다[46]. 에틸렌의 부분산화반응은 식 (6.2)처럼 매우 간단하다. 그러나 실제 공정에서는 에틸렌 옥사이드 외에도, 이산화탄소와 물이 생성되는 완전산화반응이 같이 진행된다. 따라서 은 촉매에서 부분산화반응의 경제성은 이산화탄소와 물을 생성하는 완전산화반응에 비해 부분산화반응의 생성물인 에틸렌 옥사이드가 얼마나 많이 생성되느냐에 달려 있다. 에틸렌 옥사이드 역시 산소와 반응하여 이산화탄소와 물로 전환되므로, 생성물의 추가반응 억제가 선택성을 높이는 데 중요하다.

$$H_2C = CH_2 + 1/2\ O_2 \xrightarrow{\text{Ag}} \underset{O}{H_2C - CH_2} \tag{6.2}$$

에틸렌 부분산화반응의 반응기구는 여러 연구진에 의해 많이 연구되었다[47]. 에틸렌에 대해서는 0차부터 1차까지, 산소에 대해서는 0차부터 1.5차까지 반응차수가 다양한 속도식이 제안되었다. 반응 조건에 따라 촉매의 표면 상태나 반응물의 흡착 상태가 크게 달라져서 반응차수가 크게 다르다. 반응기구와 반응 중간체에 대한 설명도 여러 가지이다. 초기에는 은에 해리 흡착한 산소 원자 하나와 기상의 에틸렌이 결합하여 에틸렌 옥사이드가 생성되고, 산소 원자 두 개가 기상의 에틸렌과 반응하면 이산화탄소가 생성된다고 설명하였다. 그러나 은 원자에 산소가 O^{2-}, O^-, O_2^{2-}, O_2^- 등 여러 상태로 흡착됨이 알려지면서, 산소의 흡착 형태를 은 촉매에서 부분산화반응에 대한 선택성을 결정하는 인자로 생각하게 되었다. ESR과 IR 조사 결과에서 흡착한 산소 중에서 O_2^- 이온 라디칼(superoxide ion radical)이 부분산화반응과 연관 있음이 밝혀졌다. 은 원자에 수직으로 흡착한 O_2^- 이온이 에틸렌과 반응하면 은 원자 – 산소 분자 이온 – 에틸렌의 느슨한 중간체가 생성된다. 산소 원자 간 결합이 약해져서 산소 분자 이온이 나뉘면서 산소 원자 하나는 은 원자에, 다른 산소 원자 하나는 에틸렌에 결합하여 에틸렌 옥사이드를 만든다. 은 원자에 결합한 산소 원자는 에틸렌과 반응하여 이산화탄소와 물이 되면서 촉매가 재생된다는 설명이다.

이 반응경로는 엘라이 – 리데알 반응기구의 대표적인 예로, 에틸렌은 촉매활성점에 흡착하지 않고 은 원자에 흡착한 산소와 반응한다. 은 원자와 결합한 산소 원자는 에틸렌의 완전산화반응을 거쳐 제거된다. 에틸렌 일곱 분자 중에서 여섯 분자는 에틸렌 옥사이드로 전환되고, 한 분자는 반응 후 남겨진 산소 원자를 제거하는 데 사용되므로 에틸렌 옥사이드에 대한 최대 선택성은 6/7, 즉 85.7%이다. 그러나 실제 반응에서 에틸렌 옥사이드에 대한 선택성이 85.7%보다 높은 예도 있어, 원자 상태로 남아 있는 산소가 서로 재결합하는 가능성을 고려하기도 한다.

표면에 산소가 분자 상태로 흡착하고 이들이 에틸렌 옥사이드 생성에 참여한다는 근거가 많지만, 흡착한 산소 원자와 흡착한 에틸렌이 반응하여 에틸렌 옥사이드가 생성된다는 주장도 꾸준히 제기되었다[48,49]. 흡착한 에틸렌의 이중결합과 흡착한 산성 산소 원자가 반응하면 에틸렌 옥사이드가 생성되고, 흡착한 에틸렌이 흡착한 염기성 산소 원자와 반응하면 이산화탄소가 생성된다는 설명이다. 이와 비슷하게 에틸렌 옥사이드는 친전자성 산소에서, 이산화탄소는 친핵성 산소에서 생성된다는 주장도 있다.

은 촉매의 활성점에 대한 설명도 매우 다양하다. 은 알갱이가 상당히 큰 촉매에서 에틸렌의 부분산화반응에 대한 선택성이 높아서 낱개 은 원자가 활성점이 아니라는 점은 확실하다. 은 알갱이가 아주 작으면 분산도는 높지만, 부분산화반응에 대한 선택성은 낮다. 반대로 은 알갱이가 너무 크면 겉에 드러난 은 원자의 개수가 적어서 활성이 낮다. 은 알갱이가 100 nm 이상으로 상당히 큰 촉매에서 에틸렌의 부분산화반응에 대한 활성과 선택성이 높으므로 은 원자의 적절한 배열 방법이 많이 연구되었다. 이런 점을 감안하여 $Ag_2O-O-CH_2-CH_2$ 상태를 부분산화반응의 활성 중간체라 주장하기도 한다[50]. $Cu-Ag$나 $Pd-Ag$ 등 합금 촉매에서 부분산화반응에 대한 활성과 선택성이 높고, 활성점이 $Cu-O-Ag$ 또는 $Pd-O-Ag$ 라는 점에 근거하여 은 원자와 산소 원자로 이루어진 활성원자집단에 흡착한 산소와 에틸렌이 반응하여 부분산화반응이 진행된다는 설명도 있다[51]. 세슘이나 레늄을 증진제로 첨가한 은 촉매 등 표면 원자 조성이 다른 촉매에서 에틸렌 부분산화반응의 활성점 구조와 선택성 원인을 밝히려는 연구가 계속되고 있다.

공정 개발의 초기에는 공기를 에틸렌 부분산화공정의 산화제로 사용하였으나, 질소 등 불활성 기체를 재순환하는 부담을 줄이려고 산화제가 산소로 대체되었다. 부피 비율로 에틸렌 30%와 산소 8%를 혼합하여 반응물로 사용한다. $200\sim280°C$, $1.5\sim2\,MPa$, $3,000\sim10,000\,h^{-1}$ 조건에서 조업하며, 발열량 조절을 위해 메탄을 희석제로 첨가한다. 선택성을 높이기 위하여 이염화에틸렌이나 염화비닐을 $0.1\sim15\,ppm$ 정도 같이 넣어준다. 은 촉매가 황, 아세틸렌, 끓는점이 높은 탄화수소, 방향족 탄화수소에 의해서 쉽게 피독되므로, 반응물을 순수하게 정제하여 사용한다. 상용공정에서 은 촉매의 에틸렌 옥사이드에 대한 선택성은 $77\sim80\%$ 정도로 매우 높으며, 수명이 길어 몇 년간 사용한다. 증진제를 첨가하고 은 알갱이의 크기를 적절하게 조절한 $Na-Cs-Cl-Ag/\alpha-Al_2O_3$ 촉매에서 에틸렌 옥사이드의 수율이 매우 높다[52].

상용공정에 사용하는 은 촉매는 열전도도와 내마모성을 증진하기 위하여 α-알루미나에 은을 담지하여 제조한다. α-알루미나는 표면적이 작아 지지체로 적절하지 않으나, 열 안정성이 높으며, 화학적으로 활성이 없어서 생성물의 추가반응이 진행되지 않으므로 에틸렌 부분산화반응에서는 촉매 지지체로 사용한다. 금속 촉매의 지지체로 널리 사용하는 γ-알루미나 등 일반 다공성 지지체에서는 생성된 에틸렌 옥사이드가 아세트알데하이드로 이성질화되어 완전산화되므로 지지체로 사용하지 않는다.

그림 6.11은 약한 산점이 있는 MCM-41 중간세공물질과 이를 염화트라이메틸실레인으로 처리하여 산점을 모두 없앤 Si-MCM-41 중간세공물질에서, 에빌렌 옥사이드의 추가반응을 IR로 조사한 결과이다[53]. 산점이 있는 MCM-41 촉매에서는 100 °C부터 에틸렌 옥사이드(EO)가 아세트알데하이드(AC)로 이성질화된다. 반면 산점을 모두 없앤 Si-MCM-41 촉매에서는 300 °C가 되어야 아세트알데하이드가 생성된다. 아세트알데하이드는 산소

와 쉽게 반응하여 이산화탄소와 물로 완전산화되므로, 산점이 있는 지지체는 에틸렌의 부분 산화반응에 적절하지 않다. 이런 이유로 에틸렌의 부분산화공정에서는 생성된 에틸렌 옥사이드가 산소와 반응하지 않도록 접촉시간을 매우 짧게 조절한다. 상용공정의 반응 조건에서는 반응이 촉매 표면에서 주로 진행하므로 내부의 미세세공은 촉매반응에 참여하지 못한다. 발열이 심하고, 접촉시간이 짧으며, 산점이 없어야 하는 부분산화반응의 성격 때문에 표면적은 작지만 열전도도와 기계적 성질이 우수한 α-알루미나를 지지체로 사용한다.

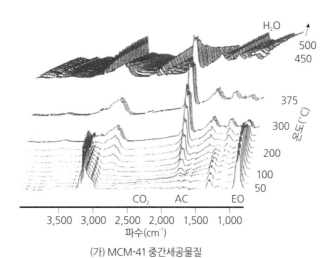

(가) MCM-41 중간세공물질

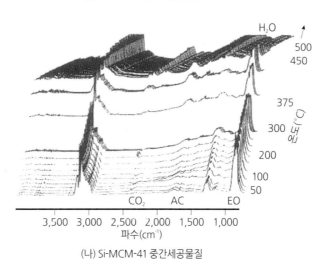

(나) Si-MCM-41 중간세공물질

그림 6.11 MCM-41과 Si-MCM-41 중간세공물질에서 에틸렌 옥사이드의 추가반응을 조사한 IR 스펙트럼[53] 50 ℃에서 500 ℃까지 온도를 높여 가며 스펙트럼을 그렸으며, EO는 에틸렌 옥사이드를, AC는 아세트알데하이드를, CO_2는 이산화탄소를 나타낸다.

🔍 9 암모니아의 합성공정

(1) 암모니아 합성공정의 개발

암모니아는 질소 비료의 제조 원료로서 아주 중요한 물질이다. 이뿐만 아니라 질산, 각종 암모늄염, 아민, 시아나이드 등 여러 화학물질의 출발물질이며, 질소 산화물의 선택적 환원제거공정에서는 환원제로 사용한다. 1910년경 질소와 수소로부터 암모니아를 합성하는 질소 고정법이 개발되기 전에는, 천연 초석(硝石)에서 암모니아를 제조하였으므로 생산량에 한계가 있었다. 석탄의 건류 과정에서도 암모니아가 생산되었으나, 비료 제조에 사용하기에는 너무 적었다. 질소와 수소로부터 암모니아가 대량 합성되어 비료의 대규모 생산이 가능해지면서, 농작물의 수확량이 크게 많아졌다. '공기에서 식량을'이라는 구호가 의미하듯이 질소와 수소에서 암모니아를 합성하므로, 70억이 넘는 인류가 지구에서 같이 살아갈 수 있다는 점에서 암모니아 합성기술은 화학공업의 위대한 혁신이다. 다른 시각에서 보면 암모니아를 산화시켜 제조하는 질산은 폭약의 주요 원료이다. 암모니아의 대량 생산으로 폭약의 생산 규모도 커져서, 제1차 세계대전이 일어나 인류의 살상 규모가 엄청나게 커졌다는 어두운 면도 있다.

1910년대에도 암모니아를 소규모로 제조하는 기술이 있었다. 전기 아크법은 질소와 수소 혼합물에 고압 전기를 가하여 방전시켜 암모니아를 합성하지만, 전기 사용량에 비해 암모니아 생산량이 적어 공업화되지 않았다. 하버(Harber)는 우라늄과 오스뮴 촉매를 이용하여 100~300 bar와 600~750 ℃의 고온 고압에서 질소와 수소로부터 암모니아를 합성하였다 [54]. 암모니아 수율이 8%여서, 그 당시의 암모니아 제조기술에 비하면 높았으나, 경제성이 없었다. 화학평형의 제한이 큰 반응이기 때문에 미반응물을 순환시켜 암모니아의 수율을 높이려고 공정을 개선하였다. 바스프(BASF) 사의 보쉬(Bosch)와 미타쉬(Mittasch)가 참여하여 암모니아 합성 촉매와 생산기술의 발전을 도모하였다.

오스뮴은 매우 희귀한 원소이므로, 이를 대체할 철 촉매를 개발하고 고온 고압에서 조작이 가능하도록 공정을 개선하여, 1913년 독일의 오파우(Oppau) 지역에 하루 30톤 규모의 암모니아 합성공장이 건설되었다. 촉매와 공정의 지속적 개선으로 1934년 '하버-보쉬법'이라고 부르는 용융철 촉매를 사용하는 암모니아 합성공정이 질소 고정법으로 자리 잡았다. 암모니아 합성공정에는 나름대로 몇 가지 특징이 있다. 반응이 진행되면 분자 개수가 줄어들어 암모니아 수율에 대한 압력의 영향이 크고, 활성화에너지가 큰 발열반응이어서, 촉매의 효과가 아주 두드러지게 나타나는 반응이다. 온도가 높아지면 평형상수가 크게 줄어들어 저온에서 반응을 운전해야 하므로 활성이 우수한 촉매가 꼭 필요한 반응이다. 둘째는 암모니아 합성공정에 사용하는 촉매가 개발 초기나 100여 년이 지난 지금에나 별로 달라지지 않았다는 점이다.

최근에 이르러 철 대신 루테늄을 활성물질로 사용하는 촉매가 개발되었지만, 대부분의 암모니아 합성공정에서는 지금도 철 촉매를 사용한다. 세 번째 특징은 암모니아 합성공정의 경제성은 수소와 질소가 반응하여 암모니아를 생산하는 공정에 못지않게, 공기 중에서 질소를 분리하고 나프타와 천연가스에서 수소를 제조하는 원료 제조공정에 의해 결정된다는 점이다. 고온 고압의 합성공정도 중요하지만, 암모니아를 저렴하게 생산하려면 원료 기체를 제조하는 기술이 발전되어야 한다. 이런 이유로 암모니아 합성공장에서는 여러 종류의 촉매를 사용하며, 제조 원가에 미치는 시설비의 부담을 줄이기 위해 합성공정의 규모를 키운다.

(2) 암모니아 합성반응

질소와 수소를 반응시켜 제조하는 암모니아 합성반응에서 깁스자유에너지 변화(ΔG)와 엔탈피변화(ΔH)는 반응온도에 따라 크게 달라지며, 25 ℃에서의 깁스에너지와 엔탈피 변화량을 다음 식에 적었다[55].

$$N_2 + 3H_2 \rightleftarrows 2NH_3 \quad \Delta G^o(25\ ℃) = -16.5\,kJ \cdot mol^{-1}$$
$$\Delta H^o(25\ ℃) = -46.1\,kJ \cdot mol^{-1} \tag{6.3}$$

ΔG는 절대온도로 나타낸 반응온도에 대하여 거의 1차함수적으로 증가한다. 25 ℃, 1기압에서는 $\Delta G^0 = -16.5\ kJ \cdot mol^{-1}$로 암모니아 생성에 유리하지만, 450 ℃, 300기압 하에서는 $\Delta G = 29\ kJ \cdot mol^{-1}$로 양의 값이 된다. ΔH 값은 25 ℃, 1기압에서는 $\Delta H^0 = -46.1\ kJ \cdot mol^{-1}$이고, 450 ℃, 300기압에서는 $\Delta H = -56.5\ kJ \cdot mol^{-1}$이 된다. 고온에서는 깁스에너지 변화량이 양수이어서 평형 상태에서 암모니아의 평형 함량은 적다. 엔탈피 변화량이 음수이어서 암모니아 합성반응은 발열반응이다. 이로 인해 암모니아 합성반응의 평형상수는 온도가 높아지면 작아지므로, 암모니아 합성반응은 낮은 온도에서 조작할수록 암모니아의 최대 수율이 높아진다. 그러나 매우 안정한 질소 분자가 해리되어야 암모니아로 전환되므로 질소 분자가 질소 원자로 나누어지도록 반응온도가 높아야 반응속도가 빨라진다. 촉매를 사용하여 낮은 온도에서 질소 분자를 빠르게 많이 해리시킬 수 있으면 암모니아가 많이 생성된다. 암모니아 합성반응에서는 반응이 진행되면서 분자 개수가 네 개에서 두 개로 줄어든다. 르샤틀리에(Le Châtelier) 원리에 의해 반응이 진행되면서 분자 개수가 줄어들므로 압력이 높아질수록 반응이 많이 진행된다. 이러한 제한사항을 고려하여 암모니아 합성공정을 400 ℃와 300 bar 조건에서 조작한다.

(3) 암모니아 합성 촉매

초기에는 암모니아 합성반응의 촉매로 오스뮴과 우라늄으로 만든 촉매를 사용하였으나, 이어 용융철(fused iron) 촉매를 개발하여 오늘날까지 사용하고 있다[56]. 철만으로 만든 촉매의 활성은 낮았지만, 칼슘과 칼륨이 소량 들어 있는 스웨덴의 갈리바르(Galivare) 지역의 자철광(magnetite)에서 만든 촉매의 활성이 상당히 높았다. 다른 지역에서 생산된 자철광으로 만든 촉매의 활성은 이보다 상당히 낮아서, 철광석에 소량 들어 있는 물질이 철의 촉매활성을 높여준다고 추론하였다. 1909년 순수한 철에 칼슘과 칼륨염을 알루미나와 함께 첨가하여 녹인 후 잘게 부수어 만드는 다성분계 용융철 촉매가 개발되었다.

반응기에 충전한 철 촉매에서 철의 상태는 산화철이지만, 고온 고압의 반응 조건에서 수소에 의해 금속 철로 환원된다. $Fe(II)/Fe(III)$ 비가 0.5인 산화철을 환원시켜 만든 촉매의 활성이 높아서, 이 비를 만족하는 $Fe_3O_4(FeO \cdot Fe_2O_3)$로부터 촉매를 제조한다. Fe_3O_4에 알루미나와 질산칼륨을 섞어 1,600 ℃에서 녹이면 Al_2O_3가 Fe_3O_4 사이에 녹아 균일하게 분산된 스피넬 구조의 $FeO \cdot Al_2O_3$가 형성된다. 철이 대부분 환원된 후에도 알루미늄은 $FeAl_2O_4$ 상태로 α-Fe에 고르게 분포되어 있다. 순수한 α-Fe의 표면적은 $2\,m^2 \cdot g^{-1}$로 작지만, 알루미나가 2% 첨가되면 표면적이 $20\,m^2 \cdot g^{-1}$으로 상당히 넓어진다. 알루미나를 더 첨가하여도 철 촉매의 표면적이 더 넓어지지 않는다. 알루미나는 철의 소결을 억제하는 상태 증진제이다[57].

칼륨을 첨가하면 철 촉매의 활성이 증가한다. 첨가한 칼륨의 대부분이 산화물 상태로 촉매 표면에 분산되어 있어서, 칼륨을 담지하면 철의 노출 면적이 40% 정도로 작아진다. K_2O 상태로 0.8%가 되도록 칼륨을 첨가하면 표면에 노출된 철은 줄어들지만, 철의 전환횟수가 커져서 암모니아 합성반응에서 촉매활성은 오히려 증가한다. 칼륨이 첨가된 철 촉매에 질소가 흡착하면 칼륨의 영향으로 철의 전자가 질소 분자로 많이 이동하므로, 칼륨의 첨가로 질소 분자가 나뉘어 흡착하기 쉬워진다. 칼륨 첨가로 질소의 해리흡착이 쉬워지고, 생성된 암모니아의 탈착이 빨라져서 촉매활성이 증진되었으므로 칼륨은 기능 증진제이다.

질소 분자의 해리 과정을 거쳐 암모니아 합성반응이 진행되는 철 촉매의 표면구조가 촉매 활성에 매우 중요하다. 질소 분자는 철의 (111)면에 원자 상태로 나뉘어 흡착하지만, (100)면과 (110)면에는 잘 흡착하지 않는다. 표면적이 0.6~0.8 cm인 철의 단결정에서 암모니아를 합성하여 결정면의 영향을 조사하였다. 20 bar와 523 ℃에서 암모니아의 합성반응의 속도는 결정면에 따라 크게 달라서 (111) : (100) : (110)면에서 상대적인 활성의 비는 418 : 25 : 1이었다. 이처럼 철의 표면구조가 질소 분자의 해리흡착에 매우 중요하여, 그림 6.12에 보인데로 질소의 흡착등온선이 철의 결정면에 따라 크게 달라진다[57]. 1×10^{-6} Torr에서 1초 동안 노출한 질소의 노출량(L, 랭뮤어)을 기준으로 질소의 상대적인 흡착량을 비교하였다. Fe(110)면에는 온도가 높아도 흡착이 느리고 흡착량이 적은데 비해, Fe(111)면에는 낮은 온도에서

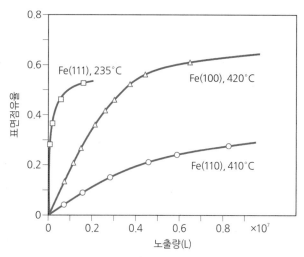

그림 6.12 Fe 단결정에서 질소의 노출량(1 L = 1×10^{-6} Torr × 1 s)과 표면점유율의 관계[57] (111)면은 흡착이 빨라서 저온(235 ℃)에서 측정하였음.

도 질소가 아주 빠르게 많이 흡착한다. 철 촉매에서 암모니아 합성반응이 구조민감반응임을 보여주는 실험적 근거이다. 자철광을 수소로 환원하여 제조한 촉매보다 수소와 질소의 혼합 가스로 환원한 촉매에서 활성이 높다. 고온의 합성반응에 철 촉매를 사용하면 활성이 높아지는 이유를 환원반응 중에 철의 (111)면이 많이 생성되기 때문으로 설명한다.

용융 과정을 거치는 철 촉매의 제조 방법에는 1980년대에 이를 때까지 의미있는 변화가 없었다. 1950년에서 1980년까지 촉매의 활성이 겨우 2% 정도 향상되었다는 사실에서 보듯이 유의할 만한 변화가 없었다. 1986년 Fe$_{1-x}$O 구조의 뷔스타이트(wüstite)에서 제조한 철 촉매가 Fe$_3$O$_4$ 구조의 마그네타이트에서 제조한 촉매보다 활성이 높다는 사실이 알려지면서, 철 촉매의 출발물질이 달라졌다[56]. Fe$_{1-x}$O에서 철 촉매를 제조하면 제거해야 할 산소의 함량이 Fe$_3$O$_4$보다 적어서 100 ℃ 정도 낮은 온도에서도 환원되고, 환원 속도가 4.5배 정도 빠르다. 환원처리에 필요한 전력량도 25~30% 절감된다. Fe$_{1-x}$O는 단일구조물질이어서 조성이 균일하므로, 알루미나와 칼슘 산화물의 분포가 균일하여 이로부터 제조한 촉매의 활성이 우수하다. 이뿐만 아니라 낮은 온도에서 활성이 높아 200 ℃ 부근에서부터 반응이 시작되고 300~500 ℃에서 반응이 잘 진행된다. Fe$_3$O$_4$에서 제조한 촉매보다 활성이 좋아서 암모니아 수율이 35%로 높다. Fe$_{1-x}$O에서 제조한 철 촉매는 열과 촉매독에 안정하고 기계적 강도 역시 높아서, 중국에서는 기존의 용융철 촉매가 이 새 촉매로 대체되고 있다.

철 이외에 여러 금속이 암모니아 합성반응의 촉매활성물질로 검토되었다. 프탈로시아닌이 리간드로 결합한 철, 코발트, 루테늄, 오스뮴의 전자주개·받개형 전이금속 착화합물은 비교적 온화한 반응 조건에서도 암모니아 합성반응에 촉매활성이 높다[58]. 흑연계 탄소 지지체에 담지한 루테늄 카르보닐[Ru$_3$(CO)$_{12}$] 촉매 등 전이금속의 착화합물 촉매도 개발되었다. Fe$_3$O$_4$에

표 6.5 암모니아 합성 촉매의 개발 역사[55]

국가	시기	명칭	제조 원료		촉매활성(% NH₃)			
			전구체	증진제	400 ℃	425 ℃	450 ℃	475 ℃
Fe₃O₄로부터 제조한 촉매								
독일	1913	BASF	Fe_3O_4	$Al_2O_3+K_2O$	−	−	−	−
미국	1960	C73−1	Fe_3O_4	$Al_2O_3+K_2O+CaO$	11.86	14.39	15.73	15.76
덴마크	1964	KM−I(II)	Fe_3O_4	$Al_2O_3+K_2O+CaO$	12.21	14.84	16.12	15.89
중국	1969	A109	Fe_3O_4	$Al_2O_3+K_2O+CaO+MgO$	11.75	14.39	16.39	16.11
영국	1979	ICI74−1	Fe_3O_4	$Al_2O_3+K_2O+CaO+CoO$	13.73	16.06	16.99	16.31
중국	1994	A202	Fe_3O_4	$Al_2O_3+K_2O+CaO+CoO+Ce_2O_3$	13.60	15.14	16.40	−
Fe₁₋ₓO로부터 제조한 촉매								
중국	1992	A301	$Fe_{1-x}O$	$Al_2O_3+K_2O+CaO+\cdots$	15.20	17.59	18.12	16.97
중국	1998	ZA−5	$Fe_{1-x}O$	$Al_2O_3+K_2O+CaO+\cdots$	16.68	18.50	19.12	17.36
루테늄(Ru) 촉매								
영국/일본	1992	KAAP	Ru/AC	Ba+K	−	−	−	−

서 제조한 철 촉매보다 활성이 10~20배 높아 반응기 출구에서 암모니아 농도가 20~25%에 이른다. 저온에서 합성반응이 시작되며, 저압에서도 촉매 효율이 우수하다. 촉매 수명도 비슷하고 촉매독에 대한 내성도 기존 철 촉매와 비슷하다. 사용 후에 물, 산소, 일산화탄소, 이산화탄소 등 반응물과 경쟁흡착하는 물질을 제거하면 촉매의 원래 활성이 회복된다[59]. 이러한 연구 결과를 근거로 켈로그(Kellog) 사는 KAAP(Kellog Advanced Ammonia Process) 공정을 개발하였다. 암모니아 합성반응기는 4단으로 이루어져 있으며, 첫 단에는 기존의 철 촉매를 충전하고, 나머지 단에는 루테늄 촉매를 충전한다. 각 단 사이에 냉각기를 설치하여 반응온도를 제어한다. 90 bar의 낮은 압력에서 조작하는 데도 출구의 암모니아 농도가 21%으로 높다. 1998년에 일산 1,850 ton 규모의 공장이 2기 건설되어 운전 중이다. 기존 공정에 비해 암모니아 생산량은 많아지나 에너지 사용량은 5~10% 줄어든다.

암모니아 합성공정은 규모가 크고 산업적으로 아주 중요하여 촉매 개발이 계속되고 있다. 철-코발트, 철-루테늄, 코발트-몰리브데늄 등 합금 촉매에 대한 연구가 활발하다[60]. 이중에서 코발트-몰리브데늄 촉매는 암모니아 합성반응에서 전환횟수가 높으면서도 이 촉매에 대한 질소의 흡착열이 기존의 철 촉매와 루테늄, 오스뮴 등 금속 촉매에 대한 흡차열보다 낮다. 질소의 해리흡착이 암모니아 합성반응의 속도결정 단계이어서, 이들 촉매는 질소의 흡착열이 작아서 활성이 높다. 그러나 암모니아 수율이 높은 반응 조건에서는 철이나 루테늄 촉매보다 활성이 낮아서 상업적으로 쓰이지 않는다. 암모니아 합성 촉매의 조성과 활성을 비교한 표 6.5를 보면 1913년에 개발된 용융 철 촉매가 아직도 암모니아 합성공정에 그대로 쓰이고 있다[55].

(4) 암모니아 합성반응의 기구와 속도식

철 촉매에 질소와 수소의 해리흡착, 흡착한 질소와 수소 활성종의 표면반응, 생성된 암모니아의 탈착을 거쳐 질소와 수소로부터 암모니아가 합성된다. 철 촉매 표면에 N_2, N, NH, NH_2 등이 흡착되어 있어서 반응기구는 아래처럼 제안되었다.

질소 분자의 해리흡착: $N_2 + {}^* \rightleftarrows N_{2-*} \overset{+\,^*}{\underset{}{\rightleftarrows}} 2N_{-*}$ (6.4)

수소 분자의 해리흡착: $3H_2 + 3{}^* \rightleftarrows 3H_{2-*} \overset{+\,3^*}{\underset{}{\rightleftarrows}} 6H_{-*}$ (6.5)

표면반응: $2N_{-*} + 6H_{-*} \rightleftarrows 2NH_3 + 8{}^*$ (6.6)

*은 활성점을 뜻한다. 표면에서 질소 원자에 수소 원자가 더해지는 여러 과정을 한 단계로 묶었다.

표면반응이 속도결정 단계라는 주장도 있으나, 질소 분자의 해리흡착속도와 암모니아 생성반응속도가 같아서 질소 분자의 해리흡착 단계를 속도결정 단계로 본다. 철 촉매에서는 $2NH_3 + 3D_2 \rightleftarrows 2ND_3 + 3H_2$의 중수소 교환반응이 빨라서 수소의 해리 흡착보다 질소 분자의 해리흡착이 반응속도의 결정에 중요함을 보여준다.

해리흡착한 질소 원자가 주요 흡착종이라고 전제하면 암모니아의 활성반응은 다음과 같이 간단해진다.

$$N_2 + 2{}^* \rightleftarrows 2N_{-*} \qquad\qquad\qquad (6.7)$$

$$N_{-*} + \frac{3}{2}H_2 \rightleftarrows NH_{3-*} \qquad\qquad\qquad (6.8)$$

위 반응의 평형상수를 $1/K$라고 정의하여 질소 원자의 표면점유율을 구한다.

$$\theta_N = \frac{KP_{N_2}}{(1 + KP_{NH_3}P_{H_2}^{-1.5})^2} \qquad\qquad (6.9)$$

암모니아의 생성속도가 질소 분자의 해리흡착속도와 같다고 전제하여 반응속도식을 정리한다.

$$\frac{\mathrm{d}P_{NH_3}}{\mathrm{d}t} = K[P_{N_2}][1-\theta_N]^2 = \frac{KP_{N_2}}{(1+KP_{NH_3}P_{H_2}^{-1.5})^2} \tag{6.10}$$

전환율이 낮은 조건에서 측정한 암모니아 합성반응의 속도식은 이 식과 잘 부합된다. 질소와 수소의 압력이 높아지면 반응속도가 빨라지고, 암모니아 농도가 높아지면 반응속도가 느려진다. 그러나 전환율이 높은 실제 반응기에서 암모니아 생성속도식은 반응기구에서 유도한 속도식보다 반응식에서 바로 유도한 다음 속도식과 잘 맞는다.

$$N_2 + 3H_2 \underset{k_2}{\overset{k_1}{\rightleftharpoons}} 2NH_3 \tag{6.11}$$

$$\frac{\mathrm{d}P_{NH_3}}{\mathrm{d}t} = k_1 P_{N_2}\left(\frac{P_{H_2}^3}{P_{NH_3}^2}\right)^{\alpha} - k_2\left(\frac{P_{NH_3}^2}{P_{H_2}^3}\right)^{1-\alpha} \tag{6.12}$$

k_1과 k_2는 암모니아 합성반응의 정반응과 역반응의 겉보기 반응속도상수[$h^{-1} \cdot bar^{-1.5} \cdot mol_{NH_3} \cdot m^{-3}$ 촉매]이다. α는 상수이며, 이 값을 0.5로 설정하면 상압~100 bar 내에서 측정한 실험 결과와 잘 맞아서, 유통형 고정상 반응기에서 공정을 제어하는 속도식으로 이 식을 이용한다.

(5) 암모니아 합성공정 구성

암모니아 합성공정은 규모가 아주 크고 에너지와 자원 사용량이 막대하여 시설과 공정이 꾸준히 개선되어 왔다. 공정에 따라 차이가 있으나 대부분 공정에서는 $N_2 : H_2 = 2.2\sim3.1 : 1$ 반응물을 고정층 반응기에 공급하고 미반응물은 순환시킨다. 메탄의 수증기 개질반응을 거쳐 수소를 생성하므로 수소에는 미량의 일산화탄소가 들어 있다. 일산화탄소가 촉매를 피독시키므로 수소화하여 촉매에 무해한 메탄으로 전환시킨다. 반복되는 순환 과정에서 메탄이 10~15% 정도까지 축적되면 분리하여 수소를 제조하는 원료나 연료로 사용한다. 암모니아 합성 과정에서 발생하는 다량의 반응열은 반응물의 예열과 공정에 필요한 수증기 제조에 사용한다.

예열한 후 고압으로 압축하여 400 ℃와 300 bar에 이른 반응물을 암모니아 합성반응기에 공급한다. $7,500\sim15,000\,h^{-1}$의 공긴속도로 기대세공($>20\sim50\,nm$)이 발달한 1.3~1.5 mm의 알갱이가 충전된 촉매층을 거친다. 촉매층 사이에는 반응열에 의한 온도 상승으로 평형상수가 낮아지지 않도록 냉각기를 설치한다. 1차 순환에서 전환율은 15% 정도이고, 출구 온도는 470 ℃ 정도이다. 생성물이 0 ℃ 냉각기를 거치는 도중 암모니아는 응축되어 회수되고 미반응물과 소량의 암모니아는 재순환된다. 공정에 따라서는 반응온도를 500~550 ℃를 높이고 공간속도를 15,000~50,000 h^{-1}로 높여 운전하기도 한다.

암모니아의 제조비용의 50~70%는 원료인 수소를 생산하는 비용이어서 수소의 효과적인 생산이 암모니아 제조공정의 경쟁력을 결정한다. 보통 탄화수소의 부분산화공정을 거쳐 수소와 일산화탄소를 제조한 뒤, 일산화탄소를 다시 물과 반응시켜 이산화탄소로 전환시키면서 수소를 추가로 제조한다. 표 6.6에 암모니아 합성공장에서 사용하는 촉매 목록을 정리하였다. 여러 종류의 촉매가 사용되며, 촉매의 성능이 공정의 경쟁력을 결정하는 중요한 인자이다.

표 6.6 암모니아 합성공정에서 운용되는 8가지 주요 촉매반응과 반응 조건[56]

반응 명칭	촉매	촉매반응식	운전 조건	촉매 수명 (년)
수소첨가 황제거	$Co-Mo/Al_2O_3$	$R_2S + 2H_2 \rightarrow 2RH + H_2S$	300~400 ℃, 3 MPa	4~8
황제거	ZnO	$H_2S + ZnO \rightarrow ZnS + H_2O$	300~400 ℃, 3 MPa	2~4
1차 수증기 개질	$Ni-CaO/Al_2O_3$	$CH_4 + H_2O \rightarrow CO + 3H_2$	500~850 ℃, 3 MPa	22.5
		$C_nH_{2n+2} + nH_2O \rightarrow nCO + 2(2n-1)H_2$	380~790 ℃, 3 MPa	
2차 수증기 개질	$Ni-CaO/Al_2O_3$	$CH_4 + \frac{1}{2}O_2 \rightarrow CO + 2H_2$	900~1100 ℃, 3 MPa	3~6
고온 CO 전환	Fe_3O_4/Cr_2O_3	$CO + H_2O \rightarrow CO_2 + H_2$	350~500 ℃, 3 MPa	2~4
저온 CO 전환	$Cu-ZnO/Al_2O_3$	$CO + H_2O \rightarrow CO_2 + H_2$	200~250 ℃, 3 MPa	2~2.8
메탄화	Ni/Al_2O_3	$CO/CO_2 + H_2 \rightarrow CH_4 + H_2O$	250~350 ℃, 3 MPa	5~6
암모니아 합성	$Fe-Al_2O_3-K_2O-CaO -Ru-Ba-K-AC$	$N_2 + 3H_2 \rightarrow 2NH_3$	400~500 ℃, 10~30 MPa	6~10

▌참고문헌

1. G.C. Bond, "Heterogeneous Catalysis: Principles and Applications", 2nd ed., Oxford University Press, New York (1987), p 29.

2. G.A. Somorjai, "The structure sensitivity and insensitivity of catalytic reactions in light of the adsorbate induced dynamic restructuring of surfaces", *Catal. Lett.*, **7**, 169−182 (1990).

3. G.A. Somorjai and Y. Li, "Introduction to Surface Chemistry and Catalysis", 2nd ed., Wiley & Sons, Inc., New Jersey (2010), p 587.

4. B. Atalik and D. Uner, "Structure sensitivity of selective CO oxidation over Pt/γ − Al_2O_3", *J. Catal.*, **241**, 268−275 (2006).

5. G.S. Zafiris and R.J. Gorte, "CO oxidation on Pt/α−Al_2O_3(0001): Evidence for structure sensitivity", *J. Catal.*, **140**, 418−423 (1993).

6. T. Muroi, "FT synthesis catalysts", Industrial Catalyst News, **40**, Waseda University, (Jan. 1, 2012).

7. C.H. Bartholomew and R.J. Farrauto, "Fundamentals of Industrial Catalytic Processes", 2nd ed., John Wiley & Sons, Inc., New Jersey (2006), p 404.

8. N. Fischer, E. van Steen, and M. Claeys, "Structure sensitivity of the Fischer−Tropsch activity and selectivity on alumina supported cobalt catalysts", *J. Catal.*, **299**, 67−80 (2013).

9. J.M.G. Carballo, J. Yang, A. Holmen, S. García−Rodríguez, S. Rojas, M. Ojeda, and J.L.G. Fierro, "Catalytic effects of ruthenium particle size on the Fischer−Tropsch synthesis", *J. Catal.*, **284**, 102−108 (2011).

10. C.N. Satterfield, "Heterogeneous Catalysis in Industrial Practice", 2nd ed., McGraw Hill, West Virginia (1991), p 432.

11. O. Dulud, L.A. Boatner, and U. Diebold, "STM study of the geometric and electronic structure of ZnO(0001)−Zn. $(000\bar{1})$−O, $(10\bar{1}0)$, and $(11\bar{2}0)$ surfaces", *Sur. Sci.*, **519**, 201−217 (2002).

12. A. Zecchina, S. Bordiga, and E. Groppo, "The Structure and Reactivity of Single and Multiple Sites on Heterogeneous and Homogeneous Catalysts: Analogies, Differences, and Challenges for Characterization Methods", in Selective Nanocatalysts and Nanoscience, A. Zecchina, S. Bordiga, and E. Groppo Ed., Wiley−VCH, Weinheim (2011), p 1.

13. C. Wang, H. Daimon, Y.−M. Lee, J.−M. Kim, and S. Sun, "Synthesis of monodisperse Pt nanocubes and their enthanced catalysis for oxygen reduction", *J. Am. Chem. Soc.*, **129**, 6974−6975 (2007).

14. F. Zaera, "New challenges in heterogeneous catalysis for the 21st century", *Catal. Lett.*, **142**, 501−516 (2012).

15. G.J. Hutchings and M. Haruta, " A golden age of catalysis: A perspective", *Appl. Catal. A: Gen.*, **291**, 2−5 (2005).

16. P. Serna and B.C. Gates, "Zeolite−supported rhodium complexes and clusters: Swithcing catalytic selectivity by controlling structures of essentially molecular species", *J. Am. Chem. Soc.*, **133**, 4714−4717 (2011).

17. S. Mostafa, F. Behafarid, J.R. Croy, L.K. Ono, L. Li, J.C. Yang, A.I. Frenkel, and B.R. Cuenya, "Shape −dependent catalytic properties of Pt nanoparticles", *J. Am. Chem. Soc.*, **132**, 15714−15719 (2010).

18. I. Lee, F. Delbecq, R. Morales, M.A. Albiter, and F. Zaera, "Tuning selectivity in catalysis by controlling particle shape", *Nat. Mater.*, **8**, 132−138 (2009).

19. I. Lee, M.A. Albiter, Q. Zhang, J. Ge, Y. Yin, and F. Zaera, "New nanostructured heterogeneous catalysts with increased selectivity and stability", *Phys. Chem. Chem. Phys.*, **13**, 2449−2456 (2011).

20. S.−S. Kim, C.−H. Kim, and H.−J. Lee, "Shape− and composition−controlled Pt−Fe−Co nanoparticles for electrocatalytic methanol oxidation", *Top. Catal.*, **53**, 686−693 (2010).

21. M.−K. Min, C.−H. Kim, Y.−I. Yang, J.−H. Yi, and H.−J. Lee, "Surface−specific overgrowth of platinum on shaped gold nanocrystals", *Phys. Chem. Chem. Phys.* **11**, 9759−9765 (2009).

22. G.L. Haller, "New catalytic concepts from new materials: Understanding catalysis from a fundamental perspective, past, present, and future", *J. Catal.*, **216**, 12−22 (2003).

23. S.C. Fung, "XPS studies of strong metal−support interaction (SMSI)−Pt/TiO$_2$", *J. Catal.*, **76**, 225−230 (1982).

24. B.A. Sexton, A.E. Hughes, and K. Foger, "XPS investigation of strong metal−support interactions on Group IIIa−Va oxides" *J. Catal.*, **77**, 85−93 (1982).

25. S.J. Decanlo, T.M. Apple, and C.R. Dybowski, "Electron spin resonance study of reduced Rh/TiO$_2$ and TiO$_2$", *J. Phys. Chem.*, **87**, 194−196 (1983).

26. J.A. Horsley, "A molecular orbital study of strong metal−support interaction between platinum and titanium dioxide", *J. Am. Chem. Soc.*, **101**, 2870−2874 (1979).

27. F. Solymosi, "Importance of the Electric Properties of Supports in the Carrier Effect", *Catal. Rev.−Sci. Eng.*, **1**, 233−255 (1967).

28. S.J. Tauster, S.C. Fung, and R.L. Garten, "Strong metal−support interactions. Group 8 noble metals supported on TiO$_2$", *J. Am. Chem. Soc.*, **100**, 170−175 (1978).

29. E. Miyazaki, "Chemisorption of diatomic molecules (H$_2$, N$_2$, CO) on transition *d*−metals", *J. Catal.*, **65**, 84−94 (1980).

30. D.−J. Suh, T.−J. Park, and S.−K. Ihm, "Characteristics of carbon−supported palladium catalysts for liquid−phase hydrogenation of nitroaromatics", *Ind. Eng. Chem. Res.*, **31**, 1849−1856 (1992).

31. S.R. Sashital, J.B. Cohen, R.L. Burwell Jr., and J.B. Butt, "Pt/SiO$_2$: II. Characterization of the gel and the platinum particles by X−ray diffraction", *J. Catal.*, **50**, 479−493 (1977).

32. C.M. Sargent and J.D. Embury, "Transmission and Scanning Electron Microscopy", in Experimental Methods in Catalytic Research, Vol. II Preparation and Examination of Practical Catalysts, R.B Anderson and P.T. Dawson Ed., Academic Press, New York (1976), p 139.

33. J.W. Niemantsverdriet, "Spectroscopy in Catalysis", VCH, Weinheim (1993), p 1.

34. G. Seo, M.−Y. Kim, and J.−H. Kim, "IR study on the reaction path of skeletal isomerization of 1−butene", *Catal. Lett.*, **67**, 207−213 (2000).

35. A.V. Kiselev and V.I. Lygin, "Infrared Spectra of Surface Compounds", John Wiley & Sons, New York (1975), p 1.

36. 川研ファインケミカル株式会社, "貴金屬触媒によろ水素化反応: Pd, Pt, Ru, Rh" (1995).

37. G. Seo and H. Chon, "Hydrogenation of furfural over copper−containing catalysts", *J. Catal.*, **67**, 424−429 (1981).

38. K. Morikawa, T. Shirasaki, and M. Okada, "Correlation among Methods of Preparation of Solid Catalysts, Their Structures, and Catalytic Activities", *Adv. Catal.*, **20**, 97−133 (1969).

39. Ref. 7, p 517.

40. W.−J. Kim and S.H. Moon, "Modified Pd catalysts for the selective hydrogenation of acetylene", *Catal. Today*, **185**, 2−16 (2012).

41. W.−J. Kim, I.−Y. Ahn, J.−H. Lee, and S.−H. Moon, "Properties of Pd/SiO$_2$ catalyst doubly promoted with La oxide and Si for acetylene hydrogenation", *Catal. Commun.*, **24**, 52−55 (2012).

42. J.−F. Le Page, J. Cosyns, P. Courty, E. Freund, J.−P. Franck, Y. Jacquin, B. Juguin, C. Marcilly, G. Martino, J. Miquel, R. Montarnal, A. Sugier, and H. van Landeghem, "Applied Heterogeneous Catalysis", Technip, Paris (1987), p 367.

43. K.M. Bratlie, H.−J. Lee, K. Komvopoulos, P. Yang, and G.A. Somorjai, "Platinum nanoparticle shape effects on benzene hydrogenation selectivity", *Nano Lett.*, **7**, 3097−3101 (2007).

44. C. Vangelis, A. Bouriazos, S. Sotiriou, M. Samorski, B. Gutsche, and G. Papadogianakis, "Catalytic conversions in green aqueous media: Highly efficient biphasic hydrogenation of benzene to cyclohexane catalyzed by Rh/TPPTS complexes", *J. Catal.*, **274**, 21−28 (2010).

45. H. Liu, T. Jiang, B. Han, S. Liang, W. Wang, T. Wu, and G. Yang, "Highly selective benzene hydrogenation to cyclohexene over supported Ru catalyst without additives", *Green Chem.*, **13**, 1106−1109 (2011).

46. R.A. Sheldon and M.C.A. van Vliet, "Oxidation", in Fine Chemicals through Heterogeneous Catalysis, R.A. Sheldon and H. van Bekkum Ed., Wiley−VCH, Weinheim (2000), p 473.

47. P.A. Kilty and W.M.H. Sachtler, "The Mechanism of the Selective Oxidation of Ethylene to Ethylene Oxide", *Catal. Rev.－Sci. Eng.*, **10**, 1－16 (1974).

48. D.W. Park, "A transient kinetic study of ethylene epoxidation over Ag/SiO$_2$", *Korean J. Chem. Eng.*, **7**, 69－73 (1990).

49. K. Yokozaki, H. Ono, and A. Ayame, "Kinetic hydrogen isotope effects in ethylene oxidation on silver catalysts", *Appl. Catal. A: Gen.*, **335**, 121－136 (2008).

50. C. Stegelmann, N.C. Sohiødt, C.T. Campbell, and P. Stoltze, "Microkinetic modeling of ethylene oxidation over silver", *J. Catal.*, **221**, 630－649 (2004).

51. J.C. Dellamorte, J. Lauterbach, and M.A. Barteau, "Palladium－silver bimetallic catalysts with improved activity and selectivity for ethylene epoxidation", *Appl. Catal. A: Gen.*, **391**, 281－288 (2011).

52. D. Jingfa and Y. Jun, "Promoting effects of Re and Cs on silver catalyst in ethylene epoxidation", *J. Catal.*, **138**, 395－399 (1992).

53. K.－H. Jung, K.－H. Chung, M.－Y. Kim, J.－H. Kim, and G. Seo, "IR study of the secondary reaction of ethylene oxide over silver catalyst supported on mesoporous material", *Korean J. Chem. Eng.*, **16**, 396－400 (1999).

54. 触媒学会(日本)編, "触媒講座, I 触媒と反応速度", 講談社サイエソティフィク (1985), p 10.

55. Ref. 54, "觸媒講座, 7 基本工業觸媒反應", p 16.

56. H. Liu, "Ammonia Synthesis Catalysts; Innovation and Practice", World Scientific Publishing Co. Singapore (2013).

57. F. Bozso, G. Ertl, and M. Weiss, "Interaction of nitrogen with iron surfaces: II. Fe(110)", *J. Catal.*, **50**, 519－529 (1977).

58. K. Aika, H. Horti, and A. Ozaki, "Activation of nitrogen by alkali metal promoted transition metal I. Ammonia synthesis over ruthenium promoted by alkali metal", *J. Catal.*, **27**, 424－431 (1972).

59. A.I. Foster, P.J. James, J.J. McCarroll, and S.R. Tennison, "Process for the synthesis of ammonia using catalysts supported on graphite containing carbon", US Patent 4163775 (Aug. 1979).

60. R. Kojima and K. Aika, "Cobalt molybdenum bimetallic nitride catalysts for ammonia synthesis: Part 1. Preparation and characterization" *Appl. Catal. A: Gen.*, **215**, 149－160 (2001).

제07장
금속 산화물 촉매

금속과 산소의 화학결합은 비교적 안정하여 산화물이 생성되기 유리하므로, 금속 산화물의 종류가 매우 많다. 그러나 금속의 종류에 따라 산화물의 물리적·화학적 성질이 상당히 다르다. 알칼리 금속과 알칼리 토금속의 산화물은 물에 잘 녹아서 대기 중에서 보관하기 어려우나, 규소와 지르코늄의 산화물은 내화물로 사용할 만큼 안정하다. 산화아연과 산화니켈은 반도체이나, 실리카와 알루미나는 절연체이다. 이처럼 금속의 종류에 따라 산화물의 성질이 달라서 촉매로 사용하는 산화물의 적용 분야도 달라진다. 화학적으로 안정하여 촉매 지지체로 사용하는 실리카와 알루미나가 있고, 산성 촉매로 사용하는 실리카-알루미나가 있다. 부분 산화반응에는 몰리브데넘, 비스무트, 텅스텐의 복합 산화물을 촉매로 사용한다. 지지체로 사용하는 금속 산화물을 5장에서 설명하였고, 산·염기 촉매로 사용하는 금속 산화물을 8장에서 설명한다. 이 장에서는 비교적 안정하면서도 전기전도도가 중간 정도이어서 반도체 성격을 띠며, 부분산화반응에 촉매를 사용하는 금속 산화물을 설명한다. 이와 함께 수소첨가 황제 거반응(hydrodesulfurization: HDS)에 사용하는 금속 황화물 촉매도 같이 다룬다.

활성화된 산소가 참여하는 탄화수소의 산화반응은 크게 두 가지로 나눈다. 탄화수소가 산소와 반응하여 열역학적으로 안정한 이산화탄소와 물을 생성하는 완전산화반응(complete oxidation, deep oxidation)과 알데하이드나 아세트산 등 산소가 들어 있는 물질에서 산화반응이 끝나는 부분산화반응(partial oxidation)이다. 완전산화반응은 휘발성 유기 화합물(volatile organic compound: VOC)을 연소시켜 제거하거나 저온에서 연료를 완전히 연소시키는 데 유용하다. 최근 환경오염 방지를 위해 연소 과정에서 반응하지 않고 남아 있는 탄화수소를 완전히 제거하는 완전산화반응에 관심이 많아졌다. 특히 촉매를 사용하여 저온에서 불꽃이 없이(flameless) 안전하게 연소시켜 열을 생성하는 저온 연소촉매는 특수 목적의 열 발생기를 제조하는 핵심 물질이다.

에폭사이드, 알데하이드, 유기산 등 중요한 유기 화합물을 생산하는 부분산화공정은 부가가치가 높으며, 이들 부분산화반응의 생성물 수율을 높이는 데에 촉매의 역할이 아주 중요하다. 이런 이유로 석유화학공업에서 산화반응은 보통 탄화수소에서 산소가 들어 있는 유기 화합물을 제조하는 부분산화반응을 의미한다. 탄화수소의 산화반응 외에도 황산 제조공정에서 백금이나 오산화바나듐 촉매를 이용하여 이산화황을 삼산화황으로 산화시키는 반응과, 질산 제조공정에서 백금 합금 촉매를 이용하여 암모니아를 산화질소로 산화시키는 반응이 있지만, 이 장에서는 탄화수소의 부분산화반응만 다룬다.

탄화수소의 산화반응에서는 반응의 진행 정도에 따라 알데하이드와 유기산을 거쳐 이산화탄소와 물이 생성되므로, 반응 진행 정도를 결정하는 반응 조건 및 촉매의 종류와 사용량에 따라 생성물의 조성이 크게 달라진다. 활성화된 산소가 탄화수소에 더해져서 산화되지만, 탄화수소가 이산화탄소와 물로 완전산화되지 않도록 반응의 진행 정도를 적절히 조절하여야 한다. 산소가 탄화수소에 더해지는 산화반응에서는 열이 많이 발생된다. 반응이 진행되면서 발생한 열로 인하여 반응온도가 높아지면 완전산화반응이 빨라져서, 부분산화반응에 대한 선택성이 낮아진다. 부분산화반응에서는 생성물에 대한 선택성을 높이는 촉매도 중요하지만, 반응열을 효과적으로 제거하는 반응기의 설계와 제어도 중요하다[1].

부가가치가 높은 유기 화합물로는 알데하이드(aldehyde), 산 무수물(acid anhydride), 나이트릴 화합물(nitrile compound), 유기산(organic acid), 에폭시 화합물(epoxy compound), 케톤(ketone), 알코올 등이 있다. 알코올, 알켄, 방향족 화합물을 부분산화시켜 이들을 제조하며, 고분자 수지와 섬유, 의약품, 농약, 코팅 재료 등 다양한 물질을 제조하는 원료로 사용한다. 공업적으로 규모가 크고 중요한 부분산화공정을 골라 표 7.1에 정리하였다. 은을 촉매로 사용하는 에틸렌 옥사이드의 제조공정을 제외하면, 대부분의 부분산화공정에는 복합 금속 산화물을 촉매로 사용한다. Fe-Mo계 산화물 촉매에서 메탄올의 부분산화공정, Bi-Mo계 산화물 촉매에서 알켄의 부분산화공정, V계 산화물 촉매에서 방향족 화합물의 부분산화공정은 규모가 크고, 생성물을 이용하는 파생공정이 많아서 공업적으로 아주 중요하다. Bi-Mo계 촉매에서 암모니아와 산소를 알켄과 반응시켜 나이트릴 화합물을 제조하는 암모니아 첨가 산화공정(ammoxidation)에서는 활성화된 산소에 의해 수소가 제거되고 산소가 첨가되는 단계를 거쳐서 아크로레인이 생성된 후 나이트릴 화합물로 전환되므로, 이 공정도 부분산화공정과 함께 이 장에서 다룬다.

표 7.1 복합 금속 산화물을 촉매로 사용하는 부분산화공정[5]

반응물	생성물	산화물 촉매의 구성 원소	전환율(%)	선택성(%)
메탄올	포름알데하이드	Fe-Mo, Fe-Mo-Ti	95~99	91~98
프로필렌, 암모니아	아크릴로나이트릴	Bi-Mo-Fe-Co-K	98~100	75~83
아크로레인	아크릴릭산	V-Mo-W	> 95	90~95
n-부탄	부타다이엔	Bi-Mo-P	55~65	93~95
n-부탄	말레인산 무수물	V-P	75~80	67~72
벤젠	말레인산 무수물	V-Mo	98	75
o-자일렌	프탈산 무수물	V-W-P-Cs-TiO_2	93~98	81~87
p-자일렌	테레프탈산	Cu-Mn-Br	95	90~95
나프탈렌	프탈산 무수물	V-K/SiO_2	100	84
에틸렌[1)	에틸렌 옥사이드	Ag(K,Cl)/α-Al_2O_3	13~18	72~76

[1)이 공정에는 금속 촉매를 사용한다.

부분산화공정과 달리 활성화된 산소를 이용하여 수소를 제거하는 산화 탈수소화(oxidative dehydrogenation, oxydehydrogenation)공정이 있다. 타이어 제조공업이 발달한 우리나라에서는 스타이렌-부타다이엔 고무(styrene-butadiene rubber: SBR)의 수요가 많아서 n-부탄이나 n-부텐에서 1,3-부타다이엔을 제조하는 산화 탈수소화공정에 관심이 많다. 나프타의 열분해 생성물에서 부타다이엔을 추출하여 사용하였으나, 나프타의 가격 인상과 고온 조작에 따른 에너지 비용의 상승으로 이의 대체 방안을 모색하고 있다. n-부탄이나 n-부텐에서 수소를 제거하여 부타다이엔을 제조하나, 탈수소화반응이 흡열반응이어서 에너지 사용량이 많고, 반응물 중 알켄 농도가 높아서 탄소침적으로 촉매의 활성이 빠르게 저하된다. 따라서 n-부텐과 산소를 반응시켜 1,3-부타다이엔과 물을 생성하는 산화 탈수소화공정이 효과적이다. 이 반응은 낮은 온도에서 진행하여야 에너지 소모량이 적고, 산소가 반응물에 들어 있어서 탄소침적과 크래킹 등 부반응이 억제된다[2].

n-부텐의 산화 탈수소화반응에 사용하는 촉매는 400 ℃ 근처에서 반응물과 함께 물을 넣어주기 때문에 수열반응 조건에서 안정하여야 하며, 촉매 구성 성분의 산화-환원반응이 계속되므로 기계적 안정성도 우수하여야 한다. 반응물에 알켄이 많이 들어 있어서 중합 생성물이 많이 생성되는 반응이므로, 탄소침적에도 견디어야 한다. n-부텐의 산화 탈수소화반응에서 Bi-Mo 산화물 촉매의 활성이 높다. n-부텐이 +6가 상태 몰리브데넘에 흡착하는 과정에서는 n-부텐에서 몰리브데넘으로 전자가 이동하여 몰리브데넘이 +5가 상태로 환원된다. Mo^{5+}는 Bi^{3+}에 전자를 주고 다시 Mo^{6+}가 되고, 전자를 받은 Bi^{2+}는 산소와 반응하여 Bi^{3+}로 다시 산화된다. 비스무트와 몰리브데넘 산화물이 산화 탈수소화반응 촉매의 주요 구성 성분으로서, 이들의 함량에 따라 촉매활성이 크게 달라진다.

상용공정에서는 Bi-Mo 산화물에 철을 첨가하여 제조한 촉매를 사용한다[3]. 철을 첨가하면 촉매의 수열·기계적 안정성이 향상되고 균일성이 증진된다. Bi : Mo : Fe의 조성비는 1 : 0.6~1.0 : 1~1.25로 철의 첨가량이 상당히 많다. Bi : Mo : Fe = 1 : 1 : 0.65인 전구체를 550 ℃에서 소성하여 제조한 촉매에서는 120시간 경과 후 n-부텐의 전환율은 72.1%이고, 1,3-부타다이엔에 대한 선택도는 95.0%이다. 일산화탄소와 이산화탄소에 대한 선택도는 4.7%로 낮다.

이와 달리 두 종류의 다른 촉매를 사용하여 n-부텐을 탈수소화하는 공정도 있다[4]. 1-부텐의 산화 탈수소화반응에 활성이 좋은 아연 페라이트($ZnFe_2O_4$) 촉매와 2-부텐의 산화 탈수소화반응에 활성이 우수한 다성분계 Bi-Mo 산화물 촉매를 석영층을 사이에 두고 따로 충전한다. 다성분계 Bi-Mo 산화물 촉매에는 코발트, 마그네슘, 구리, 아연이 들어 있으며, 조성이 $Co_9Fe_3Bi_3Mo_{12}O_{51}$인 복합 산화물 촉매의 활성이 높았다. 두 촉매층을 분리하여 위 층에 아연 페라이트 촉매를, 아래층에 다성분계 Bi-Mo 산화물 촉매를 충전한 반응기에서 n-부텐의 전환율은 84.2%이고, 1,3-부타다이엔에 대한 선택도는 97.5%로 높다.

화학적으로는 탄화수소의 부분산화반응을 친전자성 산화반응과 친핵성 산화반응으로 구분한다. 친전자성 산화반응에서는 산소 분자가 활성화되어 O_2^-와 O^-가 된다. 생성물에 따라 친전자성 산화반응을 1) 산소 원자 라디칼이 전자밀도가 높은 이중결합을 공격하여 에폭사이드를 생성하는 반응, 2) 산소 원자 라디칼에 의해 $C-H$ 결합이 끊어져 알킬기가 생성된 후 산소 분자와 반응하여 과산화물이 되는 반응, 3) 활성화된 산소가 $C-C$ 결합과 반응하여 두 분자의 알데하이드를 생성하는 반응, 4) $C-H$와 $C-C$ 결합이 모두 끊어져 이산화탄소와 물이 생성되는 반응으로 나눈다. 이와 달리 친핵성 산화반응에서는 산소 대신 탄화수소가 활성화된다. 1) 알칸에서 수소를 뽑아내어 알켄이나 다이엔을 만드는 산화 탈수소화반응이나, 2) 알칸에서 수소를 뽑아낸 후 산소, 황, 질소, 염소 원자를 더하는 반응으로 나눈다. 산소 원자가 더해지면 알데하이드와 유기산이 생성되고, 질소 원자가 더해지면 나이트릴 화합물이 생성된다. 친전자성 산화반응에서는 탄소 사슬의 골격구조가 달라지기도 하지만, 친핵성 산화반응에서는 탄화수소의 분자구조를 그대로 유지하면서 산화된다. 복합 금속 산화물을 촉매로 사용하는 부분산화공정의 대부분은 친핵성 산화반응이다.

금속 산화물의 전기적 성질, 산·염기 성질, 산소의 활성화 기능 등이 이들의 부분산화반응에서 촉매활성을 결정한다. 이 장에서 금속 산화물의 성질을 촉매작용과 연관지어 설명한 후, 금속 산화물 촉매를 사용하는 몇 가지 공정을 소개한다. 알켄의 부분산화반응과 프로필렌의 암모니아첨가 산화반응에 이어, 탄화수소 혼합물에서 황을 제거하는 수소첨가 황제거 공정을 다룬다. 황화물 촉매의 역할과 초저황 경유(ultra low sulfur diesel) 생산을 위한 최근 동향도 설명한다. 환경친화적 촉매인 TS-1 실리카라이트 촉매에서 과산화수소를 산화제로 사용하는 부분산화반응도 간략히 소개한다.

🔍 2 금속 산화물의 전기적 성질과 촉매활성

금속과 산소가 화학결합한 금속 산화물은 같은 원자로만 이루어진 금속에 비해 구조가 훨씬 복잡하다. 또 산소의 산화수는 -2로 일정하나, 금속의 산화수는 산화 상태에 따라 $+7$부터 $+1$까지 크게 다르다. 금속과 산소 원자의 비율이 정수가 아닌 비양론(nonstoichiometric) 산화물도 있고, 금속과 산소 자리가 비어 있는 결함(defect)도 있다. 이뿐 아니라 소량 섞여 있는 불순물에 의해 금속 산화물의 전기적 성질이 크게 달라지는 도핑(doping) 현상이 나타난다. 반도체의 성질을 결정하는 현상으로써, 촉매에서는 소량의 다른 물질을 첨가하여 산화물 촉매의 활성이나 선택성을 크게 향상시키는 효과적인 수단으로 활용된다. 이처럼 금속 산화물은 구조의 규칙성, 산화 상태, 화학양론비 측면에서 금속과 크게 다르고, 결함이나 불순물 포함 여부에 따라 산화물의 촉매성질도 크게 달라진다.

금속 산화물의 전기전도도가 촉매활성에 영향을 미친다. 산소 분자가 산화반응에 참여하도록 산소를 활성화하기 위해서는 촉매와 기상의 산소 분자 사이에 전자를 주고받아야 하기 때문이다. 산소 분자가 분자 이온(O_2^-) 상태로 흡착하려면 금속 산화물로부터 전자를 한 개 받아야 하고, 원자 이온(O^-) 상태로 해리흡착하려면 전자를 두 개 받아야 한다. 격자산소는 산소 원자가 전자를 두 개 받아서 금속 원자와 결합되어 있다. 이처럼 금속 산화물이 산소에 전자를 주어야 산소가 활성화되므로, 산소에 전자를 잘 주도록 자유전자의 밀도가 높은 금속 산화물이 산화반응에서 촉매활성이 높다. 산화 단계가 끝나 생성물이 탈착할 때는 금속 산화물이 전자를 되돌려받는다. 금속 산화물은 전자를 반응물에 쉽게 주고 생성물로부터 전자를 잘 받아야 하므로, 자유전자의 밀도와 성질을 나타내는 전기전도도는 촉매활성과 관계가 깊다.

금속 산화물에 흡착하는 물질이 금속 산화물로부터 전자를 받느냐 아니면 전자를 주느냐에 따라 금속 산화물의 흡착성질이 달라진다. 전자받개(electron acceptor)인 산소는 n – 형 반도체로부터 자유전자를 받으며 흡착한다. 흡착하는 산소에 전자를 주었으므로 산화물 표면의 전자밀도는 낮아지고, 이로 인해 전기전도도가 낮아진다. 이 과정에서 생성된 전자밀도가 낮은 부분을 '고갈된 층(exhaust region 또는 depletion layer)'이라 부른다. 흡착한 물질이 음전하를 띠고 있어서 전자와 반발하므로, 이 층에는 전자가 더 이상 유입되지 않아 전자밀도가 낮다. 전기전도도가 높은 금속 산화물은 자유전자가 많아서 산소를 많이 활성화시키므로 산화반응에서 촉매활성이 높다. 그러나 산소의 활성화 대신 생성물로부터 전자를 받는 단계가 속도결정 단계라면 자유전자의 밀도가 지나치게 높은 금속 산화물은 전자를 잘 받아주지 못해서 촉매활성이 도리어 낮다.

금속 산화물의 전기전도도와 촉매성질의 관계를 아산화질소(N_2O)의 분해반응을 예로 들어 설명한다.

$$2\,N_2O + 2\,e^- \rightarrow 2\,N_2 + 2\,O^- \tag{7.1}$$
$$2\,O^- \rightarrow O_2 + 2\,e^- \tag{7.2}$$

아산화질소는 금속 산화물로부터 전자를 받아서 질소 분자와 산소 원자 이온으로 나뉜다. 질소는 흡착하지 않으나 산소의 원자 이온은 산화물 표면에 흡착한다. 이 분해반응에서는 흡착한 산소 원자 이온 두 개가 결합하여 산소 분자로 탈착하는 단계가 속도결정 단계이므로, 양전하 구멍이 많아 탈착하는 산소로부터 전자를 쉽게 받을 수 있는 p – 형 반도체에서 촉매활성이 높다. p – 형 반도체인 산화니켈(NiO)에 산화리튬(Li_2O)을 소량 첨가하면 양전하 구멍이 더 많아지면서 전기전도도가 높아지고, 이로 인해 아산화질소의 분해반응에서 촉매활성이 높아진다. 그러나 산화인듐(In_2O_3)을 첨가하면 양전하 구멍이 줄어들면서 전기전도도가 낮아지고 촉매활성이 낮아진다. 자유전자가 많아서 전자를 받기 어려운 n – 형 반도체는 아산화질소의 분해반응에서 촉매활성이 낮다. 이로 인해, 아산화질소의 분해반응에서 금속 산화물의 촉매활성은 p-형 반도체 > 절연체 >n-형 반도체의 순으로 낮아진다.

일산화탄소의 산화반응에서 금속 산화물의 촉매활성도 전기전도도와 관련이 있다. 금속 산화물이 p-형이냐 n-형이냐에 따라, 또 첨가하는 물질이 무엇이냐에 따라 촉매활성이 달라진다. 일산화탄소의 산화반응에서 일산화탄소는 전자를 주면서, 산소는 전자를 받으며 흡착한다.

$$CO \rightarrow CO^+ + e^- \tag{7.3}$$
$$1/2\,O_2 + e^- \rightarrow O^- \tag{7.4}$$
$$CO^+ + O^- \rightarrow CO_2 \tag{7.5}$$

전자를 주면서 흡착하는 단계와 전자를 받으며 흡착하는 단계 중에서 어느 단계가 느리냐에 따라 촉매의 전기전도도와 활성의 상관성이 달라진다. p-형 반도체에서는 일산화탄소가 양이온 상태로 흡착하는 단계가 느리므로, 일산화탄소의 흡착 과정에서 생성되는 전자를 빨리 소모하도록 양전하 구멍이 많은 촉매에서 활성이 높다. 반면 자유전자를 주어 산소를 활성화하는 단계가 속도결정 단계인 n-형 반도체 촉매에서는 자유전자의 밀도가 높아져야 촉매활성이 높다. n-형 반도체 산화아연에 산화인듐을 조금 넣어서 자유전자가 많아지면 전기전도도와 촉매활성이 같이 높아진다. 자유전자가 많으면 산소가 많이 흡착하고 촉매반응이 빨라진다. 산화인듐 대신 산화리튬을 넣어주면 자유전자가 줄어들면서 전기전도도가 낮아지고, 산화반응에서 촉매활성이 낮아진다. 자기장이 걸린 상태에서 금속 산화물의 전류와 전위차를 측정하는 홀(Hall) 효과를 이용하여 전류 운반자가 양전하 구멍인지 전자인지 구별하고, 이들의 밀도도 측정한다. 산화아연에서는 전류 운반자인 전자의 밀도가 높아지면 일산화탄소 산화반응에서 촉매활성이 높았다[6]. 촉매반응이 진행하는 상태에서 촉매성질을 측정하여 촉매현상을 설명한 제자리(in situ) 실험의 좋은 예이다.

그러나 전기전도도와 촉매활성의 상관성이 뚜렷하지만은 않다. 일산화탄소 산화반응의 속도결정 단계에 대해서도 논란이 있고, 산화니켈에 산화리튬이나 산화갈륨을 첨가하여 전기전도도가 달라져도 촉매활성이 달라지지 않았다[7,8]. 전기전도도와 촉매활성의 상관성이 뚜렷하지 않은 이유를 여러 가지로 설명한다. 첫째는 촉매반응에 관여하는 표면과 전기전도도를 결정하는 내부의 상태가 서로 달라서, 표면에서 진행하는 촉매반응과 내부성질인 전기전도도의 상관성이 낮다는 설명이다. 둘째는 산화-환원반응 중에 산화물의 조성과 상태가 달라져서, 반응 조건과 다른 조건에서 측정한 전기전도도를 촉매활성과 연관짓기 어렵다는 설명이다. 셋째 설명에서는 전류 운반자의 밀도와 속도가 촉매반응에 미치는 영향 차이를 든다. 보통 촉매활성을 자유전자나 양전하 구멍의 밀도와 관련지어 설명하지만, 촉매반응의 속도는 이들의 밀도보다 이들이 움직이는 속도에 의해 결정되기 때문이다. 이로 인해, 전류 운반자인 자유전자나 양전하 구멍의 밀도와 촉매활성의 상관성이 반도체 종류나 측정 조건에 따라 다르게 나타난다는 뜻이다[5].

전기적 성질이 금속 산화물의 촉매성질을 결정하는 주요 인자임은 틀림없으나, 표면의 결함도 촉매성질을 결정하는 데 중요하다. 아산화질소 분해반응에서 촉매활성은 금속 산화물의 과잉 산소 양에 비례하지만, 실제로는 과잉 산소를 생성하는 결함이 더 근본적인 요인이라는 뜻이다. 금속 산화물의 전기전도도를 바꾸기 위해 다른 물질을 첨가하면 전기전도도와 함께 화학 조성 역시 달라지므로, 전기전도도만으로 조성이 달라진 금속 산화물 촉매의 활성을 설명하는 데 무리가 있다는 주장이다. 전기전도도와 함께 촉매반응에 영향을 주는 촉매 표면의 결함(활성점) 개수를 같이 고려해야 촉매성질을 제대로 이해할 수 있다.

크로미아 촉매에서 탈수소화반응은 500~600 ℃에서, Mo계 촉매에서 부분산화반응은 400~500 ℃에서 진행된다. 이처럼 산화-환원반응은 대부분 높은 온도에서 진행되므로, 상온에서 측정한 전기전도도와 상관성이 낮을 수밖에 없다. 그래서 반응온도 근처에서 측정한 반도체의 고유전도도(intrinsic conductivity)를 촉매활성과 연관짓는다. 높은 온도에서는 촉매 내부의 격자 흔들림에 의해서도 전기가 흐르므로, 상온에서 측정한 전기전도도보다 산화물의 고유 전기전도도를 결정하는 금지 구역(forbidden zone)의 폭이 촉매활성과 연관성이 높다. 금지 구역의 폭을 나타내는 E_g가 크면 전기전도도가 낮아지고 산화-환원반응에서 촉매활성이 낮아진다. 일반적으로 E_g는 금속의 이온화경향이 크거나 공유결합 성격이 강하면 크다. 금속의 원자성이 작거나 분극 정도가 커도 E_g가 크기 때문에 주기율표에서 양쪽 끝의 위쪽에 있는 금속 산화물의 E_g가 크고, 가운데에 있는 금속 산화물의 E_g는 작다. 이러한 이유로 주기율표의 양쪽 끝에 있는 금속 산화물은 산화 촉매로서 활성이 없으나, 가운데에 있는 전이금속 산화물은 산화 촉매로서 활성이 높다.

🔍 3 금속 산화물 표면의 산소활성종

산소는 금속 산화물의 표면에 O_2^-, O^-, O^{2-} 등 여러 상태로 존재한다[9]. 금속 산화물의 표면에 활성화된 상태로 존재하는 산소를 산소활성종(activated oxygen species)이라고 부른다. 아래에 여러 산소활성종의 생성 과정을 정리하였다.

$$O_2(\text{흡착}) \xrightarrow{+e^-} O_2^-(\text{흡착}) \xrightarrow{+e^-} O^-(\text{흡착}) \xrightarrow{+e} O^{2-}(\text{흡착 또는 격자산소})$$

오른쪽에 있는 산소활성종일수록 전자를 많이 받아 생성되므로, 오른쪽으로 갈수록 산소활성종의 전자밀도가 높다.

금속 산화물의 물리적·화학적 성질에 따라 산화반응에 참여하는 산소의 활성종이 달라진다. 양전하 구멍이 있는 p-형 반도체에는 O^-와 O^{2-}처럼 전자밀도가 높은 음이온 상태로 산소가 흡착한다. 반면 자유전자가 있는 n-형 반도체에는 전자밀도가 낮은 O_2^- 상태로 산소가 흡착한다. 이에 반하여 MoO_3, WO_3, Nb_2O_5 금속 산화물에는 산소가 흡착하지 않는다. 대신 높은 온도에서 격자산소의 일부가 반응물과 결합하여 떨어지고, 이 빈자리는 기상 산소로 다시 채워진다. 흡착한 산소활성종은 없지만, 쉽게 떨어질 수 있는 O^{2-} 상태의 격자산소가 있어서 산화반응에 참여한다. 그러나 실리카나 알루미나에서는 금속-산소 결합이 강하여 격자산소가 떨어지지 않으므로 산화반응에 촉매활성이 없다.

금속 산화물의 표면에 생성된 산소활성종의 활성화 정도는 이 금속 산화물 촉매에서 일어나는 산소 동위원소의 교환반응속도와 관계있다. 원자 이온 상태로 산소가 흡착하는 산화물의 표면에서 산소 동위원소의 교환반응이 아주 빠르게 진행한다. 반응물이나 환원제에 의해 격자산소가 떨어지고, 기상 산소 분자가 비어 있는 격자산소 자리에 나뉘어 흡착하기 때문이다. 이 과정을 거쳐 산소가 흡착하지 않는 산화물에서도 동위원소 교환반응이 진행된다. 반면 산소가 해리흡착하지 않거나 격자산소가 떨어지지 않는 산화물에서는 높은 온도에서도 산소 동위원소의 교환반응이 일어나지 않는다.

금속 산화물의 종류에 따라 산소 동위원소의 교환반응의 속도가 다르다[10]. 300 ℃에서 산소 동위원소의 교환반응이 바나디아에서 매우 느리게 진행되지만, 코발트와 철 산화물에서는 상당히 빠르게 진행된다. 교환반응이 느리게 진행하는 산화물의 표면에는 원자 이온 상태로 해리흡착한 산소활성종이 없다. 그러나 온도가 높아지면 격자산소의 일부가 떨어지고 다시 기상 산소로 채워지면서 동위원소의 교환반응이 일어난다. 산소 동위원소의 교환반응이 매우 빠른 산화물의 표면에서는 산소가 라디칼이나 원자 이온 상태로 흡착하면서 쉽게 나뉘어진다. 부분산화반응에 대한 선택성은 교환반응이 느린 바나디아에서 높으나, 교환반응이 빠른 철과 코발트 산화물에서는 부분산화반응에 대한 선택성이 매우 낮다. 산소가 어떤 형태로 촉매에 흡착하느냐로 부분산화반응에 대한 선택성을 판단할 수 있다.

탄화수소의 부분산화반응에 대한 선택성은 산소활성종의 활성화 정도에 따라 달라진다. 산소활성종이 이온이나 라디칼인 산화물에서는 이들이 탄화수소와 강하게 반응하여 완전산화반응이 주로 진행된다. 이산화탄소와 물이 생성되므로 부분산화반응에 대한 선택성이 낮다. O_2^-와 O^- 상태인 산소활성종은 O^{2-} 상태인 격자산소에 비해 전자밀도가 낮으므로 친전자성이 강하여, 전자밀도가 높은 탄화수소의 이중결합이나 삼중결합을 공격하여 과산화물이나 에폭시 화합물을 만든다. O_2^-와 O^- 상태 산소활성종에서 생성된 중간 생성물은 에너지가 많아서 매우 불안정하므로 쉽게 여러 조각으로 나뉘고, 이들이 다시 산소활성종과 추가반응하여 완전산화된다.

$$C = C - C - \xrightarrow{O_2^-, O^-} \left[\begin{array}{c} -C - C - C - \\ O - O \\ -C - C - C - \\ \diagdown O \diagup \end{array} \right] \xrightarrow{+ O_2} CO_2 + H_2O \qquad (7.6)$$

산소가 이온 상태로 흡착하지 않는 MoO_3, WO_3, Nb_2O_3 산화물에서는 낮은 온도에서 산화반응이 진행하지 않는다. 그러나 높은 온도에서 탄화수소와 산소를 같이 넣어주면 이들 산화물에서는 부분산화반응이 진행된다. 탄화수소가 격자산소와 반응하여 산소가 들어 있는 생성물이 되면서 격자산소의 자리가 빈다. 비어 있는 격자산소자리를 기상 산소가 채우면서 촉매활성점이 재생된다. 전자밀도가 낮은 금속 양이온에 흡착한 탄화수소는 격자산소와 결합하여 탈착하므로 반응물의 활성화 정도가 낮아 부분산화반응이 선택적으로 진행된다. 금속–산소 결합이 아주 약한 금속 산화물에서는 낮은 온도에서도 격자산소를 반응물에 주므로 부분산화반응에 대한 선택성이 높으나, 비어 있는 격자산소 자리가 기상 산소로 채워질 가능성이 작아 부분산화반응에 대한 활성은 낮다. 반대로 금속–산소 결합이 너무 강하면 격자산소를 주지 않아서 부분산화반응이 진행되지 않는다. 따라서 금속–산소 결합이 너무 약하지도 너무 강하지도 않은 금속 산화물에서 부분산화반응에 대한 선택성과 촉매활성이 모두 높다.

🔍 4 중간세공 복합 산화물 촉매

산화물 촉매는 보통 전구체 용액의 침전물을 소성하여 제조하므로, 부분산화반응에 사용하는 금속 산화물 촉매의 상태는 무정형에서부터 결정성물질까지 다양하다. 5장에서 설명한 대로 전구체 용액의 조성을 적절히 조절하여 금속 산화물의 결정구조, 산화 상태, 표면 조성을 조절하지만, 산화물의 세공구조까지 같이 제어하기는 어렵다. 결정성 산화물은 표면적이 작아서 금속 산화물 촉매는 세공크기 분포가 넓은 무정형 물질이 많다. 최근에 금속 알콕사이드를 이용하여 복합 산화물을 제조하면서 동시에 중간세공을 도입하기도 한다[11].

보통 솔–젤(sol–gel) 방법으로 복합 산화물 촉매를 만든다. 금속의 알콕사이드 전구체를 가수분해한 후 축합하면 산소 원자를 다리로 결합한 복합 산화물이 생성된다. 가수분해반응과 축합반응의 속도를 적절히 조절하고 용도에 맞추어 선택한 구조유도물질을 넣어주어 복합 산화물의 조성, 형태, 구조를 다양하게 조절한다. 가수분해가 느린 반응물은 미리 가수분해하고, 가수분해가 빠른 반응물은 아세틸아세토네이트나 아세트산을 넣어서 가수분해반응의 속도를 늦춘다. 합성한 복합 산화물을 소성하여 구조유도물질을 제거하는 과정에서 물이 제거되면 표면의 하이드록시기가 서로 결합하여 골격이 수축되므로 세공이 아주 작아진다. 따라서 큰 분자의 선택적 산화반응에 사용하기 적절한 중간세공이 균일하게 발달한 Ti-Si, V-Ti, Zr-Si 복합 산화물을 이 방법으로는 만들기 어렵다. 비싼 구조유도물질을 사용하여 만들어도 소성 과정에서 필연적으로 골격이 수축되기 때문이다. 더욱이 복합 산화물의 활성 성분이 골격에서 쉽게 빠져나오고, 기계적 안정성이 낮아 수열처리에 취약하다.

염화물 전구체와 산소를 제공하는 알콕사이드, 에테르, 알코올을 물 이외의 용매에서 반응시켜서 물이 없는 상태에서 솔-젤 방법으로 복합 산화물을 제조한다[11]. 물을 배제한 상태에서 진행하는 방법이라는 뜻으로 비가수분해적 솔-젤(non-hydrolytic sol-gel) 방법이라고 부르며 'NHSG'라고 줄여 쓴다. 복합 산화물 외에도 유기무기 복합물질, 나노크기 산화물, 박막, 나노구조물질을 만드는 데 사용하는 방법이다. 중간세공이 발달한 복합 산화물을 비가수분해적 솔-젤 방법으로 제조하는 과정과 촉매로서 응용 예를 소개한다.

금속 할로젠염이 금속 알콕사이드와 반응하면 알킬 할로젠화 화합물이 제거되면서 M-O-M 결합이 생성된다. 비가수분해적 솔-젤 방법에서 산소를 다리로 서로 결합하는 대표적인 반응 예를 아래에 적었다.

$$M-X + M-OR \rightarrow M-O-M + R-X$$
$$(X = Cl, Br) \tag{7.7}$$
$$M-Y + M-OH \rightarrow M-O-M + H-Y$$
$$(Y = Cl, OR) \tag{7.8}$$
$$x\,MCl_n + y\,M(OR)_n + z\,M'Cl_{n'} + t\,M'(OR)_{n'}$$
$$\rightarrow M_{(x+y)}M'_{(z+t)}O_{[n(x+y)+n'(z+t)]/2} + [n(x+y) + n'(z+t)]\,RCl$$
$$(nx + n'z = ny + n't) \tag{7.9}$$

비가수분해적 솔-젤 방법에서는 용매로 물을 사용하지 않으므로 금속염의 가수분해 반응속도를 조절하기 쉽다. 알코올, 에테르, 알콕사이드 등 다양한 물질을 반응물로 사용하여 복합 산화물의 제조속도를 조절하고, 여러 종류의 금속염을 사용하여 금속의 조성비를 폭넓게 바꾼다. 염화물 전구체와 산소 원자를 공급하는 물질을 섞어서 질소나 불활성 기체로 채운 고압 반응솥에 넣고, 100~150 ℃에서 가열하면 복합 산화물이 생성된다. 염화물 전구체를 녹이기 위해 이염화메탄 등 활성 수소가 없는(aprotic) 용매를 넣기도 한다. 산화물을 제조할 때처럼 생성된 고형물을 씻어 알킬 염화물 등을 제거하고 진공 건조한 후 공기 중에서 소성한다.

비가수분해적 솔-젤법으로 SiO_2-MO_n 계(M = Ti, Zr, Al 등) 복합 산화물을 제조한 예를 소개한다[11]. TiO_2가 4.5% 들어 있는 NHSG Ti-Si 복합 산화물의 S_{BET}는 1,170 $m^2 \cdot g^{-1}$으로 넓고, 평균 세공크기도 8.2 nm로 상당히 크다. TiO_2 함량이 11.7%로 많은 NHSG Ti-

Si 복합 산화물의 S_{BET}도 $980\,\mathrm{m^2 \cdot g^{-1}}$으로 넓고, 평균 세공크기는 $6.0\,\mathrm{nm}$이다. NHSG 방법에서는 물을 용매로 사용하지 않으므로 용매 제거 과정에서 하이드록시기가 결합하지 않으므로 모세관이 수축되지 않아 중간세공물질을 만들기가 쉽다. 비싼 구조유도물질을 사용하지 않고 용매의 첨가량을 조절하여 세공크기를 바꾼다.

NHSG 방법으로 제조한 Ti-Si 복합 산화물은 유기 과산화물 대신 과산화수소를 반응물로 사용하는 큰 유기 화합물의 부분산화반응에 촉매활성이 있다. Ti-O-Si 결합이 있는 산화물 촉매로는 실리카에 타이타니아를 담지한 촉매(TiO$_2$/SiO$_2$), 타이타늄이 실리카라이트의 골격에 치환되어 있는 타이타늄-실리카라이트(Ti-Silicalite: TS-1), 타이타늄이 골격에 들어 있는 Ti-중간세공물질, 타이타니아와 실리카의 복합 산화물(TiO$_2$-SiO$_2$) 등 여러 가지가 있다. MFI 구조의 TS-1은 제올라이트처럼 구조가 안정하고, 부분산화반응에 촉매활성이 있어, 유기 화합물의 산화반응에 과산화수소를 산화제로 사용하는 최초의 환경친화적 촉매이다. TS-1은 비싼 유기 과산화물 대신 저렴한 과산화수소를 산화제로 사용하는 획기적인 촉매로 이 장의 마지막 부분에서 다룬다. 실리카 골격에 낱개로 흩어져 치환되어 있는 타이타늄 원자가 활성점이며, MFI 골격이 매우 안정하여 타이타늄이 쉽게 빠져나오지 않아서 촉매 수명이 길다. Ti-BEA와 Ti-MTW 등도 유기 화합물의 산화반응에 과산화수소를 사용하는 우수한 촉매이지만, TS-1과 마찬가지로 세공이 작아서 큰 물질의 산화반응에는 사용하지 못한다.

NHSG 방법으로 타이타늄 함량이 $10.7\,\mathrm{wt\%}$로 많고, 표면적이 $780\,\mathrm{m^2 \cdot g^{-1}}$으로 넓으면서도 세공부피가 $0.54\,\mathrm{cm^3 \cdot g^{-1}}$인 TiO$_2$-SiO$_2$ 촉매를 만들 수 있다. 통상적인 솔-젤 방법으로 만든 TiO$_2$-SiO$_2$ 촉매와 달리 NHSG 방법으로 만든 TiO$_2$-SiO$_2$ 촉매는 큰 분자인 사이클로옥텐, 스타이렌, 페놀 등을 과산화수소로 산화시키는 반응에서 활성이 우수하다. $60\,^{\circ}\mathrm{C}$에서 안트라센을 9,10-안트라퀴논으로 산화시키는 반응의 전환율은 $67{\sim}92\%$이고, 선택도는 95% 이상이며, 과산화수소의 효율은 $80{\sim}95\%$로 아주 높다. 다이벤조싸이오펜처럼 큰 분자의 산화반응에서 TOF가 $21\,\mathrm{h^{-1}}$으로, TS-1의 $3.2\,\mathrm{h^{-1}}$보다 아주 커서 큰 분자의 산화반응에 효과적이다. 그림 7.1에 보인 대로 NHSG TiO$_2$-SiO$_2$ 촉매의 Si-O-Ti 결합은 과산화수소에 의해 쉽게 해리되고 바로 복원되며, 이 단계가 가역적이어서 Ti-MCM-41과 달리 촉매 안정성이 높다.

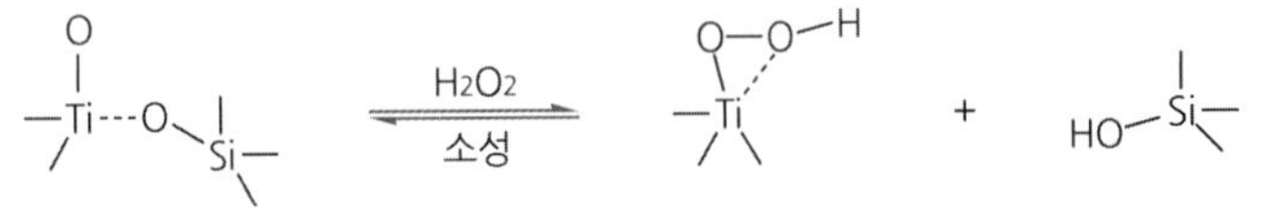

그림 7.1 Si-O-Ti 결합의 활성화와 복원[11]

NHSG 방법으로 제조한 복합 산화물은 과산화수소를 이용하는 산화반응 외에도 여러 반응에 촉매로 사용된다. 프로판에서 프로필렌을 제조하는 저급 알칸의 산화 탈수소화반응에 NHSG $Nb_2O_3 - V_2O_5 - SiO_2$ 촉매를 사용하면 프로필렌의 수율이 높다.

VOC의 완전연소반응에는 NHSG 방법으로 만든 $V_2O_5 - WO_3 - TiO_2$와 $V_2O_5 - MoO_3 - TiO_2$의 촉매활성이 우수하다. 바나듐 함량이 6 wt%로 높아도 바나듐 산화물의 결정이 생성되지 않고 균일하게 분산된다는 장점이 있다. 완전산화반응에는 고도로 분산되어 낱개로 흩어져 있는 바나데이트보다 어느 정도 중합된 바나듐 산화물의 활성이 높다. 더욱이 타이타니아 표면에 바나듐 산화물이 이런 상태로 분산되어 있어서 효과적이다. 암모니아에 의한 NO_x의 선택적 촉매 환원(selective catalytic reduction : SCR)반응에서 NHSG $V_2O_5 - TiO_2$ 촉매는 질소에 대한 선택성이 우수하다. 낮은 온도에서 탄화수소에 의한 NO_x의 SCR 반응에서는 NHSG $AgO - Nb_2O_3 - Al_2O_3$ 촉매의 활성이 높다. 이외에도 NHSG $MoO_3 - SiO_2 - Al_2O_3$ 촉매는 알켄의 복분해반응(metathesis)에, NHSG $ZrO_2 - SiO_2$ 촉매는 방향족 알코올을 아니솔로 알킬화하는 반응에 촉매활성이 있다.

비가수분해적 솔 - 젤 방법에서는 중간세공을 만들기 위해 비싼 구조유도물질을 쓰지 않아도 되고, 이들을 제거하기 위해 고압에서 초임계 상태를 거쳐 건조하거나 소성하지 않아도 된다. 물을 사용하지 않아 건조나 소성 과정에서 세공이 수축되지 않으므로 기계적 안정성이 우수하고, 세공이 크고, 세공부피가 크며, 표면적이 넓다. 제조공정이 단일 단계로 단순하면서도 조작 온도는 100~150 ℃로 그리 높지 않고, 조작 압력도 6~10 bar로 높지 않아서 이 방법으로 촉매를 제조하기 쉽다. 그러나 물을 사용하지 않는 조건이기 때문에 제조 단계에서 물과 접촉하지 않도록 반응물에 포함된 물뿐만 아니라 대기 중의 수분까지 제거해야 한다는 점을 유의하여야 한다.

🔍 5 프로필렌의 부분산화반응

에틸렌, 프로필렌, 부텐 등 저급 알켄을 부분산화하여 유용한 물질을 제조하는 공정에서는 반응물과 목적 생성물에 따라 촉매가 다르다(표 7.1). 이 절에서는 프로필렌을 아크로레인으로 산화하는 반응과 부텐을 부타다이엔으로 산화하는 반응에 사용하는 Bi - Mo 산화물 촉매를 설명한다. Bi - Mo 산화물 촉매는 Fe - Mo 산화물 촉매, V - Mo 산화물 촉매와 함께 탄화수소의 부분산화반응에 널리 사용하는 촉매로서, 상당히 오래전에 개발된 촉매이다. 실제 상업용 촉매에는 비스무트와 몰리브데넘 외에도 여러 성분이 복합적으로 첨가되어 있다. 촉매의 조성과 상태가 부분산화반응에서 촉매의 기능에 미치는 영향이 복잡하여, 주요 성분인

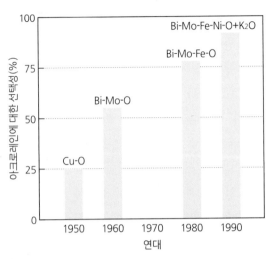

그림 7.2 프로필렌의 부분산화반응에서 아크로레인에 대한 선택성 향상[1]

비스무트와 몰리브데넘의 기능만 개략적으로 설명한다.

부분산화반응에 대한 선택성을 높이기 위해 단일 금속 산화물 대신 복잡한 금속 산화물을 촉매로 사용한다. 그림 7.2에 프로필렌을 아크로레인으로 부분산화하는 반응에서 촉매의 구성 성분이 복잡해짐에 따라 아크로레인에 대한 선택성이 높아지는 결과를 보였다[1]. 1950년 대에 개발된 구리 산화물 촉매에서는 아크로레인에 대한 선택도가 25% 수준이었으나, 1960 년대에는 Bi-Mo 산화물 촉매에서는 선택도가 50%로 높아졌다. 철을 첨가한 Bi-Mo-Fe 산화물 촉매에서는 선택도가 75% 이상으로 높아졌고, 1990년대 개발된 Bi-Mo-Fe-Ni 산 화물에 칼륨 산화물을 첨가한 촉매에서는 선택도가 90%를 넘어섰다. 단일금속 산화물인 구리 산화물 촉매에 비해 여러 금속 산화물을 섞어 제조한 복합 산화물 촉매에서 부분산화반응에 대한 선택성이 많이 높아졌을 뿐 아니라, 수율이 높아지고, 공정 구성이 단순해져서, 제어와 운전이 훨씬 쉬워졌다.

Bi-Mo 복합 산화물의 촉매 기능을 설명하기 전에 이들의 가장 중요한 구성 요소인 몰리 브데넘 산화물을 예로 들어 부분산화반응에서 촉매의 기능을 설명한다. 몰리브데넘 산화물의 기본 구조는 몰리브데넘 원자와 여섯 개 산소 원자가 팔면체를 이루며 결합한 MoO_6이다. 이 팔면체는 주위의 다른 팔면체와 꼭지점의 산소 원자를 공유하면서 결합하여, MoO_6의 산소 원자 두 개는 다른 몰리브데넘 원자 두 개와 결합하고 있다. 그러나 산소 원자 한 개는 팔면체의 중심에 있는 몰리브데넘 원자와 이중결합을 이룬다. MoO_6 팔면체가 옆으로 결합하여 이룬 층은 다른 층과 반네르빌스 힘으로 결합되어 있으며, 팔면체 네 개가 결합되어 생긴 빈자리에 위층 팔면체의 꼭짓점이 놓인다.

산소 원자를 공유하고 있으므로 몰리브데넘 산화물의 화학식은 MoO_3이며, 이를 환원하면 산소 원자를 하나 잃은 루틸(rutile)구조의 MoO_2가 된다. MoO_3와 MoO_2 외에도 몰리브데넘

산화물의 결정구조는 일곱 개 이상으로 다양하다. $Mo=O$ 이중결합을 이루며, 몰리브데넘 원자와 결합한 산소는 $Mo-O-Mo$ 결합의 가운데에 있는 산소보다 떨어지기 쉽다[12]. 몰리브데넘 산화물이 프로필렌에 의해 환원되면, 산소가 부분적으로 제거되면서 꼭짓점이 이어지는 구조에서 모서리가 이어지는 구조로 바뀐다. 이 과정에서 산소 빈자리가 쭉 이어진 비틀린 부분(shear domain)이 생긴다. 몰리브데넘 산화물을 수소로 환원처리해도 표면에 이런 부분이 생성된다. 프로필렌의 부분산화반응 초기에는 표면에만 산소 빈자리가 생성되지만, 반응물에 오래 노출되면 내부에도 산소 빈자리가 생성되면서 비틀린 부분이 이어진다. 비틀린 부분을 통해 촉매 내부에서 표면으로 산소가 빠르게 이동하므로, 산화-환원반응 중에 촉매 내부의 산소도 반응에 참여한다[12].

복합 산화물 촉매에서 부분산화반응에 대한 선택성은 금속과 산소의 이중결합과 연관된다[13]. Fe, Co, Bi, Ni, Mn의 몰리브데넘산염에는 금속 원자에 이중결합 형태로 결합한 산소 원자가 있으나, NiO, Co_3O_4, CuO, MnO, Fe_2O_3, $CdMoO_4$, $SnO-Sb_2O_3$에는 이런 방법으로 금속 원자와 결합한 산소 원자가 없다. 이중결합을 이루며 결합한 산소 원자는 쉽게 떨어져서 부분산화반응이 일어나며, 이런 방법으로 결합한 산소 원자가 없으면 부분산화반응이 일어나지 않는다. 이중결합을 이루며 결합한 산소 원자가 부분산화반응에 꼭 필요하지만, 이런 산소 원자가 있다고 해서 반드시 부분산화반응이 선택적으로 일어나지 않는다. 꼭짓점을 공유하는 두 개의 $Co-O$ 결합과 $Mo-O$ 결합이 함께 이어져 있어서, 환원되어도 모서리가 이어져 생성되는 비틀린 부분이 나타나지 않으므로 산소의 이동이 느리기 때문이다[9]. 이와 달리 $Bi-Mo$ 복합 산화물에서는 Bi_2O_3 층과 MoO_3 층의 모서리가 서로 결합하여, 모서리를 공유하는 비틀린 부분이 나타난다. 이중결합 상태로 결합한 산소 원자가 이 부분을 통해 빠르게 이동하므로 부분산화반응이 일어난다.

부분산화반응이 격자산소가 참여하는 산화-환원 반응기구를 따라 진행되는 점은 산소 동위원소의 교환반응으로 증명할 수 있다[14,15]. ^{18}O 동위원소가 들어 있는 산소와 프로필렌을 $Bi-Mo$ 복합 산화물 촉매에 넣어주면 격자산소가 반응에 참여하느냐, 아니면 기상 산소가 반응에 참여하느냐에 따라 반응시간에 따른 생성물의 동위원소 분포가 달라진다. 반응물의 산소는 ^{18}O이고, $Bi-Mo$ 복합 산화물의 산소는 ^{16}O이면, 반응 초기에는 ^{16}O가 들어 있는 아크로레인과 이산화탄소가 생성된다. 반응이 점차 진행하면서 생성물에 동위원소 ^{18}O의 함량이 많아진다. $Bi-Mo$ 촉매에 흡착한 기상 산소가 반응에 참여한다면, 반응물이 $^{18}O_2$이므로 처음부터 생성물에 ^{18}O가 들어 있어야 한다. 초기 생성물에 ^{16}O가 들어 있어서 촉매의 격자산소가 먼저 반응에 참여함을 보여준다. 기상 산소가 촉매 표면에 흡착하여 프로필렌과 반응하지 않고, 촉매의 격자산소가 흡착한 프로필렌과 반응하므로 초기 생성물에 촉매의 ^{16}O가 들어 있다.

이 반응 결과에서 격자산소가 촉매 내에서 빠르게 이동한다는 점도 검증할 수 있다. 격자산소의 이동이 느리면 표면의 격자산소만 반응에 참여하므로, 이들이 소모되고 나면 바로 반응물의 ^{18}O가 생성물에 나타나야 한다. 그러나 내부 격자산소가 반응에 참여하기 때문에 ^{16}O가 들어 있는 생성물이 상당히 많이 생성된다. 프로필렌이 흡착하여 촉매가 환원되는 속도보다 기상 산소에 의해 촉매가 산화되는 속도가 더 빨라서 내부 격자산소가 반응에 많이 참여한다[16]. 이런 반응에서 반응속도는 산소 분압에는 무관하고 프로필렌의 분압에 의해 결정된다. 알켄의 부분산화반응에서 실제 측정한 반응차수는 산소 농도에 대해서 0차이고, 알켄 농도에 대해서는 1차이어서, 격자산소가 촉매 내에서 빠르게 이동하여 표면의 산소 농도가 반응 진행 중에 일정함을 보여준다.

반응 조건에 따라서는 반응속도가 산소 분압뿐 아니라, 프로필렌의 분압에도 0차이다[17]. 표면반응이나 반응물의 흡착속도보다 격자산소가 프로필렌의 흡착점으로 이동하는 확산속도가 느리다면, 프로필렌과 산소 분압의 영향이 상대적으로 작아진다. 비스무트 원자와 몰리브데넘 원자에 프로필렌과 산소가 따로따로 흡착하여 활성화된다면 부분산화반응이 일어나기 위해서 격자산소가 반드시 비스무트 원자로 옮겨가야 한다. 부분산화반응에 대한 선택성이 높으려면 산소가 과도하게 활성화되지 않아야 하고, 산소와 프로필렌이 반응하여 만든 중간체의 에너지가 높지 않아야 하므로, 활성화된 반응물이 서로 만나는 대신 흡착하여 안정화된 프로필렌에 격자산소가 옮겨가는 편이 에너지 면에서 유리하다[12].

프로필렌을 부분산화하여 아크로레인을 만드는 반응과 프로필렌에 산소와 암모니아를 같이 넣어 아크릴로나이트릴을 제조하는 반응은 반응물과 생성물은 서로 다르지만, 반응 성격이 비슷하여 표 7.1에서 보듯이 같은 촉매를 사용한다. 아크로레인의 생성반응에서는 격자산소가 알릴 중간체와 반응하지만, 아크릴로나이트릴을 생성하는 반응에서는 전자 배치구조가 격자산소와 같은 NH^{2-} 이온이 알릴 중간체와 반응한다. 프로필렌의 부분산화반응과 암모니아첨가 산화반응에 사용하는 공업 촉매의 기본 물질은 Bi-Fe-Ni-Co 몰리브데넘염이며, 증진제로 Cr, Mg, Rb, K, Cs, P, B, Ce, Sb, Mn을 첨가한다. 부분산화반응에서 열이 많이 발생하여 온도가 높아지므로, 온도를 제어하기 용이한 유동층 반응기를 사용한다. 마모에 대한 내구성을 높이기 위해 복합 산화물을 실리카에 분산시켜 촉매를 만든다. 대표적인 촉매 조성은 $(K, Cs)_{0.1}(Ni, Mg, Mn)_{7.5}(Fe, Cr)_{2.3}Bi_{0.5}Mo_{12}O_x/SiO_2$로 표시할 정도로 매우 복잡하며, 실리카에 50% 정도 담지한다[18].

이들 촉매의 조성은 복잡하고, 산화수가 여럿인 몰리브데넘염이 같이 섞여 있다. 초기에는 α, β, γ 구조 Bi-Mo 산화물의 존재 비율을 Bi-Mo 산화물 촉매의 활성을 결정하는 중요한 인자로 생각하였다. 1955년에 발표된 초기 Bi-Mo 산화물 촉매에서는 조성이 $Bi_9PMo_{12}O_{55}/SiO_2$로 비스무트 함량이 많았고, Bi/Mo 몰비에 따라 생성되는 복합 산화물의 종류와 촉매 기능이 달랐기에 Bi-Mo 산화물의 구조가 촉매활성에 영향이 크다고 보았다. 그러나 앞에 설명한 현재의 상용 촉매에서는 비스무트 함량이 매우 적어서 $Bi-Mo$ 산화물의 구조를 중요하게 다루지 않는다. 그보다는 산화수 +3인 $Bi-Fe-Cr$ 원자의 몰리브데넘염이 촉매활성점을 이루고, 산화수 +2인 $Ni-Co-Fe-Mg$ 몰리브데넘염이 반응 중 격자산소를 잃은 활성점을 다시 산화시켜 재생한다고 설명한다. 상용 촉매에는 양론비보다 몰리브데넘이 과잉으로 들어 있으며, 이들이 두 종류의 몰리브데넘염이 균형을 이루지 못했을 때 완충제로 작용한다. 산화-환원 과정에서 생성되는 $MoO(OH)_2$가 휘발되어 소모되므로 몰리브데넘을 보충하려는 목적도 있다.

제시한 촉매의 성분 이외에도 Sb, Te, Ce 등 여러 산화물이 같이 들어 있으나 이들의 기능을 따로따로 설명하기 어렵다. 대체로 Bi^{3+}, Sb^{3+}, Te^{4+} 등은 프로필렌에서 양성자를 빼앗는 반응에, Mo^{6+}와 Sb^{5+}는 프로필렌이 흡착하여 알릴 중간체를 생성하고 격자산소와 NH^{2-} 이온이 이동하는 반응에 참여한다고 설명한다. Fe^{2+}/Fe^{3+}와 Ce^{3+}/Ce^{4+}의 비는 촉매가 다시 산화되는 반응과 격자산소가 내부에서 표면으로 이동하는 데 중요한 인자이다. 부분산화반응에서 금속 산화물의 촉매활성은 격자산소의 농도, 금속과 산소의 결합세기, 촉매의 구조, 산화-환원 거동, 활성점의 기능, 활성점의 분포 상태 등 여러 인자에 의해 결정되므로, 이들 기본 요소를 고려하여 성능을 최적화한다.

$Bi-Mo$ 산화물 촉매에서 비스무트의 역할에 대한 설명이 달라지고 있다. 종래 설명에서는 $Bi-Mo$ 산화물 촉매에서 프로필렌이 아크로레인으로 부분산화되는 반응을 다음과 같이 나눈다[19].

1) 프로필렌이 촉매에 흡착한다.
2) 비스무트 원자에 결합한 산소 원자가 프로필렌에서 수소 원자를 하나 빼앗아 하이드록시기가 되면서 환원되고, 프로필렌은 π-알릴 중간체가 되어 몰리브데넘 원자와 결합한다.
3) 몰리브데넘 원자와 이중결합을 이루며 결합한 격자산소가 알릴 중간체로 옮겨가면서 C-O 결합이 생성된다.
4) 격자산소와 결합한 알릴기는 몰리브데넘 원자에 이중결합을 이룬 다른 산소 원자에 수소 원자를 빼앗기면서 아크로레인이 된다.
5) 촉매 내부에서 옮겨오거나 기상 산소가 하이드록시기 두 개와 반응하여 물이 되고 산소 원자 하나는 격자산소로 몰리브데넘 원자와 결합하면서 활성점이 재생된다.

이 과정을 그림 7.3에 보인 반응기구로 나타내었다. 비스무트에 결합한 산소 원자와 프로필렌의 메틸기 수소 원자가 반응하여 하이드록시기가 생성되면 프로필렌은 알릴 중간체로 전환되어 몰리브데넘에 결합한다. 비스무트는 환원되고, 몰리브데넘과 이중결합을 이루며 결합한 산소가 흡착한 알릴 중간체로 옮겨가면서 부분산화반응이 일어난다. 아크로레인이 생성물로 탈착되면 몰리브데넘은 산소를 잃어버리고 환원된다. 산소 분자가 비스무트와 몰

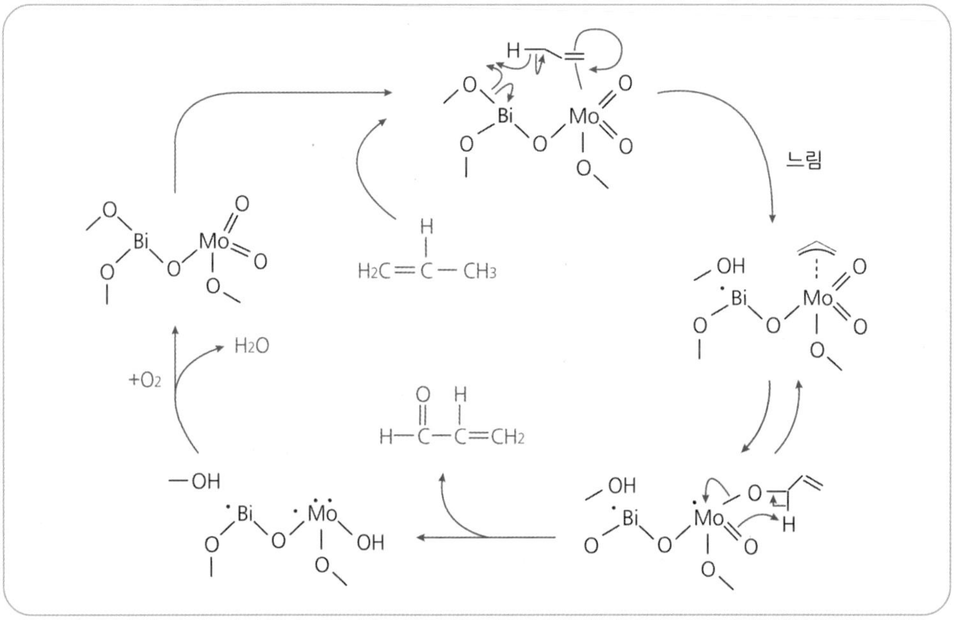

그림 7.3 Bi-Mo 복합 산화물 촉매에서 프로필렌의 부분산화반응의 진행경로[19]

리브데넘을 산화시키면서 생성된 물이 제거되면, 비스무트와 몰리브데넘이 모두 원래의 산화 상태로 회복되어 촉매활성점이 재생된다. 이 반응기구에 따르면 비스무트는 프로필렌에서 수소 원자를 떼어내어 알릴 중간체의 생성을 촉진한다.

이러한 설명은 여러 가지 실험 결과로 뒷받침된다. Bi-Mo 복합 산화물 촉매에서 비스무트가 없으면 프로필렌이 활성화되지 않고, 비스무트 산화물 촉매에서는 프로필렌에서 헥사다이엔이 생긴다는 실험 결과에 근거하여 비스무트 원자가 흡착한 프로필렌으로부터 수소 원자를 빼앗아 알릴 중간체를 생성한다고 설명한다. 몰리브데넘 산화물이 없으면 프로필렌이 아크로레인으로 산화되지 않으나, 비스무트 산화물층 뒤에 몰리브데넘 산화물층을 차례로 충전한 촉매에서는 아크로레인이 소량 생성되므로, 부분산화반응은 비스무트와 몰리브데넘 산화물에서 차례로 진행된다고 본다.

이 반응기구는 Bi-Mo 산화물의 촉매작용을 설명하는 데 아주 적절하나 이에 대한 반론도 적지 않다. 지난 50년 동안 Bi-Mo 산화물 촉매가 여러 측면에서 철저히 연구되었음에도 불구하고 아직도 실제 사용하는 촉매에서 부분산화반응의 반응기구를 규명하지 못하였다. 촉매 조성이 아주 복잡하고 상태 변화가 심하여 활성점이나 반응기구를 파악하기 어렵기 때문이다. 반응기구를 설명하기 어려운 이유로 제시된 사항을 다음에 나열하였다[19].

1) 구성 원소가 매우 복잡하여 표면에 여러 종류의 활성점이 생성되나, 이들 중 어느 활성점에서 촉매작용이 나타나는지 확인하기 어렵다.

2) 촉매 전처리, 반응 조건, 성형과 제조 방법, 구조, 순도에 따라 실제 촉매의 성능이 크게 달라져서 이러한 변화 거동을 모두 만족스럽게 설명하는 활성점을 제안하기 어렵다. 이런 이유로 같은 촉매에서도 반응 조건에 따라 다른 반응기구가 제안되었다.

3) 실험 결과가 많이 보고되었지만, 서로 반대되는 결과도 많다. γ-비스무트 몰리브데이트 촉매를 $^{18}O_2$로 산화시키기 전후에 측정한 라만 스펙트럼을 세 논문에서 다르게 보고하고 있을 정도이다.

4) 촉매의 제조 방법이나 반응 조건을 바꾸었을 때 촉매반응의 활성과 선택성이 달라지는 점을 근거로 구성 성분의 기능을 설명한다. 그러나 바꾼 사항이 활성점과 반응기구에 미치는 영향이 복합적이면, 이로부터 유추한 결과가 실제로 진행된 내용과 맞지 않는다. 대부분의 이론이 특정 상황에서 얻은 실험 결과를 근거로 유추하였기 때문에 일반적인 촉매작용을 설명하는 데는 제약이 많다.

5) 실제 촉매는 Bi, Mo, Fe, Ce 등 여러 금속으로 이루어진 복합 금속 산화물이어서 단순한 비스무트 몰리브데이트와 표면구조와 조성이 크게 다르므로, 이로부터 실제 촉매의 반응 결과를 설명하는 것이 무리이다.

복합 금속 산화물 촉매에서 프로필렌의 부분산화반응을 마스와 판 크레블렌이 제안한 산화-환원 반응기구로 설명한다. 그림 7.4에 복합 산화물 촉매에서 산화-환원반응의 진행 과정을 보였다. 프로필렌은 복합 산화물의 금속(M_1)에 흡착한다. 이어서 다른 금속(M_2)이 제공한 격자산소와 반응한다. 알켄이 격자산소와 반응하면 M_1의 전자밀도는 높아지고, 격자산소를 잃어버린 M_2의 전자밀도가 낮아진다. 부분산화반응이 끝나 생성물이 M_1에서 탈착하면, M_1의 과잉 전자는 전자밀도가 낮은 M_2로 이동한다. 기상 산소는 전자밀도가 높아진 M_2로부터 전자를 받아 격자산소 상태로 M_2와 결합하므로 초기 상태가 재생된다. 프로필렌은 M_1을 환원시키고, 기상 산소는 M_2를 산화시킨다. 금속 산화물에서 부분산화반응이 빠르게 진행하려면 격자산소와 전자가 촉매 내에서 빠르게 움직여야 한다.

프로필렌의 부분산화반응에서 Bi-Mo 복합 산화물의 촉매활성은 Mo=O 결합이 없는 Mo^{5+}가 많아질수록 낮아진다는 보고가 있다[20]. 프로필렌이 Mo^{5+}에는 흡착하지 않아 알릴

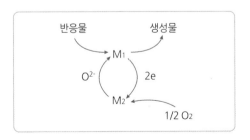

그림 7.4 알켄의 부분산화반응에서 산화-환원 반응기구

중간체가 생성되지 않으므로, Mo^{5+}가 많아지면 알릴 중간체에 격자산소의 전달이 느려지기 때문이다.

$$Mo^{6+} + C_3H_6 + O^{2-} \longrightarrow [C_3H_5 - Mo]^{6+} + OH^- + e^- \tag{7.10}$$

비스무트가 같이 들어 있으면 Mo^{5+}가 Bi^{3+}와 반응하여 다시 Mo^{6+}으로 산화된다.

$$Mo^{5+} + Bi^{3+} \longrightarrow Mo^{6+} + Bi^{2+} \tag{7.11}$$

환원된 Bi^{2+}는 산소와 반응하여 다시 산화되면서 촉매활성점이 재생된다. 고체 표면에서 Mo^{5+}가 옮겨가 Bi^{3+}와 반응할 수 없으므로 실제로는 격자산소와 전자가 이동한다. 따라서 Bi^{2+}가 산소와 반응하면서 전자를 받아 생성된 격자산소가 Mo^{5+}로 이동하여 결합하면서 Mo^{6+}가 재생된다. 이 설명에 따르면 몰리브데넘은 프로필렌을 활성화시키고, 비스무트는 산소를 활성화하여 몰리브데넘에게 제공한다.

Bi - Mo 산화물 촉매에서 비스무트와 몰리브데넘의 역할을 다르게 설명한 논문도 있다 [21]. 비스무트와 몰리브데넘 외에 바나듐이 들어 있는 복합 산화물 촉매($Bi_{1-x/3}V_{1-x}Mo_x O_4$)는 프로필렌이 아크로레인으로 부분산화되는 반응에서 $x = 0.45$일 때 활성이 가장 좋았다. $x = 0.15$인 촉매에서는 아크로레인에 대한 선택성이 가장 높았으며, 반응온도와 촉매 조성에 따라 반응차수가 달라졌다. 380 ℃ 이상에서는 프로필렌에 대해 1차이고, 산소에 대해 0차이어서 일반적인 Bi - Mo 산화물 촉매와 반응차수가 같다. 촉매가 완전히 산화된 상태에서는 기상 산소와 직접 반응하지 않는다. 그러나 380 ℃ 이하에서는 프로필렌에 대한 반응차수가 0차이나 산소에 대해서는 반응차수가 양수이어서 비스무트에서 프로필렌이 활성화된다는 기존 설명으로는 이 결과를 설명하기 어렵다.

표준 모형 촉매($Bi_2Mo_3O_{12}$)에서는 프로필렌의 부분산화반응에서 +3가의 비스무트가 환원되지 않아서 그림 7.5에 보인 새로운 반응기구가 제안되었다. XANES로 반응 도중에 비스무트의 산화 상태가 달라지지 않음을 확인하였다. 반면, 반응 도중 Mo^{6+}가 Mo^{4+}로 환원되므로, 몰리브데넘을 이 반응의 활성물질로 설정하였다. 이 반응기구에서는 반응 단계를 아래처럼 나눈다.

1) 촉매에 프로필렌이 흡착한다.
2) Mo=O 결합이 프로필렌의 수소 원자를 빼앗으면서 Mo^{6+}가 Mo^{5+}로 환원된다. 수소를 빼앗기면서 생성된 알릴 중간체는 생성과 동시에 인접한 몰리브데넘에서 격자산소를 받는다.
3) 몰리브데넘 원자가 알릴 중간체에서 두 번째 수소 원자를 빼앗으면서 아크로레인이 생성된다.

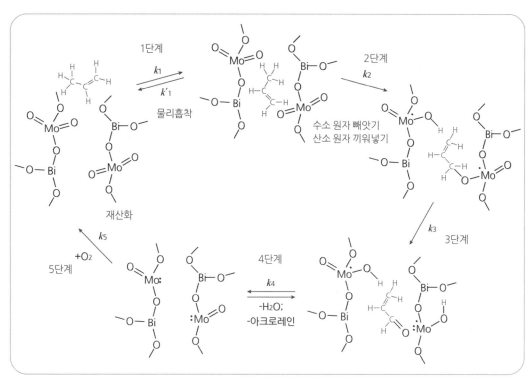

그림 7.5 $Bi_2Mo_3O_{12}$ 촉매에서 프로필렌이 아크로레인으로 부분산화반응의 기구[21]

4) 두 개의 하이드록시기에서 물이 생성되면서 산소 빈자리가 생성된다.

5) 기상 산소에 의해 이 자리가 채워지면서 촉매가 재생된다.

이 반응기구로 몰리브데넘의 산화–환원 과정을 잘 설명할 수 있으나, 비스무트의 기능을 설명하지 못한다. Bi–V–Mo 산화물 촉매도 프로필렌의 부분산화반응에 활성이 있으며, 금속 원소의 조성비에 따라 활성이 다르다. 이 촉매에서는 인접한 몰리브데넘 원자쌍 Mo–Mo 뿐만 아니라 Mo–V, V–V 원자쌍도 활성이 있다. Mo–V 활성점의 활성이 다른 활성점보다 높아서 몰리브데넘과 바나듐이 비슷하게 들어 있는 촉매의 활성이 가장 높다.

산화–환원 반응기구를 따르는 알켄의 부분산화반응의 속도식은 4.5.6절에 유도되어 있다. 격자산소가 반응에 참여하는 Bi–Mo 산화물 촉매에서는 산화–환원 반응기구를 따라 프로필렌과 부텐의 부분산화반응이 진행된다. 표 7.2에 정리한 대로 격자산소가 다시 채워지는 산화 단계가 알켄의 흡착 단계보다 빨라서 속도식은 모두 $r = k_1 P_{alkene}$ 형태이다. 그러나 구리 산화물 촉매에서는 격자산소 대신 흡착한 산소가 반응에 참여하므로, 산화–환원 반응기구보다 랭뮤어–힌셸우드 반응기구가 속도식을 나타내는 데 더 적절하다. V_2O_5계 촉매에서 방향족 화합물의 부분산화반응의 속도식은 격자산소의 빈자리가 다시 채워지는 산화 단계 (O)가 느리므로 $r = k_O P_{O_2}^n$ 모양이 된다.

표 7.2 알켄 부분산화반응의 속도식

반응	촉매	반응경로 및 속도식	반응기구
프로필렌 → 아크로레인	Bi-Mo 산화물	프로필렌 $\xrightarrow{1}$ 아크로레인 $\searrow 3$ $\swarrow 2$ 이산화탄소 등 $r_1 = k_1 P_P,\ r_2 = k_2 P_A,\ r_3 = k_3 P_P$	산화-환원 반응기구
프로필렌 → 아크로레인	구리 산화물	프로필렌 $\xrightarrow{1}$ 아크로레인 $\swarrow 2$ 이산화탄소 등 $r_1 = k_1 P_{O_2} / [1 + K_{생성물}]$ $r_2 = k_2 P_{O_2} / [P_A^{0.7} P_P^{0.2}]$	랭뮤어-힌셸우드 반응기구
1-부텐 → 부타다이엔	Bi-Mo 산화물	1-부텐 $\xrightarrow{1}$ 부타다이엔 $\searrow 3$ $\swarrow 2$ 이산화탄소 등 $r_1 = k_1 P_B,\ r_2 = k_2 P_{BD},\ r_3 = k_3 P_B$	산화-환원 반응기구
1-부텐 → 말레인산 무수물	V-P 산화물	1-부텐 $\xrightarrow{1}$ 부타다이엔 $\xrightarrow{2}$ 크로톤알데하이드 $\xrightarrow{3}$ 말레인산 무수물 $r_1 = k_1 P_B,\ r_2 = k_2 P_{BD},\ r_3 = k_3 P_{CA}$	혼합형

* P: 프로필렌, A: 아크로레인, O_2: 산소, B: 1-부텐, BD: 부타다이엔, CA: 크로톤알데하이드(crotonaldehyde).

🔍 6 프로필렌의 암모니아첨가 산화공정

(1) 개요

알켄, 알칸, 알킬벤젠, 헤테로 원자가 들어 있는 방향족 화합물 등 다양한 반응물에 암모니아와 산소를 같이 넣어 반응시키면 공업적으로 쓰임새가 많은 나이트릴 화합물이 생성된다. 부분 산화반응과 암모니아 첨가반응을 거쳐 나이트릴기를 생성하는 촉매작용이 매우 흥미롭다. 암모니아가 첨가되고 반응물이 산화되었다는 뜻으로 암모니아첨가 산화반응이라고 부른다. 프로필렌에서 아크릴로나이트릴을 제조하는 암모니아첨가 산화공정은 생산 규모가 커서 경제적 의의가 클 뿐 아니라, 여러 암모니아첨가 산화반응의 기본 공정이어서 매우 중요하다. 아크릴로나이트릴은 섬유, 수지, 고무 등 석유화학산업의 중요한 중간체로서 그 수요가 꾸준히 증가하고 있다. 프로필렌의 가격 상승과 공급 불안정으로 프로필렌을 프로판으로 대체하는 프로판의 암모니아첨가 산화공정이 다각도로 연구되고 있다[16].

프로필렌, 암모니아, 공기 혼합물에서 아크릴로나이트릴을 제조하는 반응식을 다음에 보였다[17].

$$CH_2 = CHCH_3 + NH_3 + 3/2 \, O_2 \rightarrow CH_2 = CHCN + 3H_2O$$

$$\Delta H^\circ = -515 \, kJ \cdot mol^{-1} \tag{7.12}$$

반응식에서는 물 이외 다른 물질이 생성되지 않지만, 실제 공정에서는 시안화수소(HCN)가 아크릴로나이트릴 1 kg당 0.1 kg 정도 생성된다. 아세토나이트릴(CH_3CN)도 0.03 kg 정도 생성되고, 탄화수소와 암모니아의 연소 과정에서 이산화탄소와 질소가 소량 생성된다. 부산물이 생성되는 반응에서도 열이 많이 발생하므로 실제 공정에서 반응열은 530~660 kJ · mol^{-1}에 달해, 효과적인 공정 조작을 위해서는 반응온도의 세심한 제어가 필요하다.

1950년대 소하이오(SOHIO) 사에서 Bi-Mo계 촉매를 사용하는 프로필렌의 암모니아첨가 산화공정을 개발하였다. 이후 여러 회사에서 여러 원소로 이루어진 복합 금속 산화물 촉매를 개발하여 아크릴로나이트릴의 수율이 초기 50%에서 80% 이상까지 높아졌다. 아세틸렌과 시안화수소를 반응시켜 아크릴로나이트릴을 제조하는 기존 공정에 비해 유독한 물질을 사용하지 않고 공정을 단순화하였다는 점에서 이 암모니아첨가 산화공정을 환경친화적인 공정의 처음 예로 소개한다. 이 공정의 효율이 아주 높아서 2008년 아크릴로나이트릴의 90% 이상을 이 공정으로 생산되었다.

프로필렌의 암모니아첨가 산화공정은 반응열을 효과적으로 제어하기 위해 유동층 반응기에서 조업한다. 상업공정에서는 지름이 10 m인 반응기에 촉매를 70~80톤 넣어서 프로필렌, 암모니아, 공기와 반응시킨다[17]. 촉매의 모양과 알갱이 크기는 유동 현상의 최적화에 매우 중요하여, 보통 40 μm 이하의 구형 촉매를 사용한다. 촉매에 따라 반응 조건이 달라지지만, 다성분 복합 금속 산화물 촉매를 사용하는 반응에서는 온도를 420~450 ℃, 압력을 1.5~3 bar 로 제어한다. 프로필렌에 대한 암모니아의 공급량은 몰비로 1.05~1.2, 프로필렌에 대한 산소의 공급량은 몰비로 1.9~2.1 범위이며 산소 과잉 조건에서 조업한다. 머무름 시간은 3~8 s이고, 선형 기체속도는 0.2~0.5 m · s^{-1}이다. 아크릴로나이트릴이 생성되는 반응에서는 반응속도가 프로필렌 농도에 대해서 1차이나, 중합 생성물 등 부산물이 생성되는 반응에서는 반응차수가 더 높다. 이런 이유로 반응기 압력을 낮게 유지하면 아크릴로나이트릴에 대한 선택성이 높아지지만, 유동 상태를 유지해야 하므로 압력을 높여 운전한다.

아크릴로나이트릴을 제조하는 반응에서는 열이 많이 발생하므로, 반응열을 제거하여 반응온도를 일정하게 유지하려고 내부에 수증기가 흐르는 관을 장치한다. 수증기를 흘려 열을 제거하는 기능 외에도, 이 냉각관에는 기포의 응집을 억제하고 되섞임을 억제하는 방해판 (baffle) 기능도 있다. 상업공정에서 프로필렌의 전환율은 98%로서, 1.1 kg의 프로필렌에서 1 kg의 아크릴로나이트릴을 생산한다.

프로필렌의 암모니아첨가 산화반응에는 프로필렌의 부분산화반응에서 설명한 복합 금속 산화물을 촉매로 사용한다. Bi‒Mo계 복합 산화물 촉매가 개발된 이래 30년이 지나면서 개발 단계에 따라 현용 촉매를 4세대로 구분할 만큼 촉매 조성이 복잡해지고 성능이 우수해졌지만, 촉매작용은 지금도 Bi‒Mo 복합 산화물에 근거를 두고 있다. 다른 성분의 역할은 촉매의 기능을 증진시키는 데 있다. 산소의 활성화가 지나치면 완전산화반응이 진행되어 선택성이 낮아지므로, 활성화에너지가 가장 작은 반응경로를 거쳐 부분산화반응이 가장 효과적으로 진행되도록 촉매 조성을 최적화한다. 동시에 촉매의 열적·기계적 안정성을 높이기 위해 여러 물질을 첨가한다.

(2) 반응경로와 속도식

촉매에 따라 프로필렌과 암모니아의 반응경로가 다르겠지만, Bi‒Mo계 복합 산화물 촉매에서는 프로필렌의 암모니아첨가 산화반응이 그림 7.6에 보인 경로를 거쳐 진행된다. 몰리브데넘에 결합된 이중결합 성격의 산소 원자가 암모니아와 반응하여 물이 생성되면서 제거되어 Mo=O 상태에서 Mo=NH 상태로 바뀐다. 프로필렌은 비스무트에 결합한 산소 원자에게 수소 원자를 주고 알릴 중간체가 되어 몰리브데넘에 배위된다. 몰리브데넘에 같이 결합한 알릴 중간체와 NH기가 반응하여 아크릴로나이트릴이 생성된다. 산소가 환원된 비스무트와 몰리브데넘을 산화하고 산화 과정에서 생성된 물이 제거되면서 촉매는 반응 초기 상태로 되돌아간다. 프로필렌의 부분산화반응에서는 격자산소가 제공되는 데 비해, 암모니아첨가 산화반응에서는 격자산소와 전자배열이 같은 NH^{2-}가 제공되는 점이 다르다. 앞에서 설명한 대로 부분산화반응에서 비스무트와 몰리브데넘의 촉매 기능에 대한 논란은 암모니아첨가 산화반응에서도 그대로 남아 있다. 비스무트가 프로필렌의 흡착점이냐는 의문에 대한 답에 따라 이 반응의 경로도 달라진다.

프로필렌의 암모니아첨가 산화반응이 산화‒환원 반응기구를 따라 진행하고, 산소에 의한 촉매의 산화 단계가 프로필렌의 흡착에 의한 촉매의 환원 단계보다 빠르게 진행되면, 반응속도식은 식 (7.13)처럼 간단해진다. k는 촉매 환원 단계의 속도상수이고, $P_{propylene}$은 프로필렌의 분압이다. 반응속도는 프로필렌에 대해서 1차이고, 산소에 대해서는 0차이다. 산소가 같이 공급되면 촉매 표면의 격자산소는 빠르게 채워져서 산소 농도의 영향이 나타나지 않는다.

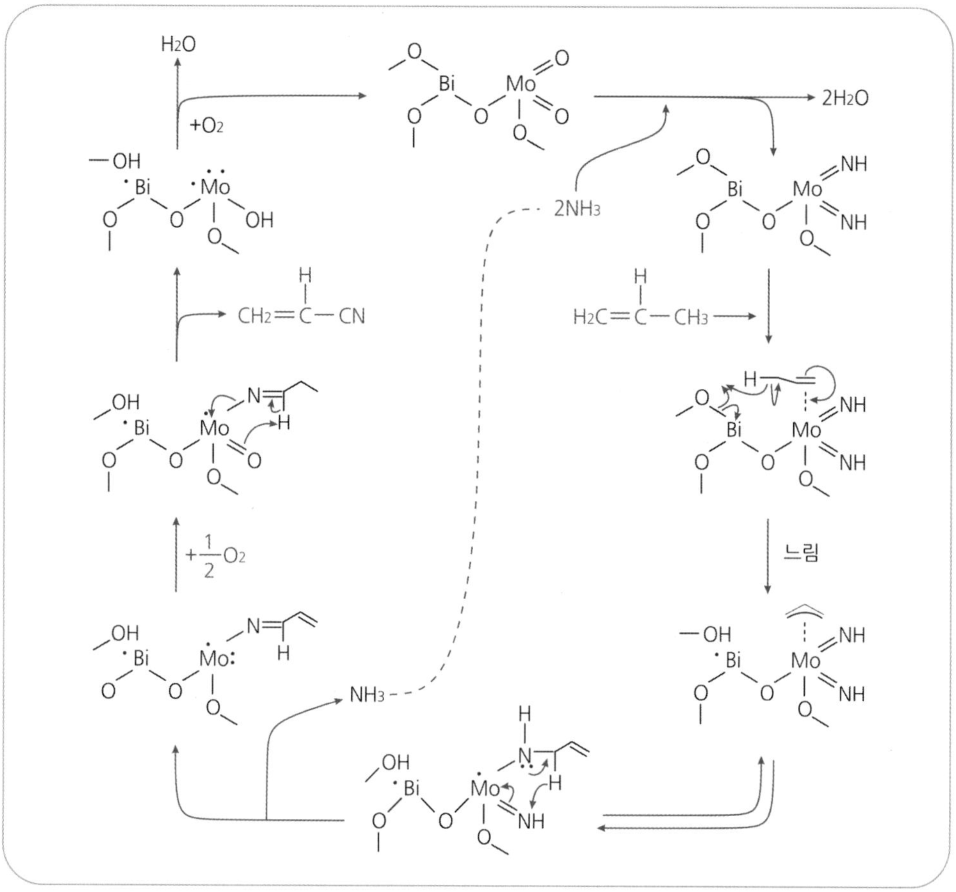

그림 7.6 Bi-Mo 복합 산화물 촉매에서 프로필렌의 암모니아첨가 산화반응[20]

$$r_1 = kP_{\mathrm{propylene}} \tag{7.13}$$

위 속도식과 달리 프로필렌, 산소, 암모니아 등 반응물 모두의 반응차수가 0이라는 보고도 있다[17]. 산화-환원 단계가 속도결정 단계가 아니라, 활성화된 산소가 프로필렌이 흡착한 활성점으로 이동하는 단계가 가장 느리면, 반응물의 농도가 속도에 미치는 영향이 작아져서 산소의 반응차수가 0이 된다. 산소의 이동이 상대적으로 느리므로, 활성점에 흡착한 아크로레인이 많아지고, 이로 인해 산소 공급이 더 느려져서 반응이 느려진다. 이런 상황에서 반응속도는 프로필렌과 아크로레인의 흡착 상태와 산소의 확산속도에 따라 결정되므로, 산화-환원 반응기구에서 유추한 속도식과 모양이 상당히 다르다.

암모니아첨가 산화반응에서 전환율과 생성물에 대한 선택성은 조작 조건에 따라 달라진다. 체류시간이 길어지면 부분산화반응의 생성물이 많아지나, 접촉시간이 아주 길어지면 완전산화반응의 생성물이 많아진다. 부분산화반응의 생성물이 추가로 반응하여 완전산화되기 때문에, 반응물의 조성이 전환율과 선택도에 미치는 영향이 크다[18]. 암모니아와 프로필렌의 공급 비율에 따라 전환율은 크게 달라지지 않으나, 생성물의 수율은 크게 달라진다. 암모니아 농도가 높으면 주생성물인 아크릴로나이트릴에 대한 선택성이 높아지고, 아세토나이트릴에 대한 선택성은 크게 낮아진다. 산소와 프로필렌의 공급 비율이 높아져도 아크릴로나이트릴에 대한 선택성이 높아진다.

암모니아첨가 산화반응에 대한 반응온도의 영향이 크다. 반응온도가 높아지면 전환율은 높아지나 450 ℃ 이상에서는 거의 일정하다. 아크릴로나이트릴의 수율은 온도에 따라 높아져서, 450 ℃에서 가장 높고, 온도가 더 높아지면 도리어 낮아진다. 온도가 높아지면 아세토나이트릴과 시안화수소의 수율이 모두 낮아진다. 온도가 높아져서 운동에너지가 많아지면 완전산화반응의 활성화에너지 고개를 넘을 수 있는 충돌이 많아져서 이산화탄소가 많이 생성된다.

(3) 여러 유기 화합물의 암모니아첨가 산화반응

암모니아첨가 산화반응은 나이트릴기가 들어 있는 유용한 화합물을 제조하는 가장 효과적인 방법이어서, 프로필렌 이외에도 알킬벤젠, 헤테로 원자가 들어 있는 알킬벤젠, 부텐, 사이클로헥산, n-헥산 등의 암모니아첨가 산화반응이 연구되고 있다[18]. 벤조나이트릴, 프탈로나이트릴, 아이소프탈로나이트릴, 테레프탈로나이트릴, 니코티노나이트릴 등 알킬벤젠의 암모니아첨가 산화반응에서 제조하는 나이트릴 화합물은 화학공업의 중요한 중간체이다. 니코티노나이트릴을 가수분해하여 제조하는 니코틴아마이드나 니코틴산은 비타민 B의 제조 원료이고, 아이소프탈로나이트릴은 살충제와 살균제의 제조 원료이다. 프탈로나이트릴은 프탈로시아닌 염료를 제조하는 공정의 중간 원료이다.

암모니아첨가 산화반응의 촉매는 대상물질에 따라 다르다. 프로필렌의 암모니아첨가 산화반응 촉매를 그대로 사용하기도 하고, 헤테로폴리산이나 V, Mo, P, W, Sb, Bi 등의 산화물 또는 이들의 2성분 또는 3성분 산화물 촉매를 사용한다. m-자일렌의 암모니아첨가 산화반응에서는 바나디아를 알루미나에 담지한 단일성분 산화물 촉매를 사용한다[22]. 실리카, 알루미나, 타이타니아에 담지한 바나디아 촉매는 지지체와 담지량에 따라 전환율과 생성물에 대한 선택성이 크게 다르다. 바나디아가 단분자층에 가깝도록 알루미나에 담지되어 격자산소를 공급하기 쉬운 10 wt% V_2O_5/Al_2O_3 촉매에서 m-자일렌의 전환율이 높고, 이소프탈로나이트릴에 대한 선택성이 우수하였다. 바나디아의 표면 농도 외에도 바나디아와 지지체의 상호작용을 이 반응에서 촉매의 활성과 선택성을 결정하는 중요한 인자로 거론한다.

반응물에 따라 암모니아첨가 산화반응의 반응경로도 역시 다르리라고 예상한다. 그러나 반응물이 달라도 반응물의 활성화, 아릴 중간체의 생성, NH^{2-} 화학종의 삽입, 격자산소의 이동과 촉매의 재생 등 부분산화반응의 진행경로는 비슷하다. 이런 이유로 프로필렌의 암모니아첨가 산화반응에 사용하는 촉매를 그대로 사용해도 되지만, 반응물의 물리적·화학적 성격을 고려하여 촉매의 조성과 제조 방법을 조절하여 촉매의 성능을 더 높인다.

(4) 프로판의 암모니아첨가 산화반응

프로필렌에서 아크릴로나이트릴을 생산하는 현재 암모니아첨가 산화공정에서 생산비의 67%가 원료인 프로필렌의 비용이다. 프로필렌의 가격은 계속 오르고 있어서, 이를 저렴하고 공급이 안정적인 프로판으로 대체하려는 시도가 활발하다[18]. 그림 7.7에 보인 것처럼 프로판에서도 아크릴산 등 유용한 여러 물질을 제조한다. 2007년 동서석유화학공업에서 연간 70,000톤 규모의 프로판 암모니아첨가 산화공정의 조업을 시작하였다. 기존 프로필렌의 암모니아첨가 산화공정을 고쳐 사용하면서 원료 비용을 크게 줄일 수 있어서 여러 석유화학회사에서 상업화를 서두르고 있다.

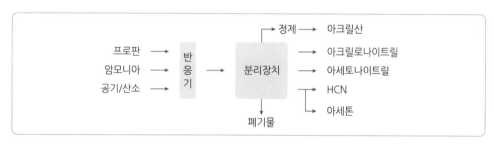

그림 7.7 프로판에서 제조할 수 있는 여러 생성물[18]

프로필렌의 암모니아첨가 산화공정에서 처음 단계가 프로필렌에서 수소 원자를 빼앗는 단계이기 때문에, 프로판에서 수소 원자를 빼앗도록 프로판의 암모니아첨가 산화반응과 같은 촉매를 사용한다. 그러나 실제로 사용하는 촉매의 구성 원소나 조성은 조금 다르다. 바나듐이 들어 있는 루틸구조의 안티모니 산화물과 $Mo-V-Nb-Te$로 표시하는 다성분 몰리브데넘 산화물 촉매의 성능이 우수하다. 특히 $MoV_{0.3}Te_{0.23}Nb_{0.12}O_4$로 최적화된 촉매에서 아크릴로나이트릴의 수율은 50% 정도이며, Sb, B, Ce 등이 첨가되면 수율이 60% 근처까지 높아진다. 조성뿐만 아니라 촉매를 제조하는 순서와 첨가제를 넣는 방법에 따라서도 촉매성능이 크게 달라진다[23]. 이 외에도 $Cr_aMo_bTe_cM_d$, VSb_aM_b, $Bi_aFe_bMo_cA_dB_e$, $Bi_aFeMo_{12}V_bD_cE_dF_eG_f$ 등 다양한 다성분 다기능 촉매가 알려져 있으나 각 성분의 기능을 파악하기는 쉽지 않다. 다만 프로판을 활성화하여 알켄을 생성시키는 활성점과, 흡착한 알켄의 중간체를 암모니아첨가 산화시키는 활성점이 있어야 한다는 점은 같다[18].

프로판의 암모니아첨가 산화공정에 공급하는 반응물의 조성이 개발 회사에 따라 다르다. 초기 스탠다드오일(Standard Oil) 사의 특허에는 프로판의 농도가 높은 조건에서 공정을 조업한다고 쓰여 있지만, 미쓰비시(Mitsubishi) 사 등에서는 프로판 농도가 낮은 조건에서 조

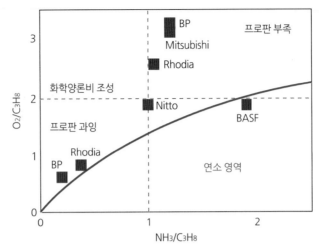

그림 7.8 프로판의 암모니아첨가 산화공정에서 회사별 반응물의 조성[18]

업한다. 그림 7.8에서 보듯이 연소가 일어나지 않는 범위에서 프로판의 농도가 낮거나 높은 조건에서 공정을 운전하며, 반응물의 조성 폭도 매우 넓다. 최근에는 프로판의 전환율을 높이기 위해 프로판의 농도가 낮은 영역을 선호한다. 공정 구성도 개발 회사에 따라 달라서 일정 조성의 반응물을 연속적으로 공급하면서 단일반응기에서 반응시키는 일관공정(one-through process)과 반응 조건이 다른 여러 단계 반응기를 연결한 다생성물 목적공정(multiple product process)이 있다. 일관공정에서는 V-Mo-Nb-Te 산화물 촉매를 사용하여 전환율이 높은 조건에서 운전하고, 미반응 프로판을 분리하여 재순환시킨다. 다생성물 목적공정에서는 반응기를 여러 단계로 나누어 단계별로 반응 조건을 다르게 설정하여 목적 생성물의 수율을 높인다. 촉매와 공정 기술의 발전으로 프로판의 암모니아첨가 산화공정이 프로필렌의 암모니아첨가 산화공정을 빠르게 대체하리라 예상한다.

🔍 7 수소첨가 황제거공정

(1) 수소처리공정

연료에 들어 있는 황 화합물이 연소되면 대기오염물질인 이산화황을 생성하므로, 대기오염을 방지하기 위해 황 화합물을 사용 전에 제거하여야 한다. 황 화합물은 정유제품의 가공공정에서 촉매를 피독시키고, 반응기를 부식시키며, 악취를 발생한다. 정유공장에서는 Co-Mo(또는 Ni-W)/Al$_2$O$_3$ 촉매에서 황 화합물을 수소와 반응시켜 황을 황화수소(H$_2$S)로 전환시켜 제거한다. 수소를 넣어 황을 제거하기 때문에 수소첨가(혹은 수첨) 황제거(hydrodesulfurization:

HDS)공정이라고 부른다. 우리말에서는 동사가 문장 끝에 오므로 '황 제거'가 우리말다워서, 한자어를 그대로 번역한 '탈황(脫黃)'이라는 용어를 쓰지 않았다. 연료에 들어 있는 질소와 산소도 수소와 반응시켜서 암모니아와 물로 제거한다. 또 중질 잔사유에 들어 있는 니켈과 바나듐 등 금속도 수소로 환원시켜서 제거한다. 제거하려는 성분에 따라 수소첨가 질소제거(hydrodenitrogenation: HDN)공정, 수소첨가 산소제거(hydrodeoxygenation: HDO)공정, 수소첨가 금속제거(hydrodemetallation: HDM)공정이라고 부른다. 수소와 반응시켜 황, 질소, 산소를 제거하면 석유제품의 품질이 향상되므로, 이들 공정을 모아 품질향상공정(upgrading process) 또는 수소처리공정(hydrotreating process)이라고 부른다.

원유의 산지에 따라 탄화수소의 조성뿐만 아니라 황, 질소, 바나듐, 니켈 등 유해 성분의 함량이 크게 다르다. 표 7.3에서 보듯이 아라비아 경질유(Arabian Light)에는 황이 1.8 wt%, 질소가 0.1 wt% 정도 들어 있으나, 아라비아 중질유(Arabian Heavy)에는 황 함량이 2.9 wt%, 질소 함량이 0.2 wt%로 많다. 인도네시아의 아타가(Attaka) 원유의 황 함량은 0.07 wt%로 낮고 360 ℃ 증류분이 91%에 이를 정도로 저비점 탄화수소 함량이 많으나, 베네수엘라의 보스칸(Boscan) 원유의 황 함량은 무려 5.2 wt%이고, 질소 함량은 0.7 wt%이어서 이들 함량이 대단히 많다. 바나듐 함량이 1,200 ppm이고, 360 ℃에서 증류분이 20 wt% 밖에 안될 정도로 고비점 탄화수소가 많이 들어 있다. 이처럼 원유의 조성은 산지에 따라 크게 다르며, 조성과 용도에 따라 원유의 처리 방법이 다르다.

황 화합물은 질소와 산소 화합물에 비해 원유에 많이 들어 있고, 제거해야 할 필요성이 커서 수소처리공정 중에서 HDS 공정이 가장 많이 운용되고 있다. 석유 쇼크 이후 경질유의 가격이 급등하여 황 함량이 많은 중질유를 많이 쓰고 있는 데에도, 연료의 황 함량 규제는 더 엄격해졌다. 이로 인해 정유제품에서 황을 제거하는 HDS 공정의 중요성이 더 커졌다.

표 7.3 여러 원유의 조성[24]

구분	아라비안 경질유	아라비안 중질유	아타가(인도네시아)	보스칸(베네수엘라)
비중(g·cm^{-3})	0.86	0.89	0.81	0.998
함량				
황(wt%)	1.8	2.9	0.07	5.2
질소(wt%)	0.1	0.2	< 0.1	0.7
산소(wt%)	< 0.1	< 0.1	< 0.1	< 0.1
바나듐(ppm)	18	50	< 1	1,200
니켈(ppm)	4	16	< 1	150
360 ℃ 증류분(wt%)	54	47	91	20

최근 벙커-C유를 연료로 사용하는 양이 줄어들고 가솔린과 나프타의 수요는 더 많아져서, 고비점물질인 중질 잔사유의 분해 필요성이 높아졌다. 중질유에는 아스팔텐(asphaltene) 등 큰 분자에 황이 들어 있어 이를 제거하기가 어렵다. 이런 상황인데도 디젤엔진의 연료인 경유의 황 함량을 유럽연합에서는 10 ppm, 미국에서는 15 ppm까지 낮춘 초저황 경유(ultra low sulfur diesel)의 사용을 의무화하므로, 정유회사에서는 저렴하게 황 화합물을 제거하는 방법을 다양하게 모색하고 있다. 황 함량이 2,000 ppm인 원료물질에서 황 함량을 50 ppm까지 낮추려면 HDS 공정의 촉매성능이 4배 이상 향상되어야 하므로 쉬운 일이 아니다. HDS 공정의 개선과 함께 경제적으로 황을 제거하는 황 화합물의 흡착과 산화공정을 다각도로 연구하고 있다.

경유에서 황 함량의 규제가 엄격해지는 이유는 환경오염과 관계가 크다. 디젤엔진의 배기가스에 들어 있는 SO_x 총량은 당연히 연료에 들어 있는 황 함량에 비례하겠지만, 디젤엔진에서 배출되는 심각한 유해 배기물질인 입자상물질(particulate matter: PM)의 배출량 역시 황 함량에 비례한다[25]. 그림 7.9에 경유의 황 화합물 함량과 디젤엔진의 배기가스 내 PM 배출량의 관계를 보였다. 황 함량이 350 wtppm에서 3 wtppm으로 줄어들면 PM 배출량이 29% 줄어든다. PM의 가운데에는 황 화합물에서 생성된 황산이 들어 있어, 연료의 황 화합물 농도가 낮아지면 독성이 매우 강한 PM의 배출이 크게 줄어든다. 더욱이 연료에 황 화합물이 많이 들어 있으면, 디젤엔진 배기가스의 산화 촉매를 피독시킬 뿐만 아니라, PM 제거 필터나 NO_x 흡착과 제거 촉매의 성능도 저하시킨다.

수소처리공정에서는 황, 질소, 산소, 금속 화합물 등을 수소와 반응시켜 제거한다. 이들의 제거 과정에서 이들과 탄소 원자의 결합이 쉽게 분해되도록 주변의 화학적 상태가 달라져야 하므로, 이들의 제거반응이 단순하지만은 않다. 황 화합물이 방향족 화합물이면 벤젠고리의

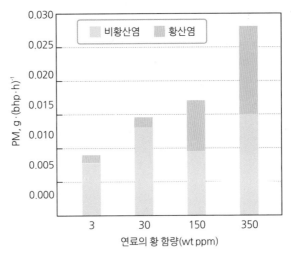

그림 7.9 디젤 연료의 황 함량에 따른 디젤 연소 촉매 이후의 PM 배출량[25]

이중결합이 먼저 수소화되어야 황과 탄소 원자의 결합이 분해되므로 수소화반응을 같이 고려하여야 한다. 사용하는 촉매와 반응 조건에 따라 각 반응의 진행 정도가 다르기 때문에, 제조하려는 제품의 규격과 처리 목적에 따라 수소처리공정의 조작 조건이 달라진다. 수소를 많이 사용하면 조업 비용이 많이 들고, 유용한 물질이 분해되거나 알칸으로 전환되므로 제거 목적에 맞게 수소처리 정도를 조절하여 공정의 효율을 높인다.

(2) HDS 공정의 개요

정유제품에 따라 들어 있는 황 화합물의 종류와 함량이 다르므로, 이를 감안하여 HDS 공정의 촉매와 조작 조건을 설정한다. 낮은 온도에서 증류하여 제조한 가솔린과 나프타에는 황 함량이 0.01~0.05%로 적지만, 증류 온도가 높은 정유 제품에는 황 함량이 높다. 등유의 황 함량은 0.1~0.3%로 적으나, 경유에는 0.5~1.5%, 상압 잔사유에는 2.5~5%로 많다. 나프타에는 싸이올이나 황화물 등 간단한 황 화합물이 들어 있으나, 상압 증류 디젤유에는 여러 종류의 알킬기가 치환된 다양한 벤조싸이오펜과 다이벤조싸이오펜의 유도체가 들어 있다. 상압 증류 후 남은 기름인 잔사유에는 아스팔텐처럼 복잡한 여러 고리(polycyclic) 화합물에 황이 들어 있다. 일반적으로는 정유제품의 증류 온도가 높아질수록 황 함량이 많아지고, 황이 들어 있는 화합물이 크고 분해하기 어려워서 HDS 공정으로 황을 제거하기가 쉽지 않다. 그림 7.10에 정유제품에 들어 있는 여러 황 화합물의 구조를 보였다. 벤젠고리가 많아지고 황 원자 주위에 큰 알킬기가 많이 치환될수록 황을 제거하기 어렵다.

황을 제거하는 HDS 공정의 조작 조건, 촉매 수명, 수소 소비량은 정유제품에 따라 다르다.

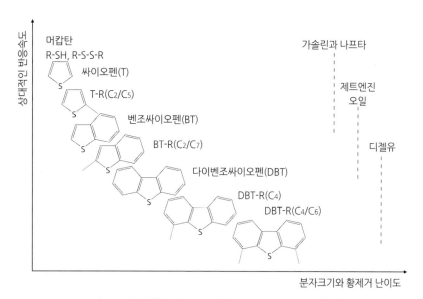

그림 7.10 황 화합물의 크기와 황제거 반응의 난이도[26]

나프타의 HDS 공정에서는 수소 압력이 30 bar로 낮고, 반응온도가 300 ℃로 낮아도 황을 99% 제거할 수 있지만, 상압 잔사유의 HDS 공정에서는 수소 압력을 100 bar로 높여 운전하여도 황의 제거율이 85%로 낮다. 증류 온도가 높은 정유제품에는 고비점 방향족 화합물의 함량이 많으므로 탄소침적이 심하여 촉매 수명이 현저히 짧아진다.

HDS 공정의 공통적인 목적은 황의 제거이지만, 정유제품에 따라 관심 사항이 조금씩 다르다. 나프타의 HDS 공정은 악취물질을 제거하고 나프타를 원료로 사용하는 촉매 개질공정과 수증기 개질공정에서 황 화합물에 의한 촉매 피독을 방지하기 위해 운전한다. 반면, 등유에서는 방향족 화합물의 함량을 줄여 발연점(smoke point)을 높이기 위해서, 디젤유에서는 시테인값(cetane number)을 높이기 위해서, 상압 잔사유에서는 아스팔텐과 금속의 함량을 줄이기 위해서 HDS 공정을 조업한다.

(3) HDS 반응의 경로

황 화합물의 종류에 따라 다르지만, 황화수소 상태로 황을 제거하려면 C-S 결합의 수소화 분해반응과 C-C와 C=C 결합의 수소화 분해반응이 같이 진행되어야 한다. 대표적인 황 화합물인 싸이오펜(thiophene)을 예로 들어 HDS 반응의 진행경로를 설명한다. 그림 7.11에 정리한 반응경로는 싸이오펜 고리가 먼저 수소화되느냐 고리가 그대로 깨어지느냐에 따라 달라진다. 고리가 먼저 깨어지면 부타다이엔이 바로 생성된다. 이와 달리 고리가 수소화되어 이수소싸이오펜이 생성된 후 추가로 수소화되면 사수소싸이오펜이 된다. 이수소싸이오펜에서 C-S 결합이 끊어지면 여러 종류의 부텐이 생성된다. 사수소싸이오펜에서 C-S 결합이

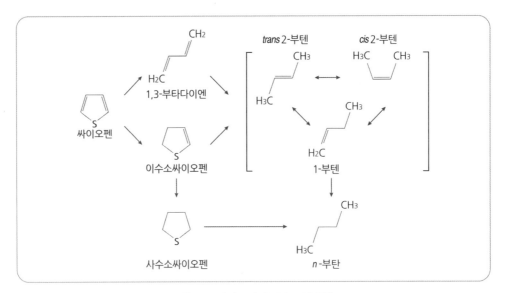

그림 7.11 싸이오펜의 HDS 반응[27]

끊어지면 n-부탄이 생성된다. 분해된 C_4 탄화수소는 수소화반응의 진행 정도에 따라 부타다이엔, 부텐, 부탄이 된다. 촉매에 따라 차이가 있지만 상압의 HDS 반응에서는 부타다이엔이 생성되지만 사수소싸이오펜은 생성되지 않아서, C−S 결합이 먼저 끊어지거나 이수소싸이오펜을 거치는 경로로 분해반응이 진행된다. C−S 결합의 분해반응과 수소화반응이 단계별로 진행되지 않고 동시에 진행될 수도 있다. 수소 압력이 높으면 수소화반응의 진행 가능성이 높아져서 수소화된 황 화합물의 중간체가 생성물에서 관찰되므로, C−S 결합이 분해되기 앞서 C=C 결합의 수소화반응이 먼저 진행된다고 보아야 한다.

그림 7.12에 보인 다이벤조싸이오펜의 HDS 반응에서는 수소화될 수 있는 결합이 많아서 경로가 더 복잡하다. 어느 결합이 먼저 수소화되느냐에 따라 반응경로가 달라진다. C−S 결합의 수소화 분해반응이 먼저 진행되고, 이어 C=C 결합의 수소화반응이 진행되면 오른쪽 반응경로를 따른다. 벤젠고리가 먼저 수소화된 후 C−S 결합이 분해된다면 왼쪽 경로를 따르며, 여러 가지 중간 생성물이 생성된다. 벤젠고리의 C=C 결합이 먼저 수소화된 후, 즉 다이벤조싸이오펜의 벤젠고리 하나가 수소화된 후에 C−S 결합이 분해된다.

고비점 정유제품의 HDS 공정에서 황 화합물에서 황을 제거할 가능성은 끓는점이 높아질수록 낮아진다. 벤조싸이오펜, 다이벤조싸이오펜으로 벤젠고리 개수가 많아지면서 끓는점이 높아지면 황제거반응에 대한 반응성이 낮아진다. 끓는점 외에도 알킬기가 치환된 다이벤조싸이오펜에서는 알킬기의 치환 위치도 황제거반응에 대한 반응성 결정에 중요하다. 알루미나에 담지하여 제조한 일반적인 Co−Mo 촉매에서 4와 6의 위치에 메틸기가 치환된 4,6-다이메틸다이벤조싸이오펜의 황제거반응에 대한 반응성은 다이벤조싸이오펜에 비해 4~10배 정도 낮다. 메틸기 대신 이소프로필기가 치환된 다이벤조싸이오펜의 반응성은 아주 낮다. HDS 반응을 거쳐 황이 제거되려면 먼저 황 화합물이 촉매에 흡착해야 하는데, 황 원자 주위의 공간적 장애가 커지면 활성점에 황 화합물의 흡착이 어려워지기 때문이다.

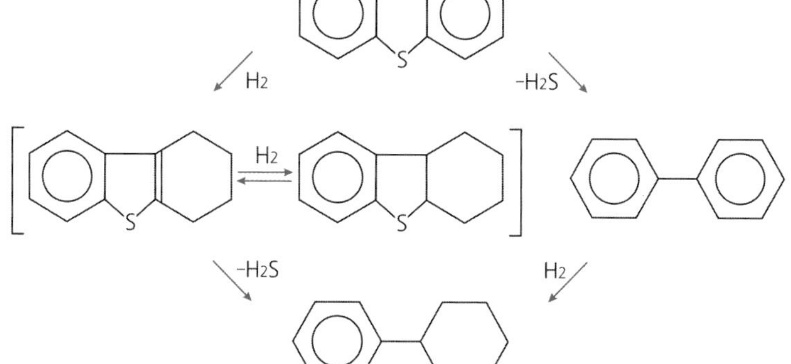

그림 7.12 다이벤조싸이오펜의 HDS 반응[28]

표 7.4 HYD 및 HDS 반응에서 엔탈피 변화량

반 응	$\triangle H^o(425^{\circ}C)$, kJ·mol^{-1}
$C_2H_5SH + H_2 \rightarrow C_2H_6 + H_2S$	-70
$C_2H_5SC_2H_5 + 2H_2 \rightarrow 2C_2H_6 + H_2S$	-59
$C_4H_5S + 4H_2 \rightarrow C_4H_{10} + H_2S$	-69
$C_6H_{12} + H_2 \rightarrow n-C_6H_{14}$	-130
$C_6H_6 + 3H_2 \rightarrow C_6H_{12}$	-69
$C_{20}H_{42} + H_2 \rightarrow 2C_{10}H_{22}$	-44
$C_{20}H_{42} + 19H_2 \rightarrow 20CH_4$	-55
실제 반응물의 HDS	~-54

*소모되는 수소 1몰당 반응열임.

여러 종류의 황 화합물에서 HDS 반응이 많이 연구되었는데도 불구하고, 반응경로를 한 가지로 설명하기 어렵다. C-S 결합이 끊어지는 직접 황제거반응(direct desulfurization: DDS)과 벤젠고리의 수소화반응(hydrogenation: HYD)이 황제거반응의 속도를 결정하는 점은 확실하지만, 이들 반응이 어떤 순서로 진행하는지는 애매하다. 이보다는 반응물과 반응 조건에 따라 반응경로가 달라진다고 보는 편이 무난하다. 알킬기가 치환된 다이벤조싸이오펜에서는 알킬기의 치환 위치에 따라 진행 정도가 달라져서 이성질화반응도 같이 고려하여야 한다.

황 화합물의 HDS 반응은 표 7.4에 정리한 대로 모두 발열반응이다. C-S 결합이 수소화되어 황이 제거되는 반응뿐만 아니라 이중결합이 수소화되는 반응도 발열반응이어서, 온도가 높아질수록 평형전환율이 낮아진다. 통상적인 반응 조건에서는 황 화합물의 HDS 반응에 대한 열역학적 평형 제한이 심하지 않으나, 온도가 높아지면 열역학적 평형상수가 작아져서 전환율이 낮아진다. 특히 방향족 화합물의 수소화반응에 대하여 열역학적 제한이 크다. 400 ℃와 1 bar 조건에서 벤젠의 수소화반응이 열역학적으로 유리하지 않다. 그러나 황 화합물의 HDS 반응에서 황제거율을 높이려고 수소 압력을 높이면, 열역학적 제한으로 방향족 화합물의 수소화반응 대신 알켄과 황화수소의 반응이 진행되어 싸이올이 생성된다.

(4) 반응속도

황 화합물의 종류와 반응 조건에 따라 DDS와 HYD 반응의 속도가 달라지므로, 반응물과 반응 조건에 따라 HDS 반응의 속도식이 달라진다. 수소 압력에 따라 C-S 결합과 C=C 결합의 수소화 분해반응 선호도가 달라서, 반응물과 수소 압력에 따라 속도식이 다르다. Co-

Mo/Al$_2$O$_3$ 촉매에서 HDS 반응의 대표적인 대상물질인 싸이오펜의 DDS와 HYD 반응의 속도식이 다음과 같이 제안되어 있다[29].

$$r_{DDS} = \frac{k P_T P_{H_2}}{(1 + K_T P_T + K_{H_2S} P_{H_2S})^2} \tag{7.14}$$

$$r_{HYD} = \frac{k' P_B P_{H_2}}{(1 + K_B P_B + K'_{H_2S} P_{H_2S})^2} \tag{7.15}$$

r은 반응속도이고, 첨자인 DDS와 HYD는 각각 싸이오펜의 직접 황제거반응과 수소화반응을 나타낸다. T는 싸이오펜을, B는 부텐을, H$_2$S는 황화수소를 나타낸다. 싸이오펜의 DDS 반응의 속도식은 표면반응이 속도결정 단계인 랭뮤어－힌쉘우드 반응기구에 따른다. 수소와 부텐이 활성점에 약하게 흡착하고, 반응물인 싸이오펜과 생성물인 황화수소는 같은 활성점에 강하게 흡착한다고 가정하여 유도한다. 반면, 싸이오펜의 HYD 속도식은 부텐과 황화수소가 활성점에 강하게 흡착한다고 전제해야 유도된다. 흡착항에 싸이오펜과 부텐이 같이 들어 있지 않아서, DDS 반응과 HYD 반응이 서로 다른 활성점에서 독립적으로 진행된다고 본다. 두 속도식의 분모에 황화수소의 흡착항이 들어 있으므로, 황화수소는 두 반응의 활성점에 모두 흡착한다. 반면, 반응물인 수소의 흡착항은 어느 식에도 나타나지 않아서 수소의 흡착은 매우 약하다.

위 속도식의 반응속도상수와 흡착평형상수를 표 7.5에 정리하였다[29]. 235 ℃에서 HYD 반응은 DDS 반응에 비하여 2배 정도 빠르다. 이러한 형태의 속도식은 황 화합물의 함량이 적고, 끓는점이 180～330 ℃ 범위인 정유제품의 HDS 반응에 적절하다.

상압에서 조작하는 HDS 반응에서 수소의 반응차수는 1이나, 수소 분압이 높아지면 반응차수가 0으로 낮아진다. 수소 분압이 높으면 수소의 흡착속도가 표면반응에 비해 빨라져서 수소 농도의 영향이 약해진다.

HYD 반응의 활성점과 DDS 반응의 활성점이 서로 다르다고 가정하면, HDS 반응의 속도식은 다음과 같이 달라진다.

표 7.5 싸이오펜의 HDS 반응의 반응속도상수와 흡착평형상수[29]

온도, ℃	$k \times 10^{-9}$, mol·(g bar^2·s)$^{-1}$	$K_T \times 10^{-1}$, bar^{-1}	$K_{H_2S} \times 10^{-1}$, bar^{-1}	$k' \times 10^{-9}$, mol·(g bar^2·s)$^{-1}$	$K_B \times 10^{-1}$, bar^{-1}	$K'_{H_2S} \times 10^{-1}$, bar^{-1}
235	1.56	0.56	0.42	3.19	13.1	1.23
251	1.64	0.31	0.18	1.53	1.6	0.26
265	1.80	0.33	0.074	1.30	0.0	0.18

$$r_{HDS} = \frac{k_i K_i P_i}{\left(1 + \sum_{i=1}^{j} K_i P_i\right)^n} \frac{K_{H_2} P_{H_2}^a}{[1 + (K_{H_2} P_{H_2}^b)]^c} \tag{7.16}$$

k_i는 황 화합물 i의 황제거반응의 속도상수이고, j는 모든 황 화합물의 개수를 나타낸다. K_i는 황 화합물 i의 흡착평형상수이며, P_i와 P_{H_2}는 황 화합물과 수소의 분압이다. n, a, b, c는 상수이다. 활성화된 수소와 황 화합물의 표면반응을 속도결정 단계로 가정하여 유도한 속도식이다. 수소의 분압이 낮거나 흡착량이 적어서 두 번째 항에서 분모의 영향이 작아지면, 활성점이 한 종류라고 가정하여 유도한 앞의 속도식과 같아진다.

황화수소는 HDS 반응의 생성물이지만, 촉매활성점에 강하게 흡착하여 반응을 억제하므로 속도식의 분모항에 P_{H_2S}가 들어 있다. Co-Mo/Al₂O₃ 촉매의 표면에 생성된 비어 있는 황 원자 자리[sulfur vacancy site, 배위수가 모두 채워지지 않았다는 의미로 coordinately unsaturated site (CUS)라고 부르기도 함]에 황화수소가 흡착하여 반응물의 흡착을 방해한다. 다이벤조싸이오펜처럼 복잡한 황 화합물의 HDS 반응에서 황화수소는 DDS 반응을 강하게 방해하지만, HYD 반응에 미치는 영향은 상대적으로 작다. 황화수소가 C-S 결합의 분해 활성점에 흡착하여 반응물의 흡착을 저해하므로 반응이 느려진다. 그러나 황화수소가 반응물에 어느 정도 들어 있어야 HDS 반응이 빨라진다. Co-Mo/Al₂O₃ 촉매는 황화물 상태일 때 활성이 높으므로, 이 상태가 유지되도록 적정량의 황화수소가 필요하기 때문이다.

황 화합물과 함께 반응물에 들어 있는 질소 화합물과 방향족 화합물도 HDS 반응을 억제한다. 질소 화합물은 황 화합물과 함께 활성점에 경쟁적으로 흡착하므로, 이들이 많이 들어 있으면 HDS 반응이 느려진다. 특히, 염기성이 강한 오각형고리와 육각형고리의 질소 화합물은 활성점에 강하게 흡착하여 반응 진행을 크게 억제한다. 반면, 아닐린이나 지방족 아민의 질소 원자는 쉽게 수소화되어 암모니아로 제거되므로 이들의 억제 효과는 그리 크지 않다. 질소 화합물이 들어 있으면 황화수소와 달리 DDS 반응뿐 아니라 HYD 반응도 크게 느려진다. 질소 화합물은 수소화반응의 활성점에 경쟁적으로 흡착할 뿐만 아니라 촉매의 화학적 성질에도 영향을 미친다. 반응물에 들어 있는 방향족 화합물도 황 화합물과 활성점에 경쟁적으로 흡착하여 HDS 반응을 지연시킨다. 방향족 화합물의 벤젠고리가 많아질수록 억제 효과가 커진다. 디젤유의 제조 원료에는 방향족 화합물의 함량이 25~75%로 많다. 정유공정의 분해 생성물에 들어 있는 다고리 방향족 화합물이 촉매에 흡착하면 DDS 반응뿐 아니라 HYD 반응도 느려진다. 여러 단계의 수소화반응을 거쳐야 황이 제거되는 디이벤조싸이오펜처럼 구조가 복잡한 황 화합물의 HDS 반응은 아주 느리다.

반응물에 따라 HDS 반응의 속도가 크게 달라져서, 여러 종류의 황 화합물이 섞여 있는 혼합물의 반응속도를 같은 식으로 나타내기 힘들다. 이런 이유로 HDS 공정의 반응기를 설계할 때는 HDS 반응이 느리게 일어나는 화합물의 속도식을 전체 반응속도식으로 사용한다. 초저황 디젤유를 제조하는 심도 황제거(deep desulfurization)공정에서는 다이벤조싸이오펜을 대표 반응물로 선정하여 HDS 반응의 속도식을 구한다. Co-Mo/Al₂O₃ 촉매에서 활성점의 종류, 활성점에 경쟁적으로 흡착하는 물질, 수소의 흡착 등을 고려한 여러 가지 속도식이 제안되어 있다. 이중 대표적인 속도식을 몇 가지 소개한다[25].

$$r_{\text{HDS}} = \frac{k K_{\text{DBT}} P_{\text{DBT}} K_{\text{H}_2} P_{\text{H}_2}}{\left(1 + K_{\text{DBT}} P_{\text{DBT}} + K_{\text{P}} P_{\text{P}}\right)\left(1 + K_{\text{H}_2} P_{\text{H}_2}\right)} \tag{7.17}$$

$$r_{\text{HDS}} = \frac{k K_{\text{DBT}} P_{\text{DBT}} K_{\text{H}_2} P_{\text{H}_2}}{\left(1 + K_{\text{DBT}} P_{\text{DBT}} + K_{\text{H}_2\text{S}} P_{\text{H}_2\text{S}}\right)^2 \left(1 + K_{\text{H}_2} P_{\text{H}_2}\right)} \tag{7.18}$$

$$r_{\text{HDS}} = \frac{k K_{\text{DBT}} K_{\text{H}_2} P_{\text{DBT}} P_{\text{H}_2}}{\left(1 + K_{\text{DBT}} P_{\text{DBT}} + K_{\text{H}_2} P_{\text{H}_2} + K_{\text{H}_2\text{S}} P_{\text{H}_2\text{S}}\right)^2} \tag{7.19}$$

DBT는 다이벤조싸이오펜을, P는 생성물을 나타낸다. 식 (7.17)과 (7.18)의 차이는 생성물 중에서 황화수소만 흡착점에 흡착하느냐, 아니면 다른 생성물도 흡착하느냐에 있다. 식 (7.19)는 모노리스에 담지한 촉매에서 도출된 속도식인데, 수소의 흡착을 고려한 점이 특이하다.

반응기구에 근거하여 HDS 반응의 속도식을 구할 수 있지만, 이를 실제 공정에 적용하기는 어렵다. 반응성이 크게 다른 여러 황 화합물이 반응물에 섞여 있기 때문에 현장에서는 전체 황 화합물의 농도 C_{S}의 지수 형태로 반응속도를 나타낸다.

$$r_{\text{HDS}} = k C_{\text{S}}^m \tag{7.20}$$

n 값은 대체로 1.4~1.7 정도이나, 반응기의 종류와 조작 조건에 따라서 상당히 다르다. 혼합물의 HDS 반응에서는 전체 반응차수가 반응물에 들어 있는 각 반응물의 차수보다 높다. 황을 제거하기 어려운 반응물의 반응차수는 높고, 반응온도가 높아지면 전체 반응차수는 낮아진다. 활성이 우수한 촉매에서는 전체 반응차수가 낮다.

(5) HDS 반응의 촉매

HDS 공정의 대표적인 촉매는 γ-알루미나에 코발트와 몰리브데넘 산화물을 담지한 Co-Mo/Al₂O₃ 촉매이다. 코발트 대신 니켈을, 몰리브데넘 대신 텅스텐을 담지한 Ni-W/Al₂O₃ 촉매와 코발트 대신 니켈을 담지한 Ni-Mo/Al₂O₃ 촉매도 HDS 반응에 활성이 있다. 질량 기준으로 코발트와 니켈을 1~4%, 몰리브데넘을 8~16%, 텅스텐을 12~25% 정도 담지한다. 촉매를 제조할 때는 산화물 상태로 담지하지만, 반응에 사용하기 전에 황화수소로 처리하여

표 7.6 수소첨가 황제거, 질소제거, 금속제거반응에서 Co(Ni)-Mo(W)계 촉매의 활성 비교[30]

촉매반응	황제거(HDS)	질소제거(HDN)	금속제거(HDM)
Co-Mo/Al$_2$O$_3$	아주 높음	낮음	보통
Ni-Mo/Al$_2$O$_3$	높음	보통	높음
Ni-W/Al$_2$O$_3$	보통	아주 높음	보통

황화물로 바꾸어 사용하므로, 이들 촉매의 실제 상태는 황화물이다. 텅스텐과 몰리브데넘 황화물은 그 자체만으로도 촉매활성이 있으나, 코발트와 니켈 황화물 단독으로는 촉매활성이 아주 낮다. 몰리브데넘과 텅스텐 황화물에 니켈과 코발트 황화물을 함께 담지하면 촉매활성이 현저히 높아져서, 이전에는 니켈과 코발트를 증진제로 분류하였다. 그러나 이들 촉매에서 HDS 반응의 활성점이 Co-Mo-S(또는 Ni-Mo-S, Ni-W-S)이라고 밝혀지면서, 이들을 촉매의 활성을 증진시키는 보조 물질이 아니라 활성점을 만드는 구성 요소로 고려한다.

Co-Mo, Ni-Mo, Ni-W계 촉매는 모두 HDS 반응에 활성이 있으나, 활성물질에 따라 촉매 성격이 조금씩 다르다(표 7.6). Co-Mo/Al$_2$O$_3$ 촉매는 HDS 반응에서 활성이 높고, Ni-W/Al$_2$O$_3$ 촉매는 HDN 반응에서 활성이 높다. Ni-Mo/Al$_2$O$_3$ 촉매는 HDS, HDN, HDO 공정 모두 활성이 높다. 그러나 Ni-W계 촉매는 Co-Mo계 촉매에 비해 비싸고, 정유공업에서 HDS 공정을 주로 조업하므로 많이 사용하지 않는다. 질소가 많이 들어 있는 정유제품의 HDS 공정과 끓는점이 높은 포화 탄화수소를 많이 분해하려는 공정에서는 수소화 분해반응에 대한 활성이 높은 Ni-W계 촉매를 사용한다[30].

HDS 공정에서 황제거 목표는 계속 높아져서, HDS 촉매의 성능을 높이려는 연구가 활발하다[25]. 그림 7.13에 HDS 촉매의 활성 증진을 위해 고려해야 하는 인자를 정리하였다. 활성점이 많이 생성되도록 분산도와 황화처리 정도를 높여야 하고, 이들이 안정하면서도 넓게 흩어져 분산되도록 금속-지지체 상호작용을 적절히 조절하여야 하며, 촉매의 구조적 성격이나 산-염기성을 촉매활성이 극대화되도록 최적화하여야 한다.

HDS 공정의 촉매활성은 지지체의 표면적, 세공의 크기 분포, 세공부피 등 기하학적 상태와 관계가 크다. 황이 벤젠고리가 여러 개 결합한 큰 분자에 들어 있어서, 세공이 작으면 황화합물이 활성점에 접촉하지 못한다. 세공이 가늘고 많으면 표면적이 커서 활성점의 개수는 많아지지만, 반응물의 확산이 느려서 전체 반응이 느려진다. 제조회사에 따라 차이가 있으나 대체로 HDS 촉매의 세공부피는 0.5 cm$^3 \cdot$ g^{-1} 이상이고, 세공크기는 6 nm보다 크며, 표면적은 150 m$^2 \cdot$ g^{-1}보다 넓다. 큰 분자가 빠르게 확산하도록 작은 세공과 큰 세공이 같이 있는 지지체를 사용하기도 한다.

지지체의 세공크기뿐만 아니라 지지체의 크기와 모양도 상당히 중요하다. 끓는점이 높은 반응물은 분자가 크고 점성이 높아서 세공 내에서 느리게 확산하므로, 촉매 알갱이가 크면

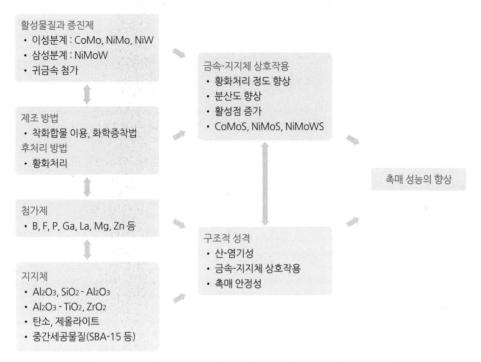

활성물질과 증진제
- 이성분계 : CoMo, NiMo, NiW
- 삼성분계 : NiMoW
- 귀금속 첨가

제조 방법
- 착화합물 이용, 화학증착법
후처리 방법
- 황화처리

첨가제
- B, F, P, Ga, La, Mg, Zn 등

지지체
- Al_2O_3, SiO_2 - Al_2O_3
- Al_2O_3 - TiO_2, ZrO_2
- 탄소, 제올라이트
- 중간세공물질(SBA-15 등)

금속-지지체 상호작용
- 황화처리 정도 향상
- 분산도 향상
- 활성점 증가
- CoMoS, NiMoS, NiMoWS

구조적 성격
- 산-염기성
- 금속-지지체 상호작용
- 촉매 안정성

촉매 성능의 향상

그림 7.13 HDS 촉매의 구성 요소와 촉매성능에 관련된 인자들[25]

반응이 느려진다. 금속이나 탄소가 외표면에 침적되어 활성을 저하시키므로, 지지체 알갱이가 작아서 겉표면이 넓은 편이 좋다. 이와 함께 반응기 내의 압력손실도 고려하여야 한다. 이런 이유로 원통형 지지체보다 겉표면적이 넓고 압력손실이 적은 반지형(ring)이나 로브형(trilobe 또는 pentalobe) 지지체를 사용한다. 부피 기준의 촉매활성은 낮지만, 반응기 제어나 활성저하 측면에서 유리하기 때문이다.

HDS 공정에 사용하는 Co-Mo계나 Ni-Mo계 촉매를 사용하기 전에 수소와 황화수소의 혼합기체로 황화처리하면 촉매활성이 현저히 높아진다. 몰리브데넘, 텅스텐, 코발트, 니켈 등 금속 산화물의 황화반응은 열역학적으로 유리하여, 수소 중에 황화수소가 1% 정도만 들어 있어도 산화물이 황화물로 바뀐다. 그러나 고압의 황화수소로 처리하여도 이들 산화물이 황화물로 완전히 바뀌지는 않는다. MoO_3가 MoO_2으로 환원된 후에는 황화반응이 잘 진행되지 않아, 환원-황화처리가 쉽지 않다. 황화물로 전환된 후에도 촉매가 미량의 산소에 노출되어도 산화물로 아주 빠르게 전환되므로, 반응물 내 산소 농도에 따라 황화물의 분율이 크게 달라진다. 이처럼 황화반응은 촉매활성의 제고에 중요하면서도 어렵기 때문에, 이황화탄소(CS_2), 황화다이메틸(CH_3-S-CH_3), 이황화다이메틸($CH_3-S-S-CH_3$) 등을 황화제로 사용하여 환원반응과 황화반응의 속도를 조절한다. 촉매 세공 내에 적정량의 황화제를 채워 두었다가 반응 전에 이를 방출시켜 황화처리에 사용한다.

실리카에 담지한 Co-Mo계 촉매는 알루미나에 담지한 촉매보다 활성물질의 분산도가 낮

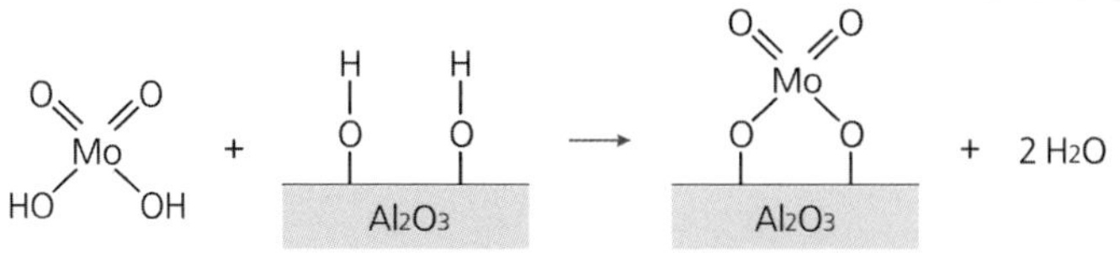

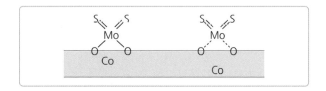

그림 7.14 몰리브데넘 산화물이 알루미나에 담지된 상태[31]

다. 몰리브데넘 산화물은 알루미나와 결합하여 그림 7.14에 보인 것처럼 단일층(monolayer)으로 담지되나, 실리카는 화학적으로 안정하여 금속이나 금속 산화물과 상호작용이 약하기 때문이다. 담지량에 따라서 차이가 있으나, 실리카에는 몰리브데넘 산화물이 MoO_3 상태로 담지된다. 알루미나에도 코발트와 몰리브데넘 산화물을 많이 담지하면, 단일층 상태 외에도 일부는 $Al_2(MoO_4)_3$와 MoO_3 상태로 담지된다.

(6) Co‑Mo/Al$_2$O$_3$ 촉매의 활성점 모형

Co‑Mo/Al$_2$O$_3$ 촉매를 사용하는 HDS 공정의 역사는 매우 깊지만, 수소첨가 황제거반응의 활성점에 대한 논란은 계속되고 있다. 반응 도중 촉매의 상태가 달라지고, 수소화반응과 C‑S 결합의 분해반응이 같이 진행되며, 황 화합물마다 반응성이 달라서 어느 물질에나 모두 적용되는 활성점 이론을 도출하기가 쉽지 않다. HDS 반응에서 Co‑Mo/Al$_2$O$_3$ 촉매의 거동을 이해하는 데 도움이 되는 몇 가지 활성점 모형을 설명한다[32].

① 단일층 모형(monolayer model)

알루미나에 담지된 몰리브데넘 산화물이 그림 7.15에서처럼 단일층을 이루며 표면에 담지되어 있다고 전제한다. 알루미나 표면의 하이드록시기와 반응하여 산화물 상태로 담지된 몰리브데넘 산화물의 산소 일부가 황화반응을 거치면서 황화물이 된다. 황제거반응 중에 수소와 반응하여 황 일부가 황화수소 형태로 제거되고, Mo^{6+}은 Mo^{3+} 상태로 환원된다. 황이 제거되면서 환원된 몰리브데넘이 싸이오펜 등 황 화합물이 흡착하는 HDS 반응의 활성점이다. 인접한 활성점에 흡착하여 활성화된 수소가 황 화합물을 공격하므로 수소화반응과 C‑S 결합의 분해반응이 같이 일어난다.

그림 7.15 단일층 모형의 개략도

단일층 모형은 몰리브데넘 황화물의 촉매작용을 설명하기에 적합하나, 코발트 첨가에 따른 촉매활성의 증가 이유를 설명하기가 어렵다. 코발트가 표면층에 분산되어서 몰리브데넘의 산화-환원 과정을 촉진하는 증진제로 설명한다. 황화처리한 Co-Mo/Al$_2$O$_3$ 촉매에서 MoS$_2$ 상태가 관찰되어 단일층 모형과 부합되지만, 활성이 높은 Co-Mo/Al$_2$O$_3$ 촉매의 몰리브데넘과 코발트의 함량은 몰리브데넘 황화물의 단일층 형성에 필요한 양보다 훨씬 많다. 단일층 모형은 HDS 반응의 개념 설명에 필요한 모형 정도로 이해한다.

② 끼워넣기(intercalation) 모형

Co-Mo/Al$_2$O$_3$ 촉매를 황화처리하면 촉매 표면에 판형 MoS$_2$가 생성되므로, 코발트 원자는 MoS$_2$ 판 사이에 끼어든다. 그림 7.16에서 보듯이 평면구조의 몰리브데넘층이 황화물층 사이에 끼어 있고, 증진제인 코발트는 몰리브데넘의 황화물층 사이에 끼어 있다. 코발트가 몰리브데넘의 황화물층 사이에 끼어 있으면 에너지 면에서 매우 불안정하므로, 내부보다 표면에 코발트 원자가 끼어 있는 모형(surface intercalation model, pseudo-intercalation model 또는 decoration model)도 제안되어 있다.

단일층 모형에서처럼 MoS$_2$ 판에 생성된 Mo^{3+}이 활성점이고, 코발트가 같이 있으면 Co + 2 Mo^{4+} → 2 Mo^{3+} + Co^{2+} 반응이 진행되어 활성점인 Mo^{3+}이 많이 생성되어 촉매활성이 높아진다. 끼워넣기 모형에서는 MoS$_2$ 구조의 생성이 촉매활성에 필수적이다. 코발트 첨가로 활성이 크게 높아지려면 MoS$_2$ 덩어리가 작고 얇아서 층 사이에 끼어든 코발트 대부분이 표면에 노출되어 몰리브데넘으로 이루어진 활성점과 직접 상호작용하여야 한다.

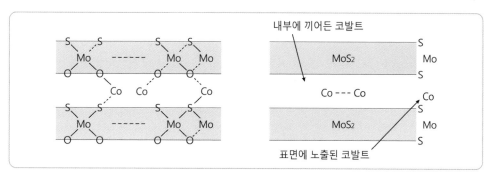

그림 7.16 끼워넣기 모형의 개략도

③ 접촉활성화(contact synergy) 모형

HDS 반응이 진행되는 조건에서 Co-Mo/Al$_2$O$_3$ 촉매의 주성분인 코발트와 몰리브데넘 황화물(Co$_9$S$_8$과 MoS$_2$)의 상태는 열역학적으로 안정하다. 이들은 그림 7.17에서 보듯이 지지체 위에 각기 담지되어 있으며, 이들이 접촉하는 자리에서 이들 구성 성분의 상승작용으로 HDS

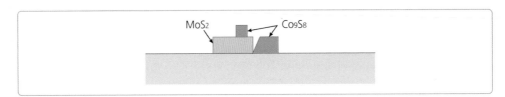

그림 7.17 접촉활성화 모형의 개략도

반응의 활성점이 만들어진다는 설명이 접촉활성화 모형의 핵심이다. 지지체를 사용하지 않고 제조한 Co-Mo계 촉매에서 이들 황화물의 존재가 확인되므로, 알루미나에 담지한 촉매에서도 이들이 서로 이웃한 상태로 접촉하여 활성점을 만든다고 가정한다. 판형 MoS_2가 주위의 Co_9S_8 덩어리와 접촉하여 Co_9S_8 표면에서 활성화된 수소가 MoS_2로 전달되어 촉매활성이 증진되는 상승작용이 나타난다. 코발트와 몰리브데넘이 각각 황화물 상태로 따로따로 담지되어 있으나, 서로 접촉하기 때문에 촉매활성이 증진된다.

④ Co-Mo-S 모형

활성화된 Co-Mo/Al_2O_3 촉매 표면을 TEM, 뫼스바우어 분광기, EXAFS, 적외선 분광기 등으로 조사하여 표면에 생성되는 여러 표면구조와 촉매활성을 연관지어 검토하였다. 그림

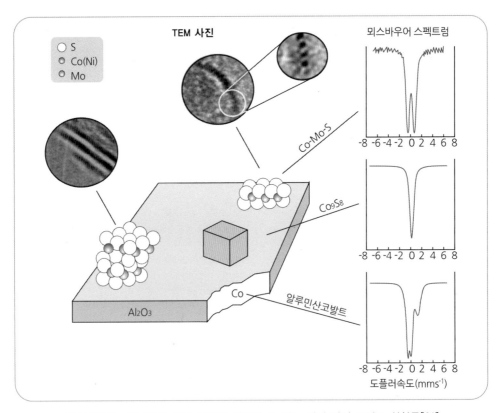

그림 7.18 Co-Mo/Al_2O_3 촉매 표면에 생성될 수 있는 여러 가지 코발트 화합물[24]

7.18에는 Co−Mo/Al₂O₃ 촉매의 표면에 생성되는 여러 종류의 코발트 화합물을 보였다. Co₉S₈ 상도 있고, 코발트가 MoS₂ 구조의 모서리에 5배위 상태로 결합한 Co−Mo−S 상태도 있다. 독립된 상으로는 존재할 수 없으나, 몰리브데넘과 코발트 황화물이 같이 있는 조건에서는 MoS₂의 가장자리에 Co−Mo−S 구조가 나타난다. 알루미나 지지체와 결합한 코발트도 있다. 코발트의 화학적 상태를 오른쪽에 보인 뫼스바우어 분광 스펙트럼에서 뚜렷하게 구분할 수 있다. Co−Mo−S 구조에 들어 있는 코발트 함량과 싸이오펜의 HDS 반응의 속도가 비례하여 Co−Mo−S 원자집단을 촉매활성점으로 본다. 몰리브데넘과 코발트가 어울려 활성점을 만들기 때문에 이들 구성 원소가 같이 있어야 촉매활성이 높다.

Co−Mo−S 모형은 Ni−Mo/Al₂O₃나 Ni−W/Al₂O₃ 촉매에도 그대로 적용되어, Ni−Mo−S와 Ni−W−S 원자집단이 이들 촉매의 활성점이다. 니켈 첨가로 인한 몰리브데넘과 텅스텐 촉매의 활성 증진 효과도 같은 방법으로 설명한다. 코발트(또는 니켈)가 결합하면 몰리브데넘(또는 텅스텐) 황화물의 화학적 상태가 달라져서 활성이 증진된다는 설명이다. 다른 시각에서 보면 Co−Mo−S 원자집단은 오래전에 제안된 끼워넣기 모형이나 접촉활성화 모형에서 생성되는 활성점과 구조가 같다. 끼워넣기 모형에서 표면에 생성되는 활성점이나 접촉활성화 모형에서 몰리브데넘과 코발트 황화물이 접촉하여 만드는 활성점이 바로 Co−Mo−S 구조이기 때문이다.

촉매활성점을 이루는 코발트와 몰리브데넘의 함량비에 따라 활성점의 구조가 달라질 수 있다. 그림 7.19에는 Co/Mo 비에 따른 활성점의 구조 변화에 대한 가상적인 모형을 정리하였다[32]. Co/Mo 비가 낮으면 판형 MoS₂의 모서리에 코발트 원자가 놓여 있는 Co−Mo−S 구조의 활성점이 생성된다(가). Co/Mo 비가 중간 정도이면 판형 MoS₂의 끝부분에 코발트 황화물이 원자 뭉치나 알갱이로 놓여 있다(나). 끼워넣기 모형에서 표면에 코발트 황화물이 생성된다. Co/Mo 비가 높으면 Co₉S₈의 코발트 황화물이 생성되어 판형 MoS₂와 접촉한 상태로(다), 앞에서 설명한 접촉활성화 모형과 같은 상태이다. Co−Mo/Al₂O₃ 촉매에서 여러 종

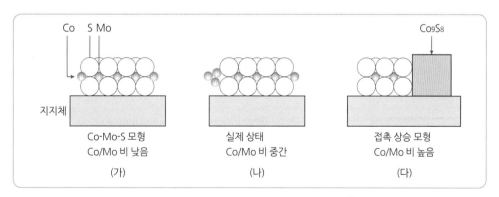

그림 7.19 Co−Mo/Al₂O₃ 촉매의 Co/Mo 비에 따른 활성점 모형[32] (가) MoS₂ 판의 바깥에 코발트 원자가 끼어 있음. (나) 알갱이의 크기가 다른 코발트 황화물이 표면에 있음. (다) Co₉S₈이 MoS₂와 접촉하고 있음.

류의 활성점이 제안된 이유는 코발트와 몰리브데넘의 조성비와 전처리 조건에 따라 표면에 생성되는 활성점 구조가 다르기 때문으로 설명한다.

Co-Mo-S 생성 방법도 여러 가지이다. MoS_2와 코발트가 낱개로 결합하여 Co-Mo-S를 생성하는 대신 조그만 코발트 황화물이 MoS_2와 결합하여 Co-Mo-S를 생성한다는 주장도 있다. 몰리브데넘이 알루미나의 산소를 다리로 결합한 상태에서 생성된 Co-Mo-S는 고온에서 완전히 황화된 몰리브데넘 황화물 표면에 생성된 Co-Mo-S보다 활성이 낮다. 코발트나 니켈이 결합된 Co(Ni)-Mo-S가 Mo-S보다 활성이 높은 이유를 몰리브데넘과 황의 결합세기로 설명한다. 전이금속 황화물의 결합세기와 HDS 반응에서 촉매활성 사이에 전형적인 화산(volcano) 경향이 나타난다. Co(Ni)-Mo 상태에서는 몰리브데넘의 d 궤도함수가 절반 정도 채워져서 Mo-S의 결합세기가 HDS 반응에 아주 적절하다.

(7) Co-Mo/Al₂O₃ 촉매에서 HDS 반응의 경로

Co-Mo/Al₂O₃ 촉매의 활성점에 대한 모형은 여러 가지이나, 배위수가 적은 Mo^{3+}에 황화합물이 흡착하면서 HDS 반응이 시작된다는 점은 모두 같다. Ni-W/Al₂O₃ 촉매에서 싸이오펜의 HDS 반응경로를 그림 7.20에 보였다[33]. Ni-W/Al₂O₃ 촉매를 수소/황화수소 혼합물로 처리하면, 황화물이 생성되고 황 이온에 활성화된 수소 원자가 흡착하면서 니켈이 금속 상태로 환원된다. 표면에 비어 있는 황 이온 자리에 싸이오펜의 황이 흡착하면 활성화된 수소 원자가 인접한 탄소원자에 더해지면서 C=C 결합이 수소화된다. 양쪽 탄소 원자에 수소 원자가 더해지면 부타다이엔이 생성되면서 니켈은 다시 +2가 상태로 복원된다. 이어 황화수소가 떨어지면서 황 이온 빈자리가 생성되어 촉매반응이 완결된다. 이수소싸이오펜이 HDS 반응의 중요한 중간체임을 근거로, 위 설명과 달리 2,3-과 2,5-이수소싸이오펜이 생성된 후 금속과 고리의 결합이 금속과 황의 결합으로 바뀌면서 C-S 결합이 분해된다고 설명하기도 한다. 활성점의 구조에 따라서 실제 반응경로가 다를 수 있다.

HDS 반응의 경로에 대해서도 여러 가지 설명이 많고, 수소화와 중간체의 상태와 성격에 대해서도 논란이 많다. 싸이오펜의 황이 활성점인 몰리브데넘에 흡착한다는 실험적인 근거는 상당히 많지만, 싸이오펜이 어떻게 흡착하느냐는 확실하지 않다. 싸이오펜고리가 흡착하여도 수소화 과정에서 흡착 상태가 바뀔 수 있다. 수소 압력이 낮을 때와 높을 때, 반응물의 크기나 화학적 성격에 따라 수소화반응의 진행 가능성이 다르기 때문에 반응경로를 한 가지로 설명하기 어렵다. 개략적으로는 HDS 반응에서 황제거 과정을 황 화합물의 흡착 → 수소화반응 → C-S 결합의 분해반응 → 탄화수소의 분해반응 → 황화수소의 탈착 → 촉매활성점의 재생으로 이해한다.

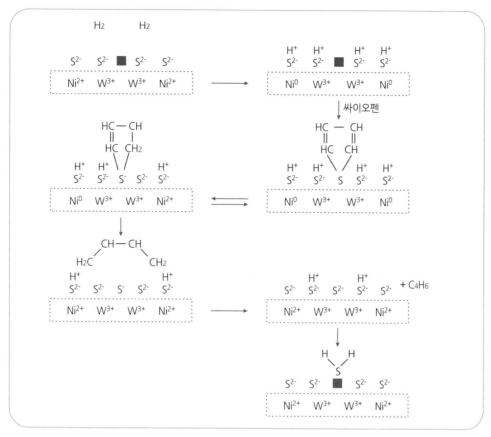

그림 7.20 금속 황화물 촉매에서 싸이오펜의 HDS 반응경로[33] ■은 황 이온의 빈 자리를 뜻하고, 금속 양이온 사이에서 전하가 고루 퍼져 있음을 나타내기 위해 금속 부분은 점선 상자 (⋮)로 묶었다.

(8) HDS 촉매의 활성저하

HDS 촉매는 사용 중에 활성저하되며, 활성저하 원인은 아래처럼 다양하다.

1) 활성물질의 소결
2) 활성물질의 분해
3) 반응물이나 생성물에 의한 활성점 막힘
4) 탄소침적
5) 금속 황화물의 침적

이 중에서도 반응물에 들어 있는 큰 방향족 화합물이 활성점에 흡착하여 수소를 잃어버리면서 탄소로 침적하는 현상과 니켈이나 바나듐 금속이 촉매 표면에 축적되는 데 따른 활성저하가 가장 심하다. 사용 초기에는 탄소의 침적에 의한 활성저하가 심하고, 장기간 사용 후에는 금속의 침적에 의해 촉매의 활성이 많이 저하된다.

아스팔텐처럼 크고 끓는점이 높은 물질이 촉매활성점에 흡착하면 쉽게 분해되지도 않고 탈착되지도 않아서 활성점을 계속 덮고 있으므로 촉매활성이 저하된다. 아스팔텐 외에도 황화합물이 분해되면서 생성된 알켄이 중합한 고분자물질이 촉매 표면에 침적되어 활성이 저하되므로 촉매의 산성도에 따라 활성저하 정도가 달라진다. 중합반응의 생성물인 고비점물질이 바로 제거되지 않고 수소를 잃어버리면 탄소로 침적한다. 이런 이유로 초기에 침적되는 물질의 H/C 비는 1.0~1.2 범위로 방향족 화합물과 조성이 비슷하지만, 시간이 지나면 수소가 많이 제거되면서 H/C 비가 0.4~0.6으로 흑연과 비슷해진다. 침적된 탄소로 활성점이 덮이거나 세공이 막히면 촉매활성이 심하게 저하된다. 촉매 내부뿐만 아니라 촉매 알갱이 사이에도 탄소가 침적된다. 고정층 반응기에서 조작하는 HDS 공정에서는 알갱이 사이에 탄소가 침적하면 반응물의 흐름이 불균일해지고 압력손실이 커진다.

HDS 공정의 원료인 잔사유에는 바나듐과 니켈이 금속 착화합물 형태로 상당량 들어 있다. 이들은 반응 도중에 황화물이 되어 촉매 알갱이의 바깥 부분에 침적한다. 바나듐이 침적되면 지지체의 녹는점이 낮아져서 촉매의 세공이 함몰되므로 세공 내 활성점이 없어져서 촉매활성이 낮아진다. 반면, 침적한 니켈이 촉매활성점을 덮으면 HDS 반응 대신 수소화 분해 반응이 진행된다. 탄화수소가 메탄으로 수소화 분해되면 생성물의 가치가 낮아질 뿐만 아니라, 수소를 많이 소비하므로 운전비용이 많이 든다. 바나듐과 니켈은 상압 잔사유에 각각 5 ppm과 200 ppm 정도 들어 있으나, 끓는점이 높은 진공 잔사유에는 이보다 훨씬 더 많이 들어 있다.

HDS 공정의 촉매활성과 수명은 반응물에 들어 있는 황과 질소 화합물, 아스팔텐, 금속의 함량에 따라 크게 달라진다. 끓는점이 낮은 나프타는 황과 질소 화합물의 함량이 작아서 HDS 반응과 HDN 반응이 완벽하게 진행된다. 활성저하가 느려 촉매 수명도 매우 길다. 반면, 잔사유처럼 황과 질소 화합물의 함량이 많고 끓는점이 높은 반응물을 수소처리하면 공정의 효율이 떨어져서 황 제거율과 질소 제거율이 모두 낮아진다. 활성저하가 빨라 촉매 수명도 상당히 짧다. 가솔린과 나프타의 수요가 많아지면서 잔사유의 HDS 공정이나 HDN 공정의 처리 필요성이 커지면서, 끓는점이 높은 물질이 많이 들어 있는 원료유를 효과적으로 처리하는 촉매 개발에 관심이 많다. 수소를 적게 사용하면서도 잔사유에서 효과적으로 황, 질소, 금속을 제거하는 새로운 촉매 개발이 필요하다.

(9) 새로운 HDS 촉매 개발

HDS 공정에서 황 화합물의 제거 목표는 점점 높아지나, 반응물의 황과 질소 화합물 함량도 점차 많아진다. 이를 위해서 기존의 Co-Mo/Al$_2$O$_3$ 촉매보다 활성이 높고 활성저하가 느린 촉매의 개발에 관심이 많다. 지지체를 개선하거나 새로운 촉매활성물질을 탐색하는 두 가지 흐름이 있다. 오래전부터 사용하고 있는 γ-알루미나 대신 중간세공을 도입한 층상 알루미나(pillared alumina)를 지지체로 사용하거나, 세공이 비교적 크면서도 세공벽이 두터워 열적 안정성이 우수한 SBA-15 중간세공물질을 지지체로 사용하려는 시도이다. 새로운 활성물질로 루테늄 황화물을 사용하거나 NiMoW처럼 활성물질을 세 가지 사용한다.

염화루테늄(III)을 젖음법으로 SBA-15 중간세공물질에 담지한 후 질소/황화수소 기류에서 황화처리하여 촉매를 제조한다. 골격이 규소과 산소로만 이루어진 SBA-15 중간세공물질에 루테늄 함량이 7 wt%가 되도록 담지한 촉매는 다이벤조싸이오펜의 HDS 반응에서 활성이 우수하다. 비페닐이 많이 생성되어 HYD 반응에 비해 DDS 반응에 대한 선택성이 높다. 골격에 지르코늄을 도입하면 활성이 더 개선된다. 활성물질은 루테늄 황화물(RuS_2)이며, 세공이 큰 SBA-15 중간세공물질에 잘 분산 담지되어 있어서 촉매활성이 높다[27].

NiMo와 NiW 대신 이들을 같이 조합한 NiMoW를 촉매활성물질로 사용하면 HDS 반응에서 촉매활성이 향상된다. 실리카나 SBA-15 중간세공물질에 담지한 NiMoW 촉매는 알루미나에 담지한 상용 NiMo 촉매보다 다이벤조싸이오펜의 HDS 반응에서 활성이 높다. 인을 미리 담지한 SBA-15 중간세공물질에 담지된 CoMoW 촉매의 활성도 우수하다. 그림 7.21에 SBA-15 중간세공물질에 담지한 NiW, NiMo, NiMoW 촉매에서 다이벤조싸이오펜과 4,6-다이메틸다이싸이오펜의 HDS 반응 결과를 보였다. 공간적 장애로 4와 6 위치에 메틸기가 치환된 4,6-다이메틸다이벤조싸이오펜(4,6-DMDBT)의 전환율은 다이벤조싸이오펜의 전환율에 비해 낮다. NiMoW 촉매를 사용하면 이 두 가지 반응물의 HDS 반응에서 NiMo와 NiW 촉매에 비해 활성이 높았다. Ni, Mo, W 세 가지 성분을 담지하면 활성물질의 소결이 억제되어 분산도가 높아 촉매활성점이 많이 생성되어 촉매활성이 높다. 생성물의 분포에서

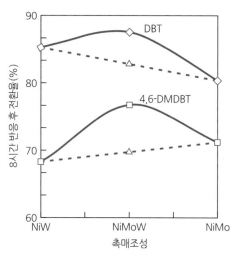

그림 7.21 SBA-15에 담지한 NiMo, NiMoW, NiW 촉매에서 DBT(◇)와 4,6-DMDBT(□)의 HDS 반응[34] 삼각형은 NiW와 NiMo 촉매를 물리적으로 섞어 만든 촉매에서의 반응 결과이다.

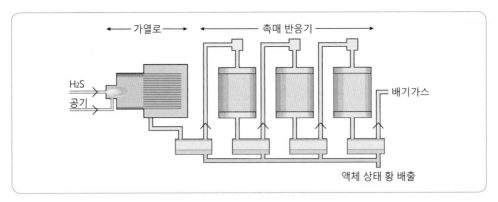

그림 7.22 클라우스 공정의 흐름도[36]

DDS 반응과 HYD 반응의 속도가 적절하게 균형을 이루어 HDS 반응이 효과적으로 진행됨을 확인하였다[34].

(10) 황화수소제거 촉매공정

수소첨가 황제거공정에서 석유제품의 황은 황화수소로 전환되어 제거된다. 황화수소는 유기 아민에 흡수시켜 모으기도 하지만, 이산화황과 반응시켜 황으로 회수한다. 정유공장에서는 황화수소 일부를 산소와 반응시켜 만든 이산화황과 황화수소를 반응시켜 황을 제조하는 클라우스(Claus)공정을 운용한다. 회수한 황은 황산 제조에 원료로 사용한다. 클라우스공정에서 일어나는 반응식은 아래에, 공정의 개략도를 그림 7.22에 나타내었다[35,36].

$$2\,H_2S + SO_2 \rightleftharpoons 3\,S + 2\,H_2O \tag{7.21}$$

황화수소와 이산화황의 반응은 가역반응으로, 최대 전환율이 95~98%에 이르러도 반응하지 않은 황화수소가 상당량 남아 있다. 황화수소의 전환율을 높이기 위해 철과 크롬 산화물로 담지한 γ-알루미나를 촉매로 사용한다. 슈퍼 클라우스(Super Claus)공정이라고 부르며, 200~300 ℃에서 운전하면 전환율이 99% 이상이며 황화수소와 이산화황은 거의 다 황으로 전환된다.

🔍 8 타이타늄 실리카라이트(TS - 1)에서 부분산화반응

탄화수소의 부분산화반응에 사용하는 산화제로는 분자 상태의 산소가 가격과 공급 면에서 가장 효과적이지만, 산소 분자를 적절히 활성화시키기 어렵기 때문에 유기 과산화물이나 과산화수소를 산화제로 사용한다. 유기 과산화물은 반응성이 좋고 유기용매에 잘 녹아서 낮은 온도에서도 특정 관능기를 선택적으로 산화시키지만, 비싸서 특별한 용도 외에는 사용하지 않는다. 과산화수소는 분자 상태의 산소에 비하면 비싸지만, 선택성이 높고 산소 함량이 많은 산화제이다. 촉매를 사용하여 낮은 온도에서도 과산화수소로 유기물을 선택적으로 부분산화할 수 있으면, 물 이외의 부산물이 생성되지 않아서 아주 바람직하다. 4~6족 금속 산화물이 과산화수소를 산화제로 이용하는 부분산화반응에서 촉매작용이 있으나, 이들의 친수성 표면에 물이나 극성용매가 흡착하면 촉매활성이 매우 낮아진다. 이런 이유로 과산화수소를 산화제로 사용하는 유기반응에서는 탈수제를 넣거나 물을 연속적으로 증류 제거하면서 반응을 진행시킨다.

이탈리아의 에니헴(Enichem, 현재는 Polimeri Europa) 사에서는 타이타늄 원자가 실리카라이트 골격에 들어 있는 TS-1 촉매에서 사이클로헥사논을 과산화수소와 암모니아의 혼합물과 반응시켜 사이클로헥사논 옥심을 제조하는 암모니아첨가 산화반응을 개발하였다. 기존 공정에서는 황산 중에서 베크만 재배열반응(Beckmann rearrangement)을 거쳐 나일론-6의 제조 원료인 카프로락탐을 생산한다. 카프로락탐 1 kg을 생산하는 데 부산물로 4.5 kg의 황산암모늄이 생산되고, 다량의 산성 폐수가 발생한다. 그러나 TS-1을 촉매로 사용하면 황산을 사용하지 않아서 황산암모늄이 생산되지 않고, 기상에서 베크만 재배열반응을 거쳐 카프로락탐을 생산하므로 아주 환경친화적이다[37]. 1994년 12,000톤/년 규모의 시범공장이 건설되어 운전되다가, 2003년 스미토모 케미칼(住友化學) 사에서 일본에 상업공장을 건설하여 운전 중이다. 종래의 카프로락탐 제조공정에 필수적인 하이드록실아민의 제조공정 단계가 필요하지 않아 시설비가 크게 줄어들고, 폐수와 부산물이 발생하지 않는다. 그러나 반응물로 사용하는 과산화수소의 가격에 따라 이 공정의 경제성이 달라진다. 사이클로헥산에서 카프로락탐을 제조하는 공정 이외에도 페놀, 톨루엔, 부타다이엔 등 다양한 원료에서 카프로락탐을 제조한다고 하나, TS-1을 사용하는 제조공정의 상업화 속도는 그리 빠르지 않다. 그렇지만 전이금속을 골격에 치환한 제올라이트를 촉매로 사용하는 점이 특이하고, 환경친화성이 높은 공정이어서 관심이 많다.

TS-1 촉매에서 과산화수소를 산화제로 사용하는 유기물의 부분산화반응은 종류가 매우 많다[38]. 중요한 반응만 열거해도 알켄, 방향족 화합물, 페놀의 하이드록시화반응, 벤젠과 알켄의 부분산화반응, 알켄의 에폭시화반응, 프로필렌 옥사이드의 제조반응, 카르보닐 화합물의 암모니아첨가 산화반응 등 매우 다양하다. 상업화된 공정으로는 페놀에서 카테콜과 하이드로퀴논을 제조하는 하이드록시화반응, 부산물을 생성하지 않는 사이클로헥사논 옥심의 제조공정, 프로필렌에서 프로필렌 옥사이드를 제조하는 공정(hydrogen peroxide propene oxide: HPPO)이 있다. TS-1 촉매를 개발한 회사에서 상용화가 가능하다고 주장하는 공정을 그림 7.23에 정리하였다[39].

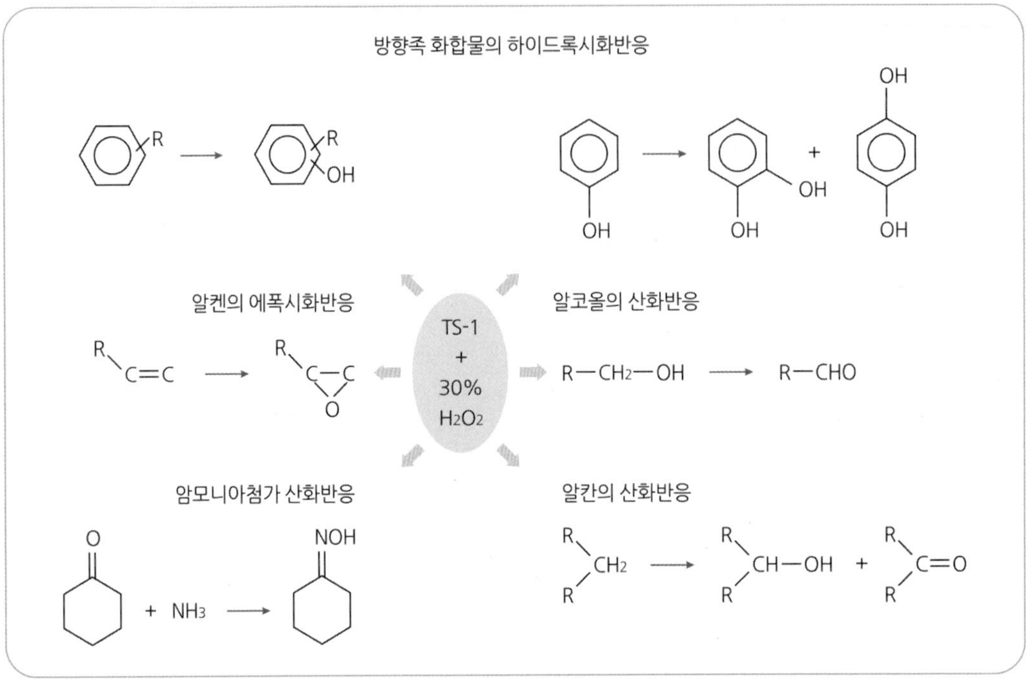

그림 7.23 TS-1 촉매와 과산화수소를 이용하는 상용화 가능 부분산화반응[39]

아나타제와 루틸구조의 타이타니아가 과산화수소를 산화제로 사용하는 부분산화반응에 활성이 없는데도, TS-1 촉매가 이 부분산화반응에 활성이 우수한 이유로 제올라이트 골격에 타이타늄 원자가 서로 떨어져 분포되어 있기 때문이라고 설명한다. 소수성인 실리카라이트의 골격이 과량의 물이 활성점에 접근하지 못하도록 차단하고, 정사면체구조(TiO_4)의 타이타늄에서 과산화수소가 활성화되면서 부분산화반응이 진행된다.

촉매활성은 골격에 들어 있는 타이타늄의 함량에 비례하지만, TS-1의 골격에 들어 있는 타이타늄 함량은 2% 내외로 적다. $Ti(OSi)_4$ 내에서 Ti-O 결합 길이는 1.80 Å으로 Si-O 결합의 길이 1.61 Å보다 상당히 길다[40]. 골격에 타이타늄이 치환되면 단위세포의 길이가 늘어나서, 그림 7.24에 보인 것처럼 TS-1의 타이타늄 함량이 3%일 때까지 단위세포의 부피가 선형적으로 증가한다[41]. 타이타늄 함량이 더 많아져도 단위세포의 부피가 더 이상 커지지 않아서 타이타늄의 골격 내 도입량에 한계가 있다. Si/Ti = 10 정도까지 타이타늄 함량을 높일 수 있다는 TS-1 합성법이 보고되기도 했으나, 재현성에 의문이 많다.

타이타늄이 실리카라이트 골격에 치환되었는지를 여러 가지 방법으로 확인한다. 정사면체 배위수소의 타이타늄이 있으면 IR 스펙트럼에서 $960\,cm^{-1}$ 흡수띠가 나타나므로, 이를 정사면체 타이타늄의 '지문'처럼 생각한다. UV-Vis 스펙트럼에서도 타이타늄의 골격 치환을 확인한다. 정사면체구조의 TiO_4 단위는 $50,000\,cm^{-1}$에서만 흡수띠가 나타나는데, 과산화수소를 이용하는 부분산화반응에 활성이 없는 아나타제의 타이타니아에서는 $30,000\,cm^{-1}$에서도

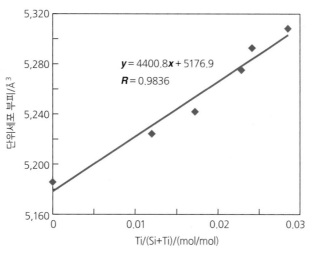

그림 7.24 YNU 법으로 합성한 TS-1에서 타이타늄 함량과 단위세포 부피의 관계[41]

흡수띠가 같이 나타난다. XANES 분광법도 타이타늄이 실리카라이트의 골격에 들어 있는지를 조사하는 효과적인 방법이다. 골격에 들어 있는 타이타늄에서는 단일흡수띠가 나타나지만, 정팔면체 타이타늄에서는 세 개로 나뉘어진 흡수띠가 나타난다.

TS-1 촉매에서 부분산화반응은 낮은 온도에서도 상당히 빠르게 진행된다. 표 7.8에 TS-1 촉매에서 선형 알켄의 에폭시화반응의 속도를 비교하였다. 과산화수소의 농도가 1%로 낮아도 1-펜텐과 1-헥센의 에폭시화반응은 상온에서 빠르게 진행한다. 극성이 있는 알코올이 용매로 적절하며, 메탄올 > 에탄올 > 아이소프로판올 > 아세톤의 순으로 에폭시화반응이 느려진다. 에탄올의 물 함량이 50% 이상으로 높아지면 프로필렌의 용해도가 낮아서 반응속도가 느려진다. 에폭시화 생성물에 대한 선택도는 90% 이상으로 높고 부생성물이 아주 적어서 반응이 효과적으로 진행된다.

표 7.8 알켄의 에폭시화반응[1][38]

알켄	반응온도(℃)	반응시간(분)	$t_{1/2}$(분)[2]	전환율(%)	과산화수소 기준 선택도(%)
1-부텐	-5	60	-	96	96
1-펜텐	25	60	5	94	91
1-헥센	25	70	8	88	90
사이클로헥센	25	90	-	9	-
1-옥텐	45	45	5	81	91

[1] 용매; 메탄올, 알켄 주입 속도; 0.90 mol · s^{-1}, TS-1 농도; 6.2 g · L^{-1}
[2] 과산화수소의 전환율이 50%에 이르는 데 걸리는 시간

과산화수소를 이용한 산화반응에서 TS-1 촉매의 활성점과 반응기구에 대해서는 여러 가지 설명이 제안되어 있다. TS-1에서 에폭시화반응의 활성점으로 제시된 구조를 그림 7.25

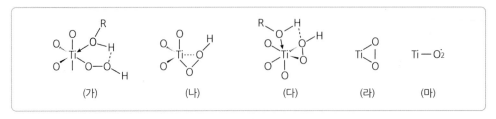

그림 7.25 TS-1 촉매에서 에폭시화반응의 활성점으로 제안된 구조[38]

보였다[38]. 타이타늄의 화학결합 상태는 조금씩 다르지만, 어느 구조에서도 Ti-OOH 화학종이 생성된다. 용매와 반응물에 따라 진행 과정이 조금씩 다르지만, Ti-OOH 화학종에는 활성화된 산소가 있어 부분산화반응이 가능하다. 그림 7.25 (가) 구조의 활성점에서 프로필렌이 에폭시화되는 반응경로를 그림 7.26에 보였다. 4배위구조의 타이타늄에 과산화수소가 반응하여 Ti-OOH 화학종이 생성되고, 이들은 물이나 알코올과 수소결합한다. 프로필렌의 이중결합이 타이타늄에 붙어 있는 과산화물 상태의 산소와 반응하여 에폭사이드가 생성된다. 에폭시 화합물이 많아지면 반응속도가 느려지므로 생성된 에폭사이드의 탈착이 반응속도 결정에 중요하다. 활성화된 산소가 반응물과 쉽게 결합하므로 낮은 온도에서도 부분산화반응이 선택적으로 진행된다.

타이타늄이 골격에 들어 있는 TS-1 실리카라이트는 타이타늄 알콕사이드를 반응물로 사용하여 제올라이트처럼 합성한다. 테트라에틸타이타네이트(tetraethyltitanate)와 테트라에틸실리케이트(tetraethylsilicate)를 테트라프로필암모늄 하이드록사이드(tetrapropylammonium hydroxide)와 함께 넣어 합성모액을 만들어 수열반응시킨다. 타이타늄과 규소의 알콕사이드가 물과 반응하여 가수분해되는 속도가 서로 달라서, 타이타늄알콕사이드의 가수분해반응의 속도

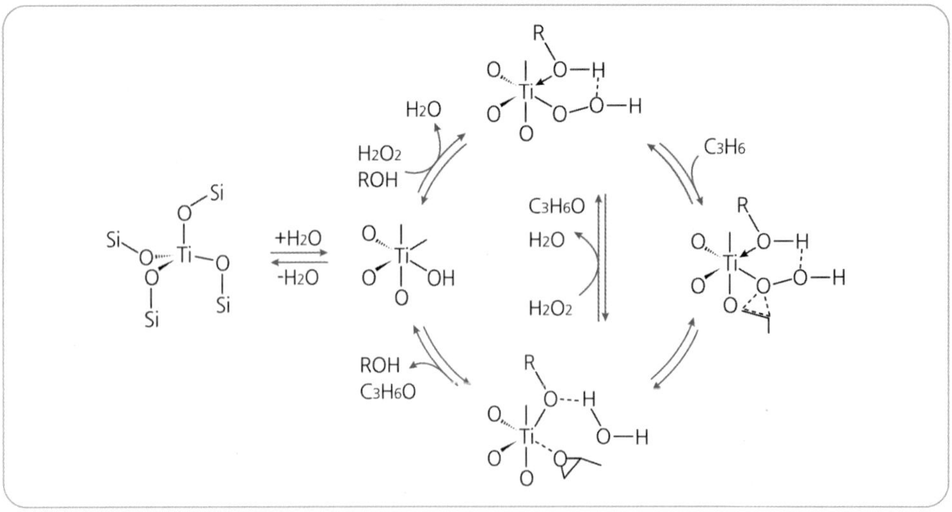

그림 7.26 그림 7.25의 (가) 구조의 활성점에서 에폭시화반응의 기구[38]

를 잘 조절해야 결정성이 우수한 TS-1을 합성할 수 있다. 타이타늄알콕사이드가 빠르게 가수분해하면 바로 타이타니아로 축합되기 때문이다. 이러한 제한 때문에 TS-1에서 Ti/(Ti+Si) 비가 0.025 정도로 낮다.

TS-1 외에도 타이타늄이 골격에 들어 있는 제올라이트가 많다[40]. MEL 구조의 TS-2, BEA 구조의 Ti-BEA, MOR 구조의 Ti-MOR, MWW 구조의 Ti-MWW 등이 대표적인 Ti-제올라이트이다. 제올라이트 골격에 따라 세공크기가 다르고, 알루미늄 원자가 같이 들어 있느냐 여부에 따라 친수성과 소수성이 다르다. 1-헥센의 과산화수소에 의한 에폭시화반응에서 Ti-MWW는 TS-1보다 활성과 선택성이 모두 우수하다. 특히 후처리를 통해 중간세공을 도입한 Ti-MWW는 TS-1보다 활성이 상당히 높다. 제올라이트가 아닌 중간세공물질에도 타이타늄을 골격에 도입하는데, Ti-MCM-48 중간세공물질은 세공이 커서 큰 분자의 부분산화반응에 효과적이다.

TS-1 촉매는 사용 도중 여러 가지 이유로 활성이 저하된다. 타이타늄이 골격에서 빠져나오거나 세공구조가 무너져 활성이 낮아지고, 촉매에 침적된 탄소와 타르에 의해서도 활성이 저하된다. 반응에 사용한 촉매를 높은 온도에서 소성하면 활성이 회복되는 점으로 미루어 촉매의 구조 변화나 활성물질의 상실보다는 반응 도중에 생성된 고비점 탄화수소와 타르의 침적이 중요한 촉매활성저하의 원인이다[42].

TS-1 촉매에서 과산화수소를 산화제로 사용하는 프로필렌 옥사이드의 제조공정은 환경친화적인 점에서 아주 유명하다[43]. 오래전부터 은 촉매에서 산소를 활성화하여 에틸렌에서 에틸렌 옥사이드를 제조하였지만, 산소를 산화제로 사용하여 프로필렌에서 프로필렌 옥사이드를 만들지 못하였다. 산소를 이용하여 프로필렌에서 아크로레인과 아크릴산을 제조하는 공정이 1960년대 상용화된 점과 비교하면 매우 특이하다. 이런 이유로 중개물질(mediator)를 사용하여 프로필렌 옥사이드를 제조한다. 염소, 에틸벤젠, 이소부텐, 큐멘 등을 중개물질로 사용하는 공정이 개발되었으나, 부산물의 분리와 재순환을 위한 시설비의 부담이 크다. 부산물이 많이 생성되어 이들의 시장 가격에 따라 공정의 경쟁력이 달라진다. 이에 비해 TS-1 촉매에서는 수소와 산소를 반응시켜 과산화수소를 제조하고, 이를 이용하여 프로필렌을 산화시키므로 원료가 단순하고, 중개물질이 없으며, 부산물이 생성되지 않는다.

표 7.9에 프로필렌 옥사이드의 제조공정을 비교하였다. 바스프(BASF) 사와 다우(DOW) 사는 공동으로 HPPO 공정을 개발하여 벨기에에 연 300 kt 규모의 공장을 건설하였다. 고정층 반응기로 구성되어 있으며 메탄올을 용매로 사용한다. 메탄올에 의해 안정화된 과산화타이타늄(hydroperoxotitanium) 상태를 거쳐 프로필렌 옥사이드가 생성된다(그림 7.27).

표 7.9 프로필렌 옥사이드의 제조공정 비교[43]

공정	중개물질	중간체	부산물/순환물질
PCHPO	염소, 물	HOCl, PCH	$\geq$2 t 염화물 $\geq$40 t 물
SMPO	에틸벤젠	에틸벤젠-과산화물	$\geq$2.2 t 스타이렌
MTBEPO	이소부텐	t-부틸과산화물	$\geq$2.4 t 부탄올
큐멘 PO	큐멘	큐멘-과산화물	~1.5 t 큐밀알코올
HPPO	-	과산화수소	$\geq$0.3 t 물

* PCH는 프로필렌클로로하이드린(propene chlorohydrin), SM은 스타이렌 단량체, MTBE는 메틸-t-부틸에테르이다.

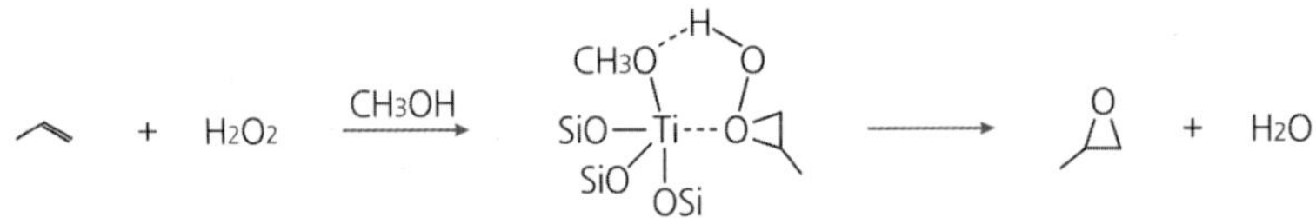

그림 7.27 프로필렌에서 프로필렌 옥사이드의 제조반응

HPPO 공정에서는 폐수 발생량이 80% 이상 줄어들고, 에너지 사용량이 35% 이상 절감되며, 공정이 단순화되어 공정 경쟁력이 크게 강화되었다. 이런 우수성 때문에 HPPO 공정은 대표적인 친환경공정이라고 여러 기관에서 상을 받았다.

TS-1 촉매의 활성은 따로따로 떨어져 골격에 들어 있는 타이타늄의 개수에 비례하기 때문에 골격에 타이타늄을 많이 도입하면 활성이 높아진다. TS-1의 합성 과정에 탄산암모늄을 첨가하면 핵심이 생성되는 단계에서부터 타이타늄이 골격에 끼어들어 타이타늄 함량이 많아질 뿐 아니라 골격에 고르게 분산된다[41]. 에니헴 연구진이 제안한 방법으로는 TS-1의 Si/Ti 비가 58인데 비해, 탄산암모늄을 첨가하여 만든 TS-1의 Si/Ti 비는 34으로 낮아서, 타이타늄의 골격 내 함량이 두 배 정도 많다. 타이타늄 함량이 많은 TS-1은 1-헥센과 2-헥사놀의 산화반응에서 활성이 높다.

규칙적이고 3차원적인 중간세공이 발달한 Ti-SBA-12와 Ti-SBA-16 중간세공물질은 과산화수소를 이용한 페놀의 산화반응에 촉매활성이 있다[44]. SBA 계열의 중간세공물질은 세공벽이 두꺼워 매우 안정하고, 3차원 세공이 발달되어 촉매로서 유용하다. Ti-SBA-12에서 Si/Ti 비를 45.7까지, Ti-SBA-16에서는 Si/Ti 비를 40.6까지 낮추어 골격에 치환된 타이타늄의 함량이 보편적인 방법으로 합성한 TS-1에 비해 낮다. Ti-MCM-41과 Ti-SBA-15보다는 Ti-SBA-12와 Ti-SBA-16의 활성이 높으나, TS-1에 비해서는 고유 활성이 낮다. 이들 촉매에서는 페놀의 산화반응에서 카테콜과 하이드로퀴논만 생성되고, Ti-SBA-12에서는 $para$-선택성이 높은 점이 특이하다.

TS-1의 합성모액에 탄소 구조유도물질을 넣어 중간세공이 발달한 TS-1 촉매를 만든다 [45]. CMK-3이나 카본블랙을 합성모액에 넣고 TS-1을 합성한 후 태워서 이들을 제거하면 TS-1 사이사이에 중간세공이 만들어진다. TS-1 중간세공 촉매는 중간세공이 없는 TS-1 촉매와 결정구조가 같으나, TS-1 촉매의 중간세공부피가 $0.07 \text{ cm}^3 \cdot \text{g}^{-1}$인데 비해 CMK-3를 구조유도물질로 사용하여 합성한 TS-1 중간세공물질의 중간세공부피는 $0.31 \text{ cm}^3 \cdot \text{g}^{-1}$으로 상당히 크다. 염화알릴(allyl chloride)의 에폭시화반응에서 촉매활성은 중간세공의 발달 여부에 관계없이 비슷하였으나, 다이벤조싸이오펜이나 4,6-다이메틸다이벤조싸이오펜의 산화 황제거반응에서 활성은 중간세공이 발달한 TS-1 촉매에서 아주 높았다. 큰 황 화합물이 세공 내에 퍼져 있는 활성점에 쉽게 도달하도록 세공구조를 조절하여 촉매의 적용 가능성을 높였다.

세공크기를 조절하여 큰 반응물의 선택적인 부분산화반응이나 바이오매스의 전환반응에 사용할 수 있는 타이타늄 골격 치환 촉매를 개발하려는 연구가 활발하다[46]. TS-1처럼 소수성이면 물이 들어 있는 바이오매스의 전환반응에도 촉매로 사용할 수 있다.

▌참고문헌

1. H.G. Lintz and A. Reitzmann, "Alternative Reaction Engineering Concepts in Partial Oxidation on Oxidic Catalysts", *Catal. Rev.*, **49**, 1−32 (2007).

2. T. Muroi, "New butadiene synthesis processes", Industrial Catalyst News, **60** (2013. 9. 1.).

3. C.−H. Shin, J.−H. Park, E. Noh, K. Row, and J.−W. Park, "Complex oxide catalyst of Bi/Mo/Fe for the oxidative dehydrogenation of 1−butene to 1,3−butadiene and process thereof", US Patent, US2010/0099936A1.

4. 정영민, 권용탁, 김태진, 이성준, 김용승, 오승훈, 송인규, 김희수, 정지철, 이호원, "연속 흐름식 2중 촉매 반응 장치를 이용하여 노르말−부텐으로부터 1,3−부타디엔을 제조하는 방법", 대한민국 특허, 10−2009−0103424.

5. C.H. Bartholomew and R.J. Farrauto, "Fundamentals of Industrial Catalytic Processes", 2nd ed., John Wiley & Sons, Inc., New Jersey (2006), p 560.

6. H. Chon and C.D. Prater, "Hall effect studies of carbon monoxide oxidation over doped zinc oxide catalyst", *Discuss, Faraday Soc.*, **41**, 380−393 (1966).

7. J. Coue, P.C. Gravelle, R.E. Ranc, P. Rue, and S.J. Teichner, "Adsorption of gases by powdered oxides − III. The mechanism of catalytic oxidation of carbon monoxide on nickel oxide", *3rd Intern. Congr. Catal.*, 748−752 (1955).

8. S. Royer and D. Duprez, "Catalytic oxidation of carbon monoxide over transition metal oxides", *ChemCatChem*, **3**, 24−65 (2011).

9. A. Bielanski and J. Haber, "Oxygen in Catalysis on Transition Metal Oxides", *Catal. Rev.−Sci. Eng.*, **19**, 1−41 (1979).

10. C. Doornkamp, M. Clement, and V. Ponec, "The isotropic exchange reaction of oxygen on metal oxides", *J. Catal.*, **182**, 390−399 (1999).

11. D.P. Debecker, V. Hulea, and P.H. Mutin, "Mesoporous mixed oxide catalysts via non−hydrolytic sol −gel: A review", *Appl. Catal. A: Gen.*, **451** 192−206 (2013).

12. J.S. Chung, R. Miranda, and C.O. Bennett, "Study of methanol and water chemisorbed on molybdenum oxide", *J. Chem. Soc. Faraday Trans.*, **81**, 19−36 (1985).

13. F. Trifirò and I. Pasquon, "Classification of oxidation catalysts according to the type of metal−oxygen bond", *J. Catal.*, **12**, 412−416 (1968).

14. G.W. Keulks, "The mechanism of oxygen atom incorporation into the products of propylene oxidation over bismuth molybdate", *J. Catal.*, **19**, 232−235 (1970).

15. R.D. Wragg, P.G. Ashmore, and J.A. Hockey, "Selective oxdiation of propene over bismuth molybdate catalysts: The oxidation of propene using ^{18}O labeled oxygen and catalyst", *J. Catal.*, **22**, 49−53 (1971).

16. J.L. Callahan, R.K. Grasselli, E.C. Milberger, and H.A. Strecker, "Oxidation and ammoxidation of propylene over bismuth molybdate catalyst", *Ind. Eng. Chem. Prod. Res. Develop.*, **6**, 134−142 (1970).

17. S.P. Lankhuyzen, P.M. Florack, and H.S. van der Baan, "The catalytic ammoxidation of propylene over bismuth molybdate catalyst", *J. Catal.*, **42**, 20−28 (1976).

18. F. Cavani, G. Centi, and P. Marion, "Catalytic Ammoxidation of Hydrocarbons on Mixed Oxides", in Metal Oxide Catalysis, S.D. Jackson and J.S.J. Hargreaves Ed., Wiley−VCH, Weinheim (2009), p 771.

19. T.A. Hanna, "The role of bismuth in the SOHIO process", *Coordination Chem. Rev.*, **248**, 429−440 (2004).

20. K.M. Sancier, T. Dozono, and H. Wise, "ESR spectra of metal oxide catalyst during propylene oxidation", *J. Catal.*, **23**, 270−280 (1971).

21. Z. Zhai, A. B. Getsoian, and A.T. Bell, "The kinetics of selective oxidation of propene on bismuth vanadium molybdenum oxide catalysts", *J. Catal.*, **308**, 25−36 (2013).

22. Y.−K. Jeon, S.−W. Row, A. Dorjgotor, S.−D. Lee, K.−S. Oh, and Y.−G. Shul, "Catalytic activity and characterization of $V_2O_5/\gamma-Al_2O_3$ for ammoxidation of m−xylene system", *Korean J. Chem. Eng.*, **30**, 1566−1570 (2013).

23. G.Y. Popova, T.V. Andrushkevich, Y.A. Chesalov, L.M. Plyasova, L.S. Dovlitova, E.V. Ischenko, G.I. Alechina, and M.I. Khramov, "Formation of active phases in MoVTeNb oxide catalysts for ammoxidation of propane", *Catal. Today*, **144**, 312−317 (2009).

24. E.J.M. Hensen, "Hydrodesulfurization Catalysis and Mechanism of Supproted Transition Metal Sulfides", Ph. D. thesis, Eindhoven University of Technology (2000).

25. A. Stanislaus, A. Marafi, and M.S. Rana, "Recent advances in the science and technology of ultra low sulfur diesel (ULSD) production", *Catal. Today*, **153** 1−68 (2010).

26. H. Zhao, "Catalytic Hydrogenation and Hydrodesulfurization of Model Compounds", Ph. D. thesis, Virginia Polytechnic Institute (2009).

27. A. Infantes−Molina, A. Romero−Pérez, D. Eliche−Quesada, J. Mérida−Robles, A. Jiménez−López, and E. Rodríguez−Gastellón, "Transition Metal Sulfide Catalysts for Petroleum Upgrading−Hydrodesulfurization Reactions", in Hydrogenation, I. Karamé Ed., INTECH, Rijeka (2012), p 217.

28. M. Houalla, N.K. Nag, A.V. Sapre, D.H. Broderick, and B.C. Gates, "Hydrodesulfurization of dibenzothiophene catalyzed by sulfided $CoO-MoO_3/\gamma-Al_2O_3$: The reaction network", *AIChE J.*, **24**, 1015−1021 (1978).

29. C.N. Satterfield and G.W. Roberts, "Kinetics of thiophene hydrogenolysis on a cobalt molybdate catalyst", *AIChE J.*, **14**, 159−164 (1968).

30. D.C. McCulloch, "Catalytic Hydrotreating in Petroleum Refining", in Applied Industrial Catalysis, B.E. Leach Ed., Academic Press, New York (1983), p 69.

31. A.N. Desikan, L. Huang, and S.T. Oyama, "Structure and dispersion of molybdenum oxide supported on alumina and titania", *J. Chem. Soc. Faraday Trans..* **88**, 3357−3365 (1992).

32. L. Coulier, "Hydrotreating Model Catalysts: From Characterization to Kinetics", Ph. D. thesis, Eindhoven University of Technology (2001).

33. B.C. Gates, J.R. Katzer, and G.C.A. Schuit, "Chemistry of Catalytic Processes", McGraw−Hill, New York (1979), p 390.

34. J.A. Mendoza−Nieto, O. Vera−Vallejo, L. Escobar−Alarcón, D. Solís−Casados, and T. Klimova, "Development of new trimetallic NiMoW catalysts supported on SBA−15 for deep hydrodesulfurization", *Fuel*, **110**, 268−277 (2013).

35. http://sulfotech.tripod.com/claus.html

36. http://en.wikipedia.org/wiki/Claus_process

37. A. Mettu, "New Synthesis Routes for Production of ε−Caprolactam by Beckmann Rearrangement of Cyclohexanone Oxime and Ammoximation of Cyclohexanone over Different Metal Incorporated Molecular Sieves and Oxide Catalysts", Ph. D thesis, Aachen University (2009).

38. M.G. Clerici, "Titanium Silicalite−1", in Metal Oxide Catalysis, S.D. Jackson and J.S.J. Hargreaves Ed., Wiley−VCH, Weinheim (2009), p 705.

39. Polimeri Europa brochure, "Titanium silcalite (TS−1) zeolite based proprietary catalyst".

40. T. Tatsumi, "Metal−Substituted Zeolites as Heterogeneous Oxidation Catalysts", in Modern Heterogeneous Oxidation Catalysis, N. Mizuno Ed., Wiley−VCH, Weinheim (2009), p 125.

41. W. Fan, R.−G. Duan, T. Yokoi, P. Wu, Y. Kubota, and T. Tatsumi, "Synthesis, crystallization mechanism, and catalytic properties of titanium−rich TS−1 free of extraframework titanium species", *J. Am. Chem. Soc.*, **130**, 10150−10164 (2008).

42. 권송이, 윤성훈, 엄경섭, 이재욱, 이철위, "페놀의 수산화반응에 사용한 TS−1 촉매의 효과적인 재생 방법", *Korean Chem. Eng. Res.*, **48**, 679−683 (2010).

43. P. Bassler, Hans−Georg−Göbel, and M. Weidenbach, "The new HPPO process for propylene oxide: From joint development to world scale production", *Chem. Eng. Trans.*, **21**, 571−576 (2010).

44. A. Kumar and D. Srinivas, "Hydroxylation of phenol with hydrogen peroxide catalyzed by Ti−SBA−12 and Ti−SBA−16", *J. Molec. Catal. A: Chem.*, **368−369**, 112−118 (2013).

45. C.−W. Park, T.−K. Kim, and W.−S. Ahn, "Synthesis of mesoporous TS−1 for catalytic oxidation desulfurization", *Bull. Korean Chem. Soc.*, **30**, 1778−1782 (2009).

46. M. Moliner and A. Corma, "Advances in the synthesis of titanosilicates: From the medium pore TS−1 zeolite to highly−accessible ordered materials", *Micropor. Mesopor. Mater.*, **189**, 31−40 (2013).

제 **08** 장

고체산과 고체염기 촉매

　브뢴스테드(Brönsted)의 산·염기 정의에 따르면 양성자를 줄 수 있는 물질이 산(acid)이고, 양성자를 받을 수 있는 물질이 염기(base)이다. 염산(HCl)처럼 양성자를 쉽게 주는 물질이 강한 브뢴스테드 산이고, 아세트산(CH_3COOH)처럼 양성자를 쉽게 내놓지 않는 물질은 약한 브뢴스테드 산이다. 루이스(Lewis)의 산·염기 정의에서는 고립 전자쌍을 주고받는 성질로 산과 염기를 구분한다. 붕소의 가전자 개수는 6개여서 전자가 부족한 플루오르화붕소(BF_3)는 8전자 규칙을 만족시키려고 전자쌍을 받으므로 루이스 산이다. 수산화나트륨(NaOH)은 고립 전자쌍을 다른 물질에 줄 수 있는 수산화 이온(OH^-)을 제공하므로 루이스 염기이다. 전자가 없는 양성자도 전자쌍을 강하게 받으므로 루이스 산 개념이 브뢴스테드 산 개념보다 더 포괄적이다. 전자밀도가 낮은 금속 양이온은 전자쌍을 받을 수 있어서 루이스 산이나, 양성자를 줄 수 없으므로 브뢴스테드 산은 아니다. 브뢴스테드 개념에서는 산과 염기를 양성자를 주고 받는 기능으로 정의하였으나, 루이스 개념에서는 전자쌍의 수용과 제공이라는 성질로 정의하여 산·염기의 폭을 넓혔다.

　산과 염기는 전자밀도가 낮거나 높은 원자가 있어서 산과 염기는 다른 물질과 쉽게 반응하므로 여러 화학반응에 촉매활성이 있다. 에틸렌 옥사이드의 수화반응(hydration)을 예로 들어 산과 염기의 촉매작용을 설명한다.

$$\underset{O}{CH_2 - CH_2} \;+\; H_2O \;\rightarrow\; \underset{OH \quad OH}{CH_2 - CH_2} \tag{8.1}$$

　수화반응의 반응식은 매우 간단하지만, 상온에서 에틸렌 옥사이드의 $C-O$ 결합이 스스로 끊어지지 않으므로 에틸렌 옥사이드와 물이 직접 반응하여 에틸렌 글리콜을 만들지 않는다. 물은 스스로 수소 이온(양성자)과 수산화 이온으로 나누어지지만, 25 ℃에서 이들의 농도가 10^{-7} M 정도로 아주 낮아서 이들에 의해 수화반응이 시작될 가능성이 거의 없다. 그러나 산이나 염기를 반응물에 가해주면 새로운 반응경로가 생긴다. 그림 8.1에 산과 염기의 촉매작용에 의해 에틸렌 옥사이드가 수화되는 반응의 진행경로를 보였다. 전자가 없는 양성자는 전자밀도가 아주 낮으므로 에틸렌 옥사이드의 전자밀도가 높은 산소 원자에 강하게 끌린다. 에틸렌 옥사이드의 에폭시고리가 열리면서 양전하는 산소 원자에서 전기음성도가 더 낮은 탄소 원자로 옮겨가 탄소 앙이온이 생성된다. 양전하를 띤 탄소에 물의 산소가 결합하면서 하이드록시기가 이 탄소 양이온에 결합하면 에틸렌 글리콜이 생성되고, 양성자가 재생된다. 염기인 수산화 이온은 전자밀도가 높기 때문에 산소에 비해 전자밀도가 낮은 에틸렌 옥사이드의 탄소에 강하게 끌린다. 수산화 이온이 탄소와 결합하여 고리가 열리면서 음이온이 생성되고, 음

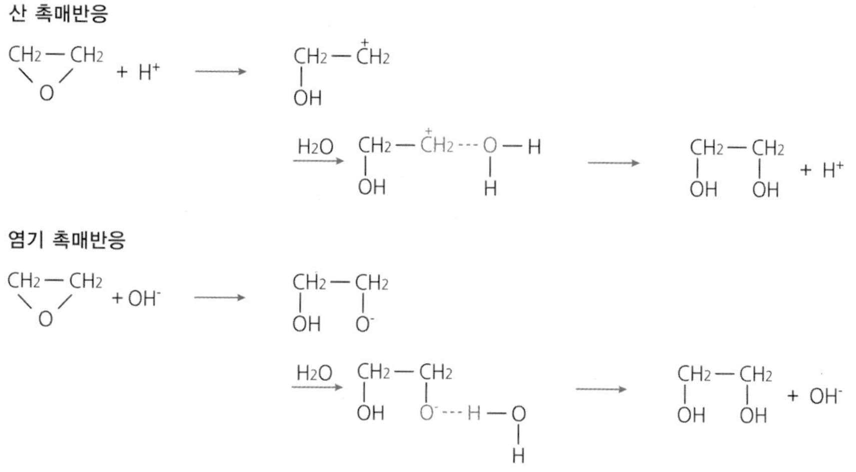

그림 8.1 산과 염기 촉매에서 에틸렌 옥사이드의 수화반응

전하는 전기음성도가 높은 산소로 옮겨간다. 음전하를 띤 산소에 물이 접근하여 이 음이온에 양성자가 결합하여 에틸렌 글리콜이 생성되고, 수산화 이온이 재생되면서 촉매반응이 완결된다.

산 촉매반응에서는 전자밀도가 높은 반응물의 구성 원자에 양성자가 결합하여 양이온 중간체가 생성되지만, 염기 촉매반응에서는 반응물의 전자밀도가 낮은 구성 원자에 수산화 이온이 결합하여 음이온 중간체가 생성된다. 산과 염기 촉매반응은 반응물의 활성화 과정이나 중간체의 성격이 다르지만, 산과 염기에 의해 반응물이 활성화되어 양이온과 음이온 활성중간체가 생성되는 점은 같다. 에틸렌 옥사이드와 물이 직접 반응하기 어렵지만, 전자가 없는 양성자와 전자쌍을 쉽게 제공할 수 있는 수산화 이온은 반응물과 쉽게 결합한다. 양이온과 음이온 활성 중간체는 극성이 강한 물과 강하게 상호작용하여 안정한 에틸렌 글리콜을 생성하고, 양성자와 수산화 이온이 재생되면서 촉매반응이 끝난다.

산과 염기는 화학공업에서 널리 사용하는 아주 중요한 촉매이다. 산은 액체산과 고체산, 유기산과 무기산 등으로 상태와 종류가 다양하다. 액체산인 황산이나 플루오르화수소산은 알킬화반응에, 제올라이트와 실리카–알루미나 등 고체산은 석유화학공업의 촉매 분해반응, 이성질화반응, 알킬화반응 등 대규모 화학공정의 촉매로 사용된다. 점토, 산처리한 점토, 합성 실리카–알루미나, 제올라이트 등 다양한 고체산 촉매의 개발로 석유화학공업의 발전이 가속되었다. 수산화나트륨과 수산화칼륨은 바이오디젤을 제조하는 에스터 교환반응(transesterification)에 촉매로 사용된다. 하이드로탈싸이트(hydrotalcite) 고체염기는 질소 산화물의 제거반응에 촉매활성이 있다. 최근 들어 초강산 촉매, 초강염기 촉매, 산–염기쌍이 촉매로 작용하는 고체산–염기 촉매 등 촉매의 종류가 다양해졌다. 헤테로폴리 화합물, 이온 교환수지, 이온성 액체 등 산성과 염기성을 띠는 물질의 촉매 기능에도 관심이 높다. 석유화학공업뿐만 아니라 유기합성반응, 바이오매스의 전환반응, 환경오염물질의 정화반응에도 고체산과 고체염기를 촉매로 사용한다[1-3]. 이 장에서는 고체산과 고체염기의 촉매성질과 이들의 공업적 응용 예를 소개한다.

🔍 2 고체산의 산성도와 촉매작용

(1) 고체산

고체에서 산성이 나타나는 이유는 액체산과 마찬가지이지만, 고체에서는 원자가 고정되어 있어서 물질의 종류뿐만 아니라 표면의 구성 원소와 이들의 배위 상태에 따라 산으로서 성질이 달라진다.

표면에서 양성자를 내어주는 자리가 브뢴스테드 산점(Brönsted acid site)이고, 고립 전자쌍을 받는 자리가 루이스 산점(Lewis acid site)이다. 액체 상태에서는 산과 염기가 만나서 반응하지만, 고체산점은 표면에 고정되어 있으므로 염기성물질이 산점에 접근하여 흡착한다. 금속에는 자유전자가 있고 이들이 쉽게 움직이므로, 금속 어느 곳에서나 전자밀도가 같아서 금속 표면에는 산점이 생성되지 않는다. 그러나 전기전도도가 아주 낮은 절연체인 금속 산화물에서는 구성 원소와 배위 상태의 차이로 표면에 전자밀도가 낮거나 높은 자리가 생성되고, 전자가 이동하지 않아서 그 상태가 그대로 유지되므로 그 자리가 산점 또는 염기점이 된다.

고체 표면에서 산점의 생성은 일차적으로 표면 원자의 전기적 성질과 관련 있다. 표면에 있는 어느 원자가 전자를 강하게 잡아당기는 원자와 결합하면 그 원자의 전자밀도가 낮아져서, 그 원자가 루이스 산점이 된다. 금속에 결합한 하이드록시기에서 산소 원자와 금속의 결합이 강하면, 산소와 수소의 결합이 약해진다. 이 하이드록시기에서는 양성자가 쉽게 떨어지므로, 이 하이드록시기는 브뢴스테드 산점이 된다. 이와 달리 모두 탄소 원자로 이루어진 흑연에서는 표면 원자가 모두 같고 전기전도도가 높아 전자밀도에 차이가 없으므로 산점이 없다. 탄소와 수소가 공유결합으로 강하게 결합된 포화 고분자물질에서도 모든 전자가 화학결합에 강하게 매여 있고, 구성 원소 사이에 전기음성도 차이가 없어 산점이 생성되지 않는다. 이처럼 고체 표면에서 산점은 구성 원자의 전기음성도 차이로 생성되지만, 구성 원자의 배열 방법과 수화 상태도 산점의 종류와 세기를 결정하는 중요 인자이다.

금속 산화물의 표면은 대부분 하이드록시기로 덮여 있다. 하이드록시기가 서로 수소결합하여 안정화되어 있으면 양성자가 떨어지기 어렵다. 금속 산화물을 가열하면 약하게 결합된 하이드록시기가 이웃한 하이드록시기와 반응하여 물로 제거되면서 표면에 배위수가 낮은 금속 원자가 생긴다. 이 과정에서 생성된 양성자가 쉽게 떨어지는 자리가 브뢴스테드 산점이고, 주위 원자에 비해 전자밀도가 낮아서 고립 전자쌍을 받는 자리가 루이스 산점이다. 그림 8.2에 알루미나 표면에서 산점이 생성되는 과정을 보였다. 알루미나 표면은 보통 하이드록시기로 덮여 있으며, 가열하면 이웃한 하이드록시기가 서로 반응하여 물로 제거된다. 전자밀도가 낮아 전자쌍을 받을 수 있는 알루미늄 원자가 표면에 드러나는데, 이 알루미늄 원자가 루이스 산점이다. 물이 제거된 알루미나에 다시 물을 가하면, 루이스 산점인 알루미늄 원자와 결합된 물에서 양성자가 쉽게 떨어지는 브뢴스테드 산점이 생성된다. 가열하면 탈수되면서 브뢴스테드 산점이 루이스 산점이 되고, 물을 넣어주면 다시 브뢴스테드 산점이 된다. 알루미나의 산점과 염기점을 표면의 OH가 어떤 상태의 알루미늄 원자와 결합하였느냐로 구별하기도 한다 [1]. 다섯 가지 구조가 소개되어 있다. 6배위 알루미늄 원소 두 개와 결합한 $(Al)_2-OH$는 중성이고, 6배위 알루미늄 원자 세 개와 결합한 $(Al)_3-OH$는 산성이다. 반면 6배위 알루미늄 원자 하나와 결합된 $Al-OH$는 염기성이다. 알루미나에서는 전처리 조건에 따라 이들 산점의 종류와 개수가 달라지지만, 브뢴스테드 산점이나 루이스 산점만 있는 고체산도 있다.

실리카 골격에 알루미늄 원자가 조금 치환되어 있는 알루미노실리케이트를 예로 들어, 다른 원소로 이루어진 복합 산화물에서 산점의 생성을 설명한다. 규소 원자는 네 개의 산소 원자를 다리로 다른 네 개의 규소 원자와 결합하고 있다. +4가인 규소 원자는 네 개의 산소 원자와 결합하고, -2가인 산소 원자는 두 개의 규소 원자와 결합하고 있다. 규소 원자와 산소 원자는 모두 전기적으로 중화되어, 규소 원자와 산소 원자만으로 이루어진 실리카에는 양성자를 내어줄 수 있는 하이드록시기와 전자쌍이 부족한 자리가 생성되지 않아서 실리카는 산성을 띠지 않는다.

그러나 실리카 골격의 규소 원자가 알루미나 원자로 치환되면 실리카의 전기적 중화 상태가 깨어진다. 규소 원자는 +4가이나 알루미늄 원자는 +3가이기 때문이다. 산소 원자 네 개와 알루미늄 원자가 결합하면 전기적 중화를 위해 다른 양이온이 있어야 한다. 산소 원자 중 하나가 양성자와 결합하면 전기적으로 중성이 되나, 양성자와 산소 원자의 결합이 산소 원자와 알루미늄 원자의 결합에 비해 약하여 양성자가 쉽게 떨어지므로 브뢴스테드 산점이 된다. 양

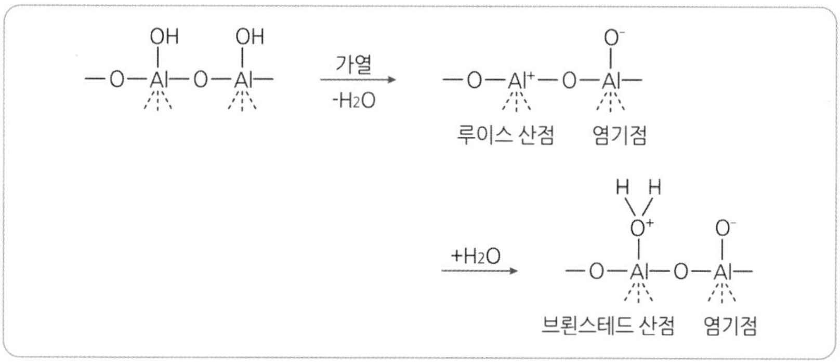

그림 8.2 알루미나에서 산점의 생성

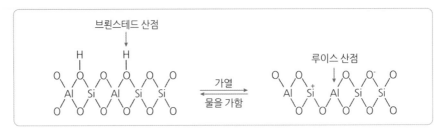

그림 8.3 알루미노실리케이트에서 산점의 생성

성자 대신 +2가인 금속 이온이 결합하면, 이 양이온에서 물이 가수분해하여 $M(OH)^+ + H^+$ 상태가 되면서, 쉽게 떨어질 수 있는 양성자가 생성되어 산성이 나타난다. 알루미노실리케이트를 높은 온도에서 배기하면 물이 제거되면서 그림 8.3에서 보는 배위수가 3인 알루미늄 원자가 생성된다. 알루미늄 원자의 비어 있는 결합자리에 고립 전자쌍을 가진 물질이 흡착하므로 이 알루미늄 원자가 루이스 산점이다.

알루미나에서는 표면의 구조 때문에 산성이 나타나지만, 대부분의 복합 산화물에서는 구성 원자의 전자적 성질 차이로 산성이 나타난다. 구성 원자의 산화수는 다르지만 배위수는 모두 넷인 알루미노실리케이트에서는 결합구조로부터 이 물질이 산성을 나타내리라는 점을 바로 알 수 있다.

그러나 구성 원소의 배위수가 넷, 여섯, 여덟으로 서로 다르면 산성의 발현 여부를 예측하기 어렵다. 다나베(Tanabe) 방법에서는 각 성분의 함량과 배위수를 고려하여 복합 산화물이 산성을 띠는지 여부를 판단한다. 조성비가 1:1인 두 원소의 복합 산화물에서는 이들의 평균 전기음성도가 클수록 산세기가 강하다[4].

산세기(acid strength)는 양성자를 얼마나 잘 주는가 또는 전자쌍을 얼마나 잘 받아들이는가를 나타내는 정도이므로, 구성 원자의 전자밀도에 따라 산세기가 결정된다. 금속 원자와 결합한 하이드록시기의 O-H의 결합보다 M-O의 결합이 강하여 양성자가 쉽게 떨어져야, 이

표 8.1 여러 종류의 고체산[5]

종 류	물 질
천연 점토	고령토(kaolin), 백토, 몬모릴로나이트(montmorillonite), 천연 제올라이트.
고체에 담지된 산	고체 지지체에 담지된 액체 무기산 예: H_2SO_4/SiO_2
이온 교환수지	양이온 교환수지
무기 화합물	헤테로폴리 화합물, ZnO, Al_2O_3, TiO_2, CeO_2, As_2O_3, V_2O_5, SiO_2, Cr_2O_3, MoO_3, ZnS, $CaSO_4$, $AlCl_3$, $TiCl_3$, $CaCl_2$, AgCl, CuCl, $SnCl_2$, CaF_2, BaF_2, $AgClO_4$, $MgClO_4$, $Mg(ClO_4)_2$, $Bi(NO_3)_3$, $Fe(NO_3)_3$, $CaCO_3$, $FePO_4$, $CrPO_4$, $Ti_3(PO_4)_4$, 합성 제올라이트 등
복합 산화물	실리카-알루미나, 지르코니아-실리카 등
고체 초강산	SbF_5/Al_2O_3, TaF_2/Al_2O_3, $SbF_5-CF_3SO_3H/Al_2O_3$, 나피온(Nafion), $TiO_2-SO_4^{2-}$

하이드록시기에서 강한 브뢴스테드 산점이 나타난다. 반대로 O−H의 결합이 상대적으로 강하여 양성자가 잘 떨어지지 않으면, 고체 표면에 하이드록시기가 많아도 산성을 띠지 않는다.

표 8.1에 대표적인 고체산을 종류별로 정리하였다[5]. 고체산은 매우 많지만, 촉매로 사용하는 고체산은 점토, 제올라이트, 실리카−알루미나, 이온 교환수지, 헤테로폴리 화합물 등으로 그리 많지 않다.

(2) 고체산의 산성

고체 표면이 매우 불균일하기 때문에, 고체산의 산세기는 구성 원자가 같아도 표면구조에 따라 다르다. 표면에 어떤 상태로 존재하느냐에 따라 산세기가 달라지므로, 산의 성질을 정량적으로 이야기하려면 산점의 개수뿐만 아니라 산점의 세기도 같이 고려해야 한다. 이런 점에서 고체산의 산성을 정량적으로 나타내거나 산 촉매반응에서 고체산 촉매의 활성과 선택성을 산성과 관련지으려면, 산세기별로 산점의 개수를 알아야 한다. 산점의 개수를 '산량 (acid amount)'이라고 부르기도 하나 익숙하지 않아서 이 책에서는 '산점 개수'라는 말을 쓴다. 고체산에서 산세기별 산점의 분포를 산성도(acidity)라는 성질로 종합하여 부르지만, 정확한 표현은 아니다. 고체산의 성질을 제대로 파악하려면 강한 산점과 약한 산점의 세기별 분포 외에도 산점의 종류를 알아야 하지만, 주로 산점의 세기와 개수만을 고려한다.

고체 표면에 있는 브뢴스테드 산점의 세기는 흡착하는 물질에게 양성자를 얼마나 많이 제공하느냐 하는 정도이다. 강한 산점은 양성자를 많이 제공하여 짝염기를 많이 만든다. 반면 루이스 산점에서는 전자쌍을 주면서 산점에 흡착한 물질이 얼마나 많으냐로 산세기를 비교한다. 흔히 양성자를 쉽게 제공하면 강한 브뢴스테드 산이라고 이야기하지만, 쉽다는 말에는 '빠르고 많이'라는 의미가 담겨 있어 정확하지 않다. 이런 점에서 양성자를 쉽게 제공한다기보다 얼마나 많이 제공했느냐로 산세기를 나타내는 편이 더 정확하다. 활동도 개념에는 '쉽다'라는 의미가 내포되어 있으나, 이를 배제하고 '변화 정도'만을 반영하는 평형 개념으로 산세기를 정의한다.

하멧(Hammet) 지시약에 근거하여 정의한 하멧 산성도 함수로 산세기를 나타낸다[6,7]. 하멧 지시약 BH$^+$이 해리하는 반응의 해리상수 K_a는 아래와 같다. B는 중성 염기로서 양성자를 받아 짝산 BH$^+$이 되며, 산과 염기의 색깔이 다른 물질을 산염기 지시약으로 사용한다.

$$BH^+ \rightleftarrows B + H^+ \tag{8.2}$$

$$K_a = \frac{a_H^+ a_B}{a_{BH^+}} = a_H^+ \frac{\gamma_B}{\gamma_{BH^+}} \frac{[B]}{[BH^+]} \tag{8.3}$$

a는 활동도를, γ는 활동도계수를, [ ]는 몰농도를 나타낸다. 평형 상태에서 결정한 각 물질의 활동도에서 해리 정도를 나타내는 평형상수 K_a 값을 구한다. 활동도를 직접 측정하기 어려우므로 B와 BH$^+$의 활동도를 활동도계수와 농도로 풀어 쓴다. BH$^+$가 많이 해리하면 [B]/[BH$^+$] 값이 커져서 K_a가 크며, 이 상태에서 양성자의 활동도가 높다. 각 물질의 활동도계수를 결정하기는 어렵지만, 색깔이 다른 B와 BH$^+$의 농도는 이들의 흡광도 측정 결과에서 쉽게 결정할 수 있다. 식 (8.5)의 평형상수와 측정 가능한 항에 $-\log$를 적용하여 식 (8.4)로 정리한다.

$$-\log\left(a_{\mathrm{H}^+}\frac{\gamma_{\mathrm{B}}}{\gamma_{\mathrm{BH}^+}}\right)= \mathrm{p}K_a + \log\frac{[\mathrm{B}]}{[\mathrm{BH}^+]}= H_0 \tag{8.4}$$

사용한 중성 염기 지시약의 $\mathrm{p}K_a$에 고체산 표면에 흡착한 지시약의 상태 비율의 지수 값을 더해 고체산의 H_0를 결정한다. $\mathrm{p}K_a$를 알고 있는 염기 지시약 B를 고체산에 흡착시킨 후, 염기 그대로인 B의 농도와 그 짝산의 농도를 측정하여 식 (8.6)에 대입하여 구한 H_0가 이 고체산의 산세기이다. 사용한 지시약의 산세기가 강하면 K_a가 크므로, $\mathrm{p}K_a$는 음수로서 그 절댓값이 크다. 고체산의 산세기가 강하여 지시약의 산성 색깔이 강하게 나타나면 [BH$^+$] $\gg$ [B]이므로, $\log([\mathrm{B}]/[\mathrm{BH}^+])$의 항이 음수이면서 그 절댓값이 크다. 강한 고체산의 H_0는 음수로서 커서, $H_0 =+1.5$인 고체산에 비해 $H_0 =-3.0$인 고체산의 산세기는 $10^{4.5}$배 강하다.

유전상수가 50(무수포름산)에서부터 110(무수황산) 범위의 용매에서는 해리 전후 지시약의 구조가 크게 달라지지 않으므로, $\gamma_{\mathrm{B}}/\gamma_{\mathrm{BH}^+}$ 값이 거의 1이다. 따라서 고체산의 산세기를 나타내는 양성자의 활동도에 $-\log$를 취한 값이 바로 H_0이다. 대부분 산 촉매반응에서는 전하를 띠지 않는 중성물질이 양성자와 결합하는 단계가 속도결정 단계이어서, 양성자의 제공 가능성을 반영하는 H_0는 산 촉매의 활성을 유추하는 중요한 척도이다. 그림 8.4에 파라알데하이드의 해중합반응에서 $H_0 \leq -3.0$인 산점의 개수와 이 반응의 속도상수 사이 상관성을 보였다[8]. 구성 원소가 서로 다른 복합 산화물인데도 촉매의 산점 개수에 따라 반응속도상수가 선형적으로 증가하여, 산세기가 $H_0 \leq -3.0$인 산점이 이 반응의 촉매활성점임을 보여준다. 특정한 세기 이상의 산점이어야 양성자를 제공하여 활성 중간체를 만들기 때문에, 전체 산점의 개수보다 특정 세기 이상의 산점 개수가 촉매활성을 결정한다.

흡착하는 B 염기로부터 고립 전자쌍을 받는 루이스 산점 A의 산세기도 같은 방법으로 정의한다.

$$\mathrm{AB} \rightleftarrows \mathrm{B} + \mathrm{A} \tag{8.5}$$

$$H_0 = -\log a_{\mathrm{A}} \frac{\gamma_{\mathrm{B}}}{\gamma_{\mathrm{AB}}} = \mathrm{p}K_a + \log\frac{[\mathrm{B}]}{[\mathrm{AB}]} \tag{8.6}$$

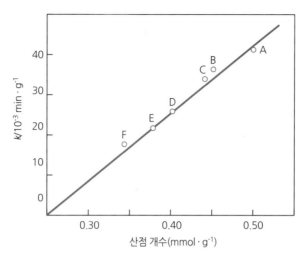

그림 8.4 여러 종류의 복합 산화물 촉매에서 파라알데하이드 해중합반응의 속도상수와 $H_0 \leq -3.0$인 산점 개수 사이의 상관성[8] A: $SiO_2 - MoO_3$, B: $Al_2O_3 - MoO_3$, C: $SiO_2 - WO_3$, D: $Al_2O_3 - WO_3$, E: $SiO_2 - V_2O_5$, F: $Al_2O_3 - V_2O_5$

a_A는 루이스 산점, 즉 전자쌍 받개의 활동도이고, γ_B와 γ_{AB}는 B와 AB의 활동도계수이다. 산세기 H_0를 B 염기의 pK_a와 A 고체산에 B 염기가 AB 상태로 흡착하는 비율로부터 계산한다.

고체산의 H_0에는 산점 개수가 들어 있지 않지만, 산세기로부터 산 촉매반응의 진행 가능성을 판단할 수 있다. 표 8.2에 여러 고체산의 H_0를 정리하였다[9]. H_0가 -8.2인 고체산의 산세기는 농도가 90%인 황산 용액의 산세기에 해당하며, 실리카-알루미나와 실리카-보레이트 등 고체산에 이에 해당되는 강한 산점이 있다. 실리카-마그네시아의 H_0는 $+1.5$에서 -3.0으로, 실리카-알루미나에 비해 산세기가 약하다. 실리카에 담지된 황산의 산세기는 매우 강하나, 담지된 붕산과 인산의 산세기는 약하다. 담지된 액체산 자체의 산세기가 그대로 나타나기 때문이다. 고령토의 산세기는 중간 정도이지만, 양성자로 양이온을 교환하면 산세기가 훨씬 강해진다. 이런 이유로 고령토 등 점토를 산 촉매로 사용하려면 알카리 양이온을 양성자로 교환하고, 불순물을 제거하며, 산으로 처리한다. $NiSO_4 \cdot xH_2O$를 350 ℃에서 소성하면 산세기가 강해진다. 그러나 460 ℃로 온도를 높여 소성하면 탈수되면서 산점까지 제거되어 강한 산점이 없어진다. 고체산의 산세기는 구성 원소, 산처리 여부, 양이온의 종류, 소성온도 등 여러 인자에 따라 크게 달라진다.

염기에 양성자를 주거나 염기의 고립 전자쌍을 받는 산점의 개수는 측정에 사용하는 염기의 세기에 따라 달라진다. 산으로 작용하느냐의 여부는 상대적인 개념이어서 산세기의 기준 값이 정해져야 산점 개수가 정해진다. 강한 산점에서만 촉매반응이 진행하면 약한 산점을 산점 개수에서 빼야 한다. 이에 반해 약한 산점에서도 촉매반응이 진행하면 약한 산점을 산점 개수에 넣어주어야 합리적이다. 약한 산점에서 원하는 촉매반응이 진행되고 강한 산점에서는 탄소침적 등 원하지 않는 반응이 진행된다면, 강한 산점과 약한 산점을 구분하여 측정

표 8.2 고체산의 산세기[9]

고체산	H_0
고령토	$-5.6 \sim -3.0$
양이온이 양성자인 고령토	$-8.2 \sim -5.6$
$SiO_2 - Al_2O_3$	< -8.2
$Al_2O_3 - B_2O_3$	< -8.2
$SiO_2 - MgO$	$-3.0 \sim -1.5$
실리카에 담지한 붕산($1.0\,mmol \cdot g^{-1}$)	$-3.0 \sim +1.5$
실리카에 담지한 인산($1.0\,mmol \cdot g^{-1}$)	$-8.2 \sim -5.6$
실리카에 담지한 황산($1.0\,mmol \cdot g^{-1}$)	< -8.2
350 ℃에서 소성한 $NiSO_4 \cdot xH_2O$	$-3.0 \sim +6.8$
460 ℃에서 소성한 $NiSO_4 \cdot xH_2O$	$+1.5 \sim +6.8$
300 ℃에서 소성한 ZnS	$+4.0 \sim +6.8$
350 ℃에서 소성한 ZnO	$+3.3 \sim +6.8$

하여야 촉매활성과 활성저하를 예측할 수 있다. 따라서 산 촉매반응에서 고체산의 촉매작용을 설명하려면 촉매작용이 있는 산세기를 먼저 파악한 후 이에 해당하는 산점 개수를 측정하여 촉매반응과 연계짓는다.

(3) 산성도의 측정 방법

고체산 촉매에서는 산점이 활성점이므로, 산성도가 고체산의 촉매활성을 결정하는 중요한 성질이다. 산점의 종류와 세기가 촉매활성에, 산점 개수가 활성점의 개수에 대응한다. 산점의 종류에 따라 반응경로가 달라지며, 산점의 위치와 주변 환경에 따라 반응물이 촉매와 상호작용할 가능성이 달라지기 때문이다. 세공이 발달한 촉매에서는 산점이 세공 내에 있는지 겉표면에 있는지에 따라 반응에 참여하는 산점 개수가 달라진다. 이처럼 산성도와 관련하여 측정할 대상은 많지만, 산성도 측정에서 가장 중요한 전제는 촉매활성과 산성도를 관련지을 수 있도록 촉매반응이 진행하는 조건에서 산성도를 측정해야 한다는 점이다. 고체산의 표면 상태가 접촉하는 기체와 온도에 따라 달라지므로 촉매반응이 진행하는 조건에서 측정한 산성도라야 실제 반응과 연관지을 수 있다.

그러나 고려해야 할 조건을 모두 만족시키면서 촉매의 산성을 모두 측정하는 보편적인 방법은 없다. 측정 조건에 제한이 있고 결과 해석에도 한계가 있어서, 촉매반응의 결과와 관련지을 수 있는 산성도를 측정하려면 측정 방법과 조건을 잘 선택해야 한다. 고체산의 산세기를 결정하는 근거가 되는 지시약법, 산성도 평가에 많이 사용하는 승온 탈착법, 주로 산점의 종류를 조사하는 데 사용하는 적외선 분광법을 소개한다.

① 지시약법

염기와 그 짝산의 색깔이 다른 지시약을 고체산 표면에 흡착시켜서 지시약의 색깔이 달라지는 정도에서 산성도를 측정한다[6]. 염기 지시약이 고체산에 흡착하여 색깔이 달라지면 이 고체산은 지시약에 대해 산으로 작용한다. 지시약이 짝산으로 바뀌어 색깔이 달라지는 정도와 지시약의 해리상수로부터 이 고체산의 산세기를 나타내는 H_0를 결정한다.

어느 고체산에 다이시나말아세톤[dicinnamalacetone, $(C_6H_5CH = CHCH = CH)_2CO$, $pK_a = -3.0$]이 흡착하여 산성 색깔인 적색으로 변했다면, 이 고체산에는 이 지시약으로 측정되는 산점보다 강한($H_0 < -3.0$) 산점이 있다. 그러나 이 고체산에 벤잘아세토페논(benzalacetophenone, $C_6H_5COCH = CHC_6H_5$, $pK_a = -5.6$)을 넣었을 때 지시약의 색깔이 변하지 않고 염기성 색깔인 무색 그대로 있으면, 고체산이 산으로 작용하지 않았으므로 이 고체산에는 이 지시약으

표 8.3 산성도 측정에 사용하는 염기성 지시약[6]

지시약	색깔		pK_a	$H_2SO_4^*$(wt%)
	염기성	산성		
뉴우트랄 레드(neutral red)	노랑	빨강	+ 6.8	8×10^{-8}
메틸 레드(methyl red)	노랑	빨강	+ 4.8	−
페닐아조나프틸아민(phenylazonaphthylamine)	노랑	빨강	+ 4.0	5×10^{-5}
p−다이메틸아미노아조벤젠(p−dimethylaminoazobenzene dimethyl yellow or Butter yellow)	노랑	빨강	+ 3.3	3×10^{-4}
2−아미노−5−아조톨루엔(2−amino−5−azotoluene)	노랑	빨강	+ 2.0	5×10^{-3}
벤젠아조다이페닐아민(benzeneazodiphenylamine)	노랑	자주	+ 1.5	2×10^{-2}
4−다이메틸아미노아조−1−나프탈렌 (4−dimethylaminoazo−1−naphthalene)	노랑	빨강	+ 1.2	3×10^{-2}
크리스탈 바이올렛(crystal violet)	파랑	노랑	+ 0.8	0.1
p−나이트로벤젠아조−(p−나이트로)−다이페닐아민 [p−nitrobenzeneazo−(p−nitro)−diphenylamine]	주황	자주	+ 0.43	−
다이시나말아세톤(dicinnamalacetone)	노랑	빨강	− 3.0	48
벤잘아세토페논(benzalacetonephenone)	무색	노랑	− 5.6	71
안트라퀴논(anthraquinone)	무색	노랑	− 8.2	90
p−나이트로클로로벤젠(p−nitrochlorobenzene)	무색	노랑	−12.7	>100
2,4−다이나이트로플루오로벤젠(2,4−dinitrofluorobenzene)	무색	노랑	−14.52	>100
1,3,5−트라이나이트로톨루엔(1,3,5−trinitrotoluene)	무색	노랑	−16.04	>100

*지시약의 산세기와 산세기가 같은 황산 수용액의 농도(wt%)이다.

로 측정하는 산점($H_0 < -5.6$)보다 강한 산점이 없다. 이 결과로부터 이 고체산의 산세기는 $-5.6 < H_0 < -3.0$ 범위에 있다고 정리한다.

고체산의 산세기 측정에 사용하는 염기 지시약을 표 8.3에 정리하였다[6]. 지시약의 pK_a에 따라 측정하는 산세기가 결정된다. 참고로 지시약의 산세기에 대응하는 황산 수용액의 농도를 옆에 보였다. 이 표에 나열한 지시약은 강한 산점($H_0 < -16.04$)에 흡착하면, 지시약의 색깔이 모두 산성 색깔로 변한다. 이와 달리 pK_a가 +6.8인 지시약이 어느 고체산에 흡착되었는데도 산성 색깔로 바뀌지 않았다면, 그 고체산의 산점은 매우 약하다. H_0가 +7.0이면 중성이므로, 고체산의 H_0가 +6.8이면 이에 대응하는 황산 농도에서 볼 수 있듯이 아주 약한 산이다. pK_a가 다른 지시약을 여러 개 같이 사용하여 고체산의 산세기 범위를 결정한다.

지시약으로 산세기를 측정하는 절차는 간단하다. 시험관에 측정하려는 고체 시료를 0.2 g 정도 넣고 비극성 용매에 녹인 지시약 용액을 2 mL 정도 가한다. 이 용액 1 mL에는 지시약이 0.1 mg 정도 들어 있다. 지시약 용액을 가한 후 흔들어주면 지시약이 고체산에 흡착하여 고체산의 산세기에 따라 산성 또는 염기성 색깔이 나타난다. 그러나 시료의 표면성질과 세공구조에 따라 산점과 지시약, 산점과 n-부틸아민 사이에 평형이 이루어지는 시간이 상당히 달라서, 지시약 적정법이 고체산의 산성도 측정에 항상 적절하지만은 않다. 지시약 적정법으로 황산니켈의 산점을 적정하는 데에는 15~30분이 걸리지만, 실리카-알루미나의 산점을 적정하는 데에는 산점 이외의 자리에 염기가 흡착하지 않도록 염기를 서서히 가하여야 하므로 2~3일이 소요된다. 염기 용액을 방울방울 천천히 가하면서 평형에 도달하기를 기다려야 하므로 시간이 많이 걸리고, 이 사이에 물이 고체산에 흡착하여 정확도가 떨어진다.

물을 철저히 제거한 벤젠을 용매로 많이 사용하지만, 아이소옥탄, 데칼린, 사이클로헥산을 용매로 쓰기도 한다. 용매에 극성물질이 들어 있으면, 이들이 산점에 먼저 흡착하므로 고체산 고유의 산세기를 측정하기 어렵다. 극성물질을 철저히 제거한 후 용매로 사용하고, 측정과정에서도 극성물질로 고체산이 오염되지 않도록 주의한다. 고체산을 공기 중에 방치하면 강한 산점에 극성물질인 물이 흡착하여 산세기가 달라지므로, 시료의 전처리와 보관 방법이 매우 중요하다.

지시약법으로 산세기를 측정할 수 있지만, 산점의 개수를 같이 측정하지는 못한다. 흡착하여 색깔이 바뀐 염기 지시약의 분자 개수가 바로 산점 개수이나, 지시약의 색깔 변화 폭이 아주 크거나 작으면 이로부터 지시약의 농도 변화를 정확하게 구하지 못한다. 산점 개수를 산세기와 함께 측정하려면 물을 제거한 벤젠에 고체산을 넣고 흔들어준 후에, 세공에 빠르게 들어갈 수 있도록 분자가 작으면서 염기가 강한 n-부틸아민을 일정량 가한다. 산점이 n-부틸아민으로 중화된 후 지시약 용액을 넣어 변색 여부를 조사하여, 산세기와 산점 개수를 동시에 결정한다. 이 방법은 산-염기 적정법과 원리가 동일하여 지시약 적정법이라고 부른다. 고안한 사람의 이름을 따서 베네시(Benesi) 방법이라 부르며, n-부틸아민의 첨가량을 바꾸어가며 적정하면 산점 개수를 상당히 정확하게 측정할 수 있다[10,11].

가한 n-부틸아민의 분자 개수가 산점 개수보다 적으면 고체산에 산점이 여전히 남아 있어서 지시약은 산성 색깔을 띤다. n-부틸아민의 분자 개수가 더 많으면 산점이 모두 없어져서 지시약의 염기성 색깔이 그대로 남아 있다. n-부틸아민의 첨가량에 따라 지시약이 산성 색깔에서 염기성 색깔로 달라지므로, 지시약의 pK_a 값보다 약한 산점을 중화하는 데 필요한 n-부틸아민의 첨가량에서 산점 개수를 결정한다. pK_a 값이 다른 지시약으로 같은 실험을 반복하여 산세기별로 산점 개수를 측정한다. 이 방법으로는 1) 산세기별로 산점 개수를 측정할 수 있고, 2) 염기를 한꺼번에 가하기 때문에 측정에 필요한 시간이 짧아서 물에 의한 오염 가능성이 줄어들며, 3) 비어 있는 산점에 염기성 지시약이 흡착하므로 평형이 빨리 이루어진다는 장점이 있다. 그렇지만 산세기나 산점 개수를 모르는 고체산에 대해서는 지시약과 염기의 적정 소요량 범위를 정하기 위해서 여러 번 실험하여야 하므로 실험 횟수가 많아진다.

지시약을 이용하는 고체산의 산성도 측정법은 번거롭기는 하지만, 산세기별로 산점 개수를 정량적으로 측정하는 대표적인 방법이다. 그림 8.5에 pK_a가 다른 여섯 가지 지시약을 이용한 산성도 측정 결과를 보였다[11]. 실리카-마그네시아에는 $H_0 < -3.0$인 강한 산점이 없고, 대신 $H_0 = +2$ 근처의 약한 산점이 상당히 많다. 실리카-알루미나에는 $H_0 < -8.2$인 강한 산점만 있고, 약한 산점은 아주 적다. 촉매 분해반응에 사용하는 필트롤(Filtrol) 사의 SR 촉매의 산세기는 실리카-알루미나의 산세기와 비슷하나, 산점 개수는 1/4 정도로 적다. 촉매 분해반응에 필요한 활성점은 강한 산점이지만, 산점이 너무 많으면 탄소침적으로 인하여 촉매의 활성이 빠르게 저하되므로 강한 산점의 농도를 적절히 낮추어 촉매를 만든다.

지시약의 변색에서 당량점을 판단하기 때문에, 고체산의 색깔이 희거나 밝아야 지시약법으

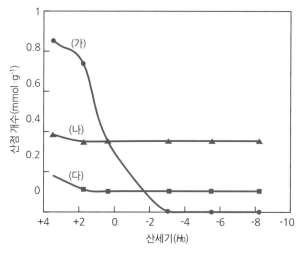

그림 8.5 고체산의 산세기별 분포[11] (가) 실리카-마그네시아 (나) 실리카-알루미나 (다) 필트롤 SR 촉매

로 산성도를 측정할 수 있다. 지시약의 색깔이 짙어 변색을 확인하기 어려운 고체산에는 흰색 고체산을 조금 가하여 변색점을 확인한다. 첨가하는 흰색 고체산에도 염기가 흡착하므로, 이를 보정하기 위해 이의 산성도를 알고 있어야 한다. 삼염화타이타늄(titanium trichloride)의 산성도를 지시약법으로 측정하려면, 실리카－알루미나를 조금 넣어준 후 적정한다. 진한 녹색인 크로미아(Cr_2O_3)의 산성도를 적정할 때에는 알루미나를 조금 가한다. 색깔이 너무 진하여 지시약으로 당량점을 결정하기 어려우면, 염기가 흡착하면서 방출하는 열을 측정한다. 베크만 온도계, 교반기, 마이크로뷰렛을 설치한 보온(Dewar) 플라스크에 고체산 현탁액을 넣고 염기를 가하면 온도가 올라간다. 산점 개수보다 염기를 더 많이 넣으면 염기가 더 이상 산점에 화학흡착하지 않아서 중화열이 발생하지 않으므로, 발열 정도의 변화로부터 당량점을 결정한다.

② 염기의 승온 탈착법

염기성 기체가 고체산에 흡착하는 현상에서 고체산의 산세기와 산점 개수를 결정한다. 염기가 산점에만 흡착하면 염기 흡착량은 산점 개수에 대응하고, 염기가 흡착하면서 방출하는 열은 산세기를 나타낸다. 같은 원리로 염기의 탈착 과정에서 산성도를 측정한다[12]. 강한 산점에 흡착한 염기는 온도가 높아야 탈착하므로 탈착온도는 산세기에 대응하고, 염기의 탈착량은 산점 개수를 나타낸다. 실제로는 고체산에 기체 염기를 충분히 흡착시킨 후, 일정한 속도로 온도를 높여 가며 탈착하는 염기량을 조사하는 승온 탈착법으로 산성도를 측정한다. 산세기의 절댓값을 구하기는 어렵지만, 산세기나 산점 개수를 상대적으로 비교하는 데 아주 편리하다.

그림 8.6에 HMFI와 HY 제올라이트의 암모니아 승온 탈착곡선을 보였다[13]. HMFI 제올라이트에서는 220 ℃와 370 ℃ 근처에서 두 개의 탈착봉우리가 나타난다. 이와 달리 HY 제올라이트에서는 230 ℃ 근처에서 탈착봉우리의 최대점이 나타나지만, 높은 온도까지 봉우리가 퍼져 있다. HMFI의 각각 강한 산점과 약한 산점에서 탈착한 암모니아에서 두 개의 탈착봉우리가 나타나므로, HMFI에는 강한 산점이 있다. HY에는 약한 산점이 많으며 강한 산점의 산세기 분포가 매우 넓다. 제올라이트의 종류, 들어 있는 양이온의 종류와 함량, Si/Al 비에 따라 산성도가 달라지는 경향을 비교하거나, 전처리 방법이나 조건에 따른 산성도 변화를 조사하는 데 암모니아의 승온 탈착법이 아주 유용하다.

승온속도를 바꾸어가며 흡착한 염기를 탈착시키면, 흡착세기에 따라 탈착봉우리의 최고점 온도(T_m)가 달라진다. 승온속도(β)와 탈착봉우리의 T_m 사이에는 식 (8.7)이 성립한다.

$$2 \log T_m - \log \beta = \frac{E_d}{2.3\,RT_m} + \log \frac{E_d V_m}{R k_0} \tag{8.7}$$

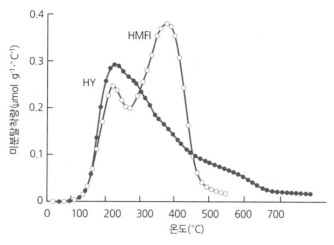

그림 8.6 HMFI와 HY 제올라이트에서 측정한 암모니아의 승온 탈착곡선[13]

E_d는 탈착 과정의 활성화에너지이고, V_m은 최대 흡착량이다. R은 기체상수이고, k_0은 빈도 계수이다. T_m의 역수에 대해 $2 \log T_m - \log \beta$ 값의 그래프를 그려서, 측정 결과가 나타내는 직선의 기울기로부터 탈착 과정의 활성화에너지를 결정한다. 이 값은 흡착한 염기의 탈착에 필요한 활성화에너지이므로, 산점과 염기 사이의 상호작용세기인 산세기에 대응한다.

암모니아의 승온 탈착법은 간편하고 재현성이 높아서 산 촉매를 연구하는 데 많이 이용한다. 앞의 예에서 보듯이 산점 종류가 많지 않고, 산세기 범위가 좁은 제올라이트의 산성도 측정에 아주 적절하다. 고체산을 500 ℃ 이상에서 불활성 기체를 흘리며 가열하여 활성화시킨 후 냉각하여 암모니아를 흡착시킨다. 이어 승온하면서 탈착하는 암모니아를 열전도도 검출기 (thermal conductivity detector)로 조사한다. 승온 탈착곡선의 모사 정확성을 높이려고 탈착 봉우리를 세 개나 네 개로 나누기도 하지만, 보통 T_m이 200 ℃와 350 ℃ 근처인 탈착봉우리 두 개로 나누어 해석한다. 낮은 온도에서 나타나는 봉우리는 약한 산점에서, 높은 온도에서 나타나는 봉우리는 강한 산점에서 탈착하는 암모니아로 나눈다. 탈착온도가 상당히 높아지면 암모니아의 탈착과 함께 브뢴스테드 산점이 루이스 산점으로 바뀌면서 물이 탈착한다. 열전 도도 검출기로는 암모니아와 물을 구별하지 못하므로, 검출기로 질량분석기를 사용하여, m/e = 16 신호에서 탈착 흐름 내 암모니아의 농도를 측정한다. 암모니아의 분자량은 17이지만, 물의 탈착 과정에서도 m/e = 17인 탈착봉우리가 나타나므로 m/e = 16인 신호에서 암모니아 농도를 계산한다. 암모니아가 흡착된 제올라이트를 물에 노출시키면 낮은 온도에서 탈착하는 봉우리가 사라지므로, 이 탈착봉우리를 약한 산점에 화학흡착한 암모니아와 관련시키지 않고, 물리흡착한 암모니아가 탈착한 결과로 본다. 산점에 화학흡착한 암모니아만 측정하려면, 암모니아의 물리흡착이 일어나지 않도록 150 ℃에서 암모니아를 흡착시킨다. 고체산 시료와 측정 목적에 따라 흡착온도 등 조작 조건을 조정한다.

흡착 과정에서 암모니아의 엔트로피 변화는 기체가 흡착하는 데 따른 상태 변화에 대응하므로 산점 성격과 무관하여 아래 식으로 암모니아의 흡착열을 계산한다[14].

$$C_g = -\frac{\beta A_0 W}{F}\frac{d\theta}{dT} = \frac{\theta}{1-\theta}\frac{P_0}{RT}e^{-(\Delta H/RT)}e^{-(\Delta S/R)} \tag{8.8}$$

C_g는 탈착 흐름의 암모니아 농도, β는 승온속도, A_0는 산점 개수, W는 촉매 질량, F는 운반기체의 유속, θ는 표면점유율, T는 절대온도, P_0는 표준 압력, R은 기체상수이다. 승온 과정의 암모니아 농도 변화로부터 이 식과 부합하는 암모니아의 탈착열(ΔH)을 구하여 산점의 세기를 정량적으로 나타낸다. HMFI 제올라이트의 산점에서 암모니아의 탈착열이 138 kJ · mol^{-1}이지만, 수증기로 처리한 제올라이트에서는 산세기가 강해져 탈착열이 144 kJ · mol^{-1}로 많아진다. 승온 탈착법은 정성적으로 산세기를 비교하는 방법으로부터, 이제 산점 개수와 산세기를 정량적으로 측정하는 방법으로 발전하였다.

승온 탈착법의 검출기로 질량분석기(MS)를 사용하고 시료의 적외선 스펙트럼을 제자리에서 그릴 수 있는 FT-IR을 결합한 IRMS-TPD 장치를 이용하면 산점의 세기와 개수뿐 아니라 산점의 종류까지 파악할 수 있다. 촉매의 얇은 시편에 IR 빔을 투과시켜서 촉매의 전처리 과정과 암모니아의 탈착 과정에서 IR 스펙트럼을 그린다. 물의 탈착에 따른 상태 변화와 암모니아의 흡착과 탈착 과정에서 나타나거나 없어지는 흡수띠를 추적하여 탈착봉우리가 어떤 종류의 산점에 기인하는지 조사한다. 그림 8.7에 암모니아가 흡착한 HFAU 제올라이트(USY-7.5M 촉매)의 온도를 100 ℃에서 500 ℃까지 높여 가며 그린 IR 스펙트럼을 보였다[15]. 암모니아가 탈착하는 과정에서 그린 IR 스펙트럼에서 산점의 종류를 유추하고, 함께 그린 승온 탈착곡선에서 각 산점의 개수를 계산한다. 규소 함량이 많은 HFAU 제올라이트(USY)를 암

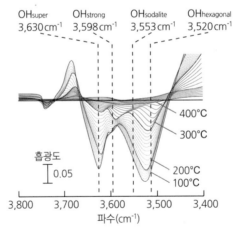

그림 8.7 암모니아의 승온 탈착 과정(100 ℃ → 500 ℃)에서 제자리 방법으로 그린 USY-7.5M 촉매의 적외선 스펙트럼[15]

모늄 이온으로 처리하면, 암모니아의 흡수띠가 $3,598\ \text{cm}^{-1}$에서 나타나는 강한 브뢴스테드 산점이 생성된다. 이 강한 산점이 알칸의 촉매 분해반응에서 촉매활성점으로 작용하므로, USY 제올라이트를 암모늄 이온으로 처리하면 촉매 기능이 증진된다.

③ 적외선 분광법

승온 탈착법으로 고체산의 산세기와 산점 개수를 측정할 수 있으나, 브뢴스테드 산점과 루이스 산점을 구별하지 못한다. 산점에 흡착한 피리딘의 흡수띠가 산점 종류에 따라 다르다는 점을 이용하여, 고체산에 흡착한 피리딘의 적외선 스펙트럼에서 산점 종류를 판별한다. 피리딘이 브뢴스테드 산점에 흡착하면 양성자를 받아 피리디늄 이온이 되고, 루이스 산점에 전자쌍을 주면서 흡착하면 배위결합한 피리딘이 된다. 고체산에 피리딘이 흡착할 때 $1,400\sim$ $1,700\ \text{cm}^{-1}$ 범위에서 나타나는 적외선 흡수띠를 표 8.4에 정리하였다[16]. 피리디늄 이온에서 나타나는 $1,540\ \text{cm}^{-1}$ 흡수띠는 브뢴스테드 산점에, $1,450\ \text{cm}^{-1}$ 근처에서 나타나는 배위결합한 피리딘의 흡수띠는 루이스 산점에 대응한다.

표 8.4 고체산에 흡착한 피리딘의 적외선 흡수띠($1,400\sim1,700\ \text{cm}^{-1}$)][16]

수소결합한 피리딘	배위결합한 피리딘	피리디늄 이온
$1,440\sim1,447$(ㅁ)	$1,447\sim1,460$(ㅁ)	
$1,485\sim1,490$(ㅇ)	$1,488\sim1,503$(ㄷ)	$1,485\sim1,500$(ㅁ) $1,540$(ㄱ)
$1,580\sim1,600$(ㄱ)	$1,580$(ㄷ) $1,600\sim1,633$(ㄱ)	$1,620$(ㄱ) $1,640$(ㄱ)

ㅁ: 매우 강함, ㄱ: 강함, ㅇ: 약함, ㄷ: 경우에 따라 다름

HMFI 촉매에 흡착한 피리딘의 적외선 스펙트럼을 그림 8.8에 보였다[17]. 피리딘의 흡착으로 루이스 산점에 기인하는 흡수띠가 $1,447\ \text{cm}^{-1}$에서, 브뢴스테드 산점에 기인하는 흡수띠가 $1,547\ \text{cm}^{-1}$에서 나타난다. 온도를 높여 가며 배기하면 피리딘이 탈착하면서 흡수띠가 작아진다. $300\ ℃$에서 배기하면 브뢴스테드 산점에 흡착한 피리딘의 $1,547\ \text{cm}^{-1}$ 흡수띠는 남아 있으나, 루이스 산점에 결합한 피리딘의 흡수띠는 거의 다 사라져서, 루이스 산점이 브뢴스테드 산점에 비해 약함을 보여준다. $1,547\ \text{cm}^{-1}$ 흡수띠는 $500\ ℃$에서 배기하여도 어느 정도 남아 있어서 브뢴스테드 산점의 일부는 아주 강한 산점이다. 피리딘에 메틸기가 세 개 치환된 2,4,6 −트라이메틸피리딘(2,4,6−trimethylpyridine)의 분자크기는 $0.74\ \text{nm}$여서, HMFI 제올라이트의 세공입구보다 크다. 이 분자는 HMFI 세공에 들어가지 못하고 겉표면의 산점에만 흡착하므로, 촉매의 겉표면에 있는 산점을 조사하는 데 쓸모 있다. 흡수띠의 파수는 피리딘의 파수

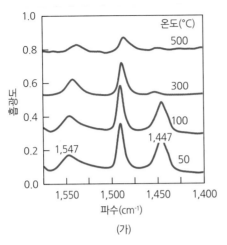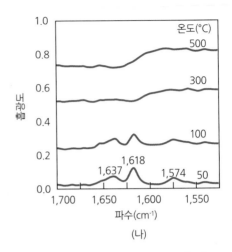

그림 8.8 HMFI 촉매에 흡착한 (가) 피리딘과 (나) 2,4,6 – 트라메틸피리딘의 적외선 스펙트럼[17]

와 조금 다르지만, 해석 방법은 동일하다. 그림 8.8 (나)에서 보듯이 300 ℃에서 배기하면 흡착한 트라이메틸피리딘의 흡수띠가 모두 사라져서 세공 내 산점에 비해 겉표면 산점의 산세기가 약하다.

흡착한 암모니아의 적외선 스펙트럼에서도 암모늄 이온과 배위결합한 암모니아의 흡수띠가 나타나지만, 피리딘에 비해 암모니아의 흡수띠가 뚜렷하지 않아서 산점 종류를 조사하는데 암모니아를 검지 기체로 사용하지 않는다. 피리딘 대신에 피페리딘이나 아닐린을 산점의 종류를 확인하는 염기로 쓰기도 한다. 종래에는 흡수띠의 면적을 계산하기 어려워 적외선 분광법으로 산점 개수를 정량하지 않았으나, 흡수띠의 면적을 쉽게 계산하는 FT – IR이 보급되어 이제는 정량적 측정도 가능하다. 온도를 높여 가며 그린 스펙트럼에서 산점의 종류별 세기와 개수를 조사한다. 헤테로폴리 화합물의 적외선 스펙트럼에서는 고체산의 흡수띠와 암모니아의 흡수띠가 겹치지 않아 해석하기 쉽다. 암모니아를 흡착시킨 후 배기 온도를 높여 가며 남아 있는 암모니아의 적외선 스펙트럼을 그려 암모니아의 흡착 상태와 산세기를 결정한다[18].

④ 요술각 회전(magic angle spinning: MAS) NMR 방법

염기를 흡착시켜 고체산의 산성도를 측정하면, 염기의 분자크기와 고체산의 세공크기 분포에 따라 염기의 흡착량이 달라진다. 이런 이유로 고체산에 염기를 흡착시키지 않은 상태에서 고체산의 산성도를 측정할 수 있으면, 세공구조의 영향을 배세하면서 반복 측정이 가능하여 매우 바람직하다. MAS NMR으로 ^{1}H NMR 스펙트럼을 그려 브뢴스테드 산점을 조사한다 [19]. 탈수한 시료를 NMR의 밀봉 회전자에 넣거나 회전자에 넣는 유리 앰플(ampoule)에 채워 밀봉한 후 측정한다. 양성자의 화학적 상태에 따라 화학적 이동(δ)이 다르며, $\delta(^1$H)는

0~16 ppm 사이에서 나타난다. 실리카 표면에 있는 하이드록시기의 $\delta(^1H)$는 1.2~2.2 ppm에서 나타난다. 알루미늄을 부분 제거한 제올라이트에서 골격의 알루미늄 원자에 결합한 하이드록시기의 $\delta(^1H)$는 2.4~3.6 ppm이다. 브뢴스테드 산점인 Si(OH)Al 구조에 있는 양성자의 $\delta(^1H)$는 3.6~5.2 ppm에서 관찰된다. $\delta(^1H)$ = 4.0~4.8 ppm인 봉우리는 큰 둥지(supercage)에 있는 산점에서, $\delta(^1H)$ = 4.8~5.2 ppm인 봉우리는 큰 둥지에 있는 산점에서 나타나므로, ^1H NMR 스펙트럼에서 산점의 위치를 구별할 수 있다. 규소와 알루미늄 이외의 원자에 결합된 하이드록시기의 $\delta(^1H)$ 값에서 이 양성자의 성격을 파악한다. $\delta(^1H)$ 값은 산성도 측정에 매우 유용하나, 결과를 해석할 때 수소결합에 의한 화학적 이동도 같이 고려하여야 한다.

양성자의 화학적 이동에서 고체산의 성격을 유추하지만, 염기 기체를 흡착시켜 산성도를 조사하기도 한다. 그림 8.9는 La(42)NaY와 La(72)NaY에 중수소로 치환된 피리딘(C_5D_5N)을 흡착시켜 그린 ^1H MAS NMR 스펙트럼이다[19]. ( ) 안의 숫자는 FAU 제올라이트(Y)의 나트륨 이온이 란타넘 이온으로 교환된 퍼센트이다. 란타넘 이온의 교환 정도가 높을수록 강한 산점이 많다. 배기한 제올라이트에서는 1.8, 3.9, 4.8, 6.3 ppm에서 $\delta(^1H)$ 봉우리가 보이며, C_5D_5N이 흡착하면 $\delta(^1H)$ = 3.9 ppm 봉우리는 크게 줄어들고 $\delta(^1H)$ ≒ 14 ppm 봉우리는 커진다. DFT 계산에 의하면 피리디늄 이온의 양성자 봉우리는 $\delta(^1H)$ = 12.0~16.5 ppm에서 관찰되므로, $\delta(^1H)$ = 14 ppm 봉우리는 FAU 제올라이트의 큰 둥지에 있는 브뢴스테드 산점과 관계 있다. 반면, 피리딘 흡착으로 달라지지 않는 $\delta(^1H)$ = 4.8 ppm 봉우리는 피리딘이 들어가지 못하는 소달라이트 둥지 안의 산점과 관계 있다. 배기한 SAPO-34에서는 $\delta(^1H)$ = 3.6 ppm에서 브뢴스테드 산점의 봉우리가 보이며, 암모니아를 흡착시키면 $\delta(^1H)$ = 6.6 ppm에서 암모늄 이온의 봉우리가 커져서 산점 개수를 정확히 측정할 수 있다.

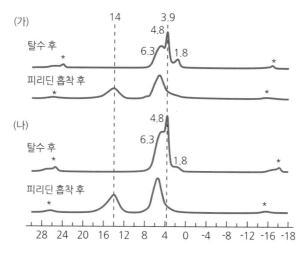

그림 8.9 La(42)NaY (가)와 La(72)NaY (나) 제올라이트의 ^1H MAS NMR 스펙트럼[19] 위 스펙트럼은 Si/Al 비가 2.7인 FAU 제올라이트(Y)에서 수분을 제거한 후 그렸고, 아래 스펙트럼은 중수소로 치환한 피리딘(C_5D_5N)을 흡착시킨 후 그렸다. *로 표시한 봉우리는 회전으로 인한 곁봉우리이다.

MAS NMR으로 루이스 산점을 조사하려면 아세톤($^{13}C-2-acetone$)을 흡착시킨다. δ (^{13}C) = 230~240 ppm에서 나타나는 ^{13}C NMR 봉우리는 루이스 산점에 흡착한 아세톤에서 나타난다. $^{1}H-MAS$ NMR으로는 루이스 산점을 바로 조사하지 못하므로, 적절한 염기를 흡착시켜서 흡착한 물질의 스펙트럼에서 루이스 산점의 성격을 유추한다.

고체산에 흡착한 피리딘, 아세토나이트릴, 아세톤 등의 NMR 스펙트럼에서 산점의 세기를 측정하지만, 다공성 촉매에서 촉매의 세공 내에 있는 산점을 조사하려면 분자크기가 다른 염기를 흡착시켜야 한다. 분자크기가 다른 여러 종류의 트라이알킬포스핀옥사이드(trialkylphospine oxide: R_3PO)를 고체산에 흡착시켜 그린 ^{31}P NMR 스펙트럼에서 산점의 종류, 세기, 개수, 위치를 종합적으로 조사한다[20]. 천연에 존재하는 ^{31}P의 비율이 100%이어서 천연에 존재하는 비율이 낮은 ^{13}C보다 ^{31}P의 NMR 감도가 높고, 인의 화학적 이동 범위가 430 ppm으로 아주 넓어 화학적 상태의 차이를 파악하기 쉽다. 구조는 비슷하나 치환된 알킬기가 다른 트

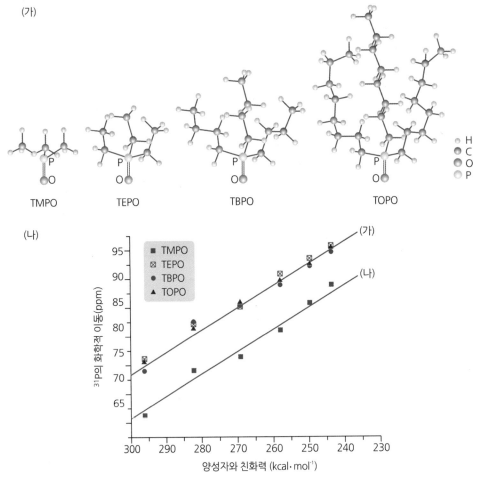

그림 8.10 (가) 알킬기가 다른 R_3PO의 분자구조와 (나) 산점에 생성된 R_3POH^+에서 계산한 양성자와 친화력과 NMR 스펙트럼에서 구한 ^{31}P의 화학적 이동 사이의 상관성[20]

라이메틸포스핀옥사이드(TMPO), 트라이에틸포스핀옥사이드(TEPO), 트라이부틸포스핀옥사이드(TBPO), 트라이옥틸포스핀옥사이드(TOPO)를 검지물질로 사용하여, 다공성물질에서 산점의 분포 위치를 결정한다. 200 ℃ 이상에서 시료를 가열하여 탈수한 후 질소로 채운 글러브 상자(glove box)에서 이염화메탄에 녹인 R_3PO를 가한다. 50 ℃에서 배기한 후 R_3PO가 녹아서 시료의 산점에 도달하도록 녹는점 이상으로 가열한다. MAS NMR 회전자에 시료를 넣고 밀봉하여 ^{31}P MAS NMR 스펙트럼을 그리면 검지물질과 산점의 상호작용에 따라 $\delta(^{31}P)$이 다른 NMR 봉우리가 나타난다. HFAU 제올라이트(Y) 큰 둥지에 있는 브뢴스테드 산점에 흡착한 TMPO에서는 $\delta(^{31}P)$가 55 ppm인 봉우리가, 소달라이트 둥지의 세공 입구에 있는 브뢴스테드 산점에 흡착한 TMPO에서는 $\delta(^{31}P)$가 65 ppm인 봉우리가 나타난다. 브뢴스테드 산점과 루이스 산점이 같이 있는 지르코니아에서는 90과 63 ppm에서 나타나는 $\delta(^{31}P)$ 봉우리는 루이스 산점에 대응하고, 87과 68 ppm에서 나타나는 $\delta(^{31}P)$ 봉우리는 브뢴스테드 산점에 대응하므로, 이들을 서로 구별할 수 있다. 그림 8.10에서 보듯이 브뢴스테드 산점에 흡착한 R_3PO의 양성자에 대한 친화력과 $\delta(^{31}P)$ 사이의 선형 관계가 아주 좋아서, $\delta(^{31}P)$의 화학적 이동은 산세기에 바로 대응한다. R_3PO의 속도론적 지름(kinetic diameter)은 알킬기의 종류에 따라 달라서, TMPO의 지름은 0.55 nm, TEPO의 지름은 0.60 nm, TBPO의 지름은 0.82 nm, TOPO의 지름은 1.10 nm이다. 이들이 흡착한 고체산의 NMR 스펙트럼을 비교하면 세공 내의 산점에 흡착한 R_3PO의 양을 알 수 있다. 산점의 종류와 성격을 제대로 판정하기 위해서 이론적 계산과 비교 자료가 필요하지만, 고체산에서 산점의 종류, 세기, 개수, 분포 위치를 동시에 파악하는 방법으로 인 화합물의 MAS NMR이 사용될 가능성이 높다.

⑤ 산성도 측정법에 대한 검토

산성도를 측정하는 목적이 고체산의 촉매작용을 설명하는 데 있다면, 산성도를 촉매반응이 일어나는 제자리에서 측정하여야 바람직하다. 그러나 대부분의 산성도는 측정 감도와 재현성을 높이려고 반응 조건이 아닌 상온 상압에서 측정한다. 이런 이유로 산성도 측정법을 선정할 때는 반응 조건과 측정 조건의 차이를 먼저 고려하여야 한다. 측정 조건이 반응 조건과 가까울수록 측정 결과와 촉매반응의 연관성이 높아지며, 산성도의 측정 결과를 해석할 때에도 반응 조건과 측정 조건의 차이를 고려하여야 산성도의 본래 의미를 살릴 수 있다.

산성도 측정법은 크게 두 가지로 나눈다. 고체산의 상태에 아무 영향을 주지 않으면서 측정하는 직접법과 염기와 산점의 반응을 통하여 고체산의 상태를 유추하는 간접법이 있다. ^1H MAS NMR과 적외선 분광법으로 양성자와 하이드록시기의 종류와 상태를 파악하여 브뢴스테드 산점을 조사하는 방법은 직접법이다. MAS NMR 분광법은 측정 기기가 고가여서 보편화되지 않았으나, 적외선 분광법의 이용 사례는 아주 많다. 그러나 적외선 분광법으로 측정한 브뢴스테드 산점에는 촉매반응과 무관한 하이드록시기도 모두 포함된다는 제한이 있다. 루이스 산점을 조사할 수 있으면서, 산세기까지 측정하는 직접법 개발에 관심이 많다.

실제 사용되는 고체산의 산성도 측정법의 대부분은 염기의 흡착과 탈착을 이용하는 간접법이다. 촉매에 영향을 주지 않는 직접법이 정확도나 재현성 측면에서 산성도 측정에 효과적이라고 볼 수 있으나, 반응이 일어나는 조건에서 측정하는 간접법이 반응이 일어나는 조건에서 측정한다는 점에서 더 바람직할 수 있다. 염기의 크기와 성질에 따른 차이를 완전히 배제하기 어렵지만, 크기와 성격이 반응물과 비슷한 염기를 이용하면 산성도 측정 결과의 가치가 높아진다. 염기의 흡착성질로부터 산점의 성질을 조사하여 촉매로서 거동을 설명하면 더 효과적이다.

촉매반응을 이용하여 고체산 촉매의 산성도를 측정하기도 한다. 염기로 고체산 촉매의 산점을 피독시켜 촉매반응에서 활성의 변화를 조사한다. 염기가 산점에 화학양론비 대로 흡착하여 활성점을 피독시킨다면 염기의 흡착량과 촉매활성의 감소 정도가 서로 대응한다. 활성이 없어질 때까지 가한 염기량에서 촉매반응에 관여하는 산점 개수를 계산한다. 산 촉매를 퀴놀린으로 피독시키면 촉매 분해반응에서 전환율이 낮아진다. 활성이 완전히 없어질 때까지 가한 퀴놀린의 양이 바로 이 반응에 활성이 있는 산점의 개수이다. 촉매반응에 실제로 관여하는 산점의 개수라는 점에서 의의가 있지만, 산세기를 정량적으로 나타내지는 못한다. 유리 유기산(free organic acid)의 에스터화반응에서도 고체산의 산점 개수와 유기산의 전환율 사이에 선형 관계가 있으므로, 촉매반응에서 측정한 활성에서 산성도를 결정한다[21].

산세기와 산점 개수를 측정하는 방법은 매우 많다. 산성도가 고체산의 촉매작용을 설명하는 가장 중요한 성질이기 때문에 산성도 측정법이 많이 연구되었다[22]. 이중에서 대표적인 방법을 골라 표 8.5에 정리하였다. 산성도 측정법은 대단히 많지만 모든 경우에 적절하고 정확한 측정 방법이 없으므로, 고체산의 성질과 상태에 따라 또는 측정하는 목적에 따라 적절한 방법을 선택하여야 한다.

산성도 측정법의 장단점을 고찰한다. 비극성 용매에서 지시약을 이용하여 산점을 적정하는 방법은 산세기별 산점의 개수 분포를 측정하는 아주 좋은 방법이다. 그러나 측정한 산세기는 지시약과 산점의 반응에서 결정되므로, 측정값에는 산점 고유의 에너지 상태 외에도 흡착한 지시약의 물리화학적 성질이 같이 들어 있다. 이러한 이유로 산성도 측정 결과와 촉매활성의 연관성이 낮다. 또 적정 과정에서 당량점을 명확하게 결정하기 어렵고, 측정 소요 시간이 길어서 물의 오염을 막기가 쉽지 않다. 액체 상태인 지시약 용액을 사용하므로, 반응물이 기체인 촉매반응과 같은 조건에서 산성도를 측정하지 못한다.

염기의 흡착열은 산세기의 절댓값과 연관된다. 흡착열을 비교적 정확하게 측정할 수 있지만, 흡착량이 많아지면 흡착한 염기 분자가 서로 상호작용하여 흡착열이 달라지므로 산점 고유의 산세기를 결정하기 어렵다. 정전기적(electrostatic) 효과와 배위구조적(coordinational) 효과가 다른 여러 종류 염기의 흡착열을 측정하여 이들 값에서 산점의 성격을 구분할 수 있다[23]. 이론적으로는 매우 훌륭한 방법이지만, 실제 고체산의 표면이 매우 불균일하고 세공

표 8.5 고체산의 산성도 측정법[22]

---

1. **산세기 측정법**
   ◦ 지시약 흡착법
   ◦ 기체 염기의 흡착-탈착법
   ◦ 열량계법
   ◦ 적외선 분광법(염기 흡착)

2. **산점 개수 측정법**
   ◦ 알카리 수용액으로 적정(현탁 수용액이나 비수용액 상태에서 또는 이온 교환 후)
   ◦ 열량 측정
   ◦ 기체 염기의 흡착량 또는 탈착량 측정
   ◦ H_2-D_2 교환반응의 진행 정도 측정
   ◦ 하이드라이드의 반응량 측정

3. **산점의 종류 확인법**
   ◦ 브뢴스테드 산점
     - 수용액에서 적정
     - 하이드라이드와 반응
     - ^1H-MAS NMR 분광법
   ◦ 루이스 산점
     - 전자쌍주개 분자와 반응
   ◦ 적외선 분광법(염기 흡착)
   ◦ MAS-NMR 분광법(염기 흡착)

구조 등 흡착열 측정에 관여하는 인자가 많아서 널리 쓰이지 않는다.

흡착한 피리딘의 적외선 스펙트럼에서 브뢴스테드 산점과 루이스 산점을 구별하고, 표면 하이드록시기의 상태를 파악하는 적외선 분광법이 산성도 측정에 매우 유용하다. 표면점유율에 따라 몰 흡광도가 달라지면 흡수띠 면적에서 산점 개수를 계산하기 어렵고, 색깔이 강한 물질의 산성도 측정에 적용하기 어렵다는 제한이 있지만, 기기의 발달로 이의 유용성이 점차 커지고 있다. 질량분석기와 기체크로마토그래프 등을 직접 연결하여 반응 조건에서 흡착한 물질의 상태와 산성도를 같이 조사하거나 승온 탈착 과정을 조사하여 표면 상태와 관련짓기도 한다.

같은 고체산 시료라도 측정법에 따라 산성도의 측정 결과가 다르다. 일본촉매학회에서 주관한 고체산 촉매의 산성도 측정 연구에서는 여러 기관에서 여러 방법으로 측정한 산성도 결과가 서로 다른 점을 검토하여 산성도 측정의 문제점을 고찰하였다[24]. 첫 번째 문제점으로 염기와 산점 사이의 흡착평형이 충분히 이루어진 상태에서 산성도를 결정했느냐를 든다. 염기 분자가 크면 충분한 시간을 기다렸다고 하더라도, 흡착평형이 이루어지기 어렵기 때문이다. 흡착평형이 이루어지지 않으면 측정 결과의 오차가 크므로 흡착평형에 이르렀는지 여부가 매우 중요하지만, 실제로 이를 확인하기가 쉽지 않다. 산성도 측정에서 부딪치는 두 번째 문제점은 시편을 만드는 과정에서 시료 표면의 물리화학적 상태가 달라진다는 점이다.

측정법에 따라 시편의 제조 방법이 다르므로 시료의 구조와 상태가 달라져 산성도의 측정 결과가 달라진다. 적외선 분광법에서는 얇은 시편을 만들려고 높은 압력을 가하므로 결정이 부서지면서 시료의 상태가 달라진다.

같은 염기를 사용하여 산성도를 조사하여도 흡착세기, 흡착열, 탈착열, 탈착 과정의 활성화에너지 등으로 측정하는 대상이 다르면, 산성도 조사 결과가 다를 수 있다. 더욱이 측정한 산성도를 촉매활성과 연결지어 검토하려면, 측정 조건과 반응 조건이 얼마나 가까운가 하는 점도 중요하다. 이러한 이유로 측정 목적과 시료의 상태와 성질을 충분히 검토하여 고체산의 측정 방법을 선택하여야 하고, 측정법의 한계를 고려하여 측정 결과를 해석하여야 한다.

(4) 고체산의 촉매반응

산은 양이온 중간체를 거치는 프리델-크래프츠(Friedel-Crafts)반응 등에 촉매작용이 있기 때문에, 고체산에서 진행되는 촉매반응은 무척 많다. 표 8.6에 고체산 촉매에서 진행하는 주요 반응을 정리하였다[25]. 이 외에도 아실화반응, 산화반응, 수소화반응, 중합반응, 에스터화반응에 고체산을 촉매로 사용한다.

이중결합 이동, $cis-trans$, 골격 이성질화반응 등 여러 종류의 이성질화반응에 산 촉매의 활성이 높다. 반응물에 양성자를 제공하여 생성된 양이온 중간체를 거쳐 반응이 진행한

표 8.6 중요한 고체산 촉매반응[25]

반응	촉매	반응물	생성물
이성질화	실리카-알루미나 HFER 제올라이트 HFAU 제올라이트(Y)	1-부텐 1-부텐 또는 2-부텐 n-헥산	$trans-$ 또는 cis-2-부텐 i-부텐 i-헥산
알킬화	제올라이트	벤젠, 톨루엔, 메탄올 벤젠, 에틸렌	p-자일렌 에틸벤젠
알킬기 교환	제올라이트	톨루엔	벤젠, 자일렌
수화	헤테로폴리산 고체 인산 $NiSO_4$ TiO_2-ZnO	에틸렌	에탄올
탄화수소 합성	HMFI HCHA(SAPO-34)	메탄올 메탄올	가솔린(알칸, 방향족 화합물) 저급 알켄
탈수	헤테로폴리산	알코올	알켄
촉매 분해	제올라이트	중질유	가솔린, 나프타
촉매 개질	귀금속/알루미나 귀금속/제올라이트	선형 알칸 또는 사이클로알칸	가지 달린 알칸 또는 방향족 화합물

다. 비교적 약한 산점에서도 1−부텐의 이중결합이 이동하는 이성질화반응이 진행되어 약한 고체산 촉매의 평가반응으로 사용하기도 한다. 미세세공이 없는 고체산 촉매에서 1−부텐이 2−부텐으로 이성질화되는 반응에서 생성물의 *cis/trans* 비는 1이다. 즉, 산 촉매에서는 *cis* 와 *trans* 생성물의 생성 가능성이 같다. 이에 비해 고체염기 촉매에서는 *cis* 생성물이 아주 많이 생성되어, 이 반응으로 산점과 염기점을 구별하기도 한다.

$$CH_2 = CH - CH_2 - CH_3 \xrightarrow{\ +\,H^+\ } CH_3 - CH^+ - CH_2 - CH_3$$

$$\xrightarrow{\ -\,H^+\ } CH_3 - CH = CH - CH_3 \tag{8.9}$$

제올라이트를 촉매로 사용하는 산 촉매반응은 제올라이트 부분에서 설명한다. 에틸렌을 수화하여 에탄올을 제조하는 촉매반응은 여러 고체산 촉매에서 빠르게 진행한다. 그림 8.11에 NiSO$_4$ 촉매의 소성온도에 따른 산점의 세기별 분포와 촉매활성을 비교하였다[26]. $H_0 \leq -3$ 인 강한 산점의 개수와 수화반응의 초기 반응속도는 잘 일치하는 데 비해, $-3 < H_0 \leq 1.5$ 범위의 산점 개수와 초기 반응속도 사이에는 상관성이 없다. 350 ℃에서 소성하면 NiSO$_4$ 촉매의 $H_0 < -3.0$인 강한 브뢴스테드 산점과 루이스 산점의 총량이 최대가 되며, 이 촉매에서 수화반응의 활성도 최대가 된다. 산세기가 너무 강하면 에틸렌의 중합반응이 일어나 에탄올에 대한 선택성이 낮아진다. 고체 인산, 소성한 황산니켈, TiO$_2$−ZnO 촉매의 산세기가 이 범위에 있어 수화반응 촉매로 적절하다.

에틸렌의 수화반응은 산 촉매에서 물이 양성자와 수산화 이온으로 해리흡착하면서 시작한다. 흡착한 에틸렌과 양성자가 반응하고, 생성된 양이온 중간체가 수산화 이온과 반응하여

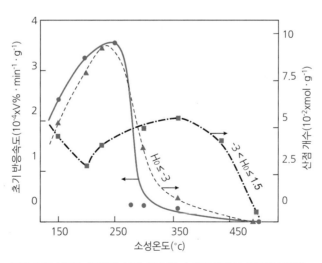

그림 8.11 NiSO$_4$ 촉매의 산점 개수와 수화반응에서 촉매활성[26]

에탄올이 된다.

$$H_2O \rightarrow H_{ad}^+ + OH_{ad}^-$$

$$C_2H_4 \xrightarrow{H_{ad}^+} C_2H_{5\;ad}^+ \xrightarrow{OH_{ad}^-} C_2H_5OH_{ad} \rightarrow C_2H_5OH \qquad (8.10)$$

탈수반응은 수화반응의 역반응으로서 역시 산 촉매에 의해 촉진된다. 에탄올의 산소 원자에 양성자가 먼저 결합하여 이 부분이 물로 떨어지면서 에틸 양이온이 생성되는 수화반응과 반대 방향 경로를 거친다.

촉매 개질공정(reforming)에서는 선형 알칸을 부가가치가 높은 가지 달린 알칸이나 방향족 화합물로 전환한다. 생산된 가솔린의 옥탄값이 높아지고 석유화학공업의 주요 원료인 방향족 화합물의 수율이 높아지는 부가가치가 큰 공정이다. 개질공정에는 두 종류 이상의 활성점이 동시에 반응에 필요하므로 이중기능(dual-functional) 촉매를 사용한다. n-헥산이 i-헥산이나 벤젠으로 전환되려면 금속과 산점이 같이 있어야 한다. 제올라이트 부분에서 이중기능 촉매반응을 자세히 설명한다.

촉매 개질반응에서는 탄소침적에 의한 활성저하와 수소화 분해반응 등 부반응을 억제하기 위하여 실리카-알루미나 대신 산세기가 그리 강하지 않은 γ-알루미나에 귀금속을 담지한다. 표면에 하이드록시기가 있을 때보다 염화 이온이 있을 때 골격 이성질화반응이 빠르게 진행되므로 반응물에 염소가 들어 있는 유기물을 첨가한다. 반응물에 들어 있는 염소 농도에 따라 수소화 분해반응과 벤젠이 생성되는 수소화 고리화반응의 진행 비율이 달라진다.

촉매 개질반응에는 알루미나에 담지한 백금 촉매를 사용한다[27]. 백금 염화물을 알루미나에 담지한 후 소성하여 제조하며, 백금 담지량은 0.3~0.6 wt% 정도이다. 백금과 레늄 또는 백금과 이리듐을 같이 담지한 이성분 귀금속 촉매의 활성과 선택성이 백금만을 담지한 촉매에 비해 훨씬 높다. 촉매 개질공정에서는 단일 반응기 대신 직렬로 설치한 여러 반응기를 운용한다. 탈수소화반응에서 열을 많이 흡수하므로, 온도가 낮아져 전환율이 낮아지지 않도록 반응기 사이에 열교환기를 둔다. 반응기의 단마다 촉매를 채우는 양이 다르고 진행하는 반응도 다르며, 촉매 개질반응의 생성물도 다르다. 여러 개의 반응기를 사용하는 대신 한 개의 반응기를 사용하면서, 반응물의 공급 방법과 내부 온도의 제어 방법을 바꿀 수도 있다[27].

(5) 고체 초강산

산세기가 100% 황산보다 강한 산을 초강산이라고 부른다[28,29]. ZrO_2, Fe_2O_3, TiO_2 산화물의 산·염기성은 그리 강하지 않지만, 이들 표면에 황산 이온을 담지하여 소성하면 아주 강한 산점이 생성된다. 황산 이온을 담지한 ZrO_2 초강산의 산세기는 $-14.54 > H_0 > -16.04$

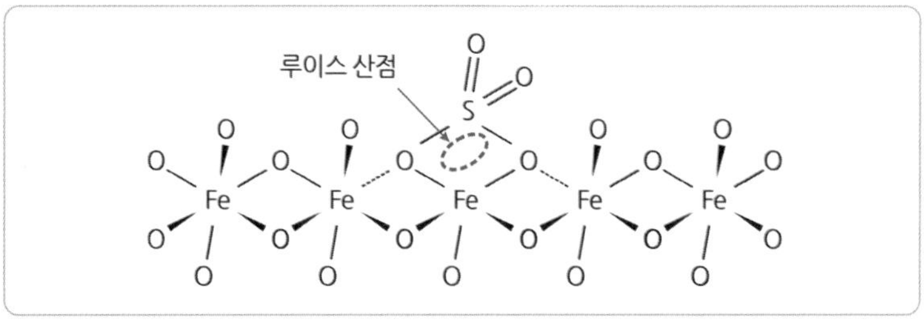

그림 8.12 황산 이온을 담지한 산화철에서 루이스 산점의 생성

이어서, 100% 황산의 산세기보다 강하다. 황산 대신 SbF_5를 실리카－타이타니아와 실리카－알루미나에 담지하여도 산세기가 $-13.06 > H_0 > -14.52$인 고체 초강산이 생성된다. 지지체에 산성을 나타내는 물질을 담지하여 고체 초강산을 만들지만, 그 자체로 고체 초강산인 불화설폰산수지인 나피온(Nafion－H)도 있다.

그림 8.12에 황산 이온을 산화철에 담지할 때 생성되는 루이스 산점을 보였다[29]. 황산 이온을 담지하여 소성하면 SO_4^{2-} 이온이 산화철과 결합한다. 황산 이온의 담지로 철 원자의 결합수가 여섯 개에서 다섯 개로 줄어들고, 황산 이온이 전자를 강하게 끌어당기므로, 철 원자의 전자밀도가 낮아져서 전자쌍을 강하게 받는 아주 강한 루이스 산점이 된다. 철처럼 전기음성도가 낮은 금속 원자의 산화물에 황산 이온을 담지하여야 강한 산점이 생성된다. 지르코늄과 타이타늄도 이 조건에 부합되어 지르코니아와 타이타니아 역시 고체 초강산을 만드는 지지체이다. 니켈과 지르코늄 산화물을 텅스텐 산화물에 담지한 촉매에도 pK_a가 -14.5인 지시약을 변색시키는 초강산 산점이 있어서, 20 ℃에서도 에틸렌의 이량화반응이 일어난다[30]. $NiSO_4/ZrO_2$ 고체 초강산도 에틸렌의 중합반응에서 촉매활성이 높다[31]. 초강산은 낮은 온도에서도 산 촉매활성이 있어서 공업적인 응용이 기대되지만, 아직은 사용 예가 없다. 지나치게 강한 산성 때문에 탄소침적이 심하여 활성저하가 너무 빠르기 때문이다. 산세기와 산점 개수를 적절하게 제어하여 활성저하를 유발하는 부반응을 억제하고 원하는 반응에 대한 선택성을 높이면, 고체 초강산은 활성이 아주 우수한 촉매가 될 수 있다.

🔍 3 고체염기의 염기도와 촉매작용

(1) 고체염기

고체염기 촉매는 음이온 중간체를 거치는 반응에 촉매작용이 있다. 산과 염기는 극성물질을 활성화하는 촉매로서 기능이 비슷하지만, 고체염기를 촉매로 사용하는 반응의 성격은 고체산에서 촉매반응과 상당히 다르다. 고체산 촉매는 종류가 많고, 이를 사용하는 촉매공정이 많으며, 그 규모가 크지만, 고체염기를 촉매로 사용하는 공정은 그렇지 않다. 1999년도에 조사한 통계에서 고체산 촉매를 사용하는 공정은 103개였는데, 고체염기 촉매를 사용하는 공정은 불과 14개였다. 2009년에 발표된 고체염기에 관한 총설에서도 상업화 가능성이 높다고 제안한 촉매공정이 불과 28개여서, 고체염기의 촉매로서 응용 범위는 고체산에 비해 매우 좁다[32].

고체염기를 촉매로 사용하는 공정의 개수가 적은 이유를 든다. 산과 염기 촉매반응에서 생성물이 다르다는 점이 첫째 이유이다. 에틸렌 옥사이드의 수화반응에서는 생성물이 산과 염기 촉매반응에서 모두 같지만, 알킬벤젠의 알킬화반응에서는 생성물이 서로 다르다. 메탄올에 의한 톨루엔의 알킬화반응에 고체염기를 촉매로 사용하면 곁가지가 알킬화된 에틸벤젠이 생성되지만, 고체산을 촉매로 사용하면 벤젠고리에 메틸기가 추가로 치환된 자일렌이 생성된다. 둘째 이유로는 고체염기의 연구가 활성화되지 않아서 고체산에 비해 고체염기의 종류가 적다는 점이다. 촉매의 다양성이 낮아 적절한 촉매를 찾기가 어렵다. 고체염기의 활성화가 어려운 점도 고체염기의 사용 분야가 좁은 이유이다. 고체염기가 대기에 노출되면 산 촉매와 마찬가지로 수분을 흡착하여 활성이 저하된다. 이뿐 아니라 고체염기는 대기 중의 이산화탄소와 반응하여 활성이 전혀 없는 탄산염을 생성하므로, 고체염기를 촉매반응에 사용하려면 상당히 높은 온도에서 배기하여 탄산염을 제거하여야 한다. 높은 온도에서 처리하면 표면이 소결되면서 활성이 급격히 낮아져, 고체염기의 활성화를 위한 전처리 조작이 쉽지 않다.

$$\text{톨루엔} + CH_3OH \xrightarrow{\text{산}} \text{자일렌} \quad (8.11)$$

$$\text{톨루엔} + CH_3OH \xrightarrow{\text{염기}} \text{에틸벤젠} \quad (8.12)$$

그림 8.13에 1-부텐의 이중결합 이동 이성질화반응에서 La_2O_3 촉매의 전처리 조건에 따른 초기 반응속도상수의 변화 거동을 보였다[32]. 전처리 온도가 높아지면 촉매활성이 급격히 높아지나, 600 ℃보다 높은 온도에서 처리하면 활성이 도리어 낮아진다. 촉매 표면에 흡착하거나 탄산염 상태로 결합한 이산화탄소가 제거되면서 염기점이 생성되어 전처리 온도가 높아지면 촉매활성이 높아진다. 그러나 지나치게 높은 온도에서 소성하면 촉매가 소결되면서 표면적이 줄어들어 촉매활성이 낮아진다. 표면적이 줄어드는 효과 외에도 표면이 평평해지면서 표면 원자의 배위수가 많아져도 염기점이 없어진다.

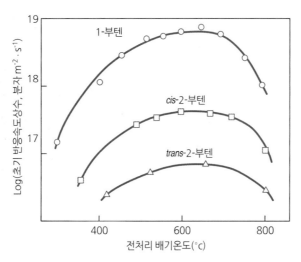

그림 8.13 1-부텐의 이중결합 이동 이성질화반응에서 La$_2$O$_3$ 촉매의 전처리 배기온도와 0 ℃에서 초기 반응속도상수의 상관성[32]

표 8.7에 고체염기의 종류를 정리하였다[33]. 문헌에 언급되어 있는 고체염기의 종류는 이보다 훨씬 많지만, 염기 촉매반응에 주로 사용하는 물질만 정리하였다. 대표적인 고체염기는 마그네슘과 칼슘의 산화물인 알카리 토금속의 산화물이다. 알카리 금속의 산화물은 불안정하여 그 자체를 고체염기로 사용하지 않는다. 산화마그네슘이나 산화칼슘이 실리카와 섞여 있는 복합 산화물도 염기성을 띤다. 복합 산화물 중에는 마그네슘과 알루미늄의 혼합 산화물인 하이드로탈싸이트가 있으며, 이를 고체염기 촉매로 사용하는 예가 많다. 지지체에 알카리 금속 산화물, 아민 등을 담지한 고체염기 촉매도 있다. 독특한 고체염기로는 나트륨 금속을 담지한 Na/Al$_2$O$_3$가 있다. 알카리 금속 자체는 물과 격렬히 반응하여 아주 불안정하지만, 알루미나에 담지하면 상당히 안정해진다. 이 외에 음이온 교환수지, 알카리 금속 이온을 교환한 제올라이트도 고체염기이며, 아민, 구아니딘, 포스파젠 등 유기염기를 지지체에 고정한 고체염기도 있다[34].

전자밀도가 높아서 양성자를 빼앗을 수 있어야 브뢴스테드 염기성이 나타나므로 금속 산

표 8.7 고체염기의 종류[33]

고체염기	물질
천연 점토	세피오라이트(sepiolite), 활석(talc)
제올라이트	K, Rb, Cs-교환 FAU 제올라이트(X, Y)
고체에 담지한 염기	KF/Al$_2$O$_3$, K$_2$CO$_3$/Al$_2$O$_3$, KOH/Al$_2$O$_3$, NaOH/Al$_2$O$_3$, Na/Al$_2$O$_3$
이온 교환수지	음이온 교환수지
무기 화합물	하이드로탈싸이트, 하이드록시아파타이트, MgO, CaO, SrO, BaO, CuO, Al$_2$O$_3$, ZrO$_2$, La$_2$O$_3$, Rb$_2$O
복합 산화물	SiO$_2$-MgO, SiO$_2$-CaO, MgO-La$_2$O$_3$

화물에서 주변 원자보다 전자밀도가 높은 산소 원자가 촉매활성점이 된다. 금속 산화물을 높은 온도에서 가열하면 흡착한 물과 불순물이 제거되면서 표면에 배위 상태가 다른 산소 원자가 나타난다. 산화마그네슘을 예로 들어 설명한다. 평평한 표면(테라스)에 있는 산소 원자는 주위에 있는 마그네슘 원자 다섯 개와 결합한다(O_{5c}^{2-}). 모서리에 있는 산소 원자는 네 개의 마그네슘 원자와 결합하여 O_{4c}^{2-} 상태이다. 이와 달리 꼭짓점에 있는 산소 원자는 세 개의 마그네슘 원자와 결합하므로 O_{3c}^{2-} 상태이다. 결합한 마그네슘 원자의 개수가 적은 산소 원자일수록 전자가 많이 모여 있어서 강한 염기성을 띤다.

고체염기에서도 염기로서 기능이 양성자를 포획하느냐 아니면 전자쌍을 제공하느냐의 차이로 브뢴스테드와 루이스 염기점을 구분하지만, 둘의 차이가 그리 명확하지 않다. 이보다는 고체염기에 염기점이 단독으로 있지 않고 염기점 – 산점 쌍으로 존재하는 점이 고체산과 다르다. 산소 원자와 결합하여 전자밀도가 낮아진 금속 원자가 루이스 산점이므로, 고체염기는 보통 염기점 – 산점의 쌍으로 촉매반응에 관여한다. 염기점에 양성자를 빼앗긴 음이온 중간체는 전자밀도가 낮은 산점과 상호작용하여 안정화되므로 촉매 효과가 커진다. 촉매 표면이 매우 불균일하여 결합수가 적은 산소 원자가 많으면, 반응물에서 양성자를 빼앗는 염기점이 많아져서 염기 촉매반응에 활성이 강하다.

(2) 고체염기의 염기도 측정

고체염기의 염기세기도 산세기와 비슷한 방법으로 정의한다. 산성 지시약인 HA와 브뢴스테드 염기 B의 반응에서 하멧 염기세기를 결정한다.

$$HA + B^- \rightleftarrows A^- + BH \qquad (8.13)$$

$$H_- = pK_a + \log\frac{[A^-]}{[HA]} \qquad (8.14)$$

K_a는 지시약의 산세기를 나타내는 평형상수로서, 염기가 강하면 pK_a가 양수로 크다. 양성자를 많이 빼앗겨서 A^-가 많이 생성되면, $\log$ 항 역시 양수로 커져서 강한 고체염기의 H_- 값은 양수로 크다. $H_- = 7$이면 중성이고, 이보다 크면 염기이다. $H_- \geq 26$으로 중성물질에 비해 10^{19}배 이상 강한 염기를 초강염기라고 부른다. $H_0 - 7$을 기준으로 19를 뺀 값이 초강산의 기준이듯이, 초강염기의 기준은 $H_- = 7$에 19를 더한 값이다. 양성자가 이동하지 않는 루이스 산 – 염기반응에서도 같은 방법으로 염기의 세기를 정의한다.

$$A + :B \rightarrow A:B \qquad (8.15)$$

표 8.8 염기의 세기 결정에 사용하는 지시약[35]

지시약	pK_a	색깔	
		산성	염기성
브로모티몰 블루(bromothymol blue)	7.2	노란색	초록색
페놀프탈레인(phenolphthalein)	9.3	무색	붉은색
2,4,6 - 트라이나이트로아닐린(2,4,6 - trinitroaniline)	12.2	노란색	붉은 오렌지색
2,4 - 다이나이트로아닐린(2,4 - dinitroaniline)	15.0	노란색	자주색
4 - 클로로 - 2 - 나이트로아닐린(4 - chloro - 2 - nitroaniline)	17.2	노란색	오렌지색
4 - 나이트로아닐린(4 - nitroaniline)	18.4	노란색	오렌지색
4 - 클로로아닐린(4 - chloroaniline)	26.5	무색	분홍색
다이페닐메탄(diphenylmethane)	35.0	무색	노랑 - 오렌지색

염기세기의 결정에 사용하는 대표적인 지시약을 표 8.8에 정리하였다. 브로모티몰 블루의 pK_a 값은 7.2이어서 아주 약한 염기의 세기를 측정할 때 사용한다. 4 - 클로로아닐린의 pK_a 값은 26.5이어서, 이 지시약을 분홍색으로 변색시키는 고체염기는 초강염기이다. 색깔 변화를 눈으로 판정하면 오차가 크므로, 분광계나 다른 기기의 도움을 받아서 H_-를 정확히 결정한다.

표 8.9에 대표적인 고체염기의 염기세기를 정리하였다[35]. 전처리 방법에 따라 염기세기가 달라진다. Na/NaOH/Al_2O_3의 염기세기는 $H_- > 37$로 초강염기이다. 반면, 마그네슘과 칼슘 산화물은 처리 방법에 따라 차이가 커서 염기세기가 $15 < H_- < 35$ 범위에 있다. NaFAU 제올라이트(X)의 염기세기는 매우 약하나, 알카리 금속 산화물을 제올라이트에 담지하면 염기세기가 아주 강해진다.

표 8.9 대표적인 고체염기의 세기[35]

고체염기	H_-
Na/NaOH/Al_2O_3	$37 \leq$
K/MgO	$35 \leq$
MgO	$15 < H_- < 35$
CaO	$15 < H_- < 33$
MgO - TiO_2	$17.2 < H_- < 18.4$
Ca(OH)$_2$	$15 < H_- < 18.4$
NaX	$7.2 < H_- < 9.3$
CsO$_x$/NaX	$17.2 \leq H_- < 26.5$

고체염기의 염기점 개수를 페놀이나 벤조산의 흡착법으로 결정한다. n-부틸아민으로 고체산을 적정하는 방법과 동일하다. 물을 완전히 배제한 벤젠에 고체염기를 현탁시키고 지시약을 가한다. 페놀을 첨가하면 염기점에 흡착한 지시약이 페놀로 치환되므로 페놀 첨가량에서 염기점의 세기와 개수를 결정한다. 지시약을 이용하는 염기성 측정법은 원리상으로는 매우 명확하지만, 고체 표면이 불균일하여 염기세기의 폭이 넓고 색깔 판별이 어려워, 측정의 정확성이 그리 높지 않다.

염기 촉매반응은 반응물로부터 양성자를 빼앗으면서 시작하므로, 반응물에서 양성자를 빼앗는 정도로 염기성을 비교하기도 한다. 대표적인 염기 촉매반응인 크뇌베나겔(Knoeveragel) 축합반응은 염기가 $R^2-CH_2-R^2$ 형태의 반응물에서 메틸렌기의 양성자를 빼앗으면서 시작된다. 염기의 촉매작용을 잘 보여주는 반응으로 반응경로를 그림 8.14에 보였다. R^1과 R^2 치환기에 따라 메틸렌기의 양성자의 화학적 상태가 달라서, 표 8.10에 정리한 대로 이 반응물에서 양성자를 빼앗는 데 필요한 염기세기가 다르다[36]. 치환기가 모두 나이트로기($-NO_2$)이면 pK_a가 3.6으로 작아서 약한 염기도 이 반응물에서 양성자를 빼앗는다. 치환기가 모두 나이트

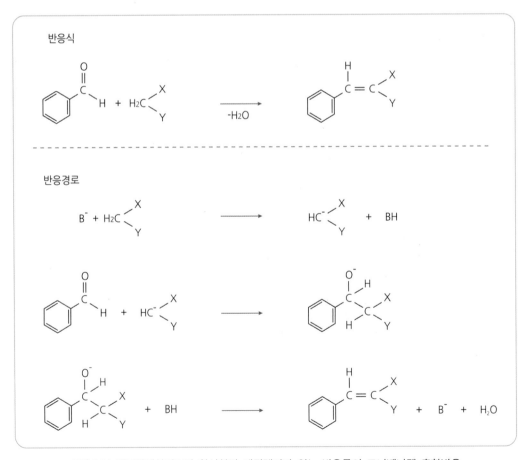

그림 8.14 벤즈알데하이드와 활성화된 메틸렌기가 있는 반응물의 크뇌베나겔 축합반응

표 8.10 $R^1-CH_2-R^2$ 반응물에서 양성자를 빼앗는 데 필요한 염기세기[36]

R^1	R^2	pK_a	필요한 염기
CH_3	CH_3	42	초강염기
C_6H_5	H	35	초강염기
C_6H_5	C_6H_5	33	초강염기
CH_3	CN	25	강염기
CH_3	$COCH_3$	20	강염기
CH_3	COH	19.7	강염기
COOR	COOR	11.5	중간염기
CN	CN	11.2	중간염기
COR	COR	9	중간염기
COH	COH	5	약염기
NO_2	NO_2	3.6	약염기

릴기(-CN)이면 pK_a가 11.2이어서 양성자를 빼앗는 데 중간 세기의 염기가 필요하다. 메틸기와 나이트릴기가 치환되어 있는 반응물의 pK_a는 25여서, 아주 강한 염기라야 양성자를 빼앗을 수 있다. 치환기가 모두 메틸기인 반응물의 pK_a 값은 42여서, 초강염기가 있어야 촉매 반응이 진행된다.

산성 기체인 이산화탄소의 흡착과 탈착 방법으로 염기성을 조사한다. 고체염기에 흡착한 이산화탄소의 적외선 스펙트럼에서 염기점의 세기와 개수를 결정한다. 상온에서 배기하여도 강한 염기에는 이산화탄소가 결합되어 있어, 이의 흡수띠가 나타나므로 염기점의 성질을 조사할 수 있다. 수산화칼슘을 여러 온도에서 소성하여 제조한 산화칼슘 촉매에서 그린 이산화탄소의 승온 탈착곡선을 그림 8.15에 보였다[37]. 700 ℃에서 소성한 촉매에서는 T_m이 716 ℃인 이산화탄소의 탈착봉우리가 크게 나타난다. 소성온도가 더 높아지면 표면이 소결되어 염기점 개수가 줄어든다. 900 ℃에서 소성하면 염기점이 많이 줄어들고 염기세기도 약해진다. 이산화탄소의 승온 탈착법으로 염기점의 세기와 개수를 동시에 측정한다.

전자밀도가 높은 산소 원자는 강한 염기점이므로, X-선 광전자 분광법(X-ray photoelectron spectroscopy: XPS)으로 측정한 산소 원자의 결합에너지에서 염기세기를 추정한다[38]. 중성 실리카에서는 산소 원자의 결합에너지가 532 eV이나, γ-알루미나에서는 산소 원자의 결합에너지가 531.1 eV이다. 염기가 강해지면 산소 원자의 전자밀도가 높아지므로 결합에너지가 적어진다. γ-알루미나에 수산화나트륨을 담지한 NaOH/γ-Al_2O_3에서는 산소 원자의 결합에너지가 530.3 eV로 상당히 적다. 초강염기인 Na/NaOH/γ-Al_2O_3에서 산소 원자의 결합에너지는 529.5 eV로 더 적어서, 산소 원자의 결합에너지로 염기세기를 비교한다. XPS로 염

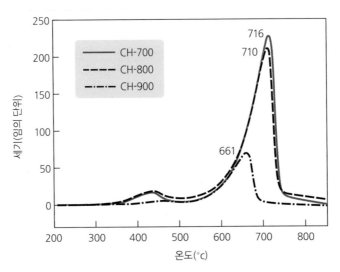

그림 8.15 여러 온도에서 소성한 수산화칼슘 촉매의 이산화탄소 승온 탈착곡선[37] 봉우리 옆 숫자는 T_m을 나타낸다.

기세기를 직접 측정하여 편리하지만, 고진공에서 조작하는 XPS 기기 내에서 촉매 시료를 전처리하기 어려워 널리 쓰이지 않는다. 이뿐 아니라 염기세기에 따른 결합에너지의 차이가 그리 크지 않아서 측정 결과를 정량적으로 해석하는 데에도 한계가 있다.

(3) 고체염기의 촉매작용

염기의 촉매작용은 크게 두 가지로 나누어진다. 반응물에서 양성자를 빼앗아 음이온 중간체를 만들거나, 반응물과 바로 결합하여 음이온 중간체를 만든다. 양성자를 빼앗으면서 시작되는 반응의 예로는 염기 촉매가 프로필렌에서 양성자를 빼앗으므로 아릴 음이온이 생성되는 반응이 있다. 반면, 알데하이드나 케톤의 염기 촉매반응에서는 양성자를 빼앗지 않고, 염기가 반응물과 결합하여 음이온 중간체를 만든다. 브뢴스테드 염기에서는 양성자를 빼앗으므로 촉매반응이 시작되고, 루이스 염기에서는 전자쌍을 주면서 결합하여 촉매반응이 시작된다.

$$\triangle + B^- \longrightarrow \widehat{\ominus} + BH \tag{8.16}$$

$$\begin{array}{c} R^1 \\ \diagdown \\ C = O + B^- \longrightarrow \\ \diagup \\ R^2 \end{array} \quad \begin{array}{c} R^1 \quad B \\ \diagdown \diagup \\ C \\ \diagup \diagdown \\ R^2 \quad O^- \end{array} \tag{8.17}$$

고체염기에서는 산점과 염기점이 촉매반응에 같이 관여한다. 고체염기인 산화마그네슘에서 산소 원자는 염기점이고 마그네슘 원자는 루이스 산점이다. 1-부탄올의 탈수반응에서 1-부탄올의 메틸렌기 양성자는 염기점에, 하이드록시기는 산점에 끌린다[3]. 그림 8.16에서 보듯이 산점과 염기점이 협동하여 촉매반응을 진행한다. 알돌 축합반응에서는 염기점은 알데하이드의 양

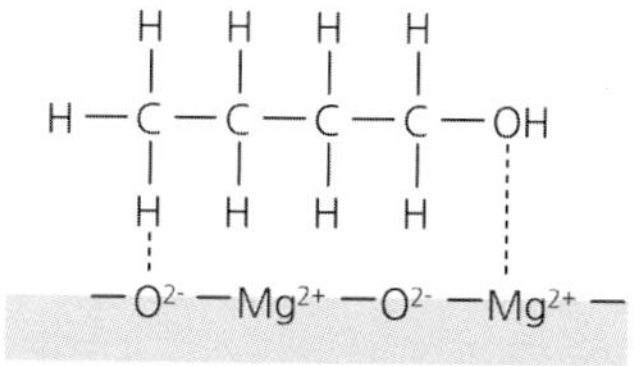

그림 8.16 산화마그네슘 염기 촉매에서 1-부탄올의 탈수반응

성자를 빼앗고, 산점은 다른 알데하이드에 양성자를 제공하는 방법으로 촉매반응에 참여한다.

고체염기에서 진행하는 촉매반응의 종류는 매우 많지만, 대부분이 유기합성반응이다. 알돌(aldol) 부가반응, 미카엘(Michael) 부가반응, 크뇌베나겔 축합반응, 알돌 축합반응, 티쉬첸코(Tishchenko)반응 등 염기 촉매반응은 고가의 유기물을 제조하는 중요한 반응이다. 고체염기를 촉매로 사용하므로 수산화나트륨 등 위험한 물질의 사용량을 줄이고, 용매를 사용하지 않거나 조금 사용하면서 반응을 진행할 수 있다. 염기성 폐수의 발생량이 줄어들고 촉매를 재사용하므로 환경친화적이다. 에너지와 환경오염을 중요하게 고려하므로 유기합성반응에 고체염기를 많이 사용한다.

고체염기를 촉매로 사용하는 특이한 반응으로는 바이오디젤을 제조하는 지방의 에스터 교환반응이 있다. 산과 염기 촉매에서 모두 지방산 메틸에스터(fatty acid methyl ester)가 생성되지만, 촉매활성이 높은 균일계 염기 촉매를 많이 사용한다. 그러나 반응 후 균일계 염기를 제거하는 과정에서 폐수가 많이 발생하고, 강한 염기에 의해 반응기가 심하게 부식된다. 여러 종류의 고체염기가 에스터 교환반응에 촉매로서 적용이 검토되었다. 탄산칼슘이 주성분인 달걀껍질과 조개를 소성하거나 화학처리하여 만든 염기 촉매는 가격이 싸고, 생성물과 분리하기 쉬우며, 재사용이 가능하다[39].

$\mathcal{P}$ 4 제올라이트 촉매

(1) 공업 촉매로서 제올라이트

제올라이트 덩어리를 물에 넣으면 마치 돌이 끓는 것처럼 기포가 발생한다. 끓는다는 뜻의 'zeo'와 돌을 나타내는 'lite'를 더하여 'zeolite'라고 부르며, 우리말에서는 이를 그대로 옮겨 '제올라이트'라고 쓴다. 일본말로는 '끓는 돌'이라는 의미로 '沸石'이라고 쓰기도 한다. 학술적으로 제올라이트는 결정성 알루미노규산염의 총칭이다. 알루미늄 원자와 규소 원자 각각이 산소 원자 네 개와 결합하여 사면체(TO_4)를 만들고, 이들이 산소 원자를 공유하면서 규칙적인 방법으로 결합하여 만든 결정성물질이다.

천연에서 산출되는 제올라이트는 양이온 교환성질을 이용하여 경수연화제로 쓰였을 뿐 특별한 용도가 없었다. 1950년대에 염기성 실리카-알루미나 혼합물을 수열반응(hydrothermal reaction)시켜 제올라이트를 합성하면서, 제올라이트의 합성, 성질 조사, 응용에 대한 연구가 활발해졌다. 흡착제와 촉매로 쓸 수 있는 순수한 제올라이트가 합성되어, 제올라이트의 결정구조 해석, 분자크기에 따른 선택적인 흡착 현상, 산 촉매로서 활용 연구가 시작되었다. 제올라이트의 세공크기는 일반적인 화학반응의 반응물과 생성물 분자의 크기와 비슷하여 제올라이트를 이용하여 분자크기별로 물질을 분리한다는 뜻으로, '분자체(molecular sieve)'라고 부른다[40].

1960년대 초 촉매 분해공정의 촉매인 실리카-알루미나를 촉매활성이 우수한 합성 FAU 제올라이트(Y)로 교체하면서 공업 촉매로 제올라이트를 이용하기 시작하였다[41]. 양이온을 교환하거나 실리카와 알루미나의 조성(보통 Si/Al 비라고 쓴다)을 바꾸어 제올라이트의 산성도를 촉매반응에 맞게 조절하고, 분자체 효과를 살려서 특정 촉매반응만을 선택적으로 촉진하는 고체산 촉매로 발전하였다. 정유공업과 석유화학공업의 주요 공정인 자일렌의 이성질화공정, 톨루엔의 알킬화공정, 촉매 분해공정(catalytic cracking), 촉매 개질공정(catalytic reforming) 등에 제올라이트를 촉매로 사용한다.

LTA 제올라이트(A)를 촉매로 사용하는 선형 탄화수소의 선택적 개질공정(selectoforming), FAU 제올라이트(Y)를 촉매로 이용하여 p-자일렌을 선택적으로 합성하는 톨루엔의 알킬화공정, MFI 제올라이트(ZSM-5)를 이용하는 왁스제거공정(dewaxing), FER 제올라이트를 촉매로 사용하는 n-부텐(선형 부텐인 1-부텐과 2-부텐을 합하여 씀)의 골격 이성질화공정(skeletal isomerization) 등은 제올라이트의 세공구조를 잘 활용한 촉매공정이다. 제올라이트의 촉매로서 특징을 열거한다. 1) 구조가 잘 규명된 결정성물질이어서 종류에 따라 세공의 입구크기, 모양, 지름 등이 다르고, 2) 내부 세공이 발달하여 표면적이 아주 넓으며 (보통 300~600 $m^2 \cdot g^{-1}$), 3) 내부 세공을 통해 반응물이 이동하고 세공벽에 흡착하며, 4) 무기 결정성물질이어서 열적으로 매우 안정하고, 5) 규칙적인 결정구조 때문에 독특한 형상 선택적 촉매작용이 있으며, 6) 골격 원소인 규소 원자를 +3가 양이온(Al, Fe, Ga, In, B 등)으로 치환 가능하고, 7) 양이온 교환, 조절제 담지, 산 처리 등 여러 방법으로 산세기와 산점 개수를 조절하며, 8) 세공 내에 형성되는 강한 정전기장에서 반응물이 활성화되어 촉매활성이 높고, 9) 화학물질 제조반응 외에도 질소 산화물의 제거반응 등 환경오염 방지반응에도 촉매로 쓰인다[42].

제올라이트를 촉매로 사용하는 석유화학공정을 표 8.11에 정리하였다[43]. 원유에서 화학공업의 원료와 연료를 생산하는 정유공업, 화학물질을 생산하는 석유화학공업뿐만 아니라 환경오염 방지공정에도 제올라이트를 사용하지만, 에너지와 환경 촉매는 10장에서 취급하므로 여기에서 언급하지 않았다. 이 표에 나열한 공정은 대부분 규모가 큰 공정이어서 제올라이트 촉매의 사용량은 촉매 시장의 18.5%를 점유할 정도로 막대하다.

표 8.11 제올라이트를 촉매로 사용하는 석유화학공정[43]

촉매반응	공정	운용목적	제올라이트 촉매
촉매 분해	FCC	긴 탄화수소를 효용 가치가 큰 가솔린, 나프타, 기체 등으로 전환	REY, USY, ZSM−5
수소화 분해	MPHC	품질이 우수한 가솔린 생산	NiMo 또는 NiW/USY
수소처리(경유)	MIDW	왁스를 제거하여 고급 증류유 제조	Ni, W 또는 Pt/Y
수소처리(윤활유)	MDDW, MLDW, MSDW	경유의 왁스 제거	ZSM−5
알칸의 선택적 분해	Selectoforming	나프타에서 옥탄값이 높은 가솔린 생산	ERI(erionite)
방향족 화합물의 알칸 분해와 알킬화	M−reforming	가솔린 생산과 이의 옥탄값 상승	ZSM−5
n-알칸의 수소이성질화	TIP, CKS	펜탄과 헥산을 이소부탄으로 전환시켜 가솔린의 옥탄값 상승	Pt/MOR, Pt/FER
알켄의 저중합	MOGD	저급 알켄을 가솔린과 경유로 전환	ZSM−5
메탄올을 탈수하여 가솔린 제조	MTG	가솔린 제조	ZSM−5
메탄올을 탈수하여 알켄 제조	MTO/MTP, S−MTO/MTP, DMTO	저급 알켄 제조	SAPO−34, ZSM−5
C_4-C_8 알켄의 촉매 분해	FCFCC, INDMAX, DCC, DMTO, MOI, PCC, OCR, PROPYLUR, OCC	C_4-C_8 알켄을 저급 알켄으로 전환	Y, ZSM−5
자일렌 이성질화	MLPI, MVPI, MHTI, XyMax, Isomar octafining	$m-$, $o-$자일렌과 에틸벤젠을 $p-$자일렌으로 전환	ZSM−5, Pt/Al₂O₃/MOR
톨루엔 불균등화	Tatoray, MTDP, S−TDT	벤젠과 자일렌 생산	ZSM−5, MOR
톨루엔의 형상선택적 불균등화	MSTDP, PxMax, SD	$p-$자일렌 생산	ZSM−5
방향족 화합물의 알킬기 교환	TransPlus, Tatoray, HAP	C_{9+}에서 자일렌 생산	ZSM−5, MOR, β
에틸렌을 이용한 벤젠의 알킬화	MEB, EBMax, EB One	에틸벤젠 생산	ZSM−5, Y, β, MCM−22
프로필렌을 이용한 벤젠의 알킬화	Mobil−Badger, Q−Max, CDcumene, 3DDM, MP	큐멘 생산	MCM−22, MgSAPO−31, USY, MOR, B/β, MCM−56
방향족화	M2−reforming, Cyclar, Z−reforming, Pyroform	저급 알칸과 알켄에서 방향족 화합물 생산	ZSM−5, Ga/MFI, Pt/KL
선택적 촉매 산화	프로필렌의 에폭시화, 프로필렌의 수화와 산화, 벤젠의 수화와 산화	프로필렌에서 프로필렌 옥사이드 제조, 프로필렌에서 아이소프로판올 생산, 벤젠에서 페놀 생산	TS−1, TS−2, Ti−MWW

(2) 제올라이트의 구조

제올라이트 결정의 기본 단위는 규소 원자(T)와 알루미늄 원자(T)가 네 개의 산소 원자와 결합한 TO_4 단위이다. 이 기본 단위가 여러 방법으로 결합하여 다양한 결정구조를 만든다. 제올라이트의 T 원자는 규소와 알루미늄이지만, 이외 다른 원소로 이루어진 물질을 제올라이트 유사물질(zeolite-like material, zeotype material)이라고 부른다. 알루미늄 원자와 인 원자로 이루어진 $AlPO_4$ 계열 분자체, 알루미늄 원자 대신 타이타늄 원자가 들어 있는 규소-타이타늄 분자체가 있다[44]. 이 외에도 붕소, 갈륨, 철, 망가니즈 원자가 골격을 이루는 제올라이트 유사물질이 있다. 이들의 구성 원소는 제올라이트의 구성 원소와 다르지만, 제올라이트와 구조가 같은 결정성물질이어서, 제올라이트처럼 흡착-탈착 과정이 가역적이다. 분자크기에 따라 흡착 여부가 결정되는 분자체 효과도 나타나므로, 구성 원소보다 골격의 구조로 제올라이트의 정의를 확대하여 이들도 제올라이트에 포함시킨다. 제올라이트 유사물질 중에서 금속 원자가 골격에 들어 있는 금속 제올라이트(metallozeolite)에서는 금속 고유의 성질과 제올라이트 골격의 상승작용으로 독특한 촉매작용이 나타나서, 이들을 촉매 재료로 사용하는 연구가 활발하다.

제올라이트에서 TO_4가 꼭짓점 산소 원자를 공유하여 그림 8.17 (가)에 보인 이차구조 단위 (secondary building unit; SBU)를 만든다. 꼭짓점은 규소 원자와 알루미늄 원자를 나타내며,

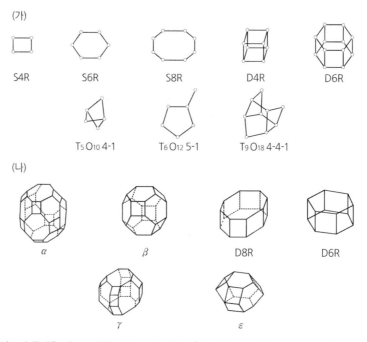

그림 8.17 제올라이트의 골격을 이루는 이차구조와 기본 단위 (가) 이차구조 단위(SBU); S는 한 개, D는 두 개, R은 고리를 뜻하며 가운데 숫자는 고리를 이루는 규소나 알루미늄 원자의 개수를 뜻한다. (나) 제올라이트 골격의 기본 단위인 다면체이다.

각 선은 산소 원자로 이어진 T−O−T 결합을 뜻한다. 그림 8.17 (나)에 제올라이트 골격에서 자주 나타나는 다면체를 나타내었다. β는 소달라이트 단위(sodalite unit)로서 정팔면체의 각 꼭짓점을 잘라내어 만든 구조라고 해서, 꼭짓점을 자른 팔면체(truncated octahedron)라고 부른다[40,45].

소달라이트 단위로 이루어졌으나 골격구조가 다른 세 종류 제올라이트의 결합 방법을 그림 8.18에 비교하였다. 소달라이트 단위(가)의 사각형면을 서로 공유하면서 결합한 제올라이트가 SOD 제올라이트(소달라이트)(나)이다. 소달라이트 단위가 그대로 겹쳐져 차곡차곡 쌓여 있어서, 세공입구가 4개의 산소 원자 고리(4−membered oxygen ring: 4MR)로 아주 작다. 이에 비해 소달라이트 단위의 사각형면이 바로 겹치지 않고 겹사각형고리(double 4−ring)를 만들며 결합하면 LTA 제올라이트(다)가 된다. 겹사각형고리만큼 떨어져 결합하므로 소달라이트 단위 사이에 빈 공간이 생성되고, 이 공간과 연결된 세공입구는 8MR이다. 육각형면이 겹육각형고리(double 6−ring)를 만들며 결합하면 FAU 제올라이트(포자사이트, faujasite)(라)가 된다. 내부에 큰 둥지(supercage)가 생기고, 세공입구는 12MR이어서 상당히 크다. Si/Al 비가 1이면 X 제올라이트로, Si/Al 비가 2.4 이상이면 Y 제올라이트로 구분하여 부른다. 천연에서도 골격구조가 같은 포자사이트가 산출된다.

세 종류의 제올라이트의 구성 요소는 같으나 결합하는 방법이 달라서, 제올라이트의 세공입구크기와 모양이 달라지므로, 골격구조가 제올라이트의 세공크기와 모양 및 물리화학적 성질을 결정하는 중요한 인자이다. 종래에는 제올라이트를 처음 발견하거나 처음 합성한 사람이 붙인 이름을 관습적으로 사용하여 왔으나, 제올라이트의 특징이 골격구조에 있으므로 국제제올라이트연합(International Zeolite Association: IZA)에서는 골격구조마다 영어 알파

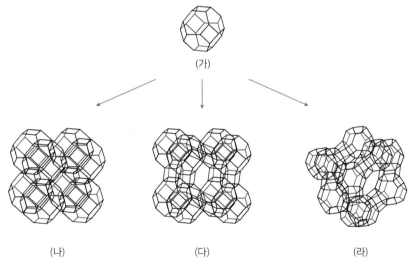

(가)

(나)   (다)   (라)

그림 8.18 소달라이트 단위로 이루어진 SOD, LTA, FAU 제올라이트의 결정구조 (가) 소달라이트 단위 (나) SOD 제올라이트 (다) LTA 제올라이트 (라) FAU 제올라이트

벳 세 글자로 만든 코드명을 부여하였다[46]. 제올라이트 A를 LTA로, ZSM-5 제올라이트를 MFI로, 소달라이트를 SOD로 나타낸다. 구성 원소와 조성, 합성 방법 등에 따라 골격구조는 같아도 모양과 조성이 다른 경우가 있어 관용적으로 사용하는 명칭이 편리한 때도 있지만, 골격구조에 근거한 코드명의 사용이 점차 보편화되고 있다. 이 책에서도 가급적 코드명을 사용하고, 제올라이트에 들어 있는 양이온을 나타내려면 코드명 앞에 양이온의 원소 기호를 붙였다. 양성자가 들어 있는 ZSM-5 제올라이트를 HMFI로 쓰고, 관용명을 괄호 안에 써서 이해를 도왔다. Si/Al 비가 다른 FAU 제올라이트를 구별하는 X와 Y, LTA 제올라이트의 세공크기 차이를 나타내는 3A, 4A, 5A 등 관용명을 코드명과 함께 사용하였다.

X-선 회절분석으로 제올라이트의 결정구조를 확인한다. 제올라이트 단결정을 분석하여 세공 모양과 크기, 양이온의 분포 위치를 알아낸다. 분말이면 X-선 회절무늬를 그려 문헌에 보고된 결과와 비교하여 제올라이트 종류를 판정한다. 그러나 각 구성 원자의 화학적 상태와 배열 방법을 X-선 회절분석만으로 알기 어렵다. 요술각 회전 방법을 이용한 MAS NMR 분광법이 제올라이트 구성 원자의 화학적 상태를 파악하는 데 효과적이다[47].

제올라이트 골격에서 규소 원자는 산소 원자를 다리로 네 개의 다른 규소 원자 또는 알루미늄 원자와 결합한다. 알루미늄 원자 몇 개와 결합했느냐에 따라 규소 원자의 화학적 상태가 달라지고, 이는 ^{29}Si의 화학적 이동으로 나타난다. LTA 제올라이트의 MAS NMR 스펙트럼에서 $\delta(^{29}Si)$의 봉우리가 하나만 나타난다. 규소 원자 모두가 산소 원자를 다리로 네 개의 알루미늄 원자와 $-Si-O-Al-$ 결합을 이루고 있어 규소 원자의 화학적 상태가 모두 같기 때문이다. 마찬가지로 알루미늄 원자의 화학적 상태도 모두 같으므로, $\delta(^{27}Al)$ 봉우리도 하나만 나타난다.

NH_4^+ 이온이 들어 있는 NH_4FAU 제올라이트(Y)에서는 $\delta(^{29}Si)$의 NMR 봉우리가 여러 개 나타난다[48]. 규소 원자의 화학적 상태가 산소 원자를 다리로 결합한 알루미늄 원자의 개수에 따라 달라서, 그림 8.19 (가)에서 보듯이 화학적 이동이 다른 봉우리가 네 개 나타난다. 네 개의 다른 규소 원자와 산소 원자를 다리로 결합한 규소 원자[Si(0Al)]의 $\delta(^{29}Si)$ 봉우리는 음수이면서 절댓값이 큰 곳에서 나타난다. 결합한 알루미늄 원자의 개수가 많아지면 화학적 이동의 절댓값이 작아지므로, 산소 원자를 다리로 결합한 알루미늄 원자의 개수가 하나, 둘, 세 개인 규소 원자를 Si(1Al), Si(2Al), Si(3Al)로 구분할 수 있다. NaFAU의 NMR 스펙트럼에서 주위에 알루미늄 원자가 두 개 있는 규소 원자의 Si(2Al) 봉우리가 가장 크나, 알루미늄을 일부 제거하면 알루미늄 원자와 결합하지 않은 규소 원자의 Si(0Al) 봉우리가 커진다. 제올라이트 골격의 Si/Al 비와 규소 원자의 화학적 상태 차이를 NMR 스펙트럼에서 확인한다.

제올라이트 골격에 있는 알루미늄 원자는 모두 사면체 구조를 이루므로, 이의 NMR 봉우리는 팔면체 구조인 $Al(H_2O)_6^{3+}$를 기준으로 화학적 이동이 60 ppm인 위치에서 나타난다. FAU

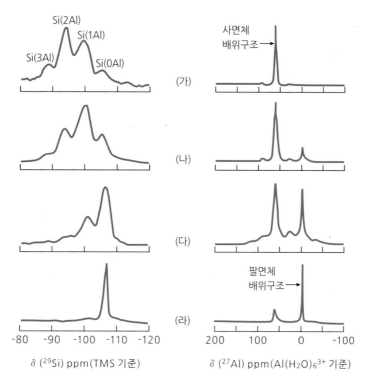

그림 8.19 FAU 제올라이트(Y)의 ^{29}Si 와 ^{27}Al의 MAS NMR 스펙트럼[48] (가) NaFAU(NaY) 제올라이트를 NH_4^+ 이온으로 양이온 교환, (나) 400 ℃에서 1시간 소성, (다) 700 ℃에서 1시간 수증기 하에서 열처리, (라) 양이온 교환과 열처리 후 질산으로 세척하였다.

제올라이트(Y)를 400 ℃에서 한 시간 소성하면[그림 8.19 (나)], 알루미늄 원자 일부가 골격에서 빠져나와(nonframework aluminium) 팔면체 구조를 이룬다. 화학적 상태가 달라져서 골격 외 알루미늄 원자의 봉우리는 화학적 이동이 ~0 ppm인 자리에서 나타난다. 한 시간 동안 수증기 중에서 700 ℃로 처리하면[그림 8.19 (다)] 팔면체 배위 상태의 알루미늄 원자에 대응하는 봉우리가 커져서, 알루미늄 원자가 골격에서 많이 빠져나왔음을 보여준다. 제올라이트 골격에 들어 있지 않은 알루미늄 원자를 산처리하여 제거하면, [그림 8.19 (라)]에서 보듯이 골격에 남아 있는 알루미늄 원자의 개수가 매우 적어진다. 극성을 띠는 알루미늄 원자와 산소 원자의 결합이 극성이 없는 규소 원자와 산소 원자의 결합보다 물이나 열에 의해 먼저 분해한다. 이런 이유로 골격에 들어 있는 알루미늄 원자가 적어져서 안정성이 향상된 제올라이트 Y를 Si/Al 비가 큰 초안정 제올라이트 Y(Ultra stable Y: USY)라고 부른다. 이처럼 MAS NMR 분광법으로 제올라이트의 결정을 이루는 구성 원자의 화학적 상태를 정량적으로 조사한다. 규소와 알루미늄 외에 붕소, 인, 갈륨 등 다른 원자가 제올라이트 골격에 들어 있는지, 아니면 세공 내에 산화물 상태로 흩어져 있는지 확인할 수 있다[47].

결합 단위들이 규칙적으로 결합하여 결정이 되면, 결합 방법에 따라 비어 있는 공간이 생긴다. 제올라이트 종류에 따라 결합 단위와 방법이 달라서, 세공의 모양과 크기가 다르다.

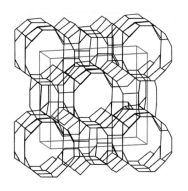

그림 8.20 모더나이트의 결정구조

그림 8.18에서 보듯 LTA 제올라이트에는 직교하는 세 축을 따라 여섯 방향으로 세공이 발달되어 있다. 반면 FAU 제올라이트에서는 세공이 정사면체의 꼭짓점 방향으로 뻗어 있다. 그림 8.20에 보인 MOR 제올라이트(모더나이트)의 세공은 직선형이다. 제올라이트 종류에 따라 세공구조가 달라서, 물질의 흡착 및 확산성질이 다르고 촉매성질이 다르다.

(3) 제올라이트의 양이온 교환성질

제올라이트에서 +4가인 규소 원자가 네 개의 산소 원자와 결합되어 있어서 규소 TO_4 단위는 전기적으로 중화되어 있지만, 알루미늄 원자는 +3가 이어서 산소 원자 네 개와 결합한 알루미늄 TO_4 단위는 음전하를 띤다. 골격의 음전하를 중화시키려면 알루미늄 원자의 개수만큼 +1가 양이온이 있어야 한다. 제올라이트를 다른 양이온 용액과 접촉시키면 양이온이 바뀐다. 양이온 교환 방법으로 금속 이온을 분리하기도 하고[49], 제올라이트의 산성도를 조절하며, 여러 종류의 금속 이온을 제올라이트에 도입한다. 그러나 골격 원자가 모두 규소인 실리카라이트나 +3가 알루미늄 원자와 +5가 인 원자가 골격을 이루어 전기적으로 중화된 $AlPO_4$ 계 분자체에는 양이온 교환 능력이 없다.

제올라이트의 양이온은 접촉하고 있는 용액의 양이온으로 바뀐다. 양이온과 제올라이트 종류 및 용액 내 양이온의 농도에 따라 양이온 교환 여부가 결정되지만, 일반적으로는 용액의 양이온 농도가 높으면 많이 교환된다. LTA 제올라이트(NaA)의 양이온 교환 용량(cation exchange capacity ; CEC)은 400 meq/100 g 정도로 상당히 커서, 물에 들어 있는 칼슘 이온과 마그네슘 이온을 제올라이트의 나트륨 이온으로 교환한다. 양이온 교환으로 물의 경도를 낮추어 세제의 세탁 능력을 향상시키므로, 세제 첨기제(detergent builder)로 많이 쓰인다. 종래에 쓰던 인산염은 부영양화(eutropication)로 인해 조류의 급격한 성장을 초래하므로, 영양분이 없으면서도 CEC가 크고 저렴한 LTA 제올라이트를 세제 첨가제로 많이 사용한다. 촉매로 사용하는 제올라이트보다 세제 지지체로 사용하는 제올라이트가 훨씬 많다. 원자력

발전소에서 배출되는 세슘(^{137}Cs)이나 스트론튬(^{90}Sr)의 방사능 이온을 제거하는 데에도 천연 제올라이트인 크리놉타이로라이트(clinoptilolite)를 사용한다. 이 외에도 압축한 냉매가 팽창하여 냉각되는 과정에서 냉매에 들어 있는 소량의 물이 얼면 관을 막으므로 냉장고의 냉매에서 물을 철저히 제거하거나 이중 유리창 사이의 공기에서 이슬 맺힘을 막기 위해 물을 제거하는 특수 목적의 수분 제거제로 LTA 제올라이트를 사용한다.

양이온 교환 정도는 교환하려는 양이온이 들어 있는 교환 용액의 농도뿐 아니라, 세공 내 양이온의 위치와 수화 상태, 양이온의 크기에 따라서 달라진다. 이온 교환 정도가 낮을 때에는 FAU 제올라이트(X와 Y)에서 알카리 금속 이온의 교환 선호도가 Cs > Rb > K > Na > Li 순이다. 그러나 이온 교환 정도가 50% 이상이면 X 제올라이트에서는 Na > K > Rb > Cs > Li 순이고, Y 제올라이트에서는 Cs > Rb > K > Na > Li 순이다. 제올라이트 골격 내에서 양이온이 안정화되는 정도, 양이온과 양이온 사이의 반발력이 이온 교환 정도에 따라 다르기 때문이다. 양이온의 교환 선호도에 대한 실험 결과는 많이 보고되어 있으나[49], 이에 대한 체계적인 이론 정립이나 예측은 아직 미흡하다.

양이온의 교환 정도를 용액의 양이온 농도에 대해 이 용액과 평형 상태에 있는 제올라이트 내 양이온의 농도를 나타내는 이온 교환 등온선으로 표시한다. 그림 8.21에서 보듯이 양이온 교환성질에 따라 이온 교환 등온선의 모양이 다르다. (가)형의 등온선에서는 어느 농도에서나 이온 교환이 유리하여 교환 정도가 높다. (나)형의 등온선은 낮은 농도에서는 이온 교환이 유리하지만, 농도가 높아지면 이온 교환이 불리해지는 계에서 나타난다. (다)형의 등온선에서는 어느 농도에서나 이온 교환이 불리하며, (라)형의 등온선에서는 제올라이트 양이온의 일정 분율만 이온 교환된다. 이온 교환이 어려운 계에서는 용액의 농도가 상당히 높아야 제올라이트 내의 이온이 교환되나, 그 이온을 거꾸로 이온 교환하기가 어려운 계에서는

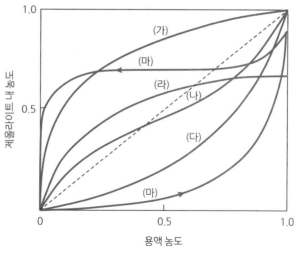

그림 8.21 제올라이트의 이온 교환 등온선[49]

(마)형의 이온 교환 등온선이 나타난다. 교환할 때와 제거할 때 이온 교환 등온선이 일치하지 않아서 히스테리시스(hysteresis)라고 부른다.

교환하려는 양이온(수화된 상태)이 너무 커서 제올라이트의 작은 세공에 들어가지 못하면, 세공 내 양이온이 모두 교환되지 않으므로 이온 교환율이 100%에 이르지 못한다. 25 ℃에서는 바륨 이온으로는 FAU 제올라이트(X)에 들어 있는 양이온의 82%만 교환할 수 있다. 바륨 이온이 커서 입구가 작은 소달라이트 단위 내로 들어가지 못하기 때문이다. 온도를 높여 50 ℃에서 교환하면, 모든 이온이 교환된다. 온도가 높아지면 수화된 물 분자의 개수가 줄어들어 수화된 이온의 실제 크기가 작아지므로 소달라이트 단위에 들어 있는 이온도 교환된다. 이처럼 이온 교환의 선택도는 결정격자의 진동이나 활동도계수에 따라 달라진다.

+2가와 +3가 양이온의 교환은 제올라이트의 Si/Al 비에 따라 교환 가능성이 달라진다. 규소 원자의 개수에 비해 알루미늄 원자의 개수가 아주 적으면 음전하가 멀리 떨어져 있다. +2가와 +3가 양이온은 음전하 두 개 또는 세 개와 중화되어야 하므로, 알루미늄 원자가 너무 떨어져 있으면 이들의 이온 교환이 불가능해진다. 세공 모양이 복잡한 MFI 제올라이트에서 +2가 양이온의 교환율은 +1가 양이온의 교환율에 비해 낮으며, +3가 양이온의 교환율은 더 낮다. 양이온이 달라져도 알칸이나 방향족 화합물의 MFI 제올라이트에 대한 흡착속도는 달라지지 않고 흡착량만 달라지므로, 세공 내 좁은 공간보다 세공이 교차하는 상대적으로 넓은 공간에 양이온이 분포되어 있다고 추정한다.

(4) 제올라이트의 흡착성질

제올라이트를 가열하면서 배기하면 세공 내에 흡착한 물질이 탈착한다. 반대로 세공이 비어 있는 제올라이트가 특정 기체에 노출되면 흡착이 일어난다. 제올라이트에서는 처리 방법과 접촉 기체에 따라 흡착−탈착이 가역적으로 일어난다. 세공에 흡착한 물질이 서로 반응하여 촉매작용이 나타난다. 제올라이트에서는 흡착과 촉매반응이 주로 세공 내에서 일어나므로, 제올라이트의 흡착성질과 촉매성질은 세공구조와 상관성이 크다. 제올라이트 알갱이의 겉표면에서도 흡착과 촉매반응이 일어나지만, 세공 내 표면적이 겉표면적에 비해 아주 커서 특별한 경우를 제외하고는 겉표면에 대한 흡착을 고려하지 않는다.

어떤 물질이 제올라이트에 흡착하려면 세공의 입구를 지나야 하므로 입구보다 큰 분자는 세공 내에 흡착하지 못한다. 세공 내에서 생성된 물질도 세공입구보다 크면 세공 밖으로 빠져나가지 못한다. 이런 이유로 분자크기에 따라 흡착−탈착의 가능성을 결정하는 분자체 효과가 나타난다. LTA 제올라이트의 세공입구는 8MR로 좁아서 물이나 암모니아처럼 작은 분자만 LTA에 흡착한다. 이와 달리 FAU 제올라이트의 세공입구는 12MR로 커서, 벤젠이나 자일렌처럼 큰 분자도 FAU에 흡착한다. 이처럼 세공입구의 크기가 흡착이나 촉매작용을 결정하는 중요한 인자여서, 세공입구가 8개 산소 원자의 고리로 이루어진 8MR 제올라이트를 입구가 작은 제올라이트(small-port zeolite), 12개 산소 원자의 고리로 이루어진 12MR 제올라이트를 입구가 큰 제올라이트(large-port zeolite), 세공입구가 10MR인 제올라이트를 입구 크기가 중간인 제올라이트(medium-port zeolite)로 구분한다.

제올라이트의 세공입구 크기는 일차적으로 입구를 이루는 산소 원자의 개수에 의해 결정되지만, 세공입구의 모양에 따라서도 달라진다. 세공입구가 원형인 8MR LTA 제올라이트의 세공입구 지름은 0.43 nm이다. ERI 제올라이트(에리오나이트) 역시 세공입구는 8MR이지만, 약간 비틀어져 있어서, 타원형 세공입구의 큰 지름은 0.52 nm이고, 작은 지름은 0.36 nm이다. 이 차이로 나트륨 이온이 들어 있는 LTA 제올라이트에 흡착하지 않는 선형 탄화수소가 ERI 제올라이트에는 흡착한다.

세공입구의 크기는 양이온의 종류와 분포 위치에 따라서도 달라진다. 나트륨 이온이 들어 있는 LTA 제올라이트의 세공입구 크기는 0.4 nm 정도(4A)이나, 나트륨 이온보다 큰 칼륨 이온으로 양이온이 바뀌면 세공입구는 0.3 nm(3A)로 작아진다. +2가인 칼슘 이온으로 바뀌면 양이온 개수가 절반으로 줄어들어 세공입구가 0.5 nm(5A)로 커진다. LTA 제올라이트에서는 양이온의 크기와 전하로부터 세공입구의 크기를 유추할 수 있지만, 모든 제올라이트에서 같은 방법으로 세공입구의 크기가 달라지지 않는다. FAU 제올라이트(X)에서는 양이온이 나트륨 이온이면 세공크기가 1.3 nm이어서 13X라고 부르지만, 양이온이 칼슘 이온으로 바뀌면 세공입구가 1.0 nm이어서 10X라고 부른다. +2가인 칼슘 이온이 교환되면 +1가인 나트륨 이온에 비해 양이온 개수는 줄어들지만, 칼슘 이온이 세공입구 근처에 퍼져 있어서 세공입구가 도리어 작아진다.

그림 8.22에 레나드-존스(Lennard-Jones) 퍼텐셜로 계산한 제올라이트 세공의 입구크기와 여러 물질의 분자 유효 지름의 관계를 보였다[50]. 프로판은 단면적이 작은 선형 분자로서 칼슘 이온이 들어 있는 LTA 제올라이트(5A)의 세공에 흡착하지만, 가지가 있어 단면적이 큰 아이소부탄은 세공입구보다 커서 흡착하지 않는다. 이런 현상을 이용하여 칼슘 이온이 들어 있는 LTA 제올라이트(5A)를 가솔린에서 선형 탄화수소만을 선택적으로 분해 제거하여 옥탄값을 높이는 공정의 촉매로 이용한다[34]. 세제를 제조하는 과정에서 선형 알칸과 가지 있는 알칸을 분리하는 데에도 LTA 제올라이트의 분자체 효과를 활용한다.

물은 LTA 제올라이트에 잘 흡착한다. 증기압이 아주 낮거나 끓는점 근처에서도 실리카젤이나 알루미나에 비해 물이 강하게 흡착한다. Si/Al 비가 낮은 FAU 제올라이트(X와 Y)에는 양이온과 음전하가 많아서, 물뿐만 아니라 암모니아, 알코올, 황화수소 등 극성물질이 잘 흡착한다. 그러나 Si/Al 비가 아주 높은 MFI 제올라이트나 실리카로만 이루어진 실리카라이트에는 극성물질보다 비극성물질이 많이 흡착한다[51].

그림 8.23에서 보듯이 Si/Al 비가 작은 MOR 제올라이트에는 극성물질인 물이 많이 흡착

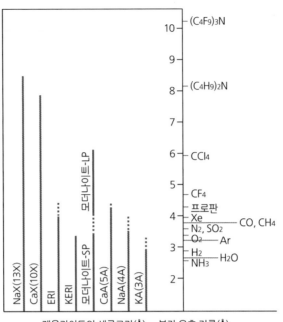

제올라이트의 세공크기(Å)   분자 유효 지름(Å)

그림 8.22 제올라이트 세공의 입구 크기와 분자의 유효 지름[50] 실선은 −196 ℃, 점선은 147 ℃에서 레나드−존스 퍼텐셜을 적용하여 추정한 제올라이트의 세공입구 크기이다. SP는 작은 입구(small port), LP는 큰 입구(large port)를 나타낸다.

하나, Si/Al 비가 큰 MOR 제올라이트에는 물이 조금 흡착한다. 실리카 함량이 많은 MOR 제올라이트에는 비극성물질인 사이클로헥산이 상당히 많이 흡착한다. 실리카 함량이 많아지면 제올라이트의 골격에 들어 있는 알루미늄 원자가 드물어지고, 이에 대응하는 양이온도 줄어들어 제올라이트의 표면이 친수성에서 소수성으로 달라진다.

흡착성질은 Si/Al 비 외에 제올라이트에 들어 있는 양이온의 종류와 교환 정도에 따라서

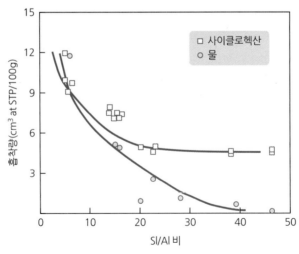

그림 8.23 Si/Al 비가 다른 MOR 제올라이트에 대한 물과 사이클로헥산의 흡착량 변화[51] 25 ℃와 $P_{H_2O}/P_0 = 0.05$ 인 조건에서 측정한 흡착량이다.

도 달라진다. 양이온에 따라 세공 내 정전기장이 달라지므로, 칼슘 이온이 들어 있는 FAU 제올라이트(X와 Y)에 $p-$자일렌이 다른 자일렌 이성질체보다 많이 흡착한다.

(5) 제올라이트 촉매의 산성도

제올라이트 골격에 알루미늄 원자가 들어 있으면 산성이 나타난다. 양이온이 암모늄 이온인 FAU 제올라이트(NH_4Y)를 200~300 ℃에서 가열하면, 그림 8.24에 보인 대로 암모니아가 제거되어 HFAU 제올라이트(HY)가 된다[52]. 음전하를 띤 FAU 제올라이트(Y)의 골격은 매우 안정하므로, HFAU 제올라이트의 Si(OH)Al 결합에서 양성자가 쉽게 떨어져 브뢴스테드 산성을 띤다. 500 ℃에서 가열하면 탈수되면서 (다)와 (라)의 자리가 생긴다. (라)의 알루미늄 원자는 3배위 상태여서 전자쌍을 받을 수 있으므로 루이스 산점이다. 금속 이온이 들어 있어도 이에 흡착한 물이 아래처럼 가수분해하여 양성자를 내주는 브뢴스테드 산점이 된다.

$$M(H_2O)_m^{n+} \rightarrow M(OH)(H_2O)_{(m-1)}^{(n-1)+} + H^+ \qquad (8.18)$$

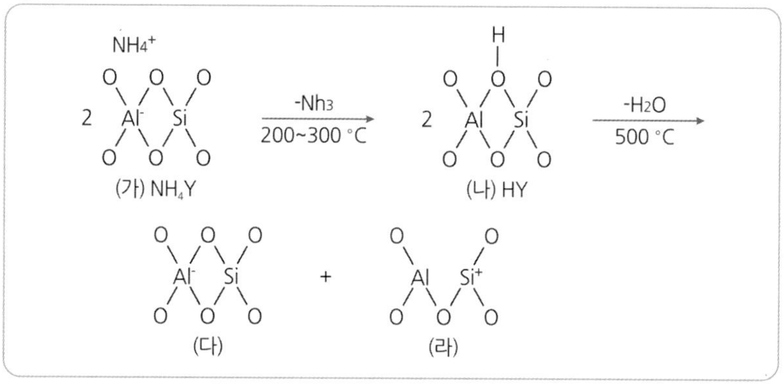

그림 8.24 NH_4FAU 제올라이트에서 산점의 생성[52] (가) → (나): 암모니아가 탈착하면서 브뢴스테드 산점이 생성된다. (나) → (다) + (라): 물이 제거되면서 루이스 산점이 생성된다.

양이온의 종류와 교환 정도를 바꾸어 제올라이트의 산성도를 조절한다. 그림 8.25와 8.26은 CaNaFAU와 LaNaFAU 제올라이트(Y)의 산성도가 양이온의 종류와 교환 정도에 따라 달라짐을 보여준다[53]. NaY 제올라이트에는 강한 산점은 없고 약한 산점도 아주 적지만, 나트륨 이온 일부가 칼슘 이온으로 교환된 CaNaFAU 제올라이트(Y)에는 강한 산점이 있고, 산점 개수도 많다. 이온 교환 정도가 같아도 칼슘 이온보다는 +3가인 란타넘 이온이 교환된 LaNaFAU 제올라이트(Y)에 강한 산점이 더 많다.

양이온의 종류에 따라 유도 효과와 세공 내 정전기장의 세기가 달라져 제올라이트의 산성

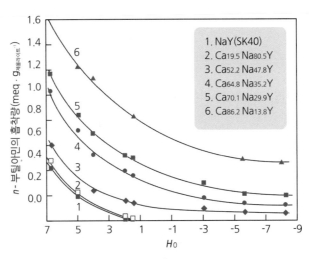

그림 8.25 CaNaFAU 제올라이트(Y)의 산성도[53] 하첨자는 양이온의 교환 퍼센트를 나타낸다.

도가 달라진다. 부피가 작거나 전하가 큰 양이온이 교환되면, 양이온의 전하밀도가 높아서 강한 정전기장이 세공 내에 형성되므로 산세기가 강해진다. +1가 양이온이 +2가나 +3가 양이온으로 교환되면 $Na^+ < Ca^{2+} < La^{3+}$ 순으로 산세기가 강해지고, 산점 개수도 많아진다. 양성자는 부피가 작아서 전하밀도가 높으므로, 양성자가 교환된 제올라이트의 산성도는 +3가 양이온이 교환된 제올라이트의 산성도와 비슷하다. 제올라이트 Y에서 Si/Al 비가 10 이하이면 Si/Al 비에 따라 산세기가 강해진다. 알루미늄이 조금 들어 있으면 양이온 개수가 적어져서 세공 내의 정전기장이 강해지기 때문이다. Si/Al 비가 10보다 커서 알루미늄 원자가 없는 둥지가 많으면, 둥지 내에 알루미늄 원자가 있거나 없는 경우가 되어 알루미늄 원자 개수에 따라 산세기가 달라지지 않는다[52].

제올라이트의 산성도는 물의 함량과 관계가 커서, 가열 배기 조건에 따라 산성도가 달라진다.

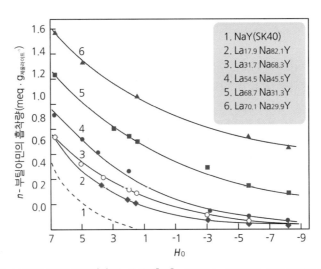

그림 8.26 LaNaFAU 제올라이트(Y)의 산성도[53] 하첨자는 양이온의 교환 퍼센트를 나타낸다.

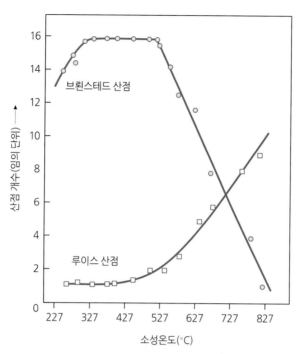

그림 8.27 소성온도에 따른 NH4FAU 제올라이트(Y)의 브뢴스테드 산점과 루이스 산점의 개수 변화[54] 흡착한 피리
딘의 적외선 스펙트럼에서 산점 개수를 계산하였다.

여러 온도에서 소성한 NH4FAU 제올라이트(NH4Y)에 흡착한 피리딘의 적외선 스펙트럼에서
산점의 종류별 개수를 결정하였다[38]. 그림 8.27에서 보는 바처럼 300~500 ℃에서 소성하면
브뢴스테드 산점이 생성되지만, 온도를 더 높여서 소성하면 브뢴스테드 산점은 줄어들고 루이
스 산점이 많아진다. 물이 제거되면서 브뢴스테드 산점이 루이스 산점으로 바뀌기 때문이다.

큐멘의 촉매 분해반응과 $H_2 - D_2$ 교환반응에서 NH4Y 제올라이트의 촉매활성을 그림 8.28
에 비교하였다. 브뢴스테드 산점에서 진행되는 큐멘의 분해반응에서 촉매활성은 소성온도가
높아지면 낮아진다. 반면 루이스 산점에서 진행되는 $H_2 - D_2$ 교환반응에서 촉매활성은 소성
온도와 함께 높아진다. 그림 8.27에 보인 소성온도에 따른 브뢴스테드와 루이스 산점의 개수
가 달라지는 경향과 촉매반응에서 활성변화 경향이 잘 일치하여, 브뢴스테드와 루이스 산점
이 이들 촉매반응의 활성점임을 보여준다[55].

제올라이트 골격의 알루미늄 원자를 다른 +3가 금속 원자로 치환하면, 원소에 따라 전자
적 성질이 달라 산성도가 달라진다. 붕소, 알루미늄, 갈륨 원자가 규소 원자와 함께 골격을
이룬 HMFI 제올라이트 중에서는 골격이 알루미늄과 규소 원자로 이루어진 제올라이트에
강한 산점이 가장 많다[52]. 붕소와 규소로 이루어진 제올라이트의 산세기는 아주 약하다.
구성 원소의 전기음성도 차이로 유도 효과가 달라져서 양성자 주개나 전자쌍 받개의 세기가
달라지기 때문이다.

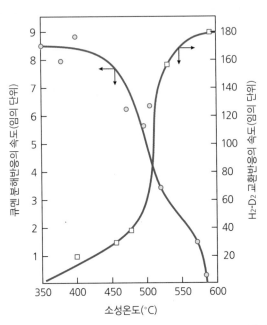

그림 8.28 큐멘의 분해반응과 H_2-D_2 교환반응에서 소성온도에 따른 NH_4Y 제올라이트의 활성 변화[56]

제올라이트의 산성도를 아래에 정리하였다.

1) 양이온의 종류: 같은 제올라이트에서는 들어 있는 양이온의 종류에 따라 $Na^+ < Ca^{2+} <$ $La^{3+} \approx H^+$ 순으로 산세기가 강해지고, 산점 개수가 많아진다.

2) Si/Al 비: 골격이 같은 제올라이트에서는 Si/Al 비가 높아지면 산점 개수는 줄어들고, 산세기가 강해지지만, 어느 범위를 넘어서면 산세기는 달라지지 않고 산점 개수만 줄어든다.

3) 소성온도: 높은 온도에서 소성하면 브뢴스테드 산점이 루이스 산점으로 바뀌며, 물을 넣어주면 브뢴스테드 산점이 재생된다.

4) 양이온이 없고 전기적으로 중성인 실리카라이트, $AlPO_4$, TS-1은 산성을 띠지 않는다.

5) 알루미늄 원자 대신 골격에 치환된 금속 원자의 전기음성도가 낮으면 제올라이트의 산세기가 약해진다.

(6) 금속 담지 제올라이트의 이중기능 촉매

제올라이트를 산 촉매로 사용할 때 가장 큰 걸림돌은 탄소침적에 의한 활성저하이다. 제올라이트이 세공입구나 통로의 크기가 보통 1 nm보디 작아시 아주 소량의 단소가 침적되어도 세공이 막혀 촉매 기능을 상실하기 때문이다. 유동층 촉매 분해공정(fluidized catalytic cracking: FCC)에서는 FAU 제올라이트 촉매의 활성이 아주 빠르게 저하되므로, 유동층 반응기를 지나면서 탄소침적된 촉매를 포집하여 재생한다. 활성이 아주 빠르게 저하되지 않는 공정에서는 반용기를 여러 개 병렬로 설치하여 운전과 촉매 재생을 교대한다[41]. 재생 조작에 비용이 많이 소요되므로 활성저하가 느린 촉매가 좋다. 수소를 활성화하는 금속 성분을 제올라이트에 담지하여 활성저하를 늦추기도 한다. 금속 성분에서 수소화반응이 진행되어 알켄 중간체의 농도가 낮아지면, 이들의 중합이 느려져서 탄소침적이 느려지므로 촉매 수명이 길어진다.

제올라이트에 금속을 담지하면 탄소의 침적 억제로 촉매의 안정성이 크게 증진되는 효과 외에도 수소화−탈수소화 기능이 더해져 반응 조건이 완화되는 장점이 있다[56]. 금속을 담지한 제올라이트 촉매에서는 선형 포화탄화수소의 수소화 분해반응이 300~400 ℃에서 일어나지만, 금속이 담지되지 않은 촉매에서 FCC 반응은 480~580 ℃에서 진행된다. 금속과 산점의 촉매 기능을 적절히 조절하여 원하는 생성물에 대한 선택성을 향상시킨다. 여러 단계를 거쳐 합성하는 의약품의 합성반응에서는 금속 담지로 생성물에 대한 선택성을 높이고, 에너지 사용량을 줄이며, 폐기물 배출을 억제하여 공정의 효율성을 높인다[57].

금속 기능만을 사용하기 위하여 제올라이트에 금속을 담지한 수소화−탈수소화 촉매도 있다. 이온 교환 방법으로 제올라이트에 금속 이온을 도입하여 환원하면 침전법이나 함침법으로 제조한 촉매보다 금속 분산도가 우수하다[4]. CaFAU 제올라이트(Y)에 $Pt(NH_3)_4^{2+}$ 이온을 교환하여 500 ℃에서 소성하면 암모니아가 제거되면서 백금 이온이 제올라이트에 담지된다. 300 ℃에서 수소로 처리하여 백금 이온을 금속 상태의 백금으로 환원한다. 소성과 환원 조건 및 담지량에 따라 차이가 있지만, 세공 내에서 환원된 백금 원자가 산점과 강하게 상호작용하여 소결이 억제되므로 백금의 분산도가 좋다. 백금, 팔라듐, 니켈 금속을 제올라이트에 담지한 촉매는 수소화반응에서 활성이 좋다. NaFAU나 CaFAU 제올라이트(Y)에 팔라듐을 0.5 wt% 담지하여 제조한 유니온카바이드(Union Carbide) 사의 SK−300이나 SK−310 촉매는 방향족 화합물과 아세틸렌의 수소화반응에 적절하다. 황 화합물에 대한 귀금속의 내피독성이 향상되어 활성저하가 느리다.

산성이 강한 제올라이트에 귀금속을 담지하면 산점에서는 분해반응과 이성질화반응이 일어나고, 귀금속에서는 수소화−탈수소화반응이 일어난다. 금속 활성점에서 n−알칸이 n−알켄으로 탈수소화된 후 산점으로 이동하여 저급 알켄으로 분해된다. 이들은 금속 활성점에서 수소화되어 저급 알칸이 된다. 이처럼 알칸의 수소화 분해반응에는 금속과 산의 촉매 기능이 필요하여 금속−산 이중기능 촉매가 효과적이다. 탈수소화반응의 생성물인 알켄 중간체가 산점으로 빠르게 이동하여야 다음 반응이 진행되므로, 제올라이트의 세공 내에서 금속 원자와 산점이 가깝게 있어야 중간체의 이동거리가 짧아 전체 반응이 빨라진다.

n−알칸의 이성질화반응에도 금속−산 이중기능 제올라이트 촉매를 사용한다. 수소화된 생성물이 없어서 수소화반응이라고 부르지 않으나, 반응 중에 탈수소화−수소화 단계를 거쳐서 이성질화반응이 진행하므로 수소이성질화반응(hydroisomerization)이라고 부른다. 그림 8.29에 Pt−H 제올라이트 촉매에서 n−헵탄이 수소이성질화되는 반응의 진행경로를 보였다

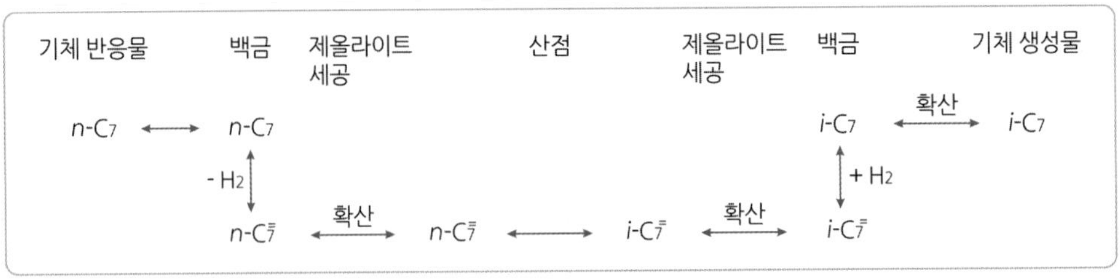

그림 8.29 Pt-H 제올라이트 촉매에서 n-헵탄의 수소이성질화반응[57]

[57]. 백금에 흡착한 n-헵탄이 탈수소화되어 n-헵텐이 되고, 제올라이트 세공 내에서 산점으로 이동하여 탄소 양이온이 된다. 흡착한 상태에서 i-헵텐으로 이성질화된 후 백금으로 옮겨와 수소화되어 i-헵탄이 되어 기상으로 탈착한다. 이 수소이성질화반응의 촉매에는 반드시 수소화-탈수소화반응의 활성점인 금속과 이성질화반응의 활성점인 산점이 있어야 하며, 알켄 중간체가 이들 사이를 빠르게 이동할 수 있어야 촉매활성이 높다. Pt/Al$_2$O$_3$와 H 제올라이트 촉매를 단순히 섞은 촉매에 비해 H 제올라이트에 백금을 담지한 촉매에서 활성이 높아서 두 활성점 사이에 상승작용이 있다. 반응 도중 알켄 중간체가 생성됨이 가스 크로마토그래프와 질량분석기로 확인되었고, 중간체의 이동속도를 결정하는 촉매의 알갱이 크기에 따라 활성이 달라지는 점에서 이 반응기구의 합리성이 검증되었다.

Pt-H 제올라이트 이중기능 촉매에 의한 n-알칸의 수소화 분해반응이나 수소이성질화반응은 경제적으로도 매우 의의가 있다. 탄소수가 5~6인 n-알칸을 이성질화하여 옥탄값이 높은 가지있는 물질로 전환하여 가솔린의 옥탄값을 높인다. 윤활유의 기유(base oil)와 디젤유의 왁스 성분인 선형 탄화수소를 이성질화하면 저온에서 유동성이 크게 향상된다. 진공 잔사유를 수소화 분해하여 수송용 연료인 가솔린과 디젤유 등을 제조하는 데에도 이중기능 촉매가 효과적이다. 백금(Pt)과 산점(A)의 존재 비율(C_{Pt}/C_A)에 따라 반응경로가 달라지므로 공정의 원료, 반응 조건, 목적 생성물의 종류를 감안하여 촉매를 제조한다.

n-C$_{10}$의 수소이성질화반응에서 C_{Pt}/C_A 비율에 따른 촉매활성과 생성물의 조성의 변화 경향을 요약한다[58]. C_{Pt}/C_A 비가 0.03보다 작아서 산점에 비해 백금 함량이 적은 촉매에서는 산점당 초기 활성이 낮고, C_{Pt}/C_A 비가 높아질수록 촉매활성이 커진다. 백금에서 진행하는 탈수소화-수소화반응이 속도결정 단계여서 백금 함량이 많으면 반응속도가 빨라지나, 산점이 많으면 탄소침적이 심하며 활성저하가 빠르다. 산점이 많으면 분해 생성물인 C$_3$~C$_7$ 탄화수소와 함께 가지가 하나, 둘, 세 개 있는 이성질화반응의 생성물이 많이 생성된다. C_{Pt}/C_A 비가 0.03보다 크면 전환횟수로 나타낸 촉매활성은 C_{Pt}/C_A 비에 무관하다. 백금 함량이 많아지면 수소화-탈수소화반응이 빨라지므로 산 촉매반응이 속도결정에 중요해지고, 분해반응과 이성질화반응의 생성물이 많이 생성된다. C_{Pt}/C_A 비가 0.17보다 크면 수소화반응이 아주 빨라 탄소가 침적되지 않아서 활성이 저하되지 않으며, 분해반응의 생성물보다 이성질화반응

의 생성물이 많이 생성된다. 백금 활성점 사이의 거리가 짧아져 알켄이 이동하면서 산점과 한 번 정도 만나므로 골격 이성질화반응이 한 번만 일어난다. 산점에서 탄소 양이온이 골격 이성질화되는 단계가 속도를 결정한다. C_{Pt}/C_A 비가 0.17 이상이어서 활성이 저하되지 않는 촉매를, 활성이 높고, 수명이 길며, 이성질화반응의 생성물에 대한 선택성이 높아서 이상적인 이중기능 촉매(ideal bifunctional catalyst)라고 부른다.

제올라이트의 세공구조도 Pt-H 제올라이트의 이중기능 촉매작용에 영향이 크다. 산점이 강하고 선형인 Pt-HMOR 촉매에서는 백금 함량이 많으면 선형 세공이 막혀 활성이 낮다. 반면 3차원 세공이 발달한 Pt-HBEA와 Pt-HFAU 촉매에서는 백금 함량이 많으면 활성저하가 느리다. 세공이 작은 Pt-HMFI 촉매에서는 가지가 두 개 달린 이성질체가 거의 생성되지 않는다. 중간 크기의 선형 세공이 발달한 HTON 제올라이트에 백금을 담지한 Pt-HTON 이중기능 촉매에서는 i-데칸에 대한 선택성이 매우 높다. 세공입구에서 나타나는 특이한 촉매작용(pore-mouth shape-selective catalysis)으로 설명한다[59].

제올라이트에 백금을 담지하여 이중기능 촉매를 제조하는 대신, 알루미나의 세공벽에 고착된 나노크기의 HBEA 제올라이트에 백금을 담지하여 촉매를 만들면 이중기능 촉매의 활성이 더 높아진다[60]. 알루미나를 나노크기의 BEA 제올라이트가 합성되는 모액에 넣고 수열합성하면, 40 nm 정도의 BEA 알갱이가 알루미나 세공 내에 분산 담지된다. 나노크기 제올라이트가 알루미나에 고착되므로 취급 과정에서 촉매가 손실되지 않아 나노 촉매의 약점을 극복할 수 있고, 백금과 산점이 가깝게 있어 이중기능 촉매로서 성능이 우수하다. n-헥사데칸의 수소 이성질화반응에서 나노크기 BEA를 알루미나에 고정시킨 이중기능 촉매의 활성은 순수한 BEA 제올라이트의 활성보다 3.5배 높고, 이성질체의 수율도 35 wt%에서 80 wt%로 높아진다.

이중기능 촉매를 사용하는 에틸벤젠의 수소이성질화공정에서는 부가가치가 높은 p-자일렌을 생산한다. 나프타의 열분해공정에서 생산되는 C_8 유분에는 에틸벤젠이 20%, 자일렌이 80% 정도 들어 있다. 수소이성질화반응을 거쳐 에틸벤젠을 폴리에틸렌테레프탈레이트 섬유와 수지의 제조 원료인 p-자일렌으로 전환한다. 수소화-탈수소화반응에 필요한 금속 촉매 기능과 고리 이성질화반응에 필요한 산 촉매 기능이 같이 있어야 하므로 이중기능 촉매를 사용한다.

그림 8.30에 에틸벤젠이 자일렌으로 전환되는 수소이성질화반응의 경로를 정리하였다. 에틸벤젠이 백금 활성점에 흡착하여 수소화되어 에틸사이클로헥센이 된다. 제올라이트 세공의 산점으로 이동하여 오각형고리로 줄어들었다 넓어지는 과정을 거쳐 메틸기가 두 개 치환된 사이클로헥센이 된다. 이어 백금 활성점에서 탈수소화되면서 벤젠고리가 재생된다. 수소화-탈수소화반응과 고리의 수축과 팽창 등 이성질화반응이 같이 진행되므로 각 반응의 진행 정도에 따라 생성물이 달라진다. 에틸벤젠의 수소이성질화반응 외에도 에틸벤젠과 자일렌이 수소화되는 반응, 수소화반응의 생성물인 나프텐의 추가 수소화 분해반응, 에틸벤젠의 수소첨

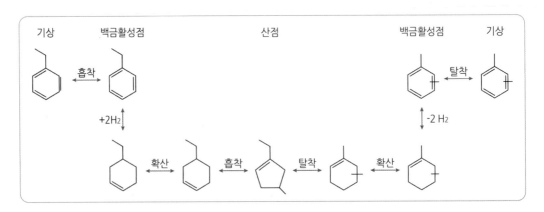

그림 8.30 Pt-H 제올라이트 촉매에서 에틸벤젠이 자일렌으로 전환되는 수소이성질화반응의 진행경로

가 알킬기 제거반응, 에틸벤젠의 에틸기가 이동하는 불균등화반응(에틸기 교환반응), 자일렌 사이에서 메틸기가 이동하는 메틸기 교환반응 등 여러 종류의 부반응이 같이 진행되므로, p -자일렌을 생산하는 공정에서는 촉매의 이성질화반응에 대한 선택성이 매우 중요하다.

γ-알루미나에 백금을 담지한 Pt/γ-Al$_2$O$_3$와 HMOR 제올라이트를 섞어 만든 이중기능 촉매에서 에틸벤젠의 수소이성질화반응이 많이 연구되었다[61]. γ-알루미나에 백금을 0.5~2.3 wt% 담지한 Pt/γ-Al$_2$O$_3$와 HMOR의 질량 백분율을 50:50에서부터 95:5까지 바꾸어가며 조사하였다. Si/Al 비가 6.6~180 범위인 HMOR 제올라이트에서 나트륨 이온의 함유 비율이 0~63%으로 바꾸어가면서 산과 금속 성분의 촉매 기능을 검토하였다. Si/Al 비가 달라지면 강한 산점의 개수가 달라지고, 나트륨 이온이 들어 있는 비율이 높아지면 산점 세기도 달라져서 수소화 기능과 산 기능의 균형이 달라진다.

Pt/γ-Al$_2$O$_3$(PtA로 약함)와 Si/Al 비가 10인 HMOR의 혼합 촉매(PtA-HMOR10)에서는 백금(Pt)과 산점(H$^+$)의 함량 비율을 나타내는 C_{Pt}/C_{H^+} 비가 낮으면 에틸벤젠의 수소이성질화반응에서 산점당 전환횟수가 이 비에 비례하여 증가한다. 백금 함량이 산점 개수에 비해 적어서 에틸벤젠이 에틸사이클로헥센으로 수소화되는 반응이 속도결정 단계이다. C_{Pt}/C_{H^+} 비가 어느 값 이상이면 산점당 전환횟수가 일정해져서 산점에서 이성질화되는 반응이 속도결정 단계이다. 이 조건에서 수소이성질화반응에 대한 이상적인 이중기능 촉매작용이 나타난다. C_{Pt}/C_{H^+} 비가 더 높아지면 백금 함량이 높아서 에틸사이클로헥센이 빠르게 생성되어 주로 이성질화반응이 진행되며, 에틸벤젠의 불균등화반응, 촉매 분해반응, 수소첨가 알킬기 제거반응 등이 억제된다.

PtA-HMOR10 촉매의 양성자를 나트륨 이온으로 교환하여 산점 개수를 줄이면 전환율이 낮아지지만, 에틸벤젠의 수소이성질화반응에서 산점의 전환횟수는 달라지지 않는다. 세공입구 근처의 산점에서 탄소침적이 빠르게 진행하여 세공이 막히므로, HMOR 촉매의 활성이 빠르게 저하된다. 그러나 제올라이트를 산처리하여 알루미늄 원자를 골격에서 제거하여 산점 개수를 줄이면 전환횟수가 크게 증가한다. 산처리로 세공입구 근처의 산점이 없어져서 탄소침적이 느려지고, 제거 과정에서 새로운 중간세공이 생성되어 세공이 막히는 효과가 억제되므로 촉매활성이 높아진다.

PtA와 혼합하는 제올라이트의 세공구조도 에틸벤젠이 자일렌으로 수소이성질화되는 반응의 활성, 안정성, 생성물 선택성에 미치는 영향이 크다. PtA(90%)−H 제올라이트(10%) 혼합 촉매 중에서는 선형 세공이 발달한 PtA−HMOR 촉매에서 자일렌에 대한 선택성이 가장 높다. PtA−HMFI 촉매는 활성저하가 느려 안정성이 우수하나, 이성질화반응에 대한 선택성이 낮다. 수소첨가 에틸기 제거반응과 불균등화반응이 많이 진행되므로 이성질체의 수율이 낮아진다. 중간 크기의 선형 세공이 발달한 HEUO, HTON, HFER 제올라이트를 PtA와 섞어 만든 촉매에서는 탄소침적으로 선형 세공이 쉽게 막혀서 활성이 빠르게 저하되나 이성질화반응에 대한 선택성은 우수하다.

귀금속을 제올라이트에 담지하여 제조한 이중기능 촉매는 생성물의 공업적 부가가치가 큰 수소이성질화반응이나 수소화 분해반응에 적절하다. 금속 활성점에서 생성된 알켄 중간체가 빠르게 산점으로 이동하고 산점에서 원하는 반응이 진행된 후, 다시 금속 활성점으로 이동하여야 하므로 금속의 촉매작용과 산점의 촉매작용이 균형을 이루어야 한다. 일반적으로 산점에서 이성질화되는 반응이 속도결정 단계가 되도록 금속 활성점이 많아야 활성저하가 느리다. 두 금속 활성점 사이에 산점이 한 개 정도 있어서 탈수소화된 중간체가 바로 이성질화되면 활성, 선택성, 안정성(수명) 측면에서 이상적인 이중기능 촉매이다. 제올라이트에 중간세공을 도입하여 생성물이 빠르게 세공 밖으로 확산되면 세공 내에서 이성질화반응의 과도한 진행과 탄소침적의 전구체 생성이 억제되어 촉매활성점 사이의 상승작용이 커진다.

(7) 형상선택적 촉매작용

형상선택적 촉매작용은 촉매의 세공크기나 모양 때문에 반응속도나 생성물 분포가 달라지는 현상이다[62]. 결정성물질인 제올라이트에서는 세공의 크기와 모양이 모두 같고, 세공크기가 석유화학공업의 일반적인 반응물 및 생성물의 크기와 비슷하여, 제올라이트의 세공구조가 촉매반응의 진행 방향과 경로에 영향을 미친다. 알루미나와 실리카−알루미나처럼 세공이 크고 세공의 크기 분포가 불균일한 촉매에서는 이런 현상이 나타나지 않는다. 세공입구보다 작은 반응물만 세공 내로 들어와 선택적으로 반응하는 현상을 '반응물에 의한 형상선택적 촉매작용'이라고 부른다. '생성물에 의한 형상선택적 촉매작용'은 세공 내에서 생성되는 물질 중에서 세공입구를 빠르게 통과하여 생성물 흐름에 합류할 수 있는 물질이 많이 생성되는 현상이다. 세공 모양의 제한을 받지 않는 중간체만 생성되므로 생성물 분포가 달라지는 '중간체에 의한 형상선택적 촉매작용'도 있다. 형상선택적 촉매작용을 활성점과 관련지어 3장에서 설명하였으

표 8.12 형상선택적 촉매작용을 이용한 촉매공정[62]

공정	촉매	형상선택적 촉매작용	
		종류	특징
1. 연료 제조공정			
선택개질(Selectoforming)	NiERI	반응물	옥탄값 상승, LPG 생산
M-개질(M-forming)	HMFI	반응물	옥탄값 상승, 가솔린의 수율 증가
왁스제거(Dewaxing)	HMFI	반응물	중질유에서 선형물질을 제거
2. 방향족 화합물의 제조공정			
톨루엔의 불균등화	HMFI	생성물	p-자일렌에 대한 선택성 증가
톨루엔의 알킬화	HMFI	생성물	p-자일렌에 대한 선택성 증가
자일렌의 이성질화	HMFI	전이상태, 생성물	p-자일렌에 대한 선택성 증가
3. 저급 알켄의 제조공정			
메탄올의 전환	HMFI	전이상태, 생성물	메탄올에서 가솔린과 저급 알켄의 합성
n-부텐의 골격 이성질화	HFER	전이상태	n-부텐에서 i-부텐의 제조

므로, 이 부분에서는 제올라이트의 형상선택적 촉매작용을 이용하는 공정을 설명한다.

표 8.12에 제올라이트의 형상선택적 촉매작용을 활용하는 촉매공정을 정리하였다. 선택개질공정(Selectoforming)에서는 Ni-에리오나이트(NiERI)를 촉매로 사용한다. 가솔린에 들어 있는 옥탄값이 낮고 단면적이 작은 선형 탄화수소가 제올라이트의 세공 내로 들어가 기체 상태 생성물로 분해되어 제거되므로 가솔린의 옥탄값이 높아진다. M-개질공정(M-forming)에서는 HMFI 제올라이트를 촉매로 사용하여 지방족 탄화수소를 분해 제거하여 가솔린의 옥탄값과 수율을 높인다. 왁스제거공정(dewaxing)에서는 유동성이 낮은 긴 지방족 탄화수소를 분해하여 제거한다. 이 세 공정은 모두 가지있는 탄화수소와 방향족 화합물이 선형 탄화수소보다 커서 세공이 작은 제올라이트에 들어가지 못하는 반응물에 의한 형상선택적 촉매작용을 이용한다.

톨루엔의 불균등화공정, 메탄올에 의한 톨루엔의 알킬화공정, 자일렌의 이성질화공정에서는 HMFI 제올라이트 촉매를 사용하여 p-자일렌의 수율을 높인다. p-자일렌은 폴리에스터 섬유의 제조 원료이어서 수요가 많기 때문에, p-자일렌에 대한 선택성 향상은 경제적 가치가 크다. HMFI 제올라이트의 세공 내에서 p-자일렌이 m-자일렌과 o-자일렌보다 10^4배 정도 빠르게 확산하기 때문에, p-자일렌의 수율이 평형 조성에서 계산한 수율보다 높다. 단면적이 큰 o-자일렌과 m-자일렌은 확산이 느려 세공 내에 오래 머무르나, 선형 p-자일렌이 바로 빠져나가므로 p-자일렌의 수율이 높다. 세공 내에 남아 있는 o-자일렌과 m-자일렌은 다시 이성질화반응을 거쳐 열역학적 평형 조성의 o-, m-, p-자일렌 혼합물이 되므로, p-자일렌이 계속 생성된다.

형상선택적 촉매작용이 나타나지 않는 산 촉매에서는 열역학적 평형 조성에서 예상한 대로 m-자일렌이 많이 생성된다. 쓸모가 적은 m-자일렌을 생성물에서 분리한 후 이성질화 반응을 거쳐 쓸모 있는 p-자일렌을 생산한다. 양이온의 교환, 인의 담지, 실레인 처리 등 여러 방법으로 형상선택적 촉매작용을 증진시킨 HMFI 제올라이트를 촉매로 사용하면 p-자일렌에 대한 선택성이 아주 높아진다. 자일렌의 이성질체 분리공정과 추가 이성질화공정이 없어도 p-자일렌을 선택적으로 생산할 수 있어 매우 효과적이다.

n-부텐에서 i-부텐을 제조하는 골격 이성질화반응에서는 전이상태에 의한 형상선택적 촉매작용을 볼 수 있다. 1-부텐과 2-부텐의 이중결합 이동 이성질화반응은 약한 산 촉매에서는 빠르게 평형에 이르므로, 1-부텐과 2-부텐은 반응물로서 같고 모두 선형 분자이어서 n-부텐으로 모아 쓴다. n-부탄에서 i-부탄을 제조하는 골격 이성질화반응은 오래전부터 상업화되었으나, 이 반응의 중간 단계인 n-부텐의 골격 이성질화반응은 2002년에야 상업화 되었다. n-부탄의 탈수소화반응 생성물인 n-부텐은 이성질화반응을 거쳐 i-부텐이 된다. 이어 수소화되어 i-부탄이 되므로, n-부텐의 골격 이성질화반응은 산 촉매에서 잘 진행되리라 예상하였다. 그러나 대부분의 산 촉매에서 탄소침적이 심하고, i-부텐에 대한 선택성이 낮아서 공업화가 지연되었다. 8MR과 10MR 세공이 교차하는 HFER 제올라이트에서 탄소침적이 느리고 i-부텐에 대한 선택성이 높았다. HFER 제올라이트에서 두 세공이 교차하는 부분이 약간 넓고 그 다음은 좁아지는 형태가 반복되므로 세공크기가 일정하지 않다. 이런 독특한 세공구조로 인해 부텐 분자가 세공 내에서 서로 가깝게 있지 않고 떨어져 분포한다[63]. 반면 크기가 일정한 HMFI 제올라이트의 10MR 세공 내에서는 부텐 분자의 분포에 아무런 제한이 없어 가깝게 있을 수 있다.

n-부텐은 제올라이트의 세공 내에서 단분자반응인 골격 이성질화반응을 거쳐 i-부텐으로 전환될 뿐 아니라 이분자 중합반응을 거쳐 작은 알칸과 알켄으로 분해된다. 골격 이성질화반응에서는 i-부텐이 생성되지만, 중합반응을 거쳐 긴 알켄이 되었다가 다시 분해되면 에틸렌, 프로필렌 등 여러 알켄이 생성되어 i-부텐에 대한 선택성이 낮다. 부텐이 서로 중합하여 긴 탄화수소가 생성되면 탄소침적이 심하다. 두 반응 모두 산점에서 진행하지만, 제올라이트의 세공 모양에 따라 생성되는 중간체가 달라져서 전이상태에 의한 형상선택적 촉매작용이 나타난다. 그림 8.31에 HFER과 HMFI 제올라이트에서 1-부텐의 반응 결과를 보였다[63]. HFER에서는 1-부텐의 전환율은 낮으나 i-부텐에 대한 선택성은 높다. 이에 비해 HMFI에서는 전환율은 높으나 i-부텐에 대한 선택성이 낮다. HFER의 독특한 세공구조로 인해 부텐 분자가 떨어져 있으므로 n-부텐이 단분자 전이상태를 거쳐 i-부텐으로 전환되기 때문이다. 1-부텐, 2-부텐, i-부텐 사이에는 열역학적 평형 제한이 있어서 i-부텐만 생성되면 전환율이 낮지만, 에틸렌과 프로필렌 등 다른 물질이 생성되지 않아서 i-부텐에 대한 선택성이 매우 높다. 이에 비해 HMFI의 선형 세공 내에서는 부텐 분자의 이동에 제한이 없어서 부텐 분자가 반응하여 중합체를 만든다. 중합체 생성과 이들의 분해반응에는 열역학적 평형

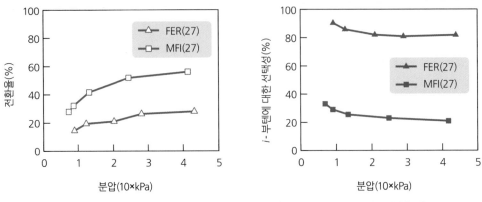

그림 8.31 HFER과 HMFI 제올라이트 촉매에서 1-부텐의 골격 이성질화반응[63]

제한이 없으므로 전환율이 높으나, 분해반응에서 여러 종류의 알켄이 같이 생성되므로 i-부텐에 대한 선택성은 낮다. HFER 촉매에서는 단분자 상태의 중간체만 선택적으로 생성되고 중합체가 생성되지 않아서 탄소침적량이 적다.

대기오염을 줄이기 위해 가솔린의 방향족 화합물 함량을 규제하면서 쓸모가 적은 n-부텐에서 옥탄값 향상제인 메틸 t-부틸 에테르(methyl t-butyl ether: MTBE)의 제조 원료인 i-부텐을 생산하는 골격 이성질화반응에 관심이 많았다. 그러나 MTBE가 지하수를 오염시킨다는 사실이 알려져 이의 사용이 규제되고, 선형 부텐 중합체의 용도가 많아지면서 n-부텐의 골격 이성질화반응에 관한 연구가 크게 줄었다. 이성질화공정의 공업적인 중요성은 낮아졌지만, HFER 제올라이트에서 n-부텐의 골격 이성질화반응은 제올라이트의 독특한 세공구조를 이용하는 전이상태에 의한 형상선택적 촉매반응의 예로 매우 흥미롭다. 반응이 진행하면서 HFER의 세공에 탄소가 소량 침적되어야 골격 이성질화반응에 대한 선택성이 높아지므로, 독특한 구조의 세공 내에 생성된 방향족 화합물이 활성 중간체라는 설명도 있다[64].

제올라이트의 세공 내에서는 형상선택적 촉매작용으로 인하여 원하는 생성물이 생성되지만, 세공구조의 제한이 없는 제올라이트 알갱이의 겉표면에서는 형상선택적 촉매작용이 나타나지 않는다. 이로 인해 형상선택적 촉매작용이 두드러지게 나타나도록 겉표면에서 반응을 억제하려고 알갱이가 큰 제올라이트를 촉매로 사용한다. 알갱이가 크면 겉표면의 표면적은 세공 내 표면적에 비해 아주 작아지고, 확산거리가 길어져서 세공구조의 영향이 커진다. 세공 내에 들어가지 못하는 큰 염기로 겉표면의 산점을 선택적으로 피독시키거나, 세공 내에 들어가지 않는 금속 산화물을 겉표면에 담지한다. 겉표면의 산점을 세공에 들어가지 못하는 실레인과 반응시켜 차폐한다. 액정 원료를 제조하기 위한 나프탈렌의 아이소프로필화반응에는 세리아를 담지한 MOR 제올라이트 촉매를 사용한다. 세리아가 겉표면에만 담지되어 겉표면의 산점을 차폐하므로 세리아가 담지된 MOR 제올라이트에서는 선형 생성물인 2,7-다이아이소프로필 나프탈렌이 선택적으로 생성된다[65].

촉매가 아무리 우수하여도 열역학적 제한을 넘어서지 못하므로, 형상선택적 촉매작용은 촉매의 적용 효과를 극대화하는 아주 독특한 방법이다. 열역학적으로 많이 생성되는 $m-$자일렌 대신 공업적 수요가 많은 $p-$자일렌을 선택적으로 생성하는 촉매, 선형 탄화수소만 골라 분해하는 촉매, $i-$부텐을 선택적으로 생성하는 촉매는 생성물의 분리와 재순환 조작을 줄여주므로 아주 유용하다. 매우 특이한 현상이긴 하지만, 반응물에 의한 형상선택적 촉매작용은 촉매에 반응물을 분자크기로 구분하는 분리 기능이 덧붙여져서 나타난다. 생성물에 의한 형상선택성은 생성물을 분자크기로 나누는 기능이 있어서, 전이상태에 의한 형상선택성은 세공 모양과 크기에 적합한 중간체만 촉매 세공 내에 생성되기 때문에 나타난다.

(8) 유동층 촉매 분해공정

촉매 분해공정에서는 끓는점이 높고 탄소 사슬이 긴 탄화수소를 분해하여 탄소 사슬이 짧은 탄화수소를 생산한다[41,66]. 석유화학공업에서 나프타의 사용량이 증가하고, 자동차가 많아져서 가솔린 수요가 많아지면서 촉매 분해공정의 운용 규모가 점점 더 커졌다. 우리나라의 여러 정유공장에서도 이 공정을 운전한다. 가솔린의 수요가 대단히 많은 미국에서는 가솔린을 생산하려고 촉매 분해공정을 운전하지만, 석유화학공업의 원료가 부족한 나라에서는 나프타를 제조하려고 운전한다. 높은 온도에서 분해하면 에틸렌 등 저급 알켄이 많이 생성되므로, 촉매 분해공정에서는 이들보다 탄소 사슬이 긴 나프타와 가솔린의 수율을 높이려고 낮은 온도에서 조업한다. 탄소 양이온 중간체를 거쳐 탄화수소를 분해하므로 탄소 개수가 아주 적은 탄화수소보다 긴 탄소 양이온 중간체에서 생성되는 가솔린과 나프타의 수율이 높다. 촉매와 접촉시켜 긴 탄화수소를 분해한다는 의미로 접촉 분해공정이라고 부르기도 하지만, 촉매 재생을 위해 유동층 반응기를 사용하는 점을 강조하여 보통 유동층 촉매 분해공정이라고 부른다.

FCC 공정에서는 긴 탄화수소를 산 촉매에서 분해하지만, 이와 함께 촉매 표면에서 중간체가 중합하여 끓는점이 높은 탄화수소가 생성된다. 이들이 촉매에 강하게 흡착하여 점차 수소를 잃으면서 탄소로 침적하여 촉매의 활성이 낮아진다. 촉매의 활성이 아주 빠르게 저하되므로, 활성저하된 촉매를 다시 포집하여 재생하려고 그림 8.32에 보인 유동층 반응기를 사용한다. 반응기의 아래에서 반응물을 촉매와 함께 주입하고, 생성물의 선택성 제어와 탄소침적 억제를 위해 수증기를 같이 넣어준다. 반응물은 상승 반응기를 올라가면서 촉매 분해된다. 활성저하된 촉매를 싸이클론에서 포집하여 촉매 재생기로 보내고, 생성물은 분리 장치로 보낸다. 재생기에서 공기를 주입하여 촉매에 침적된 탄소를 태워 촉매를 재생한 후 재순환관을 거쳐 상승 반응기로 보내어 다시 사용한다. 사용한 촉매의 일부를 빼내고 새 촉매를 일정량 공급하여 촉매의 활성을 일정하게 유지한다.

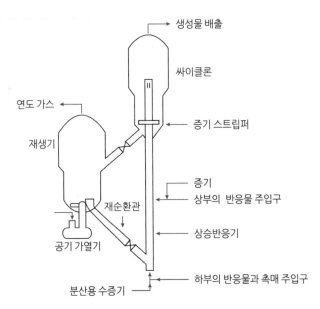

생성물 배출

싸이클론

증기 스트립퍼

연도 가스

재생기

증기
상부의 반응물 주입구

재순환관

상승반응기

공기 가열기

분산용 수증기

하부의 반응물과 촉매 주입구

그림 8.32 단순화한 유동층 촉매 분해공정의 구성도[66]

촉매 분해공정의 개발 초기에는 천연물인 점토를 산처리하여 촉매로 사용하였으나, 촉매의 성능 조절이 어려워서 점토를 합성 실리카–알루미나로 대체하였다. 현재는 알루미나에 합성 제올라이트를 섞어 만든 촉매를 사용한다. 표 8.13에 공정의 조업 목적별로 상업공정의 조업 예를 비교하였다[66]. 옥탄값이 높은 가솔린을 생산하는 공정에서는 전환율이 낮고, 액체 생성물의 수율이 높은 촉매를 사용하므로 알칸과 방향족 화합물이 많이 생성된다. 반응물을 많이 분해하는 공정에서는 분해 생성물이 많아져서 촉매 분해 후 재순환되는 경질유와 중질유가 크게 줄어든다.

알루미나에 섞는 제올라이트의 종류와 첨가량을 바꾸어 촉매 기능을 조절한다. 일반적인 FCC 공정의 촉매는 알루미나 등 활성 지지체에 USY와 REUSY 제올라이트를 섞어 만든다. 수요가 계속 증가하는 프로필렌의 생산에 초점을 맞춘 FCC 공정에 사용하는 촉매에는 프로필렌의 수율을 높이려고 촉매에 HMFI 제올라이트를 많이 첨가한다[67].

촉매 분해공정에서는 전환율과 생성물의 품질로 촉매의 성능을 평가하지만, 실제 공정에 적용하려면 촉매의 열적·기계적 성질이 우수해야 한다. 목적 생성물을 선택적으로 생산하면서도, 촉매 분해공정과 침적탄소를 태워 제거하는 재생공정을 촉매가 견뎌야 하기 때문이다. 유동 현상이 가능하도록 입자의 크기와 모양, 세공부피가 적절해야 하며, 유동 과정에서 부서지지 않도록 내마모성이 좋아야 한다. FCC 촉매에 제올라이트를 많이 첨가하면 진환율이 높아지고 가솔린이 많이 생성되지만, 촉매의 기계적 성질이 저하되므로, FCC 촉매에는 기계적 성질이 우수한 알루미나를 많이 넣는다. 공정의 운용 목적에 따라 활성이 없는 물질(inert matrix), 활성이 있는 물질(active matrix–알루미나), 결합제(실리카나 실리카–알루

표 8.13 FCC 공정의 조업 예[66]

구분	운전 목적		
	옥탄값 상승	액체 생성물의 수율 증대	분해 생성물의 수율 증대
전환율(부피%)	54.8	68.4	81.6
수율(질량%)			
H₂	0.05	0.04	0.03
C₁	0.3	0.2	0.4
C₂	0.6	0.6	1.1
C₃	3.7	3.8	6.5
C₄	7.3	6.6	14.3
가솔린 유분	41.6	55.0	51.9
순환 경질유	24.7	23.6	13.9
순환 중질유	19.7	8.6	5.3
코크스	1.9	1.6	6.4
가솔린 유분의 조성(부피%)			
알칸	30	41	51
알켄	49	35	22
방향족	21	34	27
가솔린 유분의 옥탄값	93.6	89.9	90.7

반응 조건: 반응온도 = 500 ℃, WHSV = 15 h^{-1}, 촉매/원료유 = 8(중량 기준), (원료유+순환유)/원료유 = 1.0, 촉매 재생온도 = 630 ℃

미나), HFAU 제올라이트를 섞어 촉매를 만든다[68]. 저급 알켄의 수율과 가솔린의 옥탄값 향상을 위해서 HMFI 제올라이트를 첨가하며, 침적 니켈의 반응성을 없애기 위한 첨가제와 재생 과정에서 침적탄소의 연소를 촉진하기 위해 백금족 원소도 같이 넣는다.

FCC 촉매는 사용 중에 여러 이유로 활성이 저하된다. 반응물과 같이 공급하거나 재생 과정에서 생성되는 수증기에 의해 제올라이트 골격의 알루미늄이 빠져나온다. FCC 촉매의 활성점이 산점이므로 제올라이트 골격에서 알루미늄이 빠져나오면 촉매활성이 낮아진다. 원료에 들어 있는 바나듐이 촉매에 침적되면 열적 안정성이 낮아져서 제올라이트 골격이 낮은 온도에서도 쉽게 무너져서 활성이 저하된다. 원료에 들어 있는 니켈이 촉매에 침적되면 니켈 표면에서 수소화반응, 탈수소화반응, 수소화 분해반응이 진행되므로, 촉매 분해반응의 목적 생성물인 가솔린의 수율이 낮아진다. 메탄 등 쓸모 없는 물질이 많이 생성되어 FCC 공정의 경제적 가치가 낮아진다. 원료에 들어 있는 염기성물질이 촉매활성점인 산점에 흡착하여 활성을 없앤다. FCC 공정의 촉매에서 가장 두드러지게 나타나는 활성저하는 탄소의 침적이다.

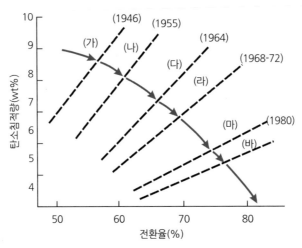

그림 8.33 FCC 촉매의 변천 과정[69] (가) 무정형 실리카-알루미나 촉매의 도입 (나) 무정형 실리카-알루미나 촉매의 산성도 증진 (다) HFAU 제올라이트 촉매의 적용 (라) 유동층 반응기의 도입 (마) 탄소침적량이 적은 REFAU 촉매(REY)의 적용 (바) 초안정성 촉매(USY)의 적용

탄소가 침적되면 촉매의 세공입구가 막혀서 세공 내에 산점이 살아 있으나, 반응물이 활성점에 이르지 못하여 촉매활성이 낮아지는 오염(fouling) 때문에 활성이 저하된다.

제올라이트의 골격이 부서지거나, 골격에서 알루미늄이 빠져나와 산점이 없어져 활성저하된 촉매는 재생하지 못한다. 니켈이 축적되어 촉매성질이 달라지거나 바나듐이 세공입구에 쌓여 기계적 안정성이 낮아진 촉매도 재생하지 못한다. 그러나 탄소가 침적되어 세공입구가 막혀서 활성저하된 촉매는 공기를 불어넣어 탄소를 태워주면 활성이 재생된다.

FCC 촉매는 가솔린의 수율을 높이면서 탄소침적을 억제하는 방향으로 계속 발전하였다. 그림 8.33에 FCC 촉매의 변천 과정을 보였다[69]. 1950년대 FCC 공정에서는 가솔린의 수율이 50% 내외이고, 탄소침적량은 9% 수준이었다. 1990년대에는 가솔린 수율이 80% 이상으로 높아져 촉매 성능이 크게 개선되었으며, 탄소침적량은 4% 수준으로 낮아졌다. 합성 실리카-알루미나에서 큰 세공이 3차원적으로 연결되어 반응물의 확산이 빠른 HFAU 제올라이트(HY)로, 가솔린의 수율이 높은 희토류(rare earth: RE) 금속 이온이 교환된 REFAU 제올라이트로, 열적 안정성이 우수한 초안정성 USY 제올라이트로 촉매 성분이 계속 바뀌었다. REFAU 촉매를 사용하면 전환율과 가솔린의 수율은 높아지면서 탄소침적량이 크게 줄어든다. REFAU 촉매는 수증기가 들어 있는 조건에서 조작하는 촉매 분해반응과 재생 조작에 대한 열적 안정성이 높다. 수소 소모량이 적은 USY 촉매를 사용하면 FCC 공정의 경제성이 크게 높아진다. USY 제올라이트에서는 산점 농도가 낮아서 과도한 분해반응이 지연되므로, 가솔린의 수율이 높아지고 알켄의 중합반응이 억제되어 탄소침적량이 적다.

나프타와 가솔린의 수요는 점차 많아지는 데 비해 벙커C유 등 고비점 연료의 사용량은 점차 줄어들어, 잔사유의 분해 필요성이 높아졌다[70]. 잔사유 유동층 촉매 분해공정(residual

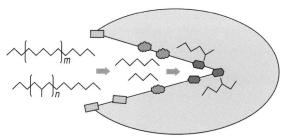

□ 금속 촉매　● 실리카-알루미나, 고령토　⬡ USY 제올라이트

그림 8.34 RFCC 촉매에서 긴 탄화수소의 개괄적인 분해 모식도

fluidized catalytic cracking: RFCC)에서도 FCC 공정의 촉매처럼 제올라이트와 실리카-알루미나를 섞어 만든 촉매를 사용한다. 그림 8.34에 RFCC 공정 촉매의 개괄적인 모양과 잔사유의 분해 과정을 보였다. 잔사유에는 황, 질소, 산소가 들어 있는 큰 방향족 화합물이 많다. 먼저 세공의 입구 근처에 있는 금속 활성물질에서 수소화반응이 일어나서 황, 산소, 질소 화합물을 분해 제거하고, 니켈과 바나듐 등 금속을 포집하여 무해한 물질로 전환시킨다. 분해 생성물은 세공이 큰 실리카-알루미나로 옮겨 와서 작은 분자로 분해된다. 분해 생성물은 세공 안쪽으로 점차 옮겨가면서 추가로 분해되며, 마지막에는 세공 안쪽에 있는 USY 제올라이트에서 분해되어 가솔린과 나프타가 생성된다.

(9) 메탄올 전환반응

산유국의 원유 수출 제한으로 야기된 석유파동 이래 합성가스와 저급 탄화수소로부터 가솔린과 방향족 화합물을 합성하려는 노력이 계속되고 있다. 석탄에서 제조한 합성가스에서 탄화수소를 합성하는 피셔-트롭슈공정(Fischer-Tropsch)은 오래 전에 개발되었지만, 생성물의 성분 분포가 넓어서 추가 정제 단계를 거쳐야 하므로 경제성이 낮았다. 2차 석유파동이 지나간 1976년에 모빌(Mobil) 사는 HMFI(HZSM-5) 촉매를 사용하여 메탄올에서 가솔린을 생산하는(Methanol-to-Gasoline: MTG) 공정을 발표하였다[71,72]. 메탄올에서 한 단계 공정을 거쳐 바로 사용할 수 있을 정도로 옥탄값이 높은 가솔린을 제조하는 MTG 공정은 아주 획기적인 발전이었다[22]. 생성물의 탄소수 분포가 좁고, 이성질체와 방향족 화합물의 함량이 많아 추가로 분리와 개질공정을 거치지 않아도 된다. MTG 공정의 대표적인 생성물 분포를 표 8.14에 보였다. 화학공업의 원료나 연료로서 쓸모가 적은 메탄과 에탄은 아주 적게 생성되고, 생성물의 75%가 가솔린 유분에 해당되는 탄화수소이다. 단일 단계 공정을 거쳐 생산한 가솔린의 옥탄값이 90~96으로 보통 가솔린보다 높다.

대단히 큰 관심을 불러일으켰음에도 불구하고 HMFI 촉매에서 메탄올로부터 가솔린을 제조하는 MTG 공정은 상업적으로 성공하지 못하였다. 석유파동 이후 원유 가격이 다시 낮아

표 8.14 HMFI 제올라이트에서 메탄올 전환반응의 생성물 분포

주요 생성물	wt %
성분별	
메탄 + 에탄 + 에틸렌	1.5
프로판	5.6
i-부탄	9.0
n-부탄	3.9
프로필렌, 부텐	4.7
C_5^+(지방족)	49.0
C_5^+(방향족)	27.3
계	100.0
유분	
C_5^+	76.3
가솔린	88.0

*고정층 반응기 이용, 반응 조건: WHSV = 0.5 h^{-1}, 온도 = 370 ℃.

져서, 원유에서 증류하여 제조하는 가솔린에 비해 MTG 공정에서 생산한 가솔린이 비쌌기 때문이다. 대신 메탄올-디메틸에테르-저급 알켄-알칸과 방향족 화합물로 진행하는 MTG 공정의 진행 단계를 적절히 조절하여 화학공업의 원료를 제조하는 공정으로 발전하였다. 메탄올에서 저급 알켄이 생성되는 단계에서 반응의 진행을 중단하면, 메탄올로부터 저급 알켄을 생산하는 공정(methanol to olefin; MTO)이 된다. 석유 이외의 자원에서 석유화학공업의 원료인 저급 알켄을 생산할 뿐 아니라, 촉매의 성격을 조절하여 수요가 꾸준히 증가하는 프로필렌을 선택적으로 생산할 수 있어서 의의가 크다. MTG 공장은 뉴질랜드에 한 기가 세워졌다가 조업이 중단되었으나, MTO 공장은 2010년 이후 중국에 두 기가 운전되고 있다.

반응온도, 메탄올 분압, 접촉시간 등 반응 조건과 촉매 성격에 따라 MTO 반응에서 저급 알켄의 수율이 상당히 달라진다. 인을 담지한 HMFI 촉매를 사용하면 저급 알켄에 대한 선택성이 크게 높아진다[73]. CHA 골격구조의 SAPO-34에 니켈을 이온 교환한 촉매 역시 저급 알켄에 대한 선택성이 90% 정도로 매우 높다. NiSAPO-34 촉매는 반응 도중 활성이 빠르게 저하되어 재생하여 사용해야 하므로, 이 공정에는 유동층 반응기가 적절하다. 에틸렌과 프로필렌의 수율을 수요에 맞추어 조절한다. MTO 공정은 석탄, 천연가스, 바이오매스에서 석유화학공업의 주요 원료인 저급 알켄을 생산한다는 점에서도 의의가 크다.

합성가스로부터 메탄올을 거치지 않고 탄화수소를 직접 합성하려고 메탄올 합성용 금속산화물 촉매와 HMFI 촉매를 함께 사용한다[74]. Cu-ZnO/Al$_2$O$_3$ 촉매에서는 합성가스로부터 메탄올과 디메틸에테르가 주로 생성되지만, HMFI 촉매를 같이 넣어주면 C_5^+ 성분이 많이 생성된다. Cu-ZnO/Al$_2$O$_3$ 촉매에서 생성된 메탄올이 HMFI 촉매에서 C_5^+ 탄화수소로 전환된다. 메탄올 합성반응의 열역학적 평형 제한으로 메탄올의 수율이 매우 낮으나, 메탄올 합성

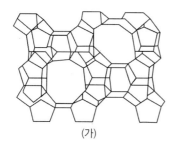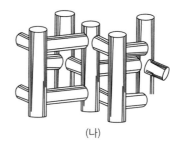

그림 8.35 MFI 제올라이트(ZSM-5)의 세공의 단면 (가)와 세공의 개략적인 모양 (나)

촉매와 MTG 촉매를 같이 사용하면 메탄올의 추가 반응이 진행되어 탄화수소가 많이 생성된다. Cu-ZnO/Al$_2$O$_3$ 촉매보다 Pd-ZnO/Al$_2$O$_3$ 촉매가 반응 조건에서 더 안정하고 소결에 대한 내구성이 좋다. MFI 제올라이트의 독특한 세공구조로 인해, 탄소 개수가 12개 이상인 긴 탄화수소는 생성되지 않아서 생성물을 추가로 정제하지 않아도 된다.

MTG와 MTO 공정에 촉매로 사용하는 MFI 제올라이트는 염기성 알루민산-규산염 혼합물에 테트라알킬암모늄(tetraalkyl ammonium) 이온을 구조 유도물질로 넣어 합성한다[75]. 제조회사(Socony Mobil)의 이름을 따서 ZSM(Zeolite Socony Mobil)-5로 부르며, 여러 상업공정에 촉매로 사용되는 아주 쓸모 있는 제올라이트이다. 코드명은 'MFI'고, 양성자로 이온 교환하여 촉매로 사용하므로 HMFI 촉매라고 쓴다. 합성 조건과 모액 조성을 바꾸어 Si/Al 비를 20~1000으로 폭넓게 조절할 수 있으며, 알루미늄이 전혀 들어 있지 않은 MFI 골격구조의 소수성 실리카라이트도 있다.

MFI 제올라이트의 골격구조를 그림 8.35에 보였다. 열적으로 매우 안정한 오각형고리로 연결되어 있어 오각형(pentasil) 제올라이트라고 부르기도 한다. 세공입구는 10MR이며, 구부러진(zig-zag, sinusoidal) 세공과 직선(straight) 세공이 서로 교차한다. 구부러진 세공의 마디가 탄소 개수가 12개인 탄화수소의 길이와 비슷하여, HMFI 촉매에서는 탄화수소의 전환반응 도중에 침적탄소의 전구체인 긴 탄화수소가 생성되지 않으므로 활성저하가 느리다. 알루미늄 함량이 적어 산량은 적지만 산세기가 매우 강하고, 독특한 세공구조에서 나타나는 형상선택적 촉매작용으로 메탄올 전환반응과 알킬벤젠의 이성질화 및 알킬화반응에 촉매로 사용한다.

MTO 반응의 기구는 그간 많이 연구되었음에도 불구하고, 디메틸에테르에서 저급 알켄이 생성되는 단계와 탄소 사슬이 성장하는 반응경로에 대해서 논란이 많았다. 20여 가지의 중간체가 제안되었을 정도로 반응경로에 대한 설명이 다양하였다[76]. 보통 촉매반응에서처럼 구조가 명확한 여러 가지 활성 중간체로 MTO 반응의 경로와 생성물 분포를 설명하려고 시도했으나 실패하였다. HMFI 촉매의 세공 내에서 메탄올이 탈수되어 카벤 라디칼이 생성되고, 이들이 결합하여 에틸렌이 된다는 설명을 예로 든다. 생성된 카벤 두 개가 결합하여 에틸렌이 되면 MTO 반응의 진행 과정을 잘 설명할 수 있으나, MTO 반응에서 나타나는 유도기

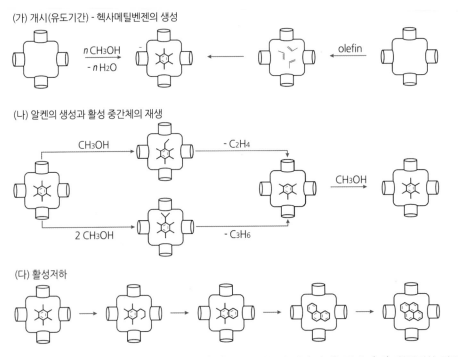

(가) 개시(유도기간) - 헥사메틸벤젠의 생성

(나) 알켄의 생성과 활성 중간체의 재생

(다) 활성저하

그림 8.36 헥사메틸벤젠 활성 중간체에서 진행하는 (가) MTO 반응의 시작, (나) 전개, (다) 활성저하 과정[78]

간(induction period)과 동위원소가 다른 메탄올의 교체에 따른 생성물의 동위원소 분포 변화를 설명하지 못한다.

이런 실험 결과를 근거로 구조가 명확한 한 가지 물질을 활성 중간체로 제안하는 대신, MTO 반응에서는 반응 도중 생성되는 여러 종류의 폴리메틸벤젠(polymethylbenzene)을 활성 중간체로 설정한다. 폴리메틸벤젠과 메탄올이 반응하여 곁가지 알킬화반응(side-chain alkylation)과 짜내기반응(paring)을 거쳐 에틸렌과 프로필렌 등 저급 알켄이 생성된다고 설명한다. 폴리메틸벤젠 등 탄화수소 뭉치(hydrocarbon pool)가 생성되는 데 필요한 시간이 유도기간이고, 탄화수소 뭉치를 거치므로 생성물의 동위원소 분포가 달라진다고 설명할 수 있다[77].

이후 반응기와 직접 연결한 MAS NMR과 기체크로마토그래프 분석 결과에서, HSAPO-34 촉매에서 일어나는 MTO 반응의 활성 중간체가 CHA 둥지에 생성된 헥사메틸벤젠임이 밝혀졌다. 그림 8.36에 보인 반응기구는 헥사메틸벤젠이 생성되는 유도기간, 메탄올이 헥사메틸벤젠과 반응하여 에틸렌과 프로필렌을 생성하는 과정, 헥사메틸벤젠이 큰 여러 고리 방향족 화합물(poly aromatics)로 전환되면서 활성이 저하되는 과정을 잘 보여주고 있다[78].

MTO 반응은 산점에서 진행되므로 중간체는 양이온이어야 한다. HSAPO-34 촉매의 둥지 내의 산점에서 생성된 헥사메틸벤젠이 활성 중간체로 작용하는 실제 상태는 헥사메틸벤제늄 양이온 라디칼(hexamethyl benzenium cation radical: HexaMB$^{+\cdot}$)이다. MTO 반응 중 전자 스핀 공명(electron spin resonance: ESR) 분광법으로 HSAPO-34와 HSSZ-13 촉

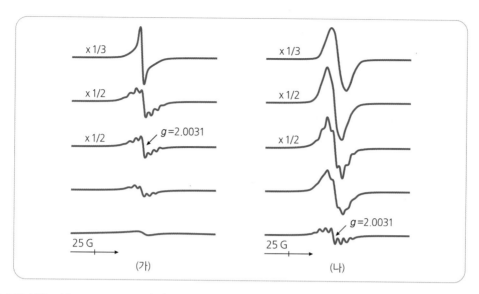

그림 8.37 MTO 반응 중 CHA 구조의 (가) HSAPO-34와 (나) HSSZ-13 촉매에 생성된 라디칼의 ESR 스펙트럼[79] 밑에서부터 350 ℃와 WHSV = 3.6 h⁻¹인 조건에서 15, 30, 60, 180, 540분 반응시킨 촉매의 ESR 스펙트럼이다.

매에서 생성되는 유기 라디칼의 조사 결과를 그림 8.37에 보였다[79]. SAPO-34는 T 원자 가 인과 알루미늄인 분자체이고, SSZ-13은 T 원자가 규소와 알루미늄인 제올라이트이나 골격구조는 CHA로 서로 같다. MTO 반응에 사용한 촉매에서 나타난 ESR 신호는 화학적 상태가 동일한 19개 수소 원자가 있는 HexaMB⁺·의 초미세구조와 잘 일치한다. MTO 반응 중에 CHA 둥지 내에 생성된 양이온 라디칼이 저급 알켄을 생성하는 활성 중간체로 작용함 을 보여준다. 10MR 세공이 교차하는 HMFI 촉매에서도 MTO 반응 중에 ESR 신호가 나타 나지만, 초미세구조를 볼 수 없어서 활성 중간체의 구조를 유추하지 못한다. 그러나 HMFI 촉매에 인을 담지하여 산점 농도를 낮추고 스핀을 띤 라디칼의 이동을 억제하면 MTO 반응 초기에 테트라메틸벤제늄 양이온 라디칼이 관찰된다[73]. 세공이 교차하는 공간이 CHA 둥 지보다 작아서 메틸기의 치환 개수가 적은 폴리메틸벤젠의 양이온 라디칼이 활성 중간체로 작용한다. 12MR이 교차하여 공간이 큰 HBEA 제올라이트에서는 생성물의 동위원소 분포로 부터 메틸기가 일곱 개 치환된 헵타메틸벤제늄 양이온 라디칼의 생성되리라 제안되었다. 세 공크기와 모양에 따라 생성되는 폴리메틸벤젠의 종류는 다르지만, 산점에서 생성된 폴리메 틸벤제늄 양이온 라디칼이 저급 알켄을 생성하는 활성 중간체임은 마찬가지이다.

고체 촉매의 활성점은 대부분 금속 원자, 전자, 결함, 산점, 산소 이온 빈자리 등 고체 표면 에 고정되어 있으며, 이 자리에서 생성물이 생성된다. 그러나 MTO 반응에서는 반응 중에 산점에서 생성된 폴리메틸벤제늄 양이온 라디칼이 활성 중간체이어서, 에틸렌과 프로필렌은 산점이 아니라 이 중간체에서 생성된다. 제올라이트의 산점 농도와 세기, 알갱이 크기, 세공 의 모양과 크기 등이 활성 중간체의 종류와 생성속도를 결정할 뿐 아니라 이들이 여러 고리 방향족 화합물로 전환되어 활성저하되는 과정도 지배한다[80].

(10) 제올라이트 촉매의 전망

제올라이트를 촉매로 사용한 역사는 금속과 금속 산화물 촉매에 비해 길지 않으나, 촉매로 사용하는 공정은 대단히 많다. 제올라이트는 결정성물질이어서 촉매의 조성이나 상태를 확인하기 용이하고, 양이온을 교환하거나 구성 원소의 조성비를 바꾸어 산성도와 세공크기를 폭넓게 조절할 수 있으며, 세공구조가 촉매작용에 미치는 영향을 파악하기 쉬워서 촉매를 연구하는 재료로서도 매우 유용하다. 제올라이트에 금속을 담지하면 앞에서 설명한 대로 산점과 금속의 이중기능 촉매작용도 나타나 활용 범위가 더욱 넓어진다.

IZA에서 인정한 새로운 구조의 제올라이트가 계속 발표되고 있다. 1978년 IZA에서 발간한 'Atlas of Zeolite Framework Types' 책에 실린 제올라이트의 종류는 38종이었으나, 1996년에는 98종으로 많아졌다. 2001년에는 133종으로 증가하였으며, 2014년 1월에는 213종으로 많아졌다[46]. 세공이 크고 실리카 함량이 많아 열적 안정성이 우수한 제올라이트, 독특한 세공구조를 지닌 제올라이트, 세공 모양이 키랄성을 띠는 제올라이트 등 다양한 제올라이트가 합성되고 있다. 이들 대부분은 구조가 복잡한 유기 구조유도물질을 넣어 합성한다. 전에는 구조유도물질이 생성되는 제올라이트의 구조를 결정해주는 틀이라는 의미로 주형물질(template)이라고 불렀으나, 제올라이트 합성 과정에 대한 이해 수준이 높아지면서 '틀'이라기보다 제올라이트 합성반응의 '방향'을 지시하는 물질임을 강조하는 용어로 바뀌었다. 분자설계 기법을 이용하여 새로운 구조유도물질을 합성하고, 이를 활용하여 새로운 제올라이트를 합성하므로 제올라이트의 종류는 더욱 많아지리라 전망한다.

알루미늄과 규소 이외 다른 원소로 이루어진 제올라이트 유사물질도 많다. 골격에 치환될 수 있는 원소로는 Ga, P, Ge, Fe, Zr, Ti, Cr 등이 있으며, B, Be, V, Zn, As 등이 골격에 포함된 분자체도 보고되었다. 인과 알루미늄으로 이루어진 $AlPO_4$ 분자체는 AlO_2^- 사면체와 PO_2^+ 사면체로 이루어져 전기적으로 중화되어 있으므로 산성도나 양이온 교환 능력이 없으나 분자체 작용은 있다. 인 원자의 일부를 규소 원자로 치환하거나 알루미늄 원자의 일부를 금속 원자로 치환한 SAPO와 MeAPO 분자체는 골격 내에 Si-O-Al 결합과 M-O-P 결합이 있어 전기적으로 중화되지 못하므로, 양이온 교환 능력이 있으며 산성을 띤다. CHA 구조의 HSAPO-34 분자체는 MTO 공정에서 저급 알켄에 대한 선택성이 높다. 요소를 환원제로 사용하는 질소 산화물의 선택적 촉매 제거반응에서는 구리 양이온을 교환한 CuSAPO-34의 촉매활성이 높고 열적 내구성이 우수하여, 디젤 자동차의 배기가스 정화용 촉매로 사용된다[81].

세공입구가 18MR인 VPI-5 분자체가 합성되어, 제올라이트의 세공크기 범위가 확대되었다[43]. VPI-5 분자체에서는 $AlPO_4$-5 분자체처럼 세공 모양은 일차원이나 세공의 결합 방법은 약간 다르다. 세공이 1.0 nm로 커서 큰 분자의 촉매반응에 활성이 좋으리라 기대하였으나, 열적 안정성이 약해서 공업적으로 이용한 예는 없다. 이러한 이유로 세공이 크면서도 골격 원소가 규소와 알루미늄이어서 열적 안정성이 우수한 제올라이트의 합성이 꾸준히 시도되고 있다. 금속 착화합물을 구조유도물질로 사용하여 합성한 UTD-1 제올라이트의 유효 세공이 크고, Si/Al 비가 높다. 합성법이 너무 복잡하여 이를 촉매로 사용하는 반응이 드물지만, 쉽게 합성하는 방법이 개발되면 촉매로 이용하는 연구가 활발해지리라 예상한다. CIT-5, ITQ-21, ITQ-43 등 세공이 큰 제올라이트도 합성되었다. ITQ-43은 세공입구가 32MR이고, 지름이 2.19 nm이다. ITQ-21은 12MR의 세공이 3차원적으로 교차하여 교차 부분에 큰 둥지가 생성되므로, 촉매 분해반응에 활성이 높으리라 전망한다.

제올라이트 표면의 친수성 흡착성질은 Si/Al 비가 높아질수록 소수성으로 바뀐다. 또 양이온의 종류에 따라서 제올라이트의 산성과 염기성으로 달라지므로, 염기 촉매로 응용도 기대된다. 양자역학적 방법을 도입하여 구조의 안정성과 내부 정전기장을 정량적으로 해석하여 산성도를 계산하는 연구는 실용적인 수준에 이르렀다. 제올라이트 촉매의 구조와 성질이 더 뚜렷이 밝혀지면, 응용 분야가 더욱 넓어지고 촉매로서 효용성이 제고되리라 전망한다.

🔍 5 　중간세공물질과 다중세공 제올라이트

(1) 중간세공물질의 합성과 구조

일정한 모양의 세공이 규칙적으로 발달한 제올라이트를 촉매와 흡착제로 다양하게 사용하지만, 이들의 세공지름은 대부분 1.0 nm보다 작아서 큰 분자의 촉매반응과 분리 조작에 적절하지 않다. 인과 알루미늄으로 이루어진 분자체 중에 클로버라이트(cloverite)와 VPI-5처럼 세공이 상당히 큰 물질이 있지만, 이들의 세공지름도 1.5 nm를 넘지 못한다. 이에 비해 1992년 모빌 사 연구진이 계면활성제를 주형물질로 사용하여 합성한 M41S군 중간세공물질(mesoporous material)의 세공은 2~10 nm로 매우 크다. 탄소 사슬의 길이가 다른 계면활성제를 사용하거나 계면활성제의 마이셀에 끼어 들어가는 물질을 첨가하여 세공크기를 조절한다. 세공이 커서 큰 분자가 관여하는 촉매반응과 분리 조작에 촉매와 분리제로서 적절하다[82].

그림 8.38에 대표적인 다공성물질의 세공크기 분포를 비교하였다[83]. 칼륨 이온이 양이온으로 들어 있는 LTA 제올라이트(3A)의 세공 지름은 0.3 nm이고, FCC 공정의 촉매인 FAU 제올라이트(Y)의 세공 지름은 0.7~0.8 nm이며, VPI-5 제올라이트의 세공 지름은 1 nm보다 조금 크다. 제올라이트 세공의 크기와 모양은 모두 같아서 세공크기 분포가 한 개의

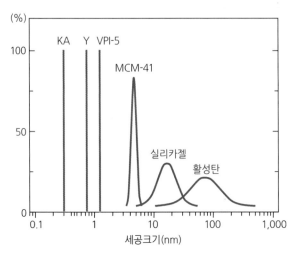

그림 8.38 여러 가지 다공성물질의 세공크기와 그 분포[83]

선으로 나타나지만, MCM‒41 중간세공물질의 세공 지름은 3∼6 nm 범위에 퍼져 있다. 무정형 다공성물질인 실리카젤과 활성탄의 세공은 이보다 훨씬 크고, 세공 지름의 분포 폭도 매우 넓다. 중간세공물질의 세공크기와 모양은 제올라이트의 세공처럼 크기와 모양이 모두 똑같지는 않으나 실리카젤과 활성탄에 비하면 세공크기 분포 폭이 좁다. 중간세공물질의 세공은 제올라이트에 비해 훨씬 커서, 제올라이트의 세공크기 한계를 넘어서는 유용한 물질로 기대를 모았다.

중간세공물질의 세공벽은 규소와 알루미늄 원자가 산소 원자와 사면체 배위구조로 결합한 TO_4로 이루어져 있다. 계면활성제의 마이셀에 골격을 이루는 물질이 결합하여 중간세공물질을 만들기 때문에 세공 모양은 일정하지만, TO_4 단위가 규칙적인 방법으로 결합하지 않는다. 중간세공물질은 제올라이트와 달리 결정성물질은 아니지만 제올라이트처럼 세공의 모양이 일정하고, 표면성질이 비슷하여 제올라이트와 함께 다룬다. 실리카로만 이루어진 중간세공물질에는 산성이 없어 고체산이 아니지만, 알루미늄 원자를 골격에 넣어주면 산성을 띠어 산 촉매가 된다. 세공이 크고 표면에 하이드록시기가 많아서 금속이나 금속 착화합물을 담지하거나 고정하기 용이하여 촉매 지지체로 적절하다.

1992년 MCM‒41 중간세공물질이 발표된 이래 이에 관한 연구가 매우 활발하였다. 이보다 앞선 1990년에 일본 과학자들이 카네마이트(kanemite)에서 FSM‒16 중간세공물질을 합성하여 발표하였으나, 주목을 받지 못하였다. FSM‒16과 달리 MCM‒41 중간세공물질은 계면활성제의 구조와 농도, 구성 원소의 종류와 함량, 합성 조건 등을 바꾸어 세공의 크기와 형태가 다양한 중간세공물질을 합성할 수 있어서 관심을 끌었다. 중간세공의 벽에 산점을 생성시키고, 타이타늄 등 다른 원소를 골격에 치환하며, 금속 착화합물과 염기를 중간세공의 벽에 고정한다. 중간세공물질을 촉매와 분리제로 사용하는 상용공정이 개발되지 않아 2000년 중반에 비하면

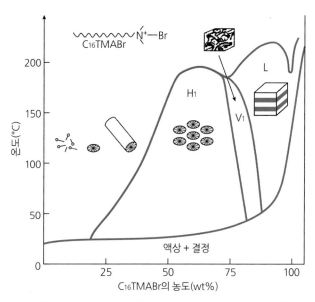

그림 8.39 물속에서 계면활성제 C$_{16}$TMABr의 상평형도[82]

중간세공물질에 대한 기대가 많이 줄어들었지만, 중간세공의 기능을 활용하는 촉매와 흡착제는 꾸준히 연구되고 있다. 최근 떠오르는 나노화학(nano chemistry), 나노물질(nano materials), 초분자화학(supermolecular chemistry) 등을 중간세공물질과 연계한 연구가 활발하다.

중간세공물질은 계면활성제와 양쪽성 고분자(amphiphilic polymer)를 구조유도물질로 사용하여 합성한다[82]. 물에 녹아 있는 계면활성제의 상태는 온도와 농도에 따라 다르다. 그림 8.39에 탄소 사슬이 16개인 헥사데실트라이메틸암모늄 브로마이드(hexadecyltrimethylammonium bromide: C$_{16}$TMABr)의 마이셀(micelle)이 온도와 농도에 따라 달라지는 현상을 보였다. 낮은 온도에서 C$_{16}$TMABr은 액상과 결정 상태로 존재한다. 온도가 높아지면 C$_{16}$TMABr이 녹아서 마이셀을 만든다. 아주 묽은 용액에서는 계면활성제가 낱개 분자나 이온으로 녹아 있지만, 임계 마이셀 농도(critical micelle concentration: CMC)보다 진한 용액에서는 계면활성제가 서로 모여 구형이나 원통형 마이셀을 만든다. 농도가 더 진하면(H$_1$ 영역) 원통형 마이셀이 육방 배열(hexagonal array)을 이룬다. 농도가 더 진한 V$_1$ 영역의 용액에서는 서로 만나지 않는 나뭇가지 모양의 두 종류의 세공이 발달한 입방 배열(cubic array)이 된다. 농도가 아주 진한 L 영역에서는 층상(lamellar) 마이셀이 생성된다.

계면활성제 C$_{16}$TMABr의 원통형 마이셀에서는 탄화수소의 긴 사슬은 내부로 모이고, 암모늄 이온은 표면을 향하므로 표면이 양전하를 띤다. 실리케이트 음이온이 마이셀 표면에 결합하여, 서로 축합하면 그림 8.40에서 보듯이 원통형 마이셀의 겉이 실리케이트로 둘러싸이고, 이들이 서로 결합하여 다발을 만든다. 공기 중에서 태우면 유기물인 계면활성제가 제거되면서 중간세공이 발달한 중간세공물질이 된다. 계면활성제의 마이셀이 먼저 생성되고 이어 실리케이트 음이온이 결합하는 대신, 마이셀의 형성 과정에서부터 계면활성제와 실리케이트 음

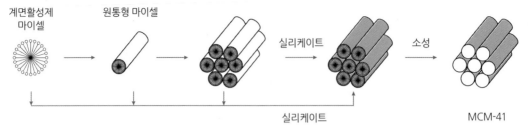

그림 8.40 계면활성제 양이온과 실리케이트 음이온의 축합반응으로 중간세공물질이 합성되는 과정[82]

이온이 상호작용하여 나노 복합체를 만든다는 설명도 있다. 계면활성제의 농도가 낮아 H_1 형태의 마이셀이 생성되지 않는 조건에서도 H_1 마이셀의 구조에서 유도되는 중간세공물질이 만들어지는 등, 실제 생성기구는 아주 단순하지 않다. 층상구조의 전구체가 형성되어 축합되면서 MCM-41 중간세공물질이 생성된다는 주장도 있다. 음이온 계면활성제의 마이셀에 상대 이온(counter ion)인 양이온을 넣어 결합시킨 후 실리케이트 음이온을 넣으면, 음이온 계면활성제로도 중간세공물질을 합성할 수 있다. 다양한 계면활성제와 양쪽성 고분자를 구조유도물질로 사용하여 세공 모양과 크기가 다른 여러 종류의 중간세공물질을 합성한다.

MCM-41 중간세공물질은 육방 배열 마이셀에 콜로이드 실리카나 나트륨 실리케이트 등 염기성 실리카 원료를 가하여 합성한다. 실리케이트 음이온이 서로 축합하여 무정형 실리카를 만들지 않고 계면활성제의 마이셀과 결합하도록 실리카 반응물을 천천히 가한다. 무정형 실리카가 생성되지 않아야 중간세공의 규칙성이 높아지므로 실리카 원료를 넣어주는 단계가 매우 중요하다. 이어 축합반응이 진행되도록 반응온도를 높여 수열반응시킨다. 여과하면서 세척한 후 소성하여 계면활성제를 제거하면 중간세공물질이 된다. 테트라에톡시실레인(tetraethoxysilane)처럼 가수분해가 필요한 실리카 원료를 사용하거나 염기성 대신 산성에서 실리케이트 음이온을 축합시키는 등 합성 방법은 매우 다양하다. 산성 에탄올 용액에서 환류가열하여 계면활성제를 녹여내면 소성하지 않아도 중간세공이 드러난다.

중간세공물질의 세공 모양도 상당히 다양하다. 계면활성제/실리케이트 비가 1보다 작으면 원통형 세공이 발달한 MCM-41 중간세공물질이 만들어지나, 몰비가 1~1.5이면 나뭇가지 모양의 두 세공이 엇갈리는 MCM-48 중간세공물질이 생성된다. 계면활성제와 실리케이트 음이온의 상호작용에 따라 마이셀의 구조가 달라지기 때문이다. 계면활성제 마이셀의 모양은 합성모액에 들어 있는 염에 의해서도 달라진다. 합성모액에 극성물질을 첨가하면 마이셀의 모양이 달라진다. 계면활성제 농도가 묽으면 첨가제의 영향이 없으나, 계면활성제 농도가 진하면 극성물질을 사이에 두고 원통형 마이셀이 재배열되어 복잡한 구조의 중간세공이 만들어진다. 계면활성제의 원통형 마이셀이 염에 의해 육방 배열구조에서 3차원 망상구조로 변하여 세공의 배열 방법이 달라진다.

중간세공물질을 실레인으로 처리하여 하이드록시기 개수를 줄이면 표면이 소수성으로 바꿰어 안정성이 높아진다. 알루미늄을 중간세공의 벽과 반응시켜 벽을 두껍게 만들거나 합성전구체의 용액에 염을 첨가하여 표면의 하이드록시기를 축합시켜 가교 정도를 높이면 중간세공물질이 안정해진다. 계면활성제 마이셀에 끼어드는 물질을 넣어 세공을 키우는 방법, 여러 종류의 계면활성제를 같이 사용하여 세공구조를 조절하는 방법, 높은 온도에서 수열반응시켜 중간세공물질의 구조 안정성을 높이는 방법, 수열반응 도중에 초산을 가하여 실리카의 용해도를 낮추어 중간세공물질이 생성되는 쪽으로 화학반응의 평형을 옮기는 방법 등 중간세공물질의 합성에 관한 연구 결과는 매우 많다. 새로운 구조의 계면활성제를 구조유도물질로 사용하거나 규소 이외의 다른 원소를 골격에 치환하여 산이나 금속 촉매의 성격을 가진 중간세공물질을 합성하는 방법과 중간세공물질을 저렴하게 합성하는 방법 등이 폭넓게 연구되고 있다.

기존의 다공성물질과 다른 중간세공물질의 특징을 아래에 정리하였다

1) 무정형 다공성물질에 비해 세공의 크기와 모양이 일정하고 세공크기의 분포 폭이 좁다.
2) 세공이 나노미터 수준에서 규칙적이다.
3) 세공크기를 1.3 nm 근처부터 30 nm까지 조절할 수 있다.
4) 세공의 형태, 크기, 벽의 조성을 다양하게 바꿀 수 있다.
5) 제조 방법과 후처리 방법을 적절히 선택하면 수열처리에 대한 안정성을 높일 수 있다.
6) 표면적이 넓고, 세공분율이 높다.
7) 알갱이의 모양을 조절할 수 있다.
8) 알칼리로 처리하여 무정형인 중간세공의 벽을 부분적으로 녹여 물질전달이 용이한 큰 공간을 만들 수 있다.
9) 반응물이 매우 큰 생물학적공정에 촉매, 흡착제, 분리제로 사용할 수 있다.

(2) 촉매와 촉매 지지체로 이용

실리카로만 합성한 중간세공물질은 중성이지만, 골격에 알루미늄 등 다른 원소가 치환되면 산성이 나타난다. 합성모액에 알루미늄 원료를 같이 넣어 합성하면 알루미늄 원자가 치환되어 제올라이트 골격과 같은 원리로 산성을 띤다. +3가 금속 원소가 규소 원자로 이루어진 중간세공물질의 골격에 치환되면 전기적 중화를 위해 양이온이 필요하기 때문이다. 알루미늄 함량이 많을수록 산점이 많이 생성되지만, 합성모액에 알루미늄이 너무 많이 들어 있으면 중간세공물질 자체가 합성되지 않는다.

중간세공물질의 세공벽은 사면체 구조의 실리카와 알루미나로 이루어졌지만, 세공이 매우 크기 때문에 제올라이트처럼 모든 골격 원자가 Si-O-Si와 Si-O-Al 결합을 이루지 못한

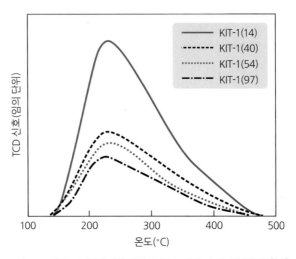

그림 8.41 KIT-1 중간세공물질의 암모니아 승온 탈착곡선[84]

다. 결합이 끊어진 부분이 ≡Si-OH 상태로 마무리되므로, 실리카로만 이루어진 중간세공물질의 세공벽에도 하이드록시기가 많아 물을 많이 흡착한다. 하이드록시기가 알루미늄염이나 알콕시 알루미늄과 반응하여 세공 표면에 알루미늄 원자가 고정되고, 소성하면 알루미늄 원자가 산소 원자를 다리로 규소 원자와 결합하여 산점이 생성된다. 후처리(post-synthesis) 방법으로 알루미늄 원자를 골격에 도입하면 산점이 많아지고, 골격의 결함이 줄어들어서 중간세공물질의 안정성이 높아진다.

제올라이트의 산점과 같이 중간세공물질의 산점도 Si-O-Al 결합에서 생성되나 산세기는 약하다. 그림 8.41에 알루미늄의 함량이 다른 KIT-1 중간세공물질의 암모니아 승온 탈착곡선을 보였다[84]. 알루미늄 함량이 많아 Si/Al 비가 작은 KIT-1에서는 탈착하는 암모니아가 매우 많다. 그러나 탈착봉우리의 최고점 온도는 250 ℃ 근처로, MFI 제올라이트에서 탈착하는 암모니아의 탈착봉우리의 최고점 온도가 350 ℃인 점에 비하면 상당히 낮다. 제올라이트의 골격구조는 아주 안정하여 양성자가 쉽게 떨어지고, 세공 내에 강한 정전기장이 형성되어 강한 산성을 띤다. 중간세공물질의 골격은 무정형이어서 안정성이 낮고 세공이 매우 커서 정전기장 효과가 나타나지 않으므로 산세기가 약하다.

중간세공물질의 세공은 상당히 커서 제올라이트의 세공에 들어가지 못하는 큰 분자의 촉매반응에 중간세공물질을 산 촉매로 쓸 수 있다. 알루미늄이 들어 있는 HAlMCM-41 중간세공물질은 2,4-다이-*tert*-부틸페놀(2,4-di-*tert*-butylphenol)을 시나밀알코올(cinnamyl alcohol)로 알킬화하는 반응에 촉매활성이 있다[85]. 반응물이 아주 크면 세공에 기인한 형상선택적 촉매작용도 나타난다. 중간세공물질은 세공이 크면서도 산세기가 약해서, 강한 산점에서 진행하는 부반응을 억제해야 하는 방향족 화합물의 아실화반응과 알킬화반응 등 정밀화학물질의 제조공정의 촉매로 중간세공물질이 적절하다.

부텐의 골격 이성질화반응에 대한 선택성은 산점 농도에 따라 크게 달라진다[84]. 산점이 많으면 활성화된 중간체가 많이 생성되고, 이들이 중합하여 만든 중합체의 추가 분해반응으로 에틸렌과 프로필렌이 목적 생성물인 i-부텐보다 많이 생성된다. 산점 농도가 낮아 활성화된 중간체의 농도가 낮으면 중합반응 대신 단분자 반응경로를 거치는 골격 이성질화반응이 유리해져서 i-부텐에 대한 선택성이 높다. 중간세공물질의 골격에 들어 있는 알루미늄 함량이 적어지면 산점 사이의 거리가 멀어진다. 알루미늄 함량이 적은 KIT-1 중간세공물질에서는 중합반응이 느려져서 i-부텐에 대한 선택성이 높고 탄소침적량이 적었다. 중간세공물질은 세공이 커서 세공 모양의 영향이 없고, 산세기가 약하여 전환율이 그리 높지 않으므로, 산점 농도가 반응경로에 미치는 영향을 비교하는 촉매로 아주 적절하다.

중간세공물질의 골격에 타이타늄을 치환한 타이타늄 함유 중간세공물질은 산화반응에 촉매활성이 있다. 합성모액에 타이타늄 화합물을 넣어 중간세공물질의 골격에 타이타늄 원자를 치환하거나, 합성한 중간세공물질을 타이타늄 알콕사이드와 반응시키는 후처리 방법으로 타이타늄 원자를 골격에 도입한다. 타이타니아 상태로 계산한 담지량이 20%에 이를 정도로 타이타늄 원자를 골격에 많이 치환할 수 있다. 타이타늄 알콕사이드를 중간세공물질의 표면 하이드록시기와 반응시켜 골격에 고정할 수 있으나, 타이타늄 함량이 아주 많으면 서로 뭉쳐서 타이타니아가 된다. 사면체 구조의 타이타늄 원자는 과산화수소와 반응하여 O_2^- 이온을 생성하므로 타이타늄이 골격에 들어 있는 중간세공물질은 산화반응에 촉매활성이 있다[86]. TS-1이나 Ti-β 제올라이트에 들어가지 않은 2,6-다이-$tert$-부틸페놀(2,6-di-$tert$-butylphenol)이 타이타늄이 골격에 들어 있는 중간세공물질에서는 과산화수소에 의해 부분산화된다.

중간세공물질의 세공은 매우 크고, 표면에 하이드록시기가 많아서, 알콕시실레인을 다리로 상당히 크고 복잡한 물질을 세공벽에 고정할 수 있다. 3-아미노프로필트라이메톡시 실레인(3-aminopropyltrimethoxysilane)을 MCM-41의 세공벽에 있는 하이드록시기와 반응시켜 고정한 후, 이 아민기에 부틸페놀과 키랄 성질이 있는 다이페닐렌다이아민을 추가로 결합시켜서, 키랄 살렌을 세공 내에 고정한다. 이어 망가니즈염과 반응시키면 망가니즈 원자가 키랄 살렌에 결합하여 중간세공에 착화합물이 고정된 촉매가 된다[87]. 중간세공물질에 고정된 금속 키랄 살렌 촉매는 스타이렌과 α-메틸스타이렌의 에폭시화반응에서 거울상 선택성(enantioselectivity)이 매우 높다. 중간세공물질의 세공에 비대칭 합성에 효과적인 키랄 살렌 등 활성물질을 고정한 후 여러 종류의 금속 원자를 도입한 촉매를 만들어 거울상 이성질화반응에서 촉매활성과 선택성을 연구한다.

실레인을 결합제로 사용하여 유기염기를 중간세공물질의 세공에 고정한다. KIT-1 중간세공물질에 3-글리시딜옥시프로필트라이메톡시 실레인(3-glycidyloxypropyltrimethoxy silane)을 결합시킨 후 이미다졸 등 염기를 이에 고정하여 염기 고정 촉매를 제조한다[88]. 고정된 염기는 진공 중에서 500 ℃로 가열해도 활성을 유지할 정도로 매우 안정하다. 액체 상태에 비해 ECA와 BA의 크뇌베나겔 축합반응에서 염기 고정 촉매의 활성이 조금 낮으나, 반응이 끝난 후 회수하여 다시 사용할 수 있다. 사용 후에 염기로 세척하여 강하게 흡착한 생성물이나 불순물을 제거하면 원래 활성이 회복된다.

(3) 다중세공 제올라이트

제올라이트의 골격이 매우 안정하므로 양성자가 쉽게 떨어져 산성이 강하고, TO_4 단위가 규칙적으로 결합되어 있어서 열적·기계적 안정성이 우수하다. 그러나 세공이 1 nm 이하로 작아서 물질전달이 느려 제올라이트의 촉매활성이 낮고, 세공 내 머무름 시간이 길어서 추가반응이 많이 진행되어 목적 생성물에 대한 선택성이 낮다. 겉표면에서 반응이 시작되거나 겉표면 근처의 세공에서 활성 중간체가 형성되면, 알갱이가 큰 촉매에서는 활성과 선택성이 모두 낮다. 이에 비해 중간세공물질에는 2~10 nm의 세공이 발달되어 있어 물질전달의 제한이 없다. 확산이 빨라 추가반응이 진행하지 않으나, 골격이 무정형이어 열적·기계적 안정성이 낮으며, 산점 개수가 적어 산세기가 약하다. 제올라이트와 중간세공물질의 장점을 모두 살리고 단점을 배제하기 위해 중간세공의 벽을 제올라이트로 만든다. 중간세공의 벽이 제올라이트이어서 열적·기계적 안정성이 높고, 산성이 강하면서도 물질전달이 빠르다. 이처럼 제올라이트의 고유한 세공구조 외에 추가로 다른 세공구조를 가진 물질을 '다중세공 제올라이트(hierarchical zeolite)'라고 부른다[89]. '위계나노다공성구조를 갖는 제올라이트'라고 옮기기도 하나, 'hierarchical'이 두 종류 이상의 세공구조가 있는 물질을 나타내므로, '다중세공'이라는 말로 옮겼다[90]. 제올라이트가 아니면서도 다중세공구조를 갖는 물질이 있지만, 촉매 분야에서는 제올라이트의 고유 세공에 2-50 nm의 중간세공이 같이 발달되어 있는 다중세공 제올라이트를 주로 연구한다.

미세세공만 있는 제올라이트보다 미세세공과 중간세공이 같이 발달한 다중세공 제올라이트는 큰 물질의 촉매반응에서 촉매활성이 높다[89]. 방향족 화합물에 알킬기를 도입하는 알킬화반응에서는 생성물이 반응물보다 커서 생성물의 확산이 느리면, 전체반응이 느려지고, 생성물의 추가반응으로 목적 생성물에 대한 선택성이 낮다. 벤젠에 에틸렌을 가해 에틸벤젠을 제조하는 알킬화반응에서는 미세세공만 있는 HMFI 제올라이트에 비해 중간세공이 같이 있는 다중세공 HMFI 제올라이트의 촉매활성이 높다. 제올라이트 알갱이가 크면 벤젠과 에틸벤젠의 물질전달이 느려져서, 에틸벤젠이 다이- 또는 트라이에틸벤젠으로 전환되는 반응과 알킬기의 교환 반응이 추가로 진행되어 에틸벤젠의 수율이 낮아지기 때문이다. 나노크기의 아주 작은 제올라이트에서는 확산거리가 짧아서 물질전달의 제한이 없지만, 알갱이가 작아서 취급하기 어렵다. 중간세공과 미세세공이 같이 있는 제올라이트는 알갱이가 커도 두 종류 세공의 기여로 촉매작용이 우수하며, 메탄올로 2-메틸나프탈렌에 메틸기를 추가하는 반응처럼 반응물과 생성물이 모두 큰 반응에서 중간세공의 효과가 아주 두드러진다.

다중세공 제올라이트는 메탄올에서 가솔린이나 저급 알켄을 제조하는 MTO 반응에서 목적 생성물의 수율을 높이는 데 효과적이다. 메탄올에서 생성된 저급 알켄의 중합반응이나 중합체의 추가 고리화반응을 억제하려면 생성물이 촉매 밖으로 빨리 빠져나가야 한다. 생성물의 수소전달반응, 분해반응, 복분해반응 등 추가반응이 진행되므로, 중간세공을 도입하여 이들의 머무름 시간을 줄이면 저급 알켄의 수율이 높아진다.

촉매 분해반응에서는 반응물의 종류와 성질에 따라 다중세공 제올라이트의 촉매활성이 달라진다. n-옥탄처럼 선형이고 단면적이 작아 물질전달의 제한이 뚜렷하지 않은 물질의 분해반응에서는 다중세공 제올라이트의 촉매활성이 낮다[91]. 중간세공이 있으면 추가반응의 진행 정도가 달라져 분해 생성물의 조성이 달라지나, 중간세공으로 인해 강한 산점이 있는 미세세공이 줄어들기 때문이다. 큰 분자인 트라이아이소프로필벤젠이나 헥사데칸의 촉매 분해반응에서는 다중세공 제올라이트의 촉매활성이 상당히 높다. 트라이아이소프로필벤젠은 커서 MFI 제올라이트 세공에 들어가지 못하므로 세공입구에서 분해반응이 시작된다. 중간세공이 있으면 반응물과 접촉할 수 있는 HMFI의 세공이 많아져 전환율이 크게 높아진다.

$$\tag{8.19}$$

미세세공만 있는 제올라이트에 비해 다중세공 제올라이트에서 촉매활성이 특이하게 높은 반응으로는 축합반응이 있다. 제올라이트의 미세세공에 비해 반응물이나 생성물이 크기 때문에 중간세공이 있는 다중세공 제올라이트가 효과적이다. 아래에 보인 레소시놀과 에틸아세토아세테이트가 축합하여 7-하이드록시-4-메틸큐마린을 만드는 반응에서 미세세공만 있는 HMFI 제올라이트에서는 생성물의 수율이 9%로 낮으나, 중간세공이 같이 있는 다중세공 HMFI 제올라이트에서는 수율이 51%로 상당히 높다. 알돌축합반응, 에스터화반응, 아세틸화반응 등 여러 축합반응에 중간세공이 있는 제올라이트를 촉매로 사용하면 수율이 크게 높아진다.

$$\tag{8.20}$$

다중세공 제올라이트를 여러 방법으로 제조한다[92, 93]. 제올라이트와 중간세공물질의 구조유도물질 두 종류를 같이 첨가한 합성모액을 수열반응시켜서 미세세공과 중간세공을 같이 있는 물질을 만든다. 중간세공물질의 구조유도물질인 옥타데실다이메틸-3-트라이메톡시실

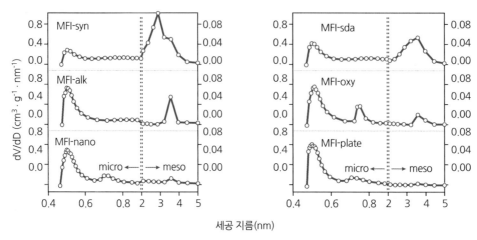

그림 8.42 다중세공 MFI 제올라이트의 미세세공과 중간세공의 크기 분포[93]

릴프로필암모늄 클로라이드(octadecyldimethyl 3 – trimethoxysilylpropylammonium chloride)
와 MFI 제올라이트의 구조유도물질인 테트라프로필암모늄 클로라이드를 MFI 제올라이트
의 합성모액에 같이 넣어 반응시키면, 0.5 nm 근처의 MFI 제올라이트 미세세공과 함께 3~4
nm의 중간세공이 생성된다.

특이한 구조유도물질을 사용하여 다중세공 제올라이트(MFI – sda)를 합성하기도 한다
[92]. MFI 제올라이트를 약한 NaOH 용액으로 처리하여 아주 조그만 알갱이로 만든 후 n –
헥사데실트라이메틸암모늄 브로마이드(n – hexadecyltrimethylammonium bromide)가 들어
있는 중간세공물질의 합성모액에 넣어 수열반응시켜서 세공벽이 MFI 제올라이트로 이루어
진 MCM – 41 중간세공물질을 만든다(MFI – syn)[93]. 제올라이트를 산처리하면 골격의 알
루미늄 원자가 빠져 나가지만, 염기로 처리하면 실리카와 알루미나가 모두 녹는다. 염기로
처리하면 제올라이트의 부분부분이 용해되어 제거되므로 녹은 자리에 중간세공이 생성되어
다중세공물질이 된다(MFI – alk). MFI의 합성모액에 인산이나 과염소산을 넣어 합성하면
중간세공이 같이 발달한 MFI 제올라이트가 생성된다(MFI – oxy). 알갱이가 200~500 nm로
아주 작은 나노크기의 MFI 제올라이트는 알갱이가 덩어리진 사이에 중간세공이 형성되어
그 자체가 중간세공이 있는 다중세공물질이다(MFI – nano).

그림 8.42에 이들 다중세공 제올라이트의 질소 흡착등온선에서 계산한 세공크기 분포를 보
였다[93]. D는 nm 단위의 세공 지름이고, V는 cm^{-3} · g^{-1} 단위의 세공부피이다. MFI – plate
는 비교를 위해 사용한 $0.5 \times 2\ \mu\mathrm{m}$ 정도의 판형 결정성 MFI 제올라이트이다. 어느 제올라이트
에서도 0.5 nm 근처에 MFI 제올라이트의 미세세공이 발달되어 있다. 순수한 MFI 제올라이트
인 MFI – plate에는 중간세공이 없으나, 다중세공 MFI 제올라이트에는 2~5 nm 사이의 중간
세공이 있다. 특이한 SDA를 사용하여 합성한 MFI – sda와 염기로 녹인 후 다시 합성한 MFI –
syn에는 중간세공이 아주 많이 발달되어 있다. 반면 MFI – oxy, MFI – nano, MFI – alk에는 중

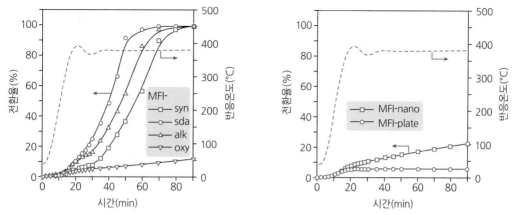

그림 8.43 다중세공 MFI 제올라이트에서 HDPE의 액상 분해반응[93]   HDPE/MFI = 20 g / 0.05 g, 반응온도 = 380 ℃

간세공이 그리 많지 않다.

제조 방법에 따라 산점의 세기와 개수도 달라서 고밀도 폴리에틸렌(high density poly ethylene: HDPE)의 분해반응에서 이들의 촉매활성이 크게 다르다. 그림 8.43에 다중세공 제올라이트에서 HDPE의 분해 거동을 비교하였다. 아주 큰 폴리에틸렌 분자가 겉표면에서 먼저 분해된후 세공 내로 들어가서 입구와 세공 내 산점에서 추가 분해되므로, 알갱이가 커서 겉표면이 매우 작은 MFI-plate 촉매에서는 HDPE의 분해반응이 아주 느리다. 중간세공이 있는 MFI-nano와 MFI-oxy에서는 MFI-plate보다 전환율이 높으나, 중간세공의 부피가 작아서 촉매활성이 낮다. 이와 달리 미세세공과 중간세공이 같이 발달되어 있고, MFI 제올라이트의 산성도가 유지되는 MFI-syn과 MFI-sda에서 분해반응이 아주 빠르게 진행된다. 겉표면에서 일차분해된 후 제올라이트의 미세세공에서 추가로 분해되는 고분자물질의 분해반응에서 다중세공 제올라이트가 촉매로 아주 적절하다.

다중세공 제올라이트는 반응물과 생성물이 상대적으로 큰 분자의 반응에 촉매로 적절하다. 반응물과 생성물이 커서 물질전달 단계가 반응속도를 결정하는 반응에서는 BEA/MCM-41이나 BEA/MSU 등 다중세공 제올라이트가 산세기가 강한 제올라이트보다 효과적이다. 반면 산세기가 중요한 반응에서는 제올라이트가 다중세공 제올라이트보다 촉매활성이 높다. 이런 이유로 다중세공 제올라이트를 벤젠, 톨루엔, 에틸벤젠 등 방향족 화합물의 알킬화반응에 촉매로 사용한다. 2,6-다이메틸다이벤조싸이오펜(2,6-dimethyldibenzothiophene)의 수소첨가 황제거반응에서는 BEA 제올라이트와 MCM-41 중간세공물질에 담지한 니켈-텅스텐 촉매보다 활성물질인 니켈과 텅스텐을 다중세공 제올라이트인 BEA/MCM-41에 담지한 촉매의 활성이 높다. 사이클로헥센의 산화반응에서 TS-1/MCM-48 다중세공 제올라이트가 TS-1이나 MCM-48보다 촉매로서 기능이 우수하다[42].

여러 형태의 물질을 구조유도물질로 사용하여 다중세공 제올라이트를 합성한다. 나뭇가지를 제올라이트 합성모액에 넣고 합성한 후 소성하여 나뭇가지 형태의 제올라이트를 제조하는 방법에서부터 크기가 균일한 50 nm 정도의 폴리스타이렌 구를 제올라이트 합성모액에 넣고 합성한 후 소성하여 중간세공을 만드는 방법까지 매우 다양하다. 이온 교환수지 구형 알갱이를 합성모액에 넣어 합성한 후 소성하여도 중간세공이 발달한 구형 제올라이트를 만들 수 있다.

미세세공이 발달한 제올라이트가 중간세공의 벽을 이루는 구조부터 특정 기능이 강화된 여러 형태의 다중세공물질이 합성되고 있다. 막 사이를 중간세공으로 이용할 수 있게 제올라이트를 아주 얇은 막으로 만들어 쌓은 물질, 제올라이트가 벽을 이룬 속이 빈 구형물질, 나노 크기의 제올라이트를 고분자 골격에 분산 고정하여 제올라이트 미세세공이 바로 반응물에 노출되도록 만든 물질 등 아주 다양하다. 구조가 규칙적이고 산성이 강한 제올라이트의 장점을 최대한 살리면서도 물질전달에 의한 제한을 최소화하는 다기능물질로 발전하고 있다. 용도에 맞도록 중간세공과 미세세공을 최적화한 다중세공 제올라이트를 저렴하게 만들 수 있으면, 우수한 촉매 재료로 용도가 더욱 넓어지리라 기대한다.

🔍 6 헤테로폴리 화합물

(1) 구조 및 물성

몰리브데넘산과 폴리인산의 산성 용액을 반응시키면 인 원자와 몰리브데넘 원자가 산소 원자를 다리로 결합하여 큰 분자를 만든다. 텅스텐산과 폴리규산을 반응시키면 규소 원자와 텅스텐 원자 역시 산소 원자를 다리로 결합하여 큰 분자를 만든다. 이렇게 해서 만들어진 $H_3PMo_{12}O_{40}$와 $H_4SiW_{12}O_{40}$ 복합산을 다른 원소가 들어 있는 폴리산이라는 뜻으로 헤테로폴리산(heteropoly acid)이라고 부른다. 복합산의 가운데에 있는 인 원자와 규소 원자를 중심 원자(central atom), 산소 원자를 다리로 결합한 몰리브데넘 원자와 텅스텐 원자를 배위 또는 폴리 원자(polyatom)라고 부른다. 헤테로폴리산이 염기인 금속 수산화물과 반응하면 금속 이온이 들어 있는 염이 된다. 헤테로폴리산과 이들 염을 합하여 헤테로폴리 화합물(heteropoly compound)이라고 부른다.

더 넓은 의미에서는 헤테로폴리 화합물은 여러 개의 금속 원자로 이루어진 산소산염(poly-oxometallate)이다. 한 종류의 금속 원사로 이루어진 $[M_mO_y]^{p-}$ 물질이 아이소폴리산소산염(isopolyoxometallate)이고, 서로 다른 금속 원자가 섞여 있는 $[X_xM_nO_y]^{q-}$ $(x<n)$ 물질은 헤테로폴리산소산염(heteropoly oxometallate)이다[94]. 이 분류에서 W^{6+}, Mo^{6+}, V^{5+} 등 M은 아덴다 원자(addenda atom)이고, P^{5+}, As^{5+}, Si^{4+}, Ge^{4+}, B^{3+} 등은 헤테로 원자(hetero atom)이다.

그림 8.44 MoO_6^{6-} 정팔면체 가운데 구가 몰리브데넘 원자이다.

헤테로폴리 화합물의 대표적인 물질인 케긴(Keggin) 구조의 화학식은 $[X^{n+}M_{12}O_{40}]^{(8-n)-}$이고, 웰즈-도슨(Wells-Dowson) 구조의 화학식은 $[X_2^{n+}M_{18}O_{62}]^{(16-2n)-}$이다.

1934년 케긴이 12-텅스토인산의 결정구조를 규명한 이래, 헤테로폴리 화합물은 무기화학과 분석화학 분야의 연구 대상이었다. 헤테로폴리 화합물이 강한 산이며, 금속 이온에 따라 산성도가 달라지는 점이 알려지면서 산 촉매로서 이용 가능성이 검토되었다. 헤테로폴리 화합물은 산 촉매이면서도 산화 촉매이고, 표면뿐만 아니라 내부에서도 촉매반응이 진행되는 등 기존의 고체산 촉매와 다른 점이 많다. 이러한 특징을 살려 헤테로폴리 화합물은 프로필렌의 수화반응과 메타크릴산의 제조공정에서 촉매로 사용되고 있다. 일본에서 1994~2009년 사이에 개발된 헤테로폴리 화합물을 촉매로 사용하는 공정에는 에틸렌과 산소를 반응시켜 아세트산을 제조하는 공정, 에틸렌과 아세트산을 반응시켜 에틸아세테이트를 제조하는 공정, 테트랄론(tetralone)과 p-자일렌으로부터 γ-부티로락톤(γ-butyrolactone)을 제조하는 공정 등이 있다[95]. 산화 촉매 기능과 산 촉매 기능을 같이 이용하는 공정으로 헤테로폴리 화합물의 촉매로서 다양한 응용 가능성을 보여준다.

헤테로폴리 화합물의 중심 원자 종류, 중심 원자와 폴리 원자의 비에 따라 구조가 다른 여러 종류가 있다[96]. 종류에 따라 결정구조가 조금씩 다르나, 중심 원자 주위에 여러 개의 폴리 원자의 음이온이 결합하여 헤테로폴리 화합물을 만드는 점은 비슷하다. 그림 8.44에 폴리 원자 음이온의 예로 MoO_6^{6-} 팔면체 구조를 보였다. 중심에는 몰리브데넘 원자가, 각 꼭짓점에는 산소 원자가 있다. 팔면체는 다른 팔면체와 모서리나 변을 공유하며 결합하여 큰 음이온을 만든다. 그림 8.45에 보인 $PMo_{12}O_{40}^{3-}$ 음이온의 중심에는 인 원자가 있고, 주위의 몰리브데넘 원자는 산소 원자를 다리로 다른 몰리브데넘 원자와 연결되어 있다. 이 기본 단위를 헤테로폴리산의 1차구조라고 부른다.

헤테로폴리 몰리브데넘산 음이온의 결정구조는 중심 원자의 종류, 중심 원자와 폴리 원자의 비에 따라 조금씩 다르다. 이들의 대표적인 구조와 화학식을 표 8.15에 정리하였다[97]. 중심 원자/폴리 원자 비가 12인 케긴구조 화합물은 열적으로 안정하여 촉매로 많이 사용된다. 케긴구조의 헤테로폴리 화합물로는 폴리 원자가 Mo과 W이고, 중심 원자가 P, Si, B, Ge, As인 여러 종류가 있다. $MO_6(M = Mo, W)$ 팔면체 세 개가 변을 공유하여 M_3O_{13} 구조를

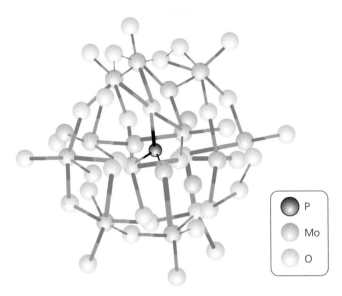

	P
	Mo
	O

그림 8.45 $PMo_{12}O_{40}{}^{3-}$의 1차구조

만들고, 이 M_3O_{13} 구조 네 개가 중심 원자의 주위에 사면체 형태를 이루며 결합한다. 케긴구조 화합물에는 겉에 노출된 산소 원자가 12개, 모서리와 꼭짓점에 있는 산소 원자가 6개, 중심의 PO_4 사면체를 이루는 산소 원자가 4개 등 모두 세 종류의 산소 원자가 있다. 가장 겉에 있는 산소 원자는 폴리 원자와 이중결합 성격이 짙은 π-π 결합으로 강하게 결합되어 매우 안정하다.

X-선 회절분석과 적외선 분광법으로 헤테로폴리 화합물의 결정구조를 확인한다. 양이온과 구성 원소에 따라 X-선 회절무늬가 조금씩 다르나, 기본 형태는 같다. 헤테로폴리 화합물을 450 ℃ 이상으로 가열하면 결정구조가 무너지나, 상온에서 암모니아나 물을 넣어주면 결정구조가 회복된다. 헤테로폴리 화합물의 적외선 스펙트럼에서는 P-O, Mo=O, Mo-O-Mo 결합의 흡수띠가 나타난다. 양이온이나 조성이 달라져도 이들 흡수띠의 위치가 크게 달라지지 않아서, 적외선 스펙트럼에서 구조의 변화를 관찰할 수 있다.

표 8.15 헤테로폴리 몰리브데넘산의 결정구조와 화학식[97]

중심 원자 / 폴리 원자	구조	화학식	중심 원자(X)
1/12	케긴구조 A형 Silverton구조	$[X^n + Mo_{12}O_{40}]^{(8-n)-}$ $[X^{4+}Mo_{12}O_{40}]^{8-}$	P, Si, Ge, As 등 Ce, Th
1/11	케긴구조	$[X^n + Mo_{11}O_{39}]^{(12-n)-}$	P, As, Ge
2/18	Dawson구조	$[X_2{}^{5+}Mo_{18}O_{62}]^{6-}$	P, As
1/9	Waugh구조	$[X^{4+}Mo_9O_{32}]^{6-}$	Mn, Ni
1/6	Anderson구조 A형 Anderson구조 B형	$[X^n + Mo_6O_{24}]^{(12-n)-}$ $[X^n + Mo_6O_{24}H_6]^{(6-n)-}$	Te, I Co, Al, Cr

케긴 1차구조가 서로 모여 덩어리를 이룰 때, 이들이 결합하는 방법은 양이온과 결정수에 따라 다르다. 기본 단위 사이의 틈새에 물 등 극성물질이 채워지면서 쌓아가는 3차원 쌓임구조를 헤테로폴리 화합물의 2차구조라고 부른다. 2차구조에 따라 물의 함량과 배열 위치가 다르고, 가열 과정에서 물이 제거되는 거동이 다르다.

헤테로폴리 화합물을 가열하면 물이 제거되지만, 물이 연속적으로 제거되지 않고 단계적으로 탈수된다. 100 ℃ 근처에서 1차 탈수되고, 온도가 더 높아지면 추가로 탈수된다. 450 ℃ 근처로 가열하면 물이 거의 다 제거되어 결정구조가 무너지므로 X-선 회절봉우리가 사라진다.

헤테로폴리 화합물의 종류에 따라 탈수 거동이 다른 현상을 산성도 차이로 설명한다. 산세기에 따라 물과 산점 사이 상호작용의 세기가 다르기 때문이다. 산점의 개수도 종류에 따라 다르므로, 2차구조에 들어 있는 물의 상태와 양이 다르다. 헤테로폴리 화합물에 들어 있는 물의 대부분은 쉽게 제거되지만, 일부는 H_3O^+ 형태로 존재하여 상당히 높은 온도에서도 잘 제거되지 않는다. 물의 함량과 존재 형태가 헤테로폴리 화합물의 산성도, 흡착-탈착성질, 확산 현상 등에 미치는 영향이 크므로 촉매활성도 이들과 상관성이 높다.

(2) 산성도

헤테로폴리산의 산세기는 폴리산에 비해 강하다. 헤테로폴리산이 물에 녹으면 양성자와 음이온으로 완전히 해리되며, 산세기가 황산이나 과염소산에 비해 강하다. 헤테로폴리산의 개략적인 산세기 순서는 다음과 같다[97].

$$H_3PW_{12}O_{40} > H_3PMo_{12}O_{40} > H_4SiW_{12}O_{40} \approx H_4GeW_{12}O_{40} > H_4SiMo_{12}O_{40} \approx H_4GeMo_{12}O_{40}$$

고체 헤테로폴리 화합물의 산세기는 액체 상태 헤테로폴리산의 산세기와 다르다. 고체 상태에서 헤테로폴리산의 산세기는 지시약법으로 측정하며, 산점의 종류와 개수는 피리딘 등 염기를 흡착시켜 적외선 분광법이나 승온 탈착법으로 조사한다. 헤테로폴리산에 피리딘을 흡착시킨 후 그린 적외선 스펙트럼에서는 1,540 cm^{-1}에서 피리디늄 이온의 흡수띠가 나타난다. 반면 피리딘이 고립 전자쌍을 루이스 산점에 주면서 결합할 때 나타나는 배위된 피리딘의 1450 cm^{-1} 흡수띠는 전혀 관찰되지 않아서, $H_3PW_{12}O_{40}$이나 $H_3PMo_{12}O_{40}$ 등 헤테로폴리산에는 루이스 산점이 없고, 브뢴스테드 산점만 있다.

지시약법으로 측정한 헤테로폴리산의 산세기는 $H_0 < -8.02$로 실리카-알루미나의 산세기보다 강하다. 지시약법이나 승온 탈착법으로 측정한 헤테로폴리 화합물의 산점 개수는 화학식에서 계산한 수소 원자의 개수와 같다. 극성물질이 표면뿐만 아니라 내부에도 침투하여 내

부의 산점도 모두 산성을 나타내므로, 단위질량당 헤테로폴리산의 산점 개수는 1,000 μmol · g^{-1} 정도로, 표면의 산점만 산성을 나타내는 고체산에 비해 산점 개수가 대단히 많다.

헤테로폴리 화합물의 산성은 들어 있는 금속 이온에 따라 크게 다르다. 헤테로폴리산의 수소 이온을 나트륨 이온으로 교환하면, 산세기가 약해지고 산점 개수가 줄어든다. 칼륨이나 세슘 이온으로 양성자를 교환하면 산성이 거의 없어진다. 이와 달리 구리, 철, 팔라듐 등 금속 이온을 교환하면, 헤테로폴리 화합물의 산세기가 강해지고 산점 개수도 많아진다[98]. 금속 이온이 수화되면서 양성자를 생성하고, 수소로 처리하면 금속 이온이 환원되면서 산점이 생성된다. 금속 이온이 들어 있으면 화학양론비가 맞지 않아서 산성이 나타난다는 설명도 있다. 전처리 조건과 물의 함량에 따라 헤테로폴리 화합물의 산성도가 크게 달라지므로, 금속 이온의 종류와 상태에 따라 산점의 생성기구가 다를 가능성도 있다.

(3) 의액상

헤테로폴리 화합물의 낱개 단위는 케긴구조 등 1차구조이지만, 실제 상태는 이들이 모여 만든 덩어리이다. 기본 단위가 반복되는 고체 결정과 달리 헤테로폴리 화합물에서는 극성물질을 사이에 두고 기본 단위가 결합되므로 틈새가 많다. 물, 알코올, 암모니아 등 극성물질이 헤테로폴리 화합물의 내부에 들어가 기본 단위를 서로 연결한다. $H_3PW_{12}O_{40}$ 헤테로폴리산에 아이소프로판올을 포화될 때까지 흡착시키면, 헤테로폴리 음이온 한 개당 아이소프로판올 분자가 7개 정도 흡착한다. 아이소프로판올이 모두 표면에만 흡착한다면, 이 흡착량은 100여 층에 해당하는 흡착량이어서, 이들이 모두 표면에 흡착되었다고 보기 어렵다. 액체 아이소프로판올의 밀도는 1.3×10^{-2} mol · cm^{-3}이나 헤테로폴리 화합물에 포화흡착한 아이소프로판올의 밀도는 6.1×10^{-3} mol · cm^{-3}으로 조금 낮다. 그렇지만 기체 상태에 비해서는 밀

표 8.16 실온에서 $H_3PW_{12}O_{40}$에 대한 극성물질과 비극성물질의 흡착량(음이온당 분자 개수)[97]

화합물	비가역적 흡착량	전체 흡착량
극성물질		
피리딘	6.0	> 9
암모니아	3.2	4.3
아이소프로판올	6.3	∞
에탄올	6.2	∞
메탄올	2.2	∞
비극성물질		
벤젠	0.1	0.5
톨루엔	0.04	0.4
1 - 부텐	0.2	0.25
에틸렌	0.03	0.04

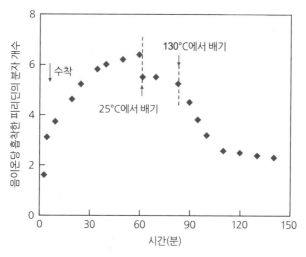

그림 8.46 H₃PMo₁₂O₄₀에 대한 피리딘의 흡착과 탈착(25 ℃, 21 Torr)[97]

도가 매우 높기 때문에 극성물질이 표면에만 흡착하지 않고 헤테로폴리 화합물의 내부 공간
도 채우며 수착(sorption)되었다고 본다.

헤테로폴리 화합물에 대한 극성물질과 비극성물질의 흡착량을 표 8.16에 정리하였다[97].
비극성물질의 흡착량은 극성물질에 비해 매우 적으며, 배기 후 남아 있는 흡착량은 아주 적
다. 이와 달리 극성물질은 매우 많이 흡착하여 알코올의 흡착량을 무한대(∞)로 나타내며,
비가역 흡착량 역시 매우 많다. 헤테로폴리 화합물의 표면적이 대개 10 m² · g⁻¹ 내외이므로,
극성물질이 모두 표면에만 흡착한다면 아이소프로판올의 계산 예에서 보듯이 흡착층이 매우
두터워야 한다. 따라서 극성물질은 표면뿐만 아니라 헤테로폴리 화합물 내에 액체와 비슷한
상태로 들어 있다고 보아 이 상태를 의액상(擬液狀, pseudo-liquid phase)이라고 부른다.

헤테로폴리 화합물에 대한 피리딘의 흡착 - 탈착 거동을 그림 8.46에 보였다[97]. 25 ℃에
서 배기하면 음이온당 피리딘이 6개 정도 흡착되어 있으며, 오랫동안 배기하여도 탈착하지
않는다. 130 ℃에서 배기하면 음이온당 피리딘이 세 개 정도 남아 있다. 피리딘이 표면에만
흡착한다고 보면, 이러한 탈착 거동을 설명하기 어렵다. 피리딘이 헤테로폴리 화합물에 의액
상 상태로 흡착하며, 일부 피리딘은 음이온과 상당히 강하게 결합한다고 보아야 이 실험 결
과를 합리적으로 설명할 수 있다.

헤테로폴리 화합물에 흡착한 피리딘의 적외선 스펙트럼도 흡착량에 따라 다르다(그림
8.47). 피리딘이 아주 많이 흡착된 상태의 스펙트럼에서는 브뢴스테드 산점에 흡착한 피리디
늄 이온의 흡수띠(1,540 cm⁻¹)가 아주 약하다. 그러나 130 ℃에서 배기하여 피리딘의 일부를
제거하면 피리디늄 이온의 1,540 cm⁻¹ 흡수띠가 뚜렷해진다. 피리딘이 많이 흡착하면 브뢴
스테드 산점에 흡착한 피리디늄 이온의 흡수띠가 약해지거나 없어지고, 배기하여 흡착된 피
리딘의 일부를 제거하면 다시 나타난다. 피리딘이 많이 흡착하면 피리디늄 이온이 헤테로폴

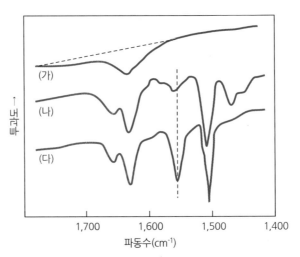

그림 8.47 H_3PMoO_{40}에 흡착한 피리딘의 적외선 스펙트럼[97] (가) 실온에서 배기한 상태 (나) 피리딘이 많이 흡착한 상태 (다) 130 ℃에서 1시간 배기한 상태

리 화합물에 의액상 상태로 들어 있는 피리딘에 녹아 피리딘 이량체를 만들기 때문에 피리디늄 이온의 흡수띠가 약해진다. 피리딘이 조금만 흡착되어 있는 상태에서는 의액상 상태의 피리딘은 없고 브뢴스테드 산점에 강하게 흡착한 피리딘만 있으므로, 피리디늄 이온의 흡수띠가 강하게 나타난다.

헤테로폴리 화합물에 흡착하는 극성물질은 표면에만 흡착하지 않고 내부에 들어가 액체와 비슷한 의액상 상태로 존재한다. 극성물질이 의액상 상태로 내부에 들어 있어 내부 산점과 반응하므로 내부 산점도 촉매반응에 참여한다. 반응물이 헤테로폴리 화합물에 의액상 상태로 들어 있으므로, 액상에서 진행되는 균일계 촉매반응에서처럼 반응물의 농도가 높고 활성점 개수가 많아서 촉매반응이 빠르다. 이런 이유로 극성물질의 반응에서는 표면에서만 반응이 일어나는 실리카－알루미나 등 다른 고체산 촉매에 비해 헤테로폴리 화합물의 촉매활성이 매우 높고, 반응기구가 달라서 생성물에 대한 선택성이 다른 경우도 있다.

(4) 산 촉매반응

헤테로폴리 화합물은 산세기가 강하고 산점이 많아서, 탈수반응, 에테르화반응, 에스테르화반응, 메탄올 전환반응 등 산 촉매반응에서 이들의 촉매활성이 높다. 반응마다 차이가 있긴 하지만, 몰리브데넘계 화합물에 비해 산세기가 강한 텅스텐계 헤테로폴리 화합물의 촉매활성이 높다. 그림 8.48에 보인 아이소프로판올의 탈수반응, 개미산의 분해반응, 메탄올 전환반응에서는 촉매활성은 산점 개수에 비례한다[99]. 피리딘의 흡착 방법으로 측정한 음이온당 수소 원자 개수에는 내부에 있는 수소 원자도 모두 포함되면 이들 내부 산점도 촉매반응에 참여한다.

비극성물질은 내부로 들어가지 못하므로 헤테로폴리 화합물에서 촉매반응은 표면만 참여

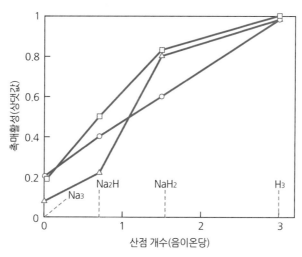

그림 8.48 헤테로폴리산 촉매반응에서 산점 개수와 촉매활성의 관계[99] ○ 아이소프로판올의 탈수반응, □ 개미산의 분해반응, △ 메탄올 전환반응

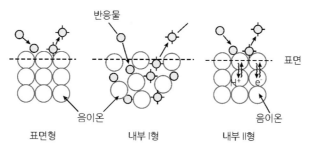

그림 8.49 헤테로폴리 화합물에서 촉매반응의 형태

하는 표면형과 내부도 참여하는 내부형으로 나뉘어진다. 내부형 반응은 다시 반응물이 내부에 들어가 반응하는 형태(내부 Ⅰ형)와 산화반응에서처럼 반응물은 내부로 들어가지 않으나 산화 – 환원반응의 매체인 H^+와 e^-가 표면과 내부 활성점을 이어주는 형태(내부 Ⅱ형)가 있다. 그림 8.49에 반응 형태의 차이를 보였다.

반응물이 헤테로폴리 화합물의 내부에 들어가 반응하는지 여부는 동위원소가 들어 있는 반응물을 이용하여 확인한다[97]. 극성물질인 아이소프로판올은 헤테로폴리 화합물의 내부 산점에서 탈수되어 프로필렌이 된다. 반응 중에 중수소가 하나도 없는 d_0 – 아이소프로판올을 중수소로 치환된 d_8 – 아이소프로판올로 바꾼다. 그림 8.50에서 보듯이 촉매가 없는 조건에서는 중수소가 들어 있는 d_8 – 아이소프로판올을 주입하면 d_8 – 아이소프로판올의 기상 함량이 바로 많아진다. 헤테로폴리 화합물 촉매가 들어 있으면 반응물을 d_8 – 아이소프로판올로 바꾸었는데도 불구하고, 기상에서 d_0 – 아이소프로판올의 농도가 느리게 낮아지고 d_8 – 아이소프로판올 농도는 느리게 높아진다. 헤테로폴리 화합물 촉매의 내부에 들어 있는 d_0 – 아이소프로판올이 방출되므로 반응물이 느리게 바뀐다. 아이소프로판올의 탈수반응에서 반응

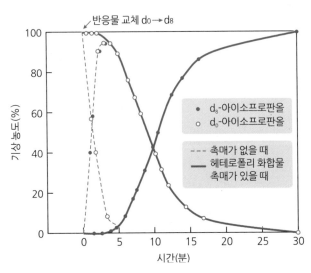

그림 8.50 $H_3PW_{12}O_{40}$ 촉매에서 아이소프로판올의 탈수반응 중 반응물 교체에 따른 기상 농도의 변화[97] 반응 온도는 80 ℃이다.

물인 아이소프로판올의 공급을 중단하여도 상당히 오랫동안 프로필렌이 생성되어, 아이소프로판올이 헤테로폴리 화합물의 내부에 들어 있음을 보여준다. 에탄올의 탈수반응에서는 표면형 반응기구를 거쳐 디메틸에테르가 생성되지만, 내부형 반응기구를 거치면 에틸렌이 생성된다[100]. 헤테로폴리 화합물에서 메탄올과 $tert$-부탄올로부터 MTBE를 합성하는 반응에서도 흡착한 메탄올과 활성화된 $tert$-부탄올이 내부에서 반응한다[98].

이런 이유로 표면적이 5 $m^2 \cdot g^{-1}$로 아주 작은 $H_3PW_{12}O_{40}$의 산 촉매반응에서 활성이 표면적이 540 $m^2 \cdot g^{-1}$인 실리카-알루미나의 활성보다 높을 수 있다. 의액상 상태이어서 반응물이 접촉하는 활성점이 많고, 중간체인 양이온이 착화합물 상태로 안정화되기 때문이다. 의액상이 관여하는 내부형 반응에서는 반응물의 흡착 정도에 따라 생성물에 대한 선택도가 달라진다.

헤테로폴리 화합물은 바이오디젤을 제조하는 유리 지방산(free fatty acid)의 에스터 교환 반응에 촉매로 사용된다[101]. 실제 공정에서는 알칼리 금속 수산화물을 촉매로 사용하지만, 황산, 염산, 설폰산 등 산 촉매를 사용하면 장점도 있다. 바이오디젤의 제조 원료인 동물성 지방과 식물성 기름에는 상당량의 유리 지방산이 들어 있어서 염기 촉매가 이들과 반응하여 피독되기 때문이다. 산 촉매는 유리 지방산의 에스터화반응에 적절하지만, 트라이글리세라이드인 지방의 에스터화반응에서는 산 촉매의 활성이 낮아 널리 사용되지 않는다. 더욱이 반응기를 심하게 부식시키고, 회수하여 다시 사용하지 못하며, 생성물에서 산은 제거하는 데 폐수가 많이 발생하여 적절하지 않다. 반응기를 손상시키지 않는 BF_3 등 루이스 산은 촉매활성이 높으나, 비싸고 취급하기 어렵다. 고정화된 산 촉매를 사용하여 이런 문제점을 극복할 수 있다. 지르코니아에 담지한 $H_3PW_{12}O_{40}$ 헤테로폴리산 촉매는 메탄올에 의한 지방의 에스터 교환반응에서 활성이 높다. 염기 촉매에 비해 반응온도가 200 ℃로 높지만, 생성물의 수율이 높고, 유리산이 많아 품질이 좋지 않은 지방에도 적용 가능하다. 특히 나이오븀 산화물에 담지한 헤테로폴리산 촉매는 재사용률이 높아 경제적이다.

(5) 산화 촉매반응

헤테로폴리 화합물의 폴리 원자인 텅스텐과 몰리브데넘의 산화 상태는 여럿이고, 산화 상태 사이의 산화–환원 전위가 낮아서 산화–환원반응에 촉매로서 사용가능하다. 수소로 처리하면 양성자를 생성하면서 음이온이 환원되고, 추가로 환원하면 양성자와 음이온의 산소가 반응하여 물을 생성한다.

$$PMo_{12}O_{40}^{3-} + H_2 \rightarrow PMo_{12}O_{40}^{5-} + 2\,H^+ \tag{8.21}$$

$$PMo_{12}O_{40}^{5-} + 2\,H^+ \rightarrow PMo_{12}O_{39}^{3-} + H_2O \tag{8.22}$$

몰리브데넘 원자와 결합한 산소 원자가 제거되면 몰리브데넘 원자가 환원되고, 산소 원자와 다시 결합하면 원래 상태로 산화된다[102]. 양성자와 전자는 헤테로폴리 화합물 내에서 빠르게 이동하기 때문에, 수소에 의한 환원반응이 표면과 내부에서 같이 진행된다. 그러나 일산화탄소에 의한 환원반응에서는 일산화탄소가 헤테로폴리 화합물 내로 들어가지 못하고 산소 이온의 확산이 느려서, 표면에 드러나 있는 음이온에서만 환원반응이 진행한다[103]. 헤테로폴리 화합물에서 진행되는 산화–환원반응으로는 부텐이 무수말레인산으로 산화되는 반응처럼 알켄과 알데하이드의 산화반응이 있다.

헤테로폴리 화합물 촉매에서 진행되는 메타아크로레인의 산화반응에서는 산소와 물을 반응물과 함께 공급하다가 이들 중에서 한 물질의 공급을 중단하면 전환율과 생성물 분포가 크게 달라진다[97]. 산소는 반응물이므로 이를 공급하지 않으면 반응이 중단되어 전환율이 바로 낮아지겠지만, 생성물인 물을 넣어주지 않았다고 생성물 분포가 크게 달라지는 현상은

표 8.17 $H_3PMo_{12}O_{40}$ 촉매에서 메타아크로레인의 산화반응에 대한 산소와 물의 영향[97]

	전환율, %	선택성, %			
		메타크릴산	아세트산	일산화탄소	이산화탄소
• 산소					
공급	16.6	74.4	2.3	11.9	11.4
중단(5~60분)	6.3	72.5	6.8	8.2	12.5
중단(60~170분)	2.3	70.1	19.6	3.9	6.4
• 물					
공급	13.4	79.8	2.2	10.0	8.0
중단	5.9	39.6	2.4	38.2	19.8
재공급	16.5	75.6	2.0	10.9	11.5

특이하다. 표 8.17에 정리한 대로 산소를 공급하지 않으면 전환율이 크게 낮아지나, 메타크릴산에 대한 선택성은 달라지지 않는다. 이와 달리 물을 공급하지 않으면 전환율이 낮아질 뿐아니라 메타크릴산에 대한 선택성이 현저히 낮아지면서, 일산화탄소와 이산화탄소에 대한 선택성은 크게 높아진다[96]. 물의 공급 여부에 따라 헤테로폴리 화합물의 함수율이 달라져 메타아크로레인의 부분산화반응에 대한 촉매작용이 달라진다. 산소 이온이 표면과 활성점 사이를 빠르게 이동하여야 격자산소에 의한 부분산화반응이 빠르게 진행하는데, 물이 부족하면 헤테로폴리 화합물의 2차구조가 무너져서 산소 이온의 이동이 느려지기 때문이다. 표면에서만 반응이 진행되므로 격자산소가 부족하여 부분산화반응에 대한 선택성이 낮아지지만, 물을 다시 넣어주면 2차구조가 회복되면서 격자산소의 공급이 원활해져서 부분산화반응에 대한 선택성이 다시 높아진다.

🔍 7 하이드로탈싸이트

(1) 개요

하이드로탈싸이트는 양전하를 띤 $M(OH)^{n+}$ 형태의 금속 수산화물 사이에 음이온과 물이 들어 있는 층상 화합물이다. 천연에서 산출되기도 하고 여러 방법으로 합성하기도 한다. 화학식은 $[M^{2+}{}_{1-x}M^{3+}{}_x(OH)_2]^{x+}(A^{n-})_{x/n} \cdot mH_2O$으로, M^{2+}과 M^{3+}은 금속 양이온이고, A^{n-}은 음이온이다. 알루미노실리케이트 등 양이온 계열의 점토에서는 골격이 음전하를 띠므로 이를 중화하기 위해 양이온이 들어 있고, 이들은 접촉하는 용액의 양이온으로 바뀔 수 있다. 이와 달리 하이드로탈싸이트에서는 골격이 양전하를 띠므로, 이를 중화하기 위해 음이온이 들어 있고, 이 음이온은 접촉하는 용액의 음이온으로 바뀔 수 있다. 구성 원소의 종류와 함량에 따라 하이드로탈싸이트의 물리화학적 성질이 크게 달라지며, 음이온 교환제, 흡착제, 센서, 고체염기 촉매로 사용된다. 크뇌베나겔 축합반응을 비롯한 여러 축합반응, 바이오디젤 제조반응인 에스터 교환반응, 알킬화반응 등에 촉매작용이 있다.

하이드로탈싸이트의 구조를 그림 8.51에 보였다[104]. M^{2+}와 M^{3+} 양이온의 팔면체 수산화물이 꼭짓점을 공유하면서 만든 층 사이에 음이온과 물이 들어 있다. Mg^{2+} 이온이 수산화 이온 6개와 결합하여 팔면체를 만들고, 이들이 부루싸이트(brucite) 결정구조를 이룬다. Mg^{2+} 이온의 일부가 크기가 비슷한 +3가 이온으로 바뀌면 층이 양전하를 띠므로, 전기적 중화를 위해 추가의 음이온이 필요하다. Mg^{2+} 이온에 비해 Be^{2+} 이온처럼 너무 작거나 Cd^{2+} 이온처럼 너무 크면, 이들은 골격에 들어가 하이드로탈싸이트를 만들지 못한다. 하이드로탈싸이트의 화학적 성질은 금속 이온의 비(M^{2+}/M^{3+})에 따라 크게 다르다. 하이드로탈싸이트의 가장 대표적인 물질은 Mg^{2+} 이온 일부가 Al^{3+} 이온으로 바뀐 물질로서, 화학식이 $Mg_6Al_2(OH)_{16}CO_3 \cdot 4H_2O$이며, 알루미늄과 마그네슘의 원자 비는 1 : 3이다. 알루미늄/마그네슘의 원자 비가 0.1~0.5 사이이면 하이드로탈싸이트 구조가 유지되지만, 이 값을 벗어나면 $Al(OH)_3$와 $Mg(OH)_2$의 상이 따로 생성된다[105]. 양이온층과 음이온이 차곡차곡 쌓여서 정전기적 인력이 매우 강하므로 하이드로탈싸이트의 결정구조는 매우 안정하다.

Co, Cu, Ni, Fe, Zn, Mn, Ru, Cr, Ga, V, Li 양이온은 하이드로탈싸이트의 골격에 들어가며, 층 사이에 있는 CO_3^{2-}, NO_3^-, Cl^-, SO_4^{2-} 음이온은 서로 교환된다. 음이온과 물이 들어 있는 상태에서 하이드로탈싸이트는 결정이지만, 소성하면 음이온과 물이 제거되면서 층상구조가 부서져 구성 원소의 혼합 산화물이 된다. 하이트로탈싸이트를 소성한 혼합 산화물은 염기성이 매우 강하여 염기 촉매로 사용된다. 촉매로서 하이드로탈싸이트의 특징을 다음과 같이 정리하였다[106].

1) 양이온의 종류와 조성뿐만 아니라 층 사이에 들어 있는 음이온의 종류와 물의 함량에 따라서 고체 상태와 염기성이 달라지므로, 전처리 방법과 조건에 따라 촉매활성이 크게 달라진다.
2) 하이드로탈싸이트를 가열하면 층상구조가 무너지면서 산 – 염기 쌍이 발달한 금속 산화물의 혼합물이 된다.
3) 소성한 하이드로탈싸이트에 적절한 음이온을 넣어주면 구조가 회복되는 '기억 효과'가 있어 소성과 재수화(rehydration) 방법으로 촉매의 상태와 성질을 조절한다.

(2) 합성 방법

하이드로탈싸이트를 여러 방법으로 합성하지만[104], 구성 원소의 무기염 용액에 염기를 가하여 금속 수산화물로 침전시켜 제조하는 방법이 대표적이다. 합성모액의 과포화 정도

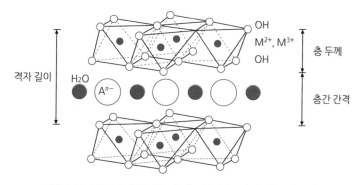

그림 8.51 하이드로탈싸이트계 음이온 점토의 층상구조[104]

와 침전 과정의 pH에 따라 생성되는 하이드로탈싸이트의 형태와 입자크기 분포가 다르다. pH가 낮으면 금속 수산화물이 침전되지 않고, pH가 너무 높으면 알루미늄 등 일부 금속이 녹는다. 이런 이유로 Mg-Al 하이드로탈싸이트를 pH가 7~10인 조건에서 합성한다. pH가 낮으면 알루미늄이 이온 상태로 녹고, pH가 높으면 알루미늄이 수산화물 상태로 녹아서 pH 조절이 두 종류의 금속을 같이 침전시키는 데 중요하다. 보통 잘 녹는 금속이 수산화물 상태로 침전하는 pH 범위에서 하이드로탈싸이트를 제조한다. 금속 전구체의 공급속도를 조절하거나, M^{2+}/M^{3+} 이온의 비와 합성모액의 과포화도를 제어하여 하이드로탈싸이트의 조성, 성질, 형태를 바꾸어준다. 하이드로탈싸이트는 염기성물질이어서 공기 중의 이산화탄소와 반응하여 탄산염이 되므로, 탄산염 음이온이 하이드로탈싸이트에 끼어들지 않도록 질소 흐름 중에서 합성하기도 한다.

과포화도가 높은 상태에서 하이드로탈싸이트를 합성하면 결정핵이 많이 생성되어 불균일하게 성장하므로 결정성이 좋지 않다. 반대로 과포화도가 낮은 조건에서 느리게 합성하면 결정성은 좋지만, 소성하여 만든 혼합 산화물의 표면적이 작고 염기세기가 약하다. 200 ℃ 이하에서 소성하면 층 사이의 물이 제거되며, 450~500 ℃로 가열하면 수산화 이온이 제거되면서 탄산염이 분해된다. 660~700 ℃ 사이에서 층상구조의 하이드로탈싸이트가 완전히 분해하여 Mg-O와 Al-O 결합으로 이루어진 스피넬구조가 된다. 양이온의 종류와 이들의 함량 비, 음이온 종류, pH, 온도, 묵힘 여부, 침전 방법 등에 따라 생성되는 하이드로탈싸이트의 조성과 상태가 다르다.

요소를 침전제로 사용하면 모양이 아주 깔끔한 하이드로탈싸이트가 합성된다. 수산화나트륨을 가하여도 금속 수산화물이 침전되지만, 침전속도가 빨라 생성물의 조성이나 형태를 제어하기 어렵다. 요소가 물에 녹으면서 암모늄 이온이 생성되어 pH가 서서히 높아지므로 과포화도가 낮게 유지되어 침전물의 모양과 크기가 균일하다. 온도, 금속 양이온의 농도, 요소

 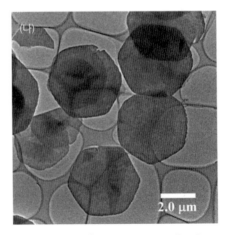

그림 8.52 합성한 하이드로탈싸이트의 TEM 사진 (가) 공침법 (나) 요소 가수분해법[107]

의 공급비를 바꾸어 생성물의 결정성과 알갱이 크기 등을 조절한다.

공침법과 요소를 침전제로 사용하여 제조한 하이드로탈싸이트의 TEM 사진을 그림 8.52에 비교하였다. 공침법에서는 침상 형태의 불균일한 하이드로탈싸이트가 생성되지만, 요소 가수분해 방법에서는 모양이 뚜렷한 육방체 결정이 생성된다[107]. 요소를 침전제로 사용하여 Mg : Al의 원자비를 조정할 수 있으며, Ni : Al 원자비도 2 : 1 또는 3 : 1로 조절 가능하다.

이 외에도 수열반응이나 연소반응으로 하이드로탈싸이트를 합성하고, 솔 – 젤 방법으로도 제조한다. 방법에 따라 하이드로탈싸이트의 금속 원소 조성 범위, 알갱이 크기, 소성했을 때 염기 촉매로서 성질이 다르다. 합성 도중 마이크로파를 쪼여주면 알갱이가 작고 표면적이 넓은 하이드로탈싸이트를 만들 수 있다.

(3) 하이드로탈싸이트의 염기성

하이드로탈싸이트는 결정성 층상물질이어서 X – 선 회절봉우리가 뚜렷하다. 그러나 소성하여 염기 촉매로서 사용하는 하이드로탈싸이트는 층상구조가 무너진 무정형물질이다. 소성과정에서 산화물이 서로 분리되거나 심하게 소결되지 않도록 $400 \sim 500$ ℃에서 하루나 이틀 정도 소성하여, 산화물이 서로 잘 섞이도록 유도한다. 마그네슘과 알루미늄의 하이드로탈싸이트를 소성하여 제조한 염기 촉매를 흔히 Mg(Al)O 혼합 산화물이라고 부른다. 소성 과정에서 층상구조가 무너져도 알갱이 모양은 그대로 유지되지만, 너무 높은 온도에서 가열하면 $MgAl_2O_4$ 등 스피넬이 생성되면서 모양도 변한다[108]. 표면적은 $100~m^2 \cdot g^{-1}$ 정도로 제올라이트와 다른 점토의 표면적에 비해서 작지만, 큰 분자가 접근하기 유리한 겉표면의 표면적이어서 Mg(Al)O 촉매는 물질전달의 제약이 심한 반응에 유리하다.

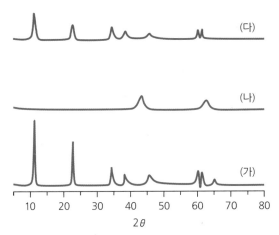

그림 8.53 하이드로탈싸이트의 XRD 패턴 (가) 합성한 상태, (나) 500 ℃에서 소성한 상태, (다) 수증기 위에 놓아서 재수화한 상태

소성한 하이드로탈싸이트에 물이나 적절한 음이온을 넣어주면, 기억 효과에 의해 층상구조가 회복된다. 그림 8.53에서 보듯이 500 ℃에서 소성하면 하이드로탈싸이트의 고유 회절봉우리가 사라지나, 상온에서 수증기와 접촉시키면 이들이 다시 나타난다. 너무 높은 온도에서 소성하면 상이 분리되거나 강하게 소결되어 기억 효과가 약해진다. 소성하여 제조한 혼합 산화물을 물과 접촉시키면 수산화 이온이 생성되면서 염기 촉매의 기능이 크게 증진되고, 층 사이 공간에 물이 채워져서 극성물질의 이동이 빨라진다. 이런 이유로 하이드로탈싸이트의 촉매활성은 소성과 수화처리에 따라 크게 달라진다.

수증기를 넣어주거나 물에 담가서 수화시키지만, 수화 방법에 따라 하이드로탈싸이트의 촉매로서 성질이 상당히 다르다. 액상에서 수화하면 표면적이 $200 \sim 400 \ \mathrm{m^2 \cdot g^{-1}}$으로 넓고, 수증기와 접촉시켜 수화하면 표면적이 $15 \ \mathrm{m^2 \cdot g^{-1}}$으로 아주 작다. 액상에서 수화할 때는 저어주는 속도에 따라 표면적이 달라지는데, 이는 수화 과정에서 하이드로탈싸이트가 층으로 나누어지기 때문이다. 액상에서 수화할 때 초음파를 쪼여주면 표면적이 $440 \ \mathrm{m^2 \cdot g^{-1}}$까지 넓어진다[109].

하이드로탈싸이트의 염기성을 산성인 이산화탄소의 흡착과 탈착 방법으로 조사한다. 이산화탄소가 한 자리(unidentate) 탄산염 상태로 강한 염기점에 흡착하면 $1,510 \sim 1,560 \ \mathrm{cm^{-1}}$와 $1,360 \sim 1,400 \ \mathrm{cm^{-1}}$에서 흡수띠가 나타난다[110]. 중간 세기의 염기점에 이산화탄소가 두 자리(bidentate) 탄산염 상태로 흡착하면 $1,610 \sim 1,630 \ \mathrm{cm^{-1}}$와 $1,320 \sim 1,340 \ \mathrm{cm^{-1}}$에서 흡수띠가 나타난다. IR 스펙트럼에서 염기점의 세기와 개수를 결정할 때, 강한 염기점과 약한 염기점에 흡착한 이산화탄소의 흡수띠가 겹치므로 결과 해석에 주의해야 한다.

이산화탄소의 승온 탈착법으로도 하이드로탈싸이트의 염기성을 조사한다. 배기한 하이드로탈싸이트에 이산화탄소를 포화 흡착시킨 후 온도를 높여 가며 이산화탄소의 탈착량을 조사하는 방법으로, 염기세기와 염기점 개수를 정량한다. 550 ℃ 근처에서 나타나는 탈착봉우리는 강한 염기점에서 탈착하는 이산화탄소에 기인한다. 제조 과정에서 공기 중 이산화탄소에 의해 하이드로탈싸이트가 오염되면, 탄산염이 같이 들어 있다. 소성하여 음이온을 제거한 후 탄산염이 들어 있지 않은 증류수로 구조를 회복시켜 오염물질을 제거한다. 염기성 조사에서는 이산화탄소의 오염에 의한 오차를 방지하기 위해 검증 실험(blank test)을 꼭 해야 한다.

소성 후 다시 수화한 하이드로탈싸이트의 염기점 개수를 벤조산으로 적정한다[111]. 수화 과정에서 벤조산의 첨가량을 늘려가면서 촉매활성이 모두 없어지는 데 필요한 벤조산의 양을 결정할 수 있다. 이 값에서 염기점 개수를 계산하거나 염기 촉매반응에서 반응물에 벤조산을 직접 넣어서 관찰한 활성저하 정도로부터 염기점 개수를 계산한다.

하이드로탈싸이트는 쉽게 제조할 수 있는 염기성물질이면서도 염기세기가 강하여 촉매로서 쓰임새가 많다. Mg/Al 비가 3인 하이드로탈싸이트를 소성하여 제조한 Mg(Al)O 혼합 산화물의 염기세기는 $18.4 \leq H_- < 22.5$ 정도로 상당히 강하다[112]. Mg(Al)O 혼합 산화물을 제조하면서 수산화칼륨을 가하여 혼합 산화물에 칼륨을 고정시키면, 염기세기가 초강염기 수준인 $26.5 \leq H_- \leq 33.0$으로 높아진다. 칼륨의 담지량이 10.3%일 때 초강염기의 양이 $0.411 \, \text{mmol} \cdot \text{g}^{-1}$으로 많으며, 이로 인해 여러 종류의 크뇌베나겔 축합반응에서 촉매활성이 높다. 나이트로, 클로로, 메틸, 에톡시기가 치환된 벤즈알데하이드의 축합반응에서도 수율이 93~99%로 매우 높다. 이뿐 아니라 10.3% K-Mg(Al)O 촉매는 네 번이나 재사용하여도 촉매활성이 유지되어, 불균일계 촉매의 장점이 그대로 유지된다. Mg^{2+}와 Al^{3+} 이온이 1 : 1 비율로 들어 있는 합성모액에서 합성한 하이드로탈싸이트의 염기세기는 $H_- = 7.2 \sim 15$ 범위에 있으며, 이중에서 절반 정도는 $9.3 \leq H_- \leq 15$인 중간 세기 염기점이다. 그러나 탄산칼륨을 고정하여 소성하면 중간 세기 염기점이 세 배 이상 많아진다.

염기 촉매로서 하이드로탈사이트의 중요한 장점은 적용하려는 촉매반응에 따라 염기세기와 염기점 개수를 조절할 수 있다는 점이다. 흔히 사용하는 대표적인 염기성 조절 방법을 다음과 같이 정리한다.

1) 소성 처리 조건에 따라 염기점의 종류와 세기가 달라진다. Mg-Al 하이드로탈싸이트를 소성하면 약한 루이스 산점과 강한 염기점 쌍이 생성되지만, 염기점의 세기는 $H_- = 16.5$ 정도이다. 소성온도가 높아지면 Al^{3+} 이온의 루이스 산점 세기가 강해진다. 소성하면 물과 탄산염이 제거되면서 중간 세기의 $O^{2-}-M^{n+}$ 염기 쌍과 고립된 O^{2-} 이온의 강한 염기점이 나타난다. 일부 남아 있는 수산화 이온도 염기점으로 작용한다. 400 ℃ 이상으로 소성하면 강한 염기점이 많아지면서 염기세기가 강해지나, 550 ℃ 이상에서 소성하면 염기성인 수산화 이온과 강한 염기점인 고립된 O^{2-}가 모두 없어지면서 염기성이 약해진다. 소성하여 제조한 Mg(Al)O 혼합 산화물에는 MgO보다 강한 염기점은 많으나, 전체 염기점의 개수는 적다.

2) 하이드로탈싸이트와 이를 소성한 Mg(Al)O 혼합 산화물의 염기성은 구성 원소에 따라 다르다. 합성한 상태나 소성 후 다시 수화한 상태에서 이들의 염기성은 층 사이에 있는 음이온과 남아 있는 물의 함량에 따라 결정된다. 반면 소성한 후에는 양이온의 종류와 이들의 조성에 따라 달라진다. 수산화물층 사이에 들어 있는 음이온이 염기세기를 조절한다. 일반적으로 알루미늄 함량이 많아지면 전체 염기점의 개수는 많아지나, 강한 염기점의 개수는 도리어 줄어든다. Mg-In < Mg-Al-In < Mg-Al 순으로 전체 염기점의 개수는 많아지며, 촉매활성과 염기성을 연관 지을 때는 염기점 개수뿐 아니라 염기세기를 같이 고려하여야 한다.

3) 소성 후 다시 물과 접촉시켜 구조를 되살리는 방법에 따라 염기성이 달라진다. 하이드로탈싸이트의 층 사이에 들어 있는 음이온의 종류와 양에 따라 염기성이 달라지기 때

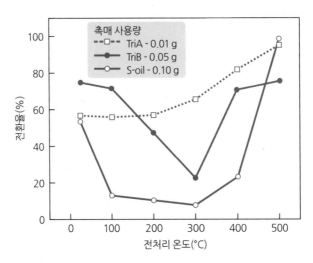

그림 8.54 재수화한 하이드로탈싸이트 촉매에서 지방산의 에스터교환반응[113]

문이다. 일반적으로 탄산 이온<탄산 이온과 수산화 이온의 혼합<수산화 이온 순으로 음이온이 바뀌면 염기세기가 강해진다. 재수화한 상태에서는 구조 규칙성이 낮아지면서 염기점에 반응물이 쉽게 도달하여 단순히 수산화 이온으로 음이온을 교환한 상태보다 촉매활성이 10배 정도 크다[106]. 소성하여 재수화한 Mg/Al 비가 3인 하이드로탈싸이트의 트라이아세틴(triacetin), 트라이부티린(tributyrin), 콩기름의 에스터교환반응에서 촉매활성은 이 촉매의 전처리 온도에 따라 크게 다르다[113]. 25 ℃에서 수화되어 있거나 500 ℃로 소성한 후 재수화한 촉매에서 활성이 높다. 소성과 수화 과정에서 생성된 염기점의 성질과 중간세공 내에서 촉매반응과 물질전달의 속도가 달라지기 때문이다. 액상에서 재수화하면 쌓임구조의 규칙성이 부서지면서 하이드로탈싸이트가 아주 얇은 판 조각으로 부서져서 촉매활성이 증진된다.

4) 하이드로탈사이트에 수산화나트륨, 수산화칼륨 등 염기성물질을 담지하면 염기성이 상당히 강해진다. 합성 과정에서 염기성물질을 담지하거나 합성 후 세척 과정에서 염기성물질을 담지하며, 소성한 후에 담지해도 된다. 나트륨과 칼륨을 첨가하면 염기세기가 더 강해진다. Mg^{2+}나 Al^{3+} 등 +2가나 +3가 금속보다 +1가 알카리 금속의 루이스 산성이 약하므로, 염기 성분을 소량 담지하면 염기성이 크게 강해진다.

5) 하이드로탈싸이트에 금속을 도입하여 금속 기능과 염기성이 있는 촉매를 만든다. Mg－Al 하이드로탈싸이트에 니켈 금속의 콜로이드 현탁액을 가하여 니켈을 고정하거나 합성 과정에 구리 화합물을 넣어 Cu－Zn－Al 하이드로탈싸이트를 만든다. 하이드로탈싸이트의 공침 과정에 백금염을 넣어주거나 솔－젤 방법으로 백금을 도입한다. 금속이 같이 들어 있으면 산화－환원 촉매 기능이 추가되어 메탄올의 산화 수증기 개질반응, 아세톤을 중합하여 케톤을 만드는 반응, 스타이렌 산화물의 수소화반응 등에 촉매활성

이 있다. 활성이 극대화되도록 금속과 지지체의 상호작용과 산-염기성을 조절하여 목적반응에 맞는(tailored catalyst) 이중기능 촉매를 만든다.

(4) 하이드로탈싸이트에서 촉매반응

Mg-Al 하이드로탈싸이트에서 전이금속 양이온을 도입하거나 귀금속을 담지하면 구성성분이 다양해지고 산화-환원 기능이 추가된다. 알칼리 금속을 추가로 담지하면 염기성이 강화되어 하이드로탈싸이트의 촉매로서 적용 가능성이 높아진다. 전형적인 염기 촉매반응인 크뇌베나겔과 알돌 축합반응, 미카엘 부가반응, 지방의 에스터교환반응 외에도 백금과 로듐이 담지된 Co-하이드로탈싸이트는 에탄올의 수증기 개질반응[114]에, Cu/CoMgAl 산화물 촉매는 에탄올의 연소반응에 촉매로 사용된다[115].

활성화된 메틸렌기가 있는 말로노나이트릴(malononitrile)은 사이클로헥사논(cyclohexanone), 벤조페논(benzophenone), p-아미노아세토페논(p-aminoacetophenone) 등 케톤과 반응하여 알켄을 만든다. 하이드로탈싸이트에는 반응물이 쉽게 도달할 수 있는 브뢴스테드 염기점이 많아서 크뇌베나겔 축합반응에서 활성이 높다. 하이드로탈싸이트의 모서리에 있는 O^{2-} 자리의 염기성이 아주 강하며, 알갱이가 작으면 표면에 노출된 염기점이 많아 촉매활성이 높다.

지방과 메탄올이 반응하여 바이오디젤의 주성분인 지방산메틸에스터를 생성하는 반응에는 산과 염기가 모두 촉매로서 활성이 있다. 산 촉매에 비해 염기 촉매에서 반응이 빠르고, 수산화나트륨과 수산화칼륨을 촉매로 사용하면 공정이 단순하고 조작하기 쉬워서 대부분 상용공정에서는 이들 균일계 촉매를 사용한다. 그림 8.55에 메탄올에 의한 콩기름의 에스터 교환반응의 반응식을 보였다. 염기에서 생성된 메톡시기가 지방의 에스터 결합을 공격하면 에스터인 FAME가 생성된다. 염기가 강하면 메톡시기의 활동도가 높아져 반응이 빠르게 진행한다.

하이드로탈싸이트 촉매에서 바이오디젤을 제조하기 위한 에스터 교환반응이 많이 연구되었다[116]. 마그네슘과 알루미늄의 조성비, 소성온도, 재수화 정도 등에 따라 촉매활성이 상당히 달라진다. 탄산칼륨을 담지한 하이드로탈싸이트는 바이오디젤의 제조 원료에서 유리산을 제거하는 데 효과적이다[112].

하이드로탈싸이트는 그 밖에도 여러 촉매반응에 활성이 있다. 디젤엔진 배기가스의 질소산화물을 흡장-환원 과정을 통해 제거하는 반응에는 코발트, 세슘, 구리, 철, 니켈 등 전이금속 양이온을 치환한 하이드로탈싸이트 촉매를 사용한다[117]. 하이드로탈싸이트는 염기성이어서 산성인 이산화탄소를 흡착할 뿐 아니라 이산화탄소를 유용한 물질로 전환하는 반응에 촉매활성이 있다. Mn, La, Ce, Zr, Y 등을 담지한 Cu-Zn-Al 하이드로탈싸이트 촉매는 이산화탄소를 수소화하여 메탄올을 제조하는 반응에 활성이 있다. 구리와 아연의 치환으로 산화－환원반응에 촉매활성이 나타난다. 노출된 구리 양이 많을수록 이산화탄소의 전환율이 높아지고, 염기성이 강할수록 메탄올에 대한 선택성이 좋다[118]. 백금과 로듐으로 도핑한 코발트 치환 하이드로탈싸이트 촉매는 에탄올의 수증기 개질반응에 적절하다[114]. 환원된 코발트 금속이 에탄올의 수증기 개질반응에 효과적인 활성점이지만, 탄소침적이 심하여 활성이 빠르게 저하된다. 하이드로탈싸이트는 그 자체로 유용한 염기 촉매이지만, 전이금속과 귀금속을 추가로 도입하여 염기성과 산화－환원 기능을 보강하면 촉매로서 활용 범위가 더 넓어진다.

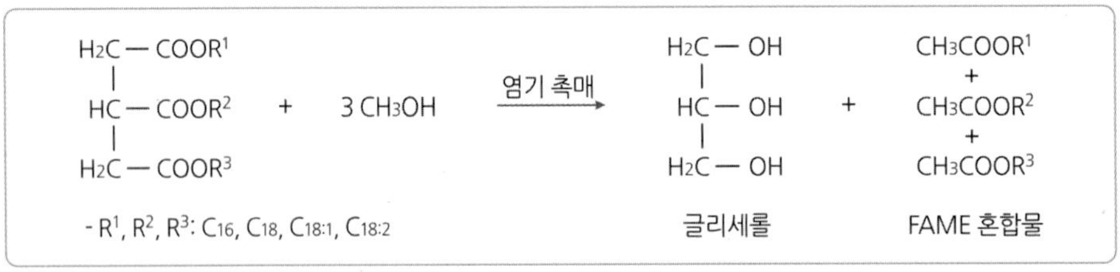

그림 8.55 염기 촉매에서 메탄올에 의한 콩기름의 에스터 교환반응 $C_{18:2}$ 에서 '2'는 이중결합의 개수를 나타낸다.

▌참고문헌

1. K. Tanabe, M. Misono, Y. Ono, and H. Hattori, "New Solid Acids and Bases", Kodansha, Tokyo (1989).

2. K. Tanabe and W.F. Hölderich, "Industrial application of solid acid−base catalysts", *Appl. Catal. A: Gen.*, **181**, 399−434 (1999).

3. Y. Ono and H. Hattori, "Solid Base Catalysis", Tokyo Institute of Technology Press, Tokyo (2011).

4. Ref. 1, pp 108−103.

5. Ref. 1, Chapter 1.

6. Ref. 1, Chapter 2.

7. 荒田一志, 松橋博美, "H_0の話", *觸媒(日本)*, **48**, 277−283 (2006).

8. S.P. Walvekar and A.B. Halgeri, "Depolymerisation of paraldehyde catalysed by some silica and alumina based binary oxide catalysts", *J. Res. Inst. Catal.*, **20**, 219−224 (1972).

9. C.N. Satterfield, "Heterogeneous Catalysis in Industrial Practice", 2nd ed., McGraw−Hill, Massachusetts (1991), Chapter 7.

10. H.A. Benesi, "Acidity of catalyst surfaces. I. Acid strength from colors of adsorbed indicators", *J. Am. Chem. Soc.*, **78**, 5490−5494 (1956).

11. H.A. Benesi, "Acidity of catalyst surfaces. II. Amine titration using Hammett indicators", *J. Phys. Chem.*, **61**, 970−973 (1957).

12. M. Niwa and N. Katada, "New method for the temperature−programmed desorption (TPD) of ammonia experiment for characterization of zeolite acidity: A review", *Chem. Rec.*, **13**, 432−455 (2013).

13. A.W. Chester and E.G. Derouane "Zeolite Characterization and Catalysis: a Tutorial" Springer, New York (2001).

14. M. Niwa, S. Sota, and N. Katada, "Strong Brønsted acid site in HZSM−5 created by mild steaming", *Catal. Today*, **185**, 17−24 (2012).

15. K. Okumura, T. Tomiyama, N. Morishita, T. Sanada, K. Kamiguchi, N. Katada, and M. Niwa, "Evolution of strong acidity and high−alkane−cracking activity in ammonium−treated USY zeolites", *Appl. Catal. A: Gen.*, **405**, 8−17 (2011).

16. E.P. Parry, "An infrared study of pyridine adsorbed on acidic solids. Characterization of surface acidity", *J. Catal.*, **2**, 371−379 (1963).

17. H.−G. Jang, H.−K. Min, J.−K. Lee, S.−B. Hong, and G. Seo, "SAPO−34 and ZSM−5 nanocrystals' size effects on their catalysis of methanol−to−olefin reactions", *Appl. Catal. A: Gen.*, **437−438**, 120−130 (2012).

18. G. Seo, J.−W. Lim, and J.−T. Kim, "Infrared study on the adsorbed state of ammonia on heteropoly compounds", *J. Catal.*, **114**, 469−472 (1988).

19. Y. Jiang, J. Huang, W. Dai, and M. Hunger, "Solid－state nuclear magnetic resonance investigations of the nature, property, and activity of acid sites on solid catalysts", *Solid State Nucl. Mag. Res.*, **39**, 116 －141 (2011).

20. A. Zheng, S.－J. Huang, S.－B. Liu, and F. Deng, "Acid properties of solid acid catalysts characterized by solid－state ^{31}P NMR of adsorbed phosphorous probe molecules", *Phys. Chem. Chem. Phys.*, **13**, 14889－14901 (2011).

21. G. Corro, F. Bañuelos, E. Vidal, and S. Cebada, "Measurements of surface acidity of solid catalysts for free fatty acids esterification in Jatropha curcas crude oil for biodiesel production", *Fuel*, **115**, 625－628 (2014).

22. L. Forni, "Comparison of the Methods for the Determination of Surface Acidity of Solid Catalysts", *Catal. Rev.－Sci. Eng.*, **8**, 65－115 (1974).

23. R.S. Drago and B.B. Wayland, "A double－scale equation for correlating enthalpies of Lewis acid－ base interactions", *J. Am. Chem. Soc.*, **87**, 3571－3577 (1965).

24. 松本英之, "固体酸触媒の酸性度測定: 共通触媒による研究", 触媒(日本), **11**, 220－226 (1969).

25. Ref. 1, Chapter 4.

26. M. Nitta, I. Isa, I. Matsuzaki, and K. Tanabe, "Acidic property of metal sulfates and oxides and their catalytic action for hydration of ethylene", *J. Jpn. Pet. Inst.*, **14**, 779－782 (1971).

27. C.H. Bartholomew and R.J. Farrauto, "Fundamentals of Industrial Catalytic Processes", 2nd ed., John Wiley & Sons, Inc, New Jersey (2006), pp 674－682.

28. G.A. Olah, G.K.S. Prakash, and J. Sommer, "Superacids", John Wiley & Sons, New York (1985).

29. 손종락, "고체초강산 촉매와 그 응용", 공업화학, **3**, 7－17 (1992).

30. J.－R. Sohn and D.－C. Shin, "New catalyst of NiO－ZrO$_2$/WO$_3$ for ethylene dimerization", *J. Catal.*, **160**, 314－316 (1996).

31. J.－R. Sohn and W.－C. Park, "New NiSO$_4$/ZrO$_2$ catalyst for ethylene dimerization", *Bull. Korean Chem. Soc.*, **20**, 1261－1262 (1999).

32. K. Alghamdi, J.S.J. Hargreaves, and S.D. Jackson, "Base Catalysis with Metal Oxides", in Metal Oxide Catalysis, Vol. 2, S.D. Jackson and J.S.J. Hargreaves Ed., Wiley－VCH, Weinheim (2009), pp 819－843.

33. Ref. 3, p 9.

34. W.－S. Ahn, G.－J. Kim, and G. Seo, "Catalysis Involving Mesoporous Molecular Sieves", in Nanoporous Materials Science and Engineering, Vol. 4, G.Q. Lu and X.S. Zhao Ed., Imperial College Press, London (2004), p 649.

35. Ref. 3, Chapter 2.

36. F. King and G.J. Kelly, "Combined solid base/hydrogenation catalysts for industrial condensation reactions", *Catal. Today*, **73**, 75－81 (2002).

37. Y.－B. Cho, G. Seo, and D.－R. Chang, "Transesterification of tributyrin with methanol over calcium oxide catalysts prepared from various precursors", *Fuel Process. Technol.*, **90**, 1252－1258 (2009).

38. K. Tanaka, H. Yanashima, M. Minobe, and G. Suzukamo, "Characterization of solid superbases prepared from γ－alumina and their catalytic activity", *Appl. Surf. Sci.*, **121/122**, 461－467 (1997).

39. Y.－B. Cho and G. Seo, "High activity of acid－treated quail eggshell catalysts in the transesterification of palm oil with methanol", *Bioresource Technol.*, **101**, 8515－8519 (2010).

40. D.W. Breck, "Zeolite Molecular Sieves", John Wiley & Sons, New York (1974).

41. M. Rigutto, "Cracking and Hydrocracking", in Zeolites and Catalysis, Vol. 2, J. Čejka, A. Corma, and S. Zones Ed., Wiley－VCH, Weinheim (2010), pp 547－584.

42. J. Čejka and S. Mintova, "Perspectives of Micro/Mesoporous Composites in Catalysis", *Catal. Rev.*, **49**, 457－509 (2007).

43. Z. Liu, Y. Wang, and Z. Xie, "Thoughts on the future development of zeolitic catalysts from an industrial point of view", *Chin. J. Catal.*, **33**, 22－38 (2012).

44. T. Ishihara and H. Takita, "Property and Catalysis of Aluminophosphate－Based Molecular Sieves", in Catalysis, Vol. 12, J.J. Spivey Ed., Springer, New York (1996), Chapter 2.

45. P.A. Wright and G.M. Pearce, "Structural Chemistry of Zeolites", in Zeolites and Catalysis, Vol. 1, J. Čejka, A. Corma, and S. Zones Ed., Wiley－VCH, Weinheim (2010), pp 171－208.

46. http://www.iza－structure.org/databases/

47. C.P. Grey, "Nuclear Magnetic Resonance Studies of Zeolites", in Handbook of Zeolite Science and Technology, S.M. Auerbach, K.A. Carrado, and P.K. Dutta Ed., Marcel Dekker, New York (2003), Chapter 6.

48. J.M. Thomas, J. Klinowsky, S. Ramadas, M.W. Anderson, C.A. Fyfe, and G.C. Gobbi, "New approaches to the structural characterization of zeolites: Magic－angle spinning NMR", *ACS Symp. Ser.*, **218**, 159－180 (1983).

49. Ref. 40, Chapter 7.

50. Ref. 40, p 637.

51. 小野嘉夫, 八嶋建明, "ゼオライトの科学と工学", 講談社サイエンティフィク (2000), pp 102－104.

52. 原伸宣, 高橋浩, "ゼオライト: 基礎と応用", 講談社サイエンティフィク (1974), pp 129－142.

53. W. Kladnig, "Surface acidity of cation exchanged Y－zeolites", *J. Phys. Chem.*, **80**, 262－269 (1976).

54. J.W. Ward, "Infrared Studies of Zeolite Surfaces and Surface Reactions", ASC Monograph, **171**, J.A. Rabo Ed., ACS (1976), Chapter 3.

55. J. Turkevich and Y. Ono, "Catalytic Research on Zeolites", *Adv. Catal.*, **20**, 135−152 (1969).

56. Kh. M. Minachev and Ya.I. Isakov, "Catalytic Properties of Metal−Containing Zeolites", ACS Monograph, **171**, J.A. Rabo Ed., ACS (1976), Chapter 10.

57. M. Guisnet, "'Ideal' bifunctional catalysis over Pt−acid zeolites", *Catal. Today*, **218−219**, 123−134 (2013).

58. F. Alvarez, F.R. Ribeiro, G. Perot, C. Thomazeau, and M. Guisnet, "Hydroisomerization and hydrocracking of alkanes", *J. Catal.*, **162**, 179−189 (1996).

59. M. Guisnet, "'Coke' molecules trapped in the micropores of zeolites as active species in hydrocarbon transformations", *J. Molec. Catal. A: Chem.*, **182−183**, 367−382 (2002).

60. N. Batalha, S. Morisset, L. Pinard, I. Maupin, J.L. Lemberton, F. Lemos, and Y. Pouilloux, "BEA zeolite nanocrystals dispersed over alumina for *n*−hexadecane hydroisomerization", *Micropor. Mesopor. Mater.*, **166**, 161−166 (2013).

61. F. Moreau, N.S. Gnep, S. Lacombe, E. Merlen, and M. Guisnet, "Ethylbenzene isomerization on bifunctional platinum alumina–mordenite catalysts. 2. Influence of the Pt content and of the relative amounts of platinum alumina and mordenite components", *Ind. Eng. Chem. Res.*, **41**, 1469−1476 (2002).

62. C. Song, J.M. Garcés, and Y. Sugi, "Shape−selective catalysis: Chemicals synthesis and hydrocarbon processing", ACS Symp. Ser. **738**, (2000) Chapter 1.

63. G. Seo, H.−S. Jeong, J.−M. Lee, and B.−J. Ahn, "Selectivity to the skeletal isomerization of 1−butene over ferrierite (FER) and ZSM−5 (MFI) zeolites", *Stud. Surf. Sci. Catal.*, **105**, 1431−1438 (1997).

64. P. Andy, N.S. Genp, M. Guisnet, E. Benazzi, and C. Travers, "Skeletal isomerization of *n*−butenes", *J. Catal.*, **173**, 322−332 (1998).

65. M.−W. Kim, J.−H. Kim, Y. Sugi, and G. Seo, "Shape−selective alkylation of isopropylnaphthalene on MCM−22 zeolite", *Korean J. Chem. Eng.*, **17**, 480−483 (2000).

66. 이창상, "접촉분해 및 탈납공정", 촉매공정, 서울대 유공연구실 동문 편저, 서울대학교 출판부 (2002), pp. 87−105.

67. T. Muroi, "FCC process for petrochemicals", Industrial Catalyst News, **63** (Dec. 1, 2013).

68. H.S. Cerqueira, G. Caeiro, L. Costa, and F.R. Ribeiro, "Deactivation of FCC catalysts", *J. Molec. Catal. A: Chem.*, **292**, 1−13 (2008).

69. I.E. Maxwell and W.H.J. Stork, "Hydrocarbon Processing with Zeolites", in Introduction to Zeolite Science and Practice, H. van Bekkum, E.M. Flanigen, P.A. Jacobs, and J.C. Jansen Ed., Elsevier, Amsterdam (2001), Chapter 17.

70. Y. Zhang, D. Yu, W. Li, S. Gao, G. Xu, H. Zhou, and J. Chen, "Fundamental study of cracking gasification process for comprehensive utilization of vacuum residue", *Appl. Energy*, **112**, 1318−1325 (2013).

71. S.L. Meisel, J.P. McCullough, C.H. Lechthaler, and P.B. Weisz, "Gasoline from methanol in one step", *Chem. Tech.*, **6**, 86−89 (1976).

72. M. Stöcker, "Methanol to Olefins (MTO) and Methanol to Gasoline (MTG)", in Zeolites and Catalysis, Vol. 2, J. Čejka, A. Corma, and S. Zones Ed., Wiley−VCH, Weinheim (2010), Chapter 22.

73. H.−G. Jang, H.−K. Min, S.B. Hong, and G. Seo, "Tetramethylbenzenium radical cations as major active intermediates of methanol−to−olefin conversions over phosphorous−modified HZSM−5 zeolites", *J. Catal.*, **299**, 240−248 (2013).

74. R.A. Dagle, J.A. Lizarazo−Adarme, V.L. Dagle, M.J. Gray, J.F. White, D.L. King, and D.R. Palo, "Syngas conversion to gasoline−range hydrocarbons over Pd/ZnO/Al₂O₃ and ZSM−5 composite catalyst system", *Fuel Process. Technol.*, **123**, 65−74 (2014).

75. Ref. 51, pp 30−34.

76. C.D. Chang, "Methanol Conversion to Light Olefins", *Catal. Rev.−Sci. Eng.*, **26**, 323−345 (1984).

77. M. Bjørgen, S. Svelle, F. Joensen, J. Nerlov, S. Kolboe, F. Bonino, L. Palumbo, S. Bordiga, and U. Olsbye, "Conversion of methanol to hydrocarbons over zeolite H−ZSM−5: On the origin of the olefinic species", *J. Catal.*, **249**, 195−207 (2007).

78. 서곤, 민병구, "제올라이트와 분자체 촉매에서 메탄올 전환 반응의 기구", *화학공학*, **44**, 329−339 (2006).

79. S.J. Kim, H.−G. Jang, J.K. Lee, H.−K. Min, S.B. Hong, and G. Seo, "Direct observation of hexamethylbenzenium radical cations generated during zeolite methanol−to−olefin catalysis: an ESR study", *Chem. Commun.*, **47**, 9498−9500 (2011).

80. G. Seo, J.−H. Kim, and H.−G. Jang, "Methanol−to−olefin conversion over zeolite catalysts: Active intermediates and deactivation", *Catal. Surv. Asia*, **17**, 103−118 (2013).

81. G. Centi and S. Perathoner, "Environmental Catalysis over Zeolites", in Zeolites and Catalysis, Vol. 2, J. Čejka, A. Corma, and S. Zones Ed., Wiley−VCH, Weinheim (2010), Chapter 24.

82. 김지만, 박상언, G.D. Stucky, "메조포러스 물질 (Mesoporous Material) 합성 및 응용", *촉매*, **16**, 45−70 (2000).

83. R. Xu, W. Pang, J. Yu, Q. Huo, and J. Chen, "Chemistry of Zeolites and Related Porous Materials: Synthesis and Structure", John Wiley & Sons, New York (2007), Chapter 8.

84. G. Seo, N.−H. Kim, Y.−H. Lee, and J.−H. Kim, "Skeletal isomerization of 1−butene over mesoporous materials", *Catal. Lett.*, **57**, 209−215 (1999).

85. E. Armengol, M.L. Cano, A. Corma, H. García, and M.T. Navarro, "Mesoporous aluminosilicate MCM −41 as a convenient acid catalyst for Friedel−Crafts alkylation of a bulky aromatic compound with cinnamyl alcohol", *J. Chem. Soc., Chem. Commun.*, 519−520 (1995).

86. W.−S. Ahn, D.−H. Lee, T.−J. Kim, J.−H. Kim, G. Seo, and R. Ryoo, "Post−synthetic preparations of titanium−containing mesopore molecular sieves", *Appl. Catal. A: Gen.*, **181**, 39−49 (1999).

87. G.−J. Kim and J.−H. Shin, "The catalytic activity of new chiral salen complexes immobilized on MCM−41 by multi−step grafting in the asymmetric epoxidation", *Tetrahedron Lett.*, **40**, 6827−6830 (1999).

88. Y. Choi, K.−S. Kim, J.−H. Kim, and G. Seo, "Knoevenagel condensation between ethylcyanoacetate and benzaldehyde over base catalysts immobilized on mesoporous materials", *Stud. Surf. Sci. Catal.*, **135**, 139 (2001).

89. M.S. Holm, E. Taarning, K. Egeblad, and C.H. Christensen, "Catalysis with hierarchical zeolites", *Catal. Today*, **168**, 3−16 (2011).

90. 최민기, "위계나노다공성 구조를 갖는 제올라이트의 합성, 특성 및 촉매 응용", *NICE*, **31**, 461−466 (2013).

91. J.−S. Jang, J.−W. Park, and G. Seo, "Catalytic cracking of n−octane over alkali−treated MFI zeolites", *Appl. Catal. A: Gen.*, **288**, 149−157 (2005).

92. M.−K. Choi, H.−S. Cho, R. Srivastava, C. Venkatesan, D.−H. Choi, and R. Ryoo, "Amphiphilic organosilane−directed synthesis of crystalline zeolite with tunable mesoporosity", *Nature Mater.*, **5**, 718 −723 (2006).

93. J.−Y. Lee, S.−M. Park, S.K. Saha, S.−J. Cho, and G. Seo, "Liquid−phase degradation of polyethylene (PE) over MFI zeolites with mesopores: Effects of the structure of PE and the characteristics of mesopores", *Appl. Catal. B: Environ.*, **108−109**, 61−71 (2011).

94. J.C. Védrine and J.−M.M. Millet, "Heteropolyoxometallate Catalysts for Partial Oxidation", in Metal Oxide Catalysis, Vol. 2, S.D. Jackson and J.S.J. Hargreaves Ed., Wiley−VCH, Weinheim (2009).

95. T. Muroi, N. Nojiri, and T. Deguchi, "Recent progress in catalytic technology in Japan−Ⅱ(1994− 2009)", *Appl. Catal. A: Gen.*, **389**, 27−45 (2010).

96. Ref. 1, pp 163−173.

97. 이화영, "헤테로폴리산 화합물의 촉매특성", 촉매, **1**, 10−27 (1985).

98. J.−S. Kim, J.−M. Kim, G. Seo, N.−C. Park, and H. Niiyama, "Adsorption of pyridine and ammonia on heteropoly compounds and catalytic activity in the methyl t−butyl ether synthesis reaction", *Appl. Catal.*, **37**, 45−55 (1988).

99. T. Okuhara, N. Mizuno, K.−Y. Lee, and M. Misono, "Catalysis in Pseudoliquid Phase of Heteropoly Compounds−Dehydration of Alcohols", in Acid−Base Catalysis, K. Tanabe, H. Hattori, T. Yamaguchi, and T. Tanaka Ed., Kodansa, Tokyo (1988), pp 421−438.

100. Y. Saito, N.−C. Park, H. Niiyama, and E. Echigoya, "Dehydration of alcohols on/in heteropoly compounds", *J. Catal.*, **95**, 49−56 (1985).

101. M.J. da Silva , A.L. Cardoso, F.L. Menezes, A.M. de Andrade, and M.G.H. Terrones, "Heterogeneous Catalysts Based on $H_3PW_{12}O_{40}$ Heteropolyacid for Free Fatty Acids Esterification", Intech, Croatia (2011), Chapter 17.

102. H. Tsuneki, H. Niiyama, and E. Echigoya, "Behaviors of lattice oxygen of trisilver dodecamolybdophosphate catalyst in the reaction of $H_2 + {}^{18}O_2$", *Chem. Lett.*, 1183−1186 (1978).

103. N. Mizuno, T. Watanabe, and M. Misono, "Reduction−oxidation and catalytic properties of 12−molybdophosphoric acid and its alkali salts. The role of redox carriers in the bulk", *J. Phys. Chem.*, **89**, 80−85 (1985).

104. M.R. Othman, Z. Helwani, Martunus, and W.J.N. Fernando, "Synthetic hydrotalcites from different routes and their application as catalysts and gas adsorbents: A review", *Appl. Organometal. Chem.*, **23**, 335−346 (2009).

105. A. Vaccari, "Preparation and catalytic properties of cationic and anionic clays", *Catal. Today*, **41**, 53−71 (1998).

106. D.P. Debecker, E.M. Gaigneaux, and G. Busca, "Exploring, tuning, and exploiting the basicity of hydrotalcites for applications in heterogeneous catalysis", *Chem. Eur. J.*, **15**, 3920−3935 (2009).

107. S. Nishimura, A. Takagaki, and K. Ebitani, "Characterization, synthesis and catalysis of hydrotalcite−related materials for highly efficient materials transformations", *Green Chem.*, **15**, 2026−2042 (2013).

108. M.L. Occelli, J.P. Olivier, A. Auroux, M. Kalwei, and H. Eckert, "Basicity and porosity of a calcined hydrotalcite−type material from nitrogen porosimetry and adsorption microcalorimetry methods" *Chem. Mater.*, **15**, 4231−4238 (2003).

109. Ref. 3, pp 157−169.

110. V.K. Díez, C.R. Apesteguía, and J.I.D. Cosimo, "Effect of the chemical composition on the catalytic performance of $MgyAlO_x$ catalysts for alcohol elimination reactions", *J. Catal.*, **215**, 222−233 (2003).

111. J. Zhao, J. Xie, C.-T. Au, and S.-F. Yin, "One-pot synthesis of potassium-loaded MgAl oxide as solid superbase catalyst for Knoevenagel condensation", *Appl. Catal. A: Gen.*, **467**, 33-37 (2013).

112. W. Yan, W. Hao, Z. Ting, Z. Wei-Wei, and Z. Ying-Chun, "Preparation of hydrotalcite-supported potassium carbonate catalyst by microwave for removing acids from crude oil by esterification", *J. Fuel Chem. Technol.*, **39**, 831-837 (2011).

113. M.-J. Kim, S.-M. Park, D.-R. Chang, and G. Seo, "Transesterification of triacetin, tributyrin, and soybean oil with methanol over hydrotalcites with different water contents", *Fuel Process. Technol.*, **91**, 618-624 (2010).

114. R. Espinal, E. Taboada, E. Molins, R.J. Chimentao, F. Medina, and J. Llorca, "Ethanol steam reforming over hydrotalcite-derived Co catalysts doped with Pt and Rh", *Top. Catal.*, **56**, 1660-1671 (2013).

115. A. Pérez, M. Montes, R. Molina, and S. Moreno, "Cooperative effect of Ce and Pr in the catalytic combustion of ethanol in mixed Cu/CoMgAl oxides obtained from hydrotalcites", *Appl. Catal. A: Gen.*, **408**, 96-104 (2011).

116. A. Islam, Y.H. Taufiq-Yap, C.-M. Chu, E.-S. Chan, and P. Ravindra, "Studies on design heterogeneous catalysts for biodiesel production", *Process Safety and Environmental Protection*, **91**, 131-144 (2013).

117. H.-S. Han, Y.-S. Yoo, G. Seo, and G.-W. Park, "Transition metal-substituted hydrotalcite catalyst for removing nitrogen oxides from the exhaust gas of diesel engine by storage-reduction", US Patent 7,740,818 B2, (2010. 6. 22.).

118. P. Gao, F. Li, N. Zhao, F. Xiao, W. Wei, L. Zhong, and Y. Sun, "Influence of modifier (Mn, La, Ce, Zr and Y) on the performance of Cu/Zn/Al catalysts via hydrotalcite-like precursors for CO_2 hydrogenation to methanol", *Appl. Catal. A: Gen.*, **468**, 442-452 (2013).

제09장

균일계 촉매

🔍 1 균일계 촉매반응

반응물과 생성물이 촉매와 같은 상에서 진행되는 촉매반응이 균일계 촉매반응이다. 균일계 촉매는 반응물과 섞여 한 상이 되어야 하므로 기체나 액체다. 황산 제조공정에서 이산화황을 삼산화황으로 산화시키는 일산화질소(NO)가 대표적인 균일계 기체 촉매이다. 성층권의 오존층에서 오존 분해반응을 촉진하는 염소 원자도 균일계 기체 촉매이다. 수용액 상태에서 가수분해와 탈수반응에 사용하는 액체산이나 액체염기는 액상 균일계 촉매이다. 정밀화학 제품을 만드는 유기합성에 사용하는 유기금속 착화합물도 액상 반응물에 분자 단위로 녹아 반응에 참여하므로 액상 균일계 촉매이다.

화학공업의 초기에는 액체산과 염기의 균일계 촉매가 불균일계 촉매인 고체 촉매보다 먼저 사용되었다. 그러나 반응이 끝난 후 촉매를 생성물과 분리하기 어렵고, 또 촉매를 회수하여 다시 사용하지 못하며, 조작 가능한 반응온도의 폭이 좁다는 단점 때문에, 지금은 불균일계 촉매를 많이 사용한다. 석유화학공업의 발전이 고체 촉매와 함께 이루어졌다고 할 정도로 고체 촉매가 많이 개발되었다. 고체 촉매는 액체나 기체 생성물과 쉽게 분리되고, 재사용이 가능하며, 열적·기계적 안정성이 우수하여 사용하기 편리하다. 그러나 촉매에 대한 지식이 체계화되고, 유기금속 착화합물의 놀라운 촉매작용이 소개되면서 균일계 촉매를 사용하는 공정이 많아지고 있다. 비대칭 유기합성처럼 고도의 선택성을 요구하는 촉매반응에는 모든 활성점에서 같은 경로로 반응이 진행되는 균일계 촉매가 활성과 선택성 측면에서 적절하다. 최근 균일계 촉매를 지지체에 고정하여 균일계와 불균일계 촉매의 장점을 모두 살리는 촉매가 개발되면서 균일계 촉매에 대한 연구가 더욱 활발하다.

균일계 촉매는 분자와 이온 상태로 반응물과 접촉하므로, 촉매 모두가 반응에 관여한다. 고체 지지체에 담지한 귀금속 촉매에서는 겉에 드러난 귀금속 원자만 촉매반응에 참여하는 데 비하면, 균일계 촉매는 마치 분산도가 1인, 즉, 완벽하게 분산된 촉매이어서 활성이 높다. 불균일 고체 촉매에서는 표면구조에 따라 겉에 드러난 원자의 화학적 상태가 달라 활성점마다 촉매활성이 서로 다르나, 균일계 촉매에서는 반응물이 모두 같은 활성 중간체를 만들어 반응하므로 반응경로가 같아서 선택성이 아주 높다. 생체 내에서 일어나는 효소반응도 균일계 촉매반응이어서 활성이 높고 선택성이 우수하다. 낮은 온도에서 원하는 반응만 선택적으로 일어나는 효소반응은 촉매의 성능이 극대화된 결과여서, 균일계 촉매를 고정화하여 효소처럼 활성이 높고 선택성이 우수한 촉매를 만드는 것이 촉매 연구자의 꿈이다.

균일계 촉매를 사용하는 촉매반응을 크게 다섯 가지로 나눈다. 반응물의 종류와 반응 성격에 따라 일산화탄소를 반응물로 사용하는 유기 화합물의 합성반응, 선택성이 높아야 하는 탄화수소의 부분산화반응, 여러 종류의 중합반응, 알켄과 다이엔을 반응시켜 유기물을 합성

표 9.1 균일계 촉매를 사용하는 대표적인 반응[1]

반응	반응식
일산화탄소를 반응물로 사용하는 반응 (수소포밀첨가반응)	$CH_3CH = CH_2 + CO + H_2 \xrightarrow{\text{Co 또는 Rh}} C_3H_7CHO$
탄화수소의 부분산화반응	$n - C_4H_{10} + O_2 \xrightarrow{\text{Co}} CH_3CO_2H$
	$cyclo - C_6H_{12} + O_2 \xrightarrow{\text{Co}} cyclo - C_6H_{11}OH + cyclo - C_6H_{10}O$
	$\begin{array}{l} cyclo - C_6H_{11}OH \\ cyclo - C_6H_{10}O \end{array} \xrightarrow{\text{HNO}_3}_{\text{V, Cu}} 아디핀산$
	$C_6H_5CH_3 + O_2 \xrightarrow{\text{Co, Cu}} C_6H_5CO_2H$
	$C_6H_5CO_2H \xrightarrow[\text{Cu}]{O_2} C_6H_5OH + CO_2$
	$CH_3C_6H_4CH_3 + O_2 \xrightarrow{\text{Co, Mn}} HO_2CC_6H_4CO_2H$
	$CH_2 = CH_2 + O_2 \xrightarrow{\text{Pd}} CH_3CHO$
	$CH_3CHO \xrightarrow[\text{Co}]{O_2} CH_3CO_2H$
	$CH_3CH = CH_2 \xrightarrow[\text{ROOH}]{\text{Mo}} CH_3CH \underset{O}{-\!\!\!\diagdown\!\!\!\diagup\!\!\!-} CH_2$
중합반응	$RO_2CC_6H_4CO_2R + HOCH_2CH_2OH \xrightarrow[\text{2) Sb}]{\text{1) Co, Mn, Zn, Ti}} 폴리에스테르$
	$CH = CHCH = CH_2 \xrightarrow{\text{Co, Mn, Zn, Ti}} cis - 1,4 - 폴리부타다이엔$
	$CH_2 = CH_2 \xrightarrow{\text{Ti}} 폴리에틸렌$
알켄과 다이엔의 반응	$CH_2 = CH_2 \xrightarrow{\text{Ni}} \alpha - 알켄$
	$C_2H_4 + C_4H_6 \xrightarrow{\text{Rh}} 1,4 - C_6H_{10} (헥사다이엔)$
	$2\, C_4H_6 \xrightarrow{\text{Ni}} 1,5 - cyclo - C_8H_{12} (사이클로옥타다이엔)$
	$3\, C_4H_6 \xrightarrow{\text{Ti}} 1,5,9 - cyclo - C_{12}H_{18} (사이클로도데카트라이엔)$
	$C_4H_6 + 2\, HCN \xrightarrow{\text{Ni}} NC(CH_2)_4CN$
수소화반응	$C_6H_6 + 3\, H_2 \xrightarrow{\text{Ni}} C_6H_{12}$

하는 반응, 이중결합이나 삼중결합이 있는 탄화수소의 수소화반응 등으로 나눈다. 표 9.1에 균일계 촉매를 사용하는 반응을 종류별로 정리하였다[1]. 성격이 다른 반응을 나열하다 보니 탄화수소의 부분산화반응이 많이 제시되었지만, 균일계 촉매를 사용하는 공정 중 알켄 중합반응의 규모가 가장 크다. 수소화반응이나 일산화탄소를 원료로 사용하는 수소포밀첨가 반응의 공업 규모도 상당히 크다.

🔍 2 균일계 촉매의 발전

1910년대 아세틸렌에서 비닐 단량체와 아세트알데하이드를 합성하는 공정에 균일계 촉매가 사용되었으나, 그 운용 규모가 크지 않았다. 1950년대 석유화학공업이 급격히 발전하면서, 균일계 촉매도 새로운 발전 계기를 맞았다. 1956년 바커(Wacker) 사는 염화팔라듐($PdCl_2$)과 염화구리($CuCl_2$)의 균일계 촉매를 사용하여 에틸렌에서 아세트알데하이드를 합성하는 새로운 공정을 개발하였다. 바커법은 이후 알켄에 아세트기를 도입하는 여러 공정으로 발전하였다. 1956년 사염화타이타늄($TiCl_4$)과 트라이에틸알루미늄($AlEt_3$)을 섞어 만든 지글러(Ziegler) 촉매로 상온 상압에서 에틸렌을 중합시켜 폴리에틸렌을 합성하는 공정이 개발되었다. 균일계 촉매의 공업적 응용과 함께 학술적 연구가 빠르게 진행되었다. 이어 나타(Natta) 촉매를 사용하는 폴리프로필렌의 합성공정이 개발되었다. 사염화타이타늄 대신에 삼염화타이타늄($TiCl_3$)을 $AlEt_3$과 섞어 만든 촉매로서 입체 규칙적인 고분자물질을 합성하는 촉매이다. 우수한 촉매 개발로 폴리에틸렌과 폴리프로필렌의 생산 규모는 획기적으로 커지고, 석유화학공업의 발전으로 이어졌다. 지글러 촉매의 개량 과정에서 1,3-부타다이엔의 고리화 중합반응에 활성이 우수한 니켈 촉매가 개발되어서 합성고무의 제조 촉매로 발전하였다.

섬유, 플라스틱, 필름 등을 제조하는 합성 고분자 화학공업이 빠르게 발전하면서, 고분자 물질을 제조하는 데 필요한 순도가 99% 이상인 고순도의 원료 수요가 급증하였다. 나일론의 원료인 카프로락탐, 아디핀산, 헥사메틸렌다이아민, 폴리에스테르의 원료인 텔레프탈산과 에틸렌 글리콜 등 단량체를 순수하게 제조하는 공정에 관심이 많아졌다. 온도와 압력이 지나치게 높지 않고 온화한 조건에서 목적 생성물에 대한 선택성이 우수한 균일계 촉매의 장점을 이용하는 공정이 많이 개발되었다. 1960년대에는 균일계 촉매의 핵심물질인 유기금속 화합물의 합성과 촉매 기능에 대한 연구가 활발하였다[2]. 그중에서도 윌킨슨(Wilkinson)이 합성한 포스핀 리간드가 결합된 로듐 착화합물 $RhCl(PPh_3)_3$은 알켄의 수소화반응에 대한 촉매활성이 아주 우수하며, $RhH(CO)(PPh_3)_3$는 알켄의 수소포밀첨가반응에서 선형 알데하이드를 선택적으로 제조하는 촉매이다. 유기금속 착화합물을 사용하는 균일계 촉매공정이

표 9.2 1970년대에 공업화된 주요 균일계 촉매공정[1]

공정	촉매	공업화 연도
부타다이엔 $\xrightarrow{\text{HCN}}$ 아디포나이트릴	$Ni[P(OPh)_3]_4$	1971
에틸렌 $\longrightarrow$ 직쇄 α-알켄	$Ni(OOCCH_2PPh_2)_2$	1977
α-알켄 $\xrightarrow{\text{H}_2/\text{CO}}$ 직쇄 알데하이드	$Rh(H)(CO)(PPh_3)_3$	1976
메탄올 $\xrightarrow{\text{CO}}$ 아세트산	$[Rh(CO)_2I_2]^-$	1970
계피산 유도체 $\longrightarrow$ 광학 활성 L-DOPA[1) 전구체	$[RhL_2(PR_3)_2]^+$	1974

L = 리간드(ligand), Ph = C_6H_5
[1) L-3,4-다이하이드록시페닐알라닌(L-3,4-dihydroxy phenyl alanine: L-DOPA)

1970년대에 공업화되었으며, 주요 공정을 표 9.2에 정리하였다[1].

1970년대에 이르러 균일계 촉매의 구조와 반응기구가 알려지면서, 유기금속 착화합물 촉매를 정밀하게 설계하는 수준에 이르렀다. 지글러-나타 촉매도 활성 성분을 지지체에 고정한 $TiCl_4/MgCl_2/AlEt_3/C_6H_4-CO_2-C_2H_5$ 촉매로 발전하였으며, 중합반응에서 이들의 촉매 활성이 비약적으로 향상되었다. 일산화탄소를 직접 수소화하여 에틸렌 글리콜을 제조하는 로듐 카보닐 화합물 촉매도 개발되었다. 특정한 반응 조건에서 생성되는 $[Rh_{12}(CO)_{34}]^{2-}$의 구조가 밝혀지면서, 이를 계기로 금속 간 결합이 여러 개인 금속 클러스터(cluster) 화합물의 연구가 활발해졌다. 광학활성이 있는 포스핀 리간드가 결합된 로듐 착화합물 촉매에서 비대칭 수소화반응을 이용하여 L-DOPA를 직접 제조한다.

1970년대에 원유를 원료로 하는 화학공업은 시장과 기술 측면에서 모두 성숙하였다. 1973년과 1979년 두 번에 거친 석유 위기를 계기로 원유 대신 석탄과 바이오매스를 원료로 사용하는 공정의 개발 연구가 시작되었다. 로듐 착화합물을 촉매로 사용하여 메탄올을 일산화탄소로 카보닐화하는, 기존의 바커법을 대체하는 아세트산의 제조공정이 개발되었다.

1980년대 이후 범용 화학제품의 대량 생산에서 부가가치가 높은 정밀화학제품의 생산으로 화학공업의 관심이 옮겨졌다. 단일 물질을 대량 생산하는 대규모 공정에서 다품종 정밀화학제품을 소규모로 수요에 맞추어 생산하는 형태로 바뀌었다. 여러 과정을 거쳐 의약품과 농약 등을 제조하는 공정에서도 균일계 촉매를 사용한다. 여러 단계를 거쳐 합성하므로, 각 단계에서 선택성이 높아야 최종 생성물의 수율이 높아지기 때문이다. L-DOPA의 합성과 항생물질인 티에나마이신의 합성에 사용하는 로듐 착화합물이 보편화되었으며, 키랄성을 지닌 구리 착화합물 촉매는 독성이 낮은 살충제와 L-멘톨(L-mentol) 등의 향료 합성에 널리 사용되고 있다. 정밀화학제품, 의약품, 기능성 고분자물질의 제조공정에서 선택성이 우수한 균일계 촉매의 사용이 보편화되었다.

(1) 구조

균일계 촉매로 사용하는 화합물의 대부분은 금속 원자와 배위된 리간드로 이루어진 유기금속 착화합물이다. 리간드는 금속 원자에 전자를 주며 결합하는 이온이나 분자이다. 금속 자체는 유기용매에 잘 녹지 않지만, 유기 화합물인 리간드가 금속 원자와 결합하여 만든 착화합물(complex)은 유기용매에 잘 녹아 균일계 촉매로 작용한다. '금속과 결합하는 리간드의 개수를' 배위수(coordination number)라고 부르며, 이 배위수에 따라 유기금속 착화합물의 구조가 결정된다. 균일계 촉매의 활성과 선택성은 금속의 종류와 산화 상태(oxidation state), 리간드의 종류와 결합 개수에 따라 달라진다.

균일계 촉매에 들어 있는 전이금속과 귀금속은 Fe(0), Co(I), Co(II), Ni(II), Ru(II), Rh(I), Pd(II), Ir(I), Pt(II) 등이다. 괄호 안의 값은 금속의 산화수로서, '0'은 금속 상태, 'I'과 'II'는 +1가와 +2가 산화 상태를 나타낸다. 금속의 종류에 따라 촉매작용이 나타나는 반응이 다르다.

1) 수소화반응: Fe, Co, Ru, Rh, Ir, Pt
2) 카르보닐화반응: Co, Ru, Rh, Ir
3) 이성질화반응: Fe, Co, Rh, Pd, Pt
4) 산화반응: Pd
5) 중합반응: Ti, Zr

리간드는 비공유 전자쌍이 있는 음이온이나 중성 분자로서, 금속에 전자를 주며 결합하는 루이스 염기이다. 중성 분자 리간드는 L로, 음이온 리간드는 X로 구분한다. 균일계 촉매로 사용하는 유기금속 착화합물의 리간드를 아래에 정리하였다. R은 알킬기와 페닐기, 또는 이들의 유도체이다.

1) L-형 리간드: PR_3, AsR_3, 아민, 일산화탄소, 알켄, 방향족 화합물 등
2) X-형 리간드: H, OR, SR, NR_2, PR_2, 할로겐, 알킬, 아릴, 아릴사이클로펜타디에닐, 아실기 등

L-형 리간드는 비공유 전자쌍을 가진 N, O, P, As 원자가 들어 있는 화합물이거나 이중결합이 있는 화합물이다. 이들은 비공유 전자쌍이나 이중결합의 전자를 금속에 제공하며 결합한다. 일산화탄소의 탄소와 산소에 모두 비공유 전자쌍이 있으나, 탄소의 비공유 전자쌍을

금속에 주면서 결합한다. X – 형 리간드는 음이온으로서, 이들의 할로겐, O, S, N, P, H, C 원자가 금속과 결합한다. 중요한 L – 형 리간드는 포스핀, 아민, 일산화탄소, 알켄이다. 포스핀의 치환기를 바꾸면 전자적·입체적 성질이 달라지며, 이들 중에서 트라이페닐포스핀은 리간드로서 아주 중요하다. Ni, Ru, Rh, Pd, Pt 금속과 포스핀 리간드로 이루어진 유기금속 착화합물은 여러 반응에 널리 사용하는 활성과 선택성이 우수한 균일계 촉매이다[1,3].

균일계 촉매인 유기금속 착화합물에서 리간드의 역할을 정리한다.

첫째, 결합하는 리간드에 따라 금속의 전자구조가 달라진다. 전자를 잘 주는 리간드가 금속과 결합하면 금속의 전자밀도가 높아져서 친전자성 반응물이 쉽게 결합하므로 산화성 첨가반응이 촉진된다. 반대로 전자를 주는 능력이 작은 리간드는 금속과 약하게 결합하므로 반응물과 쉽게 치환되고, 친핵성 반응물이 금속과 잘 결합한다.

둘째, 리간드의 크기와 모양에 따라 촉매의 입체적 성질이 달라진다. 큰 리간드가 금속에 여러 개 결합되어 있으면, 공간의 제약으로 인해 다른 리간드의 환원성 제거반응이 빨라진다. 큰 리간드가 결합되어 있으면, 공간의 제한으로 인해서 탄소가지가 여러 개 결합한 크고 복잡한 생성물보다 부피가 작은 직선형 생성물이 생성된다.

셋째, 결합한 리간드에 따라 촉매의 용해도가 달라진다. 리간드의 대부분이 유기 화합물이어서, 이들이 결합하면 유기용매에 대한 유기금속 착화합물의 용해도가 높아진다. 반응 중에 유기금속 착화합물이 안정하게 녹아 있어서, 금속이 석출되는 데 따른 활성저하를 억제한다.

넷째, 유기금속 착화합물의 리간드가 어떻게 배열되어 있느냐에 따라 반응물이 촉매에 접근하는 방법이 달라진다. 리간드의 종류와 결합 개수에 따라 반응물의 접근 방법이 달라져 생성물의 입체 선택성이 달라진다.

(2) 반응기구

유기금속 착화합물에서 일어나는 균일계 촉매반응은 네 가지 기본반응으로 이루어져 있다[4]. 대부분의 균일계 촉매반응은 이들 기본반응의 조합으로서, 조합 방법에 따라 반응경로와 활성, 생성물에 대한 선택성이 달라진다[3].

① 리간드의 해리

반응물은 금속 원자와 결합하면서 활성화된다. 유기금속 착화합물에서 균일계 촉매반응이 진행되려면 금속 원자에 반응물이 결합할 수 있도록 리간드가 비어 있는 자리가 있어야 한다. 리간드가 쉽게 떨어지느냐의 여부는 금속 원자와 리간드의 전자적·입체적 효과에 의해 결정된다. 리간드가 떨어진 자리에 반응물이 결합하면서 활성화되어 균일계 촉매반응이 시작된다. 반응이 끝난 후에는 생성물이 금속 원자로부터 떨어져야 하는데, 생성물이 금속에 결합하는 세기는 리간드가 떨어져 비어 있는 자리를 생성하는 정도와 관련이 깊다. 다음 식은 n개의 리간드가 결합된 유기금속 착화합물에서 두 개의 리간드가 떨어지면서 리간드가 비어 있는 자리가 두 개 생성되는 반응이다. □은 리간드가 비어 있는 자리이다.

$$ML_n \longrightarrow ML_{n-2}\square_2 + 2L \tag{9.1}$$

② 산화적 부가반응과 환원적 탈리반응

반응물(AB)이 나뉘어서 금속 원자(M)에 결합(부가)하여 A－M－B 결합을 이루는 반응을 산화적 부가반응(Oxidative addition)이라고 부른다. 나뉘어 생성된 리간드가 중심 금속에 결합하면 금속의 산화수가 +2만큼 증가하므로, 산화되면서 리간드 개수가 늘어났다고 해서 산화적 부가반응이라고 부른다. 반대로 리간드가 떨어지면 금속의 산화수가 감소하므로, 산화적 부가반응의 역반응은 환원적 탈리반응(Reductive elimination)이다. 전이금속의 착화합물에서 산화적 부가반응과 환원적 탈리반응이 진행되면서 금속의 산화수가 달라지고, 반응물이 결합하고 생성물이 떨어지는 촉매작용이 나타난다.

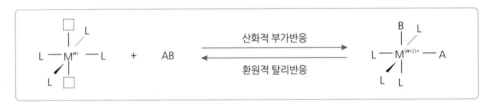

그림 9.1 전이금속 착화합물에서 산화적 부가반응과 환원적 탈리반응

수소 분자가 유기금속 착화합물에 산화 부가되어 다이하이드라이드 착화합물이 생성되어야 수소화반응이 일어난다. 아세트산 합성반응에서는 로듐에 메틸아이오다이드(CH_3I)가 메틸기와 아이오다이드 음이온으로 나뉘어 로듐에 산화 부가되면서 촉매반응이 시작된다. 로듐에 결합한 아세틸기와 아이오다이드 음이온이 떨어지는 환원적 탈리반응이 마지막 단계이다.

③ 삽입반응과 탈리반응

불포화 탄화수소 A－B기 M－R 결합에 끼어들어가는 반응을 삽입반응(Insertion)이라고 부르고, M－A－B－R 결합 사이에서 A－B가 떨어지는 반응을 탈리반응(Elimination)이라고 한다.

$$M-R + A-B \underset{\text{탈리반응}}{\overset{\text{삽입반응}}{\rightleftarrows}} M-A-B-R \tag{9.2}$$

삽입반응과 탈리반응은 알켄의 중합, 이성질화, 수소화반응의 핵심 단계이다. 에틸렌의 두 분자 중합반응은 니켈 하이드라이드(NiH) 착화합물 촉매에서 그림 9.2에 보인 경로를 거쳐 진행한다. 에틸렌이 니켈 하이드라이드 착화합물에 π-결합을 이루며 결합한 뒤, Ni-H 결합 사이에 끼어들어 에틸기(Ni-C_2H_5)가 된다. 이어 두 번째 에틸렌이 니켈 착화합물에 결합한 뒤 Ni-C_2H_5 결합 사이에 끼어들어 부틸기가 결합된 니켈 착화합물[Ni-$(CH_2)_3CH_3$]이 된다. 부틸기의 두 번째 탄소에 결합된 수소 원자, 베타 위치의 수소 원자가 금속과 결합하면서 1-부텐이 생성되고, 니켈 하이드라이드 착화합물이 재생된다. 에틸렌의 결합에 이은 삽입반응이 부틸기에서 멈추지 않고 계속 진행되면 폴리에틸렌이 생성된다. 지글러 촉매에서 에틸렌의 중합반응은 이 반응경로를 거친다.

$$Ti-R \xrightarrow{C_2H_4} Ti-C_2H_4-R \xrightarrow{C_2H_4} Ti-(C_2H_4)_2-R$$
$$\xrightarrow{C_2H_4} \xrightarrow{C_2H_4} \cdots \longrightarrow Ti-(C_2H_4)_n-R \tag{9.3}$$

알켄이 카르벤 착화합물의 M=C 결합 사이에 삽입되면 네 원자고리의 중간체가 만들어지며, 이 중간체가 분해되면서 알켄의 복분해반응이 일어난다.

$$\begin{array}{ccc} C & C & C-C \\ \parallel + \parallel & \rightleftarrows & | \quad | \\ M & C & M-C \end{array} \tag{9.4}$$

알켄의 수소포밀첨가반응이나 아세트산 합성반응에서는 일산화탄소가 금속과 알킬기 사이에 끼어들어 탄소-탄소 결합을 만든다.

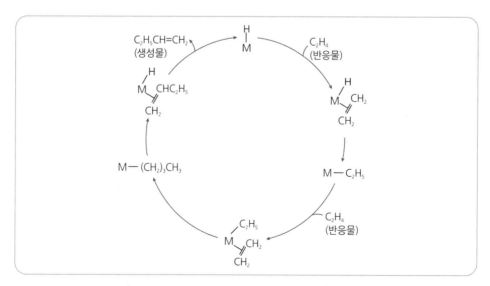

그림 9.2 니켈 착화합물에서 에틸렌의 두 분자 중합반응[3]

$$-\overset{|}{\underset{|}{M}}-CO \;\rightleftharpoons\; \left[\,-\overset{|}{\underset{|}{M}}\overset{CR_3}{\cdots}CO\,\right]^{\ddagger} \;\rightleftharpoons\; -\overset{\square}{\underset{|}{M}}-C\overset{CR_3}{\underset{O}{\diagdown}} \tag{9.5}$$

④ 결합한 분자와 외부 분자의 반응

금속 착화합물에 결합하여 활성화된 분자의 반응성은 결합하지 않은 상태의 분자의 반응성과 크게 다르다. Pd^{2+}과 에틸렌이 결합하면 에틸렌의 이중결합 π 전자가 Pd^{2+}으로 옮겨가므로, 이중결합의 전자밀도가 낮아진다. 팔라듐에 결합한 에틸렌의 탄소 원자는 전자밀도가 낮으므로, 여기에 물이 구핵적(求核的)으로 공격한다. 하이드록시기는 남아 있고 양성자가 떨어지면서 팔라듐에 비어 있는 자리가 생성되고 촉매반응이 끝난다.

$$H_2O \longrightarrow \overset{CH_2}{\underset{CH_2}{\|}} \cdots Pd \;\xrightarrow{\;-H^+\;}\; \overset{HO-CH_2}{\underset{CH_2-Pd}{|}} \tag{9.6}$$

○ 4 균일계 촉매반응

(1) 일산화탄소의 첨가반응

원유를 증류하여 제조하는 석유화학공업의 원료를 석탄에서 제조한 일산화탄소로부터 합성한다는 점에서, 일산화탄소를 첨가하여 알데하이드, 유기산, 에스테르 등 중간물질을 제조하는 공정이 중요하다. 원유 자원의 고갈에 대비하고 제조 경로의 다양화를 기하는 의미도 있다. 일산화탄소의 이중결합은 반응성이 낮아서, 이를 다른 물질과 반응시켜 유용한 물질을 만들려면 촉매를 사용하여 활성화해야 한다. 일산화탄소를 첨가하는 주요 촉매공정으로는 알켄의 수소포밀첨가반응, 메탄올의 카보닐화반응, 알켄으로부터 카복시산을 합성하는 반응이 있다[3].

① 알켄의 수소포밀첨가반응

알켄의 수소포밀첨가반응에서는 알켄에 일산화탄소와 수소를 결합시켜 탄소 개수가 하나 더 많은 일데하이드를 세조한다. 옥소(Oxo)반응이라고도 부르며, 대표적인 공정으로는 프로필렌에서 부틸알데하이드를 제조하는 공정이 있다.

$$CH_3CH=CH_2 + H_2 + CO \;\longrightarrow\; CH_3CH_2CH_2CHO \tag{9.7}$$

부틸알데하이드는 알돌축합반응과 수소화반응을 거쳐 2-메틸-1-헥사올로 전환되며, 이로부터 폴리염화비닐의 가소제인 프탈산디옥틸을 제조한다. 1-옥텐 등 이중결합이 말단에 있는 알켄에서 고급알코올을 제조하여 생분해성 세제, 고온용 윤활제, 가소제의 제조 원료로 사용한다.

수소포밀첨가반응에 사용하는 $HCo(CO)_4$ 촉매는 다음 식에 보인 과정을 거쳐 만든다. $Co(II)$염을 합성가스로 처리하여 입자 상태의 금속 코발트를 만들고, 이어 일산화탄소와 수소를 단계적으로 반응시킨다.

$$Co^{2+} \xrightarrow{\ H_2 + CO\ } Co^0 \xrightarrow{\ CO\ } Co_2(CO)_8 \xrightarrow{\ H_2\ } HCo(CO)_4 \tag{9.8}$$

n-부틸알데하이드는 $120\sim140\ ℃$와 $200\ bar$ 조건에서 제조되며, n-부틸알데하이드에 대한 선택도는 $60\sim70\%$이다. 아이소부틸알데하이드가 주요 부생성물이며, C_4 알코올과 다이아이소프로필케톤이 조금 생성된다.

코발트 카보닐 촉매에 $P(n-Bu)_3$ 등 3급 포스핀을 리간드로 사용하면 촉매활성이 증진된다. 리간드를 바꾸면 생성물의 n/i 비가 $4:1$에서 $7:1$로 높아진다. 촉매의 활성도 크게 향상되어, $100\ bar$로 압력을 낮추어도 반응이 진행된다. 큰 포스핀 리간드를 사용하므로 입체적 장애가 커져서 주로 선형 알킬 중간체가 생성되므로, 선형 생성물인 n-알데하이드에 대한 선택성이 높다. 개발된 $HRh(CO)(PPh_3)_3$ 촉매는 $HCo(CO)_4$ 촉매보다 선택성이 높고, 더 완화된 조건에서 반응이 일어난다. $100\ ℃$와 $10\sim20\ bar$ 조건에서도 프로필렌의 수소포밀첨가반응이 진행되고, n-부틸알데하이드에 대한 선택도는 90% 이상이다. 이 촉매에서 수소포밀첨가반응의 진행경로를 그림 9.3에 나타내었다.

② 알켄의 카보닐화반응

알켄의 수소포밀첨가반응에서 수소 대신에 수소를 줄 수 있는 다른 물질을 반응물로 사용하면 알데하이드 대신 카복시산 유도체가 생성된다. $Co_2(CO)_8$ 촉매에서는 에틸렌에 수소와 일산화탄소를 결합시켜 프로피온산을 만들지만, 이보다 탄소 개수가 많은 카복시 산은 알데하이드를 산화시켜 제조한다.

$$H-M \xrightarrow[CO]{C_2H_4} C_2H_5\underset{\underset{O}{\|}}{C}-M \left\langle \begin{array}{l} \xrightarrow{H_2O} C_2H_5COOH \\ \xrightarrow{ROH} C_2H_5COOR \\ \xrightarrow{R_2NH} C_2H_5CONR_2 \end{array} \right. \tag{9.9}$$

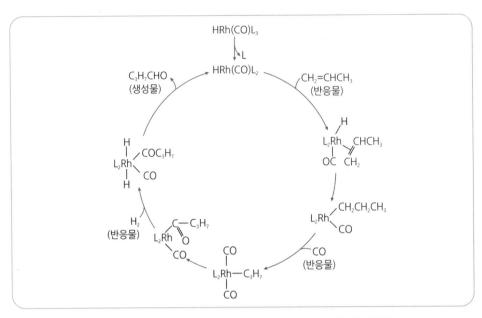

그림 9.3 로듐 착화합물 촉매에서 프로필렌의 수소포밀첨가반응[3]

③ 메탄올의 카보닐화반응

아세트산은 무수 아세트산과 함께 비닐아세테이트, 아세틸셀룰로오스, 염료, 가소제 등을 만드는 중요한 중간 원료이다. p-자일렌에서 텔레프탈산을 제조하는 산화반응에는 아세트산을 용매로 사용한다. 표 9.3에 정리한 세 가지 방법으로 아세트산을 제조할 수 있지만, 합성가스에서 제조한 메탄올에 일산화탄소를 첨가하여 제조하는 공정이 가장 널리 사용된다.

메탄올에서 아세트산을 제조하는 공정의 촉매로는 완화된 조건에서도 활성이 높고, 생성물에 대한 선택성이 우수한 로듐 착화합물을 많이 사용한다. $Co_2(CO)_8/HI$ 촉매보다 $[Rh(CO)_2I_2]^-$

표 9.3 아세트산과 아세트산비닐의 제조공정

출발물질	반응경로
아세틸렌	$HC \equiv CH$ $\xrightarrow[AcOH]{H_2O}$ $CH_3CHO \xrightarrow{O_2} CH_3COOH$ $H_2C = CHOAc$
에틸렌	$H_2C = CH_2$ $\xrightarrow[\underset{O_2}{AcOH}]{H_2O}$ $CH_3CHO \xrightarrow{O_2} CH_3COOH$ $H_2C = CHOAc$
합성가스 (메탄올)	$CO + 2\,H_2 \longrightarrow CH_3OH \xrightarrow{CO} CH_3COOH$ $2\,CH_3OAc + 2\,CO + H_2 \longrightarrow CH_3CH(OAc)_2 \xrightarrow{\triangle} H_2C = CHOAc$ $+ HOAc \qquad\qquad + HOAc$

/HI 촉매의 활성이 우수하여, 180 ℃와 30~40 bar 조건에서도 반응이 진행되며 아세트산에 대한 선택도는 99% 이상이다. 촉매 농도가 $10^{-3}\,\mathrm{mol \cdot L^{-1}}$로 매우 낮아서 값비싼 로듐을 사용하더라도 경제성이 충분하다.

그림 9.4에 메틸아이오다이드의 산화적 부가반응, 일산화탄소의 삽입반응, 환원적 탈리반응, 아세틸아이오다이드(CH_3COOI)의 가수분해반응을 거쳐 아세트산과 무수 아세트산이 생성되는 반응의 진행경로를 보였다. 메탄올은 로듐 촉매에 결합하지 않으나, 아이오다이드화수소와 반응하여 생성한 메틸아이오다이드는 로듐에 산화적 부가된다. 로듐 착화합물은 수소화반응의 촉매이지만, 아이오다이드화수소를 같이 넣어주면 수소화반응이 억제되므로 일산화탄소와 수소를 같이 넣어주어도 아세트산이 주로 생성된다.

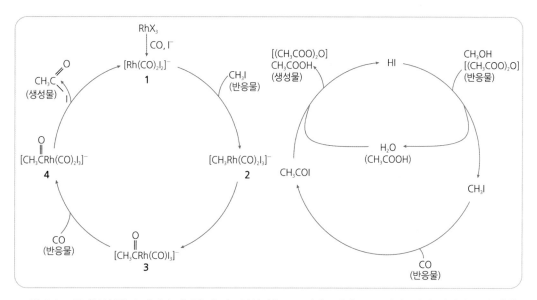

그림 9.4 로듐 착화합물 촉매에서 메탄올의 카보닐화반응으로 아세트산과 무수 아세트산이 생성되는 반응[3]

메틸아세테이트에서 무수 아세트산이 생성되는 반응식을 다음에 정리하였다. 메틸아이오다이드와 아세틸아이오다이드가 중요한 중간체이다.

$$
\begin{aligned}
CH_3COOCH_3 + HI &\rightarrow CH_3I + CH_3COOH \\
CH_3I + CO &\rightarrow CH_3COI \\
\underline{CH_3COOH + CH_3COI} &\underline{\rightarrow (CH_3CO)_2O + HI} \\
CH_3COOCH_3 + CO &\rightarrow (CH_3CO)_2O
\end{aligned}
\qquad (9.10)
$$

(2) 알켄의 중합반응

여러 종류의 중합반응을 거쳐 다양한 고분자물질이 제조되지만, 유기금속 착화합물인 지글러 촉매에서는 삽입반응을 거쳐 알켄이 중합된다. 실제 사용하는 지글러 촉매는 지지체에 담지된 고체이어서 폴리알켄 제조공정을 불균일계 촉매공정이라고 보아야 하나, 중합반응의 실제 진행 과정은 균일계 촉매반응이어서 이 절에서 설명한다.

① 폴리에틸렌의 제조반응

폴리에틸렌의 제조공정은 운전 압력에 따라 고압, 중압, 저압공정으로 나눈다. 고압공정에서는 1,000 bar 이상의 고압에서 미량의 산소를 개시제로 사용하는 라디칼 중합반응으로 폴리에틸렌을 제조한다. 중압공정에서는 30~100 bar에서 실리카 지지체에 담지한 크로미아 촉매를 사용한다. 지글러 촉매를 사용하는 저압공정에서는 낮은 압력에서 고밀도 폴리에틸렌(high density polyethylene: HDPE)을 합성한다. 고밀도 폴리에틸렌은 밀도가 0.96으로 높고, 녹는점이 136 ℃로 높으며, 골격을 이루는 주사슬에 가지가 없고, 분자량의 분포 폭이 좁다. 용매에 녹인 $TiCl_4$와 $AlEt_3$를 반응시켜 촉매를 제조한다.

② 폴리프로필렌의 제조반응

$TiCl_3/AlR_3$ 촉매에서 프로필렌을 중합시키면 결정성이 우수한 폴리프로필렌이 생성된다. 그림 9.5에서 보듯이 주사슬을 평면에 놓으면 모든 메틸기가 앞 쪽으로 튀어나와 메틸기가 한 방향으로 배열된다(아이소탁틱 구조).

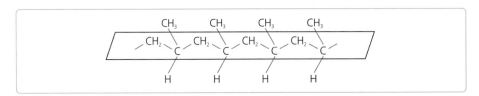

그림 9.5 아이소탁틱 폴리프로필렌의 골격구조

그림 9.6에 보인 바와 같이 염화타이타늄의 주변 상황 때문에 고분자물질의 단량체가 한쪽 방향으로만 결합하여 입체 특이성이 나타난다.

$TiCl_4$를 $AlEt_3$로 환원하면 아이소탁틱성이 낮은 β-삼염화타이타늄(β-$TiCl_3$)이 생성된다. 아이소탁틱성을 높이기 위해 열처리하여 γ-삼염화타이타늄(γ-$TiCl_3$)으로 상전이시킨다. 결정성 삼염화타이타늄에는 이 외에도 α-와 δ-형이 있으며, 이들의 결정구조에 따라 생성되는 고분자물질의 입체 선택성이 달라진다. 짙은 보라색을 띠는 α-, γ-, δ-$TiCl_3$에서는 염소 이온이 떨어진 상태가 안정하여 생성물의 아이소탁틱성이 높다. 그러나 이들과 결정구조가 다른 β-$TiCl_3$에서는 생성물의 아이소탁틱성이 낮다. 폴리프로필렌의 상용공정에서는 활성이 높은 제3세대 $TiCl_4/MgCl_2/AlEt_3/C_6H_4$-$CO_2$-$C_2H_5$ 촉매를 사용하며, 타이

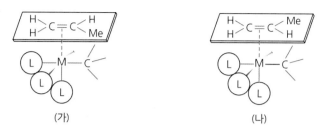

그림 9.6 타이타늄 활성 착화합물에 프로필렌의 결합 방법 아이소탁틱중합이 일어나는 경우 (가), (나) 어느 쪽이든 메틸기가 한 방향에 모여 있다.

타늄이 1 g 들어 있는 촉매로 폴리프로필렌을 1~2톤 정도 제조한다. 촉매의 사용량이 아주 적어서 제조한 고분자물질에서 촉매를 제거하지 않는다.

③ 알켄의 저중합반응

알켄이 중합하여 탄소 사슬이 아주 길어지면 고분자물질이 생성되지만, 이량체, 삼량체에서 중합반응이 끝나면 저중합체(oligomer)가 생성된다. 이렇게 제조한 α-알켄의 저중합체를 윤활제와 계면활성제의 제조 원료로 사용한다. 에틸렌이 Al–H 결합에 끼어들어 Al–C 결합을 만들어서 C_4~C_{40} 정도의 알킬기가 결합한 유기 알루미늄 착화합물이 생성된다. 이 알킬알루미늄 착화합물이 산소와 반응하면 알루미늄알콕사이드가 되고, 가수분해되면 지방족 알코올이 된다(그림 9.7).

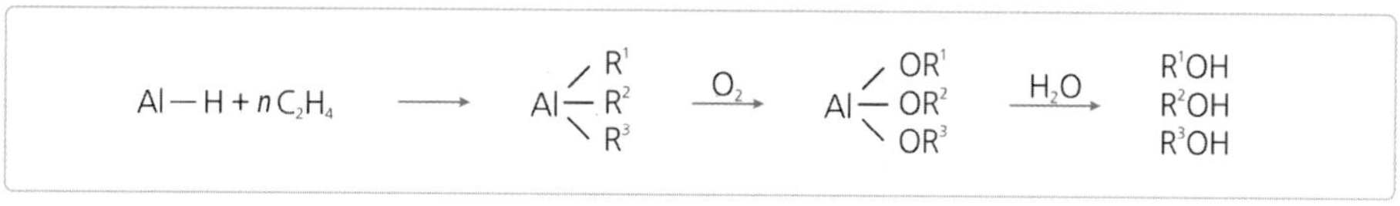

$$Al-H + n\,C_2H_4 \longrightarrow Al \overset{R^1}{\underset{R^3}{\overset{|}{\diagup}}} R^2 \xrightarrow{O_2} Al \overset{OR^1}{\underset{OR^3}{\overset{|}{\diagup}}} OR^2 \xrightarrow{H_2O} \begin{array}{l} R^1OH \\ R^2OH \\ R^3OH \end{array}$$

그림 9.7 알켄의 저중합반응으로 지방족 알코올의 합성

그림 9.8에 보인 니켈하이드라이드 착화합물을 촉매로 사용하여 α-알켄을 제조하는 공정(Shell higher olefins process)에서는 용매 중에서 에틸렌을 고분자물질까지 중합시키지 않고 저중합시켜서 C_{10}~C_{18}의 α-알켄을 만든다. 100 ℃와 40 bar 조건에서 에틸렌의 전환율은 거의 100%이다.

니켈 착화합물 촉매에서 부타다이엔을 중합시키면 8-원자고리와 12-원자고리 화합물이

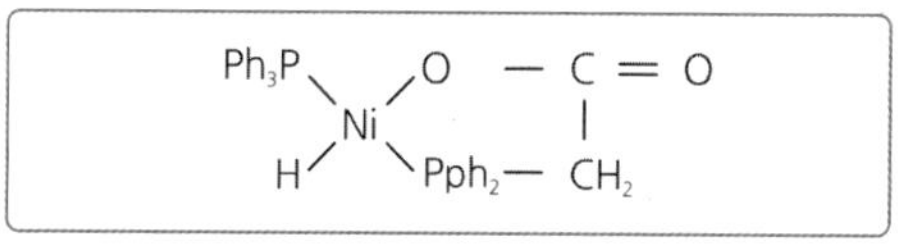

$$\begin{array}{c} Ph_3P \diagdown \quad O - C = O \\ \quad\quad Ni \quad\quad | \\ H \diagup \quad Pph_2 - CH_2 \end{array}$$

그림 9.8 니켈하이드라이드 착화합물의 구조

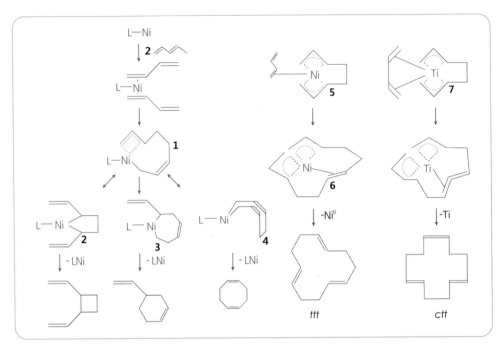

그림 9.9 부타다이엔의 저중합반응에서 고리형 화합물의 선택성 제어기구

생성된다. 생성된 이량체는 1,5-사이클로옥타다이엔(cyclooctadiene: COD)이고, 삼량체는 1,5,9-사이클로도데카트라이엔(cyclododecatriene: CDT)이다. 그림 9.9에서 보듯이 부타다이엔 두 분자가 니켈에 배위된 중간체 **2**를 거쳐 중합반응이 진행한다. **2, 3, 4** 중간체로부터 두 개의 Ni-C 결합이 환원적으로 탈리되면 반응이 끝난다. 생성물에 대한 선택성은 반응조건과 리간드의 종류에 의해 결정되는데, 트리스(o-페닐)포스파이트 리간드가 결합된 착화합물 촉매에서는 80 ℃와 1 bar 조건에서 1,5-COD가 96% 생성된다. 포스핀 리간드가 없는 Ni(COD)$_2$ 촉매에서는, $trans$ 구조의 1,5,9-CDT만 생성된다.

공업적으로는 TiCl$_4$/Al$_2$Cl$_3$Et$_3$ 촉매를 사용하여 cis, $trans$, $trans$ 조건의 1,5,9-CDT를 생산한다. 그림 9.9에 부타다이엔에서 CDT를 제조하는 반응의 입체 이성질체에 대한 선택성이 금속 촉매에 따라 다른 이유를 설명하였다. 촉매의 중심 원자에 결합한 이량체의 형태에 따라 입체적 장애 정도가 달라서, 다음 부타다이엔이 결합하는 방법이 제한을 받기 때문이다. 금속 원자와 리간드 종류에 따라 $trans$와 cis 형태로 결합하므로 생성되는 CDT의 구조가 $trans$, $trans$, $trans$(ttt)형과 cis, $trans$, $trans$(ctt)형으로 달라진다.

CDT는 그림 9.10에 보인 수소화반응, 산화반응, 옥심화반응, 베크만 재배열반응을 거쳐서 CDT 라우로락탐이 된다. 이의 고리열림반응을 거쳐 제조하는 12-나일론은 기계적 안정성이 우수한 엔지니어링 플라스틱이어서, 기계적 강도가 높아야 하는 톱니바퀴 등 기계 부품을 이 물질로 만든다.

그림 9.10 1,5,9 − CDT로부터 12 − 나일론의 제조 과정

(3) 균일계 산화반응

균일계 촉매를 사용하는 산화반응으로는 ① Pd(Ⅱ) 염의 산화 능력을 이용하는 반응, ② 몰리브데넘, 바나듐, 타이타늄 촉매에서 알켄과 하이드로펄옥사이드로부터 에폭사이드를 합성하는 반응, ③ 코발트와 망간 촉매에서 액상 자동산화반응 등이 있다. ①과 ② 반응에서는 전이금속 착화합물이 반응 중간체로 생성되지만, ③ 반응은 라디칼 연쇄반응으로 금속이 전자 이동에 관여하여 하이드로펄옥사이드의 분해를 촉진한다.

① 팔라듐 촉매를 이용하는 알켄의 부분산화반응

바커법에 따라 에틸렌을 산화시켜 아세트알데하이드를 제조하는 반응이다. 전체 반응은 식 (9.11)에 보인 세 가지 반응으로 이루어져 있다. 첫 번째 반응에서는 Pd(Ⅱ)에 에틸렌과 물이 구핵반응을 거쳐 결합하여 아세트알데하이드가 생성되고, Pd(Ⅱ)가 Pd(0)로 환원된다. 두 번째 반응에서는 이염화구리가 Pd(0)을 산화시켜 Pd(Ⅱ)가 재생된다. 세 번째 반응에서는 환원된 염화구리가 공기와 반응하여 이염화구리로 산화된다. 세 반응을 합한 전체반응에서는 에틸렌이 산소와 반응하여 아세트알데하이드로 부분산화된다.

$$
\begin{array}{ll}
C_2H_4 + PdCl_2 + H_2O \rightarrow CH_3CHO + Pd(0) + 2HCl & (1) \\
Pd(0) + 2CuCl_2 \rightarrow PdCl_2 + Cu_2Cl_2 & (2) \\
\underline{Cu_2Cl_2 + 2HCl + 1/2O_2 \rightarrow 2CuCl_2 + H_2O} & (3) \\
C_2H_4 + 1/2O_2 \rightarrow CH_3CHO &
\end{array}
\qquad (9.11)
$$

균일계 촉매를 사용하여 아세트알데하이드의 수율이 95%에 이르는 에틸렌의 부분산화공정을 개발하였다. 이 반응의 진행경로를 그림 9.11에 나타내었다. Pd(Ⅱ)에 결합한 에틸렌이 물 분자의 공격을 받아 β − 하이드록시에틸 착화합물(1)이 생성된다. 에틸기의 수소 원자가 팔라듐으로 옮겨가면서 비닐알코올(2)이 되고, α − 하이드록시에틸 착화합물(3)이 된다. 하이드록시기로부터 양성자가 떨어지면서 아세트알데하이드가 생성된다. 이 과정에서 환원된 팔라듐은 Cu^{2+}과 반응하여 Pd^{2+} 상태로 다시 산화된다. 에틸렌 이외의 다른 알켄을 반응물

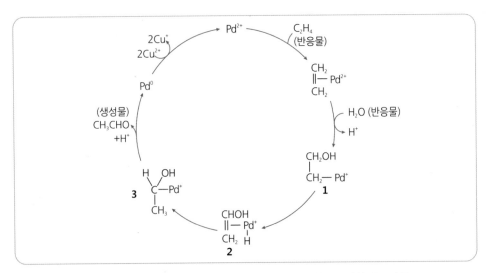

그림 9.11 팔라듐 촉매에서 에틸렌이 아세트알데하이드로 산화되는 반응

로 사용하면 알데하이드 대신 케톤이 생성되는데, 프로필렌에서 아세톤을 제조하는 공정은 상용화되었다.

이 방법으로 물 대신에 아세트산(AcOH) 중에서 아세틸렌을 산화시키면 아세트산비닐이 생성된다(그림 9.12). 에틸렌의 산화반응에서는 β - 하이드록시에틸 착화합물(1)이 생성되지만, 아세틸렌의 산화반응에서는 β - 아세톡시에틸 착화합물이 생성되고 β - 수소가 떨어지면서 아세트산비닐이 생성된다(그림 9.12). 아세톡시에틸 착화합물은 하이드록시에틸 착화합물처럼 β형에서 α형으로 변환되지 않아서 알데하이드 대신 아세트산비닐이 생성된다. 아세트산비닐은 폴리아세트산비닐의 원료로서, 현재는 실리카에 담지한 Pd - Au 합금 촉매를 사용하여 기상법으로 제조한다. 프로필렌과 부타다이엔의 아세트화반응에서는 아세트산아릴과 1,4 - 디아세톡시 - 2 - 부텐이 생성된다.

$$CH \equiv CH \longrightarrow CH_2 = CHOAc$$
$$AcOH + CH_3CH = CH_2 \longrightarrow CH_2 = CHCH_2OAc$$
$$CH_2 = CHCH = CH_2 \longrightarrow AcOCH_2CH = CHCH_2OAc$$

그림 9.12 아세틸렌의 아세트산 중에서 산화반응

② 알켄의 에폭사이드반응

하이드로펄옥사이드(ROOH)가 알켄에 친전자적으로 부가되어 에폭사이드를 만든다. 몰리브데넘, 바나듐, 타이타늄 촉매에서 프로필렌을 하이드로펄옥사이드와 반응시켜 프로필렌옥사이드를 제조하는 공정을 옥시란(Oxiran)공정이라고 부른다.

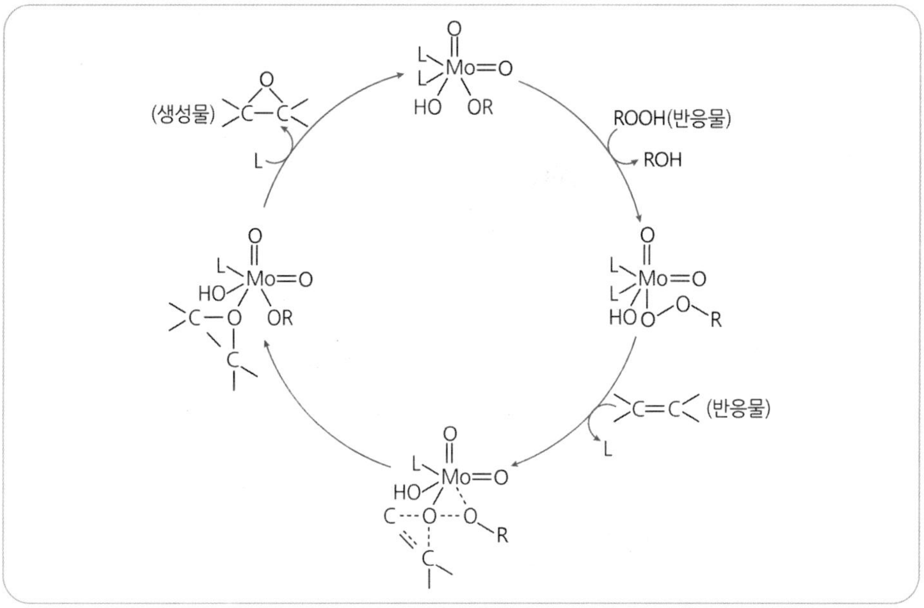

그림 9.13 몰리브데넘 착화합물 촉매에서 알켄의 에폭사이드화반응

$$CH_3CH = CH_2 + ROOH \rightarrow CH_3CH - CH_2 + ROH$$
$$\underset{O}{\diagdown}$$

(9.12)

프로필렌 옥사이드는 프로필렌 글리콜, 글리세린, 폴리에스테르를 제조하는 중요한 중간체이며, 염화프로판올에서 염화수소를 제거하여 만든다. 산화제인 하이드로펄옥사이드는 이소부탄이나 에틸벤젠을 공기 중에서 산화시켜 제조한다. 에폭사이드화반응에서 프로필렌 옥사이드와 함께 생산되는 알코올(ROH)도 중요한 공업 원료이다. $tert$-부탄올은 부동액으로 사용하며, 1-페닐에탄올은 탈수하여 스타이렌을 제조한다. 몰리브데넘계 촉매에서 에폭사이드화반응의 기구를 그림 9.13에 보였다. 아직 애매한 부분이 있지만, 몰리브데넘에 결합한 펄옥사이드의 산소가 알켄의 이중결합으로 이동하면서 에폭사이드화반응이 진행된다고 설명한다.

③ 탄화수소의 액상 자동산화반응

분자 상태의 산소를 산화제로 사용하는 탄화수소의 액상 자동산화반응에서는 앞에서 설명한 두 가지 산화반응과 달리, 코발트와 망간 금속 촉매가 하이드로펄옥사이드의 분해반응을 촉진하여 라디칼 연쇄반응이 시작된다.

나일론의 제조 원료인 사이클로헥사논은 표 9.4에 정리한 사이클로헥산의 라디칼 연쇄반응을 거쳐 사이클로헥사놀과 함께 제조된다.

표 9.4 사이클로헥산의 자동산화반응

반응	반응식
개시반응	$C_6H_{12} \longrightarrow C_6H_{11}\cdot$
성장반응	$C_6H_{11}\cdot + O_2 \longrightarrow C_6H_{11}OO\cdot$
	$C_6H_{11}OO\cdot + C_6H_{12} \longrightarrow C_6H_{11}OOH + C_6H_{11}\cdot$
	$C_6H_{11}OOH + Co(\text{II}) \longrightarrow C_6H_{11}O\cdot + OH^- + Co(\text{III})$
	$C_6H_{11}OOH + Co(\text{III}) \longrightarrow C_6H_{11}OO\cdot + H^+ + Co(\text{II})$
	$C_6H_{11}OO\cdot + C_6H_{12} \longrightarrow C_6H_{10}O + C_6H_{11}\cdot$
	$2\,C_6H_{11}OO\cdot \longrightarrow C_6H_{10}O + C_4H_{11}OH + O_2$

$$\text{사이클로헥산} \xrightarrow[\text{공기, }140\sim150℃]{\text{Co(II)염 촉매}} \text{사이클로헥사놀 + 사이클로헥사논} \qquad (9.13)$$

p-자일렌을 텔레프탈산과 텔레프탈산다이메틸로 산화하여 폴리에스테르 섬유를 만든다. 코발트 착화합물 촉매는 하이드로퍼옥사이드($C_6H_{11}OOH$)를 분해한다(그림 9.14). 이 과정에서 코발트는 +2가와 +3가 상태를 오가며 산화-환원됨으로써 촉매 기능이 나타난다. 방향족의 메틸기가 쉽게 산화되므로, p-자일렌이 p-톨루일산으로 산화되는 반응이 아주 빠르게 진행한다. 카복시기가 전자를 강하게 끌어당겨서 다음 단계인 텔레프탈산의 산화반응이 더 이상 진행되지 않는다. 수소 원자를 잡아당기는 능력이 우수한 브롬을 첨가하여 p-자일렌으로부터 텔레프탈산을 만들고, Co(III)는 브롬 음이온을 다시 브롬 라디칼로 산화시킨다.

$$Br^- + Co(\text{III}) \longrightarrow Co(\text{II}) + Br\cdot \qquad (9.14)$$

Co(III)염을 촉매로 사용하여 p-자일렌에서 산화반응과 메탄올과 에스터반응을 거쳐 텔레프탈산다이메틸을 제조한다(그림 9.15). p-자일렌을 바로 산화시켜서 p-톨루일산을 만들기

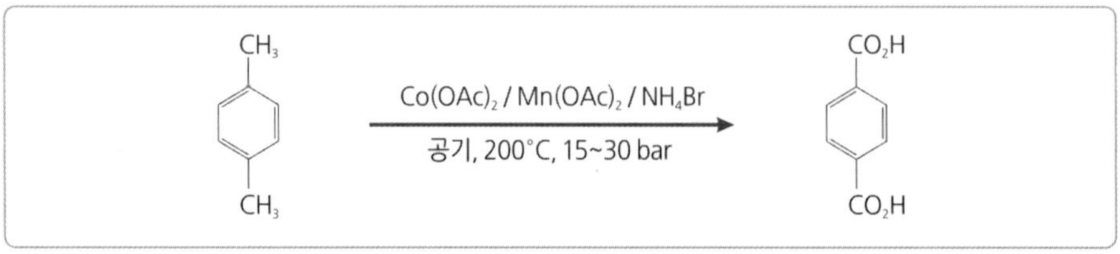

그림 9.14 p-자일렌의 텔레프탈산으로 산화반응

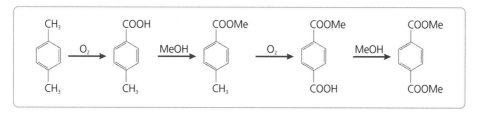

그림 9.15 p-자일렌의 텔레프탈산다이메틸로 산화-에스터반응

는 어렵지만, 에스테르화된 p-톨루일산메틸이 텔레프탈산모노메틸으로 쉽게 산화되는 점을 이용하는 공정이다. Co(Ⅲ)염의 첫 번째 산화반응에서 $H_3C-C_6H_4-CH_2OO\cdot$ 라디칼이 생성되며, 이 라디칼은 앞에서 설명한 브롬처럼 수소를 잡아당겨서 산화반응을 완결시킨다.

(4) 균일계 비대칭 촉매반응

그림 9.16에 서로 겹쳐지지 않는 거울상 이성질체(enantiomer: enantios는 서로 반대라는 의미)의 그림을 보였다. 탄소 원자에 네 개의 다른 원자나 집단이 결합되면 거울을 통해 보면 구조가 같지만, 서로 겹쳐지지 않는 물질이 생긴다. 이런 성질이 있는 물질을 키랄성(chiral)이 있다고 한다. 사람의 왼손과 오른손처럼 기능과 모양은 같으나, 오른손에 오른쪽 장갑은 들어가나 왼쪽 장갑은 들어가지 않는 차이점을 말한다. 이런 물질을 구별하기 위하여 전에는 화합물의 이름 앞에 이들이 빛을 회전시키는 방향을 나타내기 위하여 $(+)$와 $(-)$, 또는 (D)(dextro: 오른쪽)와 (L)(levo: 왼쪽) 등의 접두어를 붙였다. (D)와 (L) 구분은 실험적으로만 결정될 뿐 분자구조에서는 알 수 없다. 최근에는 이들 대신 절대 배열 표시인 (R)과 (S)를 붙인다. 칸-인골드-프렐로그(Cahn-Ingold-Prelog)의 규칙에 의해, 키랄 분자의 중심 탄소에 결합된 원자나 집단에서 원자번호가 감소하는 우선순위(priority: O > N > C > H)로 구분한다. 우선순위가 감소하는 순서가 시계 방향이면 R(라틴어의 오른쪽(rectus)), 시계 반대 방향이면 S(라틴어의 왼쪽(sinister))를 붙여준다. (R)과 (S)로 표기하면 키랄 분자 내에서 탄소 원자에 결합한 집단의 입체 배열 방법을 알 수 있다.

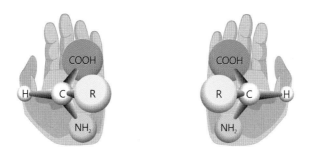

그림 9.16 키랄성 화합물의 거울상 관계

키랄 화합물은 의약품, 식품 첨가제, 천연물, 농약, 향료 등 일상생활에서 다양하게 사용하는 중요한 정밀화학제품이다. 생체 내에서는 거대 분자뿐만 아니라 작은 분자도 키랄성을 가지고 있어서, 키랄성은 생체 내에서 물질이 서로 반응하고 상호작용하는 원리를 결정하는 기본사항이다. 키랄성을 가진 물질은 서로를 정확하게 인식하여 상호작용하므로 생물학적 기능이 나타난다[5]. 특히 생체의 모든 효소는 각기 독특한 키랄성이 있어서 특정 화합물을 인식하여 선택적으로 반응한다.

이러한 이유로 생체 내에서는 거울상 이성질체를 완전히 다른 물질로 인식한다. 효소와 반응하려면 3차원적 구조가 서로 일치하여야 하므로, 두 가지 거울상 이성질체 중에서 한 종류만 효소와 반응한다. 거울상 이성질체의 화학적·물리적 성질은 같으나, 다른 키랄물질과 만나면 거울상 이성질체의 행동 방법이 달라서 생리학적 활성은 서로 다르다. 이처럼 생체 조직 내에서도 한 쌍의 거울상 이성질체가 다르게 행동하므로, 어느 광학 이성질체는 효과적인 치료제이어도, 다른 광학 이성질체는 심각한 부작용을 일으키거나 약리작용이 전혀 없어 의약품으로 사용하지 못한다[6].

(R)-형 탈리도마이드는 효과적인 진통제이나, (S)-형은 탈리도마이드는 기형아 출산을 유발하는 물질이다. 결핵 치료제인 에탐부톨에서도 (S,S)-형은 유효한 치료제이지만, (R,R)-형은 실명을 유발하는 부작용이 있다. 키랄성의 미세한 차이가 약리적 효과에 크게 영향을 미치는 예를 DOPA(아미노산의 일종)라는 물질에서 볼 수 있다. 우선성의 거울상 이성질체인 (D)-DOPA는 생리학적 효능이 없지만, 좌선성의 거울상 이성질체인 (L)-DOPA는 중추신경계의 질병인 파킨스씨병에 탁월한 효능이 있다. 광학 이성질체의 부작용이 알려지면서 이에 대한 법적 규제가 크게 강화되었으며, 미국 식품의약청(FDA)은 부작용을 배제하기 위하여 한 가지 거울상 이성질체만으로 의약품을 제조하도록 권장하고 있다. 따라서 키랄성 의약품은 광학 순도(optical purity)가 높은 키랄 중간체 원료로 제조하여야 한다.

한 종류의 거울상 이성질체만 선택적으로 제조하는 유기합성 방법이 의약품의 제조에 매우 중요하다. 보편적인 합성 방법에서는 두 종류 이성질체가 같이 생성되므로 생성물의 반을 분리하여 버려야 하기 때문이다. 이와 달리 한 종류의 광학 이성질체만 생성되는 비대칭 합성(asymmetric synthesis) 방법에서는 불필요한 거울상 이성질체가 생성되지 않고, 필요한 거울상 이성질체만 순수하게 생성된다. 종래에는 광학 이성질체 화합물을 천연물에서 추출하여 정제하거나 효소를 발효시켜 제조하였지만, 요즈음에는 균일계 촉매를 사용하여 대량 합성한다. 비대칭 촉매 합성반응에서 사용하는 키랄 촉매는 키랄성이 없는 원료물질과 촉매가 결합하는 과정을 제어하여 한 종류의 거울상 이성질체만 생성되도록 유도한다. 생성불의 광학 순도가 높아지도록 광학활성이 있는 금속 착화합물을 촉매로 사용한다.

세계 의약품 시장의 규모는 키랄 화합물을 중심으로 매년 급격히 커지면서, 의약품을 제조하는 데 필요한 키랄 중간체의 사용량이 꾸준히 증가하고 있다[5,7]. 2001년 노벨화학상을 균일계 키랄 촉매의 개발에 이바지한 학자들이 받을 정도로 비대칭 촉매를 이용한 유기합성은 학계와 산업계에서 모두 중요하다. 비대칭 촉매를 사용한다고 해서 광학 선택성이 높은 생성물만 생성되지 않는다. 99% ee 이상의 광학 순도를 얻으려면 비대칭 유기합성반응에 아주 효과적인 특별한 리간드를 사용해야 한다. 키랄 순도가 높은 합성반응에 사용하는 리간드는 BINAP[2,2′-bis(diphenylphosphino)-1,1′-binaphthyl], BINOL(1,1′-Bi-2-naphthol), BIPHEP, 타르타릭산(tartaric acid) 유도체, 옥사졸린(oxazoline), cinchona alkaloid, Duphros bis(phosphine), (DUPHOS), DIPAMP, pybox SALEN(살렌) 등 그 종류가 많지 않다[8]. 그림 9.17에 비대칭 유기합성반응에 사용하는 광학 선택성이 높은 리간드의 구조를 모았다.

공업화된 비대칭 촉매반응의 예로 키랄성 인(P) 리간드인 DIPAMP이 결합된 로듐 착화합물 촉매에서 수소화반응을 통해 L-DOPA를 제조하는 반응이 있다. 그림 9.18에 반응경로를 정리하였으며, 키랄성 도입에는 아세트아미도신나믹산의 비대칭 수소화반응이 중요하다. 초기에는 로듐 원자에 두 개의 메틸사이클로헥실-o-아니졸포스페이트(methylcyclohexyl-o-anisoyl phosphate)와 1개의 COD가 결합한 균일계 촉매를 사용하였으며, 생성된 수소화 화합물의 광학 선택도는 88%였다. 이 후 각종 포스페이트 계열의 키랄 리간드가 개발되면서 광학 선택도는 더 높아져서, DIPAMP 리간드를 사용한 촉매에서는 광학 선택도가

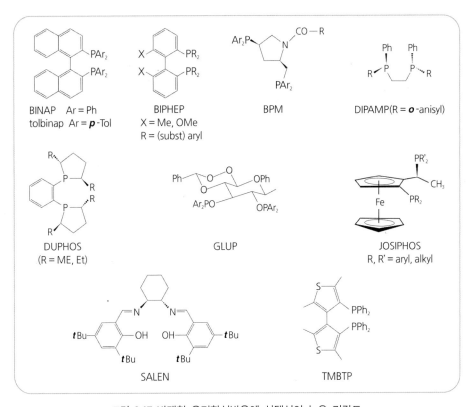

그림 9.17 비대칭 유기합성반응에 선택성이 높은 리간드

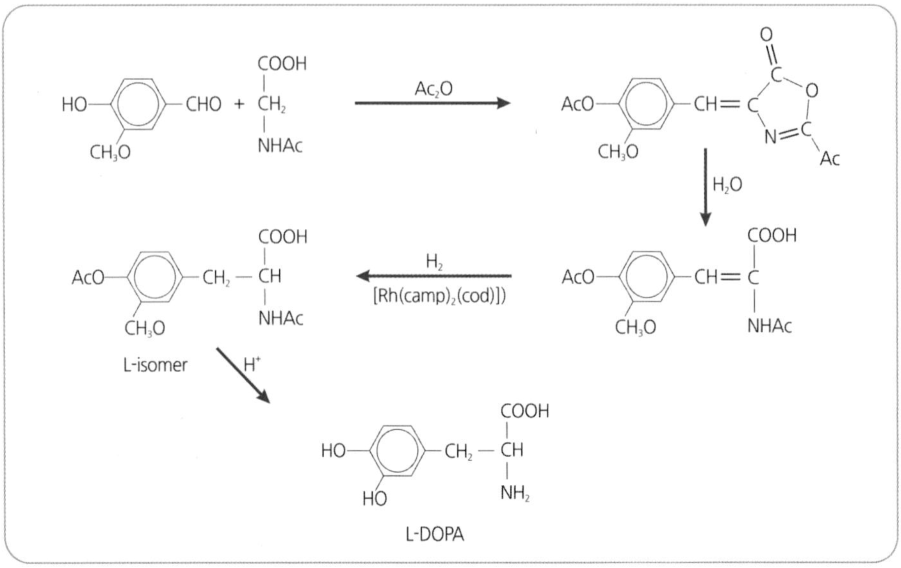

그림 9.18 L-DOPA의 합성경로

95% 이상으로 높다.

L-DOPA의 합성을 위한 수소화반응에는 키랄성이 있는 포스핀 화합물을 리간드로 사용하며, CHIRAPHOS, NORPHOS, DIPAMP, DIOP, BPPM, BINAP 등 리간드가 결합된 촉매에서 광학 선택성이 높다. 광학활성 리간드를 금속에 결합시킨 균일계 촉매에서는 금속 주변에 키랄(비대칭) 환경이 형성된다. 그러나 리간드만으로 광학 선택성이 결정되지 않으며, 리간드와 기질(반응물)의 조합과 반응 조건에 따라 생성물의 광학 순도가 조금씩 달라진다. 합성하고자 하는 물질의 광학 순도를 높이려면 그 물질과 짝이 잘 맞으며 광학 선택성이 높은 구조의 리간드를 적절히 사용하여야 한다.

이 외에도 비대칭 유기합성반응을 이용하여 생산하는 제품으로는 아스파탐, 글리시돌 유도체, 키랄 에폭사이드 등이 있다. (R)-BINAP 리간드가 결합되어 있는 Ru(II) 촉매에서 키랄성 케톤 유도체를 수소화하여 항생제인 카바페넴(carbapenem)의 중간체를 합성한다. 이 방법으로 그림 9.19를 따라 2-아미도메틸(2-amidomethyl) 화합물을 수소화하여 광학 순도가 98% ee인 중간체를 합성한다. 비대칭 수소화반응을 거쳐 카바페넴의 원료인 2-아세톡시아제티디논(2-acetoxyazetidinone)을 대량으로 생산한다. 설탕 대신으로 사용하는

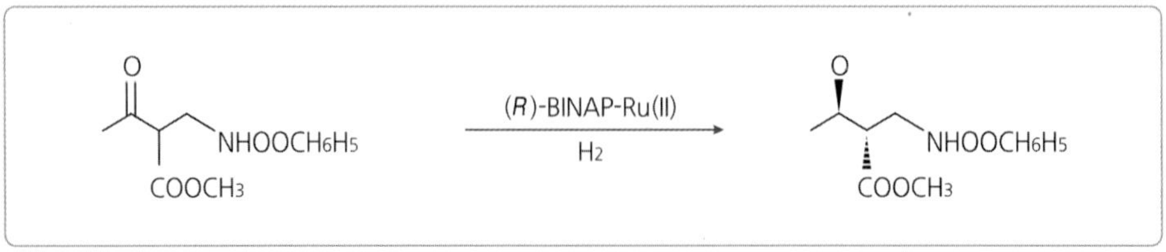

그림 9.19 2-아미노메틸 화합물의 수소화반응

감미제인 아스파탐은 (S)–페닐알라닌에서 제조한다. (S)–페닐알라닌을 합성하는 비대칭 수소화공정에는 (R,R)–PNNP–Rh(NBD) 착화합물을 촉매로 사용한다.

Ti(Ⅳ) 착화합물 촉매에서 알릴알코올을 에폭시화하여 여러 가지 키랄 화합물의 제조 중 간체인 글리시돌을 합성한다. 노벨상을 받은 샤프레스(Shapress)의 연구 결과가 공업화된 중요한 산화반응이다.

그림 9.20 알릴알코올의 에폭시화반응

키랄 에피클로로히드린(epichlorohydrin: ECH)은 제조 가격이 비싸서 키랄물질의 제조에 널리 사용하지 못하였다. 최근에는 그림 9.21에 나타낸 구조의 키랄 코발트 살렌 촉매에서 라세믹 ECH를 가수분해하여 키랄 ECH를 값싸게 제조한다[9]. 생성된 키랄 ECH의 광학 순도는 99% 이상으로 높고, 같이 생성되는 디올 화합물의 광학 순도 역시 높다. ECH에만 국한되지 않고 키랄 에폭사이드를 반응물로 사용하는 여러 가지 유기합성반응에서 이 방법 을 이용한다. 키랄 ECH는 탄소 개수가 세 개이면서도 반응성이 높아서 의약품, 농약, 화장

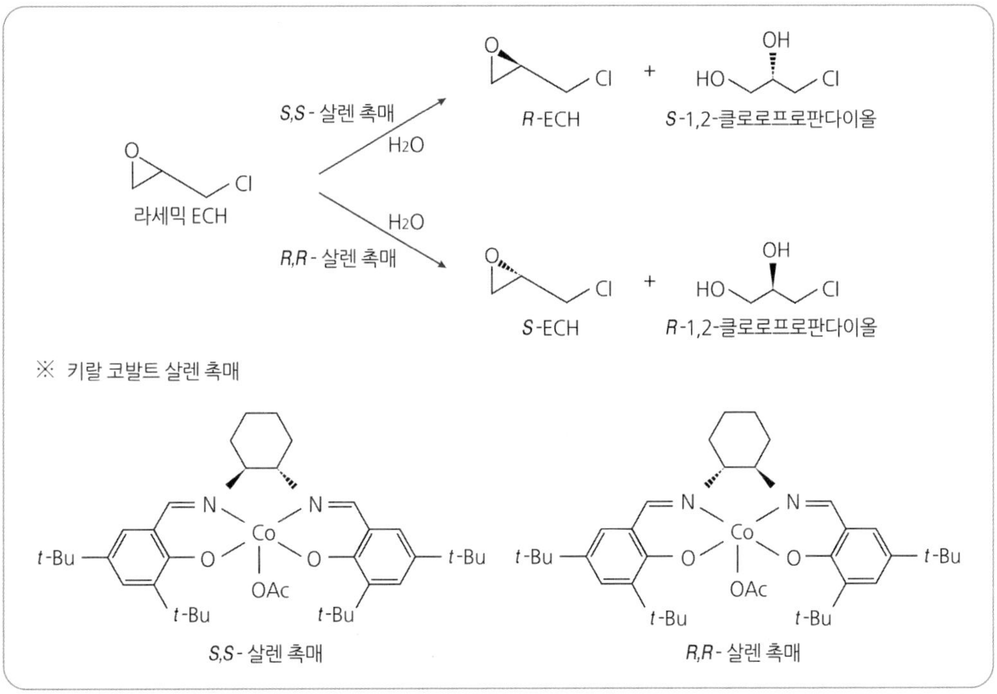

그림 9.21 살렌 촉매에서 라세믹 ECH의 가수분해반응[9]

품, 식품 첨가물 등 다양한 키랄 정밀화학제품의 제조에 원료로 사용한다. 키랄 ECH는 항생제, 고지혈 치료제, 고혈압 치료제 생산에 사용하는 키랄 중간물질로도 중요하다.

🔍 5 초임계 유체에서 균일계 촉매반응

환경오염과 에너지 부담이 커지면서 대량 생산을 강조하는 기존의 화학제품의 제조 방법이 환경에 부담을 주지 않으면서 자원과 에너지 사용량을 크게 줄인 환경친화적 제조 방법으로 바뀌고 있다. 필요한 물질만을 선택적으로 제조하는 합성 방법의 중요성이 크게 부각되었다. 이상적인 제조 방법을 구현하기 위해서는 1) 촉매를 사용하여 합성반응의 효율을 최대한 높이고, 2) 유해한 물질의 사용을 최대한 억제하며, 3) 복잡한 방법을 배제하고 간단하면서도 효과적인 분리·정제 방법의 적용 등 새로운 발상에 기초한 효과적인 합성 방법을 개발해야 한다[10,11].

물질에는 기체, 액체, 고체의 세 가지 상태 외에 임계점 이상의 온도와 압력에서 나타나는 초임계 상태가 있다. 압력을 높여도 응축되지 않고, 기체와 액체의 구분이 명확하지 않은 유체 상태이다. 초임계 상태는 밀도가 높고 유동성이 강해 물질의 분리에 효과적이다. 이산화탄소는 임계점이 31 ℃와 7.38 MPa로 비교적 낮으며, 독성이 없고, 타지 않으며, 회수가 용이하여 초임계 유체로 아주 유용하다. 유기용매를 전혀 사용하지 않은 초임계 이산화탄소 추출법으로 커피콩에서 카페인을 제거하고, 참깨에서 참기름을 추출한다.

초임계 유체에서 촉매반응을 진행하면 청정화학 입장에서 여러 가지 장점이 기대된다.

첫째, 초임계 유체의 확산 효과가 크고 용매와 친화력이 낮은 점을 이용하여 촉매반응을 아주 효율적으로 조작할 수 있다. 물질전달과 섞임 효과가 반응속도와 선택성에 미치는 영향을 활용하여 특정 반응만을 선택적으로 촉진한다. 초임계 상태의 이산화탄소에 수소와 일산화탄소를 많이 녹일 수 있어서, 이들 기체의 용해도가 반응속도에 영향이 큰 반응을 초임계 유체에서 진행하면 반응속도가 크게 빨라진다.

둘째, 기존의 유기용매 대신 초임계 유체를 용매로 사용할 수 있다. 이산화탄소는 무해하면서도 값싸고, 온도와 압력이 낮아 조작하기 안전하고, 반응이 끝난 후 기체 상태로 쉽게 제거하여 생성물의 분리·회수가 용이하다. 벤젠이나 염화메틸렌 등 독성이 높은 유기용매를 대체하면 아주 효과적이다. 초임계 상태 이산화탄소의 탁월한 추출 능력을 이용하여 액상에서 반응을 진행한 후 생성물만 초임계 상태로 옮겨 분리하는 조작도 가능하다.

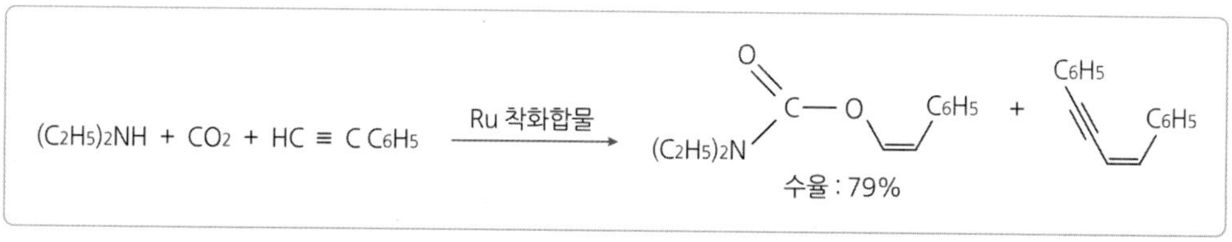

그림 9.22 다이에틸아민, 페닐아세틸렌, 이산화탄소의 축합반응

셋째, 초임계 상태의 이산화탄소와 반응시켜 새로운 화합물을 제조하므로 이산화탄소를 효과적으로 고정할 수 있다. 1990년대에 초임계 상태에서 이산화탄소를 수소화하여 개미산의 유도체를 합성하였다. 이를 계기로 초임계 상태에서 일어나는 촉매반응에 관한 연구가 급속도로 확산되었다. 초임계 유체의 특징을 살리는 유기합성 방법은 학술적으로 새롭고, 환경 부담을 줄이는 효과적인 기술이다.

초임계 상태의 이산화탄소 중에서 루테늄 착화합물을 촉매로 사용하여 카르바민산에 알 킨과 이산화탄소를 결합시킨다. 이산화탄소에 녹는 루테늄-트라이에틸포스파이드 착화합물[$RuCl_2\{P(OC_2H_5)_3\}_4$] 촉매는 이 분자간 부가반응에서 활성과 선택성이 모두 높다. 초임계 상태 이산화탄소($80\,^\circ\text{C}$, $8.0\,\text{MPa}$) 중에서 페닐아세틸렌과 다이에틸아민을 반응시키면 그림 9.22의 반응이 진행되어 Z형의 카르바민산 비닐에스테르가 생성되며, 수율은 79%에 이른다[12].

페닐 아세틸렌의 말단 알킨기와 루테늄 촉매에서 생성된 비닐리덴 착화합물이 서로 반응하여 우레탄이 생성된다[13]. 아세틸렌의 이량화반응도 비닐리덴 중간체를 거쳐 진행되지만, 초임계 상태의 이산화탄소 중에서는 카르바민산 비닐에스테르의 수율이 높다. 이산화탄소의 농도가 높아 비닐리덴 착화합물과 이산화탄소가 먼저 반응하므로 아세틸렌의 이량화반응이 억제된다. 유기용매에서도 이 반응이 진행되지만, 아세틸렌의 이량화반응이 많이 진행되어 목적 생성물인 카르바민산 비닐에스테르의 수율이 낮다.

초임계 상태 이산화탄소 중에서 N,N'-다이메틸렌다이아민은 탈수되어 고리가 있는 요소인 1,3-다이메틸-2-이미다졸리디논으로 전환된다. 실리카로 이루어진 MCM-41 중간세공물질이 같이 들어 있으면 생성물의 수율이 높다[13]. 초임계 상태 이산화탄소를 이동상으로 사용하는 유통식 반응기에서 요소 유도체를 연속적으로 합성한다. 표면적이 넓고 중간세

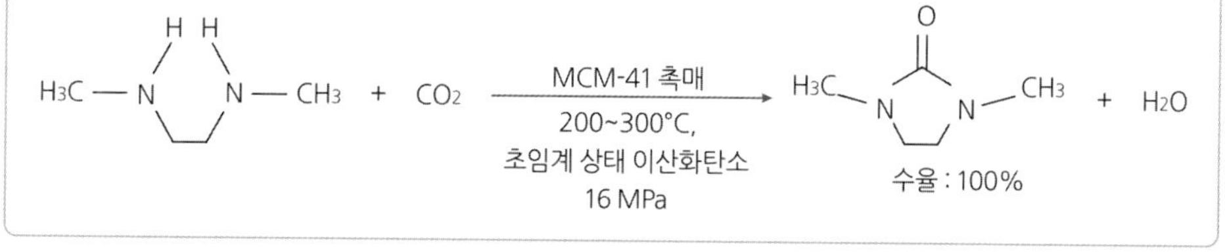

그림 9.23 N,N'-다이메틸렌다이아민의 탈수반응

공이 있는 MCM-41이나 HMS 실리카를 촉매로 사용하면 전환율과 선택도가 모두 100%에 이른다. 중간세공물질의 하이드록시기가 카르바민산에서 물을 제거하는 반응을 촉진하고, 초임계 상태의 이산화탄소에 의해 생성된 물이 촉매 표면에서 바로 제거되기 때문에 반응이 원활히 진행된다.

초임계 상태의 유체를 반응 매체로, 또는 반응물로 사용하는 반응은 청정화학 측면에서 아주 의의가 있다. 현재의 기술 수준으로는 초임계 상태의 유체를 활용하는 반응이 드물고 해결해야 할 문제점도 많아서, 초임계 상태의 유체는 촉매반응의 용매보다는 분리와 추출용 매체로 많이 사용된다. 초임계 상태 유체를 반응물이나 용매로 사용하면 기존 촉매반응에서 보지 못한 장점이 많아서 초임계 상태 유체에서 진행되는 새로운 촉매기술이 창출되리라 전망한다[10].

🔍 6 균일계 촉매의 고정

촉매활성이 높은 균일계 촉매를 회수하여 다시 사용할 수 있으면, 일반 촉매에 비해 비싼 키랄 촉매를 다시 사용하므로, 각종 의약품이나 정밀화학제품의 제조 가격을 크게 낮출 수 있다. 균일계 촉매를 고체 지지체에 여러 방법으로 고정하여 고가의 촉매를 재사용한다. 균일계 촉매를 고정화하면 일반적으로 활성이 낮아져 반응속도가 느려지고, 생성물에 대한 선택도가 달라지는 단점이 있다. 균일계 촉매의 우수한 활성과 선택성이 유지되도록 고정하려면 고정하는 과정에서 촉매활성점이 화학적, 전자적, 입체구조적으로 달라지지 않도록 유의해야 한다. 균일계 촉매를 고정화하여 불균일계 촉매를 만들 때에는 분자 촉매를 설계하듯 고체 표면에 촉매활성점을 차근차근 만들어가려는 노력이 필요하다. 지지체에 활성이 높은 균일계 촉매를 고정화하는 예를 고정화 키랄 촉매와 고정화 산/염기 촉매를 중심으로 소개한다.

(1) 지지체에 고정화한 키랄 촉매

중간세공이 발달한 알루미노실리케이트인 MCM-41, MCM-48, HMS, SBA-15 등 중간세공물질의 표면적은 $1,000 \, m^2 \cdot g^{-1}$로 매우 크고, 중간세공의 크기는 3~10 nm 범위에서 조절 가능하다. 이로 인해 미세세공만 있는 제올라이트와 달리, 중간세공물질에는 큰 분자가 흡착하고, 상당히 큰 촉매활성점을 세공 내에 고르게 분산시킬 수 있다. 반응물과 생성물의 확산이 빨라 물질전달에 대한 저항은 작다. 중간세공이 있는 고체 지지체의 표면에 하이드록시기가 드러나 있으면, 균일계 촉매의 알콕시기 등 관능기를 이들과 반응시켜 촉매활성물질을 표면에 결합시킨다.

활성물질을 고체 표면에 고정하는 방법으로는 흡착법, 이온 교환법, 공유결합법, 가두기법 등 다양한 방법이 있으며, 이들 방법마다 장점과 단점이 있다. 흡착법으로는 활성이 큰 균일계 착화합물을 아주 쉽게 고체 표면에 고정하지만, 촉매활성점과 지지체 표면 사이의 결합력이 약해 용매나 반응물에 의해 반응 도중 떨어질 우려가 있다. 공유결합법에서는 균일계 촉매를 차례로 반응시켜 고체 표면에 고정해야 하므로 절차가 복잡하고 적절한 연결물질이 있어야 한다. 고정되는 활성물질의 양에도 제한이 있으나, 고정된 촉매활성물질은 매우 안정하여 반응이 끝난 후 촉매를 회수하여 재사용할 수 있다. 따라서 균일계 촉매를 지지체에 고정할 때는 촉매의 구조와 성질을 바탕으로 적절한 고정 방법을 선택한다[14].

① 흡착법으로 고정한 키랄 촉매

중간세공물질은 세공이 커서, 제올라이트에서 나타나는 분자체 기능이 없지만, 흡착법이나 공유결합법으로 균일계 촉매의 활성물질을 세공벽에 고정하기는 쉽다. 많은 양의 착화합물을 효과적으로 고정하기 위해서는 지지체의 세공이 착화합물보다 충분히 커야 한다. 고체 표면에 고정된 금속 원자에 키랄 분자가 흡착하여 만든 촉매활성점에서 키랄 선택성이 나타난다. 그림 9.24에서 보듯이 신코나(cinchona) 화합물이 흡착된 백금 촉매에서는 메틸피루베이트와 에틸피루베이트의 수소화반응 생성물의 광학 순도가 95% ee에 이른다[14,15]. MCM-41에 백금 금속을 담지한 촉매에서는 함께 고정한 키랄물질의 종류에 따라 1-페닐-1,2-프로판디온의 수소화반응에서 생성물의 광학 순도가 크게 달라진다. MCM-41에 백금을 15% 담지하고 키랄 (-)신코니딘(cinconidine)을 흡착시킨 촉매에서는 생성물인 (R)-1-하이드록시-1-페닐프로판온의 광학 순도가 44% ee이었다. 알루미나 지지체에 백금을 5% 담지한 촉

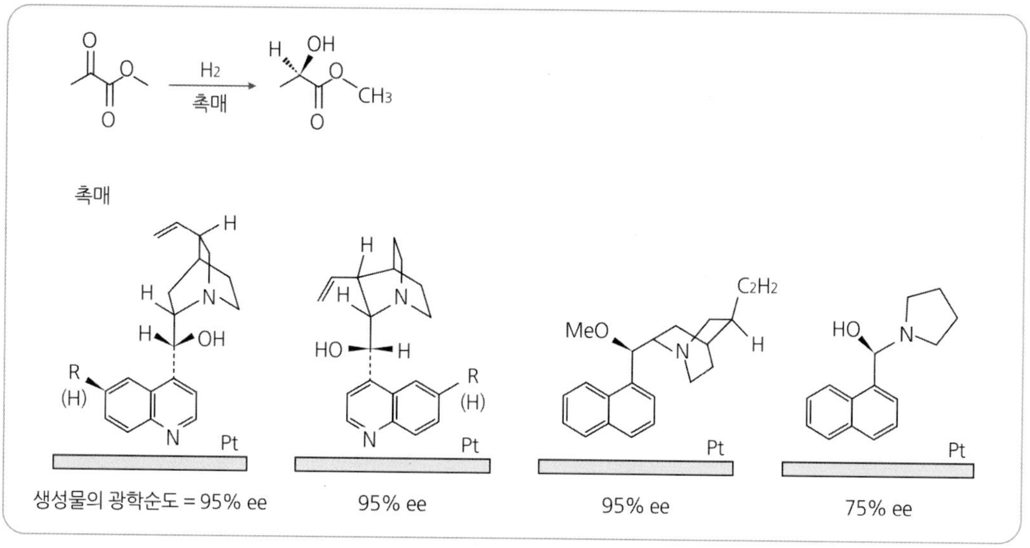

그림 9.24 메틸피루베이트의 수소화반응[14]

매에서는 백금 담지량이 줄어들었는 데에도 생성물의 광학 순도는 54% ee로 증가하였다. MCM-41 중간세공물질에 백금을 15% 담지하여 비교적 큰 백금 알갱이가 형성되면 생성물의 광학 순도가 더 높아진다[14].

한편 실리카에 백금을 금속 알갱이 상태로 담지한 다음, 신코나 알칼로이드 분자를 지지체에 공유결합형 다리로 결합시킨 촉매에서는 생성물의 광학 순도가 매우 높았다. α-케토에스테르의 수소화반응에서는 첨가한 키랄 화합물에 의하여 광학 선택성이 나타나며, 반응속도도 상당히 빠르다. 귀금속 착화합물의 지지체로 주로 실리카와 알루미나를 사용하였지만, MCM-41, MCM-48, SBA-15 등 중간세공물질을 지지체로 사용하는 예가 많아지고 있다. α-케토에스테르의 수소화반응에서는 지지체의 구조와 세공크기가 생성물의 광학 선택성에 미치는 영향이 작았지만, 담지된 금속 알갱이의 크기와 결합되어 있는 키랄 리간드의 종류에 따라서는 생성물의 광학 순도가 크게 달라졌다.

② 공유결합으로 지지체에 고정한 키랄 착화합물 촉매

비대칭 촉매반응에서 수소화반응은 공업적으로 매우 중요하므로, 수소화반응에 활성이 높은 균일계 착화합물을 다공성 지지체에 고정하는 연구가 활발하다. 키랄 로듐(I) 착화합물을 지지체에 고정한 촉매는 질소와 연결된 탄소 이중결합이 수소화될 때 활성과 광학 선택성이 아주 높다[16,17].

1~3 nm의 중간세공이 있는 제올라이트(USY)에 Si(OEt)₃가 결합되어 있는 피롤리딘구조의 키랄 리간드를 실리카 표면에 고정한다[16]. USY의 중간세공은 상당히 커서 프롤린이나 피롤리딘으로 만든 키랄 로듐 착화합물이 세공 내에 들어가 고정된다. 그림 9.25에 보인대로 이 촉매는 α-아미노신나메이트의 수소화반응에 대한 선택성이 높아서, 생성된 키랄성 페닐알라닌 유도체의 광학 순도는 93~98% ee에 이른다.

1,2-다이포스핀으로 실리카에 고정한 키랄 로듐 착화합물[{Rh(COD)(R,R)DPP}⁺BF₄⁻]

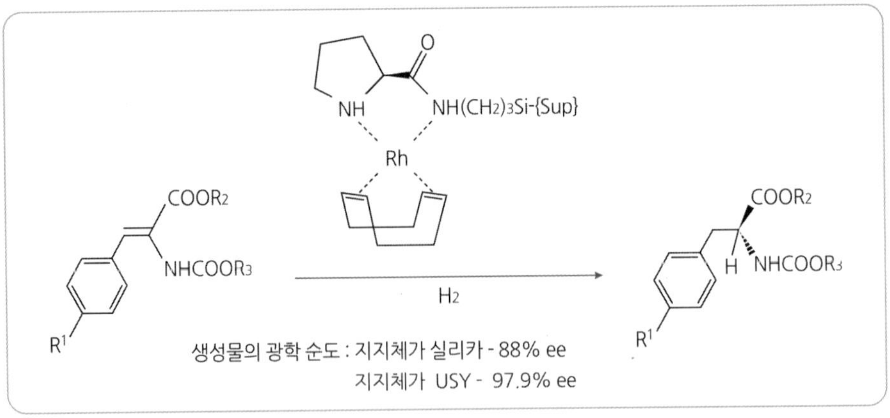

그림 9.25 α-아미노신나메이트의 수소화반응[16]

도 수소화반응에서 광학 선택성이 높다[17]. 이 구조의 착화합물을 촉매로 사용하면 생성물의 광학 순도가 100% ee이며, 이 착화합물을 지지체에 고정하여도 생성물의 광학 순도가 비슷하다(그림 9.26). 촉매활성점과 지지체 사이를 이어주는 화학결합의 길이와 유연성에 따라 생성물의 광학 순도가 크게 달라진다. 반응물이 메틸에스테르(R' = CH$_3$)이면 지지체의 세공크기도 광학 선택성에 영향을 미친다.

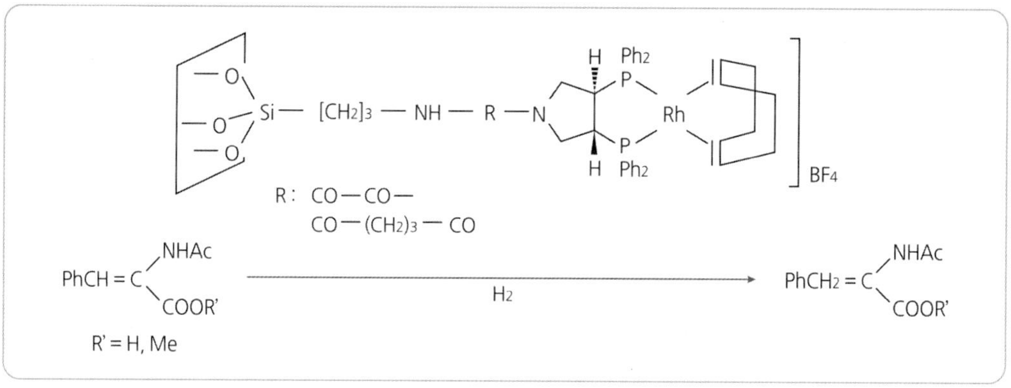

그림 9.26 로듐 착화합물에서 수소화반응[17]

백금과 오스뮴 산화물이 같이 들어 있는 신코나 계열의 키랄 알카로이드 촉매는 알켄에서 키랄 디올 화합물을 합성하는 반응에 촉매활성이 높다[18]. 키랄 신코나 화합물을 실리카에 결합시켜 제조한 $4-\mathrm{bis}(9-o-\mathrm{quininyl})-\mathrm{phthalazine}$ 촉매에서는 $trans-$스틸벤의 하이드록시기 제거반응인 사플리스(Sharpless) 산화반응에서 $(S,S)-$디올 생성물의 광학 순도가 99% ee로 매우 높다(그림 9.27).

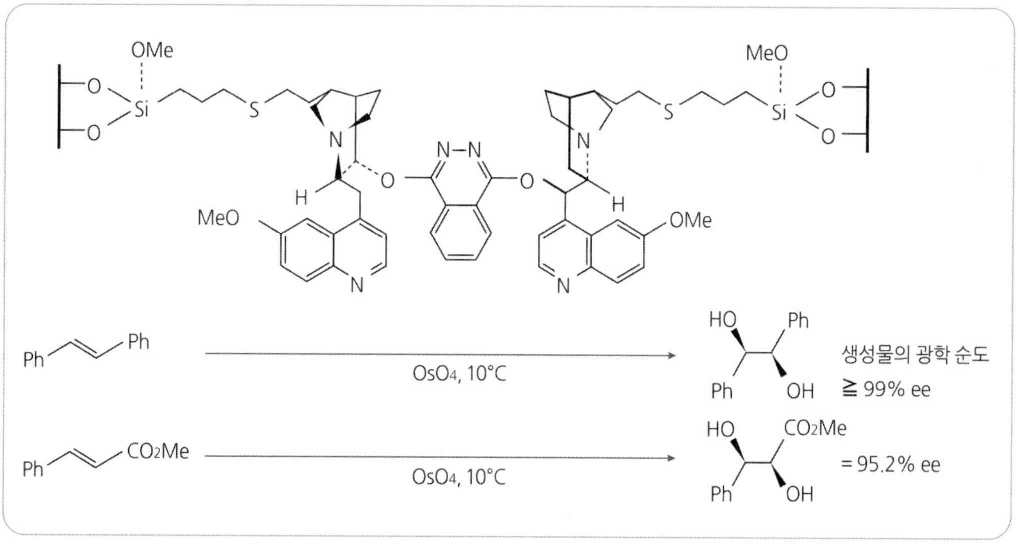

그림 9.27 알켄에서 키랄 디올 화합물의 합성반응[18]

고정화 착화합물 촉매의 광학 선택성이 균일계 착화합물 촉매와 항상 비슷하지는 않다. 알데하이드의 알킬화반응에서는 키랄 아미노알코올을 지지체에 고정한 촉매에서 생성물의 광학 순도는 33%로서, 균일계 착화합물 촉매에서 생성물의 광학 순도인 66%보다 훨씬 낮다. 그러나 그림 9.28에 보인 대로 실리카로만 이루어진 중간세공물질인 MCM-41과 SBA-15에 아미노산의 일종인 프로린 유도체를 결합한 촉매는 같은 반응에서 활성과 선택성이 우수하였다[19,20]. 지지체의 세공크기에 따라 생성물의 광학 순도가 크게 달라지며, 표면에 남아 있는 하이드록시기를 염화트라이메틸실레인(chlorotrimethyl silane)으로 제거하면 생성물의 광학 순도가 높아진다. 고정화한 균일계 유기금속 착화합물 촉매에서 부반응을 촉진하거나 반응물의 흡착에 영향을 미치는 표면의 관능기를 제거하여 균일계 촉매와 비슷하게 활성과 선택성을 높인다.

고분자물질 역시 키랄 리간드를 고정화하는 지지체로 적합하다. 리간드를 중합시켜 중간 중간 리간드가 달려 있는 고분자물질을 만든 후, 리간드에 금속을 결합시켜 촉매를 만든다. 원리는 매우 간명하지만, 중합된 고분자물질의 화학 조성, 가교도, 세공구조 등 고정화 촉매의 활성에 영향이 큰 인자를 정밀하게 제어하기 어렵다. 현재까지는 주로 공중합법과 그라프팅중합법으로 유기금속 착화합물을 고분자물질에 고정하였다[21,22]. 폴리아미노산이 폴리스티렌의 사슬에 결합된 촉매에서는 찰콘 유도체의 에폭시화반응에서 생성물의 광학 순도가 99%로 매우 높으며, 여러번 사용하여도 촉매활성이 그대로 유지된다.

고분자물질과 달리 실리카는 유기용매와 반응물에 녹거나 팽윤되지 않는다. 실리카는 고

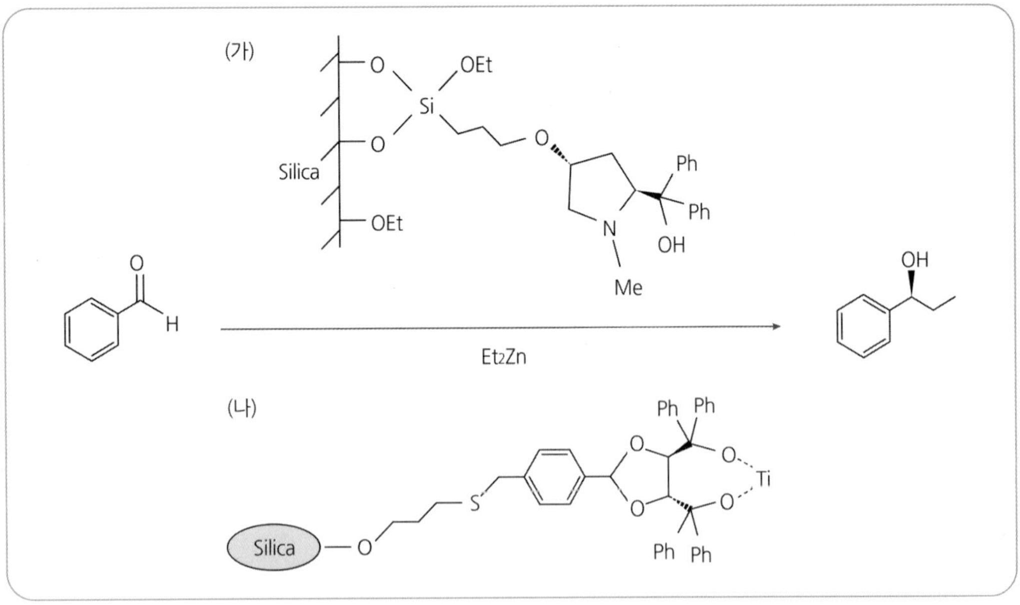

그림 9.28 벤즈알데하이드의 알킬화반응에서 생성물의 광학 순도: (가) 촉매에서는 75% ee[19] (나) 촉매에서는 98% ee[20]

정된 금속 착화합물과 강하게 상호작용하므로 촉매활성물질이 강하게 고정되어 있어서 이 촉매를 반복하여 사용할 수 있다. 유기 고분자물질은 유연하고 제조하기 쉬운 반면, 유기용매와 상호작용이 강하다. 키랄 촉매를 지지체에 결합하여 고정화한 촉매는 적용하려는 반응을 고려하여 지지체를 선정한다. 활성점 주변의 공간적인 환경이 촉매활성에 미치는 영향이 반응에 따라 다르고, 반응 조건에 따라 적절한 지지체가 다르므로, 고정화 촉매를 만들 때에는 지지체의 종류와 반응 조건을 같이 고려해야 한다.

③ 가두기법에 의한 키랄 촉매의 고정화

흡착과 공유결합을 이용하여 유기금속 착화합물을 고체의 특정한 자리에 고정하는 대신 키랄 활성이 있는 착화합물을 고체 지지체의 세공에 가두어 촉매를 만든다(그림 9.27). 병 안에 갇혀 있는 배 모형(ship-in-bottle)의 장식품처럼, 다공성물질의 세공 안에 착화합물을 가둔다. 세공입구의 크기가 내부의 공간보다 작은 FAU 제올라이트(X와 Y)를 화학적으로 처리하여 골격의 알루미늄 원자를 일부 녹여 내어 중간세공을 키운다. 세공입구를 통과하

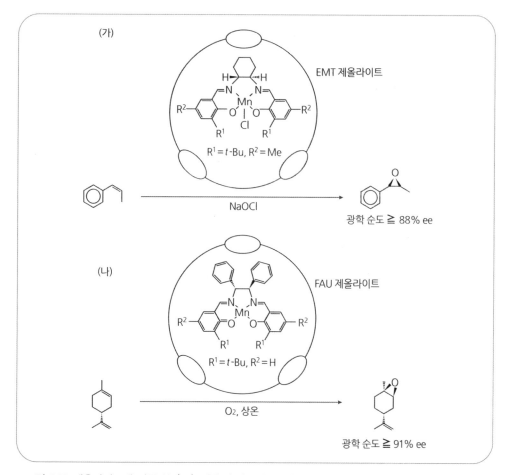

그림 9.29 제올라이트에 가둔 Mn(Ⅲ) 키랄 촉매에서 비대칭 촉매반응 참고문헌: (가); [23], (나); [24]

는 작은 물질을 이 공간에 모아 반응시켜서 밖으로 빠져나오지 못할 크기의 키랄 활성물질을 만든다[23,24]. 지지체의 세공 입구가 내부보다 작은 둥지 모양이어야 키랄 착화합물을 생성시켜 가두기 편리하므로, 큰 둥지가 있는 FAU 제올라이트와 세공의 모양이 둥지형인 중간세공물질을 지지체로 사용한다. 키랄 착화합물이 크면 이를 가두는 세공도 커야 하므로, 전처리 과정에서 충분히 큰 내부공간을 만들어야 한다.

지지체에 갇힌 유기금속 착화합물은 밖으로 빠져 나오지 못하지만, 자유롭게 움직이면서 반응물과 접촉한다. 세공 안에 갇혀 있는 점만 다르기 때문에 균일계 촉매를 사용할 때와 반응 조건을 같게 설정한다. 그림 9.29에 제올라이트의 세공에 갇힌 키랄 Mn(Ⅲ) 촉매에서 알켄의 산화반응 결과를 나타내었다. 생성물의 광학 순도가 88% ee와 91% ee 이상으로 매우 높아서 촉매 사용이 효과적이다. 반응이 끝나면 여과하여 생성물과 촉매를 분리하고, 용매로 세척한 후 반응에 다시 사용한다. 갇혀 있는 촉매활성물질이 빠져 나오지 않으므로, 촉매의 활성은 거의 그대로 유지된다. 가두기법으로 키랄 촉매를 고정하면, 고정화로 인해 활성점 주변이 전혀 달라지지 않으므로 균일계 키랄 촉매의 성능이 그대로 나타난다.

④ 이온결합에 의한 키랄 착화합물 촉매의 고정화

수소결합이나 이온결합으로 키랄 금속 착화합물을 지지체에 고정한다. 양이온 형태의 키랄 착화합물은 음이온이 드러난 지지체에 정전기력으로 결합하며, 반대 경우도 가능하다. 망간 양이온이 들어 있는 Al-MCM-41을 키랄 살렌과 반응시켜 망간 양이온을 살렌 리간드와 결합시킨다[25]. 이온결합으로 고정한 촉매는 활성이 높고, 생성물의 광학 순도는 70% ee이며, 생성된 에폭사이드의 *cis : trans* 비율은 균일계 촉매에서 제조한 에폭사이드의 비

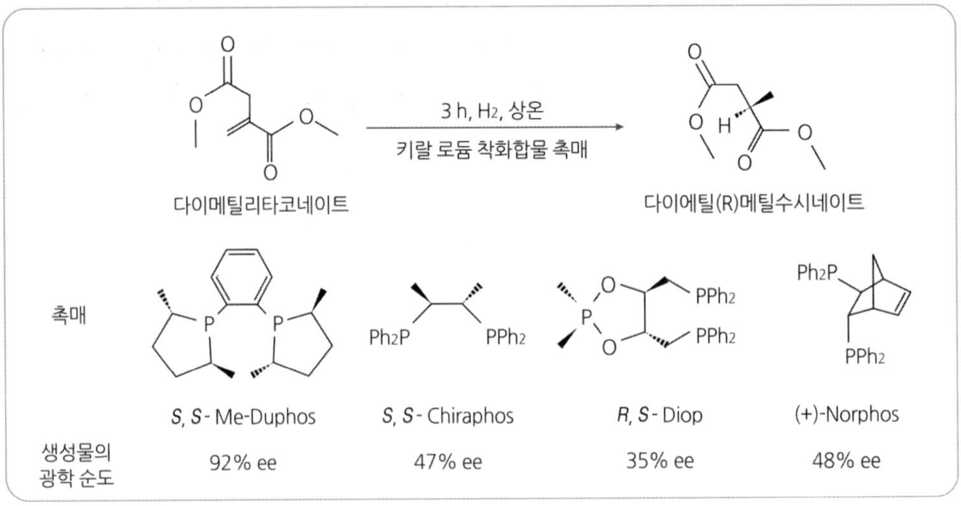

그림 9.30 Al-MCM-41에 이온결합법으로 고정한 키랄 로듐 착화합물 촉매에서 다이메틸리타코네이트의 수소화반응[26]

율과 거의 같다.

키랄 로듐 다이포스핀 착화합물을 이온 교환 방법으로 Al-MCM-41에 고정한다(그림 9.30). 음전하를 띠는 Al-MCM-41 골격에 키랄 로듐 살렌 양이온을 정전기력으로 결합시킨다. 공유결합으로 활성물질을 표면에 고정하는 방법에 비해 제조하기 쉽고, 착화합물의 구조에 제한이 없으며, 적용 범위가 크다. 이 촉매를 다이메틸리타코네이트의 수소화반응에 사용하면 생성물의 광학 순도가 92% ee로 높다[26]. 키랄 착화합물을 고정하지 않은 Al-MCM-41에서는 반응이 전혀 일어나지 않았다. 사용한 촉매는 씻어서 다시 사용하며, 따로 처리하지 않아도 촉매활성이 그대로 유지된다.

(2) 고정화한 고체산/염기 촉매

액체산과 액체염기의 촉매활성은 매우 우수하지만, 장치를 부식시키고, 반응이 끝난 후 이들을 생성물로부터 분리하여 제거하기 어렵다. 생성물의 정제 과정에서 다량의 폐수가 발생하므로, 청정화학에서는 촉매활성이 비슷한 고체산과 고체염기를 선호한다. 8장에서 고체산과 고체염기에 대해 설명하였으므로, 이 절에서는 전형적인 고체산과 고체염기 이외에, 이음끈으로 산과 염기를 지지체의 표면에 결합시켜 고정화한 고체산과 고체염기의 제조 방법과 이들의 촉매작용을 설명한다[27].

① 고체산 촉매의 제조 및 응용

실리카로만 이루어진 MCM-41 중간세공물질을 헥산에 녹인 알루미늄 아이소프로폭사이드를 처리하여 표면에 알루미늄을 결합시킨 후, 열처리하면 산점이 형성된다. 처음에는 알루미늄이 6배위 상태로 골격에 결합하지만, 열처리하면 브뢴스테스 산성을 띠는 정사면체 배위구조로 바뀐다. 염화알루미늄과 질산알루미늄을 알루미늄 원자를 골격에 넣는 원료물질로 사용하면 직접합성법보다 더 많은 알루미늄을 골격에 넣을 수 있다. 중간세공물질은 무정형물질이어서 H-Al-MCM-41의 산세기는 제올라이트보다 약하다[28].

계면활성제가 들어 있는 용액에서 머캅토프로필트라이메톡시실레인(mercaptopropyl tri-methoxysilane: MPTMS)과 TEOS를 직접 공중합시켜 제조한 중간세공물질의 세공벽에는 싸이올(-SH)기가 노출되어 있다. 산성 에탄올에 넣고 끓여서 세공에 들어 있는 계면활성제를 제거한 후, 싸이올기를 과산화수소로 산화시켜서 술폰기가 세공벽에 드러나 있는 중간세공물질을 만든다. 이렇게 직접 합성한 중간세공물질의 산세기는 매우 강하나, 세공구조의 규칙성이 약하고 산화처리 중에 구조가 부서져서 세공부피와 표면적이 작다.

직접합성법 대신 그림 9.31에 보인 후처리 방법으로도 세공벽에 술폰기를 도입한다[29]. 세공이 큰 중간세공물질에 강한 산점이 있어 촉매로 사용하기 편리하다. 그러나 술폰산기가

지지체에 공유결합으로 이어져 있어서 산화 분위기에서 열에 대한 안정성은 낮다.

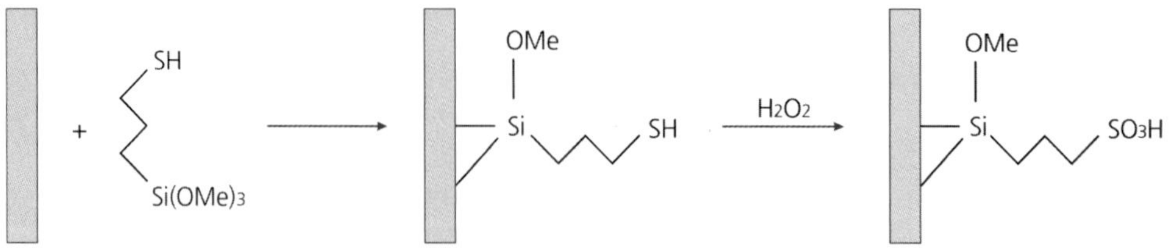

그림 9.31 싸이올 유기 화합물을 지지체에 결합시켜 제조한 술폰산기가 있는 중간세공물질[29]

블록공중합 고분자물질이 주형물질로 들어 있는 TEOS, MPTMS, 과산화수소의 혼합물에서 술폰산기가 들어 있는 SBA−15 중간세공물질을 직접 합성한다[30]. 평균 세공크기는 6 nm이고, 표면적은 $800\,m^2 \cdot g^{-1}$ 정도로 넓으며, 수열 안정성이 좋다. 술폰산기 함량이 실리카 g당 1.2 당량에 이를 정도로 많다. 트라이에틸포스핀을 흡착시킨 후 그린 ^{31}P−MAS NMR 스펙트럼에서 판정한 술폰산 도입 SBA−15의 산세기는 H−Al−MCM−41, H−SBA−2, H−SBA−12보다 훨씬 강하다.

2−(4−클로로술포닐페닐)에틸트라이메톡시실란과 TEOS를 사용하여 세공 벽에 아렌술폰산기가 드러나 있는 SBA−15를 합성한다[31]. 술폰산기가 있는 중간세공물질 산 촉매는 그림 9.32에 보인 페놀과 아세톤을 축합시켜 비스페놀 A를 합성하는 반응에 활성이 매우 높다[32]. HMFI, HFAU, HBEA 제올라이트 촉매는 세공이 작아서 이 반응에 대한 활성이 거의 없으나, 술폰산기를 고정한 SBA−15 중간세공물질에서는 p,p'−비스페놀 A에 대한 선택성이 90% 이상으로 매우 높았다. 중간세공 내에서 형상선택적 촉매작용이 진행되어 가지달린 o,p'−비스페놀 A보다 직선형의 p,p'−비스페놀 A가 많이 생성된다.

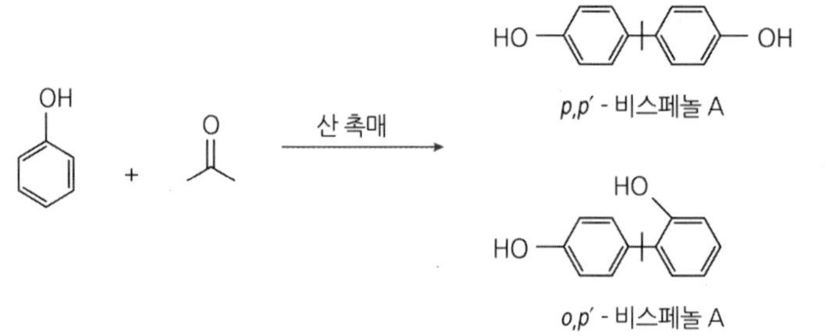

그림 9.32 산 촉매에서 페놀과 아세톤으로부터 비스페놀 A의 합성[32]

② 고체염기 촉매의 제조 및 응용

중간세공물질에 유기염기 화합물을 결합시켜 염기가 고정된 촉매를 만든다. pK_b 값이 약 25로 염기세기가 매우 강한 구아니딘 [1,5,7 − 트라이아자바이사이클로[4,4,0]덱 − 5 − 엔(triazabicyclo[4,4,0]dec − 5 − en: TBD)]을 그림 9.33에 보인 방법으로 1과 2를 차례로 반응시켜 MCM − 41에 고정한다. 공유결합으로 지지체에 결합된 구아니딘은 반응 도중 녹아나오지 않으며, 이렇게 제조한 비이온성 염기 촉매는 염기 촉매반응에서 활성이 매우 높다[27].

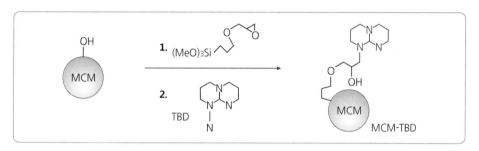

그림 9.33 MCM 중간세공물질에 TBD 염기의 고정[27]

프로필아민, 피페리딘, TBD, 피롤리딘, 피리미딘, 이미다졸, 1,2,4 − 트라이아졸, 1,8 − 다이아자 − 바이사이클로[5,4,0]운데센 − 7(1,8 − diazabicyclo[5,4,0]undec − 7 − ene: DBU) 등 여러 종류 유기염기를 중간세공물질에 고정한다. 일반적으로 고체에 고정되면 염기세기는 약해진다. 고체 표면에 결합된 염기의 세기를 높이고 표면에서 염기 분자와 하이드록시기 사이의 상호작용을 막기 위하여 지지체 표면에 남아 있는 하이드록시기를 헥사메틸다이실라잔으로 제거한다.

고정화된 브뢴스테드 염기 촉매도 같은 방법으로 제조한다. 트라이메톡시실릴 − 프로필 − N,N,N − 트라이메틸암모늄 클로라이드(trimethoxysilylpropyl − N,N,N − trimethyammonium chloride)를 지지체에 고정한 다음, 메탄올에 녹인 테트라메틸암모늄 클로라이드(tetramethyl-ammonium chloride) 용액과 반응시켜 테트라알킬암모늄기를 지지체에 고정한다. 4급 아민에 결합된 염소 이온을 수산화 이온으로 교환하면 매우 강한 브뢴스테드 고체염기 촉매가 된다. 이 방법으로 고정한 유기암모늄 양이온은 음이온을 바꾸는 도중에 용출되지 않으며, 벤즈알데하이드(BA)와 에틸시아노아세테이트(ECA)의 크뇌벨나겔반응에서 촉매활성이 높았다.

브뢴스테드 고체염기 촉매 이외에 중간세공에 고정화한 아민 촉매에서 크뇌벨나겔반응을 조사한 보고도 있다[33]. 염기도가 강한 아민을 고정한 촉매의 활성이 높으리라 예상하였지만, 1급 아민이 고정된 촉매에서 3급 아민이 고정된 촉매보다 활성이 높았다. 염기세기가 강한 3급 아민을 고정한 촉매에서 촉매활성이 약한 이유는 아민의 종류에 따라 반응기구가 다르기 때문이다. 3급 아민을 고정한 촉매에서는 염기가 ECA에서 양성자를 빼앗으며 반응이 시작되나, 1급 아민이 고정된 촉매에서는 아민이 BA와 반응하여 만든 이민 중간체가 ECA와 반응한다.

(1) 개요

이온성 액체는 양이온과 음이온으로 이루어진 염으로서, 극성이 강하고 실온에서 액체 상태인 물질이다. 여러 종류의 물질이 이온성 액체에 잘 녹고, 염이어서 열에 안정하며, 불에 타지 않고, 휘발성이 낮은 특이한 물질이다. 위에 언급한 특이 성질을 모두 충족하지 못하는 이온성 액체도 있으나, 이온으로 이루어진 극성 액체로서 끓는점이 높아서 보통 액체와 물리화학적 성질이 크게 다르다[34,35].

1914년 월든(Walden)이 [EtNH₃][NO₃]라는 이온성 액체를 보고한 이래, 이의 합성, 성질 조사, 응용이 다양하게 연구되었다. 최근에 이르러 이온성 액체를 촉매, 분리제, 센서, 연료전지, 축전지 등에 적용하면서 이에 대한 관심이 매우 높아졌다[36]. 촉매 측면에서 보면 이온성 액체는 용매이면서 산 촉매이고, 용매이면서 염기 촉매이다. 이런 점에서 이온성 액체를 균일계 촉매로 보아도 무방하다. 이뿐만 아니라, 이온성 액체는 액체이면서도 물질에 따라 용해도가 크게 달라 쉽게 분리할 수 있는 매우 독특한 촉매 재료이다. 이온성 액체를 고체 지지체에 담지하거나 고정하면 별도의 분리 조작 없이도 재사용이 가능하여 환경친화적 촉매로 분류한다. 적용 대상과 이온성 액체의 종류에 따라 차이가 있기는 하지만, 휘발성이 낮고 유기용매를 사용하지 않으므로 대기오염을 유발하는 유기 휘발성물질이 발생되지 않는다.

이온성 액체를 만드는 양이온과 음이온은 그림 9.34에 보인 것처럼 매우 많고, 이들을 조합하여 이온성 액체를 만들기 때문에 그 종류가 무척 많다[37]. 이온성 액체는 극성이 강한 양이온과 음이온의 이온결합으로 이루어지므로, 끓는점이 높고, 휘발성이 낮다. 양이온에는

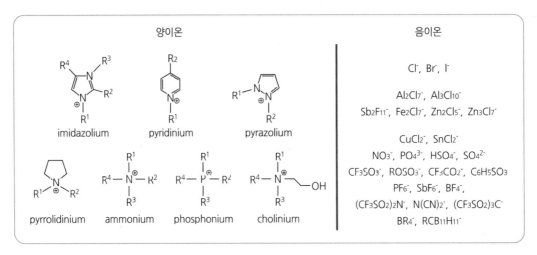

그림 9.34 이온성 액체의 양이온과 음이온[37]

질소나 인이 들어 있고, 음이온에는 플루오린이 들어 있어 불에 타지 않는다. 이러한 조성과 구조 탓에 열과 화학처리에 매우 안정하다. 이온으로 이루어진 물질이어서 전기전도도가 높으며, 밀도가 높고, 점성이 강하다. 그러나 양이온과 음이온이 어떤 물질이냐에 따라 물리화학적 성질 차이가 상당히 크다.

이온성 액체의 성격과 기능이 매우 독특하여 쓰임새가 넓으나, 촉매 분야에서 응용 전망만을 기술한다.

첫째, 구성 요소인 양이온과 음이온에 따라 물리화학적 성질이 크게 달라 이온성 액체의 촉매로서 활용 폭이 매우 넓다. 양성자를 제공하는(protic) 이온성 액체는 산 촉매이면서도 동시에 용매이다. 반대로 염기성 이온성 액체는 염기 촉매 겸 용매이다. 이 외에도 이온성 액체의 양이온과 음이온이 금속 등 활성물질의 리간드로 작용하여 이들을 안정화시킨다. 이런 이유로 이온성 액체를 금속 산화물 지지체에 담지하면, 반응 도중에 생성된 중간체가 안정해진다. 나노크기의 금속을 고정하고 금속 착화합물을 지지체에 담지하는 데에도 이온성 액체를 사용한다. 광학 이성질체의 합성 과정에서는 광학 선택성을 높이는 촉매이면서 동시에 용매로 작용한다. 이처럼 이온성 액체는 용매 겸 리간드, 용매 겸 촉매, 촉매활성물질, 중간체의 안정화제로 그 운용 폭이 넓다.

둘째, 이온성 액체의 성질을 여러 방법으로 조절하여 특정 촉매반응에 적절한 촉매를 설계한다. 양이온과 음이온의 조합을 바꾸는 방법 이외에도 구성 요소의 고리, 치환된 물질 등을 바꾸면 이온성 액체의 성질이 크게 달라진다. 이미다졸륨계 이온성 액체의 성질을 조절하는 예를 그림 9.35에 보였다[37]. 이미다졸륨고리에 치환된 알킬기의 종류에 따라 방향족고리의 성격과 이들의 π 고리 쌓임(π-stacking) 가능성이 달라진다. 이미다졸륨고리의 수소 원자는 다른 물질과 수소결합을 만든다. 이미다졸륨고리의 양전하는 음이온과 정전기적 인력의 세기를 결정한다. 치환되어 있는 알킬기의 탄소 사슬 길

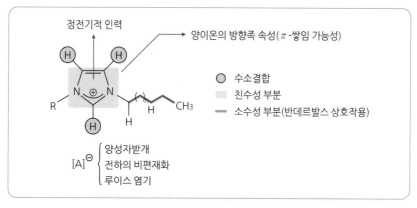

그림 9.35 이미다졸륨계 이온성 액체에서 예상되는 여러 종류의 상호작용[37]

이와 구조에 따라 소수성과 다른 분자와 반데르발스 상호작용의 세기가 다르다. 음이온의 종류에 따라 수소결합의 세기뿐 아니라 전하의 분포 상태도 다르다. 음이온은 그 자체가 염기이므로 음이온이 염기 촉매로서 성능을 결정한다. 이미다졸륨고리에서만도 이처럼 가변적인 요소가 많으므로, 고리와 치환기가 바뀌면 물성이 크게 달라진다.

셋째, 이온성 액체의 활용 방법이 다양하다는 점이다. 끓는점이 높아서 반응 조건에서 안정한 액체이므로, 이온성 액체는 그 자체가 액상 반응물과 직접 반응하는 균일계 촉매이다. 이온성 액체를 액체 – 액체 반응이나 기체 – 액체 반응에 균일계 촉매로 사용한다. 특정 용매에 녹아 있는 반응물과 이온성 액체의 반응에서 다른 액체상에 잘 녹는 물질이 생성된다면, 분리 조작이 필요 없는 촉매반응계를 구성할 수 있다. 이온성 액체는 특정 용매에 계속 녹아 있으므로 반응물을 가하면 반응이 계속되지만, 생성물은 다른 액체상에 농축된다. 생성물의 가역반응이나 평형 제한이 없어 효과적이다.

넷째, 이온성 액체를 고체 지지체에 담지하여 불균일계 촉매로 사용한다. 극성이 매우 강하기 때문에 극성이 있는 고체 표면에 아주 안정하게 담지된다. 이온성 액체의 양이온이나 음이온을 리간드로 활용하여 특정 금속 착화합물 촉매를 고체 표면에 효과적으로 고정한다[38,39]. 증류하거나 용매를 바꾸어서 이온성 액체를 회수하고, 고체 지지체에 고정한 이온성 액체 촉매를 그대로 재사용하므로 촉매로서 효율성이 높다.

이온성 액체를 촉매로서 응용하는 데 부정적인 시각도 만만치 않다. 이온성 액체를 촉매 겸 용매로 사용하려면 이온성 액체가 상당히 많이 필요하다. 이온성 액체의 용해도 차이를 이용하여 생성물을 분리한다고 하지만, 이온성 액체의 추출과 분리가 그리 쉽지만은 않다. 특별한 반응계에서는 이온성 액체를 용매로 사용하여 촉매를 분리하지만, 모든 경우에 적용되는 이야기는 아니다. 이온성 액체를 사용 후 폐기하려면 대량의 폐수가 발생하는 점도 감안하여야 한다. 이온성 액체의 독성이나 생분해성 등 폐기와 관련된 자료가 아직 충분하지 않아 폐기비용을 산정하기 어렵다. 이온성 액체의 특징인 높은 점도로 인해 반응물의 확산이 느리다는 점도 반응기를 설계할 때 고려해야 한다. 아주 제한된 면적의 계면에서만 반응이 진행하므로 반응효율이 낮다. 이온성 액체의 촉매 기능을 극대화하기 위해서는 고순도의 이온성 액체가 필요하나, 이온성 액체의 특성 때문에 고순도 제품을 생산하기가 쉽지 않다. 불순물로 인해 점도와 용해도가 크게 달라지고, 이로 인해 촉매활성이 크게 달라진다. 이온성 액체에는 균일계 촉매, 촉매 겸 용매, 촉매 안정화제 등 다양한 장점이 있지만, 위에 언급한 한계를 극복하지 못하여 공업 촉매로서 응용 전망이 그리 밝지만은 않다[36].

(2) 이온성 액체의 물성

이온성 액체의 녹는점은 이온성 액체를 이루는 구성 이온의 크기, 형태, 전하에 따라 달라진다[40]. 일반적으로 양이온이나 음이온이 크면 고체 결정을 이루었을 때 격자 내 쿨롱(Coulomb) 상호작용이 약해져 녹는점이 낮아진다. 양이온이 나트륨인 이온성 액체에서는 음이온이 Cl^-, BF_4^-, PF_6^-, $AlCl_4^-$ 순으로 커지면 녹는점이 801 ℃에서 185 ℃로 낮아진다. 양이온이 커져도 같은 이유로 녹는점이 낮아진다. 양이온의 대칭성이 녹는점을 결정하는 인자이다. 대칭성이 커지면 차곡차곡 잘 쌓인 결정이 되어 녹는점이 높아지나, 대칭성이 낮아지면 결정구조가 엉성해져서 쉽게 흐트러지므로 녹는점이 낮아진다. 이미다졸륨계 이온성 액체에서는 고리에 치환된 알킬기의 길이에 따라서 녹는점이 달라진다. 알킬기 사슬이 너무 짧으면 공간상 장애가 커져 녹는점이 낮아지지만, 알킬기 사슬의 탄소 개수가 10개 이상으로 길어지면 사슬이 규칙적으로 쌓이면서 상호작용이 강해져서 녹는점이 높아진다.

이온성 액체는 전하를 띠는 이온으로 이루어져 이온끼리 상호작용이 강하므로 점도가 높다. 상온에서 이온성 액체의 점도는 10 cP부터 500 cP까지 차이가 크다. 양이온과 음이온의 상호작용 정도가 점도 결정에 중요하며, 온도 역시 점도에 미치는 영향이 크다. 28 ℃에서 25 ℃로 3 ℃ 낮아지면 $[BMIM][PF_6]$의 점도가 27%나 높아진다. 이온성 액체에 들어 있는 불순물과 용매가 점도에 미치는 영향도 크다. 염소 이온이 들어 있으면 점도는 높아지고, 물이 들어 있으면 낮아진다.

점도와 달리 이온성 액체의 밀도는 주로 구성 양이온과 음이온에 의해 결정된다. 음이온의 질량이 커지면 밀도가 높아지나, 양이온의 부피가 커지면 밀도는 낮아진다. 이온성 액체의 밀도에 대한 온도와 불순물의 영향은 그리 크지 않다.

이온성 액체의 극성은 매우 강하다. 구성 양이온과 음이온에 따라 극성 차이가 크나, 극성은 물과 과염소화 유기용매의 중간 정도이다. 이온성 액체와 용매가 섞이는 정도는 양이온과 음이온의 종류에 따라 달라진다. $[BMIM][Cl]$은 물과 잘 섞이지만, $[BMIM][PF_6]$는 물과 전혀 섞이지 않는다. 음이온의 종류에 따라 녹는 정도가 크게 다르며, 양이온에 치환된 알킬기의 길이가 길면 알칸이나 비극성 용매에 많이 녹는다. $[OMIM][BF_4]$와 $[OMIM][PF_6]$ 중에서 $[BF_4]$가 들어 있는 이온성 액체에 물이 많이 녹는다. $[BF_4]$의 전하밀도가 더 높아서, 물 분자가 많이 결합하기 때문이다. 이미다졸륨계 이온성 액체에서는 치환된 알킬기가 길어져서 소수성이 커지면 물에 대한 용해도가 낮아진다.

이산화탄소는 이온성 액체에 비교적 잘 녹아서 이산화탄소를 유용한 화학물질로 전환시키는 반응의 촉매로 이온성 액체를 많이 고려한다. $[BMIM][PF_6]$에 녹은 이산화탄소의 농도는 70 mol% 이상이다. 이산화탄소에는 사중극자 모멘트(quadrupole moment)가 있어 분극되므로 이온성 액체와 친화력이 강해 잘 녹는다.

이온성 액체의 물성은 IUPAC의 데이터베이스에 잘 정리되어 있다[41]. 앞에서 언급한 성질뿐 아니라 이온성 액체의 상전이, 물질전달, 굴절률, 증기압, 전기전도도, 표면장력 등 여러 종류의 자료를 이 사이트에서 찾을 수 있다.

(3) 이온성 액체의 촉매작용

　이온성 액체는 화학반응에 여러 형태로 참여한다. 이온성 액체의 구성 요소인 양이온과 음이온은 극성물질이나 비극성물질과 상호작용하여, 이들을 잘 둘러싸므로 쉽게 용매화(solvation)된다. 상호작용으로 인해 이온성 액체와 접촉한 반응물의 에너지 상태가 달라져서 화학반응의 경로와 속도가 달라지는 촉매작용이 나타난다. 일반적으로 이온성 액체는 밀도가 높고, 점성이 강하다. 따라서 이온성 액체에 녹아 있는 반응물과 생성물의 확산속도는 보통 액체에 녹아 있을 때와 상당히 다르다. 반응물의 확산이 속도결정 단계인 화학반응에서 이온성 액체를 촉매나 용매로 사용하면 반응 결과가 크게 달라진다.

　이온성 액체에 대한 기체의 용해도는 물질에 따라 차이가 크다. 이온성 액체를 용매로 사용하면 이에 잘 녹는 물질만 선택적으로 반응한다. 용해도가 반응 선택성에 영향을 주는 이런 현상은 두 개의 액체상으로 이루어진 반응계에서 흔히 나타난다. 위에 언급한 내용을 종합하면 이온성 액체는 화학반응의 전이상태에 관여하는 촉매라기보다 용매로서 반응물에 영향을 미치는 물질로 보는 게 합리적이다. 그러나 이온성 액체에 의한 용매화, 반응물과 상호작용, 전이상태에 미치는 영향, 점성의 영향 등을 정확히 파악하기 어려워서 이온성 액체를 첨가할 때 나타나는 효과를 일반적으로 촉매작용이라고 부른다.

　이온성 액체는 촉매로서 가능성이 매우 크지만, 촉매로서 사용된 예는 그리 많지 않다. 이온성 액체가 전하를 띤 전이상태를 안정화하여 화학반응을 촉진하는 예를 든다. 그림 9.36에 보인 반응은 전자밀도가 높은 알켄의 헥 아릴화반응(Heck arylation)으로, 부틸비닐에테르가 4-브로모벤즈알데하이드와 결합한다[42]. DPPP는 1,3-비스(다이페닐포스피노)프로판(1,3-bis-diphenylphosphino propane)이다. 아릴브로마이드와 에테르를 용매로 이미다졸륨 이온성 액체에서 반응시키면 α-아릴 가지가 달린 생성물이 선택적으로 생성된다. 이와 달리 톨루엔과 다이옥신을 용매로 사용하여 반응시키면 가지달린 생성물과 선형 생성물이 섞여 생성된다. [BMI][BF₄] 이온성 액체에서는 α-아릴 가지가 달린 생성물에 대한 선택도가 99% 이상으로 매우 높다. 이온성 액체가 이온성 중간체를 안정화하기 때문에 가지달

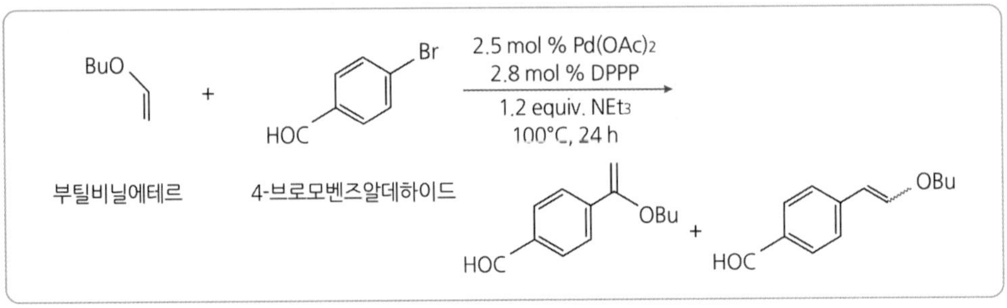

그림 9.36 팔라듐 촉매에서 헥크반응[42]

린 생성물에 대한 선택성이 높다. 촉매로 이온성 액체를 사용하므로 반응경로와 생성물에 대한 선택성이 달라진 드문 예이다.

이온성 액체가 용매처럼 작용하는 예도 있다. 알켄의 수소포밀첨가반응(hydroformylation)에서 중성 착화합물 [HCo(CO)₄]와 [HRh(CO)₄] 촉매의 활성은 용매로 사용하는 이온성 액체의 종류에 따라 달라진다. 이온성 액체와 촉매의 상호작용 차이로 반응의 진행 정도가 결정된다. 복분해반응에서는 이온성 액체가 촉매처럼 작용한다. 루테늄 촉매의 전구체에 특정 이온(ionic tag)을 결합시킨 촉매는 이온성 액체와 강하게 상호작용하므로, 이 성질을 이용하여 루테늄 촉매를 쉽게 회수한다. 촉매는 다시 사용하며, 생성물은 루테늄으로 오염되지 않는다[43].

[BMI][PF₆]와 [BMI][BF₄]의 계면장력이 아주 낮아 Rh, Ru, Ir, Pd, Ni 등 나노 금속 입자의 크기, 크기 분포, 안정화 정도를 이온성 액체로 제어한다. 이온성 액체는 용매일 뿐 아니라, 나노 입자가 덩어리지는 것을 막아주는 이중 기능물질이다. 안정화되는 이유는 아직 명확하지 않으나, 큰 이미다졸륨 양이온이 나노 입자와 정전기적으로 상호작용하여 이들을 안정화시킨다고 생각한다. 여러 종류의 나노 금속을 이온성 액체를 이용하여 안정화시켜 고체 촉매처럼 사용하는 예가 많이 소개되어 있다[36].

(4) 촉매로서 이온성 액체의 활용

균일계 촉매는 분자 단위로 반응물과 반응하므로 활성과 선택성 측면에서 불균일계 촉매에 비해 아주 유리하지만, 반응 후 촉매를 분리하기 어려워서 재사용하지 못한다. 분자 단위로 작용하는 균일계 촉매를 바로 회수하여 다시 사용하면, 촉매비용이 줄어들어 매우 유리하다. 플루오르화 용매와 초임계 유체를 이용하여 균일계 촉매를 회수하며, 두 개의 액상 반응계에서는 이온성 액체에 균일계 촉매를 농축시킨다. 분리와 회수 효과가 아주 우수하여 고체 지지체에 버금간다는 의미로 이온성 액체를 '액상 지지체(liquid support)'라고 부른다.

반응물이 이온성 액체에 일부 녹으나 생성물은 전혀 녹지 않으며, 반응물은 이온성 액체에 녹아 있는 촉매와 반응하여 생성물이 된다. 생성물은 이온성 액체가 녹지 않는 다른 액체로 이동한다. 생성물이 계속 다른 상으로 옮겨가서 제거되므로 평형에 의한 제한이 없다. 촉매가 녹아 있는 이온성 액체층에 반응물을 공급하면 촉매반응이 계속 일어난다. 반응물의 진행 정도와 무관하게 생성물의 추가반응이 근본적으로 억제되어, 생성물에 대한 선택성이 매우 높다. 원리는 매우 단순하고 효율이 높으나, 촉매와 용매의 상호작용뿐 아니라 액체 사이의 용해도, 층간의 분배계수, 점도가 높은 이온성 액체에서 물질전달 등 반응계의 효율을 결정하는 인자가 많아서 이온성 액체를 사용할 때 유의해야 한다. 때로는 열역학적 제한보다 속도론적 제한이 더 크게 작용하기도 한다.

이온성 액체를 상이동 촉매(phase transfer catalyst)처럼 사용하는 예를 든다. 전통적인 상

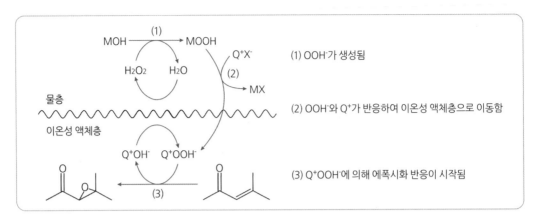

그림 9.37 [BMI][PF$_6$]/물의 상이동 촉매반응에서 에폭시화반응의 진행경로(Q$^+$ = 다이알킬이미다졸륨 양이온, M = 나트륨, X$^-$ = 육플로오로인산염 음이온)[44]

이동 촉매반응에서는 물층에 녹아 있는 무기물질이 유기물층으로 이동하여 촉매와 반응하여 생성물이 된다. 이온성 액체도 비슷한 과정을 거쳐 반응한다. 과산화수소를 산화제로 사용하는 α, β-불포화 카보닐 화합물의 에폭시화반응을 그림 9.37에 보였다[44]. 수산화나트륨이 녹아 있는 물층과 반응물이 녹아 있는 [BMI][PF$_6$] 이온성 액체층 사이에서 반응이 일어난다. 물층에서 수산화나트륨은 과산화수소에 의해 과산화물이 된다. 물층과 이온성 액체층의 경계면에서 나트륨의 과산화물과 이온성 액체가 반응하여 만든 Q$^+$OOH$^-$는 이온성 액체층으로 이동한다. Q$^+$OOH$^-$는 메시틸 산화물(mesityl oxide)과 반응하여 에폭시 화합물이 된다. 물층에서 생성된 과산화물이 경계면에서 이온성 액체와 반응하여 이온성 액체층으로 옮겨와 반응이 계속된다. 이온성 액체를 사용하는 상이동 촉매반응에서는 반응온도, 반응물과 수산화나트륨의 함량, 반응시간 등을 최적화하면 전환율을 100%, 에폭시화반응에 대한 선택도를 98%까지 높일 수 있어, 종래의 이염화메탄/물 상이동 촉매반응보다 효율이 우수하다.

이온성 액체를 바로 고체 지지체에 고정하여 촉매로 사용한다. 실리카에 고정한 이온성 액체 촉매를 흐름 반응기에 충전하여 연속적으로 운전한다. 중간세공물질, 폴리스타이렌, 키토산, 탄소나노튜브에 이온성 액체를 고정하여 균일계 촉매와 불균일계 촉매의 장점을 살리는 예가 보고되어 있다[37]. 그림 9.38에 이온성 액체를 실리카 지지체에 고정하는 과정을 보였다. 이미다졸륨 양이온과 알콕시기가 있는 실레인을 실리카와 반응시키면 알코올이 제거되면서 이온성 액체가 실리카 표면과 공유결합을 만들어 고정된다. 염화알루미늄과 반응시켜 음이온을 염화알루미네이트 음이온으로 교체하면 촉매활성이 높아진다. 이 촉매는 벤젠이나 톨루엔에 1-도데센을 알킬화하는 반응에서 활성이 높다. 이온성 액체를 고체 촉매처럼 사용하여 효과적이나, 추가반응에서 생성된 큰 유기물질이 활성점을 덮어 활성을 저하한다. 이 방법 외에도 이온성 액체를 고체 지지체에 고정하는 방법은 여러 가지이다. 폴리스타이렌에 공유결합으로 이온성 액체를 고정하는 촉매에서는 연결끈 길이를 조절하거나 이온

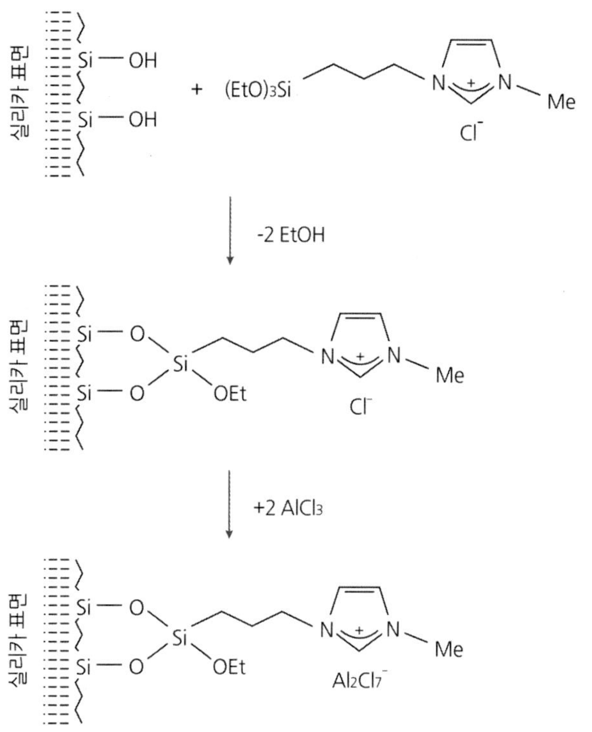

그림 9.38 실리카에 이온성 액체의 고정[37]

성 액체의 종류와 고정량을 바꾸어 다양한 성격의 촉매를 만든다.

용매에 따라 이온성 액체의 용해도가 크게 달라서 쉽게 분리할 수 있다고 이야기하지만, 반응이 끝난 후 생성물로부터 이온성 액체를 회수하는 절차가 그리 쉽지만은 않다. 그래서 이온성 액체를 고체에 고정하여 사용한다. 자연에서 많이 생산되고 독성이 없으며 표면에 하이드록시기가 많은 카복시메틸셀룰로오스에 담지한 이온성 액체는 촉매 기능은 그대로이면서도 고체 촉매처럼 회수가 가능하다[45].

그림 9.39에 보인 바와 같이 카복시메틸셀룰로오스 표면의 하이드록시기가 이온성 액체의 음이온을 매개로 이미다졸륨고리와 수소결합을 형성하고, 카복시기는 알콕시기와 친화력이 높아서 이온성 액체가 안정하게 고정된다.

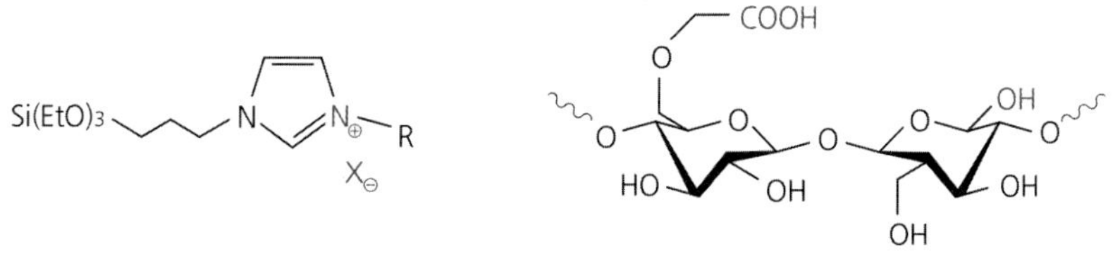

그림 9.39 카복시메틸셀룰로오스에 고정된 이온성 액체 촉매[45]

카복시메틸셀룰로오스와 이온성 액체를 톨루엔 용매에서 반응시켜 셀룰로오스에 고정한 이미다졸륨계 이온성 액체 촉매는 이산화탄소와 프로필렌 옥사이드를 반응시켜 프로필렌 카보네이트를 제조하는 반응에 활성이 우수하다. 이산화탄소를 유용한 화학물질로 전환시키는 환경친화성이 높은 반응이다. 110 ℃에서 2시간 정도 반응시키면 프로필렌 옥사이드의 전환율은 90% 이상이고, 프로필렌 카르보네이트에 대한 선택도는 90% 이상으로 높다. 반응 조건을 최적화한 촉매에서는 전환율과 선택도가 모두 99% 이상으로 매우 우수하였다. 카복시메틸셀룰로오스의 카복시기가 이온성 액체의 음이온과 함께 반응에 참여하여 에폭시 화합물의 고리화 첨가반응을 촉진한다. 셀룰로오스계 지지체와 이온성 액체 사이의 상승작용은 이론적인 연구에 의해서 검증되었다. 균일계 또는 고정화된 이온성 액체의 촉매 거동을 에폭사이드와 이산화탄소에 마이크로파를 쪼여서 반응시켜 탄산염 고리 화합물을 만들기도 한다. 이온성 액체의 고정 여부에 관계없이 마이크로파를 쪼여줌으로써 보통 조건보다 이온성 액체의 촉매활성이 높아졌다[46].

(5) 바이오매스의 연료와 화학물질로 전환

화석연료의 고갈과 가격 급등으로 바이오매스에서 연료와 화학물질을 생산하려고 하지만, 큰 규모로 공업화된 공정은 바이오에탄올과 바이오디젤의 제조공정뿐이다. 바이오에탄올의 원료는 사탕수수이고, 바이오디젤의 원료는 식용 지방이어서, 식량 자원의 가격 급등을 초래한다. 지속가능한 연료의 생산 수단이라는 점에서 대단히 중요하지만, 선진국이 연료 생산에 식량 자원을 대규모로 사용하여 제3국가의 기아를 초래한다는 윤리 문제가 걸려 있다. 이러한 어려움을 타개하기 위하여 식량 자원이 아니면서도 발생량이 막대하고 저렴한 셀룰로오스에서 연료와 화학물질을 제조하려는 시도가 활발하다. 매우 합리적이고 타당한 방법이지만, 셀룰로오스를 단량체로 분해하기 어렵다. 효소를 이용하여 셀룰로오스를 분해하거나 발효시키지만, 속도가 느려 생산 규모를 키우는 데 제한이 많다.

리그닌과 셀룰로오스를 화학적으로 처리하려면 먼저 이를 용해시켜야 하나, 대부분의 용매에 잘 녹지 않는다. 다른 용매와 달리 이온성 액체에는 리그닌과 셀룰로오스가 상당히 많이 녹는다. 100 ℃에서 이온성 액체에 셀룰로오스가 15% 정도 녹으며, 리그닌은 이미다졸륨계 이온성 액체에 25% 정도 녹는다. 열적 안정성이 좋고, 휘발성이 낮아서 화학적으로 처리하기 좋다. 셀룰로오스가 이온성 액체에 녹는 이유는 이온성 액체의 음이온이 수소결합의 받개나 전자쌍의 주개로서 작용하여 셀룰로오스의 하이드록시기와 반응하기 때문이다.

그림 9.40에 셀룰로오스와 결합한 이온성 액체의 착화합물 구조를 보였다[37]. 음이온이 직접 셀룰로오스와 결합하지만, 주위에 있는 이미다졸륨 양이온도 셀룰로오스의 산소 원자와 결합하여 용해를 돕는다.

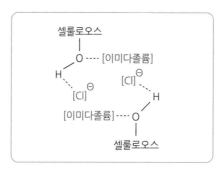

그림 9.40 셀룰로오스 골격에 염화이미다졸륨 이온성 액체가 결합하는 모식도[37]

산 촉매 기능이 있는 이온성 액체에 녹은 셀룰로오스는 가수분해반응을 거쳐 당으로 분해된다. 리그닌과 셀룰로오스는 글루코오스와 크실로오스(xylose)로 분해된다. 단량체의 결합수가 100에서 450 범위의 셀룰로오스가 [BMI][Cl] 등 이온성 액체에 녹으면 양성자에 의해 쉽게 가수분해된다. 용해된 상태에서 반응하므로 100 ℃ 정도의 낮은 온도에서 촉매를 조금만 사용하여도 반응이 진행한다[47]. 이온성 액체는 셀룰로오스의 분해반응 외에 글루코오스를 5-하이도록시메틸퍼퓨랄(5-hydroxylmethylfurfural)로 전환하는 반응 등 바이오매스에서 제조한 물질을 유용한 최종 생성물로 전환하는 반응에 촉매활성이 높다.

(6) 이온성 액체를 촉매로 이용하는 공정

이온성 액체를 촉매로 사용하는 연구는 활발하나, 상용화 속도는 매우 느리다. 여러 특허에서 설명하고 있는 대로 이온성 액체를 촉매로 사용하면 반응이 빨라지고, 생성물의 수율이 높아지며, 촉매 회수가 용이하고, 용매를 사용하지 않으므로 환경친화적이며, 에너지 사용량이 줄어드는 장점이 있다. 그러나 이온성 액체를 대규모로 생산하는 공정의 구축과 이온성 액체의 순도, 안정성, 독성, 재사용, 폐기, 가격에 대한 제한으로 인해 상용공정으로의 발전은 더디다. 이런 상황에서 시험 생산 수준에 이르렀다고 주장하는 공정을 소개한다.

에틸렌, 프로필렌, 부텐 등 저급 알켄을 이량화하거나 중합하여 부가가치를 높이는 반응에서 이온성 액체를 용매 겸 니켈 촉매의 조촉매로 사용한다[32]. 이온성 액체를 촉매로 사용하여 가소제 원료인 아이소노나놀(isononanol)을 제조하는 공정의 경제성이 높다. 종래에는 알킬알루미늄에서 합성한 니켈계 지글러형의 균일계 촉매([NiEt][EtAlCl$_3$])를 사용하였으나, 이온성 액체를 사용하여 더 좋은 결과를 얻었다. [BMI][Cl]/AlCl$_3$/EtAlCl$_3$를 1/1.2/0.11 비율로 혼합하여 제조한 이온성 액체에 니켈을 고정한 촉매의 성능은 매우 우수하다. 생성물은 이온성 액체에 잘 녹지 않아서 쉽게 분리되므로 공정이 단순하다. 균일계 촉매를 사용하는 공정에 비해 이온성 액체를 사용하면 옥텐의 수율이 10% 이상 높아지며, 니켈의 소모량이 적고, 생성물에서 이온성 액체가 검출되지 않는다. 2상계 반응기를 사용하면 작은 반응기에서도 많은 양의 옥텐을 생산할 수 있다. α-알켄을 중합하여 윤활유를 제조하는 반응, 방향족 화합물의 알킬화반응, 알켄을 이소부탄으로 알킬화하는 반응에서 이온성 액체의 상용 촉매로서 가능성이 검토되고 있다.

■ 참고문헌

1. 한국공업화학회, "무기공업화학", 개정판, 청문각 (2013).

2. G.W. Parshall and S.D. Ittel, "Homogeneous Catalysis", 2nd ed., John Wiley & Sons, New York (1992), pp 1−8.

3. 하토리 외 공저, "신 촉매화학", 삼공출판 (1988).

4. 千鯛眞信, 市川勝, "均一触媒と不均一触媒入門", 丸善株式会社 (1983), 2章.

5. R. Noyori, "Asymmetric Catalysis in Organic Synthesis", John Wiley & Sons, New York (1994), p 122.

6. R.A. Sheldon, "Chirotechnology: Industrial Synthesis of Optical Active Compounds", Marcel Dekker, New York (1993), p 39.

7. C. Ogawa and S. Kobayashi, "Catalytic Asymmetric Synthesis in Nonconventional Media/Conditions", in Catalytic Asymmetric Synthesis, 3rd ed., I. Ojima Ed., John Wiley & Sons, New Jersey (2010), p 1.

8. H.−U. Blaser and F. Spindler, "Chapter 6.2 Hydrogenation of Imino groups", in Comprehensive Asymmetric Catalysis I−III, E.N. Jacobsen, A. Pfaltz, and H. Yamamoto Ed., Springer, Heidelberg (2000), p 247.

9. M. Tokunaga, J.F. Larrow, F. Kakiuchi, and E.N. Jacobson, "Asymmetric catalysis with water: Efficient kinetic resolution of terminal epoxides by means of catalytic hydrolysis", *Science*, 277, 936−938 (1997).

10. 김종호, 강춘형, 김건중, 이관영, 정창복 옮김, "최신 그린케미스트리", 한티미디어 (2012), p 1.

11. P.G. Jessop, T. Ikariya, and R. Noyori, "Homogeneous catalysis in supercritical fluids", *Science*, **269**, 1065−1069 (1997).

12. Y. Kayaki, T. Suzuki, and T. Ikariya, "Utilization of $N,N−$dialkylcarbamic acid derived from secondary amines and supercritical carbon dioxide: Stereoselective synthesis of Z alkenyl carbamates with a $CO_2−$ soluble ruthenium$−P(OC_2H_5)_3$ catalyst", *Chem. Asian J.*, **3**, 1865−1870 (2008).

13. T. Seki, Y. Kokubo, S. Ichikawa, T. Suzuki, Y. Kayaki, and T. Ikariya, "Mesoporous silica−catalysed continuous chemical fixation of CO_2 with $N,N'−$dimethylethylenediamine in supercritical CO_2: The efficient synthesis of 1,3−dimethyl−2−imidazolidinone", *Chem. Commun.*, 349−351 (2009).

14. K.−Y. Lee, R.B. Kawthekar, and G.−J. Kim, "Application of chiral ligands heterogenized over solid supports on enantioselective catalysis", *J. Korean Ind. Eng. Chem.*, **17**, 565−574 (2006).

15. H.−U. Blaser and B. Pugin, "Scope and Limitations of the Application of Heterogeneous Enantioselective Catalysts", in Chiral Reactions in Heterogeneous Catalysis, G. Jannes and V. Dubois Ed., Springer Science+Business Media, New York (1995) pp 33−57.

16. A. Corma, M. Iglesias, C. del Pino, and F. Sanchez, "New rhodium complexes anchored on modified USY zeolites. A remarkable effect of the support on the enantioselectivity of catalytic hydrogenation of prochiral alkenes", *J. Chem. Soc., Chem. Commun.*, 1253−1255 (1991).

17. U. Nagel and E. Kinzel, "The first stereospecific catalytic hydrogenation with a polymer supported optically active rhodium complex", *J. Chem. Soc., Chem. Commun.*, 1098−1099 (1986).

18. C.E. Song, J.W. Yang, and H.J. Ha, "Silica gel supported bis−cinchona alkaloid: A highly efficient chiral ligand for heterogeneous asymmetric dihydroxylation of olefins", *Tetrahedron: Asymmetry*, **8**, 841−844 (1997).

19. S.−W. Kim, S.−J. Bae, T. Hyeon, and B.−M. Kim, "Chiral proline−derivative anchored on mesoporous silicas and their application to the asymmetric diethylzinc addition to benzaldehyde", *Micropor. Mesopor. Mater.*, **44−45**, 523−529 (2001).

20. A. Heckel and D. Seebach, "Immobilization of TADDOL with a high degree of loading on porous silica gel and first applications in enantioselective catalysis", *Angew. Chem. Int. Ed.*, **39**, 163−165 (2000).

21. D.C. Sherrington, "Polymer−supported metal complex alkene epoxidation", *Catal. Today*, **57**, 87−104 (2000).

22. L. Canali, E. Cowan, H. Deleuze, C.L. Gibson, and D.C. Sherrington, "Remarkable matrix effect in polymer−supported Jacobsen's alkene epoxidation catalysts", *Chem. Commun.*, **23**, 2561−2562 (1998).

23. S.B. Ogunwumi and T. Bein, "Intrazeolite assembly of a chiral manganese salen epoxidation catalyst", *Chem. Commun.*, 901−902 (1997).

24. C. Schuster and W.F. Hölderich, "Modification of faujasites to generate novel hosts for 'ship−in−a−bottle' complexes", *Catal. Today*, **60**, 193−207 (2000).

25. L. Frunza, H. Kosslick, H. Landmesser, E. Höft, and R. Fricke, "Host/guest interactions in nanoporous materials I. The embedding of chiral salen maganese(III) complex into mesoporous silicates", *J. Molec. Catal. A: Chem.*, **123**, 179−187 (1997).

26. H.H. Wagner, H. Hausmann, and W.F. Hölderich, "Immobilization of rhodium diphosphine complexes on mesoporous Al−MCM−41 materials: Catalysts for enantioselective hydrogenation", *J. Catal.*, **203**, 150−156 (2001).

27. W.−S. Ahn, G.−J. Kim, and G. Seo, "Catalysis Involving Mesoporous Molecular Sieves" in Nanoporous Materials, G.Q. Lu and X.S. Zhao Ed., Imperial College Press, London (2004), pp 649−693.

28. B. Chiche, E. Sauvage, F.D. Renzo, I.I. Ivanova, and F. Fajila, "Butene oligomerization over mesoporous MTS−type aluminosilicates", *J. Molec. Catal. A: Chem.*, **134**, 145−157 (1998).

29. W.D. Bossaert, D.E. De Vos, W.M. Van Rhijn, J. Bullen, P.J. Grobet, and P.A. Jacobs, "Mesoporous sulfonic acids as selective heterogeneous catalysts for the synthesis of monoglycerides", *J. Catal.*, **182**, 156−164 (1999).

30. D. Margolese, J.A. Melero, S.C. Christiansen, B.F. Chmelka, and G.D. Stucky, "Direct syntheses of ordered SBA−15 mesoporous silica containing sulfonic acid group", *Chem. Mater.*, **12**, 2448−2459 (2000).

31. R.J.P. Corriu, L. Datas, Y. Guari, A. Mehdi, C. Reyé, and C. Thieuleux, "Ordered SBA－15 mesoporous silica containing phosphonic acid groups prepared by a direct synthetic approach", *Chem. Commun.*, 763－764 (2001).

32. D. Das, J.－F. Lee, and S. Cheng, "Sulfonic acid functionalized mesoporous MCM－41 silica as a convenient catalyst for bisphenol－A synthesis", *Chem. Commun.*, 2178－2179 (2001).

33. S. Choi, Y. Wang, Z. Nie, J. Liu, and C.H.F. Peden, "Cs－substitued tungstophosphoric acid salt supported on mesoporous silica" *Catal. Today*, **55**, 117－124 (2000).

34. http://www.dvnnews.com/news/articleView.html?idxno=9169

35. H.－J. Lee, J.－S. Lee, and H.－S. Kim, "Applications of ionic liquids: The state of arts", *Appl. Chem. Eng.*, **21**, 129－136 (2010).

36. Y. Gu and G. Li, "Ionic liquid－based catalysis with solids: State of the art", *Adv. Synth. Catal.*, **351**, 817－847 (2009).

37. H. Olivier－Bourbigou, L. Magna, and D. Morvan, "Ionic liquids and catalysis: Recent progress from knowledge to applications", *Appl. Catal. A: Gen.*, **373**, 1－56 (2010).

38. D.－W. Kim, R. Roshan, J. Tharun, A. Cherian, and D.－W. Park, "Catalytic applications of immobilized inonic liquids for synthesis of cyclic carbonates from carbon dioxide and epoxides", *Korean J. Chem. Eng.*, **30**, 1973－1984 (2013).

39. L. Han, H.－J. Choi, S.－J. Choi, B. Liu, and D.－W. Park, "Ionic liquids containing carboxyl acid moieties grafted onto silica: Synthesis and application as heterogeneous catalysts for cycloaddition reaction of epoxide and carbon dioxide", *Green Chem.*, **13**, 1023－1028 (2011).

40. 임지훈, "이온성 액체의 물리화학적 특성".

41. http://ithermo.boulder.nist.gov

42. J. Mo, L. Xu, and X. Xiao, "Ionic liquid－promoted, highly regioselective Heck arylation of electron－rich olefins by aryl halides", *J. Am. Chem. Soc.*, **127**, 751－760 (2005).

43. P. Śledź, M. Mauduit, and K. Grela, "Olefin metathesis in ionic liquids", *Chem. Soc. Rev.*, 37, 2433－2442 (2008).

44. B. Wang, Y.－R. Kang, L.－M. Yang, and J.－S. Suo, "Epoxidation of α,β－unsaturated carbonyl compounds in ionic/water biphasic system under mild conditions", *J. Molec. Catal. A: Chem.*, **203**, 29－36 (2003).

45. K.R. Roshan, G. Mathai, J.－T. Kim, J. Tharun, G.－A. Park, and D.－W. Park, "A biopolymer mediated efficient synthesis of cyclic carbonates from epoxides and carbon dioxide", *Green Chem.*, **14**, 2933－2940 (2012).

46. M.M. Dharman, H. – J. Choi, S. – W. Park, and D. – W. Park, "Microwave assisted synthesis of cyclic carbonate using homogeneous and heterogeneous ionic liquid catalysts", *Top. Catal.*, **53**, 462 – 469 (2010).

47. C. Li and Z.K. Zhao, "Efficient acid – catalyzed hydrolysis of cellulose in ionic liquid", *Adv. Synth. Catal.*, **349**, 1847 – 1850 (2007).

제 **10** 장

에너지와 환경 분야에서 촉매 활용

🔍 1 에너지와 환경

산업혁명 이후 인류는 석탄, 석유, 천연가스 등 화석 자원을 소비하며 살아왔다. 현대 생활에 필수적인 식량, 섬유, 주택 재료 등 소비재, 자동차와 비행기의 연료, 수준 높은 생활에 필요한 전기에너지의 대부분을 화석 자원을 이용하여 생산한다. 과도한 물자와 에너지의 사용은 원유 등 화석 자원의 고갈을 초래하였을 뿐 아니라 이를 사용하는 과정에서 배출된 쓰레기로 환경 오염을 걱정해야 하는 처지에 이르렀다. 화석 자원의 연소 과정에서 방출된 이산화탄소에 의한 지구 온난화, 자동차 배기가스 중 질소 산화물과 입자상 물질에 의한 도시 공기의 오염, 생활, 산업, 축산 폐수에 의한 수질오염으로 인해 인류의 생존(sustainability)을 걱정해야 하는 수준 이다. 지구의 자정 능력을 넘어서는 온실가스와 오염물질의 방출 및 지구가 비축한 화석 자원의 과도한 소비는 에너지, 재료, 환경 측면에서 인류문명의 지속을 위협하고 있다.

비료를 생산하여 인류의 먹거리를 해결하고, 유용한 화학제품과 산업재료를 생산하여 인류의 생활을 편리하고 윤택하게 하는 데 크게 기여한 화학공업, 그중에서도 촉매화학공정은 이제 에너지와 환경 분야에서 인류의 생존 가능성을 높이는 중요한 기술로 부각되고 있다. 원유 자원의 고갈을 대비하여 천연가스와 석탄에서 연료와 화학공업의 원료를 생산하거나, 지속생산이 가능한 바이오매스에서 유용한 물질을 제조하는 촉매기술이 개발되고 있다. 이 뿐만 아니라 광촉매를 이용하여 태양빛으로 물을 분해하여 청정에너지인 수소를 생산하려는 시도가 이어지고 있다.

환경 분야에서 촉매의 활용도 두드러지고 있다. 수소첨가 황제거공정처럼 원료에 들어 있는 오염물질을 제거하여 청정연료를 생산하거나 유기 휘발성물질을 촉매를 이용하여 연소시켜 제거하는 기술은 이제 상용화되어 널리 쓰이고 있다. 자동차 보급이 보편화된 현재 시점에서 자동차 배기가스의 오염물질을 촉매를 이용하여 제거하는 기술을 우리 환경을 지키는 효과적인 수단으로 활용하고 있다.

과도한 소비에 따른 환경오염에 대응하는 촉매기술 중에서 수소첨가 황제거공정과 촉매연소기술은 이미 다루었으므로, 이 장에서는 에너지와 자원의 한계를 극복하려는 합성가스와 바이오매스에 관련된 촉매 기술, 자동차의 배기가스 정화 촉매, 광촉매에 관해 기술한다.

🔍 2 합성가스의 제조

원유 자원의 가채 매장량에 비해 석탄 자원의 매장량이 상당히 많아서 원유에서 제조하던 연료나 화학공업의 원료를 석탄에서 제조하는 공정의 개발이 이어지고 있다. 제2차 세계대전 중에 석탄을 물과 반응시켜 제조한 합성가스를 이용하여 연료를 생산한 경험이 있다. 합성가스는 일산화탄소와 수소의 혼합기체로서 C, H, O가 모두 들어 있어 개념적으로는 모든 유기 화합물을 합성할 수 있는 원료이다. 석탄에 물을 공급하여 제조한다는 뜻으로 수성가스(water shift gas)라고 부르기도 했으나, 메탄이 주성분인 천연가스에서 생산하면서부터 합성의 기본 원료라는 점을 강조하여 합성가스(synthesis gas)라고 부른다. 원유 자원의 고갈에 대한 우려가 현실화되고, 원유 가격이 급등하면서 합성가스에 대한 인식이 바뀌고 있다. 석유 이외의 자원으로부터 연료를 생산하는 중간물질로부터 석유화학공업의 주요 화학물질로 그 중요성이 커졌다. 원유 자원 고갈 이후를 대비하는 중요한 물질로 부각되고 있다[1].

그림 10.1에는 여러 가지 탄소 자원에서 합성가스를 거쳐 연료와 화학제품을 제조하는 경로를 보였다. 석탄과 바이오매스에서 제조한 합성가스로부터 메탄올과 저급 알켄 등 화학공업의 원료와 청정연료를 생산한다.

기체 상태의 에너지원과 화학공업의 원료는 여러 가지가 있지만, 기체 상태의 탄소 자원 중에서는 대량으로 생산하여 사용하는 천연가스가 가장 중요하다. 천연가스를 연료로 사용하여 열에너지와 전기에너지를 생산하는 데 많이 사용한다. 이와 함께 천연가스에서 수증기 개질반응을 거쳐 수소와 일산화탄소의 혼합물인 합성가스를 생산하고, 합성가스로부터 메탄올과 탄화수소 등 화학공업의 원료와 연료를 만든다. 메탄을 메탄올로 직접 산화시키거나 메탄의 짝지음(coupling)반응으로 두 분자를 결합시켜 유용한 액체 화합물을 제조하는 연구가 오래 전부터 진행되어 왔지만, 아직 공업화 단계에는 이르지 못하였다.

메탄이 물과 함께 얼어서 대륙붕과 심해 바닥에서 고체 상태로 매장되어 있는 메탄 하이드레이트(methane hydrate)는 메탄의 공급원으로 관심이 많다. 메탄 하이드레이트를 가열하여 물을 제거하면 순수한 메탄이 회수되는데, 이의 매장량이 매우 많아서 미래의 중요한

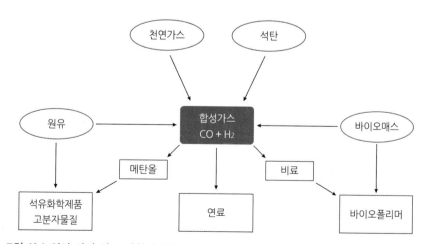

그림 10.1 여러 가지 탄소 자원에서 합성가스를 거치는 연료와 화학제품을 생산하는 경로[2]

자원이다. 고압으로 압축하지 않아도 그 자체가 고체이어서 안전하게 운송할 수 있으므로, 여러 나라가 자국의 영해뿐 아니라 북극과 남극 등에서 적극적으로 이를 탐사하고 있다.

메탄이 주성분인 천연가스에서 합성가스를 제조하는 공정에서는 다음 세 가지 반응이 같이 일어난다. 처음 반응은 메탄과 수증기가 반응하여 합성가스가 생성되는 수증기 개질반응(steam reforming)이고, 둘째 반응은 메탄과 이산화탄소가 반응하여 합성가스를 생성하는 이산화탄소 개질반응(CO_2 reforming 또는 dry reforming)이다. 셋째 반응은 메탄이 산소와 반응하여 합성가스가 되는 부분산화반응(partial oxidation)이다. 이 장에서 언급하는 엔탈피 변화량은 모두 25 ℃에서 값이다.

$$CH_4 + H_2O \rightleftharpoons CO + 3\,H_2 \qquad \Delta H^\circ = -206.2\,\text{kJ} \cdot \text{mol}^{-1} \tag{10.1}$$

$$CH_4 + CO_2 \rightleftharpoons 2\,CO + 2\,H_2 \qquad \Delta H^\circ = -247.4\,\text{kJ} \cdot \text{mol}^{-1} \tag{10.2}$$

$$CH_4 + 1/2\,O_2 \rightleftharpoons CO + 2\,H_2 \qquad \Delta H^\circ = -36\,\text{kJ} \cdot \text{mol}^{-1} \tag{10.3}$$

이들은 평형반응이지만, 발열이 심하여 반응온도가 높으면 비가역적이라고 볼 정도로 반응이 잘 진행된다. 부분산화반응에서는 완전산화반응도 같이 진행되어 이산화탄소와 물이 생성된다. 생성된 물이 일산화탄소와 반응하는 수성가스 전환반응(water gas shift reaction)도 일어난다. 여러 반응이 서로 어우러져서 평형을 이루기도 하지만, 반응의 진행 정도는 반응 조건과 촉매에 따라 상당히 다르다.

$$CO + H_2O \rightleftharpoons CO_2 + H_2 \qquad \Delta H^\circ = -41.2\,\text{kJ} \cdot \text{mol}^{-1} \tag{10.4}$$

메탄의 수증기 개질반응의 중요한 성격과 특징을 정리한다.

1) 수소첨가 황제거공정을 거쳐 반응물에 들어 있는 황 화합물을 먼저 제거한 후 시작한다.
2) 수증기 개질반응에는 고온에 견디는 지지체에 담지한 니켈 촉매를 사용한다.
3) 천연가스를 연소시켜 발생하는 열로 밖에서 가열하는 튜브형 반응기를 사용한다.
4) 생성물의 조성은 열역학적으로 계산한 평형 조성과 비슷하다.

탄화수소의 수증기 개질반응에는 지지체에 담지한 전이금속 촉매의 활성이 높다. 알루미나와 마그네시아 등 친수성 산화물 지지체가 효과적이며, 소수성 산화물에 담지한 촉매의 활성은 낮다. 메탄과 에탄의 수증기 개질반응에서 금속 촉매의 활성 순서는 다음과 같다[3].

$$\text{Co, Fe} \ll \text{Pd, Pt, Re} < \text{Ir} < \text{Ni} < \text{Rh, Ru}$$

귀금속인 로듐과 루테늄이 니켈보다 활성이 높지만, 워낙 비싸서 공업 현장에서는 주로 니켈 촉매를 쓴다. 메탄의 수증기 개질반응을 800 ℃ 이상의 고온에서 조작하므로, 담체로는 내열성이 우수한 알루미나를 사용한다. 알루미나 지지체에 산화니켈을 10~25 wt% 담지하고, 탄소침적을 억제하기 위하여 마그네슘, 칼슘, 칼륨 산화물을 첨가한다.

메탄의 수증기 개질반응에서 제조한 합성가스와 수성가스 전환반응을 거쳐 생산한 수소는 암모니아 합성반응, 메탄올 합성반응, 수소포밀첨가반응 등에 원료로 사용한다. 합성가스는 천연가스 외에도 그림 10.1에서 보듯이 석탄, 원유, 바이오매스 등 모든 탄소 자원에서 제조할 수 있으며, 유기 화합물의 합성공정과 연료로 사용하는 고급 탄화수소 혼합물 제조공정의 출발물질이기도 하다. 차세대 에너지원으로 부각되고 있는 수소의 생산 수단으로도 의의가 있다.

메탄의 수증기 개질반응 생성물은 수소와 일산화탄소 혼합물이지만, 수증기를 가해 추가로 반응시키면 수성가스 전환반응이 진행되어 수소가 더 많이 생성된다. 수성가스 전환반응의 평형상수는 반응온도가 낮을수록 커지므로, 낮은 온도에서 수소의 수율이 높다. 수성가스 전환반응은 305~450 ℃에서 $Fe_2O_3 - Cr_2O_3$계 촉매를 이용하여 조업하나, $Cu - Zn$계 촉매에서는 200~250 ℃에서도 반응이 진행된다. 고온에서 조업하면 반응속도가 빠르고, 저온에서 조작하면 전환율이 높다. 이런 점을 고려하여 실제 수성가스 전환공정은 고온과 저온반응이 결합한 두 단계 공정으로 조업하여, 최종 생성물에서 일산화탄소의 농도를 0.3% 이하로 낮춘다.

이산화탄소에 의한 메탄의 개질반응에서는 촉매 표면에 탄소가 침적된다.

$$2\,CO \rightleftharpoons C + CO_2 \quad \Delta H^\circ = -172.4\,kJ \cdot mol^{-1} \tag{10.5}$$

$$CH_4 \rightleftharpoons C + 2H_2 \quad \Delta H^\circ = 74.9\,kJ \cdot mol^{-1} \tag{10.6}$$

식 (10.5)는 일산화탄소에서 이산화탄소와 침적탄소가 생성되는 부드우드(Boudouard)반응이고, 식 (10.6)은 메탄이 수소와 침적탄소로 분해하는 메탄 분해반응이다. 이산화탄소의 개질반응에서 생성물의 수소/일산화탄소의 비는 1.0 정도여서 수소의 수율이 낮다. 과량의 수증기를 공급하는 반응에서는 식 (10.1)과 식 (10.4)의 반응이 진행하면서 탄소침적이 억제되지만, 니켈 촉매에서 물을 공급하지 않고 이산화탄소로 개질(dry reforming)하면 탄소침적이 심하여 촉매가 빨리 활성저하된다. 이산화탄소의 개질반응은 800~1,000 ℃에서 열역학적으로 유리하지만, 열로 인해 촉매가 열화되어 이 조건에서 반응을 운전하지 않는다. 이산화탄소를 반응물로 이용하므로 온실가스인 이산화탄소의 배출량이 줄어들 것이라 기대하였지만, 화력발전소의 이산화탄소 배출량에 비하여 합성가스의 제조 규모가 너무 작아서 큰 의미는 없다. 이산화탄소에 의한 메탄의 개질반응은 수증기 개질반응과 부분산화반응에 비해 수소 생성량이 적으면서도 탄소침적이 심하여 공업화되지 않았다.

이산화탄소로 메탄을 개질하는 반응에 수증기 개질반응의 니켈 촉매를 사용하면 탄소침

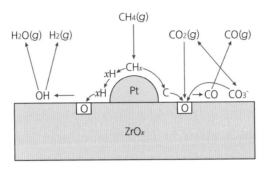

그림 10.2 Pt/ZrO$_2$ 촉매에서 이산화탄소에 의한 메탄의 개질반응 모식도[4]

적으로 촉매활성이 아주 빠르게 저하되지만, 귀금속 촉매의 수명은 상당히 길다. 반응 도중 귀금속 촉매에서는 귀금속의 표면에만 탄소가 생성되어 촉매활성이 오래 유지되나, 니켈 촉매에서는 침적된 탄소가 금속 내까지 침투하여 활성저하가 심하다.

그림 10.2에 Pt/ZrO$_2$ 촉매에서 이산화탄소를 이용한 메탄의 개질반응 모식도를 보였다. 메탄은 백금 표면에서 수소와 탄소로 해리흡착하고, 해리흡착된 수소 원자가 서로 결합하여 수소 분자로 배출된다. 탄소 원자는 백금과 지지체의 계면에서 산소와 결합하여 일산화탄소가 된다. 반응물인 이산화탄소가 산소 빈자리에 해리흡착하여 지르코니아의 산소 빈자리를 채워준다. 백금 표면에 탄소 원자가 많이 남아 있어도 지르코니아에서 활성화된 산소 원자가 계속 공급되므로, 탄소 원자가 빠르게 제거되어 백금 촉매의 활성이 오랫동안 유지된다[4]. 탄소침적이 심한 니켈 촉매보다 실리카에 담지하여 400 ℃에서 소성한 코발트 촉매의 활성과 안정성이 더 좋다. 소성 온도에 따라 촉매활성이 상당히 많이 변하며, 900 ℃에서 소성하면 금속과 지지체의 강한 상호작용으로 촉매활성이 낮아진다[5].

메탄의 개질반응에서 제조한 수소와 일산화탄소 혼합물을 용도에 따라 추가처리한다. 암모니아 합성공정의 원료로 사용하려면 일산화탄소와 이산화탄소가 들어있지 않은, 순수한 수소가 필요하므로 수성가스 전환반응을 거친다. 일산화탄소를 철저히 제거하기 위한 메탄화반응과 이산화탄소를 제거하는 공정을 거쳐 반응물로 사용한다. 반면, 탄화수소 혼합물인 연료를 생산하는 피셔-트롭슈공정에서는 수소와 일산화탄소 혼합물을 원료로 사용하므로 개질반응의 생성물을 수증기와 산소의 혼합물로 처리한다. 열개질공정을 거쳐 수소와 일산화탄소의 수율을 극대화한다.

탄화수소를 부분산화시켜 합성가스를 제조하는 공정은 발열반응이어서, 반응 진행이 유리하다. 부분산화반응에서는 반응물로 공급하는 산소가 침적탄소를 태워 제거하므로 탄소침적에 의한 촉매의 활성저하는 그리 심하지 않다[6]. 이에 비해 수증기 개질공정은 심한 흡열반응이고, 900 ℃ 이상에서 조업하므로 에너지 소모량이 많다. 산소로 메탄을 부분산화시키면 열이 발생하므로, 밖에서 열을 가하지 않으면서도 합성가스를 생산할 수 있도록 산소 공급량을 조절한다. 공기를 반응물로 사용하면 질소와 산소가 반응하여 질소 산화물이 생성되므로,

순수한 산소를 공급하는 산소 제조 설비가 필요하다. 촉매가 없어도 부분산화반응이 일어나지만, $\gamma - Al_2O_3$에 담지한 니켈과 귀금속 촉매를 사용하면 효과적이다. 메탄과 산소를 같이 공급하므로 촉매층이 과열되어(hot-spot) 불이 날 위험이 있다.

메탄과 산소가 직접 반응하지 않도록 촉매의 격자산소로 메탄을 부분산화하여 합성가스를 제조하기도 한다[7]. 격자산소가 메탄과 반응하여 메탄을 부분산화하고, 소모된 격자산소는 공기의 산소가 표면과 반응하여 다시 채운다. 촉매 표면이 메탄에 의하여 환원되었다가 다시 공기에 의해 산화되는 과정이 반복되면서 부분산화반응이 진행된다[8].

$$CH_4 + O^{2-}(격자산소) = CO + 2\,H_2 + 2\,e^-$$
$$\frac{1}{2}\,O_2(g) + 2\,e^- = O^{2-}(격자산소)$$
$$\overline{\rule{0pt}{1pt}\hspace{9cm}}$$
$$CH_4 + \frac{1}{2}\,O_2 = CO + 2\,H_2 \tag{10.7}$$

촉매의 격자산소로 메탄을 부분산화하여 합성가스를 제조하면, 순수한 산소를 사용하는 부분산화공정에 비해 장점이 많다. 메탄의 산화제로 공기를 사용하므로 순수한 산소를 제조하는 시설비와 운전비용이 절약되며, 화재와 폭발 위험성이 낮아져서 공정의 안전성이 높아진다. 촉매의 격자산소를 이용하는 부분산화반응에는 수증기 개질공정의 니켈 촉매 대신 금속 산화물과 백금 검정 촉매를 섞어 사용한다[9]. 이 외에 $Pt/Ce_{1-x}Zr_xO_2$ 촉매, Y_2O/ZrO_2 혼합 산화물 촉매, 귀금속을 담지한 $CeO_2 - ZrO_2$ 복합 산화물 촉매도 사용된다. $CeO_2 - ZrO_2$ 복합 산화물에서는 격자산소의 제공반응과 공기에 의한 격자산소의 재생반응이 모두 빠르게 진행되어, 이 복합 산화물이 격자산소를 이용하는 메탄 부분산화반응의 상용 촉매로 발전될 가능성이 높다.

메탄에서 합성가스를 거치지 않고 바로 연료와 화학물질을 제조하려는 시도도 꾸준히 이어지고 있다[10]. 메탄을 고온에서 열분해하여 수소나 아세틸렌으로 전환시킨다. 접촉시간에 따라 수율이 크게 달라지지만, 접촉시간이 0.020 s로 비교적 길어도 수율이 50%가 되려면 반응온도가 1,500 ℃ 정도로 높아야 한다. HMFI 제올라이트에 담지된 레늄과 몰리브데늄 촉매에서는 700 ℃에서도 반응이 진행되어 전환율이 7%이며, 아세틸렌 대신 벤젠에 대한 선택성이 높고 탄소침적도 심하다. 산화 이량화반응(oxidative coupling)이 가장 합리적인 방안이지만, 전환율이 높아지면 포름알데하이드와 메탄올에 대한 선택성이 급격이 낮아진다. 지난 15~20년 여러 촉매에서 이량화반응이 연구되었지만, 현재로는 새로운 착상이나 방법이 도입되지 않고서는 상용 규모의 경제성에 접근하지 못하리라 전망된다. 천연가스에서 바로 휘발유를 생산하겠다는 야심찬 계획이 발표되곤 한다. 실루리아(Siluria) 사는 향후 4년 내에 원유에서 생산하는 가솔린의 반값 정도로 천연가스에서 가솔린을 생산하는 상용 설비를 갖출 수 있다고 발표하였지만, 성공 여부에 대한 전문가의 시각은 대체로 비관적이다

[11].

메탄의 수증기 개질반응은 흡열반응이지만, 메탄화반응은 발열반응이다. 두 반응을 연결하면 열원에서 흡열반응으로 에너지를 회수하여 필요한 곳으로 옮긴 후 발열반응을 통해 에너지를 발생시키므로, 에너지를 필요한 곳으로 이송할 수 있다. 원자력발전소의 폐열을 이용하는 아담-이브(Adam-Eve)공정이 관심을 끌고 있다[12]. 원자로에서 발생한 열을 헬륨으로 냉각하면 냉각기 출구의 헬륨 온도는 800 ℃ 이상으로 매우 높다. 이브 반응기에서는 헬륨의 흐름에서 열에너지를 공급받아 메탄의 수증기 개질반응을 진행하여 열에너지를 회수한다. 헬륨은 열전달성질이 매우 우수하여 수증기 개질반응기의 열효율이 매우 높다. 메탄의 수증기 개질반응에서 생성된 합성가스를 파이프를 통하여 열에너지가 필요한 곳에 보낸다. 합성가스에서 메탄을 제조할 때 발생하는 반응열을 열에너지로 공급하며, 이 메탄 제조 반응기를 아담 반응기라고 부른다. 메탄과 함께 생성되는 물은 이송하기 불편하므로 반응기의 출구에서 응축시켜 제거하고, 메탄은 파이프를 통해 다시 원자로로 보낸다. 이브 반응기에서는 메탄의 수증기 개질반응이 진행되면서 열을 흡수한다. 아담 반응기에서는 합성가스에서 메탄 합성반응을 진행하면서 열을 발생하며, 합성가스와 메탄이 열 운반 유체이고, 이브 반응기에서는 열을 흡수한다.

이브 반응기 [열 흡수 - 메탄의 수증기 개질반응]: $CH_4 + H_2O \rightarrow CO + 3\,H_2$ (10.8)

아담 반응기 [열 방출 - 메탄화반응]: $CO + 3\,H_2 \rightarrow CH_4 + H_2O$ (10.9)

그림 10.3에 아담-이브공정의 개략도를 보였다. 이브 반응기에서 열을 흡수하여 메탄의 수증기 개질반응을 통해 제조한 합성가스를 원거리 파이프라인을 통해 열에너지가 필요한 곳에 공급한다. 아담 반응기에서 합성가스로부터 메탄을 합성할 때 메탄화반응이 잘 진행하도록 세 개의 반응기를 직렬연결하여, 단계별로 냉각하면서 반응을 진행한다. 메탄화반응의 반응열은 매우 커서, 300 ℃ 반응물을 첫째 단에 공급하면 반응기 온도는 800 ℃까지 높아진

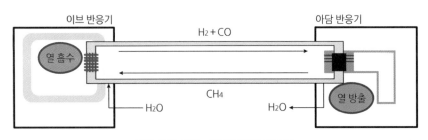

그림 10.3 아담-이브공정의 개략도

다. 이 반응기에 충전하는 촉매는 반응열로 인해 활성이 저하되지 않도록 열적 안정성이 높아야 한다.

메탄의 수증기 개질반응과 메탄화반응으로 서로 역반응이지만, 아담과 이브공정에서는 조작 조건이 달라 촉매의 요구 성능이 서로 다르다. 메탄화반응은 300 ℃에서도 일어나도록 활성이 높으면서도, 600 ℃에서도 금속의 소결에 의한 활성저하가 일어나지 않도록 안정성이 우수해야 한다. 할더-톱소(Haldor-Topsøe) 사에서 니켈을 기반으로 활성과 열적 안정성이 높은 메탄화 촉매를 개발하여, 1980년대 초 작은 마을에 열을 공급하는 아담-이브 II 시범공장을 운전하였다. 최근에는 아담-이브공정을 개량하여, 태양열을 모아서 이산화탄소로 메탄을 개질하는 흡열반응을 진행시킨 후 생성된 합성가스를 열에너지가 필요한 곳에 보내어 메탄화반응을 통해 발생한 열을 공급하는 에너지 회수공정이 시도되고 있다[13].

🔍 4 합성가스에서 메탄올의 합성

합성가스에서 메탄올을 합성하여, 이로부터 여러 종류의 화학공업 제품과 연료를 생산한다. 2013년 전 세계의 메탄올 수요는 6,500만 톤에 이르는 아주 중요한 물질이다[14]. 여러 물질을 선택적으로 합성할 수 있는 유용한 원료로서, C_1 화학이라고 부르는 합성화학의 출발물질이기도 하다. 연간 생산량이 백만 톤이 넘는 대규모 메탄올 합성공장이 운전되면서 메탄올의 수요-공급이 안정화되어 중간물질로서 메탄올의 중요성이 더 커졌다.

메탄올 합성공정의 역사는 매우 길다. 초기에는 구리가 들어 있는 촉매를 사용하여 합성가스에서 메탄올을 합성하였다. 1923년 바스프(BASF) 사는 200 ℃와 200 bar의 고압 조건에서 아연아크로뮴염(zinc chromite) 촉매를 사용하여 메탄올을 합성하였다. 1960년 ICI[현재의 존슨매티(Johnson-Matthey)] 사는 50~100 bar와 220~250 ℃에서도 합성가스에서 메탄올을 효과적으로 합성하는 $Cu-ZnO-Al_2O_3$ 촉매를 개발하였다.

일산화탄소, 이산화탄소, 수소의 혼합물에서 메탄올이 생성되는 반응은 발열반응이다.

$$CO + 2\ H_2 \rightarrow CH_3OH \quad \Delta H° = -90.6\ kJ \cdot mol^{-1} \tag{10.10}$$

$$CO_2 + 3\ H_2 \rightarrow CH_3OH + H_2O \quad \Delta H° = -49.5\ kJ \cdot mol^{-1} \tag{10.11}$$

합성반응은 모두 가역적이어서 발열로 인해 온도가 높아지면 평형상수가 작아져 수율이 낮아진다. 반응기를 여러 단으로 나누고, 사이사이에 냉각 단계를 도입하여 수율을 높인다. 금속 상태로 환원된 구리 표면에서 메탄올의 합성반응이 진행되며, 산화아연과 알루미나는 구리의 소결을 방지하는 상태 증진제이다.

Cu−ZnO−Al₂O₃ 촉매에 적절한 증진제를 첨가하면 합성가스에서 메탄올 대신 알코올 혼합물이 생성된다. 피셔−트롭슈공정에서처럼 탄소 사슬이 길어져서 옥탄값 향상제로 사용하는 긴 탄소 사슬의 알코올이 생성된다. 반응물에 이산화탄소가 같이 들어 있어야 전환율이 높아진다. 이산화탄소가 촉매 표면을 부분적으로 산화시켜 활성이 좋아진다고 알고 있었으나, 실제로는 일산화탄소보다 이산화탄소가 촉매 표면에 반응 중간체인 포밀산염(formate)을 쉽게 생성시키기 때문에 전환율이 높아진다[15].

메탄올을 바로 연료로 사용하기도 하지만, 최근에는 합성가스에서 메탄올 대신 디메틸에테르(dimethylether; DME)를 합성하여 연료로 사용하려 한다. DME를 디젤엔진의 연료로 사용하면 열효율은 디젤유와 비슷하지만, 매연과 질소 산화물의 발생량이 훨씬 적다. DME는 메탄올 두 분자에서 물 한 분자를 제거하여 제조하지만, 합성가스에서 DME를 바로 제조하면 이 반응의 깁스에너지 변화량이 적어서 평형 측면에서 유리하다. 메탄올 합성 촉매인 Cu−ZnO−Al₂O₃ 촉매와 메탄올에서 DME를 제조하는 반응에 사용하는 제올라이트나 γ−Al₂O₃를 섞어 만든 촉매가 합성가스에서 DME를 제조하는 반응에 효과적이다.

메탄올은 연료전지처럼 특수한 에너지 변환 장치의 연료로 중요하다. 연료전지는 화학물질의 산화반응에서 발생하는 화학에너지를 바로 전기에너지로 전환시키는 매우 효과적인 장치이다. 열을 거치지 않으므로 카르노(Carnot) 엔진의 효율 제한이 없어서 이론적인 전기에너지 생성 효율이 100%이다. 연료전지에 가장 적합한 원료는 순수한 수소이지만, 끓는점이 낮고, 부피가 크며, 저장하기 어렵고, 판매망 구축도 쉽지 않아서 널리 사용하지 못한다. 이보다는 메탄올에서 순수한 수소를 제조하여 연료로 사용하거나, 메탄올을 직접 연료전지의 환원제로 사용한다. 메탄올에서 수소를 제조하는 반응을 메탄올 개질(reforming)반응이라고 부르며, 메탄올을 연료로 사용하는 연료전지를 직접 메탄올 연료전지(direct methanol fuel cell; DMFC)라고 부른다.

연료전지에는 전해질을 경계로 음극(cathode)과 양극(anode)이 설치되어 있다. 전극 표면

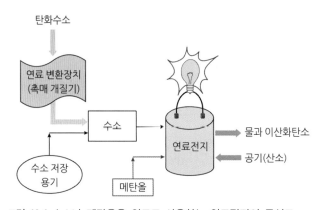

그림 10.4 수소나 메탄올을 연료로 사용하는 연료전지의 구성도

에서 촉매반응이 잘 일어나도록 세공이 발달한 탄소 지지체를 전극 재료로 사용한다. 메탄올을 연료로 사용하는 DMFC는 장치가 작고, 만들기 쉬우며, 부하 응답성이 좋다. 다공성 탄소 전극에 백금 또는 백금−루테늄을 담지한 촉매를 사용하며, 운전온도는 150 ℃로 비교적 낮다. 반면, 메탄올을 연료로 사용하면 전극에서 반응이 느려 출력밀도가 낮고, 전극 촉매로 비싼 백금을 사용해야 하는 점이 부담이다. 연료인 메탄올과 산화제가 고분자 분리막을 통과하여 다른 전극으로 이동하면(cross−over) 효율이 낮아진다.

DMFC에서 메탄올의 전극반응은 매우 복잡하지만, 기본 반응은 다음과 같이 간단하다. 양극에서는 메탄올이 산화되고, 음극에서는 산소가 환원된다. 반응 도중 생성된 일산화탄소와 메탄올의 산화물이 백금 표면에 강하게 화학흡착하여 촉매를 피독시킨다. 백금에 다른 귀금속을 첨가한 2원 합금(Pt−Ru)이나 4원 합금(Pt−Ru−Ir−Os) 촉매를 사용하여 활성저하를 방지한다.

양극반응: $CH_3OH(l) + H_2O \rightarrow CO_2(g) + 6 H^+ + 6 e^-$

음극반응: $3/2 O_2(g) + 6 H^+ + 6 e^- \rightarrow 3 H_2O(l)$

전체반응: $CH_3OH(l) + 3/2 O_2(g) \rightarrow CO_2(g) + 2 H_2O(l) + 전류 + 열$　　　(10.12)

연료전지의 연료로서 수소 기체를 공급하는 대신 메탄올을 개질하여 수소로 전환시킨 뒤 연료로 공급해도 된다. 메탄올은 수송과 저장이 용이하므로 연료전지의 부속 장치인 개질기에서 메탄올에 물을 가하여 수소를 제조하여 사용한다. 연료로서 수소의 장점과 메탄올의 편의성을 모두 살릴 수 있으나, 별도의 시설비와 개질 장치의 운전비용이 필요하다.

$$CH_3OH + H_2O \rightarrow CO_2 + 3 H_2 \qquad\qquad (10.13)$$

메탄올의 수증기 개질반응의 촉매활성물질은 구리로서, 메탄올의 합성반응에 사용하는 촉매와 구성 성분이 거의 비슷하다[16]. 침전법으로 제조한 $Cu-ZnO-Al_2O_3-ZrO_2$ 촉매에서 메탄올의 수증기 개질반응은 130 ℃ 부근에서 시작되어 340 ℃에서 종결된다. 생성물에 일산화탄소가 남아 있지 않은 상태에서 수소의 최고 수율은 70 mol% 정도이고, 이산화탄소의 수율은 23 mol%이다. 메탄올의 전환율이 100%가 되는 540 ℃에서는 개질반응의 수소와 이산화탄소 수율은 열역학적 평형을 가정하여 계산한 값과 거의 같다. 메탄올의 전환율이 100% 근처로 높아지면 수성가스 전환반응의 역반응이 같이 진행되어 수소의 수율이 도리어 낮아진다.

$$CO_2 + H_2 \rightleftharpoons CO + H_2O \qquad\qquad (10.14)$$

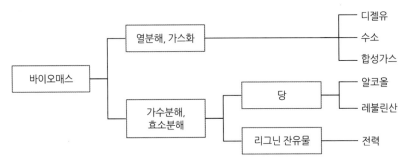

그림 10.5 리그노셀룰로오스계 바이오매스에서 화학물질과 전력 생산[17]

🔍 5 바이오매스의 촉매 전환공정

석탄, 원유, 천연가스는 유한한 자원이나 태양빛을 받아 성장하는 바이오매스는 지속가능한 (sustainable) 자원이다. 바이오매스로부터 인류문명의 지속에 필수적인 화학공업의 원료와 연료를 생산하려는 시도가 활발하다. 바이오매스의 처리공정은 크게 두 가지로 나눈다[17]. 그림 10.5에 보인 대로 바이오매스를 열분해하여 합성가스와 수소를 제조하고 이로부터 다양한 화학물질을 생산한다. 다른 공정에서는 바이오매스를 가수분해하여 당을 제조하고 이로부터 알코올과 정밀화학 물질을 제조한다.

실제 바이오매스의 처리 과정은 그림 10.6에 보인 대로 상당히 복잡하다. 가수분해공정의 전처리로는 분쇄한 목질 원료를 수증기와 더운물로 처리하여 불순물을 제거한다. 이어 묽은 산과 염기로 처리하거나 각종 용매로 처리하여 가수분해가 용이하도록 전처리한다. 가수분해 공정에는 산을 촉매로 이용하며, 주요 생성물은 당이다. 산 대신에 효소를 사용하여 가수분해할 수도 있다. 가수분해 생성물을 발효하여 에탄올과 부탄올을 제조하며, 정제 과정을 거쳐 레불린산을 제조하기도 한다. 열화학적 처리공정에서는 전처리가 상대적으로 단순하다. 목질 원료를 분쇄하여 크기와 물질별로 나눈 후 물로 씻어 건조한다. 열분해하거나 가스화하여 바이오오일을 제조하거나 합성가스를 생산한다. 바이오오일을 개질하여 수소로 전환시킬 수 있고, 열화학처리 잔유물로 바이오탄을 만든다.

바이오매스의 분해생성물을 발효시켜 에탄올과 부탄올을 제조하거나 완전히 가수분해하여 레불린산(levlinic acid; $CH_3COCH_2CH_2COOH$)과 개미산을 만든다. 그림 10.7에는 레불린산에서 여러 물질을 제조하는 과정을 정리히였디[18]. 연료에 30% 정도로 많이 첨가하는 메틸테트라하이드로퓨란(methyltetrahydrofuran: MTHF)은 레불린산을 환원·탈수한 후, 수소첨가하여 제조한다. 중간 생성물인 γ-발레로락톤은 용매, 향료, 화장품의 원료이다.

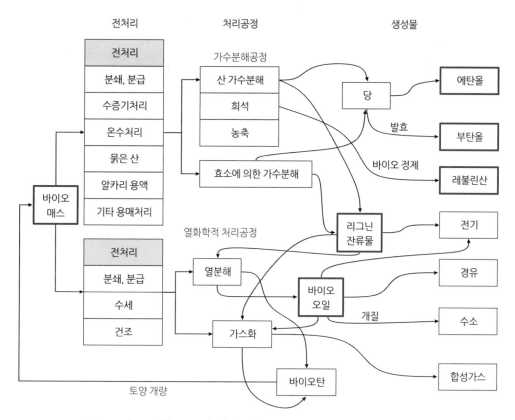

그림 10.6 리그노셀룰로오스계 바이오매스의 전환에 의한 각종 제품의 생산[17]

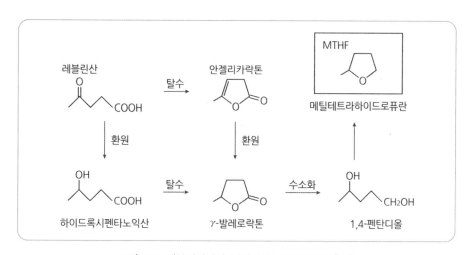

그림 10.7 레블린산에서 여러 화학 물질의 제조[18]

셀룰로오스를 촉매 존재 하에서 직접 수소화하여 하이드록시기가 여러 개 들어 있는 폴리올(polyol)을 만든다[19]. 수소화 분해반응에 활성이 있어야 하므로 금속과 산 촉매 기능이 같이 있는 이중기능 촉매를 사용한다. Pt/Al₂O₃, Pt/HMFI, Pt/C 귀금속계 촉매와 Ni-W/SiO₂-Al₂O₃ 기본 금속계 촉매에서 셀룰로오스의 수소화 분해반응이 많이 연구되었다.

텅스텐 계열 촉매에서는 에틸렌 글리콜의 수율이 높아 Ni‒W/SiO₂ 촉매에 대한 관심이 많다. 마니톨(mannitol), 에리트리톨(erythritol), 1,2‒프로판다이올(1,2‒propanediol)이 같이 생성되나, 에틸렌 글리콜에 비해 생성량이 적다. 니켈과 텅스텐이 환원되거나 산화된 상태의 Ni‒W/SiO₂ 촉매가 셀룰로오스를 저분자량의 폴리올로 전환시키는 데 효과적이다.

바이오매스를 에너지원으로 활용하거나 화학물질의 제조 원료로 사용하려는 연구가 활발하다. 고체산과 고체염기 촉매를 사용하여 기름을 메탄올과 반응시켜 에스테르 교환반응을 거쳐 바이오디젤을 제조한다. 트라이글리세라이드에서 바이오디젤의 구성성분인 지방산에스테르가 생성될 때 같은 몰수의 글리세롤이 생성된다. 글리세롤을 출발물질로 사용하여 금속 촉매에서 프로판다이올을 합성하거나, 글리세롤을 방향족 화합물로 전환시킨 후 이들로부터 p‒자일렌을 거쳐 텔레프탈산을 합성하는 연구가 진행되고 있다. Si/Al 비가 30인 HMFI 촉매는 글리세롤의 전환반응에 활성과 선택성이 높아 방향족 화합물의 수율이 25% 정도로 높고, 생성물 중 p‒자일렌에 대한 선택도가 42%에 이른다.

글리세롤에서 아크로레인을 합성하는 반응에도 관심이 많다(그림 10.8). 글리세롤을 탈수하면 3‒하이드록시프로피온알데하이드가 되는데, 이를 추가로 탈수하면 아크로레인이 된다. 탈수반응을 거쳐 아크로레인을 제조하기 때문에 산성 촉매가 필요하며 H_0가 −3.0에서 −5.0 범위의 산촉매가 효과적이다. 실리카‒알루미나에 헤테로폴리산을 담지한 촉매에서 글리세롤의 전환율이 40%이고, 아크로레인에 대한 선택도는 60%이다. 헤테로폴리산의 담지로 촉매활성이 두 배 정도 향상되었다. 아크로레인에 대한 선택성은 촉매에 따라서도 다르지만, 전환율에 따라서도 다르다. 아크로레인에 대한 선택도가 높으려면 일반적으로 글리세롤의 전환율이 낮아야 한다.

HFER 제올라이트를 촉매로 사용하면 HMFI, HBEA, HFAU, HMOR 제올라이트와 실리

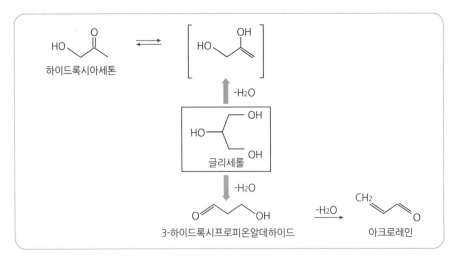

그림 10.8 글리세롤에서 아크로레인과 하이드록시아세톤의 제조

카-알루미나를 촉매로 사용했을 때보다 넓은 온도 범위(220~380 ℃)에서 아크로레인의 수율이 높다. 글리세롤의 탈수반응에서 아세트알데하이드, 아세톤, 알릴알코올 등 여러 종류의 부산물이 많이 생성되는데, HFER 제올라이트에서는 이러한 부산물이 적게 생성되고 아크로레인에 대한 선택성이 높다. HFER 제올라이트는 가공하기 쉽고, 열적 안정성이 우수하여 연속식 기상, 유동층 기상, 회분식 액상 등 여러 가지 반응기에 촉매로 사용할 수 있어 효과적이다[20].

바이오매스의 혐기성 발효 생성물인 바이오가스는 삼중개질(tri-reforming)공정을 거쳐 수소로 전환된다. 이산화탄소에 의한 메탄의 건식 개질(dry-reforming), 수증기에 의한 메탄의 개질(steam reforming), 메탄의 부분산화(partial oxidation)반응이 같이 일어나는 삼중개질공정에 메탄과 이산화탄소가 섞여 있는 바이오가스를 넣어 수소를 제조한다. La_2O_3-CeO_2 복합 산화물에 니켈을 담지한 촉매에서 800 ℃로 가열하면 CH_4/CO_2 비가 1.5인 바이오가스에서 수소가 효과적으로 생산된다[21]. 셀룰로오스에서 직접 또는 글루코오스를 거쳐 제조한 소비톨(sorbitol)을 수소로 처리한 후 카르보닐 제거반응을 거쳐 연료로 사용할 수 있는 알칸 혼합물로 전환시킨다. 고리화반응과 고리열림반응이 같이 진행되고, 수소화반응도 진행되어야 하므로 산 촉매와 백금 촉매를 같이 사용한다. 카르보닐기가 제거되면서 생성된 일산화탄소가 물과 반응하여 만든 수소는 수소화반응에 사용된다. 물이 같이 있는 조건에서 반응이 진행되므로 제올라이트와 실리카-알루미나보다 수열 안정성이 우수한 TiO_2-WOx 전이금속 복합 산화물이 더 효과적이다[22].

바이오매스를 열분해하면 기체, 액체, 고체 물질이 생성된다. 온도, 압력, 접촉시간 등 반응 조건에 따라 생성되는 바이오가스, 바이오오일, 탄소 찌꺼기(char)의 조성과 생성량이 달라진다. 500 ℃와 접촉시간이 수 초인 반응 조건에서 열분해로 액체 75%, 고체탄소 12%, 바이오가스 13%의 혼합물이 생성된다[23]. 액체의 25%는 물이고, 75%는 아세트산을 비롯한 산소가 들어 있는 유기 화합물이다. 바이오매스를 기체화하여 합성가스를 만들거나 열분해하여 바이오오일을 만든 후 연료와 연료 첨가제로 전환시킨다[24].

고체 바이오매스를 열분해하여 제조한 액체 바이오오일을 유용한 물질로 전환시키려는 시도가 많이 보고되고 있다[24]. 석유화학공업에서 분해와 개질반응에 활성이 높은 제올라이트 촉매에서 바이오오일의 전환반응이 많이 연구되고 있다. 제올라이트의 적절한 산세기와 특이한 세공구조를 활용하여 바이오매스에서 제조한 바이오오일은 탄화수소를 거쳐 디젤유와 가솔린으로 전환시킨다.

제올라이트와 실리카-알루미나 촉매에서 바이오오일을 처리하면 탄화수소가 생성된다

[25]. HMFI(Si/Al=28) 촉매에서는 탄화수소의 수율이 27.9 wt%이었으나, HFAU(Si/Al=3) 제올라이트 촉매에서는 14.1 wt%였다. HMOR(Si/Al=7) 촉매에서는 4.4 wt%, 실리카라이트에서는 5 wt%로 제올라이트 종류에 따라 탄화수소의 수율이 크게 달랐다. 실리카-알루미나(Si/Al=0.39) 촉매에서는 탄화수소 수율이 13.2 wt%였다. HMFI와 HMOR 촉매에서는 직선형 탄화수소보다 방향족 화합물이 많이 생성되었으나, HFAU와 실리카라이트, 실리카-알루미나 촉매에서는 지방형 탄화수소가 많이 생성되었다. 제올라이트의 세공구조에 따라 생성물의 종류가 크게 다르다.

희토류 금속이 들어 있는 초안정 제올라이트 Y(ultrastable Y: USY)가 주성분인 FCC 촉매에서 바이오오일을 분해하면, 가솔린이 생성된다[26]. 원유를 증류하여 제조한 가솔린에 비해, 바이오오일에서 제조한 가솔린에는 알켄과 나프텐의 함량은 적고 방향족 화합물의 함량이 많다. 바이오매스의 열분해 생성물인 바이오오일에서 제올라이트 등 산 촉매를 사용하여 가솔린을 바로 제조한 후 기존의 촉매공정을 활용하여 그 품질을 향상시킨다.

리그닌 단량체인 구아이아콜(guaiacol)을 산성 지지체에 담지된 금속 촉매에서 수소화 산소제거(hydrodeoxygenation)하면 사이클로헥산이 생성된다. 그림 10.9에서 보듯이 구아이아콜이 먼저 수소화된 후 고리에 치환된 메톡시기가 메탄올로 제거되고 하이드록시기가 물로 제거되어 사이클로헥산이 생성된다. 수소화반응과 함께 수소에 의해 산소가 들어 있는 치환기의 제거반응이 같이 진행되어야 하기 때문에 금속과 산점이 필요하여 이중기능 촉매가 필요하다. 실제로 알루미나와 질산처리한 카본블랙에 담지한 금속 촉매보다 산성이 강한 실리카-알루미나에 로듐과 루테늄을 담지한 촉매에서 사이클로헥산의 수율이 50% 이상으로 상당히 높았다[27].

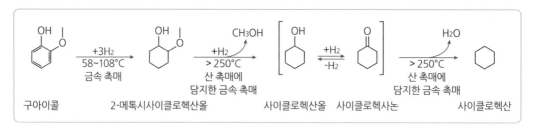

그림 10.9 구아이아콜에서 사이클로헥산의 제조경로[27]

바이오매스를 출발물질로 사용하여 에너지와 다양한 공업원료로 제조하려는 시도는 전 세계적으로 진행되고 있으며, 원유 기반의 전통 화학공업과 융합되어 발전하리라 기대된다. 다만 바이오매스 자체가 아주 복잡한 혼합물이어서 정제하기 어렵고 생성물이 너무 다양하여 현재의 석유화학공업처럼 생산성이 높을지에 대한 우려가 많다. 분해공정에 비해 생산한 화학물질의 가치가 높아 경제성 확보가 가능하다는 공정도 있지만, 전체적으로는 아직 시작 단계이다. 그러나 화석 자원은 고갈되나 바이오매스는 지속적으로 생산되는 자원이어서 미래를 준비하기 위해서 바이오매스 전환공정의 중요 핵심기술을 확보해야 한다.

촉매를 사용하여 바이오매스를 열분해하거나 기체화하여 연료를 생산하는 노력은 여러 측면에서 진행되고 있다[24]. 특히 목재류 자원에서 화학물질을 효과적으로 생산하는 촉매 기술이 바이오매스 활용 가치를 크게 높이리라 기대된다.

🔍 6　환경 분야에서 촉매 응용

환경 분야에서 촉매는 좁게 보면 배출되는 오염물질을 처리하는 데 목적이 있다. 석유화학 산업과 주유소 등에서 배출되는 휘발성 유기 화합물의 촉매 연소, 자동차 배기가스의 정화, 발전소와 대형 보일러의 연도(flue)가스에서 질소 산화물의 제거 등이 이에 해당된다. 넓은 의미에서는 촉매를 사용하여 유해한 오염물질의 발생을 줄이는 촉매공정이나 유해한 폐기물의 발생을 억제하는 촉매공정 모두가 환경 분야와 관련 있다. 에너지와 원료의 사용량을 줄이거나 독성이 강한 원료나 유해한 용매를 무해한 물질로 대체하는, 흔히 환경친화적이라고 부르는 촉매공정도 이에 포함된다. 석유제품에서 황, 질소, 산소를 제거하여 청정연료를 생산하는 수소첨가 품질향상공정은 7장에서 설명하였으므로 이 부분에서는 일반적인 고찰보다 현재 중요하게 활용되고 있는 환경 분야의 촉매공정을 소개한다.

(1) 환경정화용 연소 촉매

화학물질의 제조 과정에서 유기용매가 기화되어 대기 중으로 배출되어 공기의 질을 저하시킨다. 초기에는 증기압이 높은 물질을 모아 VOC라고 불렀지만, 대상물질이 많아지면서 증기압이 높아 인체에 유해한 유기 화합물을 모두 VOC라고 부른다. VOC는 그 자체로도 인체에 유해하며, 공기 중의 질소 산화물과 광화학적으로 반응하면 오존과 알데하이드 등 2차 오염물질을 만든다. 우리나라에서는 1999년 이후로 대기환경보존법에 의거 대기환경규제지역(석유화학, 정제공업, 자동차관련 업소 등)에서 VOC의 배출을 강력히 규제하고 있다. 미국의 환경방재청도 대기오염물질의 50% 정도가 VOC 성분이라고 판단하여, 이의 배출을 규제한다.

VOC는 여러 방법으로 제거한다. VOC를 흡착 방법으로 제거하면 흡착제를 재생하기 위해 VOC를 탈착시켜 다시 제거해야 한다. 분압이 낮으면 흡착량이 적고, 섞여 있는 물질의 종류에 따라 흡착 성능이 달라진다. 흡착량이 많아지도록 조작온도를 낮춰야 한다. 이에 비해 촉매연소법에서는 VOC의 농도에 따른 제한이 적고, 재생 등 추가 조작이 필요 없다. 촉매를 사용하여 화염 없이(flameless) 연소시키므로 화재 발생의 우려가 적고, 소량이지만 VOC 연소 과정에서 열에너지를 회수하기도 한다.

VOC 등 유해물질의 연소 제거 외에도 500 ℃ 이하의 저온에서 휴대용 손난로, 라이터, 석유난로, 수소연소기, 배터리 등에 연소 촉매를 이용한다. 배터리에서는 충전과 방전 과정에서 물이 전기분해되면서 수소와 산소가 발생한다. 백금 촉매에서 이들을 반응시켜 물로 전환시키므로 배터리의 안정성이 높아지고, 장기간 사용하면서도 물을 추가로 공급하지 않는 밀폐형 배터리를 만드는 데 연소 촉매가 필수적이다. 자동차 배기가스의 정화, 산업 폐가스의 정화, 열회수 시스템, 각종 탈취장치 및 촉매연소 가열기에도 연소 촉매가 사용된다.

디젤엔진 배기가스에 들어 있는 유기물을 제거하는 디젤산화 촉매(diesel oxidation catalyst : DOC)가 대부분의 디젤 차량에 장착되어 있다. 검은 매연을 제거할 뿐 아니라 입자상물질의 생성도 억제한다. 최근에는 질소 산화물의 제거 장치도 디젤 자동차에 부착하고 있다.

800 ℃ 이상의 고온에서는 발전용, 열병합 시스템용, 항공기용 가스터빈에 연소 촉매를 사용한다. 가스터빈에서는 연소반응 중에 공기의 질소와 산소가 반응하여 질소 산화물(thermal NO_x)을 만든다. 온도가 높아질수록 질소 산화물이 많이 생성되므로, 온도를 높여서 가스터빈의 효율을 높이는 데 한계가 있다. 화염연소 대신 촉매를 이용하여 연소실 온도를 1,200 ℃ 이하로 유지하면서 안정적으로 연료를 연소시키면 NO_x의 생성량이 크게 줄어든다. 촉매 연소반응에서는 촉매 표면에서 연료가 연소하므로 농도가 낮아도 연소반응이 진행된다. 이에 덧붙여 연료가 타기 시작하는 온도가 낮아지고, 완전연소되며, 연소가 일어나는 촉매 표면의 온도 분포가 균일하여 연소 안전성이 매우 높다.

이러한 장점을 살려 주방기구로부터 발전용 보일러 등 산업용 장치에 이르기까지 촉매 연소 기술을 널리 활용한다. 메탄이 주성분인 도시가스를 사용하는 조리용 기구나 난방용 가전제품에 촉매를 사용한다. 바람이 강해도 연소 상태가 유지되며, 완전산화되어 일산화탄소가 발생하지 않고, 저온에서 연소하므로 질소 산화물의 생성이 억제된다. 촉매층에서 방사되는 적외선은 쾌적한 난방에 적절한 에너지 형태이다. 가정의 조리기구와 난방기구의 가열기 벽에 이산화망간, Zn-Mn계 페라이트, 알루미노규산염, 점토 등으로 만든 다공성 무기물 촉매를 부착한다. 실리카, 활성탄, 이산화주석에 담지한 백금과 팔라듐 귀금속 촉매의 연소활성이 아주 우수하지만, 귀금속은 아주 비싸기 때문에 저렴한 전이금속의 복합 산화물을 활성물질로 사용하는 연소 촉매가 개발되고 있다. 고온 연소 촉매에서는 내열성이 아주 중요하여 휘발되거나 고온에서 소결되는 물질을 촉매로 사용하지 못한다. 고온에 견디면서도 표면적이 큰 마그네시아, 타이타니아, 지르코니아 등을 지지체로 사용한다. 바륨헥사알루미네이트(barium hexaaluminate)는 1,600 ℃에서 가열하여도 표면적이 $10 \, m^2 \cdot g^{-1}$로 넓어서, 고온 연소 촉매의 지지체로 많이 연구되었다. 이에 코발트를 담지한 촉매는 메탄 연소반응에서 활성이 아주 우수하다[28].

(2) 가솔린 자동차의 배기가스 정화 촉매

'자동차 배기가스의 오염물질을 촉매로 처리하여 정화한다'는 말을 화학공업과 관련이 없는 일반 사람도 다 알고 있을 정도로 자동차용 촉매가 보편화되었다. 환경 분야에서 자동차 배기가스 정화 촉매가 가장 중요한 응용 분야이고, 귀금속을 활성물질로 사용하므로 촉매 가격이 비싸서 촉매 시장에서 차지하는 비중이 크다. 가솔린 자동차에 이어 디젤 자동차, 오토바이, 중장비에 이르기까지 배기가스 정화 목적으로 촉매가 적용되고 있다. 황 함량이 많은 연료를 사용하는 선박의 디젤엔진에서 배출되는 오염물질의 제거 촉매가 촉매 시장의 새로운 관심 대상으로 떠오르고 있다.

자동차의 보급이 확대되어 자동차에 의한 대기오염이 심각해지면서 자동차 배기가스의 정화 필요성이 제기되었고, 여러 가지 제거 방법이 고안되었다. 가솔린 자동차의 배기가스에는 미연소 탄화수소, 일산화탄소, 질소 산화물이 들어 있으므로 이를 동시에 제거하기가 쉽지 않다. 미연소 탄화수소와 일산화탄소는 산화시켜서 제거해야 하나 질소 산화물은 환원하여 제거해야 하므로, 한 개의 반응기에서 이들 모두를 한꺼번에 제거하기가 쉽지 않다. 더욱이 반응물의 농도와 온도가 일정하게 유지되는 화학공장의 반응기와 달리 시동, 주행, 가속, 감속 등 주행 조건에 따라 배기가스 내 오염물질의 농도가 크게 달라져서 촉매반응을 효과적으로 조작하기 어렵다. 주행 단계에서는 촉매온도가 높아지지만, 정지 상태에서는 대기 온도로 낮아지는 열 충격을 몇 년씩 견뎌야 하는 내구성도 문제이다. 연료와 윤활유에 들어 있는 촉매 열화물질 등을 고려하면 자동차의 배기가스를 촉매로 정화하겠다는 시도는 무리라는 판단이 대세였다. 그러나 여러 가지 시도 끝에 가솔린 자동차의 배기가스에 들어 있는 오염물질을 단일 반응기로 추가 물질의 공급 없이 제거할 수 있게 되었다. 자동차가 인류에 제공하는 편의성을 감안하면 촉매를 이용한 자동차 배기가스의 정화는 촉매 분야의 큰 공헌이다[29].

초기에는 가솔린 자동차 배기가스의 오염물질 중 질소 산화물을 먼저 환원시키고, 이어 추가 공기를 공급하여 일산화탄소와 미연소 탄화수소를 산화시키는 방법으로 세 가지 오염물질을 제거하였다. 두 종류의 촉매를 사용하여야 하고, 환원 분위기와 산화 분위기로 분위기를 바꾸는 데 따른 연료 손실이 많았다.

귀금속 촉매에서는 그림 10.10에서 보듯이 연료와 공기의 비(A/F)가 이론 공연비인 14.7 부근에서 세 가지 오염물질의 제거율이 모두 높다는 점이 알려지면서, 한 종류 촉매로 오염물질을 모두 제거한다. 이 조건에서는 산화되는 물질과 환원되는 물질을 서로 반응시켜 같이 제거한다는 뜻으로 3원 촉매(3-way catalyst)라고 부른다. 배기가스의 배출관에 설치된 산소 검지기로 배기가스의 산소 농도를 측정하여 연료 공급량을 조절하므로 A/F 비를 일정하게 제어하여 오염물질을 모두 제거한다. A/F 비가 높아지면 산소 농도가 높아 미연소 탄화수소

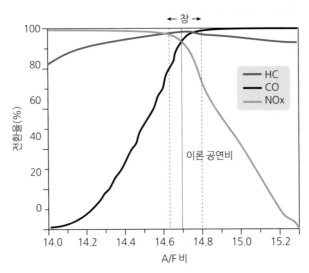

그림 10.10 3원 촉매에서 가솔린 자동차의 배기가스에 들어 있는 세 가지 오염물질의 미연소 탄화수소(HC), 일산화 탄소(CO), 질소 산화물(NOx)의 동시제거[30]

와 일산화탄소는 많이 제거되지만, 질소 산화물은 제거되지 않는다. 반면, A/F 비가 낮아지면 산소 농도가 낮아져 환원 분위기가 되어 질소 산화물이 잘 제거된다. 3원 촉매에서는 주행 상태에 관계없이 창(window)이라고 부르는 조건을 유지하여야 오염물질의 제거효율이 높다.

백금, 팔라듐, 로듐 등 귀금속 활성물질을 다공성 알루미나 분말에 분산시켜 이를 모노리스(monolith)라고 부르는 지지체에 담지하여 3원 촉매를 제조한다. 초기에는 백금과 로듐을 활성물질로 사용하였으나, 최근에는 팔라듐을 상당량 첨가한다. 귀금속의 종류별 사용량에 따라 백금과 팔라듐의 가격이 뒤바뀔 정도로 자동차 촉매 제조에 귀금속을 많이 쓴다. 가솔린 자동차의 정화 촉매에서는 조작이 가능한 A/F 비를 넓히기 위해 산소 저장 능력(oxygen storage capacity)이 있는 CeO_2-ZrO_2을 귀금속과 함께 담지한다. 배기가스의 산소 농도는 주행 조건에 따라 연료 과잉(rich)과 연료 부족(lean) 상태로 변한다. 연료 과잉 조건에서는 세리아와 지르코니아가 산소를 제공하고, 연료 부족 상태에서는 이들이 과잉 산소와 반응하여 산소를 저장하므로 세 가지 오염물질을 동시에 제거하는 영역이 넓어진다. 연료가 과잉으로 존재하면 미연소 탄화수소가 많아지지만, 이들이 수증기 개질반응과 수성가스 전환반응을 거쳐 수소로 전환되어 질소 산화물의 환원을 돕는다.

자동차의 배기가스 정화반응에서는 유속이 매우 중요하다. 엔진에서 연소한 배기가스가 빠르게 배출되어야 엔진 성능이 좋아지므로, 촉매층에서 압력손실로 인해 배출속도가 느려지면 엔진의 열효율이 낮아진다. 배기가스가 빠르게 통과하여 압력손실이 없으면서도 활성물질과 잘 접촉할 수 있도록 자동차 배기가스 정화용 촉매는 촉매 지지체로 모노리스를 사용한다. 그림 10.11에 세라믹으로 만든 지지체가 장착된 촉매 전환기(catalytic converter)와 Fe, Cr, Al, Y의 합금으로 만든 금속 지지체의 모양을 보였다. 열 변형이 아주 작은 코디어라이트

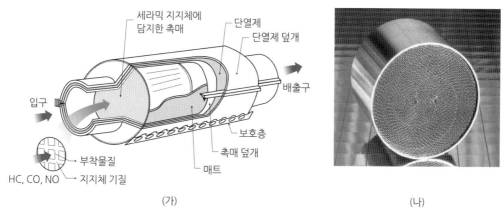

그림 10.11 대표적인 자동차의 (가) 촉매 전환기와 (나) 금속제 하니컴[30]

(cordierite)를 첨가제와 함께 섞어 반죽으로 만들고 몰드에서 압출하여 세라믹 지지체를 만든다. 초기에는 구멍 모양이 벌집을 닮은(honeycomb) 형태였으나, 지금은 삼각형, 사각형, 오각형 등 여러 형태로 만든다. 금속 지지체는 크림핑공정으로 금속판을 접합시켜 제조한다[31].

모노리스에 합성물질을 담지하는 방법도 독특하다. 알루미나 분말과 금속 활성물질을 섞은 현탁액에 세라믹 모노리스를 담그는 세척 – 담지법(wash – coat)으로 모노리스 표면에 활성물질이 분산된 알루미나를 부착시킨다. 건조하고 소성하여 촉매로 사용한다. 자동차 배기가스의 정화반응은 상당히 높은 온도에서 일어나고 배기가스의 공간속도가 빨라서 반응물이 촉매의 세공 내까지 들어가지 않으므로 모노리스의 표면에만 활성물질을 분산시킨다. 활성물질이 분산된 알루미나 지지체 분말이 모노리스 표면에 부착되면 그림 10.12에서 보듯이, 지지체의 빈 공간에 균일하게 채워진 원형의 촉매층이 형성된다[32]. 세척 – 담지법은 제조공정이 아주 단순하지만, 촉매의 열적 변형을 억제하고, 빠르게 지나가는 배기가스와 접촉하면서도 활성물질이 떨어지지 않는 효과적인 촉매 제조 방법이다.

활성물질이 고정된 모노리스를, 그림 10.11의 (가)에 나타낸 것처럼, 진동에 견디도록 단열재로 감싸서 스테인리스강의 틀에 견고하게 고정하여 촉매 전환기를 만든다. 촉매 전환기는

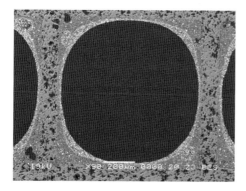
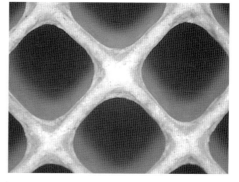

그림 10.12 세척 – 담지법으로 제조한 자동차용 모노리스 촉매에서 활성물질의 부착 상태[30]

보통 엔진과 소음기 사이에 설치하지만, 촉매층 온도가 높아져야 정화반응이 일어나므로 빠르게 더워지도록 엔진에 가깝게 설치하기도 한다. 처음 시동을 걸었을 때는 촉매 전환기의 온도가 낮아 오염물질이 그대로 배출된다. 냉 시동(cold start)과정에서 배출되는 오염물질을 정화하기 위해 제올라이트가 들어 있는 흡착장치를 부착하거나 촉매 전환기를 엔진에 아주 가까이에 설치한다. 온도를 빠르게 올리기 위해서는 (나)의 금속제 하니컴을 사용하기도 한다.

(3) 디젤 자동차의 배기가스 정화 촉매

1990년대에 가솔린엔진의 열효율을 높이기 위해 연료 농도가 낮은 산소 과잉 조건에서 운전하는 연료 희박(lean-burn) 엔진이 개발되었다. 이론공연비 이상으로 산소를 공급하면 연료의 연소는 완벽해지지만, 배기가스의 산소 농도가 높아서 3원 촉매가 효과적으로 작동하지 못한다. 디젤엔진 역시 산소 과잉 조건에서 조작하므로 3원 촉매로 배기가스를 정화하지 못한다. 미연소 탄화수소와 매연을 태워 제거하는 DOC 촉매로는 질소 산화물을 제거하지 못한다. 디젤엔진에서 배출되는 입자상물질의 제거도 어려운 점이다. 입자상물질은 여과장치로 포집한 후 태우는 방법으로 제거하므로 이 절에서는 촉매를 사용하는 질소 산화물의 제거 방법만 서술한다[33].

일본의 토요타(Toyota) 자동차 회사에서는 질소 산화물을 흡장한 후 포화되면 연료를 분사하여 질소 산화물을 탈착시켜 환원 제거하는 질소 산화물의 저장과 환원이 가능한 NOx 흡장(NOx storage and reduction: NSR) 촉매를 개발하였다. 알루미나 지지체에 담지한 산화바륨은 산화 조건에서는 NOx를 질산염 상태로 흡장한다. 산화바륨이 질산바륨으로 모두 전환되면, 연료를 분사하여 만든 환원 분위기에서 흡장한 질소 산화물을 탈착시켜 연료를 환원시킨다. 산화 분위기에서는 질소 산화물이 흡장되고, 환원 분위기에서는 질소 산화물이 탈착되어 환원되는 촉매 거동을 그림 10.13에 나타내었다. 산소가 과량인 조건에서는 산화질소(NO)가 백금 표면에서 산화되어 질산염 형태로 산화바륨에 결합된다. 연료를 분사하여 환원 분위기가 되면 질산바륨에서 이산화질소가 떨어져 나와 연료에서 생성된 미연소 탄화수소와 일산화탄소에

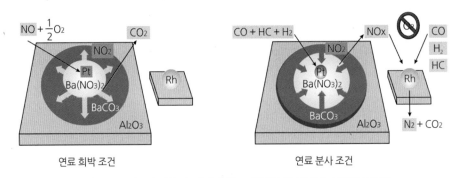

연료 희박 조건   연료 분사 조건

그림 10.13 NOx 흡장용 촉매에서 질소 산화물의 흡장과 환원반응[30]

의하여 환원된다. 질산바륨은 원래의 산화바륨으로 되돌아온다[32].

이와 달리 촉매층 앞에 환원제를 공급하여 질소 산화물을 선택적으로 환원시키는 방법도 있다. 화력발전소의 보일러 연도가스 중의 질소 산화물을 암모니아로 환원제거(NH_3-SCR)하는 공정을 디젤 자동차에 적용한 방법이다. 암모니아는 유독하여 차량에 보관하기 어려우므로 암모니아로 분해되는 요소를 공급하여 질소 산화물을 환원(Urea-SCR)한다. 요소 수용액을 저장할 공간이 있어야 하고 복잡한 분사 장치가 필요하므로 대형 버스와 트럭에 적용한다. 효율이 가장 좋은 조건에서 엔진을 구동하고, 이때 발생하는 질소 산화물은 Urea-SCR로 제거하므로 차량의 연비를 높일 수 있다. 표면적이 $100 \, m^2 \cdot g^{-1}$ 정도인 타이타니아에 담지한 바나디아 촉매가 Urea-SCR에 활성이 높으나, 바나듐이 유해하여 구리 이온을 교환한 SAPO-34 촉매로 대체되고 있다. Cu-SAPO-34는 특이할 정도로 열적 안정성이 좋고, 질소 산화물의 선택적 환원반응에 아주 선택적이다.

바륨 산화물을 이용하는 NSR 방법은 환원제를 저장하지 않아도 되고, 조작이 단순하여 효과적이나 환원 분위기를 만드는 데 연료를 사용하므로 연료효율이 나쁘다. NSR 과정에서 바륨 산화물이 질산염이 되었다가 다시 재생되는 과정을 반복하는 데 따른 기계적 피로의 축적과 디젤 연료에 들어 있는 황에 의해 비가역적으로 피독되어 촉매가 활성저하되는 문제점이 있다. 반면 Urea-SCR 방법에서는 요소 수용액의 판매망을 구축해야 하고 차량에 이를 저장해야 하므로 주로 대형 차량에 적용한다. 질소 산화물의 제거 성능은 우수하지만, 주행 조건의 변화에 요소 주입량이 따라가지 못하면, 아주 곤란해진다. 요소 주입량이 부족할 때는 질소 산화물이 그대로 배출되고, 과량 주입되면 반응하지 않은 암모니아가 배출될(ammonia slip) 우려가 있다.

이러한 점을 감안하여 중소형 차량에는 NSR 방법을 적용하고, 공간의 여유가 있는 대형 차량에는 Urea-SCR 방법을 도입하는 쪽으로 질소 산화물의 제거기술이 발전하고 있다. 현재까지는 엔진의 구조를 개선하고 추가 장치를 설치하여 배기가스 내 오염물질의 배출 기준을 충족하고 있어, 일부 차량에만 질소 산화물 제거 촉매가 장착되고 있다. 배출 허용 기준이 더 강화되는 시점에서는 효과적인 질소 산화물의 환원 제거기술을 도입해야 하므로, 제1장에서 언급한 대로 자동차용 촉매 수요의 급격한 증가가 예상된다. 연료인 탄화수소(HC)를 환원제로 사용하는 환원제거(HC-SCR) 방법과 연료를 개질하여 제조한 수소를 환원제로 사용하는(H_2-SCR) 방법도 활발하게 연구되고 있다[34]. 산소가 과잉으로 존재하는 조건에서 질소 산화물을 선택적으로 환원하여 제거해야 하므로 촉매의 활성과 선택성이 중요하지만, 이에 못지않게 장기간 극심한 온도 변화에 견디는 내구성 역시 우수하여야 한다.

(4) 연도가스의 질소 산화물 제거 촉매

화력발전소의 보일러, 시멘트 소성로, 유리 용해로 등 대규모 열을 필요하는 시설에서는 화석 연료를 연소시켜 전력을 생산하거나 열을 발생시키기 때문에 대기 오염물질이 필연적으로 발생한다. 보일러에서 연료를 태워 전기를 생산하는 열기관에서는 열효율을 높이려면 고온 열원의 온도를 높여야 하므로 질소 산화물이 많이 발생한다. 질소비료와 질산을 제조하는 공장에서도 질소 산화물이 배출된다. 질소 산화물은 연료에 들어 있는 질소 화합물이 연소될 때 생성되는 연료 질소 산화물(Fuel NO_x)과 고온에서 공기의 질소가 산소와 반응하여 생성하는 열 질소 산화물(Thermal NO_x)이 있다. 대부분의 연소장치에서는 연료에 기인한 질소 산화물은 전체 발생량의 5% 정도에 불과하고, 질소 산화물의 대부분은 고온에서 진행되는 연소반응에서 생성된다. 연료의 질소 화합물 함량을 줄이면 질소 산화물의 배출량이 줄어들지만, 그 효과는 그리 크지 않다. 이보다는 연소온도, 질소와 산소의 체류시간, 산소 농도 등 연소 조건을 조절하여 질소 산화물의 배출을 줄인다. 그리고 연소 후에 연도가스에 들어 있는 질소 산화물을 제거한다.

염기성 용액과 탄산염 용액으로 산성 기체인 NO_x를 포집하는 습식법, 활성탄에 NO_x를 흡착시켜 제거하는 방법, 촉매를 사용하여 NO_x를 환원하는 방법 등 여러 방법으로 질소 산화물을 제거한다. 그중에서 제거효율이 높고, 안정성이 우수하여 널리 사용하는 대규모 처리 방법이 선택적 촉매 환원공정이다. 산소가 과잉으로 들어 있어도 질소 산화물을 선택적으로 환원제거하므로 '선택적'이라는 용어를 붙여, 일반 환원공정과 구별한다. 환원 성능이 우수한 암모니아를 환원제로 사용하지만(NH_3-SCR), 주변 여건을 고려하여 요소, 탄화수소, 에탄올 등을 환원제로 사용한다. 자동차에서는 요소 수용액을 환원제로 사용하며, 놀이공원 등 대규모 시설에서는 보일러의 연도가스 정화에 유해하지 않으면서 환원 성능이 우수한 에탄올을 환원제로 사용한다.

세라믹 모노리스에 활성물질을 담지한 촉매를 블록 형태로 만들어 쌓은 고정층 반응기에

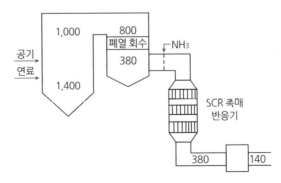

그림 10.14 보일러 연소가스 처리용 NH_3-SCR 공정의 구성과 각 부분의 온도(℃)

서 NO_x의 전환율과 질소에 대한 선택성은 거의 100%이다. 그림 10.14에 NH_3-SCR 공정의 개략도를 나타내었다. 이 공정에서 가장 큰 문제점은 암모니아 공급량이 모두 NO_x의 환원제 거에 사용되지 않고, 그대로 배출되는 암모니아 슬립이다. 독성과 악취가 강하고, 폭발 위험 이 큰 암모니아가 그대로 배출되면 도리어 공해를 유발하므로, 암모니아가 배출되지 않도록 암모니아 공급량을 정밀하게 조절하고, 그래도 배출되는 암모니아가 있으면 암모니아 분해 촉매를 이용하여 질소로 분해시킨다.

NH_3-SCR 공정에서 일어나는 반응은 대단히 많다. 질소 산화물의 제거반응과 함께 환원 제인 암모니아의 산화반응이 진행된다. 연료에 황이 들어 있으면 물과 이산화탄소 등과 반응 하여 염이 생성된다[35].

(질소 산화물의 환원반응)

$$4\,NO + 4\,NH_3 + O_2 \rightarrow 4\,N_2 + 6\,H_2O$$

$$6\,NO + 4\,NH_3 \rightarrow 5\,N_2 + 6\,H_2O$$

$$6\,NO_2 + 8\,NH_3 \rightarrow 7\,N_2 + 12\,H_2O$$

$$2\,NO_2 + 4\,NH_3 + O_2 \rightarrow 3\,N_2 + 6\,H_2O$$

(암모니아의 산화반응)

$$4\,NH_3 + 3\,O_2 \rightarrow 2\,N_2 + 6\,H_2O$$

$$4\,NH_3 + 5\,O_2 \rightarrow 4\,NO + 6\,H_2O$$

$$4\,NH_3 + 7\,O_2 \rightarrow 4\,NO_2 + 6\,H_2O$$

$$4\,NH_3 + 4\,O_2 \rightarrow 2\,N_2O + 6\,H_2O$$

$$4\,NH_3 + 4\,NO + 3\,O_2 \rightarrow 4\,N_2O + 6\,H_2O$$

$$4\,NH_3 + 4\,NO_2 + O_2 \rightarrow 4\,N_2O + 6\,H_2O$$

(부가반응)

$$NH_3 + SO_3 + H_2O \rightarrow NH_4HSO_4$$

$$2\,NH_3 + SO_3 + H_2O \rightarrow (NH_4)_2SO_4$$

$$NH_4HSO_4 + NH_3 \rightarrow (NH_4)_2SO_4$$

$$2\,NH_3 + H_2O + 2\,NO_2 \rightarrow NH_4NO_3 + NH_4NO_2$$

$$2\,NH_3 + CO_2 + H_2O \rightarrow (NH_4)_2CO_3$$

질소 산화물의 환원반응에서는 질소가 생성된다. 그러나 암모니아의 산화반응에서는 질소 도 생성되지만 이산화질소, 산화질소, 아산화질소가 같이 생성되므로 반응물을 소모하면서 동시에 오염물질을 증가시키는 산화반응을 반드시 억제해야 한다.

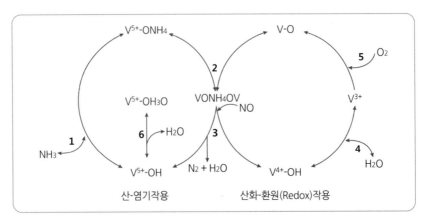

그림 10.15 바나디아 촉매에서 NH_3 – SCR 반응[36]

암모니아의 산화반응은 높은 온도에서 잘 진행되므로 온도 제어가 중요하다. 연료에 들어 있는 황 화합물이 산화되면 삼산화황이 생성된다. 이들의 부가반응에서 질산염과 황산염이 생성되어 반응장치의 관을 막거나 촉매에 침적되어서 활성을 저하시키므로 이 반응이 일어나지 않아야 바람직하다.

암모니아를 환원제로 사용하는 NH_3 – SCR 공정에는, 바나디아 성분을 타이타니아에 담지한 촉매가 안정적이고 활성이 높다. 그림 10.15에 보인 대로 바나디아 촉매의 V^{5+}에 암모니아가 결합하고, 염기점에는 산성인 산화질소가 결합하여 서로 반응한다. $V^{3+} \rightleftarrows V^{5+}$의 산화환원 과정에서 산화질소가 질소로 환원된다[36]. 두 종류의 활성점에서 산 – 염기반응과 산화환원반응이 맞물려 진행되면서 질소 산화물이 질소로 환원된다.

🔍 7 광촉매

파장이 400 nm보다 짧은 빛을 타이타니아에 쪼이면 결합띠에 있는 전자가 전도띠로 들뜨면서 활성화된 전자와 하이드록시 라디칼($\cdot OH$)이 생성된다. 빛에 의해 생성된 전자는 표면에서 만난 물질을 환원시키고, $\cdot OH$은 표면에서 만난 물질을 산화시킨다. 물에 들어 있는 타이타니아에 빛을 쪼여 생성된 전자와 $\cdot OH$이 물을 분해하는 반응을 그림 10.16에 보였다. 전도띠에 생성된 전자는 양성자와 반응하여 수소를 생성하며, 결합띠에 생성된 $\cdot OH$은 산화되어 산소와 물이 된다. 빛에 의해 생성된 $\cdot OH$은 대단히 강력한 산화제여서 대부분의 유기 화합물을 이산화탄소와 물로 산화시킨다.

이처럼 빛에 의해 생성된 전자와 $\cdot OH$에 의해 진행되는 화학반응을 광촉매반응이라 부르고, 타이타니아를 광촉매(photocatalyst)라고 부른다. 타이타니아가 빛을 받아 화학반응을 진

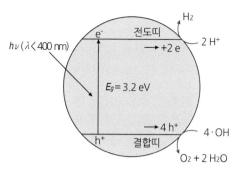

그림 10.16 타이타니아 광촉매에서 물의 분해반응

행시킨다 해서 광촉매라고 부르지만, 엄밀한 의미에서보면 타이타니아는 촉매가 아니다. 광촉매는 빛을 받아 반응할 수 있는 들뜬 전자와 ·OH를 만들지만, 통상적인 촉매처럼 반응속도를 계속 증진시키는 물질이 아니기 때문이다. 타이타니아는 빛을 받아 활성물질을 만드는 기능은 있지만, 새로운 반응경로를 만들어 반응속도를 촉진하지는 않으므로 촉매의 정의에 부합하지 않는다. 빛만으로는 반응이 진행하지 않고 타이타니아가 있어야 반응이 일어나며, 빛에 의해 반응속도가 빨라졌다고 보아 촉매로 생각한다. 또 빛에 의해 생성된 전자와 ·OH이 표면으로 이동하여 표면에서 반응물과 반응하며 생성물이 탈착하는 과정이 촉매반응과 유사하여, 광촉매라고 부른다.

광촉매반응은 크게 두 방향으로 발전하여 왔다. 도료에 첨가한 타이타니아가 유기 페인트를 열화시키는 데서부터 시작한 광촉매를 이용한 유기 화합물의 분해가 첫 번째 응용이다. 결합띠에서 생성된 ·OH을 이용하여 유해한 유기 화합물을 분해시켜 대기 오염물질을 제거하고 물을 정화한다. 반응속도가 느리지만, 반응물을 추가로 공급하지 않으면서도 태양빛과 조명 장치에서 나오는 빛만으로 대기와 물을 정화할 수 있어 아주 효과적이다. 다른 분야로는 광촉매에 빛을 쪼여 물을 수소와 산소로 분해하는 분야이다. 아직 상업화 수준에 이르지 못했지만, 태양빛과 물로부터 청정에너지인 수소를 생산하는 아주 매력적인 분야이다. 수소의 공업적 가치가 증대되고, 수소 자동차의 상용화가 강력하게 추진되고 있는 분위기여서, 광촉매를 이용한 물의 분해는 태양빛의 효율적인 이용 측면에서 관심이 많다.

빛을 쪼여주면 광화학반응을 일으키는 물질로는 전이금속 착화합물과 반도체가 있다. 루비듐, 코발트, 로듐 착화합물은 빛을 아주 잘 흡수하지만, 사용 편의성과 안정성 측면에서 광촉매로 이용하는 데 한계가 있다. 이보다는 다양한 형태로 가공할 수 있고 빛과 대기에 안정하며, 가시광선과 자외선에 의해 전자가 들뜨는 반도체를 광촉매로 많이 이용한다. 타이타니아, 산화구리, 산화철, 산화아연, 산화텅스텐, 셀레늄화카드뮴($CdSe$), 스트론튬타이타네이트($SrTiO_3$) 등 종류가 매우 많다. 그러나 띠 간격이 적절하여 태양빛에 의해 전자가 들뜨고, 대기와 물에 안정하며, 독성이 없는 물질은 그리 많지 않아서, 광촉매로 실제 활용하는 물질은 몇 종류에 불과하다. 타이타니아는 광산화 활성이 좋고, 화학적으로 안정하며, 독성이 없고, 가격이 저렴하여 많이 사용하는 대표적인 광촉매이다. 산화아연은 물에 장기간 접촉하면 표면에 하이드록시기가 생성되어 광촉매활성이 저하된다. 카드뮴계 산화물을 독성 때문에 사용에 제한이 많다.

광촉매로 사용하는 타이타니아의 상업 제품으로는 초미립자 상태인 에보닉(Evonik) 사의 P-25가 있다. 타이타늄의 옥시염화물을 산소 분위기에서 가열하여 열분해와 산화반응을 동시에 진행시키는 기상산화법으로 제조한 제품인데, 활성과 안정성이 우수하여 광촉매의 표준물질처럼 사용한다[3,37]. 아나타제 구조에 소량의 루틸구조가 섞여 있다. 초미립자 광촉매를 그대로 사용하기도 하지만, 결합제를 이용하여 종이나 섬유에 고정하여 사용한다. 금속 타이타늄 표면을 산화시켜 표면만 타이타니아로 만들어 사용하기도 한다. 가장 흔하게 사용하는 형태는 액체에 현탁된 타이타니아졸을 분무하여 벽, 유리, 종이에 도포하는 방법이다. 고온에서 소성해야 하는 점이 부담스러우나, 최근에는 추가 소성 과정이 필요하지 않은 타이타니아가 개발되어 도포하고 싶은 대상에 그냥 분무하여 건조한 후 사용한다.

대기와 물을 정화하는 데 타이타니아 광촉매를 사용하는 근거는 ·OH이 유기 화합물과 반응하여 이들을 이산화탄소와 물로 산화시키기 때문이다. 하이드록시 라디칼 외에도 원자 상태의 산소와 음이온 상태의 산소도 산화반응에 참여하여 벤젠과 자일렌 등 유기물을 산화시켜 제거한다. 유기염소 화합물인 트라이클로로에틸렌 역시 광촉매에 의해 이산화탄소와 염산(또는 염소 이온)으로 분해된다.

광촉매로 제거되는 물질을 표 10.1에 정리하였다[38]. 광촉매를 이용하는 수처리 시스템에는 이 표에 열거한 유기 화합물을 제거하는 기능 외에도 살균 기능이 있어 생물학적 정화 작용이 있다. 음용수를 살균 처리하는 소규모 광촉매 장치가 시판되고 있다.

그림 10.17에 광촉매반응으로 아세트알데하이드를 분해하는 결과를 보였다. 10 W 자외선 램프를 3개 켠 상태에서 P-25와 타이타니아 슬러지를 소성하여 만든 광촉매를 넣고 반응시간에 따른 아세트알데하이드의 농도 감소를 비교하였다. 반응 초기에는 아세트알데하이드가 광촉매에 흡착하여 농도가 낮아지고 이후에는 광촉매반응이 진행하면서 아세트알데하이드

표 10.1 광촉매로 제거할 수 있는 환경오염물질[38]

구분	환경오염물질
대기 오염물질	휘발성 유기 화합물(VOC) 유기염소 화합물 알데하이드, 케톤, 유기산, 알코올 등 유기 화합물 암모니아, 황화수소 등 악취물질 질소 산화물, 황 산화물
수질오염물질	유기산, 방향족 화합물, 페놀, 알코올 계면활성제 유기염소 화합물

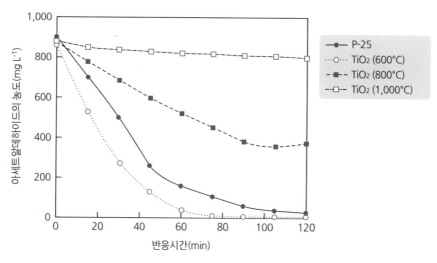

그림 10.17 타이타니아 광촉매에서 아세트알데하이드의 분해반응[39]

가 분해되어 농도가 낮아진다. 광촉매에 따라 감소 정도에 차이가 크다. 600 ℃에서 소성하여 제조한 타이타니아 광촉매는 P-25보다 활성이 높았으나, 1,000 ℃에서 소성한 광촉매는 활성이 거의 없었다[39].

광촉매에서 발생한 ·OH을 이용하는 고도 산화반응을 수처리 시스템에 적용하면 장점이 아주 많다[40]. 광촉매를 이용하면 생물학적 폐수처리가 필요하지 않다. 시설비와 운전비용이 적게 들며, 슬러지가 발생하지 않고, 전문 인력이 아니어도 조작할 수 있을 정도로 운전이 쉽다. 전처리 조작이 단순하고, 기존 설비의 좁은 공간에도 설치 가능하며, 폐수의 상태에 따라 운전 조건을 바꾸기 쉽다. 그러나 태양빛 대신 오염물질의 제거속도를 높이려고 자외선 램프를 사용하면, 이들의 수명이 짧아 자주 교체해야 한다. 분말 광촉매를 사용하면 이의 회수 시설이 필요하다는 단점이 있다.

광촉매는 빛만으로 반응을 진행시키므로 매우 효과적이지만, 반응이 느려 활용에 제약이 많다. 빛을 쪼이면 전자가 들뜨는 반응은 매우 짧은 시간(10^{-13} s) 내에 일어나지만, 생성된 양전하 구멍과 전자가 다시 만나 재결합하여 반응 중간체가 소멸하는 반응 역시 매우 빨라 짧은 시간(10^{-9} s) 내에 활성화된 반응물이 모두 없어진다. 이에 비해 반응 중간체가 표면으로 이동하여 반응하는 데 필요한 시간은 10^{-3} s로 상당히 길어서 활성화된 반응 중간체의 서로 결합하지 않고 광촉매반응에 이용될 가능성이 낮다[41]. 광촉매의 효율을 높이려면 빛에 의해 생성된 전자와 양전하 구멍이 서로 만나 소멸하는 반응을 늦추고, 반응물과 빨리 만나 반응하도록 유도하여야 한다. 타이타니아의 띠 간격이 3.2 eV로서 커서 파장이 400 nm 보다 짧은 빛만으로는 전자가 들뜨지 않는다는 점도 광촉매의 효율을 낮추는 중요한 원인이다. 자외선은 에너지가 많아서 타이타니아의 전자를 들뜨게 하는 데 충분하지만, 태양빛은 에너지가 충분하지 못하여 들뜨는 전자가 적다.

광촉매의 성능을 증진시키는 여러 가지 방안이 모색되었다[42]. 그림 10.18에 타이타니아 광촉매의 성능을 향상시키는 방법을 정리하였다[43]. 광촉매에 금속을 담지하면 상대적으로 페르미 준위가 낮은 금속으로 전자가 이동하므로 전자가 광촉매에서 양전자 구멍과 재결합할 가능성이 낮아진다. 백금이나 팔라듐을 담지한 광촉매에서는 전자가 금속으로 이동하므로 양전하 구멍의 안정성이 증대되어, ·OH이 많이 남아 있어서 광촉매의 효율이 높아진다. 분말 상태 광촉매를 나노튜브와 폼 형태로 만들거나 다중구조 반도체로 만들어도 광촉매의 효율이 개선된다. 도핑 방법으로 광촉매의 기능을 향상시키기도 하고, 표면을 복합화하여 광촉매의 성능을 높인다. 특히 타이타니아 알갱이를 나노 수준을 작게 만들면 빛에 의해 생성된 전자와 양전하 구멍이 표면으로 이동하기 쉬워져 이들의 재결합반응이 억제된다. 타이타니아에 중간세공을 만들어 타이타니아의 실제 알갱이 크기가 작아지도록 만들기도 하고, 형태와 구조가 복잡한 촉매를 만들어 광촉매의 성능을 제고한다. 광촉매 알갱이를 아주 잘게 만들면 활성이 좋아지지만, 고도산화반응 중에 덩어리져서 활성이 급격히 저하된다. 타이타니아 알갱이를 활성탄, 활성탄소섬유, 나노탄소튜브, 그라핀 등에 고정하면 타이타니아의 열적, 광학적, 기계적, 전기적 성질이 좋아지고 화학적 안정성도 향상된다. 탄소 재료로 전자가 빨리 옮겨가서 전자와 양전하 구멍의 재결합반응이 지연되는 효과로 광촉매활성이 증진된다. 나노탄소튜브와 그라핀에 고정한 타이타니아 광촉매는 표면적이 넓고, 활성점의 성능이 좋으며, 재결합반응이 느려서 광촉매활성이 매우 높다.

타이타니아는 띠 간격이 커서 400 nm보다 파장이 짧은 빛에 의해서만 전자가 들뜨므로 태양빛의 4% 정도만 이용한다는 점이 타이타니아 광촉매의 이용에 가장 큰 걸림돌이다. 가시광선의 대부분은 전자를 들뜨게 하지 못하므로 가시광선으로도 전자가 들떠서 광촉매반응이 일어나도록 타이타니아 성질을 여러 가지 방법으로 조절한다. 가시광선을 흡수하도록 타이타니아에 여러 가지 물질을 첨가하여 도핑한다. In^{3+}, Zn^{2+}, W^{6+}, Nb^{5+}, Li^+ 등 양이온으로 도핑하면 빛의 흡수 범위가 넓어지고, 빛에 의해 생성된 라디칼의 산화−환원 퍼텐셜이 높아

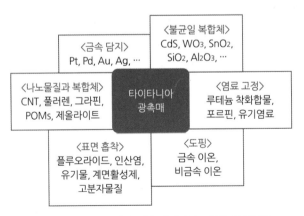

그림 10.18 타이타니아 광촉매의 성능 향상 방안[43]

지면서, 재결합반응이 억제되어 양자 효율이 향상된다. 도핑으로 전기전도도가 높아져서 표면으로 빠르게 이동하므로 라디칼과 반응물의 접촉 가능성도 높아진다. 은을 도핑한 타이타니아 광촉매는 표면적이 넓어지고, 빛에 의해 생성된 라디칼의 반응성이 높아져서 로다민 6G 염료, 메틸렌 블루, 메틸 오렌지를 빠르게 분해한다. 탄소, 질소, 황, 요오드로 타이타니아를 도핑하면 가시광선의 흡수 영역이 넓어져서 가시광선을 쪼여주어도 광촉매작용이 나타난다. 질소－도핑－타이타니아에서는 두 개의 질소 원자가 세 개의 산소 원자를 치환하거나 골격 틈새에 질소 원자가 들어 있어 $Ti_{1-y}O_{2-x}N_{x+y}$로 쓰며, 띠간격에너지가 2.5 eV로 작아져서 600 nm의 가시광선에 의해서도 전자가 들뜬다. 순수한 타이타니아의 흡수 한계가 400 nm인 데 비해 흡수 폭이 크게 넓어져 가시광선으로 작용하는 광촉매로 기대가 크다. 형광등 조명만으로도 포름알데하이드를 효과적으로 분해하므로, 광촉매를 이용하여 새집증후군 증상을 경감시키거나 실내 공기를 정화하며 살균하는 광촉매 장치가 시판되고 있다. 도로변의 콘크리트 벽에 광촉매를 도포하거나 광촉매 패널을 설치하여 대기 중의 질소와 황 산화물을 제거하는 시설도 운용되고 있다. 정화속도가 느리다는 단점은 있으나 추가로 에너지와 물질을 공급하지 않아도 되는 아주 효과적인 환경오염물질의 제거 방법이다. 자외선 대신 가시광선으로 작용하는 광촉매로 대기와 물의 오염물질을 제거하고, 물을 분해하여 수소를 생산할 수 있으리라 기대한다.

▌참고문헌

1. 서영웅, 백준현, "포스트 피크 오일 시대를 대비한 합성가스(syngas)의 재조명", *NICE*, **30**, 316−326 (2012).

2. J.R.H. Ross, "Heterogeneous Catalysis: Fundamentals and Applications", Elsevier, Amsterdam (2012).

3. 한국공업화학회, "무기공업화학", 개정판, 청문각 (2013), 8장.

4. A.M. O'Connor, F.C. Meunier, and J.R.H. Ross, "An in−situ DRIFTS study of the mechanism of the CO_2 reforming of CH_4 over a Pt/ZrO_2 catalyst", *Stud. Surf. Sci. Catal.*, **119**, 819−824 (1998).

5. S.−H. Song, J.−H. Son, A.W. Budiman, M.−J. Choi, T.−S. Chang, and C.−H. Chin, "The influence of calcination temperature on catalytic acitivities in a Co based catalyst for CO_2 dry reforming", *Korean J. Chem. Eng.*, **31**, 224−229 (2014).

6. J.R. Rostrup−Nielsen, "Steam reforming and chemical recuperation", *Catal. Today*, **145**, 72−75 (2009).

7. 장원철, 이태진, "에너지 전환기술에서 촉매의 역할", *공업화학 전망*, **4**, 13−28 (2001).

8. K. Otsuka, Y. Wang, and M. Nakamura, "Direct conversion of methane to synthesis gas through gas−solid reaction using CeO_2−ZrO_2 solid solution at moderate temperature", *Appl. Catal. A: Gen.*, **183**, 317−324 (1999).

9. P. Pantu, K.−S. Kim, and G.R. Gavalas, "Methane partial oxidation on Pt/CeO_2−ZrO_2 in the absence of gaseous oxygen", *Appl. Catal. A: Gen.*, **193**, 203−241 (2000).

10. A. Holmen, "Direct conversion of methane to fuels and chemicals", *Catal. Today*, **142**, 2−8 (2009).

11. 윤용승, "미국 실리콘밸리 벤처기업, 천연가스로부터 원유 대비 반값 휘발유 직접변환 촉매개발 중", *공업화학 전망*, **17**, 73−74 (2014).

12. B. Höhlein, R. Menzer, and J. Range, "High temperature methanation in the long−distance nuclear energy transport system", *Appl. Catal.*, **1**, 125−139 (1981).

13. M. Levy, R. Levitan, H. Rosin, and R. Rubin, "Solar energy storage via a closed−loop chemical heat pipe", *Solar Energy*, **50**, 179−189 (1993).

14. http://www.methanol.org/Methanol−Basics/The−Methanol−Industry.aspx

15. K. Klier, "Methanol Synthesis", *Adv. Catal.*, **31**, 243−313 (1982).

16. J.P. Breen and J.R.H. Ross, "Methanol reforming for fuel−cell applications: Development of zirconia−containing Cu−Zn−Al catalysts", *Catal. Today*, **51**, 521−533 (1999).

17. D.J. Hayes, "An examination of biorefining processes, catalysts and challenges", *Catal. Today*, **145**, 138−151 (2009).

18. J.J. Bozell, L. Moens, D.C. Elliott, Y. Wang, G.G. Neuenscwander, S.W. Fitzpatrick, R.J. Bilski, and J.L. Jarnefeld, "Production of levulinic acid and use as a platform chemical for derived products", *Res. Conserv. Recycl.*, **28**, 227−239 (2000).

19. S.−J. You, I.−G. Baek, and E.−D. Park, "Hydrogenolysis of cellulose into polyols over Ni/W/SiO₂ catalyst", *Appl. Catal. A: Gen.*, **466**, 161−168 (2013).

20. 박은덕, 정광덕, 김용태, "글리세롤의 기상 탈수화 반응을 통한 아크롤레인 및 이의 제조방법", 대한민국 특허 공개공보 (2011. 9. 16.).

21. L. Pino, A. Vita, M. Laganà, and V. Recupero, "Hydrogen from biogas: Catalytic tri−reforming process with Ni/La−Ce−O mixed oxides", *Appl. Catal. B: Environ.*, **148−149**, 91−105 (2014).

22. L. Vilcocq, R. Koerin, A. Cabiac, C. Especel, S. Lacombe, and D. Duprez, "New bifunctional catalytic systems for sorbitol transformation into biofuels", *Appl. Catal. B: Environ.*, **148−149**, 499−508 (2014).

23. A.V. Bridgwater, "Renewable fuels and chemicals by thermal processing of biomass", *Chem. Eng. J.*, **91**, 87−102 (2003).

24. D.A. Bulushev and J.R.H. Ross, "Catalysis for conversion of biomass to fuels via pyrolysis and gasification: A review", *Catal. Today*, **171**, 1−13 (2011).

25. J.D. Adjaye and N.N. Bakhshi, "Production of hydrocarbons by catalytic upgrading of a fast pyrolysis bio−oil. Part I: Conversion over various catalysts", *Fuel Process. Technol.*, **45**, 161 (1995).

26. M.C. Samolada, W. Baldauf, and I.A. Vasalos, "Production of a bio−gasoline by upgrading biomass flash pyrolysis liquids via hydrogen processing and catalytic cracking", *Fuel*, **77**, 1667−1675 (1998).

27. C.−R. Lee, J.−S. Yoon, Y.−W. Suh, J.−W. Choi, J.−M. Ha, D.−J. Suh, and Y.−K. Park, "Catalytic roles of metals and supports on hydrodeoxygenation of lignin monomer guaiacol", *Catal. Commun.*, **17**, 54−58 (2012).

28. M. Machida, K. Eguchi, and H. Arai, "Effect of additives on the surface area of oxide supports for catalytic combustion", *J. Catal.*, **103**, 386−393 (1987).

29. M.V. Twigg, "Catalytic control of emissions from cars", *Catal. Today*, **163**, 33−41 (2011).

30. 희성촉매주식회사 제공.

31. J. Kašpar. P. Fornasiero, and N. Hickey, "Automative catalytic converters: Current status and some perspectives", *Catal. Today*, **77**, 419−449 (2003).

32. S. Matsumoto, "Recent advances in automobile exhaust catalysts", *Catal. Today*, **90**, 183−190 (2004).

33. P. Forzatti, L. Lietti, and E. Tronconi, "Catalytic Removal of NOx under Lean Conditions from Stationary and Mobile Sources", in Catalysis for Sustainable Energy Production, P. Barbaro and C. Bianchini Ed., Wiley−VCH, Weinheim (2009) p 393.

34. P.G. Savva and C.N. Costa, "Hydrogen Lean−DeNOx as an Alternative to the Ammonia and Hydrocarbon Selective Catalytic Reduction (SCR)", *Catal. Rev.−Sci. Eng.*, **53**, 91−151 (2011).

35. 김두성, 이진구, 김태원, "고정원에서 발생하는 NOx 저감을 위한 환경친화적 Ethanol−SCR 촉매 공정", *공업화학 전망*, **6**, 1−10 (2003).

36. V.I. Pârvulescu, P. Grange, and B. Delmon, "Catalytic removal of NO", *Catal. Today*, **46**, 233−316 (1998).

37. 이태규, 김종순, 최원용, "나노 광촉매의 제조와 전망", *공업화학 전망*, **4**, 28−43 (2001).

38. 다게우찌 고우지, 무라사와 사다오, 이부스키 다가시, "광촉매의 세계: 환경 정화의 결정적인 수단", 김영도 옮김, 대영사 (2000).

39. J.−H. Kim, D.−L. Cho, G.−J. Kim, B. Gao, and H.−K. Shon, "Titania nanomaterials produced from Ti−salt flocculated sludge in water treatment", *Catal. Surv. Asia*, **15**, 117−126 (2011).

40. S.−Y. Lee and S.−J. Park, "TiO$_2$ photocatalyst for water treatment applications", *J. Ind. Eng. Chem.*, **19**, 1761−1769 (2013).

41. Y. Wang, Q. Wang, X. Zhan, F. Wang, M. Safdar, and J. He, "Visible light driven type II heterostructures and their enhanced photocatalysis properties", *Nanoscale*, **5**, 8326−8339 (2013).

42. A.D. Paola, E. García−López, G. Marcì, and L. Palmisano, "A survey of photocatalytic materials for environmental remediation", *J. Hazardous Materials*, **211−212**, 3−29 (2012).

43. H.−W. Park, Y.−S. Park, W.−Y. Kim, W.−Y. Choi, "Surface modification of TiO$_2$ photocatalyst for environmental applications", *J. Photochem. Photobiol. C: Photochem. Rev.*, **15**, 1−20 (2013).

제 11 장
촉매의 설계와 전망

🔍 1 촉매 설계의 의미

표면 현상을 정량적으로 고찰하지 못하던 시절에는, '촉매 제조'라는 말에서 학문적인 용어라기보다 '연금술'에서 전해져 오는 '비방(秘方)'같은 느낌을 받았다. 체계적인 연구보다는 무수히 많은 시험을 거쳐 새로운 촉매가 개발되었기 때문이다. 반응물과 생성물 사이에 놓여 있는 '마법상자(magic box)'라고 부르기도 했다. 그래서 촉매작용을 정량적이고 논리적으로 이해하기보다 정성적이고 직관적인 방법으로 촉매를 설명하였다. 마치 환자의 질병에 효험이 있어 보이는 약재를 두루 섞어서 새로운 치료약을 만들 듯이, 어느 반응에 활성이 있어 보이는 물질을 섞어서 촉매를 만들고, 평가하는 방법을 반복하여 촉매를 개발하였다.

촉매 분야가 오랫동안 경험적인 수준에 머물렀던 데는 몇 가지 이유가 있다. 첫째 이유로 촉매의 표면에서 반응물의 변환 과정을 제자리에서 조사하기 어려웠다는 점을 든다. 반응물이 어떻게 흡착하여 반응하는지 알지 못하므로, 촉매반응의 진행 과정을 파악하기 어렵고, 활성점의 촉매작용을 체계적으로 이해하지 못하였다. 표면 분석기술이 발달하여 반응물의 흡착과 표면반응을 정량적으로 조사하기 시작하면서 그동안 단편적이었던 촉매작용에 관한 지식이 활성점과 연관 지어 체계화되었다. 둘째 이유로는 촉매의 제조와 이용에 여러 분야가 관여하는 촉매 나름의 독특한 성격을 든다. 촉매 재료는 귀금속, 알루미나, 실리카 등 주로 무기물이나, 촉매반응은 대부분 유기반응이어서 학문적 연계가 필요한 분야이다. 촉매의 제조나 특성 조사는 화학 분야의 일이지만, 촉매의 공업적 이용에는 반응기의 설계와 조작 등 화학공학 영역의 지식이 필수적이다. 요즈음에는 학문 간 경계가 옅어져서 학제 간 연구가 활발하지만, 얼마 전까지만 해도 학문의 구분이 뚜렷하고 배타적이어서 다른 학문과 연계 연구가 용이하지 않았다. 이러한 이유에 못지않게 촉매는 화학공업의 핵심기술로서 기업의 기술 경쟁력과 이윤 창출에 중요하기 때문에, 촉매에 관련된 지식을 공개하지 않는다는 점도 촉매 분야가 학문으로 발전하는 데 걸림돌이 되었다.

70년대부터 전자공업과 진공기술의 발달로 표면 분석기술이 획기적으로 발전하면서, 표면에서 진행되는 촉매반응을 분자 수준에서 이해하게 되었다. 촉매의 표면구조와 촉매의 활성을 직접 연관 지어 설명하는 단계에 이르렀다. 반응물과 생성물이 활성점과 상호작용하는 방법과 상호작용의 세기를 근거로 활성점에서 일어나는 흡착 → 표면반응 → 탈착을 설명한다. 또 촉매반응기 내에서 물질과 열의 전달, 반응물과 촉매의 반응기 내 이동과 분포, 촉매의 모양이 촉매반응에 미치는 영향 등 화학공정에 대한 지식도 체계화되었다. 컴퓨터의 발달로 반응기 내 물질과 온도의 분포를 상당히 정확하게 모사한다. 활성점의 기능과 개수로부터 촉매의 활성을, 화학공학적 해석을 바탕으로 반응기 내에서 촉매 거동을 예측하면서, 이제 촉매는 이론적인 기틀을 갖추었다.

표면화학과 촉매공학의 체계화된 지식을 바탕으로 시행착오적인 촉매를 개발하는 대신, 촉매 지식을 근거로 촉매를 설계한다는 용어가 1980년대 초부터 사용되기 시작했다. 경험에 의존하여 촉매를 개발하는 대신, 촉매 관련 지식을 활용하여 체계적인 과정을 거쳐 특정 촉매반응에 효과적인 촉매를 개발하려는 시도이다. 우수한 촉매작용이 기대되는 활성점의 구조를 설계하고, 이러한 활성점이 많이 생성되어 활성이 높은 촉매를 만든다. 무작위적인 시험 대신, 합리적인 방법으로 촉매를 개발한다는 뜻이 촉매 설계에 담겨 있다.

1990년대 이후 컴퓨터의 놀라운 발전으로 물질의 구조와 화학반응을 이론적으로 이해하는 계산화학이 눈부시게 발전하였다. 아주 단순한 물질의 상태에 대한 묘사 수준에서부터 여러 원자가 관여하는 복잡한 다성분(multi-body)계에서 에너지와 전자 분포를 계산하게 되었다. 전자밀도 이론을 비롯한 계산화학의 발전과 보급으로 촉매의 표면 상태에 대한 이론적 계산은 물론, 반응물의 흡착과 반응 과정에서 에너지 변화를 상당히 정확하게 계산한다. 촉매와 반응물의 상호작용, 전이상태의 활성 중간체, 생성물의 탈착 가능성을 정성적으로 이야기하는 대신 DFT 방법으로 계산한 에너지를 근거로 정량적으로 설명한다. 상당히 복잡한 계의 에너지 계산이 가능해지면서 이제 DFT 계산 결과를 촉매반응을 설명하는 기본 자료로 인정하는 분위기이다. 직관적인 활성점의 기능 추정 대신, 이론적인 방법에서 활성물질을 선정하는 이론적 촉매 설계(rational catalyst design) 방법이 빠르게 발전하고 있다. 이러한 발전에 힘입어 촉매 설계의 대상과 전개 방법뿐만 아니라 설계 과정도 크게 달라졌다.

촉매 설계는 '새로운 개념의 촉매'를 개발한다는 뜻이 아니다. 새로운 촉매 이론을 도입하거나 새로운 재료를 사용하여 새로운 촉매를 만드는 대신, 이미 알려진 지식과 사용가능한 재료를 활용하여 특정 반응에 적절한 촉매를 만드는 과정이 촉매 설계이다. 현재 여건에서 가장 효과적인 방법을 구사하여 적절한 촉매를 체계적으로 제조한다는 뜻이다. 정립되어 있는 건축학적 지식과 구입할 수 있는 건축 재료를 활용하여 건물을 설계하듯이, 촉매 설계에서도 현재의 지식과 자료를 토대로 체계적인 과정을 거쳐 활성물질과 증진제 등을 골라 성능이 극대화된 촉매를 제조한다. 새로운 건축 재료의 개발이 건축물의 설계에 포함되어 있지 않듯이, 촉매 설계도 '적절한 촉매의 탐색'에 그친다.

촉매 설계는 현재 알려진 지식과 재료를 바탕으로 촉매를 개발하기 때문에 촉매 개발의 실패 위험성이 낮다. 대신 촉매 설계 방법으로는 획기적인 촉매의 제조를 기대하기 어렵다. 그러나 논리적인 방법으로 촉매를 개발하므로 불필요한 시험을 줄여 촉매 개발에 필요한 비용을 줄이고, 현재 알고 있는 지식의 새로운 해석과 융합을 통해 효과적인 촉매를 만든다. 지식 수준이 비슷한 건축가가 같은 재료로 건물을 설계하여도 설계자의 능력에 따라 건물의 기능과 효용성이 크게 달라지듯이, 촉매 역시 설계자의 지식, 독창성, 합리성에 따라 촉매의 성능이 크게 달라진다. 계산화학을 이용하여 촉매활성이 우수한 활성점을 탐색하는 과정에서 시행착오 방법으로는 유추하기 어려운 새롭고 효과적인 촉매활성점을 찾을 수 있어서 설계자의 능력이 촉매 설계에서도 매우 중요하다.

촉매 설계는 긍정적인 효과만을 약속하지는 않는다. 반응이나 촉매 재료에 대한 지식이 충분하지 않으면 '촉매 설계' 자체가 불가능하다. 흡착 상태나 표면반응에서 새로운 개념을 도입하지 못하면 기존 촉매의 최적화 수준에서 더 나아가지 못한다. 반응공학적 고려가 부족하면 활성이 우수한 촉매를 설계하고도 실제 반응기에 이를 적용하지 못한다. 촉매 설계 과정에서 제조한 시험 촉매의 한계를 제대로 인식하지 못하면 시험 촉매의 가능성을 제대로 평가하지 못한다. 현재 사용하고 있는 촉매가 비록 경험적인 방법에 의해 개발되었어도 활성이 아주 우수하면, 촉매를 잘 설계하여도 더 좋은 촉매를 만들지 못한다. 이런 점에서 촉매 설계는 새로운 촉매의 개발에서 개발비용과 소요 시간을 줄이고, 실패의 위험성을 낮추면서도, 현재 상황에서 최선인 촉매를 제조한다는 데에 의의가 있다.

🔍 2 공업 촉매의 개발

산업과 일상생활에서 새롭게 부딪치는 필요에 대처하기 위해 촉매를 개발한다. 정부가 대기오염을 저감하기 위해 자동차 배기가스에서 배출하는 오염물질의 허용 농도 기준을 낮추면 자동차 제조업체와 배기가스 정화용 촉매의 제조업체는 새로운 조처에 대응하여 오염물질의 정화 방법을 마련한다. 엔진구조를 개선하거나 가솔린의 조성을 조절하여 배기가스 내 오염물질의 농도를 낮춘다. 또 촉매를 사용하는 후처리 방법으로 배기가스의 오염물질을 제거한다. 오염물질의 생성을 줄이거나 발생된 오염물질을 사후에 처리하여 제거하는 여러 방안 중에서 촉매를 사용하여 제거하는 방안이 가장 적절하다고 판단되면 촉매 개발을 시작한다. 이 경우에는 정부와 지방자치단체 또는 시민단체의 규제와 요구가 촉매 개발의 원동력이다. 자동차 외에도 보일러와 질산의 제조공장에서 암모니아를 이용한 질소 산화물의 선택적 환원반응, 새집증후군을 야기하는 포름알데하이드의 광촉매를 이용한 분해반응, 연료에서 황 함량을 줄이기 위한 수소첨가 황제거반응 등은 기업의 이익보다는 규제에 의해 촉매 개발이 이루어진 예이다.

시장 상황이 달라져서 기능이 새로운 물질이 필요하거나 특정한 물질의 수요가 크게 증가하는 데 대응하기 위해서도 새로운 촉매를 개발한다. 어느 물질의 수요는 꾸준히 증가하는데도 이를 생산하는 데 필요한 원료가 부족해지면, 이러한 상황을 대처하는 새로운 공정이 필요해진다. 효과적인 생산 수단을 확보하기 위해 새로운 촉매의 개발을 고려한다. 지금까지 석유화학공업의 중요한 원료인 저급 알켄은 원유에서 증류하여 제조한 나프타를 열분해하여 생산하였다. 원유 자원이 고갈되면서 석탄, 천연가스, 바이오매스 등 탄소 자원에서 저급 알켄을 생산할 필요성이 커졌다. 나프타의 열분해공정에서는 에틸렌과 프로필렌의 생성 비율이 조작온도에 따라 결정되지만, 시장에서 프로필렌의 수요는 에틸렌의 수요와 달리 지속적으로 증가한다. 에틸렌은 에탄의 열분해공정에서도 상당량 생산하지만, 프로필렌을 주로 생산하는 공정이 없다. 석탄과 천연가스에 제조한 합성가스에서 메탄올을 합성하고, 이를 특정 저급 알켄으로 전환하는 '메탄올에서 저급알켄을 선택적으로 생산하는 MTO 공정'의 도입은 이런 시장의 요구를 반영하고 있다.

이와 달리 현재 조업하고 있는 공정의 효율을 높이거나 장치를 개선하여 운전비를 줄이기 위한 목적으로 촉매를 개발한다. 실제 화학공업 현장에서 이루어지는 촉매 개발의 대부분은 이러한 현장의 요구에 대응하기 위한 노력이다. 공정의 효율성을 높이기 위해 암모니아 합성공정의 개발 초기부터 사용해 온 철 촉매를 대체할 루테늄 촉매를 개발한다. 현재 운용하는 촉매의 활성과 선택성을 크게 높이기 위한 목적으로 촉매 개발을 시작한다.

화학공업 현장에서 사용할 촉매를 개발하는 방법은 크게 두 가지이다. 하나는 촉매의 제조, 평가, 개선, 다시 제조하는 과정을 반복하는 시행착오 방법이다. 어떻게 추진하느냐에 따라 촉매 개발의 효율성이 상당히 달라지겠지만 많은 실험을 거쳐야 하는 점은 확실하다. 최근에는 로봇과 고속 컴퓨터를 이용한 조합(combinational) 연구 방법이 도입되어 실험속도가 빨라지고 개발 효율성이 높아졌다. 두 번째 방법은 앞에서 설명한 촉매 설계 방법으로 합리적이고 논리적인 과정을 거쳐 촉매를 효과적으로 개발한다. 대상 반응을 설정하고, 목표치를 설정하여 촉매를 설계한다.

방법 차이도 크지만, 촉매의 개발 규모도 단계에 따라 차이가 크다. 아주 소규모 반응기로 촉매를 평가하지만, 개발한 공업 촉매는 이보다 규모가 훨씬 큰 반응기에서 사용하기 때문이다. 이런 점에서 촉매 설계를 미시 개발 단계(microscopic level), 중간 단계(mesoscopic level), 공정 단계(macroscopic level)로 나눈다. 공정 단계는 규모가 커서 거시적 단계라고 부를 수 있으나 개발한 촉매를 화학공정에 적용을 검토하는 단계여서 공정 단계로 썼다[1].

미시적 단계의 촉매 설계에서는 촉매의 활성물질을 선정한다. 촉매반응의 진행 결과로부터 반응기구를 유추하고, 이에 적절한 활성물질을 고르는 단계이다. 적절한 활성물질의 전구체로 촉매를 제조하여, 활성점의 구조와 성질을 조사한다. 활성물질을 골라 촉매활성이 우수한 촉매를 만드는 단계로서, 촉매성질의 조사 결과와 반응에서 촉매를 평가한 결과를 종합하여 활성물질을 선정하고 제조 방법을 최적화한다. 촉매의 표면구조와 성질을 조사하여 촉매반응의 진행경로를 도출한다.

촉매의 표면구조와 성질을 조사할 때 촉매의 종류에 따라 조사 방법이 매우 다르다. 금속 촉매의 경우 일반적으로 금속 알갱이의 크기와 표면구조, 증진제의 종류와 분산 상태, 금속 알갱이의 표면 이동 정도, 촉매독, 증진제, 침적탄소와 금속 원자의 반응성, 이중기능 촉매에서는 지지체의 촉매활성, 금속과 지지체의 상호작용 등을 조사한다. 촉매의 표면 상태와 구조를 제자리에서 제대로 평가하여 이를 촉매반응 결과와 연계지어 반응기구를 유추한다. 이런 의미에서 반응기구를 조사하기 위해 제조하는 촉매는 구조와 상태가 명확하여 반응 결과로부터 표면에 노출된 활성점을 정확하게 유추하도록 단결정, 선, 판 등 단순한 형태가 좋다.

적용하려는 촉매반응에 적절한 활성물질이 결정되고 반응기구가 정립되면, 촉매설계는 중간 단계로 접어든다. 제조한 촉매에서 반응속도식을 조사한다. 특히 촉매반응에 수반되는 열과 물질의 이동현상을 조사하여 반응 조건에서 반응의 진행에 대한 정량적인 고찰을 수행한다. 이 단계에서는 촉매반응이 진행하는 그 상태에서, 즉 제자리 방법으로 촉매의 성질과 반응을 조사하여야 한다.

촉매 개발의 마지막 단계는 새로운 촉매를 실제 반응기에 적용하는 데 염두에 둔다. 반응기의 크기와 종류에 맞추어 촉매의 형태를 결정하고, 이에 적절한 촉매의 제조 방법을 선정한다. 반응공학적인 접근을 위하여 실제 사용하는 반응 조건에서 속도론적 연구가 중요한 단계이다. 열과 물질전달을 고려한 속도식에서 반응기의 최적 운전 조건이 결정되기 때문이다. 사용하는 촉매의 형태가 반응기 효율에 미치는 영향과 촉매 열화에 대한 검토도 필요하다. 파일롯 규모의 반응기에서 개발한 촉매의 성능을 포괄적으로 검증하고 이를 바탕으로 상업공정의 건설 여부를 결정한다.

공업 촉매의 개발 과정을 관심 대상의 크기에 따라 나노 단위(nano scale), 메조 단위(meso scale), 마이크로/밀리/마크로 단위(micro/milli/macro-scale)로 구분하기도 한다[2]. 각 단계에서 고려하는 대상을 나노 단위에서는 활성점, 메조 단위에서는 활성물질, 마이크로/밀리/마크로 단위에서는 촉매의 형태와 크기 및 반응기로 구분한다. 활성점에 관해서는 금속 등 활성물질의 분산도와 알갱이 모양이 주요 관심 사항이며, 지지체에 담지한 촉매이면 활성물질의 담지 상태까지 파악한다. 활성물질의 조성과 성질 조절이 다음 단계이다. 합금을 만들거나 증진제를 첨가하고 활성물질과 지지체의 상호작용을 고려한다. 마지막 단계에서는 촉매의 사용에 관심이 있다. 촉매의 형태와 크기, 열적·기계적 성질, 반응기 내에서 분포 방법과 성능 평가가 주요 관심 사항이다. 관심 갖는 대상의 크기에 따라 개발 단계를 나누었으나, 촉매 활성점의 구조, 활성물질의 상태, 촉매 자체로 나누었다고 보아도 된다.

공업 촉매의 기획과 개발 과정을 그림 11.1에 정리하였다. 새로운 반응에 새로운 촉매가 필요하다는 착상에서부터 촉매 개발이 시작된다. 먼저 촉매 개발을 통해 이루려는 촉매의 활성, 선택성, 수명의 기댓값을 설정한다. 이를 바탕으로 개발하려는 촉매의 개략적인 성격을 정의하고 개발 가능성을 정리한다. 새로운 촉매에서 일어나는 촉매반응을 고찰하여 촉매의 활성물질을 선정하고, 촉매의 활성과 효용성 증진에 도움이 되는 증진제와 지지체를 고른다. 이 과정은 촉매의 미시적 설계 단계에서 자세히 설명한다. 이어 촉매를 제조하고 평가하여 가능성을 판단한다. 기술적인 검토 외에도 경제적인 검토 과정을 거쳐 촉매 개발을 파일롯 규모로 진행할지 여부를 결정한다. 개발한 촉매의 성능이나 효율이 목표에 이르지 못하

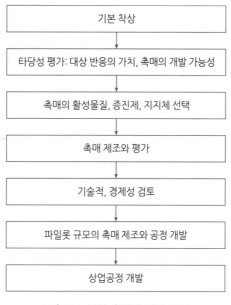

그림 11.1 공업 촉매의 개발 단계

면, 이의 원인을 규명하여 해당 단계에서부터 다시 시작한다.

🔍 3 촉매의 미시적 설계 과정

촉매를 설계 방법으로 개발하고자 할 때 흔히 거치는 미시적 설계 과정을 설명한다. 제일 먼저 촉매를 설계할 대상반응을 선정한다. 대상반응은 앞에서 설명한 대로

1) 기존 공정을 개선하기 위해
2) 현재 또는 예상되는 수요에 대비하기 위해
3) 정부나 공공단체의 규제를 충족시키기 위해

새로운 촉매가 필요한 반응을 대상반응으로 선정한다. 제시된 목표를 달성하기 위해서 현재 사용하는 촉매를 개량하거나, 비슷한 공정에 쓰이는 상용 촉매 중에서 적용 가능한 촉매를 골라도 된다. 이러한 시도가 여의치 않으면 설계 과정을 거쳐 새로운 촉매를 개발한다.

공업 촉매의 개발이 필요하다고 모두 대상반응이 되는 것은 아니다. 반응식이 정해져서 반응물과 생성물이 결정되면 이들의 열역학적 성질로부터 평형 전환율을 조사하여 촉매를 설계할 의의가 있는지 여부를 먼저 확인한다. 형상선택성처럼 특이한 경우가 있기는 하지만, 촉매의 역할은 반응계가 열역학적 평형에 도달하는 속도를 증진시키므로, 아무리 우수한 촉

매를 개발하여도 열역학적 평형이 달라지지 않는다. 평형 전환율이 높아지지 않으므로 생성물이 아주 고가이거나 반응물의 처리 효과가 아주 큰 반응이 아니면, 평형 전환율이 낮은 반응은 경제성이 없어 촉매를 새로 개발할 이유가 없다. 발열이나 흡열 규모 역시 촉매 반응기의 종류와 형태 및 운용 방법을 선정하는 근거가 되고, 촉매의 내구성에도 영향이 크다. 대상반응에 대한 종합적인 검토를 거쳐 공정으로서 개발할 의의가 있다고 판단되면, 대상반응의 전환율과 선택도에 대한 목표치를 정한다. 공정의 채산성을 확보하면서 합리적 운용이 가능한 목표치를 설정하여, 촉매 설계 결과의 채택 여부를 결정하는 기준으로 활용한다.

대상반응이 선정되면 반응물이 촉매 표면에서 생성물로 전환되는 과정을 검토한다. 반응이 쉽게 진행하도록 에너지가 그리 많지 않은 중간체를 거쳐 생성물이 얻어지는 반응경로를 구상한다. 반응물이 흡착되고 이들이 활성화되어 생성물로 전환되는 촉매활성점의 구조도 같이 그려본다. 반응경로와 촉매활성점의 구조를 검토하는 과정이 촉매의 설계에서 창의성을 많이 요구하는 단계이다. 효율이 우수한 반응경로를 설정하고 이에 적합한 촉매활성점을 구상했느냐에 따라 촉매 설계의 성공 여부가 결정되기 때문이다. 이를 위해서 촉매의 제조와 평가에 경험이 많고, 촉매 이론에 해박하여야 한다. 덧붙여 독창성이 있어야 에너지 면에서 무리가 없으면서 빠르게 진행되는 새로운 반응경로를 구상할 수 있다. 대상반응의 선정과 활성점에 대한 구상은 다음 절에서 더 설명한다.

반응경로가 설정되고 이에 적합한 활성점이 정해지면, 이로부터 대상반응에 효과적인 촉매활성물질을 선정한다. 활성물질만을 먼저 선정하여 가능성을 확인한 후 증진제와 지지체를 단계적으로 선정하기도 하고, 촉매의 세 가지 구성 성분을 한꺼번에 선정하기도 한다. 활성물질만으로는 활성이 낮아서 증진제가 반드시 필요한 촉매나 지지체와 활성물질의 상호작용으로 분산도와 소결에 의한 활성저하가 결정되는 촉매에서는, 활성물질 단독으로 촉매의 가능성을 판단하기 어렵다. 따라서 활성물질과 증진제의 상승효과, 활성물질과 지지체의 상호작용을 같이 검토하여 촉매의 구성 성분을 함께 선정하는 방법이 합리적이다. 촉매의 구성 성분을 선택하는 과정에 대해서는 다음에 설명한다.

충분한 자료에 근거하여 촉매의 활성물질, 증진제, 지지체를 선정하였더라도, 촉매 설계자의 지식에 한계가 있으므로 촉매를 만들어서 선정한 촉매의 성능을 검증한다. 그러나 촉매를 만드는 방법과 제조하는 사람에 따라 촉매의 성능 차이가 크다. 활성물질이 같아도 촉매의 제조 방법과 평가 방법에 따라 촉매성능이 달라진다. 촉매의 일반적인 제조 방법은 5장에 설명되어 있으므로, 여기서는 귀금속 촉매를 예로 들어 시험 촉매의 제조와 평가 과정에서 주의해야 할 점만 간략히 소개한다.

지지체의 형태에 따라 열전달과 물질전달이 달라지므로 촉매활성이 달라진다. 따라서 시험 촉매는 열전달과 물질전달이 빨라 이들의 영향이 나타나지 않도록 분말 상태 지지체에 활성물질을 담지한다. 반응 실험 도중에 활성물질의 소결과 소실로 활성이 저하되어 시험 촉매의 활성이 낮게 평가되지 않도록, 활성물질과 지지체의 상호작용이 너무 약한 지지체는 사용하지 않는다. 세공이 가는 지지체는 표면적이 넓어 금속이 넓게 분산 담지되므로 활성이 높지만, 탄소 등 오염물질이 조금만 침적되어도 가는 세공이 바로 막히므로 이런 효과가 배제되도록 세공이 큰 지지체를 사용한다.

금속 성분은 침전법과 함침법 등 여러 방법으로 지지체에 담지한다. 금속 전구체의 화학적 성질과 지지체의 표면성질을 고려하여 적절한 방법을 선택한다. 활성물질을 담지한 시험 촉매의 성능을 평가하여 담지량과 담지 방법의 영향을 검토하므로, 시험 촉매는 가장 보편적이고 재현성이 우수한 방법으로 제조한다. 균일한 액체 상태에서 시작하면 출발 상태의 재현성이 확보되므로, 활성물질의 용액 상태에서 출발하여 제어하기 쉬운 방법으로 촉매를 제조한다. 촉매를 잘못 만들면, 좋은 활성물질을 선정하고서도 촉매 설계가 실패하므로 여러 번 제조하여 평가하는 편이 안전하다.

시험 촉매의 평가도 촉매 설계에서 매우 중요하다. 대상반응의 열역학적 검토 단계에서 반응온도와 압력 등 반응 조건의 영향이 충분히 검토되었으므로, 촉매반응을 실험할 조건의 윤곽은 이미 정해져 있다. 시험 촉매의 성능 평가용 반응 장치를 선정할 때 열의 발생이나 제거, 물질전달의 제한 등 고려해야 할 인자가 많지만, 일차적으로는 편리하고 재현성 있게 촉매성능을 평가할 수 있는 반응기를 선택한다. 유동층 반응기는 온도를 균일하게 제어하기 쉽고, 물질전달의 영향이 최소화되므로 발열이 심한 촉매반응에 사용하기 적절하지만, 장치가 복잡하다. 고정층 반응기에 분말 촉매를 충전하면 압력손실이 크고, 발열반응에서는 반응기의 온도 제어가 쉽지 않다. 그러나 촉매 충전량을 줄여서 부정적인 요인을 최소화하면 장치와 조작이 단순한 고정층 반응기가 촉매성능의 정성적 평가에 도리어 편리하다.

상업공정에 사용할 촉매는 촉매의 활성과 선택성이 우수하면서도, 활성저하가 느려서 촉매 수명이 길어야 한다. 이런 이유로 제조한 촉매의 활성과 선택성이 목표에 부합되어도 충분한 시간 동안 촉매의 성능이 유지되는지 확인해야 한다. 촉매의 활성저하를 조사하기 위하여 촉매반응을 오랫동안 운전하는 대신, 반응 조건보다 더 가혹한 조건에서 촉매를 처리하거나 반응시켜서 활성저하 여부를 조사한다. 수명이 충분히 길지 않은 촉매는 활성저하의 원인을 규명해야 한다. 금속 성분의 소결과 휘발에 의한 활성저하, 반응물의 불순물과 생성물에 의한 활성점의 피독, 탄소와 불순물의 침적에 의한 활성점이나 세공의 막힘 등 활성저하의 원인을 밝혀서 내구성을 증진할 방안을 모색한다. 유동층 접촉 분해공정에서는 촉매 수명이 짧아도 사용한 촉매를 바로 재생하여 다시 사용하지만, 촉매 수명이 길면 길수록 촉매 단위 질량당 목적 생성물이 많이 생성되어 경제성이 높아진다. 초기 활성이 아무리 우수하여도 활성저하가 지나치게 빠른 촉매는 상용화하기 어렵다.

설계한 촉매의 활성과 선택성이 목표를 웃돌 만큼 우수하고 수명이 충분히 길면, 촉매 설계는 일단 성공한 셈이다. 나아가 재현성 있는 촉매의 제조 방법을 정립하기 위해서, 이 촉매의 설계에 사용한 반응경로와 이를 근거로 선정한 활성점이 타당한지 여부를 검토한다. 제조한 촉매의 속도론적 시험 결과나 확인된 중간체가 설정한 반응경로에 부합하면, 가정한 반응경로에 맞는 촉매가 제조되었다고 결론짓는다. 그러나 예상하는 속도식과 측정한 속도식이 다르고, 중간체가 설정한 중간체와 다르다면, 촉매의 제조 과정과 설정한 반응경로를 다시 검토해야 한다. 우연히 만들어진 촉매라면 이를 재현성 있게 제조하기 어렵기 때문이다. 가정이 타당하지 않거나 촉매 제조 과정이 적절하지 않을 수 있으므로, 설계한 촉매의 반응경로나 속도식이 설정한 반응경로에 부합되는지 꼭 확인해야 한다.

그림 11.2에 촉매의 미시적 설계 과정을 정리하였다. 논리적으로 전개하기 어려운 단계도 있다. 앞서 설명한 대로 촉매 설계는 현재 알려져 있는 지식과 구입 가능한 재료를 최대한 활용하여 체계적으로 촉매를 개발하는 과정이므로, 대상반응에 대한 지식이 빈약하면 반응경로의 설정부터 어려워진다. 활성물질에 대한 자료가 충분하지 않으면, 논리적 전개보다는 경험에 근거하여 활성물질을 선정하기 때문이다. 그렇다 해도 촉매의 설계 과정에서는 반응조건의 합리적인 선정, 활성점에 대한 본질적인 이해, 활성저하의 원인 규명 등을 차례차례 수행하므로, 제조한 촉매의 성격과 한계를 파악하고 있어서, 시행착오 방법에 의한 촉매 개발보다 실패 부담이 적다.

🔍 4 대상반응의 검토

(1) 대상반응의 가능성 검토

대상반응이 선정되면, 먼저 대상반응의 무엇을 해결하는 데 목표를 두고 촉매를 설계할지 검토한다. 반응이 충분히 빠르고 완벽하게 진행된다면 굳이 대상반응으로 선정하여 촉매를 설계하지 않기 때문이다. 대상반응이 느리게 진행하거나 원하지 않는 다른 물질이 아주 많이 생성되어 공정의 목표를 충족하지 못하여 촉매를 설계하므로, 문제점이 무엇인지 명확히 파악한 후 촉매 설계를 시작한다. 대상반응이 현재 운전되고 있다면, 생성물의 수율이 목표치에 미치지 못하는 원인을 구체적으로 검토한다. 사용하고 있는 촉매의 성질과 성능 및 반응의 열역학적 또는 속도론적 제한을 포괄적으로 검토하여 무엇을 바꾸거나 개선하여 목표치에 이르는 촉매를 제조할지 구체적인 착상을 정립하여 촉매 설계를 시작한다.

메탄에서 메탄올이나 포름알데하이드를 제조하는 반응을 예로 들어 대상반응의 선정 의의와 문제점 검토를 설명한다. 천연가스는 석탄과 석유에 이어 많이 사용하는 화석에너지 자원이다. 확인 매장량은 약 8.9×10^9 TOE로써 석유보다 사용가능한 예상 기간이 더 길다.

천연가스의 주성분은 메탄이며, 에탄, 프로판, 부탄 등 탄화수소가 소량 섞여 있다. 메탄 대부분은 연료로 사용되고 있으며, 극히 일부(< 1%)만이 화학물질을 제조하는 데 사용된다. 천연가스의 대부분이 소비지에서 먼 지역에서 생산되어 압축 냉각하여 수송하므로, 수송비 부담이 크다. 메탄을 산소와 반응시키면 다음 반응식에서 보듯이 석유화학산업의 중요한 원료물질인 메탄올, 에틸렌, 합성가스 등이 생성된다.

$$CH_4 + 1/2\,O_2 \ \rightarrow\ CH_3OH \tag{11.1}$$

$$2\,CH_4 + O_2 \ \rightarrow\ C_2H_4 + 2\,H_2O \tag{11.2}$$

$$CH_4 + H_2O \ \rightarrow\ CO + 3\,H_2 \tag{11.3}$$

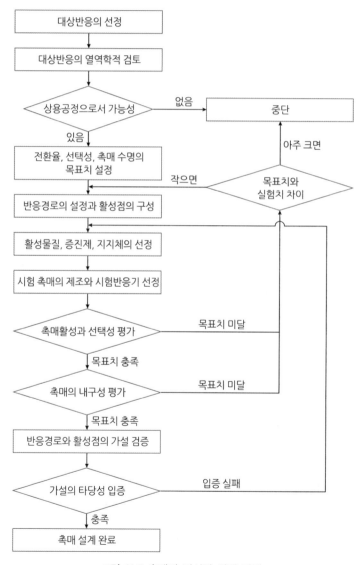

그림 11.2 촉매의 미시적 설계 단계

메탄올은 액체여서 운송하기 용이하고, 그 자체를 연료로 사용하며, 이로부터 여러 가지 유용한 화학물질을 제조한다. 메탄의 탈수소 산화반응의 생성물인 에틸렌은 폴리에틸렌과 여러 화학물질을 제조하는 출발물질이어서 석유화학공업의 중요한 원료이다. 메탄을 물과 반응시켜 합성가스를 제조하거나 수소를 생산한다. 그러나 메탄과 산소의 반응을 촉진하기 위해 온도를 높이면 위 반응식의 생성물 대신 완전산화반응이 일어나서 이산화탄소와 물이 생성된다. 완전산화반응을 억제하면서 낮은 온도에서 메탄의 부분산화반응을 선택적으로 진행시키려면, 낮은 온도에서 메탄을 활성화하는 촉매가 필요하다. 아직까지는 메탄에서 메탄올을 바로 제조하는 공정에 사용할 만한 효과적인 촉매가 없어서, 메탄과 산소를 적절히 활성화하는 촉매의 설계가 필요하다.

메탄의 부분산화반응이 선택적으로 진행하는 촉매가 없기 때문에, 메탄에서 화학물질을 제조하려면 메탄과 물을 반응시켜 합성가스를 제조하는 수증기 개질 공정을 거친다. 합성가스로부터 메탄올을 합성하고, 메탄올을 부분산화시켜 포름알데하이드를 만든다.

$$CH_4 + H_2O \xrightarrow[800\ ℃]{NiO/\alpha-Al_2O_3} CO + 3H_2 \qquad (11.4)$$

$$CO + 2H_2 \xrightarrow[250\ ℃,\ 50\ bar]{Cu-ZnO-Al_2O_3} CH_3OH \qquad (11.5)$$

$$CH_3OH + 1/2\ O_2 \xrightarrow[또는 Fe_2(MoO_4)_3,\ 425\ ℃]{Ag,\ 600\ ℃} HCHO + H_2O \qquad (11.6)$$

메탄올의 부분산화반응에서는 폭발 한계를 고려하여 메탄올 함량이 많은 조건에서는(methanol-rich) 은(銀) 촉매를, 메탄올 함량이 낮은 조건에서는(methanol-lean) 몰리브데넘 산화물을 촉매로 사용한다.

수증기 개질공정을 거쳐 합성가스를 만들고, 이로부터 메탄올을 제조하는 공정은 메탄을 직접 부분산화하여 메탄올을 생산하는 공정보다 구성이 복잡하여 시설비 부담이 매우 크다. 개질공정은 분자 개수가 많아지는 반응이므로 저압에서 전환율이 높지만, 메탄올 합성공정은 분자 개수가 적어지는 반응이어서 고압에서 수율이 높다. 단계마다 적절한 압력이 다르므로 제조시설이 복잡하고 에너지가 많이 필요하다. 수증기 개질공정을 거치지 않고도 메탄을 부분산화시켜 유용한 물질을 제조할 수 있으면 경제적 이득이 아주 크다.

아산화질소(N_2O)와 오존을 과산화바륨 촉매에서 메탄과 반응시키면 부분산화반응이 선택적으로 진행된다. 강한 산화제인 이들이 활성화된 산소를 메탄에 제공하므로, 낮은 온도에서도 부분산화반응이 진행된다. 그러나 이들 산화제는 생성물보다 비싸기 때문에, 이러한 부분산화공정은 실용성이 없다. 따라서 메탄과 산소가 지나치게 활성화되지 않는 낮은 온도에서 이들을 반응시키는 촉매의 개발이 필요하다. 메탄의 부분산화반응의 촉매 설계에서 가장 어려운 점은 부분산화반응에 선택성을 높게 유지하면서 전환율을 높여야 하는 점이다.

(2) 대상반응의 열역학적 검토

대상반응의 경제성을 평가하기 위해서는 열역학적 검토가 선행되어야 한다. 대상반응의 반응물과 생성물로부터 열역학적 자료를 활용하여 깁스에너지, 엔탈피, 엔트로피의 변화량을 계산한다. 표준 상태에서 깁스에너지의 변화량(ΔG^o)으로부터 4장에서 설명한 방법으로 특정 온도에서 평형 조성과 평형 전환율을 구한다. 엔탈피 변화량(ΔH^o)에서 발열과 흡열 규모를, 엔트로피 변화량(ΔS^o)에서는 기상반응에서 압력의 영향을 유추한다. 이러한 자료로부터 구한 온도와 압력 변화에 따른 생성물의 평형 조성에서 에너지 비용과 생성물 수율을 감안한 최적 반응 조건을 선택한다. 조작 가능한 온도와 압력 범위에서 대상반응의 전환율과 원하는 생성물의 수율이 최대가 되는 반응 조건을 선정한다.

화학반응의 진행 정도는 열역학적 평형에 의해 제한되므로, 평형상수에서 계산한 생성물의 수율이 대상반응에서 얻을 수 있는 최대 수율이다. 따라서 대상반응에서 예상되는 경제적 이득 역시 열역학적 검토에서 얻어진 수율을 넘어서지 못한다. 아주 고가의 생성물은 예외이겠지만, 평형 전환율에서 계산한 최대 수율이 낮으면 경제성이 낮아 대상반응으로서 적절하지 않다.

대상반응의 열역학적 검토 단계에서는 대상반응 자체의 검토도 필요하지만, 이 반응계에서 진행될 수 있는 반응을 모두 검토해야 한다. 고려해야 하는 반응으로는

1) 단일반응물의 분해와 이성질화반응
2) 같은 반응물끼리 반응
3) 다른 반응물끼리 반응
4) 생성물로부터 파생되는 반응 등이 있다.

메탄과 산소의 부분산화반응에 사용할 촉매의 설계 과정에서도 같은 방법으로 여러 가지 반응을 폭넓게 검토한다. 메탄과 산소의 부분산화반응에서 검토해야 할 반응을 나열한다. 먼저 메탄과 산소로부터 일산화탄소, 이산화탄소, 메탄올, 포름알데하이드, 개미산 등이 생성되는 산화반응을 고려한다.

$$CH_4 + O_2 \rightarrow CO$$
$$CO_2$$
$$CH_3OH$$
$$HCHO$$
$$HCOOH \tag{11.7}$$

메탄과 산소는 그 자체가 분해되거나 이성질화되기 어려우므로, 반응물 자체의 분해와 이성질화반응은 검토할 필요가 없다. 그러나 메탄 대신 에틸렌이 반응물이라면, 에틸렌이 분해되거나 중합되는 반응도 함께 고려하여야 한다.

$$CH_2{=}CH_2 \rightarrow 2\,C + 2\,H_2 \tag{11.8}$$
$$CH_4 + C$$

$$2\,CH_2{=}CH_2 \rightarrow CH{\equiv}C{-}C{\equiv}CH + 3\,H_2$$
$$CH_2{=}CH{-}CH{=}CH_2 + H_2$$
$$CH_2{=}CH{-}CH_2{-}CH_3$$
$$CH_2{=}C(CH_3){-}CH_3 \tag{11.9}$$

더 복잡한 반응물에서는 반응물의 이성질화반응, 불균등화반응(disproportionation reaction), 중합반응 등도 고려 대상이 된다.

반응물 외에도 생성물로부터 파생되는 반응도 검토하여야 한다. 촉매반응에서는 연계반응(consecutive reaction)이 일어날 가능성이 높아 생성물의 반응도 빠뜨리지 말아야 한다. 생성물의 반응까지 모두 포함시키면 검토 대상 반응이 아주 많아지지만, ΔG°가 양(陽)으로 커서 진행되기 어려운 반응과 생성물의 농도가 아주 낮아 연계반응의 가능성이 낮은 반응은 배제해도 된다. 중합반응은 한 단계씩 고려하지 않고 일반화하거나, 생성물의 추가반응이 진행 정도가 낮아지도록 반응 조건을 조절하여 고려해야 할 반응을 줄인다.

메탄의 부분산화반응에서 고려해야 할 반응을 표 11.1에 정리하였다. 반응물 스스로가 이성질화되거나 분해되는 반응은 가능하지 않고, 같은 반응물끼리 반응 역시 깁스에너지 변화량이 양(陽)으로 매우 커서 진행 가능성이 적으므로 고려하지 않는다. 잘 진행되리라 예상하는 반응은 산소와 탄화수소의 반응이다. 메탄이 산소와 반응하여 이산화탄소와 물로 전환되는 완전산화반응의 깁스에너지 변화량은 메탄에서 메탄올과 포름알데하이드가 생성되는 반응의 변화량보다 음(陰)으로 훨씬 커서, 부분산화반응보다 완전산화반응이 유리하다. 반응 조건을 조절하거나 촉매를 사용하여 완전산화반응의 속도를 제어하여야(kinetic control), 부분산화반응에 대한 선택성이 높아진다.

ΔG°가 양으로 큰 반응은 평형 상태에 이른다 하더라도 생성물의 농도가 매우 낮기 때문에 고려하지 않는다. 중합과 탈수소화반응이 동시에 진행되는 $2\,CH_4 \rightarrow C_2H_4 + 2\,H_2$ 반응은 메탄의 활성화 측면에서는 매우 바람직하나, $\Delta G^\circ = 53.6\,kJ \cdot mol^{-1}$로서 매우 크다. 성능이 아주 우수한 촉매를 사용하여 짧은 시간에 평형이 이루어졌다 하더라도, 생성물 함량이 1%도 되지 않아서 고려할 필요가 없다. ΔG°가 음으로 큰 반응도, 같이 경쟁하는 반응의 ΔG°가 음으로 더 크면 굳이 고려하지 않아도 된다. $CH_4 + 2\,O_2 \rightarrow CO_2 + 2\,H_2O$ 반응의 ΔG°는

표 11.1 메탄의 부분산화반응에서 같이 진행되는 반응

반 응		ΔG^{o}, kJ · mol^{-1}	검토 의견
1) 단일반응물의 반응			
CH$_4$	→ 가능한 생성물 없음		
O$_2$	→ 가능한 생성물 없음		
2) 같은 반응물끼리 반응			
2 CH$_4$	→ C$_2$H$_6$ + H$_2$	35.6	고려하지 않아도 됨
	→ C$_2$H$_4$ + 2 H$_2$	53.6	〃
	→ C$_2$H$_2$ + 3 H$_2$	92.9	〃
2 O$_2$	→ 가능한 생성물 없음		
3) 다른 반응물끼리 반응			
CH$_4$ + 1/2 O$_2$	→ CH$_3$OH	−86.2	
	→ HCHO + H$_2$	−83.7	
	→ CO + 2 H$_2$	−183.3	
CH$_4$ + O$_2$	→ HCHO + H$_2$O	−296.6	
	→ HCOOH + H$_2$	−280.3	
	→ CO + H$_2$ + H$_2$O	−365.3	
	→ CO$_2$ + 2 H$_2$	−378.7	
CH$_4$ + 3/2 O$_2$	→ HCHO + H$_2$O$_2$	−129.7	
	→ HCOOH + H$_2$O	−581.1	
	→ CO + 2 H$_2$O	−571.1	
	→ CO$_2$ + H$_2$ + H$_2$O	−584.9	
CH$_4$ + 2 O$_2$	→ HCOOH + H$_2$O$_2$	−412.5	
	→ CO + H$_2$O$_2$ + H$_2$O	−496.6	
	→ CO$_2$ + 2 H$_2$O	−792.9	진행 가능성이 매우 큼
4) 생성물로부터 파생되는 반응			
HCHO	→ CO + H$_2$	−71.1	고려하지 않아도 됨
CH$_3$OH	→ HCHO + H$_2$	8.4	〃
CH$_4$ + C$_2$H$_6$	→ C$_3$H$_8$ + H$_2$	69.5	〃
+ C$_2$H$_4$	→ C$_3$H$_8$	18.8	〃
+ CH$_3$OH	→ C$_2$H$_6$ + H$_2$O	57.3	〃
	→ (CH$_3$)$_2$O + H$_2$	114.2	〃
+ HCHO	→ C$_2$H$_5$OH	45.2	〃
	→ (CH$_3$)$_2$O	104.2	〃
+ H$_2$O$_2$	→ CH$_3$OH + H$_2$O	−236.8	〃
+ HCOOH	→ CH$_3$CHO + H$_2$O	18.0	〃
+ CO	→ CH$_3$CHO	103.8	〃
+ CO$_2$	→ CH$_3$COOH	142.3	〃
1/2 O$_2$ + H$_2$	→ H$_2$O	210.5	〃
+ C$_2$H$_6$	→ C$_2$H$_5$OH	−128.4	〃
+ HCHO	→ HCOOH	−185.4	〃
+ CO	→ CO$_2$	−217.6	〃
O$_2$ + H$_2$	→ H$_2$O$_2$	38.5	〃
1/2 O$_2$ + CH$_3$OH	→ CO$_2$ + 2 H$_2$O	−700	〃
...			

* ΔG^{o} 는 25 ℃에서 구한 값임.

$-792.9\,\mathrm{kJ\cdot mol^{-1}}$로 아주 크다. 메탄과 산소의 반응에서 포름알데하이드, 과산화수소, 수소가 생성되는 반응의 ΔG°가 음으로 상당히 크지만, 산소가 충분히 공급되면 이산화탄소와 물이 생성되는 반응의 ΔG°가 음으로 훨씬 커서 이들을 고려하지 않는다. 설령, 수소가 소량 생성된다 해도 수소의 산화반응이 바로 진행되므로, ΔG°가 음인 반응이 많아도 실제로 고려해야 하는 반응은 일산화탄소의 생성반응 정도이다.

열역학적 검토 단계에서 대상반응과 같이 고려해야 하는 부반응에 대해서는 대상반응과 마찬가지로 온도와 압력에 따른 평형 조성의 변화를 계산한다. ΔH°와 ΔG° 자료에서 평형상수를 온도의 함수로 나타내고, 반응의 진행에 따른 분자 개수의 변화에서 평형 조성에 대한 압력의 영향을 반영한다. 컴퓨터가 발전되기 전에는 평형 조성을 계산하는 데 시간과 노력이 많이 필요했으나, 최근에는 물질의 비이상성까지 고려하여도 계산 자체가 그리 어렵지 않다. 평형 조성의 계산 결과를 검토하여 최적 반응 조건을 선정한다. 그러나 열역학적 자료와 이로부터 계산한 평형 조성만으로는 반응속도를 판단하기 어렵다. 속도상수가 들어 있는 속도식을 알아야 하나, 속도식은 평형 조성처럼 열역학 자료에서 구하지 못한다. 메탄과 산소를 촉매 없이 반응시키면 부분산화반응의 생성물인 메탄올과 포름알데하이드가 거의 생성되지 않아서 실험적으로 반응속도를 구하지 못한다.

그림 11.3은 부분산화반응을 거쳐 메탄에서 메탄올이 생성되고, 메탄올이 완전산화되어 이산화탄소와 물이 생성되는 반응경로의 개략도이다. 촉매가 없으면 메탄에서 메탄올이 생성되지 않으므로, 촉매가 없는 상태에서는 이 반응경로를 그리지 못한다. 가상적인 촉매를 넣어 그린 이 그림에서 메탄의 산화반응이 완전산화반응 쪽으로 크게 치우쳐 있다. 메탄이 완전산화되는 반응의 깁스에너지 변화량은 $-792.9\,\mathrm{kJ\cdot mol^{-1}}$인 데 비해 부분산화반응의 깁스에너지 변화량은 $-86.2\,\mathrm{kJ\cdot mol^{-1}}$이다. 부분산화반응과 완전산화반응의 활성화에너지 고개가 비슷하여, 부분산화반응에 필요한 에너지가 공급되면 완전산화반응도 같이 진행되어

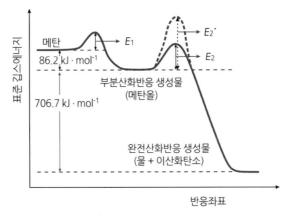

그림 11.3 메탄의 산화반응경로

열역학적으로 가장 안정한 이산화탄소와 물이 생성된다.

메탄올이 생성되는 부분산화 단계에서 산화반응을 멈추려면 활성화에너지 E_1이 E_2에 비해 작아야 한다. E_1이 작아서 메탄올은 생성되지만, E_2가 커서 추가 산화반응이 진행하지 않아야 하기 때문이다. 메탄올이 생성되는 반응이 발열반응이므로 반응열이 제거되지 않는 조건에서는 메탄올에서 완전산화반응이 진행되는 경로의 활성화에너지가 $E_2{'}$ 정도는 되어야 메탄올의 완전산화반응이 진행하지 않는다. 메탄올이 생성되는 반응의 반응열을 효과적으로 제거하고, E_2가 E_1보다 상당히 큰 촉매를 사용하여야, 부분산화반응 단계에서 반응이 종료되어 메탄올의 수율을 높일 수 있다. 메탄의 부분산화반응의 생성물이 포름알데하이드이면 부분산화 단계에서 반응을 끝내기가 더 어렵다. 포름알데하이드는 자유 라디칼을 거쳐 완전산화되므로, 생성된 포름알데하이드를 급랭하거나 반응물의 흐름을 빠르게 하거나 머무르는 시간을 줄여서, 이의 추가반응을 억제하여야 포름알데하이드가 생성되는 부분산화반응에 대한 선택성이 높아진다[3].

촉매반응의 진행경로는 속도론적 연구 결과에서 유추한다. 반응기구 역시 반응물과 생성물이 촉매와 반응하는 과정에서 결정되므로, 촉매가 정해져야 반응기구가 결정된다. 이런 점에서 보면 촉매가 결정되지 않은 상태에서 반응기구를 먼저 구상하여 이로부터 촉매를 제조하려는 시도가 억지일 수 있다. 그러나 앞에서 설명한 대로 촉매 설계는 지금 알고 있는 지식을 활용하여 더 좋은 촉매를 찾는 과정이므로, 가능해 보이는 반응기구를 먼저 설정하고 이를 근거로 촉매활성점을 구상한다. 최근에는 이론적인 계산 과정을 거쳐 촉매에 생성되는 활성점을 설정하고, 이 활성점에서 반응 과정의 에너지를 계산하여 합리적인 반응기구를 설정한다. 반응경로를 근거로 시험 촉매를 제조하여 대상반응에서 촉매성능을 평가한다. 예상과 평가 결과가 다르면, 설정한 반응경로를 수정하여 촉매활성점을 다시 구상한다. 촉매 설계에서는 반응경로의 구상, 활성물질의 선정, 시험 촉매의 제조와 평가를 체계적으로 반복하여 촉매를 개발하므로, 촉매가 정해지지 않은 상태에서도 반응경로와 효과적인 활성점을 구상할 수 있다.

🔍 5 촉매 구성물질의 선정

촉매의 종류에 따라 촉매를 구성하는 물질이 다르다. 백금 검정처럼 금속 자체로만 이루어진 촉매도 있으나, 실리카 지지체에 복잡한 조성의 다성분계 복합 산화물을 담지한 프로필렌의 암모니아첨가 산화반응용 촉매도 있다. 촉매에 따라서는 활성물질보다 증진제의 선택이 더 중요하기도 하고, 지지체와 상호작용에 따라 활성물질의 분산도가 크게 달라지면 지지체 선정이 촉매 설계의 핵심사항이 된다. 이 절에서는 촉매 관련 지식과 촉매활성에 대한 경험에 근거하여 촉매의 구성물질 선정 과정을 개략적으로 소개한다.

(1) 활성물질의 선정

선정한 대상반응을 체계적으로 검토하여, 열역학적 평형 전환율이 목표치보다 높고 속도론적 고찰에서도 대상반응의 경제성이 긍정적이라고 판단되면, 원하는 생성물이 많이 생성되는 효과적인 반응경로를 구상한다. 에너지와 공간 장애를 감안하여 촉매 표면에서 생성될 중간체를 설정한다. 중간체의 형성과 전환에 관여하는 표면활성점이 결정되면, 이로부터 촉매의 구성물질을 선정한다.

표면활성점의 주요 구성 원소로서 중간체 생성에 직접 기여하는 물질이 바로 활성물질이다. 활성물질은 촉매활성에 대한 경험적인 지식(activity pattern)에 근거하여 선정한다. 계산화학 방법으로 활성물질을 선정하는 예는 뒤에서 다루는 이론적 촉매 설계에서 소개한다. 반응물의 흡착 상태와 세기, 생성되는 활성 중간체의 구조에서 적절한 활성물질을 유추한다. 산화－환원반응에서는 전자를 빠르게 주고받아야 촉매활성이 높아진다. 산점의 종류, 세기, 농도가 반응속도에 미치는 영향이 복합적이기 때문에, 산 촉매반응에서는 반응 성격과 연관지어 활성물질을 선정한다. 이 외에도 지지체의 세공구조 영향, 구조민감성 등 사항이 서로 복잡하게 연관되어 있으므로, 반응경로에 근거를 두되 다른 사항들을 같이 검토하여 활성물질을 선정한다.

'어떤 물질이 어느 반응에 촉매활성이 있다.'는 사실이 많이 알려져 있어서, 대상반응이 정해지면 이런 지식에 근거하여 활성물질을 고른다. 백금 족 금속은 수소화반응에 활성이 높고, 오산화바나듐은 알켄의 부분산화반응에 활성이 높다. 그러나 촉매 설계 관점에서 보면 이러한 단편적인 지식의 조합에서 활성물질을 고르는 대신 설정한 반응경로에 근거하여 활성물질을 선택하는 편이 합리적이다. 반응물로부터 활성화된 중간체가 생성되는 데 적절한 활성물질을 고른다. 반응물의 구조와 전자적 성질에 비추어 어떤 금속을 선택하여야 특정한 구조의 활성 중간체가 많이 생성되리라는 추론이 선정 근거다. 활성물질의 전자적 성질과 산－염기로서 성질을 바탕으로 흡착 과정에서 중간체의 생성 가능성을 검토한다.

대상반응의 활성물질에 대한 지식과 자료가 충분하지 않아 활성물질을 체계적으로 선정하기가 어려울 때도 있다. 촉매 설계 과정에서 전혀 새로운 형태의 중간체를 거쳐 진행되는 반응경로를 설정하면 관련 자료가 없기 때문이다. 이런 경우에는 가정한 반응경로와 비슷한 반응을 참고하여 활성물질을 선정하고, 선정이 타당한지 여부는 실험을 통해 확인한다. 대상반응과 활성물질에 대한 자료가 많고 치밀하면 정교하게 촉매를 설계할 수 있으나, 자료가 부족하면 시행착오와 반복 실험이 많아져서 '설계'라는 의미가 약해진다.

메탄의 부분산화반응은 비교적 많이 연구된 반응이어서 촉매활성에 대한 조사 결과가 많이 발표되어 있다. 활성물질을 선택하는 과정을 설명하기 위하여 이 반응에 대한 연구 결과가 별로 없다고 가정하고, 검토 과정을 단순화하기 위해 메탄에서 생성되는 부분산화반응의 생성물을 메탄올로 한정한다. 메탄은 금속과 금속 산화물에 해리흡착하며, 산화물의 격자산소가 촉매에 흡착한 산소 이온이나 라디칼에 비해 활성이 낮아 부분산화반응에 적절하다는 점에 근거하여, 다음 반응경로를 설정한다. $M^{2+} - O^{2-}$는 산화물을 나타내며, $-■$는 비어 있는 격자산소 자리이다. 해리흡착한 메틸기에 격자산소를 제공하면서 금속이 환원되고, 격자산소를 받아 생성된 메톡시기가 해리흡착되어 있는 수소 원자와 만나 메탄올이 된다. 기상 산소가 비어 있는 격자산소에 흡착하여 금속이 산화되는 금속의 산화 - 환원 과정을 가정하였다.

$$CH_4 + M^{2+} - O^{2-} \rightarrow CH_3 - M^{2+} + H - O^{2-} \tag{11.10}$$

$$CH_3 - M^{2+} + M^{2+} - O^{2-} \rightarrow CH_3O - M^{2+} + M - ■ \tag{11.11}$$

$$CH_3O - M^{2+} + H - O^{2-} \rightarrow CH_3OH + M^{2+} - O^{2-} \tag{11.12}$$

$$M - ■ + 1/2\,O_2 \rightarrow M^{2+} - O^{2-} \tag{11.13}$$

이러한 반응경로를 거쳐 산화물 표면에서 부분산화반응이 진행되려면 메탄은 해리흡착되어야 하고, 격자산소를 쉽게 제공하도록 $M - O$ 결합이 약해야 한다. 이런 점을 충족하는 활성물질을 선정하기 위해, 금속 산화물과 부분산화반응에 관련된 촉매 지식을 종합한다.

1) 산화 상태가 두 가지 이상인 전이금속 산화물이 산화 상태가 한 가지인 산화물보다 부분산화반응에 대한 촉매활성이 높다.
2) 격자산소가 참여하는 부분산화반응에는 생성열이 작은 금속 산화물의 촉매활성이 높다.
3) 흡착한 산소가 참여하는 산화반응에서는 산소의 흡착열이 금속과 산소의 결합세기를 반영하므로 산소의 흡착열에 따라 촉매의 활성이 달라진다. 산소가 강하게 결합하여 탈착하기 어려운 금속에서는 산화반응에 대한 활성화에너지가 크다.
4) d 전자가 d^0 또는 d^{10}으로 배열되어 있는 전이금속 산화물이 부분산화반응에 대한 선택성이 높다.
5) 산화반응에 활성이 높은 촉매에서는 탄화수소의 부분산화반응보다 물과 이산화탄소가 생성되는 완전산화반응이 잘 일어난다.

위에 열거한 사실에서 산소가 이온 상태로 흡착하는 금속보다 격자산소가 쉽게 떨어지는 금속 산화물이 메탄의 부분산화반응에 더 적절한 활성물질이라고 유추한다. 금속에 흡착한 산소 이온이나 라디칼에서는 완전산화반응이 주로 진행되므로 설정한 반응경로에 부합하지 않는다. d^0와 d^{10} 전자 배열을 갖는 금속 산화물이 부분산화반응에 선택도가 높으므로, 열거한

표 11.2 전이금속 산화물 중 d^0나 d^{10} 전자 배열을 갖는 금속 산화물

족 번호	4	5	6	7
d^0	TiO_2 ZrO_2	V_2O_5 Nb_2O_5	MoO_3 WO_3	Re_2O_7
족 번호	13	14	15	16
d^{10}	In_2O_3 Tl_2O_3	SnO_2 PbO_2	Sb_2O_5 Bi_2O_5	TeO_3

조건을 만족하는 전이금속 산화물 중에서 활성물질을 선택한다.

d^0와 d^{10} 전자 배열을 갖는 전이금속 산화물을 표 11.2에 정리하였다. 이 금속 중에서 산화물의 생성열이 적절한 금속을 고른다. 산화물의 생성열은 산소의 흡착열과 마찬가지로 원소의 족 번호가 커질수록 작아져서, 주기율표의 오른쪽에 있어 d 궤도가 많이 채워진 원소에서 산화물의 생성열이 작다. 이런 점에서 d^0 전자 배열을 가지고 있어도 타이타니아와 지르코니아처럼 산화물의 생성열이 아주 큰 산화물은 격자산소가 쉽게 떨어지지 않아서, 부분산화반응에 촉매활성이 낮다. 산화 상태가 두 가지 이상인 전이금속 산화물이 부분산화반응에 대한 촉매활성이 높다는 점은, 금속의 산화-환원반응이 쉬워야 한다는 뜻이다. 격자산소가 반응물에 제공될 때 금속의 산화 상태도 같이 변해야 하므로, 금속의 산화 상태가 여러 개인 금속 산화물을 고른다.

설정한 반응경로에서는 메톡시기를 거쳐 메탄올이 생성되므로 메톡시기를 생성하기 유리한 활성점, 탈수소화반응에 대한 촉매활성이 낮아 메탄올의 수율은 높으면서도, 포름알데하이드 생성이 억제되는 활성점 등 활성물질의 선정에 참고할 내용이 더 있지만 자세한 추론 과정은 생략한다. 지금까지 검토한 결과를 종합하면, 활성물질은 전이금속 산화물이 적절하고, 그중에서도 산화물의 생성열이 낮으면서 산화 상태가 여럿이어야 바람직하므로, 이러한 요구 사항을 모두 만족하는 몰리브데넘 산화물을 활성물질로 선정한다.

몰리브데넘 산화물 촉매에서 메탄의 활성화반응을 연구한 예가 많다[4]. 촉매 설계 과정을 거쳐 선정했는지 여부는 알 수 없으나, 부분산화반응에 대한 촉매 지식을 근거로 활성물질을 추론한 결과가 합리적이라는 점을 보여준다. 몰리브데넘 산화물 단독보다는 ZnO-MoO_3, Fe_2O_3-MoO_3, UO_2-MoO_3 등 복합 산화물을 촉매로 사용하는데, 이는 메탄올에 대한 선택성이 복합 산화물에서 높기 때문이다. 이중에서도 Fe_2O_3-MoO_3 복합 산화물에는 산소가 이온이나 라디칼 상태로 흡착하지 않으므로 격자산소가 참여하는 부분산화반응에 대한 선택성이 높다.

(2) 증진제의 선정

촉매활성은 활성물질뿐만 아니라 증진제에 따라서도 크게 달라진다. 증진제로는 촉매의 활성점 개수를 증가시키는 상태 증진제와 활성점당 활성을 증진시키는 기능 증진제가 있다. 증진제는 활성을 직접 높이는 효과 외에도 피독, 소결, 탄소침적 등을 방지하여 촉매활성의 저하를 억제하거나, 부반응을 억제하여 원하는 생성물에 대한 선택성을 향상시키는 효과가 있다. 활성물질에 비해 값이 싸고, 첨가량이 많지 않으면서도 촉매의 활성, 선택성, 수명에 미치는 영향이 커서 증진제 선정이 활성물질의 선정 못지않게 중요하다.

증진제를 선정하는 방법은 원리에 따라 두 가지로 나눈다. 질병의 증상에 따라 치료약을 처방하듯 촉매의 반응 결과를 평가하여 촉매활성과 선택성이 향상되도록 적절한 증진제를 고르는 방법이 있고, 질병의 원인에 따라 약을 처방하듯 반응경로와 표면의 활성점 구조로부터 활성을 증진시키는 물질을 선정하는 방법이 있다.

반응 결과를 검토하여 증진제를 선정하는 방법은 매우 단순하다. 알켄의 골격 이성질화반응의 활성점은 산점이므로, 산점이 많을수록 촉매활성이 높아진다. 그러나 산점이 너무 많으면 중간체의 중합반응으로 끓는점이 높은 물질이 많이 생성되고, 이들이 탄소로 침적되어 활성이 저하된다. 염기를 조금 가하여 강한 산점의 일부를 중화시키면 산점 사이의 거리가 멀어지고 활성화된 중간체의 표면 농도가 낮아져서 중합반응이 억제된다. 원하는 골격 이성질화반응에 대한 선택성이 향상될 뿐 아니라 탄소침적이 줄어들어 촉매 수명이 길어진다. 산점 감소로 인한 전환율의 감소 폭과 선택도의 증가 폭을 같이 고려하여 수율이 극대화되도록 증진제인 염기의 첨가량을 조절한다.

이와 달리 강한 산점이 많아지도록 증진제를 첨가하여 강한 산점에서 진행되는 촉매반응의 전환율을 높이기도 한다. 알루미나는 산성 지지체이나 산점의 대부분은 약한 산점이고, 강한 산점은 매우 적다. 따라서 n-부텐의 골격 이성질화반응처럼 강한 산점에서 진행하는 반응은 알루미나 촉매에서 잘 일어나지 않는다. 알루미나에 염산이나 불화수소산을 증진제로 담지하면 강한 산점이 많아져서, 골격 이성질화반응의 전환율이 크게 높아진다.

겉표면을 피독시켜 제올라이트 촉매의 형상선택성을 향상시키는 증진제도 있다. 메탄올로 톨루엔을 알킬화하는 반응에서 MFI 제올라이트의 p-자일렌에 대한 선택성은 금속 이온의 교환 정도에 따라 다르다. 세공 내에서는 m-자일렌, o-자일렌, p-자일렌이 모두 생성되지만, 분자의 단면적이 큰 o-자일렌과 m-자일렌은 확산이 느려 세공 내에 오래 머무르는 대신, 선형이어서 단면적이 작은 p-자일렌은 세공 밖으로 빨리 빠져나온다. 생성물에 의한 형상선택성으로 인해서 p-자일렌에 대한 선택성이 높다. 그러나 겉표면에 있는 산점에서는 세공의 제한이 없어 형상선택성이 나타나지 않으므로, m-자일렌과 o-자일렌이 같이 생성된다. 분자가 커서 MFI 제올라이트의 세공 내에 들어가지 못하는 염기로 겉표면의 산점을 피독시키면, 세공 내에서만 촉매반응이 진행되어 형상선택성 효과가 증진되므로 p-자일렌에 대한 선택성이 향상된다.

반응기구와 활성점 구조를 검토하여 증진제를 선정하는 예를 든다. 탈수반응처럼 물이 생성되는 반응에서는 생성된 물이 활성점에 강하게 흡착하므로 물을 제거하는 단계가 속도결정 단계이다. 탈수반응의 활성점인 산점은 극성이 강하여 물과 강하게 상호작용하기 때문이다. 활성점에서 물이 빨리 제거되어 활성점이 빨리 재생되도록, 산소와 빠르게 결합하는 산화물을 증진제로 첨가한다. 다음 반응에서처럼 증진제와 물이 반응하여 물을 분해시켜 제거하므로 촉매반응이 빨라진다.

$$MO_{x-1} + H_2O \rightarrow MO_x + H_2 \tag{11.14}$$

물을 제거하여 반응속도를 증진시키는 기능은 MO_{x-1}과 MO_x의 산화-환원 용이성에 의해 결정된다. 활성점의 성질과 속도결정 단계를 같이 연관지어 검토하고, 산화물의 성질을 참고하여 효과적인 증진제를 선정한다.

$$UO_2/U_3O_8 > MoO_2/MoO_3 > WO_2/WO_3 > Ce_2O_3/CeO_2 > CrO/Cr_2O_3$$

촉매가 운용되는 환경에 대한 검토를 근거로 증진제를 선정하기도 한다. 자동차 배기가스에 들어 있는 일산화탄소와 미연소 탄화수소를 이산화탄소와 물로 완전연소하려면 산소의 공급량이 충분하여야 한다. 그러나 산소가 과량이면 질소 산화물이 질소와 산소로 환원되는 반응이 억제되므로, 배기가스가 산화나 환원 분위기에 치우치지 않는 당량 비 조성을 유지하도록 공기와 연료의 비(A/F ratio)를 14.7 근처로 조절한다. 자동차 엔진의 배출가스 출구에 산소 감지기를 설치하여 A/F 비가 일정하게 유지되도록 제어하지만, 펄스 형태로 배출되는 배기가스는 산소 공급 측면에서 보면 '과잉'과 '부족' 상태를 반복한다. 일산화탄소와 미연소 탄화수소의 산화반응은 백금이나 팔라듐 활성점에서 진행되므로, 이들 표면에 활성화된 산소가 많을수록 산화반응이 빨라지고 산소가 부족하면 산화반응이 느려진다. 산소가 부족한 상태에서는 질소 산화물의 환원반응이 빠르나, 산소가 과잉인 상태에서는 환원제가 산소와 반응하여 환원반응이 느려진다.

산소가 과잉인 조건에서는 산소를 받아들이고 산소가 부족한 상태에서는 인접한 귀금속에 산소를 쉽게 제공해주는 증진제를 첨가하면 귀금속의 산화-환원반응에서 촉매활성이 현저히 향상된다. 이러한 이론적 검토를 근거로 산소저장(oxygen storage) 기능이 있는 세리아(CeO_2)를 귀금속 활성물질에 첨가하여 배기가스 정화용 촉매를 제조한다. 산소 과잉 상태에서는 세리아에 산소가 흡착되어 산소 농도가 낮아지고, 산소 부족 상태에서는 세리아가 산소를 방출하여 산소 농도가 높아진다. 세리아 첨가로 A/F 비의 진동에 대한 완충 기능이 강화되므로 자동차 배기가스 정화용 촉매에는 세리아가 필수 증진제로 첨가된다.

이론적 검토에 의해 증진제를 선정하는 방법으로 활성점 효과를 활용하는 방법도 있다. 활성점을 구성하는 원자의 개수가 촉매반응에 따라 다르면, 이웃하는 원자의 종류에 따라 촉매활성이 크게 달라진다. 수소는 보통 금속의 낱개 원자 위에서 활성화되므로, 수소화반응에서 금속 촉매의 활성은 이웃 원자가 달라져도 크게 변하지 않는다. 활성이 없는 이웃 원자가 많아져도 노출된 활성원자의 개수가 적어지는 정도로 활성이 낮아진다. 이와 달리 두 개 이상의 금속 원자로 이루어진 활성점에서 일어나는 수소화 분해반응에서는 금속 촉매의 활성이 이웃 원자의 농도에 따라 크게 달라진다. 원자 두 개가 모여 이룬 원자 쌍에서 수소화 분해반응이 일어나면, 표면 원자 중에서 한 원자만 활성이 없는 원자로 바뀌어도, 분해반응에 활성이 있는 원자 쌍은 여섯 개나 줄어든다. 활성점을 이룬 원자 개수 차이로 인해 첨가량에 비해 수소화 분해반응에서 촉매활성이 크게 낮아진다.

니켈 촉매에서는 수소화반응과 수소화 분해반응이 모두 진행된다. 구리를 첨가하여 제조한 니켈-구리 합금 촉매에서는 수소화반응의 활성에 비해 수소화 분해반응의 활성이 더 심하게 낮아진다. 이론적 검토에서 예상한 대로 구리를 조금만 첨가하여도 니켈 원자 쌍의 개수가 많이 줄어들기 때문에 수소화 분해반응의 진행 정도가 크게 낮아진다. 수소화반응에 대한 선택성을 높이려면 수소화 분해반응의 활성점이 줄어들도록 수소화 분해반응에 활성이 없는 구리를 증진제로 첨가한다.

증진제 첨가로 촉매의 활성, 선택성, 내구성이 향상되지만, 촉매성능의 향상 원인은 매우 다양하여 증진제 선정 방법도 여러 가지이다. 활성점의 구조 안정성을 향상시켜 촉매활성을 증진시키는 증진제와 겉표면의 산점을 선택적으로 피독시켜서 탄소침적을 억제하므로 세공 내 산점의 활성을 유지시키는 증진제의 작용 원리가 전혀 다르다. 부반응을 억제하여 선택성을 향상시키는 증진제는 반응 결과에서 파악한 부생성물의 생성경로에 근거하여 선정한다. 부생성물이 생성되는 활성점을 피독시키면 반사적으로 원하는 생성물의 선택성이 향상되기 때문이다. 이와 달리 촉매 자체의 활성을 증진시키는 증진제는 반응경로와 활성점을 검토하고, 활성점의 기능과 속도결정 단계를 같이 고려하여 반응을 촉진하는 증진제를 선정한다.

(3) 지지체의 선정

지지체는 그 자체로는 촉매활성이 없으나 촉매성능뿐 아니라 촉매 가격과 촉매반응의 조작 범위를 결정하는 중요한 물질이다. 표면적이 넓은 지지체에 귀금속을 얇게 분산 담지시켜서 소량의 귀금속으로도 활성이 높은 촉매를 제조하고, 열적·기계적 안정성이 강한 지지체에 활성물질을 담지하여 반응기에 적절한 형태로 성형한다. 이처럼 지지체는 촉매의 적용 범위를 넓히는 데 크게 기여한다.

지지체의 물성과 형태는 반응기의 종류와 조작 조건에 따라 결정된다. 고정층 반응기에는 촉매의 무게를 견디면서도 압력손실이 작도록 구형 알갱이나 특별한 모양의 사출물(extrudate)을 지지체로 사용한다. 이에 비해 유동층 반응기에는 유동 현상이 가능하면서도 마모에 견디도록 구형이면서 강하고 고운 가루 형태의 지지체를 사용한다. 같은 반응기에서도 지지체의 모양과 크기에 따라 물질의 전달속도가 크게 달라진다. 지지체의 열전도도는 촉매반응의 열전달 현상 해석에 꼭 필요하다. 이처럼 지지체는 촉매반응의 공학적 검토를 거쳐 선정해야 한다. 이 부분에서는 지지체가 촉매성능을 극대화하는 구성 요소라는 점에서, 지지체를 선정할 때 유의해야 하는 사항을 소개한다.

촉매반응과 재생 조작에서 지지체의 안정성이 지지체 선정에서 먼저 고려되어야 한다. 탄소 지지체에 담지한 귀금속 촉매를 유기화학반응에서 수소화 촉매로 많이 사용하지만, 산소와 쉽게 반응하므로 산소와 접촉하는 반응에는 탄소 지지체에 담지한 촉매를 사용하지 못한다. 탄소 지지체는 기계적 세기가 약해 고정층 반응기에 충전하기도 어렵다. 고분자물질은 유기금속 화합물을 고정하는 지지체로 쓸모 있지만 열적 안정성이 낮아 사용가능한 온도 범위가 좁다. 광촉매에서 생성된 활성종이 지지체를 분해시키므로 고분자물질을 광촉매의 지지체로 사용하지 못한다.

활성물질이 고도로 분산 담지되어야 소량의 금속으로도 활성이 높은 촉매를 제조할 수 있으므로 지지체는 활성물질의 분산도와 연계지어 선정한다. 지지체와 활성물질 사이의 친화력이 약하여 활성물질이 표면에서 쉽게 움직이면, 이들이 덩어리져서 표면에 노출된 금속원자가 줄어들기 때문에 촉매활성이 낮아진다. 따라서 지지체를 선정할 때에는 지지체와 활성물질과 상호작용을 평가하여 활성물질의 소결로 활성이 심하게 저하되지 않는 지지체를 선정한다. 수소첨가 탈황반응의 활성물질인 Co－Mo계 복합 산화물 촉매의 지지체로는 코발트와 몰리브데넘 황화물의 분산도가 높은 알루미나가 적절하다. 표면적만 고려하면 지지체로 실리카도 적절하지만, 이들 황화물과 친화력이 약하여 활성물질의 분산도가 낮아서 실리카를 지지체로 사용하지 않는다. 알루미나에는 약한 산점이 있어 황화물과 친화력이 강하여 황화물이 알루미나에 넓고 안정하게 담지된다.

지지체와 활성물질의 상호작용에 따라 분산도뿐 아니라 활성물질의 담지 상태까지 달라지면 지지체를 논리적으로 선정하기가 매우 어려워진다. 네오펜탄의 수소첨가 분해반응은 백금 촉매의 (111)면에서 진행되는 구조민감반응이다. 지지체에 따라 (111)면의 생성 정도가 다르기 때문에 촉매활성도 달라진다. 구조민감 촉매반응에서는 활성물질의 분산도뿐 아니라 활성물질이 어떤 지지체에 어떤 상태로 담지되느냐가 중요하다.

활성물질과 지지체의 상호작용이 아주 강하면 서로 반응할 가능성도 검토하여야 한다. 시지체와 활성물질이 반응하여 안정한 물질이 생성되면 활성물질의 기능이 없어지기 때문이다. 금속과 상호작용이 강한 알루미나를 지지체로 많이 사용하지만, 니켈과 상호작용이 너무 강해서 니켈 촉매의 지지체로는 알루미나를 사용하지 못한다. 니켈 산화물과 알루미나가 반응하여 안정한 니켈 알루민산염을 만들기 때문에 금속 상태의 니켈로 환원하기 어렵다. 망간 산화물을 알루미나에 담지하여도 역시 망간 알루민산염이 생성되어 망간 산화물로서 촉매 기능이 없어진다.

$$MnO(s) + \gamma - Al_2O_3 \rightarrow MnAl_2O_4(s) \tag{11.15}$$

지지체와 담지하는 활성물질의 화학적 성질이 크게 다르면, 이들의 반응 가능성을 더 세심하게 검토하여야 한다.

일반적으로는 반응물이나 생성물과 화학반응하지 않는 물질을 지지체로 사용하지만, 실리카-알루미나, 제올라이트, 할로겐 화합물이 첨가된 알루미나 등 산성을 띠는 지지체를 사용하여 제조하는 촉매도 있다. 금속을 이들 지지체에 담지하여 금속의 촉매기능 외에도 산점을 활성점으로 이용한다. 촉매 설계를 위해 설정한 반응경로에 금속과 함께 산점이 활성점으로 참여하여 반응속도를 증진시키면, 산성 지지체에 금속을 담지하여 이중기능 촉매를 만드는 편이 효과적이다. 설정한 반응경로를 검토하여 활성물질을 분산 담지하기 위해서 지지체를 사용하는가, 아니면 지지체도 촉매로서 기능을 가져야 하는지를 판단하여 결정한다. 제올라이트를 지지체로 사용하면 세공구조에 기인한 형상선택성이 추가되어 원하는 생성물에 대한 선택성이 향상되고, 긴 탄화수소의 생성을 억제하여 탄소침적에 대한 내구성이 좋아진다. 지지체에 따라서는 금속-지지체의 강한 상호작용으로 특이한 촉매작용이 나타나기도 한다. 지지체를 선정할 때 활성물질의 분산도 외에 고려할 사항이 많으므로, 지지체와 활성물질의 상호작용에 대한 지식이 촉매 설계에 매우 중요하다.

지지체의 모양과 크기는 반응공학적인 측면에서 검토되어야 한다. 촉매반응은 반응물에 노출된 표면에서 진행되므로, 활성점의 농도가 일정하다면 표면적이 넓은 촉매가 바람직하다. 타이타니아는 금속과 상호작용이 강하고 산화-환원 기능이 있어 지지체로 관심이 높았지만, 솔-젤법으로 표면적이 넓은 타이타니아를 만들기 전까지는 표면적이 작아 공업 촉매의 지지체로 사용되지 않았다.

지지체의 알갱이 크기가 작을수록 표면적이 넓어지지만, 알갱이의 크기가 미크론 단위로 작아도 겉표면은 수 $m^2 \cdot g^{-1}$으로 그리 넓지 않다. 결국 지지체의 표면적이 수백 $m^2 \cdot g^{-1}$으로 넓어지려면 지지체 내부에 가는 세공이 많이 있어야 한다. 세공이 가늘면 표면적은 넓어지지만, 세공 내에서 물질전달은 느려진다. 반응물의 분자크기가 세공크기와 비슷하면 물질전달의 제한으로 촉매반응이 느려지므로, 지지체 선정 과정에서 표면적, 세공크기, 반응물과 생성물의 크기를 모두 고려해야 한다. 끓는점이 높은 정유 제품의 수소첨가 탈황반응에서는 지지체의 세공크기가 매우 중요하다. 아스팔텐처럼 상당히 큰 물질은 가는 세공에 들어가지 못하므로 가는 세공이 발달한 지지체가 적절하지 못하다. 반대로 세공이 큰 지지체에서는 반응물의 물질전달이 빠르지만 표면적이 작아서 촉매활성이 낮다. 세공크기와 표면적의 상반되는 효과를 감안하여 적절한 세공크기 분포를 갖는 지지체를 선정하여 촉매활성을 극대화한다. 세공크기와 모양이 촉매반응에 미치는 영향은 5장에 설명되어 있으므로, 반응공학적 설명 대신 지지체의 선정에 참고할 사항만 서술한다.

A → B 반응의 속도식을 일반적으로 식 (10.16)처럼 쓴다.

$$\frac{d[B]}{dt} = k_A [A]^a \eta_A \tag{11.16}$$

k_A는 물질전달이 빠른 조건에서 속도상수이고, a는 반응차수이며, η_A는 유효인자이다. 반응물이 충분히 빠르게 확산되면 반응속도는 확산속도에 무관하게 반응물 농도에 따라서만 달라지므로 $\eta_A = 1$이 된다. 그러나 확산이 느려서 물질전달속도가 반응속도에 영향을 주면 η_A는 1보다 작아진다. η_A는 촉매의 모양과 확산속도와 반응속도의 비인 틸레계수에 의해 결정된다.

A → B 반응과 C → D 반응이 경쟁적으로 일어나면, 두 반응속도의 비는 식 (10.17)이 된다.

$$\frac{d[B]/dt}{d[D]/dt} = \frac{k_A [A]^a \eta_A}{k_C [C]^c \eta_C} = \frac{k_A [A]^{(a+1)/2} D_A}{k_C [C]^{(c+1)/2} D_C} \tag{11.17}$$

k_C는 C→D 반응의 속도상수이며, D_A와 D_C는 A와 C의 유효 확산계수이다. $k_A \gg k_C$인 조건에서 지지체의 세공구조가 두 반응의 선택성에 미치는 영향을 검토한다. A에서 B가 생성되는 반응이 주로 진행되려면, k_A가 더 커야 하므로 반응속도상수의 차이가 커지도록 확산속도의 영향은 적은 편이 좋다. A와 C의 분자크기가 크게 다르다면 세공구조가 다른 지지체를 사용하여 선택성을 조절한다. 속도상수 차이를 최대한 활용하려면 세공 내에서 반응이 진행될수록 확산의 영향이 커지므로, 겉표면에서 반응이 진행되도록 세공이 없는 지지체나 세공이 아주 커서 확산 영향이 없는 지지체를 택한다.

이와 반대로 C에서 D가 생성되는 반응의 선택성을 높이려면 확산속도의 차이가 반응 진행에 영향을 주도록 지지체를 선정한다. k_A에 비해 k_C가 작기 때문에 세공이 크면 속도상수의 비율에 의해 선택성이 결정된다. C가 A에 비해 분자가 작으면 가는 세공이 발달한 지지체를 사용하여 C → D 반응이 많이 진행되도록 유도한다. 반대로 C가 A보다 크면 반응속도도 A → B 반응이 빠르고 확산도 A가 빨라서 지지체 선정이 생성물에 대한 선택성을 높이는데 도움이 되지 못한다.

반응이 진행되면서 열을 발생하기도 하고 흡수하기도 하여 촉매 표면의 온도가 달라진다. 반응속도는 온도에 따라 크게 달라지므로 물질전달과 열전달의 영향이 큰 반응에서는 지지체의 세공 크기와 열전도도를 반응의 성격과 연관 지어 검토한다. 발열반응에서 발생되는 열량은 반응한 반응물의 몰수에 반응열 ΔH를 곱하여 계산한다. 촉매 표면에서 발생한 열은 전도, 복사, 대류에 의하여 방출된다. 반응온도가 아주 높지 않으면 복사에 의한 열 방출량은 매우 적고, 미반응물과 생성물의 흐름에 전달되는 열량도 많지 않아서, 열의 대부분은 촉매의 열전도 과정을 거쳐 전달된다. 확산이 속도결정 단계인 반응에서는 반응물의 온도와 촉매층의 최대온도의 차이 ΔT를 아래 식으로 나타낼 수 있다.

$$\Delta T = \frac{-D\Delta H}{\lambda} C_s \tag{11.18}$$

D는 확산계수, ΔH는 반응열, C_s는 흐름에서 반응물의 농도, λ는 촉매의 열전도도이다. 촉매의 열전도도가 크면 열이 빠르게 전달되어 온도차가 적어지므로, 반응열에 의한 영향이 적어진다.

반응열이 큰 반응에서 촉매의 열전도도가 낮으면 촉매에 열이 많이 축적되어 촉매가 쉽게 손상된다. 지지체의 세공구조가 부서질 뿐 아니라, 담지된 활성물질이 덩어리지거나 변형된다. 온도가 더 높아지면 활성물질이 증발되어 활성을 상실한다. 따라서 지지체를 선정할 때는 대상반응의 발열량과 지지체의 열전도도를 같이 고려하고, 원하는 생성물에 따라 지지체의 세공크기를 선정한다. 이산화탄소가 생성되는 완전산화반응처럼 발열량이 큰 반응에 사용하는 지지체의 열전도도는 아주 높아야 한다.

높은 온도에서는 촉매반응이 주로 겉표면에서 진행되고, 촉매의 열적 안정성이 중요하기 때문에 세공이 없는 지지체가 적당하다. 열이 빨리 전달되어 촉매의 온도가 더 높아지지 않아야 안정하게 조업할 수 있다. 열전도도가 낮은 구형 촉매에서 발열반응이 진행되면 내부 온도가 높아져서, 내부에서는 반응이 더 빨리 진행된다. 이로 인해 유효인자가 1보다 커지기도 하나, 반응온도가 높아지면 원하는 생성물에 대한 선택성이 낮아지고 촉매의 수명이 단축된다.

🔍 6 촉매의 이론적 이해

촉매 연구의 가장 궁극적 목적은 좋은 촉매를 만드는 데 있다. 활성과 선택성이 높고, 구성물질의 가격이 저렴하며, 수명이 길고, 부산물이 없으며, 피독되지 않는 촉매가 좋은 촉매이다. 나아가 증진제를 첨가하여 촉매활성을 높이고, 촉매의 제조 가격을 낮추면 더 바람직하다.

종래의 촉매 설계에서는 촉매의 활성물질은 주로 문헌에 근거하여 선정하였다. 반응물의 흡착성질, 예상하는 활성 중간체의 구조와 성격, 구상하는 반응경로를 근거로 촉매활성물질을 고르거나 비슷한 반응을 참고하여 선정하였다. 컴퓨터의 연산속도가 빨라지고 저장 용량이 급격하게 커지면서 계산화학이 빠르게 발달하여, 이제 이론적인 방법으로 활성물질을 선택하고 촉매의 기능을 이론적으로 이해한다. 몇 개의 원자로 이루어진 분자의 에너지 계산에서부터 수백 개의 원자로 이루어진 고체의 에너지를 계산하고, 고체 표면에 흡착한 반응물의 에너지를 짧은 시간에 계산하면서 화학이론에 근거하여 촉매를 이해하고 활성물질을 선정한다.

밀도 범함수 이론과 밀도 연산자 이론 등 여러 이름으로 부르는 전자밀도 이론을 이용하여 고체 물성과 촉매 표면에서 반응물의 흡착 상태를 계산한다. 화학반응의 경향을 파악하기 위한 계산 수준을 넘어 불균일계 촉매의 활성 증진 방법을 모색하거나 촉매의 구성 성분의 기능을 밝히는 데 활용되고 있다. 이 절에서는 DFT 자체를 간단히 설명한 후 DFT 계산을 근거로 촉매 구성성분의 기능을 밝히는 예를 소개한다.

DFT는 화학과 물리 분야에서 원자, 분자, 고체의 전자적 구조를 계산하는 양자역학적 방법이다[5]. 양자역학에서 물질의 에너지와 전자밀도를 구하려면 파동함수가 있어야 하므로, n개의 전자로 이루어진 다전자계에서는 n개의 파동함수를 풀어서 바닥 상태의 에너지와 전자밀도를 계산한다. 고체 표면의 에너지와 고체 표면에 흡착한 물질의 상태를 계산하려면 계가 상당히 크기 때문에, 파동함수를 풀어 이들의 에너지를 계산하기는 어렵다. DFT에서는 많은 개수의 파동함수를 푸는 대신 3차원 공간의 x, y, z, 3개의 변수로 바닥 상태에 있는 고체의 에너지와 물성을 계산한다. 전자밀도가 에너지를 최소화하는 유일한 변수라는 이론을 근거로, 변수를 바꾸어가며 계산하는 방법(variational)으로 전자밀도를 계산한다. 파동방정식에서 출발하여 DFT 방법으로 계산하려는 계의 에너지 E를 아래처럼 전자의 밀도 ρ의 함수로 쓴다.

$$E(\rho) = T(\rho) + V_{en}(\rho) + J(\rho) + V_{xc}(\rho) \tag{11.19}$$

T는 운동에너지, V_{en}는 핵과 전자의 퍼텐셜, J는 전자-전자의 고전적 반발 퍼텐셜, V_{xc}는 전자-전자 사이의 비고전적 상호작용과 교환 효과를 나타내는 항이다[6]. V_{en}과 J항은 고전적인 양자역학에서 잘 정의되어 있고, 운동에너지인 T항 역시 쉽게 계산할 수 있지만, V_{xc} 함수의 형태를 알지 못하여 전체 에너지를 계산하지 못한다. DFT에서 전개한 에너지 관계식은 자기충족(self-consistency) 요건을 만족하므로, 가정-검증 방법으로 이를 풀어간다. V_{xc} 함수의 형태를 알지 못하더라도 적절한 형태의 함수로 근사하여 계산 결과의 정확도가 만족한 수준에 이를 때까지 반복 계산한다. 아니면 아주 제한된 범위의 밀도로 계 전체를 가정하는 국부 밀도 근사 방법(Local density approximation: LDA)이나 국부 밀도값에 이의 미분값까지 반영하는 일반화된 기울기 근사 방법(Generalized gradient approximation: GGA)을 적용하여 계산한다. 실험 결과를 참고하여 근사한 V_{xc} 함수로 상당히 큰 계에서도 물리적 의미를 가지는 물성을 쉽게 계산한다. V_{xc}를 바꾸어가며 계산하여 얻은 가장 작은 값을 계의 에너지

로 결정하지만, 이 계산 결과가 항상 옳다고 보장할 수 없다는 점을 유의해야 한다.

이러한 제한에도 불구하고 LDA, PBE GGA, B3LYP3 근사 방법을 적용한 DFT 계산 결과가 매우 합리적이고, 계의 성질을 잘 반영하므로, 금속의 여러 가지 물성과 촉매에 흡착한 반응물의 에너지를 이 방법으로 계산한다. 고체와 촉매 분야에서 DFT 계산 방법을 활용한 논문이 2012년에만 8,000편이 발표될 정도로 DFT는 효과적인 수단으로 발전하였다[7]. 고체 표면에 흡착한 물질의 에너지 상태를 계산하여 흡착구조와 에너지 상태를 파악하는 데에도 DFT 계산이 아주 효과적이다[8].

DFT 계산은 촉매 구성성분의 기능을 밝히는 수단이 된다. 알켄과 알킨이 섞여 있는 반응물에서 알킨만 선택적으로 수소화하는 반응은 공업적으로 아주 중요하다. 나프타의 열분해 공정에서 생산한 에틸렌에 들어 있는 소량의 아세틸렌을 수소화하여 제거하는 반응에서는 아세틸렌만의 선택적 수소화가 공정의 경제적 가치를 판정하는 중요한 인자이다. 중합공정에 사용하는 에틸렌에 허용되는 아세틸렌의 농도는 수 ppm 수준으로 아주 낮으므로 아세틸렌을 철저히 수소화해야 하지만, 에틸렌까지 수소화되면 반응물이 없어지고 에탄이 생성되므로 추가 수소화반응은 가능한 한 억제해야 한다. 기상의 알킨 수소화공정에서는 은과 금을 증진제로 첨가한 팔라듐을 알루미나에 담지한 촉매를 사용하지만, 정밀화학 분야에서는 알킨 화합물을 액상에서 선택적으로 수소화하는 데 린들라(Lindlar) 촉매를 사용한다.

개발된 지 60여 년이 지난 린들라 촉매이지만, 알킨과 알켄의 경쟁적 수소화반응에서 *cis* 상태의 알켄 생성물을 아주 선택적으로 생산하여 '신화적(mythic)'이라고 부를 만큼 촉매성능이 우수하다. 다공성 탄산칼슘이나 황산바륨에 5 wt% 초산팔라듐 용액을 가하여 팔라듐을 5% 이내로 담지하며, 건조한 후 95 ℃에서 가열하여 유기물을 제거하고 금속 납을 첨가한다. 반응물과 함께 강한 염기인 퀴놀린을 첨가하여 수소화반응에 촉매로 사용한다. 납 대신 비스무트와 구리, 퀴놀린 대신 피페리딘을 넣어도 촉매성능이 비슷하지만, 이들의 촉매적 기능은 명확히 알려지지 않았다. 납이 팔라듐과 Pd_3Pb 조성의 합금을 만들므로 납을 첨가하면 표면구조가 달라진다. 첨가한 퀴놀린은 알킨과 활성점에 경쟁흡착하고, 알켄과 표면의 상호작용을 약화시키며, 산점을 줄여서 이성질화반응이 억제한다고 하지만, 납과 퀴놀린 첨가가 촉매작용에 미치는 영향은 확실히 밝혀지지 않았다.

DFT 계산 방법을 적용하여 팔라듐과 납이 섞여 있는 표면에 대한 수소의 흡착 조사결과를 소개한다. 그림 11.4에는 팔라듐과 납으로 이루어진 표면 상태를 모사한 여러 가지의 표면 구조를 보였다[9]. DFT 방법으로 팔라듐과 납이 섞여 있을 때와 팔라듐 단독인 표면의 에너지 차이를 계산하여 Pb-Pd 결합이 Pb-Pb 결합보다 생성되기 유리함을 확인하였다. 납이 덩어리지지 않고 팔라듐 원자 사이에 고르게 퍼져 있는 상태가 더 안정하다는 뜻이다. 팔라듐에는 수소가 잘 흡착하여 수소 압력이 0.024 bar로 낮아도 수소 음이온(hydride)이 생성된다. 납 원자 한 개와 팔라듐 원자 두 개로 이루어진 표면에 대한 수소의 흡착에너지 계산

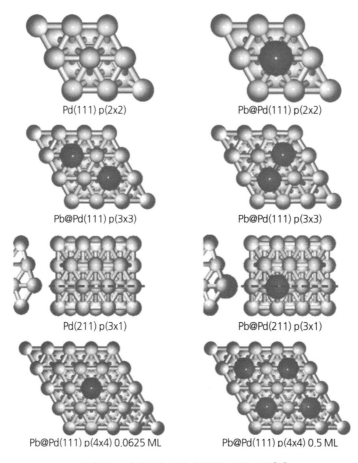

Pd(111) p(2x2)   Pb@Pd(111) p(2x2)

Pb@Pd(111) p(3x3)   Pb@Pd(111) p(3x3)

Pd(211) p(3x1)   Pb@Pd(211) p(3x1)

Pb@Pd(111) p(4x4) 0.0625 ML   Pb@Pd(111) p(4x4) 0.5 ML

그림 11.4 팔라듐에 납이 첨가된 표면 모형[9]

결과는 납의 첨가로 팔라듐에 대한 수소의 흡착량이 적어짐을 보여준다. 팔라듐에는 수소가 잘 흡착하고 내부에도 수소 음이온 상태로 흡장하므로 수소화반응에 대한 활성이 아주 커서, 알켄의 수소화반응도 같이 진행되어 알킨의 수소화반응에 대한 선택성이 낮다. 납이 첨가되면 수소의 흡착 형태와 세기는 동일하지만, 팔라듐에 대한 수소의 흡착량이 크게 줄어들어 알켄의 수소화반응이 일어나지 않아 수소화반응이 알켄 생성 단계에서 멈춘다.

팔라듐에 퀴놀린은 판형 형태로 흡착한다. 팔라듐 원자 7개에 탄소와 질소가 이중다리(di -bridge)를 이루며 흡착한다. π-시스템을 고려한 DFT 계산 결과에서는 팔라듐과 납의 합금 표면에 비해 팔라듐만으로 이루어진 표면에 퀴놀린이 잘 흡착한다. 퀴놀린은 삼중결합(C ≡C)이 있는 알킨보다 강하게 흡착하여 표면의 일정 부분을 차지한다. 그림 11.5에 팔라듐 및 팔라듐과 납으로 이루어진 표면에 퀴놀린이 흡착하는 모형을 보였다. 퀴놀린이 흡착되면 표면에 생성되는 활성원자집단의 크기가 줄어들어 알킨의 수소화반응과 알켄의 중합반응에 대한 촉매활성이 달라진다. 팔라듐의 활성원자집단이 작아져도 알킨의 수소화반응에 대한 활성은 조금밖에 줄어들지 않지만, 여러 개의 원자로 이루어진 활성점이 필요한 알켄의 중합

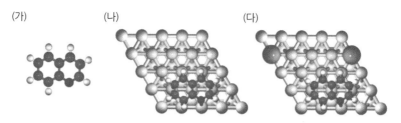

(가)　　　　　　　(나)　　　　　　　　　　　(다)

그림 11.5 납이 첨가된 팔라듐에 흡착한 퀴놀린의 모형[9]

반응에 대한 활성은 크게 줄어든다. 퀴놀린의 흡착으로 중합 생성물의 축합과 탄소침적으로 인한 활성저하가 억제되어 촉매활성이 높아진다.

린들라 촉매에 납을 첨가하면 수소화반응에 대한 팔라듐의 촉매활성은 그대로 유지되지만, 수소 음이온의 생성이 억제되어 과도한 수소화(over‒hydrogenation)반응이 억제되어 알킨의 수소화반응에 대한 선택성이 높아진다. 납은 팔라듐의 곁에 자리하여 활성원자집단의 크기를 조절하여 팔라듐 촉매의 선택성을 증가시킨다. 퀴놀린을 첨가하면 수소 흡착량이 줄어들고 수소의 평균 흡착세기가 약해질 뿐 아니라 퀴놀린의 흡착으로 표면의 활성원자집단의 크기가 줄어들어 중합반응을 억제하므로 촉매의 활성저하를 방지한다. 린들라 촉매는 DFT 계산 방법으로 증진제의 기능을 밝힌 좋은 예이다.

🔍 7 　이론적 촉매 설계

축적된 촉매 관련 지식과 경험에 근거하여 활성물질을 선정하는 촉매 설계 방법에 대해 이론에 근거한 계산 방법으로 활성물질을 선택하는 설계 방법을 이론적 촉매 설계라고 구별하여 부른다. 시행착오나 조합 방법으로 수행한 많은 실험 결과로부터 우수한 활성물질을 선정하려면 연구자의 수고가 많고 연구 수행에 비용이 많이 필요하다. 나아가 좋은 촉매를 만들어도 이 촉매의 활성을 합리적으로 설명하기 어렵다. 반응 성격이 비슷하다는 점에 근거하여 만든 촉매에 대한 설명은 틀릴 가능성이 높다. 이에 비해서 이론적인 방법으로 활성물질을 선정하면 활성에 대한 이론적 근거가 있고, 훨씬 적은 규모의 실험으로도 활성물질을 효과적으로 선정할 수 있다. 실험 결과와 이론적인 고찰을 연계하여 반응기구를 검토하고 이에 바탕을 둔 계산 결과에서 효과적인 활성점의 구조를 예측한다. 이를 근거로 활성물질을 선정하고, 촉매를 만들어 실험을 통해 검증하는 방법으로 촉매를 설계한다.

이론적인 방법으로 촉매를 설계할 때는 촉매활성과 관련 지을 수 있는 촉매의 성질이 있으면 좋다. 금속 촉매의 개미산 분해반응에서 촉매활성을 금속의 개미산염 생성열과 관련 지은 화산형 곡선의 예에서 보듯이, 개미산염의 생성열로 촉매의 활성을 평가한다. 생성열이 너무 작으면 활성 중간체가 생성되지 않아 촉매활성이 낮고, 생성열이 너무 크면 활성 중간체가 안정하여 분해되지 않으므로 활성이 낮다. 개미산염의 생성열이 너무 크지도 않고 아주 작지도 않은 금속에서 촉매활성이 높다. 이 경우에 생성열은 촉매활성을 나타내는 평가인자 (descriptor)이다. 이론적인 방법으로 촉매 후보물질의 평가인자를 계산하여 적절한 활성물질을 결정하는 방법이 이론적 촉매 설계의 요점이다.

일산화탄소의 메탄화반응에서는 일산화탄소의 해리에너지가 촉매의 활성을 반영하는 평가인자가 된다. 그림 11.6 (가)에 일산화탄소의 메탄화반응에서 금속 촉매의 활성을 일산화탄소의 해리에너지에 대해 나타내었다[10]. 일산화탄소의 해리에너지가 커지면 촉매활성이 선형적으로 증가한다. 해리에너지가 중간 정도인 코발트와 루테늄에서 촉매활성이 가장 강하고, 해리에너지가 더 커지면 촉매활성이 급격히 약해진다. 메탄화반응에서는 일산화탄소의 해리에너지가 촉매활성의 적절한 평가인자이어서 해리에너지의 계산 결과에서부터 새로운 촉매활성물질을 찾는다.

코발트와 루테늄에 비해 니켈과 철은 가격이 저렴하지만, 촉매활성이 낮다. DFT 방법으로 여러 종류의 합금에서 일산화탄소의 해리에너지를 계산하여, 코발트와 루테늄 촉매에서 해리에너지와 비슷한 합금을 찾는다. 그림 11.6 (나)에서 보는 바와 같이 $FeNi_3$ 합금은 니켈이나 철에 비해 촉매활성이 상당히 높을 뿐 아니라 루테늄에 비해서는 가격이 1/1,000, 코발트에 비해서는 1/10 정도로 저렴하다. 일산화탄소의 해리에너지를 평가인자로 사용하여 새로운 활성물질을 찾은 좋은 예이다.

이와 비슷한 방법으로 아세틸렌의 선택적 수소화반응에서 새로운 촉매의 활성물질을 찾은 예를 소개한다[10]. 아세틸렌이 활성점에 강하게 흡착하면 아세틸렌의 제거율은 높아진다.

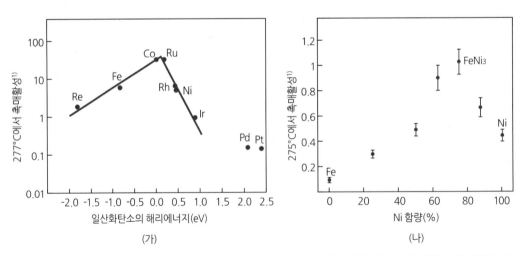

그림 11.6 $MgAl_2O_4$에 2.5% 금속이 담지된 촉매에서 일산화탄소의 메탄화반응에서 (가) 평가인자인 일산화탄소의 해리에너지에 대한 활성과 (나) 니켈 함량이 다른 Fe－Ni 합금의 활성[10] 1) 촉매활성 비교 단위 $mmol_{(prod)} \cdot mol_{(cat)}^{-1} \cdot s^{-1}$ 이다.

반대로 에틸렌이 활성점에 약하게 흡착하면 에틸렌의 수소화반응이 억제된다. 따라서 아세틸렌의 선택적 수소화반응에 효과적인 촉매이려면 아세틸렌은 강하게 흡착하고 에틸렌은 약하게 흡착해야 한다. 70여종 합금에 대한 아세틸렌과 에틸렌의 흡착세기를 조사하여 CoGa, NiGa, FeZn, NiZn 등이 활성과 선택성이 우수하리라 판단하였다. 실제로 이들 활성물질로 촉매를 만들어 평가한 결과 NiZn 촉매의 활성이 좋았다. $MgAl_2O_4$ 스피넬 지지체에 담지한 NiZn(Ni/Zn = 25/75) 합금 촉매는 아세틸렌의 전환율이 100%인 조건에서도 반응기 출구에서 에탄의 농도가 거의 0이어서, 현재 사용하는 PdAg(Pd/Ag = 25/75) 합금 촉매보다 촉매활성이 우수하였다. 가격도 저렴하여 더욱 바람직하다. 촉매로서 사용할 원소의 개수는 제한되어 있지만, 금속의 경우 2원소 합금과 3원소 합금으로 고려 폭을 넓히면 촉매 자원이 무척 많아진다. 이들의 촉매로서 가능성을 판단하는 데 DFT 계산이 매우 유용하다.

알칸의 산화 탈수소화반응은 저급 알칸에서 석유화학공업의 주요 원료인 저급 알켄을 제조하는 아주 중요한 공정이다. 프로필렌의 2012년 세계 수요는 90 billion $에 이를 정도로 규모가 크다. 프로판의 산화 탈수소화반응에서는 모노리스에 담지한 백금 촉매를 사용하지만, $Pt_{8\sim10}$ 정도의 원자 뭉치 촉매가 모노리스에 담지한 백금 촉매보다 500 ℃에서 활성이 40~100배 좋고, 30시간 사용하여도 활성이나 선택성이 낮아지지 않았다[11]. DFT 계산에 의하면 프로판의 산화 탈수소화반응에서는 백금 촉매에서 C-H 결합이 끊어지는 단계의 활성화에너지가 크다. 그림 11.7의 DFT 계산 결과에서 보듯이 Pt_4 원자 뭉치 촉매에서는 전하 이동으로 이 에너지 고개가 낮아져서 촉매활성이 우수하다. 백금 원자 뭉치를 키워가면서 속도결정 단계에서 구한 에너지 차이에서 원자 뭉치 크기에 따른 촉매활성 차이를 이론적인 방법으로 검증한다.

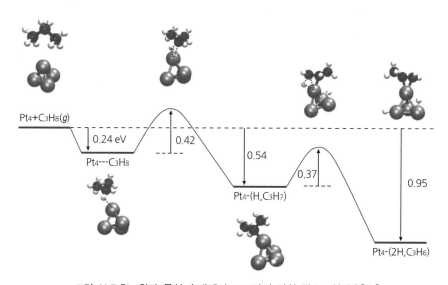

그림 11.7 Pt_4 원자 뭉치 촉매에서 프로판의 산화 탈수소화반응[11]

이론적인 방법을 이용하여 불균일계 고체 촉매를 효소와 비슷하게 흉내 내어 촉매를 개발한 예를 든다. 공기와 물의 계면에서 물에 녹아 있는 이산화탄소를 탄산(carbonic acid)으로 전환시키는 효소(carbonic anhydrase: CAII)에서는 활성물질인 아연이 정사면체 배위구조를 이루고 있다. 세 개의 히스티딘과 한 개의 수산화 이온이 결합되어 있다. pH가 9인 상온에서 전환횟수는 $10^6 \ s^{-1}$로 매우 빠르며[12], 염기성 자리에 이산화탄소가 결합하고 친수성 자리에 물이 결합한다. 1) 아연에서 반응성이 높은 하이드록시기가 생성되고, 2) 이산화탄소의 수화반응을 거쳐, 3) 흡착한 이산화탄소가 하이드록시기와 반응하고, 4) 생성된 탄산이 떨어지는 반응경로를 가정하여 이 반응에 촉매활성이 우수한 촉매를 선정하였다. 질소가 들어 있는 리간드가 결합된 아연의 착화합물에서 Zn-N 거리를 기준으로 활성화에너지와 생성물의 탈착에 필요한 에너지를 계산하여 촉매활성이 우수한 촉매를 골랐다. DFT 방법으로 촉매에 흡착한 반응물의 에너지를 계산하여 여러 반응경로의 타당성을 검증하고, 새로운 구조의 활성물질에서 촉매의 가능성을 효과적으로 검토한다.

🔍 8 촉매 설계의 사례

지금까지 수많은 촉매가 개발되었지만, 개발 과정이 자세히 알려진 사례는 그리 많지 않다. 개발한 촉매의 특징과 주요 구성 성분뿐 아니라 개발 과정에 대한 자료를 기술 경쟁력 유지를 위해 기업이 공개하지 않기 때문이다. 촉매 설계가 효과적인 촉매의 개발 방법이지만, 촉매 설계 기법을 따라 공업 촉매를 개발한 구체적 사례를 찾기 어렵다. 촉매 개발 과정이 공개된 자료 중에서 촉매 설계 방법으로 촉매가 개발되었다고 추정되는 사례가 있어, 이를 촉매 설계의 사례로 소개한다. 후에 귀금속을 활성물질로 사용하는 더 좋은 촉매가 개발되어 현재는 사용되지 않는 촉매이지만, 촉매 설계 기법의 효율성을 잘 보여주는 예이다.

염화수소는 염소로부터 제조할 수 있지만, 실제는 유기 화합물의 염소화반응, MDI(4,4-methylene diphenyl diisocyanate)와 TDI(toluene diisocyanate) 등 아이소시아네이트계 화합물의 제조공정, 염화비닐 단량체의 제조공정 등에서 부산물로 생산된다. 이온 교환수지의 재생이나 산 세척 등에 염화수소를 물에 녹인 염산을 사용하지만, 부산물로 생산되는 양에 비하면 사용하는 양이 그리 많지 않다. 염산은 부식성과 독성이 강해 보관하기 어렵고, 폐기하려면 수산화나트륨 등 염기성물질로 중화시켜야 하므로 비용이 많이 든다. 과잉 생산되는 염산의 유용한 용도가 없고, 그렇다고 저렴하게 폐기할 방법도 없다. 반면 소금물을 전기분해하여 제조하는 염소는 염소화반응, 포스겐 제조반응, 수돗물의 살균처리 등에 다량 사용되어 수요가 많으나, 공급이 충분하지 못하다.

이런 점에서 염화수소를 염소로 전환하는 공정은 염화수소의 처리와 염소의 생산 측면에서 매우 바람직하여, 아주 오래전인 1868년에 염화수소를 산소와 반응시켜 염소를 생산하는 디콘(Deacon)공정이 발표되었다[13].

$$4\,HCl + O_2 \rightarrow 2\,Cl_2 + 2\,H_2O \qquad\qquad\qquad (11.20)$$

산화구리(CuO)를 촉매로 사용하여 공기로 염화수소를 산화시켜 염소를 생산하므로 접촉산화법이라고 부르지만, 상업화되지는 못했다. 반응온도를 450~500 ℃로 높여야 상업화가 의의 있을 정도로 반응속도가 빨라진다. 반응온도가 이렇게 높으면 평형 전환율이 낮아져 생성물의 수율이 낮을 뿐 아니라 촉매의 활성물질이 증발되어 활성저하가 심하다. 염화수소와 염소처럼 부식성이 매우 강한 물질을 고온에서 다루어야 하므로, 부식에 견딜 수 있는 자재를 사용하는 데 따른 시설비와 유지보수비 부담도 지나치게 크다.

TDI와 MDI의 대규모 생산업체인 일본 미쓰이도아쓰주식회사(三井東壓株式會社, Mitsui Toatsu)는 부산물로 생산되는 염화수소를 염소로 전환시키는 염화수소의 접촉산화공정 촉매 개발을 시도하였다. 회사 이름의 첫 글자를 따서 MT-Chlor라고 명명된 공정을 개발한 미쓰이도아쓰주식회사 연구진은 일본촉매학회에서 상을 받고, 수상 기념으로 일본촉매학회지에 촉매의 개발 과정을 소개하였다[14]. 촉매 설계 기법을 활용했는지 여부는 확실하지 않으나, 접촉산화공정의 새로운 촉매를 개발하는 과정이 촉매 설계에서 제안하고 있는 과정과 매우 유사하다. 촉매 설계의 사례로 매우 적절하여 연구팀이 설명하는 형식으로 촉매의 개발 과정을 소개한다.

염화수소를 염소로 전환하는 반응을 대상반응으로 설정하기 위하여, 먼저 이 반응에 관련된 문헌을 조사하고, 조업 중인 관련 공정의 자료를 수집하였다. 촉매 개발 과정의 노력과 비용을 최대한 줄이고 개발 작업을 효과적으로 수행하기 위하여, 광범위하면서도 철저하게 이 공정에 대한 문헌을 조사하고 자료를 확보하였다. 디콘 공정의 열역학적 자료가 1952년에 이미 보고되어 있어서[15], 이로부터 깁스에너지의 변화량과 평형 전환율 등을 계산하고, 온도에 따른 이들 값의 변화 경향에서 목표치 설정 근거를 확보하였다.

염화수소에서 염소를 제조하는 여러 상업공정의 운전 상태와 경제성을 검토하였다. 구리 산화물을 촉매로 사용하는 접촉산화공정은 상업화되지 못했으나, $CuCl_2$-KCl-$LaCl_3/SiO_2$ 촉매를 사용하는 접촉산화공정은 쉘(Shell) 사가 개발하여 운전하고 있었다. 반응 조건에서 용융 상태인 복합 염화물 촉매는 구리 산화물 촉매보다 활성이 높아 350~400 ℃에서도 반응이 빠르게 진행되었지만, 반응기 부식 등 여러 문제로 조업이 순조롭지 못했다.

불균일계 촉매 대신 $NOCl$과 $HNOSO_4$를 촉매로 사용하는 Kel-Chlor 공정도 있다. 다음에 보인 복잡한 반응을 거쳐 염화수소에서 염소가 생산되며, 염산, 염소, 황산, 물이 반응기에 같이 들어 있으므로 부식을 방지하기 위해 반응기를 최고급 재료로 만든다. 시설비 부담이 커서 공장 규모가 상당히 커야 생산 원가가 낮아지므로, 듀퐁(DuPont) 사의 텍사스 공장 규모는 연 25만 톤으로 아주 크다.

$$
\begin{aligned}
2\,HCl + 2\,HNOSO_4 &= 2\,NOCl + 2\,H_2SO_4 \\
2\,NOCl &= 2\,NO + Cl_2 \\
O_2 + 2\,NO &= 2\,NO_2 \\
NO_2 + 2\,HCl &= NO + Cl_2 + H_2O \\
NO + NO_2 + 2\,H_2SO_4 &= 2\,HNOSO_4 + H_2O \\
\hline
4\,HCl + O_2 &= 2\,Cl_2 + 2\,H_2O
\end{aligned} \tag{11.21}
$$

전력 요금이 싼 유럽 국가에서는 염화수소를 전기분해하여 수소와 염소를 생산하는 공정이 조업되고 있었다. 수력으로 발전한 전기는 값이 싸서 염화수소의 전기분해공정이 경제적이었지만, 화력이나 원자력으로 전력을 생산하는 일본에서는 전기료가 비싸 경제성이 없었다.

염화수소에서 염소를 제조하는 공정에 대한 문헌과 시장 조사에서 중형 규모의 공장에 적절하면서도 고급 재료 대신 범용 재료로 반응기를 만들 수 있는 공정기술을 찾지 못하였다. 이러한 이유로 미쓰이도아쓰 연구팀은 염화수소에서 염소를 제조하는 반응을 대상반응으로 선정하여 촉매 설계를 시작하였다. 중형공장이 경제성을 가지려면 350∼400 ℃에서 400 N L·(h·kg cat)$^{-1}$. 속도로 염화수소를 처리할 때 전환율이 70%가 되어야 하므로, 이 값을 처리속도와 전환율의 목표치로 설정하였다. 이 온도 범위에서 70% 전환율은 열역학적 자료에서 계산한 평형 전환율의 90%에 해당되는 값으로 매우 높다. 낮은 온도에서 전환율을 매우 높게 설정하여 공정의 경제성을 높였기 때문에 낮은 온도에서도 활성이 높고 안정적인 촉매를 개발하여야 목표를 달성할 수 있다.

촉매 설계 기법에서는 반응경로를 먼저 설정하고 촉매 탐색을 시도한다. 설정한 반응경로에 적절한 활성물질을 선정하여 시험 촉매를 만들어 촉매 개발을 진행한다. 이 반응에서는 운전되고 있는 공정이 있으므로, 새로운 반응경로를 설정하기 앞서 기존 공정의 반응경로를 검토하였다. 쉘 사의 디콘공정에서는 촉매가 염화물과 산화물 상태를 반복하면서 염화수소가 산화되어 염소가 생성된다. 산화-환원 전위차가 작은 구리가 효과적인 활성물질이지만, 반응 도중 촉매의 구성 성분이 계속 바뀌어야 하므로, 상태가 쉽게 변환되도록 용융 상태에서 조업한다. 그러나 용융 상태에서는 반응물과 접촉하는 촉매의 표면적이 매우 작아서 촉매 활성이 낮다. 이러한 이유로 구리 염화물 촉매의 성능 제고에는 한계가 있고, 이미 많은 사람이 충분히 연구한 반응이어서 구리 촉매의 활성을 획기적으로 높이기는 불가능하다고 판단하여 새로운 반응경로를 구상하였다.

촉매가 반응 도중 염화물과 산화물로 계속 바뀌는 대신 금속 산화물(MO) 상태를 유지하고, 촉매 표면에 흡착되어 활성화된 산소와 염화수소가 반응하여 산화반응이 진행되는 새로운 반응경로를 구상하였다. 촉매 표면에서 활성화된 산소가 염화수소와 반응하므로 촉매의 구조는 반응 도중 변하지 않는다. 용융 상태와 달리 고체 촉매의 표면에서 반응물이 서로 접촉하므로 촉매의 표면적이 넓어지면 활성은 크게 향상되리라 기대된다. 디콘공정의 염화물 촉매에서는 촉매의 염소 이온과 산소 이온이 번갈아가며 바뀌지만, 새로 가정한 반응경로에서는 흡착되어 활성화된 산소와 염화수소가 반응하므로 촉매의 표면구조가 달라지지 않아 안정하다.

$$MO + 1/2\,O_2 \rightarrow MO \cdot O \tag{11.22}$$

$$MO \cdot O + 2\,HCl \rightarrow MO + H_2O + Cl_2 \tag{11.23}$$

가정한 반응경로에 적절한 활성물질을 선정할 때 열역학 자료를 활용한 점도 멋있는 착상이었다. 산소가 흡착된 산화물(MO·O 상태)이 염화수소와 반응하여 산소를 잃더라도 염화물(MCl$_2$)이 되지 않고 산화물(MO)로 남아 있어야 산소가 다시 흡착한다. 염화물이 생성되지 않아야 하므로 식 (11.24)의 염화물 생성반응에서는 ΔG°가 양수이어야 하나, 산화물의 안정성은 높아야 하므로 식 (11.25)의 산화물 생성반응에서는 ΔG°가 음수이어야 한다. 이 조건을 만족하는 금속 산화물은 설정한 반응 과정에서 항상 산화물 상태를 안정적으로 유지한다.

$$MO + 2\,HCl \rightarrow MCl_2 + H_2O \tag{11.24}$$

$$MCl_2 + 1/2\,O_2 \rightarrow MO + Cl_2 \tag{11.25}$$

기존의 디콘공정에서는 위의 두 반응이 연결되어 진행하면서 염소를 생성하므로, 두 반응 중에서 하나라도 느리면 전체 반응이 느려진다. 이런 점을 감안하여 두 반응의 속도가 비슷하여 염화물과 산화물로 서로 잘 바뀌는 금속 산화물을 촉매로 선정하였지만, 새로운 반응경로에서는 촉매가 항상 산화물 상태를 유지해야 하므로 선택 기준이 달라졌다.

염화물의 생성반응에서는 $\Delta G^{\circ} > 0$ 이고, 산화물의 생성반응에서는 $\Delta G^{\circ} < 0$ 인 산화물을 산화물과 염화물의 생성열 자료에서 찾았다. 크로미아는 이 조건과 잘 어울리는 금속 산화물로서, 산화물 상태가 안정하여 염화물이 생성되지 않아야 하는 선정 조건에 잘 부합된다. 크로미아로 시험 촉매를 제조하여 촉매활성을 평가하였다. 비교용 촉매로 사용한 디콘공정의 CuCl$_2$/SiO$_2$ 촉매에서 전환율이 12%인 데 비해, 같은 반응 조건에서 실험한 크로미아 촉매에서 전환율은 80%로 목표치를 상회할 정도로 활성이 높았다. 활성물질만으로도 활성이 충분하지만, 100여 종의 촉매를 추가로 제조하여 성능을 평가하므로 활성물질의 선정이 적절했음을 검증하였다. 시험 촉매의 평가 과정에서 증진제와 지지체를 선정하여 촉매성능을 높였으리라 추측하지만, 이에 대한 설명은 없다. 반응물과 생성물이 모두 반응성이 강한 물질이므로

촉매의 활성과 안정성 제고를 위한 검토가 체계적으로 수행되었으리라 생각한다.

염화수소의 산화반응은 심한 발열반응($\Delta H = -58.6\,\text{kJ} \cdot \text{mol}^{-1}$)이어서 열점(hot spot)이 발생되므로, 고정층 반응기로 시험 촉매의 활성을 평가하기 어려웠다. 온도 제어가 용이한 유동층 반응기를 사용하여 실험실 규모(bench scale) 시험과 시험 공장(pilot plant) 규모의 평가 과정을 거쳐 상업공정을 개발하였다. 유동층 반응기에 적절하도록 촉매의 알갱이 모양과 크기 분포, 마모속도, 밀도 등을 최적화하는 연구와 부식에 견디는 반응기 재료의 선정과 평가도 같이 진행되었다.

촉매의 설계 과정에서 설정한 반응경로가 타당한지 여부를 검증하였다. 크로미아가 반응 조건에서 산화물 상태로 안정하게 유지되는지 여부와 산소의 해리흡착과 활성화 상태를 조사하여 설정한 반응경로의 타당성을 확인하였다. 염화수소의 접촉산화반응의 반응식은 아주 단순하지만, 반응성이 강한 물질의 산화반응이어서 안정한 촉매를 개발하기 어렵다. 목표치를 매우 높게 설정하였는 데도 불구하고, 합리적이고 과학적인 방법으로 활성물질을 찾는 촉매 설계 기법을 효과적으로 구사하여 촉매 개발에 성공하였다.

🔍 9 촉매 분야의 전망

화학공업은 사람의 편리하고 쾌적한 생활에 필요한 소재를 생산할 뿐 아니라 비료와 의약품 등 인간의 생존에 필수적인 물질을 제조한다는 점에서 매우 중요하다. 이와 함께 산업 현장에 필요한 재료와 공업 원료를 생산한다. 1900년대 이후 화학공업의 기술 수준이 놀랄 만큼 높아지고 생산 규모가 엄청나게 커졌으나, 화학물질의 오남용으로 인하여 일반 대중에게 화학공업은 환경을 오염시키고 파괴하는 산업이라는 인상을 심어주었다. 오늘날 빠르게 성장하는 자동차산업과 전자산업에 밀려 화학공업이 후퇴하는 듯한 느낌까지 받기도 한다. 그러나 화학공업은 인간의 삶에 필수적인 물품을 제조하는 원천기술이어서, 상대적인 위축은 예상되지만 산업 자체의 중요성이 낮아지지는 않는다. 자동차의 연료와 소재 및 전자제품의 재료도 모두 화학공업에서 생산하기 때문이다.

촉매는 화학공업의 핵심기술이어서 화학공업과 함께 부침하지만 최근에 이르러서는 화학공업 이외 분야에서 촉매를 많이 사용한다. 지구환경의 정화와 보존에 촉매기술이 크게 기여한다. 원유의 정제공정과 화학물질의 제조공정 못지않게 환경 분야에서 촉매의 발전이 획기적이다. 에너지 자원의 효율적인 사용을 위한 연소 촉매, 활성이 아주 우수하면서도 선택성이 높은 고기능 촉매, 부가가치가 큰 정밀화학제품의 제조용 촉매 등으로 촉매의 영역이 넓어지면서 이에 필요한 촉매의 개발도 활발하다. 세계 전체의 촉매 개발 통계는 없지만, 일본에는 1993년 이전과 1994 - 2009년 사이 일본에서 개발된 촉매 내역이 정리되어 있다[16]. 아시아 시장의 규모 확대가 일본의 촉매 개발을 촉진하는 원동력이라고 하지만 전과 후 차이가 크다. 1994 - 2009년 사이에 일본에서 개발된 촉매 건수는 96건으로 상당히 많다. 1/3 정도는 범용 화학물질의 제조용 촉매이고, 나머지는 정유와 에너지, 고분자물질, 정밀화학제품, 자동차용, 환경 분야 등 다섯 분야에 비슷하게 퍼져 있다. 재료 측면에서는 제올라이트의 촉매로서 활용이 두드러지고, 귀금속을 전이금속으로 대체하려는 노력이 돋보인다.

내용을 잘 모르면서도 '유용하고 중요한 물질'이라고 촉매를 설명하던 수준에서, 이제는 촉매를 이론적으로 설계하는 단계까지 발전하였다. 화학제품의 효과적인 생산기술일 뿐 아니라 환경을 정화하는 핵심기술로 자리 잡아가고 있는 촉매기술의 발전 분야를 소개한다.

(1) 화학공업 원료와 수송용 연료 제조 촉매

현대 사회를 지탱하는 여러 가지 화학물질과 수송용 연료인 가솔린과 디젤유의 대부분은 원유의 증류와 석유 유분의 추가 반응을 거쳐 생산한다. 우리 주변은 편리한 생활을 위해 사용하는 여러 종류의 화학물질로 둘러싸여 있다. 연료가 없어 자동차를 이용하지 못하는 상황을 가정해 보면 원유 자원과 이의 정제공정이 우리 생활에 얼마나 중요한지 실감할 수 있다. 그러나 원유 자원은 화석 연료(fossil fuel)이어서 지금처럼 계속 사용하면 필연적으로 고갈된다. 40년 전인 1970년대에도 앞으로 30여 년 지나면 원유 자원이 고갈되리라 걱정하였지만, 2010년대인 요즈음에도 앞으로 30년은 원유 자원을 더 사용할 수 있으리라 전망한다. 사용가능 시기가 이처럼 길어진 원인은 원유 자원의 매장량을 당시 기술로 채굴 가능한 가채(可採) 매장량을 근거로 추정하기 때문이다. 원유 가격의 급격한 상승으로 유전 탐사가 활발하여 새로운 유전이 계속 발견되고 채굴기술이 발달하여 가채 매장량이 많아지면서 사용가능 기간이 길어졌다. 그러나 이제는 새로운 유전의 발견이 드물어졌는데도, 인구가 많은 중국과 인도의 산업화로 원유 사용량이 급격히 많아졌다. 이런 상황을 토대로 지금이 원유를 가장 많이 사용하는 시기이고, 이대로 원유를 계속 사용하면 머지않아 원유 자원이 고갈되리라는 점에 대부분 전문가들이 공감한다.

이러한 비관적인 상황을 극복하기 위해 원유를 대체하는 탄소 자원의 개발과 이로부터 화학공업의 원료와 수송용 연료를 제조하려는 노력이 활발하다. 석탄에서 제조한 합성가스에서 만든 메탄올에서 석유화학공업의 핵심 원료인 저급 알켄을 제조하는 MTO 공정이 2009년부터 상업 운전되었다[17]. 석탄과 천연가스에서 합성가스를 만들고, 이로부터 청정 수송용 연료를 제조하는 피셔 - 트롭슈 합성공정도 여러 곳에 건설되어 운전되고 있다[18]. 이러한 공정의 핵심은 원하는 생성물의 수율을 높이고, 반응온도를 낮추어 운전비를 절감하는 촉매기술이다. MTO 공정에는 Ni - SAPO - 34라는 수명이 길면서도 저급 알켄에 대한 선택성이 높은 촉매를 사용한다. 피셔-트롭슈 합성공정에서는 기존에 사용하던 철과 코발트 대신 루테늄이 주요 활성물질인 촉매를 사용한다. 이 외에도 로듐, 백금, 팔라듐을 마그네시아, $MgAl_2O_4$ 스피넬, 실리카, 지르코니아, 타이타니아 등 여러 지지체에 담지한 새로운 촉매의 개발이 시도되고 있다. 생성물의 탄소수 분포를 좁혀서 공정의 경제성을 높이기 위한 노력이 다각도로 진행되고 있다.

바이오매스는 일회성인 화석 자원과 달리 태양빛을 이용하여 계속 생산할 수 있는 자원이다. 사탕수수에서 바이오에탄올을 생산하고 유채의 지방을 바이오디젤로 전환시키는 공정은 이미 상업화되었다. 바이오디젤을 효율적으로 생산하기 위한 촉매 개발이 활발하다. 균일계 염기 촉매 대신 고체산, 고체염기, 효소 촉매 등을 개발하여 분리공정의 단순화와 촉매의 재사용을 도모한다. 그중에서도 다양한 형태로 천연에서 산출되는 저렴한 산화칼슘의 촉매로서 이용이 다각도로 검토되고 있다[19,20].

바이오매스에서 수송용 연료의 생산은 원유 자원 고갈을 대비하는 효과적인 방안이지만, 식량 자원을 원료로 사용하므로 생산 규모의 확대에 제한이 있다. 이런 점을 감안하여 식량 자원이 아닌 셀룰로오스 등 목질계 바이오매스에서 화학공업의 원료와 수송용 연료를 생산하려고 노력하고 있다. 그러나 셀룰로오스는 쉽게 분해되지 않고 열을 가하면 수많은 물질로 분해되어 공업 원료로 쓰기 어렵다. 셀룰로오스를 순도나 규모 면에서 사용 가능한 공업 원료로 전환시키는 데 적절한 촉매의 개발과 셀룰로오스 분해 생성물을 유용한 화학물질로 전환시키는 촉매공정의 모색이 바이오매스 자원을 효과적으로 이용하는 지름길이다. 다양한 바이오매스에서 유용한 화학물질을 제조하는 공정을 원유의 정제 공정에 비교하여 바이오리파이네리(biorefinery)라고 부를 정도로 체계화되었다[21-25]. 바이오매스에서 화학물질을 생산하는 비용이 빠르게 줄어들고 있어서 기존 원유에서 제조하는 공정과 바이오매스에서 제조하는 공정의 가격 경쟁력 차이가 좁혀지고 있다. 셀룰로오스 외에도 폐식용유나 폐목재처럼 1차 사용한 바이오매스 자원의 활용에 적용되는 촉매기술은 인류문명의 지속에 크게 기여하리라 전망한다[26].

(2) 환경오염 방지와 청정화학 촉매

인류의 증가와 기술문명의 발전은 지구의 에너지 자원을 고갈시키고 동시에 환경오염을 초래하여, 이제 환경보존이 심각한 사회 문제로 부각되었다. 지구 온난화, 대기와 토양의 오염, 물의 부족과 오염, 폐기물의 축적 등 환경 위기 앞에서 환경오염 방지에 대한 관심이 높아졌다. 에너지와 자원의 소비를 절약하고, 유해물질의 발생이 줄어들도록 성장을 제한하는 방안이 가장 효과적이겠지만, 인간 스스로 편의성과 성공에 대한 욕망을 포기하기 어려워서 실현 가능성이 낮다. 따라서 오염물질의 발생을 줄이고 오염물질을 제거하여 지구환경의 청정화하는 일이 현실적이고 시급하다. 자동차 배기가스의 정화용 촉매는 환경오염 방지에 촉매를 효과적으로 이용한 좋은 예이다[27]. 보일러와 질산 제조공정에서 발생되는 질소 산화물의 선택적 촉매환원공정도 촉매를 이용하여 오염물질을 제거하는 데 효과적이다. 환경보존을 위해 오토바이, 선박, 소각 시설 등에서 배출되는 오염물질을 제거하는 촉매공정이 개발되고 있다. 휘발성 유기 화합물이나 악취의 제거공정 등에도 연소 촉매의 사용이 점차 보편화되고 있다.

오염물질의 제거와 달리 환경친화적인 공정의 개발을 위해 새로운 촉매 개발이 시도되고 있다. 부산물을 줄이고 유해물질의 생산을 억제하면서도 에너지 소요가 적은 친환경적 공정의 개발은 적절한 촉매의 개발과 직결되어 있다. 지구 온난화 기체인 이산화탄소의 생산량을 줄이는 공정, 유기용매를 사용하지 않거나 사용량을 줄일 수 있는 공정의 촉매 개발이 더욱 활발해지리라 생각한다. 이러한 이유로 청정화학의 12가지 주요 기준에 '화학반응의 당량비대로 부산물 없이 원하는 물질을 무해한 원료에서 위험하지 않은 촉매공정을 거쳐 생산'하는 방안이 들어 있다[28]. 촉매를 사용하여 환경친화적으로 의약품을 생산하는 청정화학공정이 이 논문에 소개되어 있다.

선택성이 100%에 근접하는 촉매의 개발이 청정화학(Green chemistry)공정의 핵심이다. 여러 단계를 거쳐 진행하는 복잡한 유기합성에서 촉매를 사용하여 반응 단계를 줄이고 부산물 발생을 억제하면서 선택성을 향상시켜 수율을 높일 수 있기 때문이다. 대규모 공정에 치중되어 있던 촉매가, 이제 소규모 정밀화학제품의 생산에도 적용되고 있다. 이론적 촉매 설계를 이용하여 적은 비용으로 빠르게 촉매를 개발하므로 촉매의 사용 폭이 넓어졌다. 특히 광학 이성질체의 합성을 위한 비대칭 합성공정에서 효과적인 촉매 설계는 청정화학의 구현에 아주 중요한 수단이다[29].

환경오염물질을 저렴한 비용으로 제거하는 데 널리 사용되어 온 광촉매가 이제 에너지 생산 수단으로 발전하고 있다. 광촉매를 이용한 물의 분해효율이 급격히 향상되면서 수소 생산 수단으로서 광촉매의 중요성이 부각되고 있다. 가시광선의 이용 한계가 넓어지고, 분해 효율이 높아지며, 촉매 수명이 길어진다면 광촉매를 이용한 물 분해는 에너지 생산뿐 아니라 저장 수단으로서도 가능성이 높다. 외딴 섬과 벽지에서 태양빛으로 생산한 수소를 연료전지의 연료로 이용하므로 고가이고 규모가 큰 축전지를 사용하지 않고도 효과적인 전력시스템의 구축이 가능하다. 나노구조화된 광촉매를 사용하여 전자와 양전하 구멍의 재결합을 억제하여 광촉매반응의 효율을 높인 광촉매의 개발에 기대가 크다[30].

(3) 이론적 계산화학 적용과 고기능성 맞춤 촉매

촉매와 촉매작용에 대한 경험적이고 정성적인 설명이 이제 반응물과 촉매의 상호작용, 활성 중간체의 구조와 안정성, 반응 단계별 활성화에너지의 계산 결과 등에 근거한 정량적인 설명으로 바뀌고 있다. 원소에 따른 촉매활성의 차이, 촉매 표면의 산·염기성이나 산화·환원성, 합금 촉매에서 원자의 배열과 상호작용 등을 평가인자로 설정하여 촉매작용을 체계적으로 이해한다. 고체 촉매의 표면이 불균일하고 조사하기 어려워서 지금까지는 촉매반응의 결과에서 활성점에 흡착한 반응물의 상태와 에너지 변화를 유추하였지만, 이제는 계산화학의 수준이 높아져서 이론적인 고찰을 근거로 이들을 설명한다. 컴퓨터의 발전에 따른 계산 능력의 획기적인 발달로 순이론적인(ab $initio$) 방법으로도 고체 표면의 구조와 반응성을 평가하는 단계에 이르렀다. 반경험적(semi-emprical) 방법인 DFT 계산으로는 효과적인 반응 경로와 활성점의 구조를 유추하고 있다[31]. 아직은 DFT를 이용한 활성점의 구조 탐색이나 설정한 반응경로의 타당성 검토가 이론화학자의 연구 분야에 머물러 있지만, 빠른 시간 안에 촉매 연구자가 널리 사용하는 기본 도구로 발전하리라 전망한다. 촉매반응에 대한 연구를 시작하면서 반응 자체에 대한 열역학적 검토뿐 아니라 이론적인 방법으로 반응경로의 해석, 활성점의 구조 유추, 반응속도의 계산을 시도하는 시절이 그리 멀지 않았다. 이론적인 계산 방법이 발달하여도 실험적인 검증이 반드시 필요하겠지만, 계산화학이 무의미한 시행착오를 대폭 줄이고 연구효율을 높이는 데 크게 기여하리라 예상한다. 계산화학이 지금 추세대로 발전된다면, 반응물의 흡착, 표면에서 반응, 생성물의 탈착 과정에 대한 이론적 해석이 촉매 연구의 기본 사항으로 자리잡을 것이다.

촉매와 촉매작용을 이론적 계산화학으로 해석하는 데에는 아주 규칙적이고 균일하게 촉매를 제조하는 기술이 같이 발전해야 한다. 현재로는 불균일계 고체 촉매에서 단일구조(single-site heterogeneous catalysts)의 활성점이라고 볼 수 있는 예는 TS-1 촉매의 타이타늄 자리, HMFI 제올라이트의 강한 브뢴스테드 산점, 지글러-나타 중합 촉매의 음이온 자리, Cr/SiO$_2$ 필립스(Phillips) 촉매의 크로뮴 자리 등으로 많지 않지만, 촉매 제조기술의 발달로 활성점의 물리적·화학적 성질이 균일한 촉매 제조가 가능해지면 촉매의 이론적 이해 수준이 크게 높아질 것이다[32]. 나노기술의 발달로 금속과 금속 합금의 크기, 질량, 표면과 상호작용 등을 세밀하게 제어하여 단일구조의 활성점만 있는 촉매를 만든다. 반응 도중 반응물이 촉매에 흡착되고 표면에서 반응하는 과정이 어느 활성점에서나 모두 같아지면 선택성이 완벽한 촉매를 개발할 수 있다[33].

목적에 맞게 촉매의 기능이 극대화된 촉매 제조기술이 발달하리라 예상한다. 귀금속의 사용량은 적으면서도 촉매활성이 높은 나노틀(nanoframe) 촉매의 개발도 보고되었다[34]. Pt$_3$Ni 합금의 단결정에서 니켈만을 선택적으로 용출시키면 백금으로 이루어진 나노틀이 생성된다. 열린 구조이어서 반응물이 촉매활성점에 접촉하기 쉬우며, 모든 백금 원자의 배위수가 적고 같아서 이들의 활성이 모두 높고 같다. 백금이 소결되지 않는 상온의 전기화학반응에 사용하였을 때, 탄소 지지체에 담지한 보편적인 백금 촉매보다 활성이 높았다. 안정성이 향상되어 발열이 심한 촉매반응에도 사용할 수 있는 나노틀 촉매의 개발이 기대된다. 촉매의 형태도 다양화되고 있다. 자외선을 쪼여서 이중결합이 있는 유기물을 폴리아마이드인 나일론 섬유에 고정한다. 이 방법으로 다양한 형태의 섬유에 루이스 염기, 브뢴스테드 산, 산/염기 키랄 촉매활성물질을 고정하여 유기합성 촉매로 활용한다[35]. 섬유의 지름과 꼬는 방법을 조절하여 표면적이 넓으면서도 물질전달의 제한이 적은 촉매를 만들 수 있다.

원자를 촉매 제조의 기본 구성 단위(building block)로 활용하여 특정한 결정면과 원자 뭉치를 형성하므로, 촉매 기능을 크게 향상시킬 뿐 아니라 촉매에 관한 지식도 쌓아간다[36]. 지름이 1.8 nm인 팔라듐 알갱이에서 배위수가 작은 위치에 금 원자를 담지한 촉매에서는 글루코오스 산화반응에서 전환횟수가 200,000 h^{-1}에 이른다. 팔라듐 단독 촉매에 비해 활성이 20~30배 좋다. 금 원자 담지로 팔라듐의 전자적 성질이 달라져 촉매성능이 좋아졌다. 나노 기술을 이용한 탄뎀(tandem) 촉매의 제조, 촉매활성물질의 분포 상태 조작 등이 촉매작용에 대한 이해를 증진하는 수준에 머물지 않고, 촉매 지식의 체계화를 거쳐 새로운 촉매의 설계와 개발로 이어지리라 전망한다.

가격이 비싸고 생산량이 적은 귀금속을 활성물질로 사용하는 반응이 많다는 점이 촉매 분야의 큰 제한이다. 백금을 활성물질로 사용하는 연료전지를 자동차에 적용하는 경우 백금의 안정적이고 저렴한 공급 가능성이 항상 문제로 제기된다. 귀금속 대신 매장량이 많은 철, 코발트, 니켈, 구리, 망간을 활성물질로 대체하려는 시도가 꾸준히 계속되고 있다. 철과 코발트의 전이금속 착화합물로 귀금속을 대체하는 시도가 부분적으로 성공을 거두고 있다[37]. 철 페난트로린(iron-5,10-phenanthroline) 착화합물을 탄소에 담지한 후 질소 기체의 흐름 중에서 800 ℃로 가열하여 제조한 Fe$_2$O$_3$/N/C 촉매는 나이트로아렌(nitroarene)을 아닐린으로 수소화하는 반응의 상업공정에 적용이 가능할 정도로 활성이 우수하다. 80여개 유도체의 수소화반응에서 이 촉매의 활성이 공통적으로 높은 이유를, 활성화된 Fe$_2$O$_3$ 알갱이가 질소로 도핑된 탄소층에 둘러싸여 있어서 전자적 성질이 독특하기 때문으로 설명한다[38]. 일반 금속으로 귀금속의 대체는 촉매 시장이 커감에 따라 더욱 중요한 과제로 대두될 것이다.

제올라이트, 다중세공물질, MOF 등 구조가 명확하고 활성점의 구조와 농도를 조절하기 쉬운 물질에 기반을 둔 촉매, 즉 활성점의 구조가 명확하고 활성과 선택성이 높은 촉매의 개발이 많아지리라 기대한다. 활성점의 구조와 기능에 대한 이론적인 계산과 주변의 화학적 성질을 조절하기 용이하여 특정 촉매반응에 적절한 맞춤형 촉매를 만들 수 있기 때문이다. 특히 2000년대 들어서 합성된 MOF는 중심 금속이 균일계 촉매의 활성 중심의 역할을 수행하고 유기 이음끈이 리간드 역할을 담당하는 고체 균일계 촉매로 발전할 가능성이 많다. 세공 입구가 크고 표면적이 넓으며, 구조가 다양하고, 키랄성 이음끈을 사용하여 광학 이성질체의 선택적 합성이 가능하므로 효과적인 촉매 재료가 되리라 전망한다. 단단한 고체 골격에 유연한 활성점 구조를 도입하는 이상적인 촉매가 될 수 있다[39].

촉매 역시 영구적으로 사용할 수 있는 물질이 아니기 때문에 사용 후 재사용과 폐기에 대한 관심이 많아지고 있다. 자동차용 배기가스 정화 촉매에 들어 있는 백금 등 유용한 물질을 회수하여 재사용하는 사업은 정착 단계에 들어섰으나, 이보다 사용한 촉매를 재처리하여 다시 촉매로 사용하려는 시도가 활발하다. 규모가 크고 촉매 사용량이 많은 HDS와 SCR 공정의 활성저하된 촉매를 완전히 녹여 유용한 물질만 회수하는 대신, 적절한 처리를 거쳐 다시 제조(remanufacturing)하는 기술이 개발되고 있다. 경제적인 이득 외에도 환경적인 기대효과가 커서 이제 촉매를 제조하는 단계에서부터 자원 재순환과 효과적인 이용이 가능하도록 다시 제조하거나 재순환하는 점을 고려해야 한다[40]. 사용한 촉매의 가치 제고 방안이 촉매 분야의 새로운 영역으로 자리매김하리라 전망한다.

■ 참고문헌

1. J.J. Bravo−Suárez, R.V. Chaudhari, and B. Subramaniam, "Design of Heterogeneous Catalysts for Fuels and Chemicals Processing: An Overview", *ACS Symp. Ser.*, ACS, Washington DC (2013), Chapter 1.

2. M. Crespo−Quesada, F. Cárdenas−Lizana, A.−L. Dessimoz, and L. Kiwi−Minsker, "Modern trends in catalyst and process design for alkyne hydrogenations", *ACS Catal.*, **2**, 1773−1786 (2012).

3. R. Pitchai and K. Klier, "Partial Oxidation of Methane", *Catal. Rev. −Sci. Eng.*, **28**, 13−88 (1986).

4. K. Tanabe, M. Misono, Y. Ono, and H. Hattori, "New Solid Acids and Bases", Kodansa, Tokyo (1989), p 67.

5. T. van Mourik, M. Bühl, and M.−P. Gaigeot, "Density functional theory across chemistry, physics and biology", *Phil. Trans. R. Soc. A*, **372**, 20120488.

6. 최철호, "전자구조이론의 현재와 미래", *화학세계*, 44−53 (2005).

7. K. Burke, "Perspective on density functional theory", *J. Chem. Phys.*, **136**, 150901(1−9) (2012).

8. 조준호, 임동희, 서규태, "DFT 계산을 활용한 Sulfonamide계 항생물질의 활성탄 흡착에 관한 연구", *J. Kor. Soc. Environ. Eng.*, **35**, 457−463 (2013).

9. M. García−Mota, J. Gómez−Díaz, G. Novell−Leruth, C. Vargas−Fuentes, L. Bellarosa, B. Bridier, J. Pérez−Ramírez, and N. López, "A density functional theory study of the 'mythic' Lindlar hydrogenation catalyst", *Theor. Chem. Acc.*, **128**, 663−673 (2011).

10. J.K. Nørskov, T. Bligaard, J. Rossmeisl, and C.H. Christensen, "Towards the computational design of solid catalysts", *Nat. Chem.*, **1**, 37−46 (2009).

11. G.A. Ferguson, F. Mehmood, R.B. Rankin, J.P. Greeley, S. Vajda, and L.A. Curtiss, "Exploring computational design of size−specific subnanometer clusters catalysts", *Top. Catal.*, **55**, 353−365 (2012).

12. H.J. Kulik, S.E. Wong, S.E. Baker, C.A. Valdez, J.H. Satcher Jr, R.D. Aines, and F.C. Lightstone, "Developing an approach for first−principles catalyst design: Application to carbon−capture catalysis", *Acta Cryst. C*, **70**, 123−131 (2014).

13. H. Deacon, British Patent 1403 (1868).

14. 淺岡忠知: "應用觸媒化學", 三共出版 (1981), p 4.

15. 淸浦忠光, 吉田硏治, 西田弘: 觸媒, **33**, 15 (1991).

16. T. Muroi, N. Nojiri, and T. Deguchi, "Recent progress in catalytic technology in Japan−II (1994−2009)", *Appl. Catal. A: Gen.*, **389**, 27−45 (2010).

17. T. Muroi, "MTO process", Industrial Catalyst News, **42**, (Mar. 1, 2012).

18. T. Muroi, "FT synthesis catalysts", Industrial Catalyst News, **40**, (Jan. 1, 2012).

19. R. Jothiramalingam and M.K. Wang, "Review of recent developments in solid acid, base, and enzyme catalysts (heterogeneous) for biodiesel production via transesterification", *Ind. Eng. Chem. Res.*, **48**, 6162−6172 (2009).

20. I.M. Atadashi, M.K. Aroua, A.R. Abdul Aziz, and N.M.N. Sulaiman, "The effects of catalysts in biodiesel production: A review", *J. Ind. Eng. Chem.*, **19**, 14−26 (2013).

21. 채호정, 정순용, "BTL 합성연료 기술", 촉매, **27**, 1−2 (2011).

22. 장은석, 윤정호, 이은실, 이경대, 김정은, 정순용, 채호정, 최창식, "고함수 바이오매스 가스화를 위한 열가수분해 전처리 기술의 특성 연구", 촉매, **27**, 3−14 (2011).

23. 이시훈, "바이오매스 가스화 기술 개발 동향", 촉매, **27**, 15−23 (2011).

24. 배종욱, 이영준, 김아롱, 구현모, 장인혁, "바이오매스로부터 유래된 합성가스로부터 DME 합성 및 활용 기술", 촉매, **28**, 25−32 (2012).

25. 고창현, "미세조류오일의 연료 전환을 위한 지방산 및 지질의 촉매 탈산소 반응 연구동향", 촉매, **28**, 16−24 (2012).

26. 박영권, "촉매를 이용한 폐자원 전환 및 대기오염 저감", 촉매, **28**, 8−15 (2012).

27. 김도희, "자동차 $DeNO_X$ 촉매 기술의 현황 및 전망", 촉매, **28**, 41−47 (2012).

28. W. Cabri, "Catalysis: The pharmaceutical perspective", *Catal. Today*, **140**, 2−10 (2009).

29. J.M. Fraile, J.I. García, and J.A. Mayoral, "Chiral Catalysts", in Selective Nanocatalysts and Nanoscience, A. Zecchina, S. Bordiga, and E. Groppo Ed., Wiley−VCH, Weinheim (2011), p 193.

30. K. Domen, "Photocatalysts: Nanostructured Photocatalytic Materials for Solar Energy Conversion", in Selective Nanocatalysts and Nanoscience, A. Zecchina, S. Bordiga, and E. Groppo Ed., Wiley−VCH, Weinheim (2011), p 169.

31. 함형철, G.−S. Hwang, "Bimetallic Au−Pd 촉매의 직접 H_2O_2 합성 반응성의 DFT(density functional theory)적 이해", 촉매, **28**, 48−54 (2012).

32. A. Zecchina, S. Bordiga, and E. Groppo, "The Structure and Reactivity of Single and Multiple Sites on Heterogeneous and Homogeneous Catalysts: Analogies, Differences, and Challenges for Characterization Methods", in Selective Nanocatalysts and Nanoscience, A. Zecchina, S. Bordiga, and E, Groppo Ed., Wiley−VCH, Weinheim (2011), p 1.

33. J.M. Thomas, "Design and Applications of Single−Site Heterogeneous Catalysts", Imperial College Press, London (2012).

34. C. Chen et al., "Highly crystalline multimetallic nanoframes with three−dimensional electrocatalytic surfaces", *Science*, **343**, 1339−1343 (2014).

35. J.−W. Lee, M.−G. Thomas, K. Opwis, C.E. Song, J.S. Gutmann, and B. List, "Organotextile catalysis", *Science*, **341**, 1225−1229 (2013).

36. M. Cargnello, P. Fornasiero, and R.J. Gorte, "Playing with structures at the nanoscale: Designing catalysts by manipulation of clusters and nanocrystals as building blocks", *ChemPhysChem*, **14**, 3869−3877 (2013).

37. R.M. Bullock, "Abundant metals give precious hydrogenation performance", *Science*, **342**, 1054－1055 (2013).

38. R.V. Jagadeesh, A.－E. Surkus, H. Junge, M.－M. Pohl, J. Radnik, J. Rabeah, H. Huan, V. Schünemann, A. Brückner, and M. Beller, "Nanoscale Fe_2O_3－based catalysts for selective hydrogenation of nitroarenes to anilines", *Science*, **342**, 1073－1076 (2013).

39. C.－D. Wu, "Crystal Engineering of Metal－Organic Frameworks for Heterogeneous Catalysis", in Selective Nanocatalysts and Nanoscience, A. Zecchina, S. Bordiga, and E. Groppo Ed., Wiley－VCH, Weinheim (2011), p 271.

40. 박해경, 전민기, 고형림, "사용 후 화학 촉매 재제조 기술 및 시장현황", *공업화학 전망*, **15**, 14－25 (2012).

찾아보기

ABC

지은이 소개

■ 서 곤

1966~70년	한남대학교 화학과
1974~79년	한국과학기술원 화학과(이학박사)
1979~2013년	전남대학교 공과대학 교수
1982~83년	University of Utah, Research scholar
2013~현재	전남대학교 연구석좌교수
1992~2002년	한국화학공학회 영문지 편집위원
2003년	한국화학공학회 촉매부문위원회 위원장
2003~06년	한국화학공학회 국문지 편집장
2008~09년	한국제올라이트학회 회장

■ 김건중

1978~82년	인하대학교 화학공학과(공학사)
1984~90년	인하대학교 화학공학과(공학 석,박사)
1990~1991년	일본 문부성&유네스코 초청 박사후 연구과정 (동경공업대 Ono Yoshio교수 연구실)
1997~현재	인하대학교 조, 부, 정교수
1998~현재	한국공업화학회 국문지 편집위원, 편집이사
2011~2012년	한국공업화학회 총무, 전무이사
2014~현재	한국제올라이트학회 부회장

"이 책에는 다른 책, 학술지, 소개서 등에 실려 있는 그림과 표를 인용하였습니다. 인용을 허가해준 Elsevier, Springer, Royal Society of Chemistry, American Chemical Society, Taylor and Francis, John Wiley and Sons, 희성촉매주식회사 등 여러 기관에 감사드립니다."

촉매: 기본개념, 구조, 기능

2014년 8월 25일 1판 1쇄 펴냄 | 2022년 8월 5일 1판 4쇄 펴냄
지은이 서곤 · 김건중
펴낸이 류원식 | 펴낸곳 **교문사**

편집팀장 김경수 | 본문편집 네임북스 | 표지디자인 네임북스

주소 (10881) 경기도 파주시 문발로 116(문발동 536-2)
전화 031-955-6111~4 | 팩스 031-955-0955
등록 1968. 10. 28. 제406-2006-000035호
홈페이지 www.gyomoon.com | E-mail genie@gyomoon.com
ISBN 978-89-6364-209-3 (93570) | 값 30,000원